AF597506

Werner Heisenberg

GESAMMELTE WERKE / COLLECTED WORKS

Werner Heisenberg

GESAMMELTE WERKE / COLLECTED WORKS

Abteilung / Series A

Original Scientific Papers
Wissenschaftliche Originalarbeiten

Abteilung / Series B

Scientific Review Papers, Talks, and Books
Wissenschaftliche Übersichtsartikel, Vorträge und Bücher

Abteilung / Series C

Philosophical and Popular Writings
Allgemeinverständliche Schriften

The *Gesammelte Werke / Collected Works* of Werner Heisenberg
are published jointly by R. Piper GmbH & Co KG Verlag, München, Zürich
and Springer-Verlag, Berlin, Heidelberg, New York, London, Paris, Tokyo, Hong Kong.
The volumes of Series A and B are issued by Springer-Verlag,
those of Series C by R. Piper Verlag.

Werner Heisenberg

GESAMMELTE WERKE
COLLECTED WORKS

Edited by
W. Blum, H.-P. Dürr, and H. Rechenberg

Series A / Part II

Original Scientific Papers
Wissenschaftliche Originalarbeiten

Springer-Verlag Berlin Heidelberg GmbH

Dr. Walter Blum
Professor Dr. Hans-Peter Dürr
Dr. Helmut Rechenberg

Max-Planck-Institut für Physik und Astrophysik, Werner-Heisenberg-Institut für Physik, Föhringer Ring 6, D-8000 München 40, Fed. Rep. of Germany

Annotators:

Professor Dr. Erich Bagge

Institut für Reine und Angewandte Kernphysik, Universität Kiel, Olshausenstraße 40/60, D-2300 Kiel 1, Fed. Rep. of Germany

Professor Dr. Laurie M. Brown

Department of Physics and Astronomy, Northwestern University, Evanston, IL 60208, USA

Professor Dr. Rudolf Haag

II. Institut für Theoretische Physik, Universität Hamburg, Luruper Chaussee 149, D-2000 Hamburg 50, Fed. Rep. of Germany

Professor Dr. Reinhard Oehme

The Enrico Fermi Institute, University of Chicago, 5640 Ellis Avenue, Chicago, IL 60637, USA

Professor Dr. Abraham Pais

The Rockefeller University, New York, NY 10021, USA

Professor Dr. Carl Friedrich Freiherr von Weizsäcker

Bahnhofplatz 4, D-8130 Starnberg, Fed. Rep. of Germany

Professor Dr. Karl Wirtz

Kernforschungszentrum Karlsruhe, D-7514 Karlsruhe-Leopoldhafen, Fed. Rep. of Germany

ISBN 978-3-642-52241-3 ISBN 978-3-642-70078-1 (eBook)
DOI 10.1007/978-3-642-70078-1

Library of Congress Cataloging-in-Publication Data. (Revised for vol.2). Heisenberg, Werner, 1901-1976. Gesammelte Werke = Collected works. English, German, and French. Includes bibliographies. Contents: ser. A. Original scientific papers – ser. B. Scientific review papers, talks, and books. 1. Physics-Collected works. I. Blum, W. (Walter), 1937-. II. Dürr, H.-P. (Hans-Peter), 1929-. III. Rechenberg, Helmut. IV. Title. V. Title: Collected works. QC3.H33 1984 530 84-10633

Originally published by Springer-Verlag Berlin Heidelberg New York in 1989
Softcover reprint of the hardcover 1st edition 1989

2155/3150-543210 – Printed on acid-free paper

Editors' Note

This second volume of Series A contains Heisenberg's original scientific contributions to six topics: early papers on quantum field theory (1929–1930), Dirac's theory of the electron (1930–1936), the structure and properties of atomic nuclei (1932–1935), cosmic ray phenomena and the limitations of quantum field theory (1932–1939), the German Uranium Project (1939–1945), and the theory of the scattering matrix (1942–1946). They were written, apart from the last article, when Heisenberg was professor in Leipzig and (from 1942) in Berlin (as acting director of the *Kaiser Wilhelm-Institut für Physik*).

The papers in this volume include, besides work on nuclear and high energy physics, the formerly secret reports on the German uranium reactor project carried out during World War II. The latter are published here for the first time and form a suitable contribution to this year's jubilee of nuclear fission.

We thank with great pleasure Professors Erich Bagge, Laurie M. Brown, Rudolf Haag, Reinhard Oehme, Abraham Pais, Carl Friedrich von Weizsäcker, and Karl Wirtz for their valuable introductions to the papers of Heisenberg. Their annotations, we trust, provide the reader with useful information on the historical background, the contents, and the impact of Heisenberg's work.

For editorial notes (other than annotations) and the translations into English of the annotations to Groups 7, 8, and 9 one of us (H.R.) is responsible.

München, December 1988 — *W. Blum, H.-P. Dürr, and H. Rechenberg*

Contents

Group 8: **Cosmic Ray Phenomena and Limitations of Quantum Field Theory (1932–1939)**

Group 9: **Papers on the Uranium Project (1939–1945)**

Group 10: **Theory of the Scattering Matrix (1942–1946)**

Group 5

Early Papers on Quantum Field Theory (1929–1930)

Early Papers on Quantum Field Theory (1929 – 1930)

An Annotation by R. Haag, Hamburg

Whenever we look back at the development of physical theory in the period between 1925 and 1930 we feel the joy and the shock of the miraculous. From our present modest expectations about the rate of progress in the understanding and solution of fundamental problems and about the amount of work a single person can possibly master per year, it seems already an extraordinary harvest for a few men to establish a consistent quantum theory in the regime of nonrelativistic mechanics and an ample task for many years to understand the correct interpretation of the formalism, to discuss the strange and novel features of its conceptual structure, to apply the theory to the analysis of the immense experimental material in atomic spectroscopy, collision process, molecular structure .... Yet, almost immediately after the birth of quantum mechanics and side by side with the problems mentioned above other fundamental questions were tackled: the incorporation of the principles of special relativity into quantum physics, the quantum theory of the Maxwell field up to the establishment of a coherent relativistic theory of electromagnetism interacting with matter. The papers of Heisenberg and Pauli in 1929 and 1930 (Nos. 1 and 2, pp. 8 – 68 and 69 – 91 below [1]) mark in a certain sense the successful conclusion of this effort. Although it took the following decade to work out the applications of electrodynamics in the lowest order of approximation, another decade to develop a usable systematic perturbation theory, a third decade to understand the interpretation of quantum field theories without recourse to perturbation expansions, and although some of the fundamental difficulties of the formalism encountered by Heisenberg and Pauli remain unresolved even now, one can say that by 1930 the language was created whose grammar and basic vocabulary is used to this day. The quantum theory of the Maxwell-Dirac fields, whose equations were written down in the papers mentioned, not only turned out to be extraordinarily successful in its own regime but became the prototype of present day quantum field theories in all "high energy" physics.

The essential tenets were:

1) A classical field theory is analogous to a mechanical system with continuously many degrees of freedom. Thus a quantum field theory should result if one regards the field quantities of the classical theory as non-commuting objects ("q-numbers"). The commutation relations can be guessed from the Lagrangian formalism in the same manner as in quantum mechanics; the equations of motion remain formally unchanged by the transition to quantum theory.

To implement this program, Pauli had been interested since early 1927 in the generalization of calculus to a continuum of variables, a subject frequently al-

---

[1] All page numbers refer to pages in this volume. (Editor)

luded to as "*Volterra-Mathematik*" in the correspondence between Pauli and Heisenberg in those years. Actually it turned out that very little of functional analysis was needed for the formulation of the basic equations. The replacement of differential quotients by variational derivatives and of the Kronecker symbol by Dirac's δ-function sufficed. The hard part of functional analysis, namely the integration process, was not needed in the formulation and could be avoided even in the solution as long as one relied on perturbation expansions.

2) Matter should be described – even on the classical level – by a relativistically covariant wave field. Specifically, in the case of electrons, the Dirac equation appeared to be the appropriate wave equation. In the quantum theory of a Dirac field, where the field quantities become non-commuting objects, the Pauli principle can be incorporated in the way shown by Jordan and Wigner [1]: The classical Poisson brackets should be replaced not by commutator but by anticommutator brackets.

Writing down the classical Lagrangian involving the electromagnetic vector potential Φ_μ and the Dirac field Ψ_α so that it yields the interacting Maxwell-Dirac equations on the classical level, an unexpected difficulty arose in the canonical quantization procedure. In fact, this difficulty appeared already in the Hamiltonian treatment of electrodynamics without interaction with charged matter. It turned out that the Lagrangian is degenerate in the sense that one of the canonical momenta vanishes and thus cannot satisfy the canonical commutation relations. This problem held up the writing of the 1929 paper for at least a year until Heisenberg found a trick to overcome it by adding the term $\varepsilon\partial\Phi_\mu/\partial x_\mu$ to the Lagrangian and arguing that at the end of calculations the limit $\varepsilon\to 0$ could be taken.

Before discussing in more detail the contents of the group of papers (Nos. 1, 2) let us look briefly at related work by other authors in this period. The idea that the Maxwell field could be regarded as a mechanical system with infinitely many degrees of freedom was, of course, general knowledge. The development of a quantum theory of radiation based on the representation of the radiation field by an infinite collection of quantum mechanical oscillators had already been suggested in the last section of the famous *Dreimännerarbeit* (No. 4 of Group 3, see AI, pp. 446–455), where Jordan discussed the theory of fluctutations of the radiation field in a cavity; it was carried further in Dirac's papers on the emission, absorption, and dispersion of light [2]. In this context Dirac developed time dependent perturbation theory, giving a general formula for transition probabilities per unit time, a formula so central in all applications during the next decades that Fermi called it later "the golden rule of quantum mechanics". Nevertheless in order to incorporate relativistic invariance it appeared necessary to focus on the field quantities as functions in space-time and formulate the basic equations without expansion of the field into normal modes. That this could be done was demonstrated for the free Maxwell field in a paper by Jordan and Pauli [3]. But the 4-dimensional formalism used there could not easily be generalized to the interacting case. Therefore the quest for a Hamiltonian formulation arose.

Much more mysterious than the first tenet was the second one, the quantization of the matter field. In a letter dated February 23, 1927 Heisenberg wrote to Pauli: "That one should quantize the Maxwell equations to obtain the photons etc. à la Dirac I gladly believe, but one should then later on perhaps also quantize the de Broglie waves to obtain charge, mass and statistics of electrons and nuclei". ([4], p. 376: "*Daß man die Maxwell'schen Gleichungen quanteln soll, um die Lichtquanten usw. à la Dirac zu bekommen, glaub ich schon, aber man soll dann vielleicht doch auch später die de Broglie Wellen quanteln, um Ladung, Masse und Statistik der Elektronen und Kerne zu bekommen*".) Indeed, just at that time Jordan and Klein did carry through the (canonical) quantization of matter wave fields with the surprising result that the quantized wave field was equivalent to a description of an arbitrary number of noninteracting particles satisfying Bose statistics [5]. This was followed by the paper of Jordan and Wigner showing how the quantization rules could be adapted to describe a many body system with Fermi statistics [1].

In January 1928 Dirac presented his relativistic wave equation of the electron [6]. This provided new impetus and new puzzles. On February 15, 1928, Pauli wrote to Kronig: "Now Dirac's paper has been published. It is marvellous how everything fits. Mr. Gordon could verify without difficulties that ... the old Sommerfeld formula [fine structure of H-spectrum] ... follows rigorously". ([4], p. 435: "*Nun ist ja die Dirac'sche Arbeit erschienen. Es ist wunderbar, wie das alles stimmt. Herr Gordon konnte ohne Schwierigkeiten nachrechnen, daß ... die alte Sommerfeldsche Formel ... in Strenge folgt*".) Two days later Pauli wrote a long letter to Dirac ([4], pp. 435 – 438) explaining in detail the present status of the Heisenberg-Pauli program, asking for Dirac's opinion about the principal difficulty encountered: the self energy of an electron. The end of the letter referred to the new puzzle raised by Dirac's paper concerning states of positive and negative charges and transitions between them. These two difficulties were to become dominant themes in the following years. (Compare the introduction by A. Pais to the next group of publications of Heisenberg below.) The impact of the second can be illustrated by Heisenberg's remark in a letter to Jordan in April 1928: "In complete apathy and despair about the present status (or should one rather say pigsty) of physics, which Dirac's beautiful but incorrect papers transformed into a hopeless maze of formulas ..." ([7]: "*In völliger Apathie und Verzweiflung über den gegenwärtigen Stand (oder sollte man sagen: Saustall) der Physik, der durch Dirac's ebenso schöne wie unrichtige Arbeiten in ein hoffnungsloses Chaos von Formeln ... verwandelt wurde ...*").

In spite of the fact that the two major difficulties could not be resolved, Heisenberg and Pauli decided in January 1929 to complete and publish their work on quantum electrodynamics after Heisenberg had finally succeeded in overcoming the formal difficulty posed by the degeneracy of the Lagrangian by the method already mentioned. (No. 1, p. 8 – 68 below) A tremendous amount of work had to be done in a short time because of Heisenberg's pending departure for a longer stay in the USA in March 1929 [8]. Specifically, the proof of Lorentz invariance of the commutation relations was rather cumbersome in the first paper, the approximation methods used to make contact with the quantum mechanics of several electrons in configuration space were an agony. (In this respect the parallel work by Fermi [9] provided a more elegant method: the elimination of the longitudinal field.) Finally the authors wanted to present at least one example of an application to a hitherto untreated problem and chose the radiation associated with the tunelling of a charged particle through a barrier. This choice is particularly interesting because behind it stood the hope that this effect might be responsible for the continuous energy spectrum of β-decay electrons for which experimental evidence started to accumulate at the time.

Part II of the paper submitted in September 1929 has as its central theme the invariance properties and associated conservation laws of quantum electrodynamics (No. 2, pp. 69 – 91 below). The proof of Lorentz invariance becomes much more transparent, following some suggestions by von Neumann. Also included are a beautiful discussion of gauge invariance and charge conservation, a demonstration that the term added to the Lagrangian in the first paper in order to make the Hamiltonian formalism work does not affect any relations between gauge invariant quantities so that this artifact could actually be avoided, a very clear exposition of the relation to Fermi's treatment of the unobservable parts of the electromagnetic potentials [9], and a new discussion of the transformation to configuration space (partly due to Oppenheimer). Interestingly enough the authors remark in passing that gauge invariance does not forbid the annihilation of oppositely charged particles and write down a conceivable interaction term which would procedure transitions from electron + proton to pure radiation.

With the second paper of Heisenberg and Pauli quantum electrodynamics reached a degree of completeness. The formalism was developed as far as possible without the solution of the fundamental problems of "self energy" and "Dirac jumps". Both problems were recurrent themes in the following years (compare A. Pais, loc. cit.).

We shall mention here only the first paper by Heisenberg on the self energy problem (see paper No. 1 of the following Group 6, pp. 106 – 115 below). It is remarkable both because of its brave and ingeneous attempt to solve the coupled equations in the limit of zero (bare) electron mass, an attempt which unfortunately did not prove fruitful at the time, and because the idea of a fundamental length – which occupied much of Heisenberg's thoughts in later years – was briefly disucced and dismissed there: "It seems – for the time being – better not to introduce the length r_0 in the theory but to stick to the relativistic invariance." (see p. 107: "*Es erscheint also einstweilen richtiger, die Länge r_0 nicht in die Grundlagen der Theorie einzuführen, sondern an der relativistischen Invarianz festzuhalten.*")

References

1 P. Jordan, E. Wigner: Über das Paulische Äquivalenzverbot. Z. Phys. **47**, 631 – 651 (1928)

2 P.A.M. Dirac: The quantum theory of emission and absorption of radiation. Proc. Roy. Soc. (London) **A114**, 243 – 265 (1927);
The quantum theory of dispersion. Proc. Roy. Soc. (London) **A114**, 710 – 728 (1927)

3 P. Jordan, W. Pauli: Zur Quantenelektrodynamik ladungsfreier Felder. Z. Phys. **47**, 151 – 173 (1928)

4 W. Pauli: *Wissenschaftlicher Briefwechsel/Scientific Correspondence, Volume I: 1919 – 1929* (Springer-Verlag, New York, Heidelberg, Berlin 1979)

5 P. Jordan, O. Klein: Zum Mehrkörperproblem der Quantentheorie. Z. Phys. **45**, 751 – 765 (1927)

6 P.A.M. Dirac: The quantum theory of the electron. Proc. Roy. Soc. (London) **A117**, 610 – 624 (1928)
7 Letter from Heisenberg to Jordan. I am indebted to Dr. H. Rechenberg for this quotation.
8 Compare the letter of Pauli to O. Klein, dated February 18 and March 16, 1929 ([4], pp. 488 – 492, 494 – 495). Concerning the clumsiness of some arguments in the paper (No. 1) he wrote: "This is the curse of overseas trips by European physicists." ([4], p. 494: "*Das ist der Fluch der Amerika-Reisen europäischer Physiker.*")
9 E. Fermi: Sopra l'elettrodinamica quantistica. Rend. Accad. Lincei **9**, 881 – 887 (1929)

Zur Quantendynamik der Wellenfelder.

Von **W. Heisenberg** in Leipzig und **W. Pauli** in Zürich.

(Eingegangen am 19. März 1929.)

Einleitung. In der Quantentheorie ist es bisher nicht möglich gewesen, mechanische und elektrodynamische Gesetzmäßigkeiten, elektro- und magnetostatische Wechselwirkungen einerseits, durch Strahlung vermittelte Wechselwirkungen andererseits widerspruchsfrei zu verknüpfen und unter einem einheitlichen Gesichtspunkt zu betrachten. Insbesondere ist es nicht gelungen, die endliche Fortpflanzungsgeschwindigkeit der elektromagnetischen Kraftwirkungen in korrekter Weise zu berücksichtigen. Diese Lücke auszufüllen, ist das Ziel der vorliegenden Arbeit. Zur Erreichung dieses Zieles wird es notwendig sein, einen relativistisch invarianten Formalismus anzugeben, welcher die Wechselwirkung zwischen Materie und elektromagnetischem Feld und damit auch zwischen Materie und Materie zu behandeln gestattet. Dieses Problem scheint grundsätzlich verknüpft mit den großen Schwierigkeiten, die bisher nach Dirac einer relativistisch invarianten Formulierung des Einelektronenproblems entgegenstehen, und man wird eine völlig befriedigende Lösung der hier gestellten Aufgabe erst nach Klärung jener grundsätzlichen Schwierigkeiten erreichen. Trotzdem hat es den Anschein, als ob sich das Retardierungsproblem von den erwähnten tiefer liegenden Fragen trennen ließe; während diese ohne jede Hilfe von seiten der klassischen Theorie angegriffen werden müssen, scheint das Retardierungsproblem noch durch korrespondenzmäßige Betrachtungen lösbar.

Bekanntlich ist in der klassischen Punktmechanik eine relativistisch invariante Formulierung des Mehrkörperproblems mit Hilfe der Hamiltonschen Theorie nicht durchführbar. Daher wird man auch nicht hoffen dürfen, daß sich in der Quantentheorie eine relativistisch invariante Behandlung der Mehrkörperprobleme mit Differentialgleichungen im Konfigurationsraum oder den entsprechenden Matrizen wird erreichen lassen, zumal eine solche Behandlung untrennbar mit einer der Einführung von Lichtquanten äquivalenten Quantelung der elektromagnetischen Wellen verknüpft erscheint. So dürfte sich z. B. die von Eddington angegebene Gleichung* für das Zweielektronenproblem, in die der vierdimensionale Abstand zweier Weltpunkte wesentlich eingeht, kaum mit dem Experiment in Einklang bringen lassen, denn diese Gleichung liefert Wechselwirkungen zwischen den Elektronen, die von den nach der Maxwellschen Theorie zu erwartenden retardierten Potentialen qualitativ völlig verschieden sind; diese Verschiedenheit würde auch im Grenzfall hoher Quantenzahlen und vieler Elektronen bestehen bleiben, also zu Widersprüchen führen. Vielmehr wird das korrespondenzmäßige Analogon zu der hier angestrebten Theorie einerseits die Maxwellsche Theorie, andererseits die im Sinne einer klassischen Kontinuumstheorie umgedeutete Wellengleichung des Einelektronenproblems sein. Eine formal befriedigende Zusammenfassung dieser beiden Feldtheorien ist schon Schrödinger** gelungen; geht man für das Einelektronenproblem von der Diracschen Gleichung aus, so ist der entsprechende Zusammenhang von Tetrode*** hergestellt worden. Die hier angestrebte Theorie verhält sich also zu der eben erwähnten konsequenten Feldtheorie, wie die Quantenmechanik zur klassischen Mechanik, indem sie nämlich aus dieser Feldtheorie durch Quantelung (Einführung nicht-kommutativer Größen oder entsprechender Funktionale) hervorgeht, und bildet in ihrem formalen Gehalt eine konsequente Fortführung der Untersuchungen von Dirac****, Pauli und Jordan† über die Strahlung, von Jordan, Klein und Wigner†† über das Mehrkörperproblem. Ein ähnlicher Versuch ist kürzlich von Mie††† unternommen worden; das korrespondenzmäßige Analogon dieses Versuches ist die Miesche Theorie des Elektrons;

* A. S. Eddington, Proc. Roy. Soc. **121**, 524, 1928; **122**, 358, 1929.

** E. Schrödinger, Ann. d. Phys. **82**, 265, 1927.

*** H. Tetrode, ZS. f. Phys. **49**, 858, 1928; vgl. auch F. Möglich, ebenda **48**, 852, 1928.

**** P. A. M. Dirac, Proc. Roy. Soc. (A) **114**, 243 und 710, 1927.

† P. Jordan und W. Pauli jun., ZS. f. Phys. **47**, 151, 1928.

†† P. Jordan und O. Klein, ebenda **45**, 751, 1927; P. Jordan und E. Wigner, ebenda **47**, 631, 1928.

††† G. Mie, Ann. d. Phys. (4) **85**, 711, 1928.

diese Theorie bleibt allerdings vorläufig ein formales Schema, solange die klassische Feldgleichung nicht gefunden ist, deren Integration in befriedigender Weise Elektronen liefert; also ist die Miesche Quantentheorie des Feldes, die sonst viel Ähnlichkeit mit der hier angestrebten Theorie aufweist, zunächst praktisch nicht anwendbar.

Auch der hier versuchten Theorie haften noch mancherlei Mängel an. Wie schon erwähnt, bleiben die grundsätzlichen von Dirac betonten Schwierigkeiten der relativistischen Wellengleichung unverändert bestehen*. Ferner führen die Formeln der Theorie zu einer unendlichen Nullpunktsenergie für die Strahlung und enthalten noch die Wechselwirkung eines Elektrons mit sich selbst als unendliche additive Konstante. Naturgemäß liefert die Theorie auch keinerlei Aufschluß über die Möglichkeit von Zerstrahlungsprozessen der elektrischen Elementarteilchen und über die Bevorzugung der antisymmetrischen Wellenfunktionen im Konfigurationsraum vor den symmetrischen bei mehreren Elektronen oder Protonen durch die Natur. Doch sind diese Schwierigkeiten von einer solchen Art, daß sie die Anwendung der Theorie auf viele physikalische Probleme nicht stören. Die hier entwickelten Methoden gestatten z. B. die mathematische Behandlung gewisser feinerer Züge in der Theorie des Augereffekts und verwandter Erscheinungen, sowie die Berücksichtigung der Retardierung der Potentiale bei der Berechnung der Energiewerte der stationären Zustände der Atome. Letzteres dürfte insbesondere für die Theorie der Feinstruktur der Orthoheliumlinien von Bedeutung sein. Ferner enthält der hier durchgeführte Formalismus die bisherigen Methoden (Quantenmechanik, Diracsche Theorie der Strahlung) als Spezialfälle erster Näherung. Im ganzen möchten wir hieraus schließen, daß auch die spätere endgültige Theorie wesentliche Züge mit der hier versuchten gemeinsam haben wird. Erwähnt sei noch, daß auch eine Quantelung des Gravitationsfeldes, die aus physikalischen Gründen notwendig zu sein scheint**, mittels eines zu dem hier verwendeten völlig analogen Formalismus ohne neue Schwierigkeiten durchführbar sein dürfte.

* Besonders frappant äußert sich diese Schwierigkeit, wie O. Klein, ZS. f. Phys. **53**, 157, 1929 gezeigt hat, in dem Umstand, daß gemäß der Diracschen Theorie die Elektronen Potentialsprünge von der Größenordnung $V = mc^2/e$ entgegen dem klassischen Energiesatz unter Umständen ungehindert durchqueren können. Eine analoge Folgerung aus der Theorie scheint auch vorläufig eine nähere theoretische Behandlung des Baues der Kerne zu vereiteln.

** A. Einstein, Berl. Ber. 1916, S. 688, vgl. besonders S. 696, wo die Notwendigkeit, die Emission von Gravitationswellen quantentheoretisch zu behandeln, betont wird. Ferner O. Klein, ZS. f. Phys. **46**, 188, 1927, vgl. besonders die Anmerkung ** auf S. 188 dieser Arbeit.

I. Allgemeine Methode.

§ 1. **Lagrangesche und Hamiltonsche Form von Feldgleichungen, Energie- und Impulsintegrale.** Es sei eine Lagrangesche Funktion L vorgegeben, die von gewissen stetigen Raum-Zeitfunktionen $Q_\alpha\ (x_1, x_2, x_3, t)$ sowie von ihren ersten Ableitungen nach den Koordinaten abhängen möge. Die Differentialgleichungen, denen die Feldgrößen Q_α genügen müssen, mögen aus dem Variationsprinzip

$$\delta \int L\left(Q_\alpha, \frac{\partial Q_\alpha}{\partial x_i}, \dot{Q}_\alpha\right) dV\, dt = 0 \tag{1}$$

entspringen, wenn die Variation der Q_α als am Rande des Integrationsgebiets verschwindend angenommen wird. Es ist hierin $\dot{Q}_\alpha$ für die zeitliche Ableitung $\dfrac{\partial Q_\alpha}{\partial t}$ an einer festen Raumstelle geschrieben, der Index α soll die verschiedenen, in beliebiger endlicher Zahl vorhandenen Zustandsgrößen unterscheiden, während der Index i sich auf die drei Raumkoordinaten bezieht. Wir verwenden im folgenden stets für Indices der ersteren Art griechische, für solche der letzteren Art lateinische Buchstaben. Die aus (1) folgenden Differentialgleichungen lauten bekanntlich:

$$\frac{\partial L}{\partial Q_\alpha} - \sum_i \frac{\partial}{\partial x_i} \frac{\partial L}{\partial \dfrac{\partial Q_\alpha}{\partial x_i}} - \frac{\partial}{\partial t} \frac{\partial L}{\partial \dot{Q}_\alpha} = 0. \tag{2}$$

Um die Analogie zur gewöhnlichen Punktmechanik hervortreten zu lassen, führen wir zuerst die allein über das räumliche Volumen integrierte Lagrangefunktion

$$\overline{L} = \int L\, dV \tag{3}$$

ein. Dann gilt für am Rande verschwindendes δQ_α gemäß partieller Integration

$$\delta \overline{L} = \int \sum_\alpha \left(\frac{\partial L}{\partial Q_\alpha} - \sum_i \frac{\partial}{\partial x_i} \frac{\partial L}{\partial \dfrac{\partial Q_\alpha}{\partial x_i}} \right) \delta Q_\alpha\, dV.$$

Aus diesem Grunde heißt

$$\frac{\delta \overline{L}}{\delta Q_\alpha} = \frac{\partial L}{\partial Q_\alpha} - \sum_i \frac{\partial}{\partial x_i} \frac{\partial L}{\partial \dfrac{\partial Q_\alpha}{\partial x_i}} \tag{4}$$

die **Hamiltonsche** oder funktionale Ableitung von $\overline{L}$ nach Q_α an der ins Auge gefaßten Raumstelle P mit den Koordinaten x_1, x_2, x_3. Man kann sie definieren als den Limes des Quotienten

$$\frac{\delta \overline{L}}{\delta Q_{\alpha;\, P}} = \lim \frac{\overline{L}(Q_\alpha + \delta Q_\alpha) - \overline{L}(Q_\alpha)}{\int \delta Q_\alpha\, dV},$$

wenn im Zähler sich die beiden Werte von $\overline{L}$ dadurch unterscheiden, daß nur eine der Zustandsgrößen Q_α in einem Falle eine verschiedene Raumfunktion ist als im anderen, während im Limes nicht nur das Integral des Nenners gegen Null konvergieren soll, sondern auch das Intervall, in welchem δQ_α als von Null verschieden angenommen wird, sich auf einzigen Raumpunkt P — denjenigen, in welchem die funktionale Ableitung von $\overline{L}$ ermittelt werden soll — zusammenzieht. Da trivialerweise gilt:

$$\frac{\delta \overline{L}}{\delta \dot{Q}_{\alpha;\,P}} = \left(\frac{\partial L}{\partial \dot{Q}_\alpha}\right)_P,$$

lauten dann die Feldgleichungen

$$\frac{\partial}{\partial t}\frac{\delta \overline{L}}{\delta \dot{Q}_{\alpha;\,P}} = \frac{\delta \overline{L}}{\delta Q_{\alpha;\,P}}. \tag{2'}$$

Ebenso wie in der Punktmechanik bestimmen die Gleichungen (2) oder (2′) das Verhalten der Zustandsgrößen in allen folgenden Zeitpunkten, wenn diese selbst sowie ihre ersten Ableitungen zu einem bestimmten Zeitpunkt gegeben sind. An die Stelle der endlichen vielen Zustandsgrößen q_i der Punktmechanik tritt hier ein Kontinuum von Zustandsgrößen oder, genauer gesagt: endlich viele Kontinua, nämlich die Zustandsfunktionen $Q_\alpha(x_1, x_2, x_3)$. Dagegen sind die Raumkoordinaten x_1, x_2, x_3 nicht als Zustandsgrößen, sondern als Parameter aufzufassen.

In der Tat kann man den Fall kontinuierlich vieler Freiheitsgrade, wo die Zustandsgrößen Raumfunktionen sind, stets durch Grenzübergang aus dem Fall endlich vieler Freiheitsgrade gewinnen. Es sei der Volumenbereich, in dem die Feldgrößen definiert sind, der Einfachheit halber endlich und möge in kongruente parallelepipedische Zellen mit den Kantenlängen $\Delta x_1, \Delta x_2, \Delta x_3$ eingeteilt sein. Dann ersetze man die stetigen Raumfunktionen $Q_\alpha(x_1, x_2, x_3)$ durch Treppenfunktionen, die innerhalb einer Zelle konstante Werte haben. Denkt man sich die Zellen entsprechend den drei Raumkoordinaten durch drei laufende Nummern l, m, n gekennzeichnet, so haben wir nunmehr die endlich vielen Zustandsgrößen $Q_{\alpha, l, m, n}$. Ersetzt man noch im Ausdruck für $\overline{L}$ das Integral durch eine Summe und die räumlichen Ableitungen durch Differenzenquotienten gemäß

$$\frac{\partial Q_\alpha}{\partial x_1} = \frac{Q_{\alpha, l+1, m, n} - Q_{\alpha, l, m, n}}{\Delta x_1},$$

so lauten mit der Lagrangefunktion

$$\overline{L} = \Delta x_1 \Delta x_2 \Delta x_3 \sum_{l, m, n} L\left(Q_{\alpha, l, m, n}, \frac{Q_{\alpha, l+1, m, n} - Q_{\alpha, l, m, n}}{\Delta x_1}, \dots \dot{Q}_{\alpha, l, m n}\right) \tag{5}$$

die Bewegungsgleichungen der gewöhnlichen Punktmechanik

$$\frac{d}{dt}\frac{\partial \overline{L}}{\partial \dot{Q}_{\alpha,\, l,\, m,\, n}} = \frac{\partial \overline{L}}{\partial Q_{\alpha,\, l,\, m,\, n}}. \tag{5'}$$

Es soll nun gezeigt werden, daß im Limes eines verschwindenden Volumens der zur Einteilung des Raumes benutzten Zellen aus den Gleichungen (5') der gewöhnlichen Punktmechanik gerade die Gleichungen (2) oder (2') für ein Kontinuum von Freiheitsgraden entstehen*. Zu diesem Zwecke genügt es offenbar, zu zeigen, daß

$$\lim \frac{1}{\varDelta x_1 \varDelta x_2 \varDelta x_3} \frac{\partial \overline{L}}{\partial Q_{\alpha,\, l,\, m,\, n}} \to \frac{\delta \overline{L}}{\delta Q_{\alpha;\, P}}.$$

Da in der Summe über l, m, n die Koordinate $Q_{\alpha,\, l,\, m,\, n}$ sowohl in dem zur Zelle l, m, n als auch in den zu den Zellen $l-1, m, n$; $l, m-1, n$; $l, m, n-1$ gehörigen Termen vorkommt, gilt nun

$$\frac{1}{\varDelta x_1 \varDelta x_2 \varDelta x_3} \frac{\partial \overline{L}}{\partial Q_{\alpha,\, l,\, m,\, n}} = \left(\frac{\partial L}{\partial Q_\alpha}\right)_{l,\, m,\, n} - \left[\left(\frac{\partial L}{\partial \frac{\partial Q_\alpha}{\partial x_1}}\right)_{l,\, m,\, n} - \left(\frac{\partial L}{\partial \frac{\partial Q_\alpha}{\partial x_1}}\right)_{l-1,\, m,\, n}\right]\frac{1}{\varDelta x_1} - \cdots$$

und dies konvergiert bei beliebiger Verfeinerung der Zelleneinteilung in der Tat gegen

$$\frac{\partial L}{\partial Q_\alpha} - \sum_i \frac{\partial}{\partial x_i} \frac{\partial L}{\partial \frac{\partial Q_\alpha}{\partial x_i}} = \frac{\delta \overline{L}}{\delta Q_{\alpha;\, P}},$$

wie behauptet wurde.

Wir kommen nun dazu, analog wie in der Punktmechanik statt der Lagrangeschen eine Hamiltonsche Form der Feldgleichungen einzuführen. Zunächst definiere man die zu den Feldgrößen Q_α kanonisch konjugierten „Impulse" P_α gemäß

$$P_\alpha = \frac{\partial L}{\partial \dot{Q}_\alpha}, \tag{6}$$

sodann die Hamiltonsche Funktion H gemäß

$$H\left(P_\alpha, Q_\alpha, \frac{\partial Q_\alpha}{\partial x_i}\right) = \sum_\alpha P_\alpha \dot{Q}_\alpha - L. \tag{7}$$

* Vgl. hierzu auch G. Mie, l. c., § 4 und 5.

Durch Variieren von H nach den Variablen P_α, Q_α, $\frac{\partial Q_\alpha}{\partial x_i}$ folgt gemäß (6)

$$\delta H = \sum_\alpha \left(\frac{\partial H}{\partial P_\alpha} \delta P_\alpha + \frac{\partial H}{\partial Q_\alpha} \delta Q_\alpha + \sum_i \frac{\partial H}{\partial \frac{\partial Q_\alpha}{\partial x_i}} \delta \frac{\partial Q_\alpha}{\partial x_i} \right)$$

$$= \sum_\alpha \dot{Q}_\alpha \delta P_\alpha - \sum_\alpha \left(\frac{\partial L}{\partial Q_\alpha} \delta Q_\alpha + \sum_i \frac{\partial L}{\partial \frac{\partial Q_\alpha}{\partial x_i}} \delta \frac{\partial Q_\alpha}{\partial x_i} \right),$$

also gilt erstens

$$\frac{\partial H}{\partial P_\alpha} = \dot{Q}_\alpha, \tag{8}$$

und zweitens

$$-\left(\frac{\partial H}{\partial Q_\alpha}\right)_{P_\alpha} = \left(\frac{\partial L}{\partial Q_\alpha}\right)_{\dot{Q}_\alpha}, \quad -\left(\frac{\partial H}{\partial \frac{\partial Q_\alpha}{\partial x_i}}\right)_{P_\alpha} = \left(\frac{\partial L}{\partial \frac{\partial Q_\alpha}{\partial x_i}}\right)_{\dot{Q}_\alpha} = P_{\alpha i}. \tag{9}$$

Die neben die Klammern geschriebenen Variablen sind bei den betreffenden Differentiationen konstant zu halten, ferner haben wir für spätere Zwecke eine neue Abkürzung $P_{\alpha i}$ eingeführt.

Aus (8) und (9) folgen mit Rücksicht auf (2) die kanonischen Feldgleichungen

$$\dot{Q}_\alpha = \frac{\partial H}{\partial P_\alpha}, \quad \dot{P}_\alpha = -\left[\frac{\partial H}{\partial Q_\alpha} - \sum_i \frac{\partial}{\partial x_i} \frac{\partial H}{\partial \frac{\partial Q_\alpha}{\partial x_i}}\right], \tag{10}$$

oder mit Einführung von

$$\overline{H} = \int H \, dV, \tag{11}$$

$$\dot{Q}_{\alpha;\, P} = \frac{\delta \overline{H}}{\delta P_{\alpha;\, P}}, \quad \dot{P}_{\alpha;\, P} = -\frac{\delta \overline{H}}{\delta Q_{\alpha;\, P}}. \tag{I}$$

Sie entspringen dem Variationsprinzip

$$\delta \int L \, dV dt = \delta \int \left[\sum_\alpha P_\alpha \dot{Q}_\alpha - H\left(P_\alpha, Q_\alpha, \frac{\partial Q_\alpha}{\partial x_i}\right)\right] dV dt = 0, \tag{12}$$

worin jetzt P_α und Q_α als unabhängig zu variierende Raumfunktionen zu betrachten sind, deren Variation an den Grenzen verschwinden soll. Die kanonischen Feldgleichungen bestimmen den weiteren zeitlichen Verlauf der Raumfunktionen P_α und Q_α, wenn dieser für einen gewissen Zeitmoment $t = t_0$ beliebig vorgegeben ist.

Bei den folgenden Rechnungen wird übrigens nur von der Form (12) des Variationsprinzips Gebrauch gemacht, und es ist unwesentlich, ob der Integrand von (12) durch Elimination der P_α in eine Funktion von

Q_α, $\frac{\partial Q_\alpha}{\partial x_i}$ und $\dot{Q}_\alpha$ allein übergeführt werden kann oder nicht. Auch könnte man sich von der Voraussetzung befreien, daß H die räumlichen Ableitungen der P_α nicht enthält, doch wird dies für die späteren Anwendungen nicht erforderlich sein.

Wir wollen nun die (bisher nicht notwendig gewesene) Annahme einführen, daß die Hamiltonfunktion H die Zeitkoordinate nicht explizite enthält, und behaupten, daß in diesem Falle die Größe $\overline{H}$ zeitlich konstant ist. Durch partielle Integration findet man nämlich sogleich

$$\frac{d\overline{H}}{dt} = \int \sum_\alpha \left(\frac{\delta \overline{H}}{\delta P_{\alpha;\,P}} \dot{P}_{\alpha;\,P} + \frac{\delta \overline{H}}{\delta Q_{\alpha;\,P}} \dot{Q}_{\alpha;\,P} \right) d V_P,$$

wobei allerdings (wie auch stets im folgenden beim Nachweis zeitlicher Konstanz gewisser Volumenintegrale) die vom Rande des Integrationsgebiets herrührenden Terme* fortgelassen wurden. Bei Integration über den ganzen Raum bedeutet dies, daß die Feldgrößen im räumlich Unendlichen hinreichend rasch verschwinden müssen. Läßt man dies zu, so folgt aus dem angegebenen Ausdruck für $\frac{d\overline{H}}{dt}$ gemäß (I) unmittelbar die zeitliche Konstanz von $\overline{H}$. Bei allen physikalischen Anwendungen kann die Größe $\overline{H}$ (ebenso wie die Hamiltonsche Funktion der Punktmechanik) bei geeigneter Wahl der Zahlenfaktoren als Gesamtenergie des Systems interpretiert werden.

Außer dem Energieintegral $\overline{H}$ existieren noch andere Integrale

$$G_k = -\int \sum_\alpha P_\alpha \frac{\partial Q_\alpha}{\partial x_k} d V \qquad (k = 1, 2, 3) \tag{13}$$

die als Komponenten des Gesamtimpulses des Systems zu deuten sind. Analog wie beim Energieintegral muß hier angenommen werden, daß H auch die Raumkoordinaten nicht explizite enthält, auch muß wieder das Fortlassen von Oberflächenintegralen zugestanden werden. In der Tat folgt dann aus (13) durch sukzessive partielle Integration

$$\begin{aligned} \frac{d G_k}{dt} &= -\int \sum_\alpha \left(\dot{P}_\alpha \frac{\partial Q_\alpha}{\partial x_k} - \frac{\partial P_\alpha}{\partial x_k} \dot{Q}_\alpha \right) d V \\ &= \int \sum_\alpha \left(\frac{\delta H}{\delta Q_\alpha} \frac{\partial Q_\alpha}{\partial x_k} + \frac{\delta H}{\delta P_\alpha} \frac{\partial P_\alpha}{\partial x_k} \right) d V, \end{aligned}$$

* Diese geben Anlaß zu dem als Energiestrom durch die Grenzfläche deutbaren Oberflächenintegral

$$\int df \sum_i \left[\cos(n, x_i) \sum_\alpha \left(\frac{\partial H}{\partial \frac{\partial Q_\alpha}{\partial x_i}} \dot{Q}_\alpha + \frac{\partial H}{\partial \frac{\partial P_\alpha}{\partial x_i}} \dot{P}_\alpha \right) \right].$$

durch Einsetzen der Ausdrücke

$$\frac{\delta H}{\delta Q_\alpha} = \frac{\partial H}{\partial Q_\alpha} - \sum_i \frac{\partial}{\partial x_i} \frac{\partial H}{\partial \frac{\partial Q_\alpha}{\partial x_i}}, \quad \frac{\delta H}{\delta P_\alpha} = \frac{\partial H}{\partial P_\alpha}$$

folgt daraus aber weiter

$$\frac{d G_k}{dt} = -\int \sum_\alpha \left[\sum_i \frac{\partial}{\partial x_i} \left(\frac{\partial H}{\partial \frac{\partial Q_\alpha}{\partial x_i}} \frac{\partial Q_\alpha}{\partial x_k} \right) - \frac{\partial H}{\partial x_k} \right] dV,$$

was vollständig in ein Oberflächenintegral verwandelt werden kann und daher nach Voraussetzung verschwindet, so daß G_k in der Tat zeitlich konstant ist. Wenn keine Raumrichtung von vornherein ausgezeichnet ist, L und daher auch H also invariant sind gegenüber räumlichen Drehungen des Koordinatenachsenkreuzes, bilden die G_k die Komponenten eines Vektors, wie es sein muß.

§ 2. Kanonische Vertauschungsrelationen für stetige Raum-Zeit-Funktionen. Energie und Impulssatz in der Quantendynamik. Wir sind nun genügend vorbereitet, um auch in der Feldtheorie den Schritt von der klassischen zur Quantenphysik machen zu können. Dabei bedienen wir uns zunächst einer Methode, die der Verwendung von Matrizen oder Operatoren der Quantenmechanik entspricht, während wir auf die Methoden, die der Schrödingerschen Differentialgleichung im Koordinatenraum analog sind, erst später kurz eingehen werden. Die formale Übertragung der letztgenannten Methode in die Feldphysik begegnet der mathematischen Schwierigkeit, in sinngemäßer Weise im Funktionenraum ein Volumenelement zu definieren. Erstere Methode hat überdies den Vorteil, daß eine größere Freiheit in der Wahl der unabhängigen Veränderlichen besteht, indem kanonische Transformationen leichter ausgeführt werden können, und ferner, daß die Form der physikalischen Gesetze, in unserem Falle die Feldgleichungen und der Ausdruck für die Hamiltonsche Funktion direkt aus der klassischen Theorie übernommen werden kann. Der Unterschied zwischen klassischer und Quantenphysik kommt bei dieser Methode bekanntlich darin zum Ausdruck, daß die physikalischen Größen nunmehr durch im allgemeinen nicht kommutative Operatoren ersetzt werden. Im Falle der Quantenmechanik hängen diese physikalischen Zustandsgrößen erstens ab von der Zeit und zweitens diskontinuierlich von einem Index (oder mehreren), der die verschiedenen Freiheitsgrade unterscheidet, im Falle der Quantendynamik der Feldfunktionen gehen die genannten Indizes (zu einem Teil) in die stetig veränderlichen Raumkoordinaten x_1, x_2, x_3 über, die demnach ebenso wie die Zeit t als gewöhnliche Zahlen (c-Zahlen) anzusehen sind.

Um die kanonischen V.-R.* für die kontinuierlichen Feldgrößen zu gewinnen, vollziehen wir, wie im vorigen Paragraphen, den Grenzübergang von dem Fall endlich vieler Freiheitsgrade, indem wir von der Lagrangefunktion (5) ausgehen, welche im Limes unendlich feiner Zelleneinteilung des Raumes in die Lagrangefunktion (3) übergeht. Führen wir das gewöhnliche δ-Symbol ein, welches durch

$$\delta_{ll'} = \left\{ \begin{array}{l} 0 \text{ für } l \neq l' \\ 1 \quad „ \quad l = l' \end{array} \right\} \tag{14}$$

definiert ist, ferner die Abkürzung

$$\delta_{l,\,m,\,n;\,l',\,m',\,n'} = \delta_{ll'}\,\delta_{mm'}\,\delta_{nn'}$$

und die Bezeichnung

$$\varDelta V = \varDelta x_1 \varDelta x_2 \varDelta x_3,$$

für das Volumen einer Zelle, so lauten die V.-R. bei endlich vielen Freiheitsgraden nach der gewöhnlichen Quantenmechanik

$$p_{\alpha,\,lmn}\, Q_{\beta,\,l'm'n'} - Q_{\beta,\,l'm'n'}\, p_{\alpha,\,lmn} = \frac{h}{2\pi i}\,\delta_{lmn;\,l'm'n'}\,\delta_{\alpha\beta}, \tag{15}$$

wozu noch die Vertauschbarkeit der verschiedenen Q untereinander sowie der verschiedenen p untereinander hinzukommt. Hierin ist

$$p_{\alpha,\,lmn} = \frac{\partial \overline{L}}{\partial \dot{Q}_{\alpha,\,lmn}} = \varDelta V \frac{\partial L}{\partial \dot{Q}_{\alpha,\,lmn}},$$

so daß im Limes gilt

$$\lim_{\varDelta V \to 0} \frac{1}{\varDelta V}\, p_{\alpha,\,l,\,m,\,n} = P_\alpha(x_1, x_2, x_3).$$

Würden wir in Gleichung (14) nach Division durch $\varDelta V$ zur Grenze $\varDelta V \to 0$ übergehen, so würden wir also auf der rechten Seite Null erhalten. Wir erhalten jedoch ein sinnvolles Resultat, wenn wir (15) erst mit einer beliebigen Treppenfunktion f (c-Zahl) der Indizes $l'm'n'$ multiplizieren und über alle Zellen eines gewissen Raumstückes V' summieren, wenn wir im Limes $\varDelta V \to 0$ die Funktion f derart gegen eine stetige Raumfunktion $f(x_1, x_2, x_3)$ konvergieren lassen, daß hierbei die Summe

$$\sum_{l'm'n'} f(l', m', n')\, \varDelta V$$

in das Integral

$$\int_{V'} f(x_1' x_2' x_3')\, d V'$$

* Hier und im folgenden wird stets die Abkürzung V.-R. für Vertauschungsrelationen verwendet.

über das ausgewählte Raumstück übergeht. Wir erhalten zuerst

$$\sum_{l'm'n'} f(l'm'n')\,\Delta V \cdot \left[\frac{p_{\alpha,\,lmn}}{\Delta V}\,Q_{\beta,\,l'm'n'} - Q_{\beta,\,l'm'n'}\,\frac{p_{\alpha,\,lmn}}{\Delta V}\right]$$
$$= \frac{h}{2\pi i}\,\delta_{\alpha\beta}\begin{cases} f(l,m,n), & \text{wenn Zelle } l, m, n \text{ in } V', \\ 0 & \text{sonst.}\end{cases}$$

Und im Limes einer unendlich fein gewordenen Zelleneinteilung

$$\iiint_{V'} f(x_1', x_2', x_3')\,dV' \{P_\alpha(x_1 x_2 x_3)\,Q_\beta(x_1' x_2' x_3') - Q_\beta(x_1', x_2', x_3')\,P_\alpha(x_1, x_2, x_3)\}$$
$$= \frac{h}{2\pi i}\,\delta_{\alpha\beta}\begin{cases} f(x_1, x_2, x_3), & \text{wenn Punkt } x_1, x_2, x_3 \text{ in } V', \\ 0 & \text{sonst.}\end{cases} \tag{16}$$

Übrigens kann hierin auch die Rolle von x_1, x_2, x_3 und x_1', x_2', x_3' vertauscht werden. Es ist zweckmäßig, dieses Resultat mittels des von Dirac eingeführten singulären Funktionssymbols $\delta(x)$ zu formulieren, das durch

$$\int_a^b f(x)\,\delta(x)\,dx = \begin{cases} f(0), & \text{wenn } x = 0 \text{ in } (a, b), \\ 0 & \text{sonst}\end{cases} \tag{17}$$

definiert ist. Es folgt hieraus, daß stets $\delta(-x) = \delta(x)$ gesetzt werden darf. Ferner gilt dann unter Einführung des Vektors $\mathfrak{r}$ mit den Komponenten x_1, x_2, x_3 und den Abkürzungen

$$\left.\begin{aligned} &\delta(\mathfrak{r}) = \delta(x_1)\,\delta(x_2)\,\delta(x_3), \qquad \delta(\mathfrak{r}, \mathfrak{r}') = \delta(\mathfrak{r}', \mathfrak{r}) = \delta(\mathfrak{r} - \mathfrak{r}'), \\ &\int_{V'} f(x_1', x_2', x_3')\,\delta(\mathfrak{r}, \mathfrak{r}')\,dV' = \begin{cases} f(x_1, x_2, x_3), & \text{wenn } x_1, x_2, x_3 \text{ in } V', \\ 0 & \text{sonst.}\end{cases}\end{aligned}\right\} \tag{17'}$$

Schreiben wir für $P_\alpha(x_1 x_2 x_3)$, $Q_\alpha(x_1 x_2 x_3)$ kurz P_α, Q_α, für $P_\alpha(x_1', x_2', x_3')$, $Q_\alpha(x_1', x_2', x_3')$ dagegen P_α', Q_α', und führen wir als weitere Abkürzung das Klammersymbol

$$[F, G] \equiv FG - GF$$

ein, so lassen sich schließlich die kanonischen V.-R. für kontinuierliche Feldgrößen folgendermaßen schreiben:

$$\left.\begin{aligned} &[Q_\alpha, Q_\beta'] = 0, \quad [P_\alpha, P_\beta'] = 0, \\ &[P_\alpha, Q_\beta'] = [P_\alpha', Q_\beta] = \frac{h}{2\pi i}\,\delta_{\alpha\beta}\,\delta(\mathfrak{r}, \mathfrak{r}'). \end{aligned}\right\} \tag{II}$$

Es ist zu bemerken, daß diese Relationen für zwei verschiedene Raumstellen, aber stets für den gleichen Zeitpunkt gelten, und daß für die Werte der betreffenden Klammersymbole aus den Feldgrößen zu zwei verschiedenen Zeitpunkten zunächst noch nichts ausgesagt wird. Wenn wir dagegen die Ableitung der δ-Funktion in der üblichen Weise definieren, nämlich

$$\int_a^b f(x)\,\delta'(x)\,dx = \begin{cases} -f'(0), & \text{wenn } x = 0 \text{ in } (a, b), \\ 0 & \text{sonst,} \end{cases} \tag{17''}$$

was aus (17) formal durch partielle Integration und Fortlassen der von den Grenzen herrührenden Glieder entsteht, so können die V.-R. (II) nach den Raumkoordinaten differenziert werden. So ergibt sich z. B.

$$\left.\begin{aligned} \left[P'_\alpha, \frac{\partial Q_\alpha}{\partial x_i}\right] &= \frac{h}{2\pi i}\frac{\partial}{\partial x_i}\delta(\mathfrak{r}, \mathfrak{r}'); \\ \left[P_\alpha, \frac{\partial Q'_\alpha}{\partial x'_i}\right] &= \frac{h}{2\pi i}\frac{\partial}{\partial x'_i}\delta(\mathfrak{r}, \mathfrak{r}') = -\frac{h}{2\pi i}\frac{\partial}{\partial x_i}\delta(\mathfrak{r}, \mathfrak{r}'); \\ \left[\frac{\partial P_\alpha}{\partial x_i}, Q'_\alpha\right] &= \frac{h}{2\pi i}\frac{\partial}{\partial x_i}\delta(\mathfrak{r}, \mathfrak{r}'); \\ \left[\frac{\partial P'_\alpha}{\partial x'_i}, Q_\alpha\right] &= \frac{h}{2\pi i}\frac{\partial}{\partial x'_i}\delta(\mathfrak{r}, \mathfrak{r}') = -\frac{h}{2\pi i}\frac{\partial}{\partial x_i}\delta(\mathfrak{r}, \mathfrak{r}'), \end{aligned}\right\} \tag{18}$$

wobei die letztere Gleichung aus $\delta(\mathfrak{r}, \mathfrak{r}') = \delta(\mathfrak{r} - \mathfrak{r}') = \delta(\mathfrak{r}' - \mathfrak{r})$ folgt.

Um weiter zu kommen, muß die Differentiation einer Funktion von nicht vertauschbaren Größen nach einer dieser Größen definiert werden, was in bekannter Weise gemäß

$$\frac{\partial F(Q_1, Q_2, \ldots)}{\partial Q_1} = \lim_{\delta \to 0} \frac{F(Q_1 + \delta, Q_2, \ldots) - F(Q_1, Q_2, \ldots)}{\delta}$$

geschehen soll, worin δ eine c-Zahl (multipliziert mit dem nicht hingeschriebenen Einheitsoperator) ist. Bei dieser Definition gilt die gewöhnliche Regel für die Differentiation des Produktes

$$\frac{\partial (F_1 F_2)}{\partial Q_1} = F_1 \frac{\partial F_2}{\partial Q_1} + \frac{\partial F_1}{\partial Q_1} F_2,$$

worin auf Beibehaltung der Reihenfolge der Faktoren zu achten ist.

Nun sei F eine beliebige Funktion der P_α, $\frac{\partial P_\alpha}{\partial x_i}$, Q_α, $\frac{\partial Q_\alpha}{\partial x_i}$, die aber zunächst nur von den Werten dieser Funktionen an einer einzigen Raumstelle abhängen möge. Dann läßt sich, immer in Analogie zu den entsprechenden Entwicklungen der gewöhnlichen Quantenmechanik, leicht beweisen:

$$\left.\begin{aligned} [F, Q'_\alpha] &= \frac{h}{2\pi i}\left[\frac{\partial F}{\partial P_\alpha}\delta(\mathfrak{r}, \mathfrak{r}') + \sum_i \frac{\partial F}{\partial \frac{\partial P_\alpha}{\partial x_i}}\frac{\partial}{\partial x_i}\delta(\mathfrak{r}, \mathfrak{r}')\right], \\ [P'_\alpha, F] &= \frac{h}{2\pi i}\left[\frac{\partial F}{\partial Q_\alpha}\delta(\mathfrak{r}, \mathfrak{r}') + \sum_i \frac{\partial F}{\partial \frac{\partial Q_\alpha}{\partial x_i}}\frac{\partial}{\partial x_i}\delta(\mathfrak{r}, \mathfrak{r}')\right]. \end{aligned}\right\} \tag{19}$$

Diese Relationen sind nämlich offenbar gemäß (II) und (18) richtig, wenn für F eine der Feldgrößen P_α, Q_α, $\frac{\partial P_\alpha}{\partial x_i}$, $\frac{\partial Q_\alpha}{\partial x_i}$ selbst eingesetzt wird, und man zeigt dann weiter, daß sie für $F_1 + F_2$ und $F_1 F_2$ richtig bleiben, wenn sie für F_1 und F_2 als richtig vorausgesetzt werden. Man gewinnt ferner aus (19) durch Integration unmittelbar die entsprechenden V.-R. für

$$\overline{F} = \int F\, dV,$$

nämlich

$$[\overline{F}, Q'_\alpha] = \frac{h}{2\pi i}\left(\frac{\partial F}{\partial P_\alpha} - \sum_i \frac{\partial}{\partial x_i}\frac{\partial F}{\partial \frac{\partial P_\alpha}{\partial x_i}}\right)_{\text{für } x_i = x'_i},$$

$$[P'_\alpha, \overline{F}] = \frac{h}{2\pi i}\left(\frac{\partial F}{\partial Q_\alpha} - \sum_i \frac{\partial}{\partial x_i}\frac{\partial F}{\partial \frac{\partial Q_\alpha}{\partial x_i}}\right)_{\text{für } x_i = x'_i}.$$

Mit Einführung der Symbole $\frac{\delta \overline{F}}{\delta P_\alpha}$ und $\frac{\delta \overline{F}}{\delta Q_\alpha}$ gemäß (4) läßt sich dies einfach schreiben:

$$[\overline{F}, Q_\alpha] = \frac{h}{2\pi i}\frac{\delta \overline{F}}{\delta P_\alpha}, \quad [\overline{F}, P_\alpha] = -\frac{h}{2\pi i}\frac{\delta \overline{F}}{\delta Q_\alpha}, \tag{20}$$

worin die Variation stets an derselben Raumstelle zu bilden ist, auf die sich die in den Klammerausdrücken befindlichen Feldgrößen beziehen.

Wir sind nun genügend vorbereitet, um zur Diskussion der Feldgleichungen übergehen zu können. Diese übernehmen wir in der kanonischen Form (I) aus der klassischen Theorie:

$$\dot{Q}_\alpha = \frac{\delta \overline{H}}{\delta P_\alpha}, \quad \dot{P}_\alpha = -\frac{\delta \overline{H}}{\delta Q_\alpha}, \tag{I}$$

mit dem besonderen Zusatz jedoch, daß die hierin vorkommenden partiellen Differentiationen in dem oben definierten Sinne zu verstehen sind. Auch werden im allgemeinen besondere Vorschriften über die Reihenfolge der Faktoren in H erforderlich sein, die das klassische Vorbild nicht eindeutig zu bestimmen gestattet. Bei der späteren Anwendung jedoch wird H (im wesentlichen) eine quadratische Form der Feldgrößen, die Feldgleichungen werden also (im wesentlichen)* linear sein, so daß die Vorschrift (I) besagt, daß die Feldgleichungen genau so lauten wie die entsprechenden klassischen.

* Hamiltonfunktion und Feldgleichungen der Materiewellen enthalten Produkte der materiellen Feldgrößen ψ und ψ^* mit den elektromagnetischen Potentialen Φ_ν. Wir werden jedoch sehen, daß in unserer Theorie ψ und ψ^* mit den Φ_ν vertauschbar sind, so daß dieser Umstand nicht stört.

Vermöge (20) können die Feldgleichungen sofort in der Form geschrieben werden:

$$\dot{Q}_\alpha = \frac{2\pi i}{h}[\overline{H}, Q_\alpha], \qquad \dot{P}_\alpha = \frac{2\pi i}{h}[\overline{H}, P_\alpha],$$

aus der sodann durch einen ähnlichen Induktionsschluß wie oben für eine jede der dort betrachteten Größen F die Relation

$$\dot{F} = \frac{2\pi i}{h}[\overline{H}, F], \tag{21}$$

also auch für

$$\overline{F} = \int F\,dV$$

$$\dot{\overline{F}} = \frac{2\pi i}{h}[\overline{H}, \overline{F}] \tag{21'}$$

zu folgern ist*.

Aus dieser Gleichung können nun zwei Schlußfolgerungen gezogen werden, die für die widerspruchsfreie Durchführbarkeit der Theorie von grundlegender Wichtigkeit sind. Zuerst setzen wir in (21') $\overline{F} = \overline{H}$, woraus sich wegen $[\overline{H}, \overline{H}] \equiv 0$

$$\dot{\overline{H}} = 0, \quad \overline{H} = \text{const} \tag{22}$$

ergibt. Es gilt also auch hier der Energiesatz** [wobei natürlich angenommen wurde, daß H die Zeit nicht explizite enthält, da (21) nur für Größen zutrifft, welche diese Voraussetzung erfüllen]. Zweitens setzen wir in (21) für F eines der Klammersymbole $[Q_\alpha, Q'_\beta]$, $[P_\alpha, P'_\beta]$, $[P_\alpha, Q'_\beta]$, $[P'_\alpha, Q_\beta]$. Da gemäß (II) diese Klammersymbole alle c-Zahlen sind (genauer: c-Zahlen multipliziert mit Einheitsoperatoren), sind sie ihrerseits mit H vertauschbar, so daß die zeitlichen Ableitungen der Klammersymbole (bei festen Raumstellen) verschwinden. Dies bedeutet, daß bei Annahme der V.-R. (II) für einen gewissen Zeitpunkt $t = t_0$ sich diese V.-R. vermöge der Feldgleichungen (I) für einen benachbarten Zeitpunkt und damit für alle Zeiten reproduzieren. Hierdurch ist erst die Vereinbarkeit von (I) und (II) erwiesen.

---

* Die Rolle dieser Relation ist die, daß sie die Anwendung von Gleichungen wie

$$\dot{F} = \sum_\alpha \left[\frac{\partial F}{\partial Q_\alpha}\dot{Q}_\alpha + \frac{\partial F}{\partial P_\alpha}\dot{P}_\alpha + \sum_i \left(\frac{\partial F}{\partial \frac{\partial Q_\alpha}{\partial x_i}}\frac{\partial \dot{Q}_\alpha}{\partial x_i} + \frac{\partial F}{\partial \frac{\partial P_\alpha}{\partial x_i}}\frac{\partial \dot{P}_\alpha}{\partial x_i}\right)\right],$$

die unzulässig wäre, zu vermeiden gestattet.

** Man wird bemerken, daß wir hier im Gegensatz zu den älteren Darstellungen der Quantenmechanik die Annahme, $\overline{H}$ sei auf Diagonalform gebracht, nicht eingeführt haben, da dies zwar einen wichtigen, aber nicht den einzig möglichen Fall der physikalischen Anwendung der Gleichungen darstellt.

Wir machen nun noch eine Anwendung von (20) auf die durch (13) definierten Impulsintegrale

$$G_k = -\int \sum_\alpha P_\alpha \frac{\partial Q_\alpha}{\partial x_k} dV. \tag{13}$$

Man findet, indem man in (20) $\overline{F}$ mit G_k identifiziert,

$$[G_k, Q_\alpha] = \frac{ih}{2\pi}\frac{\partial Q_\alpha}{\partial x_k}, \quad [G_k, P_\alpha] = \frac{ih}{2\pi}\frac{\partial P_\alpha}{\partial x_k}.$$

Durch Induktion folgt daraus für jede (die Raumkoordinaten nicht explizite enthaltende) Größe F der betrachteten Art

$$\frac{\partial F}{\partial x_k} = -\frac{2\pi i}{h}[G_k, F], \tag{23}$$

welche Relationen ein Seitenstück zu (21) bilden. Durch Integration über das räumliche Volumen folgt hieraus wegen

$$\int \frac{\partial F}{\partial x_k} dV = 0$$

bei Existenz von $\overline{F} = \int F\, dV$

$$[G_k, \overline{F}] = 0$$

und speziell für $F = \overline{H}$ gemäß (21)

$$\dot{G}_k = 0, \quad G_k = \text{const}, \tag{24}$$

wodurch die Existenz der Impulsintegrale in der Quantendynamik bewiesen ist. Hierzu ist allerdings noch eine Bemerkung betreffend die Reihenfolge der Faktoren P_α und $\frac{\partial Q_\alpha}{\partial x_k}$ in (13) zu machen. Zwar ist die Gültigkeit von (23) und (24) von dieser Reihenfolge unabhängig, aber gemäß (18) wird $\left[P_\alpha, \frac{\partial Q_\alpha}{\partial x_k}\right]$, da diese Funktionen an derselben Raumstelle zu nehmen sind, so wie $\delta'(x)$ für $x = 0$ singulär und unbestimmt. Welche Linearkombination der Ausdrücke $P_\alpha \frac{\partial Q_\alpha}{\partial x_k}$ und $\frac{\partial Q_\alpha}{\partial x_k} P_\alpha$ im Integranden von G_k zu verwenden ist, kann also nicht von vornherein angegeben werden.

Aus (21) und (23) folgen bei Darstellung der die Feldgrößen repräsentierenden Operatoren durch Matrizen und in dem Sonderfall, daß Energie $\overline{H}$ und Impuls G_k auf Diagonalform gebrachte Matrizen sind, für ein beliebiges Matrixelement F_{nm} von F die Differentialgleichungen

$$\dot{F}_{nm} = \frac{2\pi i}{h}(\overline{H}_n - \overline{H}_m) F_{nm}, \quad \frac{\partial F_{nm}}{\partial x_k} = -\frac{2\pi i}{h}(G_{k,n} - G_{k,m}) F_{nm},$$

so daß die Abhängigkeit des Elementes F_{nm} von Raum und Zeit notwendig die Gestalt einer harmonischen Welle hat:

$$F_{nm} = a_{nm}\, e^{\frac{2\pi i}{h}[(\overline{H}_n - \overline{H}_m)t - (\mathfrak{G}_n - \mathfrak{G}_m)\mathfrak{r}]}, \tag{25}$$

wenn unter $\mathfrak{G}$ der Impulsvektor mit den Komponenten G_k verstanden wird. Unabhängig von irgend einer speziellen Darstellung der Operatoren folgt durch wiederholte Anwendung von (21) und (23) in bekannter Weise für jede Größe F

$$F(x_1', x_2', x_3', t') = e^{\frac{2\pi i}{h}[\overline{H}(t'-t) - (\mathfrak{G}, \mathfrak{r}'-\mathfrak{r})]} F(x_1, x_2, x_3, t)\, e^{-\frac{2\pi i}{h}[\overline{H}(t'-t) - (\mathfrak{G}, \mathfrak{r}'-\mathfrak{r})]} \tag{26}$$

Zum Schluß dieses Paragraphen sei noch als Methode der Integration der Gleichungen die der Entwicklung der Feldgrößen nach Eigenschwingungen erwähnt; es ist die einzige Methode, die sich bisher als praktisch durchführbar erwiesen hat. Man entwickle die Feldgrößen in ihrer Abhängigkeit von den Raumkoordinaten nach einem Orthogonalsystem:

$$P_\alpha = \sum_\varrho a_{\alpha\varrho}(t)\, u_\varrho(x_1, x_2, x_3), \quad Q_\alpha = \sum_\varrho b_{\alpha\varrho}(t)\, u_\varrho^*(x_1, x_2, x_3), \tag{27}$$

worin

$$\int u_\varrho u_\sigma^*\, dV = \delta_{\varrho\sigma} \tag{28}$$

und die Umkehrformeln lauten:

$$a_{\alpha\varrho}(t) = \int P_\alpha u_\varrho^*(x_1, x_2, x_3)\, dV, \quad b_{\alpha\varrho}(t) = \int Q_\alpha u_\varrho(x_1, x_2, x_3)\, dV. \tag{27'}$$

Hierin sind die u_ϱ als c-Funktionen, die a_α und b_α jedoch ebenso wie die P_α und Q_α als q-Zahlen zu betrachten.

Daß das Orthogonalsystem diskret wird, kann man dadurch erzwingen, daß man entweder das Feld in einem Hohlraum betrachtet, an dessen Wänden gewisse Randbedingungen erfüllt sein müssen (stehende Wellen), oder, wie z. B. in der Kristallgittertheorie üblich, durch die Beschränkung des Feldes auf räumlich periodischen Verlauf mit hinreichend großer Periode (fortschreitende Wellen).

Als V.-R. der a und b ergibt sich gemäß (II)

$$[a_{\alpha\varrho}, b_{\beta\sigma}] = \int [P_\alpha, Q_\beta']\, u_\varrho^* u_\sigma'\, dV\, dV' = \frac{h}{2\pi i}\, \delta_{\alpha\beta} \int u_\varrho^* u_\sigma\, dV,$$

folglich gemäß (28) die kanonische Form

$$[a_{\alpha\varrho}, b_{\beta\sigma}] = \frac{h}{2\pi i}\, \delta_{\alpha\beta}\, \delta_{\varrho\sigma}. \tag{29}$$

Die Hamiltonfunktion $\overline{H}$ geht über in eine Funktion der a und b und gibt zu kanonischen Gleichungen in diesen Variablen Anlaß. In der Wahl des Orthogonalsystems besteht natürlich vollkommene Freiheit. Gelingt es, dieses so zu wählen, daß $\overline{H}$ separierbar ist, so können alle Matrizen leicht berechnet werden. Im anderen Falle muß bei einem passenden Ausgangssystem Störungstheorie getrieben werden, sei es mit Einführung von Schrödingerschen Funktionen $\varphi(b_1, b_2, \ldots)$, sei es nach den ursprünglichen Methoden der Matrixtheorie.

§ 3. Relativistische Invarianz der V.-R. bei invarianter Lagrangefunktion. Bisher war immer nur die Rede von V.-R., welche die Werte der Feldgrößen an zwei Raumstellen am gleichen Zeitpunkt miteinander verknüpfen. Durch die Feldgleichungen (I) sind dann jedoch die V.-R. für zwei verschiedene Zeitpunkte implizite bestimmt. Von einer brauchbaren Theorie muß nun verlangt werden, daß bei relativistischer Invarianz der Lagrangeschen Funktion auch die V.-R. ihre Form behalten, wenn man von einem Koordinatensystem durch Lorentztransformation zu einem anderen übergeht. Es ist die Aufgabe dieses Paragraphen, den Nachweis zu erbringen, daß diese Bedingung erfüllt ist.

Wenn wir von einem Koordinatensystem durch Lorentztransformation zu einem anderen übergehen, so ändern sich die Werte der Klammersymbole in (II) aus zwei Gründen. Erstens werden die Größen P_α und Q_α im allgemeinen keine Skalare sein, werden sich also an einem bestimmten Weltpunkt in gewisser Weise transformieren. Zweitens sind im gestrichenen Koordinatensystem andere Weltpunkte in den V.-R. anzunehmen als im ungestrichenen, indem die letzteren eine gemeinsame t'-Koordinate, die ersteren jedoch den gleichen Wert von t aufweisen. Die durch den letzten Umstand bedingte Änderung der Klammersymbole wäre indessen schwierig zu ermitteln, da wir allgemeine Formeln für diese im Falle endlicher Differenzen der Zeitwerte an den beiden in Betracht kommenden Stellen nicht aufstellen können. Man kann jedoch diese Schwierigkeit dadurch umgehen, daß man sich auf infinitesimale Lorentztransformationen beschränkt. In diesem Falle kann nämlich irgend eine physikalische Größe $f(t')$ durch $f(t) + \frac{\partial f}{\partial t}(t' - t)$ ersetzt werden, und $\frac{\partial f}{\partial t}$ sowie die zugehörigen V.-R. können aus (I) entnommen werden. Wegen des Gruppencharakters der Gesamtheit dieser Transformationen folgt dann hieraus von selbst die Invarianz der Gleichungssysteme auch bei endlichen Transformationen. Wir werden demgemäß im folgenden so vorgehen, daß wir die Änderungen der Klammersymbole bei infinitesimalen Lorentztransformationen infolge der beiden genannten Umstände getrennt berechnen und dann untersuchen werden, unter welchen Bedingungen sie sich kompensieren.

Wenn wir mit der Diskussion der erstgenannten Ursache der Änderung der Klammersymbole beginnen, müssen wir zunächst über die Art der Transformation der Größen P_α und Q_α bei Lorentztransformationen allgemeine Aussagen machen. Es wird zweckmäßig sein, die imaginäre Zeitkoordinate $x_4 = ict$ einzuführen, ferner statt der früher mit P_α bezeichneten Größen

$$P_{\alpha 4} = \frac{\partial L}{\partial \dfrac{\partial Q_\alpha}{\partial x_4}} = i c P_\alpha, \tag{30}$$

so daß

$$\frac{\partial P_{\alpha 4}}{\partial x_4} = \dot{P}_\alpha = -\frac{\delta \overline{H}}{\delta Q_\alpha}, \quad \frac{\partial Q_\alpha}{\partial x_4} = \frac{1}{ic}\dot{Q}_\alpha = \frac{1}{ic}\frac{\delta \overline{H}}{\delta P_\alpha} = \frac{\delta \overline{H}}{\delta P_{\alpha 4}}, \tag{30'}$$

$$[P_{\alpha 4}, \overline{Q}_\beta] = \frac{hc}{2\pi}\delta_{\alpha\beta}\,\delta(\mathfrak{r}, \overline{\mathfrak{r}}), \tag{31}$$

wobei wir jetzt zur Kennzeichnung der Raum-Zeitstelle von Q_β das Überstreichen anwenden, um den Akzent dem Übergang zu einem anderen Koordinatensystem vorzubehalten. Als formal gleichgeordnet werden im folgenden neben den $P_{\alpha 4}$ die bereits in (9) eingeführten Größen

$$P_{\alpha i} = \frac{\partial L}{\partial \dfrac{\partial Q_\alpha}{\partial x_i}} = -\frac{\partial H}{\partial \dfrac{\partial Q_\alpha}{\partial x_i}} \tag{9}$$

treten, für die jedoch keine so einfach angebbaren V.-R. mit Q_β und $P_{\beta 4}$ gelten wie die Gleichung (31). Hierbei ist jedoch besonders zu betonen, daß die Übereinstimmung der beiden in (9) benutzten Ausdrücke für $P_{\alpha i}$ wegen der Nichtvertauschbarkeit gewisser Faktoren in H nicht allgemein verbürgt ist. Nur wenn L eine quadratische Form der Q_α und $\dfrac{\partial Q_\alpha}{\partial x_i}$ mit konstanten Koeffizienten (mit einer eventuell noch hinzutretenden beliebigen Funktion der Q_α allein) ist, kann die bei der Herleitung von (9) verwendete Argumentation unmittelbar übernommen werden. Es gilt dann allgemein

$$P_{\alpha\mu} = \frac{\partial L}{\partial \dfrac{\partial Q_\alpha}{\partial x_\mu}}, \tag{32}$$

wenn hier und im folgenden stets die Indizes $\mu, \nu, \ldots$ von 1 bis 4 laufen, im Gegensatz zu lateinisch geschriebenen Indizes, welche sich nur auf räumliche Koordinaten beziehen und von 1 bis 3 laufen, und im Gegensatz zu den Indizes $\alpha, \beta, \ldots$, welche die verschiedenen Größen $P_{\alpha 4}$ und Q^{β} unterscheiden. Weder über die Anzahl noch über das Transformationsgesetz der letzteren Größen machen wir eine spezielle Annahme. Jedoch kann leicht aus (32) geschlossen werden*: Transformieren sich bei der orthogonalen Koordinatentransformation (über zweimal vorkommende Indizes ist zu summieren)

$$x'_\mu = a_{\mu\nu} x_\nu, \quad a_{\mu\varrho} a_{\nu\varrho} = \delta_{\nu\mu} \tag{33}$$

die Größen Q gemäß

$$Q'_\alpha = A_{\alpha\beta} Q_\beta, \tag{34}$$

so transformieren sich die $P_{\alpha\mu}$ gemäß

$$P'_{\alpha\mu} = a_{\mu\nu} B_{\alpha\beta} P_{\beta\nu}, \tag{35}$$

worin die Koeffizienten B mit dem Koeffizienten A gemäß

$$A_{\alpha\gamma} B_{\beta\gamma} = \delta_{\alpha\beta} \tag{36}$$

zusammenhängen. Das heißt, die Matrix der B ist die reziproke der transponierten Matrix A. Es folgt hieraus, daß über gleiche Indizes der P und der Q stets verjüngt werden darf, so daß z. B. $\sum_\alpha P_{\alpha\mu} Q_\alpha$ ein Vektor, $\sum_\alpha P_{\alpha\mu} \frac{\partial Q_\alpha}{\partial x_\nu}$ ein Tensor ist.

Wenn wir von den endlichen zu infinitesimalen Transformationen übergehen, wobei $a_{\mu\nu} = \delta_{\mu\nu} + \varepsilon s_{\mu\nu}$, $A_{\alpha\beta} = \delta_{\alpha\beta} + \varepsilon t_{\alpha\beta}$ und gemäß (33) und (36) $s_{\mu\nu} = -s_{\nu\mu}$, $s_{\nu\nu} = 0$, $B_{\alpha\beta} = \delta_{\alpha\beta} - \varepsilon t_{\beta\alpha}$ gilt und Größen der Ordnung ε^2 vernachlässigt werden, wird aus (33), (34) und (35)

$$x'_\mu = x_\mu + \varepsilon s_{\mu\nu} x_\nu, \quad s_{\mu\nu} = -s_{\nu\mu}, \tag{33'}$$

$$Q'_\alpha = Q_\alpha + \varepsilon t_{\alpha\beta} Q_\beta, \tag{34'}$$

$$P'_{\alpha\mu} = P_{\alpha\mu} - \varepsilon t_{\beta\alpha} P_{\beta\mu} + \varepsilon s_{\mu\nu} P_{\alpha\nu}. \tag{35'}$$

Nunmehr berechnen wir die Klammersymbole der gestrichenen Feldgrößen, wobei wir jedoch die Weltpunkte (x_μ) und $(\bar{x}_\mu)$, an denen die Feldgrößen zu nehmen sind, zunächst fest lassen.

Dann wird

$$\begin{aligned}
[Q'_\alpha, \overline{Q}'_\beta] &= [Q_\alpha, \overline{Q}_\beta] + \varepsilon t_{\alpha\gamma} [Q_\gamma, \overline{Q}_\beta] + \varepsilon t_{\beta\delta} [Q_\alpha, \overline{Q}_\delta], \\
[P'_{\alpha 4}, \overline{Q}'_\beta] &= [P_{\alpha 4}, \overline{Q}_\beta] + \varepsilon s_{4\nu} [P_{\alpha\nu}, \overline{Q}_\beta] - \varepsilon t_{\gamma\alpha} [P_{\gamma 4}, \overline{Q}_\beta] + \varepsilon t_{\beta\gamma} [P_{\alpha 4}, \overline{Q}_\gamma], \\
[P'_{\alpha 4}, \overline{P}'_{\beta 4}] &= [P_{\alpha 4}, \overline{P}_{\beta 4}] + \varepsilon s_{4\nu} [P_{\alpha\nu}, \overline{P}_{\beta 4}] + \varepsilon s_{4\nu} [P_{\alpha 4}, \overline{P}_{\beta\nu}] \\
&\quad - \varepsilon t_{\gamma\alpha} [P_{\gamma 4}, \overline{P}_{\beta 4}] - \varepsilon t_{\gamma\beta} [P_{\alpha 4}, \overline{P}_{\gamma 4}].
\end{aligned}$$

Diese Ausdrücke vereinfachen sich wesentlich, wenn wir für das ungestrichene Koordinatensystem die Werte (II) bzw. (31) der Klammer-

* Dies gilt unabhängig davon, ob L neben $\dot{Q}_\alpha$ noch die $P_{\alpha 4}$ explizite enthält oder nicht.

symbole einsetzen. Es verschwinden dann nämlich alle Terme, welche die $t_{\alpha\beta}$ als Faktor enthalten. In der ersten und letzten Gleichung ist dies trivial, in der zweiten Gleichung geben sie (bis auf einen gemeinsamen konstanten Faktor) den Beitrag

$$-t_{\gamma\alpha}\delta_{\gamma\beta}+t_{\beta\gamma}\delta_{\alpha\gamma}=-t_{\beta\alpha}+t_{\beta\alpha}=0.$$

Es bleiben also nur die Terme mit dem Faktor $s_{4\nu}$ stehen, in welchen übrigens zufolge $s_{44}=0$ noch ν durch den von 1 bis 3 laufenden Index k ersetzt werden kann, so daß man hat

$$\left.\begin{aligned} [Q'_\alpha, \overline{Q}'_\beta] &= 0, \\ [P'_{\alpha 4}, \overline{Q}'_\beta] &= \frac{hc}{2\pi}\delta(\mathfrak{r}, \overline{\mathfrak{r}})\delta_{\alpha\beta} + \varepsilon s_{4k}[P_{\alpha k}, \overline{Q}_\beta], \\ [P'_{\alpha 4}, \overline{P}'_{\beta 4}] &= \varepsilon s_{4k}[P_{\alpha k}, \overline{P}_{\beta 4}] + \varepsilon s_{4k}[P_{\alpha 4}, \overline{P}_{\beta k}]. \end{aligned}\right\} \tag{37}$$

Wir können nun zur Berechnung des zweiten Teiles der Änderung der Klammersymbole übergehen, nämlich derjenigen, welche von der Änderung der Weltpunkte herrührt. Nun ist es stets erlaubt, den Ursprung des Koordinatensystems in einen der beiden Weltpunkte zu legen, der also fest bleibt. In welchem der beiden Weltpunkte ist gleichgültig, da bereits gezeigt ist, daß der Übergang von einem Schnitt $t=\text{const}$ zu einem parallelen Nachbarschnitt durch die vierdimensionale Welt an den V.-R. nichts ändert. Wählen wir den ersten Punkt P als den festen, so hat der zweite, $\overline{P}$, im ungestrichenen Koordinatensystem die Werte $x_i=\bar{x}_i$, $x_4=0$, während der Punkt $\overline{P}'$ im gestrichenen Koordinatensystem dieselben Werte $x'_i=\bar{x}_i$, $x'_4=0$ der Koordinaten besitzt. Im ungestrichenen System hat also der Punkt $\overline{P}$ die Koordinaten $(\bar{x}_i, 0)$, der Punkt $\overline{P}'$ aber wegen $x_4=0$ die Koordinaten $(\bar{x}_i - \varepsilon s_{ik}\bar{x}_k, -\varepsilon s_{4k}\bar{x}_k)$ Also wird für irgend zwei Größen F_1, F_2:

$$[F_1(P), F_2(\overline{P}')] = [F_1(P), F_2(\overline{P})] - \varepsilon s_{\nu k}\bar{x}_k\left[F_1(P), \frac{\partial F_2(\overline{P})}{\partial \bar{x}_\nu}\right].$$

Die Gesamtänderung der Klammersymbole wird demnach, wenn wir den Nullpunkt des Koordinatensystems nunmehr wieder beliebig lassen

$$\left.\begin{aligned} [Q'_\alpha, Q'_\beta(\overline{P}')] - [Q_\alpha, Q_\beta(\overline{P})] &= -\varepsilon s_{\nu k}(\bar{x}_k - x_k)\left[Q_\alpha, \frac{\partial \overline{Q}_\beta}{\partial \bar{x}_\nu}\right] \\ [P'_{\alpha 4}, Q'_\beta(\overline{P}')] - [P_{\alpha 4}, Q_\beta(\overline{P})] &= -\varepsilon s_{\nu k}(\bar{x}_k - x_k)\left[P_{\alpha 4}, \frac{\partial \overline{Q}_\beta}{\partial \bar{x}_\nu}\right] \\ &\quad + \varepsilon s_{4k}[P_{\alpha k}, \overline{Q}_\beta] \\ [P'_{\alpha 4}, P'_{\beta 4}(\overline{P}')] - [P_{\alpha 4}, P_{\beta 4}(\overline{P})] &= -\varepsilon s_{\nu k}(\bar{x}_k - x_k)\left[P_{\alpha 4}, \frac{\partial \overline{P}_{\beta 4}}{\partial \bar{x}_\nu}\right] \\ &\quad + \varepsilon s_{4k}\{[P_{\alpha k}, \overline{P}_{\beta 4}] + [P_{\alpha 4}, \overline{P}_{\beta k}]\}. \end{aligned}\right\} \tag{38}$$

Hierzu ist zunächst zu bemerken, daß in den Gliedern mit $s_{\nu k}$ der Summationsbuchstabe ν auf 4 beschränkt werden kann. Für die erste und letzte Gleichung ist dies trivial wegen Verschwindens der betreffenden Klammersymbole, für die mittlere Gleichung folgt es daraus, daß mit dem Faktor $(\bar{x}_k - x_k)$ behaftete Glieder nur dann beibehalten zu werden brauchen, wenn dieser Faktor durch eine hinzutretende Ableitung der δ-Funktion nach x_k wieder aufgehoben wird, was auch für das Folgende von Wichtigkeit sein wird. Für $\nu = 1, 2, 3$ ist nun $\left[P_{\alpha 4}, \frac{\partial Q_\beta}{\partial \bar{x}_\nu}\right]$ proportional $\frac{\partial}{\partial x_\nu} \delta(\mathfrak{r}, \bar{\mathfrak{r}})$, während für $\nu = k$ wegen $s_{kk} = 0$ der Term zum Verschwinden gebracht wird, so daß auch hier nur $\nu = 4$ übrigbleibt.

Sollen nun die V.-R. (II) auch für den nicht parallelen Nachbarschnitt $t' = \text{const}$ gültig bleiben, so müssen für alle schiefsymmetrischen $s_{\mu\nu}$, also für alle s_{4k} die Terme mit ε in den angeschriebenen Formeln sich kompensieren. Das heißt, es muß gelten

$$\left.\begin{aligned}
(\bar{x}_k - x_k)\left[Q_\alpha, \frac{\partial \overline{Q}_\beta}{\partial x_4}\right] &= 0,\\
(\bar{x}_k - x_k)\left[P_{\alpha 4}, \frac{\partial \overline{Q}_\beta}{\partial x_4}\right] &= [P_{\alpha k}, \overline{Q}_\beta],\\
(\bar{x}_k - x_k)\left[P_{\alpha 4}, \frac{\partial \overline{P}_{\beta 4}}{\partial x_4}\right] &= [P_{\alpha k}, \overline{P}_{\beta 4}] + [P_{\alpha 4}, \overline{P}_{\beta k}].
\end{aligned}\right\} \tag{39}$$

Wir gehen nun an die Verifikation der Gleichungen (39), wobei wir annehmen, daß H die räumlichen Ableitungen der P nicht enthält. Dann ist zunächst die erste Gleichung von selbst erfüllt, da der Klammerausdruck $\left[Q_\alpha, \frac{\partial \overline{Q}_\beta}{\partial x_4}\right]$ dann nur die Funktion δ selbst, nicht ihre räumlichen Ableitungen enthält. Auch die zweite Gleichung ist leicht zu bestätigen. Zunächst wird die rechte Seite nach (II) und (19)

$$\frac{2\pi}{hc}[P_{\alpha k}, \overline{Q}_\beta] = \frac{\partial P_{\alpha k}}{\partial P_{\beta 4}} \delta(\mathfrak{r}, \bar{\mathfrak{r}}) = -\frac{\partial^2 H}{\partial P_{\beta 4}\, \partial \frac{\partial Q_\alpha}{\partial x_k}} \delta(\mathfrak{r}, \bar{\mathfrak{r}}),$$

während sich für die linke Seite ergibt

$$\frac{2\pi}{hc}(\bar{x}_k - x_k)\left[P_{\alpha 4}, \frac{\partial \overline{Q}_\beta}{\partial x_4}\right] = \frac{2\pi}{hc}(\bar{x}_k - x_k)\left[P_{\alpha 4}, \frac{\partial \overline{H}}{\partial \overline{P}_\beta}\right]$$
$$= (\bar{x}_k - x_k)\frac{\partial}{\partial Q_\alpha}\frac{\partial H}{\partial P_\beta}\delta + (\bar{x}_k - x_k)\sum_i \frac{\partial}{\partial \frac{\partial Q_\alpha}{\partial x_i}}\frac{\partial H}{\partial P_\beta}\frac{\partial}{\partial \bar{x}_i}\delta.$$

Da der Faktor von $(\bar{x}_k - x_k)$ durch eine Ableitung der δ-Funktion kompensiert werden muß, bleibt infolge partieller Differentiation nach $(\bar{x}_k - x_k)$ allein übrig

$$-\frac{\partial}{\partial \frac{\partial Q_\alpha}{\partial x_k}} \frac{\partial H}{\partial P_\beta},$$

was mit dem Wert der rechten Seite übereinstimmt*. Etwas mehr Rechnung erfordert die letzte der Gleichungen (39). Zunächst folgt für den Wert der rechten Seite dieser Gleichung nach (19)

$$\begin{aligned}\frac{2\pi}{hc}\{[P_{\alpha k}, \bar{P}_{\beta 4}] + [P_{\alpha 4}, \bar{P}_{\beta k}]\} &= \left(-\frac{\partial P_{\alpha k}}{\partial Q_\beta} + \frac{\partial P_{\beta k}}{\partial Q_\alpha}\right)\delta \\ &+ \sum_i \left(\frac{\partial P_{\alpha k}}{\partial \frac{\partial Q_\beta}{\partial x_i}} + \frac{\partial P_{\beta k}}{\partial \frac{\partial Q_\alpha}{\partial x_i}}\right)\frac{\partial}{\partial \bar{x}_i}\delta \\ &= \left(\frac{\partial^2 H}{\partial Q_\beta \partial \frac{\partial Q_\alpha}{\partial x_k}} - \frac{\partial^2 H}{\partial Q_\alpha \partial \frac{\partial Q_\beta}{\partial x_k}}\right)\delta \\ &- \sum_i \left(\frac{\partial^2 H}{\partial \frac{\partial Q_\beta}{\partial x_i}\partial \frac{\partial Q_\alpha}{\partial x_k}} + \frac{\partial^2 H}{\partial \frac{\partial Q_\alpha}{\partial x_i}\partial \frac{\partial Q_\beta}{\partial x_k}}\right)\frac{\partial}{\partial \bar{x}_i}\delta. \qquad (*)\end{aligned}$$

Die linke Seite der letzten Gleichung (39) wird

$$\frac{2\pi}{hc}(\bar{x}_k - x_k)\left[P_{\alpha 4}, \frac{\partial \bar{P}_{\beta 4}}{\partial x_4}\right]$$

$$= \frac{2\pi}{hc}(\bar{x}_k - x_k)\left[P_{\alpha 4}, -\frac{\partial H}{\partial Q_\beta}\right] + \frac{2\pi}{hc}(\bar{x}_k - x_k)\sum_i \frac{\partial}{\partial \bar{x}_i}\left[P_{\alpha 4}, \frac{\partial \bar{H}}{\partial \frac{\partial Q_\beta}{\partial x_i}}\right]$$

$$= \frac{\partial^2 H}{\partial Q_\beta \partial \frac{\partial Q_\alpha}{\partial x_k}}\delta + (\bar{x}_k - x_k)\sum_i \frac{\partial}{\partial \bar{x}_i}\left[\frac{\partial^2 H}{\partial Q_\beta \partial \frac{\partial Q_\beta}{\partial x_i}}\delta + \sum_j \frac{\partial^2 H}{\partial \frac{\partial Q_\alpha}{\partial x_j}\partial \frac{\partial Q_\beta}{\partial x_i}}\frac{\partial \delta}{\partial \bar{x}_j}\right]$$

$$= \left(\frac{\partial^2 H}{\partial Q_\beta \partial \frac{\partial Q_\alpha}{\partial x_k}} - \frac{\partial^2 H}{\partial Q_\alpha \partial \frac{\partial Q_\beta}{\partial x_k}}\right)\delta - \sum_i \left(\frac{\partial}{\partial \bar{x}_i}\frac{\partial^2 H}{\partial \frac{\partial Q_\alpha}{\partial x_k}\partial \frac{\partial Q_\beta}{\partial x_i}}\right)\cdot\delta$$

$$+ \sum_i \sum_j (\bar{x}_k - x_k)\frac{\partial^2 \delta}{\partial \bar{x}_i \partial \bar{x}_j}\frac{\partial^2 H}{\partial \frac{\partial Q_\alpha}{\partial x_j}\partial \frac{\partial Q_\beta}{\partial x_i}}.$$

* Die Vertauschbarkeit von Differentiationen nach verschiedenen Variablen gilt auch streng bei Differentiation nach Matrizen, wie aus der im vorigen Paragraph angegebenen Definition dieser Operation hervorgeht.

Der erste Term stimmt bereits mit dem entsprechenden (*) überein, während der letzte nur für $i = k$ oder für $j = k$ etwas nicht Verschwindendes gibt. Im ersten Falle folgt der Beitrag

$$-\sum_i \frac{\partial^2 H}{\partial \frac{\partial Q_\alpha}{\partial x_i} \partial \frac{\partial Q_\beta}{\partial x_k}} \frac{\partial \delta}{\partial \bar{x}_i},$$

im zweiten Falle der Beitrag

$$-\sum_i \frac{\partial^2 H}{\partial \frac{\partial Q_\alpha}{\partial x_k} \partial \frac{\partial Q_\beta}{\partial x_i}} \frac{\partial \delta}{\partial \bar{x}_i},$$

was mit den mit $\frac{\partial \delta}{\partial \bar{x}_i}$ multiplizierten Termen von (*) genau übereinstimmt. Der einzige Term, der übrigbleibt, ist

$$\sum_i \frac{\partial}{\partial \bar{x}_i} \left(\frac{\partial^2 H}{\partial \frac{\partial Q_\alpha}{\partial x_k} \partial \frac{\partial Q_\beta}{\partial x_i}} \right) \delta(\mathfrak{r}, \bar{\mathfrak{r}}).$$

Sein Verschwinden scheint eine besondere, durch die relativistische Invarianz der V.-R. bedingte Zusatzforderung zu sein.

$$\sum_i \frac{\partial}{\partial x_i} \left(\frac{\partial^2 H}{\partial \frac{\partial Q_\alpha}{\partial x_k} \partial \frac{\partial Q_\beta}{\partial x_i}} \right) = 0. \tag{40}$$

Sie ist zwar nicht für eine beliebige relativistisch invariante Lagrangefunktion L und die zugehörige Hamiltonfunktion H erfüllt, wohl aber für alle diejenigen, bei denen die Gleichung (9) verbürgt ist und denen wir bei den physikalischen Anwendungen begegnen werden. Denn für diese werden die in den räumlichen Ableitungen der Q_α quadratischen Terme (höhere werden überhaupt nicht auftreten) stets konstante Koeffizienten haben. In diesem für die folgenden Anwendungen ausreichenden Umfang haben wir also die Invarianz der V.-R. bewiesen.

Aus der Form der V.-R. folgt dann, daß für alle Weltpunkte mit raumartiger Verbindungsrichtung $\left(\sum_i \varDelta x_i^2 - c^2 \varDelta t^2 > 0\right)$ in endlichen Distanzen die Klammersymbole verschwinden (infinitesimaler Charakter der V.-R.). Aus näheren Betrachtungen anderer Art folgt, daß dieser Sachverhalt für Punkte auf einem Lichtkegel oder mit zeitartiger Verbindungsrichtung im allgemeinen nicht bestehen bleibt. Die Werte der Klammersymbole sind in diesem Falle, auch für Punkte mit endlichem Abstand, von Null verschieden und nur in speziellen Fällen explizite angebbar. Diesem Sachverhalt entspricht in der Quantenmechanik, daß etwa die Koordinate $q(t)$ zur Zeit t mit der Koordinate zur Zeit t' nicht vertauschbar ist; die betreffenden Klammersymbole sind im allgemeinen nicht explizite angebbar.

Aus (21) und (23) folgt dann weiter, daß

$$\left.\begin{aligned} J_k &= -icG_k = \int \sum_\alpha P_{\alpha 4} \frac{\partial Q_\alpha}{\partial x_k} dV, \\ J_4 &= \int \Big(\sum_\alpha P_{\alpha 4} \frac{\partial Q_\alpha}{\partial x_4} - L\Big) dV = \overline{H} = E \end{aligned}\right\} \tag{41}$$

die Komponenten eines Vierervektors bilden, der Gesamtenergie und Gesamtimpuls zusammenfaßt. Denn diese Relationen nehmen dann die Form an:

$$\frac{\partial F}{\partial x_\nu} = \frac{2\pi}{hc}[J_\nu, F]. \tag{42}$$

Wir werden später den Vektorcharakter von J_k durch direkte Rechnung bestätigen.

II. Aufstellung der Grundgleichungen der Theorie für elektromagnetische Felder und Materiewellen.

§ 4. Schwierigkeiten der Elektrodynamik, Quantelung der Maxwellschen Gleichungen, Notwendigkeit von Zusatzgliedern. Versuchen wir zunächst das Schema von V.-R. des vorigen Kapitels auf die Gleichungen der Vakuumelektrodynamik anzuwenden. Die physikalischen Zustandsgrößen sind hier die Komponenten Φ_α des Viererpotentials $[\Phi_i = \mathfrak{A}_i,\ \Phi_4 = i\Phi_0]$, aus denen die Feldstärken durch Differentiation folgen:

$$\left.\begin{aligned} F_{\alpha\beta} &= \frac{\partial \Phi_\beta}{\partial x_\alpha} - \frac{\partial \Phi_\alpha}{\partial x_\beta}, \\ F_{4k} = i\mathfrak{E}_k,\quad (F_{23}, F_{31}, F_{12}) &= (\mathfrak{H}_1, \mathfrak{H}_2, \mathfrak{H}_3),\quad F_{\alpha\beta} = -F_{\beta\alpha}. \end{aligned}\right\} \tag{43}$$

Bekanntlich folgen dann die übrigen Maxwellschen Gleichungen der Vakuumelektrodynamik

$$\frac{\partial F_{\alpha\beta}}{\partial x_\beta} = 0 \tag{44}$$

durch Variieren aus dem Wirkungsprinzip

$$\delta \int L\, dV\, dt = 0,$$

wenn als Lagrangefunktion L der Ausdruck

$$L = -\tfrac{1}{4} F_{\alpha\beta} F_{\alpha\beta} = \tfrac{1}{2}(\mathfrak{E}^2 - \mathfrak{H}^2) \tag{45}$$

eingesetzt wird *.

* Über zweimal auftretende Indizes ist stets zu summieren, und zwar über jeden Index unabhängig vom anderen. Griechische Indizes laufen von 1 bis 4, lateinische von 1 bis 3. Ferner ist zu bemerken, daß wir in diesem Kapitel durchwegs die Heavisideschen Einheiten für die Feldstärken verwenden.

Wir bilden nun nach den allgemeinen Vorschriften des ersten Kapitels die zu den Φ_α kanonisch konjugierten Impulse

$$P_{\alpha 4} = \frac{\partial L}{\partial \frac{\partial \Phi_\alpha}{\partial x_4}}$$

und finden

$$P_{k4} = -F_{4k} \quad (k = 1, 2, 3), \qquad P_{44} \equiv 0. \tag{46}$$

Das identische Verschwinden des zu Φ_4 konjugierten Impulses stellt eine merkwürdige Ausartung der Lagrangefunktion der Elektrodynamik dar und bringt besondere Schwierigkeiten mit sich. Vor allem können die P_{k4} nicht mehr auf einem Weltschnitt t = const als willkürliche Raumfunktionen beliebig vorgeschrieben werden, da zwischen ihnen bereits auf einem solchen Schnitt die Bindung

$$\sum_{k=1}^{3} \frac{\partial P_{k4}}{\partial x_4} = -\operatorname{div} \mathfrak{E} = 0 \tag{44'}$$

besteht [wie aus (44) für $\alpha = 4$ hervorgeht]. Die kanonischen V.-R. des Kapitel I [vgl. auch (30)], die in unserem Falle

$$\left.\begin{aligned} [\Phi_\alpha, \Phi'_\beta] &= 0, \qquad [F_{4i}, F'_{4k}] = 0, \\ [F_{4k}, \Phi'_\alpha] &= \delta_{k\alpha} \frac{-hc}{2\pi} \delta(\mathfrak{r}, \mathfrak{r}') \end{aligned}\right\} \tag{47}$$

ergeben würden, sind daher nicht ohne weiteres anwendbar, und es muß erst geprüft werden, inwieweit sie mit der Nebenbedingung (44') verträglich sind. Wir finden sogleich, daß dies bei den zuletzt angeschriebenen Gleichungen nicht der Fall ist, da aus ihnen

$$\left[\frac{\partial F_{4k}}{\partial x_k}, \Phi'_i\right] = \frac{-hc}{2\pi} \frac{\partial}{\partial x_i} \delta(\mathfrak{r}, \mathfrak{r}')$$

folgt, während nach (44') dieser Ausdruck verschwinden müßte. Allerdings sind diejenigen V.-R. brauchbar, die aus den angegebenen unter Elimination der Potentiale durch Differentiation für die Feldstärken hervorgehen

$$\left.\begin{aligned} [F_{ik}, F'_{lm}] &= 0, \qquad [F_{4i}, F'_{4k}] = 0, \\ [F_{4k}, F'_{lm}] &= \frac{-hc}{2\pi} \left(\delta_{kl} \frac{\partial \delta}{\partial x_m} - \delta_{km} \frac{\partial \delta}{\partial x_l}\right) \end{aligned}\right\} \tag{47'}$$

oder dreidimensional geschrieben:

$$\left.\begin{aligned} [\mathfrak{H}_i, \mathfrak{H}'_k] &= 0, \qquad [\mathfrak{E}_i, \mathfrak{E}'_k] = 0, \\ [\mathfrak{E}_1, \mathfrak{H}'_2] &= -[\mathfrak{E}_2, \mathfrak{H}'_1] = \frac{hc}{2\pi i} \frac{\partial \delta}{\partial x_3}. \end{aligned}\right\} \tag{47''}$$

Denn aus den letzten der angeschriebenen Gleichungen folgt nunmehr, wie zu fordern ist,

$$\left[\sum_k \frac{\partial F_{4k}}{\partial x_k}, F'_{lm}\right] = \frac{-hc}{2\pi}\left(\frac{\partial^2 \delta}{\partial x_l \partial x_m} - \frac{\partial^2 \delta}{\partial x_m \partial x_l}\right) = 0.$$

Die V.-R. (47') sind in der Tat mit der Quantelung elektromagnetischer Wellen gemäß der Lichtquantenvorstellung äquivalent, wie man etwa durch Einführung von Eigenschwingungen gemäß der am Ende von § 2 angegebenen Methode erkennt. Es bleibt aber die Tatsache bestehen, daß das allgemeine Schema der kanonischen V.-R., wie wir es im Kapitel I entwickelt haben, in der Elektrodynamik nicht ohne weiteres benutzt werden kann.

Es scheint bei unserem Ansatz zur relativistischen Behandlung des Mehrkörperproblems naturgemäß, daß wir dem Vorhandensein der Teilchen zunächst durch die Einführung der zugehörigen Materiewellen Rechnung tragen. Der Übergang von der klassischen Theorie zur Quantentheorie geschieht dann also in zwei Schritten; erstens in dem Übergang von der klassischen Punktmechanik zu den Wellengleichungen des quantenmechanischen Einkörperproblems (ein Teilchen in einem vorgegebenen elektromagnetischen Felde) und der Deutung der gewonnenen Differentialgleichung im Sinne einer klassischen Kontinuumstheorie; zweitens in dem Übergang zum Mehrkörperproblem, in dem der aus den Materiewellen sich ergebende Viererstrom gemäß den Maxwellschen Gleichungen als ein elektromagnetisches Feld erzeugend aufgefaßt wird und sowohl Materie als auch elektromagnetische Wellen (die beide in der gewöhnlichen Raum–Zeit-Welt verlaufen) einer Quantelung unterworfen werden. Dieses Verfahren hat jedoch zur Folge, daß die prinzipiellen Schwierigkeiten, die jeder der bisher aufgestellten relativistischen Theorien des quantenmechanischen Einkörperproblems anhaften, und die von der Möglichkeit zweier verschiedener Vorzeichen für die Energie bei gegebenem Impuls gemäß der relativistischen Form des Energieimpulssatzes für ein Teilchen herrühren, auch in unsere Theorie übergehen und noch vollständig ungelöst bleiben.

Wir werden hier die dem Spin Rechnung tragende Diracsche Theorie für ein Teilchen zugrunde legen und daher zunächst, bevor wir auf die weitere Diskussion der in Rede stehenden Schwierigkeit bei der Elektrodynamik eingehen, die Gleichungen dieser Theorie, soweit sie für uns von Wichtigkeit sind, zusammenstellen. Es werden vier Funktionen

ψ_ϱ $(\varrho = 1 \ldots 4)$ eingeführt und vier vierzeilige Matrizen γ^μ mit den Elementen $\gamma^\mu_{\varrho\sigma}$, die den Relationen

$$\gamma^\mu \gamma^\nu + \gamma^\nu \gamma^\mu = 2\,\delta_{\nu\mu} \tag{48}$$

genügen. Dann genügen die ψ_ϱ den Feldgleichungen

$$\sum_\mu \sum_\sigma \gamma^\mu_{\varrho\sigma} \left(\frac{h}{2\pi i} \frac{\partial}{\partial x_\mu} + \frac{e}{c} \Phi_\mu\right) \psi_\sigma - i m c \psi_\varrho = 0. \tag{49}$$

Ebenso genügen die $\psi_\varrho^\dagger$ den adjungierten Gleichungen

$$\sum_\mu \sum_\sigma \gamma^\mu_{\sigma\varrho} \left(\frac{h}{2\pi i} \frac{\partial}{\partial x_\mu} - \frac{e}{c} \Phi_\mu\right) \psi_\sigma^\dagger + i m c \psi_\varrho^\dagger = 0. \tag{50}$$

Dabei ist die Elektronenladung gleich $-e$ (mit e positiv) gesetzt. Wir behaupten nun, daß beide Gleichungen aus dem Variationsprinzip

$$\delta \int L\, d V\, d t = 0$$

folgen, wenn

$$L = -\sum_\mu \sum_\sigma \sum_\varrho \left[\gamma^\mu_{\varrho\sigma} \psi_\varrho^\dagger \left(\frac{hc}{2\pi i} \frac{\partial}{\partial x_\mu} + e \Phi_\mu\right) \psi_\sigma - i m c^2 \psi_\varrho^\dagger \psi_\varrho\right] \tag{51}$$

gesetzt wird und $\psi^\dagger$ und ψ unabhängig voneinander variiert werden. Für die Gleichung (49) ist dies trivial, für die Gleichung (50) folgt die Behauptung daraus, daß sich L von

$$L' = +\sum_\mu \sum_\varrho \sum_\sigma \left[\gamma^\mu_{\sigma\varrho} \left(\frac{hc}{2\pi i} \frac{\partial \psi_\sigma^\dagger}{\partial x_\mu} - e \Phi_\mu \psi_\sigma^\dagger\right) \psi_\varrho + i m c^2 \psi_\varrho^\dagger \psi_\varrho\right] \tag{51'}$$

nur um Glieder unterscheidet, die als Divergenz geschrieben werden können und zur Variation von $\int L\, d V\, d t$ also keinen Beitrag liefern:

$$L - L' = -\sum_\mu \sum_\varrho \sum_\sigma \frac{hc}{2\pi i} \gamma^\mu_{\varrho\sigma} \frac{\partial}{\partial x_\mu} (\psi_\varrho^\dagger \psi_\sigma). \tag{52}$$

Es ist wichtig zu bemerken, daß wir bei diesen Rechnungen $\psi^\dagger$ und ψ nicht als vertauschbar anzunehmen brauchen und $\psi^\dagger$ immer links von ψ zu stehen kommen lassen. Da für den nicht variierten Feldverlauf gemäß (49) und (50) sowohl L wie L' verschwinden, gilt das gleiche von der Differenz $L - L'$. Es ist also möglich,

$$s_\mu = (-e) \sum_{\varrho, \sigma} \gamma^\mu_{\varrho\sigma} \psi_\varrho^\dagger \psi_\sigma \tag{53}$$

mit dem Stromvektor $\left(s_k = \frac{1}{c} i_k,\quad s_4 = i\varrho\right)$ zu identifizieren, wobei der Faktor $-e$ wegen der negativen Elektronenladung natürlich erscheinen wird. Denn als Folge von (49) und (50) gilt

$$\frac{\partial s_\mu}{\partial x_\mu} = 0, \tag{54}$$

ferner folgt aus (51) und (53)

$$\frac{\partial L}{\partial \Phi_\mu} = s_\mu. \tag{55}$$

Um diese Relation zu bekommen, wurden bei der Bildung von L die Ausdrücke (49) und (50) auch noch jeweils mit c multipliziert.

Das Variationsprinzip, aus dem wir die Diracschen Feldgleichungen abgeleitet haben, hat unmittelbar die Hamiltonsche Form (12), die durch unabhängiges Variieren der P_α und Q_α und Linearität der Lagrange-funktion in $\dot{Q}_\alpha$ $\left(\text{in unserem Falle in } \frac{\partial \psi_\sigma}{\partial x_4}\right)$ gekennzeichnet ist. Wir haben also

$$P_{\sigma 4} = \frac{\partial L}{\partial \frac{\partial \psi_\sigma}{\partial x_4}} = -\frac{hc}{2\pi i}\sum_\varrho \gamma^4_{\varrho\sigma}\psi_\varrho^\dagger = -\frac{hc}{2\pi}\psi_\sigma^*.$$

Die letztere Bezeichnung rechtfertigt sich dadurch, daß vermöge der Differentialgleichungen (49) und (50) für die zu ψ_σ konjugiert komplexe Funktion ψ_σ^* der Ausdruck

$$\psi_\sigma^* = \frac{1}{i}\sum_\varrho \gamma^4_{\varrho\sigma}\psi_\varrho^\dagger \tag{56}$$

gewählt werden kann, wenn die γ^α Hermitesche Matrizen sind, so daß dann übrigens der Ausdruck für die Teilchendichte durch

$$\frac{1}{(-e)}\frac{1}{i}s_4 = \sum_\varrho \psi_\varrho^*\psi_\varrho \tag{53'}$$

gegeben ist. Die V.-R. (II) bzw. (31) nehmen hier also die einfache Form an

$$\left.\begin{aligned} [\psi_\varrho, \psi_\sigma'] &= 0, \\ [\psi_\varrho, \psi_\sigma^{*\prime}] = \frac{1}{i}\sum_\tau \gamma^4_{\tau\sigma}[\psi_\sigma, \psi_\tau^{\dagger\prime}] &= \delta_{\varrho\sigma}\delta(\mathfrak{r}, \mathfrak{r}') \\ [\psi_\varrho^*, \psi_\sigma^{*\prime}] = [\psi_\varrho^\dagger, \psi_\sigma^{\dagger\prime}] &= 0. \end{aligned}\right\} \tag{57}$$

Das Transformationsgesetz der Größen ψ_ϱ und $\psi_\varrho^\dagger$ bei Lorentztransformationen braucht hier nicht im einzelnen besprochen zu werden, es genügt die Bemerkung, daß es mit den allgemeinen Regeln des § 3 im Einklang ist und daß daher auch die relativistische Invarianz der V.-R. (57) als bewiesen angesehen werden kann.

An dieser Stelle möge noch die wohlbekannte Besonderheit besprochen werden, daß die V.-R. (57) nur eine von zwei formal völlig gleichberechtigten Möglichkeiten darstellen, und zwar diejenige, die den im Konfigurationsraum symmetrischen Lösungen der gewöhnlichen quantenmechanischen Gleichungen (Einstein-Bose-Statistik) entspricht, während der andere Fall der antisymmetrischen Lösungen (Fermi-Dirac-Statistik) den q-Zahlrelationen entspricht, die dadurch aus (57) entstehen, daß in den Klammersymbolen das $-$-Zeichen überall durch das $+$-Zeichen ersetzt wird. Führen wir also die Abkürzung ein

$$[F, G]_+ = FG + GF,$$

so wird hier

$$[\psi_\varrho, \psi_\sigma^{*\prime}]_+ = \frac{1}{i} \sum_\tau \gamma_{\tau\sigma}^4 [\psi_\varrho, \psi_\tau^{\dagger\prime}]_+ = \delta_{\varrho\sigma}\delta(\mathfrak{r}, \mathfrak{r}')$$

$$[\psi_\varrho, \psi_\sigma']_+ = [\psi_\varrho^*, \psi_\sigma^{*\prime}]_+ = [\psi_\varrho^\dagger, \psi_\sigma^{\dagger\prime}]_+ = 0. \tag{57a}$$

Es ist notwendig, auf die Abänderungen in den allgemeinen Gleichungen (19) und (20) von § 2, die hieraus entspringen, einzugehen. Es ist klar, daß in diesen Gleichungen den Klammersymbolen das $+$-Zeichen hinzugefügt werden muß, falls F in ψ oder $\psi^\dagger$ (oder deren Ableitungen) linear ist. Man wird sehen, daß dies bei allen Klammersymbolen der Fall ist, die bei dem Invarianzbeweis von § 3 auftraten, und daß dieser sich somit auch auf den hier vorliegenden Fall überträgt. Dagegen ist Vorsicht geboten bei dem Schlusse von F_1 und F_2 auf $F_1 F_2$ bei dem Beweis von (19). Denn es gilt nur für das gewöhnliche Klammersymbol mit dem $-$-Zeichen

$$[F_1 F_2, Q_\alpha]_- = F_1(F_2 Q_\alpha + Q_\alpha F_2) - (F_1 Q_\alpha + Q_\alpha F_1) F_2,$$

$$[P_\alpha, F_1 F_2]_- = (P_\alpha F_1 + F_1 P_\alpha) F_2 - F_1 (P_\alpha F_2 + F_2 P_\alpha),$$

während $[F_1 F_2, Q_\alpha]_+$ und $[P_\alpha, F_1 F_2]_+$ nicht auf die entsprechenden Symbole für F_1 und F_2 einzeln reduziert werden können. Ist also F eine Bilinearform von $\psi^\dagger$, $\frac{\partial \psi^\dagger}{\partial x_i}$, ψ, $\frac{\partial \psi}{\partial x_i}$, in der die $\psi^\dagger$ immer links von den ψ stehen, so bleiben für ein solches F die Relationen (19) oder (20) erhalten, wenn die gewöhnlichen Klammersymbole mit dem $-$-Zeichen genommen werden. Daher gelten auch die V.-R. (21) und (23) bzw. (42) für Energie und Impuls mit dem gewöhnlichen Klammersymbol, was für die Durchführbarkeit der Theorie von entscheidender Wichtigkeit ist.

Man sieht, daß auch vom Standpunkt der Quantelung der Wellen und der relativistisch invarianten Behandlung des Mehrkörperproblems die beiden Arten von Lösungen, nämlich Einstein-Bose-Statistik einerseits, Ausschließungsprinzip (Äquivalenzverbot) andererseits noch immer als formal vollkommen gleichberechtigt erscheinen und eine befriedigende Erklärung für die Bevorzugung der zweiten Möglichkeit durch die Natur also nicht gegeben werden kann †. Für die Protonen sind ebenso wie für die Elektronen besondere ψ-Funktionen einzuführen, die übrigens mit den letzteren vertauschbar sind. Da die Gleichungen für diese jedoch vollkommen gleich lauten, abgehen davon, daß $-e$ durch $+e$ und m durch M zu ersetzen ist, brauchen wir hierauf nicht weiter einzugehen.

Wir können nun die Wechselwirkung der Materiewellen mit dem elektromagnetischen Felde betrachten, die sich aus dem Variationsprinzip

$$\delta \int L\, d V d t = 0$$

ergibt, wenn für L die Summe aus dem Strahlungsteil $L^{(s)}$ [Gleichung (45)] und dem Materieteil $L^{(m)}$ [Gleichung [51]) eingesetzt wird. Zufolge (55) folgt hieraus

$$\frac{\partial F_{\alpha\beta}}{\partial x_\beta} = s_\alpha,$$

wenn für s_α der Ausdruck (53) eingesetzt wird. Dies bedeutet physikalisch, daß dieser Stromvektor nicht nur maßgebend ist für die Wirkungen eines äußeren Feldes auf die Materie, sondern auch umgekehrt felderzeugend wirkt. Hier zeigt sich aber von neuem die Schwierigkeit, V.-R. aufzustellen, die mit der Bedingung

$$\operatorname{div} \mathfrak{E} = \frac{1}{i} s_4 = \varrho = (-e) \sum_\sigma \psi_\sigma^* \psi_\sigma$$

im Einklang sind. Bilden wir nämlich

$$[\operatorname{div} \mathfrak{E},\ \psi_\sigma^{*\prime}] = (-e)\, \delta(\mathfrak{r}, \mathfrak{r}')\, \psi_\sigma^*,$$

was sowohl für (57) wie für (57a) zutrifft, so folgt daraus durch Integration von (x_i) über ein endliches, den Punkt (x_i') enthaltendes Volumen

$$\left[\int \mathfrak{E}_n\, d f,\ \psi_\sigma^{*\prime}\right] = (-e)\, \psi_\sigma^{*\prime}.$$

Das heißt aber, daß auch für endliche Distanzen der Raumpunkte (x_i) und (x_i') die elektrische Feldstärke $\mathfrak{E}$ mit dem Materiefeld ψ nicht vertauschbar sein kann. Eine Theorie mit solchen nicht infinitesimalen V.-R. durchzuführen, scheint aber praktisch aussichtslos, zumal der Beweis der relativistischen Invarianz solcher V.-R. mit den größten Schwierigkeiten verbunden sein dürfte.

Es ist jedoch möglich gewesen, diese Schwierigkeit durch einen formalen Kunstgriff zu beseitigen, der darin besteht, kleine Zusatzglieder zu der Lagrangefunktion $L^{(s)}$ der Elektrodynamik hinzuzufügen, die eben-

† Die diesbezüglichen Angaben von P. Jordan, Ergebnisse der exakten Naturwissenschaften 7, 206, 1929, sind unzutreffend. In keinem der beiden Fälle würde übrigens bei den Materiewellen eine Nullpunktenergie auftreten.

falls nur erste Ableitungen der Potentiale Φ_α enthalten und die Linearität der Feldgleichungen nicht stören, die aber bewirken, daß P_{44} nun nicht mehr identisch verschwindet. Man rechnet dann mit den kanonischen V.-R. dieser abgeänderten Gleichungen und läßt erst bei den physikalischen Anwendungen in den Endresultaten die Koeffizienten der Zusatzglieder gegen Null konvergieren. Die einfachste Möglichkeit für solche Zusatzglieder ist in dem Ansatz

$$-L^{(s)} = \frac{1}{4} F_{\alpha\beta} F_{\alpha\beta} - \frac{\varepsilon}{2} (\operatorname{Div} \Phi)^2, \qquad \operatorname{Div} \Phi = \sum_\alpha \frac{\partial \Phi_\alpha}{\partial x_\alpha} \tag{58}$$

zum Ausdruck gebracht. Eine andere Möglichkeit wäre noch

$$-L'^{(s)} = \frac{1}{4} (1+\varepsilon) F_{\alpha\beta} F_{\alpha\beta} - \frac{\varepsilon}{2} \frac{\partial \Phi_\alpha}{\partial x_\beta} \frac{\partial \Phi_\alpha}{\partial x_\beta}.$$

Doch läßt sich leicht zeigen, daß die Differenz der Variation der Integrale über L' und L identisch verschwindet. Die V.-R. wären allerdings in beiden Fällen etwas verschieden, doch ist anzunehmen, daß alle physikalischen Endresultate im Limes $\varepsilon \to 0$ dieselben sein würden. Im folgenden soll also der Ansatz (58) für L beibehalten werden. Die modifizierten Maxwellschen Gleichungen lauten dann

$$\frac{\partial F_{\alpha\beta}}{\partial x_\beta} + \varepsilon \frac{\partial}{\partial x_\alpha} (\operatorname{Div} \Phi) = (1+\varepsilon) \frac{\partial}{\partial x_\alpha} (\operatorname{Div} \Phi) - \Box \Phi_\alpha = s_\alpha. \tag{59}$$

Die zu den Φ_α konjugierten Impulse sind nunmehr an Stelle von (46)

$$P_{k4} = -F_{4k}, \qquad P_{44} = \varepsilon \operatorname{Div} \Phi. \tag{60}$$

Und die kanonischen V.-R. werden

$$\left.\begin{aligned} &[\Phi_\alpha, \Phi'_\beta] = 0, \quad [F_{4i}, F'_{4k}] = 0, \quad [F_{4i}, \operatorname{Div} \Phi] = 0. \\ &[F_{4i}, \Phi'_\alpha] = \delta_{i\alpha} \frac{-hc}{2\pi} \delta(\mathfrak{r}, \mathfrak{r}'), \qquad [\operatorname{Div} \Phi, \Phi'_4] = \frac{1}{\varepsilon} \frac{hc}{2\pi} \delta(\mathfrak{r}, \mathfrak{r}'). \end{aligned}\right\} \tag{61}$$

Man sieht ferner, daß die früher angeschriebenen V.-R. (47) richtig bleiben, aber durch solche ergänzt werden, die $\frac{\partial \Phi_4}{\partial x_4}$ enthalten; auch die Gleichungen (47') oder (47'') bleiben also bestehen. Ferner stört die Gleichung (59) für $\alpha = 4$ nun nicht mehr, da die zweite zeitliche Ableitung von Φ_4 in ihr vorkommt, so daß jetzt die Φ_α und die konjugierten $P_{\alpha 4}$ tatsächlich für einen gewissen Zeitpunkt als willkürliche Raumfunktionen vorgegeben werden können. Bemerkt sei noch, daß jetzt nicht mehr die volle Invarianz der Theorie gegenüber solchen Änderungen der Potentiale besteht, welche die Feldstärken unverändert lassen, nämlich

$$\Phi'_\alpha = \Phi_\alpha + \frac{\partial \lambda}{\partial x_\alpha};$$

wohl aber bleibt diese Invarianz bestehen, wenn man der Funktion λ noch die Nebenbedingung auferlegt

$$\Box \lambda = \text{const.}$$

Die relativistische Invarianz der V.-R. (61) ist durch die Betrachtungen in § 2 in Strenge auch für $\varepsilon \neq 0$ erwiesen.

In den Ausdrücken (58) und (51) für die Lagrangefunktion von Strahlung und Materie und den zugehörigen kanonischen V.-R. (61) und (57) oder (57a) sind die wesentlichen Grundannahmen unserer Theorie enthalten. Wir ergänzen sie noch, indem wir die Ausdrücke für die Hamiltonschen Funktionen anschreiben. Es wird für den Strahlungsteil gemäß (60) und (58)

$$\begin{aligned} H^{(s)} &= P_{\nu 4}\frac{\partial \Phi_\nu}{\partial x_4} - L^{(s)} = -F_{4k}\frac{\partial \Phi_k}{\partial x_4} + \varepsilon \operatorname{Div}\Phi\,\frac{\partial \Phi_4}{\partial x_\nu} \\ &\quad + \frac{1}{4}F_{ik}F_{ik} - \frac{\varepsilon}{2}(\operatorname{Div}\Phi)^2 = -\frac{1}{2}F_{4k}F_{4k} + \frac{1}{4}F_{ik}F_{ik} \\ &\quad - F_{4k}\frac{\partial \Phi_4}{\partial x_k} + \frac{\varepsilon}{2}(\operatorname{Div}\Phi)^2 - \varepsilon \operatorname{Div}\Phi\,\frac{\partial \Phi_k}{\partial x_k}, \end{aligned} \tag{58'}$$

für den Materieteil gemäß (51) und (56)

$$\begin{aligned} H^{(m)} &= -\frac{hc}{2\pi i}\gamma^4_{\varrho\sigma}\psi_\varrho^\dagger\frac{\partial \psi_\sigma}{\partial x_4} - L^{(m)} = +\frac{hc}{2\pi i}\gamma^k_{\varrho\sigma}\psi_\varrho^\dagger\frac{\partial \psi_\sigma}{\partial x_k} \\ &\quad - imc^2\psi_\sigma^\dagger\psi_\sigma + e\gamma^\mu_{\varrho\sigma}\psi_\varrho^\dagger\psi_\sigma\Phi_\mu = +\frac{hc}{2\pi i}\alpha^k_{\varrho\sigma}\psi_\varrho^*\frac{\partial \psi_\sigma}{\partial x_k} \\ &\quad + mc^2\alpha^\nu_{\varrho\sigma}\psi_\varrho^*\psi_\sigma + e\alpha^k_{\varrho\sigma}\psi_\varrho^*\psi_\sigma\Phi_\mu + ei\psi_\varrho^*\psi_\varrho\Phi_4, \end{aligned} \tag{51'}$$

wenn

$$\alpha^k = i\gamma^4\gamma^k, \quad \alpha^4 = \gamma^4, \quad \text{mit} \quad \alpha^\mu\alpha^\nu + \alpha^\nu\alpha^\mu = 2\delta_{\nu\mu} \tag{48'}$$

gesetzt wird. Ferner ist noch die in den kanonischen V.-R. für das Gesamtfeld enthaltene Aussage hinzuzufügen, daß alle elektromagnetischen Feldgrößen (Potentiale, Feldstärken und Div Φ) mit allen Feldgrößen der Materiewellen (ψ_ϱ, $\psi_\varrho^\dagger$) (für den gleichen Zeitpunkt) vertauschbar sind. Dieser Umstand, der einen wesentlichen Unterschied unserer Theorie gegenüber der im Grenzfall $c \to \infty$ gültigen Theorie von Jordan und Klein enthält, bedingt eine große Vereinfachung der Rechnungen. Andererseits entspricht das Zerfallen der Lagrangefunktion in zwei logisch völlig unabhängige Summanden, die den Materie- und den Lichtwellen entsprechen (berücksichtigt man noch die Protonen, so sind es drei unabhängige Summanden), dem provisorischen Charakter unserer Theorie und dürfte wohl später zugunsten einer einheitlicheren Auffassung aller Gattungen von Wellenfeldern zu modifizieren sein.

§ 5. **Über das Verhältnis der hier aufgestellten Gleichungen zu früheren Ansätzen für die Quanten-Elektrodynamik ladungsfreier Felder.** In einer früheren Arbeit von Jordan und Pauli* wurden die V.-R. der Elektrodynamik in dem Spezialfall der Abwesenheit geladener Teilchen von einem etwas anderen Standpunkt aus formuliert, bei dem vierdimensionale Integrale (über Raum und Zeit) mit Klammersymbolen im Integranden betrachtet werden, und der deshalb als der vierdimensionale Standpunkt bezeichnet werden möge. Es wird dort eine $\varDelta$-Funktion definiert durch die für jede Funktion $f(x \ldots t)$ als gültig angenommene Relation

$$\left.\begin{aligned} \int_{V_4} f(x\ldots t)\,\varDelta(x\ldots t)\,dV\,dt = \int_{V_3+} f(x_1\ldots x_3,\quad ct=-r)\,\frac{1}{r}\,dx_1\,dx_2\,dx_3, \\ -\int_{V_3-} f(x_1\ldots x_2,\quad ct=r)\,\frac{1}{r}\,dx_1\,dx_2\,dx_3, \end{aligned}\right\} \tag{62}$$

so daß diese Funktion eine Singularität auf den Lichtkegeln $ct = -r$ und $ct = +r$ darstellt, und zwar mit entgegengesetztem Vorzeichen für Vergangenheit und Zukunft. Man kann in diesem Sinne auch setzen

$$\varDelta(x\ldots t) = \frac{1}{r}\,[\delta(r+ct) - \delta(r-ct)], \tag{62'}$$

wenn unter δ wieder die gewöhnliche δ-Funktion verstanden wird.

Es fragt sich nun, was aus der Relation (62') für die $\varDelta$-Funktion folgt, wenn wir statt der vierdimensionalen Integrale über Raum–Zeit gemäß dem hier eingenommenen Standpunkt stets nur dreidimensionale Integrale über den Raum $t = 0$ einführen.

Wir erhalten dann aus (62) zunächst

$$\varDelta = 0 \text{ für Integrale über } t = 0, \tag{63}$$

dasselbe gilt dann von den räumlichen Ableitungen von $\varDelta$ und der zweiten zeitlichen Ableitung, da diese sich gemäß

$$\sum_{\alpha=1}^{4} \frac{\partial^2 \varDelta}{\partial x_\alpha^2} = 0$$

durch die räumlichen ausdrücken läßt. Etwas Interessanteres ergibt sich aber, wenn wir $\frac{1}{c}\frac{\partial \varDelta}{\partial t}$ gemäß (62') auf dreidimensionale Integrale spezialisieren. Wir erhalten zunächst

$$\frac{1}{c}\frac{\partial \varDelta}{\partial t} = \frac{2}{r}\,\delta'(r),$$

* P. Jordan und W. Pauli, ZS. f. Phys. **47**, 151, 1928. Dieser Paragraph ist zum Verständnis der folgenden nicht erforderlich.

was aber noch weiter umgeformt werden kann. Sei nämlich $f(x_1, x_2, x_3)$ eine beliebige Funktion der drei Raumkoordinaten, so soll

$$\int f \frac{2}{r} \delta'(r) \, d x_1 \, d x_2 \, d x_3$$

ausgewertet werden. Wir führen Polarkoordinaten ein und setzen die über die Winkel integrierte Funktion f gleich $\Phi(r)$:

$$\Phi(r) = \int f \, d\Omega, \quad \text{also} \quad \Phi(0) = 4\pi f(0),$$

dann wird

$$\int f \frac{2}{r} \delta'(r) \, dV = \int_0^\infty \Phi(r) \, 2\, \delta'(r) \, r \, dr.$$

Denken wir uns $\Phi(r)$ für negative r als gerade Funktion fortgesetzt (so daß $\Phi(r)$ für $r = 0$ stetig bleibt und $r\Phi(r)$ für $r = 0$ noch eine stetige Ableitung behält), so können wir, da $\delta'(r)$ eine ungerade Funktion ist, auch schreiben

$$\int f \frac{2}{r} \delta'(r) \, dV = \int_{-\infty}^{+\infty} \Phi \, \delta'(r) \, r \, dr = - \frac{d}{dr} (r\Phi) \Big|_{r=0} = -\Phi(0) = -4\pi f(0).$$

Da also das berechnete Integral für alle $f(x_1, x_2, x_3)$ den Wert $-4\pi f(0)$ hat, können wir sagen, daß gilt

$$\frac{1}{c} \frac{\partial \Delta}{\partial t} = -4\pi \delta(x_1, x_2, x_3) \text{ für Integrale über } t = 0. \tag{64}$$

Wir können nun sofort die V.-R. für die Feldstärken der Arbeit von Jordan und Pauli, nämlich

$$[\mathfrak{E}_i, \mathfrak{E}'_k] = [\mathfrak{H}_i, \mathfrak{H}'_k] = \frac{ihc}{8\pi^2} \left(\frac{\partial^2}{\partial x_i \partial x_k} - \delta_{ik} \frac{\partial^2}{c^2 dt^2} \right) \Delta(P' - P),$$

$$[\mathfrak{E}_1, \mathfrak{H}'_2] = -[\mathfrak{H}_1, \mathfrak{E}'_2] = \frac{ihc}{8\pi^2} \frac{\partial}{\partial x_3} \frac{1}{c} \frac{\partial}{\partial t} \Delta(P' - P)$$

in die hier verwendeten (47″) überführen, die vermöge (63) und (64) in der Tat aus der angeschriebenen hervorgehen.

Der vierdimensionale Standpunkt hat vor dem dreidimensionalen den Vorzug, die relativistische Invarianz der V.-R. unmittelbar in Evidenz zu setzen, während diese von dem hier vertretenen dreidimensionalen Standpunkt aus gemäß der ziemlich umständlichen Methode von § 2 bewiesen werden muß. Dennoch glauben wir aus mehreren Gründen, den dreidimensionalen Standpunkt bei der Formulierung der V.-R. vorziehen zu sollen. Erstens ist beim vierdimensionalen Standpunkt infolge des

Umstandes, daß hier nicht nur unendlich benachbarte Punkte einen Beitrag zum Integral über die Klammersymbole geben, die Verallgemeinerung für andere Wellen als Lichtwellen nicht sehr übersichtlich. Schon bei kräftefreien Materiewellen würde infolge der Abhängigkeit ihrer Phasengeschwindigkeit von der Wellenlänge neben dem dreidimensionalen Integral über den Lichtkegel noch ein vierdimensionales Integral über das Innere dieses Kegels in der Definition der zugehörigen Δ-Funktion auftreten; und bei Materiewellen in einem äußeren elektromagnetischen Felde ließe sich das Analogon der Δ-Funktion zwar durch die Wellengleichung auf Grund ihrer Eigenschaften definieren, aber nicht mehr allgemein explizite berechnen. Endlich sind es bei allen physikalischen Anwendungen immer nur die dreidimensionalen Integrale über $t = \text{const}$, die in Frage kommen, so daß der dreidimensionale Standpunkt auch eine nähere Verbindung mit dem physikalischen Inhalt der Theorie hat als der vierdimensionale.

§ 6. Differential- und Integralform der Erhaltungssätze von Energie und Impuls für das gesamte Wellenfeld. Im Kapitel I wurde gezeigt, wie bei kanonischer Form der Feldgleichungen stets zeitlich konstante Volumenintegrale für Gesamtenergie und Gesamtimpuls angegeben werden können [siehe die Gleichungen (7), (13) und (41)] nämlich

$$J_\mu = \int \Big(\sum_\alpha P_{\alpha 4} \frac{\partial Q_\alpha}{\partial x_\mu} - \delta_{\mu 4} L \Big) d V, \tag{41'}$$

worin die Komponenten des Vierervektors J_ν für $\nu = 1, 2, 3$ die mit $-ic$ multiplizierten Komponenten des Impulses darstellen, während $J_4 = \overline{H}$ die Gesamtenergie bestimmt. Es wurde dort aber nicht gezeigt, ob Energie und Impulssatz auch in Differentialform

$$\frac{\partial T_{\mu\nu}}{\partial x_\nu} = 0 \tag{65}$$

erfüllt werden können, worin $T_{\mu\nu}$ in bekannter Weise den Tensor von Spannung und von Energie- und Impulsdichte darstellt, woraus dann die Konstanz von

$$J_\mu = \int T_{\mu 4}\, d V \tag{66}$$

folgt. Wir wollen hier zeigen, daß dies in der Tat der Fall ist und daß zwar nicht die Integranden in (41') und (66) übereinstimmen, wohl aber die Integralwerte, wenn restierende (zweidimensionale) Oberflächenintegrale stets als verschwindend angenommen werden. Es ist aber zu betonen, daß nur für das Gesamtfeld, bestehend aus elektromagnetischen und Materiewellen wirkliche Erhaltungssätze zu erwarten sind.

Wir beginnen mit der Diskussion des Beitrages der Materiewellen zum Energietensor. Dieser ist wohlbekannt und am vollständigsten von Tetrode* berechnet worden. Nur mit Rücksicht auf mitunter vorhandene Nichtvertauschbarkeiten von Faktoren sollen die betreffenden Rechnungen hier nochmals kurz skizziert werden. Ausgehend von dem Ausdruck (51) für den Materieteil der Lagrangefunktion und der Relation (55), wollen wir den Ausdruck $F_{\mu\nu} s_\nu$ für die Lorentzkraft in eine vierdimensionale Divergenz zu verwandeln suchen. Man hat zunächst

$$F_{\mu\nu} s_\nu = \left(\frac{\partial \Phi_\nu}{\partial x_\mu} - \frac{\partial \Phi_\mu}{\partial x_\nu}\right) s_\nu = \frac{\partial \Phi_\nu}{\partial x_\mu} s_\nu - \frac{\partial}{\partial x_\nu}(\Phi_\mu s_\nu),$$

wobei von der bereits erwähnten, aus den Feldgleichungen für die Materiewellen folgenden wichtigen Relation (54)

$$\frac{\partial s_\nu}{\partial x_\nu} = 0 \tag{54}$$

Gebrauch gemacht ist. Bemerken wir noch (55), so folgt

$$F_{\mu\nu} s_\nu = \frac{\partial L}{\partial \Phi_\nu} \frac{\partial \Phi_\nu}{\partial x_\mu} - \frac{\partial}{\partial x_\nu}(\Phi_\mu s_\nu). \tag{67}$$

Hierbei ist es von Wichtigkeit, daß die Stromkomponenten, da sie durch ψ und $\psi^\dagger$ allein ausdrückbar sind, mit allen elektromagnetischen Feldgrößen vertauschbar sind, so daß es auf die Reihenfolge der Faktoren in (67) nicht ankommt. Aus demselben Grunde (Vertauschbarkeit von $\frac{\partial \Phi_\nu}{\partial x_\mu}$ mit ψ und $\psi^\dagger$) dürfen wir setzen

$$\frac{\partial L}{\partial x_\mu} = \frac{\partial L}{\partial \Phi_\nu}\frac{\partial \Phi_\nu}{\partial x_\mu} + \frac{\partial \psi_\varrho^\dagger}{\partial x_\mu}\frac{\partial L}{\partial \psi_\varrho^\dagger} + \frac{\partial^2 \psi_\varrho^\dagger}{\partial x_\mu \partial x_\nu}\frac{\partial L}{\partial \frac{\partial \psi_\varrho^\dagger}{\partial x_\nu}}$$
$$+ \frac{\partial L}{\partial \psi_\varrho}\frac{\partial \psi_\varrho}{\partial x_\mu} + \frac{\partial L}{\partial \frac{\partial \psi_\varrho}{\partial x_\nu}}\frac{\partial^2 \psi_\varrho}{\partial x_\nu \partial x_\mu},$$

wobei darauf geachtet ist, daß die $\psi^\dagger$ enthaltenden Faktoren immer links von den ψ enthaltenden Faktoren zu stehen kommen. Es gelten endlich noch, wie aus dem Verschwinden der Variation von L hervorgeht, die Feldgleichungen

$$\frac{\partial L}{\partial \psi_\varrho^\dagger} = \frac{\partial}{\partial x_\nu}\frac{\partial L}{\partial \frac{\partial \psi_\varrho^\dagger}{\partial x_\nu}}, \quad \frac{\partial L}{\partial \psi_\varrho} = \frac{\partial}{\partial x_\nu}\frac{\partial L}{\partial \frac{\partial \psi_\varrho}{\partial x_\nu}},$$

* H. Tetrode, ZS. f. Phys. l. c.

so daß wir schließlich aus (67) erhalten

$$F_{\mu\nu} s_\nu = -\frac{\partial \psi_\varrho^\dagger}{\partial x_\mu} \frac{\partial}{\partial x_\nu} \frac{\partial L}{\partial \frac{\partial \psi_\varrho^\dagger}{\partial x_\nu}} - \frac{\partial^2 \psi_\varrho^\dagger}{\partial x_\mu \partial x_\nu} \frac{\partial L}{\partial \frac{\partial \psi_\varrho^\dagger}{\partial x_\nu}} - \left(\frac{\partial}{\partial x_\nu} \frac{\partial L}{\partial \frac{\partial \psi_\varrho}{\partial x_\nu}}\right) \frac{\partial \psi_\varrho}{\partial x_\mu}$$

$$- \frac{\partial L}{\partial \frac{\partial \psi_\varrho}{\partial x_\nu}} \frac{\partial^2 \psi_\varrho}{\partial x_\mu \partial x_\nu} + \frac{\partial L}{\partial x_\mu} + \frac{\partial}{\partial x_\nu} (\Phi_\mu s_\nu),$$

das heißt aber für den Energieimpulstensor $T_{\mu\nu}^{(m)}$ der Materie, definiert durch

$$T_{\mu\nu}^{(m)} = \frac{\partial \psi_\varrho^\dagger}{\partial x_\mu} \frac{\partial L}{\partial \frac{\partial \psi_\varrho^\dagger}{\partial x_\nu}} + \frac{\partial L}{\partial \frac{\partial \psi_\varrho}{\partial x_\nu}} \frac{\partial \psi_\varrho}{\partial x_\mu} - \delta_{\mu\nu} L + \Phi_\mu s_\nu, \tag{68}$$

gelten die Relationen

$$F_{\mu\nu} s_\nu = -\frac{\partial T_{\mu\nu}^{(m)}}{\partial x_\nu}. \tag{69}$$

Der erste Term in (68) fällt bei der Wahl (51) für L sogar fort, auch kann dann L selbst gleich Null gesetzt werden, doch ist es von Interesse, zu erwähnen, daß ihrer Herleitung nach die Relation (69) auch richtig bleibt, wenn man in (68) L durch L' [siehe Geichung (51')] oder durch $\frac{L + L'}{2}$ ersetzt. Mit dem Ausdruck (51) für L erhalten wir aus (68)

$$-T_{\mu\nu}^{(m)} = \frac{hc}{2\pi i} \sum_{\varrho,\sigma} \gamma_{\sigma\varrho}^\nu \psi_\sigma^\dagger \frac{\partial \psi_\varrho}{\partial x_\mu} - \Phi_\mu s_\nu$$

$$= \sum_{\varrho,\sigma} \gamma_{\sigma\varrho}^\nu \psi_\sigma^\dagger \left(\frac{hc}{2\pi i} \frac{\partial}{\partial x_\mu} + e\Phi_\mu\right) \psi_\varrho. \tag{70}$$

Dieser Ausdruck für den Tensor $T_{\mu\nu}^{(m)}$ ist nicht symmetrisch in μ und ν. Wie Tetrode gezeigt hat, kann auch ein in μ und ν symmetrisierter Ausdruck für den Energietensor gebraucht werden. Da dieser aber zu demselben Integralwert von Energie und Impuls führt, wie der unsymmetrische Ausdruck (68) oder (70), so brauchen wir hier nicht näher auf diesen Punkt einzugehen*.

Wir gehen nun zu dem Anteil des Energieimpulstensors über, der von dem elektromagnetischen Felde geliefert wird. Wir werden nunmehr verlangen, daß dieser Anteil $T_{\mu\nu}^{(s)}$ mit dem Ausdruck (54)

$$s_\nu = \frac{\partial F_{\nu\varrho}}{\partial x_\varrho} + \varepsilon \frac{\partial}{\partial x_\nu} (\mathrm{Div}\,\Phi) \tag{59}$$

* Dagegen ist es zur Berechnung des gesamten Drehimpulses nötig, den in μ und ν symmetrischen Ausdruck für $T_{\mu\nu}^{(m)}$ zu benutzen.

für den Strom die Relation

$$\frac{\partial T^{(s)}_{\mu\nu}}{\partial x_\nu} = F_{\mu\nu} s_\nu \tag{71}$$

erfüllt. Wären die mit ε multiplizierten Terme nicht vorhanden, so könnte in bekannter Weise für $-T^{(s)}_{\mu\nu}$ der Maxwellsche Tensor

$$S_{\mu\nu} = F_{\mu\varrho} F_{\nu\varrho} - \tfrac{1}{4} F_{\varrho\sigma} F_{\varrho\sigma} \delta_{\mu\nu} \tag{72}$$

genommen werden, da dieser mit Berücksichtigung von (43) die Identität

$$\frac{\partial S_{\mu\nu}}{\partial x_\nu} = - F_{\mu\nu} \frac{\partial F_{\nu\varrho}}{\partial x_\varrho} \tag{73}$$

erfüllt. Wir müssen also noch Zusatzterme proportional ε suchen, die dem zweiten Term im Ausdruck für den Strom Rechnung tragen. Dabei werden wir aber berücksichtigen, daß gemäß den aus den Feldgleichungen für die Materiewellen folgenden Gleichungen

$$\frac{\partial s_\nu}{\partial x_\nu} = 0$$

zufolge (59) gelten muß

$$\Box \operatorname{Div} \Phi = \sum_{\mu,\nu} \frac{\partial^2}{\partial x_\mu^2} \frac{\partial \Phi_\nu}{\partial x_\nu} = 0. \tag{74}$$

Wir behaupten, daß dann die zu (72) hinzuzufügenden Zusatzterme $\varepsilon \Sigma_{\mu\nu}$ mit

$$\begin{aligned}\Sigma_{\mu\nu} = {} & \overline{\Phi_\nu \frac{\partial}{\partial x_\mu} (\operatorname{Div} \Phi)} + \overline{\Phi_\mu \frac{\partial}{\partial x_\nu} (\operatorname{Div} \Phi)} \\ & - \overline{\frac{\partial}{\partial x_\varrho} (\Phi_\varrho \operatorname{Div} \Phi)}\, \delta_{\mu\nu} + \frac{1}{2} (\operatorname{Div} \Phi)^2 \delta_{\mu\nu},\end{aligned} \tag{75}$$

das Gewünschte leisten. Überstreichen bedeutet symmetrisieren wegen Nichtvertauschbarkeit von Faktoren. Denn wir erhalten

$$\begin{aligned}\frac{\partial \Sigma_{\mu\nu}}{\partial x_\nu} = {} & \overline{(\operatorname{Div} \Phi) \frac{\partial}{\partial x_\mu} \operatorname{Div} \Phi} + \overline{\Phi_\nu \frac{\partial^2}{\partial x_\nu \partial x_\mu} (\operatorname{Div} \Phi)} + \overline{\frac{\partial \Phi_\mu}{\partial x_\nu} \frac{\partial}{\partial x_\nu} (\operatorname{Div} \Phi)} \\ & - \overline{\Phi_\mu \Box \operatorname{Div} \Phi} - \overline{\frac{\partial \Phi_\nu}{\partial x_\mu} \frac{\partial}{\partial x_\nu} (\operatorname{Div} \Phi)} - \overline{\operatorname{Div} \Phi \frac{\partial}{\partial x_\mu} (\operatorname{Div} \Phi)} \\ & - \overline{\Phi_\nu \frac{\partial^2}{\partial x_\nu \partial x_\mu}} (\operatorname{Div} \Phi).\end{aligned}$$

Zufolge (74) bleibt hiervon nur übrig

$$\begin{aligned}\frac{\partial \Sigma_{\mu\nu}}{\partial x_\nu} & = \left(\frac{\partial \Phi_\mu}{\partial x_\nu} - \frac{\partial \Phi_\nu}{\partial x_\mu}\right) \frac{\partial}{\partial x_\nu} (\operatorname{Div} \Phi) \\ & = - F_{\mu\nu} \frac{\partial}{\partial x_\nu} (\operatorname{Div} \Phi),\end{aligned} \tag{76}$$

also gilt unter der Verwendung des Ausdrucks (58) von $L^{(s)}$

$$-T^{(s)}_{\mu\nu} = S_{\mu\nu} + \varepsilon\,\Sigma_{\mu\nu} = F_{\mu\varrho}F_{\nu\varrho} + \varepsilon\,\overline{\Phi_\nu\frac{\partial}{\partial x_\mu}(\mathrm{Div}\,\Phi)}$$

$$+\,\varepsilon\,\overline{\Phi_\mu\frac{\partial}{\partial x_\nu}(\mathrm{Div}\,\Phi)} - \varepsilon\,\overline{\frac{\partial}{\partial x_\varrho}(\Phi_\varrho\,\mathrm{Div}\,\Phi)}\,\delta_{\mu\nu} + L^{(s)}\,\delta_{\mu\nu} \tag{77}$$

in der Tat die Relation (71). Dies kann man gemäß (59) noch umformen in

$$-T^{(s)}_{\mu\nu} = F_{\nu\varrho}\frac{\partial\Phi_\varrho}{\partial x_\mu} - \frac{\partial}{\partial x_\varrho}(\Phi_\mu F_{\nu\varrho}) - \varepsilon\,\frac{\partial\Phi_\nu}{\partial x_\mu}\,\mathrm{Div}\,\Phi + \Phi_\mu s_\nu$$

$$+\,\varepsilon\,\overline{\frac{\partial}{\partial x_\mu}(\Phi_\nu\,\mathrm{Div}\,\Phi)} - \varepsilon\,\overline{\frac{\partial}{\partial x_\varrho}(\Phi_\varrho\,\mathrm{Div}\,\Phi)}\,\delta_{\mu\nu} + L^{(s)}\delta_{\mu\nu}. \tag{77'}$$

Es ist nun wesentlich, daß beim Addieren von (77′) und (68) die Terme mit $\Phi_\mu s_\nu$ sich gerade aufheben. Als Unterschied der Summe

$$T_{\mu\nu} = T^{(m)}_{\mu\nu} + T^{(s)}_{\mu\nu}, \tag{78}$$

die gemäß (69) und (71) in der Tat den Erhaltungssatz (65) erfüllt, von dem Integranden von (41′) erhält man schließlich unter Berücksichtigung der Werte (60) der Impulse des elektromagnetischen Feldes für $\nu = 4$

$$T^{(s)}_{\mu 4} + T^{(m)}_{\mu 4} - \Big(\sum_\alpha P_{\alpha 4}\frac{\partial Q_\alpha}{\partial x_\mu} - L\,\delta_{\mu 4}\Big) = +\,\frac{\partial}{\partial x_\varrho}(\Phi_\mu F_{4\varrho})$$

$$-\,\varepsilon\,\frac{\partial}{\partial x_\mu}(\Phi_4\,\mathrm{Div}\,\Phi) + \varepsilon\,\frac{\partial}{\partial x_\varrho}(\Phi_\varrho\,\mathrm{Div}\,\Phi)\,\delta_{\mu 4}.$$

Diese Ausdrücke enthalten aber nur räumliche Ableitungen, verschwinden also bei Integration über das räumliche Volumen. Für den ersten Term ist dies wegen $F_{44} = 0$ trivial, für die beiden anderen ist es unmittelbar ersichtlich für $\mu = 1, 2, 3$, während für $\mu = 4$

$$-\,\varepsilon\,\frac{\partial}{\partial x_4}(\Phi_4\,\mathrm{Div}\,\Phi) + \varepsilon\,\frac{\partial}{\partial x_\varrho}(\Phi_\varrho\,\mathrm{Div}\,\Phi) = \varepsilon\sum_{k=1}^{3}\frac{\partial}{\partial x_k}(\Phi_k\,\mathrm{Div}\,\Phi)$$

übrigbleibt.

Damit ist der gewünschte Nachweis vollständig erbracht und die Verbindung zwischen der Differentialform und der kanonischen Integralform der Erhaltungssätze in unserem Falle hergestellt. Zugleich ist damit auch aufs neue der Vektorcharakter von J_k bewiesen. Es muß aber betont werden, daß in dem angegebenen Ausdruck für den elektromagnetischen Teil von Energie und Impuls sowohl eine Nullpunktsenergie der Strahlung als auch eine Selbstenergie der Elektronen und Protonen enthalten ist, die nicht der Wirklichkeit entspricht*. In welchem Umfang dieser prinzipielle Mangel der hier entwickelten Theorie die Durchrechnung spezieller physikalischer Probleme trotzdem nicht stört, wird in folgendem Kapitel erläutert werden.

III. Annäherungsmethoden zur Integration der Gleichungen und physikalische Anwendungen.

§ 7. Aufstellung der Differenzgleichungen für die Wahrscheinlichkeitsamplituden. Für die Rechnungen dieses Kapitels wird die Hamiltonsche Funktion H zugrunde gelegt, deren auf die Strahlung und auf die Materiewellen bezüglichen Teile durch (58') und (51') gegeben sind. Dabei ist es zweckmäßig, statt der imaginären Zeitkoordinate eine reelle t einzuführen gemäß $x_4 = ict$, entsprechend auch $\Phi_4 = i\Phi_0$ zu setzen; ferner soll nunmehr im Hinblick auf die Anwendungen von den Heavisideschen Einheiten wieder zu den gewöhnlichen übergegangen werden, so daß die Φ_μ durch $\frac{1}{\sqrt{4\pi}}\Phi_\mu$, dagegen s_μ durch $\sqrt{4\pi}\, s_\mu$ zu ersetzen ist. Schließlich ist es noch zweckmäßig, Potentiale Φ_μ^0 (C-Zahlen) von äußeren „eingeprägten" Kräften einzuführen, deren Quellen nicht zum System gerechnet werden. Z. B. wird es wegen der großen Masse der Atomkerne oft zweckmäßig sein, die von ihnen ausgehenden Kraftwirkungen in den Φ_μ^0 zu berücksichtigen, also die Rückwirkung zu vernachlässigen.

Mit Einführung der zu den in gewöhnlichen Einheiten gemessenen Potentialen Φ_μ konjugierten Impulse gemäß

$$\left.\begin{aligned} \Pi_k &= -\frac{1}{4\pi c}\mathfrak{E}_k = +\frac{1}{4\pi c}\left(\frac{1}{c}\frac{\partial \Phi_k}{\partial t} + \frac{\partial \Phi_0}{\partial x_k}\right), \\ \Pi_0 &= \frac{\varepsilon}{4\pi c}\operatorname{Div}\Phi = \frac{\varepsilon}{4\pi c}\left(\frac{\partial \Phi_k}{\partial x_k} + \frac{1}{c}\frac{\partial \Phi_0}{\partial t}\right), \end{aligned}\right\} \tag{60'}$$

so daß die V.-R. lauten

$$[\Pi_\varrho, \Phi'_\sigma] = \frac{h}{2\pi i}\delta_{\varrho\sigma}\delta(\mathfrak{r}, \mathfrak{r}'), \tag{61'}$$

* Bekanntlich haben Klein und Jordan in ihrer Theorie die Selbstenergie der Elektronen durch Umstellung gewisser Faktoren im Energieausdruck eliminieren können. Diese Umstellung ist gleichwertig mit dem Hinzufügen gewisser, die Klammersymbole $[\Phi_k, \psi]$ enthaltenden Terme zur Energiedichte. In unserer Theorie, wo Φ_k mit ψ bei gleichem Zeitpunkt vertauschbar ist, scheint kein so einfaches Analogon zu dem Klein-Jordanschen Kunstgriff zu existieren.

nimmt demnach der Strahlungsteil der Hamiltonfunktion die Form an

$$\overline{H}^{(s)} = \int d V \left\{ \frac{1}{16 \pi} \left(\frac{\partial \Phi_i}{\partial x_k} - \frac{\partial \Phi_k}{\partial x_i} \right)^2 + 2 \pi c^2 \Pi_k^2 - c \frac{\partial \Phi_0}{\partial x_k} \Pi_k + \frac{2 \pi c^2}{\varepsilon} \Pi_0^2 - c \frac{\partial \Phi_k}{\partial x_k} \Pi_0 \right\}. \tag{79}$$

Entsprechend gilt dann für den Materieteil der Hamiltonfunktion

$$\overline{H}^{(m)} = \int d V \left[\frac{h c}{2 \pi i} \alpha^k_{\varrho \sigma} \psi^*_\varrho \frac{\partial \psi_\sigma}{\partial x_k} + m c^2 \alpha^4_{\varrho \sigma} \psi^*_\varrho \psi_\sigma + e (\Phi^0_k + \Phi_k) \alpha^k_{\varrho \sigma} \psi^*_\varrho \psi_\sigma - e (\Phi^0_0 + \Phi_0) \psi^*_\varrho \psi_\varrho \right]. \tag{79 a}$$

Die zugehörigen V.-R. sind nach wie vor durch (57) und (57 a) bestimmt:

a) Einstein-Bosestatistik:

$$\psi_\varrho (\mathfrak{r}) \psi^*_\sigma (\mathfrak{r}') - \psi^*_\sigma (\mathfrak{r}') \psi_\varrho (\mathfrak{r}) = \delta_{\varrho \sigma} \delta (\mathfrak{r}, \mathfrak{r}'). \tag{57}$$

b) Ausschließungsprinzip (Äquivalenzverbot):

$$\psi_\varrho (\mathfrak{r}) \psi^*_\sigma (\mathfrak{r}') + \psi^*_\sigma (\mathfrak{r}') \psi_\varrho (\mathfrak{r}) = \delta_{\varrho \sigma} \delta (\mathfrak{r}, \mathfrak{r}'). \tag{57 a}$$

Zur Lösung des durch Gleichung (79 a) definierten quantentheoretischen Problems entwickelt man zweckmäßig die ψ bzw. Φ nach geeigneten Orthogonalsystemen. Für diese Entwicklung bieten sich in natürlicher Weise die klassischen Lösungen derjenigen Feldgleichungen dar, die man erhält, wenn man aus (79 a) die Wechselwirkungsterme (also die Terme der Form $\psi^* \alpha \psi \Phi$) streicht.

Nehmen wir also zunächst an, die Diracschen Gleichungen der Materiewellen seien integriert für die Potentiale Φ_μ^0, von denen wir voraussetzen, daß sie zeitlich konstant seien. [Wenn die Φ_μ^0 einen Bestandteil enthalten, der zeitlich variabel ist, so kann man diesen Term abspalten und ihn zweckmäßig zusammen mit den Wechselwirkungsgliedern von (79) behandeln.] Zu jedem Eigenwert E^s des gelösten „ungestörten" Problems gehört ein System von Eigenfunktionen ($\varrho = 1, 2, 3, 4$), normiert nach der Gleichung

$$\int d V u^{*r}_\varrho u^s_\varrho = \delta_{rs}. \tag{80}$$

Es gelten ferner die „inversen" Orthogonalitätsrelationen

$$\sum_s u^{*s}_\varrho (\mathfrak{r}) u^s_\sigma (\mathfrak{r}') = \delta_{\varrho \sigma} \delta (\mathfrak{r}, \mathfrak{r}'). \tag{80'}$$

Wir setzen dann

$$\psi_\varrho = \sum_s a_s u^s_\varrho, \quad \psi^*_\varrho = \sum_s a^*_s u^{*s}_\varrho. \tag{81}$$

Die Größen a genügen den V.-R.:

$$\left.\begin{array}{ll}\text{Bose-Einstein-Statistik:} & a_s a_t^* - a_t^* a_s = \delta_{st},\\ \text{Ausschließungsprinzip:} & a_s a_t^* + a_t^* a_s = \delta_{st}.\end{array}\right\} \quad (82)$$

Dasselbe Verfahren soll ferner für die Hohlraumstrahlung ohne Wechselwirkung mit der Materie angewendet werden. Hier gehen wir jedoch aus Gründen, die später erläutert werden, nicht aus von der Hamiltonschen Funktion (79), sondern von einer etwas modifizierten Funktion aus (über doppelt auftretende Indizes wird im folgenden stets summiert)

$$\begin{aligned} H_0^{(\varepsilon)} = \int dV \Big\{ & \frac{1}{16\pi}\left(\frac{\partial \Phi_i}{\partial x_k} - \frac{\partial \Phi_k}{\partial x_i}\right)^2 + 2\pi c^2 \Pi_k^2 - c\frac{\partial \Phi_0}{\partial x_k}\Pi_k \\ & + \frac{2\pi c^2}{\varepsilon+\delta}\Pi_0^2 - \frac{\varepsilon c}{\varepsilon+\delta}\frac{\partial \Phi_k}{\partial x_k}\Pi_0 - \frac{\varepsilon\delta}{8\pi(\varepsilon+\delta)}\left(\frac{\partial \Phi_k}{\partial x_k}\right)^2 + \frac{\delta}{8\pi}\left(\frac{\partial \Phi_0}{\partial x_k}\right)^2\Big\}. \end{aligned} \quad (83)$$

δ ist ein kleiner Parameter. Wir suchen nun die Lösungen des zu (82) gehörigen klassischen Wellenproblems. Zu diesem Zweck setzen wir in bekannter Weise

$$\left.\begin{aligned} \Phi_1 &= \sqrt{\frac{8}{L^3}}\, q_1^r \cos\frac{\pi}{L}\varkappa_r x \,.\, \sin\frac{\pi}{L}\lambda_r y \,.\, \sin\frac{\pi}{L}\mu_r z,\\ \Phi_2 &= \sqrt{\frac{8}{L^3}}\, q_2^r \sin\frac{\pi}{L}\varkappa_r x \,.\, \cos\frac{\pi}{L}\lambda_r y \,.\, \sin\frac{\pi}{L}\mu_r z,\\ \Phi_3 &= \sqrt{\frac{8}{L^3}}\, q_3^r \sin\frac{\pi}{L}\varkappa_r x \,.\, \sin\frac{\pi}{L}\lambda_r y \,.\, \cos\frac{\pi}{L}\mu_r z,\\ \Phi_0 &= \sqrt{\frac{8}{L^3}}\, q_0^r \sin\frac{\pi}{L}\varkappa_r x \quad \sin\frac{\pi}{L}\lambda_r y \,.\, \sin\frac{\pi}{L}\mu_r z. \end{aligned}\right\} \quad (84)$$

Hierin bedeutet L die Kantenlänge des (kubisch gedachten) Hohlraums, $\varkappa_r, \lambda_r, \mu_r$ sind ganze Zahlen, die zur Schwingung mit dem Index r gehören. Ebenso setzen wir

$$\left.\begin{aligned} \Pi_1 &= \sqrt{\frac{8}{L^3}}\, p_1^r \cos\frac{\pi}{L}\varkappa_r x \sin\frac{\pi}{L}\lambda_r y \sin\frac{\pi}{L}\mu_r z,\\ \Pi_2 &= \sqrt{\frac{8}{L^3}}\, p_2^r \sin\frac{\pi}{L}\varkappa_r x \cos\frac{\pi}{L}\lambda_r y \sin\frac{\pi}{L}\mu_r z,\\ \Pi_3 &= \sqrt{\frac{8}{L^3}}\, p_3^r \sin\frac{\pi}{L}\varkappa_r x \sin\frac{\pi}{L}\lambda_r y \cos\frac{\pi}{L}\mu_r z,\\ \Pi_0 &= \sqrt{\frac{8}{L^3}}\, p_0^r \sin\frac{\pi}{L}\varkappa_r x \sin\frac{\pi}{L}\lambda_r y \sin\frac{\pi}{L}\mu_r z. \end{aligned}\right\} \quad (85)$$

Die Hamiltonsche Funktion geht damit über in

$$\left.\begin{aligned}\overline{H}^{(s)} = {} & 2\pi c^2\left(p_1^{r\,2} + p_2^{r\,2} + p_3^{r\,2} + \frac{1}{\varepsilon+\delta}\, p_0^{r\,2}\right) \\ & - \frac{c\pi}{L}\, q_0^r(\varkappa_r p_1^r + \lambda_r p_2^r + \mu_r p_3^r) + \frac{\varepsilon c \pi}{L(\varepsilon+\delta)} p_0^r (q_1^r \varkappa_r + q_2^r \lambda_r + q_3^r \mu_r) \\ & - \frac{\pi}{8L^2}(q_1^r\varkappa_r + q_2^r\lambda_r + q_3^r\mu_r)^2 \frac{\varepsilon\delta}{\varepsilon+\delta} + \frac{\delta\pi}{8L^2} q_0^{r\,2}(\varkappa_r^2 + \lambda_r^2 + \mu_r^2) \\ & + \frac{\pi}{8L^2}[(q_1^r\lambda_r - q_2^r\varkappa_r)^2 + (q_1^r\mu_r - q_3^r\varkappa_r)^2 + (q_2^r\mu_r - q_3^r\lambda_r)^2].\end{aligned}\right\} \tag{86}$$

Zu dieser Funktion gehören die entsprechenden kanonischen Gleichungen, die nach Elimination der p lauten:

$$\left.\begin{aligned} & \left(\frac{L}{c\pi}\right)^2 \ddot{q}_1^r + (\varkappa_r^2 + \lambda_r^2 + \mu_r^2)\, q_1^r \\ & = (1+\varepsilon)\left(-\frac{L}{c\pi}\,\dot{q}_0^r + \varkappa_r q_1^r + \lambda_r q_2^r + \mu_r q_3^r\right)\varkappa_r, \\ & \left(\frac{L}{c\pi}\right)^2 \ddot{q}_2^r + (\varkappa_r^2 + \lambda_r^2 + \mu_r^2)\, q_2^r \\ & = (1+\varepsilon)\left(-\frac{L}{c\pi}\,\dot{q}_0^r + \varkappa_r q_1^r + \lambda_r q_2^r + \mu_r q_3^r\right)\lambda_r, \\ & \left(\frac{L}{c\pi}\right)^2 \ddot{q}_3^r + (\varkappa_r^2 + \lambda_r^2 + \mu_r^2)\, q_3^r \\ & = (1+\varepsilon)\left(-\frac{L}{c\pi}\,\dot{q}_0^r + \varkappa_r q_1^r + \lambda_r q_2^r + \mu_r q_3^r\right)\mu_r, \\ & (1-\delta)\left[\left(\frac{L}{c\pi}\right)^2 \ddot{q}_0^r + (\varkappa_r^2 + \lambda_r^2 + \mu_r^2)\, q_0^r\right] \\ & = -(1+\varepsilon)\left(-\frac{L}{c\pi}\,\ddot{q}_0^r + \varkappa_r \dot{q}_1^r + \lambda_r \dot{q}_2^r + \mu_r \dot{q}_3^r\right). \end{aligned}\right\} \tag{87}$$

Für jeden Wert von r (d. h. für jedes Wertsystem $\varkappa_r, \lambda_r, \mu_r$) beschreiben die Gleichungen (87) die Bewegungen von vier gekoppelten Oszillatoren. Die klassische Lösung eines solchen Problems wird gefunden durch den Ansatz $q_0^r = b_0 \cos 2\pi\nu_r t$; $q_1^r = b_1 \sin 2\pi\nu_r t$; $q_2^r = b_2 \sin 2\pi\nu_r t$;

$q_3^r = b_3 \sin 2\pi \nu_r t$. Gleichung (87) geht dann über in ein System linearer Gleichungen mit der Determinante $\left(\frac{2L}{c}\nu_r = \nu_r', X_r = \varkappa_r^2 + \lambda_r^2 + \mu_r^2 - \nu_r'^2\right)$:

$$\begin{vmatrix} \frac{X_r}{1+\varepsilon} - \varkappa_r^2, & -\varkappa_r\lambda_r, & -\varkappa_r\mu_r, & -\varkappa_r\nu_r', \\ -\lambda_r\varkappa_r, & \frac{X_r}{1+\varepsilon} - \lambda_r^2, & -\lambda_r\mu_r, & -\lambda_r\nu_r', \\ -\mu_r\varkappa_r, & -\mu_r\lambda_r, & \frac{X_r}{1+\varepsilon} - \mu_r^2, & -\mu_r\nu_r', \\ +\nu_r'\varkappa_r, & \nu_r'\lambda_r, & \nu_r'\mu_r, & \frac{X_r(1-\delta)}{1+\varepsilon} + \nu_r'^2. \end{vmatrix} \tag{88}$$

Durch Nullsetzen der Determinante erhält man eine dreifache Wurzel $\nu_r'^2 = \varkappa_r^2 + \lambda_r^2 + \mu_r^2$, und eine einfache Wurzel

$$\nu_r'^2 = \frac{\varepsilon - \varepsilon\delta}{\varepsilon + \delta} \cdot (\varkappa_r^2 + \lambda_r^2 + \mu_r^2).$$

Wir bezeichnen die vier Wurzeln mit $\nu_{r,1}$; $\nu_{r,2}$; $\nu_{r,3}$; $\nu_{r,0}$. Zur dreifachen Wurzel $\nu_{r,1} = \nu_{r,2} = \nu_{r,3}$ gehören drei linear unabhängige Lösungen, die der Bedingung

$$b_1\varkappa_r + b_2\lambda_r + b_3\mu_r + b_0\nu_{r,1}' = 0 \tag{89}$$

genügen. Zu $\nu_{r,0}$ gehört (unnormiert) die Lösung

$$b_1 = \varkappa_r, \quad b_2 = \lambda_r, \quad b_3 = \mu_r, \quad b_0 = -\frac{\nu_{r,0}}{1-\delta}. \tag{90}$$

Im Grenzfall $\delta = 0$ wird auch noch $\nu_{r,0} = \nu_{r,1}$ und die vierte Schwingung ist nicht mehr linear unabhängig von den ersten drei. Es existieren dann also nur noch drei eigentliche periodische linear unabhängige Lösungen von (87). Die vierte linear unabhängige Lösung von (87) ist dann unperiodisch und kann durch einen Grenzübergang $\delta \to 0$ in folgender Weise gewonnen werden. Für $\delta \neq 0$ kombinieren wir die beiden Lösungen

$$\begin{aligned} q_1^r &= \varkappa_r \sin 2\pi\nu_{r,1} t; & q_1^r &= \varkappa_r \sin 2\pi\nu_{r,0} t; \\ q_2^r &= \lambda_r \sin 2\pi\nu_{r,1} t; & q_2^r &= \lambda_r \sin 2\pi\nu_{r,0} t; \\ q_3^r &= \mu_r \sin 2\pi\nu_{r,1} t; & q_3^r &= \mu_r \sin 2\pi\nu_{r,0} t; \\ q_0^r &= -\nu_{r,1}' \cos 2\pi\nu_{r,1} t, & q_0^r &= -\frac{\nu_{r,0}'}{1-\delta} \cos 2\pi\nu_{r,0} t \end{aligned}$$

durch Subtraktion zu einer Schwebung

$$\left.\begin{aligned} q_1^r &= 2\varkappa_r \cos 2\pi \frac{\nu_{r,1}+\nu_{r,0}}{2} t \sin 2\pi \frac{\nu_{r,1}-\nu_{r,0}}{2} t, \\ q_2^r &= 2\lambda_r \cos 2\pi \frac{\nu_{r,1}+\nu_{r,0}}{2} t \sin 2\pi \frac{\nu_{r,1}-\nu_{r,0}}{2} t, \\ q_3^r &= 2\mu_r \cos 2\pi \frac{\nu_{r,1}+\nu_{r,0}}{2} t \sin 2\pi \frac{\nu_{r,1}-\nu_{r,0}}{2} t, \\ q_0^r &= 2\nu'_{r,1} \sin 2\pi \frac{\nu_{r,1}+\nu_{r,0}}{2} t \sin 2\pi \frac{\nu_{r,1}-\nu_{r,0}}{2} t \\ &\quad - \left(\nu'_{r,1} - \frac{\nu'_{r,0}}{1-\delta}\right) \cos 2\pi \nu_{r,0} t. \end{aligned}\right\} \tag{91}$$

Im Limes $\delta \to 0$ wird $\nu_{r,0} = \nu_{r,1}\left(1 - \frac{\delta}{2} - \frac{\delta}{2\varepsilon}\right)$; multipliziert man die Werte der q mit ε/δ und geht zu $\delta = 0$ über, so erhält man

$$\left.\begin{aligned} q_1^r &= 2\pi(1+\varepsilon)\nu_r t \,.\, \varkappa_r \cos 2\pi\nu_r t, \\ q_2^r &= 2\pi(1+\varepsilon)\nu_r t \,.\, \lambda_r \cos 2\pi\nu_r t, \\ q_3^r &= 2\pi(1+\varepsilon)\nu_r t \,.\, \mu_r \cos 2\pi\nu_r t, \\ q_0^r &= 2\pi(1+\varepsilon)\nu_r t \,.\, \nu'_r \sin 2\pi\nu_r t - (1-\varepsilon)\nu'_r \cos 2\pi\nu_r t. \end{aligned}\right\} \tag{92}$$

Für $\delta = 0$ existieren also unperiodische Lösungen von (87). Bildet man die zugehörigen Partialschwingungen der Feldstärken, so ergibt sich

$$\left.\begin{aligned} q_1^r \lambda_r - q_2^r \varkappa_r &= 0, \ldots, \\ q_0^r \varkappa_r + \frac{L}{c\pi} \dot{q}_1^r &= 2\varepsilon\nu'_r \varkappa_r \,.\, \cos 2\pi\nu_r t, \ldots \end{aligned}\right\} \tag{93}$$

Zu den unperiodischen Veränderungen der Potentiale gehören also doch periodische Schwingungen der Feldstärken, die überdies mit $\varepsilon \to 0$ verschwinden. Diesen hier betrachteten aperiodischen Lösungen ist auch die einfache Form der V.-R. (61') zu danken, sie garantieren die Vertauschbarkeit von Φ_0 und Φ_k. Der Übergang $\varepsilon \to 0$ ist jedoch in allen physikalischen Fragestellungen ohne Schwierigkeiten vollziehbar, weil für die Feldstärken keine unperiodischen Lösungen der Art (92) existieren.

Trotzdem wäre es unbequem, mit diesen unperiodischen Ausgangslösungen zu rechnen; wir haben deshalb in der Funktion $\overline{H_0^s}$ die δ-Glieder zugefügt. Die Einführung der δ-Glieder hat also einen ähnlichen Sinn wie die Einführung des Hohlraumes: es soll ein diskretes Eigenwertspektrum erzwungen werden. Hohlraum und δ-Glieder zerstören allerdings die Invarianz der Gleichungen gegenüber räumlichen und zeitlichen Transformationen. Im Endresultat gehen wir jedoch zum Limes eines unendlich großen Hohlraumes und zum Limes $\delta = 0$ über, dann ist die Invarianz wieder hergestellt.

Der Übergang zur quantentheoretischen Lösung von Gleichung (86) geschieht in der Weise, daß man an Stelle der p^r, q^r die Impulse und Koordinaten der Hauptschwingungen P^r, Q^r (zu jedem r gibt es deren vier) einführt, und zwar ergibt die elementare Rechnung als mögliches Schema:

$$
\left.
\begin{aligned}
\frac{1}{\sqrt{4cL}}\, q_1^r &= \frac{\lambda_r}{\sqrt{\nu'_{r,1}(\lambda_r^2+\varkappa_r^2)}}\, Q_1^r + \frac{\mu_r \varkappa_r}{\nu'_{r,1}\sqrt{\nu'_{r,1}(\lambda_r^2+\varkappa_r^2)}}\, Q_2^r \\
&\quad + \frac{\varkappa_r}{\sqrt{\delta \nu'^3_{r,1}}}\, Q_3^r + \frac{\varkappa_r\sqrt{1-\delta}}{\sqrt{\delta \nu'^2_{r,1}\nu'_{r,0}}}\, P_0^r, \\
\frac{1}{\sqrt{4cL}}\, q_2^r &= -\frac{\varkappa_r}{\sqrt{\nu'_{r,1}(\lambda_r^2+\varkappa_r^2)}}\, Q_1^r + \frac{\mu_r \lambda_r}{\nu'_{r,1}\sqrt{\nu'_{r,1}(\lambda_r^2+\varkappa_r^2)}}\, Q_2^r \\
&\quad + \frac{\lambda_r}{\sqrt{\delta \nu'^3_{r,1}}}\, Q_3^r + \frac{\lambda_r\sqrt{1-\delta}}{\sqrt{\delta \nu'^2_{r,1}\nu'_{r,0}}}\, P_0^r, \\
\frac{1}{\sqrt{4cL}}\, q_3^r &= -\frac{\sqrt{\lambda_r^2+\varkappa_r^2}}{\nu'_{r,1}\sqrt{\nu'_{r,1}}}\, Q_2^r + \frac{\mu_r}{\sqrt{\delta \nu'^3_{r,1}}}\, Q_3^r + \frac{\mu_r\sqrt{1-\delta}}{\sqrt{\delta \nu'^2_{r,1}\nu'_{r,0}}}\, P_0^r, \\
\frac{1}{\sqrt{4cL}}\, q_0^r &= -\frac{\nu'_{r,1}}{\sqrt{\delta \nu'^3_{r,1}}}\, P_3^r - \frac{\nu'_{r,0}}{\sqrt{(1-\delta)\,\delta\,\nu'_{r,0}\nu'^2_{r,1}}}\, Q_0^r, \\
\sqrt{4cL}\, p_1^r &= \lambda_r \sqrt{\frac{\nu'_{r,1}}{\lambda_r^2+\varkappa_r^2}}\, P_1^r + \frac{\mu_r\varkappa_r}{\sqrt{\nu'_{r,1}(\lambda_r^2+\varkappa_r^2)}}\, P_2^r - \varkappa_r \sqrt{\frac{\delta \nu'_{r,0}}{(1-\delta)\,\nu'^2_{r,1}}}\, Q_0^r, \\
\sqrt{4cL}\, p_2^r &= -\varkappa_r \sqrt{\frac{\nu'_{r,1}}{\lambda_r^2+\varkappa_r^2}}\, P_1^r + \frac{\mu_r\lambda_r}{\sqrt{\nu'_{r,1}(\lambda_r^2+\varkappa_r^2)}}\, P_2^r - \lambda_r \sqrt{\frac{\delta \nu'_{r,0}}{(1-\delta)\,\nu^3_{r,1}}}\, Q_0^r, \\
\sqrt{4cL}\, p_3^r &= -\frac{\sqrt{\lambda_r^2+\varkappa_r^2}}{\sqrt{\nu'_{r,1}}}\, P_2^r - \mu_r \sqrt{\frac{\delta \nu'_{r,0}}{(1-\delta)\,\nu'^2_{r,1}}}\, Q_0^r, \\
\sqrt{4cL}\, p_0^r &= \sqrt{\delta \nu'_{r,1}}\, Q_3^r.
\end{aligned}
\right\} \quad (94)
$$

Hierbei gilt

$$P_i^r = \frac{1}{2\pi\nu_{r,i}}\,\dot{Q}_i^r, \quad P_0^r = -\frac{1}{2\pi\nu_{r,0}}\,\dot{Q}_0^r,$$

ferner die V.-R.

$$[P_i^r, Q_k^s]_- = \delta_{ik}\delta_{rs}\frac{h}{2\pi i}; \quad [P_i^r, P_k^s]_- = 0; \quad [Q_i^r, Q_k^s] = 0.$$

$$(i = 1, 2, 3, 0; \quad k = 1, 2, 3, 0).$$

Die Gleichung $P_0^r = -\frac{1}{2\pi\nu_{r,0}}\dot{Q}_0^r$ zeigt, daß die Hamiltonsche Funktion $(p_0^r)^2$ und $(Q_0^r)^2$ mit negativem Vorzeichen enthält

$$
\begin{aligned}
H_0 &= 2\pi\nu_{r,1}\tfrac{1}{2}[(P_1^r)^2 + (Q_1^r)^2] + 2\pi\nu_{r,2}\tfrac{1}{2}[(P_2^r)^2 + (Q_2^r)^2] \\
&\quad + 2\pi\nu_{r,3}\tfrac{1}{2}[(P_3^r)^2 + (Q_3^r)^2] - 2\pi\nu_{r,0}\tfrac{1}{2}[(P_0^r)^2 + (Q_0^r)^2]. \qquad (95)
\end{aligned}
$$

Um nicht gezwungen zu sein, im folgenden die Hauptschwingung mit Index 0 stets gesondert aufzuschreiben, führen wir ein:

$$\nu_{r,4} = -\nu_{r,0},$$

ferner

$$P^{r,4} = -Q_0^r, \quad Q^{r,4} = P_0^r. \tag{96}$$

Wir numerieren hiernach die Hauptschwingungen mit einem Index λ, der von 1 bis 4 läuft

$$Q^{r\lambda} \quad (Q_1^r,\ Q_2^r,\ Q_3^r,\ P_0^r),$$
$$P^{r\lambda} \quad (P_1^r,\ P_2^r,\ P_3^r,\ -Q_0^r).$$

Mit Hilfe von (94) und (84) können die Potentiale jetzt in der zu (81) analogen Form

$$\left.\begin{aligned} \Phi_i &= Q^{r\lambda} v_i^{r\lambda}; & \Phi_0 &= P^{r\lambda} v_0^{r\lambda}, \\ \Pi_i &= \frac{1}{4cL} P^{r\lambda} w_i^{r\lambda}; & \Pi_0 &= \frac{1}{4cL} Q^{r\lambda} w_0^{r\lambda} \end{aligned}\right\} \tag{97}$$

geschrieben werden; die $v_i^{r\lambda}$ und $w_i^{r\lambda}$ bedeuten das Orthogonalsystem der Eigenfunktionen des Hohlraums.

An Stelle der Koeffizienten a, a^* von Gleichung (81) und P, Q von Gleichung (97) führt man jetzt, wie dies zum erstenmal von Dirac in der Theorie der Strahlung angewendet wurde, die Anzahl der Korpuskeln im entsprechenden Quantenzustand als Variable ein. Die Anzahl der Elektronen im Zustand s sei N_s, die Anzahl der Lichtquanten im Zustand r sei M_r. Die kanonisch konjugierten Winkel heißen Θ_s bzw. χ_r.

Dann soll also gelten†:

Bose-Einstein-Statistik:

$$a_s = e^{-\frac{2\pi i}{h}\Theta_s} N_s^{1/2}; \quad a_s^* = N_s^{1/2} e^{\frac{2\pi i}{h}\Theta_s},$$

Ausschließungsprinzip:

$$a_s = \nu_s e^{-\frac{2\pi i}{h}\Theta_s} N_s^{1/2}; \quad a_s^* = N_s^{1/2} e^{\frac{2\pi i}{h}\Theta_s} \nu_s,$$

Strahlung:

$$P^{r\lambda} = \sqrt{\frac{h}{4\pi}} \left(M_{r,\lambda}^{1/2} e^{\frac{2\pi i}{h}\chi_{r,\lambda}} + e^{-\frac{2\pi i}{h}\chi_{r,\lambda}} M_{r,\lambda}^{1/2} \right);$$

$$Q^{r\lambda} = \frac{1}{i} \sqrt{\frac{h}{4\pi}} \left(M_{r,\lambda}^{1/2} e^{\frac{2\pi i}{h}\chi_{r,\lambda}} - e^{-\frac{2\pi i}{h}\chi_{r,\lambda}} \cdot M_{r,\lambda}^{1/2} \right). \tag{98}$$

Die Größen ν_s sind die von Jordan und Wigner eingeführten Vorzeichenfunktionen

$$\nu_s = \prod_{t \leqq s} (1 - 2N_t). \tag{99}$$

† Vgl. hierzu die mehrfach zitierte Arbeit von Jordan und Wigner.

Die Exponentialfunktionen der Phasenwinkel können als Operatoren aufgefaßt werden und haben dann folgende Eigenschaften:

$$\left.\begin{array}{ll}\text{Bose-Einstein-Statistik:} & \\ \quad e^{\frac{2\pi i}{h}\Theta_s} & \text{verwandelt } N_s \text{ in } N_s - 1, \\ \text{Ausschließungsprinzip:} & \\ \quad e^{\frac{2\pi i}{h}\Theta_s} & \text{,,} \quad N_s \text{ ,,} \quad 1 - N_s, \\ \text{Strahlung:} & \\ \quad e^{\frac{2\pi i}{h}\chi_r} & \text{,,} \quad M_r \text{ ,,} \quad M_r - 1.\end{array}\right\} \tag{100}$$

Wir gehen jetzt zur Aufstellung der zur Hamiltonschen Funktion (79) plus (79a) gehörigen Schrödingergleichung über. Die Wahrscheinlichkeitsfunktion φ soll abhängen von den Variabeln N_s und M_r, $|\varphi|^2$ soll also die Wahrscheinlichkeit dafür angeben, daß sich N_s Elektronen im Zustand s, M_r Lichtquanten im Zustand r befinden. Man erhält die zu φ gehörige Differenzgleichung, indem man in (79) und (79a) H mit Hilfe von (81), (97), (98) durch die N, Θ und M, χ ausdrückt, dann die Winkel als Operatoren auffaßt und $(H - E)\,\varphi = 0$ setzt (E Gesamtenergie des Systems). Man wird dabei mit Vorteil von dem Umstand Gebrauch machen, daß die u_s und $v_{r\lambda}$ Lösungen der Hamiltonschen Gleichung (79) bzw. (79a) ohne Wechselwirkungsglieder sind. Die „ungestörte" Energie hat also einfach die Form

$$E = \sum_s E_s N_s + \sum_{r,\lambda} (M_{r,\lambda} + {}^1/_2)\, h\, \nu_{r,\lambda}.$$

Die Glieder ${}^1/_2 \Sigma h \nu$ bedeuten eine unendliche additive Nullpunktsenergie des Strahlungshohlraumes. Da dieser Term nur als additive Konstante in die Gesamtenergie eingeht, hat er keine physikalische Bedeutung und kann demnach weggelassen werden (vgl. S. 53). Wenn man die Wechselwirkungsglieder in H ausdrückt durch u und v, so treten folgende Integrale auf:

$$\left.\begin{aligned} c_{st}^{r\lambda} &= \int u_\varrho^{*s}\, \alpha_{\varrho\sigma}^{i}\, u_\sigma^{t}\, v_i^{r\lambda}\, dV, \\ d_{st}^{r\lambda} &= \int u_\varrho^{*s}\, u_\varrho^{t}\, v_0^{r\lambda}\, dV. \end{aligned}\right\} \tag{101}$$

Die Differenzengleichung für die Wahrscheinlichkeitsamplitude φ (N_1, $N_2 \ldots$; M_1, $M_2 \ldots$) lautet also schließlich (im folgenden werden die Summenzeichen wieder angeschrieben):

a) Im Falle der Bose-Einsteinschen Statistik für die Materie:

$$\left(-E + \sum_s N_s E_s + \sum_r M_{r\lambda} h\nu_{r\lambda}\right)\varphi(N_1, N_2 \ldots; M_1 M_2 \ldots)$$

$$= e\sqrt{\frac{h}{4\pi}} \sum_{s,t,r,\lambda}{}' N_s^{1/2}(N_t+1)^{1/2} \Big[M_{r\lambda}^{1/2}(d_{st}^{r\lambda} - i c_{st}^{r\lambda})\, \varphi(N_1 \ldots, N_s-1 \ldots, N_t+1 \ldots; M_1 \ldots, M_{r\lambda}-1, \ldots) + (M_{r\lambda}+1)^{1/2}(d_{st}^{r\lambda} + i c_{st}^{r\lambda})\, \varphi(N_1 \ldots, N_s-1 \ldots N_t+1 \ldots; M_1 \ldots, M_{r\lambda}+1, \ldots)\Big]$$

$$+ e\sqrt{\frac{h}{4\pi}} \sum_s N_s \Big[M_{r\lambda}^{1/2}(d_{ss}^{r\lambda} - i c_{ss}^{r\lambda})\, \varphi(N_1 \ldots; M_1 \ldots M_{r\lambda}-1 \ldots) + (M_{r\lambda}+1)^{1/2}(d_{ss}^{r\lambda} + i c_{ss}^{r\lambda})\, \varphi(N_1 \ldots; M_1 \ldots M_{r\lambda}+1 \ldots)\Big]. \qquad (102)$$

b) Im Falle des Ausschließungsprinzips für die Materie:

$$\left(-E + \sum_s N_s E_s + \sum_r M_{r\lambda} h\nu_{r\lambda}\right)\varphi(N_1, N_2 \ldots; M_1, M_2 \ldots)$$

$$= e\sqrt{\frac{h}{4\pi}} \sum_{s,t,r,\lambda}{}' \nu_s(N_1 \ldots 1-N_s \ldots)\, \nu_t(N_1 \ldots 1-N_t \ldots) \Big[M_{r\lambda}^{1/2}(d_{st}^{r\lambda} - i c_{st}^{r\lambda})\, \varphi(N_1 \ldots, 1-N_s, 1-N_t \ldots; M_1 \ldots M_{r\lambda}-1 \ldots) + (M_{r\lambda}+1)^{1/2}(d_{st}^{r\lambda} + i c_{st}^{r\lambda})\, \varphi(N_1 \ldots 1-N_s, 1-N_t \ldots; M_1 \ldots M_{r\lambda}+1 \ldots)\Big]$$

$$+ e\sqrt{\frac{h}{4\pi}} \sum_s N_s \Big[M_{r\lambda}^{1/2}(d_{ss}^{r\lambda} - i c_{ss}^{r\lambda})\, \varphi(N_1 \ldots; M_1 \ldots M_{r\lambda}-1 \ldots) + (M_{r\lambda}+1)^{1/2}(d_{ss}^{r\lambda} + i c_{ss}^{r\lambda})\, \varphi(N_1 \ldots; M_1 \ldots M_{r\lambda}+1 \ldots)\Big]. \qquad (103)$$

In den Summen Σ' ist der Summand $r = s$ auszuschließen.

§ 8. **Berechnung der Eigenwertstörung bis zur zweiten Ordnung in den Wechselwirkungsgliedern.** Faßt man in den Gleichungen (102), (103) die Wechselwirkungsglieder als kleine Störung auf, so kann man versuchen, (102), (103) durch sukzessive Approximation zu integrieren. Im ungestörten System sollen etwa N_s^0 Elektronen im Zustand s angetroffen werden, dagegen sollen überhaupt keine Lichtquanten vorhanden sein. Durch diese Ausgangslösung schließen wir Dispersions- und Absorptionsvorgänge aus, die uns vorerst nicht interessieren. Die ungestörte Wahrscheinlichkeitsamplitude lautet:

$$\left.\begin{aligned} \varphi_0(N_1, \ldots; M_1 \ldots) &= \delta_{N_1, N_1^0}\, \delta_{N_2, N_2^0} \ldots \delta_{M_1, 0} \cdot \delta_{M_2, 0} \ldots, \\ \delta_{N_1, N_1^0} &= \begin{cases} 1 \text{ für } N_1 = N_1^0, \\ 0 \quad ,, \quad N_1 \neq N_1^0. \end{cases} \end{aligned}\right\} \qquad (104)$$

Diesen Wert von φ_0 setzen wir in die Wechselwirkungsglieder der Gleichung (102) bzw. (103) ein und finden damit die Störung erster

Näherung φ_1 der Wahrscheinlichkeitsamplitude $\varphi = \varphi_0 + \varphi_1 + \cdots$. Es ergibt sich:

a) Bose-Einsteinsche Statistik:

$$\left.\begin{aligned} &\varphi_1 (N_1^0 \ldots, N_s^0 + 1 \ldots N_t^0 - 1 \ldots; 0, 0, \ldots \overset{r\lambda}{1}, 0, 0) \\ &= \frac{e\sqrt{\frac{h}{4\pi}}}{E_s - E_t + h\nu_{r\lambda}} (N_s^0 + 1)^{1/2} N_t^{0\,1/2} (d_{st}^{r\lambda} - i c_{st}^{r\lambda}); \\ &\varphi_1 (N_1^0 \ldots; 0, 0 \ldots \overset{r\lambda}{1}, 0, 0) \\ &= \frac{e\sqrt{\frac{h}{4\pi}}}{h\nu_{r\lambda}} \sum_s N_s^0 (d_{ss}^{r\lambda} - i c_{ss}^{r\lambda}). \end{aligned}\right\} \tag{105}$$

b) Ausschließungsprinzip:

$$\left.\begin{aligned} &\varphi_1 (N_1^0 \ldots 1 - N_s^0 \ldots 1 - N_t^0 \ldots; 0, 0 \ldots \overset{r\lambda}{1}, 0 \ldots) \\ &= \frac{e\sqrt{\frac{h}{4\pi}}}{E_s - E_t + h\nu_{r\lambda}} \nu_s (N_1^0 \ldots 1 - N_t^0 \ldots) \nu_t (N_1^0 \ldots 1 - N_t^0 \ldots) N_t^0 (1 - N_s^0) \\ &\cdot (d_{st}^{r\lambda} - i c_{st}^{r\lambda}) + \frac{e\sqrt{\frac{h}{4\pi}}}{E_t - E_s + h\nu_{r\lambda}} \nu_t (N_1^0 \ldots 1 - N_s^0 \ldots) \nu_s (N_1^0 \ldots 1 - N_s^0 \ldots) \\ &N_s^0 (1 - N_t^0) (d_{ts}^{r\lambda} - i c_{ts}^{r\lambda}), \\ &\varphi_1 (N_1^0 \ldots; 0 \ldots \overset{r\lambda}{1}, 0 \ldots) = \frac{e\sqrt{\frac{h}{4\pi}}}{h\nu_{r\lambda}} \sum_s N_s^0 (d_{ss}^{r\lambda} - i c_{ss}^{r\lambda}). \end{aligned}\right\} \tag{106}$$

An allen anderen Stellen des N_1-, N_2- ... Raumes ist $\varphi_1 = 0$. Durch Einsetzen von φ_1 aus (105) und (106) in (102) und (103) erhält man die Eigenwertstörung $E^{(2)}$ ($E = E^0 + E^{(1)} + E^{(2)} + \cdots$), wenn die Gleichung an der Stelle N_1^0, N_2^0 ...; 0 ... aufgeschrieben wird. Der zeitliche Mittelwert der Störungsglieder, also die Störungsenergie $E^{(1)}$ verschwindet.

Die Ausrechnung ergibt:

a) Bose-Einsteinsche Statistik:

$$\begin{aligned} -E^{(2)} = &\sum_{st,\, r\lambda}' \frac{e^2 \frac{h}{4\pi}}{E_s - E_t + h\nu_{r\lambda}} (N_s^0 + 1) N_t^0 (d_{st}^{r\lambda} - i c_{st}^{r\lambda})(d_{ts}^{r\lambda} + i c_{ts}^{r\lambda}) \\ &+ \sum_{st,\, r\lambda} \frac{e^2}{4\pi\nu_{r\lambda}} N_s^0 (d_{ss}^{r\lambda} - i c_{ss}^{r\lambda}) N_t^0 (d_{tt}^{r\lambda} + i c_{tt}^{r\lambda}). \end{aligned} \tag{107}$$

b) Ausschließungsprinzip:

$$-E^{(2)} = \sum_{st,\,r\lambda}' \frac{e^2 \dfrac{h}{4\pi}}{E_s - E_t + h\nu_{r\lambda}} N_t^0 (1 - N_s^0)(d_{st}^{r\lambda} - i\,c_{st}^{r\lambda})(d_{ts}^{r\lambda} + i\,c_{ts}^{r\lambda})$$

$$+ \sum_{st,\,r\lambda} \frac{e^2}{4\pi\nu_{r\lambda}} N_s^0 (d_{ss}^{r\lambda} - i\,c_{ss}^{r\lambda}) N_t^0 (d_{tt}^{r\lambda} + i\,c_{tt}^{r\lambda}). \tag{108}$$

In den Formeln (105) bis (108) können auf der rechten Seite eventuell kleine Nenner der Form $E_s - E_t + h\nu_{r\lambda}$ auftreten, die die Konvergenz des Verfahrens stören; ihre physikalische Bedeutung ist folgende: Damit $E_s - E_t + h\nu_{r\lambda}$ klein ist, muß $E_t - E_s \sim h\nu_{r\lambda}$ sein, d. h. das ungestörte System ist eines Sprunges von Zustand t nach Zustand s unter Aussendung eines Lichtquants $h\nu_{r\lambda}$ fähig. Die weitere Diskussion der kleinen Nenner würde also genau so verlaufen wie in der Diracschen Theorie der Ausstrahlung; da wir uns hier mehr für die Eigenwertstörung interessieren, wollen wir annehmen, daß die betreffenden Glieder das Resultat nicht wesentlich beeinflussen; dies ist z. B. der Fall für den Normalzustand eines Atoms, von dem aus keine Emission möglich ist. Aber selbst in den angeregten Zuständen hat es sehr wohl einen Sinn, die Wechselwirkung der Elektronen zu berücksichtigen, dagegen die Strahlungskräfte zu vernachlässigen; da wir auf die Berechnung der Wechselwirkung abzielen, so werden wir also das Auftreten kleiner Nenner nicht weiter beachten.

Im folgenden soll der Beweis geführt werden, daß die nach (107), (108) berechnete Eigenwertstörung in einer gewissen Näherung identisch ist mit derjenigen Eigenwertstörung zweiter Ordnung, die man erhält, wenn man in gewöhnlicher Weise elektrostatische Wechselwirkungen zwischen den Elektronen ansetzt und die Schrödingersche Gleichung im Konfigurationsraum löst. Zu diesem Ende bemerken wir, daß die Größen $c_{st}^{r\lambda}$ mit den Strömen und daher mit den magnetischen Wechselwirkungen der Elektronen zu tun haben, während die Größen $d_{st}^{r\lambda}$ sich auf die elektrische Wechselwirkung beziehen. Da die magnetischen Wechselwirkungen von gleicher Größenordnung sind, wie die relativistischen Effekte, die sich im Konfigurationsraum doch nicht behandeln lassen, so werden wir für unseren Beweis die $c_{st}^{r\lambda}$-Glieder vernachlässigen. Es bleibt die Berechnung der Summen vom Typus

$$\sum_{r\lambda} \frac{1}{E_s - E_t + h\nu_{r\lambda}} d_{st}^{r\lambda} d_{ts}^{r\lambda}. \tag{109}$$

Die Integrale $d_{st}^{r\lambda}$ $(r \neq t)$ werden merklich groß erst für $\nu_{r\lambda}$, für welche die Wellenlänge des Lichtes vergleichbar ist mit den Atomdimensionen, also für sehr große $\nu_{r\lambda}$. Da ferner die Anzahl der Eigenschwingungen mit wachsendem ν sehr rasch wächst, so werden wir vermuten, daß der Hauptbeitrag zur Summe von sehr großen ν-Werten stammt. Es scheint daher berechtigt, in erster Näherung an Stelle von (111) die Summe

$$\sum_{r,\lambda} \frac{1}{h\nu_{r\lambda}} d_{st}^{r\lambda} d_{ts}^{r\lambda} \tag{110}$$

zu betrachten. Der Fehler ist, wie eine Abschätzung zeigt, nicht größer als der durch Vernachlässigung der $c_{st}^{r\lambda}$ begangene Fehler. Die Summe (110) ist leicht auszuwerten; man findet etwas allgemeiner

$$\sum_{r,\lambda} \frac{1}{h\nu_{r\lambda}} d_{st}^{r\lambda} d_{nm}^{r\lambda} = \sum_{r\lambda} \int d V d V' \left(u_\varrho^{*s} u_\varrho^t v_0^{r\lambda}\right)_P . \left(u_\sigma^{*n} u_\sigma^m v_0^{r\lambda}\right)_{P'} \cdot \frac{1}{h\nu_{r\lambda}} \tag{111}$$

(P und P' sollen hier als Index für den Punkt in dem betreffenden Volumen stehen).

Hierin tritt die Summe

$$\sum_{r\lambda} \frac{v_0^{r\lambda}(P)\, v_0^{r\lambda}(P')}{\nu_{r\lambda}} = G(P, P')$$

auf. Zur Ausrechnung bilde man $\Delta_P G(P, P')$. Es ergibt sich aus (94) und (84)

$$\Delta_P G(P, P') = \sum_{r,\lambda} \frac{\Delta v_0^{r\lambda}(P) . v_0^{r\lambda}(P')}{\nu_{r\lambda}} = \left(\frac{\pi}{L}\right)^2 \sum_{r,\lambda} \frac{-(\nu'_{r,1})^2 v_0^{r\lambda}(P)\, v_0^{r\lambda}(P')}{\nu_{r\lambda}}$$

$$= \left(\frac{\pi}{L}\right)^2 \cdot \frac{8}{L^3} 4 c L \left[-\frac{1}{\delta} + \frac{1}{(1-\delta)\delta}\right] \frac{2L}{c} \sum_r \sin\frac{\pi}{L}\varkappa_r x_P \sin\frac{\pi}{L}\lambda_r y_P \sin\frac{\pi}{L}\mu_r z_P$$

$$. \sin\frac{\pi}{L}\varkappa_r x_{P'} . \sin\frac{\pi}{L}\lambda_r y_{P'} . \sin\frac{\pi}{L}\mu_r z_{P'} = \frac{8\pi^2}{1-\delta} \cdot \delta(P - P'). \tag{112}$$

$\delta(P - P')$ bedeutet die Diracsche δ-Funktion der Punkte P und P'. Die Lösung der Differentialgleichung (112) für $G(P, P')$ heißt, wenn der Hohlraum hinreichend groß ist,

$$G(P, P') = -\frac{2\pi}{1-\delta} \frac{1}{r_{PP'}}. \tag{113}$$

Hieraus folgt im Limes $\delta = 0$:

$$-\sum_{r\lambda} \frac{1}{2\pi\nu_{r\lambda}} d_{st}^{r\lambda} d_{nm}^{r\lambda} = A_{st,nm}$$

$$= \int d V d V' \frac{u_\varrho^{*s}(P)\, u_\varrho^t(P)\, u_\sigma^{*n}(P')\, u_\sigma^m(P')}{r_{PP'}}. \tag{114}$$

Die Integrale $A_{st,nm}$ sind also die bekannten Austauschintegrale, die in der Störungstheorie auftreten, wenn man das Mehrkörperproblem in gewöhnlicher Weise nach der Quantenmechanik behandelt. Für die Störungsenergie $E^{(2)}$ ergibt sich also schließlich bis auf Glieder der Ordnung δ:

a) Bose-Einstein-Statistik:

$$E^{(2)} = \frac{e^2}{2}\left[\sum_{st}{}' (N_s^0 + 1)\, N_t^0\, A_{st,ts} + \sum_{st} N_s^0\, N_t^0\, A_{ss,tt}\right];$$

b) Ausschließungsprinzip:

$$E^{(2)} = \frac{e^2}{2}\left[\sum_{st}{}' N_t^0\, (1 - N_s^0)\, A_{st,ts} + \sum_{st} N_s^0\, N_t^0\, A_{ss,tt}\right].$$

Die hier auftretenden Terme enthalten noch unendliche Summen der Form

$$\sum_s A_{st,ts} = S_t.$$

Aus (114) folgt

$$\begin{aligned} S_t = \sum_s A_{st,ts} &= \int \sum_s \frac{u_\varrho^{*s}(P)\, u_\varrho^t(P)\, u_\sigma^{*t}(P')\, u_\sigma^s(P')}{r_{PP'}}\, dV\, dV' \\ &= \int \frac{u_\varrho^t(P)\, u_\sigma^{*t}(P')\, \delta(P - P')\, \delta_{\varrho\sigma}}{r_{PP'}}\, dV\, dV' = \int \frac{(u_\varrho^{*t} u_\varrho^t)_P}{r_{PP}}\, dV \\ &= \frac{1}{r_{PP}} \int u_\varrho^{*t} u_\varrho^t\, dV = \frac{1}{r_{PP}}. \end{aligned} \tag{115}$$

Die Größe S_t entspricht also der von Jordan und Klein diskutierten Wechselwirkung eines Teilchens mit sich selbst und wird unendlich groß. S_t hängt nicht vom Zustand t ab, d. h. die Wechselwirkung eines Elektrons mit sich selbst ist in jedem Zustand die gleiche. Daher bedeuten die Glieder S_t ebenso wie die Nullpunktsenergie der Strahlung eine allerdings unendliche additive Konstante zur Gesamtenergie. In der hier durchgeführten Theorie kommen keine Prozesse vor, bei denen die Elektronenzahl sich ändert. Also stören die additiven Zusatzglieder nicht, da man sich nur für Energiedifferenzen interessiert; wir ziehen die Wechselwirkungen der Elektronen mit sich selbst daher von $E^{(2)}$ ab und erhalten:

a) Bose-Einstein-Statistik:

$$\begin{aligned} E^{(2)} = e^2 \sum_{s>t} N_s^0\, N_t^0\, (A_{st,ts} + A_{ss,tt}) \\ + e^2 \sum_s \frac{N_s^0\,(N_s^0 - 1)}{2} A_{ss,ss} + \text{const}; \end{aligned} \tag{116}$$

b) Ausschließungsprinzip:

$$E^{(2)} = e^2 \sum_{s>t} N_s^0 N_t^0 (-A_{st,ts} + A_{ss,tt}) + e^2 \sum_s \frac{N_s^0 (N_s^0 - 1)}{2} A_{ss,ss} + \text{const.} \tag{117}$$

Dies sind genau die Formeln, die die gewöhnliche Quantenmechanik liefert, wenn man die elektrostatische Wechselwirkung der Elektronen in erster Näherung berücksichtigt. Die hier versuchte Theorie führt zu diesen Formeln natürlich nur unter gewissen Vernachlässigungen, die noch kurz diskutiert werden sollen.

Die magnetischen Glieder $c_{st} d_{ts}$ und $c_{st} c_{ts}$ sind weggelassen worden. Da die zu (110) analoge Summe

$$\sum_{r,\lambda} \frac{1}{h\nu_{r\lambda}} c_{st} d_{nm}$$

verschwindet, wie die Ausrechnung zeigt, so spielen für die magnetischen Wechselwirkungen in erster Linie die Glieder $c_{st} c_{ts}$ eine Rolle, die zu Austauschtermen der Form

$$\int \frac{u_\varrho^{*s}(P)\, \overset{i}{\alpha}_{\varrho\sigma} u_\sigma^t(P) \,.\, u_\mu^{*t}(P')\, \overset{i}{\alpha}_{\mu\nu} u_\nu^s(P')}{r_{PP'}} \, dV dV'$$

Anlaß geben. Ihr Betrag ist klein von der Ordnung $(v/c)^2$ relativ zu den Werten $E^{(2)}$. Außerdem enthält die exakte Formel (107) bzw. (108) noch Zusatzglieder der Art $\sum \frac{E_s - E_t}{(E_s - E_t + h\nu_r)\, h\nu_r} d_{st} d_{ts}$, die beim Übergang von (109) zu (110) vernachlässigt werden und die von der Retardierung der Potentiale herrühren. Schließlich gibt $E^{(2)}$ noch nicht den exakten Eigenwert, vielmehr müßten $E^{(3)}$, $E^{(4)}$ usw. in E mitberücksichtigt werden. In vielen Fällen wird $E^{(3)}$ größer sein als die bisher vernachlässigten Glieder. Die Ausrechnung von $E^{(3)}$ und der Vergleich des Wertes mit dem entsprechenden Störungsglied der Behandlung im Konfigurationsraum würden jedoch zu äußerst mühsamen Rechnungen führen. Sehr erwünscht wäre eine andere Methode zur Integration der Grundgleichungen der Theorie, bei der die Wechselwirkung der Elektronen nicht als klein vorausgesetzt werden muß und nach Potenzen von $1/c$ entwickelt wird. Auch wäre es noch nötig, die Rolle der Selbstenergie der Elektronen in den Termen von der Ordnung $(v/c)^2$ genauer zu untersuchen.

§ 9. Über die gemäß der Theorie beim Durchgang von Elektronen durch Potentialschwellen zu erwartende Lichtemission. Die Rechnungen des vorigen Abschnitts sollten zeigen, daß die hier versuchte Theorie die Resultate der bisherigen Theorien als Spezialfälle enthält. Dieser Beweis ließe sich auch leicht führen für Strahlungsphänomene, in denen Gleichung (102), (103) im wesentlichen zu den gleichen Ergebnissen führt wie die Diracsche Theorie der Strahlung. Auch in der Frage nach der Schärfe der Energiedefinition in den stationären Zuständen ergibt sich nichts Neues.

Dagegen mögen hier noch einige Experimente diskutiert werden, die vom Standpunkt der bisherigen Theorie noch nicht behandelt worden sind*. Um ein bestimmtes Beispiel zu nennen: Ein Heliumatom im Normalzustand stehe unter der Wirkung eines starken elektrischen Feldes; dieses Feld kann das Heliumatom mit einer gewissen Wahrscheinlichkeit ionisieren; in ähnlicher Weise besteht bekanntlich für ein α-Teilchen in der Gamow-Gurney-Condonschen Theorie des Geiger-Nutallschen Gesetzes eine gewisse Wahrscheinlichkeit dafür, daß es nach Überschreiten einer Potentialschwelle den Kern verläßt. Ein solcher Übergang findet nach der Quantenmechanik in der Weise statt, daß das Elektron sein Atom mit einer wohlbestimmten Energie verläßt, die gegeben ist durch die Differenz der ursprünglich vorhandenen Energie des Heliumnormalzustandes und der zurückbleibenden Energie des positiven Heliumions. Berücksichtigt man jedoch die Wechselwirkung von Materie und Strahlung in der hier vorgeschlagenen Weise, so besteht auch eine gewisse Wahrscheinlichkeit für die Aussendung von Elektronen erheblich geringerer Energiewerte, wobei der Energiesatz durch die gleichzeitige Aussendung eines entsprechenden Lichtquants aufrechterhalten wird. Die Unschärfe der Energie der ausgesandten Elektronen hat hier nichts zu tun mit der Lebensdauer der betreffenden Zustände, denn der Effekt tritt ganz unabhängig von der Ionisierungswahrscheinlichkeit ein. Die Theorie läßt ferner ganz ähnliche Verhältnisse (mutatis mutandis) bei den Augerschen Sprüngen erwarten.

Für die mathematische Behandlung kann man die genannten Effekte unter dem Titel „Übergänge nach Zuständen gleicher Energie“ zusammenfassen. Wir nehmen also an, im ungestörten System gäbe es einen dis-

* Wenn man, wie dies im folgenden geschehen ist, sich auf die erste Näherung beschränkt, so erhält man Resultate, die sich auch aus der Diracschen Strahlungstheorie herleiten lassen. Dies ist jedoch in höheren Näherungen nicht mehr richtig, da dann eine einheitliche Behandlung der Wechselwirkungs- und der Strahlungskräfte erforderlich wird, die in der Diracschen Strahlungstheorie noch nicht enthalten ist.

kreten strahlungslosen Zustand des Atoms (Normalzustand oder metastabile Zustände) und in der Umgebung desselben Energiewertes noch ein Kontinuum von Translationszuständen, welches durch Quantelung im Hohlraum in eine Reihe diskreter, sehr nahe beieinander liegender Terme aufgelöst wird. Behandelt man dieses Problem zunächst nach der gewöhnlichen Quantenmechanik, so gehört zum diskreten Ausgangszustand des Atoms eine bestimmte Eigenfunktion φ^a der Elektronenkoordinaten. Zu den einzelnen Translationszuständen gehören Eigenfunktionen φ^t, die in hinreichender Näherung dargestellt werden durch ein Produkt aus der Eigenfunktion des Ions und der Translationseigenfunktion (ebene Welle) eines einzelnen Elektrons. Bezeichnet man die kinetische Energie des Elektrons mit E_t, so beträgt der mittlere Abstand $\varDelta E_t$ zwischen zwei benachbarten Translationszuständen der Energie E_t

$$\varDelta E_t = \frac{h^3}{16\pi\,(2m)^{3/2}\,L^3\,E_t^{1/2}} \tag{118}$$

(L = Kantenlänge des Hohlraums).

Die Übergangswahrscheinlichkeit für den betrachteten Prozeß: Übergang eines Elektrons aus dem Atomverband in die energetisch entsprechenden Translationszustände, ist dann nach Dirac* gegeben durch

$$|\Phi^0_{at}|^2\,\frac{4\pi^2}{h\,\varDelta E_t} = |\Phi^0_{at}|^2\,\frac{64\pi^3}{h^4}\,(2m)^{3/2}\,L^3\,E_t^{1/2}. \tag{119}$$

Hierin bedeutet Φ^0_{at} das Matrixelement des Störungspotentials, welches zum betrachteten Übergang gehört. Es ist also

$$\Phi^0_{at} = -e\int \varphi^{*a}\,\Phi^0\,\varphi^t\,d\Omega. \tag{120}$$

$d\Omega$ bedeutet das Volumenelement im Konfigurationsraum. Als Störungspotential geht hier im Falle der Gamowschen Übergänge im wesentlichen die Potentialschwelle selbst ein, die Kleinheit von Φ^0_{at} rührt dann davon her, daß das Produkt $\varphi^{*a}\varphi^t$ überall klein ist. (Die Eigenfunktionen der Translation und die des Atoms nehmen in der Schwelle exponentiell ab.) Im Falle des Photoeffekts bedeutet Φ^0 das Potential einer störenden äußeren Lichtwelle**, bei den Augerprozessen die Coulombsche Wechselwirkung der Elektronen. Da die Eigenfunktion φ^t in den Koordinaten eines Elektrons auf den ganzen Hohlraum normiert ist, so sieht man leicht, daß Φ^0_{at} als Funktion von L sich wie $L^{3/2}$ verhält. Die Übergangswahrscheinlichkeit (119) ist also von L unabhängig, wie es sein muß.

* Proc. Roy. Soc. **114**, 243, 1927, siehe insbes. S. 264, Gleichung (32).

** Vgl. hierzu G. Wentzel, Phys. ZS. **29**, 321, 1928.

Besonders einfach wird die Gleichung (120) dann, wenn die Wechselwirkung der Elektronen allgemein als klein angesehen wird. Man hat dann in gröbster Näherung im Falle des Ausschließungsprinzips

$$\Phi^0_{at} = -e\int dV u^{a*}\Phi^0 u^t,$$

wobei u^a die Eigenfunktion desjenigen Zustandes bedeutet, aus dem das Elektron durch den Übergang entfernt wird; u^t ist die Translationseigenfunktion, das Integral ist nur noch über einen dreidimensionalen Raum, nämlich die Koordinaten eines Elektrons zu erstrecken.

Behandelt man das gleiche Problem nach den in dieser Arbeit beschriebenen Methoden, so tritt zunächst an Stelle des störenden Potentials V ein Störungsglied der Form $-e\Phi^0\psi^*\psi$ in der Hamiltonschen Funktion. Drückt man ψ^*_ϱ und ψ_ϱ wieder durch N_s und Θ_s aus, so folgt nach (98) im Falle des Ausschließungsprinzips

$$\begin{aligned} H_1 &= -e\Phi^0\psi^*_\varrho\psi_\varrho \\ &= N_s(1-N_t)\mathcal{V}_s(N_1\ldots 1-N_s\ldots)\mathcal{V}_t(N_1\ldots 1-N_s\ldots)e^{\frac{2\pi i}{h}(\Theta_s-\Theta_t)}a_{st}\ldots \end{aligned} \tag{121}$$

wobei

$$a_{st} = -e\int \Phi^0 u^{*s}_\varrho u^t_\varrho dV. \tag{121a}$$

Wir können wieder die Diracsche Gleichung für die Übergangswahrscheinlichkeiten (119) direkt übernehmen, wenn jetzt für Φ^0_{at} gilt

$$\Phi^0_{at} = \sum_{N_1, N_2\ldots M_1, M_2} \varphi^{*a}(N_1\ldots M_1\ldots)H_1\varphi^t, \tag{122}$$

φ^a bzw. φ^t bedeuten hier die Wahrscheinlichkeitsamplituden im $N_1\ldots M_1\ldots$-Raum für Anfangs- und Endzustand. Fragt man zunächst nach den Übergängen ohne Lichtquantenemission, so ist

$$\left.\begin{aligned} \varphi^a &= \delta_{N_1,N_1^0}\cdot\delta_{N_2,N_2^0}\ldots\delta_{N_{a,1}}\ldots\delta_{N_{t,0}}\ldots\delta_{M_{1,0}}\ldots \\ &\qquad + \text{Glieder höherer Ordnung}, \\ \varphi^t &= \delta_{N_1,N_1^0}\ldots\delta_{N_{a,0}}\ldots\delta_{N_{t,1}}\ldots\delta_{M_{1,0}}\ldots \\ &\qquad + \text{Glieder höherer Ordnung}. \end{aligned}\right\} \tag{123}$$

In (122) ist H_1 als Operator aufzufassen [vgl. (100)], und man erhält in nullter Näherung

$$\Phi^0_{at} = a_{at} = -e\int dV\Phi^0 u^{*a}_\varrho u^t_\varrho \tag{124}$$

in Übereinstimmung mit dem früheren Resultat.

Doch kommen nun auch Übergänge mit Lichtquantenemission ($h\nu_{r\lambda}$) vor. Die Eigenfunktion für den Zustand a bleibt wie bisher, nur muß φ^a bis zu den Gliedern erster Ordnung ausgerechnet werden, die in Gleichung (106) angegeben sind. Für den Endzustand t heißt die Eigenfunktion nullter Näherung dagegen jetzt

$$\varphi^t_0 = \delta_{N_1,N_1^0}\ldots\delta_{N_{a,0}}\ldots\delta_{N_{t,1}}\ldots\delta_{M_{1,0}}\ldots\delta_{M_{r\lambda,1}}\ldots$$

Die Störungsglieder erster Näherung in φ^t sind analog zu (106) gegeben durch:

$$\left.\begin{aligned} &(N_t^0 = 0, \quad N_a^0 = 1), \\ &\varphi_1 (N_t^0 \ldots 1 - N_a^0 \ldots 1 - N_s^0 \ldots N_t^0 \ldots 0, \ldots 1^2 \ldots) \\ &= \frac{e\sqrt{\frac{h}{4\pi}}}{E_s - E_t - h\nu_{r\lambda}} \mathcal{V}_s (N_1^0 \ldots N_t^0 \ldots) \mathcal{V}_t (N_1^0 \ldots N_t^0 \ldots) \\ &\quad . (1 - N_s^0 + \delta_{as} - \delta_{st}) (d_{st}^{r\lambda} + i c_{st}^{r\lambda}), \\ &\varphi_1 (N_1^0 \ldots N_t^0 \ldots 0, 0 \ldots) \\ &= \frac{e\sqrt{\frac{h}{4\pi}}}{-h\nu_{r\lambda}} \sum (N_s^0 - \delta_{as} + \delta_{st}) (d_{ss}^{r\lambda} + i c_{ss}^{r\lambda}). \end{aligned}\right\} \quad (125)$$

Es kommen noch andere Werte von φ_1 an anderen Stellen des $N_1 \ldots M_1 \ldots$-Raumes vor, die uns aber nicht interessieren, da sie nicht in die Summe (122) eingehen.

Wir erhalten demnach in erster Näherung (die Glieder nullter Ordnung fallen hier heraus)

$$\Phi_{at, h\nu_{r\lambda}}^0 = \sum_{N \ldots, M \ldots} \varphi^{*a} (N_1 \ldots M_1 \ldots) H_1 \varphi^{t, h\nu_{r\lambda}}$$

$$= \sum_s \frac{e\sqrt{\frac{h}{4\pi}}}{E_s - E_a + h\nu_{r\lambda}} \mathcal{V}_s (N_1^0 \ldots 1 - N_a^0 \ldots) \mathcal{V}_a (N_1^0 \ldots 1 - N_a^0 \ldots)$$

$$(1 - N_s^0) (d_{as}^{r\lambda} + i c_{as}^{r\lambda}) . \mathcal{V}_\varkappa (N_1^0 \ldots 1 - N_a^0 \ldots) \mathcal{V}_t (N_1^0 \ldots 1 - N_a^0 \ldots) a_{st}$$

$$+ \sum \frac{e\sqrt{\frac{h}{4\pi}}}{h\nu_{r\lambda}} N_\varkappa^0 (d_{\varkappa s}^{r\lambda} + i c_{\varkappa s}^{r\lambda}) a_{at} . \mathcal{V}_a (N_1^0 \ldots 1 - N_a^0 \ldots) \mathcal{V}_t (N_1^0 \ldots 1 - N_a^0 \ldots)$$

$$+ \sum a_{as} \mathcal{V}_a (N_1^0 \ldots 1 - N_a^0 \ldots) \mathcal{V}_s (N_1^0 \ldots 1 - N_a^0 \ldots)$$

$$\frac{e\sqrt{\frac{h}{4\pi}}}{E_s - E_t - h\nu_{r\lambda}} \mathcal{V}_s (N_1 \ldots 1 - N_a^0 \quad) \mathcal{V}_t (N_1 \ldots 1 - N_a^0 \ldots)$$

$$. (1 - N_s^0 + \delta_{as} - \delta_{st}) (d_{st}^{r\lambda} + i c_{st}^{r\lambda})$$

$$+ a_{at} \mathcal{V}_a (N_1^0 \ldots 1 - N_a^0 \ldots) \mathcal{V}_t (N_1^0 \ldots 1 - N_a^0 \ldots)$$

$$. \frac{e\sqrt{\frac{h}{4\pi}}}{-h\nu_{r\lambda}} \sum (N_\varkappa^0 - \delta_{as} + \delta_{st}) (d_{\varkappa s}^{r\lambda} + i c_{\varkappa s}^{r\lambda}). \quad (126)$$

Hierbei ist von der Beziehung $d_{st}^* = d_{ts}$ Gebrauch gemacht. Durch Zusammenfassung verschiedener Glieder ergibt sich

$$\Phi^0_{at,\,h\nu_{r\lambda}} = V_a(N_1^0\ldots 1 - N_a^0\ldots)\, V_t(N_1^0\ldots 1 - N_a^0\ldots)$$

$$\cdot\left[a_{at}\frac{e\sqrt{\frac{h}{4\pi}}}{h\nu_{r\lambda}}(d_{aa} + i c_{aa} - d_{tt} - i c_{tt})\right.$$

$$+\sum_s \frac{e\sqrt{\frac{h}{4\pi}}}{E_s - E_a + h\nu_{r\lambda}}(1 - N_s^0)\,(d_{as}^{r\lambda} + i c_{as}^{r\lambda})\, a_{st}$$

$$\left.+\sum_s \frac{e\sqrt{\frac{h}{4\pi}}}{E_s - E_t - h\nu_{r\lambda}}(1 - N_s^0 + \delta_{as} - \delta_{st})\,.\,(d_{st}^{r\lambda} + i c_{st}^{r\lambda})\,.\,a_{as}\right]$$

$$= V_a(N_1^0\ldots 1 - N_a^0\ldots)\, V_t(N_1^0\ldots 1 - N_a^0\ldots)$$

$$\left[\sum_s \frac{e\sqrt{\frac{h}{4\pi}}}{E_s - E_a + h\nu_{r\lambda}}(1 - N_s^0 + \delta_{as})\,.\,(d_{as}^{r\lambda} + i c_{as}^{r\lambda})\, a_{st}\right.$$

$$\left.+\sum_s \frac{e\sqrt{\frac{h}{4\pi}}}{E_s - E_t - h\nu_{r\lambda}}(1 - N_s^0 + \delta_{as})\,(d_{st}^{r\lambda} + i c_{st}^{r\lambda})\, a_{as}\right]. \qquad (127)$$

Durch Einsetzen von $\Phi^0_{at,\,h\nu_{r\lambda}}$ in (119) erhält man die Wahrscheinlichkeit des Überganges vom Zustand a zu einem Zustand gleicher Energie, bei dem ein Lichtquant $h\nu_{r\lambda}$ angeregt und ein Elektron in den Zustand E_t emittiert ist. Für die Werte $\lambda = 1, 2$ unterscheidet sich die Energie des genannten Endzustandes nur wenig von der Summe $h\nu_{r\lambda}$ + Energie des Atomsystems im Zustand t ohne Vorhandensein von Lichtquanten (gleich $E_{\text{Ion}} + E_t + h\nu_{r\lambda}$). Für $\lambda = 3$ oder 4 jedoch unterscheidet sich die Energie des Endzustandes von der entsprechenden Summe um Größen der Ordnung $1/\delta$, wie man aus einer zu (104) bis (108) analogen Betrachtung entnimmt. Soll die Energie des Endzustandes gleich der des Anfangszustandes sein, so muß bei $\lambda = 3, 4$ und kleinem δ entweder $h\nu_{r\lambda}$ sehr groß oder E_t sehr groß sein; dann wird die entsprechende Übergangswahrscheinlichkeit sehr klein, im lim $\delta = 0$ sind daher die Beiträge von $\lambda = 3$ und $\lambda = 4$ zu streichen.

Die Gesamtwahrscheinlichkeit für Aussendung eines Lichtquants einer Frequenz zwischen ν und $\nu + \Delta\nu$ und gleichzeitiger Emission eines Elektrons der „entsprechenden" Energie

$$E_t = E_a - E_{\text{Ion}} - h\nu \qquad (128)$$

beträgt also nach (119)

$$\frac{4\pi^2}{h\,\Delta E_t}\sum_{\lambda=1,2}\sum_{r}^{\nu+\Delta\nu}\left|\sum_s \frac{e\sqrt{\frac{h}{4\pi}}\,(d_{as}^{r\lambda}+i c_{as}^{r\lambda})\,a_{st}}{E_s-E_a+h\nu_{r\lambda}}(1-N_s^0+\delta_{as})\right.$$

$$\left.+\sum_s \frac{e\sqrt{\frac{h}{4\pi}}\,a_{as}\,(d_{st}^{r\lambda}+i c_{st}^{r\lambda})}{E_s-E_t-h\nu_{r\lambda}}(1-N_s^0+\delta_{as})\right|^2. \qquad (129)$$

Da λ nur die Werte 1, 2 annehmen kann, verschwindet nach Gleichung (94) v_0 und daher d_{as}. Die Summen zwischen den Strichen verwandeln sich also in

$$\left|\sum_s e\sqrt{\frac{h}{4\pi}}(1-N_s^0+\delta_{as})\left[\frac{c_{as}^{r\lambda}\,a_{st}}{E_s-E_a+h\nu_{r\lambda}}+\frac{a_{as}\,c_{st}^{r\lambda}}{E_s-E_t-h\nu_{r\lambda}}\right]\right| \qquad (130)$$

Wenn die zu $h\nu_{r\lambda}$ gehörige Wellenlänge des Lichtes groß ist gegen die Atomdimensionen, so kann man setzen

$$c_{mn}^{r\lambda}=\sum_l\int u_\varrho^{*m}\,\alpha_{\varrho\sigma}^{l}\,u_\sigma^{n}\,v_l^{r\lambda}=\sum_l (v_l^{r\lambda})_A\,\frac{1}{c}\,\dot{x}_l^{nm}. \qquad (131)$$

Hierin bedeutet der Index A, daß der Wert der betreffenden Ortsfunktion an der Stelle des Atoms zu nehmen ist. Führt man noch die Summation über die Werte r, λ zwischen ν und $\nu+\Delta\nu$ aus, so erhält man nach (84) und (94) für die Übergangswahrscheinlichkeit (129)

$$\frac{1}{\Delta E_t}\,\frac{16\pi^2 e^2}{3c^3}\,\nu\Delta\nu\sum_l\left|\sum_s(1-N_s^0+\delta_{as})\left[\frac{\dot{x}_l^{as}\,a_{st}}{E_s-E_a+h\nu}+\frac{a_{as}\,\dot{x}_l^{st}}{E_s-E_t-h\nu}\right]\right|^2 \qquad (132)$$

Der Faktor $\frac{1}{\Delta E_t}$ würde fortfallen, wenn die Matrizen a_{st} und $\dot{x}_l^{st}$ mit Eigenfunktionen berechnet würden, die in der Skale dE_t nomiert sind.

Wenn ν und $\Delta\nu$ von der Größenordnung $\frac{E}{h}$ sind, so ergibt sich die relative Häufigkeit der Prozesse mit Lichtquantenemission im Verhältnis zur Häufigkeit der gewöhnlichen Übergänge größenordnungsmäßig zu

$$\sim\frac{e^2}{hc}\left(\frac{\dot{x}}{c}\right)^2 \qquad (133)$$

Die Wahrscheinlichkeit für die hier betrachteten Übergänge ist also relativ zur Wahrscheinlichkeit der gewöhnlichen Prozesse klein von der Ordnung der Strahlungseffekte.

Wendet man dieses Ergebnis an auf die Gamow-Gurney-Condonsche Theorie des radioaktiven Zerfalls der Kerne, so wird man schließen, daß primäre β-Strahlspektren nie scharf sein können, da alle Strahlungseffekte der Elektronen im Kerne von der relativen Größenordnung 1 sind. Freilich müßten nach der hier vertretenen Theorie auch stets die zugeordneten kontinuierlichen γ-Strahlspektren auftreten, da in dieser Theorie die Gültigkeit des Energiesatzes stets gewahrt bleibt. Über die Schwierigkeiten, die mit der anscheinenden Nichtexistenz jener γ-Strahlspektren verknüpft sind, gibt diese Theorie also keinen Aufschluß.

Unsere Argumentation für die kontinuierlichen primären β-Strahlspektren hat eine gewisse Ähnlichkeit mit einer Betrachtung von Rosseland*, nach welcher die Elekronen durch die Beschleunigung, die sie beim Verlassen des Kernes erhalten, zur Emission von Strahlung gezwungen werden. Es bestehen aber bei eingehendem Vergleich doch Unterschiede beider Theorien. In der Summe (129) entsprechen den Rosselandschen Übergängen nur diejenigen Glieder, bei denen $E_s - E_t - h\nu_{r\lambda}$ als sehr klein betrachtet werden kann. Wegen der Kleinheit der zugehörigen Koeffizienten d_{st}, c_{st} liefern sie nur einen geringen Beitrag zum Gesamtresultat.

Auch auf den photoelektrischen Effekt ist Gleichung (129) anwendbar. Dort liefert sie jedoch nichts Neues, sondern gibt die bekannte Wahrscheinlichkeitsformel für den Comptoneffekt. Würde man den Zustand t im diskreten Spektrum wählen, so erhielte man aus (129) wieder eine Ableitung der Ladenburg-Kramersschen Dispersionsformeln.

Aus der Endformel (132) ist zu ersehen, daß sie auch die von Dirac diskutierten Sprünge $+mc^2 \rightarrow -mc^2$ enthält, die natürlich das Ergebnis beeinflussen. Da diese Sprünge in Wirklichkeit zweifellos nicht auftreten, haben wir sie in der Diskussion von (132) nicht berücksichtigt. Dies ist eine Inkonsequenz der hier diskutierten Theorie, die man in Kauf nehmen muß, solange die Diracsche Schwierigkeit ungeklärt ist.

* S. Rosseland, ZS. f. Phys. **14**, 173, 1923.

Zur Quantentheorie der Wellenfelder. II.

Von **W. Heisenberg** in Leipzig und **W. Pauli** in Zürich.

(Eingegangen am 7. September 1929.)

Für die Quantentheorie der Wellenfelder wird der Zerfall des Gesamttermsystems in nichtkombinierende Teilsysteme untersucht. Aus den Invarianzeigenschaften der Hamiltonschen Funktion werden hierbei die Integrale der Bewegungsgleichungen hergeleitet; ferner ergibt sich durch Betrachtung der Eichinvarianz eine befriedigende Formulierung der Elektrodynamik ohne Zusatzglieder. Der mathematische Zusammenhang zwischen Wellentheorie und Partikeltheorie wird diskutiert.

Einleitung. Die Quantentheorie der Wellenfelder ist in ihrer bisherigen relativistischen Fassung* noch schwerwiegenden Einwänden ausgesetzt. Insbesondere scheint die Wechselwirkung der Elektronen mit sich selbst einstweilen die Anwendung der Theorie in manchen Fällen unmöglich zu machen. Von einer endgültigen Formulierung der Theorie sind wir also noch weit entfernt. Trotzdem möchten wir glauben, daß für weitere Fortschritte in der Quantentheorie eben der Ausbau der Wellentheorie unerläßlich ist.

In der quantentheoretischen Punktmechanik sind wesentliche Fortschritte erzielt worden durch die Untersuchung der Invarianzeigenschaften** der Hamiltonschen Funktion. Aus diesen Invarianzeigenschaften läßt sich die Einteilung der Termsysteme in nichtkombinierende Termgruppen herleiten, ebenso hängen die einfachen Integrale der Bewegungsgleichungen mit solchen Invarianzeigenschaften der Hamiltonschen Funktion zusammen. In ganz ähnlicher Weise sollen in den folgenden Überlegungen die Invarianzeigenschaften der Wellengleichungen ausgenützt werden.

§ 1. Allgemeine Methode und Impulssätze. Der Grundgedanke der Methode ist allgemein dieser: Wenn die Hamiltonsche Funktion $\overline{H}$ invariant ist gegenüber gewissen Operationen, so bedeutet dies, daß ein bestimmter, in allen für uns wichtigen Fällen linearer Operator $\overline{H}$ ungeändert läßt, d. h. mit $\overline{H}$ vertauschbar ist. Faßt man den Operator auf als quantentheoretische Variable***, so folgt daraus, daß diese Variable zeitlich konstant ist, man gewinnt also ein Integral der

* W. Heisenberg und W. Pauli, ZS. f. Phys. **56**, 1, 1929. Diese Arbeit wird im folgenden als I zitiert.

** Vergleiche die zusammenfassende Darstellung von H. Weyl, Gruppentheorie und Quantenmechanik. Leipzig, Hirzel, 1928.

*** Vgl. hierzu P. A. M. Dirac, Proc. Roy. Soc. London (A) **123**, 714, 1929.

Gleichungen. Wenn die genannte Invarianz bestehen bleibt bei irgendwelchen Abänderungen oder Störungen des Systems, so sind die Änderungen des Wertes der Variablen überhaupt unmöglich, jeder Zahlwert des Operators repräsentiert also ein mit den übrigen Termen nichtkombinierendes Teilsystem von Termen.

Als einfachstes Beispiel sei die Invarianz der Hamiltonfunktion bei Translation des ganzen Wellenfeldes im Raum angeführt. Die Bezeichnungen sind in den folgenden Formeln überall der Arbeit I entnommen. Der Translation $x_i \rightarrow x_i + \delta x_i$ entspricht die Veränderung der Wellenfunktionen Q_α (vgl. I, S. 20)

$$Q_\alpha \rightarrow Q_\alpha - \frac{\partial Q_\alpha}{\partial x_i} \delta x_i. \tag{1}$$

Die Veränderung eines Funktionals F der Q_α wird daher:

$$F \rightarrow F - \int dV \sum_\alpha \frac{\delta F}{\delta Q_\alpha} \frac{\partial Q_\alpha}{\partial x_i} \delta x_i = \left(1 - \delta x_i \int dV \sum_\alpha \frac{\partial Q_\alpha}{\partial x_i} \frac{\delta}{\delta Q_\alpha}\right) F. \tag{2}$$

Der Translation um δx_i entspricht also der Operator

$$1 - \delta x_i \int dV \sum_\alpha \frac{\partial Q_\alpha}{\partial x_i} \frac{\delta}{\delta Q_\alpha}. \tag{3}$$

Da die Hamiltonsche Funktion $\overline{H}$ gegenüber Translationen invariant ist, so muß der Operator (3) mit $\overline{H}$ vertauschbar sein. Die ihm entsprechende quantentheoretische Variable ist also zeitlich konstant. Da dem Operator $\frac{\delta}{\delta Q_\alpha}$ die Variable $\frac{2\pi i}{h} P_\alpha$ entspricht [I, Gleichung (20)], so ergeben sich aus (3) die Impulssätze [I, Gleichung (24)]:

$$\int dV \sum_\alpha \frac{\partial Q_\alpha}{\partial x_i} P_\alpha = \text{const.} \tag{4}$$

§ 2. **Erhaltung der Ladung.** Die spezielle Hamiltonsche Funktion für Elektronen (ψ_ϱ) und Strahlung (Φ_ν) ist invariant gegenüber der Transformation

$$\psi_\varrho \rightarrow \psi_\varrho e^{i\alpha}; \quad \psi_\varrho^* \rightarrow \psi_\varrho^* e^{-i\alpha}, \tag{5}$$

worin α eine Konstante bedeutet, oder der entsprechenden infinitesimalen Transformation:

$$\psi_\varrho \rightarrow \psi_\varrho + i\delta\alpha\,\psi_\varrho; \quad \psi_\varrho^* \rightarrow \psi_\varrho^* - i\delta\alpha\,\psi_\varrho^*. \tag{6}$$

Da die ψ_ϱ^* die zu den ψ_ϱ kanonisch konjugierten Impulse bedeuten, so genügt es, die ψ_ϱ allein zu betrachten; ein Funktional der ψ_ϱ geht über in

$$F \rightarrow F + i\delta\alpha \int dV \frac{\delta F}{\delta \psi_\varrho} \psi_\varrho, \tag{7}$$

der zur Transformation (6) gehörige Operator heißt also

$$1 + i\delta\alpha \int dV \psi_\varrho \frac{\delta}{\delta\psi_\varrho}. \tag{8}$$

Es folgt daher

$$\int dV \psi_\varrho \psi_\varrho^* = \text{const.} \tag{9}$$

Auf der linken Seite von (9) kann man die Faktoren umstellen, ohne die zeitliche Konstanz des Integrals zu stören. Man erhält so den Satz von der Erhaltung der Ladung. Wenn die Hamiltonsche Funktion Materiewellen für Elektronen und Protonen enthält ($\psi_\varrho^{(e)}$ und $\psi_\varrho^{(p)}$), so hat der Satz von der Erhaltung der Ladung die Form

$$\int dV \cdot (-\psi_\varrho^{*(e)} \psi_\varrho^{(e)} + \psi_\varrho^{*(p)} \psi_\varrho^{(p)}) = \text{const.} \tag{10}$$

Damit diese Gleichung zu Recht besteht, muß die Hamiltonfunktion gegenüber der folgenden Transformation invariant sein:

$$\left.\begin{aligned} \psi^{(e)} &\to \psi_\varrho^{(e)} e^{i\alpha}, & \psi_\varrho^{*(e)} &\to \psi_\varrho^{*(e)} e^{-i\alpha}, \\ \psi_\varrho^{(p)} &\to \psi_\varrho^{(p)} e^{-i\alpha}, & \psi^{*(p)} &\to \psi_\varrho^{*(p)} e^{i\alpha}. \end{aligned}\right\} \tag{11}$$

Die bisher übliche Form der Hamiltonfunktion enthält zwei unabhängige Summanden, die jeweils nur von $\psi_\varrho^{(e)}$ oder $\psi_\varrho^{(p)}$ allein abhängen. Diese Funktion ist invariant gegenüber (11), ja, es gilt die Erhaltung der Ladung sogar für Protonen und Elektronen getrennt. Man sieht jedoch aus (11), daß man in die Hamiltonfunktion eventuell Glieder der Form

$$\psi_\varrho^{(e)} \psi_\sigma^{(p)} F_{ik} \mathfrak{s}_{\varrho\sigma}^{ik} + \psi_\varrho^{*(e)} \psi_\sigma^{*(p)} F_{ik} \mathfrak{s}_{\varrho\sigma}^{*ik} \tag{12}$$

einführen könnte, ohne (10) zu verändern ($\mathfrak{s}^{ik}$ bedeutet die Komponenten des Diracschen Spintensors). Solche Zusatzglieder ermöglichen „Zerstrahlungsprozesse", bei denen ein Elektron und ein Proton sich zu einem Lichtquant vereinigen. Die Zerstrahlungsprozesse lassen sich also in das mathematische Schema der Quantentheorie der Wellen ohne Schwierigkeit einführen, während sie bekanntlich in der Partikeltheorie keinen Platz haben.

§ 3. Die Transformation $\Phi_\nu \to \Phi_\nu + \frac{\partial\chi}{\partial x_\nu}$; $\psi_\varrho \to e^{-\frac{2\pi i}{h}\frac{e}{c}\chi} \cdot \psi_\varrho$.

Für die folgenden Rechnungen sei der Einfachheit halber nur eine Sorte Materie angenommen (ψ_ϱ). Dann besteht, solange man die Zusatzglieder mit ε und δ (I, S. 31) wegläßt, Invarianz der Hamiltonfunktion für die folgende Transformation†:

$$\Phi_\nu \to \Phi_\nu + \frac{\partial\chi}{\partial x_\nu}, \quad \psi_\varrho \to e^{-\frac{2\pi i}{h}\frac{e}{c}\chi} \psi_\varrho; \quad \psi_\varrho^* \to \psi_\varrho^* e^{\frac{2\pi i}{h}\frac{e}{c}\chi}, \tag{13}$$

† Weyl gebraucht l. c. hierfür die Bezeichnung „Eichinvarianz".

wobei χ eine willkürliche Funktion von Raum und Zeit darstellt (es soll hierbei χ mit allen Variablen ψ_ϱ, Φ_α, und außerdem die Werte von χ und $\frac{\partial \chi}{\partial t}$ an verschiedenen Raumstellen untereinander vertauschbar sein). Diese Invarianz wird bekanntlich durch die Zusatzglieder mit ε und δ gestört. Dies ist ein Schönheitsfehler der Theorie, der unvermeidbar scheint, wenn man die Maxwellschen Gleichungen in der üblichen Weise in die Quantentheorie übernimmt. Untersucht man jedoch die zu (13) gehörigen Integrale, so ergibt sich eine Möglichkeit, die Zusatzglieder ganz zu vermeiden*.

* In einer inzwischen erschienenen Arbeit von E. Fermi [Rendiconti d. R. Acc. dei Lincei (6) 9, 1. Hälfte, S. 881, 1929] wird eine andere interessante Methode der Quantelung angegeben, bei welcher die Eichinvarianz statt durch Zusatzglieder durch Nebenbedingungen zerstört wird. Von dem in dieser Arbeit eingenommenen Standpunkt aus läßt sich die Fermische Methode folgendermaßen kennzeichnen: Als Strahlungsteil der Lagrangefunktion führt man ein

$$\overline{L}^{(s)} = \int \frac{1}{2} \sum_{\mu,\nu} \left(\frac{\partial \Phi_\mu}{\partial x_\nu}\right)^2 dV,$$

so daß die durch Variation der Φ_μ entspringenden Feldgleichungen lauten:

$$-\sum_\nu \frac{\partial^2 \Phi_\mu}{\partial x_\nu^2} = s_\mu.$$

Für die Größe

$$K = \sum_\mu \frac{\partial \Phi_\mu}{\partial x_\mu}$$

folgt aus diesen Gleichungen vermöge $\sum_\mu \frac{\partial s_\mu}{\partial x_\mu} = 0$ die Beziehung

$$\sum_\nu \frac{\partial^2 K}{\partial x_\nu^2} = 0.$$

Um Übereinstimmung der Ergebnisse dieser Feldgleichungen mit denen der Maxwellschen Gleichungen zu erreichen, fügt Fermi deshalb in bekannter Weise auf einem Schnitt $t =$ const die beiden Nebenbedingungen

$$K = 0 \quad \text{und} \quad \dot{K} = 0$$

hinzu, die sich somit im Laufe der Zeit vermöge der Feldgleichungen von selbst fortpflanzen. Diese Nebenbedingungen gelten in der Quantenelektrodynamik nicht als q-Zahlrelationen, sondern in demselben Sinne wie bei uns die später abzuleitende Gleichung (25). Indem Fermi sodann für das elektromagnetische Feld die Fourierzerlegung, für das Materiefeld den Konfigurationsraum benutzt (vgl. § 7 dieser Arbeit), gelangt er zu seinen quantenelektrodynamischen Gleichungen. Die Frage der relativistischen Invarianz der kanonischen V.-R. oder der diesen entsprechenden Operatormethoden wird von Fermi nicht besonders untersucht, sie folgt jedoch ohne weiteres aus der Arbeit I oder aus § 4 der vorliegenden Arbeit.

Wir gehen für die folgenden Rechnungen aus von der Lagrangefunktion ohne ε- und δ-Glieder; ihr Strahlungsanteil heißt dann (bei Verwendung Heavisidescher Einheiten) einfach

$$\frac{1}{2}(\mathfrak{E}^2 - \mathfrak{H}^2) = -\frac{1}{4}\left(\frac{\partial \Phi_\mu}{\partial x_\nu} - \frac{\partial \Phi_\nu}{\partial x_\mu}\right)^2.$$

In dieser Lagrangefunktion betrachten wir aber nur die Φ_i ($i = 1, 2, 3$) als Variable, während wir Φ_4 als eine willkürlich vorgegebene, mit allen anderen Variablen vertauschbare Funktion ansehen. Insbesondere kann z. B. Φ_4 einfach gleich Null gesetzt werden. Dies entspricht der Sachlage in der klassischen Theorie, in der ja eine der vier Komponenten wegen (13) völlig willkürlich ist. Wenn Φ_4 festgelegt ist, so besteht die Invarianz (13) nur noch für zeitunabhängige Funktionen χ. Es sei also χ eine willkürliche Funktion der drei Raumkoordinaten, die im Unendlichen hinreichend verschwindet, und es sollen die zu (13) gehörigen Integrale gefunden werden.

Es ist zu beachten, daß jetzt durch Variation der Φ_i in der Lagrangefunktion nur die drei Raumkomponenten der Maxwellgleichungen folgen, während die Gleichung

$$\operatorname{div} \mathfrak{E} = \varrho \tag{14}$$

nicht erfüllt zu sein braucht.

An Stelle von (13) betrachten wir die infinitesimale Transformation

$$\Phi_i \longrightarrow \Phi_i + \delta \frac{\partial \chi}{\partial x_i}; \quad \psi_\varrho \longrightarrow \psi_\varrho - \frac{2\pi i}{h}\frac{e}{c}\delta\chi \cdot \psi_\varrho. \tag{15}$$

Ein Funktional F von Φ_i und ψ_ϱ geht über in

$$\begin{aligned} F \longrightarrow\; & F + \delta \int dV\left(\frac{\delta F}{\delta \Phi_i}\frac{\partial \chi}{\partial x_i} - \frac{2\pi i}{h}\frac{e}{c}\frac{\delta F}{\delta \psi_\varrho}\psi_\varrho \chi\right) \\ & = F - \delta \int dV\left(\frac{\partial}{\partial x_i}\frac{\delta F}{\delta \Phi_i} + \frac{2\pi i}{h}\frac{e}{c}\frac{\delta F}{\delta \psi_\varrho}\psi_\varrho\right)\chi \end{aligned} \tag{16}$$

Der Operator

$$\int dV \chi\left(\frac{\partial}{\partial x_i}\frac{\delta}{\delta \Phi_i} + \frac{2\pi i}{h}\frac{e}{c}\psi_\varrho \frac{\delta}{\delta \psi_\varrho}\right) \tag{17}$$

entspricht daher der Transformation (15) und ist mit der Hamiltonfunktion vertauschbar.

Also ist

$$\int dV \chi\left(-\frac{1}{c}\frac{\partial \mathfrak{E}_i}{\partial x_i} - \frac{e}{c}\sum_\varrho \psi_\varrho^* \psi_\varrho\right) \tag{18}$$

eine Konstante. Da dies für alle beliebigen Raumfunktionen χ gilt, so folgt

$$\operatorname{div} \mathfrak{E} + e \sum_\varrho \psi_\varrho^* \psi_\varrho = \text{const} = C. \tag{19}$$

An Stelle von (14) folgt also bei der hier durchgeführten Formulierung nur (19), wobei C eine beliebige Raumfunktion darstellt. Es ist aber jetzt darauf zu achten, daß jedes Wertsystem von C ein eigenes, mit den übrigen Termen nicht kombinierendes Termsystem darstellt, und daß Änderungen von C überhaupt unmöglich sind. Denn irgendwelche Wechselwirkungsglieder oder Störungen in der Hamiltonfunktion werden die Invarianz gegenüber (15) nicht stören. Zusatzglieder vom Typus der ε- und δ-Glieder in I sind dabei allerdings nicht zugelassen; es scheint aber die Annahme gerechtfertigt, daß nur Größen, die gegenüber (13) invariant sind, physikalische Bedeutung haben. Wir nennen solche Größen nach Weyl eichinvariant.

Die Vertauschungsregeln der Größe C werden am einfachsten mit Hilfe der Größe

$$\overline{C} = \int \chi \,(\operatorname{div} \mathfrak{E} + e \sum_{\varrho} \psi_\varrho^* \psi_\varrho)\, d V = \int \chi \cdot C\, d V \tag{20}$$

formuliert, worin χ wieder eine willkürliche Raumfunktion bedeutet. Man findet gemäß I, (47) und (57)

$$[\overline{C}, \psi_\varrho] = -e \chi \psi_\varrho, \; [\overline{C}, \psi_\varrho^*] = e \chi \psi_\varrho^*, \; [\overline{C}, \Phi_k] = \frac{h c}{2 \pi i} \frac{\partial \chi}{\partial x_k}. \tag{21}$$

Das heißt aber, die Transformation (15) wird bei infinitesimaler Variation von χ gerade gemäß

$$f \longrightarrow f + \frac{2 \pi i}{h c} [\delta \overline{C}, f] \tag{22}$$

vermittelt, wenn für f irgendeine der Größen ψ_ϱ, ψ_ϱ^*, Φ_i eingesetzt wird. Daher gilt (22) auch für die Änderung einer beliebigen Größe f gegenüber (15). Es sei auch erwähnt, daß sich diese Beziehung für die endliche Transformation (13) zu

$$f \longrightarrow e^{\frac{2 \pi i}{h} \overline{C}} . f . e^{-\frac{2 \pi i}{h} \overline{C}} \tag{22'}$$

verallgemeinert. Speziell für eichinvariante Größen — hierfür kommen hauptsächlich

$$F_{\mu \nu}, \quad \psi_\varrho^* \psi_\sigma, \quad \psi_\varrho^* \left(\frac{h c}{2 \pi i} \frac{\partial \psi_\sigma}{\partial x} + e \psi_\sigma \Phi_\mu\right), \left(\frac{h c}{2 \pi i} \frac{\partial \psi_\varrho^*}{\partial x_\mu} - e \Phi_\mu \psi_\varrho^*\right) \psi_\sigma \tag{23}$$

in Betracht — folgt

$$[\overline{C}, F] = 0,$$

also auch

$$[C, F] = 0, \tag{24}$$

d. h. sie sind mit C vertauschbar. Stellt man die Variablen des Systems als Matrizen dar, so enthalten die eichinvarianten Größen keine Elemente, die Übergängen von C entsprechen, wohl aber enthalten die anderen nichteichinvarianten Größen solche Matrizenelemente. Da direkt meßbare physikalische Größen stets eichinvariant sind, so kann man der Konstante C einen numerischen Wert geben. Wählt man insbesondere

$$C = 0, \tag{25}$$

so gilt auch die vierte Komponente der Maxwellschen Gleichungen; zwar nicht allgemein als q-Zahlrelation, wohl aber für alle eichinvarianten Beziehungen. $C = 0$ bedeutet, daß der Operator (17), angewandt auf das Schrödingerfunktional $F(\psi_\varrho, \Phi_i)$ irgendwelcher stationärer Zustände des Systems, Null ergibt, d. h. durch $C = 0$ werden diejenigen Lösungen ausgewählt, bei denen die Schrödingerfunktionale ebenfalls invariant gegenüber (15) sind.

Man kann eine Anzahl von unabhängigen eichinvarianten V.-R. angeben, aus denen alle anderen eichinvarianten V.-R. herleitbar sind. Es sind dies im wesentlichen die der Größen (23) untereinander, und sie müssen identisch sein mit denen, die aus der Arbeit I hergeleitet werden können. Auch pflanzen sie sich gemäß I, Gleichung (21), mit der Zeit von selbst fort. Es ist jedoch durchaus zweckmäßig, V.-R zwischen Φ_i und $\mathfrak{E}_i$, also nichteichinvarianten Größen zu benutzen. Dem entspricht beim Mehrkörperproblem der Punktmechanik, daß die Gleichungen $p_k q - q_l p_k = \frac{h}{2\pi i}\delta_{kl}$ zur Herleitung von $p_k = \frac{h}{2\pi i}\frac{\partial}{\partial q_k}$ benutzt werden, obwohl schließlich im ausgewählten antisymmetrischen System solche V.-R. gar nicht definiert werden können.

Die relativistische Invarianz des eben beschriebenen Schemas scheint zunächst zweifelhaft, da Φ_4 vor den Φ_k ausgezeichnet wurde. Bevor diese Frage untersucht wird (§ 5), soll zunächst im folgenden Paragraph für den Fall einer relativistisch invarianten Lagrangefunktion und kanonischer V.-R. (z. B. die mit den ε-Gliedern behaftete, in I benutzte Lagrangefunktion) die Lorentzgruppe nach einer Methode behandelt werden, die analog ist zu der hier bisher bei den anderen Gruppen verwendeten.

§ 4. Lorentztransformation*. Der Invarianz der Hamiltonfunktion gegenüber räumlichen Drehungen werden die Drehimpulssätze

* Wesentliche Teile dieses Paragraphen, insbesondere der Ausdruck (30) für A und der Beweis für die zeitliche Konstanz des zugehörigen Volumenintegrals (29) rühren von Herrn J. v. Neumann her, dem wir für die Überlassung seiner Ergebnisse zum größten Dank verpflichtet sind.

entsprechen; für die eigentlichen Lorentztransformationen muß die bisher benutzte Methode etwas modifiziert werden, da die Hamiltonfunktion ihnen gegenüber nicht invariant ist, sondern diese und die Komponenten des Impulses sich zusammen wie die Komponenten eines Vierervektors verhalten. Wir werden jedoch sehen, daß den eigentlichen Lorentztransformationen drei weitere Integrale entsprechen. Es genügt wieder, infinitesimale Transformationen zu betrachten [I, Gleichung (33')]:

$$x_\mu \longrightarrow x_\mu + \varepsilon\, s_{\mu\nu} x_\nu \quad (s_{\mu\nu} = -s_{\nu\mu}). \tag{26}$$

(Über gleiche Indizies wird hier und im folgenden stets summiert.) Die Wellenfunktionen ändern sich dann aus zwei Gründen: die Q_α sind im allgemeinen keine Skalare, sie transformieren sich also in einem bestimmten Weltpunkt in vorgegebener Weise; ferner ändern sich die Weltpunkte, auf welche sich Q_α bezieht. Mit den Bezeichnungen von I erhält man daher [I, Gleichung (34'), (35'), (9)]

$$Q_\alpha \longrightarrow Q_\alpha + \varepsilon\, t_{\alpha\beta} Q_\beta - \varepsilon \frac{\partial Q_\alpha}{\partial x_\mu} s_{\mu\nu} x_\nu, \tag{27a}$$

$$P_{\alpha 4} \longrightarrow P_{\alpha 4} - \varepsilon\, t_{\beta\alpha} P_{\beta 4} - \varepsilon \frac{\partial H}{\partial \dfrac{\partial Q_\alpha}{\partial x_k}} s_{4k} - \varepsilon \frac{\partial P_{\alpha 4}}{\partial x_\mu} s_{\mu\nu} x_\nu. \tag{27b}$$

Wir suchen nun einen Operator $\overline{\Lambda}$, so daß

$$Q_\alpha \longrightarrow Q_\alpha + \varepsilon \frac{2\pi}{hc} [\overline{\Lambda}, Q_\alpha]. \tag{28a}$$

Ein solcher ist gegeben durch [vgl. die Beziehung I, (7) zwischen Hamilton- und Lagrangefunktion]

$$\overline{\Lambda} = \int \Lambda\, dV, \tag{29}$$

$$\begin{aligned} \Lambda &= \left(t_{\alpha\beta} Q_\beta - \frac{\partial Q_\alpha}{\partial x_k} s_{k\nu} x_\nu\right) P_{\alpha 4} - H s_{4k} x_k \\ &= \left(t_{\alpha\beta} Q_\beta - \frac{\partial Q_\alpha}{\partial x_\mu} s_{\mu\nu} x_\nu\right) P_{\alpha 4} + L s_{4k} x_k. \end{aligned} \tag{30}$$

In der Tat folgt mit Rücksicht auf

$$\frac{2\pi}{hc} [\overline{H}, F] = \frac{\partial F}{\partial x_4}, \quad \frac{2\pi}{hc} [P_{\alpha 4}, Q'_\beta] = \delta_{\alpha\beta} \delta(\mathfrak{r}, \mathfrak{r}')$$

durch Einsetzen von (29), (30) in (28a) unmittelbar ein mit der rechten Seite von (27a) übereinstimmender Ausdruck.

Es gilt aber auch mit demselben $\overline{\Lambda}$ die Gleichung

$$P_{\alpha 4} \rightarrow P_{\alpha 4} + \varepsilon \frac{2\pi}{hc} [\overline{\Lambda}, P_{\alpha 4}]. \tag{28b}$$

Gemäß I, Gleichung (20) folgt zunächst

$$\frac{2\pi}{hc}[\overline{\Lambda}, P_{\alpha 4}] = -\left(\frac{\partial \Lambda}{\partial Q_\alpha} - \frac{\partial}{\partial x_i}\frac{\partial \Lambda}{\partial \frac{\partial Q_\alpha}{\partial x_i}}\right)$$

$$= -t_{\beta\alpha}P_{\beta 4} - \frac{\partial}{\partial x_i}(s_{i\nu}x_\nu P_{\alpha 4}) + \frac{\partial H}{\partial Q_\alpha}s_{4k}x_k - \frac{\partial}{\partial x_i}\left(\frac{\partial H}{\partial \frac{\partial Q_\alpha}{\partial x_i}}s_{4k}x_k\right)$$

und mit Benutzung des Ausdruckes für $\frac{\partial P_{\alpha 4}}{\partial x_4}$ aus den Feldgleichungen

$$\frac{2\pi}{hc}[\overline{\Lambda}, P_{\alpha 4}] = -t_{\beta\alpha}P_{\beta 4} - \frac{\partial P_{\alpha 4}}{\partial x_i}s_{i\nu}x_\nu - \frac{\partial P_{\alpha 4}}{\partial x_4}s_{4k}x_k - \frac{\partial H}{\partial \frac{\partial Q_\alpha}{\partial x_k}}s\ _k$$

in Übereinstimmung mit (27b).

Aus (28a, b) folgt durch Verallgemeinerung, daß bei einer infinitesimalen Lorentztransformation eine beliebige, die Koordinaten nicht explizite enthaltende Größe F übergeht in

$$F \to F + \varepsilon\frac{2\pi}{hc}[\overline{\Lambda}, F]. \tag{31}$$

Für endliche Lorentztransformationen folgt daraus die Existenz eines Operators S, so daß bei diesen gilt

$$F \to SFS^{-1}. \tag{31'}$$

Bei Potenzentwicklung von S nach ε muß das in ε lineare Glied durch

$$S = 1 + \varepsilon\frac{2\pi}{hc}\overline{\Lambda} + \cdots \tag{32}$$

gegeben sein. Es ist uns jedoch nicht gelungen, bei nicht infinitesimalen Transformationen einen expliziten Ausdruck für S zu finden. Die Schrödingerfunktionen oder Funktionale φ werden sich bei Lorentztransformationen in entsprechender Weise gemäß

$$\varphi \longrightarrow S\varphi$$

transformieren, worin S als Operator aufzufassen ist, der auf die in φ enthaltenen Variablen wirkt.

Wir müssen nun noch die Frage beantworten, ob $\overline{\Lambda}$ von der Zeitkoordinate x_4 abhängig ist. Wir werden zeigen, daß dies nicht der Fall ist, unter der Voraussetzung, daß

$$J_\mu = \int\left(\frac{\partial Q_\alpha}{\partial x_\mu}P_{\alpha 4} - \delta_{\mu 4}L\right)dV$$

die Komponenten eines Vierervektors bilden (Energie-Impulsvektor, $J_k = -ic\mathfrak{G}_k$, $J_4 = \overline{H}$). Dies bedeutet, daß für die infinitesimale Transformation (26) gelten soll

$$J_\mu \longrightarrow J_\mu + \varepsilon s_{\mu\nu} J_\nu,$$

insbesondere also

$$\overline{H} \longrightarrow \overline{H} + \varepsilon s_{4k} J_k.$$

Der Vergleich mit (31) ergibt dann

$$\frac{2\pi}{hc}[\overline{\Lambda}, \overline{H}] = s_{4k} J_k. \tag{33}$$

Nunmehr ist es leicht, $\frac{d\overline{\Lambda}}{dx_4}$ zu berechnen. Für eine Größe F, die x_4 nicht explizite enthält, würde einfach gelten

$$\frac{\partial F}{\partial x_4} = -\frac{2\pi}{hc}[F, \overline{H}];$$

für $F = \overline{\Lambda}$ muß aber noch der Term hinzu addiert werden, der durch Differentiation von $\overline{\Lambda}$ nach dem explizite in ihm enthaltenen Buchstaben x_4 entsteht. Hierzu gibt das zweite Glied in (30) für $\nu = 4$ einen Beitrag, und man erhält

$$\begin{aligned} \frac{d\Lambda}{dx_4} &= -\frac{2\pi}{hc}[\overline{\Lambda}, \overline{H}] - \int \frac{\partial Q_\alpha}{\partial x_k} P_{\alpha 4} s_{k4}\, dV \\ &= -\frac{2\pi}{hc}[\overline{\Lambda}, \overline{H}] + J_k s_{4k}. \end{aligned} \tag{34}$$

Dies verschwindet gerade gemäß (33), und wir haben also

$$\overline{\Lambda} = \text{const.} \tag{35}$$

Diese Gleichung enthält entsprechend den sechs Komponenten $s_{\mu\nu} = -s_{\nu\mu}$ (die $t_{\alpha\beta}$ sind durch die $s_{\mu\nu}$ eindeutig bestimmt) sechs unabhängige Integrale, von denen die drei zu den s_{ik} gehörigen als Drehimpulssätze gedeutet werden können, während den drei weiteren zu den s_{4k} gehörigen keine so anschauliche Bedeutung zukommt. Bezüglich der Reihenfolge der Faktoren in (4) und (30) muß wieder (vgl. I) hervorgehoben werden, daß sie zwar wesentlich ist, daß jedoch die zeitliche Konstanz der Integrale unabhängig von ihr gewährleistet ist.

Aus (31) oder (31′) folgt unmittelbar die Invarianz der kanonischen V.-R. gegenüber Lorentztransformationen. Der hier durchgeführte Invarianzbeweis ist wohl etwas einfacher als der in I angegebene. Es muß jedoch betont werden, daß der Vektorcharakter von J_ν eine neue Annahme darstellt, die aus der Lorentzinvarianz der Lagrangefunktion allein nicht gefolgert werden kann. Dagegen trifft diese Annahme immer dann zu, wenn eine Differentialform des Energie-Impulssatzes in Gestalt des Verschwindens einer Tensordivergenz

$$\frac{\partial T_{\mu\nu}}{\partial x} = 0$$

besteht. Wie aus I hervorgeht, ist dies in allen physikalisch wichtigen Fällen stets zutreffend.

§ 5. Lorentztransformationen und Eichinvarianz. Wir haben in § 3 ein Verfahren besprochen, in welchem in einem speziellen Koordinatensystem $\Phi_4 = 0$ gesetzt und dann die kanonischen V.-R. darauf angewendet werden. Dabei ist die Gleichung

$$C = \operatorname{div} \mathfrak{E} + e \sum_{\varrho} \psi_\varrho^* \psi_\varrho = 0 \tag{25}$$

nur für eichinvariante Größen als q-Zahlrelation richtig, während die anderen Größen, z. B. ψ und die Φ_μ, nicht mit ihr vertauscht werden können. Da jedoch C mit der Energie vertauschbar ist, kann sie trotzdem als Nebenbedingung für die Schrödingerfunktionale verwendet werden.

Ein solches Verfahren ist an sich nicht relativistisch invariant; in einem anderen Bezugssystem werden die kanonischen V.-R. zwischen nicht eichinvarianten Größen nicht mehr zutreffen. Man kann aber zeigen, daß alle Aussagen über eichinvariante Größen, die auf diese Weise gewonnen werden, der relativistischen Invarianzforderung genügen, wenn die Gleichung (25) hinzugenommen wird. Zu diesem Zwecke stellen wir zunächst die Eichinvarianz der Hamiltonfunktion und vor allem der im vorigen Paragraphen als für die Lorentztransformation maßgebend gefundenen Größe $\bar{\Lambda}$ fest. Gemäß I, Gleichung (45), (51), (51'), (58') (die mit ε behafteten Glieder streichen wir und setzen für die Strahlung $P_{44} \equiv 0$) haben wir für den Materie- und den Strahlungsanteil der Lagrange- und der Hamiltonfunktion

$$L^{(m)} = -\left[\psi_\sigma^* \left(\frac{hc}{2\pi}\frac{\partial \psi_\sigma}{\partial x_4} + e i \psi_\sigma \Phi_4\right) + \alpha_{\varrho\sigma}^k \psi_\varrho^* \left(\frac{hc}{2\pi i}\frac{\partial \psi_\sigma}{\partial x_k} + e \psi_\sigma \Phi_k\right)\right.$$
$$\left. + m c^2 \alpha_{\varrho\sigma}^4 \psi_\varrho^* \psi_\sigma\right], \tag{36a}$$

$$H^{(m)} = -\frac{hc}{2\pi}\psi_\sigma^* \frac{\partial \psi_\sigma}{\partial x_4} - L^{(m)} = \alpha_{\varrho\sigma}^k \psi_\varrho^* \left(\frac{hc}{2\pi i}\frac{\partial \psi_\sigma}{\partial x_k} + e \psi_\sigma \Phi_k\right)$$
$$+ m c^2 \alpha_{\varrho\sigma}^4 \psi_\varrho^* \psi_\sigma + e i \psi_\sigma^* \psi_\sigma \Phi_4, \tag{37a}$$

$$L^{(s)} = -\tfrac{1}{4} F_{\alpha\beta} F_{\alpha\beta} = \tfrac{1}{2}(\mathfrak{E}^2 - \mathfrak{H}^2), \tag{36b}$$

$$H^{(s)} = -F_{4k}\frac{\partial \Phi_k}{\partial x_4} - L^{(s)} = -F_{4k}\frac{\partial \Phi_4}{\partial x_k} - \frac{1}{2} F_{4k} F_{4k} + \frac{1}{4} F_{ik} F_{ik}. \tag{37b}$$

Wie man sieht, sind $H^{(m)}$ und $H^{(s)}$ im Gegensatz zu $L^{(m)}$ und $L^{(s)}$ einzeln nicht eichinvariant. Dagegen läßt sich die Gesamtenergie durch partielle Integration umformen in

$$\overline{H} = \int (H^{(m)} + H^{(s)})\, d V = \int \Big[\alpha^k_{\varrho\sigma} \psi^*_\varrho \Big(\frac{h c}{2\pi i}\frac{\partial \psi_\sigma}{\partial x_k} + e\,\psi_\sigma \Phi_k\Big) + m c^2 \alpha^4_{\varrho\sigma} \psi^*_\varrho \psi_\sigma - \frac{1}{2} F_{4k} F_{4k} + \frac{1}{4} F_{ik} F_{ik} + i\,\Phi_4\, C\Big] d V. \tag{38}$$

Für den Gesamtimpuls gilt eine ähnliche Umformung. Im Falle $C = 0$ ist also $\overline{H}$ eichinvariant, und auch nur dann ist es die Zeitkomponente eines Vierverktors.

Ähnlich gestaltet sich die Berechnung der durch (29) und (30) definierten Größe $\overline{\Lambda}$. Wir verstehen jetzt unter $t_{\varrho\sigma}$ speziell die auf die Materiewellen bezüglichen Größen, während für die Φ_μ wegen ihres Vektorcharakters die zugehörigen $t_{\mu\nu}$ mit den $s_{\mu\nu}$ identisch werden. Infolgedessen wird

$$\left.\begin{aligned}\overline{\Lambda} = \int d V \Big[&-\frac{h c}{2\pi} \psi^*_\varrho \Big(t_{\varrho\sigma}\psi_\sigma - \frac{\partial \psi_\varrho}{\partial x_\mu} s_{\mu\nu} x_\nu\Big) + L^{(m)} s_{4k} x_k \\ &- F_{4k}\Big(s_{k\mu}\Phi_\mu - \frac{\partial \Phi_k}{\partial x_\mu} s_{\mu\nu} x_\nu\Big) + L_{(s)} s_{4k} x_k\Big].\end{aligned}\right\} \tag{39}$$

Es ist aber

$$\begin{aligned}&\int d V F_{4k}\Big(\frac{\partial \Phi_k}{\partial x_\mu} s_{\mu\nu} x_\nu - s_{k\mu}\Phi_\mu\Big) \\ &= \int d V F_{4k}\Big(F_{\mu k} s_{\mu\nu} x_\nu + \frac{\partial \Phi_\mu}{\partial x_k} s_{\mu\nu} x_\nu + s_{\mu k}\Phi_\mu\Big) \\ &= \int d V F_{4k}\Big[F_{\mu k} s_{\mu\nu} x_\nu + \frac{\partial}{\partial x_k}(\Phi_\mu s_{\mu\nu} x_\nu)\Big] \\ &= \int d V\Big(F_{4k} F_{\mu k} s_{\mu\nu} x_\nu - \frac{\partial F_{4k}}{\partial x_k}\Phi_\mu s_{\mu\nu} x_\nu\Big),\end{aligned}$$

letzteres durch partielle Integration. Insgesamt erhält man

$$\overline{\Lambda} = \int d V\Big[-\frac{h c}{2\pi} t_{\varrho\sigma}\psi^*_\varrho \psi_\sigma + \psi^*_\varrho \Big(\frac{h c}{2\pi}\frac{\partial \psi_\varrho}{\partial x_\mu} + i\,e\,\psi_\varrho \Phi_\mu\Big) s_{\mu\nu} x_\nu + L^{(m)} s_{4k} x_k + F_{4k} F_{\mu k} s_{\mu\nu} x_\nu + L^{(s)} s_{4k} x_k - i\,C s_{\mu\nu}\Phi_\mu x_\nu\Big]. \tag{40}$$

Es ist also $\overline{\Lambda}$ für $C = 0$ eichinvariant.

Gemäß der Formel (31) erhält man aus (39) die Werte aller Größen im neuen Bezugssystem, ausgenommen den Wert von Φ_4, wenn im ursprünglichen System $\Phi_4 = 0$ und kanonische V.-R. angenommen werden. Für nicht eichinvariante Größen muß aber ihre Nichtvertauschbarkeit mit C und die daraus entspringenden Beiträge des letzten Gliedes in (40) berücksichtigt werden. Sie ergeben sich leicht durch Vergleich mit (21). Man kann aus diesem Sachverhalt zweierlei Schlüsse ziehen. Erstens folgen die V.-R. für die eichinvarianten Größen im neuen Bezugssystem aus ihrer Gültigkeit im ursprünglichen Bezugssystem unabhängig davon, was für V.-R. für die übrigen Größen gelten. Denn für den Nachweis der Gültigkeit von (31) bei eichinvarianten Größen sind nur erstere V.-R. erforderlich. Zweitens zeigt sich, daß man durch Umeichen mittels einer passenden Funktion χ auch im neuen Bezugssystem zu $\Phi_4 = 0$ und den kanonischen V.-R. zurückkehren kann. Allerdings wird dieses χ im allgemeinen eine q-Zahl sein.

Es ist jedoch nicht nötig, auf diese Umeichung näher einzugehen, um die Lorentzinvarianz des ganzen Verfahrens zu zeigen. Hierfür genügt es vielmehr festzustellen, daß auch im neuen Bezugssystem die kanonischen V.-R. zwischen den Größen ψ_ϱ, ψ_σ^*, Φ_k, F_{i4} bestehen bleiben, und daß dort Φ_4 mit allen Φ_k und ψ_ϱ, ψ_σ^* vertauschbar ist, wie man leicht nachrechnet. Im neuen Bezugssystem sind ferner die Raumkomponenten der Maxwellschen Gleichungen nicht mehr als q-Zahlrelationen erfüllt; trotzdem kann man die Eigenwerte Null für ihre rechten Seiten zur Auszeichnung eines mit den übrigen Termen nichtkombinierenden Teilsystems annehmen, wie es der Wahl $C = 0$ im ursprünglichen Bezugssystem entspricht. Wenn man dann noch beachtet, daß für $C = 0$ Φ_4 in der Hamiltonfunktion überhaupt nicht vorkommt, und daß in anderen Gleichungen der Ausdruck $\frac{hc}{2\pi}\frac{\partial \psi_\sigma}{\partial x_4} + e i \psi_\sigma \Phi_4$ vermittels der Materiewellengleichung durch die ψ_ϱ, Φ_k und ihre räumlichen Ableitungen ausgedrückt werden kann, so erkennt man die Identität des Rechenschemas im neuen Bezugssystem mit dem im Ausgangssystem.

§ 6. Durchführung des Schemas ohne Zusatzglieder. Wir kehren zur reellen Zeit $x_4 = ict$ und zu den gewöhnlichen Einheiten der Feldstärken und des Stromvektors zurück, führen die den kanonischen V.-R. $[\Pi_i, \Phi_r'] = \frac{h}{2\pi i}\delta_{ik}\cdot\delta(\mathfrak{r}, \mathfrak{r}')$ genügenden Größen

$$\Pi_k = -\frac{1}{4\pi c}\mathfrak{E}_k \tag{41}$$

ein [vgl. I, (60'), (61')] und setzen in dem zur Behandlung ausgewählten Koordinatensystem $\Phi_4 = \Phi_0 = 0$. Die Hamiltonfunktion (37a, b) lautet jetzt

$$\overline{H} = \int d\,V \Big[\frac{h\,c}{2\,\pi\,i}\, \alpha^k_{\varrho\sigma}\, \psi^*_\varrho \frac{\partial \psi_\sigma}{\partial x_k} + m\,c^2\, \alpha^4_{\varrho\sigma}\, \psi^*_\varrho\, \psi_\sigma$$

$$+ \frac{1}{16\,\pi} \left(\frac{\partial \Phi_i}{\partial x_k} - \frac{\partial \Phi_k}{\partial x_i} \right)^2 + 2\,\pi\,c^2\, \Pi_k^2 + e\,\Phi_k\, \alpha^k_{\varrho\sigma}\, \psi^*_\varrho\, \psi_\sigma \Big]. \qquad (42)$$

Das letzte Glied vermittelt die Wechselwirkung zwischen Strahlung und Materie und wird als Störungsglied betrachtet. Für die Durchführung der Methode wird es wie in I zweckmäßig sein, die Φ_i nach einem Orthogonalsystem zu entwickeln, das durch Lösung des ungestörten Problems gefunden wird. Im Gegensatz zur früheren Methode sind im ungestörten Problem nur die drei Raumkomponenten der Maxwellgleichungen zu erfüllen. Wieder setzen wir [vgl. I, Gleichung (84)]

$$\left.\begin{aligned} \Phi_1 &= \sqrt{\frac{8}{L^3}}\, q_1^r \cos \frac{\pi}{L}\, \varkappa_r\, x \,.\, \sin \frac{\pi}{L}\, \lambda_r\, y \,.\, \sin \frac{\pi}{L} \mu_r\, z \\ &\qquad \text{(und zykl. Vertauschung)}, \\ \Pi_1 &= \sqrt{\frac{8}{L^3}}\, p_1^r \cos \frac{\pi}{L}\, \varkappa_r\, x \sin \frac{\pi}{L}\, \lambda_r\, y \,.\, \sin \frac{\pi}{L}\, \mu_r\, z. \end{aligned}\right\} \qquad (43)$$

Es wird dann der Strahlungsanteil der Hamiltonfunktion für jede Eigenschwingung:

$$\overline{H_r^{(s)}} = 2\,\pi\,c^2 [(p_1^r)^2 + (p_2^r)^2 + (p_3^r)^2]$$

$$+ \frac{\pi}{8\,L^3} \cdot [(q_1^r\, \lambda_r - q_2^r\, \varkappa_r)^2 + (q_1^r\, \mu_r - q_3^r\, \varkappa_r)^2 + (q_2^r\, \mu_r - q_3^r\, \lambda_r)^2]. \qquad (44)$$

Setzt man zunächst in der klassischen Theorie $q_i^r = b_i^r \sin 2\,\pi\,\nu_r\, t$, so erhält man aus den drei Raumkomponenten der Maxwellschen Gleichungen drei lineare Gleichungen für die b_i mit der Determinante

$$\left(\nu_r' = \frac{2\,L}{c}\, \nu_r,\ X_r = \varkappa_r^2 + \lambda_r^2 + \mu_r^2 - \nu_r'^2 \right)$$

$$\begin{vmatrix} X_r - \varkappa_r^2, & -\varkappa_r\, \lambda_r, & -\varkappa_r\, \mu_r \\ -\lambda_r\, \varkappa_r, & X_r - \lambda_r^2, & -\lambda_r\, \mu_r \\ -\mu_r\, \varkappa_r, & -\mu_r\, \lambda_r, & X_r - \mu_r^2 \end{vmatrix} \qquad (45)$$

Durch Nullsetzen der Determinante erhält man eine zweifache Wurzel $\nu_r'^2 = \varkappa_r^2 + \lambda_r^2 + \mu_r^2$ und eine einfache Wurzel $\nu_r' = 0$.

Wir erhalten also zwei eigentliche Hauptschwingungen der Frequenz

$$\nu_r' = \sqrt{\varkappa_r^2 + \lambda_r^2 + \mu_r^2},$$

deren zugehörige Koeffizienten b_i^r der Bedingung

$$\varkappa_r b_1^r + \lambda_r b_2^r + \mu_r b_3^r = 0 \tag{46}$$

genügen müssen. Dazu kommt eine unperiodische Lösung

$$q_i^r = b_i^r \cdot t, \tag{47}$$

wobei

$$\frac{b_1^r}{\varkappa_r} = \frac{b_2^r}{\lambda_r} = \frac{b_3^r}{\mu_r}.$$

Wir führen die Koordinaten P^r; Q^r der Hauptschwingungen ein und erhalten als mögliches Schema:

$$\left.\begin{aligned}
\frac{1}{\sqrt{4cL}} q_1^r &= \frac{\lambda_r}{\sqrt{\nu_r'(\varkappa_r^2+\lambda_r^2)}} Q_1^r + \frac{\mu_r \varkappa_r}{\nu_r'\sqrt{\nu_r'(\varkappa_r^2+\lambda_r^2)}} Q_2^r + \frac{\varkappa_r}{\nu_r'\sqrt{\nu_r'}} Q_3^r \\
\frac{1}{\sqrt{4cL}} q_2^r &= -\frac{\varkappa_r}{\sqrt{\nu_r'(\varkappa_r^2+\lambda_r^2)}} Q_1^r + \frac{\mu_r \lambda_r}{\nu_r'\sqrt{\nu_r'(\varkappa_r^2+\lambda_r^2)}} Q_2^r + \frac{\lambda_r}{\nu_r'\sqrt{\nu_r'}} Q_3^r \\
\frac{1}{\sqrt{4cL}} q_3^r &= -\frac{\sqrt{\varkappa_r^2+\lambda_r^2}}{\nu_r'\sqrt{\nu_r'}} Q_2^r + \frac{\mu_r}{\nu_r'\sqrt{\nu_r'}} Q_3^r \\
\sqrt{4cL}\, p_1^r &= \lambda_r \sqrt{\frac{\nu_r'}{\varkappa_r^2+\lambda_r^2}} P_1^r + \frac{\mu_r \varkappa_r}{\sqrt{\nu_r'(\varkappa_r^2+\lambda_r^2)}} P_2^r + \frac{\varkappa_r}{\sqrt{\nu_r'}} P_3^r \\
\sqrt{4cL}\, p_2^r &= -\varkappa_r \sqrt{\frac{\nu_r'}{\varkappa_r^2+\lambda_r^2}} P_1^r + \frac{\mu_r \lambda_r}{\sqrt{\nu_r'(\varkappa_r^2+\lambda_r^2)}} P_2^r + \frac{\lambda_r}{\sqrt{\nu_r'}} P_3^r \\
\sqrt{4cL}\, p_3^r &= -\frac{\sqrt{\varkappa_r^2+\lambda_r^2}}{\sqrt{\nu_r'}} P_2^r + \frac{\mu_r}{\sqrt{\nu_r'}} \cdot P_3^r.
\end{aligned}\right\} \tag{48}$$

Der Strahlungsanteil der Hamiltonfunktion lautet in den neuen Variablen:

$$\overline{H}_s = \sum_r 2\pi\nu_r \left\{\tfrac{1}{2}[(P_1^r)^2 + (Q_1^r)^2] + \tfrac{1}{2}[(P_2^r)^2 + (Q_2^r)^2] + \tfrac{1}{2}(P_3^r)^2\right\}. \tag{49}$$

An Stelle von P_1^r, Q_1^r, P_2^r, Q_2^r führt man wie in I, Gleichung (98) die Anzahl der Lichtquanten $M_{r,1}$ bzw. $M_{r,2}$ und die konjugierten Winkel als Variable ein.

$$\left.\begin{aligned}
Q_\lambda^r &= \frac{1}{i}\sqrt{\frac{h}{4\pi}}\left(M_{r\lambda}^{1/2} e^{\frac{2\pi i}{h}\chi_{r,\lambda}} - e^{-\frac{2\pi i}{h}\chi_{r,\lambda}} M_{r,\lambda}^{1/2}\right) \\
P_\lambda^r &= \sqrt{\frac{h}{4\pi}}\left(M_{r\lambda}^{1/2} e^{\frac{2\pi i}{h}\chi_{r,\lambda}} + e^{-\frac{2\pi i}{h}\chi_{r,\lambda}} M_{r,\lambda}^{1/2}\right)
\end{aligned}\right\}\lambda = 1, 2. \tag{50}$$

Dagegen wird eine solche Substitution für P_3^r nicht sinngemäß sein, da in der ungestörten Hamiltonfunktion Q_3^r nicht vorkommt, P_3^r ist im ungestörten System also selbst eine Konstante. Als unabhängige Variablen der Wahrscheinlichkeitsamplitude benutzen wir daher die N_r, $M_{r\lambda}$ ($\lambda = 1, 2$) und P_3^r. Die Schrödingergleichung lautet in diesen Variablen bei Annahme des Ausschließungsprinzips für die Materie:

$$\left.\begin{aligned}
&[-E + \sum_s N_s E_s + \sum_{r,\lambda} M_{r,\lambda} h \nu_r \\
&\qquad + \sum_r \pi \nu_r (P_3^r)^2]\, \varphi(N_1, N_2 \ldots, M_1 \ldots, P_3^1 \ldots) \\
&= -ie \sqrt{\frac{h}{4\pi}} \sum_{s,t,r} N_s (1 - N_t) \mathcal{V}_s (N_1 \ldots 1 - N_s) \mathcal{V}_t (N_1 \ldots 1 - N_t) \\
&\cdot \Big\{ \sum_{\lambda=1,2}' c_{st}^{r\lambda} [M_{r\lambda}^{1/2} \varphi(N_1 \ldots 1 - N_s, 1 - N_t;\, M_1 \ldots M_{r,\lambda} - 1,\, P_3^1 \ldots) \\
&- (M_{r\lambda} + 1)^{1/2} \varphi(N_1 \ldots 1 - N_s,\, 1 - N_t,\, M_1 \ldots M_{r\lambda} + 1;\, P_3^1 \ldots)] \\
&+ c_{st}^{r3} \sqrt{\frac{h}{\pi}} \frac{\partial}{\partial P_3^r} \varphi(N_1 \ldots 1 - N_s,\, 1 - N_t;\, M_1 \ldots P_3^1 \ldots) \Big\} \\
&- ie \sqrt{\frac{h}{4\pi}} \sum_{s,r}' N_s \Big\{ \sum_{\lambda=1,2} c_{ss}^{r\lambda} [M_{r\lambda}^{1/2} \varphi(N_1 \ldots;\, M_1 \ldots M_{r\lambda} - 1 \ldots P_3^1 \ldots) \\
&- (M_{rs} + 1)^{1/2} \varphi(N_1 \ldots,\, M_1 \ldots M_{r\lambda} + 1,\, \ldots,\, P_3^1 \ldots)] \\
&+ \sqrt{\frac{h}{\pi}} c_{ss}^{r3} \frac{\partial}{\partial P_3^r} \varphi(N_1 \ldots M_1 \ldots P_3^1 \ldots) \Big\}.
\end{aligned}\right\} \quad (51)$$

Neben dieser Gleichung muß φ jedoch noch der weiteren Bedingung genügen, daß der Operator C, angewandt auf φ, Null ergibt; sie lautet

$$\left.\begin{aligned}
&P_3^r \varphi(N_1 \ldots, M_1 \ldots P_3^1 \ldots) + e \sum_{s,t}' N_s (1 - N_t) \\
&\quad \cdot \mathcal{V}_s (N_1 \ldots 1 - N_s) \cdot \mathcal{V}_t (N_1 \ldots 1 - N_t) \\
&\quad \cdot d_{st}^r \varphi(N_1 \ldots 1 - N_s,\, 1 - N_t \ldots M_1 \ldots P_3^1 \ldots) \\
&\quad + \sum_s N_s d_{ss}^r \varphi(N_1 \ldots;\, M_1 \ldots P_3^1 \ldots) = 0.
\end{aligned}\right\} \quad (52)$$

Hierin ist

$$d_{st}^r = \int u_\varrho^{*s} u_\varrho^t v_r^0 \, dV \quad (53)$$

gesetzt, wo

$$v_r^0 = \frac{4}{\pi} \sqrt{\frac{2}{c \nu_r'^3}} \sin \frac{\pi}{L} \varkappa_r x \cdot \sin \frac{\pi}{L} \lambda_r y \cdot \sin \frac{\pi}{L} \mu_r z. \quad (54)$$

Im ungestörten System, in dem die Wechselwirkung zwischen Materie und Strahlung vernachlässigt wird, gilt nach (52)

$$P_3^r = 0. \quad (55)$$

Es bleiben dann nur die beiden bekannten Hauptschwingungen 1 und 2 übrig. Im gestörten System jedoch müssen auch die P_3^r mitberücksichtigt werden, was wegen des kontinuierlichen Eigenwertspektrums der P_3^r einige Unterschiede gegenüber dem früheren Schema mit sich bringt.

Wir wollen im folgenden, wie in I, nur die elektrostatische Wechselwirkung nachrechnen; die magnetischen und die Retardierungswirkungen sind inzwischen nach der Methode in I von Breit† ermittelt worden.

Für die elektrostatische Wechselwirkung drückt man am einfachsten den Operator P_3^r in (51) aus durch (52). Dann kann man in (51) die Glieder mit c_{st}^r gegenüber den Gliedern mit d_{st}^r in erster Näherung vernachlässigen. Als Störungsenergie bleibt in dieser Näherung dann nur der Zeitmittelwert von $\sum_r \pi \nu_r (P_3^r)^2$ übrig, wobei P_3^r durch den Operator in (51) ersetzt wird. Es folgt also für die Eigenwertstörung (N_s^0 seien die Werte der N_s im ungestörten System):

$$\begin{aligned} \varDelta E = {} & e^2 \sum_{r,s,t}{}' \pi \nu_r N_s^0 (1 - N_t^0)\, d_{st}^r d_{ts}^r \\ & + e^2 \sum_{r,s,t} \pi \nu_r N_s^0 N_t^0\, d_{ss}^r d_{tt}^r. \end{aligned} \tag{56}$$

Genau analog zu den Rechnungen in I findet man daher

$$\varDelta E = \frac{e^2}{2}\Big[\sum_{s,t}{}' N_s^0 (1 - N_t^0) A_{st,ts} + \sum_{s,t} N_s^0 N_t^0 A_{ss,tt}\Big], \tag{57}$$

wo $A_{st,ts}$ die Austauschintegrale:

$$A_{st,nm} = \int dV \cdot dV' \frac{u_\varrho^{*s}(P)\, u_\varrho^t(P)\, u_\sigma^{*n}(P')\, u_\sigma^m(P')}{r_{PP'}}$$

(I, 114) bedeuten. Die u_ϱ^s repräsentieren das Orthogonalsystem, nach dem die Materie-Eigenfunktionen entwickelt werden.

Aus (57) geht hervor, daß auch bei der hier befolgten Methode noch eine unendliche Wechselwirkung des Elektrons mit sich selbst resultiert, die in vielen Fällen die Anwendung der Theorie unmöglich machen wird. Der Vorteil der hier beschriebenen Methode besteht also nur darin, daß sie die Zusatzglieder zu den Maxwellschen Gleichungen überflüssig macht.

§ 7. Übergang zum Konfigurationsraum††. In diesem Abschnitt soll die Frage behandelt werden, wie (etwa bei gegebener Energie) die Wahrscheinlichkeit dafür berechnet werden kann, daß bei vorgegebenen Lichtquantenzahlen $M_{r,\lambda}$ $(\lambda = 1, 2)$ und gegebenem $P_{r,3}$ die Orte der N vorhandenen Elektronen innerhalb des Spielraumes $dq_{i1} \ldots dq_{ip} \ldots dq_{iN}$ an den Stellen $q_{i1}, \ldots q_{ip}, \ldots q_{iN}$ liegen. Der Index i läuft von 1

† G. Breit, Phys. Rev. **34**, 553, 1929.

†† Bei der Ausarbeitung dieser Methode wurden wir von Herrn R. Oppenheimer in freundlicher Weise unterstützt, wofür wir ihm auch an dieser Stelle unseren Dank aussprechen wollen.

bis 3 und bezieht sich auf die drei Raumkoordinaten, der Index p läuft von 1 bis N und bezieht sich auf die verschiedenen Teilchen. Man sieht, daß die gesamte Anzahl der vorhandenen Teilchen als konstant angenommen wird, so daß Zerstrahlungsprozesse zunächst ausgeschlossen werden. Ferner behalten wir die Fourierzerlegung des Strahlungsfeldes im Gegensatz zu derjenigen der Materienwellen bei, weil vorläufig nur auf diese Weise die Nullpunktsenergie der Strahlung eliminiert werden kann. Wir werden zeigen, daß Wahrscheinlichkeitsamplituden

$$\varphi_{\varrho_1 \ldots \varrho_N}(q_{i1}, \ldots q_{iN}, M_{r\lambda}, P_{r3})$$

definiert werden können, in denen die Indizes ϱ_p für jedes p entsprechend den vier Wellenfunktionen der Diracschen Theorie des Spinelektrons vier Werte annehmen, und aus denen sich gemäß

$$\sum_{\varrho_1 \ldots \varrho_N = 1}^{4} |\varphi_{\varrho_1 \ldots \varrho_N}(q_{i1} \ldots q_{iN}, M_{r\lambda}, P_{r3})|^2$$

die gesuchte Wahrscheinlichkeit berechnen läßt. Diese Funktionen genügen einfachen Differentialgleichungen, ohne daß es nötig ist, irgendwelche Vernachlässigungen oder Annäherungen einzuführen. Es ist klar, daß der Vergleich der Resultate der Quantentheorie der Wellenfelder mit denjenigen der unrelativistischen Schrödingerschen Theorie des Mehrkörperproblems (Wellen im Konfigurationsraum) durch die Einführung solcher Funktionen erleichtert wird. Man könnte diese Funktionen auch auf dem Umweg über die im vorigen Paragraphen definierten Funktionen $\Phi(N_s, M_{r\lambda}, P_{r3})$ herleiten, doch ziehen wir einen direkteren Weg vor.

Zunächst wollen wir die zur Hamiltonfunktion (42) gehörige Schrödingergleichung und die $C = 0$ entsprechende Nebenbedingung für Funktionale mit den Variablen $N_\varrho(x_i) = \psi_\varrho^* \psi_\varrho$, $M_{r\lambda}$, P_{r3} aufstellen. Der wichtigste Teil der Überlegung wird sodann der Übergang von $N_\varrho(x_i)$ zu $q_{i1}, \varrho_1, \ldots q_{ip}, \varrho_p, \ldots q_{iN}, \varrho_N$ als Variablen sein.

Gemäß (43), (48) und (50) gilt

$$\Phi_k = \sum_{\lambda=1,2} \sum_r \sqrt{\frac{h}{4\pi}}\, v_k^{r\lambda} \frac{1}{i}\left(M_{r\lambda}^{1/2} e^{\frac{2\pi i}{h}\chi_{r,\lambda}} - e^{-\frac{2\pi i}{h}\chi_{r,\lambda}} M_{r,\lambda}^{1/2}\right) + \sum_r v_k^{r3} Q^{r3}, \quad (58\text{a})$$

$$\Pi_k = \sum_{\lambda=1,2} \sum_r \sqrt{\frac{h}{4\pi}}\, \frac{\nu_r}{2c^2} v_k^{r\lambda} \left(M_{r\lambda}^{1/2} e^{\frac{2\pi i}{h}\chi_{r,\lambda}} + e^{-\frac{2\pi i}{h}\chi_{r,\lambda}} M_{r,\lambda}^{1/2}\right)$$
$$+ \sum_r \frac{\nu_r}{2c^2} v_k^{r3} P^{r3}. \quad (58\text{b})$$

Dabei ist

$$v_1^{r\lambda} = c\sqrt{\frac{2}{\nu_r}}\sqrt{\frac{8}{L^3}}f_k^{r\lambda}\cdot\cos\frac{2\pi\nu_r}{c}\varepsilon_{r1}x_1\cdot\sin\frac{2\pi\nu_r}{c}\varepsilon_{r,2}x_2\cdot\sin\frac{2\pi\nu_r}{c}\varepsilon_{r,3}x_3, \quad (59)$$

(und zyklische Vertauschung)

wenn bei jedem r für f_k^λ die Matrix

$$\begin{array}{c|ccc} k \backslash \lambda & 1 & 2 & 3 \\ \hline 1 & \frac{\varepsilon_2}{\sqrt{\varepsilon_1^2+\varepsilon_2^2}}, & \frac{\varepsilon_1\varepsilon_3}{\sqrt{\varepsilon_1^2+\varepsilon_2^2}}, & \varepsilon_1 \\ 2 & -\frac{\varepsilon_1}{\sqrt{\varepsilon_1^2+\varepsilon_2^2}}, & \frac{\varepsilon_2\varepsilon_3}{\sqrt{\varepsilon_1^2+\varepsilon_2^2}}, & \varepsilon_2 \\ 3 & 0\quad, & -\sqrt{\varepsilon_1^2+\varepsilon_2^2}, & \varepsilon_3 \end{array} \quad (48')$$

gesetzt wird. Man sieht, daß die $\varepsilon_{r,k}$ die Komponenten des Einheitsvektors in Richtung der Wellennormale sind $(\sum_k \varepsilon_k^2 = 1)$ und für jedes r

$$\varkappa = \nu'\varepsilon_1, \quad \lambda = \nu'\varepsilon_2, \quad \mu = \nu'\varepsilon_3 \quad \left(\nu' = \frac{2L}{c}\nu\right)$$

gesetzt ist.

Hieraus folgt

$$\operatorname{div}\mathfrak{E} = -4\pi c \operatorname{div}\Pi$$

$$= \sum_r \frac{8\pi^2}{c}\sqrt{\frac{\nu_r^3}{2}}\sqrt{\frac{8}{L^3}}\sin\frac{2\pi\nu_r}{c}\varepsilon_{r,1}x_1\cdot\sin\frac{2\pi\nu_r}{c}\varepsilon_{r,2}x_2\cdot\sin\frac{2\pi\nu_r}{c}\varepsilon_{r,3}x_3\cdot P_{r3},$$

also ergibt die Gleichung

$$\operatorname{div}\mathfrak{E} + 4\pi e\sum_\varrho \psi_\varrho^*\psi_\varrho = 0$$

mittels des Fourierschen Satzes nach P_{r3} aufgelöst

$$P_{r3} + e\int v_{0r}(x_i)\sum_\varrho \psi_\varrho^*\psi_\varrho\, dV = 0, \quad (60)$$

worin v_{0r} gemäß (54) definiert ist. Ferner wird die Hamiltonfunktion gemäß (42) unter Streichung der Nullpunktsenergie der Strahlung

$$\begin{aligned}\overline{H} = &\sum_{r,\lambda} M_{r\lambda}h\nu_{r\lambda} + \sum_r \pi\nu_r(P_{r3})^2 \\ &+ \int dV\left(\frac{hc}{2\pi i}\alpha_{\varrho\sigma}^k\psi_\varrho^*\frac{\partial\psi_\sigma}{\partial x_k} + mc^2\alpha_{\varrho\sigma}^4\psi_\varrho^*\psi_\sigma\right) \\ &+ e\sum_r\sqrt{\frac{h}{4\pi}}\cdot\sum_{\lambda=1,2}\frac{1}{i}\left(M_{r\lambda}^{1/2}\cdot e^{\frac{2\pi i}{h}\chi_{r\lambda}} - e^{-\frac{2\pi i}{h}\chi_{r\lambda}}\cdot M_{r\lambda}^{1/2}\right) \\ &\cdot\int v_k^{r\lambda}\alpha_{\varrho\sigma}^k\psi_\varrho^*\psi_\sigma\, dV + e\sum_r Q^{r3}\int v_k^{r3}\alpha_{\varrho\sigma}^k\psi_\varrho^*\psi_\sigma\, dV. \end{aligned} \quad (61)$$

Die beiden Relationen (60) und (61) schreiben wir nun als Operatorgleichungen, die auf das Funktional $\varphi\{N_\varrho(x_i), M_{r\lambda}, P_{r3}\}$ wirken. Dabei berücksichtigen wir, daß $e^{\pm\frac{2\pi i}{h}\chi}$ den Wert M bzw. in $M \mp 1$ verwandelt und für Q^{r3} einzusetzen ist $\frac{ih}{2\pi}\frac{\partial}{\partial P_{r3}}$. Dann haben wir

$$\left(P_{r3} + e\int v_{0r}(x_i)\cdot\sum_\varrho N_\varrho(x_i)\,dV\right)\varphi\{N_\varrho(x_i), M_{r\lambda}, P_{r3}\} = 0. \quad (60')$$

$$\Big[-E + \sum_{r,\lambda} M_{r\lambda}\, h\, \nu_{r\lambda} + \sum_r \pi\,\nu_r (P_{r3})^2\Big]\,\psi\{N_\varrho(x_i), M_{r\lambda}, P_{r3}\}$$
$$+\left[\int dV\left(\frac{hc}{2\pi i}\alpha^k_{\varrho\sigma}\psi^*_\varrho\frac{\partial\psi_\sigma}{\partial x_k} + mc^2\alpha^4_{\varrho\sigma}\psi^*_\varrho\psi_\sigma\right)\right]\varphi\{N_\varrho(x_i), M_{r\lambda}, P_{r3}\}$$
$$+ e\sum_r\sqrt{\frac{h}{4\pi}}\cdot i\cdot\sum_{\lambda=1,2}\left(\int v^{r\lambda}_k\,\alpha^k_{\varrho\sigma}\psi^*_\varrho\psi_\sigma\,dV\right)$$
$$\left[(M_{r\lambda}+1)^{1/2}\varphi\{N_\varrho(x_i)\ldots M_1\ldots M_{r\lambda}+1\ldots P_{r3}\}\right.$$
$$\left. - M^{1/2}_{r\lambda}\,\varphi\{N_\varrho(x_i)\ldots M_1\ldots M_{r\lambda}-1\ldots P_{r3}\}\right]$$
$$+ e\sum_r\frac{ih}{2\pi}\left(\int v^{r3}_k\alpha^k_{\varrho\sigma}\psi^*_\varrho\psi_\sigma\,dV\right)\frac{\partial}{\partial P_{r3}}\varphi\{N_\varrho(x_i), M_1\ldots P_{r3}\} = 0. \quad (61')$$

Es kommt nun darauf an, wie Operatoren der Form

$$\int\sum_{\varrho,\sigma} f_{\varrho\sigma}(x_i)\,\psi^*_\varrho\psi_\sigma\,dV \quad \text{und} \quad \int\sum_{\varrho,\sigma} f_{\varrho\sigma}(x_i)\,\psi^*_\varrho\frac{\partial\psi_\sigma}{\partial x_k}\,dV$$

(die f sind c-Zahlen) auf ein Funktional $\Phi\{N_\varrho(x_i)\}$ wirken, wenn $N_\varrho(x_i) = \psi^*_\varrho\psi_\varrho$ und die kanonischen V. R.

$$[\psi_\varrho, \psi^{*\prime}_\sigma] = \delta_{\varrho\sigma}\,\delta(\mathfrak{r}, \mathfrak{r}')$$

bestehen; ferner auf das betreffende Resultat für $\varphi(q_{i1}, \ldots q_{ip}, \ldots q_{iN})$.

Die erforderliche Transformationstheorie ist schon mehrmals ausgeführt worden†. Jedoch ist es zweckmäßig, erst die $\psi(x_i)$ durch Treppenfunktionen zu ersetzen, hernach zum Konfigurationsraum überzugehen und erst am Ende die Funktionen wieder kontinuierlich werden zu lassen. Es seien also die Zellen, innerhalb deren ψ^* und ψ gleiche Werte annehmen, von der gleichen Größe ΔV und man setze

$$a_{\varrho, x_i} = \psi_\varrho(x_i), \qquad a^*_{\varrho, x_i} = \psi^*_\varrho(x_i)\,\Delta V,$$

so daß gilt

$$[a_{\varrho, x_{i'}}, \quad a^*_{\sigma, x_i}]_\pm = \delta_{\varrho\sigma}\,\delta_{x_i x_{i'}},$$

† P. A. M. Dirac, Proc. Roy. Soc. (A) **114**, 243, 1927; P. Jordan und O. Klein, ZS. f. Phys. **45**, 751, 1927; P. Jordan, ebenda **45**, 766, 1927; P. Jordan und E. Wigner, ebenda **47**, 631, 1928.

worin die x_i nur diskrete Werte durchlaufen. Man sieht, daß

$$N_{\varrho, x_i} = a^*_{\varrho x_i} a_{\varrho x_i}$$

bei fester Gesamtzahl N der Teilchen — diese Voraussetzung ist zunächst wesentlich — die Eigenwerte

$$\sum_{p=1}^{N} \delta_{\varrho \varrho_p} \cdot \delta_{x_i q_{ip}}$$

besitzt, wobei mehrere Wertepaare ϱ_p, q_p auch übereinstimmen können.

$$N_\varrho(x_i) = \psi^*_\varrho(x_i)\,\psi_\varrho(x_i) = \lim \frac{1}{\varDelta V} a^*_{\varrho, x_i} a_{\varrho, x_i}$$

hat also die Eigenwerte

$$\sum_{p=1}^{N} \delta_{\varrho \varrho_p} \cdot \delta(x_i - q_{ip}),$$

worin jetzt die Diracsche δ-Funktion auftritt.

Der Übergang zum Konfigurationsraum, d. h. die Zuordnung von

$$\varphi(\varrho_1, q_1 \ldots \varrho_N, q_N) \text{ zu } \Phi\{N_{\varrho, x_i}\}$$

erfolgt gemäß den Gleichungen

$$\left.\begin{aligned} \Phi(1_{\varrho_1 q_1}, 1_{\varrho_2 q_2} \ldots 1_{\varrho_N q_N}) &= (N!)^{1/2}\,\varphi(\varrho_1, q_1 \ldots \varrho_N, q_N), \\ \Phi(1_{\varrho_1 q_1}, \ldots 2_{\varrho_\tau q_\tau} \ldots 1_{\varrho_{N-1} q_{N-1}}) &= \left(\frac{N!}{2!}\right)^{1/2} \varphi(\varrho_1 q_1 \ldots \varrho_\tau q_\tau, \varrho_\tau q_\tau \ldots), \\ \Phi(N^{(1)}_{\varrho_1, q_1}, N^{(2)}_{\varrho_2 q_2} \ldots) &= \left(\frac{(N!)}{\prod_\tau N^{(2)}!}\right)^{1/2} \varphi(\underbrace{\varrho_1 q_1 \cdots \varrho_1 q_1}_{N^{(1)}\,\text{mal}}, \underbrace{\varrho_2, q_2 \cdots \varrho_2 q_2 \cdots}_{N^{(2)}\,\text{mal}}, \ldots) \end{aligned}\right\} \quad (62)$$

Man sieht, daß in der ersten Zeile alle Paare ϱ_p, q_p voneinander verschieden sind, in der zweiten Zeile sind zwei einander gleich, und in der letzten stimmen allgemein je $N^{(1)}$, $N^{(2)}$ ... Werte überein. Bei der Einstein-Bose-Statistik ist hierin $\varphi(\varrho_1 q_1 \ldots \varrho_N q_N)$ symmetrisch, beim Ausschließungsprinzip antisymmetrisch; im letzteren Fall tritt nur die erste Zeile von (62) in Kraft.

Die weitere Rechnung möge der Einfachheit halber für die Einstein-Bose-Statistik durchgeführt werden. Dann gilt

$$a^*_{\varrho, x_i} = N^{1/2}_{\varrho x_i} e^{-i\theta_{\varrho, x_i}}; \quad a_{\varrho, x_i} = e^{i\theta_{\varrho, x_i}} N^{1/2}_{\varrho, x_i}$$

und es verwandelt $e^{\pm i\theta_{\varrho, x_i}}$ als Operator bzw. N_{ϱ, x_i} in $N_{\varrho, x_i} \pm 1$. Also haben wir

$$\left(\sum_{\varrho, \sigma, x_i} f_{\varrho, \sigma, x_i} a^*_{\varrho, x_i} a_{\sigma, x_i}\right) \Phi\{N_{\varrho', x_i'}\}$$

$$= \sum_{\varrho, \sigma, x_i} f_{\varrho, \sigma, x_i} N^{1/2}_{\varrho, x_i} (N_{\sigma, x_i} + 1)^{1/2} \Phi\{N_{\varrho', x_{i'}} - \delta_{\varrho\varrho'}\delta_{x_i x_i'} + \delta_{\sigma\varrho'}\delta_{x_i x_i'}\} \quad (63)$$

Bei bestimmtem ϱ, σ, x_i unterscheidet sich das Argument von Φ auf der rechten Seite von dem auf der linken Seite dadurch, daß der Wert von N in der Zelle ϱ, x_i um Eins vermindert, dagegen der Wert von N in der Zelle σ, x_i um Eins vermehrt wird; war der Wert von N in der Zelle ϱ, x_i gleich Null, so sorgt der Faktor $N^{1/2}_{\varrho, x_i}$ dafür, daß die rechte Seite verschwindet. Setzen wir für N_{ϱ', x'_i} speziell den Eigenwert $\sum_{\varrho} \delta_{\varrho' \varrho_p} \cdot \delta_{x'_i q_{ip}}$ ein, und führen den Übergang zum Konfigurationsraum gemäß (62) durch, so kommt

$$\begin{aligned}&\Big(\sum_{\varrho, \sigma, x_i} f_{\varrho, \sigma, x_i} a^*_{\varrho, x_i} a_{\sigma, x_i}\Big) \varphi(\varrho_1 q_1, \dots \varrho_N q_N) \\ &= \sum_{\varrho, \sigma, x_i} f_{\varrho, \sigma, x_i} \sum_p \delta_{\varrho \varrho_p} \delta_{x_i q_{ip}} \varphi(\varrho_1, q_{i1} \dots \sigma, q_{ip} \dots \varrho_N, q_{iN}) \\ &= \sum_\sigma \sum_p f_{\varrho_p, \sigma, q_{ip}} \varphi(\varrho_1 q_{i1}, \dots \sigma, q_{ip} \dots \varrho_N q_{iN}).\end{aligned} \tag{64}$$

Die Faktoren $N^{1/2}_{\varrho, x_i} (N_{\sigma, x_i} + 1)^{1/2}$ in (63) heben sich hierbei gegen die aus (62) entspringenden kombinatorischen Faktoren gerade weg. Der Übergang zum Kontinuum läßt sich in (64) ohne weiteres vollziehen. Es wird

$$\begin{aligned}\varphi_{\varrho_1 \dots \varrho_N}(q_1 \dots q_N) &= \lim (\varDelta V)^{-N/2} \varphi(\varrho_1, q_1 \dots \varrho_N, q_N) \\ \Phi\{N_\varrho(x_i)\} &= \lim (\varDelta V)^{-N/2} \Phi\{N_{\varrho, x_i}\}.\end{aligned}$$

Also erhalten wir für

$$N_\varrho(x_i) = \sum_{p=1}^{N} \delta_{\varrho, \varrho_p} \cdot \delta(x_i - q_{ip})$$

die Zuordnung

$$\begin{aligned}&\Big(\int f_{\varrho\sigma}(x_i)\, \psi^*_\varrho(x_i)\, \psi_\sigma(x_i)\, dV\Big) \Phi\Big\{\sum_{p=1}^{N} \delta_{\varrho, \varrho_p} \delta(x_i - q_{ip})\Big\} \\ &\to \sum_{p=1}^{N} \sum_{\sigma_p} f_{\varrho_p, \sigma_p}(q_{ip})\, \varphi_{\varrho_1 \dots \sigma_p \dots \varrho_N}(q_{i1}, \dots q_{iN}).\end{aligned} \tag{65}$$

Speziell für $f_{\varrho, \sigma} = \delta_{\varrho, \sigma} f$ folgt

$$\begin{aligned}&\Big(\int f(x_i)\, N(x_i)\, dV\Big) \Phi\Big\{\sum_{p=1}^{N} \delta_{\varrho, \varrho_p} \delta(x_i - q_{ip})\Big\} \\ &\to \sum_{p=1}^{N} f(q_{ip})\, \varphi_{\varrho_1 \dots \varrho_N}(q_{i1}, \dots q_{iN}).\end{aligned} \tag{66}$$

Ebenso zeigt man

$$\begin{aligned}&\Big(\int \sum_{\varrho, \sigma} f_{\varrho\sigma}(x_i)\, \psi^*_\varrho \frac{\partial \psi_\sigma}{\partial x_k} dV\Big) \Phi\Big\{\sum_{p=1}^{N} \delta_{\varrho, \varrho_p} \cdot \delta(x_i - q_{iq})\Big\} \\ &\to \sum_{p=1}^{N} \sum_{\sigma_p} f_{\varrho_p, \sigma_p}(q_{ip}) \frac{\partial}{\partial q_{kp}} \varphi_{\varrho_1 \dots \sigma_p \dots \varrho_N}(q_{i1}, \dots q_{iN}).\end{aligned} \tag{67}$$

Wie aus den Überlegungen von Jordan und Wigner hervorgeht, bleiben die Aussagen (65), (66), (67) auch für den Fall des Ausschließungsprinzips richtig, wenn die Funktion φ als in den Paaren ϱ_p, q_p antisymmetrisch vorausgesetzt wird. (Die Reihenfolge der Argumente $\varrho_1 q_1 \ldots \varrho_N, q_N$ ist hierbei für die Bestimmung gewisser Vorzeichenfunktionen maßgebend.)

Unsere Gleichungen (60'), (61') können wir nun unmittelbar in den Konfigurationsraum umschreiben. Man erhält

$$[P_{r3} + e \sum_{p=1}^{N} v_{0r}(q_{ip})]\, \varphi_{\varrho_1 \ldots \varrho_N}(q_{i_1} \ldots q_{iN}, M_{r\lambda}, P_{r3}) = 0. \quad (68)$$

$$\begin{aligned}
&\Big[-E + \sum_{r,\lambda} M_{r\lambda} h \nu_{r\lambda} + \sum_r \pi \nu_r (P_{r3})^2\Big]\, \varphi_{\varrho_1 \ldots \varrho_N}(q_{i1} \ldots q_{iN}, M_{r\lambda}, P_{r\lambda}) \\
&+ \sum_{k,p,\sigma_p} \left(\frac{hc}{2\pi i}\, \alpha^{k}_{\varrho_p, \sigma_p} \frac{\partial}{\partial q_{kp}} + mc^2 \alpha^{4}_{\varrho_p \sigma_p}\right) \varphi_{\varrho_1 \ldots \sigma_p \ldots \varrho_N}(q_{ip}, M_{r\lambda}, P_{r3}) \\
&+ e \sum_r \sqrt{\frac{h}{4\pi}}\, i \sum_{\lambda=1,2} \sum_{k,p,\sigma_p} v_k^{r\lambda}(q_{ip})\, \alpha^{k}_{\varrho_p, \sigma_p} \\
&\quad [(M_{r\lambda}+1)^{1/2}\, \varphi_{\varrho_1 \ldots \sigma_p \ldots \varrho_N}(q_{ip}, M_1 \ldots M_{r\lambda}+1 \ldots P_{r3}) \\
&\quad - M_{r\lambda}^{1/2}\, \varphi_{\varrho_1 \ldots \sigma_p \ldots \varrho_N}(q_{ip}, M_1 \ldots M_{r,\lambda}-1 \ldots P_{r3})] \\
&+ e \sum_r \frac{ih}{2\pi} \sum_{k,p,\sigma_p} v_k^{r3}(q_{ip})\, \alpha^{k}_{\varrho_p \sigma_p} \frac{\partial}{\partial P_{r3}}\, \varphi_{\varrho_1 \ldots \sigma_p \ldots \varrho_N}(q_{ip}, M_{r\lambda}, P_{r3}) = 0. \quad (69)
\end{aligned}$$

Wie weit diese Gleichungen durch die Schrödingerschen Gleichungen im Konfigurationsraum approximiert werden, wird in einer demnächst erscheinenden Arbeit von R. Oppenheimer genauer untersucht. Auch hierbei gibt die Selbstenergie der Elektronen zu Schwierigkeiten Anlaß.

Es sei noch erwähnt, wie das hier angewendete Verfahren des Überganges in den Konfigurationsraum für den Fall des Vorhandenseins von Zerstrahlungsprozessen zu verallgemeinern ist. In diesem Falle bleibt die Anzahl der Teilchen nicht mehr konstant. Es ist jedoch möglich, mit einem System von Funktionen

$$\varphi(M_{r\lambda}, P_{r3}),\ \varphi(q_{i1}, M_{r\lambda}, P_{r3}) \ldots \varphi(q_{i1}, \ldots q_{iN}, M_{r\lambda}, P_{r3}) \ldots$$

in verschiedendimensionalen Räumen zu rechnen, die bzw. dem Falle entsprechen, daß kein, eins, ... N ... Teilchen vorhanden sind. Diese Funktionen sind dann bei einer bestimmten Theorie durch ein simultanes System von Differentialgleichungen zu verknüpfen. Für die speziellen, in § 2, Gleichung (12) angegebenen Zusatzglieder würde es keine Schwierigkeiten machen, dieses Gleichungssystem aufzustellen. Doch soll hiervon abgesehen werden, da diesen speziellen Termen wohl kaum eine physikalische Bedeutung zukommt.

Group 6

On the Dirac Theory of the Electron (1930–1936)

On the Dirac Theory of the Electron (1930 – 1936)

An Annotation by A. Pais, New York

Introduction

Heisenberg once called the 5 years following the 5th Solvay Conference on Physics (held in October 1927 at Brussels) "the golden age of atomic physics" (*das goldene Zeitalter der Atomphysik*) [1]. The preceding 2 years had witnessed the profound changes brought about by the advent of quantum mechanics, beginning with Heisenberg's own paper of 1925 and followed by Schrödinger's work of 1926 on wave mechanics [2]. Heisenberg, Born, Jordan, Dirac, and Schrödinger had done much to provide a formal basis for the new mechanics. In March 1927, Heisenberg had stated his uncertainty principle [3]; in September, Bohr had lectured for the first time on complementarity [4]. All those mentioned were among the participants of that 1927 Solvay meeting. As the members of the conference left Brussels, there was a consensus, almost but not quite unanimous, that nonrelativistic quantum mechanics was a well-established discipline. Heisenberg, the 25-year-old bachelor, returned to Leipzig, where earlier that month he had taken up his new position as the professor for theoretical physics. He and others now took up the "innumerable problems, which, unsoluble before, could be treated and decided by the new methods" [1].

The bliss of the next 5 years was not undivided, however. Early in 1928, Dirac submitted two papers which contain his relativistic equation of the electron [5, 6]. He reported spectacular results: Spin was a necessary consequence, the corect magnetic moment of the electron was obtained, the anomalous Zeeman effect of atoms came out right, the Thomas factor of the electron appeared automatically. But there was a serious difficulty: Dirac's equation gave twice as many states as, it seemed, were called for. In this first paper, Dirac took this lightly: "Half the solutions must be rejected as referring to the charge $+e$ of the electron"[7]. A few months later, he realized that such a rejection is easier said than done. In a talk he gave in Leipzig, in June 1928, he noted that the electron could jump from wanted to unwanted states; hence he concluded: "It follows that the current theory is an approximation." ([8], p. 563: "*Folglich ist die gegenwärtige Theorie eine Annäherung.*")

Even before Dirac's visit to Leipzig, Heisenberg must have been aware of these difficulties. In May 1928, he had written to Pauli: "In order not to be forever irritated by Dirac, I have done someting else for a change." ([9], p. 443: "*Um mich nicht dauernd mit Dirac herumzuärgern, hab' ich mal was anderes getrieben.*") The something else was the quantum theory of ferromagnetism [10]. In Leipzig, Dirac and Heisenberg discussed several aspects of the new theory [11]. Shortly thereafter, Heisenberg wrote to Pauli: "The saddest chapter of modern physics is and remains the Dirac theory." ([12]: "*Das traurigste Kapitel der modernen Physik ist nach wie vor die Dirac'sche Theorie.*") He then mentioned some of his calculations which illustrated the difficulties and added that the magnetic electron had made Jordan "melancholic" (*trübsinnig*).

Heisenberg's own papers on Dirac's theory were all published in the years 1930–1936. During that period, the interpretation of what constitutes "the" Dirac theory advanced greatly. In order to give perspective to Heisenberg's contributions, it is necessary to remind the reader briefly of a few facts and dates [13].

In May 1929, Hermann Weyl suggested: "It is plausible to anticipate that, of the two pairs of components of the Dirac quantity, one belongs to the electron, the other to the proton." ([14], p. 332: "*Es ist naheliegend zu erwarten, daß von den beiden Komponentenpaaren der Diracschen Größe das eine dem Elektron, das andere dem Proton gehört.*")

In December 1929, Dirac pointed out: "One cannot ... simply assert that a negative-energy electron *is* a proton" ([15], pp. 361–362). He went on to introduce the fundamental idea of a "Löchertheorie", a hole theory: "Let us assume ... that all the states of negative energy are occupied except perhaps a few of small velocity .... We are ... led to the assumption that the holes in the distribution of negative-energy electrons are the protons" ([15], pp. 362–363).

In November 1930, Weyl replied: "However attractive this idea may seem at first it is certainly impossible to hold without introducing other profound modifications .... Indeed according to it [i.e., the hole theory] the mass of a proton should be the same as the mass of an electron; furthermore ... this hypothesis leads to the essential equivalence of positive and negative electricity under all circumstances .... The dissimilarity of the two kinds of electricity thus seems to hide a secret of Nature which lies yet deeper than the dissimilarity of past and future .... I fear that the clouds hanging over this part of the subject will roll together to form a new crisis in quantum physics" ([16], pp. 263, 264, and Preface).

In May 1931, Dirac took note of these and other criticisms [17] and proposed: "A hole, if there were one, would be a new kind of participle, unknown to experimental physics, having the same mass and opposite charge to an electron" ([18], p. 61). The positron theory was born.

In September 1932 to March 1933, Carl Anderson discovered the positron – a name he introduced – in cloud chamber pictures of cosmic rays [19].

In retrospect, the positron theory was the greatest triumph of theoretical physics in the 1930s. This may not be so evident from the papers of Heisenberg, to be discussed next. In his own oeuvre, Heisenberg was less concerned with the lowest-order successes of the theory, such as for example the effects of pair formation or annihilation, than with deeper and harder problems: the self-energy of the electron and the photon, vacuum polarization, the scattering of light by light, and other issues of principle and general methodology. Thus he belongs to that quite small band of theoretical physicists who had the courage to pioneer the exploration of those aspects of quantum electrodynamics which were to remain in an uncertain state until the late 1940s, when the renormalization program provided a more systematic and successful basis for tackling them. By that time,

Heisenberg's main interests had turned to turbulence, superconductivity, shower theory, and other topics removed from the basic issues of quantum electrodynamics – whose solution he felt could only be achieved by a fundamental theory of all elementary particles [20].

Heisenberg's First Papers on Electron Theory; a Three-Year Hiatus

In 1930, papers began to appear dealing with the self-energy of the electron, the first one by R. Oppenheimer [21], then one by I. Waller [22], then one by Heisenberg (see below). Oppenheimer's paper is memorable for the remark that self-energy effects will cause displacements of spectral lines. Waller calculated the $O(e^2)$, the self-energy W for a free electron at rest, and found it to be quadratically divergent:

$$W \sim \frac{e^2}{\hbar c} \cdot \frac{1}{m} \int p\, dp \; ,$$

where m is the bare mass and the integration is over momenta in the virtual transitions: electron $\rightarrow$ electron + photon $\rightarrow$ electron. Recall that in the year 1930 one was still in the pre-hole period.

In these early self-energy calculations it was supposed that negative-energy states are empty. That assumption was also made by Heisenberg, who considered the self-energy for the case of zero bare mass. (See paper No. 1 below, pp. 106–115.) His conclusion: "The one-electron problem could be treated correctly without infinite self-energy if there existed solutions of the vacuum electrodynamics without zero-point energy" (l.c., p. 115: "*Das Einelektronenproblem ließe sich ... korrekt ohne unendliche Selbstenergie behandeln, wenn es Lösungen der Vakuumelektrodynamik ohne Nullpunktenergie gäbe*") cannot be upheld, since first of all zero-point energy has nothing to do with self-energy, and secondly, the self-energy in Heisenberg's case is in fact equal to zero because the theory with zero bare mass is γ_5-invariant. (The logarithmic singularity of the electron self-energy in the positron theory was first diagnosed in 1934 [23].)

Prior to the positron theory, Heisenberg wrote one more paper on the electron, this one mainly methodological in character (see paper No. 3 below, pp. 123–131). The questions he addressed concerned the emission, absorption, and scattering of radiation by a Dirac electron. He described this particle by a four-component c-number wave function ψ (of course, at that time one electron was still an old-fashioned one particle state). The radiation field is quantized. Heisenberg made the point that it is unnecessary to treat these problems by taking "the detour of [using] a quite intransparent Schrödinger equation in an infinite-dimensional space" (l.c., p. 123: "*den Umweg über eine recht unübersichtliche Schrödingergleichung in einem unendlichdimensionalen Raum*"). Instead, he started from the Maxwell equations, considered as operator equations, but with a c-number Dirac charge-current as a source, formally integrated these equations by means of retarded potentials, expanded ψ in a power series in e (for his purposes, terms of zeroth and first order were sufficient), and, in the final expressions, took matrix elements of the products of creation and/or annihilation operators of the radiation field. This very useful alternative method was applied shortly afterward to the computation of natural linewidth by H.B.G. Casimir [24].

In 1934, this method was extended to the q-number description of ψ by Heisenberg (paper No. 4, pp. 132 – 154) and by V.F. Weisskopf [23]. In the postwar years, this approach was cast in modern from by C.N. Yang and D. Feldman [25] and independently by G. Källén [26]. In general, one deals with a set of coupled integral equations for the Maxwell and the Dirac fields. This method is in every respect equivalent to Hamiltonian techniques.

In Heisenberg's papers on the Dirac theory, there was a hiatus of more then 3 years (between February 1931 and June 1934). Several reasons may be given for this fact: The discovery of the neutron in 1932 drew his attention to the nucleus and led to his important series of papers on nuclear physics of 1932 – 1933. Furthermore, Heisenberg (and others) needed time to digest not only the hole theory and the discovery of the positron (1931 – 1933), but also Fermi's theory of β-radioactivity, which had come out in early 1934. All these topics are touched on in the letters of that period exchanged between Heisenberg and Pauli. However, this correspondence shows that, from the summer of 1933 until early 1936, no physics topic preoccupied Heisenberg more than the hole theory. In July 1933, he wrote to Pauli: "In the hole theory the concept of 'particle density' is just as problematical as in the light quantum theory," and added: "That the hole theory will lead to many kinds of horrors as long as the self-energy cannot be put in order, that I quite believe". ([27]: "*In der Löchertheorie ist eben der Begriff der 'Teilchendichte' ebenso problematisch, wie in der Lichtquantentheorie*" ... "*Daß die Löchertheorie noch zu mancherlei Scheußlichkeiten führen wird, solange die Selbstenergie nicht in Ordnung gebracht werden kann, das glaub' ich gern*".) Pauli, writing to Heisenberg in September, revealed how gingerly the hole theory was approached: "At this time my attitude toward the hole theory is like Bohr's and your own, neither completely disapproving nor negative." ([28]: "*Meine Haltung zur Löchertheorie ist nunmehr, ebenso wie bei Bohr und Dir, keine völlig ablehnende oder negative.*") At that time, the complexities of the hole theory had by no means been fully diagnosed, however.

It may in fact be said that positron theory as a serious discipline started in October 1933 with Dirac's address to the 7th Solvay Conference [29]. Dirac began by noting that it is obvious how to treat noninteracting particles in the hole theory: In order to obtain the physical energy density and charge density of a set of free electrons and positrons, subtract the energy density and charge density of the completely filled free energy negative-energy states. (We now call this a zeroth-order subtraction.) Then he raised the all-important question of how and what to subtract in realistic situations, where the particles interact with each other and with external electromagnetic fields. He did not give a general answer but presented a calculation, the first of its kind, of the polarization of the vacuum in the presence of a static external source $\varrho(\boldsymbol{x})$ [30]. He noted that (I paraphrase) the presence of ϱ induces an additional charge density $\delta\varrho(\boldsymbol{x})$ owing to the virtual creation and annihilation of electron-positron pairs and found to $O(e^2)$ [31]

$$\delta\varrho = \frac{e^2}{\hbar c}\left\{\alpha\varrho - \frac{1}{15\pi}\left(\frac{\hbar}{mc}\right)^2 \Delta\varrho + O(\Delta\Delta\varrho)\right\}, \tag{1}$$

where α is a logarithmically divergent integral. Consequently, a new infinity had entered the theory, the charge renormalization term. The first two terms in Eq. (1) suffice if ϱ is, spatially, slowly varying. (In 1935, the case of a generally varying static ϱ was treated by E.A. Uehling [32], the case of time-dependent external sources by R. Serber [33].)

In making these calculations, Dirac introduced a new tool (refined in a subsequent paper [34]), an off-diagonal density matrix R defined by

$$(k', x'|R|k'', x'') = \sum_{\text{occ}} \psi_{k'}(x')\,\psi^{\dagger}_{k''}(x''), \tag{2}$$

where (x', k') and (x'', k'') are distinct sets of space-time-spin variables and where the summation goes over all occupied states. ψ and its adjoint $\psi^{\dagger}$ are one-particle c-number Dirac wave functions in the presence of external fields (if any), supposed to be approximately determined by the Hartree-Fock self-consistent field method. The summation goes over all occupied states, which of course include the infinite sea of negative-energy states. The evident purpose of introducing an off-diagonal distance, $x_\mu = x'_\mu - x''_\mu$, was to obtain finite expressions for R which, however, contain terms singular in x_μ as $x_\mu \to 0$. These singularities depend only on $x_\mu x^\mu$; we are dealing with a light-cone expansion. The singular terms, Dirac proposed in essence, must first be subtracted; then one lets $x_\mu \to 0$ and so obtains physically relevant answers. His method (Dirac noted [34]) needed further refinement to take rigorous account of the exclusion principle.

Insofar as theoretical physics is concerned, the autumn of 1933 marks, I would say, the end of innocence. Gone were the days in which one massive particle by itself was a pure state; virtual pairs mix in. The correct, though by now somewhat archaic notation of an infinite sea of filled negative-energy states and the correspondingly more complex formalism were hard to assimilate even by such masters as Heisenberg and Pauli. In early February 1934, Pauli received a copy of Dirac's new paper [34], then wrote a letter Heisenberg signed: "Yours (drowned in Dirac's formulae) W. Pauli" ([35]: "*Dein (in Diracs Formeln ertrunkener) W. Pauli*"). Heisenberg replied: "I regard the Dirac theory ... as learned trash which no one can take seriously." ([36]: "*Ich halte die Diracsche Theorie ... für einen gelehrten Mist, den kein Mensch ernst nehmen kann.*")

Yet, both men took the issues very seriously and would not drop them. During the next 2 years, there are numerous letters back and forth filled with detailed discussions of technical questions. Heisenberg's attitude in those years is perhaps best characterized in a letter of April 1935: "With regard to quantum electrodynamics, we are still at the stage in which we were in 1922 with regard to quantum mechanics. We know that everything is wrong. But in order to find the direction in which we should depart from what prevails, we must know the consequences of the prevailing formalism better than we do". ([37]: "*Wir sind ... in bezug auf Quantenelektrodynamik noch in dem Stadium, in dem wir bezüglich der Quantenmechanik 1922 waren. Wir wissen daß alles falsch ist. Aber um die Richtung zu finden, in der wir das bisherige verlassen sollen, müssen wir die Kon-*

sequenzen des bisherigen Formalismus viel besser wissen, als wir es tun.") With the advantage of hindsight, one may not agree in detail with Heisenberg's dictum, yet his statement, which illuminates so well the ruggedness of his approach, commands respect.

In defense of Heisenberg's "everything is wrong", it should be added that not only did the theoretical aspects of Dirac's theory present great mathematical complexity and severe problems of interpretation, but in addition, it was not at once clear how well the theory compared with experiment. In particular, cosmic rays presented problems: The Klein-Nishina formula did not seem to fit the data – as Heisenberg knew very well (see paper No. 1 of Group 8 below) – and the rays did not seem to be absorbed enough. There was no muon yet!

Papers on the Positron Theory

Heisenberg went to work on the positron theory right after the Solvay Conference, interrupted only briefly by a trip to Stockholm (to receive the Nobel prize). Pauli, sceptical about "limit acrobatics" (*Limes-Akrobatik*) [38], served as his sounding board and critic. At one point, Heisenberg suggested that they publish jointly on this subject. Pauli initially considered this a good idea and drafted an outline for a paper [39]. Nothing came of this, however, because meanwhile Pauli had developed an idea of his own: Heisenberg's paper on subtraction physics was submitted in June 1934 (see paper No. 4); the next month, Pauli and Weisskopf completed their article on the quantum field theory of spinless fields [40].

Heisenberg's paper (No. 4, pp. 132 – 154, with a short correcting addendum, No. 6, p. 161) consists of two parts. In the first, he elaborated the Dirac density matrix approach in the Hartree-Fock approximation and obtained the important result that subtractions are compatible with the conservation laws for electric charge (see Eq. (20), p. 140) and for energy momentum (see Eq. (25), p. 141). He also rederived (and corrected) Dirac's Eq. (1), but was not clear about its interpretation: "[The second term in Eq. (1)] has no physical meaning .... The 'polarization of the vacuum' first becomes a physical problem for external densities which vary in time ..." (l.c., p. 145: "*hat keine physikalische Bedeutung .... Zu einem physikalischen Problem wird die 'Polarisation des Vakuums' erst bei zeitlich veränderlichen äußeren Dichten*").

The second part of Heisenberg's paper is entitled "*Quantentheorie der Wellenfelder*" (Quantum Theory of Wave Fields). It is motivated by "the necessity of formulating the fundamental equations of the theory in a way which goes beyond the Hartree[-Fock] approximation procedure" (p. 132: "*die Notwendigkeit, die Grundgleichungen der Theorie in einer über das Hartreesche Approximationsverfahren hinausgehenden Weise zu formulieren*"). He continues to employ Eq. (2) for the density matrix, but now takes ψ to be the standard q-number representation of the Dirac field [41] and replaces the summation by an expectation value. An iterative procedure is developed along the lines of Dirac's 1931 paper [18]. Pauli realized at once that this was an advance: "In principle and in respect to physics, your ansatz has proved workable, I believe, so that the route is given for liberating Dirac's ansatz from the assumption of the applicability of the Hartree-Fock method and for calculating self-energies." ([42]: "*Im Prinzip und in physikalischer Hinsicht ist, glaube ich, Dein Ansatz als durchführbar erwiesen und damit der Weg gegeben, wie der Diracsche Ansatz von der Voraussetzung der Anwendbarkeit der Hartree-Fock-Methode befreit werden kann und wie dann auch Selbstenergien berechnet werden können*".) [43] Indeed, in this second part, Heisenberg gives for the first time the foundation for the quantum electrodynamics of the full Dirac-Maxwell set of equations in the way we know it today [44]. Independently, Furry and Oppenheimer had the same idea [30], but Heisenberg pushed it much further. Heisenberg also emphasized that his form of the density matrix makes manifest "the invariance of the theory under a change of sign of the elementary charge" (l.c., p. 142).

Heisenberg's first application of the new method dealth with the photon self-energy. It contains an instructive error. It was found that (to $O(e^2)$) this energy diverges even before the limit $x_\mu \to 0$ is taken (No. 4, Eqs. (62)–(69), pp. 152–154). Shortly thereafter, it was shown that this impossible answer was due to an inappropriately performed contact transformation [45]. In later years, the photon self-energy (it must be equal to zero) would also cause problems if manifest covariance and gauge invariance were not carefully maintained at all stages of the calculation.

A month after having completed his major paper, Heisenberg presented a short note on charge fluctuations (No. 5, pp. 155–160). Fluctuation phenomena in quantum mechanics had been dear to him since the "*Dreimännerarbeit*" [46], in which a section is devoted to a problem raised by Einstein in 1909, the energy fluctuations in a subvolume of a cavity filled with radiation in equilibrium [47]. Heisenberg returned to this question in 1931, showing that these fluctuations become infinitely large if the subvolume has sharp boundaries (see paper No. 2, pp. 116–122). Ongoing discussions [48] as to whether this result signifies that energy fluctuations are not defined in the correct way are interesting, but not pertinent here. What does matter is Heisenberg's observation that this calculation yields finite answers if the boundary of the subvolume is smoothed out over a finite thickness. He obtained similar results in July 1934 for the charge fluctuations due to the virtual creation and annihilation of pairs, when he computed (in present terminology) the vacuum expectation value of

$$\int_v \int_v \varrho(x)\varrho(x')\,dx\,dx' ,$$

where $\varrho = \psi^\dagger \psi$ is the charge density operator and where v denotes the volume of spatial integration. Boundary divergences again appear if the boundary is sharp. Finite answers are again obtained if the boundary is smoothed out over a thickness b [49].

A year and a half passed before Heisenberg completed his next and last paper on positron theory. In the meantime, he continued to think about this area of problems, however. In April 1935, "sticking to my old custom of improving unclear thoughts by letters to you ..." ([50]: "*um meiner alten Gelegenheit treu zu bleiben, unklare Gedanken durch Briefe an Dich zu verbessern*"), he sent Pauli a 12-page memorandum about questions of observability in quantum field theory, expressing his hunch that such studies might lead to fundamental novelties [51]. He also had set his students H. Euler and B. Kockel to work on the scattering of light by light, a consequence of the positron theory first noted (in October 1933) by O. Halpern (and for some time called Halpern scattering) [52]. In February 1935, Euler and Kockel reported their results [53]. They had treated the regime $\lambda \gg \hbar/mc$ (λ is the photon wavelength in the center-of-momentum system) and found that, to $O(e^2)$, the scattering matrix element is finite [54]. Their answers correspond to a cross section $\sigma \sim (e^2/\hbar c)^4 \, (\hbar/mc)^8 \lambda^{-6}$. They expressed their results in terms of an effective Lagrangian which acquires a gauge invariant, scalar addition of the fourth order in the electromagnetic field.

The main purpose of Heisenberg's December 1935 paper, written jointly with Euler (No. 7, pp. 162 – 180), was to find still higher-order terms in the effective Lagrangian, induced by static, homogenous, external fields, and in the absence of real pair formation [55]. By lengthy calculations, they arrived at a complicated nonlinearity which, by covariance and gauge invariance arguments, is transcribed into an effective Lagrangian (see Eq. (45 a), p. 176) [56].

Perhaps more interesting than these calculations is the recitation of difficulties with which the paper concludes [57]. The authors are the first, I believe, to note (on p. 178) the existence of an electromagnetic contribution to the electron vacuum self-energy (nowadays called closed loop diagrams). They further remark that the fourth-order matrix element for Compton scattering diverges, as does the sixth-order contribution to light-by-light scattering, and conclude that: "The theory of the positron and present quantum electrodynamics are undoubtedly to be considered provisional." (No. 7, p. 180: "*Die Theorie des Positrons und die bisherige Quantenelektrodynamik sind zweifellos als vorläufig anzusehen.* ")

So it was in the 1930s, everywhere. The tools were available to push the theory much further, but experimental incentive was lacking, and there were so many other interesting things to investigate in theoretical physics: nuclear problems, β-radioactivity, cosmic rays, mesons, etc.

One final remark about those days. Already at that time one finds brief comments which prefigure what was to develop in the late 1940s. Furry and Oppenheimer remarked in 1934: "Because it is in practice impossible not to have pairs present, we may redefine all dielectric constants, as is customarily done, by taking that of the vacuum to be unity". ([30], p. 261, footnote 12) In referring to this procedure, Serber introduced the expression "to renormalize" the charge in 1936 ([45], p. 546); Weisskopf noted in 1936 that "a constant polarizability would be in no way ascertainable" ([56], p. 6: "*eine konstante Polarisierbarkeit in keiner Weise feststellbar wäre*"); and Kramers insisted that in the theory to be formulated, "the quantity which is introduced as 'particle mass' is from the outset the experimental mass" ([58], p. 108). There may be other similar observations.

Changing Scientific Outlook

Heisenberg's work on the positron theory strikes me as marking a period of transition in his scientific outlook. There is the man who with great persistence goes after the consequences of the theory. There is also the man who believes, or at least suspects, that this work is but a prelude to a new, quite possibly revolutionary chapter in physics. It can hardly be a chance coincidence that he starts groping for "a theory of the future" during and shortly after his work on positron theory. As early as 1934, he expressed the belief that "the road from the hole theory to [the determination of] e^2/hc is not too far" [59]. In 1938, he proposed that there should be one more universal constant, a length, in a paper which, incidentally, is dedicated to Max Planck! (See paper No. 6 of Group 8.) His *S*-matrix theory of the early 1940s was designed to extract such observables as will survive in a "future theory". (See Nos. 2 and 5 of Group 10.) All these visionary themes largely originated, I believe, from his reflections on the complexities and apparent paradoxes of positron theory. Even the roots for this final efforts at a unified theory can be traced back to 1936, when, in a letter to Pauli, he referred to a nonlinear wave equation of the form

$$\Box \psi = \lambda \psi \psi^* \psi$$

and commented (just as he would do in the 1950s): "The problem of elementary particles is a mathematical one, to wit, simply the question how one can construct a nonlinear, relativistically invariant and quantized wave equation without any constants of nature whatever." ([60]: "*Das Problem der Elementarteilchen ist ein mathematisches, nämlich einfach die Frage, wie man eine nichtlineare, relativistisch invariante und quantisierte Wellengleichung ohne irgendwelche Naturkonstanten konstruieren kann.*")

I can think of no better way of concluding this essay on Heisenberg's encounters with the positron theory in the 1930s than by quoting from a letter which he wrote shortly before Pauli's death: "Our world is, we might say, the simplest of all possible worlds! But all that is pie in the sky, and before that a lot of mathematics needs to be done." ([61]: "*Unsere Welt ist sozusagen die einfachste aller möglichen Welten! Aber all das ist Zukunftsmusik und vorher muß noch viel Mathematik getrieben werden.*")

I am grateful to Res Jost, Robert Serber, and Victor Weisskopf for discussions and to the Pauli Estate for making available to me hitherto unpublished parts of the Heisenberg-Pauli correspondence [62].

References

1 See W. Heisenberg: *Der Teil und das Ganze* (Piper Verlag, Munich 1969), especially p. 131; in English: *Physics and Beyond* (A.J. Pomerans, transl., Harper and Row, New York 1971), p. 92.

2 See the Annotation to the papers of Group 3 in *Gesammelte Werke/Collected Works A I*, pp. 329–343.

3 W. Heisenberg: Über den anschaulichen Inhalt der quantentheoretischen Kinematik und Mechanik. Z. Phys. **43**, 172–198 (1927); reprinted as paper No. 3.7 in *Gesammelte Werke/Collected Works A I*, pp. 478–504

4 N. Bohr: Nature **121**, 580 (1928)

5 P.A.M. Dirac: Proc. R. Soc. London **A 117**, 610 (1928)

6 P.A.M. Dirac: Proc. R. Soc. London **A 118**, 351 (1928)

7 Ref. [5], p. 618

8 P.A.M. Dirac: Phys. Z. **29**, 561, 712 (1928)
9 Wolfgang Pauli: *Wissenschaftlicher Briefwechsel/Scientific Correspondence, Volume I: 1919–1929* (Springer-Verlag, New York, Heidelberg, Berlin 1979)
10 See the Annotation to the papers of Group 4 in *Gesammelte Werke/Collected Works A I*, pp. 507–515.
11 See Ref. [8], p. 562, footnote 2.
12 W. Heisenberg, letter to W. Pauli, July 31, 1928; published in *Scientific Correspondence I*, Ref. [9], p. 467
13 A date refers to the time of receipt by a journal of a paper in question.
14 H. Weyl: Z. Phys. **56**, 332 (1929)
15 P.A.M. Dirac: Proc. R. Soc. London **A126**, 360 (1929); Nature **126**, 605 (1930)
16 H. Weyl: *The Theory of Groups and Quantum Mechanics* (H.P. Robertson, transl., Methuen & Co., London 1931) pp. 263–264 and Preface
17 R. Oppenheimer: Phys. Rev. **35**, 562 (1930);
I. Tamm: Z. Phys. **62**, 545 (1930)
18 P.A.M. Dirac: Proc. R. Soc. London **A133**, 60 (1931)
19 C.D. Anderson: Science **76**, 238 (1932); Phys. Rev. **43**, 491 (1933)
20 See the Annotations of Group 10 in this volume and of Groups 12 and 13 in Volume AIII.
21 R. Oppenheimer: Phys. Rev. **35**, 461 (1930)
22 I. Waller: Z. Phys. **62**, 673 (1930)
23 V. Weisskopf: Z. Phys. **89**, 27 (1934);
V. Weisskopf (and W. Furry): Z. Phys. **90**, 817 (1934)
24 H.B.G. Casimir: Z. Phys. **81**, 496 (1933)
25 C.N. Yang, D. Feldman: Phys. Rev. **79**, 972 (1950)
26 G. Källén: Ark. Fys. **2**, 187, 371 (1950)
27 W. Heisenberg, letter to Pauli, July 21, 1933; published in Wolfgang Pauli: *Wissenschaftlicher Briefwechsel/Scientific Correspondence, Volume II: 1930–1939* (Springer-Verlag, Berlin, Heidelberg 1985) pp. 206, 207
28 W. Pauli, letter to W. Heisenberg, September 24, 1933; published in *Scientific Correspondence II*, Ref. [27]. p. 212
29 P.A.M. Dirac: in *Structure et Propriétés des Noyaux Atomiques. Rapports et Discussions du Septième Conseil de Physique* (Gauthier-Villars, Paris 1934) p. 203
30 At about that time W.H. Furry and J.R. Oppenheimer independently made the same calculation: Phys. Rev. **45**, 245 (1934); see especially their footnote 11. R. Peierls also did similar work: Proc. R. Soc. London **A146**, 420 (1934).
31 A numerical error in his coefficient of the second term has been corrected.
32 E.A. Uehling: Phys. Rev. **48**, 55 (1935)
33 R. Serber: Phys. Rev. **48**, 49 (1935)
34 P.A.M. Dirac: Proc. Cambridge Philos. Soc. **30**, 150 (1934)
35 W. Pauli, letter to W. Heisenberg, February 6, 1934; published in *Scientific Correspondence II*, Ref. [27], p. 277
36 W. Heisenberg, letter to W. Pauli, February 8, 1934; published in *Scientific Correspondence II*, Ref. [27], p. 279
37 W. Heisenberg, letter to W. Pauli, April 25, 1935; published in *Scientific Correspondence II*, Ref. [27], p. 386
38 W. Pauli, letter to W. Heisenberg, June 14, 1934; published in *Scientific Correspondence II*, Ref. [27], p. 327
39 W. Pauli, letter to W. Heisenberg, January 21, 1934; published in *Scientific Correspondence II*, Ref. [27], p. 354
40 W. Pauli, V. Weisskopf: Helv. Phys. Acta **7**, 709 (1934).
In those times, Pauli's attitude to the Dirac theory showed a marked ambivalence. In June 1934, he wrote about the theory of spinning electrons as "my old enemy" (*meine alte Feindin*). In 1935, he spoke of the Pauli-Weisskopf theory as the "anti-Dirac theory": in *The Theory of the Positron and Related Topics. Report of a Seminar Conducted by W. Pauli*, notes by B. Hoffmann (The Institute of Advanced Study, Princeton, NJ, 1935–1936), unpublished.
41 For the case of no interaction, this formulation was also advocated by V. Fock: Dokl. Akad. Nauk **1**, 267 (1933).

42 W. Pauli, letter to W. Heisenberg, December 11, 1933; published in *Scientific Correspondence II*, Ref. [27], p. 238

43 The first self-energy calculation $O(e^2)$ with the help of Heisenberg's new method was in fact completed in March 1934, in Zürich [23], where Heisenberg's ideas had been known since the previous December.

44 The density matrix approach was put into modern language in a series of papers by J.G. Valatin: Proc. R. Soc. London **A222**, 93, 228 (1954); **A225**, 535 (1954); **A226**, 254 (1954). More recently, off-diagonal distances have made their appearance in operator product expansions, see e.g., K.G. Wilson, W. Zimmermann: Commun. Math. Phys. **24**, 87 (1971).

45 R. Serber: Phys. Rev. **49**, 545 (1936)

46 M. Born, W. Heisenberg, P. Jordan: Über Quantenmechanik. II. Z. Phys. **35**, 557–615 (1926); reprinted as paper No. 3.4 in *Gesammelte Werke/Collected Works A I*, pp. 397–455

47 A. Pais: *Subtle is the Lord: The Science and the Life of Albert Einstein*, (Oxford University Press, Oxford 1982) Chap. 21

48 Cf. J.J. Gonzales, H. Wergeland: K. Nor. Vidensk. Selsk. Skr. No. 4 (1973)

49 Heisenberg discussed only the case $b \gg \hbar/mc$. The case $b \ll \hbar/mc$ was treated by R. Jost, J. Luttinger: unpublished; cf. also E. Corinaldesi: Nuovo Cim. **8**, 494 (1951); Suppl. Nuovo Cimento **10**, 83 (1953); W. Pauli: *Selected Topics in Field Quantization* (MIT Press, Cambridge, MA 1973) pp. 41, 42.

50 W. Heisenberg, letter to W. Pauli, March 22, 1935; published in *Scientific Correspondence II*, Ref. [27], pp. 381–382

51 W. Heisenberg, letter to W. Pauli, April 25, 1935; published in *Scientific Correspondence II*, Ref. [27] p. 386

52 O. Halpern: Phys. Rev. **44**, 855 (1933)

53 H. Euler, B. Kockel: Die Naturwissenschaften **23**, 246 (1935); cf. also N. Kemmer, V. Weisskopf: Nature **137**, 659 (1936)

54 Many more details are given in Euler's doctoral thesis: Ann. Phys. (5) **26**, 398 (1936). For $\lambda \ll \hbar/mc$ one has $\sigma \sim (e^2/hc)^4 \lambda^2$, a result first obtained by A. Achieser: Phys. Z. Sowjetunion **11**, 263 (1937).

55 This paper also contains a few corrections to paper No. 4.

56 Their calculations were simplified shortly afterwards by V. Weisskopf: K. Dan. Vidensk. Selsk. Mat.-Fys. Medd. **14**, No. 6 (1936).

57 Of less interest is the comparison they made between the pair-induced nonlinearities and those contained in the still-born nonlinear electrodynamics of M. Born, L. Infeld: Proc. R. Soc. London **A143**, 410 (1933); M. Born, L. Infeld: Proc. R. Soc. London **A144**, 425 (1934); **A147**, 522 (1934); **A150**, 141 (1935).

58 H.A. Kramers: Nuovo Cimento **15**, 108 (1938)

59 W. Heisenberg, letter to W. Pauli, June 8, 1934; published in *Scientific Correspondence II*, Ref. [27], p. 326. See also Ref. [51].

60 W. Heisenberg, letter to W. Pauli, May 23, 1936; published in *Scientific Correspondence II*, Ref. [27], p. 443

61 W. Heisenberg, letter to W. Pauli, December 14, 1957

62 Most of these letters have meanwhile been published in Wolfgang Pauli: *Wissenschaftlicher Briefwechsel/Scientific Correspondence II*. See Ref. [27].

Zeitschrift für Physik 65, 4–13 (1930)

Die Selbstenergie des Elektrons.

Von **W. Heisenberg** in Leipzig.

(Eingegangen am 3. August 1930.)

Es wird das Verhalten sehr schneller Elektronen untersucht, deren Energie groß gegen mc^2 und Mc^2 ist. Da für solche Bewegungen die Ruhmasse des Elektrons vernachlässigt werden kann, spielt für die Frage der Selbstenergie ein charakteristischer Elektronenradius keine Rolle. Es werden die Bedingungen untersucht, unter denen die Selbstenergie des Elektrons verschwindet.

1. Einleitung. In der klassischen Theorie werden die Feldstärken $\mathfrak{E}$ und $\mathfrak{H}$ in der Umgebung einer punktförmigen Ladung e beliebig groß, so daß das Integral über die Energiedichte $1/8\pi(\mathfrak{E}^2 + \mathfrak{H}^2)$ divergiert. Man nimmt daher, um diesem Übelstand zu entgehen, in der klassischen Elektronentheorie einen endlichen Radius r_0 des Elektrons an, der mit der Masse m des Elektrons in der Größenordnungsbeziehung $r_0 \sim e^2/mc^2$ steht; es wird dann das Integral über die Energiedichte von der Ordnung mc^2. In der Quantentheorie spielt neben diesem Radius r_0 eventuell noch eine andere für das Elektron charakteristische Länge $\lambda_0 = h/mc$ für die Selbstenergie eine Rolle. Bei einer oberflächlichen korrespondenzmäßigen Betrachtung würde man vermuten, daß auch in der Quantentheorie die Selbstenergie des punktförmigen Elektrons unendlich werden muß.

In der Tat haben auch Oppenheimer* und Waller** gezeigt, daß ein Störungsverfahren, das nach Potenzen von e fortschreitet, keine endlichen Werte für die Selbstenergie liefert. Es sieht also zunächst so aus, als ob auch in der Quantentheorie aus dieser Schwierigkeit nur die Einführung eines endlichen Elektronenradius helfen könnte. Eine nähere Diskussion zeigt jedoch, daß eine solche Einführung ganz radikale Änderungen unserer bisherigen quantentheoretischen Begriffe mit sich bringen würde, da man nach den bisherigen Prinzipien stets beliebig kleine Wellenpakete für ein Elektron konstruieren kann. (Dieser Satz gilt nicht mehr allgemein, wenn man in der Diracschen Spintheorie zum Aufbau der Wellenpakete nur Zustände positiver Energie zuläßt. Ich glaube aber nicht, daß dieser Umstand für die Frage der Selbstenergie wesentlich ist.) Entschließt man sich zu einer derartigen grundsätzlichen Abänderung der Quantentheorie, so erscheint es zunächst naheliegend, den Radius r_0 etwa in der

* J. Oppenheimer, Phys. Rev. **35**, 461, 1930.
** I. Waller, ZS. f. Phys. **62**, 673, 1930.

Weise einzuführen, daß man den Raum in Zellen der endlichen Größe r_0^3 einteilt und Differenzengleichungen an Stelle der bisherigen Differentialgleichungen setzt. In einer solchen Gitterwelt wäre jedenfalls die Selbstenergie des Elektrons endlich. Obwohl eine solche Gitterwelt auch sonst noch bemerkenswerte Eigenschaften besitzt, so muß man doch daran denken, daß sie zu Abweichungen von der bisherigen Theorie führt, die experimentell nicht wahrscheinlich sind. Insbesondere ist die Aussage, daß eine kleinste Länge existiert, nicht mehr relativistisch invariant und man sieht keinen Weg, die Forderung der relativistischen Invarianz mit der grundsätzlichen Einführung einer kleinsten Länge in Einklang zu bringen.

Es erscheint also einstweilen richtiger, die Länge r_0 *nicht* in die Grundlagen der Theorie einzuführen, sondern an der relativistischen Invarianz festzuhalten. Stellt man sich auf diesen zweiten Standpunkt, so erhält man eine wesentliche Vereinfachung des gestellten Problems, wenn man nur *die* Bewegungen der Elektronen und der Protonen betrachtet, bei denen ihre Geschwindigkeit nahezu die Lichtgeschwindigkeit und ihre Energie sehr groß gegen mc^2 und Mc^2 (M Protonenmasse) ist. Für solche Bewegungen kann man nämlich die Ruhemasse des Elektrons und des Protons vernachlässigen und wir werden daher im folgenden stets mit $m = M = 0$ rechnen. In dieser vereinfachten Theorie kommen nur noch die Konstanten h, c und e vor; die Gleichungen sind übrigens in Protonen und Elektronen jetzt völlig symmetrisch. In einer solchen Theorie ist für die Einführung eines Elektronenradius kein Platz mehr, da sich aus den Konstanten h, c und e rein dimensionsmäßig keine Länge bilden läßt. Die Selbstenergie des Elektrons muß hier also aus anderen Gründen endlich bleiben. Die nähere Untersuchung zeigt auch, daß zwischen der Quantentheorie und der klassischen Auffassung gerade hinsichtlich der Selbstenergie so tiefgehende Unterschiede bestehen, daß die korrespondenzmäßige Betrachtung nichts mehr bedeuten kann. Wir wollen diese Unterschiede kurz aufzählen: In der Quantentheorie ist die Energie des Elektrons gar nicht durch $1/8\pi \int (\mathfrak{E}^2 + \mathfrak{H}^2)\, dV$ gegeben, vielmehr kommen hierzu noch Glieder von der Wechselwirkung des Materiefeldes und des Maxwellschen Feldes. Ferner sucht man in der klassischen Theorie *stationäre* Lösungen der Gleichung $\operatorname{div} \mathfrak{E} = 0$ mit einer Singularität in einem Punkt. In der Quantentheorie zerstreut sich ein punktförmiges Wellenpaket im allgemeinen sofort; es handelt sich also *nicht* um *stationäre* Lösungen von $\operatorname{div} \mathfrak{E} = 0$ mit einer Singularität, sondern um zeitlich veränderliche Felder, für die $\operatorname{div} \mathfrak{E}$ sich genau so verhält wie das Wellenpaket. In der klassischen Theorie wird ferner die Geschwindigkeit des Elektrons stets kleiner als c

Zeitschrift für Physik 65, 4–13 (1930)

angenommen, in der Diracschen Theorie bewegt es sich mit Lichtgeschwindigkeit ($\dot{q}_i = \alpha_i \cdot c$, $\alpha_i^2 = 1$). In der Quantentheorie bestehen schließlich zwischen den Feldgrößen Vertauschungsrelationen, die bei kleinen Quantenzahlen Abweichungen von der klassischen Theorie hervorrufen. Die Rechnung wird zeigen, daß wegen des empirischen Zahlenwertes der Elektronenladung diese Abweichungen wesentlich sein können.

2. *Mathematische Formulierung der Selbstenergie.* Um die Bedingungen für das Auftreten einer eventuell unendlichen Selbstenergie zu untersuchen, schreiben wir zunächst die Grundgleichungen der Quantenelektrodynamik* für den Spezialfall $m = M = 0$ an:

$$\left.\begin{aligned}
\overline{H} &= \int dV \left[\alpha^k_{\varrho\sigma}\, \psi^*_\varrho \left(\frac{hc}{2\pi i}\frac{\partial \psi_\sigma}{\partial x_k} + e\,\psi_\sigma \Phi_k\right) + \frac{1}{8\pi}(\mathfrak{E}^2 + \mathfrak{H}^2)\right],\\
\operatorname{div}\mathfrak{E} &= -4\pi e\, \psi^*_\varrho\, \psi_\varrho,\\
\mathfrak{H} &= \operatorname{rot}\mathfrak{A}\ (\mathfrak{A} = \Phi_1, \Phi_2, \Phi_3),\\
\mathfrak{E}_i &= -4\pi c\, \Pi_i,\\
\psi^*_\varrho(P)\,\psi_\sigma(P') + \psi_\sigma(P')\,\psi^*_\varrho(P) &= \delta(P-P')\,\delta_{\varrho\sigma},\\
\Pi_i(P)\,\Phi_k(P') - \Phi_k(P')\,\Pi_i(P) &= \frac{h}{2\pi i}\,\delta(P-P')\,\delta_{ik}.
\end{aligned}\right\} \quad (1)$$

Hierin bedeutet $\overline{H}$ die Hamiltonsche Funktion, ψ_σ die Diracschen Funktionen, α^k die Spinmatrizen, Φ_k die Komponenten des magnetischen Potentials, δ die Diracsche δ-Funktion im Raume. Durch eine geringfügige Abänderung der Variabeln läßt es sich erreichen, daß in der Hamiltonschen Funktion die universellen Konstanten nur in einem gemeinsamen Faktor auftreten. Wir setzen also:

$$\left.\begin{aligned}
\mathfrak{A} &= \sqrt{2hc}\,\mathfrak{a}, & \Phi_i &= \sqrt{2hc}\,\varphi_i,\\
\mathfrak{E}_i &= \sqrt{2hc}\,\mathfrak{e}_i, & \mathfrak{H}_i &= \sqrt{2hc}\,\mathfrak{h}_i
\end{aligned}\right\} \quad (2)$$

und es folgt:

$$\left.\begin{aligned}
\overline{H} &= \frac{hc}{2\pi}\int dV \left[\alpha^k_{\varrho\sigma}\,\psi^*_\varrho\left(-i\frac{\partial \psi_\sigma}{\partial x_k} + \mu\,\psi_\sigma\varphi_k\right) + \frac{1}{2}(\mathfrak{e}^2 + \mathfrak{h}^2)\right],\\
\operatorname{div}\mathfrak{e} &= -\mu\,\psi^*_\varrho\,\psi_\varrho,\\
\psi^*_\varrho(P)\,\psi_\sigma(P') + \psi_\sigma(P')\,\psi^*_\varrho(P) &= \delta(P-P')\,\delta_{\varrho\sigma},\\
\mathfrak{e}_k(P)\,\varphi_l(P') - \varphi_l(P')\,\mathfrak{e}_k(P) &= i\,\delta(P-P')\,\delta_{kl}.
\end{aligned}\right\} \quad (3)$$

* W. Heisenberg u. W. Pauli, I, ZS. f. Phys. **56**, 1, 1929 und II ebenda **59**, 168, 1930.

Hierin bedeutet μ den Ausdruck $\frac{4\pi e}{\sqrt{2hc}}$, also eine reine Zahl, deren Wert ungefähr 0,303 ... beträgt. Aus dem Umstand, daß μ keineswegs groß gegen Eins ist, folgt, daß die Abweichungen, die stets bei kleinen Quantenzahlen zwischen Quantentheorie und klassischer Theorie auftreten, für das Problem der Selbstenergie wesentlich sein können. Die Felder $\mathfrak{e}$ und $\mathfrak{h}$ haben die Dimension einer reziproken Fläche.

Von den Materiewellen ψ kann man durch eine einfache Transformation übergehen zu den Koordinaten der materiellen Teilchen*. Es soll hier diese Transformation unter der speziellen Annahme ausgeführt werden, daß nur *ein* Elektron vorhanden ist. Ferner wollen wir, abweichend von der üblichen Bezeichnungsweise, das $2\pi/h$fache des Elektronenimpulses $\mathfrak{p}$ (p_1, p_2, p_3) nennen. Es gilt dann in den neuen Variabeln:

$$\left.\begin{aligned} \overline{H} &= \frac{hc}{2\pi}\cdot\{\alpha^k[p_k + \mu\,\varphi_k(q)] + \int dV\,\frac{1}{2}(\mathfrak{e}^2 + \mathfrak{h}^2)\},\\ \operatorname{div}_P \mathfrak{e} &= -\mu\,\delta(P - P_q),\\ p_k q_l - q_l p_k &= \frac{1}{i}\,\delta_{kl},\\ \mathfrak{e}_k(P)\,\varphi_l(P') - \varphi_l(P')\,\mathfrak{e}_k(P) &= i\,\delta(P - P')\,\delta_{kl}. \end{aligned}\right\} \quad (4)$$

(P_q oder q charakterisiert den Ort des Elektrons.) Es soll im folgenden also nur das Einelektronenproblem diskutiert werden, da für die Frage der Selbstenergie die Erweiterung auf mehrere Elektronen nur überflüssige Komplikationen ergäbe.

Für den Gesamtimpuls $\mathfrak{G}$ des Wellenfeldes berechnet man (nach l. c. I (18)):

$$\left.\begin{aligned} \mathfrak{G} &= \frac{h}{2\pi}(\mathfrak{p} + \mu\,\mathfrak{a}) + \frac{1}{4\pi c}\int dV\,\frac{1}{2}\{[\mathfrak{E}\,\mathfrak{H}] - [\mathfrak{H}\,\mathfrak{E}]\},\\ &= \frac{h}{2\pi}\left[\mathfrak{p} + \mu\,\mathfrak{a} + \int dV\,\frac{1}{2}\{[\mathfrak{e}\,\mathfrak{h}] - [\mathfrak{h}\,\mathfrak{e}]\}\right]. \end{aligned}\right\} \quad (5)$$

Es ist nun eine Besonderheit des Einelektronenproblems, daß sich hier die Elektronenkoordinaten mit Hilfe des Gesamtimpulses völlig aus der Hamiltonschen Funktion eliminieren lassen. Durch Einsetzen von (5) in (4) ergibt sich:

$$\overline{H} = c\,\alpha^k G_k + \frac{hc}{2\pi}\int dV\,\frac{1}{2}\{\mathfrak{e}^2 + \mathfrak{h}^2 - \alpha^k([\mathfrak{e}\,\mathfrak{h}] - [\mathfrak{h}\,\mathfrak{e}])_k\}. \quad (6)$$

* l. c. II, § 7.

Dieser Ausdruck läßt sich noch etwas umformen, wenn man nach Dirac die Spinmatrizen $\sigma_1, \sigma_2, \sigma_3$ (als Vektor einfach „σ" geschrieben) und die Matrizen $\varrho_1, \varrho_2, \varrho_3$ einführt, die mit den Diracschen α^k in der Beziehung stehen: $\alpha^k = \varrho_1 \sigma^k$; $\alpha^4 = \varrho_3$. Es wird aus (6):

$$\overline{H} = c \cdot \alpha^k G_k + \frac{hc}{2\pi} \int dV \frac{1}{2} (\sigma, \varrho_2 \mathfrak{e} - \varrho_3 \mathfrak{h})^2. \tag{7}$$

Die Komponenten des Gesamtimpulses genügen dabei den Vertauschungsrelationen (l. c. I, Gleichung (28)]:

$$G_k q_l - q_l G_k = \frac{1}{i} \delta_{kl}, \qquad G_k \varphi_l - \varphi_l G_k = i \frac{\partial \varphi_l}{\partial x_k}. \tag{8}$$

Die Elektronenkoordinaten sind aus (7) ganz herausgefallen, sie kommen nur noch in der Nebenbedingung

$$\operatorname{div}_P \mathfrak{e} = -\mu \delta (P - P_q) \tag{4}$$

vor.

Für ein kräftefreies Elektron muß nun nach der Diracschen Theorie die Gleichung

$$\overline{H} = c \alpha^k G_k \tag{9}$$

bestehen. Das Volumenintegral, welches in (7) außerdem noch auftritt:

$$\int dV \tfrac{1}{2} (\sigma, \varrho_2 \mathfrak{e} - \varrho_3 \mathfrak{h})^2$$

kann daher als die „Selbstenergie" des Elektrons gedeutet werden und muß in einer korrekten Theorie für ein kräftefreies Elektron verschwinden. Dies ist nur möglich, wenn im ganzen Raum

$$(\sigma, \varrho_2 \mathfrak{e} - \varrho_3 \mathfrak{h}) = 0. \tag{10}$$

Es soll also ein Schrödingerfunktional $\Psi_\varrho (\varphi, q)$ ($\varrho = 1, 2, 3, 4$) gesucht werden, das der Gleichung:

$$(\sigma, \varrho_2 \mathfrak{e} - \varrho_3 \mathfrak{h}) \Psi_\varrho (\varphi, q) = 0 \tag{11}$$

genügt. Ferner soll die Bedingung (11) auch im Laufe der Zeit bestehen bleiben, es muß also für die spezielle Lösung (11) der Ausdruck (10) mit $\overline{H}$ vertauschbar sein, d. h. es muß auch gelten:

$$(\sigma, \varrho_2 \mathfrak{e} - \varrho_3 \mathfrak{h}) \alpha^k G_k \Psi_\varrho (\varphi, q) = 0. \tag{12}$$

Wenn es gelingt, Lösungen von (11) und (12) anzugeben, bei denen außerdem die Bedingung

$$\operatorname{div}_P \mathfrak{e} = -\mu \delta (P - P_q) \tag{4}$$

erfüllt ist, so ist die Frage der Selbstenergie befriedigend gelöst.

3. Das Eigenfeld des Elektrons. Bevor die Lösungen von (11), (12) und (4) untersucht werden, soll zunächst die Frage behandelt werden, ob für $\mu = 0$ solche Lösungen existieren, und ob ihnen ein physikalischer Sinn zukommt. Aus Gleichung (4) folgt, daß für $\mu = 0$ die Hamiltonsche Funktion in zwei Teile zerfällt, von denen der erste

$$\overline{H}_1 = \frac{hc}{2\pi}\alpha^k p_k \tag{13}$$

die Diracsche Hamiltonfunktion einer kräftefreien Partikel, der zweite

$$\overline{H}_2 = \frac{1}{8\pi}\int dV\,(\mathfrak{E}^2 + \mathfrak{H}^2) = \frac{hc}{2\pi}\int dV\,\frac{1}{2}\,(\mathfrak{e}^2 + \mathfrak{h}^2)$$

die Hamiltonsche Funktion der Vakuumelektrodynamik bedeutet. Das Schrödingerfunktional, das für $\mu = 0$ zur Hamiltonfunktion (4) gehört, kann also geschrieben werden als Produkt von zwei Funktionen, von denen die erste $\chi_\varrho\,(q)$ nur von den Partikelvariabeln (q_i und dem Diracschen Index ϱ) abhängt; die zweite ist ein Funktional $X\,(\varphi_k)$ der Feldstärken, das die Schrödingergleichung der Vakuumelektrodynamik:

$$\left[\overline{H}_2 - \frac{hc}{2\pi}\int dV\,\tfrac{1}{2}\,(\mathfrak{e}^2 + \mathfrak{h}^2)\right] X\,(\varphi_k) = 0 \tag{14}$$

und

$$\operatorname{div}\mathfrak{e}\cdot X\,(\varphi_k) = 0$$

befriedigt. Für die erste Funktion $\chi_\varrho\,(q)$ gilt:

$$\left(\overline{H}_1 - \frac{hc}{2\pi}\alpha^k p_k\right)\chi_\varrho\,(q) = 0. \tag{15}$$

Das Produkt

$$\Psi_\varrho\,(q, \varphi_k) = \chi_\varrho\,(q)\cdot X\,(\varphi_k) \tag{16}$$

ist eine Lösung der durch (4) für $\mu = 0$ gegebenen Schrödingergleichung. Wir sehen also, daß es zu jeder Lösung in der Vakuumelektrodynamik auch Lösungen von (4) für $\mu = 0$ gibt. Wählt man speziell Lösungen der Vakuumelektrodynamik, für die der Energie-Impulsvektor ein Nullvektor ist, d. h. Lösungen, die *einem* Lichtquant (oder mehreren in der gleichen Richtung laufenden Lichtquanten) entsprechen, so läßt sich durch geeignete Wahl der Lösung von (15) stets erreichen, daß auch die Gleichung

$$[\overline{H} - c\alpha^k G_k]\,\Psi = 0 \tag{17}$$

erfüllt ist. Denn zu ihrer Gültigkeit ist ja nur erforderlich, daß die Energie des Systems aus dem Absolutbetrag des Impulses durch Multiplikation mit c hervorgeht.

Zeitschrift für Physik *65*, 4–13 (1930)

Für solch ein Funktional $\Psi_\varrho(q, \varphi)$ sind daher auch notwendig die Gleichungen (11) und (12) erfüllt. Gäbe es insbesondere Lösungen der Vakuumelektrodynamik für den vollkommen leeren Raum, in dem also Energie und Impuls des Strahlungsfeldes verschwinden, so könnte man durch Multiplikation mit jeder beliebigen Lösung von (15) wieder eine Lösung von (17) und daher von (11) und (12) erhalten. Bekanntlich existieren in der bisherigen Quantentheorie der Wellen wegen der unendlichen Nullpunktsenergie des Strahlungsfeldes *keine* solchen Lösungen.

Wir gehen nun zum eigentlichen Problem: Lösung der Gleichungen (11) und (12) für $\mu \neq 0$ über. Dabei interessieren wir uns fürs erste nicht für den zeitlichen Ablauf und suchen daher nur die beiden Gleichungen:

$$\left.\begin{aligned} (\sigma, \varrho_2 \mathfrak{e} - \varrho_3 \mathfrak{h}) &= 0, \\ \operatorname{div}_P \mathfrak{e} &= -\mu \delta (P - P_q) \end{aligned}\right\} \tag{18}$$

zu befriedigen. Speziell kann man jetzt den Punkt P_q in den Anfangspunkt des Koordinatensystems legen und erhält dann $\operatorname{div} \mathfrak{e} = -\mu \delta (P)$.

Wir wollen ferner zuerst klassische Theorie treiben und $\mathfrak{e}$ und $\mathfrak{h}$ als vertauschbare *c*-Zahlen betrachten; über den Sinn solcher Rechnungen soll später gesprochen werden. Dann hängt das Funktional nur noch vom Diracschen Index ϱ ab. Diesen Index ($\varrho = 1, \ldots 4$) wollen wir als Repräsentant für zwei Indizes auffassen, die jeweils der zwei Werte 1 und 2 fähig sind; wir schreiben also statt Ψ_1, Ψ_2, Ψ_3, Ψ_4 bzw. Ψ_{11}, Ψ_{12}, Ψ_{21}, Ψ_{22}. Auf den *zweiten* Index sollen nur die Spinmatrizen

$$\sigma_1 = \begin{vmatrix} 0 & 1 \\ 1 & 0 \end{vmatrix}; \quad \sigma_2 = \begin{vmatrix} 0 & -i \\ i & 0 \end{vmatrix}; \quad \sigma_3 = \begin{vmatrix} 1 & 0 \\ 0 & -1 \end{vmatrix}, \tag{19}$$

auf den *ersten* Index nur die Matrizen

$$\varrho_1 = \begin{vmatrix} 1 & 0 \\ 0 & -1 \end{vmatrix}; \quad \varrho_2 = \begin{vmatrix} 0 & 1 \\ 1 & 0 \end{vmatrix}; \quad \varrho_3 = \begin{vmatrix} 0 & -i \\ i & 0 \end{vmatrix} \tag{20}$$

wirken. Da keine Richtung im Raume ausgezeichnet ist, so muß die Abhängigkeit der Größe Ψ von den Indizes noch willkürlich wählbar sein. Wir nehmen etwa an, daß nur Ψ_{11} von Null verschieden ist:

$$(\Psi_{12} = \Psi_{21} = \Psi_{22} = 0),$$

d. h. wir betrachten ein Elektron, dessen Spin in der positiven *Z*-Richtung orientiert ist und dessen Energie bei positivem *Z*-Impuls positiv ist.

Aus (18) folgen dann die Gleichungen:

$$\left.\begin{aligned} \mathfrak{e}_z - i\mathfrak{h}_z = 0, \qquad \mathfrak{e}_x + i\mathfrak{e}_y - i\mathfrak{h}_x + \mathfrak{h}_y &= 0, \\ \operatorname{div}_P \mathfrak{e} &= -\mu \delta (P); \end{aligned}\right\} \tag{21}$$

ferner gilt div $\mathfrak{h} = 0$. Die Gleichungen werden gelöst durch den Ansatz:

$$\left.\begin{aligned} \mathfrak{e}_z &= \quad \mathfrak{h}_z = 0, \\ \mathfrak{e}_x &= -\mathfrak{h}_y = -\frac{\mu x}{2\pi(x^2+y^2)}\,\delta(z), \\ \mathfrak{e}_y &= \quad \mathfrak{h}_x = -\frac{\mu y}{2\pi(x^2+y^2)}\,\delta(z). \end{aligned}\right\} \tag{22}$$

$\delta(z)$ bedeutet hier die Diracsche δ-Funktion *einer* Variablen. Die Gleichungen (22) geben das korrespondenzmäßige Analogon zum quantentheoretischen Eigenfeld des Elektrons; es scheint zunächst weitgehend verschieden vom klassischen Eigenfeld $\mathfrak{e} = -\mu\mathfrak{r}/4\pi r^3$. Es läßt sich aber leicht zeigen — worauf mich Herr Beck freundlicherweise aufmerksam machte —, daß man das Feld (22) aus dem Coulombschen Felde erhalten kann, wenn man durch Lorentztransformation zu einem System übergeht, das sich mit Lichtgeschwindigkeit in Richtung der Z-Achse bewegt*. Daß das Feld (22) eben einem mit Lichtgeschwindigkeit in der Z-Richtung bewegten Elektron entspricht, wird weiter unten gezeigt werden.

Wir gehen nun zur quantentheoretischen Behandlung von (11), (12) und (9) über. Dabei machen wir zunächst die (sicher unzutreffende) Annahme, daß es Lösungen der Vakuumelektrodynamik für den völlig leeren Raum gäbe; also Funktionale $\Psi_\varrho^0(\varphi_k)$, für die

$$\bar{H}\,\Psi_\varrho^0 = G_k\,\Psi_\varrho^0 = 0, \quad \operatorname{div}\mathfrak{e}\cdot\Psi_\varrho^0 = 0$$

wird. Für diese Funktionale muß außerdem die Abhängigkeit von ϱ noch willkürlich sein, da keine Richtung im leeren Raum ausgezeichnet ist. Wir setzen also:

$$\Psi_{12}^0 = \Psi_{21}^0 = \Psi_{22}^0 = 0$$

und betrachten $\Psi_{11}^0(\varphi_k)$ als die Lösung. Ferner seien die folgenden Abkürzungen eingeführt:

$$\left.\begin{aligned} \mathfrak{e}_z^q &= \mathfrak{h}_z^q = 0, \\ \mathfrak{e}_x^q &= -\mathfrak{h}_y^q = -\frac{\mu}{2\pi}\,\frac{(x-q_1)}{(x-q_1)^2+(y-q_2)^2}\cdot\delta(z-q_3), \\ \mathfrak{e}_y^q &= \mathfrak{h}_x^q = -\frac{\mu}{2\pi}\,\frac{(y-q_2)}{(x-q_1)^2+(y-q_2)^2}\cdot\delta(z-q_3), \\ \varphi_1^q &= \varphi_2^q = 0, \quad \varphi_3^q = -\frac{\mu}{4\pi}\cdot\delta(z-q_3)\log[(x-q_1)^2+(y-q_2)^2] \\ \mathfrak{a}^q &= (\varphi_1^q, \varphi_2^q, \varphi_3^q). \end{aligned}\right\} \tag{23}$$

* Man führt die Transformation zunächst für eine Geschwindigkeit $v < c$ durch und geht dann zum limes $v \to c$ über.

Zeitschrift für Physik 65, 4–13 (1930)

Dann behaupten wir, daß das Funktional

$$\left.\begin{aligned} \Psi_{11} &= e^{-i\int \mathfrak{a}\mathfrak{e}^q dV} \cdot \Psi_{11}^0 (\varphi_k - \varphi_k^q)\, e^{i G_3^0 \cdot q_3}, \\ \Psi_{12} &= \Psi_{21} = \Psi_{22} = 0 \end{aligned}\right\} \quad (24)$$

eine Lösung der Gleichungen (9), (11) und (12) darstellt. Zunächst folgt aus (8), daß der Operator G_k auf die Funktionen φ_k, $\mathfrak{e}$, $\mathfrak{h}$ und φ_k^q, $\mathfrak{e}^q$, $\mathfrak{h}^q$ wie $i\dfrac{\partial}{\partial x_k}$ wirkt. Also gilt:

$$G_1 \Psi_{11} = G_2 \Psi_{11} = 0; \quad G_3 \Psi_{11} = G_3^0 \Psi_{11}. \quad (25)$$

Bei der Bildung von

$$(\sigma, \varrho_2 \mathfrak{e} - \varrho_3 \mathfrak{h})\, \Psi_\varrho$$

ist zu beachten, daß der Operator $\sigma\varrho_2\mathfrak{e}$, der für $\Psi_{11}^0(\varphi_k)$ dem Operator $\sigma\varrho_3\mathfrak{h}$ äquivalent war, bei Anwendung auf (24) zwei weitere Glieder erzeugt; seine Anwendung ist also äquivalent der Multiplikation mit

$$(\sigma, \varrho_3(\mathfrak{h} - \mathfrak{h}^q) + \varrho_2 \mathfrak{e}^q).$$

Das zweite Glied rührt von dem Exponentialausdruck in (24) her. Es wird also

$$(\sigma, \varrho_2 \mathfrak{e} - \varrho_3 \mathfrak{h})\, \Psi_\varrho = (\sigma, \varrho_2 \mathfrak{e}^q - \varrho_3 \mathfrak{h}^q)\, \Psi_\varrho = 0. \quad (26)$$

Die Gültigkeit von (12) folgt aus (25) und (26). Schließlich ist auch

$$[\operatorname{div}_P \mathfrak{e} + \mu\,\delta(P - P_q)]\, \Psi = 0 \quad (27)$$

nach (21) und (22).

Eine genau analoge Rechnung kann man anstellen, wenn der Spin in der negativen Z-Richtung orientiert ist. Durch Lorentztransformation kann man dann zur allgemeinsten Lösung für das kräftefreie Elektron übergehen.

Aus Lösungen vom Typus (24), die stationären Zuständen entsprechen, kann man durch Superposition auch Wellenpakete aufbauen und damit dem Eigenfeld (23) des Elektrons eine anschaulichere Bedeutung geben. Wir fügen etwa noch ein äußeres Magnetfeld der Stärke H in Richtung der negativen Z-Achse zum System und setzen dementsprechend an Stelle der Größen Φ_1, Φ_2, Φ_3 die Werte $+\frac{1}{2} H \cdot y + \Phi_1$; $-\frac{1}{2} H x + \Phi_2$; Φ_3 ein. Die Lösung der Diracgleichungen für ein äußeres Magnetfeld ist schon von Rabi* durchgeführt worden. In genauer Analogie zu diesen Rechnungen von Rabi findet man z. B., daß unter denselben Bedingungen, unter denen (24) richtig ist, das Funktional

$$\left.\begin{aligned} \Psi_{11} &= e^{-i\int \mathfrak{a}\mathfrak{e}^q dV} \cdot \Psi_{11}^0 (\varphi_k - \varphi_k^q)\, e^{-w H (q_1^2 + q_2^2) + i G_3^0 q_3}, \\ \Psi_{12} &= \Psi_{21} = \Psi_{22} = 0 \end{aligned}\right\} \quad (28)$$

* J. Rabi, ZS. f. Phys. **49**, 507, 1928.

einen stationären Zustand im Magnetfeld repräsentiert. (Hier ist $w = \pi e/2hc$ gesetzt.) Durch Superposition gewinnt man das folgende Wellenpaket:

$$\left.\begin{aligned} \Psi_{11} &= e^{-i\int \mathfrak{a}\, \mathfrak{e}^q\, dV} \cdot \Psi_{11}^0 (\varphi_k - \varphi_k^q)\, e^{-wH(q_1^2 + q_2^2) - \frac{(q_3 - ct)^2}{\Delta q_3^2}}, \\ \Psi_{21} &= \Psi_{12} = \Psi_{22} = 0. \end{aligned}\right\} \quad (29)$$

Hierin bedeutet Δq_3 die Ausdehnung des Pakets in der Z-Richtung. Gleichung (29) stellt einen Vorgang dar, bei dem sich ein Wellenpaket konstanter Größe mit Lichtgeschwindigkeit in der positiven Z-Richtung bewegt. Das dazugehörige elektromagnetische Feld ist in weitem Abstande vom Paket im wesentlichen durch (23) gegeben, es ist also nur in den Ebenen $|z - ct| \lesssim \Delta q_3$ merklich von Null verschieden.

Das Einelektronenproblem ließe sich also korrekt ohne unendliche Selbstenergie behandeln, wenn es Lösungen der Vakuumelektrodynamik ohne Nullpunktsenergie gäbe. Leider existieren solche Lösungen nicht. Allerdings kann man die Nullpunktsenergie der Strahlung nach Landau und Peierls* durch formale Kunstgriffe beseitigen. Dabei geht aber die einfache Form der Hamiltonschen Funktion (14) verloren und eine Anwendung dieser Kunstgriffe auf das Einelektronenproblem erweist sich als unmöglich. Eine Lösung der Grundgleichungen (9), (11) und (12) ist also einstweilen nicht gefunden; es ist auch nicht wahrscheinlich, daß man ohne erhebliche Abänderungen der Quantentheorie der Wellenfelder zu einer Lösung gelangen wird. Der Zweck dieser Arbeit war, zu zeigen, daß die Schwierigkeiten der Feldtheorie nicht unmittelbar von der unendlichen Selbstenergie des Elektrons herrühren, daß vielmehr die Grundlagen der Feldtheorie noch einer Abänderung bedürfen.

* L. Landau und R. Peierls, ZS. f. Phys. 62, 188, 1930.

Sächs. Akad. Wiss. (Leipzig). Berichte d. math.-phys. Kl. *83*, 3–9 (1931)

SITZUNG VOM 19. JANUAR 1931.

Über Energieschwankungen in einem Strahlungsfeld.

Von

W. Heisenberg.

Betrachtet man ein kleines Teilvolumen v eines von schwarzer Strahlung erfüllten sehr großen Hohlraums, so wird das mittlere Schwankungsquadrat der zu Frequenzen zwischen ν und $\nu + d\nu$ gehörigen Energie des Teilvolumens nach Einstein[1]):

$$\overline{\Delta E^2} = h\nu\overline{E} + \frac{\overline{E}^2}{z_\nu v}. \tag{1}$$

Hierbei bedeutet $\overline{E}$ die mittlere Energie des Teilvolumens, ΔE die Schwankung der Energie, h das Plancksche Wirkungsquantum, z_ν die Anzahl der Eigenschwingungen pro Volumen im Frequenzintervall $d\nu$. (Es gilt $z_\nu = \frac{8\pi\nu^2 d\nu}{c^3}$, wobei c die Lichtgeschwindigkeit bedeutet.) Die Einsteinsche Formel (1) ist rein thermodynamisch abgeleitet unter der Annahme, daß die Entropie des Teilvolumens und die des übrigen Hohlraums sich additiv zu der des ganzen Hohlraums zusammensetzen. Eine direkte Berechnung des Schwankungsquadrates aus der klassischen Wellentheorie des Lichtes gab die von (1) abweichende Formel:

$$\overline{\Delta E^2} = \frac{\overline{E}^2}{z_\nu \cdot v}. \tag{2}$$

Dieselbe Rechnung wurde von Born, Jordan u. d. Verf.[2]) mit Hilfe der neueren Quantentheorie der Wellen durchgeführt, und es schien sich herauszustellen, daß nunmehr die Einsteinsche Formel (1) resultiert. Dieses Ergebnis beruht jedoch — in der Form, wie es in der zitierten Arbeit ausgesprochen ist — auf einem Irrtum, vielmehr sieht man leicht, daß die dort abgeleiteten Formeln zu einem unendlich großen Wert für $\overline{\Delta E^2}$ führen. Z. B. lautet Gl. (47′) der genannten Arbeit

$$\overline{\Delta^2} = \frac{1}{8}\int_0^\infty\!\!\int_0^\infty d\omega_j\, d\omega_k \frac{l^2}{\pi^2}\left\{\overline{\dot q_j^2}\;\overline{\dot q_k^2}\; K_{jk}^2 + j^2 k^2 \left(\frac{\pi}{l}\right)^4 \overline{q_j^2}\;\overline{q_k^2}\; K_{jk}'^2\right\},$$

1) A. Einstein, Phys. Z. 10, 185, 817, 1909.

2) M. Born, W. Heisenberg und P. Jordan, Z. f. Phys. 35, 557, 1925.

wobei

$$K_{jk} = \frac{\sin a\,(\omega_j - \omega_k)}{\omega_j - \omega_k} - \frac{\sin a\,(\omega_j + \omega_k)}{\omega_j + \omega_k} \tag{3}$$

$$K'_{jk} = \frac{\sin a\,(\omega_j - \omega_k)}{\omega_j - \omega_k} + \frac{\sin a\,(\omega_j + \omega_k)}{\omega_j + \omega_k}.$$

(Für die Bezeichnungen vgl. die genannte Arbeit.) Die Integrale über ω_j und ω_k auf der rechten Seite von (3) divergieren für große ω_j und ω_k, da die $\dot{q}_j^2$ proportional $h\omega_j$ anwachsen. Physikalisch bedeutet dies, daß die *Möglichkeit* der Anregung sehr kurzer Wellen zu unendlich großen Energieschwankungen führt. Zunächst könnte man glauben, daß dieses Ergebnis in unmittelbarem Zusammenhang stünde mit der unendlich großen Nullpunktsenergie des Strahlungshohlraums. Dies ist jedoch nicht der Fall, wie man an folgendem Beispiel nachrechnen kann:

Man denke sich einen materiellen Punkt der Masse μ, der sich in einer Richtung (x) kräftefrei zwischen zwei Grenzen bewegen kann (die Erweiterung auf drei Freiheitsgrade bringt nichts Neues). An den Grenzen (0 und L) des Intervalles werde der Punkt jeweils elastisch reflektiert. Seine Schrödinger-Gleichung lautet dann:

$$-\frac{h^2}{8\pi^2\mu}\frac{\partial^2\psi}{\partial x^2} = W\psi, \tag{4}$$

die Lösungen heißen $\psi = e^{\pm\frac{2\pi i}{h}\sqrt{2\mu W}\,x}$; aus den Grenzbedingungen: $\psi = 0$ für $x = 0$ und $x = L$ folgt:

$$\psi = \text{const}\cdot\sin\pi\frac{x}{L}k, \tag{5}$$

wo k irgendeine ganze Zahl ist; die Eigenwerte der Energie W sind also

$$W_k = \frac{1}{2\mu}\left(\frac{h}{2L}k\right)^2. \tag{6}$$

Wir denken uns nun mehrere gleiche Punktmassen, die den Gesetzen der Bose-Statistik genügen, auf das Intervall 0 bis L verteilt. Die Eigenfunktion des Gesamtproblems im Konfigurationsraum ist dann symmetrisch in den Koordinaten sämtlicher Massen. Da keine Wechselwirkung angenommen wird, läßt sich diese Eigenfunktion sofort aus den Lösungen (5) herleiten.

Eine mathematisch äquivalente Behandlung des Problems bekommt man, wenn man von quantisierten Eigenschwingungen im eindimensionalen Raum von (5) ausgeht, d. h. wenn man setzt

Sächs. Akad. Wiss. (Leipzig). Berichte d. math.-phys. Kl. *83*, 3–9 (1931)

$$\psi = \sqrt{\frac{2}{L}} \sum_1^\infty a_k \sin \pi \frac{x}{L} k \tag{7}$$

$$\psi_P \psi_{P'}^* - \psi_{P'}^* \psi_P = \delta(x - x') \tag{8}$$

$$a_k a_l^* - a_l^* a_k = \delta_{kl}; \tag{9}$$

$\delta(x - x')$ bedeutet die Diracsche δ-Funktion. Für die Amplituden kann man setzen

$$a_k = \Delta_k^+ N_k^{\frac{1}{2}}, \quad a_k^* = N_k^{\frac{1}{2}} \Delta_k^-; \tag{10}$$

wobei Δ^+ bzw. Δ^- einen Operator bedeutet, der N_k in $N_k + 1$ bzw. $N_k - 1$ verwandelt.

N_k bedeutet dann die Anzahl der Teilchen im Zustand k.

Man kann nun fragen nach der Gesamtenergie E, die im Intervall von $x = x_0$ bis $x = x_1$ enthalten ist. Die Energiedichte lautet $\frac{h^2}{8\pi^2\mu} \frac{\partial \psi^*}{\partial x} \frac{\partial \psi}{\partial x}$, also wird

$$E = \int_{x_0}^{x_1} d x \frac{h^2}{8\pi^2\mu} \frac{\partial \psi^*}{\partial x} \frac{\partial \psi}{\partial x} \tag{11}$$

$$= \frac{h^2}{8\pi^2\mu} \frac{2}{L} \int_{x_0}^{x_1} d x \sum_{kl} a_k^* a_l \cos \pi \frac{x}{L} k \cos \pi \frac{x}{L} l \cdot \left(\frac{\pi}{L}\right)^2 k l$$

$$= \frac{h^2}{8\pi^2\mu} \sum_{kl} a_k^* a_l f_{kl}, \tag{12}$$

wobei

$$f_{kl} = \frac{\pi}{L^2} \cdot k l \left\{ \frac{\sin \frac{\pi}{L}(k+l) x_1 - \sin \frac{\pi}{L}(k+l) x_0}{k+l} + \frac{\sin \frac{\pi}{L}(k-l) x_1 - \sin \frac{\pi}{L}(k-l) x_0}{k-l} \right\}.$$

Der zeitliche Mittelwert von E ist gegeben durch

$$\overline{E} = \frac{h^2}{8\pi^2\mu} \sum_k a_k^* a_k f_{kk}, \tag{13}$$

also wird die Schwankung

$$\Delta E = \frac{h^2}{8\pi^2\mu} \sum_k \sum_{\substack{l \\ k \neq l}} a_k^* a_l f_{kl}$$

und das mittlere Schwankungsquadrat

$$\overline{\varDelta E^2} = \left(\frac{h^2}{8\pi^2\mu}\right)^2 \overline{\sum_{k \neq l}^{kl} \sum_{k' \neq l'}^{k'l'} a_k^* a_l f_{kl} a_{k'}^* a_{l'} f_{k'l'}}$$

$$= \left(\frac{h^2}{8\pi^2\mu}\right)^2 \cdot \sum_{k \neq l}^{kl} a_k^* a_k a_l a_l^* f_{kl}^2 \tag{14}$$

$$= \left(\frac{h^2}{8\pi^2\mu}\right)^2 \sum_{k \neq l}^{kl} N_k (N_l + 1) f_{kl}^2 .$$

Man sieht unmittelbar, daß die Summe auf der rechten Seite von (14) divergiert, selbst wenn nur ein Teilchen vorhanden ist. Z. B. wird für $N_k = 1$; $N_l = 0$ für $l \neq k$

$$\overline{\varDelta E^2} = \left(\frac{h^2}{8\pi^2\mu}\right)^2 \cdot \sum_{l \neq k}^{l} f_{kl}^2 . \tag{15}$$

Die Größen f_{kl}^2 nehmen jedoch für große Werte von l keineswegs ab.

Damit ist also zunächst gezeigt, daß $\overline{\varDelta E^2}$ unendlich wird, *selbst wenn gar keine Nullpunktsenergie vorhanden ist.* Es ist nun lehrreich, die gleiche Rechnung auch nach der üblichen Methode im Konfigurationsraum durchzuführen; dabei betrachten wir nur den Spezialfall von Gl. (15).

Die Energie des Teilchens ist jetzt durch den Operator $\frac{1}{2\mu} p^2$ gegeben. Die Energie innerhalb des Bereiches $x_0 \leq x \leq x_1$ wird man demnach durch den Operator

$$E = \frac{1}{2\mu} p\, D(x)\, p \tag{16}$$

darstellen, wobei $D(x)$ eine Funktion von x ist, die für $x_0 \leq x \leq x_1$ den Wert 1, außerhalb aber den Wert 0 hat. Man erhält auch richtig für den zeitlichen Mittelwert von E im Zustand k:

$$\int_0^L \sqrt{\frac{2}{L}} \sin \frac{\pi}{L} xk \frac{1}{2\mu} p\, D(x)\, p \sqrt{\frac{2}{L}} \sin \frac{\pi}{L} x k\, dx$$

$$= + \frac{h^2}{8\pi^2\mu} \frac{2}{L} \int_0^L \left(\frac{\pi k}{L}\right)^2 \cos^2 \frac{\pi}{L} xk \cdot D(x)\, dx = \frac{h^2}{8\pi^2\mu} f_{kk} . \tag{17}$$

Sächs. Akad. Wiss. (Leipzig). Berichte d. math.-phys. Kl. *83*, 3–9 (1931)

Für den Mittelwert von E^2 erhält man jedoch

$$\overline{E^2} = \int_0^L \sqrt{\frac{2}{L}} \sin\frac{\pi}{L} x k \cdot \left(\frac{1}{2\mu}\right)^2 p D(x) p^2 D(x) p \sqrt{\frac{2}{L}} \sin\frac{\pi}{L} x k \, dx$$

$$= \left(\frac{h^2}{8\pi^2\mu}\right)^2 \left(-\frac{2}{L}\right) \int_0^L \cos\frac{\pi}{L} x k D(x) \frac{\partial^2}{\partial x^2} D(x) \cos\frac{\pi}{L} x k \left(\frac{\pi k}{L}\right)^2 dx$$

$$= \left(\frac{h^2}{8\pi^2\mu}\right) \left\{ \frac{2}{L} \int_0^L \cos^2\frac{\pi}{L} x k \, D^2(x) \left(\frac{\pi k}{L}\right)^4 dx \right.$$

$$+ \frac{2}{L} \int_0^L \cos\frac{\pi}{L} x k \, D(x) \, 2 D'(x) \cdot \sin\frac{\pi}{L} x k \left(\frac{\pi k}{L}\right)^3 dx$$

$$\left. - \frac{2}{L} \int_0^L \cos^2\frac{\pi}{L} x k \, D(x) \, D''(x) \left(\frac{\pi k}{L}\right)^2 dx \right\};$$

$$\overline{E^2} = \left(\frac{h^2}{8\pi^2\mu}\right)^2 \left\{ \frac{2}{L} \int_0^L \sin^2\frac{\pi}{L} x k \, D^2(x) \left(\frac{\pi k}{L}\right)^4 dx \right. \qquad (18)$$

$$\left. - \frac{2}{L} \int_0^L \cos^2\frac{\pi}{L} x k \, D(x) \, D''(x) \left(\frac{\pi k}{L}\right)^2 dx \right\}.$$

Ferner gilt $\overline{\Delta E^2} = \overline{E^2} - \overline{E}^2$. (19)

Das erste Integral auf der rechten Seite von (18) gibt den Wert von $\overline{E^2}$, den man physikalisch zunächst erwarten würde. Es ist nämlich nach (6)

$$\left(\frac{h^2}{8\pi^2\mu}\right)^2 \frac{2}{L} \int_0^L \sin^2\pi\frac{x}{L} k \, D^2(x) \left(\frac{\pi k}{L}\right)^4 dx = W_k^2 \cdot \frac{2}{L} \int_{x_0}^{x_1} \sin^2\pi\frac{x}{L} k \, dx, \qquad (20)$$

und $\frac{2}{L}\int_{x_0}^{x_1} \sin^2\pi\frac{x}{L} k \, dx$ bedeutet die Wahrscheinlichkeit, das Teilchen im Gebiet $x_0 \leq x \leq x_1$ zu finden.

Das zweite Integral in (18) dagegen wird *unendlich*, da es die zweite Ableitung von $D(x)$ unter dem Integralzeichen enthält.

Bei dem hier durchgerechneten Beispiel besteht — im Gegensatz zu den Rechnungen über die elektrodynamischen Schwingungen des Hohlraums — kein Grund, an den physikalischen Grundlagen der Rechnung zu zweifeln. Das

Ergebnis ist trotzdem dasselbe, wie beim Hohlraum. Es scheint mir also nachgewiesen, daß die am Anfang erwähnte Einsteinsche Hypothese von der Additivität der Entropien im Hohlraum unrichtig ist — jedenfalls dann, wenn man das Teilvolumen nur *gedanklich* gegen den übrigen Hohlraum abgrenzt — und daß in Wirklichkeit $\overline{\Delta E^2}$ unendlich wird.

Gleichzeitig gibt die Gleichung (18) den Schlüssel zur Auflösung des Paradoxons. Wenn man nämlich an Stelle der „eckigen" Funktion $D(x)$ eine „abgerundete" einführt, d. h. wenn man dem Intervall etwas verwaschene Grenzen gibt, so konvergiert im allgemeinen auch das zweite Integral in (18) und liefert unter gewissen Bedingungen nur einen verhältnismäßig kleinen Beitrag zu $\overline{E^2}$.

Man kann z. B. setzen

$$D(x) = \frac{1}{d\sqrt{\pi}} \int_0^x \left(e^{-\frac{(x-x_0)^2}{d^2}} - e^{-\frac{(x-x_1)^2}{d^2}} \right) d\,x\,. \tag{21}$$

Der größte Teil des zweiten Integrals in (18) ist nach partieller Integration gegeben durch

$$\left(\frac{h^2}{8\pi^2\mu}\right)^2 \cdot \frac{2}{L} \int_0^L \cos^2 \frac{\pi}{L}\, x\, k \left(\frac{\pi k}{L}\right)^2 D'^2(x)\, d\,x$$

und wird bei Annahme von (21) im wesentlichen

$$\left(\frac{h^2}{8\pi^2\mu}\right)^2 \frac{1}{L} \left(\frac{\pi k}{L}\right)^2 \frac{1}{d\sqrt{2\pi}} \cdot \left[2 + e^{-\frac{d^2\pi^2}{2L^2}k^2} \cdot \left(\cos\frac{2\pi}{L}\, x_0\, k + \cos\frac{2\pi}{L}\, x_1\, k\right)\right]. \tag{22}$$

Wenn d groß ist gegen die Wellenlänge des Zustandes k, so kann das zweite Integral in (18) demnach klein werden gegen das erste und man bekommt die Schwankungsformel, die man physikalisch erwartet. In ganz der gleichen Weise würde man vernünftige Schwankungsformeln bekommen, wenn man in der wellentheoretischen Formulierung an Stelle von (11) das Integral

$$E = \int_0^L d\,x\, D(x)\, \frac{\partial \psi^*(x)}{\partial x}\, \frac{\partial \psi(x)}{\partial x}\, \frac{h^2}{8\pi^2\mu} \tag{23}$$

unter Berücksichtigung von (21) betrachtet. Die Summen (14) und (15) konvergieren dann und geben die nach (22) zu erwartenden Werte.

Es bleibt nun noch die Aufgabe, das eben rechnerisch abgeleitete Resultat physikalisch verständlich zu machen. Aus einer Arbeit des Verfassers über

Sächs. Akad. Wiss. (Leipzig). Berichte d. math.-phys. Kl. *83*, 3–9 (1931)

Schwankungserscheinungen in der Quantenmechanik[1]) folgt der Satz, daß die Entropien zweier gekoppelter Systeme sich additiv verhalten in der Näherung, in der die Wechselwirkung der Systeme vernachlässigt werden kann. Daß jedoch eine große Wechselwirkung diese Additivität empfindlich stören kann, geht daraus hervor, daß man unter der Energie des einen Systems zu einer gewissen Zeit denjenigen Wert der Energie versteht, der sich ergäbe, wenn man plötzlich zu dieser Zeit die Wechselwirkung mit dem andern System ausschaltete. Dieses plötzliche Ausschalten bedeutet einen erheblichen Eingriff in das System und dieser Eingriff äußert sich in dem Zusatzterm (22) in $\overline{\Delta E^2}$. Betrachtet man z. B. die Energieschwankungen in einem Kristallgitter und schneidet ein kleines Teilvolumen plötzlich heraus, so wird man sich nicht wundern, wenn Energien von der Ordnung der Kohäsionsenergie zweier Atome bei diesem Prozeß manchmal im einen, manchmal im andern Sinne auf das Teilvolumen übertragen werden, also in $\overline{\Delta E^2}$ auftreten.

Der tiefere Grund für die hier besprochenen Zusatzglieder im Schwankungsquadrat besteht darin, daß in der Quantentheorie zur Messung der Energie eines Teilsystems dieses System entkoppelt werden muß, was in der klassischen Theorie *nicht* notwendig ist. Zu jeder Messung einer quantentheoretischen Größe ist ein Eingriff in das zu messende System nötig, der das System unter Umständen empfindlich stört. Die Messung der Strahlungsenergie in einem mathematisch scharf begrenzten Teil eines Hohlraums wäre nur möglich durch einen „unendlichen" Eingriff und ist deshalb eine nutzlose mathematische Fiktion. Ein praktisch durchführbares Experiment kann jedoch nur die Energie in einem Bereich mit *verwaschenen* Grenzen liefern und der dabei noch nötige Eingriff wird sich in $\overline{\Delta E^2}$ durch das zweite Integral in (18) äußern.

---

1) W. Heisenberg, Z. f. Phys. **40**, 501; 1926.

Annalen der Physik (5) 9, 338–346 (1931)

Bemerkungen zur Strahlungstheorie

Von W. Heisenberg

Die Diracsche Theorie der Strahlung gibt von der Absorption, Emission und Dispersion von Strahlung durch Atome befriedigend Rechenschaft, die Quantenelektrodynamik gestattet darüber hinausgehend auch eine befriedigende Behandlung der Interferenzerscheinungen. Obwohl nun die Resultate der Theorie in den meisten Fällen mit dem übereinstimmen, was man nach dem Korrespondenzprinzip von vornherein erwartet, so sind die Rechnungen, die zu diesem Ziel führen, doch bisher ziemlich umständlich und die einfachsten Konsequenzen der klassischen Strahlungstheorie lassen sich nur auf dem Umwege über eine recht unübersichtliche Schrödingergleichung in einem unendlichdimensionalen Raum ableiten.

Im folgenden soll eine Methode zur Behandlung von Strahlungsproblemen beschrieben werden, die sich viel enger als die bisherigen an die *anschaulichen* Vorstellungen der klassischen Theorie und der Wellenmechanik anschließt und die deshalb in den meisten Fällen ohne Umwege das korrespondenzmäßig zu erwartende Resultat liefert.[1])

Bei dieser Behandlungsweise soll nicht von der Hamiltonfunktion oder der entsprechenden Schrödingergleichung im Konfigurationsraum ausgegangen werden, sondern von den Bewegungsgleichungen, d. h. von den Maxwellschen und den Diracschen Wellengleichungen. Diese Differentialgleichungen werden explizite integriert, nachdem der Wert der Wellenfunktionen ($\mathfrak{E}, \mathfrak{H}$ und ψ_σ) zur Zeit $t = 0$ als gegeben angenommen wird; dabei ist zu beachten, daß die Wellenfunktionen zur Zeit $t = 0$ nichtkommutative Größen sind. Diese Nichtvertausch-

1) Vgl. die Untersuchungen von O. Klein, Ztschr. f. Phys. **41**. S. 407. 1927. Eine den folgenden Rechnungen ähnliche Methode ist von L. Rosenfeld, Ztschr. f. Phys. **65**. S. 589. 1930 zur Behandlung der Gravitationswirkungen des Lichtes verwendet worden.

Annalen der Physik (5) 9, 338–346 (1931)

barkeit der Anfangswerte von $\mathfrak{E}$, $\mathfrak{H}$ und ψ_σ stört jedoch solange bei der Integration nicht, als man die Wechselwirkung zwischen Materie und Strahlung als klein annimmt und nur lineare Glieder in dieser Wechselwirkung berücksichtigt. Die Vernachlässigung höherer Glieder ist übrigens notwendig, um den bekannten Schwierigkeiten der Quantenelektrodynamik (unendliche Selbstenergie) zu entgehen.

§ 1. Betrachten wir also zunächst die Veränderung des Atoms unter Einfluß äußerer Strahlung. Dabei nehmen wir zuerst zur Vereinfachung an, daß die Wechselwirkung der Elektronen im Atom vernachlässigt werden kann. Dann wird im ungestörten System die Diracsche Wellenfunktion in der Form geschrieben werden können

$$\psi(\mathfrak{r}, \sigma) = \sum a_n u_n(\mathfrak{r}, \sigma) e^{-\frac{2\pi i}{h} E_n \cdot t}, \tag{1}$$

wo $\mathfrak{r}(x, y, z)$ die Koordinaten, σ die Spinvariable, also den Index der Wellenfunktion bedeutet. Die a_n sind Operatoren der Form

$$a_n = \Delta_n N_n; \quad a_n^* = N_n \Delta_n, \tag{2}$$

wobei der Operator Δ_n die Variable N_n in $1 - N_n$ verwandelt (Fermistatistik!). $a_n^* a_n$ bedeutet also anschaulich die Anzahl der Elektronen im Zustand n, oder auch die Intensität der Eigenschwingung u_n und hat die Eigenwerte 0 und 1. Die a_n sind im ungestörten System zeitlich konstant, außerdem können wir annehmen, daß die Werte von N_n im ungestörten System bekannt seien.

Das störende äußere Strahlungsfeld sei aufgebaut aus Eigenfunktionen, die durch eine zyklische Bedingung mit der Periode L gewonnen werden:

$$\left\{\begin{aligned} \mathfrak{E} &= \frac{\alpha}{\sqrt{L^3}} \sum_{\mathfrak{k}, \lambda} \sqrt{\frac{k}{L}}\, \mathfrak{e}^{\mathfrak{k}\lambda} \\ &\quad \cdot \left(b_{\mathfrak{k}\lambda} e^{\frac{2\pi i(\mathfrak{k}\mathfrak{r} - ctk)}{L}} - b_{-\mathfrak{k}, -\lambda} e^{-\frac{2\pi i(\mathfrak{k}\mathfrak{r} - ctk)}{L}}\right), \\ \mathfrak{H} &= \frac{\alpha}{\sqrt{L^3}} \sum_{\mathfrak{k}, \lambda} \sqrt{\frac{k}{L}} \left[\mathfrak{e}^{\mathfrak{k}\lambda}, \frac{\mathfrak{k}}{k}\right] \\ &\quad \cdot \left(b_{\mathfrak{k}\lambda} e^{\frac{2\pi i(\mathfrak{k}\mathfrak{r} - kct)}{L}} - b_{-\mathfrak{k}, -\lambda} e^{-\frac{2\pi i(\mathfrak{k}\mathfrak{r} - kct)}{L}}\right). \end{aligned}\right. \tag{3}$$

Hierbei ist $\alpha = \frac{1}{i}\sqrt{\frac{ch}{2}}$; der Index $\lambda = 1{,}2$ unterscheidet die verschiedenen Polarisationsrichtungen der Strahlung vom Ausbreitungsvektor $\mathfrak{k}$; die $\mathfrak{e}^{\mathfrak{k}\lambda}$ sind zwei zueinander und zu $\mathfrak{k}$ senkrechte Einheitsvektoren. Die $b_{\mathfrak{k}\lambda}$ sind im ungestörten System zeitlich konstant und können als Operatoren der Form

$$b_{\mathfrak{k}\lambda} = \Delta^{+}_{\mathfrak{k}\lambda} M^{1/2}_{\mathfrak{k}\lambda}; \quad b_{-\mathfrak{k}\,-\lambda} = b^{*}_{\mathfrak{k}\lambda} = M^{1/2}_{\mathfrak{k}\lambda} \Delta^{-}_{\mathfrak{k}\lambda} \tag{4}$$

geschrieben werden, wobei $\Delta^{+}_{\mathfrak{k}\lambda}$ bzw. $\Delta^{-}_{\mathfrak{k}\lambda}$ die Variable $M_{\mathfrak{k}\lambda}$ in $M_{\mathfrak{k}\lambda}+1$ bzw. $M_{\mathfrak{k}\lambda}-1$ verwandelt. $M_{\mathfrak{k}\lambda} = b^{*}_{\mathfrak{k}\lambda}\, b_{\mathfrak{k}\lambda}$ bedeutet also anschaulich die Anzahl der Lichtquanten oder die Intensität der Eigenschwingung $\mathfrak{k}\lambda$.

Die Diracgleichung für die Wellen negativer Ladung lautet nun:

$$\left\{-\frac{h}{2\pi i c}\frac{\partial}{\partial t} + \frac{e}{c}\Phi_0 + \alpha_i\left(\frac{h}{2\pi i}\frac{\partial}{\partial x_i} + \frac{e}{c}\Phi_i\right) + \alpha_4 \mu c\right\}\psi = 0. \tag{5}$$

Setzt man für die Potentiale Φ_i die des ungestörten Systems ein, so soll die Gl. (5) in der vereinfachten Form

$$\left(-\frac{h}{2\pi i}\frac{\partial}{\partial t} - D\right)\psi^{(0)} = 0 \tag{5}$$

geschrieben werden. Als Störung betrachten wir nun etwa eine monochromatische ebene Welle aus den Formeln (3), da wir im Endresultat in der hier diskutierten ersten Näherung die Gesamtstörung additiv aus den Einzelstörungen zusammensetzen können. (Den Index $\mathfrak{k}\lambda$ lassen wir also einstweilen weg.) Man findet eine Störungsgleichung der Form

$$\left(-\frac{h}{2\pi i c}\frac{\partial}{\partial t} - D\right)\psi^{(1)} = i\left(b\, e^{\frac{2\pi i(\mathfrak{k}\mathfrak{r} - kct)}{L}} - b^{*} e^{-\frac{2\pi i(\mathfrak{k}\mathfrak{r} - ckt)}{L}}\right) F\cdot\psi^{(0)}, \tag{6}$$

wobei F ein Operator ist, der auf den Diracschen Index wirkt und dessen Ausrechnung hier nicht weiter interessiert. Man kann nun in bekannter Weise nach Eigenfunktionen entwickeln

$$\begin{cases} \psi^{(0)} = \sum a_n^{(0)} u_n e^{-\frac{2\pi i}{h}E_n t} \\ \psi^{(1)} = \sum a_n^{(1)} u_n e^{-\frac{2\pi i}{h}E_n t} \end{cases} \tag{7}$$

Annalen der Physik (5) 9, 338–346 (1931)

und erhält

$$(8)\quad \begin{cases} -\dfrac{h}{2\pi i c}\dfrac{\partial a_n^{(1)}}{\partial t} = \sum\limits_m i\Big\{ b\, e^{\frac{2\pi i}{h}(E_n - E_m - h\nu)t} \cdot F_{nm}\, a_m^{(0)} \\ \qquad - b^* e^{\frac{2\pi i}{h}(E_n - E_m + h\nu)t} \cdot F_{nm}^* \cdot a_m^{(0)} \Big\}, \end{cases}$$

wobei die F_{nm} bzw. F^*_{nm} die Matrixelemente der ebenen Welle $e^{\pm\frac{2\pi i \mathfrak{k}\mathfrak{r}}{L}}$, multipliziert mit dem Operator F, bedeuten. Die Integration ergibt in bekannter Weise

$$(9)\quad \begin{cases} a_n^{(1)} = -c\sum\limits_m i\Bigg\{ b\, \dfrac{e^{\frac{2\pi i}{h}(E_n - E_m - h\nu)t} - 1}{E_n - E_m - h\nu} F_{nm}\, a_m^{(0)} \\ \qquad - b^*\, \dfrac{e^{\frac{2\pi i}{h}(E_n - E_m + h\nu)t} - 1}{E_n - E_m + h\nu} F^*_{nm}\, a_m^{(0)} \Bigg\}. \end{cases}$$

Bis hierher ist die Rechnung nichts weiter, als eine Wiederholung der Schrödingerschen Dispersionstheorie.[1]) Bei der physikalischen Interpretation der Formeln (9) muß man jedoch beachten, daß die a^*, a und b nichtkommutative Variable sind.

Betrachten wir z. B. den Resonanzfall und fragen nach dem Erwartungswert von $a_n^{(1)*}\, a_n^{(1)}$ zur Zeit t, wenn im ungestörten System alle $a_n^{(0)}$ und $N_n^{(0)}$ verschwinden bis auf ein bestimmtes $a_m^{(0)}$ und $N_m^{(0)}$ $\left(N_m^{(0)} = 1\right)$. (Wenn die $N_n^{(0)}$ verschwinden, so sind auch die $a_n^{(0)}$ sicher Null, nicht aber die $a_n^{(0)*}$).

Man muß hier zwei Fälle unterscheiden. Es sei zunächst $E_n > E_m$. Dann tritt ein verschwindender Resonanznenner im ersten Glied auf der rechten Seite von (9) auf, das zweite Glied kann gestrichen werden. Summiert man dann noch über sämtliche Eigenschwingungen $\mathfrak{k}\lambda$ des Hohlraums in der Umgebung der kritischen: $h\nu = E_n - E_m$, so findet man für $a_n^{(1)*}\, a_n^{(1)}$ einen Ausdruck der Form

1) E. Schrödinger, Ann. d. Phys. 81. S. 109. 1926.

$$(10)\quad \begin{cases} a_n^{(1)*} \cdot a_n^{(1)} = a_m^{(0)*}\, a_m^{(0)} \cdot \dfrac{\sum\limits^{\Delta\nu} b_{\mathfrak{k}\lambda}^*\, b_{\mathfrak{k}\lambda}}{Z_\nu\, \Delta\nu} \cdot B_n^m \cdot t \\ \quad = t \cdot B_n^m\, N_m^{(0)} \cdot \dfrac{\sum\limits^{\Delta\nu} M_{\mathfrak{k}\lambda}}{Z_\nu\, \Delta\nu} = t \cdot B_n'^m \cdot N_m^{(0)} \cdot \varrho_\nu . \end{cases}$$

Hierbei ist die Summe über $\mathfrak{k}\lambda$ zu erstrecken über ein kleines Frequenzintervall $\Delta\nu$, das die kritische Frequenz umschließt; $Z_\nu\,\Delta\nu$ bedeutet die Anzahl der Hohlraumschwingungen im Intervall $\Delta\nu$ $\left(Z_\nu = \frac{8\pi\nu^2}{c^3} L^3\right)$; ϱ_ν die Energiedichte der Strahlung pro Volumen und Frequenzintervall $\Delta\nu$. Wenn umgekehrt $E_n < E_m$, so enthält das zweite Glied auf der rechten Seite von (9) den Resonanznenner und an Stelle von (10) tritt:

$$(11)\quad \begin{cases} a_n^{(1)*}\, a_n^{(1)} = t \cdot a_m^{(0)*}\, a_m^{(0)} \dfrac{\sum\limits^{\Delta\nu} b_{\mathfrak{k}\lambda}\, b_{\mathfrak{k}\lambda}^*}{Z_\nu\, \Delta\nu} \cdot B_n^m \\ \quad = t \cdot B_n^m \cdot N_m^{(0)} \cdot \dfrac{\sum\limits^{\Delta\nu} (M_{\mathfrak{k}\lambda} + 1)}{Z_\nu\, \Delta\nu} = t \cdot B_n'^m \cdot N_m^{(0)} \left(\varrho_\nu + \dfrac{8\pi\nu^2}{c^3} h\nu\right). \end{cases}$$

Die Gleichungen (10) und (11) sind Operatorgleichungen. Wir interessieren uns für den Erwartungswert von $a_n^*\, a_n$ zur Zeit t, wobei wir wissen, daß zur Zeit $t = 0$ nur der Zustand m angeregt war. Dieser Erwartungswert ist gegeben durch

$$(12)\quad \begin{cases} \overline{a_n^*\, a_n} = \int \Psi^*\, a_n^*\, a_n\, \Psi\, d\tau \\ \quad = \int \Psi^* \left(a_n^{(0)*} + a_n^{(1)*}\right) \left(a_n^{(0)} + a_n^{(1)}\right) \Psi\, d\tau , \end{cases}$$

wobei Ψ die Schrödingerfunktion des Ausgangszustandes bedeutet. Man erhält nach (10) und (11) unmittelbar

$$(13)\quad \begin{cases} \overline{a_n^*\, a_n} = t \cdot B_n'^m N_m^{(0)}\, \varrho_\nu, \text{ wenn } E_n > E_m \\ \overline{a_n^*\, a_n} = t \cdot B_n'^m N_m^{(0)} \left(\varrho_\nu + \dfrac{8\pi\nu^2}{c^3} h\nu\right), \text{ wenn } E_n < E_m, \end{cases}$$

wobei jetzt die $N_m^{(0)}$ und ϱ_ν auf der rechten Seite die *Zahlwerte* dieser Größen im Ausgangszustand bedeuten. Der Erwartungswert der Intensität der Eigenschwingung n wächst also linear mit der Zeit an. Wenn $E_n > E_m$, so erfolgt dieses Anwachsen proportional der Intensität des auffallenden Lichtes; wenn $E_n < E_m$ ist, kommt hierzu wegen der Nichtvertauschbarkeit der b und b^* noch der von der spontanen Emission herrührende Beitrag.

§ 2. Es soll ferner die vom Atom emittierte Strahlung näher untersucht werden. Aus den Maxwellschen Gleichungen erhält man, genau wie in der klassischen Theorie

$$(14)\quad \begin{cases} \mathfrak{H} = \operatorname{rot} \displaystyle\int \frac{\mathfrak{s}_{t - \frac{r}{c}}}{r_{PP'}}\, d V_{P'} + \mathfrak{H}_0 \\ \mathfrak{E} = \operatorname{grad} \displaystyle\int \frac{\varrho_{t - \frac{r}{c}}}{r_{PP'}}\, d V_{P'} + \frac{1}{c}\frac{\partial}{\partial t}\int \frac{\mathfrak{s}_{t - \frac{r}{c}}}{r_{PP'}}\, d V_{P'} + \mathfrak{E}_0 . \end{cases}$$

Hierin bedeuten $\mathfrak{s}$ und ϱ den Vektor der Strom- und Ladungsdichte:

$$(15)\quad \begin{cases} \varrho = e \displaystyle\sum_{\sigma} \psi_\sigma^* \psi_\sigma \\ \mathfrak{s}_i = e \displaystyle\sum_{\sigma\tau} \psi_\sigma^* \alpha_{\sigma\tau}^i \psi_\tau . \end{cases}$$

$\mathfrak{H}_0$ und $\mathfrak{E}_0$ sind Lösungen der Maxwellgleichungen für den leeren Raum, die so gewählt sind, daß die vorgegebenen Wertverteilungen von $\mathfrak{E}$ und $\mathfrak{H}$ zur Zeit $t = 0$ durch (14), angewandt auf das vorgegebene Schrödingerfunktional, richtig wiedergegeben werden. Wegen der Linearität der Gleichungen (14) kann man das Licht, das von einer bestimmten Schwingungsfrequenz der elektrischen Dichte herrührt, gesondert behandeln; wir fragen nach der Intensität dieses Lichtes.

Die Intensität einer Strahlung von der Frequenz ν muß man nach den Rechnungen von § 1 dem Ausdruck $\mathfrak{b}^*\mathfrak{b}$ proportional setzen, wenn die Strahlung selbst in der Form

$$i(\mathfrak{b}^* e^{+2\pi i \nu t} - \mathfrak{b} e^{-2\pi i \nu t})$$

gegeben ist; die Amplitude des Gliedes mit positiv imaginärem Exponenten steht in der Intensität links von der Amplitude des Gliedes mit negativ imaginärem Exponenten.

Setzen wir also fest $E_n > E_m$, so wird die Amplitude $\mathfrak{b}$ der Kombinationsschwingung durch den Ausdruck

$$a_n a_m^* u_n u_m^* e^{-\frac{2\pi i}{h}(E_n - E_m) t}$$

mit Hilfe von Gl. (14) bestimmt. Die Intensität der emittierten Strahlung ist also proportional $a_n^* \, a_n \, a_m \, a_m^*$. Rein formal sieht es hiernach so aus, als ob das Auftreten einer Strahlung von der Frequenz $h\nu = E_n - E_m$ daran geknüpft sei, daß *beide* Eigenschwingungen des Atoms (n und m) angeregt sind. Wegen der Nichtvertauschbarkeit von a^* und a ist dieser Schluß jedoch nicht richtig, vielmehr wird die Intensität proportional

$$a_n^* \, a_n \, a_m \, a_m^* = N_n (1 - N_m). \tag{16}$$

Der Erwartungswert der Intensität ist also von Null verschieden, wenn im Zustand mit tieferer Energie $N_m = 0$ und im Zustand mit höherer $N_n = 1$, er verschwindet, wenn N_n und N_m beide gleich 1 sind.

Ganz analoge Resultate bekommt man für das vom Atom gestreute Licht. Wir setzen, um dies zu zeigen, die gestörten Werte der a_n aus (9) in (15) ein. Die Amplitude des gewöhnlichen (Rayleighschen) Streulichtes wird dann proportional $\sum_m s_m \, a_m^* \, a_m \, b$, wobei s_m den Streukoeffizienten des m-ten Zustandes bedeutet. Die Amplitude einer Ramanschwingung von der Frequenz $\nu - \frac{E_n - E_m}{h}$ (wobei $\nu > \frac{E_n - E_m}{h}$ angenommen wird), wird proportional $a_n^* \, a_m \, b$, die der Frequenz $\nu + \frac{E_n - E_m}{h}$ wird proportional $a_n \, a_m^* \, b$. Für das Auftreten einer solchen Ramanlinie scheint formal wieder die gleichzeitige Anregung zweier Eigenschwingungen notwendig; man erhält jedoch für die Intensitäten:

$$\left\{ \begin{aligned} a_m^* \, a_m \, a_n \, a_n^* \, b^* \, b &= N_m (1 - N_n) M \text{ für } \nu - \frac{E_n - E_m}{h}, \\ a_m \, a_m^* \, a_n^* \, a_n \, b^* \, b &= N_n (1 - N_m) M \text{ für } \nu + \frac{E_n - E_m}{h}. \end{aligned} \right. \tag{17}$$

Die Ramanlinie der Frequenz $\nu - \frac{E_n - E_m}{h}$ wird also nur von einem Elektron im energetisch tieferen Zustand m, die der Frequenz $\nu + \frac{E_n - E_m}{h}$ nur von einem Elektron im energetisch höheren Zustand n ausgestrahlt. Der Ramaneffekt von der erstgenannten Art tritt auch bei Atomen im Normalzustand[1]) auf.

1) Aus der vorliegenden Rechnung folgt auch unmittelbar, daß die Intensität des Ramaneffekts unabhängig ist von der Besetzungszahl des Zwischenzustandes, wie schon von Dirac (Proc. Roy. Soc. A. 126. S. 360. 1930; a. a. O. S. 365) bemerkt wurde.

Annalen der Physik (5) 9, 338–346 (1931)

§ 3. Daß sich die Strahlung eines Atoms mit Lichtgeschwindigkeit fortpflanzt, ist bei der hier verwendeten Methode nach Gl. (14) beinahe selbstverständlich. Man muß nur beachten, daß aus dem Verschwinden des *Erwartungswertes* der Lichtintensität geschlossen werden kann, daß die Intensität sogar mit *Sicherheit* verschwindet, da die Intensität keine negativen Eigenwerte besitzt. Wenn dann im Ausgangszustand die Intensität überall Null ist und das Atom zur Zeit $t = 0$ zu strahlen beginnt, so pflanzen sich nach (14) die Stellen, wo der Erwartungswert der Intensität von Null verschieden ist, mit Lichtgeschwindigkeit fort.

In ähnlicher Weise kann man Interferenzerscheinungen nach Gl. (14) genau wie in der klassischen Theorie behandeln.

§ 4. Will man die Wechselwirkung der Elektronen eines Atoms mitberücksichtigen, so bedürfen die hier angewendeten Methoden einer geringen Modifikation. Man geht dann etwa von den Gleichungen der Quantenelektrodynamik aus, bei denen die Elektronenkoordinaten und die Feldstärken als Variable auftreten.[1]) Die Maxwellgleichungen lauten dann:

$$\mathrm{rot}_i\,\mathfrak{H} - \frac{1}{c}\frac{\partial \mathfrak{E}_i}{\partial t} = 4\pi e \sum_{P=1}^{Z} \alpha_P^i\, \delta(\mathfrak{r} - \mathfrak{r}_P), \tag{18}$$

hierin bedeuten α_P^i und $\mathfrak{r}_P$ die Spin- bzw. Ortsvariablen des P-ten Elektrons. Das Schrödingerfunktional Ψ irgendeines Zustandes kann man entwickeln nach den ungestörten Eigenfunktionen des Atoms im Konfigurationsraum (in denen jetzt die Wechselwirkung der Elektronen bereits mitberücksichtigt ist):

$$\Psi(\mathfrak{E}, \mathfrak{r}_1 \ldots \mathfrak{r}_Z) = \sum \Phi_n(\mathfrak{E}) \cdot u_n(\mathfrak{r}_1 \ldots \mathfrak{r}_Z). \tag{19}$$

Wendet man den Operator (18) auf dieses Funktional an, so erhält man:

$$\left\{\begin{aligned} \sum_n \left(\mathrm{rot}_i\,\mathfrak{H} - \frac{1}{c}\frac{\partial \mathfrak{E}_i}{\partial t}\right)\Phi_n u_n &= 4\pi e \sum_1^Z \alpha_P^i\, \delta(\mathfrak{r} - \mathfrak{r}_P) \sum_n \Phi_n u_n \\ &= 4\pi e \sum_{n,m} X_{nm}^i\, \Phi_n u_m. \end{aligned}\right. \tag{20}$$

---

1) Vgl. W. Heisenberg u. W. Pauli, Ztschr. f. Phys. 59. S. 168. 1930.

oder

(21) $$\left(\operatorname{rot}_i \mathfrak{E} - \frac{1}{c}\frac{\partial \mathfrak{H}_i}{\partial t}\right) \Phi_n = 4\pi e \sum_m X^i_{mn} \Phi_m,$$

wobei

(22) $$X^i_{mn}(\mathfrak{r}) = \int u^*_m \sum_1^Z \alpha^i_P\, \delta(\mathfrak{r} - \mathfrak{r}_P)\, u_n\, dV_1\, dV_2 \ldots dV_Z.$$

Wir nehmen nun an, daß nur ein einziges Atom vorhanden ist und bezeichnen die Anregungsstärke des Zustandes n wieder mit a_n. Dann gilt

(23) $$\sum_n a^*_n a_n = 1.$$

Ferner setzen wir

(24) $$a^*_n a_n = N_n$$

und betrachten die a_n als Operatoren, die den Gl. (2) genügen. Die Größe Φ_n in (21) kann man dann als maßgebend auffassen für die Wahrscheinlichkeit, daß N_n den Wert 1 hat und man kann von (21) wieder zu der Operatorgleichung übergehen:

(25) $$\operatorname{rot}_i \mathfrak{E} - \frac{1}{c}\frac{\partial \mathfrak{H}_i}{\partial t} = 4\pi e \sum_{nm} a^*_n a_m X^i_{mn}.$$

Die Größen $e X^i_{nm}$ sind nach Gl. (22) die zu dem Übergang $n \longleftrightarrow m$ gehörigen Schrödingerschen Stromdichten[1]), die mit den Anregungsstärken a^*_n und a_m multipliziert und addiert die Gesamtstromdichte ergeben.

Die weiteren Rechnungen vollziehen sich dann genau analog zu denen in § 2. Die von Schrödinger herrührende anschauliche Vorstellung, daß die Stromdichte, die man nach (22) aus den Atomeigenfunktionen berechnet, nach den Maxwellschen Gleichungen Strahlung erzeugt, läßt sich also in Strenge aufrechterhalten, wenn man die Nichtkommutativität der Anregungsamplituden a_n berücksichtigt.

Durch die Nullpunktsenergie der Strahlung können bei der vorliegenden Methode keine Schwierigkeiten entstehen, da der Energiebegriff in den Anwendungen der Methode gar nicht vorkommt.

1) E. Schrödinger, a. a. O.

(Eingegangen 25. Februar 1931)

Zeitschrift für Physik *90*, 209–231 (1934)

Bemerkungen zur Diracschen Theorie des Positrons.

Von **W. Heisenberg** in Leipzig.

(Eingegangen am 21. Juni 1934.)

Die Absicht der vorliegenden Arbeit[1]) ist, die Diracsche Theorie des Positrons[2]) in den Formalismus der Quantenelektrodynamik einzubauen. Dabei soll gefordert werden, daß die Symmetrie der Natur in positiver und negativer Ladung von vornherein in den Grundgleichungen der Theorie zum Ausdruck kommt, ferner, daß außer den durch die bekannten Schwierigkeiten der Quantenelektrodynamik bedingten Divergenzen keine neuen Unendlichkeiten im Formalismus auftreten, d. h. daß die Theorie eine Approximationsmethode liefert zur Behandlung des Problemkreises, der auch nach der bisherigen Quantenelektrodynamik behandelt werden konnte. Durch das letztgenannte Postulat unterscheidet sich der vorliegende Versuch von den Untersuchungen von Fock[3]), Oppenheimer und Furry[4]), Peierls[5]), denen er sonst ähnlich ist; er schließt sich hier vielmehr eng an eine Arbeit von Dirac[6]) an. Gegenüber der Diracschen Behandlung betont die Arbeit die Bedeutung der Erhaltungssätze für das Gesamtsystem Strahlung—Materie und die Notwendigkeit, die Grundgleichungen der Theorie in einer über das Hartreesche Approximationsverfahren hinausgehenden Weise zu formulieren.

I. Anschauliche Theorie der Materiewellen.

1. Die inhomogene Differentialgleichung der Dichtematrix. Die wichtigsten Resultate der oben zitierten Diracschen Arbeit seien zuerst kurz wiederholt: Ein quantenmechanisches System von vielen Elektronen, die das Paulische Prinzip erfüllen und sich ohne gegenseitige Wechselwirkung in einem vor-

[1]) Diese Arbeit ist aus Diskussionen entstanden, die ich teils schriftlich, teils mündlich mit den Herren Pauli, Dirac und Weisskopf geführt habe und für die ich ihnen herzlich danke. — [2]) Z. B.: P. A. M. Dirac, The principles of Quantum Mechanics, p. 255. Oxford 1930. — [3]) V. Fock, C. R. Leningrad (N. S.) 1933, S. 267—271 Nr 6. — [4]) W. H. Furry u. I. R. Oppenheimer, Phys. Rev. **45**, 245, 1934. — [5]) R. Peierls, im Erscheinen. — [6]) P. A. M. Dirac, Proc. Cambr. Phil. Soc. **30**, 150, 1934 (im folgenden stets als l. c. zitiert).

gegebenen Kraftfeld bewegen, kann charakterisiert werden durch eine „Dichtematrix":

$$(x' t' k' \mid R \mid x'' t'' k'') = \sum_n \psi_n^* (x' t' k') \, \psi_n (x'' t'' k''), \tag{1}$$

wobei $\psi_n (x' t' k')$ die normierten Eigenfunktionen der mit einem Elektron besetzten Zustände bedeuten, $x' t' k'$ bzw. $x'' t'' k''$ sind Orts-, Zeit- und Spinvariable. Aus der Dichtematrix können alle physikalisch wichtigen Eigenschaften des quantenmechanischen Systems wie Ladungsdichte, Stromdichte, Energiedichte usw. abgelesen werden. Allerdings gilt dies immer nur in der Näherung, in der von der Wechselwirkung der Elektronen abgesehen werden kann, d. h. in der die typisch quantentheoretischen unanschaulichen Züge des Geschehens nicht vorkommen; die Dichtematrix vermittelt also ein anschauliches, korrespondenzmäßiges Bild des wirklichen Vorgangs — ähnlich wie die klassisch-mechanischen Atommodelle dies tun; die Forderung, daß die ψ_n in (1) normiert sein sollen, die nach Dirac auch in der Form (für $t' = t''$)

$$R^2 = R \tag{2}$$

ausgedrückt wird, kann zu den Quantenbedingungen der früheren halbklassischen Theorie in Parallele gesetzt werden.

Die zeitliche Änderung der Dichtematrix wird durch die Diracsche Differentialgleichung bestimmt:

$$\mathcal{H} R = \left[i \hbar \frac{\partial}{c \, \partial t'} + \frac{e}{c} A_0 (x') + \alpha_s \left(i \hbar \frac{\partial}{\partial x'_s} - \frac{e}{c} A_s (x') \right) + \beta m c \right] R = 0. \tag{3}$$

Es werden von jetzt ab durchweg die folgenden Bezeichnungen verwendet:

$$\left.\begin{array}{l}
\text{Koordinaten:} \\
c t' = x'_0 = -x^{0'}, \quad x'_i = x^{i'}, \quad x'_\lambda - x''_\lambda = x_\lambda, \quad \dfrac{x'_\lambda + x''_\lambda}{2} = \xi_\lambda. \\
\text{Potentiale:} \qquad A_0 = -A^0, \quad A_i = A^i, \\
\text{Feldstärken:} \\
\qquad \dfrac{\partial A^\mu}{\partial \xi_\nu} - \dfrac{\partial A^\nu}{\partial \xi_\mu} = F^{\nu\mu}, \quad F^{0s} = -F_{0s}. \\
\qquad (F^{01}, F^{02}, F^{03}) = \mathfrak{E}, \quad (F^{23}, F^{31}, F^{12}) = \mathfrak{H}. \\
\text{Spinmatrizen:} \qquad \alpha^0 = 1, \quad \alpha_0 = -1, \quad \alpha^i = \alpha_i.
\end{array}\right\} \tag{4}$$

Griechische Indizes laufen stets von 0 bis 3, lateinische von 1 bis 3. Das Herauf- oder Herunterziehen der Indizes soll nach den üblichen Formeln

Zeitschrift für Physik 90, 209–231 (1934)

der Relativitätstheorie erfolgen. Über doppelt auftretende Indizes soll stets summiert werden. Da sich die α^ν nicht einfach wie Vektoren transformieren, hat für diese Größen die gewählte Bezeichnungsweise nur den Wert einer zweckmäßigen Abkürzung. Gleichung (3) nimmt z. B. jetzt die Form an:

$$\left\{\alpha^\lambda\left[i\hbar\frac{\partial}{\partial x'_\lambda}-\frac{e}{c}A^\lambda(x')\right]+\beta m c\right\}R=0.$$

Wenn, wie die Diracsche Löchertheorie es fordert, alle Zustände negativer Energie bis auf endlich viele besetzt und auch nur endlich viele Zustände positiver Energie besetzt sind, so wird die Matrix R auf dem durch

$$x_\varrho x^\varrho = 0 \tag{5}$$

definierten Lichtkegel singulär. Man betrachtet dann nach Dirac zweckmäßig an Stelle der Matrix R die neue Matrix[1])

$$R_S = R - {}^1/_2\, R_F, \tag{6}$$

wobei R_F den Wert von R für den Zustand des Systems bezeichnet, bei dem jedes Elektronenniveau besetzt ist. R_F geht für $t' = t''$, wie man leicht nachweist, über in die Diracsche δ-Funktion der Variablen $x'k'$, $x''k''$. Die Matrix R_S hat bereits die Symmetrie in bezug auf das Vorzeichen der Ladung, die später im Formalismus wichtig wird: sie geht durch Addition von ${}^1/_2\, R_F$ über in die der „Löcher“theorie entsprechende Matrix R; durch Subtraktion von ${}^1/_2\, R_F$ geht sie in die negative Dichtematrix einer Verteilung über, bei der die Zustände positiver Energie besetzt und die negativer Energie frei sind; Vertauschung der Punkte $x't'k'$ und $x''t''k''$ in R_S und Vorzeichenwechsel von R_S sind einem Vorzeichenwechsel der Elektronenladung äquivalent. Die Singularität der Matrix R_S auf dem Lichtkegel ist von Dirac untersucht worden; man kann die Matrix in der Form

$$(x'k''\,|\,R_S\,|\,x''k'') = u\,\frac{\alpha^\varrho x_\varrho}{(x^\lambda x_\lambda)^2} - \frac{v}{x^\lambda x_\lambda} + w\log|x^\lambda x_\lambda| \tag{7}$$

darstellen, wobei

$$u = -\frac{i}{2\pi^2}\, e^{-\frac{ei}{c\hbar}\int_{P'}^{P''} A^\lambda \mathrm{d}x_\lambda}. \tag{8}$$

(Das Integral ist auf der geraden Linie von P' nach P'' zu nehmen.)

[1]) Das Doppelte der Matrix R_S ist die von Dirac mit R_1 bezeichnete Matrix.

Die Größe w ist durch eine Differentialgleichung eindeutig festgelegt, v ist nur bis auf ein additives Glied der Form $x^\lambda x_\lambda \cdot g$ bestimmt. Von der Dichtematrix R schließt man gewöhnlich auf Ladungsdichte, Stromdichte usw., indem man z. B. für die Ladungsdichte den Ansatz

$$\varrho(x) = e \sum_k (xk|R|xk) \tag{9}$$

macht; entsprechend für die anderen physikalischen Größen. Dieser Schluß ist nun wegen der Singularität der Matrix R offenbar unrichtig. Z. B. wird, wenn kein äußeres Feld vorhanden ist, nur die Abweichung der Dichtematrix von der Matrix des Zustandes, bei dem alle Niveaus negativer Energie ausgefüllt sind, zur Ladungs- und Stromdichte beitragen. Man wird also nach Dirac von der Dichtematrix eine durch die äußeren Felder eindeutig bestimmte andere Dichtematrix abzuziehen haben, um die „wirkliche" Dichtematrix — wir nennen sie $(x'k'|r|x''k'')$ — zu bekommen, die für Ladungs- und Stromdichte, Energiedichte usw. entsprechend Gleichung (9) maßgebend ist. Wir setzen

$$r = R_S - S, \tag{10}$$

wobei S eine durch die Potentiale A^λ eindeutig bestimmte Funktion von $x'_\lambda k'$ und $x''_\lambda k''$ sein soll.

An Stelle der Differentialgleichung (3) tritt also jetzt die Gleichung

$$\mathcal{H} r = -\mathcal{H} S. \tag{11}$$

Die rechte Seite ist eine noch näher zu bestimmende Funktion des elektromagnetischen Feldes; die ursprünglich homogene Diracsche Gleichung (3) wird demnach ersetzt durch die inhomogene Gleichung (11). Eine solche Gleichung ist der naturgemäße Ausdruck der Tatsache, daß Materie entstehen und vergehen kann; die Art der Entstehung und Vernichtung wird durch die mathematische Form der Größe HS festgelegt. Wenn keine äußeren Felder vorhanden sind, so soll S gegeben sein durch den Wert von R_S für die Verteilung, bei der alle Zustände negativer Energie besetzt sind; denn wir nehmen an, daß im feldfreien Vakuum die Matrix r überall verschwindet. Die Menge von Materie, die im ganzen entsteht, wenn ein äußeres Feld eingeschaltet und wieder ausgeschaltet wird, kann ermittelt werden ohne nähere Bestimmung von S bei Anwesenheit äußerer Felder. Denn wenn R_S (und damit r) vor Einschalten irgendwelcher Felder bekannt war, so läßt sich aus Gleichung (3) der Wert von R_S nach dem Wiederausschalten des Feldes ermitteln. Nach dem Ausschalten des Feldes hat aber S wieder den ursprünglichen Wert, also kann auch r berechnet werden. Es können aber umgekehrt die Resultate über die Materieerzeugung beim

Zeitschrift für Physik *90*, 209–231 (1934)

Ein- und Ausschalten von Feldern allgemeine Anhaltspunkte geben über die Form der rechten Seite von (11) bei Anwesenheit von Feldern. Z. B. zeigt eine einfache Störungsrechnung, daß die beim Ein- und Ausschalten erzeugte Gesamtmenge von Materie im allgemeinen bereits dann unendlich ist, wenn der zeitliche Differentialquotient der elektrischen oder magnetischen Feldstärke beim Ein- und Ausschaltvorgang irgendwann unstetig war, und erst recht dann, wenn Feldstärke oder Potentiale selbst unstetig waren; daraus kann man schließen, daß die rechte Seite von (11) neben den Potentialen und Feldstärken auch deren erste und zweite Ableitungen enthalten muß.

Die Bestimmung von S bei Anwesenheit äußerer Felder nimmt Dirac (l. c.) in der Weise vor, daß er ein bestimmtes mathematisches Verfahren beschreibt, welches nach der Reihe die singulären Teile der Matrix R_S liefert; die Summe dieser so gewonnenen singulären Teile identifiziert Dirac mit S. Das von Dirac gewählte mathematische Verfahren liefert aber im kräftefreien Fall nicht den oben definierten Wert von S, sondern einen, der sich von ihm um eine auf dem Lichtkegel reguläre Matrix unterscheidet. Obwohl demnach eine eindeutige Festlegung der Inhomogenität in (11) aus formalen Argumenten allein kaum möglich ist, wird man durch Berücksichtigung der Erhaltungssätze von Ladung, Energie und Impuls die Möglichkeiten für S so weit einschränken können, daß ein bestimmter Wert als einfachste Annahme ausgezeichnet werden kann. Den Wert von S, der bei Abwesenheit äußerer Kräfte und Potentiale gilt (vgl. oben) und der bei Dirac, l. c., Gleichung (20) bis (22) berechnet ist, bezeichnen wir als S_0. Wenn zwar keine Felder vorhanden sind, wohl aber Potentiale in Gleichung (3) vorkommen, deren Rotation verschwindet, so ist S_0 zu ersetzen durch

$$e^{-\frac{e i}{\hbar c}\int_{P'}^{P''} A^{\lambda}\, d x_{\lambda}} \cdot S_0.$$

Die Größe S wird also als wichtigstes Glied, das die höchste Singularität auf dem Lichtkegel besitzt, diese Größe enthalten, wobei das Integral wieder auf der geraden Linie von P' nach P'' genommen werden soll. Wir setzen

$$S = e^{-\frac{e i}{\hbar c}\int_{P'}^{P''} A^{\lambda}\, d x_{\lambda}} \cdot S_0 + S_1. \tag{12}$$

Entwickelt man S_1 für kleine x_λ, so muß es nach (7) in der Form

$$S_1 = \frac{a}{x_\lambda x^\lambda} + b \log \left| \frac{x_\lambda x^\lambda}{C} \right| \tag{13}$$

dargestellt werden können. Da letzten Endes die Dichtematrix nur für die Berechnung von Ladungs-, Strom- und Energiedichte wichtig ist, so genügt es (vgl. 2.), von der Entwicklung der Größe a nach x_λ nur die Glieder bis zur dritten Ordnung in x_λ einschließlich, von b die Glieder bis zur ersten Ordnung in x_λ zu kennen; ferner genügt aus dem gleichen Grunde die Berechnung der Glieder, die die α^λ nur linear enthalten. Ein mit Gleichung (7) und den Diracschen Resultaten über die Singularitäten der Dichtematrix verträglicher Ausdruck für a und b lautet (bis auf die höheren Glieder):

$$\left.\begin{aligned} a &= u\left\{\frac{e i}{24\hbar c} x_\varrho x^\sigma \alpha^\lambda\left(\frac{\partial F_{\lambda\sigma}}{\partial \xi_\varrho} - \delta_\lambda^\varrho \frac{\partial F_{\tau\sigma}}{\partial \xi_\tau}\right) - \frac{e^2}{48 c^2 \hbar^2} x_\varrho x_\sigma x^\tau \alpha^\varrho F^{\mu\sigma} F_{\mu\tau}\right\}, \\ b &= u\left\{\frac{e i}{24\hbar c} \alpha^\lambda \frac{\partial F_{\tau\lambda}}{\partial \xi_\tau} + \frac{e^2}{24\hbar^2 c^2} x_\lambda \alpha^\mu \left(F_{\tau\mu} F^{\tau\lambda} - \frac{1}{4}\delta_\mu^\lambda F_{\tau\sigma} F^{\tau\sigma}\right)\right\}. \end{aligned}\right\} \qquad (14)$$

Die Feldstärken sind hier jeweils an der Stelle $\frac{x_l' + x_l''}{2} = \xi_l$ zu nehmen. Die Größe u ist durch Gleichung (8) gegeben.

Definiert man S durch die Gleichungen (12) bis (14), so kann die Differenz $R_S - S$ noch auf dem Lichtkegel singulär werden durch Glieder vom Typus $\frac{x_\lambda x_\mu x_\nu x_\pi}{x_\varrho x^\varrho} \cdot A^{\lambda\mu\nu\pi}$, oder $x_\lambda x_\mu A^{\lambda\mu} \log|x_\varrho x^\varrho|$, oder $\frac{(\alpha^\lambda \alpha^\mu - \alpha^\mu \alpha^\lambda) A_{\mu\lambda}}{x_\varrho x^\varrho}$. In all diesen Fällen kann man aber aus der Dichtematrix auf Strom- und Ladungsdichte, Energie- und Impulsdichte schließen, indem man den Grenzübergang $x_\lambda \to 0$ nicht auf dem Lichtkegel, sondern von raumartigen oder zeitartigen Richtungen her ausführt. Die eben genannten singulären Glieder tragen dann nichts bei (die in α_λ nicht linearen Glieder fallen schon vor dem Grenzübergang weg).

Die Matrizen R, R_S, S und S_0 sind sämtlich hermitisch, d. h. sie gehen bei Vertauschung von $x'k'$ mit $x''k''$ (also bei Vorzeichenumkehr von x) in den konjugierten Wert über.

Die Berechnung der Formeln (14) erfolgt am einfachsten nach dem von Dirac (l. c.) angegebenen Verfahren. Die mathematische Form der Ausdrücke (14) zeigt, daß die bei der Festsetzung der Größen a und C noch vorhandene Willkür, wenn man keine wesentlich komplizierteren Ausdrücke für (14) zulassen will, eigentlich nur darin besteht, daß zu a ein Ausdruck der Form $x_\varrho x^\varrho \alpha_\lambda \frac{\partial F_{\lambda\sigma}}{\partial \xi_\sigma}$ und ein anderer der Form $x_\varrho x^\varrho x_\lambda \alpha^\lambda F^{\tau\sigma} F_{\tau\sigma}$ addiert werden könnte, ohne Veränderung der Singularitäten der Matrix S; ferner ist C ganz willkürlich. Für die aus der Dichtematrix folgenden Ladungs- und Stromdichten geben die beiden Unbestimmt-

Zeitschrift für Physik 90, 209–231 (1934)

heiten (in a und C) in gleicher Weise zu einer additiven Ladungs- und Stromdichte Anlaß. Man kann daher das erste Glied in a in der in (14) angegebenen Weise willkürlich festlegen und alle Unbestimmtheit der Ladungsdichte auf die Größe C schieben. Das zweite Glied in a ist dann, wie in 2. gezeigt wird, durch die Erhaltungssätze so bestimmt, wie in Gleichung (14) angegeben. Die Willkür bei der Wahl der Konstanten C schließlich ist deshalb uninteressant, weil nach Dirac für die in (7) definierte Matrix w die Gleichung $\mathcal{H} w = 0$ gilt; d. h. in der rechten Seite von (11) fällt die Größe C (bis auf Glieder, die α^{λ} oder x_{λ} quadratisch enthalten) heraus. Dies ist jedoch nur dann richtig, wenn das elektromagnetische Feld mit allen Ableitungen stetig ist und die Matrix w nach x_{λ} und ξ_{λ} entwickelt werden kann. Macht man diese Annahme, so nimmt man den Nachteil in Kauf, daß man die Theorie nicht einfach an den Spezialfall des feldfreien Raumes (z. B. durch Störungsrechnung) anschließen kann. Läßt man unstetige Änderungen höherer Differentialquotienten der Felder oder andere Singularitäten zu, so gilt an den betreffenden singulären Stellen die Gleichung $\mathcal{H} w = 0$ nicht mehr, und die Festlegung der Größe C wird wichtig. In diesem Fall kann die zweckmäßige Wahl der Größe C durch folgende Überlegung gefunden werden: Man denke sich ein aus einer vorgegebenen äußeren Ladungsdichte entspringendes Feld adiabatisch vom Feld „Null" ausgehend eingeschaltet. Dann wird durch dieses Einschalten ein durch die Matrix r gegebenes Materiefeld entstehen; dieses Materiefeld wird, wie die Gleichungen (13) und (14) lehren, je nach der Wahl von C die äußere Ladungsdichte ganz oder teilweise kompensieren oder sie vergrößern; wir wollen nun C so wählen, daß die Gesamtladung des durch r gegebenen Materiefeldes bei dem betrachteten Prozeß verschwindet; wenn dies nicht der Fall wäre, so würde nämlich beim „Einschalten" der äußeren Ladungsdichte diese gar nicht getrennt werden können von der entstehenden Elektronenladungsdichte, d. h. man würde als „äußere" Ladungsdichte schon die Summen der beiden Dichten definiert haben. Auf die mathematische Behandlung dieser Frage werden wir in 3. zurückkommen. Dort werden wir auch die Berechnung der Größe C nachholen — die ja nach dem oben Gesagten eher mathematische als physikalische Bedeutung hat; hier sei nur ihr Wert angegeben:

$$C = 4\left(\frac{\hbar}{m c}\right)^2 e^{-2/3 - 2\gamma}, \tag{15}$$

wobei γ die Eulersche Konstante: $\gamma = 0{,}577..$ bezeichnet.

Damit ist die Bestimmung der Inhomogenität der Differentialgleichung (11) durchgeführt. Hinsichtlich der aus der Dichtematrix r folgenden Ströme sind unsere Annahmen denen von Dirac (l. c.) äquivalent; dagegen liefert, wie mir Herr Dirac freundlicherweise mitteilte, die hier getroffene Festsetzung für die Matrix S eine andere Energie- und Impulsdichte als die Diracsche Festsetzung.

2. Die Erhaltungssätze. Aus der Dichtematrix r können in der üblichen Weise Ladungs- und Stromdichte, und nach einer Untersuchung von Tetrode[1]) Energie- und Impulstensor der Materiewellen durch die folgenden Gleichungen hergeleitet werden:

$$\left.\begin{aligned} s_\lambda(\xi) &= e \sum_{k'k''} \alpha^\lambda_{k'k''} (\xi k' \,|\, r \,|\, \xi k''); \\ U^\mu_\nu(\xi) &= \lim_{x\to 0} \left\{ i c \hbar \frac{\partial}{\partial x_\mu} - \frac{e}{2}\left[A^\mu\left(\xi + \frac{x}{2}\right) + A^\mu\left(\xi - \frac{x}{2}\right)\right]\right\} \\ &\qquad \sum_{k'k''} \alpha^\nu_{k'k''} \left(\xi + \frac{x}{2},\, k' \,|\, r \,|\, \xi - \frac{x}{2},\, k''\right). \end{aligned}\right\} \tag{16}$$

Um zu zeigen, daß für die so definierten Größen die Erhaltungssätze in der üblichen Form gelten, soll zunächst die folgende Gleichung bewiesen werden:

$$\left.\begin{aligned} &\sum_{k'k''} \alpha^\lambda_{k'k''} \left[i\hbar \frac{\partial}{\partial \xi_\lambda} - \frac{e}{c} A^\lambda\left(\xi + \frac{x}{2}\right) + \frac{e}{c} A^\lambda\left(\xi - \frac{x}{2}\right)\right] \\ &\qquad \left(\xi + \frac{x}{2},\, k' \,|\, r \,|\, \xi - \frac{x}{2},\, k''\right) = 0 \end{aligned}\right\} \tag{17}$$

bis auf Glieder, die in den x_λ mindestens quadratisch sind. Gleichung (17) ist äquivalent der Behauptung

$$\left.\begin{aligned} &\sum_{k'k''} \alpha^\lambda_{k'k''} \left[i\hbar \frac{\partial}{\partial \xi_\lambda} - \frac{e}{c} A^\lambda\left(\xi + \frac{x}{2}\right) + \frac{e}{c} A^\lambda\left(\xi - \frac{x}{2}\right)\right] \\ &\qquad \left(\xi + \frac{x}{2},\, k' \,|\, S \,|\, \xi - \frac{x}{2},\, k''\right) = 0 \end{aligned}\right\} \tag{18}$$

bis auf quadratische Glieder in x_λ; denn für die Matrix R_S gilt ja die Gleichung $\mathcal{H} R_S = 0$, also auch sicher Gleichung (17). Nun ist

$$\left.\begin{aligned} &\left[i\hbar \frac{\partial}{\partial \xi_\lambda} - \frac{e}{c} A^\lambda\left(\xi + \frac{x}{2}\right) + \frac{e}{c} A^\lambda\left(\xi - \frac{x}{2}\right)\right] e^{-\frac{ei}{\hbar c}\int_{P'}^{P''} A^\lambda \, d x_\lambda} \\ &\qquad = e^{-\frac{ei}{\hbar c}\int_{P'}^{P''} A^\lambda \, d x_\lambda} \cdot \frac{e}{c} \int_{P'}^{P''} F^{\lambda\mu} \, d x_\mu, \end{aligned}\right\} \tag{19}$$

[1]) H. Tetrode, ZS. f. Phys. **49**, 858, 1928.

Zeitschrift für Physik *90*, 209–231 (1934)

und $\frac{\partial}{\partial \xi_\lambda} S_0 = 0$. Beachtet man noch, daß S_0 in der Form

$$\alpha^\lambda x_\lambda f(x^\varrho x_\varrho) + \beta m c\, g(x^\varrho x_\varrho)$$

geschrieben werden kann, so folgt, daß Gleichung (18) jedenfalls für den ersten Anteil

$$e^{-\frac{e i}{\hbar c}\int\limits_{P'}^{P''} A^\lambda d x_\lambda} \cdot S_0$$

von S richtig ist. Es ist jetzt also Gleichung (18) noch für den Anteil S_1 zu zeigen. Ihre Gültigkeit für den Anteil $b \log \left|\frac{x_\varrho x^\varrho}{C}\right|$ von S_1 ist dabei wieder selbstverständlich, weil für die Matrix w nach Dirac $\mathcal{H} w = 0$ gilt (vgl. jedoch S. 215). Es bleibt also noch die Diskussion des Anteils $a/x_\lambda x^\lambda$. Die Durchrechnung zeigt, daß nach (14) die von der Differentiation nach ξ_λ herrührenden Glieder im ersten Teil von a wegen Gleichung (19) gerade die vom zweiten Teil aufheben. Damit ist die Gültigkeit von Gleichung (17) erwiesen.

Aus Gleichung (17) folgt, wenn man in ihr zum limes $x_\lambda \to 0$ übergeht, der Erhaltungssatz der Ladung:

$$\frac{\partial}{\partial \xi_\lambda} e \sum_{k' k''} \alpha^\lambda_{k' k''} (\xi k' | r | \xi k'') = \frac{\partial s_\lambda}{\partial \xi_\lambda} = 0. \tag{20}$$

Der Grenzübergang $x_\lambda \to 0$ ist nach den Bemerkungen zu Gleichung (14) nicht auf dem Lichtkegel, sondern entweder von einer raumartigen oder einer zeitartigen Richtung her auszuführen.

Für den Erhaltungssatz von Energie und Impuls findet man in derselben Weise:

$$\begin{aligned}\frac{\partial U^\mu_\nu(\xi)}{\partial \xi_\nu} = {} & \lim_{x\to 0} \left\{ i c \hbar \frac{\partial}{\partial x_\mu} - \frac{e}{2}\left[A^\mu\left(\xi + \frac{x}{2}\right) + A^\mu\left(\xi - \frac{x}{2}\right)\right]\right\} \\ & \sum_{k' k''} \alpha^\nu_{k' k''} \frac{\partial}{\partial \xi_\nu}\left(\xi + \frac{x}{2}, k' | r | \xi - \frac{x}{2}, k''\right) \\ & - \lim_{x \to 0} \frac{e}{2} \frac{\partial}{\partial \xi_\nu}\left[A^\mu\left(\xi + \frac{x}{2}\right) + A^\mu\left(\xi - \frac{x}{2}\right)\right] \\ & \cdot \sum_{k' k''} \alpha^\nu_{k' k''} \left(\xi + \frac{x}{2}, k' | r | \xi - \frac{x}{2}, k''\right),\end{aligned}$$

und nach (17)

$$\left.\begin{aligned}
&\frac{\partial U_\nu^\mu(\xi)}{\partial \xi_\nu} = \lim_{x\to 0}\left\{ic\hbar\frac{\partial}{\partial x_\mu} - \frac{e}{2}\left[A^\mu\left(\xi+\frac{x}{2}\right)+A^\mu\left(\xi-\frac{x}{2}\right)\right]\right\}\\
&\left[-\frac{e}{ic\hbar}A^\nu\left(\xi+\frac{x}{2}\right)+\frac{e}{ic\hbar}A^\nu\left(\xi-\frac{x}{2}\right)\right]\sum_{k'k''}\alpha^\nu_{k'k''}\left(\xi+\frac{x}{2},k'|r|\xi-\frac{x}{2},k''\right)\\
&-\lim_{x\to 0}\frac{e}{2}\frac{\partial}{\partial \xi_\nu}\left[A^\mu\left(\xi+\frac{x}{2}\right)+A^\mu\left(\xi-\frac{x}{2}\right)\right]\\
&\qquad\qquad\sum_{k'k''}\alpha^\nu_{k'k''}\left(\xi+\frac{x}{2},\ k'|r|\xi-\frac{x}{2},\ k''\right)\\
&= -eF^{\nu\mu}(\xi)\sum_{k'k''}\alpha^\nu_{k'k''}(\xi k'|r|\xi k'') = -F^{\nu\mu}s_\nu.
\end{aligned}\right\} \qquad (21)$$

Addiert man also zu U_ν^μ den Energie-Impulstensor des Maxwellschen Feldes:

$$V_\nu^\mu = \frac{1}{4\pi}\left(-F^{\tau\mu}F_{\tau\nu}+\frac{1}{4}\delta_\nu^\mu F^{\tau\sigma}F_{\tau\sigma}\right) \qquad (22)$$

und legt die Maxwellschen Gleichungen in der Form:

$$\frac{\partial F_{\tau\nu}}{\partial \xi_\nu} = -4\pi s_\tau \qquad (23)$$

zugrunde, so gilt für den Tensor

$$T_\nu^\mu = U_\nu^\mu + V_\nu^\mu \qquad (24)$$

die Beziehung:

$$\frac{\partial T_\nu^\mu}{\partial \xi_\nu} = 0. \qquad (25)$$

Nach Tetrode (l. c.) ist übrigens die Differenz $U_{\mu\nu} - U_{\nu\mu}$ ein Tensor, dessen Divergenz verschwindet. Man kann also den Energie-Impulstensor des Materiefeldes auch symmetrisieren, ohne die Gültigkeit von (25) zu stören.

Die bisherigen Resultate kann man in folgender Weise kurz zusammenfassen: Beschränkt man sich auf eine korrespondenzmäßig-anschauliche Theorie des Materiefeldes, so kann die bekannte Schwierigkeit des Auftretens negativer Energieniveaus in der Diracschen Theorie dadurch vermieden werden, daß man die homogene Diracsche Differentialgleichung (3) ersetzt durch eine inhomogene Gleichung, wobei die Inhomogenität für die „Paarerzeugung" maßgebend ist. Für das dieser Gleichung genügende Materiefeld gelten zusammen mit dem Maxwellschen Feld die üblichen Erhaltungssätze, gleichzeitig sind die Energien des Materiefeldes und die des Strahlungsfeldes einzeln stets positiv.

Zeitschrift für Physik *90*, 209–231 (1934)

Die Invarianz der Theorie gegenüber einer Vorzeichenänderung der Elementarladung kann man am einfachsten in folgender Weise erkennen: Man ersetze in den Gleichungen (11) und (16) $+e$ durch $-e$ und außerdem $(x'k'|r|x''k'')$ durch $-(x''k''|\bar{r}|x'k')$. Für die Matrix $\bar{r}$ gelten dann wieder die ursprünglichen Gleichungen (11) und (16).

3. Anwendungen. Zwei einfache Beispiele sollen die Anwendung der in 1. und 2. geschilderten Methode illustrieren: Wir nehmen zunächst an, daß ein als kleine Störung betrachtetes skalares Potential A_0 langsam eingeschaltet und dann konstant gehalten werde und fragen nach der im ursprünglich leeren Raum entstehenden Materie; dabei soll die Ladungsdichte, die zum Potential A_0 Anlaß gibt, als „äußere Ladungsdichte" bezeichnet werden[1]).

Wir lösen zunächst die Diracsche Differentialgleichung für ein Elektron, dessen Zustand vor Einschalten des Feldes durch eine ebene Welle repräsentiert ist; seine Eigenfunktion heiße ψ_n, und es gelte vor Einschalten des Feldes

$$\psi_n(x') = u_n(x')\, e^{\frac{i}{\hbar} p_n^0 x_0'}. \tag{26}$$

Wir setzen

$$\psi_n(x') = \sum_m c_{nm}(x_0')\, u_m(x')\, e^{\frac{i}{\hbar} p_m^0 x_0'} \tag{27}$$

und aus

$$\left\{\alpha^\lambda \left[i\hbar \frac{\partial}{\partial x_\lambda'} - \frac{e}{c} A^\lambda(x')\right] + \beta m c\right\} \psi = 0$$

folgt in der üblichen Weise:

$$\frac{\mathrm{d}}{\mathrm{d}\,x_0'} c_{nm} = \frac{i}{\hbar} H_{nm}\, e^{\frac{i}{\hbar}(p_n^0 - p_m^0)\, x_0'}, \tag{28}$$

wobei

$$H_{nm} = \int u_m^*(x''')\, \frac{e}{c}\, \alpha^\lambda A^\lambda(x''')\, u_n(x''')\, \mathrm{d}\,x'''. \tag{29}$$

Hier bedeutet $\int \mathrm{d}\,x'''$ die Integration über die Ortsvariabeln und die Summation über die Spinindizes.

Aus (28) ergibt sich, wenn die H_{nm} zeitlich konstant geworden sind:

$$c_{nm} = H_{nm} \frac{e^{\frac{i}{\hbar}(p_n^0 - p_m^0)\, x_0} - \varepsilon_{nm}}{p_n^0 - p_m^0} + \delta_{nm}. \tag{30}$$

Die Konstanten ε_{nm} hängen dabei von der Art des zeitlichen Anstiegs der H_{nm} ab; wir wollen annehmen, daß der Anstieg so langsam und gleichmäßig

[1]) Dieses Problem ist im wesentlichen schon von Dirac in seinem Bericht für den Solvay-Kongreß 1933 behandelt worden.

erfolgt sei, daß die ε_{nm} in hinreichender Näherung verschwinden. Dann gilt also

$$c_{nm} = H_{nm} \frac{e^{\frac{i}{\hbar}(p_n^0 - p_m^0)x_0}}{p_n^0 - p_m^0} + \delta_{nm}$$

und

$$\psi_n(x') = \left[\sum_m u_m(x') \frac{H_{nm}}{p_n^0 - p_m^0} + u_n(x')\right] e^{\frac{i}{\hbar} p_n^0 x_0'} . \tag{31}$$

Glieder von höherer als erster Ordnung in den H_{nm} werden im folgenden stets vernachlässigt. Für die Matrix R_S gilt nach ihrer Definition:

$$\left.\begin{aligned}(x'k' \mid R_S \mid x''k'') = \frac{1}{2}\Bigg[& \sum_{p_n^0 > 0}^{n} \psi_n^*(x'k')\,\psi_n(x''k'') \\ & - \sum_{p^0 < 0}^{n} \psi_n^*(x'k')\,\psi_n(x''k'')\Bigg].\end{aligned}\right\} \tag{32}$$

Die Summe über alle Zustände können wir nun einteilen in ein Integral über die Impulse und eine Summe über vier mögliche Zustände bei jedem Impuls. Der Operator

$$\frac{\alpha^l p^l + \beta m c}{|p^0|},$$

bei dem im Zähler über l nur von 1 bis 3 (wie stets bei lateinischen Indizes) summiert werden soll, hat die Eigenschaft, daß er $+1$ ergibt, wenn er auf irgendeinen Zustand positiver Energie angewandt wird, und -1 bei einem Zustand negativer Energie. Mit Hilfe dieses Operators lassen sich also die Summationen über die Spinzustände leicht ausführen und es bleiben nur die Integrale über die Impulse übrig; dabei soll im folgenden stets $t' = t''$, d. h. $x^{0\prime} = x^{0\prime\prime}$ gesetzt werden:

$$\begin{aligned}(x'k' \mid R_S \mid x''k'') = & -\frac{1}{2}\int \frac{d\mathfrak{p}}{h^3} \frac{\alpha^l p^l + \beta m c}{|p^0|} e^{\frac{i}{\hbar} p^\varrho (x_\varrho'' - x_\varrho')} \\ & -\frac{1}{8}\int d x''' \int \frac{d\mathfrak{p}'}{h^3} \int \frac{d\mathfrak{p}''}{h^3} e^{\frac{i}{\hbar}\left[x_l'''(p'^l - p''^l) + p''^l x_l'' - p'^l x_l'\right]} \\ & \left\{\left(1 + \frac{\alpha^l p''^l + \beta m c}{|p^{0\prime\prime}|}\right) \frac{\frac{e}{c} A^0(x''')}{|p^{0\prime}| + |p^{0\prime\prime}|} \left(1 - \frac{\alpha^l p'^l + \beta m c}{|p^{0\prime}|}\right)\right. \\ & \left. + \left(1 - \frac{\alpha^l p''^l + \beta m c}{|p^{0\prime\prime}|}\right) \frac{\frac{e}{c} A^0(x''')}{|p^{0\prime}| + |p^{0\prime\prime}|} \left(1 + \frac{\alpha^l p'^l + \beta m c}{|p^{0\prime}|}\right)\right\} \\ & + \text{konj.}\end{aligned} \tag{33}$$

Zeitschrift für Physik *90*, 209–231 (1934)

Das erste Glied in (33) stellt die Matrix S_0 dar und wird bei der Bildung von r von R_S abgezogen. Die beiden nächsten Glieder gehen über in

$$-\frac{1}{4}\int \mathrm{d}\, x''' \int \frac{\mathrm{d}\, \mathfrak{p}'}{h^3} \int \frac{\mathrm{d}\, \mathfrak{p}''}{h^3}\, e^{\frac{i}{\hbar}\left[x_l'''(p'^l - p''^l) + p''^l x_l'' - p'^l x_l'\right]} \cdot \frac{e}{c}\, \frac{A^0(x''')}{|p^{0'}| + |p^{0''}|}\, \frac{|p^{0'} p^{0''}| - p_l' p_l'' - m^2 c^2}{|p^{0'} p^{0''}|}. \tag{34}$$

Zur Auswertung dieses Ausdrucks setzt man zweckmäßig:

$$\mathfrak{p}' = \mathfrak{k} + \frac{\mathfrak{g}}{2}; \quad \mathfrak{p}'' = \mathfrak{k} - \frac{\mathfrak{g}}{2}; \quad \mathfrak{r}' - \mathfrak{r}'' = \mathfrak{r}; \quad \frac{\mathfrak{r}' + \mathfrak{r}''}{2} = \mathfrak{R}. \tag{35}$$

Er heißt dann:

$$-\frac{1}{4}\int \mathrm{d}x''' \int \frac{\mathrm{d}\mathfrak{g}}{h^3}\, \frac{e}{c}\, A^0(\mathfrak{r}''')\, e^{\frac{i}{\hbar}(\mathfrak{r}''' - \mathfrak{R})\mathfrak{g}} \int \frac{\mathrm{d}\mathfrak{k}}{h^3}\, e^{-\frac{i}{\hbar}\mathfrak{k}\mathfrak{r}}\, \frac{|p^{0'} p^{0''}| - \mathfrak{p}'\mathfrak{p}'' - m^2 c^2}{(|p^{0'}| + |p^{0''}|)\,|p^{0'} p^{0''}|}. \tag{36}$$

Der Bruch unter dem Integralzeichen wird am besten nach $\mathfrak{g}$ für $g \ll mc$ entwickelt, und erhält den Wert

$$\frac{1}{2k_0^3}\left[\frac{g^2}{2} - \frac{(\mathfrak{k}\mathfrak{g})^2}{2k_0^2} - \frac{3g^4}{16k_0^2} + \frac{5(\mathfrak{k}\mathfrak{g})^2 g^2}{8k_0^4} - \frac{7(\mathfrak{k}\mathfrak{g})^4}{16k_0^6} + \cdots\right], \tag{37}$$

wobei $k_0^2 = k^2 + m^2c^2$ gesetzt ist. Eine längere Rechnung führt für (36) zu dem Resultat (für kleine Werte von $|\mathfrak{r}| = r$):

$$-\frac{\pi}{4}\int \mathrm{d}x''' \int \frac{\mathrm{d}\mathfrak{g}}{h^3}\, \frac{e}{c}\, A^0(\mathfrak{r}''')\, e^{\frac{i}{\hbar}(\mathfrak{r}''' - \mathfrak{R})\mathfrak{g}}$$

$$\cdot \frac{1}{h^3}\left[g^2\left(\frac{2}{9} - \frac{2}{3}\gamma - \frac{2}{3}\log\frac{m c r}{\hbar}\right) + \frac{1}{3}\,\frac{(\mathfrak{g}\mathfrak{r})^2}{r^2} - \frac{g^4}{15 m^2 c^2}\right]$$

$$= \frac{1}{16\pi h}\left[\frac{2}{3}\left(\frac{1}{3} - \gamma - \log\frac{m c r}{\hbar}\right)(\mathrm{grad}_{\mathfrak{R}})^2 + \frac{1}{3r^2}(\mathfrak{r}\,\mathrm{grad}_{\mathfrak{R}})^2 \right.$$

$$\left. + \frac{1}{15}\left(\frac{\hbar}{m c}\right)^2 (\mathrm{grad}_{\mathfrak{R}})^2 (\mathrm{grad}_{\mathfrak{R}})^2\right] \frac{e}{c}\, A^0(\mathfrak{R}). \tag{38}$$

Die ersten beiden Glieder stellen — nachdem man sie verdoppelt hat, da zu (36) noch das komplex-konjugierte addiert werden muß — die Anteile

$$\frac{a}{x_\lambda x^\lambda} + b \log\left|\frac{x_\lambda x^\lambda}{C}\right|$$

von Gleichung (13) dar und sind daher wegzulassen, wenn man von R_S zur Matrix r übergeht. Formel (38) gibt auch nachträglich die Begründung dafür, daß die Konstante C in Gleichung (15) gleich $4\left(\frac{\hbar}{m c}\right)^2 e^{-2/3 - 2\gamma}$ gesetzt wurde. Wir erreichen dadurch, daß es unnötig wird, mit jedem neuen Schritt der Störungsrechnung die das Feld erzeugende Gesamtladung zu korrigieren. Schließlich wird die Dichtematrix $(x'k'|r|x''k'')$ für $|\mathfrak{r}| = 0$

$$(\xi k'|r|\xi k'') = \frac{1}{120\pi h}\frac{e}{c}\left(\frac{\hbar}{mc}\right)^2 \Delta\Delta A^0(\xi) \tag{39}$$

und die Ladungsdichte selbst $[\Delta A^0(\xi) = -4\pi\varrho_0$, wo ϱ_0 die äußere Ladungsdichte bezeichnet):

$$\varrho = -\frac{1}{15\pi}\frac{e^2}{\hbar c}\left(\frac{\hbar}{mc}\right)^2 \Delta\varrho_0: \tag{40}$$

wie schon von Dirac[1]) berechnet worden ist. Auch diese zusätzliche Dichte, deren Gesamtladung verschwindet, hat keine physikalische Bedeutung; denn sie ist von der „äußeren" Dichte nicht trennbar und wird daher automatisch mit zur „äußeren" Dichte gerechnet.

Zu einem physikalischen Problem wird die „Polarisation des Vakuums" erst bei zeitlich veränderlichen äußeren Dichten; man denke z. B. an eine Ladungsverteilung, die periodisch hin und her bewegt wird. Man kann in einem solchen Fall die äußere Ladungsdichte einteilen in ihren zeitlichen Mittelwert und in eine zweite Dichte, die periodisch um den Wert Null schwankt. Das Raumintegral des zweiten Teils verschwindet, wenn die äußere Ladungsdichte in einem endlichen Raumgebiet hin und her bewegt wird. Für den ersten Teil gelten die bisherigen Betrachtungen, für ihn spielt die „Polarisation des Vakuums" keine physikalische Rolle. Die Gesamtladung eines Teilchens kann also durch die Polarisation des Vakuums nie geändert werden. Um zu übersehen, was beim zweiten Teil geschieht, betrachten wir in Gleichung (26) bis (29) an Stelle des zeitlich konstanten skalaren Potentials A^0 ein Potential, das periodisch variiert, und setzen

$$A^0(x') = B^0(\mathfrak{r}')\, e^{\frac{i}{\hbar} f x_0'} + \text{konj.} \tag{41}$$

Die einzige Änderung, die an den Ausdrücken (34) bis (36) dann vorzunehmen ist, besteht darin, daß der Bruch

$$\frac{1}{(|p^{0'}| + |p^{0''}|)\,|p_0' p_0''|}$$

zu ersetzen ist durch

$$\frac{|p^{0'}| + |p^{0''}|}{[(|p^{0'}| + |p^{0''}|)^2 - f^2]\,|p^{0'} p^{0''}|}.$$

[1]) P. A. M. Dirac, Bericht für den Solvay-Kongreß 1933; der Diracsche Wert unterscheidet sich von dem obigen um einen Faktor 2, der, wie Herr Dirac mir freundlicherweise mitteilte, durch ein Versehen in seine Gleichungen gekommen ist.

Zeitschrift für Physik *90*, 209–231 (1934)

Die neuen Formeln gehen aus den alten daher einfach dadurch hervor — wir nehmen $f \ll mc$ an —, daß der Ausdruck unter dem Integralzeichen in (36) mit $1 + f^2/4\,k_0^2$ multipliziert wird. Außerdem treten allerdings in der Dichtematrix noch Glieder mit α^l auf; wir wollen uns jedoch auf die Berechnung der Ladungsdichte beschränken, für die die Glieder mit α^l keine Rolle spielen. Berücksichtigt man nur die Glieder proportional g^2 in (37), so tritt neu zu (37) der Ausdruck

$$\frac{1}{2\,k_0^3}\left[\frac{g^2}{2} - \frac{(\mathfrak{k}\,\mathfrak{g})^2}{2\,k_0^2}\right]\frac{f^2}{4\,k_0^2} \tag{42}$$

hinzu. Der betreffende Teil der Dichtematrix wird also

$$-\frac{\pi}{4\cdot 15}\int \mathrm{d}x''' \int \frac{\mathrm{d}\,\mathfrak{g}}{h^3}\,\frac{e}{c}\left[B^0(\mathfrak{r}''')\,e^{\frac{i}{\hbar} f x_0'''} + \text{konj.}\right] e^{\frac{i}{\hbar}(\mathfrak{r}''' - \mathfrak{R})\mathfrak{g}}\,\frac{f^2 g^2}{h^3 (m c)^2} \tag{43}$$

und daher die Zusatzdichte

$$\varrho = -\frac{1}{15\,\pi}\,\frac{e^2}{\hbar\,c}\,\frac{f^2}{(m c)^2}\cdot \varrho_0 . \tag{44}$$

Hier ist mit ϱ_0 die periodisch schwankende Dichte bezeichnet, die zu dem Feld $B^0(x')\,e^{\frac{i}{\hbar} f x_0'}$ Anlaß gibt und deren Raumintegral verschwindet. Gleichung (44) lehrt, daß das mit einer schwingenden Ladung verknüpfte Dipolmoment durch die Polarisation des Vakuums verkleinert wird, und zwar um so mehr, je höher die Frequenz der Schwingung ist. Dieser Umstand dürfte, wie schon von Dirac hervorgehoben wurde, eine Abänderung der Streuformel von Klein und Nishina bedingen, die allerdings im Gebiet der Compton-Wellenlänge erst etwa ein Promille betragen wird.

Führt man eine analoge Rechnung durch, um etwa die von einer Lichtwelle induzierte Materiedichte zu berechnen, so ergibt sich als Resultat, daß das periodisch wechselnde Feld einer monochromatischen ebenen Lichtwelle weder Ladungs- noch Stromdichte erzeugt. Daß dieses Resultat auch in beliebiger Näherung richtig bleibt, kann man leicht einsehen: Es kann durch ein elektromagnetisches Feld im leeren Raum kein Vorzeichen der Ladung ausgezeichnet werden, also muß die induzierte Ladungsdichte verschwinden. Aus Invarianzgründen verschwindet dann auch die Stromdichte. Hieraus folgt freilich noch nicht das Verschwinden der Energiedichte, und in der Tat können zwei durcheinanderlaufende ebene Lichtwellen bereits zur Entstehung von Materie Anlaß geben. Für die Behandlung solcher Probleme (Paarerzeugung und Zerstrahlung) ist jedoch die anschauliche Theorie der Materiewellen nicht mehr zuständig und wir werden daher zur Quantentheorie der Wellen übergehen.

II. Quantentheorie der Wellenfelder.

1. Aufstellung der Grundgleichungen. In der Quantentheorie der Materiewellen entspricht der Diracschen Dichtematrix das Produkt der Wellenfunktion mit ihrer konjugierten; wir setzen also

$$R = \psi^* (x' k')\, \psi (x'' k''). \tag{45}$$

Für die Wellenfunktion gilt (für $x_0' = x_0''$) die Vertauschungsrelation

$$\psi^* (x' k')\, \psi (x'' k'') + \psi (x'' k'')\, \psi^* (x' k') = \delta (x' x'')\, \delta_{k' k''}. \tag{46}$$

Betrachtet man das Maxwellsche Feld als gegebenes c-Zahlfeld, so ist die Diracsche Dichtematrix einfach der Erwartungswert der durch (45) definierten Matrix. Wegen der Vertauschungsrelation (46) gilt in der Quantentheorie der Wellen:

$$R_S = {}^1/_2\, [\psi^* (x' k')\, \psi (x'' k'') - \psi (x'' k'')\, \psi^* (x' k')]. \tag{47}$$

Die Gleichungen

$$\mathcal{H} R_S = 0 \tag{3a}$$

und $R_S = r + S$ bleiben ungeändert erhalten und nur in der Form der Inhomogenität $\mathcal{H} S$ in

$$\mathcal{H} r = -\mathcal{H} S \tag{11a}$$

könnte eine Änderung durch die Nichtvertauschbarkeit der Feldstärken mit den Potentialen notwendig werden. Nun treten in dem ersten Glied $e^{-\frac{e i}{\hbar c}\int_{P'}^{P''} A^\lambda \mathrm{d} x_\lambda} \cdot S_0$ keine nichtvertauschbaren Funktionen auf. In S_1 [vgl. (13) und (14)] kommen Glieder vor, die in den Feldstärken quadratisch sind und die eine Rolle spielen, wenn man Energie und Impulsdichte aus der Dichtematrix berechnet. Solange man sich auf die Berechnung von Ladungs- und Stromdichte beschränkt, treten diese Glieder nicht in Erscheinung. Da nun die Maxwellschen Gleichungen zusammen mit der inhomogenen Gleichung (11a) den physikalischen Ablauf völlig bestimmen, so kann die Übertragung des in I. geschilderten Formalismus in die Quantentheorie nach dem Verfahren erfolgen, das für die gewöhnliche Quantenelektrodynamik in einer Note des Verfassers[1]) im Anschluß an frühere Untersuchungen von Klein[2]) gegeben worden war. Dieses Verfahren geht von den Maxwellschen Gleichungen und der Wellengleichung aus, die als q-Zahlrelationen behandelt und nach den üblichen Methoden der anschaulichen Theorie integriert werden. Gewöhnlich wird bei der Integration der Grundgleichungen ein Störungsverfahren angewendet, bei dem man die Wechselwirkung zwischen Licht und Materie als klein annimmt und nach

[1]) W. Heisenberg, Ann. d. Phys. **9**, 338, 1931. — [2]) O. Klein, ZS. f. Phys. **41**, 407, 1927.

Zeitschrift für Physik *90*, 209–231 (1934)

Potenzen der Ladung entwickelt. Als ungestörtes System erscheinen dann die ebenen Lichtwellen im leeren Raum und die ebenen Elektronenwellen im feldfreien Raum. Ein solches Störungsverfahren ist auch in der vorliegenden Theorie ohne weiteres anwendbar. Es ist dazu nur nötig, auch die für die Inhomogenität der Wellengleichung maßgebende Matrix S nach Potenzen der Ladung zu entwickeln, und die einzelnen Glieder der Entwicklung im Störungsverfahren nach der Reihe in den verschiedenen Näherungen zu berücksichtigen. In der nullten Näherung wird man also, um von R_S auf r und damit auf Ladungs- und Stromdichte zu schließen, nur die Matrix S_0 von R_S zu subtrahieren haben. Stellt man die Wellenfunktion in der Form

$$\psi(x k) = \sum_n a_n u_n(x k) \tag{48}$$

dar, wobei dann die Gleichungen

$$a_n a_m^* + a_m^* a_n = \delta_{n m} \tag{49}$$

gelten, so wird (im folgenden soll stets $x_0' = x_0''$ gesetzt werden)

$$\begin{aligned} R_S &= \tfrac{1}{2}[\psi^*(x' k')\,\psi(x'' k'') - \psi(x'' k'')\,\psi^*(x' k')] \\ &= \sum_{n,m} \tfrac{1}{2}(a_n^* a_m - a_m a_n^*)\, u_n^*(x' k')\, u_m(x'' k''). \end{aligned} \tag{50}$$

Daraus folgt für r, wenn man die Definition von S_0 berücksichtigt:

$$r = \sum_{n,m} \tfrac{1}{2}\left(a_n^* a_m - a_m a_n^* + \frac{p_n^0}{|p_n^0|}\cdot \delta_{n m}\right) u_n^*(x' k')\, u_m(x'' k''). \tag{51}$$

Nach Jordan und Wigner[1]) stellt man die Operatoren a_n dar in der Form

$$a_n^* = N_n \Delta_n V_n; \quad a_n = V_n \Delta_n N_n, \tag{52}$$

wobei Δ_n die Zahl N_n in $1 - N_n$ verwandelt, und

$$V_n = \Pi_{t \leqq n}(1 - 2N_t)$$

gesetzt ist. Für die Zustände negativer Energie kann man jetzt einführen[2]):

$$\left.\begin{aligned} a_n^* &= a_n' = V_n' \Delta_n' N_n' = V_n \Delta_n N_n', \\ a_n &= a_n'^* = N_n' \Delta_n' V_n' = N_n' \Delta_n V_n, \end{aligned}\right\} \tag{53}$$

Es wird dann $N_n' = 1 - N_n$.

Für die Matrix r erhält man schließlich:

$$\begin{aligned} r &= \sum_{p_{0n} > 0} a_n^* a_n u_n^*(x' k')\, u_n(x'' k'') - \sum_{p_{0n} < 0} a_n'^* a_n' u_n^*(x' k')\, u_n(x'' k'') \\ &\quad + \sum_{n \neq m} a_n^* a_m u_n^*(x' k')\, u_m(x'' k'') \\ &= \sum_{p_{0n} > 0}^{n} N_n u_n^*(x' k')\, u_n(x'' k'') - \sum_{p_{0n} < 0}^{n} N_n' u_n^*(x' k')\, u_n(x'' k'') \\ &\quad + \sum_{n \neq m} a_n^* a_m u_n^*(x' k')\, u_m(x'' k''). \end{aligned} \tag{54}$$

---

[1]) P. Jordan u. E. Wigner, ZS. f. Phys. **47**, 631, 1928. — [2]) Vgl. z. B. W. Heisenberg, Ann. d. Phys. **10**, 888, 1931.

Diese Darstellung der Dichtematrix stimmt überein mit den Darstellungen, die von Pauli und Peierls[1]), Oppenheimer und Furry, Fock (l. c.) gewählt wurden. N_n bedeutet die Anzahl der Elektronen, N'_n die der Positronen, und die Symmetrie der Theorie im Vorzeichen der Ladung ist von vornherein gewahrt. Diese Darstellung ist aber nur in der nullten Näherung richtig. Geht man zur ersten Näherung über, so werden einerseits die Koeffizienten a_n als Funktionen der Zeit auch Glieder enthalten, die linear in den äußeren Feldstärken sind [vgl. z. B. l. c. Ann. d. Phys. **9**, 341, Gleichung (9)], andererseits werden zur Bildung von r noch die in e linearen Glieder der Matrix S subtrahiert werden müssen, also die Glieder

$$-\frac{e i}{\hbar c}\int_{P'}^{P''} A^\lambda \mathrm{d}\, x_\lambda \cdot S_0 + \frac{e}{48\pi^2\hbar c}\left\{\frac{x_\varrho\, x^\sigma}{x_\tau\, x^\tau}\cdot \alpha^\lambda\left(\frac{\partial F_{\lambda\sigma}}{\partial \xi_\varrho} - \delta_\lambda^\varrho \frac{\partial F_{\mu\sigma}}{\partial \xi_\mu}\right) + \alpha^\lambda \frac{\partial F_{\tau\lambda}}{\partial \xi_\tau}\log\left|\frac{x_\varrho x^\varrho}{C}\right|\right\}. \quad (55)$$

Diese Glieder, zusammen mit den in e linearen Gliedern in den Koeffizienten a_n geben dann einen Zusatz zur Matrix r, der zu einer endlichen Ladungs- und Stromdichte (erster Näherung) führt und der dazu dienen kann, die elektromagnetischen Felder in zweiter Näherung auszurechnen usw.

Statt dieses Verfahrens, das sich eng an die Integrationsmethoden der anschaulichen Theorie anschließt, kann man aber auch in der üblichen Weise eine Hamilton-Funktion bilden und dann die Störungstheorie in der zugehörigen Schrödinger-Gleichung durchführen. Zu diesem Zweck benutzen wir den Ausdruck für die Gesamtenergie, der aus Gleichung (16) folgt, gehen jedoch noch nicht zum limes $x^\lambda = 0$ über. Die Gesamtenergie nimmt dann die Form

$$\begin{aligned} E = \int \mathrm{d}\,\xi \Big\{ &- \Big(c i \hbar \frac{\partial}{\partial x_l} - \frac{e}{2}\Big[A^l\Big(\xi + \frac{x}{2}\Big) \\ &+ A^l\Big(\xi - \frac{x}{2}\Big)\Big]\Big) \sum_{k'k''} \alpha^l_{k'\,k''} \sum_{n\,m} \tfrac{1}{2}\,(a_n^* a_m - a_m a_n^*)\, u_n^*\Big(\xi + \frac{x}{2}, k'\Big) u_m\Big(\xi - \frac{x}{2}, k''\Big) \\ &- \sum_{k'k''} \beta_{k'\,k''}\, m\, c^2 \sum_{n\,m} \tfrac{1}{2}\,(a_n^* a_m - a_m a_n^*)\, u_n^*\Big(\xi + \frac{x}{2}, k'\Big) u_m\Big(\xi - \frac{x}{2}, k''\Big) \\ &- \sum_{k'} \Big(c i \hbar \frac{\partial}{\partial x_0} - \frac{e}{2}\Big[A^0\Big(\xi + \frac{x}{2}\Big) + A^0\Big(\xi - \frac{x}{2}\Big)\Big]\Big)\Big(\xi + \frac{x}{2}, k' |S| \xi - \frac{x}{2}, k'\Big) \\ &+ \frac{1}{8\pi}\,(\mathfrak{E}^2 + \mathfrak{H}^2)\Big\} \end{aligned} \quad (56)$$

[1]) Für die briefliche Mitteilung dieser Resultate möchte ich Herrn W. Pauli herzlich danken.

Zeitschrift für Physik *90*, 209–231 (1934)

an. Entwickelt man die Hamilton-Funktion wieder nach Potenzen der Elementarladung, und streicht man außerdem in den Gliedern $\mathfrak{E}^2 + \mathfrak{H}^2$ sowie in den entsprechenden Gliedern der Ausdrücke (14) die Nullpunktsenergie der Strahlung, so erhält man im limes $x \to 0$ für die Hamilton-Funktion nullter Ordnung:

$$H_0 = \sum_{E_n > 0} N_n E_n - \sum_{E_n < 0} N'_n E_n + \sum_{\mathfrak{g}\,\mathfrak{e}} M_{\mathfrak{g}\,\mathfrak{e}} h \nu_{\mathfrak{g}\,\mathfrak{e}}, \tag{57}$$

wobei $E_n = -c p_n^0$ gesetzt ist, und $M_{\mathfrak{g}\,\mathfrak{e}}$ die Anzahl der Lichtquanten im Zustand $\mathfrak{g}$ mit der Polarisation $\mathfrak{e}$ bedeutet. Ebenso ergibt sich für die Störungsenergie erster Ordnung im limes $x \to 0$ (A^0 wurde der Einfachheit halber $= 0$ gesetzt):

$$H_1 = \int d\xi\, e A^l(\xi) \sum_{k'\,k''} \alpha^l_{k'\,k''} \Big[\sum_{E_n > 0} N_n u_n^*(\xi k') u_n(\xi k'')$$

$$- \sum_{E_n < 0} N'_n u_n^*(\xi k') u_n(\xi k'') + \frac{1}{2} \sum_{n \neq m} (a_n^* a_m - a_m a_n^*) u_n^*(\xi k') u_m(\xi k'') \Big]. \tag{58}$$

In den Ausdrücken für H_0 und H_1 stimmt die vorliegende Theorie daher mit den Resultaten von Oppenheimer und Furry, Peierls, Fock überein. Wir erhalten jedoch noch Glieder höherer Ordnungen, die von der Matrix S herrühren. In diesen Gliedern kann auch der Übergang zum limes $x \to 0$ nicht sofort ausgeführt werden. Vielmehr müssen bei der Durchführung der Störungsrechnung bis zur zweiten Näherung zuerst die Glieder in H_2 kombiniert werden mit den von H_1 herrührenden Gliedern vom Typus $\frac{H_1^{n\,l} H_1^{l\,r}}{W_n - W_l}$, erst dann läßt sich der Grenzübergang $x \to 0$ ausführen und liefert ein bestimmtes Resultat für die Energie zweiter Ordnung.

In dieser Weise kann das Störungsverfahren im Prinzip fortgesetzt werden, wenn nicht eine unendliche Selbstenergie wie in der bisherigen Quantenelektrodynamik zur Divergenz des Verfahrens führt[1]). Die Störungsenergie H_2 hat die folgende Form:

$$H_2 = \int d\xi \Big[i \frac{e^2}{\hbar c} \Big(\int A^\lambda d x_\lambda \Big)^2 \frac{\partial}{\partial x_0} S_0 + \frac{1}{48\pi^2} \frac{e^2}{\hbar c} \frac{x_\lambda x^\sigma}{x_\varrho x^\varrho} A^\lambda \Big[\frac{\partial F_{0\sigma}}{\partial \xi_0} - \frac{\partial F_{\tau\sigma}}{\partial \xi_\tau} \Big]$$

$$- \frac{1}{96\pi^2} \frac{e^2}{\hbar c} \frac{x_\sigma x^\tau}{x_\varrho x^\varrho} F^{\mu\sigma} F_{\mu\tau}$$

$$+ \frac{1}{48\pi^2} \frac{e^2}{\hbar c} \log \left| \frac{x_\varrho x^\varrho}{C} \right| \cdot \Big(F_{\tau 0} F^{\tau 0} - \frac{1}{2} F_{\tau\mu} F^{\tau\mu} \Big) \Big]. \tag{59}$$

[1]) Vgl. hierzu V. Weisskopf, ZS. f. Phys. **89**, 27, 1934; ferner auch den Versuch, die unendliche Selbstenergie des Elektrons zu vermeiden, von M. Born Proc. Roy. Soc. London (A) **143**, 410 1934; M. Born u. L. Infeld, ebenda **144**, 425, 1934.

H_2 gibt wegen der Integration über ξ nur zu Matrixelementen Anlaß, die dem Entstehen oder Verschwinden von Lichtquanten des gleichen Impulses entsprechen; für die gewöhnlichen Prozesse, bei denen Lichtquanten emittiert oder absorbiert oder gestreut werden, spielen diese Matrixelemente also in erster Näherung keine Rolle. In der Störungsenergie H_3, die die Form

$$H_3 = \int d\xi \frac{e^3}{6 c^2 \hbar^2} (A^\lambda x_\lambda)^3 \frac{\partial S_0}{\partial x_0} \tag{60}$$

hat, werden drei Lichtquanten mit der Impulssumme Null kombiniert; H_4 endlich reduziert sich auf das Glied

$$\begin{aligned} H_4 &= \int d\xi \left[-i c \hbar \frac{1}{24} \left(-\frac{ie}{\hbar c} A^\lambda x_\lambda \right)^4 \frac{\partial S_0}{\partial x_0} \right] \\ &= \frac{1}{48 \pi^2} \left(\frac{e^2}{\hbar c} \right)^2 \frac{1}{\hbar c} \int d\xi \frac{(A^\lambda x_\lambda)^4}{(x_\varrho x^\varrho)^2}, \end{aligned} \tag{61}$$

und gibt Anlaß zu Matrixelementen, die zur Streuung von Licht an Licht führen (Verschwinden und Entstehen je zweier Lichtquanten mit gleicher Impulssumme). Auf die Tatsache, daß die Diracsche Theorie des Positrons die Streuung von Licht an Licht zur Folge hat — auch dort, wo die Energie der Lichtquanten zur Paarerzeugung nicht hinreicht —, haben schon Halpern[1]) und Debye[2]) unabhängig hingewiesen. Die Matrixelemente in H_4 geben aber noch keinen Aufschluß über die Größe dieser Streuung, da sie vorher mit den von niedrigeren Näherungen herrührenden Beiträgen kombiniert werden müssen, um ein Maß für die Wahrscheinlichkeit eines Streuprozesses zu liefern. Höhere Störungsglieder als H_4 treten nicht auf; H_5, H_6 usw. verschwinden alle im limes $x = 0$.

2. Anwendungen. Für die meisten praktischen Anwendungen, z. B. Paarerzeugung, Zerstrahlung, Compton-Streuung usw. liefert die hier durchgeführte Theorie nichts Neues gegenüber den bisherigen Formulierungen der Diracschen Theorie. Denn in allen genannten Fällen kann man die Störungsrechnung mit der zweiten Näherung abbrechen, und die neuen Glieder in H_2 tragen wegen ihrer speziellen Form nichts zu den gesuchten Übergangswahrscheinlichkeiten bei. Anders ist es bei dem vorhin genannten Problem der Streuung von Licht an Licht und bei der von Delbrück[3]) diskutierten kohärenten Streuung von γ-Strahlen an festen

[1]) O. Halpern, Phys. Rev. **44**, 885, 1934. — [2]) Für die freundliche Mitteilung seiner Überlegungen möchte ich Herrn Debye herzlich danken. — [3]) M. Delbrück, Diskussion der experimentellen Ergebnisse von Frl. L. Meitner und ihren Mitarbeitern, ZS. f. Phys. **84**, 144, 1933.

Zeitschrift für Physik 90, 209–231 (1934)

Ladungszentren; die Durchrechnung dieser Probleme ist jedoch so kompliziert, daß sie hier nicht versucht werden soll.

Wir wollen daher die Anwendungen beschränken auf ein Beispiel, bei dem die Glieder H_2 in Gleichung (59) wichtig werden; es soll die mit einem Lichtquant verbundene Materiedichte und insbesondere die sich auf Grund dieser Materiedichte ergebende Selbstenergie des Lichtquants behandelt werden. Sieht man zunächst von den Gliedern H_2 ab und rechnet nach den bisher üblichen Methoden, so stellt sich der Vorgang folgendermaßen dar: Da in H_1 [Gleichung (58)] Matrixelemente auftreten, die der Verwandlung eines Lichtquants in ein Paar entsprechen, so erzeugt ein Lichtquant in seiner Umgebung ein Materiefeld — ähnlich, wie ein Elektron in seiner Umgebung ein Maxwellsches Feld erzeugt. Die Energie dieses Materiefeldes wird unendlich, in genauer Analogie zur unendlichen Selbstenergie der Elektronen. Ein Teil der singulären Glieder in der unendlichen Selbstenergie der Lichtquanten verschwindet nun, wenn man die Störungsglieder H_2 berücksichtigt. Denn diese sind gerade so eingerichtet, daß für eine klassische Lichtwelle keine unendliche Selbstenergie auftreten würde. Trotzdem zeigt die folgende Rechnung, daß ein durch die Anwendung der Quantentheorie bedingter unendlicher Teil der Selbstenergie übrig bleibt. Die Analogie zur Selbstenergie der Elektronen ist hier vollständig; denn auch eine kontinuierliche Ladungsverteilung würde nach der Maxwellschen Theorie nur zu einer endlichen Selbstenergie führen; erst die „Quantelung" der Ladungsverteilung führt zur unendlichen Selbstenergie. Stellt man die Quantelung des elektromagnetischen Feldes durch das Bild punktförmiger Lichtquanten dar, so ist das Unendlichwerden der Selbstenergie auch in der anschaulichen Theorie der Materiewellen einleuchtend, da die Inhomogenität in Gleichung (11) die Feldstärken und deren erste und zweite Ableitungen enthält, die in der Nähe des Lichtquants singulär werden.

Für die Berechnung der gesuchten Selbstenergie kann man ausgehen von einer bekannten Formel der Störungstheorie für die Energie zweiter Ordnung

$$W_2 = H_0 s_1^2 - s_1 H_0 s_1 + s_1 H_1 - H_1 s_1 + H_2. \tag{62}$$

Hierin bedeuten H_0, H_1, H_2 die verschiedenen Glieder der Hamilton-Funktion, s_1 ist das erste Glied der für die kanonische Transformation

$$W = s H s^{-1} \tag{63}$$

charakteristischen Matrix:

$$s = 1 + s_1 + \cdots. \tag{64}$$

Dem Sinn der im vorigen Abschnitt geschilderten Methode nach sind die Matrizen H in Gleichung (62) zunächst für endliche Abstände x_λ zu nehmen, erst am Schluß soll der Grenzübergang $x_\lambda \to 0$ vollzogen werden. Die Matrix s_1 ist aus dem Wert von H_1 im limes $x_\lambda = 0$ in der üblichen Weise zu berechnen:

$$s_1^{lm} = \frac{H_{1\,(x=0)}^{lm}}{W_0^l - W_0^m}. \tag{65}$$

Das Element der Matrix H_1 ($x = 0$), welches zur gleichzeitigen Entstehung eines Elektrons vom Impuls $\mathfrak{p}''$, eines Positrons vom Impuls $\mathfrak{p}'$ und zum Verschwinden eines Lichtquants vom Impuls $\mathfrak{g}$ (Polarisationsrichtung $\mathfrak{e}$) gehört, hat die Form:

$$\frac{e\hbar}{\sqrt{V}}\sqrt{\frac{c}{g}}\,(\mathfrak{p}', p_0 < 0 \,|\, \alpha\,\mathfrak{e} \,|\, \mathfrak{p}'', p_0'' > 0)\cdot M_{\mathfrak{g},\mathfrak{e}}^{\frac{1}{2}}, \tag{66}$$

wobei V das Volumen darstellt, das durch die periodischen Randbedingungen vorgegeben ist, und $M_{\mathfrak{g},\mathfrak{e}}$ die Anzahl der Lichtquanten im Zustand $\mathfrak{g}, \mathfrak{e}$ bedeutet. Ferner ist

$$(\mathfrak{p}', p_0' < 0 \,|\, \alpha\,\mathfrak{e} \,|\, \mathfrak{p}'', p_0'' > 0) = \int d\mathfrak{r} \sum_{k'k''} u^*_{\mathfrak{p}', p_0' < 0}\,(\alpha^l \mathfrak{e}_l)\, u_{\mathfrak{p}'', p_0'' > 0} \tag{67}$$

gesetzt.

Geht man nun mit den aus (65) und (66) folgenden Ausdrücken für s_1 in Gleichung (62) ein — wobei man außer den Matrixelementen (66) auch noch die berücksichtigen muß, die dem Prozeß: gleichzeitige Entstehung von Elektron, Positron und Lichtquant entsprechen —, so erhält man von den Gliedern $s_1 H_1 - H_1 s_1$ Beiträge, die endlich bleiben, solange $x_\lambda x^\lambda$ nicht verschwindet, und die, wenn man sie mit den entsprechenden Gliedern in H_2 kombiniert, auch im limes $x_\lambda \to 0$ einen endlichen Beitrag zu W_2 liefern. Dies gilt jedoch nicht für die Anteile $(H_0 s_1 - s_1 H_0)\, s_1$. Zerlegt man H_0 in einen zu den Materiewellen und einen zu den Lichtwellen gehörigen Teil, so gibt zwar der erste auch einen für $x_\lambda x^\lambda \neq 0$ endlichen Beitrag, der mit H_2 kombiniert im limes $x_\lambda \to 0$ endlich viel zu W_2 beisteuert. Der zum elektromagnetischen Feld gehörige Teil hängt jedoch gar nicht von x_λ ab, er führt zu der Summe

$$\sum_{\mathfrak{p}' + \mathfrak{p}'' = \mathfrak{g}} |(\mathfrak{p}' \,|\, s_1 \,|\, \mathfrak{p}'')|^2\, g\, c. \tag{68}$$

Diese Summe divergiert; man kann den Ausdruck (68) unmittelbar als die unendliche Selbstenergie der Lichtquanten bezeichnen; führt man die

Zeitschrift für Physik 90, 209–231 (1934)

Summation in (68) nur bis zu großen, aber endlichen Werten $|\mathfrak{p}'| = P$ aus und berücksichtigt nur den zu $M_{\mathfrak{g},\mathfrak{e}}$ proportionalen Teil in (62), so erhält man einen Ausdruck der Form

$$g \cdot c \cdot M_{\mathfrak{g},\mathfrak{e}} \cdot \frac{e^2}{\hbar c} \log \frac{P}{mc}. \tag{69}$$

In der Quantentheorie der Wellenfelder ist der Anwendungsbereich der Diracschen Formulierung der Positronentheorie also nicht wesentlich größer als der Anwendungsbereich der elementaren Formeln von Pauli, Peierls, Fock, Oppenheimer und Furry. Die Gleichungen (48) bis (61) zeigen jedoch, wie diese Formeln als erste Schritte eines konsequenten Näherungsverfahrens aufgefaßt werden können, das den Forderungen der relativistischen und der Eichinvarianz genügt; ferner liefert der hier beschriebene Formalismus endliche Erwartungswerte für Strom- und Energiedichte in erster Näherung auch dort, wo die elementaren Formeln zu unendlichen Werten führen. Daß schon in der zweiten Näherung der Quantentheorie der Wellenfelder Divergenzen auftreten würden, war nach den bisherigen Ergebnissen der Quantenelektrodynamik zu erwarten.

Der Umstand, daß erst die Anwendung der Quantentheorie zu Divergenzen führt, die in der anschaulichen Theorie der Wellenfelder nicht auftreten, legt die Vermutung nahe, daß zwar diese anschauliche Theorie schon im wesentlichen die richtige korrespondenzmäßige Beschreibung des Geschehens enthält, daß jedoch der Übergang zur Quantentheorie nicht in der primitiven Weise vorgenommen werden kann, wie es in den bisher vorliegenden Theorien versucht wird. In der Diracschen Theorie des Positrons ist ferner eine reinliche Scheidung der auftretenden Felder in Materiefelder und elektromagnetische Felder kaum mehr möglich; dies geht insbesondere daraus hervor, daß in der Quantentheorie der Wellen die Matrix R_S — nicht die Matrix r — einfach durch die Materiewellenfunktionen ψ dargestellt werden kann. Es dürfte also erst in einer einheitlichen Theorie von Materie- und Lichtfeldern, die der Sommerfeldschen Konstanten $e^2/\hbar c$ einen bestimmten Wert gibt, eine widerspruchsfreie Vereinigung der Forderungen der Quantentheorie mit denen der Korrespondenz zur anschaulichen Feldtheorie möglich sein.

Sächs. Akad. Wiss. (Leipzig). Berichte d. math.-phys. Kl. *86*, 317–322 (1934)

Über die mit der Entstehung von Materie aus Strahlung verknüpften Ladungsschwankungen

Von

W. Heisenberg

Die Diracsche Theorie[1]) des Positrons hat gezeigt, daß Materie aus Strahlung entstehen kann, indem z. B. ein Lichtquant sich in ein negatives und ein positives Elektron verwandelt. Dieses auch experimentell bestätigte Ergebnis hat zur Folge, daß überall dort, wo zur Messung eines physikalischen Sachverhalts große elektromagnetische Felder benötigt werden, mit einer bisher nicht beachteten Störung des Beobachtungsobjektes durch das Beobachtungsmittel gerechnet werden muß, nämlich mit der Erzeugung von Materie durch den Meßapparat. So gering diese Störung für die üblichen Experimente auch sein mag, ihre Berücksichtigung ist für das Verständnis der Theorie des Positrons von prinzipieller Bedeutung.

Zu ihrer näheren Untersuchung in einem sehr einfachen Fall betrachten wir ein quantenmechanisches System von freien negativen Elektronen, die sich gegenseitig nicht merklich beeinflussen; ihre Anzahl pro ccm sei $\frac{N}{V}$. In einem Volumen $v (v \ll V)$ wird dann im Mittel die Ladung

$$\bar{e} = -\varepsilon N \frac{v}{V} \tag{1}$$

zu finden sein (ε ist der Absolutbetrag der Elementarladung). Für das mittlere Schwankungsquadrat der Ladung im Volumen v würde man nach der klassischen Statistik den Wert

$$\overline{\Delta e^2} = \varepsilon^2 N \frac{v}{V} \tag{2}$$

erwarten. Es soll nun gezeigt werden, daß sich nach der Diracschen Theorie im allgemeinen ein größeres Schwankungsquadrat ergibt. Der Überschuß gegenüber Gl. (2) ist auf die mögliche Entstehung von Materie bei der Messung der Ladung im Volumen v zurückzuführen.

---

1) P. A. Dirac, The principles of Quantum mechanic . p. 255. Oxford 1930. Proc. Cambr. Phil. Soc. 30, 150, 1934.

Sächs. Akad. Wiss. (Leipzig). Berichte d. math.-phys. Kl. *86*, 317–322 (1934)

Die Eigenfunktionen der Elektronen hängen vom Ort $\mathfrak{r}$, der Zeit t und der Spinvariable σ ab, sie sollen $u_n(\mathfrak{r}, t, \sigma)$ heißen und in einem Volumen V ($V \gg v$) normiert sein. Die allgemeine Wellenfunktion der Materie wird dann

$$\psi(\mathfrak{r}, t, \sigma) = \sum_n a_n u_n(\mathfrak{r}, t, \sigma), \tag{3}$$

wobei wegen des Paulischen Ausschließungsprinzips die V.R.

$$a_n^* a_m + a_m a_n^* = \delta_{nm} \tag{4}$$

gelten. Daraus folgt

$$a_n^* a_n = N_n; \quad a_n a_n^* = 1 - N_n. \tag{5}$$

Für die Zustände negativer Energie ($E_n < 0$) soll noch eingeführt werden:

$$a_n' = a_n^*; \quad a_n'^* = a_n; \quad N_n' = 1 - N_n. \tag{6}$$

Es bedeutet dann N_n die Anzahl der Elektronen im Zustand n, N_n' die Anzahl der Positronen im Zustand n.

Für die Ladungsdichte ergibt sich nach der Diracschen Theorie der folgende Ausdruck[1]):

$$-\varepsilon \sum_\sigma \Big[\sum_{E_n>0}' N_n u_n^* u_n - \sum_{E_n<0} N_n' u_n^* u_n + \sum_{n \neq m} a_n^* a_m u_n^* u_m\Big]. \tag{7}$$

Für die Ladung e im Volumen v erhält man daher

$$e = -\varepsilon \Big[\sum_{E_n>0} N_n \cdot \frac{v}{V} - \sum_{E_n<0} N_n' \frac{v}{V} + \sum_{n \neq m} a_n^* a_m \sum_\sigma \int_v d\mathfrak{r}\, u_n^*(\mathfrak{r} t \sigma)\, u_m(\mathfrak{r} t \sigma)\Big]. \tag{8}$$

Aus Gründen, die von Bohr und Rosenfeld[2]) ausführlich diskutiert wurden, soll der zeitliche Mittelwert von e über ein endliches Intervall T betrachtet werden, wobei auch die Grenzen des Intervalls eventuell noch unscharf gelassen werden. Wir führen daher eine Funktion $f(t)$ ein, die nur im Bereich $0 \lesssim t \lesssim T$ von Null verschieden ist und für die

$$\int f(t)\, dt = 1.$$

Auch die Grenzen des Volumens v sollen eventuell unscharf bleiben; es soll daher $g(\mathfrak{r})$ eine Funktion von $\mathfrak{r}$ bedeuten, die in v bis auf die Umgebung der Grenzen 1 ist, außen verschwindet und für die $\int d\mathfrak{r}\, g(\mathfrak{r}) = v$. Der entsprechende zeitliche und räumliche Mittelwert der Ladung e wird dann

1) Vgl. z. B. W. H. Furry u. J. R. Oppenheimer, Phys. Rev. 45, 245, 1934.

2) N. Bohr und L. Rosenfeld, Verh. der Kgl. Dän. Gesellsch. d. Wiss. XII, 8, 1933.

$$\bar{e} = -\varepsilon\left[\sum_{E_n>0} N_n \frac{v}{V} - \sum_{E_n<0} N_n' \frac{v}{V} + \sum_{n \neq m} a_n^* a_m \iint dt\, d\mathfrak{r} \sum f(t)\, g(\mathfrak{r})\, u_n^*(\mathfrak{r} t \sigma)\, u_m(\mathfrak{r} t \sigma)\right]. \quad (9)$$

Bildet man nun den Erwartungswert $\bar{\bar{e}}$ von $\bar{e}$ für denjenigen Zustand, bei dem die Anzahlen N_n bekannte c-Zahlen sind, so erhält man

$$\bar{\bar{e}} = -\varepsilon\left[\sum_{E_n>0} N_n - \sum_{E_n<0} N_n'\right]\frac{v}{V}. \quad (10)$$

in Übereinstimmung mit Gl. (1). Für den Erwartungswert des Schwankungsquadrats ergibt sich jedoch:

$$\begin{aligned}
\overline{\overline{(\Delta \dot{e})^2}} = \overline{\bar{e}^2} - \bar{\bar{e}}^2 &= \varepsilon^2 \sum_{n \neq m} \sum_{n' \neq m'} \overline{a_n^* a_m a_{n'}^{*} a_{m'}} \sum_{\sigma\sigma'} \int dt \int dt' \int d\mathfrak{r} \\
&\quad \int d\mathfrak{r}'\, f(t)\, f(t')\, g(\mathfrak{r})\, g(\mathfrak{r}')\, u_n^*(\mathfrak{r} t \sigma)\, u_m(\mathfrak{r} t \sigma)\, u_{n'}^*(\mathfrak{r}' t' \sigma')\, u_{m'}(\mathfrak{r}' t' \sigma') \\
&= \varepsilon^2 \sum_{n \neq m} N_n (1 - N_m) \sum_{\sigma\sigma'} \int dt \int dt' \int d\mathfrak{r} \qquad (11) \\
&\quad \int d\mathfrak{r}'\, f(t)\, f(t')\, g(\mathfrak{r})\, g(\mathfrak{r}')\, u_n^*(\mathfrak{r} t \sigma)\, u_n(\mathfrak{r}' t' \sigma')\, u_m^*(\mathfrak{r}' t' \sigma')\, u_m(\mathfrak{r} t \sigma) \\
&= \varepsilon^2 \sum_{n \neq m} N_n (1 - N_m)\, J_{nm}.
\end{aligned}$$

Diesen Ausdruck kann man in drei Teile zerlegen. Der erste wäre bereits vorhanden, wenn die Erwartungswerte der N_n für $E_n > 0$ und N_n' für $E_n < 0$ alle verschwinden, d. h. im Vakuum (man beachte $J_{nm} = J_{mn}$):

$$\varepsilon^2 \sum_{E_n>0;\, E_m<0} J_{nm}. \quad (12)$$

Ein zweiter Teil wird, wenn nur negative Elektronen vorhanden sind ($N' = 0$):

$$\varepsilon^2 \sum_{E_n>0} N_n \left(\sum_{E_m>0} - \sum_{E_m<0}\right) J_{nm}. \quad (13)$$

Schließlich bleibt noch als dritter Teil

$$-\varepsilon^2 \sum_{E_n>0;\, E_m>0} N_n N_m J_{nm} \quad (14)$$

übrig. Dieser dritte Teil enthält jedoch, wie man aus (11) berechnet, den Faktor $\left(\frac{v}{V}\right)^2$; er kann daher gegenüber den beiden ersten vernachlässigt werden, wenn — wie angenommen wurde — $v \ll V$ ist.

Für die Berechnung des zweiten Teils (13) bemerken wir zunächst, daß

$$\begin{aligned}
&\left(\sum_{E_m>0} - \sum_{E_m<0}\right) u_m^*(\mathfrak{r}' t' \sigma')\, u_m(\mathfrak{r} t \sigma) \qquad (15) \\
&= \int \frac{d\mathfrak{p}}{h^3} \frac{1}{2}\left\{\left(1 - \frac{\alpha_i p_i + \beta m c}{p_0}\right)_{\sigma\sigma'} e^{\frac{i}{\hbar}\left[\mathfrak{p}(\mathfrak{r}-\mathfrak{r}') - p_0 c (t - t')\right]} - \left(1 + \frac{\alpha_i p_i + \beta m c}{p_0}\right)_{\sigma\sigma'} e^{\frac{i}{\hbar}\left[\mathfrak{p}(\mathfrak{r}-\mathfrak{r}') + p_0 c (t - t')\right]}\right\}.
\end{aligned}$$

Sächs. Akad. Wiss. (Leipzig). Berichte d. math.-phys. Kl. *86*, 317–322 (1934)

Es wird also

$$\Big(\sum_{E_m>0}-\sum_{E_m<0}\Big)J_{nm}=\sum_{\sigma\sigma'}\int dt\int dt'\int d\mathfrak{r}\int d\mathfrak{r}'\, f(t)\, f(t')\, g(\mathfrak{r})\, g(\mathfrak{r}')\cdot\int\frac{d\mathfrak{p}}{h^3}\frac{1}{2}\Big\{\Big\}$$

$$\cdot\, u_n^*(\mathfrak{r}\, t\,\sigma)\, u_n(\mathfrak{r}'\, t'\,\sigma')=\int\frac{d\mathfrak{p}}{h^3}\sum_{\sigma\sigma'}\frac{1}{2}\Big\{\Big(1-\frac{a_i p_i+\beta m c}{p_0}\Big)_{\sigma\sigma'}|f(p_0-p_0^n)|^2$$

$$-\Big(1+\frac{a_i p_i+\beta m c}{p_0}\Big)_{\sigma\sigma'}|f(p_0+p_0^n)|^2\Big\}|g(\mathfrak{p}-\mathfrak{p}^n)|^2\, b_n^*(\sigma)\, b_n(\sigma'),$$

wobei

$$\begin{aligned} f(p_0) &= \int dt\, f(t)\, e^{\frac{i}{\hbar}p_0 c t} \\ g(\mathfrak{p}) &= \int d\mathfrak{r}\, g(\mathfrak{r})\, e^{\frac{i}{\hbar}\mathfrak{p}\mathfrak{r}} \\ u_n(\mathfrak{r}\, t\,\sigma) &= b_n(\sigma)\, e^{\frac{i}{\hbar}(\mathfrak{p}^n\mathfrak{r}-p_0^n t)} \end{aligned} \tag{16}$$

gesetzt ist. Aus der Wellengleichung folgt dann weiter

$$\begin{aligned}\Big(\sum_{E_m>0}-\sum_{E_m<0}\Big)J_{nm}=\frac{1}{V}\int\frac{d\mathfrak{p}}{h^3}\frac{1}{2}\Big\{&\Big(1+\frac{p_i^n p_i+(mc)^2}{p_0 p_0^n}\Big)|f(p_0-p_0^n)|^2\\ &-\Big(1-\frac{p_i^n p_i+(mc)^2}{p_0 p_0^n}\Big)|f(p_0+p_0^n)|^2\Big\}|g(\mathfrak{p}-\mathfrak{p}^n)|^2.\end{aligned} \tag{17}$$

Wenn die zum Zustand n gehörige Wellenlänge klein ist gegen die räumliche Ausdehnung des Gebiets v und wenn ferner die Zeit, über die gemittelt werden soll, so klein ist, daß die Elektronen in dieser Zeit nur Strecken durchlaufen, die ebenfalls klein sind im Verhältnis zur räumlichen Ausdehnung von v, so ist $g(\mathfrak{p}\text{-}\mathfrak{p}^n)$ als sehr schnell veränderlich gegenüber dem Bruch

$$\frac{p_i^n p_i+(mc)^2}{p_0 p_0^n}$$

anzusehen, ferner kann in dieser Annäherung $|f(p_0-p_0^n)|^2\sim 1$ gesetzt werden. Dann wird

$$\Big(\sum_{E_m>0}-\sum_{E_m<0}\Big)J_{nm}\approx\frac{1}{V}\int\frac{d\mathfrak{p}}{h^3}|g(\mathfrak{p}-\mathfrak{p}^n)|^2=\frac{1}{V}\int d\mathfrak{r}\, g^2(\mathfrak{r})\approx\frac{v}{V}, \tag{18}$$

und für den zweiten Teil des Schwankungsquadrats erhält man:

$$\varepsilon^2\Big(\sum_{E>0}N_n\Big)\cdot\frac{v}{V}, \tag{19}$$

in Übereinstimmung mit Gl. (2).

Hierzu kommt nun noch der erste Teil, der auch im Vakuum auftritt:

$$\varepsilon^2\sum_{E_n>0;\, E_m<0}J_{nm}.$$

Ähnlich wie in Gl. (15) findet man:

$$\left.\begin{aligned}\sum_{E_n>0;\,E_m<0} J_{nm} &= \int dt \int dt' \int d\mathfrak{r} \int d\mathfrak{r}' \sum_{\sigma\sigma'} f(t)\,f(t')\,g(\mathfrak{r})\,g(\mathfrak{r}') \int \frac{d\mathfrak{p}}{h^3} \int \frac{d\mathfrak{p}'}{h^3}\, \frac{1}{4}\left(1 - \frac{\alpha_i p_i + \beta m c}{p_0}\right) \\ &\qquad \left(1 + \frac{\alpha_i p_i' + \beta m c}{p_0'}\right) e^{\frac{i}{\hbar}[(\mathfrak{p}-\mathfrak{p}')(\mathfrak{r}-\mathfrak{r}') - (p_0+p_0')(t-t')]} \\ &= \int dt \int dt' \int d\mathfrak{r} \int d\mathfrak{r}'\, f(t)\,f(t')\,g(\mathfrak{r})\,g(\mathfrak{r}') \int \frac{d\mathfrak{p}}{h^3} \int \frac{d\mathfrak{p}'}{h^3}\, \frac{p_0 p_0' - \mathfrak{p}\mathfrak{p}' - m^2c^2}{p_0 p_0'}\, e^{\frac{i}{\hbar}[(\mathfrak{p}-\mathfrak{p}')(\mathfrak{r}-\mathfrak{r}') - (p_0+p_0')(t-t')]} \\ &= \int \frac{d\mathfrak{p}}{h^3} \int \frac{d\mathfrak{p}'}{h^3} \left| f(p_0+p_0') \right|^2 \cdot \left| g(\mathfrak{p}-\mathfrak{p}') \right|^2 \frac{p_0 p_0' - \mathfrak{p}\mathfrak{p}' - m^2c^2}{p_0 p_0'}\,. \end{aligned}\right\} \quad (20)$$

Setzt man $g(\mathfrak{r}) = 1$ in einem rechteckigen, scharf umgrenzten Volumen mit den Seiten l_1, l_2, l_3 u. außerhalb Null, so wird

$$g(\mathfrak{p}) = \int d\mathfrak{r}\, g(\mathfrak{r})\, e^{\frac{i}{\hbar}\mathfrak{p}\mathfrak{r}} = \int_0^{l_1} dx \int_0^{l_2} dy \int_0^{l_3} dz\, e^{\frac{i}{\hbar}(p_x x + p_y y + p_z z)} = \left(\frac{e^{\frac{i}{\hbar}p_x l_1} - 1}{\frac{i}{\hbar}p_x}\right)\left(\frac{e^{\frac{i}{\hbar}p_y l_2} - 1}{\frac{i}{\hbar}p_y}\right)\left(\frac{e^{\frac{i}{\hbar}p_z l_3} - 1}{\frac{i}{\hbar}p_z}\right) \quad (21)$$

$$\text{u.} \quad \left| g^2(\mathfrak{p}) \right| = \frac{\hbar^6}{p_x^2 p_y^2 p_z^2}\, 64 \sin^2 \frac{p_x l_1}{2\hbar} \sin^2 \frac{p_y l_2}{2\hbar} \sin^2 \frac{p_z l_3}{2\hbar}\,.$$

Begrenzt man das Zeitintervall scharf, so wird

$$f(p_0) = \frac{1}{T}\int_0^T dt\, e^{\frac{i}{\hbar}p_0 c t} = \frac{e^{\frac{i}{\hbar}p_0 c T} - 1}{\frac{i}{\hbar}p_0 c T}\,; \quad \left| f(p_0) \right|^2 = 4 \cdot \frac{\sin^2 \frac{p_0 c T}{2\hbar}}{\left(\frac{p_0 c T}{\hbar}\right)^2}\,. \quad (22)$$

Setzt man die Werte (21) und (22) in Gl. (20) ein, so divergiert das Integral auf der rechten Seite von Gl. (20). Man erkennt dies am einfachsten, indem man als neue Integrationsvariabeln $\mathfrak{p} - \mathfrak{p}' = \mathfrak{k}$ und $\frac{\mathfrak{p} + \mathfrak{p}'}{2} = \mathfrak{P}$ einführt; es wird dann:

$$\sum_{E_n>0;\,E_m<0} J_{nm} = \int \frac{d\mathfrak{k}}{h^3} \int \frac{d\mathfrak{P}}{h^3} \left| f(p_0+p_0') \right|^2 \cdot \left| g(\mathfrak{k}) \right|^2 \frac{\sqrt{\left(\mathfrak{P}^2 + \frac{\mathfrak{k}^2}{4} + m^2c^2\right)^2 - (\mathfrak{P}\mathfrak{k})^2} - \mathfrak{P}^2 + \frac{\mathfrak{k}^2}{4} - m^2c^2}{\sqrt{\left(\mathfrak{P}^2 + \frac{\mathfrak{k}^2}{4} + m^2c^2\right)^2 - (\mathfrak{P}\mathfrak{k})^2}}\,. \quad (23)$$

Bei einem vorgegebenen großen Wert von $\mathfrak{k}$ ($k \gg mc$) ergibt die Integration über $\mathfrak{P}$, die konvergiert, einen Faktor der ungefähren Größe $\frac{k}{\hbar\,(cT)^2}$ zu $|g(\mathfrak{k})^2|$; die Integration über $\mathfrak{k}$ führt dann im wesentlichen auf das Integral

$$\int \frac{k}{k_x^2 \cdot k_y^2 \cdot k_z^2}\, dk_x\, dk_y\, dk_z \sin^2 \frac{k_x l_1}{2\hbar} \sin^2 \frac{k_y l_2}{2\hbar} \sin^2 \frac{k_z l_3}{2\hbar}\,,$$

das divergiert. Das Schwankungsquadrat von $\bar{e}$ wird also unendlich groß, wenn man das Raum-Zeitgebiet, über das man die Mittelung der Ladung ausführt, scharf begrenzt. Dieses Ergebnis entspricht den Resultaten, die sich bei der Untersuchung der Energieschwankungen in einem Strahlungsfeld herausgestellt haben[1]). Auch dort erwies es sich als notwendig, das Raum-

1) Vgl. W. Heisenberg, Verh. d. Sächs. Ak. 83, 3, 1931.

Sächs. Akad. Wiss. (Leipzig). Berichte d. math.-phys. Kl. *86*, 317–322 (1934)

gebiet, in dem die Energie aufgesucht werden soll, unscharf zu begrenzen. Für die Ladungsschwankungen der Gl. (20) genügt es, entweder die Grenzen des Zeitintervalls oder die des Raumintervalls in geeigneter Weise unscharf zu wählen. Nehmen wir z. B. an, daß die Größe $g(\mathfrak{r})$ in einem Gebiet der Breite b in der Umgebung des Randes von v etwa nach der Art einer Gaußschen Fehlerfunktion von 1 auf 0 abnimmt. Dann verschwindet $g(\mathfrak{p})$ für Werte von $p > \frac{\hbar}{b}$ ebenfalls wie die Fehlerfunktion; nimmt man weiter an, daß die Zeit T klein sei gegen $\frac{b}{c}$, so kann man in genügender Approximation den Bruch in (23) entwickeln für $k^2 \ll \mathfrak{P}^2 + m^2c^2$. Es ergibt sich dann

$$\sum_{E_n>0,\ E_m<0} J_{nm} = \int \frac{d\mathfrak{k}}{\hbar^3} \int \frac{d\mathfrak{P}}{\hbar^3} \, |f(2P)|^2 \, |g(\mathfrak{k})|^2 \, \frac{\mathfrak{k}^2 - \frac{(\mathfrak{P}\mathfrak{k})^2}{P^2}}{2(P^2 + m^2c^2)} . \tag{24}$$

Bis auf unwesentliche konstante Faktoren wird daraus

$$\frac{1}{\hbar^2 c T} \int \frac{d\mathfrak{k}}{\hbar^3} \, |g(\mathfrak{k})|^2 \, \mathfrak{k}^2 \qquad \text{für } T \ll \frac{\hbar}{mc^2},$$

$$\frac{1}{\hbar (cT)^2 \cdot mc} \int \frac{d\mathfrak{k}}{\hbar^3} \, |g(\mathfrak{k})|^2 \, \mathfrak{k}^2 \qquad \text{für } T \gg \frac{\hbar}{mc^2}.$$

Für die Größenordnung des ersten Teiles des Schwankungsquadrats erhält man daher $\left(\text{für } l_1 \sim l_2 \sim l_3 = \sqrt[3]{v}\right)$:

$$\left.\begin{aligned} \overline{(\Delta e)^2} &\sim \frac{\varepsilon^2}{\hbar c T} \frac{\hbar}{b} v^{\frac{2}{3}} = \varepsilon^2 \frac{v^{\frac{2}{3}}}{cT \cdot b} && \text{für } T \ll \frac{\hbar}{mc^2} \\ \overline{(\Delta e)^2} &\sim \varepsilon^2 \frac{v^{\frac{2}{3}} \hbar}{(cT)^2 \cdot mc \cdot b} && \text{für } T \gg \frac{\hbar}{mc^2}. \end{aligned}\right\} \tag{25}$$

Der Faktor $v^{\frac{2}{3}}$ zeigt hier deutlich, daß es sich bei diesen Schwankungen um einen Oberflächeneffekt handelt, der davon herrührt, daß an den Wänden, die das vorgegebene Volumen v abgrenzen, Materie entstehen kann. Er wird um so größer, je kleiner die Zeit gewählt wird, in der die Messung der Ladung vorgenommen werden soll und je schärfer die Begrenzung des Volumens ist. Diese Ergebnisse dürften eng zusammenhängen mit dem Umstand, daß die für die Erzeugung von Materie maßgebende Inhomogenität der Diracschen Gleichung die zweiten Ableitungen der elektromagnetischen Feldstärken enthält, daß also eine Unstetigkeit im ersten Differentialquotienten der Feldstärken bereits zur Entstehung von unendlich viel Materie Anlaß geben könnte.

Zusammenfassend sei festgestellt, daß bei der Messung der Ladung in einem vorgegebenen Raum-Zeitgebiet Schwankungen auftreten, die in der klassischen Theorie kein Analogon besitzen; sie werden verursacht durch die Materie, die an der Oberfläche des betrachteten Raumgebiets bei der Messung entsteht.

Berichtigung zu der Arbeit: „Bemerkungen zur Diracschen Theorie des Positrons"[1]).

Von **W. Heisenberg** in Leipzig.

(Eingegangen am 5. November 1934.)

Die Herren Euler und Kockel haben mich freundlicherweise darauf aufmerksam gemacht, daß in den Gleichungen (59), (60) und (61) der oben genannten Arbeit ein Rechenfehler unterlaufen ist. Auf den rechten Seiten dieser Gleichungen muß noch, wie in Gleichung (56) angegeben ist, die Summation über die Spinindizes vorgenommen werden, was bei den Gliedern, die S_0 nicht enthalten, einfach eine Multiplikation mit dem Faktor 4 bedeutet. Ferner hat mich Herr Weisskopf darauf hingewiesen, daß die Schreibweise der Formel (68) irreführend ist. Man müßte sie vielleicht konsequenter

$$\sum_{\mathfrak{p}'+\mathfrak{p}''=\mathfrak{g}} \{ |(-; M_{\mathfrak{g},e} | s_1 | \mathfrak{p}', \mathfrak{p}''; M_{\mathfrak{g},e} - 1)|^2 - |(-; M_{\mathfrak{g},e} | s_1 | \mathfrak{p}', \mathfrak{p}''; M_{\mathfrak{g},e} + 1)|^2 \}$$

schreiben. Herr Teller zeigte mir, daß auf S. 215, Zeile 9 das Wort „quadratisch" durch „linear" zu ersetzen ist. Schließlich bemerkte Herr Payne, daß die Bezeichnungen nicht genau denen der Diracschen Arbeit angepaßt und daß dadurch Fehler entstanden sind. In den rechten Seiten der Gleichungen (1), (12), (45) und den entsprechenden Ausdrücken in anderen Gleichungen, ferner in den $\alpha^{\lambda}_{k' k''}$ der Gleichungen (16) bis (21), (56), (58) sind die gestrichenen Größen mit den ungestrichenen zu vertauschen; im Ausdruck für s_λ [Gleichung (16)] und den Ausdrücken $V_n \Delta_n N'_n$, $N'_n \Delta_n V_n$ in Gleichung (53) muß das Vorzeichen geändert werden. Für diese Korrekturen möchte ich ihren Urhebern danken.

Die in der Arbeit abgeleiteten Resultate werden durch diese Verbesserungen nicht verändert.

---

[1]) ZS. f. Phys. **90**, 209, 1934.

With H. Euler in Zeitschrift für Physik *98*, 714–732 (1936)

Folgerungen aus der Diracschen Theorie des Positrons.

Von **W. Heisenberg** und **H. Euler** in Leipzig.

Mit 2 Abbildungen. (Eingegangen am 22. Dezember 1935.)

Aus der Diracschen Theorie des Positrons folgt, da jedes elektromagnetische Feld zur Paarerzeugung neigt, eine Abänderung der Maxwellschen Gleichungen des Vakuums. Diese Abänderungen werden für den speziellen Fall berechnet, in dem keine wirklichen Elektronen und Positronen vorhanden sind, und in dem sich das Feld auf Strecken der Compton-Wellenlänge nur wenig ändert. Es ergibt sich für das Feld eine Lagrange-Funktion:

$$\mathfrak{L} = \frac{1}{2}(\mathfrak{E}^2 - \mathfrak{B}^2) + \frac{e^2}{\hbar c}\int\limits_0^\infty e^{-\eta}\frac{d\eta}{\eta^3}\left\{ i\eta^2(\mathfrak{E}\mathfrak{B})\cdot\frac{\cos\left(\frac{\eta}{|\mathfrak{E}_k|}\sqrt{\mathfrak{E}^2-\mathfrak{B}^2+2i(\mathfrak{E}\mathfrak{B})}\right)+\text{konj}}{\cos\left(\frac{\eta}{|\mathfrak{E}_k|}\sqrt{\mathfrak{E}^2-\mathfrak{B}^2+2i(\mathfrak{E}\mathfrak{B})}\right)-\text{konj}} + |\mathfrak{E}_k|^2 + \frac{\eta^2}{3}(\mathfrak{B}^2-\mathfrak{E}^2)\right\}.$$

$$\left(\begin{array}{l}\mathfrak{E},\ \mathfrak{B}\ \text{ Kraft auf das Elektron.}\\ |\mathfrak{E}_k| = \dfrac{m^2c^3}{e\hbar} = \dfrac{1}{\text{„}137\text{“}}\,\dfrac{e}{(e^2/mc^2)^2} = \text{„Kritische Feldstärke“.}\end{array}\right)$$

Ihre Entwicklungsglieder für (gegen $|\mathfrak{E}_k|$) kleine Felder beschreiben Prozesse der Streuung von Licht an Licht, deren einfachstes bereits aus einer Störungsrechnung bekannt ist. Für große Felder sind die hier abgeleiteten Feldgleichungen von den Maxwellschen sehr verschieden. Sie werden mit den von Born vorgeschlagenen verglichen.

Die Tatsache, daß sich Materie in Strahlung und Strahlung in Materie verwandeln kann, führt zu einigen grundsätzlich neuen Zügen der Quantenelektrodynamik. Eine der wichtigsten Konsequenzen dieser Verwandelbarkeit besteht darin, daß schon für die Vorgänge im leeren Raume die Maxwellschen Gleichungen durch kompliziertere Gleichungen zu ersetzen sind. Es wird nämlich einerseits nicht allgemein möglich sein, die Vorgänge im leeren Raume von den materiellen Vorgängen zu trennen, da die Felder, wenn ihre Energie ausreicht, Materie erzeugen können; andererseits wird selbst dort, wo die Energie zur Materieerzeugung nicht ausreicht, aus ihrer virtuellen Möglichkeit eine Art „Polarisation des Vakuums“ und damit eine Änderung der Maxwellschen Gleichungen resultieren. Diese Polarisation des Vakuums, die im folgenden studiert werden soll, wird in der üblichen Weise zu einer Unterscheidung der Vektoren $\mathfrak{B}$, $\mathfrak{E}$ einerseits und $\mathfrak{D}$, $\mathfrak{H}$ andererseits den Anlaß geben, wobei

$$\left.\begin{aligned}\mathfrak{D} &= \mathfrak{E} + 4\pi\mathfrak{P},\\ \mathfrak{H} &= \mathfrak{B} - 4\pi\mathfrak{M},\end{aligned}\right\} \tag{1}$$

gesetzt werden kann. Die Polarisationen $\mathfrak{P}$ und $\mathfrak{M}$ können nun irgendwelche komplizierten Funktionen der Feldstärken am gleichen Ort, ihrer Ableitungen und der Feldstärken in der Umgebung des betrachteten Punktes sein. Wenn die Feldstärken sehr klein sind (dies bedeutet, wie später gezeigt werden wird, sehr klein gegen das $e^2/\hbar c$-fache der Feldstärke am „Rande des Elektrons"), so kann man $\mathfrak{P}$ und $\mathfrak{M}$ näherungsweise als lineare Funktionen von $\mathfrak{E}$ und $\mathfrak{B}$ betrachten. In dieser Näherung haben Uehling[1]) und Serber[2]) die Abänderungen der Maxwellschen Theorie bestimmt. Einen anderen interessanten Grenzfall erhält man, wenn man die Feldstärken zwar nicht als klein, aber als sehr langsam veränderlich (d. h. nahezu konstant auf Strecken der Größenordnung $\hbar/mc$) betrachtet. Man erhält dann $\mathfrak{P}$ und $\mathfrak{M}$ als Funktionen von $\mathfrak{E}$ und $\mathfrak{B}$ am gleichen Ort, die Ableitungen von $\mathfrak{E}$ und $\mathfrak{B}$ kommen in dieser Näherung nicht mehr vor. Die Entwicklung von $\mathfrak{P}$ und $\mathfrak{M}$ nach $\mathfrak{E}$ und $\mathfrak{B}$ schreitet dann, wie die Rechnung zeigen wird, nach ungeraden Potenzen fort; die Glieder dritter Ordnung sind anschaulich für die Streuung von Licht an Licht verantwortlich und sind bereits bekannt[3]). Das Ziel der vorliegenden Arbeit ist die vollständige Bestimmung der Funktionen $\mathfrak{P}(\mathfrak{E}, \mathfrak{B})$ und $\mathfrak{M}(\mathfrak{E}, \mathfrak{B})$ für den Grenzfall sehr langsam veränderlicher Feldstärken. Es genügt zu diesem Zwecke, die Energiedichte des Feldes $U(\mathfrak{E}, \mathfrak{B})$ als Funktion von $\mathfrak{E}$ und $\mathfrak{B}$ zu berechnen, da aus der Energiedichte die Wellengleichungen nach dem Hamiltonschen Verfahren hergeleitet werden können: Man führt etwa die Lagrange-Funktion $\mathfrak{L}(\mathfrak{E}, \mathfrak{B})$ ein und setzt

$$\mathfrak{D}_i = \frac{\partial \mathfrak{L}}{\partial \mathfrak{E}_i}, \quad \mathfrak{H}_i = -\frac{\partial \mathfrak{L}}{\partial \mathfrak{B}_i}, \tag{2}$$

$$U(\mathfrak{E}, \mathfrak{B}) = \frac{1}{4\pi}\left[\sum_i \mathfrak{D}_i \mathfrak{E}_i - \mathfrak{L}\right] = \frac{1}{4\pi}\left(\sum_i \mathfrak{E}_i \frac{\partial \mathfrak{L}}{\partial \mathfrak{E}_i} - \mathfrak{L}\right) \tag{3}$$

und bestimmt dann die Lagrange-Funktion aus (3) und $\mathfrak{D}$ und $\mathfrak{H}$ aus (2) Da die Lagrange-Funktion relativistisch invariant sein muß, kann sie übrigens nur eine Funktion der beiden Invarianten $\mathfrak{E}^2 - \mathfrak{B}^2$ und $(\mathfrak{E}\mathfrak{B})^2$ sein[3]). Die Berechnung von $U(\mathfrak{E}, \mathfrak{B})$ läßt sich zurückführen auf die Frage nach der Energiedichte des Materiefeldes, das mit den konstanten Feldern $\mathfrak{E}$ und $\mathfrak{B}$ verbunden ist. Bevor dieses Problem in Angriff genommen wird, soll das mathematische Schema der Positronentheorie[4]) kurz rekapituliert

---

[1]) E. A. Uehling, Phys. Rev. **48**, 55, 1935. — [2]) R. Serber, ebenda **48**, 49, 1935. — [3]) H. Euler u. B. Kockel, Naturwissensch. **23**, 246, 1935. — [4]) W. Heisenberg, ZS. f. Phys. **90**, 209, 1934; im folgenden als l. c. I zitiert.

werden, um einige in den früheren Formeln enthaltene Rechenfehler zu verbessern.

§ 1. *Das mathematische Schema der Theorie des Positrons.*

Die Theorie geht aus von einer Diracschen „Dichtematrix“, die in einer anschaulichen Wellentheorie durch

$$(x'\, t'\, k' \,|R|\, x''\, t''\, k'') = \sum_{\text{bes. Zust.}}^{(n)} \psi_n^* (x''\, t''\, k'')\; \psi_n (x'\, t'\, k'), \tag{4}$$

in der Quantentheorie der Wellenfelder durch

$$(x'\, t'\, k' \,|R|\, x''\, t''\, k'') = \psi^* (x''\, t''\, k'')\; \psi (x'\, t'\, k') \tag{5}$$

gegeben ist[1]). Außer dieser Matrix spielt eine wichtige Rolle die Matrix R_S, die durch

$$(x'\, t'\, k' \,|R_S|\, x''\, t''\, k'') = \tfrac{1}{2} \Big(\sum_{\text{bes. Zust.}}^{(n)} - \sum_{\text{unbes. Zust.}}^{(n)}\Big) \psi_n^* (x''\, t''\, k'')\; \psi_n (x'\, t'\, k') \tag{6}$$

bzw.

$$(x'\, t'\, k' \,|R_S|\, x''\, t''\, k'') = \tfrac{1}{2} [\psi^*(x''\, t''\, k'')\, \psi (x'\, t'\, k') - \psi (x'\, t'\, k')\, \psi^*(x''\, t''\, k'')] \tag{7}$$

definiert ist. Die Matrix R_S wird als Funktion der Differenzen $x'_\lambda - x''_\lambda = x_\lambda$; $t' - t'' = t$ singulär auf dem Lichtkegel. Setzt man

$$c\,t = x_0 = -x^0; \quad x_i = x^i; \quad \xi_\lambda = \frac{x'_\lambda + x''_\lambda}{2}, \tag{8}$$

ferner für die Potentiale $A_0 = - A^0$; $A_i = A^i$, für die Diracschen Matrizen: $\alpha^0 = - \alpha_0 = 1$; $\alpha^i = \alpha_i$, so wird

$$(x'\, k' \,|R_S|\, x''\, k'') = u \frac{\alpha^\varrho\, x_\varrho}{(x^\lambda\, x_\lambda)^2} - \frac{v}{x^\lambda\, x_\lambda} + w \log |x^\lambda\, x_\lambda|, \tag{9}$$

wobei[2])

$$u = - \frac{i}{2\pi^2}\, e^{+\frac{e\,i}{\hbar\,c} \int_{P'}^{P''} A^\lambda \mathrm{d}x_\lambda} \tag{10}$$

(hierbei wird über zwei gleiche lateinische Indizes stets von 1 bis 3, über griechische von 0 bis 3 summiert). Das Integral ist auf der geraden Linie von P' nach P'' zu nehmen.

---

[1]) In l. c. I sind auf der rechten Seite fälschlich die eingestrichenen und die zweigestrichenen Größen vertauscht. — [2]) l. c. I enthält im Exponenten fälschlich das negative Vorzeichen.

Die für das Verhalten der Materie maßgebende Dichtematrix r erhält man aus R_S durch die Gleichung

$$r = R_S - S, \tag{11}$$

wobei S durch

$$S = e^{+\frac{e i}{\hbar c}\int_{P'}^{P''} A^{\lambda} d x_{\lambda}} \cdot S_0 + \frac{\bar{a}}{x_{\lambda} x^{\lambda}} + \bar{b} \log \left| \frac{x_{\lambda} x^{\lambda}}{C} \right| \tag{12}$$

gegeben ist. Hierin bedeutet S_0 die Matrix R_s im feld- und materiefreien Raum. $\bar{a}$, $\bar{b}$ und C sind durch die folgenden Gleichungen definiert[1]):

$$\left.\begin{aligned} \bar{a} &= u \left\{ \frac{e i}{24 \hbar c} x_{\varrho} x^{\sigma} \alpha^{\lambda} \left(\frac{\partial F_{\lambda\sigma}}{\partial \xi_{\varrho}} - \delta_{\lambda}^{\varrho} \frac{\partial F_{\tau\sigma}}{\partial \xi_{\tau}} \right) - \frac{e^2}{48 \hbar^2 c^2} x_{\varrho} x_{\sigma} x^{\tau} \alpha^{\varrho} F^{\mu\sigma} F_{\mu\tau} \right\}, \\ \bar{b} &= u \left\{ \frac{e i}{24 \hbar c} \alpha^{\lambda} \frac{\partial F_{\tau\lambda}}{\partial \xi_{\tau}} + \frac{e^2}{24 \hbar^2 c^2} x_{\lambda} \alpha^{\mu} \left(F_{\tau\mu} F^{\tau\lambda} - \frac{1}{4} \delta_{\mu}^{\lambda} F_{\tau\sigma} F^{\tau\sigma} \right) \right\}, \\ C &= 4 \left(\frac{\hbar}{\gamma m c} \right)^2, \end{aligned}\right\} \tag{13}$$

γ bedeutet die Eulersche Konstante $\gamma = 1,781\ldots$

Den Vierervektor der Stromdichte sowie den Energie- und Impulstensor erhält man aus r durch

$$\left.\begin{aligned} s_{\lambda}(\xi) &= -e \sum_{k' k''} \alpha_{k'' k'}^{\lambda} (\xi k' | r | \xi k''), \\ U_{\nu}^{\mu}(\xi) &= \lim_{x \to 0} \left\{ i c \hbar \frac{\partial}{\partial x_{\mu}} - \frac{e}{2} \left[A^{\mu}\left(\xi + \frac{x}{2}\right) + A^{\mu}\left(\xi - \frac{x}{2}\right) \right] \right\} \\ &\qquad \sum_{k' k''} \alpha_{k'' k'}^{\nu} \left(\xi + \frac{x}{2}, k' | r | \xi - \frac{x}{2}, k'' \right). \end{aligned}\right\} \tag{14}$$

In der Quantentheorie der Wellenfelder ist es zweckmäßig, die Wellenfunktion nach einem Orthogonalsystem zu entwickeln:

$$\psi(x, k) = \sum_n a_n u_n(x, k). \tag{15}$$

Die Operatoren a_n kann man darstellen in der Form

$$a_n^* = N_n \Delta_n V_n; \quad a_n = V_n \Delta_n N_n, \tag{16}$$

wobei Δ_n die Zahl N_n in $1 - N_n$ verwandelt und $V_n = \prod_{t \leqq n} (1 - 2 N_t)$.

Ferner sei

$$a_n' = a_n^* = -V_n \Delta_n N_n'; \quad a_n'^* = -N_n' \Delta_n V_n; \quad N_n' = 1 - N_n.$$

[1]) Gleichung (38) in l. c. I enthält einen Rechenfehler, der zu einem anderen Wert für C führte; dort war auch der Buchstabe γ, dem allgemeinen Gebrauch widersprechend, für den Logarithmus der Eulerschen Konstante verwendet worden.

Für die Hamilton-Funktion des Gesamtsystems ergibt sich in diesen Variabeln:

$$H = \lim_{x \to 0} \int \mathrm{d}\,\xi \Big\{ -\Big(c\,i\,\hbar \frac{\partial}{\partial x_l} - \frac{e}{2}\Big[A^l\Big(\xi + \frac{x}{2}\Big) + A^l\Big(\xi - \frac{x}{2}\Big)\Big]\Big)$$

$$\sum_{k'\,k''} \alpha^l_{k''\,k'} \sum_{m,\,n} \frac{1}{2}\,(a_n^* a_m - a_m a_n^*)\, u_n^*\Big(\xi - \frac{x}{2}, k''\Big) u_m\Big(\xi + \frac{x}{2}, k'\Big)$$

$$+ \sum_{k'\,k''} \beta_{k''\,k'}\, m\, c^2 \sum_{m,\,n} \frac{1}{2}\,(a_n^* a_m - a_m a_n^*)\, u_n^*\Big(\xi - \frac{x}{2}, k''\Big) u_m\Big(\xi + \frac{x}{2}, k'\Big)$$

$$- \sum_{k'} \Big(c\,i\,\hbar \frac{\partial}{\partial x_0} - \frac{e}{2}\Big[A^0\Big(\xi + \frac{x}{2}\Big) + A^0\Big(\xi - \frac{x}{2}\Big)\Big]\Big)\Big(\xi + \frac{x}{2}, k' \,|S|\, \xi - \frac{x}{2}, k'\Big)$$

$$+ \frac{1}{8\pi}(\mathfrak{E}^2 + \mathfrak{B}^2)\Big\}\,. \qquad (17)$$

oder einzeln bei Entwicklung nach Potenzen der Elementarladung:

$$\left.\begin{aligned}
H_0 &= \sum_{E_n > 0} N_n E_n - \sum_{E_n < 0} N_n' E_n + \sum_{\mathfrak{g}\mathfrak{e}} M_{\mathfrak{g}\mathfrak{e}}\, h\, \nu_{\mathfrak{g}\mathfrak{e}},\\
H_1 &= \int \mathrm{d}\,\xi\, e\, A^l(\xi) \sum_{k''\,k'} \alpha^l_{k''\,k'} \Big[\sum_{E_n > 0} N_n u_n^*(\xi\, k'')\, u_n(\xi, k')\\
&\quad - \sum_{E_n < 0} N_n' u_n^*(\xi\, k'')\, u_n(\xi, k') + \tfrac{1}{2} \sum_{n \neq m} (a_n^* a_m - a_m a_n^*)\, u_n^*(\xi, k'')\, u_m(\xi, k')\Big],\\
H_2 &= \int \mathrm{d}\,\xi \Big[i \frac{e^2}{2\hbar c}\Big(\int A^\lambda \mathrm{d}\, x_\lambda\Big)^2 \sum_{k'} \frac{\partial}{\partial x_0}\Big(\xi + \frac{x}{2}, k' \,|S_0|\, \xi - \frac{x}{2}, k'\Big)\\
&\quad + \frac{1}{12\pi^2} \frac{e^2}{\hbar c} \frac{x_\lambda x^\sigma}{x_\varrho x^\varrho} A^\lambda \Big(\frac{\partial F_{0\sigma}}{\partial \xi_0} - \frac{\partial F_{\tau\sigma}}{\partial \xi_\tau}\Big) + \frac{1}{24\pi^2} \frac{e^2}{\hbar c} \frac{x_\sigma x^\tau}{x_\varrho x^\varrho} F^{\mu\sigma} F_{\mu\tau}\\
&\quad - \frac{1}{12\pi^2} \frac{e^2}{\hbar c} \log\left|\frac{x_\varrho x^\varrho}{C}\right| \Big(F^{\tau 0} F_{\tau 0} - \frac{1}{4} F_{\tau\mu} F^{\tau\mu}\Big)\Big],\\
H_3 &= -\frac{1}{6} \frac{e^3}{\hbar^2 c^2} \int \mathrm{d}\,\xi\, (A^\lambda x_\lambda)^3 \frac{\partial}{\partial x_0} \sum_{k'} \Big(\xi + \frac{x}{2}, k' \,|S_0|\, \xi - \frac{x}{2}, k'\Big),\\
H_4 &= -\frac{1}{12\pi^2} \Big(\frac{e^2}{\hbar c}\Big)^2 \frac{1}{\hbar c} \int \mathrm{d}\,\xi \frac{(A^\lambda x_\lambda)^4}{(x_\varrho x^\varrho)^2}\,.
\end{aligned}\right\} \qquad (18)$$

§ 2. Berechnung der Energiedichte in der anschaulichen Wellentheorie.

Da die Lagrange-Funktion, die den gesuchten abgeänderten Maxwellschen Gleichungen zugeordnet ist, eine Funktion der beiden Invarianten $\mathfrak{E}^2 - \mathfrak{B}^2$ und $(\mathfrak{E}\mathfrak{B})^2$ allein sein muß, genügt für ihre Berechnung die Ermittlung der Energiedichte des Materiefeldes als Funktion zweier unabhängiger Feldgrößen. Z. B. wird es genügen, die Energiedichte der Materie in einem konstanten elektrischen und einem zu ihm parallelen konstanten magnetischen Feld zu bestimmen. In diesen konstanten Feldern ist also der Zustand des Materiefeldes zu untersuchen, der dem Nichtvorhandensein von Materie entspricht, also offenbar der Zustand tiefster Energie. Wenn man zunächst die anschauliche Wellentheorie, also die Gleichungen (4) und (6) zugrunde legt, so ist der Zustand tiefster Energie im feldfreien Raum dadurch gegeben, daß sämtliche Elektronenzustände negativer Energie besetzt, sämtliche Zustände positiver Energie unbesetzt sind. Wenn nur ein Magnetfeld vorhanden ist, so können die stationären Zustände eines Elektrons wieder in eindeutiger Weise in solche negativer und solche positiver Energie eingeteilt werden, der Zustand kleinster Energie des Materiefeldes kann also im Magnetfeld genau wie im feldfreien Raume gewonnen werden.

Anders ist es jedoch in einem elektrischen Felde. Hier wächst die potentielle Energie linear mit einer Koordinate, sämtliche Energiewerte von $-\infty$ bis $+\infty$ sind möglich, und die Eigenfunktionen, die zu verschiedenen Eigenwerten gehören, gehen im allgemeinen einfach durch eine räumliche Verschiebung ineinander über. Eine Einteilung in positive und negative Eigenwerte ist hier nicht eindeutig durchführbar.

Diese Schwierigkeit hängt physikalisch mit der Tatsache zusammen, daß in einem konstanten elektrischen Felde von selbst Paare von Positronen und Elektronen entstehen. Die exakte Durchrechnung dieses Problems verdankt man Sauter[1]). In Fig. 1 ist zunächst die potentielle Energie $V(x)$ als Funktion der Koordinate (das elektrische Feld wird parallel zur x-Achse angenommen) aufgetragen, ferner die Linien $V(x) + mc^2$ und $V(x) - mc^2$. Die Rechnungen von Sauter zeigen, daß die Eigenfunktionen, die etwa zum Eigenwert E_0 gehören, nur in den Gebieten I und III groß sind, daß sie jedoch im Innern des Gebietes II exponentiell abnehmen. Dies hat zur Folge, daß eine Wellenfunktion, die etwa zunächst nur in einem Gebiet, z. B. I, groß ist, allmählich in das Gebiet III ausläuft, wobei der Durchlaßkoeffizient durch das Gebiet II, das hier die Rolle eines Gamowberges spielt, nach Sauter von der Größenordnung $e^{-\frac{m^2 c^3}{\hbar e |\mathfrak{E}|}\pi}$ ist. Bezeichnet man $|\mathfrak{E}_k| = \frac{m^2 c^3}{\hbar e}$

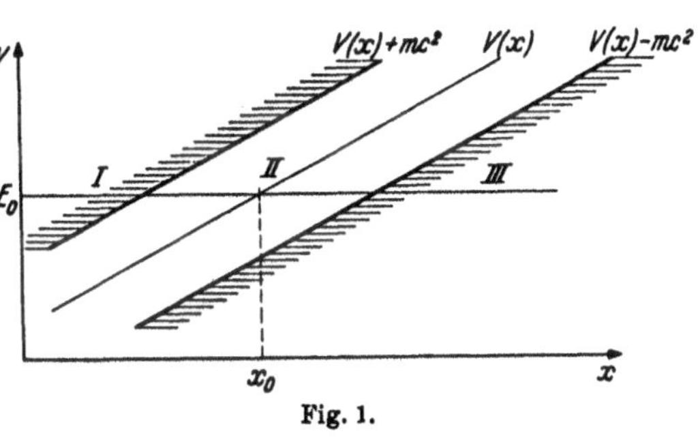

Fig. 1.

[1]) F. Sauter, ZS. f. Phys. 69, 742, 1931.

als kritische Feldstärke, so kann man hierfür auch $e^{-\frac{|\mathfrak{E}_k|}{|\mathfrak{E}|}\pi}$ schreiben. Solange nun $|\mathfrak{E}| \ll |\mathfrak{E}_k|$ ist, kann man von dieser außerordentlich seltenen Paarbildung in einer gewissen Näherung absehen. Es muß dann möglich sein, Lösungen der Dirac-Gleichung zu finden, welche die Stelle der Eigenfunktionen vertreten und etwa nur im Gebiet I groß sind, dagegen im ganzen Gebiet III für eine gewisse Zeit klein bleiben von der Ordnung $e^{-\frac{|\mathfrak{E}_k|}{|\mathfrak{E}|}\frac{\pi}{2}}$; umgekehrt auch solche, die nur im Gebiet III groß sind, aber in I beinahe verschwinden. Wenn dies gelungen ist, so wird man den Zustand tiefster Energie dadurch charakterisieren, daß alle Elektronenzustände, deren Eigenfunktionen nur im Gebiet III groß sind, besetzt sind, die anderen unbesetzt. Als Energie des betreffenden Elektronenzustandes wird man bei der Berechnung der Energiedichte im Punkte x_0 den Abstand des betreffenden Energiewertes von E_0 bezeichnen. [Vgl. hierzu Gleichung (31)]. Der so charakterisierte Zustand des Gesamtsystems geht, wenn man das elektrische Feld adiabatisch abschaltet, in den Zustand des feldfreien Raumes über, bei dem nur Elektronenzustände negativer Energie besetzt sind.

In der mathematischen Durchführung schließen wir uns an die Untersuchung von Sauter (l. c.) an. Wenn ein äußeres Magnetfeld $\mathfrak{B}$ und ein elektrisches Feld $\mathfrak{E}$, beide in der x-Richtung, vorhanden sind, so lautet die Diracsche Gleichung:

$$\Big\{\frac{i\hbar}{c}\frac{\partial}{\partial t} - \frac{e}{c}|\mathfrak{E}|\,x + \alpha_1 i\hbar\frac{\partial}{\partial x} + \alpha_2 i\hbar\frac{\partial}{\partial y} + \alpha_3\Big(i\hbar\frac{\partial}{\partial z} - \frac{e}{c}|\mathfrak{B}|\,y\Big) - \beta mc\Big\}\,\psi = 0. \tag{19}$$

Die Bewegung in der y- und z-Richtung läßt sich von der in der x-Richtung separieren durch den Ansatz:

$$\psi = e^{\frac{i}{\hbar}(p_z z - Et)}\cdot u_n(y)\cdot\chi. \tag{20}$$

Wir führen dann einen neuen Operator K ein durch die Beziehung

$$K = +\,\alpha_2 i\hbar\frac{\partial}{\partial y} + \alpha_3\Big(-p_z - \frac{e}{c}|\mathfrak{B}|\,y\Big) - \beta mc. \tag{21}$$

Es ergibt sich:

$$K^2\psi = \Big\{-\hbar^2\frac{\partial^2}{\partial y^2} - i\hbar\,\alpha_2\alpha_3\frac{e|\mathfrak{B}|}{c} + \Big(p_z + \frac{e}{c}|\mathfrak{B}|\,y\Big)^2 + m^2c^2\Big\}\,\psi. \tag{22}$$

Diese Gleichung kann man als Wellengleichung für die noch nicht bestimmte Funktion $u_n(y)$ auffassen. Setzt man

$$y = \eta\sqrt{\frac{\hbar c}{e|\mathfrak{B}|}} - \frac{c\,p_z}{e|\mathfrak{B}|}, \tag{23a}$$

so wird, da (22) im wesentlichen die Schrödinger-Gleichung des Oszillators bedeutet:

$$u_n(y) = H_n(\eta)\, e^{-\frac{\eta^2}{2}} (2^n \cdot n! \cdot \sqrt{\pi})^{-1/2} \left(\frac{\hbar c}{e\,|\mathfrak{B}|}\right)^{-1/4} \tag{23}$$

($H_n(\eta)$ ist das n-te Hermitesche Polynom), woraus

$$K^2 u_n \chi = \left\{m^2 c^2 + \frac{e\,|\mathfrak{B}|\,\hbar}{c}(2n + 1 + \sigma_x)\right\} u_n \chi \tag{24}$$

$$(n = 0,\ 1,\ 2,\ \cdots)$$

folgt.

Der Operator K ist ferner mit α_1 antikommutativ. In der Wellengleichung (19), die sich auch in der Form

$$\left\{\frac{E - e\,|\mathfrak{E}|\,x}{c} + \alpha_1 i \hbar \frac{\partial}{\partial x} + K\right\} \psi = 0 \tag{25}$$

schreiben läßt, kann man nun eine kanonische Transformation der χ vornehmen derart, daß σ_x Diagonalmatrix wird, während für K und α_1 die Darstellungen gelten:

$$K = \sqrt{m^2 c^2 + \frac{e\,|\mathfrak{B}|\,\hbar}{c}(2n + 1 + \sigma_x)} \cdot \begin{vmatrix} 0 & i \\ -i & 0 \end{vmatrix}; \quad \alpha_1 = \begin{vmatrix} 1 & 0 \\ 0 & -1 \end{vmatrix}. \tag{26}$$

Dabei beziehen sich die beiden Matrizen auf einen weiteren, von der Spinrichtung unabhängigen Index (also auf die „ϱ"-Koordinate). Man kann dann σ_x als eine gewöhnliche Zahl betrachten ($\sigma_x = \pm 1$) und erhält mit den Abkürzungen:

$$\left.\begin{aligned} \xi &= \sqrt{\frac{1}{\hbar c e\,|\mathfrak{E}|}}\,(e\,|\mathfrak{E}|\,x - E), \\ k &= \sqrt{\frac{c}{\hbar e\,|\mathfrak{E}|}\left(m^2 c^2 + \frac{e\,|\mathfrak{B}|\,\hbar}{c}(2n + 1 + \sigma_x)\right)} \end{aligned}\right\} \tag{27}$$

die Gleichungen

$$\left.\begin{aligned} \left(\frac{d}{d\xi} - i\xi\right) f + k g &= 0, \\ \left(\frac{d}{d\xi} + i\xi\right) g + k f &= 0, \end{aligned}\right\} \tag{28}$$

wobei f und g die beiden Komponenten (bezogen auf den „ϱ"-Index) der Funktion χ bedeuten. Die Gleichungen (28) sind formal identisch mit den Gleichungen (12) bei Sauter (l. c.). Sie unterscheiden sich von den Sauterschen jedoch durch die Bedeutung der Größe k und dadurch, daß eigentlich das System (28) zweimal, einmal für $\sigma_x = +1$, einmal für

$\sigma_x = -1$ anzuschreiben wäre. Sauter erhält zwei Lösungssysteme für Gleichung (28):

$$\left.\begin{aligned} f_1 &= -\frac{1}{2\sqrt{\pi}}|\xi|\int e^{-\xi^2 s}\left(s+\frac{i}{2}\right)^{-\frac{k^2}{4i}-\frac{1}{2}}\left(s-\frac{i}{2}\right)^{\frac{k^2}{4i}} \mathrm{d}s,\\ g_1 &= -\frac{1}{2\sqrt{\pi}}\frac{k|\xi|}{2\xi}\int e^{-\xi^2 s}\left(s+\frac{i}{2}\right)^{-\frac{k^2}{4i}-\frac{1}{2}}\left(s-\frac{i}{2}\right)^{\frac{k^2}{4i}-1} \mathrm{d}s,\\ f_2 &= -\frac{1}{2\sqrt{\pi}}\frac{k|\xi|}{2\xi}\int e^{-\xi^2 s}\left(s+\frac{i}{2}\right)^{-\frac{k^2}{4i}-1}\left(s-\frac{i}{2}\right)^{\frac{k^2}{4i}-\frac{1}{2}} \mathrm{d}s,\\ g_2 &= -\frac{1}{2\sqrt{\pi}}|\xi|\int e^{-\xi^2 s}\left(s+\frac{i}{2}\right)^{-\frac{k^2}{4i}}\left(s-\frac{i}{2}\right)^{\frac{k^2}{4i}-\frac{1}{2}} \mathrm{d}s. \end{aligned}\right\} \quad (29)$$

Die Integrale sind auf einem Wege zu nehmen, der von $+\infty$ herkommend die beiden singulären Punkte $+i/2$ und $-i/2$ im positiven Sinne umläuft und wieder nach $+\infty$ zurückkehrt.

Da für unsere Rechnungen von der Paarerzeugung abgesehen werden soll, betrachten wir, wie oben besprochen wurde, als Eigenfunktionen jeweils nur Teile der Funktionen f und g, die in der einen Hälfte des Raumes verschwinden. Wir setzen also etwa

$$f_1^1 = \begin{cases} f_1 & \text{für } \xi > 0,\\ 0 & \text{„ } \xi \leqq 0, \end{cases} \qquad f_1^2 = \begin{cases} 0 & \text{für } \xi > 0,\\ f_1 & \text{„ } \xi \leqq 0 \end{cases} \quad \text{usw.} \qquad (30)$$

Die neuen Funktionen f_1^1 usw. entsprechen nicht genau stationären Zuständen, sondern sie stellen Wellenpakete dar, die mit einer sehr geringen Wahrscheinlichkeit in das zu Anfang leere Gebiet diffundieren. Für die Bildung der Dichtematrix betrachten wir die Zustände $f_1^1, g_1^1, \cdots$ als besetzt, die Zustände $f_1^2, g_1^2, \cdots$ als unbesetzt. Da wir durch den Prozeß (30) die Anzahl der „Zustände" verdoppelt haben, wird man, wenn man alle $f_1^1, g_1^1, f_2^1, g_2^1$ als besetzt, $f_1^2, g_1^2, f_2^2, g_2^2$ als unbesetzt rechnet, gerade die doppelte Dichtematrix erhalten.

Um die Energiedichte des Vakuums zu berechnen, würde nach den in § 1 beschriebenen Methoden zunächst die Dichtematrix für einen endlichen Abstand der beiden Punkte $\mathfrak{r}'$ und $\mathfrak{r}''$ zu berechnen sein. Von dieser hätte man die dort angegebene singuläre Matrix S zu subtrahieren, dann die Energiedichte zu bilden und zum Limes $\mathfrak{r}' = \mathfrak{r}''$ überzugehen. Für die folgenden Rechnungen ist es bequemer, von Anfang an $\mathfrak{r}' = \mathfrak{r}''$ zu setzen, aber dafür die Summation über die stationären Zustände zunächst nur bis zu endlichen Energien zu erstrecken, oder, was ungefähr dasselbe ist, diese Summation durch einen Zusatzfaktor $e^{-\mathrm{const}\cdot[E^2-(mc^2)^2]}$ konvergent zu machen. Läßt man dann die Konstante im Exponenten gegen Null gehen, so werden einige Glieder der Energiedichte singulär und diese werden von den entsprechenden Gliedern der Matrix S kompensiert werden. Die übrigbleibenden regulären Glieder geben dann das gewünschte Resultat.

Bevor die Dichtematrix angeschrieben werden kann, müssen die Eigenfunktionen normiert werden. Man kann sich etwa den Raum der Eigenfunktionen in der x- und der z-Richtung auf eine sehr große Länge L beschränkt denken [die Eigenfunktionen $u_n(y)$ sind schon normiert]. Dann erhält man von der z-Richtung den Normierungsfaktor $1/\sqrt{L}$; von der x-Richtung wegen des asymptotischen Verhaltens der Sauterschen Eigenfunktionen [l. c. Gleichung (22)] den Faktor $2\frac{1}{\sqrt{L}}e^{-\frac{k^2\pi}{4}}$. Die Summe über alle Zustände ist dann zu bilden über alle Impulse der Form

$$p_z = \frac{h}{L}\cdot m + \text{const}$$

und über alle Energien der Form $E = \frac{hc}{(L/2)}m + \text{const}$. Diese beiden Summen kann man also verwandeln in Integrale, deren Differential lautet $\frac{dp_z}{h}\cdot\frac{dE}{2hc}$, wenn die Faktoren $\frac{1}{\sqrt{L}}$ in der Eigenfunktion wieder weggelassen werden. Bedenkt man schließlich noch, daß als Energie eines Zustandes, wenn wir die Dichte an der Stelle x_0 berechnen, die Differenz $E - e|\mathfrak{E}|x_0$ zu verstehen ist, so ergibt sich für die der Matrix R_S (vgl. § 1) entsprechende Energiedichte der Ausdruck [für die Bedeutung von a vgl. (33)]:

$$U = \frac{1}{2}\sum_{0}^{\infty}{}^{(n)}\sum_{-1}^{+1}{}^{(\omega)}\int_{-\infty}^{+\infty}\frac{dp_z}{h}\int\frac{dE}{hc}(E - e|\mathfrak{E}|x)\,u_n^2(y)\,e^{-\frac{k^2\pi}{2}} \left[\begin{matrix}|f_1^1|^2 + |g_1^1|^2 - |f_1^2|^2 - |g_1^2|^2\\ + |f_2^1|^2 + |g_2^1|^2 - |f_2^2|^2 - |g_2^2|^2\end{matrix}\right] e^{-a\left(\xi^2 - \frac{1}{a}\right)}, \quad (31)$$

was wegen (23a) übergeht in

$$U = -\sum_{0}^{\infty}{}^{(n)}\sum_{-1}^{+1}{}^{(\omega)}\frac{e|\mathfrak{B}|}{c}\frac{\hbar e|\mathfrak{E}|}{h^2}\int_{-\infty}^{+\infty}d\xi\,|\xi|\,e^{-\frac{k^2\pi}{2}+\frac{\alpha}{a}} \cdot\tfrac{1}{2}\left[|f_1|^2 + |g_1|^2 + |f_2|^2 + |g_2|^2\right]e^{-\alpha\xi^2}. \quad (32)$$

Von diesem Ausdruck ist später das Verhalten für $\alpha \to 0$ zu diskutieren. Wir führen die folgenden Abkürzungen ein:

$$\frac{e|\mathfrak{E}|\hbar}{m^2c^3} = a; \qquad \frac{e|\mathfrak{B}|\hbar}{m^2c^3} = b. \quad (33)$$

a und b sind dimensionslos und bedeuten das Verhältnis der Feldstärken zur kritischen Feldstärke $|\mathfrak{E}_k|$, d. h. zu dem „137ten Teil der Feldstärke am Rande des Elektrons".

Durch Einsetzen der Gleichung (29) erhält man schließlich

$$U = -\frac{1}{2}\sum_{0}^{\infty}{}^{(n)}\sum_{-1}^{+1}{}^{(\sigma)}\cdot a\cdot b\cdot mc^2\left(\frac{mc}{\hbar}\right)^3\cdot\frac{1}{4\pi^2}\int_{-\infty}^{+\infty} d\xi\,|\xi|\,e^{-\frac{k^2\pi}{2}+\frac{\alpha}{a}-\alpha\xi^2}$$
$$\int ds_1\int ds_2\, e^{-\xi^2(s_1+s_2)}\,e^{-\frac{k^2}{4i}\log\frac{\left(s_1+\frac{i}{2}\right)\left(s_2+\frac{i}{2}\right)}{\left(s_1-\frac{i}{2}\right)\left(s_2-\frac{i}{2}\right)}}\cdot h(s_1 s_2), \tag{34}$$

wobei $h(s_1 s_2)$ gegeben ist durch

$$h(s_1 s_2) = \frac{1}{2\pi\left(s_1+\frac{i}{2}\right)^{1/2}\left(s_2-\frac{i}{2}\right)^{1/2}}\left[\xi^2+\frac{k^2}{4\left(s_1-\frac{i}{2}\right)\left(s_2+\frac{i}{2}\right)}\right].$$

Die Integration über ξ liefert

$$U=-\frac{1}{2}\sum_{0}^{\infty}{}^{(n)}\sum_{-1}^{+1}{}^{(\sigma)}a\cdot b\cdot mc^2\left(\frac{mc}{\hbar}\right)^3\cdot\int ds_1\int ds_2\, e^{-\frac{k^2\pi}{2}+\frac{\alpha}{a}-\frac{k^2}{4i}\log\frac{\left(s_1+\frac{i}{2}\right)\left(s_2+\frac{i}{2}\right)}{\left(s_1-\frac{i}{2}\right)\left(s_2-\frac{i}{2}\right)}}$$
$$\cdot\frac{1}{8\pi^3}\left(s_1+\frac{i}{2}\right)^{-1/2}\left(s_2-\frac{i}{2}\right)^{-1/2}\left[\frac{1}{(s_1+s_2+\alpha)^2}+\frac{k^2}{4(s_1+s_2+\alpha)\left(s_1-\frac{i}{2}\right)\left(s_2+\frac{i}{2}\right)}\right]. \tag{35}$$

Das erste der beiden s-Integrale, etwa das über s_1, läßt sich leicht ausführen, indem man den Integrationsweg soweit deformiert, daß nur eine Schleife um den Pol $s_1 = -s_2 - \alpha$ übrig bleibt. Ersetzt man im Resultat noch s_2 durch $s = s_2 + \alpha/2$, so erhält man

$$U = \sum_{0}^{\infty}{}^{(n)}\sum_{-1}^{+1}{}^{(\sigma)}a\cdot b\cdot mc^2\left(\frac{mc}{\hbar}\right)^3\cdot f(k)\cdot e^{\frac{\alpha}{a}}, \tag{36}$$

wobei

$$f(k) = -\int ds\,\frac{1}{32\pi^2}\left(s-\frac{i}{2}+\frac{\alpha}{2}\right)^{-\frac{3}{2}}\left(s-\frac{i}{2}-\frac{\alpha}{2}\right)^{-\frac{1}{2}}\left(s+\frac{i}{2}+\frac{\alpha}{2}\right)^{-1}\left(s+\frac{i}{2}-\frac{\alpha}{2}\right)^{-1}$$
$$\left[k^2(i-\alpha)+2\left(s+\frac{i}{2}\right)^2-\frac{\alpha^2}{2}\right]e^{-\frac{k^2\pi}{2}-\frac{k^2}{4i}\log\frac{s^2-\left(\frac{i-\alpha}{2}\right)^2}{s^2-\left(\frac{i+\alpha}{2}\right)^2}}. \tag{37}$$

Die Integration ist hier in der in Fig. 2 angegebenen Weise auf einem Weg von $+\infty$ her zwischen den vier Polen des Integranden ($s = \pm i/2 \pm \alpha/2$) hindurch und nach $+\infty$ zurück zu erstrecken. Man kann dafür auch einfach auf der imaginären Achse von $+\infty$ bis $-\infty$ integrieren. Den Hauptbeitrag liefert der zwischen den Polen gelegene Teil der Integrationsstrecke. Dort kann man den Logarithmus im Exponenten nach Potenzen von α entwickeln und erhält

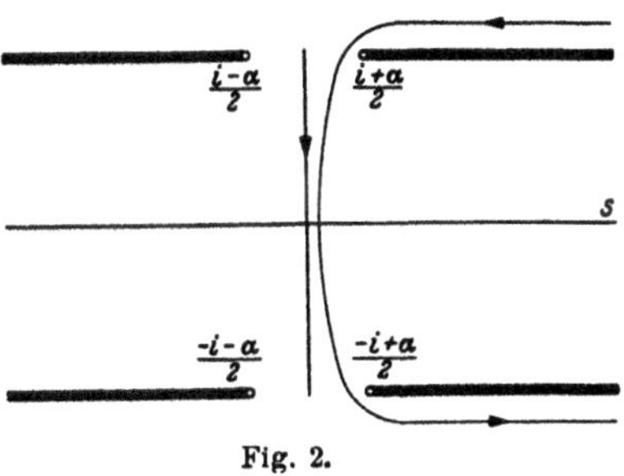

Fig. 2.

$$\log \frac{s^2 - \left(\frac{i-\alpha}{2}\right)^2}{s^2 - \left(\frac{i+\alpha}{2}\right)^2} = -2\pi i + \frac{i\alpha}{s^2+\frac{1}{4}} + \frac{i\alpha^3}{4(s^2+\frac{1}{4})^2} - \frac{i\alpha^3}{12(s^2+\frac{1}{4})^3} + \cdots \tag{38}$$

Für die weiteren Rechnungen soll nun angenommen werden, daß das elektrische Feld klein sei gegen das kritische Feld $|\mathfrak{E}_k|$, d. h. $a \ll 1$ und daher

$$k^2 = \frac{1}{a}[1 + b(2n + 1 + \sigma_x)] \gg 1.$$

Man muß dann den Ausdruck $-\frac{k^2\alpha}{4s^2+1}$ im Exponenten stehenlassen; kann aber die höheren Glieder im Exponenten, da schließlich nur der $\lim \alpha \to 0$ betrachtet wird, als klein ansehen und nach ihnen entwickeln. Man erhält auf diese Weise für $f(k)$ einen Ausdruck der Form

$$f(k) = \frac{1}{2\pi^2}\int_{+i/2}^{-i/2} ds\, e^{-\frac{k^2\alpha}{4s^2+1}} (1+4s^2)^{-2}[A + Bk^2 + Ck^4 \ldots]. \tag{39}$$

Vor der Ausführung des Integrals ist es zweckmäßig, die Summation über n und σ vorzunehmen; diese erfolgt nach dem Schema

$$\sum_{-1}^{+1}{}^{(\sigma)} \sum_{0}^{\infty}{}^{(n)} g\left(n + \frac{1+\sigma_x}{2}\right) = \left(\sum_0^\infty + \sum_1^\infty\right) g(n)$$

$$= \lim_{n'\to\infty} \left\{g(0) + 2\sum_1^{n'} g(n) + 2\int_{n'+1/2}^{\infty} g(n)\,dn + \tfrac{1}{2} g'(n'+\tfrac{1}{2}) + \cdots\right\}. \tag{40}$$

Dabei stellt es sich heraus, daß die höheren Glieder der Eulerschen Summenformel zum Endresultat nichts beitragen. Schließlich erhält man, wenn

$\alpha/a = \varepsilon$ gesetzt wird (γ bedeutet die Eulersche Konstante $\gamma = 1{,}781$), für $\varepsilon \to 0$:

$$\frac{U}{4\pi m c^2}\left(\frac{h}{mc}\right)^3$$

$$= \lim_{n' \to \infty}\left\{-\frac{1}{\varepsilon^2} - \frac{1}{2\varepsilon} - \left(\frac{1}{8} + \frac{a^2}{12} + \frac{b^2}{12}\right)\log\frac{\gamma\varepsilon}{4} - \frac{1}{16} - \frac{b^2}{6} - \frac{a^2}{12}\right.$$

$$-\frac{1}{16} + \frac{b^2}{8} + \frac{[1 + (2n' + 1)b]^2}{16}$$

$$-\frac{1}{8}[1 + (2n' + 1)b]^2 \log[1 + (2n' + 1)b]$$

$$+\frac{b^2}{24}\log[1 + (2n' + 1)b] + \frac{b}{2}\sum_1^{n'}(1 + 2nb)\log(1 + 2nb)$$

$$+\frac{a^2}{12}\left\{b + 2b\sum_1^{n'}\frac{1}{(1 + 2nb)} - \log[1 + (2n' + 1)b]\right\}$$

$$+\frac{a^4}{30}\left\{b + 2b\sum_1^{n'}\frac{1}{(1 + 2nb)^3}\right\}$$

$$\left.+\sum_{m=3}^{\infty} c_m a^{2m}\left\{b + 2b\sum_1^{n'}\frac{1}{(1 + 2nb)^{2m-1}}\right\}\right\}. \quad (41)$$

(Die Koeffizienten c_m werden weiter unten bestimmt).

Von diesem Resultat sind nun noch diejenigen Teile zu subtrahieren, die der singulären Matrix S entsprechen. Den feldunabhängigen Teil dieser abzuziehenden singulären Energiedichte erhält man leicht, indem man die hier vorgenommene Rechnung mit ebenen Wellen wiederholt.

$$U_S' = -2\int c\sqrt{m^2c^2 + p^2}\, e^{-\varepsilon\left(\frac{p}{mc}\right)^2}\frac{dp_x\, dp_y\, dp_z}{h^3}$$

$$= 4\pi m c^2\left(\frac{mc}{h}\right)^3\left(-\frac{1}{\varepsilon^2} - \frac{1}{2\varepsilon} - \frac{1}{8}\log\frac{\gamma\varepsilon}{4} - \frac{1}{16}\right).$$

Dagegen ist es schwieriger, die feldabhängigen Teile von S zu ermitteln. Da nach Gleichung (13) in $\bar{a}$ und $\bar{b}$ nur die Quadrate der Feldstärken vorkommen, folgt dies auch für U_S. Da ferner die Konstante C in Gleichung (13) so eingerichtet ist, daß für konstante Felder eine dem Feld proportionale Polarisation des Vakuums nicht eintritt, so folgt, daß die im Felde quadratischen Glieder sämtlich abzuziehen sind und nur die höheren Glieder stehenbleiben. Dies bedeutet, wenn man die Entwicklung nach b für $b \ll 1$ vorwegnimmt, daß die erste Zeile der rechten Seite von Gleichung (41) im Ganzen abzuziehen ist. Wir haben dieses Resultat auch dadurch nachgeprüft, daß wir im Falle $a = 0$, $b \neq 0$ die Punkte $\mathfrak{r}'$ und $\mathfrak{r}''$ der Dichtematrix in der x-Richtung verschieden annahmen $[\mathfrak{r}' - \mathfrak{r}'' = (x, 0, 0)]$ und dann $\alpha = \varepsilon = 0$ setzten. Nach Abzug der von der Matrix S herrührenden Glieder blieb der eben besprochene Teil von U übrig. Für das elektrische Feld erwies sich diese Rechnung jedoch als sehr kompliziert. Von der gesamten Energiedichte, die sich aus der gewöhnlichen Maxwellschen Energiedichte $\frac{1}{8\pi}(\mathfrak{E}^2 + \mathfrak{B}^2)$ und der Diracschen Energiedichte $U - U_S$ zusammensetzt, können wir sogleich zur Lagrange-Funktion übergehen durch die Relation (3)

$$a\frac{\partial \mathfrak{L}}{\partial a} - \mathfrak{L} = 4\pi\left(U - U_S + \frac{1}{8\pi}(\mathfrak{E}^2 + \mathfrak{B}^2)\right).$$

Man erhält

$$\begin{aligned}\mathfrak{L} = {} & \frac{1}{2}(\mathfrak{E}^2 - \mathfrak{B}^2)\\ & + 16\pi^2 m c^2\left(\frac{mc}{h}\right)^3 \lim_{n'\to\infty}\left\{\frac{1}{16} - \frac{b^2}{8} - \frac{[1+(2n'+1)b]^2}{16}(1 - 2\log[1+(2n'+1)b])\right.\\ & \qquad - \frac{b^2}{24}\log[1+(2n'+1)b] - \frac{b}{2}\sum_1^{n'}(1+2nb)\log(1+2nb)\\ & \qquad + \frac{b a^2}{12}\left(1 + 2\sum_1^{n'}\frac{1}{1+2nb} - \frac{1}{b}\log[1+(2n'+1)b]\right)\\ & \qquad + \frac{b a^4}{90}\left(1 + 2\sum_1^{n'}\frac{1}{(1+2nb)^3}\right)\\ & \qquad \left. + \sum_{m=3}^{\infty}\frac{c_m}{2m-1}a^{2m} b\left(1 + 2\sum_1^{n'}\frac{1}{(1+2nb)^{2m-1}}\right)\right\}. \end{aligned} \tag{42}$$

Für kleine Magnetfelder kann man durch nochmalige Anwendung der Eulerschen Summenformel auf die Gleichung (42) die Potenzreihenentwicklung nach b finden. Da ferner $\mathfrak{L}$ nur von den beiden Invarianten $a^2 - b^2$ und $a^2 b^2$ abhängen kann — woraus für $\mathfrak{L}(a, b)$ folgt: $\mathfrak{L}(a, 0) = \mathfrak{L}(0, ia)$ —, so kann man die noch fehlenden Koeffizienten c_m, deren direkte Berechnung sehr umständlich wäre, aus dieser Beziehung indirekt ermitteln. Daß die direkte Berechnung von c_m die gleichen Resultate liefert, haben wir an c_2 und c_3 nachgerechnet; den allgemeinen Beweis hierfür haben wir jedoch nicht gefunden. Auf diese Weise erhält man zunächst für kleine Felder ($a \ll 1$, $b \ll 1$):

$$\mathfrak{L} \approx \frac{1}{2}(\mathfrak{E}^2 - \mathfrak{B}^2) + 16\pi^2 m c^2\left(\frac{mc}{h}\right)^3\left[\frac{(a^2-b^2)^2 + 7(ab)^2}{180} + \frac{13(ab)^2(a^2-b^2) + 2(a^2-b^2)^3}{630}\cdots\right]. \tag{43}$$

Für den entgegengesetzten Grenzfall ($a \ll 1$, $b \gg 1$) ergibt sich

$$\mathfrak{L} \approx \frac{1}{2}(\mathfrak{E}^2 - \mathfrak{B}^2) + 16\,\pi^2 m c^2 \left(\frac{m c}{h}\right)^3 \left\{ b^2 \left[\frac{1}{12}\log b - 0{,}191\right] + \frac{b}{4}[\log b - 0{,}145] + \frac{\log b}{8} + 0{,}202 - \frac{a^2}{12}[\log b + 0{,}116] + b\left[\frac{a^2}{12} + \frac{a^4}{90} + \cdots\right] + \cdots \right\} \quad (44)$$

Um das allgemeine Verhalten von $\mathfrak{L}$ für beliebige Felder besser überschauen zu können, haben wir noch versucht, eine Integraldarstellung für $\mathfrak{L}$ zu gewinnen. Dies ist möglich, wenn man von den üblichen Integraldarstellungen der Zeta-Funktion ausgeht. Man erhält:

$$\mathfrak{L} = \frac{1}{2}(\mathfrak{E}^2 - \mathfrak{B}^2) + 4\,\pi^2 m\,c^2 \left(\frac{m c}{h}\right)^3 \int_0^\infty e^{-\eta} \frac{d\eta}{\eta^3} \left\{ - a\,\eta \operatorname{ctg} a\,\eta \cdot b\,\eta \operatorname{Ctg} b\,\eta + 1 + \frac{\eta^2}{3}(b^2 - a^2) \right\}$$

$$= \frac{1}{2}(\mathfrak{E}^2 - \mathfrak{B}^2) + 4\,\pi^2 m\,c^2 \left(\frac{m c}{h}\right)^3 \int_0^\infty e^{-\eta} \frac{d\eta}{\eta^3} \left\{ - i\,a\,b\,\eta^2 \frac{\operatorname{Cos}(b + i\,a)\,\eta + \operatorname{Cos}(b - i\,a)\,\eta}{\operatorname{Cos}(b + i\,a)\,\eta - \operatorname{Cos}(b - i\,a)\,\eta} + 1 + \frac{\eta^2}{3}(b^2 - a^2) \right\}. \quad (45)$$

Aus der letzten Form ist besonders einfach zu sehen, daß $\mathfrak{L}$ nur von den beiden Invarianten $\mathfrak{E}^2 - \mathfrak{B}^2$ und $(\mathfrak{E}\mathfrak{B})^2$ abhängt. Die Cos-Glieder gestatten nämlich eine Entwicklung nach dem Quadrat des Arguments $(b + i a)^2 = b^2 - a^2 + 2\,i\,(a b)$ bzw. $(b - i a)^2 = b^2 - a^2 - 2\,i\,a b$. Da das Gesamtresultat reell ist, kann es daher als Potenzreihe in $b^2 - a^2$ und $(a b)^2$ dargestellt werden, die allgemein durch $\frac{\mathfrak{B}^2 - \mathfrak{E}^2}{|\mathfrak{E}_k|^2}$ bzw. $\frac{(\mathfrak{E}\,\mathfrak{B})^2}{|\mathfrak{E}_k|^4}$ ersetzt werden können. $\left(|\mathfrak{E}_k| = \frac{m^2 c^3}{e \hbar}\right)$. Die Lagrange-Funktion lautet also für beliebig gerichtete Felder:

$$\mathfrak{L} = \tfrac{1}{2}(\mathfrak{E}^2 - \mathfrak{B}^2) + \frac{e^2}{h c} \int_0^\infty e^{-\eta} \frac{d\eta}{\eta^3} \left\{ i\,\eta^2 (\mathfrak{E}\,\mathfrak{B}) \frac{\cos\left(\frac{\eta}{|\mathfrak{E}_k|}\sqrt{\mathfrak{E}^2 - \mathfrak{B}^2 + 2\,i\,(\mathfrak{E}\,\mathfrak{B})}\right) + \text{konj.}}{\cos\left(\frac{\eta}{|\mathfrak{E}_k|}\sqrt{\mathfrak{E}^2 - \mathfrak{B}^2 + 2\,i\,(\mathfrak{E}\,\mathfrak{B})}\right) - \text{konj.}} + |\mathfrak{E}_k|^2 + \frac{\eta^2}{3}(\mathfrak{B}^2 - \mathfrak{E}^2) \right\}. \quad (45\,\text{a})$$

Das erste Entwicklungsglied der Gleichung (43) stimmt mit den Resultaten von Euler und Kockel (l. c.) überein.

Allerdings bedarf die Frage nach der Konvergenz dieser Potenzreihenentwicklung noch einer näheren Untersuchung. Setzt man $a = 0$, so konvergiert das Integral (45) für jeden Wert von b. Wenn jedoch $a \neq 0$ ist, so verliert das Integral an den Stellen $\eta = \pi/a$, $2\pi/a$, $\cdots$, an denen $\operatorname{ctg} a\eta$ unendlich wird, seinen Sinn. Dementsprechend wird auch die Potenzreihenentwicklung nach a, von der wir ausgegangen sind, nur semikonvergent sein können. Man kann dem Integral (45) einen eindeutigen Sinn geben, wenn man einen Integrationsweg vorschreibt, der die singulären Stellen π/a, $2\pi/a$ vermeidet. Das Integral (45) enthält aber dann zusätzliche imaginäre Glieder, die physikalisch nicht unmittelbar interpretiert werden können. Ihren Sinn erkennt man sofort, wenn man ihre Größe abschätzt. Das Integral um den Pol $\eta = \pi/a$ von (45) hat (für $b = 0$) den Wert $-\frac{2i}{\pi} \cdot 4a^2 mc^2 \left(\frac{mc}{h}\right)^3 e^{-\frac{\pi}{a}}$. Dies ist die Größenordnung der Glieder, die von der Paarerzeugung im elektrischen Felde Rechenschaft geben. Das Integral (45) ist also ähnlich aufzufassen, wie die Integration über einen Resonanznenner in der Störungstheorie. Man kann annehmen, daß ein Dämpfungsglied, das der Häufigkeit des Resonanzprozesses entspricht, für die Konvergenz des Integrals sorgt und daß das Resultat, das man bei Umgehen der singulären Stellen erhält, richtig ist bis auf Glieder, deren Größe der Häufigkeit des Resonanzprozesses entspricht.

Die Abweichungen von der Maxwellschen Theorie bleiben nach (43) und (44) sehr klein, solange $\mathfrak{E}$ und $\mathfrak{B}$ klein sind gegen das elektrische Feld, das im Abstand $\sqrt{137} \cdot e^2/mc^2$ vom Schwerpunkt eines Elektrons herrscht. Aber selbst wenn etwa das magnetische Feld diesen Wert überschreitet, so bleiben die Zusätze zu den Maxwell-Gleichungen klein (im Verhältnis zu den ursprünglichen Gliedern) von der relativen Ordnung $\frac{1}{8\pi}\frac{e^2}{\hbar c}$, solange der $\log b$ von der Größenordnung 1 ist. Die Abweichungen z. B. von der gewöhnlichen Coulomb-Kraft zwischen zwei Protonen, die von den Gliedern (43) und (44) herrühren, bleiben also stets sehr klein. Allerdings muß bei dieser Abschätzung berücksichtigt werden, daß gerade für ein Coulombsches Feld die Zusatzglieder, welche die Ableitungen der Feldstärken enthalten, wichtiger sein können, als die in den Gleichungen (43) und (44) berücksichtigten.

§ 3. Bedeutung des Resultats in der Quantentheorie der Wellenfelder.

Die im letzten Abschnitt abgeleiteten Resultate können nicht ohne weiteres in die Quantentheorie der Wellenfelder übertragen werden. Vielmehr kann man leicht zeigen, daß der Zustand der Materie in einem homogenen Felde in der Quantentheorie der Wellenfelder nicht durch die gewonnenen Gleichungen beschrieben wird. Wenn man nämlich mit dem im letzten Abschnitt behandelten Zustand der Materie als „ungestörtem Zustand" beginnt, so gibt es Matrixelemente der Störungsenergie, die zur gleichzeitigen Entstehung eines Lichtquants und eines Paares gehören. Wenn nun auch die Energie nicht zur wirklichen Erzeugung dieser Teilchen ausreicht, so geben diese Matrixelemente doch zu einer Ströungsenergie zweiter Ordnung Anlaß. Diese kommt also durch die virtuelle Möglichkeit des Entstehens und Verschwindens von Lichtquant und Paar zustande, und die Rechnung liefert für sie ein divergentes Resultat. Man kann das Auftreten dieser Störungsglieder auch anschaulich plausibel machen durch den Hinweis darauf, daß z. B. die Kreisbahnen in einem Magnetfeld keine wirklichen stationären Zustände sind, sondern daß Elektronen in diesen Zuständen strahlen können. In der klassischen Theorie der Wellenfelder braucht man — dies ist für den physikalischen Inhalt der Rechnungen des letzten Abschnitts entscheidend — diese Strahlung nicht zu berücksichtigen, da aus der schließlich gewonnenen Lösung zu erkennen ist, daß die Ladungsdichte und Stromdichte der Materie verschwindet, daß also keine Strahlung auftritt. In der Quantentheorie der Wellen dagegen bleibt ein Rest dieser Strahlung in Form einer divergenten Störungsenergie zweiter Ordnung.

Man kann allerdings auch einsehen, daß eine Störungsenergie genau der gleichen Art schon im feld*freien* Vakuum eintritt („Selbstenergie des Vakuums"). Solche Selbstenergien treten immer dann auf, wenn man die Beiträge zweiter oder höherer Ordnung zur Energie berechnet, die durch den virtuellen Übergang in einen anderen Zustand *und Rückkehr in den Ausgangszustand* entstehen. Diese Selbstenergien hat man bisher stets weggelassen. Z. B. berechnet man den Wirkungsquerschnitt für die Compton-Streuung, indem man eine Störungsrechnung bis zur zweiten Ordnung durchführt. Würde man auch die Glieder vierter Ordnung mit berücksichtigen, so erhielte man Beiträge der eben erwähnten Art, die kein konvergentes Resultat liefern. Die Berechnung der Streuung von Licht an Licht (l. c.) wird in einer Störungsrechnung bis zur vierten Ordnung (also bis zur ersten Ordnung, die zu dem betreffenden Prozeß einen Beitrag liefert) durchgeführt, die Beiträge der sechsten Ordnung würden hier bereits divergieren. Die bisherigen Erfolge dieser Rechnungen, z. B. bei der Klein-Nishina-Formel, scheinen zu zeigen, daß dieses Weglassen der divergenten Beiträge höherer Ordnung zu richtigen Resultaten führt. Wenn dies der

Fall ist, so können nach dem eben Gesagten auch die Resultate des § 2 in die Quantentheorie der Wellen übernommen werden. Dies ist auch physikalisch plausibel, da das Auftreten der genannten Strahlungsglieder korrespondenzmäßig unverständlich bliebe. Jedes einzelne Glied in der Entwicklung der Energiedichte nach Potenzen von $\mathfrak{E}$ und $\mathfrak{B}$ kann dann anschaulich einem Streuprozeß zugeordnet werden, dessen Wirkungsquerschnitt aus ihm bestimmt wird. Die Glieder vierter Ordnung z. B. geben die gewöhnliche Streuung von Licht an Licht, die Glieder sechster Ordnung bestimmen den Wirkungsquerschnitt für Prozesse, bei denen drei Lichtquanten aneinander gestreut werden usw. Ganz unabhängig von der Frage, ob das Weglassen der Glieder höherer Ordnung physikalisch zulässig ist, muß dabei jedes Entwicklungsglied im Resultat des letzten Abschnitts mit dem Resultat einer direkten Berechnung des betreffenden Streuprozesses nach der Quantentheorie der Wellen übereinstimmen, wenn die Störungsrechnung nur bis zu dem ersten Gliede durchgeführt wird, das zum betreffenden Prozeß einen Beitrag liefert; denn in beiden Rechenmethoden sind die Beiträge der Glieder vernachlässigt, die einem Entstehen und Verschwinden von Lichtquant und Paar entsprechen. [Die Übereinstimmung der Glieder vierter Ordnung mit den durch direkte Berechnung der Streuung von Licht an Licht gewonnenen[1]) gibt daher eine Probe für die Richtigkeit der Rechnung.] Es scheint aus diesem Grunde nicht unmöglich, daß selbst die Resultate für $|\mathfrak{B}| \gtreqq |\mathfrak{E}_k|$ auf die Erfahrung angewendet werden können. Dies ist aber sicher *nicht* möglich für $|\mathfrak{E}| \gtrsim |\mathfrak{E}_k|$, da bei großen elektrischen Feldern die tatsächlich eintretende Paarbildung den oben durchgeführten Rechnungen die Grundlage entzieht.

§ 4. Die physikalischen Konsequenzen des Resultats.

Die im zweiten Abschnitt hergeleiteten Resultate haben formal eine große Ähnlichkeit mit den Ansätzen, die Born[2]) seiner Abänderung der Maxwellschen Gleichungen zugrunde gelegt hat. Auch bei Born tritt an die Stelle der klassischen Lagrange-Funktion $\mathfrak{E}^2 - \mathfrak{B}^2$ eine kompliziertere Funktion der beiden Invarianten $\mathfrak{E}^2 - \mathfrak{B}^2$ und $(\mathfrak{E}\mathfrak{B})^2$, die übrigens [vgl. [1])] in der Größenordnung der ersten Entwicklungsglieder wegen des tatsächlichen Zahlwertes von $e^2/\hbar c$ mit (43) übereinstimmt. Es ist jedoch wichtig, auch die Unterschiede der Resultate hervorzuheben. Von Born werden die veränderten Maxwellschen Gleichungen zum Ausgangspunkt der

[1]) H Euler und B. Kockel l. c. — [2]) M. Born, Proc. Roy. Soc. London (A) **143**, 410, 1933; M. Born und L. Infeld, ebenda **144**, 425, 1934; **147**, 522, 1934; **150**, 141, 1935.

Theorie gemacht, während diese Veränderung in der Diracschen Theorie als eine indirekte Konsequenz der virtuellen Möglichkeit der Paarerzeugung erscheint. Damit hängt zusammen, daß in der Diracschen Theorie die hier berechneten Abänderungen der Maxwellschen Gleichungen keineswegs die einzigen sind — es kommen noch Glieder, welche höhere Ableitungen der Feldstärken enthalten, hinzu[1]) — und daß daher insbesondere die Frage nach der Selbstenergie der Elektronen gar nicht durch die Betrachtung dieser Abänderungen allein entschieden werden kann. Dabei bleibt das Resultat der Bornschen Theorie, daß Abänderungen der Maxwell-Gleichungen der hier betrachteten Größenordnung unter Umständen genügen, um die Schwierigkeiten der unendlichen Selbstenergie zu beseitigen, ein wichtiger Hinweis für die weitere Entwicklung der Theorie.

In diesem Zusammenhang muß auch die Frage gestellt werden, ob die aus der Diracschen Theorie abgeleiteten Resultate über die Streuung von Licht an Licht usw. schon als endgültig betrachtet werden können, oder ob zu erwarten ist, daß die spätere Theorie zu anderen Ergebnissen führt. Die Theorie des Positrons und die bisherige Quantenelektrodynamik sind zweifellos als vorläufig anzusehen. Besonders erscheinen in dieser Theorie die Vorschriften für die Bildung der Matrix S (die Inhomogenität der Dirac-Gleichung) willkürlich. Für die spezielle in l. c. I eingeführte Matrix S läßt sich kaum viel mehr als ihre relative mathematische Einfachheit (zusammen mit einigen Forderungen über die Formulierung der Erhaltungssätze) vorbringen. Aus diesem Grunde erscheinen Abweichungen der späteren Theorie von der bisherigen an diesem Punkte möglich. Da solche Abweichungen gerade auf die Abänderungen der Maxwellschen Gleichungen einen bestimmenden Einfluß ausüben könnten, so wird man sich auf die bisherige Theorie wohl nur in der Größenordnung und der qualitativen Form dieser Abänderungen verlassen können. Es ist jedoch bisher auch kaum möglich, über die endgültige Form der Maxwellschen Gleichungen in der zukünftigen Quantentheorie des Feldes bestimmte Aussagen zu machen, da dazu ein Eingehen auf die Gesamtheit der Vorgänge, an denen Teilchen sehr hoher Energie beteiligt sind (z. B. Auftreten der „Schauer"), wohl unerläßlich ist.

[1]) E. A. Uehling l. c. und R. Serber l. c.

Structure and Properties of Nuclei (1932 – 1935)

An Annotation by C.F. von Weizsäcker, Starnberg

Heisenberg's work on nuclear physics was only an episode for him, but an important one. The work consists mainly of the three publications of 1932 and 1933, stimulated by the discovery of the neutron, with some echoes later in the 1930s. In order to understand the kind of interest Heisenberg took in nuclear physics it may be useful to recall how the concept of nuclear physics came about historically.

The concept of the atom sprang from the branch of Greek philosophy connected with the names of Leucippus and Democritus. Atoms were supposed to be the ultimate constituents of everything real; they should have no parts, *hence* be indivisble. This doctrine was not adopted in the philosophy of the next two millenia, from Plato to Hegel. The philosophers recognized the inner contradictions of the concept of extended atoms. Kant realized that the regions of space filled by an extended atom are obviously filled also by the parts of the atom; then it might be just an empirical question, whether *we* can divide these parts.

Happily naive towards this problem, the chemists around 1800 introduced extended atoms of different types as the fundamental constituents of different chemical elements. By 1900 the empirical success of this model had become indisputable. It served in physics to establish the statistical foundation of thermodynamics. Ludwig Boltzmann argued against the continuum theory of matter, as advocated again by Ernst Mach and Wilhelm Ostwald, that a thermodynamical equilibrium among the infinitely many degrees of freedom of a dynamical continuum system was impossible. However, Boltzmann's beginning of a precise physical atomic theory also cast a shadow on the concept of the atom itself: one had to exclude the applicability of mechanics to the interior of the atom. The problem of the specific heats of monoatomic gases represented this conflict of the atomic hypothesis with (what is today called "classical") mechanics in an inevitably empirical form. Finally, in 1900 Max Planck solved the paradox of the continuum thermodynamics – in the special case of the radiation field, which was the only continuum for which a precise theoretical description was available – by applying the quantum hypothesis, a hypothesis totally inconsistent with classical mechanics, to the representative of atoms: the harmonic oscillator.

At about the same time William Ramsay and Ernest Rutherford proved experimentally the transmutation of chemical elements into each other in the case of radioactivity. Hence the "atoms" of the chemists had to be divisible. Rutherford distinguished for the first time clearly the nucleus and the outer shells of the atom, on the basis of the scattering experiment of Hans Geiger and Ernest Marsden. Niels Bohr recognized the fact that this empirically substantiated atomic model was mechanically and electrodynamically impossible. He sucessfully decided against applying the fundamental laws of classical physics to the atom, turning instead to Planck's quantum hypothesis. Thus one learned to decypher the codes of optical spectra and of chemical experiences, notably those contained in the periodic system of elements. Within 15 years there evolved a complete theory of the atomic shells. However, it required as its proper basis a completely new fundamental theory of physics, that is, quantum mechanics, to which Heisenberg made the most important single step in 1925.

The physics of the nucleus was shown to be a separate field of research only by this establishment of the physics of atomic shells. The empirical knowledge in nuclear physics proceeded continuously during the two decades between 1910 and 1930, notably by the work of Rutherford's school in England, Curie's school in France, and Otto Hahn and Lise Meitner in Germany. One studied in some detail the radioactive families and the properties of α-, β- and γ-rays; Rutherford succeeded in obtaining the first artificial nuclear transmutation; the optical spectra of elements (hyperfine structure) provided information about the nuclear spin; Francis Aston succeeded in measuring the mass defects, i.e., the binding energies of nuclei.

The theory of the inner constitution of nuclei, however, remained in the dark. Even quantum mechanics did not immediately *solve* this riddle, but just demonstrated that it was unavoidable. A nucleus is characterized by two integer numbers, the nuclear charge Z and the atomic mass number A. Light nuclei have A close to the value $2Z$, while for heavier ones A increasingly becomes larger than $2Z$. Hence it seemed obvious to assume the nucleus to be composed of two elementary particles, for which only the known particles proton and electron seemed to be candidates. Then A had to be identified with the number of protons and $A-Z$ with the number of electrons, hence the nucleus characterized by the integers A and Z contained $2A-Z$ elementary particles. When one applied quantum mechanics to this model, however, insoluble difficulties arose.

A part of the difficulties were theoretical and concerned questions of principle. The nuclear radius is one hundredth of the Compton wavelength of the electron. If electrons are bound in the nucleus, then their kinetic energy, according to the uncertainty relation, should be about one hundred times their rest energy. One did not know any forces which could confine the electron in such narrow dimensions. In any case this appeared to be a problem of an extremely relativistic quantum mechanical nature. People doubted around 1932 whether quantum mechanics and relativity might be united without a completely new theoretical idea. Dirac's wave equation of the electron (1928) led to Klein's paradox: it should be possible to pass a potential barrier larger than $2mc^2$ (m mass of the electron, c velocity of light *in vacuo*) by a tunnel effect connected with the transition of positive to negative energy. Hence one did not know how to keep electrons in the nucleus at all. Although Dirac's 'hole' theory solved this problem, it also brought along with it new unexplained infinities; the majority of theoreticians including Heisenberg did not accept it in the beginning, and not before 1933, i.e., after pair production was definitely observed, did their attitude change.

In addition two empirical difficulties showed up. One concerned spin and statistics of nuclei with integer A but odd Z. The nucleus N^{14} with $A=14$ and

$Z = 7$ provided an empirical example. Due to the accepted model it contained 21 particles, hence had to possess half-integer spin and Fermi statistics. However, in reality its spin was integer and it followed Bose statistics. Electrons in the nuclei seemed to lose their spin and their specific statistics. The other difficulty emerged form the continuous energy spectrum of the primary β-rays emitted in β-decay. A good example was provided by RaE; if, as one had to assume, the energies of the initial and of the final nucleus took on sharp values, energy conservation seemed to be violated. Calorimetric measurements revealed that the missing energy was not contained in another kind of radiation which could be absorbed by the surroundings.

The reaction to these difficulties by Bohr and Heisenberg has been described by Joan Bromberg in a detailed study on the basis of the scientific correspondence from the years 1930 to 1932 [1]. The results of the study agree completely with my memories about exactly these years, which I mainly spent in Leipzig with Heisenberg; in many details they go beyond what I could notice then myself. Let me describe here Heisenberg's comprehension of problems, following from his discussions with me at that time and interpreted in the light of the later development.

Heisenberg already possessed at that time the contours of his conception of the historical development of theoretical physics, which he formulated more than 15 years later in his Dialectica article [2]. He was convinced that this development consists of a sequence of "closed theories", each of which reduces the validity of its predecessor as an approximation to certain fields of application and later on receives the same fate, as it will be confined similarly by its successors. Heisenberg had succeeded himself in establishing such a closed theory, quantum mechanics. He was far from considering it as the final theory of physics, but rather waited with anxious curiosity and unbroken ambition for the next (closed) theory. In this context he viewed at that time the big unsolved questions of cosmology and especially of biology to be lying in the far future, but he expected soon a further step forward within atomic physics itself. For the possible place where such a step could be made there existed around 1930 two hints. Locally, quantum mechanics obviously constituted the right theory of atomic shells; on the other hand, it was obvious that, if one took seriously the above mentioned problems, quantum mechanics did not provide the right theoretical description of the nucleus. Also one had not succeeded so far to combine in a systematic way quantum mechanics with special relativity theory; the difficulties which sprang up here from the grounds reminded Heisenberg and his close friend Wolfgang Pauli of the difficulties of the Bohr model of atomic constitution in 1924. The problem of the existence of electrons in the atomic nucleus seemed to unite aspects of both quantum theory and relativity theory, and thus focussed the interest notably of Bohr and Heisenberg on nuclear physics. This interest therefore was not a specific interest in the atomic nucleus but rather in the next fundamental theory of physics. How radical the cherished expectations were, one derives most appropriately from the fact that Bohr took the continuous β-spectra as a reason to renew his older doubts of 1924 with respect to a more than statistical validity of energy conservation [3]. Behind this radical attitude in matters of principle there stood the analogous experiences in atomic theory of Bohr in 1913 and of Heisenberg in 1925.

The actual development happened quite differently from what could be expected from that analogy. The fundamental scheme of quantum mechanical laws proved to be free of failures, the problems rather were resolved by an alternative model. The change was brought about by James Chadwick's discovery of the neutron published in March 1932. Heisenberg immediately seized the chance. I had the chance to spend with him in May 1932 his pentecost vacation – during which time of the year he was attacked by hay fever – in Brotterode in the *Thüringer Wald*. In a phase of most intense labor that characterized his style of work so often, and at the same time always walking and hiking in the free nature, he discussed and wrote his paper "Über den Bau der Atomkerne I", which was received by the *Zeitschrift für Physik* on 7 June 1932.

The obvious assumption, published by Dimitri Ivanenko, that nuclei of atomic number Z and atomic mass number A consisted of Z protons and $N = A - Z$ neutrons, solved the spin-statistics problem: N^{14} now consisted of $A = 14$ particles. What then did Heisenberg fascinate most was the possibility to consider proton and neutron to represent two different states of the same particle and to explain the force between them by a charge-exchange in analogy to the chemical exchange forces in molecular physics. The difficulties in principle existing in nuclear theory then could be completely shifted to the question of the nature of the neutron. Between protons and neutrons, however, now the usual, nonrelativistic quantum mechanics was valid.

When considering in 1932 the neutron as composed of proton and electron, Heisenberg still had to deal with all the fundamental theoretical difficulties of the previous time. These difficulties were resolved only step by step during the following years. The discovery of the positron (1932), positron-electron pair creation (1933), and of artificial β^+-radioactivity (1934) then allowed to express the situation in the following language, which Heisenberg in my recollection contemplated already in May 1932 for the case of the electron: electrons and positrons do not exist at all 'in' the neutron and proton, but are only created in the β-decay, like light quanta in a radiation process. In this development of theoretical thought also Pauli's neutrino hypothesis was gradually accepted, which allowed to satisfy the conservation laws of energy, spin and statistics. These ideas then Fermi collected in his theory of β-decay expounded in early 1934.

To the extent that nuclear physics turned into a field of application of the usual quantum mechanics, however, Heisenberg's active interest in the field slackened. His few later publications on nuclear theory are preliminary research reports, not original papers. He now searched the empirical material for the next "closed theory", which he further expected, in the physics of high energies, first in cosmic radiation.

In fact also the next fifty years after 1932 have not revealed any limitations of validity of the quantum theory. Even Heisenberg's later (since 1958) draft of a unified nonlinear field theory was, seen from the point of view of principle, pure quantum theory enlarged by a universal proposal for the interaction. In concluding this report, I think that this disappointment of Bohr and Heisenberg's expectation around 1930 deserves some reflection.

Heisenberg expressed the pathos of research lying in a sequence of closed theories already in 1934 in a sentence which has been repeated often since:

"Rather we will have, for every essentially new knowledge, always to be put freshly in the situation of Columbus, who possessed the courage to leave behind him all countries known up to then in the nearly crazy hope to find still (new) land again across the oceans" [4]. This sentence fits more accurately to Heisenberg than to Columbus. Columbus possessed the theory substantiated since the times of the ancient Greeks that the earth is a sphere, and therefore concluded: if one goes west on the sea, one must be able to reach India. What he did not know was that there existed still *one* continent between Europe and Asia in the ocean. He believed to have arrived in India when he got ashore, but had discovered America. Heisenberg however talks as if there is behind every continent again an ocean. Then the hope to find land again across the sea must certainly appear to be "nearly crazy". The ancient Greeks have not only invented the spherical shape of the earth, but also the "spherical shape of the philosophy", i.e., the belief in a rationally understandable world. In Heisenberg's parable the discovery of the new age is reflected: the open future involving the boundless evolution, also of knowledge. But with respect to physics Heisenberg ultimately was a Platonic thinker; he believed in symmetry whose symbol always has been the sphere. Perhaps between the antique idea of an atom and an accomplishable (*vollendbare*) physics there was yet lying only *one* ocean. Perhaps Heisenberg when, as the first captain of the great quantum theoretical fleet, he set his foot on solid ground, thought he had discovered America; but he already had arrived in India.

References

1 J. Bromberg: The impact of the neutron: Bohr and Heisenberg. Historical Studies in the Physical Sciences **3**, 307–341 (1971)

2 W. Heisenberg: Der Begriff "Abgeschlossene Theorie" in der modernen Naturwissenschaft. Dialectica **3**, 331–336 (1948); reprinted in *Gesammelte Werke/Collected Works CI*, pp. 335–340

3 See the radiation theory of N. Bohr, H. Kramers, J. Slater: The quantum theory of radiation. Phil. Mag. (7) **47**, 787–802 (1924).

4 W. Heisenberg: Wandlungen der Grundlagen der exakten Naturwissenschaft in jüngster Zeit. Die Naturwissenschaften **47**, 697–702 (1934); reprinted in *Gesammelte Werke/Collected Works CI*, pp. 96–101, especially p. 101

Structure and Properties of Nuclei (1932 – 1935)

An Annotation by L. M. Brown, Evanston,
and H. Rechenberg, Munich

Introduction

On Christmas day in 1931, the newspaper *Berliner Tageblatt* published a short article by Heisenberg on "Problems of Modern Physics", in which, after describing recent progress in the quantum mechanical treatment, he continued:

> The next advance ... will come from a more exact investigation of the atomic nucleus .... Extensive experimental research must first force the nucleus to reveal all its modes of reaction; then it will be possible to recognize their connections. It is quite doubtful whether 1932 will already lead us to this knowledge. What seems certain is that the future understanding of the nucleus also implies new epistemological-philosophical results. [1]

Heisenberg was not alone among the makers of the quantum mechanical revolution in believing that new laws of physics would come into play at the inner frontier represented by the atomic nucleus. Indeed, the year 1932 did bring a new knowledge of the atomic nucleus, and with it a new era of physics, but it was to be an era of new particles, and not one of new dynamics. For example, the observation of the neutron was announced by James Chadwick in February, and that of the positron by Carl Anderson in August. Pauli's neutrino suggestion, made in December of 1930 was known, though not yet accepted. All these particles were important for understanding the "modes of reaction" of nuclei and their connections.

Also in 1932, deuterium was discovered (in January by Harold Urey and coworkers), artifical nuclear reactions were first performed (in April by John Cockcroft and Ernest Walton), and Ernest Lawrence's cyclotron began operation in September.

In this context of successful exploratory research, Heisenberg, who had just before tried to learn the secrets of nuclear structure by studying high-energy cosmic ray interactions (see paper No. 1 of Group 8, pp. 250 – 272 below), wrote his three-part paper on the constitution of the atomic nuclei developing a neutron-proton model of the nucleus (Nos. 1, 2, 3, pp. 197 – 207, 208 – 216, 217 – 226 below). This landmark paper is the foundation of the phenomenological theory of nuclear structure. But it also bears the imprint of the electron-proton model that it replaced, for electrons in the nucleus were required, in Heisenberg's view, to explain the beta-decay of the nucleus and its radiative interactions, as well as the forces between the nuclear constituents, the protons and the neutrons. During 1933, Ettore Majorana and Eugene Wigner extended the description of the nuclear forces [2–3], and at the Seventh Solvay Conference in October 1933, Heisenberg reviewed the situation in detail [4].

1. Contents of the Three-Part Paper and the Solvay-Report

Heisenberg submitted Parts I–III of his paper "Über den Bau der Atomkerne" (On the constitution of atomic nuclei) between June and December 1932, having been stimulated by the discovery of the neutron. This paper started the modern theory of nuclear structure physics. In the short introduction of Part I, the author stated two main assumptions:

i) "Atomic nuclei are composed of protons and neutrons without the contribution of electrons"; hence "the actual build-up of the nuclei can be described according to the laws of quantum mechanics by considering the action of forces between protons and neutrons".
ii) "The fundamental difficulties, that are encountered in the theory of β-decay and in the problem of the statistics of the nitrogen nucleus may be reduced to the question of how the neutron can decay into a proton and an electron and what statistics it follows." (No. 1, p. 197 below)

Consequently, each part of Heisenberg's paper contains two major components, one of them advancing the explanation of nuclear structure on the basis of the proton-neutron model of the nucleus, and the other dealing with the "fundamental difficulties", namely the constitution of the neutron and its decay. While most of Part I investigates the first question, which one may call the *phenomenological aspects* of Heisenberg's model [5], the major portions of Parts II and III concern the second problem: each of them includes a section on the properties of the neutron and a section on the scattering of γ-rays from nuclei. The last two topics, for which Heisenberg explicitly assumed the existence of electrons in the atomic nucleus – and thus fell back upon the pre-1932 proton-electron model – are generally omitted in historical discussions of his paper.

In Heisenberg's paper, the structure of a given nucleus and the extent to which it is stable are determined by forces that act between its constituents, i.e. protons (p) and neutrons (n). Protons are assumed to be elementary objects, with the $p-p$ force being a pure Coulomb repulsion. The neutron is also considered a "fundamental constituent" having spin $\frac{1}{2}\hbar$ and obeying Fermi statistics, "though it may split under suitable conditions into a proton and an electron, with the conservation laws of energy and momentum probably being suspended" (Part 1, pp. 197–198). In agreement with this somewhat ambiguous concept, the $n-p$ force is regarded as an exchange force of the type found in the hydrogen molecule-ion, while the $n-n$ force was thought to be analogous to the homopolar binding force in the hydrogen molecule.

Phenomenologically, Heisenberg described the $n-p$ force by an effective potential, the product of an empirical short-range function of position $J(r)$, and an operator that changes the nuclear type. This operator changed what the author called "ϱ"-spin, used ϱ-spin matrices, and is *the origin of the isospin formalism* so important in nuclear and particle physics. Similarly, the $n-n$ force is represented by a short attractive interaction potential $K(r)$ multiplied by a combination of ϱ-spin matrices that projects (i.e., selects) two neutrons.

Using this Hamiltonian, containing only nuclear coordinates (and not those of electrons), Heisenberg discussed the known aspects of nuclear systematics: first, the deuterium nucleus (that had just been discovered); then, after dropping a detailed discussion of the helium nucleus (whose particular stability he could not explain), the stability of nuclei in general. The theory explained the observed equality of the numbers of protons and neutrons in the most stable light nuclei, provided the $n-p$ force dominated. In heavy nuclei, on the other hand, Coulomb repulsion can cause the emission of α-particles (α-decay) if there are too many protons, while β-particle emission will occur if too many neutrons are present. Both decays make the nuclei approach the stability curve (i.e., the line connecting the stable species in a plot of atomic weight A versus atomic number Z), often accompanied by the emission of γ-rays as well.

The first sections of each of Parts II and III also deal with stability considerations. In Part II, Heisenberg refined the binding energy calculation in order to account for the α-particle stability. Finally, he introduced in Part III an additional "electrostatic" (i.e., non-exchange) $n-p$ force and applied the Thomas-Fermi method for the purpose of deriving a simple expression for the total energy of the nuclei (as a function of their atomic number). In the minimization procedure for the energy, he used the restriction that the magnitude of the total ϱ-spin (isospin) is fixed [6].

The main contents of Parts II and III, however, concern the discussions of the properties of the neutron and the scattering of γ-rays from nuclei, problems that had been raised already in Part I as suggesting the existence of electrons in the nucleus. In the sections numbered 3 of Parts II and III, Heisenberg studied the consequences of considering the neutron as a *bound object* composed of a proton and an electron, violating important aspects of the laws of quantum mechanics: e.g., the empirical mass defect turns out to be much smaller than required by theory (and of the wrong sign), and the continuous β spectra (occurring when the neutron is decomposed) cannot be explained at all. On the other hand, the author succeeded in describing the anomalous "scattering" of γ-rays by atomic nuclei – the so-called Meitner-Hupfeld effect [7] – quite well on the assumption of bound electrons.

Heisenberg's report at the *VIIe Conseil de Physique*, held in October 1933 in Brussels, entitled "General theoretical considerations on the structure of the nucleus" again had three sections, dealing with "principles", "hypotheses" and "applications", respectively [4]. The principles section begins by stating that one of the first tasks of theory in the nuclear domain is to determine "as precisely as possible a limit to the possibility of applying quantum mechanics" [8]. While quantum mechanics seemed to work in the case of α-decay, it was doubtful whether it could describe the nuclear mass defects. It definitely broke down in the formulation of the basic interaction between neutrons and protons, and it was violated by the possible presence of electrons in nuclei.

In the hypothesis section, Heisenberg first discussed George Gamow's "liquid-drop model" (which emphasized the α-particle structure of the nucleus) and the proton-neutron model of the nucleus, before he turned to the laws of interaction between neutrons and protons. Under the assumption that the like-particle ($p-p$, $n-n$) forces are negligible compared to the $p-n$ force – the latter being either an exchange force of molecular type or an "ordinary" (non-exchange) force – he explained the approximate equality of proton and neutron numbers in the light nuclei. If the $p-n$ forces were of the exchange type, they could involve either pure charge exchange or exchanges of both charge *and* spin of the neutron and proton participating in the process. The latter type had been proposed by Ettore Majorana, who had also shown:

i) one needed exchange forces in order to satisfy the saturation requirement (which implied the linear increase of the nuclear volume with the mass number);
ii) his own force *ansatz* avoided the particular disadvantage of Heisenberg's pure charge exchange force, which demanded that already the deuteron ($p-n$ system) be a "closed" system (of greatest binding energy per particle) instead of the α-particle.

In any case, a combination of Heisenberg's and Majorana's approaches, augmented by some ideas presented by Eugene Wigner [3], allowed one to account fairly well for the nuclear systematics, especially the stability curves (Sect. 3 of the Solvay report on "Applications").

2. Fundamental and Phenomenological Theory of Nuclear Forces (1934 – 1939)

During the next five years nuclear physics developed rapidly, both in experiment and in theory. Important experimental discoveries and investigations were made in Paris (artificial β-decay by Frédéric Joliot and Irène Curie), Rome (neutron experiments by Enrico Fermi et al.), Berlin (studies by Otto Hahn and Lise Meitner), and at various places in England and the USA. This development reached an unexpected high-point towards the end of that period with the detection of nuclear fission by Hahn and Fritz Strassmann (December 1938). Nuclear theory also extended its scope and foundations, most of it emerging as a consequence or a response to the pioneering work of 1932. I.e., there developed a theory of nuclear reactions, including an application to energy creation in stars by nuclear fusion (Hans Bethe and Carl Friedrich von Weizsäcker, 1938).

The further development of the topics and (unresolved) problems addressed in Heisenberg's three-part paper and his survey of October 1933 took two routes, which were conceptually strictly different, though they overlapped and influenced each other at times. One route built on the achieved quantum mechanical description of nuclear structure, refining and fixing the particular forms of forces by theoretical and experimental arguments and proceeding to a theory of nuclear reactions; on the other route some theoreticians attacked and partly solved difficulties stressed in the "principles" and "hypotheses" sections of the Solvay report, especially the problems of nuclear electrons and β-decay and of the fundamental nature of nuclear forces. Heisenberg himself contributed to both sides of theoretical nuclear physics in the years up to World War II. However, the fact that he wrote only one original paper on nuclear phenomenology (No. 4, pp. 227–238 below) but several dealing with the fundamental aspects clearly expresses the priority in his research.

Progress in fundamental problems started right after the Solvay Conference. Heisenberg had mentioned in some detail the difficulties in explaining β-decay and stated two mutually exclusively proposals:

> Pauli has discussed the hypothesis that, simultaneously with the β-rays, another very penetrating radiation always leaves the nucleus – perhaps consisting of "neutrinos" having the electron mass – which takes care of energy and angular momentum conservation in the nucleus. On the other hand, Bohr considers it more probable that there is a failure of the energy concept, and hence also of the conservation laws in nuclear reactions. [9]

In the discussion of Heisenberg's report at Brussels, Pauli did indeed make his first published statement on the interpretation of β-decay suggesting the emission of not then observed neutrinos which allow full energy and angular momentum conservation [10].

Several weeks later, Enrico Fermi, who had participated in the Solvay Conference, formulated a consistent quantum field theory of β-decay on the basis of Pauli's proposal [11]. His interaction Hamiltonian contained the product of two charge-changing currents ($n-p$ and $\nu-e^-$) at a given space-time point; the $n-p$ current was taken from Heisenberg's nuclear force model (including the use of the ϱ-isospin operators), and Fermi treated the heavy particles in non-relativistic approximation; for the $\nu-e^-$ current he selected from five possibilities (i.e., relativistic covariants: scalar, vector, tensor, pseudoscalar, and pseudovector) just the vector term in analogy to electrodynamics.

Pauli and Heisenberg greeted the Fermi theory with enthusiasm [12]. Heisenberg immediately thought of further consequences: if there were really a relativistic interaction producing an electron-neutrino pair, then "in the second approximation (of perturbation theory) it ought to give rise to a force between neutron and proton"; i.e., the interaction successfully describing β-decay should also yield the $n-p$ charge-exchange force of the three-part paper (Part 1) or, with a minor modification, Majorana's exchange force [13]. The evolution of this idea by Heisenberg, and later by other investigators [14], showed, however, that the nuclear forces stemming from Fermi's β-decay interaction (involving Fermi's coupling constant) were too small by many orders of magnitude. Still, what one may call the "Fermi-field theory of nuclear forces" became quite accepted by the experts in nuclear physics, who introduced alternative forms of the β-interaction involving derivatives of the field functions. This permitted them to fit the β-decay data with a larger coupling constant [15].

Heisenberg presented the Fermi-field theory in his contribution of the *Festschrift* for the Dutch physicist Pieter Zeeman as the analogue to the Maxwell field in nuclear physics [16]. He claimed especially that "the Fermi field allows in principle the mathematical execution of the idea that the existence of exchange forces follows from the possibility of β-decay" [17]. The serious divergence arising in the higher-order calculation (e.g., in the self-energy integral of the heavy particles) should "be overcome for the moment purely formally by introducing a suitably chosen proton or neutron radius" [18], a procedure that seemed to yield in addition the correct anomalous magnetic moment of the nucleons [19]. A year later, Heisenberg even applied the Fermi field theory to explain new phenomena in cosmic ray physics, i.e., the collision of high energy protons and nuclei which gave rise to what he called "explosion-like showers" [20]. The multiplicity of the showers (i.e., the average number of produced secondaries, namely electrons and neutrinos) and their average energy, he claimed, "can be estimated from the constants entering Fermi's theory and be brought to agree with the data" [21].

In addition to Heisenberg's work, the Fermi-field theory, in the form which included derivatives (i.e., the Konopinski-Uhlenbeck version), played the role of *the* fundamental theory of nuclear forces, especially in the 1937–1938 review articles of Hans Bethe and colaborators on nuclear physics, which are often referred to collectively as "Bethe's Bible" [22]. Bethe and Bacher also proposed to change the spin-dependence in the Konopinski-Uhlenbeck theory so as to obtain Majorana's phenomenological exchange forces; they further concluded that when the right $n-p$ force is obtained, then $p-p$ and $n-n$ forces follow which are "not much smaller..., in agreement with the conclusions from nuclear binding energies" [23].

While back in the period of 1932–1933 the $n-p$ force seemed to be the dominant one (Heisenberg, Wigner), by late 1935 evidence had accumulated from $p-p$ scattering experiments and the binding energy determination of the hydrogen and helium isotopes, as well as from the stability conditions for heavier nuclei of even A and Z, that appreciable and substantially equal $p-p$ and $n-n$ forces existed in nuclei; this led ultimately to postulate the principle of charge-independence of nuclear forces [24]. Later in 1936 serious efforts were undertaken by Gregor Wentzel and Nicholas Kemmer in order to bring the Fermi-field theory into a charge symmetric form [25].

The discovery by Seth Neddermeyer and Carl Anderson of positively and negatively charged particles in cosmic rays having mass roughly 200 times that of the electron [26] created international interest in another fundamental theory of nuclear forces: that had been proposed already in October 1934 by Hideki Yukawa in Japan, but had not received attention in the couple of years following its publication [27]. From late 1937 onwards physicists in Europe and America began to replace the Fermi field by different versions of Yukawa's meson theory, including the notion of charge independence [28].

Heisenberg also used the meson theory to explain his "explosion-like showers", which he now interpreted as the simultaneous production of many mesons. He wrote a detailed paper about it and presented the topic at the Chicago Conference on Cosmic Rays in June 1939; he further included the theory in his report on the general properties of elementary particles, prepared for the 1939 Solvay Conference, which was cancelled because of the outbreak of war [29].

With empirical evidence on nuclear binding energies and reactions accumulating in the second half of the 1930s, theoretical papers increased in number, especially those in which phenomenological potentials were applied to fit the data. To the already known forces of Heisenberg, Majorana and Wigner (non-exchange, short range force), J. H. Barlett added another type of exchange force, where only the spin of the nuclear constituents is exchanged [30]. To compute the properties of nuclei with many nucleons, one had to develop suitable procedures starting from these nucleon-nucleon forces.

Heisenberg participated in these endeavors with the last paper of his series on nuclear structure, "On the structure of light nuclei", which he submitted in the summer of 1935 (No. 4, pp. 227–238). He employed the so-called Hartree-Fock method (describing the eigenfunctions of the nucleus by a product of the eigenfunctions of single protons and electrons) and used a Majorana exchange force of slightly modified form ($J(r) = a \exp(-b^2r^2)$ instead of $a \exp(-br)$!). Inserting for the eigenfunctions of single nucleons those of the harmonic oscillator (with a frequency determined by minimizing the total energy of the nucleus), Heisenberg was able to account for the binding energies of nuclei up to $Z = 20$. He could thus explain the discrepancies between the procedures of Majorana and Wigner as being due to the failure of the Thomas-Fermi method employed by Majorana and not due to the failure of Majorana's exchange force.

The same volume of *Zeitschrift für Physik* in which paper No. 4 of Heisenberg appeared contained also an article by his former student Carl Friedrich von Weizsäcker introducing a semi-empirical mass formula for stable nuclei based on a kind of liquid-droplet model [31]. Niels Bohr and Fritz Kalckar then studied the dynamics of a properly extended model [32], which could be applied in 1939 to explain the phenomenon of nuclear fission [33]. Before the latter description was published, in January 1939 Heisenberg presented a lecture to the *Natuurkundig Colloquium* of the Philips Laboratory on "The constitution of the atomic nucleus" [34]. In it he reviewed the progress obtained since 1935 in nuclear models and finally sketched ideas (of W. Wefelmeier and C. F. von Weizsäcker) to account for the fission of uranium nuclei, which had been discovered and published by Otto Hahn and Fritz Strassmann just a few weeks earlier.

References

1 W. Heisenberg: Probleme der modernen Physik, *Berliner Tageblatt*, 25 December 1931, 1. Beiblatt, p. 1; reprinted in *Gesammelte Werke/Collected Works CI*, pp. 48–49; especially p. 49
2 E. Majorana: Z. Phys. **82**, 137–145 (1933)
3 E.P. Wigner: Phys. Rev. **43**, 252–257 (1933)
4 W. Heisenberg: "Considérations théoriques générales sur la structure du noyau", in: *Rapports et Discussions du Septième Conseil de Physique Tenu à Bruxelles du 22 au 29 Octobre 1933* (Institut International de Physique Solvay, Paris: Gauthier-Villars, 1934) pp. 289–335; reprinted in *Gesammelte Werke/Collected Works B*, pp. 179–225
5 Heisenberg referred in Part 1 (see footnote 3 on p. 197) to the fact that D. Iwanenko had also suggested the idea of the proton-neutron composition of atomic nuclei in an earlier publication: Nature **129**, 798 (1932).
6 This may be related to the charge-independence of nuclear forces. See N. Kemmer: Phys. Bl. **39**, 170–175 (1983), esp. p. 173.
7 G. Tarrant: Proc. R. Soc. London Ser. A**128**, 345–359 (1930);
L. Meitner, H. Hupfeld: Naturwissenschaften **18**, 534–535 (1930);
C.Y. Chao, Proc. Natl. Acad. Sci. U.S.A. **16**, 431 ff. (1930)
8 See Ref. [4], p. 289; reprint p. 179
9 See Ref. [4], p. 315; reprint, p. 205

10 See Ref. [4], pp. 324 – 325 (reprint, pp. 214 – 215).
Pauli had proposed the neutrino hypothesis already in a letter dated 5 December 1930 and addressed to several participants of a physics meeting at Tübingen. He had then made the first public statement about it in a talk presented at a conference in Pasadena held in June 1931. Samuel Goudsmit had reported on Pauli's ideas (which he heard in Pasadena) at the Rome Conference on nuclear physics of October 1931, of which a short abstract was published in the proceedings: S. Goudsmit, in *Convegno di Fisica Nucleare, Atti*, (Reale Accademia d'Italia, Rome, 1932) p. 41.

11 E. Fermi: Ric. Sci. **4**, 491 – 495 (1933); Nuovo Cimento **2**, 1 – 9 (1934); Z. Phys, **88**, 161 – 171 (1934)

12 See Pauli to Heisenberg, 7 January 1934: "*Das wäre also Wasser auf unsere Mühle*" (That would be water for our mill). Heisenberg signalled similar agreement in his reply letter of 12 January 1934. The letters are published in Wolfgang Pauli: *Wissenschaftlicher Briefwechsel/ Scientific Correspondence II: 1930 – 1939*, Sources in the History of Mathematics and Physical Sciences, Vol. 6 (Springer, Berlin, Heidelberg 1985), pp. 246 – 249. Pauli's quote is from p. 248.

13 Heisenberg to Pauli, 18 January 1934; published in Ref. [12], pp. 250 – 253; especially p. 250

14 I. Tamm: Nature **133**, 981 (1934);
D. Iwanenko: Nature **133**, 981 – 982 (1934);
A. Nordsieck: Phys. Rev. **46**, 234 – 235 (1934)

15 The first to propose such an alternative β-decay interaction were Hans Bethe and Rudolf Peierls in 1934: *International Conference on Physics, London 1934, Volume I: Nuclear Physics* (Cambridge University Press, Cambridge 1935) pp. 66ff; see also E.J. Konopinski and G. Uhlenbeck, Phys. Rev. **48**, 7 – 12 (1935).

16 W. Heisenberg: "Bemerkungen zur Theorie des Atomkerns", in: Pieter Zeeman, *1865 – 25 Mei – 1935, Verhandelingen* (Martinus Nijhoff, The Hague 1935) pp. 108 – 116; reprinted in W. Heisenberg: *Gesammelte Werke/Collected Works B*, pp. 238 – 246

17 Ref. [16], p. 112 (p. 242 of the reprint)

18 Ref. [16], p. 113 (p. 243 of the reprint)

19 G.C. Wick: Rend. R. Accad. Lincei **21**, 170 – 173 (1935).
W. Pauli had already in 1934 opposed the liberal handling of divergent integrals and the introduction of derivatives into the Fermi coupling. Thus he wrote to Heisenberg on 1 November 1934: "The present situation in theoretical physics is this, that a subtraction physics of electrons and positrons stands face to face with a nuclear physics of arbitrary (*unbestimmte*) functions" (published in Ref. [12], pp. 357 – 358; especially p. 357).

20 W. Heisenberg: "Theorie der Schauer". Angew. Chem. **49**, 693 (1936); reprinted in *Gesammelte Werke/Collected Works B*, p. 247; "Zur Theorie der 'Schauer' in der Höhenstrahlung", Z. Phys. **101**, 533 – 540 (1936); reprinted as No. 3 of Group 8 below (pp. 275 – 282)

21 First reference of Ref. [20], p. 693 (p. 247 of the reprint)

22 H.A. Bethe, R.F. Bacher: Rev. Mod. Phys. **8**, 82 – 229 (1936);
H.A. Bethe: Rev. Mod. Phys. **9**, 69 – 224 (1937);
M.S. Livingstone, H.A. Bethe: Rev. Mod. Phys. **9**, 245 – 390 (1937)

23 H.A. Bethe: R.F. Bacher: first paper of Ref. [22], p. 204

24 M.E. White: Phys. Rev. **49**, 309 – 316 (1936);
M.A. Tuve, N.P. Heydenburg, L.R. Hofstad: Phys. Rev. **50**, 806 – 825 (1936).
A theoretical analysis was given by G. Breit, E.U. Condon, R.D. Present: Phys. Rev. **50**, 825 – 845 (1936); G. Breit, E. Feenberg: Phys. Rev. **50**, 850 – 856 (1936). The formulation of the charge-independent interaction in terms of isospin was done by B. Cassen, E.U. Condon: Phys. Rev. **50**, 846 – 849 (1936).

25 G. Wentzel: Z. Phys. **104**, 34 – 47 (1937);
N. Kemmer: Phys. Rev. **52**, 906 – 910 (1937)

26 S.H. Neddermayer, C.D. Anderson: Phys. Rev. **51**, 884 – 886 (1937); see also J. Street, E.C. Stevenson: Phys. Rev. **51**, 1005 (1937).

27 H. Yukawa: Proc. Phys.-Math. Soc. Jpn. (3) **17**, 48 – 57 (1935).
In preparing his meson theory of nuclear forces (as it was later called), Yukawa had tried to construct a field theory of Heisenberg's $n - p$ exchange force of 1932 and also studied the Fermi-field theory. From Tamm and Iwanenko's results concerning the smallness of the β-interaction he had concluded the necessity of a different, larger coupling constant for describing nuclear forces; from the range of nuclear forces he derived the mass of his intermediate exchange particles, which he named U-quanta (later they were renamed "mesotron" and finally "meson").

28 N. Kemmer: Proc. Cambridge Philos. Soc. **34**, 354 – 364 (1938);
H. Yukawa, S. Sakata, M. Kobayashi, M. Taketani: Proc. Phys.-Math. Soc. Jpn. **20**, 720 – 745 (1938)

29 W. Heisenberg: "Zur Theorie der explosionsartigen Schauer in der kosmischen Strahlung. II". Z. Phys. **113**, 61 – 86 (1939); reprinted as No. 9 of Group 8 below (pp. 337 – 362); "On the theory of explosion showers in cosmic rays". Rev. Mod. Phys. **11**, 241 (1939); reprinted in *Gesammelte Werke/Collected Works B*, p. 345; Bericht über die allgemeinen Eigenschaften der Elementarteilchen, in *Gesammelte Werke/Collected Works B*, pp. 346 – 358

30 J.H. Bartlett jr.: Phys. Rev. **49**, 102 (1936)

31 C.F. von Weizsäcker: Z. Phys. **96**, 431 – 458 (1935).
The mass formula developed first by von Weizsäcker and later also by Hans Bethe and collaborators (first paper of Ref. [22]) has been named the Bethe-Weizsäcker formula.

32 N. Bohr, F. Kalckar: K. Dan. Vidensk. Selsk. Mat.-fys. Medd. **14**, No. 10 (1937)

33 N. Bohr, J.A. Wheeler: Phys. Rev. **56**, 426 – 450 (1939)

34 W. Heisenberg: "De atoomkern en hare samenstelling". Ned. Tijdschr. Natuurk. **6**, 89 – 98 (1939); reprinted in *Gesammelte Werke/Collected Works*, pp. 335 – 344.
Heisenberg's lecture was presented on 27 January 1939, while the paper of Hahn and Strassmann appeared in the 6 January 1939 issue of *Die Naturwissenschaften* [Vol. **27**, 11 – 15 (1939)].

Über den Bau der Atomkerne. I.

Von **W. Heisenberg** in Leipzig.

Mit 1 Abbildung. (Eingegangen am 7. Juni 1932.)

Es werden die Konsequenzen der Annahme diskutiert, daß die Atomkerne aus Protonen und Neutronen ohne Mitwirkung von Elektronen aufgebaut seien. § 1. Die Hamiltonfunktion des Kerns. § 2. Das Verhältnis von Ladung und Masse und die besondere Stabilität des He-Kerns. § 3 bis 5. Stabilität der Kerne und radioaktive Zerfallsreihen. § 6. Diskussion der physikalischen Grundannahmen.

Durch die Versuche von Curie und Joliot[1]) und deren Interpretation durch Chadwick[2]) hat es sich herausgestellt, daß im Aufbau der Kerne ein neuer fundamentaler Baustein, das Neutron, eine wichtige Rolle spielt. Dieses Ergebnis legt die Annahme nahe, die Atomkerne seien aus Protonen und Neutronen ohne Mitwirkung von Elektronen aufgebaut[3]). Ist diese Annahme richtig, so bedeutet sie eine außerordentliche Vereinfachung für die Theorie der Atomkerne. Die fundamentalen Schwierigkeiten, denen man in der Theorie des β-Zerfalls und der Stickstoffkernstatistik begegnet, lassen sich nämlich dann reduzieren auf die Frage, in welcher Weise ein Neutron in Proton und Elektron zerfallen kann und welcher Statistik es genügt, während der eigentliche Aufbau der Kerne nach den Gesetzen der Quantenmechanik aus den Kraftwirkungen zwischen Protonen und Neutronen beschrieben werden kann.

§ 1. Für die folgenden Überlegungen wird angenommen, daß die Neutronen den Regeln der Fermistatistik folgen und den Spin $\frac{1}{2}\frac{h}{2\pi}$ besitzen. Diese Annahme wird notwendig sein, um die Statistik des Stickstoffkerns zu erklären, und entspricht den empirischen Ergebnissen über die Kernmomente. Wollte man das Neutron als zusammengesetzt aus Proton und Elektron auffassen, so müßte man daher dem Elektron Bosestatistik und Spin Null zuschreiben. Es erscheint aber nicht zweckmäßig, ein solches Bild näher auszuführen. Vielmehr soll das Neutron als selbständiger Fundamentalbestandteil betrachtet werden, von dem allerdings angenommen wird, daß er unter geeigneten Umständen in Proton und Elektron auf-

1) I. Curie u. F. Joliot, C. R. **194**, 273, 876, 1932.
2) J. Chadwick, Nature **129**, 312, 1932.
3) Vgl. auch D. Iwanenko, ebenda S. 798.

spalten kann, wobei vermutlich die Erhaltungssätze für Energie und Impuls nicht mehr anwendbar sind[1]).

Von den Kraftwirkungen der elementaren Kernbausteine aufeinander betrachten wir zunächst die zwischen Neutron und Proton. Bringt man Neutron und Proton in einen mit Kerndimensionen vergleichbaren Abstand, so wird — in Analogie zum H_2^+-Ion — ein Platzwechsel der negativen Ladung eintreten, dessen Frequenz durch eine Funktion $\frac{1}{h} J(r)$ des Abstandes r der beiden Teilchen gegeben ist. Die Größe $J(r)$ entspricht dem Austausch- oder richtiger Platzwechselintegral der Molekültheorie. Diesen Platzwechsel kann man wieder durch das Bild der Elektronen, die keinen Spin haben und den Regeln der Bosestatistik folgen, anschaulich machen. Es ist aber wohl richtiger, das Platzwechselintegral $J(r)$ als eine fundamentale Eigenschaft des Paares Neutron und Proton anzusehen, ohne es auf Elektronenbewegungen reduzieren zu wollen.

Ähnlich wird die Wechselwirkung zweier Neutronen durch eine Wechselwirkungsenergie $-K(r)$ beschrieben werden, wobei man wegen der Analogie zum H_2-Molekül annehmen kann, daß diese Energie zu einer Anziehungskraft zwischen den Neutronen führt[2]). Endlich bezeichnen wir den Massendefekt des Neutrons relativ zum Proton (im Energiemaß) mit D. Es wird nun weiter angenommen, daß außer den durch die Funktionen $J(r)$ und $K(r)$ gegebenen Kraftwirkungen und der Coulombschen Abstoßung e^2/r zwischen je zwei Protonen keine merklichen Kraftwirkungen zwischen den Bausteinen des Kerns auftreten sollen. Ferner sollen alle relativistischen Effekte, also auch die Wechselwirkung zwischen Spin und Bahn vernachlässigt werden. Über die Funktionen $J(r)$ und $K(r)$ lassen sich nur einige ganz allgemeine Aussagen machen. Man wird vermuten, daß sie in Bereichen der Ordnung 10^{-12} cm mit wachsendem r rasch nach Null absinken. Ferner soll in Analogie zu den Molekülen angenommen werden, daß für normale Werte von r die Funktion $J(r)$ größer ist als $K(r)$; diese Annahme erweist sich später als wichtig. Der Massendefekt D des Neutrons dürfte klein gegen die gewöhnlichen Massendefekte der Elemente sein.

Um nun die Hamiltonfunktion des Atomkerns aufzuschreiben, erweisen sich folgende Variablen als zweckmäßig: Jedes Teilchen im Kern wird charakterisiert durch fünf Größen, die drei Ortskoordinaten $(x, y, z) = \mathfrak{r}$, den Spin σ^z in der z-Richtung und durch eine fünfte Zahl ϱ^ζ, die der beiden

[1]) Vgl. N. Bohr, Faraday Lecture, Journ. Chem. Soc. 1932, S. 349.

[2]) Für den Hinweis hierauf und für manche anderen wertvollen Diskussionen möchte ich Herrn W. Pauli herzlich danken.

Werte $+1$ und -1 fähig ist. $\varrho^\zeta = +1$ soll bedeuten, das Teilchen sei ein Neutron, $\varrho^\zeta = -1$ bedeutet, das Teilchen sei ein Proton. Da in der Hamiltonfunktion wegen des Platzwechsels auch Übergangselemente von $\varrho^\zeta = +1$ nach $\varrho^\zeta = -1$ vorkommen, erweist es sich als zweckmäßig, auch die Matrizen

$$\varrho^\xi = \begin{vmatrix} 0 & 1 \\ 1 & 0 \end{vmatrix}, \quad \varrho^\eta = \begin{vmatrix} 0 & -i \\ i & 0 \end{vmatrix}, \quad \varrho^\zeta = \begin{vmatrix} 1 & 0 \\ 0 & -1 \end{vmatrix}$$

einzuführen. Der Raum der ξ, η, ζ hat aber natürlich nichts mit dem wirklichen Raum zu tun.

In diesen Variablen lautet die vollständige Hamiltonfunktion der Kerne (M Protonenmasse, $r_{kl} = |\mathfrak{r}_k - \mathfrak{r}_l|$, $\mathfrak{p}_k$ Impuls des Teilchens k):

$$\left.\begin{aligned} H = \frac{1}{2M} \sum_k \mathfrak{p}_k^2 - \frac{1}{2} \sum_{k>l} J(r_{kl}) (\varrho_k^\xi \varrho_l^\xi + \varrho_k^\eta \varrho_l^\eta) \\ - \frac{1}{4} \sum_{k>l} K(r_{kl}) \cdot (1 + \varrho_k^\zeta)(1 + \varrho_l^\zeta) \\ + \frac{1}{4} \sum_{k>l} \frac{e^2}{r_{kl}} (1 - \varrho_k^\zeta)(1 - \varrho_l^\zeta) \\ - \frac{1}{2} D \sum_k (1 + \varrho_k^\zeta). \end{aligned}\right\} \quad (1)$$

Von den fünf Gliedern bedeutet das erste die kinetische Energie der Teilchen, das zweite die Platzwechselenergien, das dritte die Anziehungskräfte der Neutronen, das vierte die Coulombsche Abstoßung der Protonen, das fünfte die Massendefekte der Neutronen.

Es entsteht nun die rein mathematische Aufgabe, aus Gleichung (1) Schlüsse über den Bau der Kerne zu ziehen.

§ 2. Wir betrachten im folgenden einen Kern, der aus n Partikeln besteht, und zwar aus n_1 Neutronen und n_2 Protonen. $n_1 = \frac{1}{2} \sum_k (1 + \varrho_k^\zeta)$ ist mit H in Gleichung (1) vertauschbar, also eine Integrationskonstante, ebenso n_2. Vernachlässigt man zunächst die letzten drei Glieder in (1) und behält nur die beiden ersten bei, so bleibt die Energie bei Vorzeichenumkehr von $\sum \varrho_k^\zeta$ aus Symmetriegründen unverändert. Dem Wert $\sum_k \varrho_k^\zeta = 0$ entspricht also sicher ein Extremwert der Energie. Da für $\sum_k \varrho_k^\zeta = n$ in dieser Näherung überhaupt keine Bindungsenergie auftritt, so wird im allgemeinen der *Minimalwert* aller Energien zu $\sum_k \varrho_k^\zeta = 0$ gehören. Man kann den Sachverhalt auch so ausdrücken: Die ersten beiden

Glieder der Hamiltonfunktion sind völlig symmetrisch in Protonen und Neutronen. Das durch Platzwechselintegrale erreichbare Minimum der Energie bekommt man daher dann, wenn der Kern aus ebenso vielen Neutronen wie Protonen besteht. Dieses Resultat paßt gut zu dem experimentellen Befund, daß die Masse der Atomkerne im allgemeinen etwa doppelt so groß ist, wie ihre Ladung (in den Einheiten von Ladung und Masse des Protons). Durch die drei letzten Glieder der Gleichung (1) wird das dem Energieminimum entsprechende Verhältnis von Neutronenzahl zu Protonenzahl zugunsten der ersteren verschoben, und zwar mit wachsender Gesamtanzahl n in immer steigendem Maße wegen der Coulombkräfte der Protonen. Eine ins einzelne gehende Anwendung dieses Ergebnisses auf die Frage, welche Atomkerne in der Natur vorkommen können und welche nicht, setzt eine ausführliche Diskussion der Kernstabilität voraus und soll erst in § 3 bis 5 durchgeführt werden.

Der einzige Kern, für den sich die Lösung von (1) noch unmittelbar angeben läßt, ist das Ureysche Wasserstoffisotop[1]) vom Gewicht 2. Es besteht aus einem Proton und einem Neutron, und die Wellenfunktion $\psi(\mathfrak{r}_1 \varrho_1^\zeta, \mathfrak{r}_2 \varrho_2^\zeta)$, welche Gleichung (1) löst, läßt sich in Analogie zum Helium-Problem der Quantenmechanik stets in der Form schreiben:

$$\psi(\mathfrak{r}_1 \varrho_1^\zeta, \mathfrak{r}_2 \varrho_2^\zeta) = \varphi(\mathfrak{r}_1 \mathfrak{r}_2) \cdot \left(\alpha(\varrho_1^\zeta)\beta(\varrho_2^\zeta) \pm \alpha(\varrho_2^\zeta)\beta(\varrho_1^\zeta)\right). \tag{2}$$

Hier ist zur Abkürzung gesetzt:

$$\left.\begin{aligned} \alpha(\varrho) &= \delta_{\varrho, 1}, \\ \beta(\varrho) &= \delta_{\varrho, -1}. \end{aligned}\right\} \tag{3}$$

Anziehung der beiden Teilchen resultiert, wenn in der Klammer der rechten Seite von (2) das positive Zeichen gewählt wird. $\varphi(\mathfrak{r}_1 \mathfrak{r}_2)$ genügt dann der Wellengleichung:

$$\left\{\frac{1}{2M}(\mathfrak{p}_1^2 + \mathfrak{p}_2^2) - J(r_{12}) - D - W\right\} \varphi(\mathfrak{r}_1 \mathfrak{r}_2) = 0. \tag{4}$$

Im energetisch tiefsten Zustand ist $\varphi(\mathfrak{r}_1 \mathfrak{r}_2)$ symmetrisch in $\mathfrak{r}_1$ und $\mathfrak{r}_2$, was wegen des Spins trotz der Fermistatistik der Teilchen möglich ist.

Eine genauere mathematische Untersuchung des He-Kerns nach Gleichung (1) soll einstweilen nicht unternommen werden. Nur folgende qualitative Überlegungen sollen hier Platz finden: Betrachtet man zunächst Kerne, die nur aus Neutronen bestehen, so erkennt man, daß ein Kern aus zwei Neutronen nach Gleichung (1) ein besonders stabiles Gebilde sein müßte, da die Eigenfunktion des Systems in *zwei* Neutronen (d. h. in ihren

[1]) H. Urey, F. Brickwedde u. G. Murphy, Phys. Rev. **39**, 164, 1932; **40**, 1, 464, 1932.

Koordinaten r und ϱ), aber wegen des Pauliprinzips nicht in mehr als zwei Neutronen, symmetrisch sein darf. [Der Umstand, daß solche nur aus Neutronen bestehende Kerne aus anderen, nicht in Gleichung (1) enthaltenen Gründen labil sind, soll erst später besprochen werden und spielt für das Folgende keine Rolle.] Aus demselben Grund wird man annehmen dürfen, daß der He-Kern, der aus zwei Protonen und zwei Neutronen besteht, wegen des Pauliprinzips die Rolle einer „abgeschlossenen Schale" spielt und besonders stabil ist, wie ja auch die Erfahrung lehrt. Dem entspricht auch, daß sein Gesamtspin verschwindet.

Ferner soll die Kraftwirkung untersucht werden, die zwei Kerne in größerem Abstand aufeinander ausüben. Es sei angenommen, daß für jeden der beiden Kerne $\sum \varrho^\zeta = 0$, d. h. die Neutronenzahl gleich der Protonenzahl ist. Die Wechselwirkungsenergie der Kerne, die als kleine Störung betrachtet werden kann, hat nach (1) die Form

$$\left.\begin{aligned} H^{(1)} = &-\frac{1}{2}\sum_{k\,k'} J(r_{k k'})(\varrho_k^\xi \varrho_{k'}^\xi + \varrho_k^\eta \varrho_{k'}^\eta) \\ &-\frac{1}{4}\sum_{k\,k'} K(r_{k k'})(1+\varrho_k^\zeta)(1+\varrho_{k'}^\zeta) \\ &+\frac{1}{4}\sum_{k\,k'} \frac{e^2}{r_{k k'}}(1-\varrho_k^\zeta)(1-\varrho_{k'}^\zeta). \end{aligned}\right\} \tag{5}$$

Hierbei bezieht sich der Index k auf die Teilchen des einen, der Index k' auf die Teilchen des anderen Kerns. Bildet man den zeitlichen Mittelwert von (5) über die ungestörte Bewegung der Kerne, so bleibt eine mittlere Coulombsche Abstoßung der Kerne und eine mittlere Anziehung der Neutronen übrig, wobei die erstere für große, die letztere für kleine Abstände überwiegt. Der zeitliche Mittelwert des an sich größten ersten Gliedes in (5) verschwindet, da der Erwartungswert von ϱ^ξ verschwindet, wenn $\sum \varrho^\zeta = 0$ bekannt ist (dies folgt am einfachsten aus der Symmetrie des Problems im ξ, η, ζ-Raum um die ζ-Achse). Führt man dagegen die Störungsrechnung bis zur zweiten Näherung durch, so geben die Übergangselemente des ersten Gliedes in (5) Anlaß zu einer Anziehung vom Typus der van der Waalsschen Kräfte; denn die Energiestörung zweiter Ordnung hat stets die Form:

$$W_k^{(2)} = -\sum_l \frac{|H_{kl}^{(1)}|^2}{h\,\nu_{kl}}. \tag{6}$$

Zwei Kerne stoßen sich also in großem Abstand vermöge ihrer Ladung ab, in kleinem Abstand werden sie durch eine van der Waalssche Anziehung und durch die Anziehung der Neutronen aneinander gebunden.

§ 3. Nach den bisher durchgeführten Überlegungen wird man sich den Kern vorstellen dürfen als ein Gebilde, das im allgemeinen etwas mehr Neutronen als Protonen enthält und in dem je zwei Protonen und zwei Neutronen zu besonders stabilen Konfigurationen, den α-Teilchen, zusammengefaßt sind. Es soll nun die Frage untersucht werden, unter welchen Bedingungen ein solcher Kern stabil ist und in welcher Weise er bei Instabilität zerfallen kann.

Betrachten wir zunächst einen Kern, der nur aus Neutronen besteht; wegen der durch das dritte Glied in Gleichung (1) gegebenen Neutronenanziehung wäre ein solcher Kern scheinbar stabil, da es Arbeit kosten würde, ein Neutron aus dem Kern zu entfernen. Wohl aber würde man Energie gewinnen, wenn man ein Neutron aus dem Kern entfernen und ein Proton hinzufügen würde, da der Gewinn beim Zufügen des Protons den Verlust bei Wegnahme des Neutrons überkompensiert; dies gilt unter unserer Annahme, daß die Platzwechselkräfte die Anziehungskräfte zwischen den Neutronen überwiegen. Man wird daher annehmen dürfen, daß ein solcher Kern durch Aussendung von β-Strahlung zerfallen würde. Obwohl also die Anwendbarkeit von Energie- und Impulssatz auf den Zerfall eines Neutrons nach den experimentellen Befunden über die kontinuierlichen β-Strahlspektren durchaus fraglich erscheint, so soll hier doch insoweit von einer Energiebilanz der β-Strahlung Gebrauch gemacht werden, als behauptet wird: Ein β-Zerfall findet dann und nur dann statt, wenn die Ruhmasse des betrachteten Kerns größer ist als die Summe der Ruhmasse des durch β-Zerfall entstehenden Kerns und der Ruhmasse des Elektrons. Diese Annahme ist auch bisher in der Theorie des Atomkerns üblich gewesen[1]). Zu ihrer Begründung kann man anführen, daß ein Neutron in Analogie zu quantenmechanischen Systemen wohl auch bei Einwirkung eines starken elektrischen Feldes ab und zu spontan zerfallen würde. Ist nun die Energiebilanz im oben beschriebenen Sinne positiv, so bedeutet dies: Auf das Neutron wirkt im Kern ein Kraftfeld, das es — ähnlich, wie ein elektrisches Feld dies tut — zu zerlegen sucht. Ist die Energiebilanz (die ja stets scharf definiert ist) negativ, so wirkt keine solche Kraft.

Unter Voraussetzung der eben diskutierten Annahme über die Stabilität der Kerne gegenüber dem β-Zerfall wird man daher schließen dürfen: Der zunächst nur aus Neutronen bestehende Kern wird so lange Neutronen in Protonen durch Aussendung von β-Strahlen verwandeln, bis die Energie, die durch Zufügung eines Protons gewonnen wird, genau gleich groß ist

[1]) G. Gamow, Der Bau des Atomkerns und die Radioaktivität. Leipzig 1932.

wie die Energie, die beim Abreißen des Neutrons aufgewendet werden muß, also bis das Minimum der bei konstanter Teilchenzahl gezeichneten Energiekurve erreicht ist. Bei noch geringeren Neutronenzahlen ist der Kern jedenfalls gegen β-Zerfall stabil.

Die Lage des Minimums als Funktion der Ordnungszahl kann man etwa folgendermaßen abschätzen: Der Gewinn an Platzwechselenergie, der beim Zufügen eines Protons frei wird, kann — wenn man annimmt, daß die Funktion $J(r)$ mit wachsendem Abstand hinreichend rasch verschwindet — bei schweren Kernen im wesentlichen nur von dem Verhältnis n_1/n_2 der Neutronenzahl zur Protonenzahl abhängen; er wird also durch eine Funktion $f(n_1/n_2)$ gegeben sein. Ebenso wird der Energieverlust, der mit dem Abreißen eines Neutrons verbunden ist, für schwere Kerne einem nur von n_1/n_2 abhängigen Wert $g(n_1/n_2)$ zustreben. Schließlich ist beim Zufügen des Protons noch gegen die elektrostatischen Kräfte die Energie

$$\frac{n_2 e^2}{R} \sim \text{const} \cdot \frac{n_2}{\sqrt[3]{n}}$$

aufzuwenden (R bedeutet den Kernradius und wird hier näherungsweise proportional $\sqrt[3]{n}$ gesetzt). Die Lage des Minimums wird also durch die Gleichung gegeben:

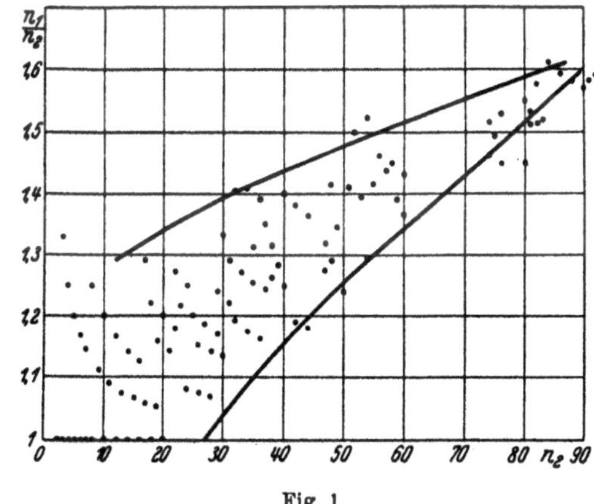

Fig. 1.

$$f\left(\frac{n_1}{n_2}\right) = g\left(\frac{n_1}{n_2}\right) + \text{const} \cdot \frac{n_2}{\sqrt[3]{n}}. \tag{7}$$

Nimmt man an, daß $f(n_1/n_2)$ und $g(n_1/n_2)$ näherungsweise als lineare Funktionen von n_1/n_2 betrachtet werden können, so erhält man in dieser Näherung

$$\frac{n_1}{n_2} = C_1 + C_2 \frac{n_2}{\sqrt[3]{n}}, \tag{8}$$

wobei C_1 und C_2 Konstanten sind.

In Fig. 1 ist zu jeder Kernladungszahl der Maximalwert und der Minimalwert des Verhältnisses n_1/n_2 aufgetragen, der für das betreffende Element beobachtet ist. Diese Werte schwanken noch sehr stark, was zum Teil wohl darauf zurückzuführen ist, daß für viele Elemente noch stabile Isotope existieren können, die wegen ihrer Seltenheit bisher nicht bemerkt wurden. Zum Vergleich mit (8) wurde durch die höchstgelegenen Punkte eine Kurve vom Typus (8) mit den Konstanten $C_1 = 1{,}173$, $C_2 = 0{,}0225$ gezogen. Der qualitative Verlauf des Verhältnisses n_1/n_2 im System der Kerne wird also durch eine Kurve der Art (8) gut wiedergegeben.

§ 4. Sinkt der Wert des Verhältnisses n_1/n_2 unter einen bestimmten kritischen Wert, so kann insbesondere bei schweren Kernen die Coulombsche Abstoßung der positiven Ladungen im Verhältnis zu den Platzwechsel- und Neutronenkräften so groß werden, daß der Kern durch Aussendung von α-Teilchen spontan zerfällt. Daß dieser Zerfall nicht unter Aussendung von Protonen, sondern von α-Teilchen erfolgt, ergibt sich aus der im allgemeinen erheblich geringeren Bindung der α-Teilchen an den Kern. Die Kerne, die durch β-Zerfall höherer Kerne entstanden sind, könnten sogar prinzipiell nicht unter Aussendung von Protonen zerfallen, da der β-Zerfall stets an einer Stelle ein Ende erreicht, wo die Entfernung eines Protons noch einen Energieaufwand erfordern würde.

Der Minimalwert des Verhältnisses n_1/n_2 ergibt sich aus der Bedingung, daß die bei Aussendung des α-Teilchens zu gewinnende Coulombsche Energie kompensiert wird durch die anderen Wechselwirkungsenergien des α-Teilchens mit dem Restkern. Die letzteren Energien werden bei schweren Kernen wieder nur vom Verhältnis n_1/n_2 abhängen. Nimmt man wieder die Abhängigkeit näherungsweise als linear an, so kommt man wie in (8) zu einer Gleichung:

$$\frac{n_1}{n_2} = c_1 + c_2 \frac{n_2}{\sqrt[3]{n}}. \tag{9}$$

In Fig. 1 wurde die Kurve (9) mit den Konstanten $c_1 = 0{,}47$, $c_2 = 0{,}077$ eingezeichnet, die ungefähr die Lage der tiefstgelegenen Punkte wiedergibt. Bei der Beurteilung der beiden Kurven in Fig. 1 ist zu beachten, daß die vier Konstanten C_1, C_2, c_1, c_2 empirisch bestimmt wurden, daß die Gleichungen (8) und (9) nur Näherungslösungen darstellen und daß schließlich — und dies ist der wichtigste Punkt — in einer entwickelten Theorie die Stabilität eines Kerns nicht allein vom Wert des Verhältnisses n_1/n_2, sondern auch von feineren Zügen der Kernstruktur abhängen muß. Die beiden Kurven haben daher als Stabilitätsgrenzen für β- und α-Zerfall nur qualitative Bedeutung. In dem Gebiet, wo die beiden Kurven einander nahekommen, liegen die radioaktiven Elemente, und das Verhalten dieser Elemente soll im folgenden noch genauer diskutiert werden.

§ 5. Schon ein oberflächlicher Blick auf die Fig. 1 lehrt, daß bei den radioaktiven Elementen der Wert des Verhältnisses n_1/n_2 allein nicht genügt, um die Stabilität der Kerne zu beurteilen. Die kritischen Verhältniszahlen liegen in den drei radioaktiven Familien an verschiedenen Stellen und selbst innerhalb der einzelnen radioaktiven Zerfallsreihe hängt die Stabilität gegenüber β-Zerfall noch an speziellen Eigenschaften des Kerns, die sogleich zu diskutieren sind. Nehmen wir etwa an, daß am Anfang einer Zerfallsreihe ein Kern mit gerader Protonenzahl steht und daß dieser noch stabil ist gegenüber β-Zerfall. Durch Aussendung von α-Teilchen wird sich dieser Kern in Kerne geringerer Protonen- und Neutronenzahl verwandeln, und das Verhältnis n_1/n_2 wird hierdurch anwachsen, bis es einen kritischen Wert übersteigt. Dann tritt β-Zerfall ein, d. h. es ist nun eben energetisch günstig, ein Neutron wegzunehmen und ein Proton hinzuzufügen; nach diesem Zerfall ist die Protonenzahl ungerade. Wegen der großen Stabilität des He-Kerns ist es dann sicher auch noch energetisch günstig, ein zweites Neutron in ein Proton zu verwandeln und auf diese Weise einen He-Kern im Innern des Kerns aufzubauen. Bei anfänglich gerader Ordnungszahl kann der Kern also stets *zwei* β-Teilchen hintereinander emittieren, bei anfänglich ungerader Protonenzahl wird nur *eins* ausgeschleudert. Diese Regel bestätigt sich überall in den radioaktiven Zerfallsreihen. Das kritische Verhältnis n_1/n_2 liegt also für die Aussendung des ersten β-Teilchens höher als für die Aussendung des zweiten. Nach Aussendung der beiden β-Teilchen wird im allgemeinen das Verhältnis n_1/n_2 soweit gesunken sein, daß nun kein weiterer β-Zerfall eintritt. Wohl aber kann sich dann ein Zerfall durch α-Strahlung anschließen, der das Verhältnis n_1/n_2 allmählich wieder erhöht, bis es zum zweiten Mal den kritischen Wert (und zwar den für gerade Protonenzahl) überschreitet; dann tritt wieder β-Zerfall ein, usw. Schließlich wird der Kern an irgendeiner Stelle stabil. Es kommt auch vor, daß ein Kern sowohl durch Aussendung von β-Strahlen wie von α-Strahlen zerfallen kann; dort treten dann die bekannten Verzweigungen auf, die hier nicht weiter diskutiert werden sollen. Die Tabelle 1 gibt für die drei radioaktiven Zerfallsreihen die Ordnungszahl n_2, die Neutronenzahl n_1 und das Verhältnis n_1/n_2 an. Die Verhältniszahlen, für die β-Zerfall eintritt, sind fettgedruckt. Man entnimmt aus der Tabelle, daß in der Tat die zweite β-Labilität der Zerfallsreihen (bei den B-Produkten) genau an der Stelle eintritt, wo das Verhältnis n_1/n_2 den durch die erste β-Labilität bestimmbaren kritischen Wert überschreitet. Nur die dritte β-Labilität

Zeitschrift für Physik 77, 1–11 (1932)

in der Radiumreihe (bei Ra D) läßt sich durch diese einfache Vorstellung nicht deuten.

Tabelle 1.

Thoriumreihe			
Element	n_2	n_1	n_1/n_2
Th	90	142	1,579
α			
M Th_1	88	140	**1,591**
β			
M Th_2	89	139	**1,562**
β			
Ra Th	90	138	1,533
α			
Th X	88	136	1,545
α			
Th Em	86	134	1,558
α			
Th A	84	132	1,571
α			
Th B	82	130	**1,587**
β			
Th C	83	129	**1,555**
β			
Th C′	84	128	1,524
α			
Th D	82	126	1,537

Radiumreihe			
Element	n_2	n_1	n_1/n_2
U_I	92	146	1,588
α			
U X_1	90	144	**1,600**
β			
U X_2	91	143	**1,571**
β			
U_{II}	92	142	1,544
α			
Jo	90	140	1,556
α			
Ra	88	138	1,569
α			
Ra Em	86	136	1,582
α			
Ra A	84	134	1,595
α			
Ra B	82	132	**1,610**
β			
Ra C	83	131	**1,579**
β			
Ra C′	84	130	1,548
α			
Ra D	82	128	**1,561**
β			
Ra E	83	127	**1,530**
β			
Ra F	84	126	1,500
α			
Ra G	82	124	1,512

Actiniumreihe			
Element	n_2	n_1	n_1/n_2
Pa	91	144	1,582
α			
Ac	89	142	**1,596**
β			
Ra Ac	90	141	1,567
α			
Ac X	88	139	1,580
α			
Ac Em	86	137	1,593
α			
Ac A	84	135	1,608
α			
Ac B	82	133	**1,622**
β			
Ac C	83	132	**1,590**
β			
Ac C′	84	131	1,560
α			
Ac D	82	129	1,573

Die kritischen Verhältnisse für den β-Zerfall bei gerader bzw. ungerader Protonenzahl sind also ungefähr in der Thoriumreihe 1,585 bzw. 1,55, in der Radiumreihe 1,595 bzw. 1,57, in der Actiniumreihe 1,62 bzw. 1,59. Der β-Zerfall des Ra D lehrt uns allerdings, daß außer der Zahl n_1/n_2 und der besonderen Stabilität des He-Kerns noch andere Struktureigenschaften der Kerne für ihre Stabilität eine Rolle spielen können.

§ 6. Zum Schluß soll noch kurz auf die Frage eingegangen werden, welches die prinzipiellen Genauigkeitsgrenzen sind, innerhalb deren eine Hamiltonfunktion des Kerns vom Typus (1) das physikalische Verhalten der Kerne sinngemäß beschreiben kann. Betrachtet man die Kerne als analog zu Molekülen, und vergleicht die Neutronen mit Atomen, so kommt man zu dem Schluß, daß Gleichung (1) nur gelten kann, wenn die Bewegung der Protonen langsam relativ zur Bewegung des Elektrons im Neutron

erfolgt; d. h. die Protonengeschwindigkeit muß klein sein gegen die Lichtgeschwindigkeit. Aus diesem Grunde hatten wir alle relativistischen Glieder in der Hamiltonfunktion (1) fortgelassen. Der Fehler, den man hierbei begeht, ist von der Größenordnung $(v/c)^2$, also etwa 1 %. In dieser Näherung kann sozusagen das Neutron noch als statisches Gebilde aufgefaßt werden, wie wir es oben getan haben. Man muß sich aber darüber klar sein, daß es andere physikalische Phänomene gibt, bei denen das Neutron nicht mehr als statisches Gebilde betrachtet werden kann und von denen dann Gleichung (1) keine Rechenschaft geben kann. Zu diesen Phänomenen gehört z. B. der Meitner-Hupfeld-Effekt, die Streuung von γ-Strahlen an Kernen. Ebenso gehören alle die Experimente dazu, bei denen die Neutronen in Protonen und Elektronen zerlegt werden können; ein Beispiel hierfür bildet die Bremsung von Höhenstrahlungselektronen beim Durchgang durch Atomkerne. Für die Diskussion solcher Versuche wird daher ein genaueres Eingehen auf die fundamentalen Schwierigkeiten, die in den kontinuierlichen β-Strahlspektren in Erscheinung treten, unerläßlich.

Zeitschrift für Physik 78, 156–164 (1932)

Über den Bau der Atomkerne. II.

Von **W. Heisenberg,** zurzeit Ann Arbor, Michigan.

Mit 3 Abbildungen. (Eingegangen am 30. Juli 1932.)

§ 1. Stabilität der Kerne gerader und ungerader Neutronenzahl. § 2. Streuung von γ-Strahlen am Atomkern. § 3. Die Eigenschaften des Neutrons.

Der Zweck der vorliegenden Untersuchungen ist, festzustellen, inwieweit man die fundamentalen Schwierigkeiten in der Theorie des Atomkerns reduzieren kann auf die Frage nach der Existenz und nach den Eigenschaften des Neutrons. Im ersten Teil dieser Arbeit wurde insbesondere die Stabilität der Kerne gegenüber dem Zerfall durch α- und β-Strahlen unter diesem Gesichtspunkt diskutiert. Die Gesetzmäßigkeiten, die sich dort als maßgebend für die Struktur der radioaktiven Zerfallsreihen erwiesen, sollen im folgenden auch auf die leichteren, nicht radioaktiven Atomkerne angewendet werden und ermöglichen hier die Deutung einiger bekannter empirischer Regeln über die Systematik der Atomkerne, die zuerst von Beck[1]) angegeben wurden.

§ 1. Stabilität der Kerne. Nach den Untersuchungen von Teil I[2]) kann ein Kern dann unter Aussendung von β-Strahlen zerfallen, wenn durch

[1]) G. Beck, ZS. f. Phys. **47**, 407, 1928; **50**, 548, 1928.

[2]) In Teil I sind leider die Atomgewichte der Actiniumreihe nach Gamows Buch (Der Bau des Atomkerns und die Radioaktivität. Leipzig 1932) um vier Einheiten zu hoch angegeben worden. Die betreffende Tabelle lautet nach Rutherford, Chadwick und Ellis (Radiations from Radioactive Substances, Cambridge 1930) richtig:

Element	n_2	n_1	n_1/n_2
Pa	91	140	1,539
α			
Ac	89	138	<u>1,551</u>
β			
Ra Ac	90	137	1,522
α			
Ac X	88	135	1,535
α			
Ac Em	86	133	1,547
α			
Ac A	84	131	1,560
α			
Ac B	82	129	<u>1,574</u>
β			
Ac C	83	128	<u>1,542</u>
β			
Ac C′	84	127	1,512
α			
Ac D	82	125	1,524

Zufügung eines Protons zum Kern mehr Energie gewonnen wird, als zum Entfernen eines Neutrons aus dem so entstehenden Kern aufgewendet werden muß. Um die Stabilität der Kerne gegenüber β-Zerfall leicht zu übersehen, ist es daher am zweckmäßigsten, bei gegebener Gesamtmasse des Kerns ($n = n_1 + n_2$, n_1 Neutronenanzahl, n_2 Protonenanzahl) die Energie des tiefsten Zustandes als Funktion etwa von n_1 aufzutragen. Wenn durch einen Schritt von n_1 nach $n_1 - 1$ die Energie erniedrigt werden kann, so ist der betreffende Kern β-labil, sonst ist er gegenüber β-Zerfall stabil. Wird das Verhältnis n_1/n_2 zu klein, so wird der Kern durch Aussenden von α-Strahlen zerfallen.

In erster Näherung wird die Kurve, welche bei gegebener Masse n die Energie E als Funktion von n_1 darstellt, folgendes Aussehen haben (Fig. 1): Für $n_1 = 0$ verschwindet E, da die Protonen sich gegenseitig abstoßen, und da eine Bindung deswegen nicht zustande kommt. Die Energie sinkt dann mit zunehmendem n_1 zu einem Minimum, das etwas rechts von $\frac{n_1}{n_2} = 1$ liegen wird, und steigt wieder, bis sie bei $n_1 = n$ einen immer noch negativen Wert erreicht, der der Bindung eines nur aus Neutronen bestehenden Kerns entspricht. Wenn der Minimalwert der Kurve bei $\frac{n_1}{n_2} = a$ erreicht wird, so würden in dieser Näherung alle Kerne, für die $\frac{n_1}{n_2} > a$ ist, β-labil sein, dagegen alle anderen gegenüber β-Zerfall stabil. (In der Figur sind die labilen Kerne durch ein Kreuz, die stabilen durch einen Kreis markiert.) Dieses Bild bedarf jedoch nach den Resultaten von Teil I, § 5 einer Verfeinerung.

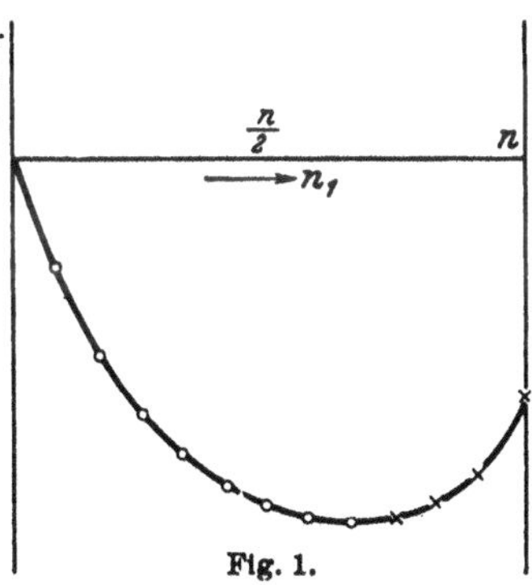

Fig. 1.

Betrachten wir zunächst die Atomkerne, bei denen n eine gerade Zahl ist. Wegen der besonderen Stabilität des Heliumkerns werden dort die zu geradzahligen Werten von n_1 und n_2 gehörigen Energien erheblich tiefer liegen, als die Energien der Zustände mit ungeradem n_1 und n_2 bei ungefähr gleichen Werten von n_1/n_2. Zur Darstellung der Energie als Funktion von n_1 werden wir also nicht eine, sondern *zwei* Kurven vom Typus der Fig. 1 zeichnen müssen, die eine für gerade n_1, n_2, die andere für ungerade n_1, n_2. Die zweite Kurve wird um ein ungefähr konstantes, d. h. von n_1

und n in erster Näherung unabhängiges Stück höher liegen als die erste Kurve (Fig. 2). Die Fig. 2 lehrt uns nun, daß auf der unteren Kurve bereits Punkte rechts vom Minimum zu stabilen Kernen gehören können, während auf der oberen Kurve auch noch Punkte links vom Minimum einen tiefer liegenden linken Nachbarpunkt besitzen, d. h. Kernen entsprechen, die durch Aussendung von β-Strahlen zerfallen können. Auf der oberen Kurve werden bei großer Gesamtmasse n die Kerne eventuell erst bei so kleinen n_1/n_2-Werten β-stabil, daß bereits vorher die α-Labilität einsetzt; in diesem Fall existieren überhaupt keine stabilen Atomkerne mit ungeradzahligen n_1 und n_2.

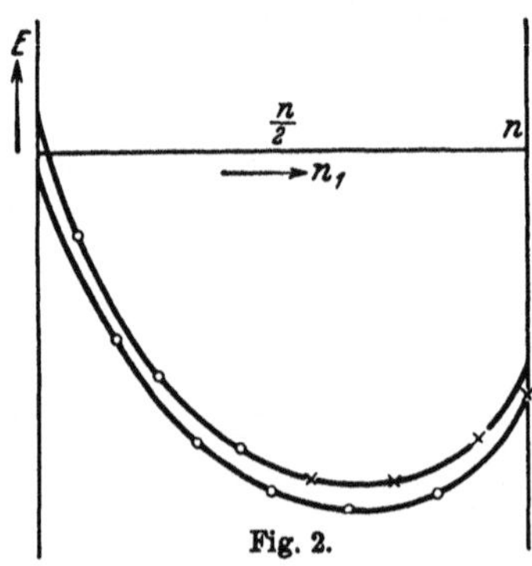

Fig. 2.

Formelmäßig wird man die Energie in der Nähe des Minimums etwa so darstellen können:

$$\left.\begin{aligned} E_{\text{gerad.}} &= A\left[n\left(\frac{n_1}{n}-b\right)^2 + C\right], \\ E_{\text{ungerad.}} &= A\left[n\left(\frac{n_1}{n}-b\right)^2 + C + c\right]. \end{aligned}\right\} \quad (1)$$

Die Konstante b ist je nach dem Wert von n gleich oder etwas größer als $\frac{1}{2}$, c ist näherungsweise unabhängig von n_1 und n. Die Grenze zwischen β-labilen und β-stabilen Kernen wird also für gerade n_1 gegeben durch

$$E_{\text{gerad.}}(n_1) = E_{\text{ungerad.}}(n_1 - 1), \quad (2)$$

d. h.

$$n\left(\frac{n_1}{n}-b\right)^2 = n\left(\frac{n_1-1}{n}-b\right)^2 + c$$

und

$$\frac{n_1}{n} = b + \frac{1}{2}\left(c + \frac{1}{n}\right) \approx b + \frac{c}{2}. \quad (3)$$

Für ungerade n_1 ergibt sich diese Grenze aus der Gleichung

$$E_{\text{ungerad.}}(n_1) = E_{\text{gerad.}}(n_1 - 1), \quad (4)$$

d. h.

$$n\left(\frac{n_1}{n}-b\right)^2 + c = n\left(\frac{n_1-1}{n}-b\right)^2$$

und

$$\frac{n_1}{n} = b + \frac{1}{2}\left(\frac{1}{n} - c\right) \approx b - \frac{c}{2}. \quad (5)$$

Wächst n über einen bestimmten Wert, so wird die Grenze der α-Labilität über $b - \dfrac{c}{2}$ hinausrücken, dann gibt es keine stabilen Kerne mit ungeraden

n_1 und n_2 mehr. Wächst n weiter, so wird schließlich die Grenze der α-Labilität auch über $b + \frac{c}{2}$ hinausrücken, dann gibt es überhaupt keine stabilen Kerne mehr. Empirisch sind nur die Kerne H 2, Li 6, B 10, N 14 mit ungeraden n_1 und n_2 als stabil bekannt. In den radioaktiven Zerfallsreihen gibt es noch einige Elemente mit ungeraden n_1 und n_2, die alle entsprechend der eben diskutierten Gesetzmäßigkeit durch Aussendung von β-Strahlen zerfallen[1]).

Bei den Kernen mit ungerader Gesamtanzahl n wird kein erheblicher energetischer Unterschied zwischen den Kernen mit geradem oder ungeradem n_1 bestehen; denn da das Paulische Ausschließungsprinzip ebenso für Protonen wie für Neutronen gelten soll, wird es auch energetisch ungefähr gleich günstig sein, die Protonen oder die Neutronen zu abgeschlossenen Schalen zu vereinigen. Wegen der besonderen Stabilität des He-Kerns wird man allerdings annehmen können, daß eine gerade Anzahl von Protonen energetisch etwas günstiger ist, als eine gerade Anzahl von Neutronen, wie dies ja auch aus dem Zerfallsschema der Actiniumreihe hervorzugehen scheint; aber die Unterschiede sind nicht so ausgeprägt, wie bei den Elementen mit geradem n. Dem entspricht es, daß für ungerade n stabile Elemente gerader wie ungerader Ordnungszahl bis herauf zu den radioaktiven Stoffen vorkommen. Dabei sollten die maximalen Verhältniszahlen n_1/n_2 im allgemeinen bei gerader Ordnungszahl etwas höher liegen, als bei ungerader. Eine Regelmäßigkeit dieser Art läßt sich allerdings aus dem Erfahrungsmaterial, soweit es bisher bekannt ist, nicht ablesen. Daß das Paulische Prinzip sowohl für die Neutronen wie für die Protonen im Kern eine wesentliche Rolle spielt, kann man am unmittelbarsten aus folgender Gesetzmäßigkeit entnehmen: Bei vorgegebener Ordnungszahl ist der Maximalwert und der Minimalwert von n_1, der beobachtet ist, im allgemeinen gerade. Ebenso sind bei vorgegebener Neutronenzahl die beobachteten Extremwerte von n_2 gerade. Ausnahmen von dieser Regel finden sich bei den leichten Elementen, da dort die Wegnahme oder Hinzufügung eines Teilchens schon eine große Änderung des Kerns mit sich bringt. Ferner sind einige wenige Ausnahmen auch bei schwereren Kernen be-

[1]) Die an „Verzweigungsstellen" liegenden Elemente Th C und Ra C zerfallen allerdings auch durch Aussendung von α-Strahlen, doch kommt auch hier die besonders große β-Labilität der schweren Elemente mit ungeradem n_1 und n_2 in dem Umstand zum Ausdruck, daß sie vorzugsweise unter β-Emission zerfallen — der α-Zerfall kommt hier nur selten dem β-Zerfall zuvor —, während Ac C mit gerader Neutronenzahl vorzugsweise unter Emission von α-Teilchen zerfällt.

Zeitschrift für Physik 78, 156–164 (1932)

obachtet, die vielleicht durch die Unvollständigkeit unserer Kenntnis des Isotopenschemas ihre Erklärung finden.

§ 2. Streuung von γ-Strahlen am Atomkern. Im folgenden Abschnitt soll die Streuung von γ-Strahlen an Atomkernen[1]) vom Standpunkt des hier diskutierten Kernmodells untersucht werden.

Eine solche Streuung kann durch zwei verschiedene Ursachen hervorgerufen werden: Es kann erstens durch die Wirkung der äußeren Strahlung die Bewegung der Protonen und Neutronen so verändert werden, daß der Kern sekundäre Kugelwellen von der Frequenz der einfallenden Strahlung aussendet oder von einer Frequenz, die sich von dieser um eine Eigenfrequenz des Kerns unterscheidet (Ramanstreuung). Zweitens kann das einzelne Neutron, d. h. die in ihm gebundene negative Ladung durch die einfallende Strahlung zur Aussendung einer Rayleighschen oder Ramanschen Streustrahlung angeregt werden. Betrachtet man das Neutron als zusammengesetzt aus Proton und Elektron, so wird man diese zweite Art von Streustrahlung in Parallele setzen zur Streuung von sichtbarem Licht an Atomen, und wird daher vermuten, daß sie wegen der kleinen Elektronenmasse erheblich intensiver ist, als die Streustrahlung der erstgenannten Art.

Eine später durchzuführende Rechnung wird auch zeigen, daß diese Streustrahlung der ersten Art höchstens an den Resonanzstellen einen beobachtbaren Beitrag zur Gesamtstreuung des Kerns liefern kann. Zur Deutung des Meitner-Hupfeldeffekts wird in erster Näherung die reine Neutronenstreuung genügen. Da die Eigenschaften des Neutrons bisher zum größten Teil unbekannt sind, läßt sich theoretisch eine Vorhersage über die Streuung von γ-Strahlung an Neutronen nicht machen. Wohl aber kann man die Intensität der vom ganzen Kern gestreuten Strahlung als Funktion der Zahlen n_1 und n_2 bis auf einen unbekannten konstanten Faktor berechnen, wenn man, wie dies hier geschieht, nur Neutronen und Protonen als Elementarbausteine des Kerns betrachtet. Wenn die gestreute Strahlung im wesentlichen kohärente Rayleighstrahlung ist, d. h. die gleiche Frequenz hat, wie die einfallende Strahlung, so muß die Intensität der Streustrahlung proportional zu n_1^2 sein, solange die Wellenlänge der Strahlung groß gegen den Kerndurchmesser ist; ist sie im wesentlichen Ramanstrahlung, so wird ihre Intensität proportional zu n_1 sein. Bezeichnet man den Wirkungsquerschnitt des Neutrons, der für die Intensität

[1]) Die Klärung der im folgenden Abschnitt diskutierten Fragen verdanke ich im wesentlichen der Osterkonferenz in Kopenhagen und insbesondere den Diskussionen, die ich dort mit Herrn Prof. N. Bohr über diesen Gegenstand führen durfte.

der Streustrahlung maßgebend ist, mit σ_N, so wird also der Wirkungsquerschnitt des Atomkerns σ_K im Falle der Rayleighstreuung:

$$\sigma_K = \sigma_N \cdot n_1^2, \tag{6}$$

im Falle der Ramanstreuung

$$\sigma_K = \sigma_N \cdot n_1. \tag{7}$$

Die Experimente lassen sich durch die Gleichung (6) einigermaßen befriedigend darstellen und sprechen daher zugunsten der von Meitner und Hupfeld[1]) vertretenen These, daß die gestreute Strahlung die gleiche Frequenz hat, wie die einfallende. Aus den Experimenten folgt bei einer Wellenlänge $\lambda = 4{,}7$ X-E. der einfallenden Strahlung etwa $\sigma_N = 1{,}5 \cdot 10^{-28}$ cm². Fig. 8 enthält die theoretische Kurve für σ_K/n_2, berechnet für $\sigma_N = 1{,}50 \cdot 10^{-28}$ cm² und die von Meitner und Hupfeld[2]), Jacobsen[3]), Chao[4]) und Tarrant[5]) gemessenen Werte. Dabei ist von den experimentellen Werten für die Abweichung der Gesamtstreuung pro Elektron von der Klein-Nishina-Formel noch der Anteil abgezogen worden, der nach den Formeln von Sauter[6]) auf den Photoeffekt an den Atomelektronen geschoben werden muß. Entsprechend den experimentellen Ergebnissen von Meitner und Hupfeld[1]) wurden dabei die Sauterschen Werte bei den schweren Atomen Pb und Hg, bei denen die Sautersche Annäherungsmethode nicht mehr zuverlässig ist, um etwa 20% reduziert; die Jacobsensche Messung bei Uran wurde weggelassen, da bei Uran eine Abschätzung des Photoeffekts nicht mehr möglich ist.

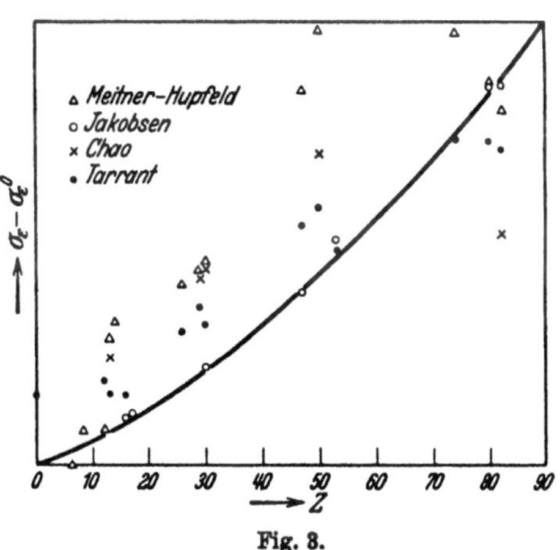

Fig. 8.

---

1) L. Meitner u. H. Hupfeld, ZS. f. Phys. **75**, 705, 1932; vgl. jedoch die gegen die obige Annahme sprechende Arbeit von L. Gray u. G. Tarrant, Proc. Roy. Soc. London (A) **136**, 662, 1932.

2) L. Meitner u. H. Hupfeld, ZS. f. Phys. **67**, 147, 1931.

3) J. Jakobsen, ebenda **70**, 145, 1931.

4) C. Chao, Proc. Nat. Acad. Amer. **16**, 431, 1930.

5) G. Tarrant, Proc. Roy. Soc. London (A) **135**, 223, 1932.

6) F. Sauter, Ann. d. Phys. **11**, 454, 1931.

Es soll nun die Berechnung der Streustrahlung der ersten Art, die auf eine Änderung der Protonen- und Neutronenbewegung zurückgeht, nachgeholt werden. Als Variablen des Systems betrachten wir, wie in Teil I, die Ortskoordinaten $\mathfrak{r}_k$ der Teilchen, ihren Spin σ_k und die Größe ϱ_k^ξ, die angibt, ob das Teilchen ein Proton ($\varrho_k^\xi = -1$) oder ein Neutron ($\varrho_k^\xi = +1$) ist. Die Wechselwirkungsenergie des Kerns mit einem äußeren elektrischen Feld $\mathfrak{E}$ hat dann die Form

$$H_1 = \mathfrak{E} \cdot e \sum \mathfrak{r}_k \tfrac{1}{2}(1 - \varrho_k^\xi). \tag{8}$$

Der erste Teil dieser Störungsenergie $\mathfrak{E} \cdot \frac{e}{2} \sum \mathfrak{r}_k$ entspricht einer elektrischen Kraft, die am Kern*schwerpunkt* angreift und die daher zu einer Streustrahlung Anlaß gibt, wie sie von einem Elementarteilchen der Ladung $ne/2$ und der Masse nM ausgesandt würde. Diese Streustrahlung gehorcht also der Thomsonschen Formel und kommt für die Deutung der Experimente von Meitner und Hupfeld wegen ihrer geringen Intensität nicht in Betracht. Anders ist es mit der Streuung, die dem zweiten Gliede von (8)

$$-\mathfrak{E} \frac{e}{2} \sum \mathfrak{r}_k \varrho_k^\xi$$

entspricht, denn diese kann intensiv werden, wenn die Frequenz der einfallenden Strahlung nahe bei einer Eigenfrequenz des Atomkerns liegt. Für die Amplitude des durch die äußere Strahlung erzeugten sekundären Dipolmoments erhält man dann, wie in der Dispersionstheorie der Atome, die Formel ($\mathfrak{E}$ wird parallel zur Z-Achse angenommen):

$$M_z(n) = e^2 \mathfrak{E}_z \cdot \sum_m \frac{\left|\left(\frac{1}{2} \sum_k z_k \varrho_k^\xi\right)_{nm}\right|^2 \cdot 2(E_n - E_m)}{(E_n - E_m)^2 - (h\nu)^2}. \tag{9}$$

Hierin bedeutet E_n die Energie des Zustandes n, und $\left(\frac{1}{2} \sum_k z_k \varrho_k^\xi\right)_{nm}$ das zum Übergang von n nach m gehörige Matrixelement der Summe $\frac{1}{2} \sum_k z_k \varrho_k^\xi$. Die gestreute Strahlung wird also an den Resonanzstellen $h\nu = |E_n - E_m|$ sehr intensiv, wenn nicht zufällig das zu dem betreffenden Übergang gehörige Matrixelement verschwindet. Eine eingehendere Diskussion der Gleichung (9) ist nur möglich für einen speziellen Atomkern. Wir betrachten etwa das in Teil I ausführlich behandelte H-Isotop vom Gewicht 2. Dort ist das Matrixelement $(\varrho_1^\xi z_1 + \varrho_2^\xi z_2)_{nm}$ nur dann von Null verschieden, wenn der eine der beiden Zustände zu dem in den ϱ^ξ symmetrischen Termsystem gehört, der andere zum antisymmetrischen. Da der Grundzustand zum symmetrischen System gehört, spielen für die Streuung am Grundzustand nur angeregte Zustände eine Rolle, deren Wellenfunktion antisymmetrisch in ϱ_1^ξ und ϱ_2^ξ ist. Bei den Zuständen der letztgenannten Art gibt das Platzwechselintegral $J(r)$ zu einer Abstoßung zwischen Neutron und Proton Anlaß; die betreffenden angeregten Zustände gehören also alle zum kontinuierlichen Spektrum positiver Gesamtenergie. Eine scharfe Resonanzstelle im üblichen Sinn gibt es für das H 2-Isotop daher nicht.

§ 3. *Die Eigenschaften des Neutrons*[1]). Den Überlegungen der vorliegenden Arbeit wurde stets die Annahme zugrunde gelegt, daß das Neutron als fester Elementarbaustein des Kerns aufgefaßt werden kann; der Umstand, daß sich das Neutron auch in mancher Beziehung so verhält, als sei es aus Proton und Elektron zusammengesetzt, kam nur in der Berücksichtigung des Platzwechsels und beim β-Zerfall zum Ausdruck. Obwohl nun zwar die experimentelle Tatsache, daß bei der Zertrümmerung leichter Kerne Neutronen frei werden können, zugunsten der oben genannten Annahmen spricht, so bedarf es doch einer ausführlichen theoretischen Rechtfertigung, wenn man das Neutron mit seinem kleinen Massendefekt ($\sim$ 1 Million El.-Volt) als festen Elementarbaustein auffaßt in einem Kern, in dem die Wechselwirkungsenergien der Teilchen sehr viel größer sind als 1 Million El.-Volt.

Zur Verteidigung dieser Hypothese kann man zunächst anführen, daß schon die Existenz des Neutrons den Gesetzen der Quantenmechanik in ihrer bisherigen Form widerspricht. Sowohl die allerdings hypothetische Gültigkeit der Fermistatistik für Neutronen, wie das Versagen des Energiesatzes beim β-Zerfall beweist die Unanwendbarkeit der bisherigen Quantenmechanik auf die Struktur des Neutrons. Aber selbst wenn man von diesen Eigenschaften des Neutrons absieht, so bedeutet bereits der Umstand, daß das Neutron ein Gebilde der ungefähren Ausdehnung $\Delta q \sim \frac{e^2}{mc^2}$ ist, einen Widerspruch zur Quantenmechanik, wenn man das Neutron als zusammengesetzt aus Elektron und Proton auffaßt. Dem Ortsbereich $\Delta q \sim \frac{e^2}{mc^2}$ entspräche nämlich nach den Unbestimmtheitsrelationen der mittlere Impuls

$$\Delta p \sim \frac{h}{2\pi\Delta q} \sim \frac{hmc^2}{2\pi e^2} = \frac{hc}{2\pi e^2}\cdot mc.$$

[1]) Auf der Konferenz Ostern 1932 in Kopenhagen lernte ich eine Arbeit von Herrn Prof. N. Bohr „Über die Eigenschaften des Neutrons beim Zusammenstoß mit Protonen und Elektronen" kennen, die demnächst erscheinen wird und aus der ich viel gelernt habe. Für die Möglichkeit, die Arbeit vor der Publikation diskutieren zu können, möchte ich Herrn Bohr herzlich danken.

Zeitschrift für Physik 78, 156–164 (1932)

Man müßte also für den Massendefekt des Neutrons eine Energie der Ordnung:

$$E = c \cdot \Delta p = \frac{h c}{2 \pi e^2} \cdot m c^2 \approx 137\, m c^2$$

erwarten, während der beobachtete Massendefekt etwa hundertmal kleiner ist.

Wenn man also die Bindungsenergie des Elektrons im Neutron zu berechnen sucht, so bekommt man aus dem *Massendefekt* Werte der Ordnung mc^2, aus der *Größe* des Neutrons Werte der Ordnung $137\, mc^2$.

Man kann auch die Streuung von Licht durch die Neutronen zur Berechnung der Bindungsenergie heranziehen und die Frage stellen: Wie groß ist die Frequenz eines klassischen Oszillators, der γ-Strahlen etwa der Wellenlänge $\lambda = 4{,}7$ X-E. genau so stark streut, wie ein Neutron. Der Wirkungsquerschnitt eines Oszillators der Frequenz ν_0 ist

$$\sigma = \frac{8\pi}{3} \left(\frac{e^2}{m c^2}\right)^2 \cdot \left(\frac{\nu^2}{\nu_0^2 - \nu^2}\right)^2. \tag{10}$$

Aus dem empirischen Wert (vgl. S. 161) $\sigma = 1{,}5 \cdot 10^{-28}\,\mathrm{cm}^2$ für $h\nu = 5{,}15\, mc^2$ folgt $h\nu_0 = 42{,}6\, mc^2$.

Aus der Streuung würde man also auf eine Bindungsenergie schließen, wie sie ungefähr der *Größe* des Neutrons entspricht, im Gegensatz zum empirischen *Massendefekt* des Neutrons.

Zusammenfassend kann man also feststellen: Eine eindeutige Definition des Begriffs „Bindungsenergie" ist für das Elektron im Neutron wegen des Versagens des Energiesatzes beim β-Zerfall unmöglich. Da ferner die Anwendung der Quantenmechanik auf das Neutron zu Widersprüchen führt, bekommt man für die Bindungsenergie des Elektrons im Neutron ganz verschiedene Werte, je nach den Experimenten, die man zu ihrer Bestimmung verwendet. In mancher Hinsicht verhält sich das Neutron wie ein quantenmechanisches System sehr großer Bindungsenergie, dagegen ist sein Massendefekt sehr klein.

Die dieser Arbeit zugrunde gelegte Annahme, daß das Neutron im Kern als fester Elementarbaustein betrachtet werden kann, widerspricht also nicht von vornherein den sonst bekannten Eigenschaften des Neutrons, dessen Verhalten jedenfalls nicht nach den Regeln der Quantenmechanik beschrieben werden kann.

Zeitschrift für Physik *80*, 587–596 (1933)

Über den Bau der Atomkerne. III.

Von **W. Heisenberg** in Leipzig.

(Eingegangen am 22. Dezember 1932.)

§ 1. Anwendung der Thomas-Fermi-Methode auf den Atomkern. § 2. Streuung von γ-Strahlen am Atomkern. § 3. Diskussion der Annahmen über die Natur des Neutrons.

Die Experimente von Curie, Joliot und Chadwick über die Existenz und die Stabilität des Neutrons veranlaßten den in Teil I und II dieser Arbeit unternommenen Versuch, die Rolle, welche die Neutronen im Aufbau der Atomkerne spielen, in ganz bestimmten physikalischen Annahmen festzulegen und die Brauchbarkeit dieser Annahmen am Tatsachenmaterial der Kernphysik zu erproben. Die Unvollständigkeit der bisher vorliegenden empirischen Ergebnisse führt bei diesem Problem zu einer großen Unsicherheit selbst der Fundamente jeglicher Theorie und nur in ganz wenigen Fällen erzwingen die Experimente eine bestimmte Interpretation. Aus diesem Grunde schien es geboten, zunächst eine bestimmte Hypothese an die Spitze zu stellen und zuzusehen, wie sie sich zur Ordnung der Erfahrungen eignet. Im folgenden soll jedoch auch ausführlich diskutiert werden, welche Konsequenzen gerade für die gewählte Hypothese charakteristisch sind und an welchen Punkten eine andere Wahl der Grundannahmen zu den gleichen Ergebnissen führen würde. Vor dieser Diskussion sollen die Überlegungen der beiden ersten Teile ergänzt und an einigen Stellen berichtigt werden.

§ 1. Anwendung des Thomas-Fermischen Verfahrens auf die Hamiltonfunktion des Atomkerns. Den Untersuchungen von Teil I wurde eine Hamiltonfunktion zugrunde gelegt, die abhängt von den Ortskoordinaten $\mathfrak{r}_k$ der Kernpartikeln und den dazu konjugierten Impulsen $\mathfrak{p}_k$, ferner den Variablen ϱ_k^ζ, die angeben, ob das betreffende Teilchen ein Neutron ($\varrho_k^\zeta = +1$) oder ein Proton ($\varrho_k^\zeta = -1$) sei. Außer den in Teil I, Gleichung (1) eingeführten Wechselwirkungsgliedern $J(r_{kl})$ und $K(r_{kl})$ soll, um die Analogie zu den Molekülwechselwirkungen vollständig zu machen, noch eine „statische" Wechselwirkung $L(r_{kl})$ zwischen Neutron und Proton zugefügt werden, die dem elektrostatischen Teil der Bindungsenergie etwa von H und H^+ im H_2^+-Ion entspricht. In Teil I war dieses Glied als

Zeitschrift für Physik *80*, 587–596 (1933)

vermutlich klein weggelassen worden. Die vollständige Hamiltonfunktion lautet nunmehr:

$$\left.\begin{aligned} H = \frac{1}{2M}\sum_k \mathfrak{p}_k^2 &- \tfrac{1}{2}\sum_{k>l} J(r_{kl})\,(\varrho_k^\xi \varrho_l^\xi + \varrho_k^\eta \varrho_l^\eta) \\ &+ \tfrac{1}{2}\sum_{k>l} L(r_{kl})\,(1-\varrho_k^\zeta \varrho_l^\zeta) \\ &- \tfrac{1}{4}\sum_{k>l} K(r_{kl})\,(1+\varrho_k^\zeta)(1+\varrho_l^\zeta) \\ &+ \tfrac{1}{4}\sum_{k>l} \frac{e^2}{r_{kl}}\,(1-\varrho_k^\zeta)(1-\varrho_l^\zeta) \\ &- \tfrac{1}{2} D \sum_k (1+\varrho_k^\zeta). \end{aligned}\right\} \quad (1)$$

Eine Annäherungsmethode zur Lösung von (1) bei Kernen mit vielen Partikeln läßt sich in Analogie zur Thomas-Fermi-Methode in folgender Weise herleiten: Zunächst kann die zu (1) gehörige Schrödingerfunktion des Normalzustandes in bekannter Weise aufgefaßt werden als Lösung des Minimalproblems:

$$\int \psi^* H \,\psi \,\mathrm{d}\Omega = \text{Min.} \quad (2)$$

unter der Nebenbedingung

$$\int \psi^* \,\psi \,\mathrm{d}\Omega = 1. \quad (3)$$

Läßt man nun im Minimalproblem (2) nur solche Schrödingerfunktionen zur Konkurrenz zu, bei denen

$$4\,P(P+1) = \Big(\sum_k \varrho_k^\xi\Big)^2 + \Big(\sum_k \varrho_k^\eta\Big)^2 + \Big(\sum_k \varrho_k^\zeta\Big)^2 \quad (4)$$

(d. h. sozusagen der gesamte „ϱ-Spin") einen bestimmten Zahlwert hat[1]), so stellt sich bei der auch in Teil I gemachten Annahme, daß $J(r_{kl})$ positiv sei, heraus, daß $2P = n = n_1 + n_2$ zum tiefsten Energiewert führt. ψ kann in dieser Näherung in der Form

$$\psi(\mathfrak{r}_1 \varrho_1^\zeta \ldots \mathfrak{r}_n \varrho_n^\zeta) = \varphi(\mathfrak{r}_1 \ldots \mathfrak{r}_n)\, f(\varrho_1^\zeta \ldots \varrho_n^\zeta) \quad (5)$$

geschrieben werden. Hier bedeutet f eine symmetrische Funktion der ϱ_k^ζ, deren Gestalt nach den üblichen Verfahren der Quantenmechanik berechnet werden kann, wenn $\sum_k \varrho_k^\zeta = n_1 - n_2$ gegeben ist.

[1]) In ähnlicher Weise kann nach J. C. Slater, Phys. Rev. **35**, 210, 1930, die Hartreemethode bei Atomen aufgefaßt werden als Näherungslösung des Minimalproblems, bei der nur ein bestimmter einfacher Typus von Schrödingerfunktionen zur Konkurrenz zugelassen wird.

Die Funktion φ gehört dann als Schrödingerfunktion zu einer Hamiltonfunktion, die aus (1) dadurch hervorgeht, daß die von den ϱ_k abhängigen Ausdrücke durch ihren Erwartungswert bei $P = \frac{n}{2}$, $P^\zeta = \sum \varrho_k^\zeta = n_1 - n_2$ ersetzt werden. Für diese Erwartungswerte findet man:

$$\left.\begin{aligned} k \neq l \qquad \overline{\varrho_k^\xi \varrho_l^\xi + \varrho_k^\eta \varrho_l^\eta} &= 4\,\frac{n_1 n_2}{n(n-1)} \\ \overline{1 - \varrho_k^\zeta \varrho_l^\zeta} &= 4\,\frac{n_1 n_2}{n(n-1)} \\ \overline{(1+\varrho_k^\zeta)(1+\varrho_l^\zeta)} &= 4\,\frac{n_1(n_1-1)}{n(n-1)} \\ \overline{(1-\varrho_k^\zeta)(1-\varrho_l^\zeta)} &= 4\,\frac{n_2(n_2-1)}{n(n-1)} \\ \sum_k (1+\varrho_k^\zeta) \qquad &= 2\,n_1. \end{aligned}\right\} \tag{6}$$

Die Hamiltonfunktion lautet also für φ:

$$\begin{aligned} H = \frac{1}{2M}\sum \mathfrak{p}_k^2 - 2\,\frac{n_1 n_2}{n(n-1)} \sum_{k>l} [J(r_{kl}) - L(r_{kl})] \\ - \frac{n_1(n_1-1)}{n(n-1)} \sum_{k>l} K(r_{kl}) + \frac{n_2(n_2-1)}{n(n-1)} \sum_{k>l} \frac{e^2}{r_{kl}} - n_1 D. \end{aligned} \tag{7}$$

Die Symmetrieeigenschaften von $\varphi(\mathfrak{r}_1 \ldots \mathfrak{r}_n)$ in Bezug auf die Vertauschung der Partikelkoordinaten sind wie bei den Atomen durch das Pauliprinzip vorgeschrieben. Der Atomkern erscheint nach (7) als mechanisches System gleichartiger Massenpunkte, wobei die Wechselwirkungsenergie zweier Massenpunkte jeweils durch den Ausdruck

$$U(r) = -2\,\frac{n_1 n_2}{n(n-1)}[J(r) - L(r)] - \frac{n_1(n_1-1)}{n(n-1)} K(r) + \frac{n_2(n_2-1)}{n(n+1)}\frac{e^2}{r} \tag{8}$$

gegeben ist. Betrachtet man nun nach dem Vorbild der Thomas-Fermi-Methode den Kern als Gas freier Teilchen, die den Gesetzen der Fermistatistik folgen und durch die Kräfte (8) zusammengehalten werden, ist ferner $\varrho(\mathfrak{r})$ die Anzahl der Teilchen pro Volumeneinheit, so wird nach Fermi die kinetische Energie dieses Gases

$$E_{\text{kin}} = \frac{h^2}{M}\,\frac{4\pi}{5}\left(\frac{3}{8\pi}\right)^{5/3} \int \varrho(\mathfrak{r})^{5/3}\,d\tau \tag{9}$$

und die Gesamtenergie des Atomkerns

$$E = \frac{h^2}{M}\,\frac{4\pi}{5}\left(\frac{3}{8\pi}\right)^{5/3} \int \varrho(\mathfrak{r})^{5/3}\,d\tau + \tfrac{1}{2}\iint \varrho(\mathfrak{r})\,\varrho(\mathfrak{r}')\,U(|\mathfrak{r}-\mathfrak{r}'|)\,d\tau\,d\tau' - n_1 D. \tag{10}$$

Zeitschrift für Physik *80*, 587–596 (1933)

Die Dichteverteilung $\varrho(\mathfrak{r})$ wird aus der Forderung bestimmt, E solle unter der Nebenbedingung

$$\int \varrho(\mathfrak{r})\,\mathrm{d}\tau = n$$

zu einem Minimum gemacht werden. Allerdings ist bei der Anwendung der Thomas-Fermi-Methode zu beachten, daß der approximative Ansatz (10) für die Energie nur unter gewissen Einschränkungen richtig ist. Wenn z. B. die Funktion $U(|\mathfrak{r}-\mathfrak{r}'|)$, die in ihrem Verlauf dem Gamowberg ähnelt und für große n_1 und n_2 nur vom Verhältnis n_1/n_2 abhängt, für abnehmende Werte von $|\mathfrak{r}-\mathfrak{r}'|$ an einer bestimmten Stelle plötzlich außerordentlich stark zunimmt, d. h. wenn sehr große Abstoßungskräfte die weitere Annäherung zweier Teilchen zu hindern suchen, so würde das Integral $\iint \varrho(\mathfrak{r})\,\varrho(\mathfrak{r}')\,U(|\mathfrak{r}-\mathfrak{r}'|)\,\mathrm{d}\tau\,\mathrm{d}\tau'$ divergieren oder jedenfalls völlig unrichtige Werte für die potentielle Energie liefern, da es eben in Wirklichkeit nicht vorkommt, daß zwei Teilchen sich über den kritischen Abstand hinaus nähern. In diesem Falle erhält man eine sehr viel bessere Approximation an die Wirklichkeit, wenn man in Analogie zur Konstanten „b" der van der Waalsschen Gleichung einen Minimalabstand zweier Teilchen und entsprechend eine Maximaldichte ϱ_0 einführt und dafür in der potentiellen Energie die Funktion $U(|\mathfrak{r}-\mathfrak{r}'|)$ für Werte von $|\mathfrak{r}-\mathfrak{r}'|$, die kleiner sind als der Minimalabstand zweier Teilchen, Null setzt. In der kinetischen Energie tritt dann an Stelle von $\varrho^{5/3}$ (Anzahl der Teilchen pro Kubikzentimeter: ϱ, multipliziert mit der mittleren Energie der einzelnen Partikel: $\varrho^{2/3}$) in genauer Analogie zur van der Waalsschen Gleichung $\varrho\cdot\left(\frac{1}{\varrho}-\frac{1}{\varrho_0}\right)^{-2/3}$. Statt Gleichung (10) erhält man so den allgemeineren Ansatz:

$$E=\frac{h^2}{M}\frac{4\pi}{5}\left(\frac{3}{8\pi}\right)^{5/3}\int\left(\frac{1}{\varrho}-\frac{1}{\varrho_0}\right)^{-2/3}\varrho\,\mathrm{d}\tau+\frac{1}{2}\iint\varrho(\mathfrak{r})\,\varrho(\mathfrak{r}')\,U_0(|\mathfrak{r}-\mathfrak{r}'|)\,\mathrm{d}\tau\,\mathrm{d}\tau'-n_1 D, \quad (11)$$

wobei U_0 für U gesetzt wurde, um anzudeuten, daß in $U(|\mathfrak{r}-\mathfrak{r}'|)$ die Beiträge, für die $|\mathfrak{r}-\mathfrak{r}'|$ kleiner ist als der Minimalabstand, wegzulassen sind. Durch Variation von ϱ unter Berücksichtigung der Nebenbedingung $\int\varrho\,\mathrm{d}\tau=n$ folgt aus (11) die Beziehung:

$$\frac{h^2}{M}\frac{4\pi}{3}\left(\frac{3}{8\pi}\right)^{5/3}\left(\frac{1}{\varrho}-\frac{1}{\varrho_0}\right)^{-5/3}\left(\frac{1}{\varrho}-\frac{3}{5\varrho_0}\right)+\int\varrho(\mathfrak{r}')\,U_0(|\mathfrak{r}'-\mathfrak{r}|)\,\mathrm{d}\tau'-\lambda=0. \quad (12)$$

Multipliziert man Gleichung (12) mit $\mathrm{d}\varrho/\mathrm{d}n$ und integriert über $\mathrm{d}\tau$, so erkennt man aus (11) und (12):

$$\lambda=\frac{\mathrm{d}E}{\mathrm{d}n}. \quad (13)$$

$U_0(\mathfrak{r})$ wird dabei als unabhängig von n angenommen. Die Gleichung (12) gilt nur in dem Gebiet, in dem ϱ von Null verschieden ist. Außerhalb dieses Gebiets ist der Zustand des Systems durch die Forderung $\varrho = 0$ vollständig bestimmt. Durch Multiplikation von (12) mit $\frac{1}{2}\varrho$ und Integration erhält man

$$\frac{h^2}{M}\frac{2\pi}{3}\left(\frac{3}{8\pi}\right)^{5/3}\int\left(\frac{1}{\varrho}-\frac{1}{\varrho_0}\right)^{-2/3}\left(\varrho+\frac{2}{5}\frac{\varrho^2}{\varrho_0-\varrho}\right)d\tau+\frac{1}{2}\int\int\varrho(\mathfrak{r})\varrho(\mathfrak{r}')U_0\,d\tau\,d\tau'-\frac{n}{2}\frac{dE}{dn}=0, \quad (14)$$

und durch Vergleich mit (11):

$$E-\frac{n}{2}\frac{dE}{dn}=\frac{h^2}{M}\frac{2\pi}{15}\left(\frac{3}{8\pi}\right)^{5/3}\left[\int\left(\frac{1}{\varrho}-\frac{1}{\varrho_0}\right)^{-2/3}\varrho\,d\tau-2\int\frac{\varrho}{\varrho_0}\left(\frac{1}{\varrho}-\frac{1}{\varrho_0}\right)^{-5/3}d\tau\right]. \quad (15)$$

Verwendet man diese Formel zur Diskussion der Abhängigkeit der Massendefekte von n_1 und n_2, so folgt zunächst aus den Astonschen Messungen, daß für die Kerne eine maximale Dichte ϱ_0 existiert, die größenordnungsmäßig übereinstimmen muß mit der Dichte des α-Teilchens. Solange nämlich, wie in der üblichen Thomas-Fermi-Methode, $1/\varrho_0 \ll 1/\varrho$ angenommen werden kann, ist die rechte Seite von (15) positiv, es müßte daher $-E$ als Funktion von n stärker als const $\cdot\, n^2$ anwachsen. Empirisch nimmt jedoch $-E$ für kleine n etwa proportional n, für große n noch langsamer zu. Die Funktion $U(|\mathfrak{r}-\mathfrak{r}'|)$ steigt also offenbar für abnehmende Werte von $|\mathfrak{r}-\mathfrak{r}'|$ in der Gegend kleiner Abstände sehr stark an. Für die schweren Kerne läßt sich daraus schließen, daß die Dichte in einem großen Teil des Kerns nahe am Wert ϱ_0 liegt und außen in einem relativ kleinen Bereich nach Null absinkt. Wenn daher die $J(r_{kl})$, $K(r_{kl})$, $L(r_{kl})$ als Funktionen des Abstandes rasch abnehmen, so wird sich für große n (n_1/n_2 = const) die Energie nach (15) in der Form:

$$E = -a\,n + b\,n^{5/3} + c \quad (16)$$

darstellen lassen (dabei rührt das Glied $-an$ von den rasch abnehmenden Kräften, das Glied $b\,n^{5/3}$ von den Coulombkräften her), wie in Teil I bei der Diskussion der Stabilitätskurven implizite angenommen wurde.

Da aus der Symmetrie des Problems folgt, daß $\varrho(r)$ kugelsymmetrisch ist, so dürfte es auch im allgemeinen Fall nicht allzu schwierig sein, Näherungslösungen für $\varrho(r)$ zu finden, wenn $U(r)$ gegeben ist. Einstweilen wird man umgekehrt aus den empirisch gefundenen Massendefekten auf den Verlauf der Funktion $U(r)$ zu schließen suchen.

Überträgt man die eben durchgeführten Überlegungen mutatis mutandis auf einen Atomkern, den man als aus *α-Teilchen* und Neutronen aufgebaut betrachtet, so kann man den parabelartigen Anstieg der auf He

Zeitschrift für Physik 80, 587–596 (1933)

bezogenen Massendefektkurven bei leichten Elementen mit dem Resultat in Verbindung bringen, daß für $\varrho \ll \varrho_0$ die Größe $-E$ stärker als const $\cdot\, n^2$ anwachsen muß. Das spätere Umbiegen der Kurven beweist (innerhalb der für das hier verwandte Verfahren charakteristischen Approximation) auch hier wieder die Existenz eines Minimalabstandes für α-Teilchen.

§ 2. Streuung von γ-Strahlen am Atomkern. Die von Tarrant, Meitner, Hupfeld, Chao und Jakobsen[1]) experimentell untersuchte Streuung harter γ-Strahlen an Atomkernen wurde in Teil II als kohärente Streustrahlung der Neutronen interpretiert, die an Resonanzstellen noch durch die im allgemeinen vernachlässigbar kleine Protonenstreuung modifiziert werden kann. Für diese Deutung spricht die experimentelle Tatsache, daß die Intensität der Streustrahlung dem Quadrat der Neutronenanzahl ungefähr proportional ist. Der hieraus gezogene Schluß, die Frequenz des gestreuten Lichtes müsse mit der des einfallenden übereinstimmen [Rayleighstreuung[2])], beruhte jedoch auf einem Irrtum, der im folgenden richtiggestellt werden soll.

In mehratomigen Molekülen schwingen auch bei der Ramanstreuung die Elektronenwolken der einzelnen Atome in Phase. Soweit also ein Atomkern mit einem Molekül verglichen werden darf (siehe hierüber § 3), wird auch die Intensität des Ramanlichtes, das von kohärenter Neutronenstreuung herrührt, dem Quadrat der Neutronenanzahl proportional sein.

In diesem Vergleich entsprechen die Neutronen den Atomen mit ihren Elektronenwolken, die von den Protonen herrührende Streustrahlung wird in beiden Fällen vernachlässigt. Die Energie der einfallenden Lichtquanten kann bei Molekülen und Kernen als klein gegen die Bindungsenergie der negativen Ladung an die schweren Massen angenommen werden; als Bindungsenergie des Neutrons gilt nach Teil II ein Wert der Ordnung $137\, mc^2$. Die Polarisierbarkeit der Atome wird ungefähr durch ihr Volumen gegeben; in Analogie hierzu folgt aus $\sigma_N = 1{,}5 \cdot 10^{-28}\,\mathrm{cm}^2$ bei $h\nu = 5{,}15\, mc^2$ (vgl. Teil II, S. 161) für die Polarisierbarkeit des Neutrons:

$$\alpha_N = \left(\frac{c}{2\pi\nu}\right)^2 \sqrt{\frac{3\,\sigma_N}{8\pi}} = 10{,}7 \cdot \left(\frac{e^2}{mc^2}\right)^3. \tag{17}$$

[1]) G. Tarrant, Proc. Roy. Soc. London (A) **128**, 345, 1930; L. Meitner u. H. Hupfeld, Naturwissenschaften **18**, 534, 1930; ZS. f. Phys. **67**, 147, 1930; C. Chao, Proc. Nat. Ac. Amer. **16**, 431, 1930; J. Jakobsen, ZS. f. Phys. **70**, 145, 1930; G. Tarrant, Proc. Roy. Soc. London (A) **135**, 223, 1932.

[2]) Vgl. hierzu einerseits L. Meitner u. H. Hupfeld, ZS. f. Phys. **75**, 705, 1932, andererseits L. Gray u. G. Tarrant, Proc. Roy. Soc. London (A) **136**, 662, 1932.

Der Wert von α_N dürfte im hier betrachteten Frequenzgebiet ($h\nu \ll 137\, mc^2$) nicht mehr stark von ν abhängen, σ_N wird also ungefähr mit der vierten Potenz von ν anwachsen. Der Umstand, daß die Polarisierbarkeit des Neutrons etwa zehnmal größer zu sein scheint als sein Volumen, hängt vielleicht mit den der bisherigen Theorie fremden Zügen in der Struktur des Neutrons zusammen.

Betrachtet man die Neutronen und Protonen im Kern als ruhend, so sendet der Kern unter Einfluß einer Strahlung, deren Wellenlänge groß gegen die Kerndimensionen ist, kohärentes Rayleighsches Streulicht aus, dessen Intensität proportional dem Quadrat der Neutronenanzahl anwächst; allerdings kann bei hinreichend dichter Lagerung der Teilchen das Dipolmoment des einzelnen Neutrons — und damit die Intensität der Streustrahlung — durch den Einfluß geändert werden, den die anderen Partikeln teils vermöge ihrer starken elektrischen Felder (vgl. den Entmagnetisierungsfaktor bei Ferromagneten!), teils durch die nach der bisherigen Theorie nicht beschreibbaren, für die Kerne charakteristischen Kraftwirkungen auf ein Neutron ausüben.

Aus diesem Grunde ändert sich der Charakter der gestreuten Strahlung, wenn sich die Neutronen und Protonen im Kern bewegen; die Amplitude der Rayleighstrahlung variiert dann wegen des wechselnden Abstandes der Partikeln im Kern periodisch, die Streustrahlung spaltet auf in Strahlung verschiedener Frequenzen — in genauer Analogie zu den Ramanspektren der Moleküle[1]). Für die gesamte gestreute Intensität gilt bei den Molekülen eine einfache Summenrelation: Die Summe der Amplitudenquadrate der verschiedenen Streuwellen ist gegeben durch den Mittelwert des Amplitudenquadrats des Rayleighlichtes, wenn die Mittelung bei ruhenden Teilchen über alle ihre Lagen (mit dem durch die Wellenfunktion gegebenen statistischen Gewicht) ausgeführt wird. Dieser Summensatz gilt ebenso für den Atomkern; hat die einfallende Strahlung eine Frequenz von der gleichen Ordnung wie die der Partikelschwingungen, so ist der Satz noch für die Quadrate der Oszillatoramplituden richtig, nicht mehr jedoch für die Intensität der emittierten Strahlung. In einem Punkt unterscheiden sich die Atomkerne wesentlich von den Molekülen: Während die Atome im Molekül mit relativ kleinen Amplituden um ihre Gleichgewichtslage schwingen, ändert sich der Abstand der Neutronen und Protonen im Kern periodisch um Beträge seiner eigenen Größenordnung, wie aus der von Bohr[2])

[1]) Vgl. insbesondere die Arbeit von G. Placzek, ZS. f. Phys. **70**, 84, 1931.

[2]) N. Bohr, Atomic stability and conservation laws. Convegno di Fisica Nucleare. Rom 1932.

Zeitschrift für Physik *80*, 587–596 (1933)

hervorgehobenen Beziehung zwischen Kerndimensionen und Massendefekt hervorgeht. Deshalb ist bei den Molekülen das Ramanlicht wesentlich schwächer als das Rayleighsche Streulicht, bei den Atomkernen können sie gleich intensiv sein. Die Gesamtstreuung des Kerns wird also qualitativ entsprechend den Überlegungen von Teil II mit dem Quadrat der Neutronenanzahl und der vierten Potenz der Frequenz der einfallenden Strahlung (vgl. den experimentell sehr großen Unterschied der Kernstreuung für $\lambda = 6{,}7 \cdot 10^{-11}$ cm und $\lambda = 4{,}7 \cdot 10^{-11}$ cm) anwachsen, die Intensität verteilt sich aber zu Teilen gleicher Größenordnung auf die unverschobene Linie und die nach dem Gebiet der langen Wellen verschobenen Ramanlinien. Außer dieser Streustrahlung muß dann in den Experimenten noch Licht von der Frequenz der Kerneigenschwingungen auftreten, da der Kern nach einem Smekalschen Streuakt stets in einem angeregten Zustand zurückbleibt.

§ 3. Diskussion der Annahmen über die Natur des Neutrons. Die hier vertretene Auffassung über die Natur des Neutrons ist durch die Experimente nicht erzwungen. Die Zertrümmerungsversuche erlauben z. B. auch, das Neutron als einen unzerstörbaren Elementarbaustein nach Art von Proton und Elektron aufzufassen[1]). Diese Annahme drückt sich zunächst in der Hamiltonfunktion darin aus, daß die Austauschglieder $(J(r_{kl}))$ wegfallen, es bleibt nur eine einfache Wechselwirkungsenergie $(L(r_{kl}))$ von Proton und Neutron übrig. Für die Frage nach den Massendefekten und der Struktur der leichten Kerne würden die beiden Annahmen zu ähnlichen Resultaten führen; in die Näherungsmethode von § 1 [Gleichung (7)] gehen sogar $J(r_{kl})$ und $L(r_{kl})$ genau in gleicher Weise ein, was zur Folge hat, daß die qualitativen Überlegungen von Teil I und II aus beiden Annahmen hergeleitet werden können. Anders ist es bei den schweren Kernen, die wegen der Existenz von radioaktiven Elementen, die β-Strahlen emittieren, bei der Annahme unzerlegbarer Neutronen auch Elektronen als Elementarbausteine enthalten müssen. Hier würde im Gegensatz zu der hier vertretenen Auffassung nicht aus der Masse des Kerns auf seine Statistik und die Ganz- oder Halbzahligkeit seines Spins geschlossen werden können, während die bisher vorliegenden Experimente auf einen solchen Zusammenhang hinzudeuten scheinen. Einen wichtigen Beitrag zur Entscheidung dieser Frage könnte die Analyse der Hyperfeinstruktur von MTh_2, ThC und ThC″ liefern.

Die Tatsache der kontinuierlichen β-Strahlspektren führt noch zu einer anderen Schwierigkeit: Wenn die Elektronen die Rolle selbständiger

[1]) Vgl. z. B. M. Perrin, C. R. **194**, 1343, 1932.

Elementarbausteine im Kern spielen, so ist zu erwarten, daß die Verwaschung der Elektronenenergie, die sich in den kontinuierlichen β-Spektren äußert, wegen der engen Wechselwirkung von Elektronen und α-Teilchen auch auf die radioaktiv emittierten α-Teilchen übertragen wird. Es ist ja keineswegs selbstverständlich, daß die schweren Kernbausteine sich in jeder Beziehung wie die Bestandteile eines quantenmechanischen Systems mit wohldefinierten Wechselwirkungsenergien verhalten; denn die Protonen werden erst durch die negative Ladung aneinander gebunden, deren Verhalten im Kern ganz außerhalb des Bereichs der Quantenmechanik liegt. Die Entdeckung der nach der bisherigen Theorie nicht beschreibbaren Stabilität des Neutrons ermöglicht jedoch eine reinliche Trennung des der Quantenmechanik zugänglichen von dem ihr unzugänglichen Gebiet, da vermöge dieser Stabilität rein quantenmechanische Systeme aus Protonen und Neutronen aufgebaut werden können, in denen die beim β-Zerfall hervortretenden neuartigen Züge nicht zu Schwierigkeiten Anlaß geben. Diese Möglichkeit einer scharfen Trennung der quantenmechanischen und der für die Kernphysik charakteristischen neuen Züge scheint verlorenzugehen, wenn die Elektronen als selbständige Kernbausteine betrachtet werden.

Für die γ-Strahlstreuung führt die besprochene Auffassung, in der das Neutron als schweres Elementarteilchen nicht wesentlich zur Streuung beitragen kann, zu folgender Konsequenz: Wegen der näherungsweise gültigen Proportionalität der Streustrahlungsintensität mit dem Quadrat der Atomnummer müßten die α-Teilchen im Kern aus Protonen und Elektronen (nicht Protonen und Neutronen) aufgebaut sein und die in α-Teilchen gebundenen Elektronen trotz der großen Bindungsenergie mindestens ebensoviel zur γ-Strahlstreuung beitragen wie die freien Kernelektronen.

Andereseits ist es unsicher, ob nicht die konsequente Verfolgung des in diesen Arbeiten versuchten Ansatzes auch mit Schwierigkeiten verbunden wäre: Die Annahme, daß das Neutron in bezug auf Spin und Statistik einem Elementarteilchen, in bezug auf Polarisierbarkeit, Zerlegbarkeit usw. einem zusammengesetzten Gebilde gleicht, führt auf das Problem, zwei in der Quantenmechanik unvereinbare Eigenschaftstypen zu verschmelzen; obwohl der Übergang vom Neutron zu einem quantenmechanischen System aus Proton und Elektron nicht kontinuierlich im Sinne der Existenz angeregter Neutronenzustände gedacht zu werden braucht, ist die Möglichkeit einer widerspruchslosen Verschmelzung durchaus unsicher.

Besonders deutlich wird diese Schwierigkeit in der Frage, nach welcher Eigenschaft des Kerns sich die Stabilität eines Neutrons gegen β-Zerfall richtet. In Teil I wurde versucht, ein energetisches

Zeitschrift für Physik *80*, 587–596 (1933)

Stabilitätskriterium einzuführen, obwohl nach Bohr aus den kontinuierlichen β-Spektren das Versagen des Energiesatzes gefolgert wurde. Dieser Versuch, gewisse Konsequenzen des Energiesatzes auch jenseits der Grenzen seiner Gültigkeit beizubehalten, ist zwar logisch durchaus möglich (vgl. etwa die strenge Gültigkeit der klassischen Auswahlregeln auch in der Quantenmechanik); jedoch bietet die Willkür, die hierbei bleibt, wenig Hoffnung, schon jetzt eine Formulierung zu finden, die nicht früher oder später zu inneren Schwierigkeiten führen wird; daher stellt dieses Stabilitätskriterium wohl den unsichersten Teil der hier versuchten Überlegungen dar.

In diesem Zusammenhang soll noch die Bedeutung der innerhalb der einzelnen radioaktiven Reihen geltenden Konstanz der kritischen Verhältniszahlen n_1/n_2 (vgl. Teil I § 5) klargestellt werden, die das Eintreten der β-Labilität kennzeichnen. Aus dem energetischen Stabilitätskriterium folgt ja zunächst nicht, daß diese Zahlen konstant sind, vielmehr sind sie näherungsweise durch die Formel (8) (Teil I) gegeben[1]); es zeigt sich, daß nach dieser Formel die zweite β-Labilität in einer radioaktiven Zerfallsreihe ein bis drei Stellen vor dem B-Produkt eintreten müßte[2]). Eine konsequentere Behandlung der Stabilitätsbedingungen nach Eastman[3]) lehrt jedoch, daß die kritische Kurve für β-Zerfall wesentlich flacher gezeichnet werden muß. Die kritische Verhältniszahl n_1/n_2 ändert sich dann von der ersten bis zur zweiten β-Labilität jeweils nur um etwa 0,01; dies ist für die Thorium- und Aktiniumreihe in Einklang mit den Zahlen der Tabelle 1, Teil I, für die Radiumreihe liegt der berechnete Wert zwischen dem für RaB und dem für RaD gültigen. Die über das energetische Stabilitätskriterium hinausgehende Ähnlichkeit der drei Zerfallsreihen (z. B. Auszeichnung der Ordnungszahl 82 als Ende des α-Zerfalls) deutet allerdings darauf hin, daß es zum Verständnis der radioaktiven Reihen notwendig sein wird, auf Struktureigenschaften der Kerne einzugehen, die nicht durch das Verhältnis n_1/n_2 gegeben sind.

[1]) Die in Teil I angegebenen Werte für die Konstanten C_1 und C_2 stimmen durch ein Versehen nicht mit der Fig. 1 überein. Die der gezeichneten Kurve entsprechenden Zahlwerte sind: $C_1 = 1{,}16$, $C_2 = 0{,}0313$.

[2]) Hierauf hat mich Herr N. Bohr freundlicherweise hingewiesen.

[3]) Vgl. eine demnächst erscheinende Arbeit von Herrn S. Eastman, dem ich für die Mitteilung seiner Resultate zu großem Dank verpflichtet bin.

Die Struktur der leichten Atomkerne.

Von **W. Heisenberg** in Leipzig.

Mit 1 Abbildung. (Eingegangen am 27. Juli 1935.)

Die Massendefekte der leichten Atomkerne werden nach einem vereinfachten Hartreeschen Verfahren aus dem Kraftgesetz $J(r) = a e^{-b^2 r^2}$ berechnet. Die so aus den Massendefekten bestimmten Konstanten a und b stimmen wesentlich besser mit den von Wigner und Feenberg bestimmten Werten überein als die nach dem Majoranaschen Verfahren gewonnenen Werte. Die Fehler der Methode werden diskutiert.

Die Bindungsenergie der Kernbausteine ist experimentell von der Größe des Atomkerns nahezu unabhängig, und der Radius der Kerne variiert ungefähr wie die dritte Wurzel aus der Anzahl der den Kern aufbauenden Protonen und Neutronen. Diese Tatsachen können nach Majorana[1]) durch eine Austauschkraft zwischen Proton und Neutron erklärt werden, die ähnlich wie die Valenzkräfte der Chemie „abgesättigt" werden kann.

Wenn man für diese Austauschkraft einen einfachen Ansatz macht, also z. B. die Wechselwirkungsenergie in der Form

$$J(r) = a e^{-b r} \tag{1}$$

darstellt, so kann man durch eine geeignete Wahl der Konstanten a und b die empirischen Massendefekte qualitativ befriedigend darstellen[2]). Am ausführlichsten ist dies, unter Berücksichtigung der „Oberflächenspannung", in einer Arbeit v. Weizsäckers[3]) untersucht worden. Vergleicht man jedoch die so gewonnenen Werte von a und b mit den Werten, die man nach den Untersuchungen von Wigner[4]) und Feenberg[5]) aus den Massendefekten der leichtesten Kerne: ${}^2_1$H, ${}^3_1$H, ${}^3_2$He und ${}^4_2$He schließen muß, so zeigen sich sehr große Unterschiede. Aus dem Massendefekt eines Kerns erhält man stets eine Beziehung zwischen a und b. Bei einem gegebenen Wert von a sind nun die aus den leichtesten Kernen nach der Methode von Wigner gewonnenen Werte von b fast doppelt so groß wie die nach der Methode von Majorana aus den Massen der leichten und der schweren Kerne bestimmten. Diese Diskrepanz muß, wenn die hier benutzten theoretischen Grundvorstellungen überhaupt richtig sind, ihren Grund darin haben, daß die zur Berechnung der Massendefekte von Majorana benutzte Thomas-Fermische Methode unabhängig vom Atomgewicht

[1]) E. Majorana, ZS. f. Phys. **82**, 137, 1933. — [2]) C. Wick, Cim. (N. S.) **11**, 227, 1934; W. Heisenberg, Solvay-Bericht 1933. — [3]) C. F. v. Weizsäcker, ZS. f. Phys., im gleichen Heft. — [4]) E. Wigner, Phys. Rev. **43**, 252, 1933. — [5]) E. Feenberg, ebenda **47**, 809, 850, 857, 1935.

Zeitschrift für Physik 96, 473–484 (1935)

zu Fehlern von der Größenordnung der gesuchten Resultate führt, also nur qualitativ brauchbar ist. Daß dies so sein muß, geht auch deutlich aus den Arbeiten von v. Weizsäcker und Flügge[1]) hervor, die mit der Methode von Majorana aus dem Massendefekt aller Kerne bis herunter zu $^4_2$He ungefähr die gleichen, also in sich konsequenten, aber den Wignerschen widersprechenden Werte von a und b erhalten.

Es entsteht daher die Frage, worin die wichtigsten Fehler der Thomas-Fermischen Methode bei der Anwendung auf den Kern bestehen und wie sie zu verbessern sind. Es liegt zunächst nahe, zu glauben, daß eine erhebliche Verbesserung des Majoranaschen Modells nur durch die Berücksichtigung der Tatsache erreicht werden könne, daß einzelne Protonen und Neutronen sich im Kern zu α-Teilchen zusammenschließen können. Denn einerseits würde ein Modell, bei dem der Kern aus lauter α-Teilchen zusammengesetzt erscheint, einen Massendefekt liefern, der jedenfalls größer ist als die Summe der Massendefekte der einzelnen α-Teilchen, der also (z. B. bei Annahme der Wignerschen Werte von a und b) sehr viel besser mit der Erfahrung übereinstimmt als der Majoranasche; andererseits wird im Grenzfall eines beliebig schweren Kerns die Majoranasche Methode identisch mit der Hartreeschen Methode, liefert also offenbar die beste Annäherung, die sich erreichen läßt, wenn man die Eigenfunktion des Kerns als Produkt der Eigenfunktionen einzelner Protonen und Neutronen schreibt. Gegen die ausgesprochene Vermutung sprechen aber andere schwerwiegende Argumente: In den genauer bekannten Massendefekten der leichteren Kerne ist von einer Periodizität mit der Zahl 4 im Atomgewicht kaum etwas zu bemerken. Auch die Systematik der Isotope deutet vielleicht eher auf die Existenz von Protonen- und Neutronenschalen[2]) als auf die Existenz von α-Teilchen[3]) hin. Eine nähere Untersuchung zeigt nun auch, daß jedenfalls bis zu Kernen der Ladung $Z \sim 20$ das Versagen der Thomas-Fermischen Methode zu einem großen Teil von den Unterschieden herrührt, die zwischen der Hartreeschen und der Thomas-Fermischen Methode bestehen und daß bei den leichten Kernen nur ein verhältnismäßig kleiner Restfehler mit der Möglichkeit der Bildung von α-Teilchen in Verbindung gebracht werden muß.

§ 1. Näherungsweise Anwendung der Hartreeschen Methode. In den folgenden Rechnungen soll stets für die Majoranasche Austauschkraft der Ansatz:

$$J(r) = a e^{-b^2 r^2} \tag{2}$$

[1]) S. Flügge, ZS. f. Phys., im gleichen Heft. — [2]) W. M. Elsasser, Journ. de phys. et le Radium **4**, 549, 1934; K. Guggenheimer, ebenda **5**, 253, 1934. — [3]) A. Landé, Phys. Rev. **43**, 620, 624, 1933.

zugrunde gelegt werden. Die Form (2) hat gegenüber (1) mathematische Vorteile und stellt wohl kaum eine schlechtere Näherung an das wirkliche noch unbekannte Kraftgesetz dar. Bei gleichen Werten der Konstante a geben die Austauschkräfte (1) und (2) dann ungefähr gleiche Massendefekte der leichten Kerne, wenn die Konstante b in Gleichung (1) etwa um 30% größer ist als die Konstante b in Gleichung (2).

Die Untersuchungen von v. Weizsäcker und Flügge haben gezeigt, daß bei den leichteren Atomkernen ein Gebiet räumlich konstanter Dichte, wie es nach Majorana in den schweren Kernen auftritt, nicht zu erwarten ist. Die auf ein einzelnes Teilchen wirkende potentielle Energie kann daher im Innern des Kerns näherungsweise durch eine Parabel dargestellt werden. Es liegt also nahe, für die Eigenfunktionen der einzelnen Protonen und Neutronen im Kern einfach die bekannten Eigenfunktionen des harmonischen Oszillators einzusetzen. Wir werden die exakte Hartreesche Methode, deren Anwendung bekanntlich mit langen numerischen Rechnungen verknüpft ist, demnach ersetzen durch folgendes einfache Rechenschema:

Aus den Eigenfunktionen des räumlichen harmonischen Oszillators wird zu der vorgegebenen Teilchenzahl die Dichte und die Diracsche gemischte Dichte der Protonen ($\varrho_P(\mathfrak{r})$ und $\varrho_P(\mathfrak{r}, \mathfrak{r}')$) und der Neutronen ($\varrho_N(\mathfrak{r})$ und $\varrho_N(\mathfrak{r}, \mathfrak{r}')$) berechnet, aus denen sich in der Hartreeschen Näherung die Energie des Kerns ermitteln läßt. Der in den Eigenfunktionen auftretende unbestimmte Parameter (die Frequenz des harmonischen Oszillators) wird so bestimmt, daß die Gesamtenergie des Kerns ein Minimum wird. Die bei der Berechnung der Kernenergie auftretenden Integrale lassen sich alle elementar analytisch auswerten; allerdings werden die Rechnungen oberhalb der Kernladung $Z = 20$ schon recht umständlich.

Als einfachste Fälle wählen wir die Kerne aus, bei denen bei Annahme des Oszillatormodells nur abgeschlossene Schalen auftreten: ${}^4_2\mathrm{He}$, ${}^{16}_{8}\mathrm{O}$, ${}^{40}_{20}\mathrm{Ca}$.

Die normierten Eigenfunktionen des eindimensionalen Oszillators lauten:

$$\left.\begin{aligned}
\psi_0 &= \sqrt[4]{\frac{\alpha}{\pi}}\, e^{-\frac{\alpha}{2}x^2}, \\
\psi_1 &= \sqrt[4]{\frac{\alpha}{\pi}}\, \frac{2x\sqrt{\alpha}}{\sqrt{2}}\, e^{-\frac{\alpha}{2}x^2}, \\
\psi_2 &= \sqrt[4]{\frac{\alpha}{\pi}}\, \frac{4\alpha x^3 - 2}{\sqrt{2^2 \cdot 2!}}\, e^{-\frac{\alpha}{2}x^2}, \\
\psi_3 &= \sqrt[4]{\frac{\alpha}{\pi}}\, \frac{8x^3\alpha^{3/2} - 12x\sqrt{\alpha}}{\sqrt{2^3 \cdot 3!}}\, e^{-\frac{\alpha}{2}x^2}, \\
&\cdots\cdots\cdots\cdots\cdots
\end{aligned}\right\} \qquad (3)$$

Zeitschrift für Physik 96, 473–484 (1935)

Hierbei hängt α mit der Frequenz ν und der Masse M des Oszillators durch die Gleichung

$$\alpha = \frac{M}{\hbar} 2\pi\nu \tag{4}$$

zusammen.

Charakterisiert man jeden Quantenzustand des räumlichen Oszillators durch die drei Quantenzahlen der Oszillatoren in der x-, y- und z-Richtung, so lauten die Quantenzahlen der doppelt besetzten Zustände für

$N = Z = 2$: 0 0 0

$N = Z = 8$: 0 0 0
1 0 0
0 1 0
0 0 1

$N = Z = 20$: 0 0 0
1 0 0
0 1 0
0 0 1
2 0 0
0 2 0
0 0 2
1 1 0
1 0 1
0 1 1.

Für die gemischte Dichte, die durch

$$\varrho_P(\mathfrak{r}, \mathfrak{r}') = \sum_{\substack{\text{bes. Zustände} \\ \text{der Protonen}}} \psi_n(\mathfrak{r})\, \psi_n(\mathfrak{r}')$$

(und entsprechend für die Neutronen) definiert ist, erhält man daher:

$$\left.\begin{aligned}
Z = N = 2:&\ \varrho_P(\mathfrak{r}\,\mathfrak{r}') = \varrho_N(\mathfrak{r},\mathfrak{r}') = 2\left(\frac{\alpha}{\pi}\right)^{3/2} e^{-\frac{\alpha}{2}(r_1^2 + r_2^2)},\\
Z = N = 8:&\ \varrho_P(\mathfrak{r},\mathfrak{r}') = \varrho_N(\mathfrak{r},\mathfrak{r}') = 2\left(\frac{\alpha}{\pi}\right)^{3/2} [1 + 2\alpha(\mathfrak{r}_1\mathfrak{r}_2)]\, e^{-\frac{\alpha}{2}(r_1^2 + r_2^2)},\\
Z = N = 20:&\ \varrho_P(\mathfrak{r}\,\mathfrak{r}') = \varrho_N(\mathfrak{r}\,\mathfrak{r}')\\
&= 2\left(\frac{\alpha}{\pi}\right)^{3/2} \left[\frac{5}{2} - \alpha r_{12}^2 + 2\alpha^2 (\mathfrak{r}_1\mathfrak{r}_2)^2\right] e^{-\frac{\alpha}{2}(r_1^2 + r_2^2)},\\
Z = N = 40:&\ \varrho_P(\mathfrak{r},\mathfrak{r}') = \varrho_N(\mathfrak{r},\mathfrak{r}')\\
&= 2\left(\frac{\alpha}{\pi}\right)^{3/2} \left[\frac{5}{2} - \alpha r_{12}^2 + 2\alpha^2 (\mathfrak{r}_1\mathfrak{r}_2)^2 - 2(r_1^2 + r_2^2)\alpha^2(\mathfrak{r}_1\mathfrak{r}_2)\right.\\
&\qquad \left. + 5\,\alpha(\mathfrak{r}_1\mathfrak{r}_2) + \frac{4}{3}(\mathfrak{r}_1\mathfrak{r}_2)^3\alpha^3\right] e^{-\frac{\alpha}{2}(r_1^2 + r_2^2)}.
\end{aligned}\right\} \tag{5}$$

Die kinetische Energie der Kernbausteine läßt sich ohne weitere Rechnung aus den bekannten Eigenwerten des harmonischen Oszillators entnehmen. Die potentielle Energie besteht aus drei Teilen: der erste rührt von der Austauschkraft her und ist durch

$$E_{\text{pot}}^{(1)} = -a \iint d\mathfrak{r}\, d\mathfrak{r}'\, \varrho_P(\mathfrak{r}\mathfrak{r}')\, e^{-b^2(\mathfrak{r}-\mathfrak{r}')^2}\, \varrho_N(\mathfrak{r}'\mathfrak{r}) \tag{6}$$

gegeben. Die beiden anderen stellen die Wirkung der Coulombschen Abstoßung der Protonen dar. Zu dem gewöhnlichen Ausdruck

$$E_{\text{pot}}^{(2)} = +\frac{e^2}{2} \iint d\mathfrak{r}\, d\mathfrak{r}'\, \varrho_P(\mathfrak{r})\, \varrho_P(\mathfrak{r}')\, \frac{1}{|\mathfrak{r}-\mathfrak{r}'|} \tag{7}$$

kommt wegen der Fermi-Statistik der Protonen noch das Austauschglied:

$$E_{\text{pot}}^{(3)} = -\frac{e^2}{4} \iint d\mathfrak{r}\, d\mathfrak{r}'\, \varrho_P^2(\mathfrak{r}\mathfrak{r}')\, \frac{1}{|\mathfrak{r}-\mathfrak{r}'|}\,. \tag{8}$$

Aus den Gleichungen (5) bis (8) ergibt sich die Tabelle 1.

Tabelle 1.

$Z = N$	2	8	20
E_{kin}	$\frac{3\hbar^2\alpha}{M}$	$\frac{18\hbar^2\alpha}{M}$	$\frac{60\hbar^2\alpha}{M}$
$-E_{\text{pot}}^{(1)}$	$4\left(\frac{\alpha}{\alpha+2b^2}\right)^{3/2} a$	$4a\left(\frac{\alpha}{\alpha+2b^2}\right)^{3/2}\left(4+\frac{15b^4}{(\alpha+2b^2)^2}\right)$	$4a\left(\frac{\alpha}{\alpha+2b^2}\right)^{3/2}\left(10+\frac{75b^4}{(\alpha+2b^2)^2} - \frac{105b^6}{(\alpha+2b^2)^3} + \frac{3\cdot5\cdot7\cdot9\,b^8}{4(\alpha+2b^2)^4}\right)$
$E_{\text{pot}}^{(2)}$	$4e^2\sqrt{\frac{\alpha}{2\pi}}$	$51e^2\sqrt{\frac{\alpha}{2\pi}}$	$\left(274+\frac{1}{16}\right)e^2\sqrt{\frac{\alpha}{2\pi}}$
$-E_{\text{pot}}^{(3)}$	$2e^2\sqrt{\frac{\alpha}{2\pi}}$	$\frac{19}{2}e^2\sqrt{\frac{\alpha}{2\pi}}$	$\left(29+\frac{1}{32}\right)e^2\sqrt{\frac{\alpha}{2\pi}}$

Für die numerische Auswertung setzt man zweckmäßig $\alpha = x \cdot b^2$ und variiert die Energie nach x. Z. B. erhält man für $Z = N = 8$:

$$\frac{E}{a} = \frac{18\hbar^2 b^2}{Ma} \cdot x - 4\left(\frac{x}{x+2}\right)^{3/2}\left(4 + \frac{15}{(x+2)^2}\right) + \frac{83}{2}\,\frac{e^2 b}{a\sqrt{2\pi}} \cdot \sqrt{x}, \tag{9}$$

$$\frac{\partial}{\partial x}\left(\frac{E}{a}\right) = \frac{18\hbar^2 b^2}{Ma} - 12\,\frac{x^{1/2}}{(x+2)^{5/2}}\left(4 + \frac{15}{(x+2)^2}\right) + 8\left(\frac{x}{x+2}\right)^{3/2} \cdot \frac{15}{(x+2)^3} + \frac{83}{4}\,\frac{e^2 b}{a\sqrt{2\pi}}\,\frac{1}{\sqrt{x}} = 0. \tag{10}$$

Diese beiden Gleichungen gestatten die Berechnung des Massendefektes, wenn a und b bekannt sind. Wenn umgekehrt der Massendefekt als bekannt vorausgesetzt wird, so gehört zu jedem Wert von x ein Wertepaar a und b, das aus den Gleichungen (9) und (10) ermittelt werden kann. Wir wählen als Einheit der Energie den tausendsten Teil der Ruhenergie, die zum Atomgewicht 1 gehört, als Einheit der Länge den klassischen Elektronenradius $r_0 = \frac{e^2}{m c^2} = 2{,}81 \cdot 10^{-13}$ cm. Dann wird der Massendefekt von $^{16}_{8}O$ unter Zugrundelegung der von Bethe angegebenen Massen 132,8. Für diesen Wert ergibt die numerische Rechnung nach Gleichung (9) und (10):

Tabelle 2. $Z = N = 8$.

x	1	1,1	1,2	1,3
a	163	130	106	90
b	2,38	2,05	1,79	1,59

Entsprechend erhält man für $^{4}_{2}He$ (Massendefekt 29,8) und $^{40}_{20}Ca$ (Massendefekt 362):

Tabelle 3. $Z = N = 2$.

x	1,7	1,8	1,9	2,0
a	128	110	97	86
b	2,13	1,94	1,78	1,65

Tabelle 4. $Z = N = 20$.

x	0,70	0,75	0,80	0,85	0,90	1,0
a	212	177	153	132,5	117	94
b	2,71	2,41	2,19	1,99	1,82	1,56

Der Vergleich dieser Werte mit den Konstanten a und b, die man nach der Methode von Wigner aus dem Massendefekt von $^{4}_{2}He$ bestimmt, und mit den Majoranaschen Werten ist in Fig. 1 durchgeführt. Dabei ist für $^{4}_{2}He$ nach Wigner eine Eigenfunktion der Form

$$\psi = e^{-\alpha(r_{12}^2 + r_{34}^2) - \beta(r_{13}^2 + r_{14}^2 + r_{23}^2 + r_{24}^2)} \tag{11}$$

angesetzt und die Konstanten α und β sind durch die Minimalforderung bestimmt worden. Eine über den Ansatz (11) hinausgehende Verbesserung der Eigenwertberechnung, wie sie etwa von Feenberg vorgeschlagen wurde, ändert an den Resultaten wenig und wurde daher nicht vorgenommen.

Die Fig. 1 zeigt, daß die vereinfachte Hartreesche Methode für die drei Kerne $^{4}_{2}He$, $^{16}_{8}O$, $^{40}_{20}Ca$ ungefähr die gleiche Beziehung zwischen a und b ergibt und daß bei gegebenem Wert von a die so gewonnenen Werte von b

um etwa 15 bis 25% von den nach dem Wignerschen Verfahren gewonnenen abweichen. Die Annäherung an die Wignersche Kurve wird mit wachsendem Atomgewicht langsam zunehmend schlechter. Dies dürfte teilweise darauf zurückzuführen sein, daß der Ersatz des Kernpotentials durch eine Parabel bei schwereren Kernen keine gute Approximation mehr ist, zum größeren Teil bedeutet es aber wohl (vgl. § 3), daß die Hartreesche Annäherung (Darstellung der Eigenfunktionen als Produkt der Eigenfunktionen einzelner Teilchen) bei schwereren Atomkernen in steigendem Maße versagt.

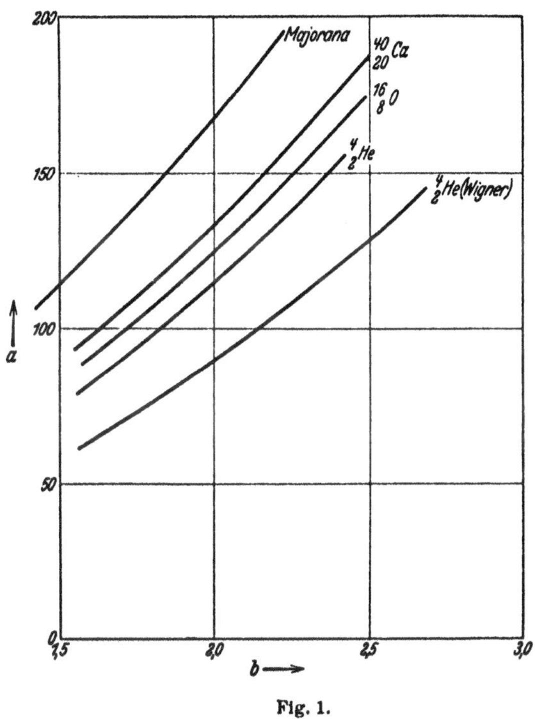

Fig. 1.

Aus diesen Ergebnissen ist zu schließen, daß jedenfalls bei den leichteren Atomkernen eine gegenüber der Majoranaschen Methode wesentlich genauere Berechnung des Massendefektes auf Grund des Hartreeschen Verfahrens möglich ist, daß also auch die unter Annahme des Kraftansatzes (2) richtige Eigenfunktion nicht allzuweit von dem im Hartreeschen Verfahren gewonnenen Produkt einzelner Eigenfunktionen verschieden sein dürfte. Ob das Hartreesche Modell eine so gute Approximation darstellt, daß die aus ihm folgenden abgeschlossenen Schalen deutlich in der Massendefektkurve ausgezeichnet sind, ist allerdings zweifelhaft. Vielleicht kann man eine gewisse Auszeichnung von $^{16}_{8}O$ und $^{40}_{20}Ca$ darin erblicken, daß von $^{16}_{8}O$ ab die Isotope der Form $N = Z + 2$ stabil werden und daß $^{40}_{20}Ca$ der letzte stabile Kern der Form $N = Z$ ist. Für die schwereren Kerne würde aber sicher schon ein genaues Hartreesches Modell den Schalenabschluß an einer anderen Stelle liefern als unser vereinfachtes Oszillatormodell, und außerdem wird das Hartreesche Verfahren für diese Kerne nicht mehr zuständig sein.

Zeitschrift für Physik 96, 473–484 (1935)

§ 2. Die gegenseitigen Kräfte der α-Partikeln. Um das bisher besprochene Modell zu vergleichen mit dem anderen mehrfach vorgeschlagenen Modell, in dem der Kern aus einzelnen α-Teilchen zusammengesetzt erscheint, ist es notwendig, zunächst die gegenseitigen Kräfte zweier α-Teilchen abzuschätzen.

Diese Kräfte sind zweierlei Art: Erstens gibt es Austauschkräfte zwischen den α-Teilchen, die von dem Überlappen der Eigenfunktionen der verschiedenen α-Teilchen herrühren und zu einer Abstoßung führen. Zweitens wirkt zwischen zwei α-Teilchen eine van der Waalssche Anziehungskraft.

Diese Kräfte sollen nun auf Grund der Eigenfunktion (11) des α-Teilchens abgeschätzt werden. Dabei soll für die folgenden Rechnungen vorausgesetzt werden, daß der Schwerpunkt der α-Teilchen nicht genau festgelegt ist, sondern daß die Eigenfunktionen von den Schwerpunktskoordinaten nach der Art einer Gaußkurve abhängen, und daß die Schwerpunkte dieser Gaußkurven um den Abstand $\mathfrak{s}$ voneinander entfernt sind. Die Eigenfunktionen der beiden α-Teilchen lauten also (1, 2 Protonen, 3, 4 Neutronen des ersten α-Teilchens, 5, 6 Protonen, 7, 8 Neutronen des zweiten α-Teilchens)

$$\left.\begin{aligned} (12, 34) &= e^{-\alpha(r_{12}^2 + r_{34}^2) - \beta(r_{13}^2 + r_{14}^2 + r_{23}^2 + r_{24}^2) - \eta\left(\frac{\mathfrak{r}_1 + \mathfrak{r}_2 + \mathfrak{r}_3 + \mathfrak{r}_4}{4}\right)^2}, \\ (56, 78) &= e^{-\alpha(r_{56}^2 + r_{78}^2) - \beta(r_{57}^2 + r_{58}^2 + r_{67}^2 + r_{68}^2) - \eta\left(\frac{\mathfrak{r}_5 + \mathfrak{r}_6 + \mathfrak{r}_7 + \mathfrak{r}_8}{4} - \mathfrak{s}\right)^2}. \end{aligned}\right\} \quad (12)$$

Bildet man nun den Mittelwert der gegenseitigen potentiellen Energie, so erhält man zunächst Glieder vom Typus

$$\int (12, 34)\,(56, 78)\, a\, e^{-b^2 r_{17}^2}\, (72, 34)\,(56, 18)\, d\mathfrak{r}_1 \ldots d\mathfrak{r}_8,$$

die zu einer Anziehungskraft führen. Dann aber erhält man weitere Glieder, die davon herrühren, daß die Eigenfunktion des Gesamtsystems der beiden α-Teilchen nicht einfach das Produkt (1 2, 3 4) (5 6, 7 8) ist, sondern wegen des Pauli-Prinzips aus diesem Produkt durch Antisymmetrisieren hervorgeht. Berücksichtigt man nur die Glieder, die von einer einmaligen Vertauschung zweier Teilchen in der Eigenfunktion (1 2, 3 4) (5 6, 7 8) herrühren, so erhält man weitere Integrale vom Typus

$$\left.\begin{aligned} &\int (12, 34)\,(56, 78)\, a\, e^{-b^2 r_{17}^2}\, (52, 34)\,(76, 18)\, d\mathfrak{r}_1 \ldots d\mathfrak{r}_8 \\ \text{und}\quad &\int (12, 34)\,(56, 78)\, a\, e^{-b^2 r_{27}^2}\, (57, 34)\,(16, 28)\, d\mathfrak{r}_1 \ldots d\mathfrak{r}_8. \end{aligned}\right\} \quad (13)$$

Die Ausrechnung ergibt für diesen Austauschteil der gegenseitigen potentiellen Energie schließlich [unter der Voraussetzung $\eta \ll 16(\alpha + 2\beta)$]:

$$E_{\text{pot}}^{A} = 8a\left(\frac{\eta}{b^2}\right)^{3/2} \cdot \left\{\frac{256\sqrt{2}\,\varepsilon^{3/2}(1+\varepsilon)^{3/2}}{[x(1+3\varepsilon)(3+22\varepsilon+23\varepsilon^2)+4(1+7\varepsilon+8\varepsilon^2)]^{3/2}}\right.$$

$$+\frac{256\sqrt{2}(1+\varepsilon)^3(1+3\varepsilon)^{3/2}\varepsilon^{3/2}}{[x(3+35\varepsilon+335\varepsilon^2+931\varepsilon^3+1122\varepsilon^4+468\varepsilon^5)+4(1+\varepsilon)(1+2\varepsilon)(1+3\varepsilon)(1+7\varepsilon)]^{3/2}}$$

$$\left.-\frac{1}{[x(1+2\varepsilon)+1]^{3/2}}\right\}e^{-\eta s^2}. \tag{14}$$

Hierin ist $\varepsilon = \beta/\alpha$ und $x = \alpha/b^2$ gesetzt. Nimmt man z. B. speziell $a = 121$ ($^1/_{1000}$ M. E.), $b = 2{,}40$ (El. rad.) an, so folgt $\varepsilon = 1{,}5$, $x = 0{,}206$ und

$$E_{\text{pot}}^{A} = 58{,}4 \cdot \eta^{3/2} \cdot e^{-\eta s^2}. \tag{15}$$

Vergleicht man diesen Wert mit dem Massendefekt des α-Teilchens (29,8 in unseren Einheiten), so erkennt man, daß einem Ineinanderdringen von zwei α-Teilchen sehr starke abstoßende Kräfte entgegenwirken. Die Austauschkräfte werden bei gegebenem Abstand s um so kleiner, je genauer der Schwerpunkt der α-Teilchen lokalisiert wird. Eine solche Vergrößerung von η macht sich aber in einer entsprechend großen kinetischen Energie der α-Teilchen bemerkbar.

Die van der Waals-Kräfte der α-Teilchen erhält man, wenn man zu dem durch (12) charakterisierten Zustand der beiden α-Teilchen die Störungsenergie zweiter Ordnung ausrechnet. Eine genaue Berechnung dieser Energie ist allerdings kaum möglich. Man kann sie jedoch abschätzen, indem man sie ersetzt durch den Mittelwert des Quadrats der Störungsenergie erster Ordnung, geteilt durch eine mittlere Anregungsenergie E_m der α-Teilchen. Das mittlere Quadrat der Störungsenergie erster Ordnung wird gewonnen aus Integralen vom Typus

$$\int (12, 34)\,(56, 78)\,a^2 e^{-2b^2 r_{17}^2}\,(12, 34)\,(56, 78)\,d\mathfrak{r}_1 \ldots d\mathfrak{r}_8. \tag{16}$$

So erhält man für die Energie zweiter Ordnung schließlich

$$E_{\text{pot}}^{\text{v. d. W.}} = -8\frac{a^2}{E_m}\left(\frac{\eta}{\eta + 2b^2}\right)^{3/2} e^{-\frac{2\eta b^2}{\eta + 2b^2}s^2}. \tag{17}$$

Die van der Waals-Kräfte nehmen langsamer mit wachsendem Abstand s ab als die Austauschkräfte. (Die Austauschenergien sind nur von Null verschieden, wenn die Eigenfunktionen der beiden Teilchen überlappen; die van der Waals-Kräfte haben dagegen nicht den Charakter von Aus-

Zeitschrift für Physik 96, 473–484 (1935)

tauschkräften, da sie mit der Möglichkeit eines virtuellen Austausches und seiner Umkehrung zusammenhängen, sie sind wie gewöhnliche Kräfte auch dann von Null verschieden, wenn die Eigenfunktionen nicht überlappen.) Es wird also, da bei kleinen Abständen sicher die Austauschkräfte überwiegen, einen Gleichgewichtsabstand geben, bei dem die van der Waalsschen Anziehungskräfte den abstoßenden Austauschkräften das Gleichgewicht halten. Eine quantitative Abschätzung der van der Waals-Kräfte ist allerdings wegen der Unbestimmtheit der mittleren Anregungsenergie E_m, die für verschiedene a, b und η verschiedene Werte haben kann, sehr schwierig.

§ 3. Vergleich der verschiedenen Modelle. Aus den Rechnungen des letzten Abschnitts kann man qualitativ etwa folgendes schließen: Wenn die Abfallskonstante b des Kraftgesetzes klein ist, so wird der Abfall der van der Waals-Kräfte schon für kleine Werte von η erheblich flacher als der Abfall der Austauschkräfte, man kann dann einen Gleichgewichtsabstand der Ordnung $s \gtrsim 1/b$ erwarten. Wenn jedoch, wie durch die Überlegungen von Wigner wahrscheinlich gemacht wird, die Abfallskonstante b ziemlich groß ist, so fallen die van der Waals-Kräfte bei kleinen Werten von η beinahe genau so schnell ab wie die Austauschkräfte; der Gleichgewichtsabstand s würde also für kleine η relativ groß werden ($s \gtrsim b/\eta$) und die Wechselwirkungsenergien entsprechend klein. Es würde sich also umgekehrt ein relativ großer Wert von η als energetisch am günstigsten erweisen ($\eta \sim 2\,b^2$) und der Gleichgewichtsabstand s würde entsprechend kleiner werden ($s \gtrsim 1/b$). In diesem Falle würden die kinetischen Energien der α-Teilchen schon beträchtlich [die kinetische Energie der Schwerpunktsbewegung des einzelnen α-Teilchens wird nach Gleichung (12) $E_{\text{kin}} = 2{,}08 \cdot \eta$] und die van der Waalssche Wechselwirkungsenergie müßte vergleichbar werden mit dem Massendefekt der α-Teilchen, um noch eine Bindung zu ermöglichen.

Das Auftreten starker van der Waals-Kräfte bedeutet nun für die Wellenfunktion des Systems, daß an die Stelle der ungestörten Eigenfunktion, die den durch das anschauliche Bild einzelner α-Teilchen gegebenen Zustand darstellt, eine Linearkombination von Eigenfunktionen tritt, in der andere Funktionen, und zwar vermutlich solche, bei denen die α-Teilchen in ihre Bestandteile aufgelöst erscheinen, eine wichtige Rolle spielen. Eine Störungsrechnung, die von einem System einzelner α-Teilchen ausgeht, wird daher von selbst zu Wellenfunktionen des Gesamtsystems führen, in denen die dem Hartreeschen Lösungsverfahren zugrunde liegenden Eigenfunktionen einen erheblichen Bestandteil ausmachen.

Umgekehrt wird man das Hartreesche Verfahren von § 1 nur dadurch wesentlich verbessern können, daß man berücksichtigt, daß die einzelnen Kernbausteine sich zu Gruppen ordnen. Betrachtet man insbesondere den Grenzfall unendlich schwerer Kerne, also die Majoranasche „Kernflüssigkeit", so muß in der richtigen Eigenfunktion zum Ausdruck kommen, daß ein Proton nur an die Neutronen der näheren Umgebung gebunden ist, unabhängig vom Verhalten der Flüssigkeit in großem Abstand. Wenn die Lage eines bestimmten Protons vorgegeben wird, so sind für die Neutronen der Flüssigkeit nicht mehr alle Orte gleich wahrscheinlich. Eben dieser aus der Theorie der gewöhnlichen Flüssigkeiten wohlbekannte Zug wird in der Hartreeschen Darstellung der Eigenfunktion übersehen. Daraus wird begreiflich, weshalb die Hartreesche Darstellung gerade bei schweren Kernen eine relativ schlechte Approximation darstellt. Eine Verbesserung der Hartreeschen Methode muß also in erster Linie auf diese Bindung eines Kernbausteins an die Teilchen seiner nächsten Umgebung Rücksicht nehmen. Dies wird wegen des Pauli-Prinzips am ehesten dadurch erreicht werden können, daß man Linearkombinationen der Hartreeschen Eigenfunktionen mit Funktionen bildet, die anschaulich die Existenz einzelner α-Teilchen bedeuten.

Man gelangt so von zwei verschiedenen Seiten her zu dem Schluß, daß die richtige Eigenfunktion eines Kerns, der durch Austauschkräfte vom Majoranaschen Typus zusammengehalten wird, als eine Linearkombination verschiedener Bestandteile dargestellt werden kann, deren einer anschaulich der Bewegung von Protonen und Neutronen in einem vorgegebenen Kraftfeld zugeordnet ist, während die anderen die Bewegung einzelner α-Teilchen im Feld der Protonen und Neutronen oder in ihrem gegenseitigen Feld bedeuten. In welchem Verhältnis diese verschiedenen Teile gemischt sind, läßt sich kaum qualitativ angeben; nur so viel scheint sicher zu sein, daß keiner der genannten Bestandteile als sehr groß gegen alle anderen betrachtet werden kann. Man darf daher kaum erwarten, daß man mit Hilfe eines der beiden anschaulichen Modelle: Aufbau des Kerns aus Protonen und Neutronen, oder Aufbau aus α-Teilchen und Neutronen schon quantitative Fragen, wie z. B. die nach dem Schalenabschluß, richtig beantworten kann.

Kehren wir nun zu der Ausgangsfragestellung — Berechnung der Konstanten a und b aus den empirischen Massendefekten — zurück. Die Rechnungen des § 1 haben gezeigt, daß der große Unterschied der Beziehung zwischen a und b, die man nach der Methode von Majorana erhält, von der entsprechenden Beziehung, die nach Wigner aus dem Massendefekt

Zeitschrift für Physik 96, 473–484 (1935)

von $^{4}_{2}He$ gewonnen wird, bei leichten Atomkernen zu einem erheblichen Teil erklärt werden kann durch die Fehler der von Majorana benutzten Thomas-Fermischen Methode. Man wird annehmen dürfen, daß der in der Fig. 1 noch verbliebene Unterschied der nach dem Hartreeschen und nach dem Wignerschen Verfahren gewonnenen Beziehungen zum größten Teil durch die oben besprochenen Verbesserungen beseitigt werden kann. Eine Festlegung der Werte von a und b für sich (also nicht nur einer Beziehung zwischen a und b) würde aus Rechnungen dieser Art jedoch wohl überhaupt kaum möglich sein. Vielmehr wird man zur Bestimmung der einzelnen Konstanten auf feinere Züge des Kernbaues eingehen müssen, die von den Einzelwerten der Konstanten empfindlich abhängen (z. B. der Massendefekt des Deuterons). Auch die Frage, ob etwa außer den Majoranaschen Austauschkräften noch andere geringere Kräfte im Bau des Atomkerns mitwirken (z. B. Kräfte zwischen gleichen Partikeln), wird man wohl nur aus solchen feineren Zügen des Kernaufbaus beantworten können.

Group 8

Cosmic Ray Phenomena and Limitations of Quantum Field Theory (1932–1939)

Cosmic Ray Phenomena and Limitations of Quantum Field Theory (1932–1939)

An Annotation by E. Bagge, Kiel

Introduction

The year 1932 proved to be extraordinarily fruitful for the development of atomic and nuclear physics. During it a remarkable series of most important discoveries were made – including the detection of the neutron, the positron and the deuteron (which surprised nearly all physicists) – and the first nuclear reactions caused by artificially accelerated protons, were studied. The year marked an essential change in the orientation of Heisenberg's research work. While he had been primarily concerned, since the discovery of quantum mechanics in 1925, with the application of this theory to problems of the electron structure of atoms (such as in the problems of the helium spectrum and ferromagnetism), in 1932 he began to turn decisively to the physics of atomic nuclei and of elementary particles, problems which would occupy him for the rest of his life.

To some extent the reorientation on the direction of Heisenberg's research emerged from his work on the foundations of quantum electrodynamics, carried out with Wolfgang Pauli in the late 1920s, which even today is one of the pillars of quantum field theory. This newly developing quantum theory of wave fields, combined with Paul Dirac's relativistic theory of electrons, resulted in a series of famous papers on the radiation processes of electrons passing through atoms, on electron-positron pair creation (F. Sauter, L. Nordheim, H. Bethe, W. Heitler), and on the cascade theory of electrons and photons (J.R. Oppenheimer and J.F. Carlson), all published during the 1930s. In spite of the triumphs thus scored, Heisenberg remained unsatisfied because of the divergence difficulties showing up in the self-energies of the particles.

It was clear to him that divergences became troublesome only when dimensions of the order of magnitude of the classical electron radius became important. The energies involved in processes reaching these regions greatly exceeded the binding energies of atomic systems; since such energies were frequent in cosmic radiation, Heisenberg naturally turned to these phenomena in the early 1930s. It was already known at that time that in the atmosphere nuclear processes occurred with energies in the multi-MeV and GeV range, and higher. By studying such energetic processes, Heisenberg hoped to find indications of how to alter the relativistic quantum theory in such a way as to resolve the self-energy difficulties of quantum electrodynamics. Both problems, i.e. the nature of high energy cosmic ray processes and the establishment of a finite quantum field theory, seemed to be intimately connected.

We shall divide Heisenberg's papers on cosmic ray phenomena and the limitations of quantum field theory into three subgroups: the first embraces papers on particular phenomena, mostly single; the second, papers on what Heisenberg called "explosion-like showers"; and the third, papers on the limitations of quantum field theory.

Heisenberg summarized the results of his research on cosmic rays in the 1930s in his contributions to the book *Kosmische Strahlung* (1943), which is based on lectures presented at the *Kaiser Wilhelm-Institut für Physik* in Berlin (see *Collected Works B,* pp. 360 – 412). After Wold War II he returned to specific problems of cosmic ray showers – which will be discussed in some detail later – and also edited a second book on *Kosmische Strahlung* (1953), again based on lectures, then at the *Max-Planck-Institut für Physik* in Göttingen. (See *Collected Works B*, pp. 477 – 508).

1. Cosmic Ray Phenomena

In 1932 Heisenberg's first paper on cosmic ray phenomena appeared, his "Theoretische Überlegungen zur Höhenstrahlung" (Theoretical considerations on cosmic radiation). In this investigation (paper No. 1, pp. 250 – 272 below), published in the *Annalen der Physik*, the author followed the "intention to discuss in detail the most important experiments on cosmic radiation from the point of view of the existing theories, and to state at which points the experiments roughly agree with the theoretical expectation and where such great deviations show up that one has to be prepared for important surprises" (No. 1, p. 250: "*die Absicht, die wichtigsten Experimente über Höhenstrahlung vom Standpunkt der bisherigen Theorie ausführlich zu diskutieren und festzustellen, an welchen Punkten die Experimente der theoretischen Erwartung ungefähr entsprechen und wo so große Abweichungen auftreten, daß man auf wichtige Überraschungen gefaßt sein muß*"). After detailed calculations of the deceleration of electrons when passing through matter and the scattering of electrons, and after discussing several typical cosmic radiation phenomena (transition effects, absorption curves), he arrived at the conclusion that discrepancies existed between theory and experiment when comparing the data with the Klein-Nishina formula and the ionization energy loss formula (a preliminary expression for the Bethe-Bloch formula). Heisenberg explained these deviations as due to the neglect in the theory of radiation processes in collisions, and said finally: "A satisfactory estimate of the frequency of the secondary radiation processes seems to be hardly possible, since the failure in principle of Dirac's radiation theory or of the equivalent quantum electrodynamics which might be applied for this purpose is already a fact for other reasons." (No. 1, p. 272: "*Eine befriedigende Abschätzung der Häufigkeit dieser sekundären Strahlungsprozesse scheint auf Grund der bisherigen Quantentheorie kaum möglich, da das prinzielle Versagen der hierzu notwendigen Diracschen Strahlungstheorie oder der äquivalenten Quantenelektrodynamik aus anderen Gründen bereits feststeht.*")

Probably Heisenberg would not have repeated the same conclusion with the same strong emphasis four years later, since then the cascade theory of electrons and photons, derived from Dirac's electron theory and quantum electrodynamics, fitted certain cosmic radiation events perfectly well. A historically important point of Heisenberg's first paper on cosmic radiation is the following: in deriving *his* stopping formula, the author proceeded as if the atomic nucleus contained $A - Z$ electrons, as many as there are neutrons in our present understanding, and he took into account fully the influence of these electrons on the stopping process. Half a year later, after the discovery of the neutron by James Chadwick had became known, Heisenberg expounded the point of view now adopted that only protons and neutrons exist in atomic nuclei, explaining by this hypothesis a series of hitherto not understood properties of the nuclei. Since then, the idea of nuclear electrons has been dropped.[1]

In the following years Heisenberg returned frequently to the same topics in cosmic ray physics, looking at and analyzing the same phenomena from different points of view. Simultaneously, he exhibited a quick grasp of new experimental results in cosmic radiation, thus picking up the great discoveries of the decade and participating in their interpretation. In this context, one may recall the nuclear disintegration caused by primary cosmic rays, found in 1936/37 by the Viennese physicists Marietta Blau and Hertha Wambacher [1] and *independently* by E.M. and E. Schopper [2] on photographic plates exposed during balloon flights. This discovery led to a paper presented by Heisenberg in 1937 to the Saxonian Academy entitled "Der Durchgang sehr energiereicher Korpuskeln durch den Atomkern" (The passage of very energetic corpuscles through the atomic nucleus; paper No. 5, pp. 285–300), as well as to a shorter letter (Paper No. 4, pp. 283–284) and to a later conference talk, all with the same title (see *Collected Works B*, pp. 256–259).

In these papers the author arrived at for that time quite accurate values for the range of nuclear forces. Heisenberg's calculations, involving the spin-charge dependence of the nuclear forces derived by Helmut Volz [3], were carried out only in an approximation, because the integrals seemed too complicated. Hence they were criticized by the British physicist, E. J. Williams [4]. Soon afterwards it was found that Heisenberg's integrals could be carried out exactly, after suitable coordinate transformations (see [5] and [6]). This exact solution showed that the previous approximation for the range of nuclear forces was good enough for practical purposes; only for the frequency distribution of scattered neutrons were errors obtained, which did not, however, exceed a factor of two in the regions of physical interest.

Besides the phenomenon of nuclear disintegrations (*Kernzertrümmerungen*) in cosmic radiation, the discovery of Carl Anderson and Seth Neddermeyer [7] in 1937 of what were then called "mesotrons" – which, though having been observed already by Paul Kunze in 1933 [8], had not caught the attention of physicists – fascinated Heisenberg for several reasons. These particles, soon recognized to be unstable, could be identified with the particles predicted by Hideki Yukawa to explain the nuclear forces [9]. Heisenberg welcomed their existence for another reason, however, as they also provided a deeper foundation for the idea of an universal length, which he assumed would be an essential feature of a future quantum field theory and as such he had cherished since the early 1930s.

Since the new "mesotrons" possessed a mass 206 times greater than that of the electron, their radiation losses when moving through air were considerably

[1] See, however, the annotation by L.M. Brown and H. Rechenberg to Group 7. (Editor)

reduced as compared to electrons. Hence they seemed to allow, for the first time, a real understanding of the large penetrability of cosmic rays in the atmosphere. Thus Heisenberg and his collaborator Hans Euler were able to derive, on the interpretation of H. Kuhlenkampff, the correct lifetime of muons from the intensity distribution of the so-called "hard component" of cosmic radiation.

We may recall at this point an amusing story in this connection. In spring 1938, Heisenberg and Euler were about to finish for the *Ergebnisse der exakten Naturwissenschaften* a review on theoretical aspects in the interpretation of cosmic radiation, in which they also tried to explain the intensity dependence of cosmic radiation in the high atmosphere, especially the so-called "Pfotzer maximum" (see *Collected Works B*, pp. 262–330, and for a special detail paper No. 8, pp. 331–336). They had just calculated a lifetime of about 2.7×10^{-6} s and, being happy with the result which agreed in order of magnitude with the theoretical prediction derived by Yukawa from meson theory, sent a preprint of their paper to Yukawa in Japan. Now, by coincidence, on the day when the galleys of the review papers arrived, Heisenberg also received a letter from Yukawa telling him about a mistake in the previous calculation of the lifetime of the "mesotrons"; according to the correct calculation it should be 2×10^{-8} s. Hans Euler was quite disappointed because the new result implied a failure of the beautiful picture that they had devised for the process of "mesotrons" passing through air. Heisenberg, however, consoled his collaborator with the new situation. "Look", he said, "our calculations give a lifetime of 'mesotrons' of 2.7×10^{-6} s, and with that we can well describe the absorption curve of the hard component of cosmic radiation. Let us stick to our result and wait and see what happens in future!" Thus the article was printed in the *Ergebnisse* as it stood, i.e., without further correction.

The highly developed physical intuition of Heisenberg and his perseverance stood the test at this point perfectly. About ten years later, in 1947, pions were discovered by C.F. Powell as the particles which in reality mediate the strong nuclear forces, i.e., Yukawa's mesons. Soon afterwards, E. Gardner and C. Lattes were able to determine the lifetime of mesons produced by accelerators as 2×10^{-8} s, in agreement with the last prediction of Yukawa [10]. The Heisenberg-Euler decay time of 2×10^{-6} s, on the other hand, turned out to be the lifetime of the decay products of pions, now called "muons", which do indeed constitute the hard component of cosmic radiation.

2. Multiple Processes and Showers in Cosmic Radiation

In searching for experimental hints necessitating the alteration of the existing quantum electrodynamics, which was plagued by divergence problems, Heisenberg turned as early as 1935 to the energetic multiple-particle processes that showed up in the so-called Hoffmann collisions [11] and the transition phenomena observed by E. Steinke and H. Schindler [12]. Although these processes could partly be accounted for by the theory of electron-photon cascades mentioned above, certain phenomena remained unexplained. In cloud chambers, and later especially on photographic plates there occurred clearly observable events of a quite different nature, namely collisions of high energy protons with atomic nuclei in which in a single collision process very many particles were created.[2] Such processes, which Heisenberg later called "explosion-like showers" (*explosionsartige Schauer*), were considered by him to provide the physical proof of the fact that, when nucleons interact with energies higher than a certain limit, phenomena happen that are fundamentally different from those predicted by quantum electrodynamics. The latter theory, Heisenberg argued, admits in principle the occurrence of many-particle processes, however, the corresponding cross sections for the creation of n particles decreases as α^n (where $\alpha = 137.04^{-1}$, Sommerfeld's fine structure constant), hence the production becomes less likely as the number of secondaries grows. Now the fine structure constant is the only characteristic quantity that determines the processes in quantum electrodynamics. The actual frequency of multiple-particle creation events in cosmic radiation therefore demanded, in Heisenberg's opinion, a search for a possible extension of quantum electrodynamics – that involves couplings of order of magnitude 1 – so that the probability for increasing multiple-particle production does not drop quickly, as it does in quantum electrodynamics. Several times, in the 1930s and also later, Heisenberg expressed the hope that the new characteristic quantity that he connected with a length dimension and called "fundamental length l_0" – of the order of $e^2/m_e c^2$ – might be responsible for making the self-energy integrals (diverging in quantum electrodynamics) finite.

On the basis of these ideas, Heisenberg composed between 1936 and 1952 a series of four papers on multiple-particle production in high energy collisions between elementary particles. They constitute the result of an interplay between experimental observation and theoretical interpretation by Heisenberg himself and other authors – we would like to mention in this context especially Enrico Fermi [13].[3]

In the first of these papers, published in 1936, Heisenberg supplemented the interaction expression of quantum electrodynamics by an additional term that follows from Fermi's theory of β-decay [14] and represents the square of two current functions of a four-fermion interaction (paper No. 3, pp. 275 – 282). The author showed, though in a more qualitative than quantitative manner that, with suitable assumptions concerning the Fermi coupling constant, multiplicities for many particle production could be obtained in agreement with the data then available (which still covered a comparatively low energy range).

The strong divergences arising in the quantum field theory with four-fermion interaction caused Heisenberg to abandon this particular approach. In a following paper submitted in May 1939 he investigated multiple particle production in a quantum field theory of the type suggested by H. Yukawa for the

---

[2] Steinke and Schindler had concluded from their observation that the primary cosmic rays could not be electrons (Ref. [12], p. 115). In his first note on this topic published in 1932 in *Naturwissenschaften* (paper No. 2, pp. 273 – 274 below), Heisenberg used theoretical arguments to derive that *both* electrons and protons might be primary cosmic ray particles, since "in an energy range of 10000 $m_e c^2$ electrons and protons behave alike in nearly all respects" (see especially p. 274).

[3] We shall present here a brief discussion of all four papers and refer for details, notably of the post-war papers, to the annotation of R. Hagedorn to Group 12 in *Gesammelte Werke/Collected Works A III*.

nuclear forces, (paper No. 9, pp. 337–362 below), he repeated the same idea several times that year.[4]

After World War II, when Heisenberg returned to the still unsolved problem of multiple particle production, he introduced a different view by treating the process statistically in analogy to the way he discussed at that time the turbulent motion in fluid dynamics (paper No. 1 of Group 12, reprinted in *Collected Works A III*). A little later still, in 1952, he proceeded a step further: multiple-particle production appeared then as a kind of shock-wave problem, which can be described by a nonlinear wave equation (paper No. 5 of Group 12, reprinted in *Collected Works A III*).

In the postwar papers Heisenberg essentially picked up his earlier ideas, but extended them by taking into account new experimental and theoretical progress. In the one hand, the discovery in 1947 of two kinds of mesons – the pions which mediate the strong nuclear forces and the muons which are decay products of pions and exhibit only weak and electromagnetic interactions – seemed to reduce the multiple-particle production in cosmic radiation mainly to multiple meson production.[5] On the other hand, Heisenberg could draw on his recent work on the statistical theory of turbulence which has been described by S. Chandrasekhar in the annotation of Group 1.[6] The final result of Heisenberg's endeavors consists in the following theoretical description: the collision of two nucleons – one high-energy particle of the primary cosmic rays and another one from an atomic nucleus in the atmosphere – may be viewed as a system of two plane shock waves emitted in the center-of-mass system of the two particles in two opposite directions. In analogy to the situation in turbulence, where the specific Fourier components of the flow process exhibit a strong mixing, he arrived at very simple expressions for the average energies of the produced particles and their average multiplicity. The numerical values thus calculated agree well with the empirical data up to several hundreds of GeV. Beyond that there exist discrepancies which become larger with increasing energy.

The Russian physicist E. L. Feinberg explained the failure a year later. He realized that for a noncentral collision of two high-energy nucleons the disc-like field regions connected with the particles flattened by relativity overlap only for extremely short intervals of time; hence the particle energies calculated by Heisenberg for the "very superheated" regions of overlap contradict the uncertainty relation for energy and time [15]. As a consequence, Heisenberg's result must deviate from experience, and Feinberg was able to correct the theory in a way that was consistent with quantum mechanics. The corrected results now indeed agree with the existing data up to the highest energies [16].

---

[4] See, e.g., the abstract of a talk, presented at the 1939 Chicago Conference, reprinted ind *Collected Works B*, p. 345.

[5] The subsequent discovery of further strongly interacting mesons and baryons (hyperons) in the late 1940s and 1950s complicated the problem again; however, in Heisenberg's approach these objects could also be included in principle.

[6] See "Hydrodynamic Stability and Turbulence (1922–1948)", in *Collected Works A I*, pp. 19–24, especially pp. 21–24, and Heisenberg's papers. Nos. 3, 5 and 6 of Group 1.

3. Limitations of Quantum Field Theory

The singular behavior of quantum electrodynamics, especially of the self-energy integrals, bothered the theoretician Heisenberg incessantly. In a series of papers he tried to remedy this deficiency as early as in the 1930s. Thus he discussed, in a paper coauthored with Hans Euler, alterations of the Maxwell equations for the vacuum by introducing the possibility of virtually created electron-positron pairs into the electromagnetic field. (See Heisenberg and Euler, "Folgerungen aus der Diracschen Theorie des Elektrons", Z. Phys. **98**, 714–732 (1936); reprinted as paper No. 7 of Group 6, pp. 162–180 above). As a consequence of this modified theory a polarization of the vacuum shows up, giving rise among other effects to a scattering of light by light, which was calculated quantitatively by Euler and Bernhard Kockel [17]. The paper of Heisenberg and Euler concludes with the noteworthy question, "whether the results obtained from Dirac's theory on the scattering of light by light can already be considered to be final, or whether one should expect that later theory will lead to different results?" The authors then continued: "The theory of the positron and the present quantum electrodynamics must certainly be regarded as representing a preliminary theory. It is also hardly possible to make definite statements about the final form of Maxwell's equations in a future quantum theory of fields, since for this a consideration of the entirety of processes in which particles of very high energies participate, e.g., those in air showers, is certainly indispensable."[7] Several months later, in the middle of 1936, Heisenberg argued more explicitly, "that up to now the application of quantum field theory to a system of infinitely many degrees of freedom, i.e., to a continuum theory, has always led to difficulties in principle. ... Therefore the opinion suggests itself that this difficulty will not be resolved before a fundamental length is introduced into the theory, which will indicate via the corresponding momentum the very point where the presently divergent integrals pass over, by a change of the physical laws, into convergent ones" (paper No. 3, p. 282).

In January 1938 Heisenberg submitted a contribution to the special issue of *Annalen der Physik* celebrating Max Planck's 80th birthday, entitled "Über die in der Theorie der Elementarteilchen auftretende universelle Länge" (On the universal length figuring in the theory of elementary particles, paper No. 6, pp. 301–314). After referring again to the divergence difficulties of quantum electrodynamics the author expressed the hope that by including Fermi's theory of radioactive β-decay or Yukawa's theory of nuclear forces a universal length might be incorporated into quantum field theory in such a way that the singular self-energy integrals become convergent. His hope, however, did not materialize then.[8] In a further paper of 1938 on "Die Grenzen der Anwendbarkeit der bis-

[7] See Heisenberg and Euler, loc. cit., pp. 180.

[8] The author of these lines tried more than thirty years later to construct a quantum electrodynamics satisfying Heisenberg's demands [18]. In it, it is exactly the classical electron radius r_0 that plays the role of the fundamental length, through which the self-energy integrals become finite and convergent. The field energy of the electron turns out to be equal to $m_e c^2$, i.e., the rest energy of the electron. In order to achieve this result, one has to attribute to the vacuum in a nearly classical, i.e., nonquantized

herigen Quantentheorie" (The limits of applicability of the present quantum theory), Heisenberg set down a still more radical attempt to introduce the new universal constant of natural into field theory, this time abandoning quite abruptly linear quantum field theories (paper No. 7, pp. 315–330). For this purpose he assumed a scalar field theory and added to its Pauli-Weisskopf Lagrangian of the free field (see [20]) the same expression squared. The constant multiplying the last interaction term, which must be added for dimensional reasons, should play the role of a "universal natural constant". The new theory satisfied relativistic invariance; it also allowed him to determine to a certain extent the limitation of the applicability of quantum theory. Moreover, whith this theory Heisenberg developed the step-wise solution of time dependent quantum theoretical problems that in the later extension of quantum field theories assumed an important, lasting role as the so-called "Heisenberg picture".

Nevertheless, this last proposal of 1938 did not finally solve the problem envisaged by Heisenberg, because the theoretical frame turned out to be too tight. By starting from a Lagrangian of a linear wave theory and supplementing it only by a squared term of the same structure, he just remained confined within the foundations which define linear field theories. And yet, by his attempt he probed those possible forms of a field-like description that must be recovered in a future consistent quantum field theory. After a further decade he would resume the task and proceed to an essentially nonlinear scheme. This post-war attempt will be discussed in a later annotation and presented in Volume *A III* of the *Collected Works*.

References

1 M. Blau, H. Wambacher: Nature **140**, 585 (1937); Mitt. Inst. Radiumforschung, No. 409 (1937); Sitzungsber. Akad. Wiss. Wien **146**, 623 (1937);
H. Wambacher: Phys. Zs. **40**, 883 (1938)
2 E. M. Schopper, E. Schopper: Phys. Zs. **401**, 22 (1939)
3 H. Volz: Z. Phys. **105**, 537 (1937)

[8] (continued) manner, the behavior of a polarizable dielectric. The physical properties of this vacuum agree, up to finer details, with those of the vacuum of Heisenberg's renormalized quantum electrodynamics. Thus a *nonlinear* field theory results, because the polarization function of the above defined vacuum depends itself on the field quantities.

Our nonsingular quantum electrodynamics with the polarizable vacuum exhibits in its quantized version another interesting and welcome property. Besides the usual light quanta of the electromagnetic fields there exist also quanta of polarization emerging from the dielectric properties of the vacuum. These new quanta possess, in contrast to the normal light quanta, negative energy; also their zero point energy is negative, so that the total zero-point energy becomes zero. Perhaps a quantum electrodynamics of the described type will one day be preferred over today's quantum electrodynamics with the enforced renormalization condition. This way not only the self-energy of the electron assumes the finite value $m_e c^2$, but also the infinite zero-point energy of the field quanta disappears in such a quantized "polaro-dynamics".

The first, not yet quantized part of this quantum electrodynamics was published in the *Festschrift* for Heisenberg's 70th birthday [19]. Shortly before he died, Heisenberg wrote to the author that he had not thought it possible to deduce still new features from good old Maxwell-Lorentz electrodynamics.

4 E. J. Williams: Nature **147**, 431 (1938)
5 E. R. Bagge: Ann. d. Phys. (5) **35**, 118 (1939)
6 L. Rosenfeld: *Nuclear Forces* (North Holland, Amsterdam 1948) esp. pp. 264 – 265
7 S. Neddermeyer, C. D. Anderson: Phys. Rev. **51**, 884 (1937); **54**, 88 (1938)
8 P. Kunze: Z. Phys. **83**, 1 (1933)
9 H. Yukawa: Proc. Phys.-Math. Soc. Jn. **17**, 48 (1935); **19**, 717 (1937);
H. Yukawa, S. Sakata: Proc. Phys-Math. Soc. Jn. **19**, 1084 (1937);
H. Yukawa, S. Sakata, M. Taketani: Proc. Math.-Phys. Soc Jn. **20**, 319 (1938)
10 E. Gardner, C. Lattes: Science **107**, 270 (1948)
11 G. Hoffmann, W. Pforte: Phys. Zs. **31**, 347 (1930)
12 E. Steinke, H. Schindler: Z. Phys. **75**, 115 (1932)
13 E. Fermi: Prog. Theor. Phys. **5**, 570 (1950)
14 E. Fermi: Z. Phys. **88** 161 (1934)
15 E. L. Feinberg, D. S. Chernavsky: Dokl. Akad. Nauk. SSSR (Comptes Rendus Acad. Sci. USSR, Moscow) **81**, 195 (1951); ibid. **91**, 511 (1953)
16 *17th Intern. Conference on Cosmic Rays, Paris 1981* (Commissariat à l'Energie Atomique, Paris 1982) pp. 273 – 294
17 H. Euler, B. Kockel: Die Naturwissenschaften **23**, 246 (1935)
18 E. R. Bagge: Atomkernenergie **16**, 165 (1970); ibid. **17**, 143 (1971); ibid. **21**, 36 (1973)
19 E. Bagge: In *Quanten und Felder*, ed. by H.-P. Dürr (Vieweg, Braunschweig 1971), pp. 335 – 350
20 W. Pauli, V. Weisskopf: Helv. Phys. Acta **7**, 709 (1934)

Annalen der Physik (5) *13*, 430–452 (1932)

Theoretische Überlegungen zur Höhenstrahlung

Von W. Heisenberg

(Mit 8 Figuren)

Inhaltsangabe. I. Das Verhalten sehr schneller Elektronen beim Durchgang durch Materie: a) Bremsung; b) Streuung; c) Das Verteilungsgesetz der Sekundärelektronen. — II. Absorption und Streuung harter γ-Strahlung: a) Klein-Nishina-Formel; b) Streuung am Atomkern; c) Das Verteilungsgesetz der Sekundärelektronen. — III. Diskussion der Experimente über Höhenstrahlung: a) Die Skobelzynschen Aufnahmen; b) Übergangseffekte; c) Koinzidenzmessungen; d) Absorptionskurven; e) Magnetische Ablenkbarkeit der Strahlen. — Gesamtresultat.

Die vorliegende Untersuchung verfolgt die Absicht, die wichtigsten Experimente über Höhenstrahlung vom Standpunkt der bisherigen Theorien ausführlich zu diskutieren und festzustellen, an welchen Punkten die Experimente der theoretischen Erwartung ungefähr entsprechen und wo so große Abweichungen auftreten, daß man auf wichtige Überraschungen gefaßt sein muß. Es wird also nicht versucht werden, über die bisherigen Theorien an irgendeiner Stelle hinauszugehen — beim jetzigen Stand der Quantentheorie ist dies auch kaum möglich —, sondern die Resultate der vorliegenden Theorien sollen in einer Art Formelsammlung zusammengestellt und auf die Experimente angewendet werden. Dabei soll ausführlich auf die Frage eingegangen werden, inwieweit man den bisherigen Theorien Vertrauen schenken darf und wo sie wahrscheinlich versagen.

I. Das Verhalten sehr schneller Elektronen beim Durchgang durch Materie

Die Apparate, mit Hilfe deren die Höhenstrahlung untersucht wird, reagieren unmittelbar nur auf die schnellen Elektronen, die den Apparat durchdringen; es soll im folgenden stets angenommen werden, daß die Energie E dieser schnellen Elektronen groß gegen ihre Ruhenergie mc^2 ist:

$$E \gg mc^2. \tag{1}$$

Beim Durchgang dieser schnellen Elektronen durch Materie tritt Bremsung und Streuung ein.

a) **Bremsung**

Die klassische Theorie der Bremsung, welche auf Bohr[1]) zurückgeht, stellt zunächst fest, daß ein β-Teilchen, welches an einem ursprünglich ruhenden freien Elektron im Abstand y mit der Geschwindigkeit v vorbeifliegt, für nicht zu kleine y auf dieses Elektron den Impuls

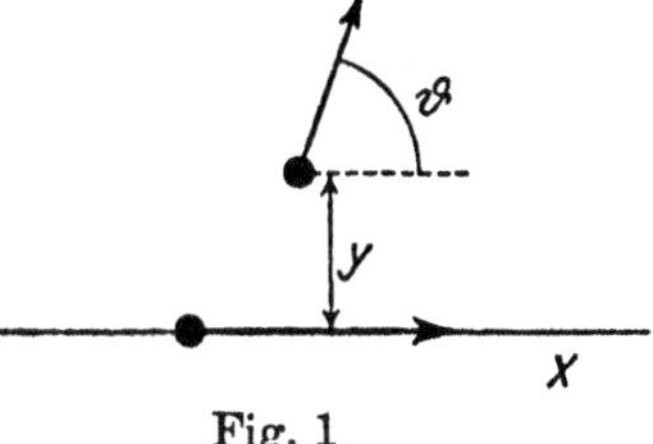

Fig. 1

$$p_y = \frac{2e^2}{v \cdot y} \tag{2}$$

und die Energie

$$\varepsilon = \frac{2e^4}{m v^2 \cdot y^2} \tag{3}$$

überträgt. Diese Formeln gelten relativistisch auch dann, wenn $v \sim c$, $E \gg m c^2$ und $p_y > m c$ ist; jedoch wird stets

$$\varepsilon \ll E \tag{4}$$

vorausgesetzt, d. h.

$$\left\{ \begin{aligned} y^2 &\gg \frac{2e^4}{m v^2 E}, \\ y &\gg \sqrt{\frac{2 m v^2}{E}} \cdot \frac{e^2}{m v^2}. \end{aligned} \right. \tag{5}$$

Da das stoßende Teilchen die Energie ε verliert, so ändert sich sein Impuls in der x-Richtung um den Betrag ($v \sim c$ wegen $E \gg m c^2$):

$$\Delta p_x = \frac{\varepsilon}{c}. \tag{6}$$

Diesen Impuls erhält das gestoßene Teilchen, das daher nach dem Stoß die Impulse

$$p_y = \frac{2e^2}{c \cdot y}; \quad p_x = \frac{\varepsilon}{c}$$

besitzt und unter dem Winkel ϑ zur Richtung des stoßenden Teilchens wegfliegt, wobei

$$\operatorname{tg} \vartheta = \frac{p_y}{p_x} = \frac{2e^2}{c y} \cdot \frac{c}{\varepsilon} = \sqrt{\frac{2 m c^2}{\varepsilon}}. \tag{7}$$

ε ist die kinetische Energie der Partikel, ihre Gesamtenergie also $\varepsilon + m c^2$. Die Relation (2) ist von Bohr (a. a. O.) hergeleitet worden, die Gültigkeit von (3) im Falle $p_y > m c$ folgt durch eine Lorentztransformation aus demjenigen Bezugssystem, in dem der Schwerpunkt der beiden Teilchen ruht. Aus

$$\operatorname{tg} \vartheta = \sqrt{\frac{2 m c^2}{\varepsilon}} \tag{7}$$

1) N. Bohr, Phil. Mag. **30**. S. 581. 1915.

folgt, daß für Werte von ε, die klein sind gegen die Ruhenergie $m c^2$, ϑ ungefähr $\pi/2$ beträgt, d. h. das Teilchen senkrecht zur Bahn des Primärteilchens ausgeschleudert wird; ist dagegen $\varepsilon \gg m c^2$, so fliegt das Sekundärteilchen unter einem kleineren Winkel relativ zur Bahn des primären heraus.

Die Ableitung von (2) bis (7) kann in der klassischen Theorie bedenklich scheinen, wenn man beachtet, daß für $\varepsilon > m c^2$ der Abstand

$$y < \frac{e^2}{m c^2},$$

d. h. kleiner als der klassische Elektronenradius wird. Die klassische Theorie liefert in diesem Fall, daß mit dem Stoß der Teilchen eine erhebliche Strahlung verknüpft ist. Von dieser Strahlung wird später noch ausführlich die Rede sein, einstweilen soll aber ihr Einfluß vernachlässigt werden.

Die Anzahl der Stöße pro Zentimeter, bei denen y zwischen y und $y + \Delta y$ liegt und ε zwischen ε und $\varepsilon + \Delta\varepsilon$, ist dann nach (3) und (7) durch

$$(8) \qquad \Delta n = 2\pi\, y\, \Delta y \cdot N = \frac{2\pi N e^4}{m c^2}\,\frac{\Delta\varepsilon}{\varepsilon^2} = \frac{\pi N e^4}{m^2 c^4}\,\frac{\sin 2\vartheta\, \Delta\vartheta}{\cos^4\vartheta}$$

gegeben, wo N die Anzahl der Elektronen pro Kubikzentimeter bedeutet. Es folgt für die pro Strecke Δx abgegebene Energie ΔE:

$$(9) \qquad \left\{\begin{aligned} \frac{\Delta E}{\Delta x} &= -\int 2\pi\, y\, d y \cdot N \cdot \varepsilon = -\frac{4\pi e^4 N}{m c^2}\int \frac{d y}{y} \\ &= +\frac{2\pi e^4 N}{m c^2}\int \frac{d\varepsilon}{\varepsilon} = -\frac{4\pi e^4 N}{m c^2}\log\frac{y_{\max}}{y_{\min}} \\ &= +\frac{2\pi e^4 N}{m c^2}\log\frac{\varepsilon_{\min}}{\varepsilon_{\max}}\,. \end{aligned}\right.$$

Die maximale Energie $\varepsilon_{\max}$, die abgegeben werden kann, ist E und man kann ohne erheblichen Fehler Gl. (8) bis $\varepsilon = E$ anwenden und daher

$$(10) \qquad \varepsilon_{\max} = E; \qquad y_{\min} = \frac{e^2}{m c^2}\sqrt{\frac{2 m c^2}{E}}$$

setzen. Die minimale Energie $\varepsilon_{\min}$, die übertragen wird, und der dazugehörige Abstand $y_{\max}$ ergeben sich nach Bohr (a. a. O.) aus der Bedingung, daß die relativistisch gerechnete Stoßzeit

$$(11) \qquad \tau = \frac{y}{c}\,\frac{m c^2}{E}$$

klein sein soll verglichen mit der Umlaufzeit T des Elektrons im Atom; T ist etwa durch $T = \frac{h}{E_a}$ gegeben, wo E_a die Ionisierungsspannung des betreffenden Elektrons bedeutet. Es folgt

$$\frac{y_{\max}}{c} \cdot \frac{m c^2}{E} = \frac{h}{E_a} \tag{12}$$

und

$$y_{\max} = \frac{E}{E_a} \frac{h}{m c}, \tag{13}$$

$$\varepsilon_{\min} = 2 \left(\frac{e^2}{h c} \frac{E_a}{E}\right)^2 \cdot m c^2 . \tag{14}$$

Für die Bremsung folgt daher:

$$\frac{dE}{dx} = - \frac{4 \pi e^4 N}{m c^2} \log \frac{E}{E_a} \sqrt{\frac{E}{2 m c^2}} \cdot \frac{h c}{e^2} . \tag{15}$$

Da die einzelnen Elektronen eines schweren Atoms zu sehr verschiedenen Werten E_a gehören, muß man in der Formel (15) über die verschiedenen Elektronen in geeigneter Weise mitteln. Bevor dies geschieht, soll kurz besprochen werden, welche Änderungen an den bisherigen Formeln nach der Quantentheorie zu erwarten sind.

Möller[1]) hat den Stoß zweier freier Elektronen nach der Bornschen Methode unter Berücksichtigung der Retardierung behandelt und (nach Verbesserung eines Rechenfehlers in der zitierten Arbeit, für dessen briefliche Mitteilung ich Hrn. Möller zu großem Dank verpflichtet bin) genau das klassische Resultat (8) erhalten:

$$\Delta n = \frac{\pi N e^4}{m^2 c^4} \frac{\sin 2 \vartheta \, \Delta \vartheta}{\cos^4 \vartheta} = \frac{2 \pi N e^4}{m^2 c^4} (\operatorname{tg} \vartheta + \operatorname{tg}^3 \vartheta) \Delta \vartheta .$$

Für die Bremsung sind wir bei den Elektronen der Höhenstrahlung auf Abschätzungen unter Anleihe an die klassische Theorie angewiesen:

Im Gebiet großer Abstände y (d. h. y groß gegen den Atomradius) kann kein Unterschied zwischen der klassischen und der Quantentheorie bestehen. Ebensowenig nach Möller für sehr harte Stöße, d. h. sehr kleine Werte von y. Wenn dagegen das stoßende Teilchen durch das Atom hindurchgeht, ohne sehr viel Energie zu übertragen, so liefert nach Bethe[2])

1) Chr. Möller, Ztschr. f. Phys. **70**. S. 786. 1931.
2) H. Bethe, Ann. d. Phys. [5] **5**. S. 325. 1930.

Annalen der Physik (5) *13*, 430–452 (1932)

und Bloch[1]) die Quantentheorie etwas anderes als die klassische, derart, daß unter dem Logarithmus zu y_{max}/y_{min} noch der Faktor $\frac{2e^2}{hv}$, also hier $2e^2/hc$ hinzutritt. Dieses Resultat wurde von Bethe allerdings nur für $v \ll c$ hergeleitet und die Extrapolation auf den Fall $v = c$ ist durchaus hypothetisch. Da sie aber mit der Erfahrung relativ gut zu stimmen scheint, sei sie hier akzeptiert. Man erhält dann[2]) statt

$$(16) \qquad \log \frac{y_{max}}{y_{min}} \text{ die Größe } \log \frac{2E}{E_a}\sqrt{\frac{E}{2mc^2}}\,.$$

Um nun die gesamte Bremsung zu berechnen, muß (16) über die verschiedenen Elektronen des Atoms und über die des Atomkerns summiert werden. Denn selbst die Elektronen des Atomkerns wirken praktisch als freie Elektronen, wenn $E \gg E_a$ ist, wobei hier E_a etwa mit dem Massendefekt zu identifizieren ist. Wenn $E \ll E_a$, so tragen sie nicht zur Bremsung bei. Da der Einfluß der Kernelektronen auf jeden Fall gering ist, begeht man einen kleinen Fehler, wenn man für die E_a der Kernelektronen recht willkürlich geschätzte Werte einsetzt. Im folgenden soll für die Elektronen, die in α-Teilchen gebunden sind, $E_a \sim 30\,mc^2$ gesetzt werden, für die anderen Kernelektronen sei $E_a \sim 2\,mc^2$.

Für die Elektronen der Atomhülle wird im folgenden angenommen, daß das geometrische Mittel der E_a-Werte durch

$$(17) \qquad \overline{E_a} \sim Z_a R h$$

gegeben ist. (Rh ist die Wasserstoffenergie, Z_a die Kernladung des Atoms.) Diese Annahme gibt bei langsamen β-Strahlen gute Übereinstimmung mit der Erfahrung und läßt sich vielleicht auch theoretisch durch die Thomas-Fermi-Methode rechtfertigen.

In einem Atom der Ladung Z_a, bei dem im Kern noch Z_k Elektronen sitzen, haben wir also drei Sorten Elektronen praktisch zu unterscheiden, deren Anzahl und mittlere E_a-Werte in der folgenden Tabelle gegeben sind:

---

1) Hrn. F. Bloch bin ich für die briefliche Mitteilung seiner Resultate zu großem Dank verpflichtet.

2) Vgl. auch die etwas abweichende Formel von J. F. Carlson und J. R. Oppenheimer, Phys. Rev. **38**. S. 1787. 1931 und die ausführlichen Untersuchungen von E. J. Williams, Proc. Roy. Soc. A. **130**. S. 310. 1931; **130**. S. 328. 1931; **135**. S. 108. 1932.

Tabelle 1

	Hüllenelektronen	„Freie" Kernelektronen	Elektr. in α-Teilchen
Anzahl	Z_a	$\frac{Z_k - Z_a}{2}$	$\frac{Z_a + Z_k}{2}$
$\overline{E_a}$	$Z_a \cdot Rh$	$2\,mc^2$	$30\,mc^2$

Sei s das spezifische Gewicht des bremsenden Materials, L die Loschmidtsche Zahl, so folgt für das Bremsvermögen:

$$(18)\quad \begin{cases} \dfrac{dE}{dx} = -\dfrac{4\pi e^4 s\cdot L}{mc^2(Z_a+Z_k)}\cdot\Big[Z_a\log\dfrac{2E}{Z_a Rh}+\dfrac{Z_k-Z_a}{2}\log\dfrac{2E}{2mc^2} \\ \qquad +\dfrac{Z_a+Z_k}{2}\log\dfrac{2E}{30mc^2}+\dfrac{Z_a+Z_k}{2}\log\dfrac{E}{2mc^2}\Big] \\ \quad = -\dfrac{4\pi e^4 s\cdot L}{mc^2} \\ \qquad \cdot\Big[\dfrac{Z_a}{Z_a+Z_k}\log\dfrac{2mc^2}{Z_a Rh}+\log\dfrac{E}{2mc^2}+\dfrac{1}{2}\log\dfrac{2E}{30mc^2}+0{,}35\Big] \\ \quad = -\dfrac{4\pi e^4 s\cdot L}{mc^2}\cdot B. \end{cases}$$

Für die Reichweite folgt daher näherungsweise:

$$(19)\quad R=\frac{E}{mc^2}\cdot\left(4\pi s\cdot L\left(\frac{e^2}{mc^2}\right)^2\cdot B\right)^{-1}=\frac{E}{mc^2}\cdot\frac{1{,}67}{s\cdot B}\ \text{(cm)}$$

und für die Größe B erhält man zur numerischen Rechnung

$$(20)\quad \begin{cases} B = 0{,}35 + 2{,}303\cdot\Big\{\dfrac{Z_a}{Z_a+Z_k}(4{,}876-\log_{10}Z_a) \\ \qquad +\log_{10}\dfrac{E}{2mc^2}+\dfrac{1}{2}\log_{10}\dfrac{E}{15mc^2}\Big\}. \end{cases}$$

Das letzte Glied in der Klammer fällt für $E \leqslant 30\,mc^2$ weg. Numerisch ergibt sich für Wasser ($Z_a = 10$, $Z_k = 8$) und für Blei ($Z_a = 82$, $Z_k = 125$):

Tabelle 2

$\frac{E}{mc^2}$	0	20	100	1000	5000	10000	20000
R_{H_2O} (cm)	0	4,4	16	123	520	976	1840
R_{Pb}	0	0,55	1,88	13	54	99	185

Die Genauigkeit der Formeln (19) und (20) nimmt naturgemäß ab, je größer E/mc^2 wird. Es ist aber nicht wahrscheinlich, daß sie selbst für hohe Werte von E mehr als etwa um einen Faktor 2 falsch werden können — es sei denn, daß neue bisher unberücksichtigte Effekte von Einfluß werden.

Annalen der Physik (5) *13*, 430–452 (1932)

Denn die Erfahrung zeigt einerseits, daß die von einem β-Teilchen pro Zentimeter ausgelöste Ionenmenge sich als Funktion der Energie ungefähr wie B in Gl. (20) verhält, andererseits ist es theoretisch plausibel, daß Änderungen der Theorie nur den Ausdruck unter dem Logarithmus in (16) beeinflussen werden und daher am Gesamtresultat wenig ändern können. Die Kernelektronen tragen nach (20) bis zu etwa 20 Proz. zur Gesamtbremsung bei.

b) Streuung schneller Elektronen

In manchen Fällen wird ein β-Teilchen auf seinem Wege durch elastische Zusammenstöße so sehr oder so häufig von dem geraden Wege abgelenkt, daß die mittlere effektive Reichweite, d. h. die Dicke der Schicht des bremsenden Materials, die es im Mittel noch durchdringen kann, erheblich kleiner ist, als die oben berechnete Reichweite. In diesem Falle kann man von einer „Streuabsorption" der β-Strahlen, wie sie von Bothe[1]) ausführlich behandelt worden ist, sprechen; wir nehmen im folgenden an, daß man die Gesetze der Vielfachstreuung hier anwenden kann. Die Vielfachstreuung führt nach Durchlaufen einer gewissen Schicht zu einem exponentiellen Abklingen der Teilchenzahlen mit der Schichtdicke[2]), den reziproken Absorptionskoeffizienten α kann man als mittlere Streureichweite R_s bezeichnen. Für diese übernehmen wir aus Bothe [a. a. O. Gl. (23) und (24)] die Formel:

$$\frac{1}{\alpha} = R_s = \left(\frac{E}{m c^2}\right)^2 \cdot \frac{Z_a + Z_k}{8 \cdot Z_a^2} \cdot 0{,}31 \text{ cm}. \tag{21}$$

Diese Formel dürfte für alle Werte von E ausreichen da, für sehr große Werte von $\left(\frac{E}{m c^2}\right)$ $R_s \gg R$ wird, d. h. die Streuung nur einen geringen Einfluß gegenüber der Bremsung ausübt.

1) W. Bothe, Ztschr. f. Phys. 54. S. 161. 1929.

2) *Anmerkung bei der Korrektur*: Auf der Konferenz in Kopenhagen (Ostern 1932) hat mich Bohr freundlicherweise darauf aufmerksam gemacht, daß die Streuabsorption sowie die Übergangseffekte der Höhenstrahlung eventuell so stark von der geometrischen Form der Versuchsanordnung abhängen können, daß eine genaue Diskussion der Anordnung, auf die die Rechnungen im Text sich beziehen, unerläßlich ist. Bei der Streuabsorption wird im Text folgende Versuchsanordnung zugrunde gelegt: Auf eine unendlich ausgedehnte Platte gegebener Dicke fallen senkrecht zur Plattenebene β-Strahlen gegebener Geschwindigkeit. Auf der anderen Seite der Platte wird die Anzahl der durchgekommenen β-Strahlen durch einen Zähler registriert. Da die Bremsung bei der Rechnung im Text zunächst vernachlässigt wird, entsteht die Streuabsorption also nur dadurch, daß β-Teilchen in der Platte zurückdiffundieren. — Die Gleichung (22) ist als eine qualitative Interpolationsformel aufzufassen, die die beiden Grenzfälle $R_s \gg R$ u. $R_s \ll R$ verknüpft.

Numerisch ergibt sich (Wasser $Z_a = 8$, $Z_a + Z_k = 18$):

Tabelle 3

$\frac{E}{mc^2}$	0	20	100	1000	5000	10000
$R_{s\,\mathrm{Wasser}}$ (cm)	0	35	870	$8{,}7 \cdot 10^4$	$2{,}2 \cdot 10^6$	$8{,}7 \cdot 10^6$
$R_{s\,\mathrm{Blei}}$	0	0,34	8,4	840	$2{,}1 \cdot 10^4$	$8{,}4 \cdot 10^4$

Aus Bremsung und Streuung zusammen kann man eine gesamte effektive Reichweite berechnen, wenn man bedenkt, daß man in Gl. (21) für E eigentlich die Energie an der betreffenden Stelle der Bahn (wo die Streuung stattfindet), einsetzen sollte. In roher Annäherung wird die effektive Reichweite $R_{\mathrm{eff.}}$ demnach durch R und R_s in folgender Weise gegeben sein:

$$R_{\mathrm{eff.}} = R_s \left(1 - \frac{R_{\mathrm{eff.}}}{R}\right)^2. \tag{22}$$

$R_{\mathrm{eff.}}$ stimmt ungefähr jeweils mit der kleineren der beiden Reichweiten R und R_s überein. Die numerische Rechnung ergibt:

Tabelle 4

$\frac{E}{mc^2}$	0	20	100	1000	5000	10000	20000
$R_{\mathrm{eff.}\,H_2O}$ (cm)	0	3,1	14,2	118	510	970	1830
$R_{\mathrm{eff.}\,\mathrm{Pb}}$	0	0,165	1,18	11,5	51	97	182

Diese Reichweite $R_{\mathrm{eff.}}$ ist bei schweren Atomen und langsamen Teilchen im wesentlichen durch Streuung, bei schnellen Teilchen und leichten Atomen durch Bremsung bedingt. Bei langsamen Teilchen und schweren Atomen wird auch die Winkelverteilung der Strahlen, die eine gewisse Materieschicht durchlaufen haben, wesentlich verschieden von der Winkelverteilung der einfallenden Strahlen sein. Dies wird zur Folge haben, daß, wenn β-Teilchen eines weiten Energiebereichs aus einer bestimmten Richtung auf ein Materiestück auftreffen, nach dem Durchgang durch das Materiestück die energiereichen Strahlen über einen kleinen, die langsamen Elektronen über einen großen Winkelbereich verteilt sind. Dieses Resultat ist in der Theorie der Höhenstrahlung von Bedeutung.

Annalen der Physik (5) *13*, 430–452 (1932)

c) Das Verteilungsgesetz der Sekundärelektronen

Für die folgende Rechnung wird angenommen, daß durch eine vorgegebene Ebene in einer bremsenden Materie von oben pro Sekunde und Quadratzentimeter z primäre Elektronen der Energie ε_0 hindurchtreten, und zwar soll ihre Geschwindigkeitsrichtung senkrecht auf der Ebene stehen. Beim ersten Eindringen in die bremsende Materie oder bei ihrer Entstehung sollen alle Elektronen die Energie E gehabt haben. Es wird nun gefragt, wie viele Sekundärelektronen einer Energie zwischen ε und $\varepsilon + \Delta\varepsilon$ die Fläche pro Sekunde und Quadratzentimeter von oben durchsetzen, die von den primären irgendwo ausgelöst wurden. Da wir uns nur für Sekundärteilchen interessieren, deren Energie größer als mc^2 ist, werden wir keinen großen Fehler machen, wenn wir annehmen, daß sie bei ihrer Entstehung unter einem kleinen Winkel relativ zur Bahn des Primärteilchens ausgesandt wurden.

Die Sekundärteilchen der Energie ε können entstanden sein in einem Abstand x von der vorgegebenen Ebene. Dann haben sie zur Zeit ihrer Entstehung ungefähr die Energie $\varepsilon\left(1 + \frac{x}{R_{\text{eff.}}(\varepsilon)}\right)$ gehabt. Dabei können wir in gröbster Näherung $R_{\text{eff.}}(\varepsilon)$ als proportional zu ε annehmen, also die Abhängigkeit des Bremsvermögens von ε ignorieren. Die Anzahl der Teilchen zwischen ε und $\varepsilon + \Delta\varepsilon$, die in einer Schicht zwischen x und $x + \Delta x$ erzeugt wurden, ist dann gegeben durch [vgl. (8)]:

$$z\,\frac{2\pi e^4 N}{mc^2}\;\frac{\Delta\varepsilon\,\Delta x}{\varepsilon^2\left(1 + \frac{x}{R_{\text{eff.}}(\varepsilon)}\right)^2}\,. \tag{23}$$

Der Maximalwert von x, von dem aus noch Elektronen geliefert werden können, ist gegeben durch

$$\varepsilon_0\left(1 + \frac{x_{\max}}{R_{\text{eff.}}(\varepsilon_0)}\right) = E\,, \tag{24}$$

$$x_{\max} = R_{\text{eff.}}(\varepsilon_0)\,\frac{E - \varepsilon_0}{\varepsilon_0}\,. \tag{25}$$

Die Gesamtanzahl Δz_1 der Sekundärelektronen zwischen ε und $\varepsilon + \Delta\varepsilon$ erhält man jetzt durch Integration über x von 0 bis $x_{\max}$. Es folgt:

$$\Delta z_1 = z\,\frac{2\pi N e^4}{mc^2}\cdot\frac{\Delta\varepsilon}{\varepsilon^2}\left(R_{\text{eff.}}(\varepsilon) - \frac{R_{\text{eff.}}(\varepsilon)}{1 + \frac{x_{\max}}{R_{\text{eff.}}(\varepsilon)}}\right),$$

oder, da für $\varepsilon_0 \ll E$ stets $x_{\max} \gg R_{\text{eff.}}(\varepsilon)$:

$$\Delta z_1 = z\,\frac{2\pi N e^4}{mc^2}\,\frac{\Delta\varepsilon}{\varepsilon^2}\,R_{\text{eff.}}(\varepsilon)\,. \tag{26}$$

Als Anzahl N der freien Elektronen pro Kubikzentimeter wird man die Gesamtzahl aller Hüllen- und Kernelektronen dann einsetzen dürfen, wenn E und ε_0 groß sind gegenüber den Bindungsenergien der Kernelektronen ($E > 30\,m\,c^2$). Für die meisten primären Höhenstrahlungselektronen ist dies, wie später gezeigt werden wird, der Fall. Also wird:

$$(27)\quad N = L\,s \quad \text{und} \quad (28)\quad \Delta z_1 = z \cdot 0{,}30 \cdot s \cdot R_{\text{eff.}}(\varepsilon) \cdot \frac{m\,c^2\,\Delta\,\varepsilon}{\varepsilon^2}.$$

Formel (28) gilt nur, wenn $\varepsilon_0 \ll E$ und $m\,c^2 \ll \varepsilon < \varepsilon_0$. Für $\varepsilon \gg \varepsilon_0$ ist natürlich $\Delta z_1 = 0$. Nach (28) ist die Anzahl der Sekundärelektronen in erster Näherung von der Dichte s des bremsenden Materials unabhängig, da $R_{\text{eff.}}$ ungefähr umgekehrt proportional zu s ist. Bei Benutzung der vollständigen Formeln zeigt sich aber doch eine erhebliche Abhängigkeit der Größe Δz_1 von der Ordnungszahl des bremsenden Materials, die hauptsächlich auf die Streuabsorption zurückzuführen ist. Tab. 5 gibt die Werte von $\frac{m\,c^2}{\varepsilon} R_{\text{eff.}}(\varepsilon) \cdot s$ für verschiedene Energien ε.

Tabelle 5

$\frac{\varepsilon}{m\,c^2}$	20	100	1000	5000
$10^2 \cdot \frac{m\,c^2}{\varepsilon} R_{\text{eff.}}(\varepsilon) \cdot s$ Wasser	15,6	14,2	11,8	10,2
$10^2 \cdot \frac{m\,c^2}{\varepsilon} R_{\text{eff.}}(\varepsilon) \cdot s$ Blei	9,38	13,4	13,1	11,6

Für kleine ε ist also die Anzahl der Sekundärelektronen in Blei wesentlich geringer als in Wasser, oberhalb von $\varepsilon = 100\,m\,c^2$ kehrt sich dies um und für höhere Werte von ε ist sie bei Blei etwas höher als bei Wasser. Außerdem nimmt Δz_1 mit wachsendem ε nach (28) rasch ab. Diese Abhängigkeit ist in Fig. 2 dargestellt.

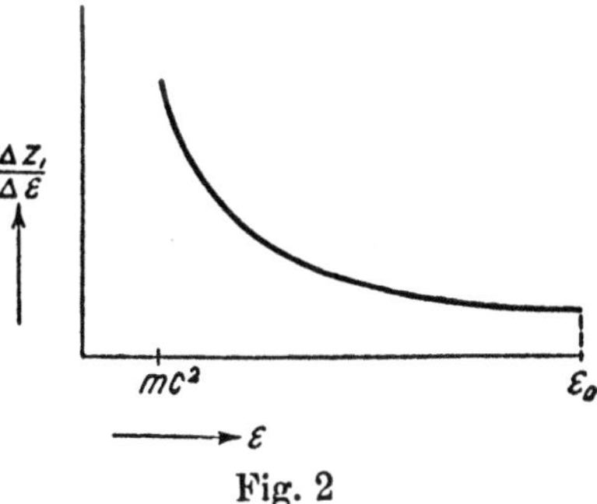

Fig. 2

Die Gesamtanzahl aller Sekundärteilchen oberhalb eines vorgegebenen Wertes $\varepsilon = \varepsilon_1$ ergibt sich aus (28) durch Integration über ε. Für diese Integration werde angenommen, daß $\frac{R_{\text{eff.}} \cdot s}{\varepsilon}$ näherungsweise als unabhängig von ε betrachtet werden kann. Es ergibt sich dann als Gesamtzahl z_1 oberhalb ε_1:

$$z_1 = z \cdot 0{,}30 \cdot \frac{R_{\text{eff.}}(\varepsilon_1) \cdot s}{\varepsilon_1} m c^2 \cdot \log \frac{\varepsilon_0}{\varepsilon_1} \cdot \tag{29}$$

Setzt man z. B. $\varepsilon_0 = 5000\, m c^2$, $\varepsilon_1 = 5\, m c^2$, so folgt für Wasser: $z_1 = 0{,}35\, z$.

II. Absorption und Streuung harter γ-Strahlung

a) Klein-Nishina-Formel

Wenn durch eine Scheibe der Dicke Δx pro Quadratzentimeter und Sekunde z Lichtquanten der Energie $h\nu$ ($h\nu \gg m c^2$) hindurchgehen, so werden von dieser Schicht Δz_1 Lichtquanten der Frequenz zwischen ν' und $\nu' + \Delta \nu'$ als Streustrahlung ausgesandt, wobei nach Klein und Nishina[1])

$$\Delta z_1 = z \cdot N \Delta x \frac{e^4 \pi}{m c^2 h \nu^2} \left(\frac{\nu'}{\nu} + \frac{\nu}{\nu'}\right) \Delta \nu' . \tag{30}$$

Zwischen ν' und der Richtung des ausgesandten Lichtquants relativ zur Richtung der primären Quanten besteht die Beziehung

$$\nu' = \frac{\nu}{1 + \frac{h\nu}{m c^2}(1 - \cos \Theta)}, \tag{31}$$

also für $\nu' \ll \nu$

$$\sin \frac{\Theta}{2} = \sqrt{\frac{m c^2}{2 h \nu'}} \cdot \tag{32}$$

Hier bedeutet N wieder die Anzahl der Elektronen pro Kubikzentimeter, Θ den Winkel, unter dem die gestreuten Quanten relativ zur Einfallsrichtung weiterlaufen. Aus (31) folgt für $h\nu \gg m c^2$:

$$\frac{m c^2}{2 h} \leqq \nu' \leqq \nu . \tag{33}$$

Also wird die Gesamtzahl der gestreuten Quanten:

$$\left\{ \begin{aligned} z_1 &= z \cdot N \cdot \Delta x \frac{e^4 \pi}{m c^2 h \nu^2} \int\limits_{\frac{m c^2}{2h}}^{\nu} d\nu' \left(\frac{\nu'}{\nu} + \frac{\nu}{\nu'}\right) \\ &= z \cdot N \cdot \Delta x \frac{e^4 \pi}{m c^2 h \nu} \left(\frac{1}{2} + \log \frac{2 h \nu}{m c^2}\right) . \end{aligned} \right. \tag{34}$$

1) O. Klein u. Y. Nishina, Ztschr. f. Phys. **52**. S. 853. 1929.

Daraus:

$$(35)\qquad \frac{1}{z}\,\frac{dz}{dx} = -N\cdot\frac{e^4\pi}{m c^2 h\nu}\left(\frac{1}{2}+\log\frac{2h\nu}{m c^2}\right) = -\mu,$$

wobei μ jetzt den Streukoeffizienten, der für die Abnahme der primären Lichtintensität maßgebend ist, bedeutet. Bezeichnet man mit f das Verhältnis der Anzahl der für die Streuung als frei zu betrachtenden Elektronen pro Atom zu ihrer Gesamtzahl pro Atom $(Z_a + Z_k)$, so kann man statt (35) auch schreiben:

$$(36)\qquad \begin{cases} \mu = s\cdot f\cdot\dfrac{e^4\pi L}{(m c^2)^2}\,\dfrac{m c^2}{h\nu}\left(\dfrac{1}{2}+\log\dfrac{2h\nu}{m c^2}\right) \\ \quad = s\cdot f\cdot\dfrac{m c^2}{h\nu}\cdot 0{,}15\left(\dfrac{1}{2}+\log\dfrac{2h\nu}{m c^2}\right). \end{cases}$$

Wenn man den reziproken Absorptionskoeffizienten als „mittlere Reichweite" der Lichtquanten bezeichnen darf, so erhält man

$$(37)\qquad \bar{R}_{h\nu} = \frac{1}{\mu} = \frac{h\nu}{m c^2}\cdot\frac{6{,}67}{s\cdot f\cdot\left(\frac{1}{2}+\log\frac{2h\nu}{m c^2}\right)}.$$

Die Abhängigkeit der Reichweite von der Energie der Lichtquanten ist also weitgehend analog zur entsprechenden Abhängigkeit bei den Elektronen. — Die Gültigkeitsgrenzen der Klein-Nishinaformel sind von Bohr[1]) diskutiert worden; Bohr findet, daß die Formel bis herauf zu $h\nu = (800)^2\cdot m c^2$ anwendbar sein soll. Man muß hierbei allerdings beachten, daß die Sekundärstrahlung, die beim Comptonstoß vom streuenden Elektron emittiert wird, diese Grenze eventuell herabsetzen kann. Eine quantentheoretische befriedigende Behandlung dieser Streustrahlung liegt bisher nicht vor. Empirisch kann man die Klein-Nishinaformel für freie Elektronen bis etwa $h\nu = 5 m c^2$ als gesichert ansehen.[2])

b) Streuung am Atomkern

Die Elektronen der Atomhülle können für sehr energiereiche Lichtquanten ($h\nu \gg m c^2$) jedenfalls als frei angesehen werden, auch der Photoeffekt wird (außer bei sehr schweren Elementen) keinen großen Einfluß auf μ ausüben. Anders ist es bei den Kernelektronen. Wir haben willkürlich ihre Bindungsenergien auf $2 m c^2$ bzw. $30 m c^2$ geschätzt, würden also erwarten, daß erheblich oberhalb dieser Bindungsenergien die

1) N. Bohr, Vortrag beim Kongreß in Rom, Oktober 1931.

2) Vgl. L. Meitner u. H. Hupfeld, Ztschr. f. Phys. 67. S. 106. 1931; vgl. insbesondere die Resultate über leichte Elemente.

Annalen der Physik (5) *13*, 430–452 (1932)

Kernelektronen praktisch als freie Elektronen streuen. Dabei ist aber zu beachten, daß die Elektronen im Kern kohärent streuen, wenn die Wellenlänge der einfallenden Strahlung groß ist gegen den Kerndurchmesser. Dies hat einerseits zur Folge, daß die Intensität der Streustrahlung mit dem *Quadrat* der Anzahl der freien Kernelektronen wächst, andererseits, daß die Streustrahlung die gleiche Frequenz haben muß, wie die einfallende Welle.[1]) (Man vergleiche die völlig analogen Verhältnisse bei der Streuung von Röntgenstrahlen an Atomen). Für $h\nu = 100\, m c^2$ wird die Wellenlänge $\lambda = 2{,}4 \cdot 10^{-12}$ cm, also größer als die meisten Kernradien, andererseits werden für $h\nu = 100\, m c^2$ die nicht in α-Teilchen gebundenen Elektronen sicher als frei zu betrachten sein. Für die Größe f in Gl. (36) bekäme man demnach bei $h\nu = 100\, m c^2$ (vgl. Tab. 1):

$$f = \frac{Z_a + \left(\frac{Z_k - Z_a}{2}\right)^2}{Z_a + Z_k}, \tag{38}$$

also für Sauerstoff $f = \frac{1}{2}$, für Blei $f = 6{,}6$. Für Werte von $h\nu > 1500\, m c^2$ wird für alle Elemente $f = 1$ werden. Es kann also eventuell für Lichtquanten mittlerer Härte die Streuung besonders intensiv werden, für noch härtere Strahlung müßte sie dagegen wieder der Klein-Nishinaformel in der gewöhnlichen Weise entsprechen. — Es braucht wohl nicht betont zu werden, daß die eben durchgeführten Überlegungen über das Streuvermögen der Kernelektronen hypothetisch sind und daß vielleicht das wirkliche Verhalten der Kernelektronen keine Ähnlichkeit mit dem hier diskutierten hat; denn die Elektronen im Kern können nicht nach den Gesetzen der Quantenmechanik behandelt werden, also ist auch eine teilweise Anwendung der Quantenmechanik dort, wo sie noch möglich erscheint, zweifelhaft.

c) Das Verteilungsgesetz der Sekundärelektronen

Gehen durch eine Schicht der Dicke Δx z Lichtquanten der Energie $h\nu \gg m c^2$ pro Quadratzentimeter und Sekunde, so werden von dieser Schicht $\Delta' z_2$ Sekundärelektronen der kinetischen Energie zwischen ε und $\varepsilon + \Delta\varepsilon$ unter einem Winkel ϑ zur Primärrichtung ausgesandt, wobei nach (30)

$$\Delta' z_2 = z N \Delta x \frac{e^4 \pi}{m c^2 h^2 \nu^2} \left(1 - \frac{\varepsilon}{h\nu} + \frac{1}{1 - \frac{\varepsilon}{h\nu}}\right) \Delta\varepsilon \tag{39}$$

1) Vgl. hierzu die neueren experimentellen Untersuchungen über die Frequenz der gestreuten Strahlung von G. Tarrant u. L. Gray, Proc. Roy. Soc. A. **132**. S. 344. 1931; L. Meitner u. H. Hupfeld, Naturw. **19**. S. 775. 1931; C. Chao, Phys. Rev. **36**. S. 1519. 1931.

und

$$\sin \vartheta = \sqrt{\frac{1 - \frac{\varepsilon}{h\nu} - \varepsilon \frac{m c^2}{2(h\nu)^2}}{1 + \frac{\varepsilon}{2 m c^2}}}\,. \tag{40}$$

Da wir uns wieder nur für Elektronen interessieren, deren Energie $\varepsilon \gg m c^2$, so kann ϑ als klein angenommen werden. Es soll nun nach der Anzahl der Sekundärpartikeln zwischen ε und $\varepsilon + \Delta\varepsilon$ gefragt werden, die pro Sekunde und Quadratzentimeter eine gegebene Ebene von oben durchqueren, wenn durch die gleiche Ebene von oben z Lichtquanten der Frequenz ν pro Quadratzentimeter und Sekunde gehen. Die Sekundärelektronen können im Abstand x von der Ebene entstanden sein und hatten dann bei ihrer Entstehung ungefähr die Energie $\varepsilon\left(1 + \frac{x}{R_{\text{eff.}}(\varepsilon)}\right)$. Die Anzahl der Lichtquanten in dieser Ebene ist $z \cdot e^{\mu x}$. Aus der Schicht zwischen x und $x + \Delta x$ stammen also

$$\left\{\begin{aligned} & z \cdot e^{\mu x} \cdot N \Delta x \frac{e^4 \pi \Delta\varepsilon}{m c^2 h^2 \nu^2} \\ & \cdot \left(1 - \frac{\varepsilon}{h\nu}\left(1 + \frac{x}{R(\varepsilon)}\right) + \frac{1}{1 - \frac{\varepsilon}{h\nu}\left(1 + \frac{x}{R(\varepsilon)}\right)}\right). \end{aligned}\right. \tag{41}$$

Die Gesamtanzahl der Sekundärpartikeln erhält man durch Integration über x, wobei die obere Grenze entweder durch

$$\varepsilon\left(1 + \frac{x_{\max}}{R_{\text{eff.}}(\varepsilon)}\right) = h\nu - \frac{m c^2}{2} \tag{42}$$

oder durch die geometrische Begrenzung des bremsenden Materials bedingt ist. Im ersten Fall sagt man, die Sekundärstrahlung sei im Gleichgewicht mit der primären. Für diesen Fall wird

$$\left\{\begin{aligned} \Delta z_2 &= \int_0^{x_{\max}} d x \cdot z e^{\mu x} \cdot N \frac{e^4 \pi \Delta\varepsilon}{m c^2 h^2 \nu^2} \\ & \qquad \cdot \left(1 - \frac{\varepsilon}{h\nu}\left(1 + \frac{x}{R}\right) + \frac{1}{1 - \frac{\varepsilon}{h\nu}\left(1 + \frac{x}{R}\right)}\right) \\ &= + \int_{\frac{m c^2}{2 h\nu}}^{1 - \frac{\varepsilon}{h\nu}} d\xi \, \frac{R h\nu}{\varepsilon} z N \frac{e^4 \pi \Delta\varepsilon}{m c^2 \cdot h^2 \nu^2} \left(\xi + \frac{1}{\xi}\right) \\ & \qquad \cdot e^{\mu R \left(\frac{h\nu}{\varepsilon} - 1 - \frac{h\nu}{\varepsilon} \xi\right)}. \end{aligned}\right. \tag{43''}$$

Annalen der Physik (5) *13*, 430–452 (1932)

Nimmt man näherungsweise an, daß $\mu R \frac{h\nu}{\varepsilon}$ sehr klein sei[1]), so folgt:

$$(44)\quad \begin{cases} \Delta z_2 = \frac{R}{\varepsilon} z \frac{e^4 \pi N \cdot \Delta\varepsilon}{m c^2 \cdot h\nu} \\ \quad \cdot \left[\frac{1}{2}\left(1 - \frac{\varepsilon}{h\nu}\right)^2 - \frac{1}{2}\left(\frac{m c^2}{2 h\nu}\right)^2 + \log \frac{2 h\nu}{m c^2}\left(1 - \frac{\varepsilon}{h\nu}\right)\right]. \end{cases}$$

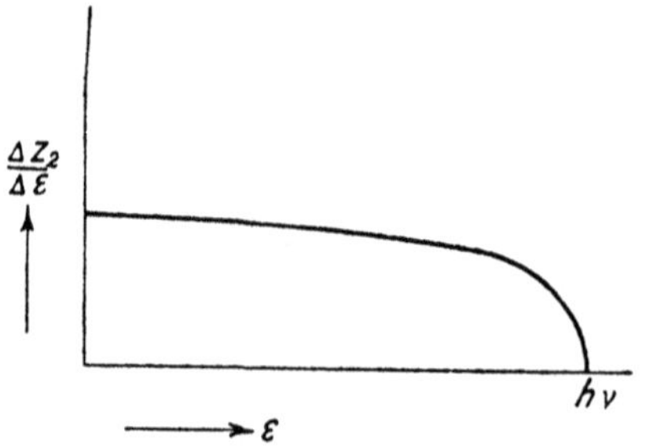

Der Verlauf von $\Delta z_2 / \Delta\varepsilon$ als Funktion von ε in Wasser ist für

$$h\nu = 5\,000\, m c^2$$

in nebenstehender Fig. 3 eingetragen.

Fig. 3

Die Gesamtzahl aller Sekundärelektronen ist in roher Annäherung gegeben durch

$$(45)\quad \begin{cases} z_2 \sim \left(\frac{R}{\varepsilon}\right)_{\varepsilon \sim \frac{h\nu}{2}} z \frac{e^4 \pi L \cdot s}{m c^2} \log \frac{2 h\nu}{m c^2} \\ \qquad = \left(\frac{R}{\varepsilon}\right)_{\frac{h\nu}{2}} \cdot m c^2 \cdot 0{,}15 \cdot s \cdot \log \frac{2 h\nu}{m c^2}. \end{cases}$$

Für Wasser ergibt sich bei $h\nu = 5\,000\, m c^2$ $z_2 = 0{,}19\, z$. Als wesentlichster Unterschied der Kurven in Figg. 2 und 3 ist zu bemerken, daß die Sekundärelektronen bei primären γ-Strahlen ziemlich gleichförmig über das ganze Energiespektrum bis herauf zur Primärenergie verteilt sind, während bei primären β-Strahlen die Intensität mit wachsender Energie rasch abnimmt.

III. Diskussion der Experimente über Höhenstrahlung

a) Die Skobelzynschen Aufnahmen

Skobelzyn[2]) hat auf einer Reihe von Wilsonaufnahmen Bahnen äußerst energiereicher Elektronen gefunden, die er mit den Partikeln identifiziert, die als Wirkung der Höhenstrahlung in Ionisationskammern und Zählrohren gemessen werden. Von 32 derartigen Teilchen konnten nur ein oder zwei im Magnetfeld merklich abgelenkt werden, alle anderen hatten also nach Skobelzyn eine Energie größer als $30\, m c^2$. Interessanterweise traten auf vier Photographien je zwei (einmal drei) schnelle Elektronen gleichzeitig auf. Skobel-

1) Dies ist gleichbedeutend mit der Annahme, daß Lichtquanten einer bestimmten Energie eine viel größere mittlere Reichweite haben als Elektronen der gleichen Energie.

2) D. Skobelzyn, Ztschr. f. Phys. **54**. S. 686. 1929.

zyn schließt aus den Aufnahmen, daß jeweils das eine der beiden Elektronen als Sekundärelektron des anderen zu betrachten sei, welches von diesem etwa in der Wandung der Nebelkammer ausgelöst wurde. Nimmt man diese Deutung als richtig an, so kann man aus dem Winkel, den die beiden Bahnen miteinander einschließen, nach Gl. (7) auf die Energie des betreffenden Sekundärteilchens schließen. Das erste von Skobelzyn angegebene Paar ergibt einen Winkel von

$$\vartheta = 0{,}157 \text{ also } \varepsilon = 80\, m c^2.$$

Außerdem kann man die *Anzahl* der von Skobelzyn gemessenen Paare mit der theoretischen Anzahl der Sekundärelektronen [Gl. (28) und (29)] vergleichen. In den Experimenten entfielen auf 27 primäre Partikeln 5 sekundäre; das Verhältnis beträgt also $\frac{5}{27} = 0{,}18$.

Man muß jedoch beim Vergleich von (29) und den Experimenten beachten, daß (29) die Anzahl sämtlicher Sekundärelektronen im Gleichgewicht zwischen primärer und sekundärer Strahlung angibt. Bei Skobelzyn werden hingegen zunächst nur diejenigen Partikeln als sekundär gemessen, die in der Gefäßwandung ausgelöst wurden, nicht die außerhalb des Gefäßes in Luft entstandenen. Denn die Reichweite der Partikeln in Luft ist so groß, die in Luft erzeugten Partikeln sind also im allgemeinen in so großem Abstand von der Kammer entstanden, daß auch, wenn ϑ klein ist, nur entweder das Primärteilchen oder das Sekundärteilchen die Kammer treffen wird. Für $\varepsilon \approx 80\, m c^2$ ist die Reichweite der Sekundärpartikeln in Glas ungefähr 4 cm, in Eisen 1,5 cm (nach Ia und b); wenn die Wände der Wilsonkammer bei Skobelzyn also nicht zu dünn waren, so ist das Skobelzynsche Experiment nach Gl. (29) qualitativ verständlich. Es wäre von großer theoretischer Wichtigkeit, wenn die Anzahl der Skobelzynschen Paare als Funktion der Dicke und des Materials der Wandung untersucht würde. Meines Wissens existiert bisher keine derartige Messung.

b) Die Übergangseffekte

Von Hoffmann[1]) und anderen Forschern[2]) sind ausführlich die Intensitätsänderungen der Höhenstrahlung untersucht worden, die an der Grenzfläche zweier Substanzen auftreten. Vergleicht man zunächst allgemein die Absorption der Höhen-

1) G. Hoffmann, Ann. d. Phys. 82. S. 413. 1927.

2) E. Steinke, Ztschr. f. Phys. 48. S. 647. 1928; L. Myssowsky u. L. Tuwim, Ztschr. f. Phys. 50. S. 273. 1928.

strahlung etwa in Blei und in Wasser, so findet man, daß Blei ungefähr achtmal so stark absorbiert, wie Wasser. Trägt man nun die Intensität der Strahlung als Funktion der durchlaufenen Schichtdicke auf, wobei man die Abszissen bei Absorption in Blei im Verhältnis 8 : 1 gegenüber den Abszissen bei Absorption in Wasser vergrößert, so erhält man qualitativ Kurven vom Typus der Figg. 4 und 5.

Die Intensität verläuft also nicht in einer glatten Absorptionskurve, wie es den gestrichelt gezeichneten Kurvenstücken entspräche; vielmehr kann man den Sachverhalt dar-

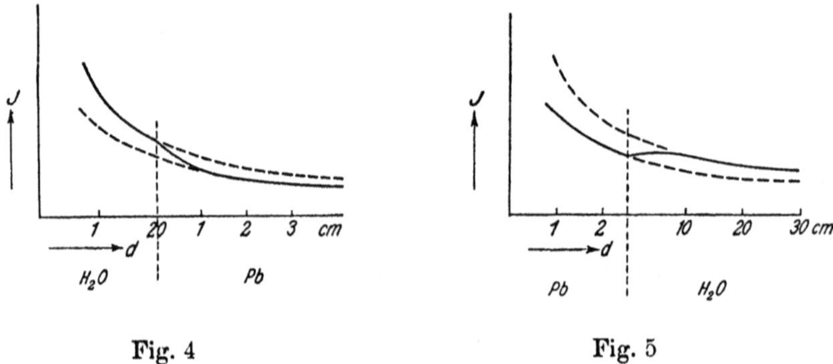

Fig. 4 Fig. 5

stellen, indem man sagt: Die Gesamtintensität der Höhenstrahlung in Blei ist geringer als (in der korrespondierenden Höhe) in Wasser.[1]) Die Strahlung muß aber hinter der Trennungsfläche einige Zentimeter der neuen Substanz durchlaufen, bis sich die normale Intensität in dem betreffenden Medium einstellt. Die genauesten Messungen der Übergangseffekte sind neuerdings von Schindler[2]) publiziert worden. Die Erklärung für die Übergangseffekte liegt offenbar wieder in den von Skobelzyn beobachteten und oben theoretisch diskutierten Sekundärelektronen zu primären β-Strahlen. Aus später zu besprechenden Experimenten kann man schließen, daß die in

1) *Anmerkung bei der Korrektur*: Wie in der Fußnote auf S. 436 muß hier beachtet werden, daß die Übergangseffekte eventuell stark von den geometrischen Versuchsbedingungen abhängen. Die Überlegungen im Text beziehen sich auf folgende Anordnung: Die primäre Höhenstrahlung fällt senkrecht von oben auf eine unendlich ausgedehnte Platte der Dicke *d*, die aus zwei Schichten (Blei bzw. Wasser) besteht. *Unterhalb* dieser Platte wird durch einen Zähler die Anzahl der durchkommenden Elektronen registriert, wobei die Dicke der beiden Plattenschichten variiert werden kann. In diesem Sinne ist der Terminus: „Anzahl der Elektronen in Blei" zu verstehen.

2) H. Schindler, Ztschr. f. Phys. 72. S. 725. 1931.

Meereshöhe beobachtete Ultrastrahlung zum großen Teil aus sehr harten β-Strahlen von einer Energie $> 5000\,m\,c^2$ besteht. Diese schnellen Elektronen müssen Sekundärelektronen auslösen, deren Anzahl im Gleichgewichtszustand durch Gl. (28) und (29), und Tab. 5 ungefähr gegeben ist. Aus Gl. (28) und (29) entnehmen wir zunächst, daß auf z Primärelektronen z. B. in Wasser etwa $0{,}25\,z$ Sekundärpartikeln der Energie zwischen $1\,m\,c^2$ und $100\,m\,c^2$ und etwa $0{,}16\,z$ Teilchen der Energie zwischen $100\,m\,c^2$ und $5000\,m\,c^2$ treffen. Bei Blei wird man nach Tab. 5 etwa nur halb so viel Sekundärteilchen zwischen $m\,c^2$ und $100\,m\,c^2$ beobachten — sagen wir $0{,}12\,z$, zwischen $100\,m\,c^2$ und $5000\,m\,c^2$ dagegen ein wenig mehr, etwa $0{,}18\,z$. Die Gesamtanzahl der Sekundärelektronen zwischen $m\,c^2$ und $5000\,m\,c^2$ ist also jedenfalls bei Blei erheblich geringer, als bei Wasser, und dieser Unterschied wird durch Elektronen unterhalb $\varepsilon = 100\,m\,c^2$ bedingt. Daraus folgt sofort, daß die Strecke in Figg. 4 und 5, auf der sich der neue Gleichgewichtszustand nach einer Trennungsfläche einstellt, größenordnungsmäßig übereinstimmen muß mit der Reichweite von Elektronen der Energie 50 bis $100\,m\,c^2$. D. h. die „Übergangseffekte“ finden auf einer Strecke von etwa 10—20 cm Wasser oder 1—2 cm Blei statt.

Wenn also qualitativ die Übergangseffekte völlig der theoretischen Erwartung entsprechen, so ist doch ein quantitativer Vergleich der Intensitätskurven von Theorie und Experiment sehr schwierig. Denn die Minimalenergie der Sekundärteilchen, die vom Meßapparat noch registriert werden, hängt von der Dicke der Wände der Ionisationskammer bzw. des Zählrohres ab, die geometrische Anordnung der Apparatur wird von Bedeutung usw. Die Experimente haben auch ergeben, daß die Intensitätsunterschiede etwa zwischen Blei und Wasser von dem zur Messung verwendeten Apparat stark abhängen. Rein qualitativ scheinen aber alle Messungen — ähnlich wie die Skobelzynschen Photographien — darauf hinzudeuten, daß die Anzahl der Sekundärteilchen mindestens so groß sein muß, wie nach Formel (29), vielleicht etwas größer.

c) Messung von Koinzidenzen

Wichtige Aufschlüsse über die Höhenstrahlung kann man nach einem Verfahren von Bothe und Kolhörster [1]) erhalten, indem man die Koinzidenzen zweier Geiger-Müllerscher Zählrohre [2]) beobachtet. Diese Koinzidenzen kommen — jeden-

1) W. Bothe u. W. Kolhörster, Ztschr. f. Phys. **56**. S. 751. 1929.
2) H. Geiger u. W. Müller, Phys. Ztschr. **29**. S. 839. 1928.

falls zu einem großen Teil — dadurch zustande, daß entweder ein Elektron durch beide Zählrohre fliegt oder, daß ein primäres Elektron durch den einen, ein von ihm ausgelöstes Sekundärelektron durch den anderen Zähler fliegt.[1]) Die verschiedenen Möglichkeiten sind schematisch in Fig. 6 gezeichnet.

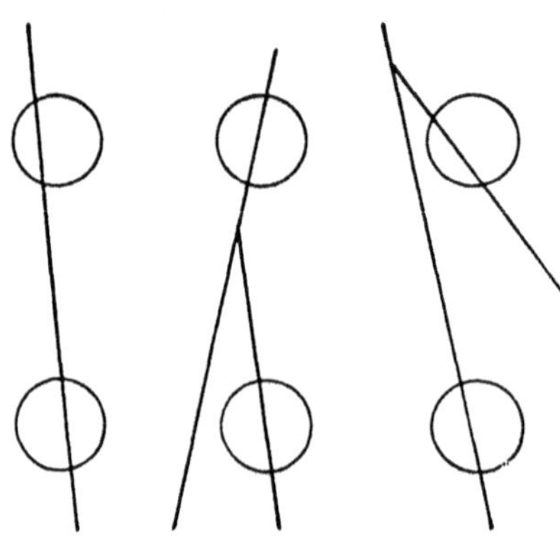

Fig. 6

Setzt man nun zwischen die beiden Zählrohre absorbierendes Material, so bekommt man unmittelbar ein Maß für die Durchdringungsfähigkeit der schnellen Elektronen. Aus den Versuchen von Bothe und Kolhörster und neuen Experimenten von Rossi[2]) folgt, daß die Absorptionskurve der schnellen Elektronen in Meereshöhe bis zu einer Dicke von 1 m Blei praktisch identisch ist mit der Absorptionskurve der *gesamten* Höhenstrahlung vom Meeresniveau. D. h. der Verlauf der Millikan-Cameronkurve von Meeresniveau (10 m Wasser) bis zu einer Tiefe von 20 m Wasser ist, von Wasser auf Blei umgerechnet, praktisch identisch mit der Absorptionskurve der Elektronen bei Rossi. Daraus folgt, daß die Höhenstrahlung jedenfalls in Meereshöhe zum größten Teil aus schnellen Elektronen besteht; γ-Strahlen spielen keine wesentliche Rolle mehr. Es ergibt sich weiter, wie Rossi mit Recht schließt, daß ein erheblicher Teil der Elektronen bei seiner Entstehung eine Energie besessen haben muß, die einer Reichweite von mehr als 25 m Wasser entspricht, also größer als etwa $30\,000\, m c^2 = 1{,}5 \cdot 10^{10}$ Elektr.-Volt war.

Wenn diese schnellen Elektronen durch primäre γ-Strahlung entstanden sind, die von außen auf die Atmosphäre treffen, so müssen nach Rossis Versuch die γ-Strahlen im obersten Teil der Atomsphäre ziemlich quantitativ absorbiert werden. Das würde bedeuten, daß die nach der Klein-Nishinaformel

1) Im Prinzip könnten auch die von einem Lichtquant ausgelösten Sekundärelektronen Anlaß zu Koinzidenzen geben, eine rohe Abschätzung scheint jedoch zu ergeben, daß sie nur einen sehr kleinen Bruchteil aller Koinzidenzen ausmachen können.

2) B. Rossi, Naturw. **20**. S. 65. 1932. Rossi beobachtet die Koinzidenzen von *drei* Zählrohren.

berechnete Absorption der γ-Strahlen (ihre Reichweite für $h\nu = 20\,000\,mc^2$ ergibt sich zu 120 m Wasser) mindestens um einen Faktor 25 zu klein wäre. Macht man mit Bothe und Kolhörster die plausiblere Annahme, daß bereits von außen die schnellen Elektronen auf die Atmosphäre treffen, so kommt man allerdings auch in Schwierigkeiten, da nach der Störmerschen Theorie des Polarlichtes die Intensität solcher von außen einfallender geladener Teilchen von der geographischen Breite abhängen müßte. Doch davon soll später die Rede sein. Gesichert scheint nur, daß bei Experimenten in Meereshöhe eine γ-Strahlung keine wesentliche Rolle spielt.

Rossi [1]) hat einen Versuch nach der Koinzidenzenmethode angestellt, bei dem er das absorbierende Material (9 cm Pb) einmal zwischen, einmal über die beiden Zähler stellte. Es ergab sich im ersten Fall 16 Proz., im zweiten Fall 12 Proz. Absorption. Der Unterschied von 4 Proz. in den beiden Anordnungen läßt sich wieder zwanglos, wie es Rossi getan hat, durch die Sekundärelektronen erklären, die bei Stellung des Bleiblockes über den beiden Zählern stärker zu Koinzidenzen beitragen, als bei der Stellung zwischen den Zählern.

In einem anderen Experiment untersuchte Rossi [2]) die Abhängigkeit der Intensität und der Härte von der Richtung, indem er die Verbindungslinie der beiden Zählrohre unter verschiedenen Winkeln gegen die Vertikale orientierte und absorbierende Schichten zwischen die Zähler brachte. Er stellte fest, daß die Intensität mit wachsender Abweichung von der Vertikalen abnimmt, und daß auch die mittlere Härte mit wachsender Neigung gegen die Vertikale geringer wird. Auch der Grund hierfür liegt, wie Rossi mit Recht annimmt, in den sekundären Elektronen, die wegen der elastischen Streuungen über einen viel weiteren Winkelbereich verteilt sein müssen, als die Primärteilchen.

d) Die Absorptionskurven

Nachdem man aus den Versuchen mit der Koinzidenzmethode festgestellt hat, daß die Absorptionskurven von Millikan, Cameron [3]), Regener [4]) im wesentlichen die Absorption der schnellen Elektronen angeben, so kann man durch Differentiation der Millikan-Cameronkurve nach der

---

1) B. Rossi, Vortrag beim Internat. Kongreß für Kernphysik, Rom 1931.

2) B. Rossi, Nature **128**. S. 408. 1931.

3) R. Millikan u. G. Cameron, Phys. Rev. **37**. S. 235. 1931.

4) E. Regener, Verh. d. Deutsch. phys Ges. **11**. S. 27. 1930.

Dicke der durchlaufenen Schicht unmittelbar die Verteilung der Elektronen auf die verschiedenen Reichweiten und damit auf die verschiedenen Energien bekommen. Jedenfalls ist dieses Verfahren für die größeren Reichweiten ziemlich zuverlässig.

Für große Höhen fehlen die Angaben über die Intensität der Höhenstrahlung. Wenn primär eine harte γ-Strahlung oder eine andere Strahlung mit verwandten Eigenschaften vorliegt, so müßte die Intensitätskurve beim obersten Punkt der Atmosphäre mit Null beginnen, zu einem Maximum ansteigen und dann in der bekannten Weise abnehmen (Fig. 7). Tritt jedoch primär eine harte Elektronenstrahlung ein (die unterhalb $\varepsilon = 100\, m\, c^2$ nur relativ wenige Elektronen enthält),

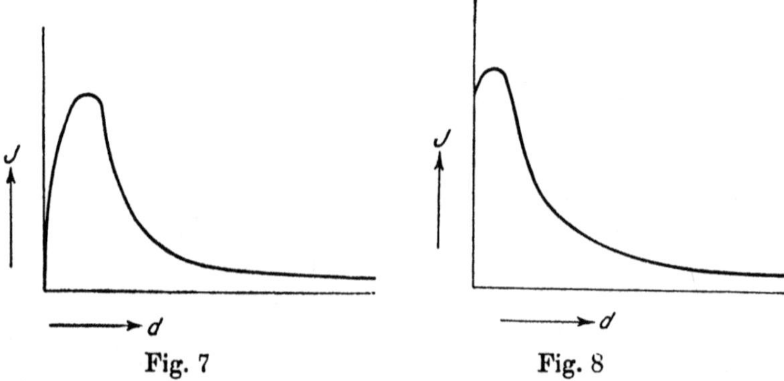

Fig. 7 Fig. 8

so müßte die Intensität mit einem *endlichen* Werte beim obersten Punkt der Atmosphäre beginnen, dann *ansteigen*, bis sich die Sekundärstrahlung ins Gleichgewicht mit der primären gesetzt hat (das Maximum läge etwa bei einer Tiefe von 20 cm Wasser unter der Atmosphärengrenze, d. h. etwa 30—35 km über dem Meeresniveau) und später in der bekannten Weise abfallen, wobei die Art des Abfalls ganz durch die Energieverteilung der primären Elektronen bedingt ist (Fig. 8).

Mißt man die Absorptionskurven in verschiedenen Materialien, so kann man die Absorptionsfähigkeit der verschiedenen Stoffe für so harte Strahlen vergleichen und daraus wichtige Schlüsse über den Mechanismus der Bremsung ziehen. Z. B. ergibt sich empirisch das Absorptionsverhältnis zwischen Blei und Wasser als etwas kleiner als 8 : 1, während die Theorie einen etwas größeren Wert (etwa 10 : 1) liefert. Dies könnte darauf hindeuten, daß die Kernelektronen in Wirklichkeit weniger zur Bremsung beitragen, als oben angenommen wurde. Beim jetzigen Stande der Theorie sind solche Schlüsse allerdings verfrüht.

e) **Die magnetische Ablenkbarkeit der Strahlen**

Wenn die Elektronen als Primärteilchen vom Weltraum auf die Erde kommen, so müßten sie auf ihrem Weg durch das Magnetfeld der Erde abgelenkt werden. Die Störmersche Theorie[1]) des Polarlichtes führt zu dem Resultat, daß solche Elektronen im allgemeinen die Erde nur zwischen dem magnetischen Pol und einem bestimmten Breitengrad (vom Magnetpol gerechnet) treffen könnten, der Raum um den Äquator kann nicht von Elektronen (außer von sehr energiereichen) erreicht werden. Der Winkel Θ (vom Magnetpol aus gerechnet), innerhalb dessen Elektronen auftreffen können, ist nach Störmer durch die Gleichung

$$\sin\Theta = \sqrt{\frac{2R}{a} + \frac{R^4}{4a^4} + \frac{R^2}{2a^2}} \tag{48}$$

gegeben, wobei R den Erdradius, a eine charakteristische Länge bedeutet, die mit dem magnetischen Moment M der Erde ($M = 8{,}5 \cdot 10^{25}$ C. G. S.) und der Energie der schnellen Elektronen ($E \gg mc^2$) durch die Gleichung

$$a = \sqrt{\frac{Me}{E}} \tag{49}$$

zusammenhängt.

Die folgende Tabelle gibt entsprechende Werte von Θ und E an:

$\Theta =$	20°	40°	60°	80°	90°
$\frac{E}{mc^2} =$	406	5100	12900	19300	20400

Erst Elektronen, deren Energie größer ist als $20400\,mc^2$, können sämtliche Gebiete der Erde treffen. Aber selbst für solche Elektronen würde wohl noch eine große Abhängigkeit der Intensität von der geographischen Breite zu erwarten sein. Das Resultat wird etwas geändert, wenn man mit Störmer[2]) einen von Elektronen verursachten Kreisstrom um den Äquator in großem Abstand von der Erde annimmt. Ein solcher Kreisstrom ist notwendig, um das Auftreten der Polarlichter in mittleren Breiten zu erklären. Gerade für sehr energiereiche Elektronen ändert jedoch dieser Kreisstrom, wie eine genauere Rechnung zeigt, relativ wenig am Gesamtresultat. Wenn also die Höhenstrahlung primär als Elektronenstrahlung aufzufassen ist, so muß der größte Teil der Elektronen eine Energie haben, die *sehr* viel *größer* ist als $20000\,mc^2$; für die Höhen-

1) Vgl. C. Störmer, Ergebnisse der kosmischen Physik I. Bd. S. 1. 1931.

2) C. Störmer, Arch. des Sciences physiques et naturelles **32**. S. 1. 1911.

Annalen der Physik (5) *13*, 430–452 (1932)

strahlung, die auf Meereshöhe gemessen wird, mag dies zutreffen. Der in größerer Höhe gemessene Teil der Millikan-Cameron-Kurve zeigt aber, daß ein großer Teil der Elektronen dort eine Reichweite von etwa 5—10 m Wasser hat. Für diesen Teil der Absorptionskurve wäre also theoretisch eine starke Abhängigkeit der Intensität von der geographischen Breite zu erwarten. Wird sie nicht gefunden — und die bisherigen Experimente deuten darauf hin —, so bedeutet dies wohl, daß die theoretisch abgeleiteten Bremsformeln eine zu kleine Bremsung ergeben — wenn überhaupt die Bothe-Kolhörstersche Auffassung der Höhenstrahlung als Elektronenstrahlung zu Recht besteht.

Gesamtresultat

Aus den Experimenten über Höhenstrahlung folgt, — wenn man nicht neue physikalische Hypothesen zu ihrer Erklärung ad hoc einführt —, daß entweder die Klein-Nishina-Formel für die Absorption sehr energiereicher Lichtquanten einen etwa um den Faktor 25 zu kleinen Wert liefert, oder daß die oben aus der klassischen und der Quantentheorie gewonnene Formel für die Bremsung schneller Elektronen einen zu kleinen Wert für die Bremsung ergibt; die Übergangseffekte und die Skobelzynschen Messungen lassen sich jedoch qualitativ durch die bisherigen Theorien befriedigend erklären.

Als physikalischen Grund für die Diskrepanzen könnte man vielleicht die mit Stoßprozessen notwendig verknüpfte Strahlung ansehen, die in der bisherigen Theorie vernachlässigt wurde. Die Stoßprozesse unter gleichzeitiger Aussendung von Strahlung könnten sehr wohl geeignet sein, die Anzahl energiereicher Sekundärelektronen zu erhöhen und damit auch die Absorption der Primärpartikeln heraufzusetzen. Eine befriedigende Abschätzung der Häufigkeit dieser sekundären Strahlungsprozesse scheint auf Grund der bisherigen Quantentheorie kaum möglich, da das prinzipielle Versagen der hierzu notwendigen Diracschen Strahlungstheorie oder der äquivalenten Quantenelektrodynamik aus anderen Gründen bereits feststeht. — Es braucht nicht besonders betont zu werden, daß auch die in dieser Arbeit abgeleiteten Formeln für Bremsvermögen, Stoßwahrscheinlichkeit usw. — selbst unter Annahme der Richtigkeit der physikalischen Voraussetzungen — nur sehr grobe Annäherungen bedeuten und nur auf qualitative Richtigkeit Anspruch erheben können.

(Eingegangen 13. Februar 1932)

Die Naturwissenschaften *20*, 365–366 (1932)

worden, Richtung, Geschwindigkeit und Bedingtheit eines pflanzlichen Stofftransportes unmittelbar zu beobachten. Der Farbstoff wird von den Blattnerven aus einer Farbstoffgelatine begierig aufgenommen, gelangt, ohne die Vakuolen zu berühren, durch die Protoplaste der Parenchymzellen in die Siebröhren der Leitbündel und wird hier rasch nach unten befördert. Schon nach einer Stunde beginnen bei entsprechend gewählten Temperaturen die Siebröhren in 10—15 cm Entfernung vom Orte der Aufnahme im Ultraviolettlicht aufzuleuchten. Der Farbstoff befindet sich, soweit sich das bis jetzt erkennen ließ, im Plasma der Siebröhre, so daß dieses und nicht der Zellsaft die eigentliche Wanderbahn darzustellen scheint. Bezüglich aller mit dieser neuen Methodik beobachteten Einzelheiten (Wanderungsgeschwindigkeiten, Temperatureinfluß, polare Stromrichtung usw.) muß auf die an anderer Stelle folgende ausführliche Darstellung verwiesen werden.

Bonn, Botanisches Institut der Universität, den 19. April 1932. W. SCHUMACHER.

Sperrschicht beim Bleisulfid.

Die Ergebnisse der Arbeiten von SCHOTTKY u. a. über die Unipolarität beim Cu_2O und der entsprechenden von SIEMENS und DEMBERG über die Detektorwirkung beim PbS lassen es als sicher erscheinen, daß für das Auftreten eines Gleichrichtungseffektes an diesen Substanzen eine Oberflächenschicht von hohem Widerstand, eine Sperrschicht, verantwortlich zu machen ist. Die Natur dieser Sperrschicht festzustellen war der Zweck der folgenden Versuche.

Bleisulfid wurde, um es von allen Verunreinigungen zu befreien, zweimal im äußersten Vakuum fraktioniert. Als Detektor in eine Empfangsanlage mit Lautsprecher eingebaut, zeigte dieses Präparat eine Gleichrichterwirkung, die der der käuflichen Detektoren entsprach, d. h. eine Reihe von Stellen gab Empfang, andere waren unwirksam. Im Vakuum (10^{-2} mm Hg) wurde der Empfang deutlich herabgesetzt. Er verschwand völlig, nachdem die Oberfläche im Vakuum entfernt worden war. Einleiten von trockenem H_2S änderte nichts. Die trockenen Gase H_2, O_2, N_2 und CO_2 riefen eine sehr schwache Detektorwirkung hervor, die gegenüber der ursprünglichen aber so gering war, daß diese Gase nicht allein für das Auftreten derselben verantwortlich gemacht werden können. Die sehr geringe Verbesserung verschwand auch wieder im Vakuum.

Einen sehr starken Einfluß hatte dagegen Wasserdampf. Er bewirkte das Auftreten einer Detektorwirkung, die ungefähr ebenso groß war wie die ursprünglich beobachtete. Auch hier verschwand die Gleichrichterwirkung im Vakuum. Eine gleich starke Wirkung riefen die Dämpfe von Benzol, Aceton und Methanol hervor. Auch hier wurde der ursprüngliche Grad der Gleichrichtung wieder erreicht. Es zeigte sich jedoch, daß in diesen drei Fällen im Vakuum wohl eine wesentliche Verschlechterung des Empfangs eintrat, daß aber eine vollständige Beseitigung des Effektes nur durch Entfernen der Oberfläche zu erzielen war.

Die Versuche beweisen, daß die Sperrschicht aus einer nichtleitenden Schicht besteht; auf die chemische Natur derselben kommt es nicht an, sondern nur darauf, daß sie isoliert. O_2, H_2, N_2 und CO_2 werden nur schwach adsorbiert; infolgedessen ist die Sperrwirkung nur klein und verschwindet, wenn man die Gase von der Oberfläche wieder wegpumpt. Die Dämpfe von Wasser, Benzol usw. werden dagegen stark adsorbiert. Infolgedessen rufen sie eine starke Detektorwirkung hervor. Hierbei ist es gleichgültig, ob der Stoff aus einem starken Dipol besteht oder nicht, da die Adsorption hiervon unabhängig ist. Die Tatsache, daß der Effekt beim Wasser beim Auspumpen verschwindet, bei den organischen Dämpfen dagegen nicht ganz zu beseitigen ist, erklärt sich daraus, daß mein Apparat infolge der Kittstellen stets Harzdämpfe enthält, die sich in Wasser nicht, dagegen leicht in den organischen Substanzen lösen. Infolgedessen reichern sich diese schwer verdampfenden Gase in der Adsorptionsschicht an und werden daher beim Evakuieren nur äußerst schwer von der Oberfläche verdampfen. Es erklärt sich jetzt auch, weswegen bei den PbS-Detektoren nur gewisse Stellen eine gute Detektorwirkung zeigen. Wie in einer demnächst erscheinenden Arbeit bewiesen werden wird, findet die Adsorption nicht gleichmäßig über die Oberfläche statt, sondern wohl ausschließlich an den Lockerstellen. Hier wird also auch die Sperrschicht und damit die Detektorwirkung gut ausgebildet sein.

Eine eingehendere Veröffentlichung über die Versuche und die daraus zu ziehenden Schlüsse über Art und Entstehung der Sperrschichten an Bleisulfid folgt demnächst an anderer Stelle.

Münster i. W., Physikalisches Institut, den 19. April 1932. F. HEINECK.

Raman-Effekt der Molekeltypen XY_6 und XY_5.

Als einleitender Schritt zu Untersuchungen des Raman-Effektes von Komplexsalzen wurde die Aufklärung des für diese Körperklasse so wichtigen Typus XY_6 in Angriff genommen. Intensive Linien wurden bei den Anionen von $HSbCl_6$ und H_2SnCl_6 erwartet und gefunden. Die eindeutige Zuordnung zu den aus dem mechanischen Oktaedermodell sich ergebenden Frequenzen gelang unter Beachtung der PLACZEKschen Auswahlregeln. Die Untersuchung des Typus XY_5 wurde mit $SbCl_5$ begonnen. Die Ausdehnung der Messungen auf die Verbindungen der im periodischen System nahestehenden Elemente ist im Gange.

Wien, Technische Hochschule, Institut für physikalische Chemie, den 22. April 1932. OTTO REDLICH.

Über die durch Ultrastrahlung hervorgerufenen Zertrümmerungsprozesse.

In einer vor kurzem erschienenen, interessanten Arbeit haben STEINKE und SCHINDLER[1], fußend auf früheren Experimenten von HOFFMANN, PFORTE[2] und STEINKE[3], nachgewiesen, daß die Ultrastrahlung in Blei ab und zu Sekundärteilchen sehr großen Ionisierungsvermögens und großer Energie auslöst. Die pro „Stoß" an die Ionisationskammer abgegebene Energie variiert zwischen 10^8 und 10^9 El.-Volt. Diese Sekundärteilchen werden als Protonen oder schwerere Atomtrümmer aufgefaßt, die durch die primären Ultrastrahlen aus den Bleikernen herausgeschlagen wurden. Der Wirkungsquerschnitt für solche Stöße wurde von den genannten Autoren aus den Experimenten zu $6 \cdot 10^{-32}$ qcm geschätzt und führt zu einer Durchmessersumme von stoßendem und gestoßenem Teilchen von $3 \cdot 10^{-16}$ cm. STEINKE und SCHINDLER zogen hieraus den Schluß, daß die primären Ultrastrahlteilchen nicht Elektronen sein könnten.

Bei Anwendung neuerer quantentheoretischer Resultate scheint dieser letzte Schluß jedoch nicht berechtigt.

[1] E. STEINKE u. H. SCHINDLER, Z. Physik 75, 115 (1932).

[2] G. HOFFMANN u. W. PFORTE, Physik. Z. 31, 348 (1930).

[3] E. STEINKE, Physik. Z. 31, 1022 (1930).

Die Naturwissenschaften *20*, 365–366 (1932)

Nimmt man (entsprechend den Versuchen von ROSSI[1] u. a.) an, daß die Ultrastrahlung primär aus Elektronen besteht, deren Energie im Mittel $5 \cdot 10^9$ El.-Volt erheblich übersteigt, so kann man die MÖLLERschen Formeln[2] für den Wirkungsquerschnitt beim Zusammenstoß von Elektronen (die mit den entsprechenden klassischen Formeln identisch sind[3]) erweitern auf den Zusammenstoß von Höhenstrahlungselektronen mit Protonen, sofern nur die Energie der Protonen nach dem Stoß klein gegen $5 \cdot 10^9$ El.-Volt bleibt. Die Anzahl Δn der Stöße pro Zentimeter, bei denen die Energie des Protons nach dem Stoß zwischen ε und $\varepsilon + \Delta\varepsilon$ liegt, ist also durch[3]

$$(1) \qquad \Delta n = \frac{2\pi e^4 N}{M c^2} \frac{\Delta\varepsilon}{\varepsilon^2}$$

gegeben. (N = Anzahl der Protonen pro Kubikzentimeter, M = Protonenmasse.) Als Wirkungsquerschnitt Φ für alle die Stöße, bei denen die übertragene Energie größer ist als ε, ergibt sich

$$(2) \qquad \Phi = \frac{2\pi e^4}{M c^2 \varepsilon}.$$

Die Gleichungen (1) und (2) gelten in der klassischen wie in der Quantentheorie nur dann, wenn die mit dem Stoß verbundene Ausstrahlung vernachlässigt werden kann. In der klassischen Theorie hört ihre Gültigkeit daher auf, wenn $\sqrt{\Phi}$ kleiner wird als $\sim 10^{-13}$ cm. In der Quantentheorie dagegen ist jene Ausstrahlung wegen des Wellencharakters der Materie in einem viel weiteren Energiebereich vernachlässigbar klein. (Vgl. die Gültigkeit der KLEIN-NISHINA-Formel für $h\nu > mc^2$.)

Setzt man in (2) $\varepsilon = 10^6$ El.-Volt, so ergibt sich $\Phi = 150 \cdot 10^{-32}$, also das 25fache des experimentellen Wertes. Da der experimentelle Wert auf sehr ungenauen Schätzungen beruht, kann man dies als eine befriedigende Übereinstimmung der Größenordnung nach betrachten.

Die Anzahl der sekundären Atomtrümmer ist nach den Versuchen von STEINKE und SCHINDLER in Blei etwa zehnmal so groß wie in Luft. Man kann auch theoretisch einsehen, daß das für diese Anzahl maßgebende Produkt aus Reichweite und Dichte für relativ langsame Protonen in Blei erheblich größer ist als in Luft. Denn im Bleiatom tragen nur die äußersten Elektronen erheblich zur Bremsung bei, im Sauerstoff- und Stickstoffatom alle (die Streuung ist neben der Bremsung für Protonen belanglos). Aber es können für das experimentelle Resultat auch noch andere Gründe von Bedeutung sein. Z. B. könnte etwa bei dem schweren und weniger stabilen Bleikern die Entfernung eines Protons oft die Aussendung eines α-Teilchens zur Folge haben, was bei O_2 und N_2 nicht der Fall zu sein brauchte usw. Bei der Diskussion der Experimente ist vielleicht auch von STEINKE und SCHINDLER nicht genügend beachtet worden, daß das Ionisierungsvermögen (pro Zentimeter) eines Protons mit wachsender Geschwindigkeit sehr rasch abnimmt, daß also sehr schnelle Protonen sich evtl. der Beobachtung entziehen (Protonen von etwa $5 \cdot 10^9$ El.-Volt ionisieren kaum stärker als Elektronen!).

Die Versuche von STEINKE und SCHINDLER sprechen also nicht gegen die Annahme, daß die Ultrastrahlung primär aus Elektronen sehr hoher Energie besteht; allerdings *auch* nicht gegen die Deutung der Primärteilchen als Protonen. Denn in einem Energiebereich von 10000 mc^2 verhalten sich Elektronen und Protonen fast in allen Beziehungen nahezu gleich.

Leipzig, den 25. April 1932. W. HEISENBERG.

[1] B. ROSSI, Naturwiss. **20**, 65 (1932).
[2] CHR. MÖLLER, Z. Physik **70**, 786 (1931).
[3] W. HEISENBERG, Ann. Physik (im Erscheinen).

Synthese des Kaolins.

Die Synthese geht aus von einer der Kaolinzusammensetzung entsprechenden kolloiden Adsorptionsverbindung Al_2O_3, 2 SiO_2, aq., die nach SCHWARZ und BRENNER[1] dargestellt worden war und vor kurzem als Ausgangsmaterial zur Synthese des Muscovits[2] gedient hatte.

Das nach zweijähriger Lagerung an der Luft noch amorphe Präparat konnte durch Erhitzen in einer Druckbombe (5 Tage bei 250 bzw. 300° und 40 bzw. 90 Atm. Wasserdampfdruck) in Kaolin, und zwar *ausschließlich* Kaolin, umgewandelt werden, der röntgenographisch identifiziert wurde.

Die Temperatur-Druckwerte der Synthese stehen offenbar in Analogie zu denen, die in der Natur für die Bildung des Kaolins bei hydrothermal-metasomatischen Kaolinisierungsprozessen zu gelten haben. Bemerkenswert ist die Stabilität des Kaolins bei den relativ hohen, in den Versuchen angewandten Temperaturen.

Göttingen, Mineralogisch-petrographisches Institut der Universität, den 28. April 1932. W. NOLL.

[1] R. SCHWARZ u. A. BRENNER, Ber. dtsch. chem. Ges. **56**, 1433 (1923).
[2] W. NOLL, Naturwiss. **1932**, 283 — Nachr. Ges. Wiss. Göttingen, Math.-physik. Kl. **1932**, 122.

Eine Auswahlregel für Kern-γ-Strahlung.

Es ist in letzter Zeit öfters versucht worden, die γ-Linien radioaktiver Kerne in Niveauschemata einzuordnen. Das relativ zuverlässigste unter ihnen scheint das Schema des ThC″ zu sein, das wir hier nach GAMOW (Der Bau des Atomkerns und die Radioaktivität, S. 82) aufzeichnen. Man sieht leicht, daß sich für die Linien eine Auswahlregel vom Typus $\Delta i = 0, \pm 1$ aufstellen läßt. Ordnet man nämlich den 6 Niveaus die in der Figur angegebenen Quantenzahlen i zu — wobei an Stelle von $i + 1$, $i - 1$, $i - 2$ ebensogut $i - 1$, $i + 1$, $i + 2$ gesetzt werden kann — so sind nach der Auswahlregel nur die wirklich vorhandenen Linien erlaubt und alle anderen Übergänge verboten. Es verdient hervorgehoben zu werden, daß die Zuordnung der Quantenzahlen ganz zwangläufig ist; ordnet man etwa B die Zahl i zu, so ergeben sich alle anderen Zahlen (bis auf die erwähnte Zweideutigkeit) von selbst.

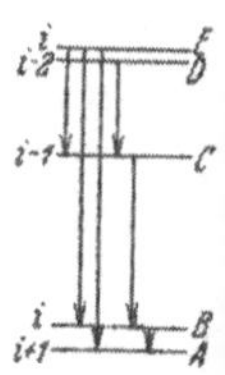

Die Auswahlregel $\Delta i = 0, \pm 1$ ist eine typische Auswahlregel für Dipolstrahlung; kommt daneben auch Quadrupolstrahlung in Betracht, so müßte die Auswahl nach $\Delta i = \pm 2$ umfassen. Die zugehörigen Übergänge $E \to D$, $D \to B$, $C \to A$ sind aber nicht vorhanden. Theoretisch weiß man nichts über das Verhältnis von Dipol- zu Quadrupol-γ-Strahlung des Kerns.

Weiteres Material, an dem man die Regel prüfen könnte, gibt es bis jetzt nicht. Denn die sonst veröffentlichten Niveauschemata sind noch viel unsicherer als das des ThC″. Wenn ich die Regel dennoch (nach längerem Zögern) bekanntgebe, so deshalb, weil die Existenz einer Auswahl $\Delta i = 0, \pm 1$ (evtl. auch ± 2) für Kern-γ-Strahlung mir theoretisch recht plausibel scheint.

München, den 28. April 1932. K. BECHERT.

Zeitschrift für Physik *101*, 533–540 (1936)

Zur Theorie der „Schauer" in der Höhenstrahlung.

Von **W. Heisenberg** in Leipzig.

(Eingegangen am 8. Juni 1936.)

Die Fermische Theorie des β-Zerfalls führt zu einer qualitativen Erklärung der „Schauer"bildung, deren Folgerungen im einzelnen besprochen werden.

Die bisherige Quantenelektrodynamik gibt keine Erklärung für die Tatsache, daß sehr energiereiche Teilchen in einem einzigen Akt eine große Anzahl von Sekundärteilchen erzeugen können, wie es in zahlreichen Versuchen über Höhenstrahlung beobachtet worden ist[1]). Vielmehr enthalten die nach der Quantenelektrodynamik berechneten Wirkungsquerschnitte für die gleichzeitige Entstehung von n Paaren stets den Faktor $\left(\frac{e^2}{\hbar c}\right)^n$, so daß die Wahrscheinlichkeit für die Bildung größerer Schauer verschwindend gering sein müßte.

Der formale Grund für diese Folgerung der Quantenelektrodynamik läßt sich aus ihren Grundgleichungen ohne Schwierigkeit erkennen. Beschreibt man die elektromagnetischen Felder durch

$$\varphi_i = \frac{1}{\sqrt{\hbar c}}\mathfrak{A}_i, \qquad \pi_i = \frac{1}{\sqrt{\hbar c}}\mathfrak{E}_i, \tag{1}$$

und ersetzt die Energie durch

$$\varepsilon = \frac{E}{\hbar c},$$

so wird — unter Weglassung der Subtraktionsglieder der Positronentheorie, die für diese Überlegung unwesentlich sind —:

$$\left.\begin{aligned} \varepsilon = \int \mathrm{d}V \Bigg\{ & i\,\psi^* \alpha_i \frac{\partial}{\partial x_i}\psi - \frac{mc}{\hbar}\psi^*\beta\,\psi \\ & - \sqrt{\frac{e^2}{\hbar c}}\,\psi^*\alpha_i\,\psi\,\varphi_i + \frac{1}{2}\left[\pi_i^2 + \frac{1}{2}\left(\frac{\partial\varphi_i}{\partial x_k} - \frac{\partial\varphi_k}{\partial x_i}\right)^2\right]\Bigg\}; \\ \psi^*(P)\,\psi(P') + \psi(P')\,\psi^*(P) &= \delta_{PP'}; \\ \pi_i(P)\,\varphi_k(P') - \varphi_k(P')\,\pi_i(P) &= -i\delta_{PP'}\,\delta_{ik}. \end{aligned}\right\} \tag{2}$$

In diesen Formeln sind die Dimensionen für ε und φ cm^{-1}, für ψ $\mathrm{cm}^{-3/2}$, für π cm^{-2}. Außer dem Ruhmassenglied, das bei hohen Energien der betrach-

[1]) Vgl. z. B. einerseits die von G. Hoffmann und seinen Mitarbeitern beobachteten „Stöße", andererseits die Wilson-Aufnahmen von P. M. S. Blackett und anderen.

Zeitschrift für Physik *101*, 533–540 (1936)

teten Teilchen nur einen geringen Einfluß ausübt, enthält das Gleichungssystem (2) keine universellen Konstanten mehr, die den physikalischen Vorgängen einen Maßstab aufprägen könnten. Denn die Größe $e^2/\hbar c$ ist dimensionslos und wird in einer späteren Theorie numerisch festgelegt werden können. Naturgemäß ist daher jede Störungsrechnung, in der die Wechselwirkung als klein angesehen wird, eine Entwicklung nach Potenzen von $e^2/\hbar c$, und das genannte Resultat der Quantenelektrodynamik über die gleichzeitige Entstehung vieler Teilchen ist qualitativ sofort verständlich.

Ganz anders verhält sich jedoch ein erweitertes Schema der Theorie der Materie, in dem als Elementarteilchen Elektronen, Protonen, Neutronen und Neutrinos enthalten sind und in dem zwischen diesen Teilchen eine Wechselwirkung besteht von einem Typus, wie ihn Fermi seiner Theorie des β-Zerfalls[1]) zugrunde gelegt hat. Unter Weglassung der elektromagnetischen Anteile erhält man hier für ε:

$$\begin{aligned}\varepsilon = \int \mathrm{d}V \Big\{ & i\,\psi_{\mathrm{el}}^{*}\,\alpha_i \frac{\partial}{\partial x_i}\psi_{\mathrm{el}} - \psi_{\mathrm{el}}^{*}\,\beta\,\frac{m c}{\hbar}\,\psi_{\mathrm{el}} \\ & + \text{entsprechend für Protonen, Neutronen und Neutrinos} \\ & + f\,\psi_{\mathrm{el}}^{*}\,\alpha_\lambda\,\psi_{\mathrm{Neutrino}}\,\psi_{\mathrm{Proton}}^{*}\,\alpha_\lambda\,\psi_{\mathrm{Neutron}} + \text{konj.}\Big\}. \qquad (3)\end{aligned}$$

Diese Gleichung unterscheidet sich von dem System (2) dadurch grundlegend, daß das Wechselwirkungsglied eine Größe f von der Dimension cm^2 enthält, daß also auch in dem Gebiet, wo von den Ruhmassengliedern abgesehen werden kann, dem physikalischen Geschehen durch die Größe f ein Längenmaßstab aufgeprägt wird (unser f entspricht dem Fermischen $g/\hbar c$). Dies muß bedeuten, daß die Wechselwirkung von Teilchen, deren zugehörige Wellenlänge klein ist gegen die charakteristische Länge $\sqrt{f}$, qualitativ anders abläuft als die Wechselwirkung von Teilchen großer Wellenlänge. Im Formalismus äußert sich dies darin, daß eine Störungstheorie, in der die Wechselwirkung als klein angesehen wird, eine Entwicklung nach Potenzen von fk^2 darstellt, wenn k die Wellenzahl $2\pi/\lambda$ der betrachteten Teilchen bedeutet. Die Konvergenz des Störungsverfahrens hängt also ganz vom Werte von k ab, und für Teilchen sehr hoher Energie wird die Aussendung vieler Sekundärteilchen nicht unwahrscheinlicher als die Aussendung weniger Teilchen.

Als spezielles Beispiel für diesen Sachverhalt betrachten wir den Zusammenstoß eines Protons mit einem Kern, der als Zentralfeld der Ladung Z

---

[1]) E. Fermi, ZS. f. Phys. **88**, 161, 1934.

aufgefaßt werden soll. Das Proton kann sich beim Zusammenstoß verwandeln in:

Neutron + Positron + Neutrino oder
Proton + Elektron + Positron + 2 Neutrinos oder
. . . .
Proton + n Elektronen + n Positronen + $2n$ Neutrinos.

Man kann die Wirkungsquerschnitte für diese Prozesse nach der Bornschen Methode abschätzen, wobei zu beachten ist, daß die betrachteten Prozesse nur stattfinden können, wenn der Kern einen Impulsanteil beim Stoß übernimmt, was er vermöge der Coulombschen Wechselwirkung mit den geladenen Teilchen tun kann. Man erhält dann, wie auch aus einer einfachen Dimensionsbetrachtung zu erwarten ist, für die Übergänge die folgenden Wirkungsquerschnitte:

Proton →

$$\left.\begin{array}{ll} \text{Neutron + Positron + Neutrino} & Q \sim \left(\frac{Z e^2}{\hbar c}\right)^2 f^2 k^2, \\ \text{Proton + Elektron + Positron + 2 Neutrinos} & Q \sim \left(\frac{Z e^2}{\hbar c}\right)^2 f^4 k^6, \\ \ldots\ldots\ldots\ldots & \\ \text{Proton} + n\,\text{Elektronen} + n\,\text{Positronen} + 2n\,\text{Neutrinos} & Q \sim \left(\frac{Z e^2}{\hbar c}\right)^2 f^{4n} k^{8n-2}. \end{array}\right\} \quad (4)$$

In diesen Formeln bedeutet k ungefähr die mittlere Wellenzahl der beim Prozeß entstehenden Teilchen. Aus dieser Abschätzung erkennt man, daß für Werte von k der Ordnung $f^{-1/2}$ die Vielfachprozesse ebenso wahrscheinlich werden wie die einfacheren; man wird sogar schließen können, daß ein Proton, dessen Energie sehr groß ist gegen $\frac{\hbar c}{\sqrt{f}}$, sich verhältnismäßig häufig in eine große Anzahl von Teilchen zerspaltet, wobei die mittlere Energie des einzelnen Teilchens die Größenordnung $\frac{\hbar c}{\sqrt{f}}$ erhält; dieser Prozeß wird weiter unten noch ausführlicher besprochen werden. Für die Energie der Ordnung $\frac{\hbar c}{\sqrt{f}}$ wird naturgemäß die Bornsche Methode zur Berechnung der Wirkungsquerschnitte unanwendbar, es hätte also keinen Sinn, etwa in den Formeln (4) die exakten Zahlenkoeffizienten zu berechnen.

In dieser Weise gibt die Fermische Theorie eine qualitative Erklärung für die Entstehung der Schauer, wobei sie noch die quantitative Aussage hinzufügt, daß die mittlere Energie der Schauerteilchen ihrer Größenordnung

Zeitschrift für Physik *101*, 533–540 (1936)

nach durch $\frac{\hbar c}{\sqrt{f}}$ gegeben sein soll, und daß der Wirkungsquerschnitt für die Entstehung der Schauer die Größenordnung f erhält. Entnimmt man $f = \frac{g}{\hbar c}$ aus der Arbeit von Fermi: $g = 4 \cdot 10^{-50}$ erg cm^3, so erhält man

$$\frac{\hbar c}{\sqrt{f}} = 580\, M c^2 \tag{5}$$

(M Protonenmasse), ein Wert, der freilich gegenüber den experimentellen Werten viel zu groß ist. Diese Diskrepanz dürfte aber mit dem mehrfach bemerkten Umstande zu tun haben, daß der Fermische Wert von g in Kerndimensionen gemessen unplausibel klein ist, was z. B. zur Folge hat, daß die Austauschkräfte, die sich aus dieser Theorie ergeben, viel kleiner werden als die für den Aufbau der Kerne wirklich maßgebenden. Diese Schwierigkeit läßt sich bekanntlich beseitigen, wenn man den Wechselwirkungsansatz von Fermi durch einen anderen ersetzt, der die Ableitungen der Neutrino- bzw. Elektronenwellenfunktionen enthält[1]). Fügt man in die Wechselwirkungsenergie noch s Ableitungen, wie Konopinski und Uhlenbeck[2]) diskutiert haben, so erhält der Faktor f' des Wechselwirkungsgliedes die Dimension cm^{2+s} und unterscheidet sich von dem Fermischen f ungefähr um den Faktor $\left(\frac{\hbar}{mc}\right)^s$. Die mittlere Energie der Schauerteilchen wird dann größenordnungsmäßig durch

$$\overline{E} \sim \hbar c f'^{-\frac{1}{2+s}} \tag{6}$$

gegeben. Numerisch ergibt sich für die verschiedenen Werte von s:

$s =$	0	1	2	3
$\frac{\overline{E}}{Mc^2} \sim$	580	5,7	0,31	0,14.

Die Annahmen $s = 2$ oder 3 liefern also für die Energie der Schauerteilchen Werte, die der Größenordnung nach zu den beobachteten passen. Allerdings spricht die Gestalt der kontinuierlichen β-Strahlspektren nach Konopinski-Uhlenbeck[2]) eher für $s = 1$, doch ist sicher das letzte Wort über die Form der für den β-Zerfall maßgebenden Wechselwirkungsenergie noch nicht gesprochen. Der Wirkungsquerschnitt für die Bildung eines Schauers soll nach den angestellten Überlegungen ungefähr mit dem Quadrat der Wellenlänge der Schauerteilchen mittlerer Energie übereinstimmen; er erhält daher die Größenordnung 10^{-26} cm^2.

Ein freilich nur grobes qualitatives Bild von der Entstehung eines Schauers kann man erhalten, wenn man die Wellengleichung in einer halb

[1]) G. Bethe u. R. Peierls, Bericht vom Kongreß in London 1934. — [2]) E. T. Konopinski u. G. E. Uhlenbeck, Phys. Rev. **48**, 7, 107, 1935.

klassischen Weise diskutiert. Wir nehmen dabei zur Vereinfachung an, es gebe nur eine Teilchenart, für die eine Wechselwirkung vierter Ordnung vom Typus

$$f' \psi^* \psi \psi^* \frac{\partial^s \psi}{\partial x^s} \tag{7}$$

existiere, ferner ersetzen wir die Vertauschungsrelationen durch geeignete Normierungsbedingungen. Man kann dann den Zusammenstoß zweier Teilchen durch den Zusammenstoß zweier Wellenpakete anschaulich darstellen, wobei die Wellenpakete nicht sehr viel größer sein sollen als die Wellenlänge und so normiert sind, daß sie gerade die Energie $h\nu = \hbar c k = \frac{h c}{\lambda}$ enthalten. Solche Wellenpakete werden fast ohne Störung durcheinander hindurch laufen, wenn ihre Wellenlänge groß gegen die charakteristische Länge $l = f'^{\frac{1}{2+s}}$ ist; denn dann bleiben die Wechselwirkungsglieder auch dort, wo die Pakete durcheinander laufen, klein gegen die gewöhnlichen Terme: $\psi^* \alpha_i \frac{\partial}{\partial x_i} \psi$. Wenn jedoch die Wellenlänge der Pakete klein ist gegen die charakteristische Länge l, so werden wegen der durch die Normierung bedingten Erhöhung der Amplitude die Wechselwirkungsglieder beim Zusammenstoß alle anderen Terme überwiegen (vor dem Zusammenstoß verschwinden die Wechselwirkungsglieder aus Gründen der relativistischen Invarianz; denn für ein einzelnes Teilchen kann kein Energiewert ausgezeichnet sein). Der dann einsetzende Vorgang hat nichts mehr mit der Ausbreitung von Wellen zu tun, vielmehr wird die nichtlineare Differentialgleichung irgendeine schwer im einzelnen diskutierbare unregelmäßige Bewegung der Wellenfunktion zur Folge haben, in der der ursprünglich periodische Charakter der Wellenfunktion in den Paketen im allgemeinen verwischt werden wird. Im Laufe der Zeit wird sich aber doch die in den beiden Paketen konzentrierte Energie in irgendeiner Weise über einen größeren Raum V' ausbreiten, bis schließlich die Wechselwirkungsglieder ihre Bedeutung wieder verlieren. Dann wird sich dieses Energiepaket auflösen in einzelne Teilchen, deren Wellenzahlen k' in der Gegend $V'^{-1/3}$ liegen dürften. V' ist aus der Bedingung zu bestimmen, daß für die entstandenen Teilchen die Wechselwirkungsglieder eben kleiner sein sollen als die gewöhnlichen. In den folgenden Abschätzungen bedeutet k die Wellenzahl der stoßenden Teilchen, k' die mittlere Wellenzahl und n die Anzahl der Schauerteilchen (die Ruhmassen der Schauerteilchen werden grundsätzlich vernachlässigt). Aus dem Energiesatz folgt:

$$2k = n k'. \tag{8}$$

Die Forderung, das Wechselwirkungsglied solle eben etwas kleiner sein als die gewöhnlichen Terme, liefert die Gleichung:

$$\psi^* \frac{\partial \psi}{\partial x} \sim f' \psi^* \psi \psi^* \frac{\partial^s \psi}{\partial x^s}, \tag{9}$$

und da

$$\psi^* \psi \sim \frac{n}{V'}, \quad k' \sim V'^{-\frac{1}{3}}:$$

$$k' \sim f' k'^s \frac{n}{V'} \sim l^{2+s} k'^{3+s} n. \tag{10}$$

Schließlich ergibt sich aus (8) und (10):

$$n \sim (k l)^{\frac{2+s}{1+s}}; \quad k' \sim \frac{1}{l\, n^{\frac{1}{2+s}}} \sim \frac{1}{l} (k l)^{-\frac{1}{1+s}}. \tag{11}$$

Aus dieser freilich sehr ungenauen Abschätzung folgt demnach, daß die mittlere Energie der Schauerteilchen mit wachsender Teilchenzahl langsam abnehmen sollte, und zwar wie $n^{-\frac{1}{2+s}}$.

Eine genaue experimentelle Untersuchung dieser Frage könnte wohl nur an den Schauern relativ hoher Teilchenzahl, also insbesondere den Hoffmannschen „Stößen", durchgeführt werden.

Diskutiert man weiter die experimentellen Konsequenzen der hier versuchten Deutung der Schauer, so stößt man auf die Frage, weshalb die schweren Teilchen: Protonen und Neutronen, nicht häufiger in den Schauern beobachtet werden; nach dem Matrixelement der Fermischen Theorie zu urteilen, sollten diese ja ebenso häufig wie die leichten Teilchen an der Schauerbildung beteiligt sein. Die Antwort auf diese Frage liegt wohl in der Feststellung, daß die Wahrscheinlichkeit für die Emission eines Teilchenhaufens nach der Fermischen Theorie weitgehend durch das den emittierten Teilchen zur Verfügung stehende Phasenraumvolumen bestimmt ist. Wegen der großen Masse der schweren Teilchen bewirkt bei gegebener Gesamtenergie das Auftreten eines schweren Teilchens stets eine erhebliche Reduktion des Phasenraumvolumens, so daß mit ihrem Auftreten wohl nur selten und nur in den energiereichsten Schauern zu rechnen ist.

Dagegen sollten die hypothetischen Paulischen „Neutrinos" einen erheblichen Bestandteil der durchdringenden Strahlung ausmachen. Denn bei jeder Schauerbildung sollten Neutrinos der mittleren Energie $\hbar c f'^{-\frac{1}{2+s}}$ entstehen, die ihrerseits wieder zur Erzeugung kleiner sekundärer Schauer Anlaß geben könnten. Dabei wäre der Wirkungsquerschnitt für diese sekundäre Schauerbildung aus den Neutrinos wohl auch nicht viel kleiner als 10^{-26} cm^2. Im Gegensatz zu den energiearmen Neutrinos des β-Zerfalls sollten sich daher die energiereichen Neutrinos der Höhenstrahlung durch ihre Wirkungen durchaus nachweisen lassen. Vielleicht besteht ein Teil der nichtionisierenden, aber schauerbildenden Strahlung aus Neutrinos. Natürlich läßt sich aber auch die Mitwirkung von Lichtquanten an der Höhenstrahlung von den hier entwickelten Vorstellungen aus keineswegs ausschließen.

Wenn man das theoretische Ergebnis der hier versuchten Deutung der Schauerbildung zusammenfaßt, wird man etwa folgendes feststellen können: Die Tatsache, daß sich die Stoßprozesse sehr energiereicher Teilchen qualitativ anders abspielen als die der energiearmen Teilchen, und daß sich der Übergang vom einen zum anderen Verhalten bei Energien vollzieht, die schon sehr groß gegen die Ruhenergie der Elektronen sind, deutet darauf hin, daß durch die nichtlinearen Wechselwirkungsterme in der Wellengleichung eine fundamentale Länge und damit eine fundamentale Energie ausgezeichnet wird. In diesem Punkte erweisen sich übrigens die Fermische Theorie des β-Zerfalls und die Bornsche Theorie der Strahlung[1]) als nahe verwandt. In beiden wird eine fundamentale Länge ausgezeichnet; auch die Bornsche Theorie würde dementsprechend zu dem Ergebnis führen, daß beim Zusammenstoß zweier sehr energiereicher Lichtquanten ein Schauer langwelligerer Lichtquanten entsteht[2]). Wenn man also davon ausgeht, daß an dieser Stelle, durch die Wechselwirkung der Materie, eine fundamentale Länge in die Theorie der Materie eingeführt wird, so muß man sich die Frage vorlegen, in welcher Beziehung dann die anderen Stellen, an denen universelle Längen in der Theorie auftreten, nämlich die Ruhmassenglieder, zu den Wechselwirkungstermen stehen. Hier liegt nun der Gedanke von Born nahe, der besagt, daß die Ruhmassenglieder gewissermaßen als sekundäre Auswirkungen der Wechselwirkungsglieder in einer künftigen Theorie zu deuten sein werden, daß also die Ruhmassen als die aus der Wechselwirkung (und zwar nach den Annahmen dieser Arbeit jedenfalls zu einem erheblichen Teile aus der für den β-Zerfall verantwortlichen Wechselwirkung) folgenden Selbstenergien der materiellen Teilchen aufzufassen sind. Für diese Auffassung würde jedenfalls der Umstand sprechen, daß in dem für die prinzipiellen Fragen entscheidenden Gebiete großer Energien

[1]) M. Born, Proc. Roy. Soc. London (A) **143**, 410, 1933; M. Born u. L. Infeld, ebenda **144**, 425, 1934; **147**, 522, 1934; **150**, 141, 1935. — [2]) Dies würde aber aus den am Anfang genannten Gründen *nicht* der Fall sein bei einer Elektrodynamik, wie sie (vgl. W. Heisenberg u. H. Euler, ZS. f. Phys. **98**, 714, 1936) aus der Diracschen Theorie des Positrons in einer gewissen Näherung folgt.

Zeitschrift für Physik *101*, 533–540 (1936)

($v \sim c$) die Ruhmassen nur einen sehr geringen Einfluß auf das Verhalten der Materie ausüben, während dort die Fermischen Wechselwirkungsglieder entscheidende Bedeutung erlangen.

In diesem Zusammenhang muß darauf hingewiesen werden, daß bisher die Anwendung der Quantentheorie auf ein System von unendlich vielen Freiheitsgraden, also auf eine Kontinuumstheorie, stets zu prinzipiellen Schwierigkeiten geführt hat. In einer solchen Theorie pflegen die als Resultate für Ladungsdichte usw. auftretenden Integrale über den Impulsraum stets bei größeren Impulsen zu divergieren. Es liegt nahe zu glauben, daß diese Schwierigkeit erst behoben werden kann, wenn eine fundamentale Länge in die Theorie eingeführt ist, die durch den ihr entsprechenden Impuls die Stelle bezeichnet, bei der die bisher divergenten Integrale durch eine Abänderung der physikalischen Gesetze in konvergente übergehen. Die Fermische Theorie gibt insofern Hoffnung auf die Befriedigung dieser Wünsche, als sie gerade für hohe Energien der Teilchen zu ganz anderen Gesetzen führt, als die bisherigen Theorien. Ähnlich wie die klassische Statistik auf den Strahlungshohlraum mit seinen unendlich vielen Freiheitsgraden erst nach der Einführung einer universellen Wirkung ($\hbar$) sinnvoll angewendet werden konnte, wird vielleicht die Anwendung der Quantentheorie auf ein kontinuierliches System erst möglich, wenn in ihm eine universelle Länge eingeführt ist. Dieser eben ausgesprochene Vergleich legt allerdings die Vermutung nahe, daß die Einführung der universellen Länge vielleicht mit einer neuen prinzipiellen Abänderung des Formalismus verknüpft werden muß, ähnlich, wie z. B. die Einführung der Konstante c zu einer Modifikation der vorrelativistischen Physik Anlaß gegeben hat. Selbst wenn dies der Fall ist, wird man sich den neuen Gesetzen nur dadurch nähern können, daß man die qualitativen Konsequenzen der universellen Länge, so wie sie sich etwa aus den Fermischen Wechselwirkungsgliedern ergeben, untersucht; wobei unter Umständen einstweilen auf eine konsequente Anwendung der Quantentheorie verzichtet werden muß. Dem Vordringen in dieses Gebiet stellen sich allerdings — ganz abgesehen von den physikalischen Komplikationen — auch erhebliche mathematische Schwierigkeiten in den Weg, da das Verhalten nichtlinearer partieller Differentialgleichungen sehr schwer zu überblicken ist. Die Aufgabe dieser Note konnte daher zunächst nur sein, die große Wichtigkeit hervorzuheben, die dem Auftreten einer universellen Länge in der Fermischen Theorie des β-Zerfalls beizumessen ist.

Die Naturwissenschaften 25, 749–750 (1937)

In Gemeinschaft mit FR. WITTNER hatte ich Gelegenheit, eine At.-Gew.-Bestimmung des Cp auszuführen, und zwar mit einem sehr reinen Präparat, das für diesen Zweck schon vor Jahren von KARL V. AUER-WELSBACH reserviert worden war. Frau Dr. IDA NODDACK untersuchte das Präparat röntgenspektroskopisch und fand, daß es außer 1,18 % Ytterbium keine andere fremde Erde in nachweisbarer Menge enthalte. Durch den angegebenen Yb-Gehalt würde das wahre At.-Gew. des Cp um 0,02 Einheiten erniedrigt.

Die Analyse des wasserfreien Chlorids, ausgeführt durch die Bestimmung der beiden Verhältnisse $CpCl_3 : 3\,Ag : 3\,AgCl$ ergab den Bruttowert 174,96. Korrigiert für den Yb-Gehalt berechnet sich das wahre At.-Gew. des reinen Cp zu 174,98.

Die Differenz gegenüber dem ASTONschen Wert 174,91 geht weit über unsere Versuchsfehler hinaus, so daß der Gedanke naheliegt, der massenspektroskopische Befund bedürfe einer Korrektur. Tatsächlich hat auch, wie wir erst nach Feststellung des neuen At.-Gew. erfuhren, GOLLNOW[1] im Cp ein neues Isotop nachgewiesen, dessen Masse entweder 173 oder 177 beträgt, ohne daß bisher eine Entscheidung zwischen diesen beiden Werten getroffen werden konnte. Der Anteil dieses Isotops wurde zu 1,5 ± 0,5 % bestimmt, könnte nach Privatmitteilung GOLLNOWS unter Berücksichtigung seiner niedrigsten Messungsergebnisse auch 2,5 % betragen. Besitzt nun dieses neue Isotop die Massenzahl 177, und ist es in der zulässigen Höchstmenge von 2,5 % vorhanden, so würde sich das wahre At.-Gew. des Cp auf den Wert 174,96 erhöhen, der unserem neuen At.-Gew. 174,98 recht nahe kommt.

München, Chem. Universitätslaboratorium, den 30. Oktober 1937. O. HÖNIGSCHMID.

Der Durchgang sehr energiereicher Korpuskeln durch den Atomkern.

Auf Nebelkammeraufnahmen der Höhenstrahlung werden häufig Prozesse beobachtet, bei denen gleichzeitig mehrere schwere Teilchen verhältnismäßig geringer Energie auftreten und die man deshalb als Kernzertrümmerungen bezeichnet hat[2]. Um diese Prozesse näher zu studieren, wurde die Frage untersucht, welche Vorgänge nach der üblichen Theorie der Kernkräfte theoretisch zu erwarten sind, wenn ein Neutron oder Proton sehr hoher Energie den Atomkern durchdringt. Als Grundlage für diese Berechnungen wurde vorausgesetzt, daß zwischen je zwei Kernbausteinen ein Potential der Form

$$V_{12} = 0{,}038\, M c^2 \left[\frac{5}{24} (\varrho_1 \varrho_2)(\sigma_1 \sigma_2) + \frac{1}{8} (\varrho_1 \varrho_2)\right] e^{-\frac{r^2}{a^2}}$$

wirkt, wobei $a = 0{,}8 \frac{e^2}{m c^2} = 0{,}8\, r_0$ gesetzt wurde[3]. (M, m Protonen- bzw. Elektronenmasse, σ Spinkoordinate, ϱ unterscheidet Proton und Neutron.)

Ferner wurde angenommen, daß bei sehr großen gegenseitigen Geschwindigkeiten der Stoßpartner die Wirkungsquerschnitte für den Stoß aus diesem Potential nach der BORNschen Methode berechnet werden können.

Als Ergebnis dieser Berechnung zeigte sich, daß der Durchgang eines sehr schnellen Protons oder Neutrons durch den Atomkern große Ähnlichkeit aufweist mit dem Durchgang schneller Elektronen durch gewöhnliche Materie. Eine sehr energiereiche Korpuskel gibt längs ihrer ganzen Bahn durch den Atomkern Energie an die Teilchen ab, an denen es vorbeifliegt, wobei die Energie, die auf ein getroffenes Teilchen im Mittel übertragen wird, ungefähr 22 MEV beträgt. Die Wahrscheinlichkeit für die Übertragung sehr hoher Energien wird nach der Rechnung gering. Sei $\bar{n}(E)$ die mittlere Anzahl der Sekundärteilchen, die beim Durchgang eines sehr schnellen Protons durch einen Atomkern einen so großen Stoß erhalten, daß ihre Energie nach dem Verlassen des Atomkerns den Wert E übersteigt, so ergibt sich für Pb-Kerne und höchste Geschwindigkeit ($v \sim c$) des eindringenden Teilchens:

$\varepsilon = \frac{1000\,E}{M c^2} =$	20	40	60	80	100
$\bar{n}(E) =$	0,26	0,052	0,012	0,0019	0,00031

Die Wahrscheinlichkeit w_n dafür, daß bei einem Durchgang gleichzeitig n Sekundärteilchen des betreffenden Energiebereiches ausgelöst werden, wird unter der Voraussetzung $\bar{n} \ll 1$:

$n =$	1	2	3	4
$w_n =$	$\bar{n}$	$\frac{9}{16}\bar{n}^2$	$\frac{9}{40}\bar{n}^3$	$\frac{9}{128}\bar{n}^4$

Bei dem Vergleich dieser Zahlen mit der Erfahrung ist allerdings zu beachten, daß die ausgelösten Sekundärteilchen in vielen Fällen den Kern nicht verlassen, da sie vorher selbst wieder durch die anderen Kernteilchen gebremst werden und ihre Energie schließlich im Sinne der BOHRschen Deutung der Kernprozesse zu einer Temperaturerhöhung des ganzen Kernes verwenden. Nur die Teilchen, die an der Kernoberfläche sitzen, werden im allgemeinen aus dem Kern unmittelbar herausgeschlagen werden können. Da beim Pb-Kern etwa zwei Drittel aller Teilchen an der Oberfläche sitzen und jedes getroffene Oberflächenteilchen nur in der Hälfte der Fälle den Stoß in der Richtung vom Kern weg empfangen wird, darf man die Wahrscheinlichkeit dafür, daß ein Sekundärteilchen der Energie größer als E während des Stoßaktes den Kern wirklich verläßt, zu etwa $w_1/3$ ansetzen. Eine entsprechende Reduktion tritt für w_2 usw. ein. Nach dem Durchgang des schnellen Teilchens wird allerdings außerdem infolge der Temperaturerhöhung eine Kernverdampfung einsetzen, bei der Kernbausteine geringerer Energie den Kern verlassen können.

Der mittlere Energieverlust pro Zentimeter des durchdringenden Teilchens wird durch den Ausdruck

$$\frac{\partial \varepsilon}{\partial x} = 1660\, \varrho\, r_0^2 \frac{\left(1 + \frac{\varepsilon}{1000}\right)^2}{\varepsilon \left(1 + \frac{\varepsilon}{2000}\right)}$$

gegeben. Hierin ist $\varepsilon = \frac{1000\,E}{M c^2}$, r_0 der klassische Elektronenradius und ϱ die Anzahl der Kernbausteine pro Kubikzentimeter. Diesen Ausdruck kann man in zwei Weisen ausnützen: Man kann erstens die Reichweite R eines Teilchens in der dichten Kernmaterie ausrechnen und erhält hierfür:

$$R = r_0 \cdot 1{,}8 \cdot 10^{-4} \frac{\varepsilon^2}{1 + \frac{\varepsilon}{1000}}$$

Das stoßende Teilchen muß also mindestens eine Energie von etwa 150—200 MEV haben, um einen Bleikern zu durchdringen. Man kann zweitens den mittleren Energieverlust pro Zentimeter Bleischicht ausrechnen und mit dem Energieverlust durch Ionisation vergleichen. Der durch Kernprozesse hervorgerufene Energieverlust beträgt in Blei etwa das 0,37fache, in Aluminium nur das etwa 0,135fache des Energieverlustes durch Ionisation.

---

[1] H. GOLLNOW, Z. Physik 103, 443 (1936).

[2] Z. B. C. P. ANDERSON u. S. H. NEDDERMEYER, Physic. Rev. 50, 263 (1936); ferner die in der Gelatineschicht einer photographischen Platte beobachteten Kernzertrümmerungen von M. BLAU u. H. WAMBACHER, Nature (Lond.) 140, 585 (1937). — Vgl. auch G. HERZOG u. P. SCHERRER, J. Physique et Radium 6, 489 (1935) — G. H. RUMBOUGH u. G. L. LOCHER, Physic. Rev. 49, 855 (1936) — E. FÜNFER, Naturwiss. 25, 235 (1937) — E. SCHOPPER, Naturwiss. 25, 557 (1937).

[3] Der Ansatz für die Kernkräfte unterliegt einstweilen noch einer gewissen Willkür. Der obige Ansatz berücksichtigt die von G. BREIT u. E. FEENBERG [Physic. Rev. 50, 850 (1937)], H. VOLZ [Z. Physik 105, 551 (1937)], N. KEMMER [Nature (Lond.) 146, 192 (1937)] und E. FEENBERG [Physic. Rev. 50, 667 (1937)] aufgestellten Bedingungen. (In der VOLZschen Bezeichnung wurde $a_2 = -1/_{18}$, $a_4 = 1/_8$ gesetzt, was etwa der Grenze des nach VOLZ zulässigen Bereichs entspricht, während bei VOLZ noch $a_2 = a_4 = 0$ möglich schien.) Die Einwände E. FEENBERGS [Physic. Rev. 52, 759 (1937)] gegen die VOLZschen Bedingungen scheinen mir nicht genügend begründet, dagegen wurde in dem obigen Ansatz von der Darstellung der Sättigungsbedingungen bei E. FEENBERG [Physic. Rev. 51, 777 (1937)] Gebrauch gemacht. Die Reichweite der Kernkräfte wurde so festgesetzt, daß sie zu den älteren GAMOWschen Kernradien paßt [vgl. H. EULER, Z. Physik 105, 553 (1937)], da BOHR (Besprechung auf der Konferenz in Kopenhagen, September 1937) gezeigt hat, daß die neueren BETHEschen Radien einer eingehenden Kritik nicht standhalten.

Beim Durchgang eines Teilchens höchster Geschwindigkeit nimmt ein Bleikern im Mittel eine Energie von etwa 23,7 MEV auf. Langsamere Teilchen werden noch stärker gebremst, so daß der Bleikern maximal bis zu etwa 200 MEV Energie übernehmen kann. Bei der auf eine solche Energieaufnahme folgenden Verdampfung werden naturgemäß viele Sekundärteilchen emittiert.

Die hier aufgezählten Ergebnisse hängen zum Teil stark von den speziellen Voraussetzungen über die Kernkräfte ab, die der Rechnung zugrunde gelegt wurden, sie können also nur als grobe Abschätzungen gelten. Ferner bedarf die Frage, inwieweit die angenommenen Kräfte bei relativistischen Geschwindigkeiten der beteiligten Teilchen Gültigkeit behalten, einer besonderen Diskussion, die zusammen mit den Einzelheiten der Rechnung in einer späteren Arbeit durchgeführt werden soll.

Leipzig, den 2. November 1937.

W. Heisenberg.

Besprechungen.

van der Waerden, B. L., **Moderne Algebra.** Erster Teil. Zweite, verbesserte Auflage. (Die Grundlehren der mathematischen Wissenschaften in Einzeldarstellungen, Bd. XXXIII.) Berlin: Julius Springer 1937. X, 272 S. 16 cm × 24 cm. Preis RM 15.60, geb. RM 17.20.

Die Bedeutung des van der Waerdenschen Buches, für dessen Beliebtheit der rasche Verbrauch der 1. Auflage zeugt, ergibt sich am deutlichsten aus einer eingehenden Analyse seines Inhalts. Der Kürze halber bezeichnen wir den zu besprechenden 1. Band der „Modernen Algebra" mit M.A.I., den bis jetzt erst in der 1. Auflage vorliegenden 2. Band mit M.A.II. — Während M.A.II. auf die Höhepunkte der modernsten Algebra führt, ist das Hauptziel von M.A.I. eine „knappe, aber möglichst lückenlose Darstellung der Grundlagen der Gruppentheorie, elementaren Algebra und Körpertheorie unter scharfer Herausarbeitung der Eigenart der modernen abstrakten Methoden" (sinn-, wenn auch nicht wortgetreues Zitat aus dem Vorwort von M.A.I.). An der Spitze des Buches steht ein Kapitel über Mengenlehre, in dem die für die Algebra wichtigen Grundbegriffe (Zahlreihe, endliche und unendliche Mengen, Abzählbarkeit) kurz behandelt werden. Der Gruppentheorie sind das 2. und 6. Kapitel gewidmet. Es werden im wesentlichen alle die Sätze über abstrakte und Permutationsgruppen gebracht, die für die Entwicklung der Galoisschen Theorie, insbesondere für die Behandlung der auflösbaren Gleichungen, nötig sind. (Der Hauptsatz über endliche Abelsche Gruppen findet sich allerdings erst in M.A.II.) Charakteristisch für die Eigenart des Buches ist die Tatsache, daß nicht nur gewöhnliche kommutative und nichtkommutative Gruppen, sondern auch Gruppen mit Operatoren betrachtet werden. Besonders hervorgehoben sei in diesem Zusammenhang die Ableitung des Jordan-Hölderschen Isomorphiesatzes aus dem viel allgemeineren Schreierschen Hauptreihensatz, wo dem Leser an einem eindrucksvollen Beispiel gezeigt wird, daß die modernen abstrakten Methoden die Beweise nicht schwieriger, sondern einfacher und durchsichtiger machen.

Ein Kapitel über Ringe und Ideale bringt, abgesehen von einer Axiomatik des Euklidischen Algorithmus und einer ausführlichen Untersuchung der Hauptidealringe, im wesentlichen die einfachsten Grundbegriffe (Ideale, Primideale, Restklassenring). Beachtenswert ist die Berücksichtigung des Nichtkommutativen, sowohl beim Euklidischen Algorithmus, als auch in einem besonderen Paragraphen über Vektorräume und hyperkomplexe Systeme. Ein ähnliches Eingehen aufs Nichtkommutative findet sich später auch einige Male in der Körpertheorie, vor allem bei der Behandlung der linearen Gleichungen mit Körperkoeffizienten und bei der Definition von Normen und Spuren. Meistens handelt es sich dabei um Stellen, die in der 2. Auflage entweder neu eingefügt oder beträchtlich erweitert worden sind. Vom streng systematischen Standpunkt aus mögen diese vereinzelten Hinweise auf Nichtkommutatives in einem sonst rein kommutativen Zusammenhang angreifbar erscheinen. Ich halte sie für eine wertvolle Bereicherung von M.A.I., denn es ist mit Rücksicht auf M.A.II. äußerst wichtig, den Leser von vornherein nachdrücklich auf die Möglichkeit einer nichtkommutativen Ring- und Körpertheorie hinzuweisen.

In einem Kapitel über „ganze rationale Funktionen" werden alle die Sätze über das Rechnen mit Polynomen behandelt, die man in einem Lehrbuch der elementaren Algebra zu finden gewohnt ist (Nullstellen, Faktorenzerlegung, Irreduzibilität usw.). van der Waerden hat dabei in der 2. Auflage bei aller durch das Hauptziel des Buches gebotenen Knappheit eine gewisse Vollständigkeit angestrebt. Er hat nicht nur, was mir sehr begrüßenswert erscheint, einen Paragraphen über Interpolation wesentlich ausgebaut und einen über Partialbruchzerlegung neu eingefügt; er hat auch darüber hinaus 2 Paragraphen über die elementaren Eigenschaften der Resultante aus M.A.II. nach M.A.I. verpflanzt, was ich persönlich bedauere, da das Resultanten- und Eliminationskapitel in M.A.II. in seiner bisherigen Form sich durch besonders schöne Geschlossenheit auszeichnete. Sehr erfreulich ist die in der 2. Auflage verstärkte Berücksichtigung des Problems der „endlich vielen Schritte", vor allem bei der Faktorenzerlegung eines Polynoms über einem endlichen algebraischen Zahlkörper.

Der gewichtigste Teil von M.A.I. (5 Kapitel) ist der Körpertheorie gewidmet. An der Spitze steht der Körperaufbau nach Steinitz (Primkörper, Charakteristik, endliche algebraische und transzendente Erweiterungen, Galoisfelder). Besonders hervorgehoben sei die Ableitung der Sätze über lineare Abhängigkeit über einem Körper, die in moderner Weise so vollzogen wird, daß die Ergebnisse fast unmittelbar auf den Fall algebraischer Abhängigkeit übertragen werden können. Es folgt die Galoissche Theorie in der Form, die ihr von Dedekind und Steinitz gegeben wurde. Auf erstaunlich knappem Raum wird alles gebracht, was man von einem Elementarbuch der höheren Algebra erwarten kann (Kreisteilungsgleichungen; auflösbare Gleichungen, insbesondere von Primzahlgrad; Konstruktion mit Zirkel und Lineal usw.). Sehr schön ist die Aufstellung eines einfachen, auf Restklassenbildung im Koeffizientenbereich beruhenden Kriteriums für die Bestimmung der Gruppe einer Gleichung mit ganzrationalen Koeffizienten und die Benutzung dieses Kriteriums zur Konstruktion von Gleichungen mit symmetrischer Gruppe.

Zwei Kapitel beschäftigen sich mit unendlichen Körpererweiterungen. Auf die Untersuchung der algebraisch abgeschlossenen Körper und des Transzendenzgrades folgt die Betrachtung des Körpers aller gewöhnlichen reellen Zahlen und schließlich, als ein Glanzpunkt des Buches, die Darstellung der Artin-Schreierschen Theorie der abstrakten reellen, insbesondere der reell abgeschlossenen Körper. Hervorgehoben sei vor allem § 72, in dem Quadratsummendarstellungen in algebraischen Zahlkörpern behandelt

Sächs. Akad. Wiss. (Leipzig). Berichte d. math.-phys. Kl. *89*, 369–384 (1937)

SITZUNG VOM 8. NOVEMBER 1937.

Der Durchgang sehr energiereicher Korpuskeln durch den Atomkern.

Von

W. Heisenberg.

Bei der Beobachtung der durch die Höhenstrahlung hervorgerufenen Sekundärprozesse wurde häufig das gleichzeitige Auftreten mehrerer schwerer Teilchen verhältnismäßig geringer Energie bemerkt[1]); hieraus wurde geschlossen, daß gewisse, sehr energiereiche Höhenstrahlungsteilchen imstande sind, Kernumwandlungen hervorzurufen. Um diese Prozesse im Lichte unserer heutigen Kenntnisse des Atomkerns zu betrachten, soll die Frage gestellt werden, welche Vorgänge zu erwarten sind, wenn ein sehr energiereiches Neutron oder Proton den Atomkern durchdringt.

Zur Beantwortung dieser Frage muß eine Annahme über die Kräfte zwischen den Kernbausteinen zugrunde gelegt werden. Die Form des Potentials zwischen je zwei Kernteilchen ist in einer Reihe von Arbeiten durch Breit und Feenberg[2]), Volz[3]) und Kemmer[4]) untersucht worden. Aus diesen Untersuchungen ergeben sich verschiedene Einschränkungen für die mögliche Wahl dieses Potentials. Die Wechselwirkung kann aus ihnen aber nicht vollständig festgelegt werden. Aus Gründen der Einfachheit nehmen wir ein Potential an, das vom Abstand wie eine einfache Glockenkurve abhängt, wobei die Reichweite so gewählt wird, daß sich für die schweren Atomkerne Radien von der Ordnung der älteren Gamowschen Radien $R = (N + Z)^{\frac{1}{3}} \cdot 0{,}53\, r_0$ ($r_0 = \frac{e^2}{mc^2}$ = klassischer Elektronenradius) ergeben[5]). Für eine erhebliche Modifikation dieser Radien, wie sie Bethe[6]) vorge-

1) z. B. C. P. Anderson u. S. H. Neddermeyer, Phys. Rev. **50**, 263, 1936 und M. Blau u. H. Wambacher, Nature **140**, 585, 1937.

2) G. Breit u. E. Feenberg, Phys. Rev. **50**, 850, 1936; E. Feenberg, Phys. Rev. **52**, 667, 758, 1937.

3) H. Volz, Z. Physik **105**, 537, 1937.

4) N. Kemmer, Nature **140**, 192, 1937.

5) H. Euler, Z. Physik **105**, 553, 1937.

6) H. A. Bethe, Phys. Rev. **50**, 977, 1936.

Sächs. Akad. Wiss. (Leipzig). Berichte d. math.-phys. Kl. 89, 369–384 (1937)

schlagen hat, scheint nach den Überlegungen von Bohr und Kalckar[1]) keine genügende Grundlage gegeben zu sein. Die Abhängigkeit der Wechselwirkung von Spin und Ladung der Teilchen drücken wir durch den Spinvektor σ und den Ladungsvektor ϱ aus[2]) und wählen sie so, daß den verschiedenen Bedingungen von Breit und Feenberg, Volz und Kemmer Genüge geleistet wird. Wir setzen für die Wechselwirkung zweier Teilchen[3]):

$$J_{12} = A\left[\frac{5}{24}(\varrho_1\varrho_2)(\sigma_1\sigma_2) + \frac{1}{8}(\varrho_1\varrho_2)\right]e^{-\frac{r^2}{a^2}}, \tag{1}$$

wobei $0{,}7\, r_0 \leq a \leq r_0$ und $Aa^2 = 0{,}0245\, r_0^2 \cdot Mc^2$. Inwieweit die späteren Resultate von der getroffenen Wahl der σ- und ϱ-Abhängigkeit bestimmt sind, wird weiter unten besprochen werden. Um die Abhängigkeit von der Kraftreichweite überschauen zu können, wurden die Rechnungen jeweils für die beiden Grenzreichweiten $a = 0{,}7\, r_0$ und $a = r_0$ durchgeführt[4]).

§ 1. Wirkungsquerschnitt für den Stoß zweier Teilchen.

Bei dieser Annahme über die Wechselwirkung muß nun zunächst der Wirkungsquerschnitt für den Stoß zweier Teilchen berechnet werden. Für das stoßende Teilchen soll angenommen werden, daß seine Energie sehr groß ist verglichen mit der kinetischen Energie des getroffenen Kernbausteins, daß sie also mindestens etwa $0{,}1\, Mc^2$ beträgt. Der bei einem Stoß im Mittel übertragene Impuls hängt im wesentlichen nur von der Form des Kraftgesetzes (1) ab. Die beim Stoß übertragene Energie wird jedoch auch sehr stark durch die Geschwindigkeit des gestoßenen Teilchens vor dem Stoß beeinflußt. Wir müssen daher den Wirkungsquerschnitt für beliebige Geschwindigkeit des gestoßenen Teilchens berechnen.

Wir bezeichnen mit $\mathfrak{p}_1, E_1$ bzw. $\mathfrak{p}_2, E_2$ Impuls und Energie des stoßenden bzw. des gestoßenen Teilchens vor dem Stoß, mit $\mathfrak{p}_1', E_1'$ bzw. $\mathfrak{p}_2', E_2'$ die entsprechenden Größen nach dem Stoß. Ferner wird angenommen, daß die Geschwindigkeit des gestoßenen Teilchens vor und nach dem Stoß klein

1) N. Bohr u. F. Kalckar, Kgl. Dansk Vid. Selsk. Math.-fys. Medd. **14**, 10, 1937, vgl. auch L. Landau, Sowj. Phys. **11**, 556, 1937.

2) W. Heisenberg, Z. Physik **77**, 1, 1932. Vgl. auch E. Feenberg, Phys. Rev. **52**, 667, 1937.

3) Nach Abschluß dieser Arbeit ist eine Abhandlung von N. Kemmer, Phys. Rev. **52**, 906, 1937 erschienen, in der der gleiche Kraftansatz wie in Gl. (1) vorgeschlagen wird.

4) In der vorläufigen Mitteilung: W. Heisenberg, Naturw. **25**, 749, 1937 wurden die Resultate für $a = 0{,}8\, r_0$ nach einer noch etwas ungenaueren Rechnung angegeben.

gegen die Lichtgeschwindigkeit sei. Die Wellenfunktionen normieren wir in einem großen Volumen V und schreiben sie in der Form

$$\Psi_{\varrho \sigma \mathfrak{p}}(\mathfrak{r}) = \frac{1}{\sqrt{V}} a_{\varrho \sigma} e^{\frac{i}{\hbar} \mathfrak{p} \mathfrak{r}} . \tag{2}$$

Da die Energie des stoßenden Teilchens als sehr groß gegen die Bindungsenergie der leichtesten Atomkerne angesehen werden kann, ist es gerechtfertigt, die Wirkungsquerschnitte nach der Bornschen Methode abzuschätzen. Es genügt also, für die Bestimmung der Wirkungsquerschnitte das zu dem betreffenden Übergang gehörige Matrixelement der Wechselwirkungsenergie (1) zu berechnen.

Unter Berücksichtigung der Fermistatistik wird für den Anfangszustand

$$\begin{aligned} \Psi_{\varrho_1 \sigma_1 \mathfrak{p}_1 ;\, \varrho_2 \sigma_2 \mathfrak{p}_2} = \frac{1}{V\sqrt{2}} \Big(& a_{\varrho_1 \sigma_1}(1)\, a_{\varrho_2 \sigma_2}(2)\, e^{\frac{i}{\hbar}(\mathfrak{p}_1 \mathfrak{r}_1 + \mathfrak{p}_2 \mathfrak{r}_2)} \\ & - a_{\varrho_1 \sigma_1}(2)\, a_{\varrho_2 \sigma_2}(1)\, e^{\frac{i}{\hbar}(\mathfrak{p}_1 \mathfrak{r}_2 + \mathfrak{p}_2 \mathfrak{r}_1)} \Big) . \end{aligned} \tag{3}$$

Entsprechendes gilt für den Endzustand. Für das Matrixelement erhält man daher:

$$\begin{aligned} \begin{pmatrix} \varrho_1 \sigma_1 \mathfrak{p}_1 \\ \varrho_2 \sigma_2 \mathfrak{p}_2 \end{pmatrix} \Big| J \Big| \begin{pmatrix} \varrho_1' \sigma_1' \mathfrak{p}_1' \\ \varrho_2' \sigma_2' \mathfrak{p}_2' \end{pmatrix} = & \frac{\pi^{\frac{3}{2}} a^3}{V} \delta_{\mathfrak{p}_1' - \mathfrak{p}_1 ,\, \mathfrak{p}_2 - \mathfrak{p}_2'} \cdot A\, e^{-\frac{a^2}{4\hbar^2}(\mathfrak{p}_1 - \mathfrak{p}_1')^2}\, {}^{\varrho_1 \sigma_1}_{\varrho_2 \sigma_2}\Big[\frac{5}{24}(\varrho_1 \varrho_2)(\sigma_1 \sigma_2) + \frac{1}{8}(\varrho_1 \varrho_2)\Big]^{\varrho_1' \sigma_1'}_{\varrho_2' \sigma_2'} \\ & - \frac{\pi^{\frac{3}{2}} a^3}{V} \delta_{\mathfrak{p}_2' - \mathfrak{p}_1 ,\, \mathfrak{p}_2 - \mathfrak{p}_1'}\, A\, e^{-\frac{a^2}{4\hbar^2}(\mathfrak{p}_1 - \mathfrak{p}_2')^2}\, {}^{\varrho_1 \sigma_1}_{\varrho_2 \sigma_2}\Big[\frac{5}{24}(\varrho_1 \varrho_2)(\sigma_1 \sigma_2) + \frac{1}{8}(\varrho_1 \varrho_2)\Big]^{\varrho_2' \sigma_2'}_{\varrho_1' \sigma_1'} . \end{aligned} \tag{4}$$

Von den beiden Gliedern dieser Formel wird wegen der hohen Anfangsenergie des stoßenden Teilchens nur ein Term praktisch von Bedeutung sein. Wir setzen etwa fest $|\mathfrak{p}_1'| > |\mathfrak{p}_2'|$, dann braucht nur der erste Term in (4) berücksichtigt zu werden; die δ-Funktion in (4) ist der Ausdruck des Impulssatzes. Es sei im folgenden

$$\mathfrak{p}_1 - \mathfrak{p}_1' = \mathfrak{p}_2' - \mathfrak{p}_2 = \mathfrak{p} . \tag{5}$$

Die Übergangswahrscheinlichkeit ist dem Quadrat des Matrixelementes proportional. Da für die hier gestellten Fragen die Spinrichtung der Teilchen unwichtig ist, muß zur Bestimmung des gesamten Wirkungsquerschnitts über die Spinrichtungen des Endzustandes summiert, über die des Anfangszustandes gemittelt werden. Man erhält so

Sächs. Akad. Wiss. (Leipzig). Berichte d. math.-phys. Kl. *89*, 369–384 (1937)

$$\left(\begin{matrix}\varrho_1 \mathfrak{p}_1 \\ \varrho_2 \mathfrak{p}_2\end{matrix}\middle| J^2 \middle| \begin{matrix}\varrho_1' \mathfrak{p}_1' \\ \varrho_2' \mathfrak{p}_2'\end{matrix}\right) = \frac{\pi^3 a^6}{V^2} A^2 \cdot e^{-\frac{a^2}{2\hbar^2}\mathfrak{p}^2} \left|\begin{matrix}\varrho_1 \\ \varrho_2\end{matrix} (\varrho_1 \varrho_2) \begin{matrix}\varrho_1' \\ \varrho_2'\end{matrix}\right|^2 \cdot \frac{1}{4} \operatorname{Spur}\left[\frac{1}{8} + \frac{5}{24}(\sigma_1 \sigma_2)\right]^2$$
$$= \frac{7\pi^3 a^6}{48 V^2} A^2 e^{-\frac{a^2}{2\hbar^2}\mathfrak{p}^2} \left|\begin{matrix}\varrho_1 \\ \varrho_2\end{matrix} (\varrho_1 \varrho_2) \begin{matrix}\varrho_1' \\ \varrho_2'\end{matrix}\right|^2 . \quad (6)$$

Da der Atomkern ungefähr aus gleichviel Protonen und Neutronen besteht, soll dieser Ausdruck wieder über ϱ_2 gemittelt werden. Er wird dann auch unabhängig von ϱ_2'; d. h. das im Kern angestoßene Teilchen ist auch nach dem Stoß mit gleicher Wahrscheinlichkeit Proton oder Neutron. Für das mittlere Quadrat des Matrixelements erhält man nun

$$\left(\begin{matrix}\varrho_1 \mathfrak{p}_1 \\ \mathfrak{p}_2\end{matrix}\middle| J^2 \middle| \begin{matrix}\varrho_1' \mathfrak{p}_1' \\ \mathfrak{p}_2'\end{matrix}\right) = \frac{7\pi^3 a^6}{48 V^2} A^2 e^{-\frac{a^2}{2\hbar^2}\mathfrak{p}^2} \sum_{i=1}^{3} \left| \varrho_1 (\varrho_1^i) \varrho_1' \right|^2 . \quad (7)$$

Der letzte Faktor der rechten Seite ist 1 für den Übergang in ein gleichartiges, 2 für den Übergang in ein ungleichartiges Teilchen. Wenn also z. B. ein Proton auf ein Teilchen im Kern stößt, so ist das nach dem Stoß mit großer Energie weiterfliegende Teilchen in einem von drei Fällen ein Proton, in zwei ein Neutron. Wenn die Frage, ob Proton oder Neutron, nicht wesentlich ist, kann man auch diese beiden Fälle zusammenfassen und erhält schließlich

$$\left(\begin{matrix}\mathfrak{p}_1 \\ \mathfrak{p}_2\end{matrix}\middle| J^2 \middle| \begin{matrix}\mathfrak{p}_1' \\ \mathfrak{p}_2'\end{matrix}\right) = \frac{7\pi^3 a^6}{16 V^2} A^2 \cdot e^{-\frac{a^2}{2\hbar^2}\mathfrak{p}^2} . \quad (8)$$

Der Faktor $\frac{7}{16}$ in dieser Formel ist charakteristisch für die spezielle, von uns gewählte σ, ϱ-Abhängigkeit des Potentials. Für eine reine Majoranakraft wäre z. B. die Zahl $\frac{7}{16}$ zu ersetzen durch 1. Man erkennt hieraus, daß die Resultate für die Wirkungsquerschnitte um Faktoren der Größenordnung 1 geändert werden können, wenn sich eine andere σ, ϱ-Abhängigkeit der Kernkräfte als richtig erweist.

Zur Berechnung des Wirkungsquerschnitts muß nach bekannten Formeln von Dirac das Quadrat des Matrixelements noch multipliziert werden mit $\frac{2\pi}{\hbar \Delta E} \frac{V}{v_1}$. Hierin bedeutet ΔE den mittleren Energieabstand zweier Niveaus im Endzustand, die durch Quantelung der Wellenfunktionen im Volumen V gewonnen werden, v_1 die Anfangsgeschwindigkeit des stoßenden Teilchens. Der Endzustand kann charakterisiert werden durch den Vektor $\mathfrak{p} = \mathfrak{p}_1 - \mathfrak{p}_2$, für dessen Darstellung Polarkoordinaten sich als zweckmäßig erweisen: Neben dem Absolutbetrag p führen wir ein

$$\zeta = \cos \sphericalangle (\mathfrak{p}, \mathfrak{p}_1), \quad (9)$$

ferner den Winkel φ zwischen der $\mathfrak{p}_1, \mathfrak{p}_2$-Ebene und der $\mathfrak{p}_1, \mathfrak{p}$-Ebene. Schließlich sei noch

$$z = \cos \sphericalangle (\mathfrak{p}_2, \mathfrak{p}_1). \tag{10}$$

Die Anzahl der Niveaus, bei denen der Endzustand in den Grenzen p und $p + dp$, φ und $\varphi + d\varphi$, ζ und $\zeta + d\zeta$ liegt, ist also

$$V\, p^2\, dp\, d\zeta\, d\varphi / h^3. \tag{11}$$

Bei der Berechnung der Energie benutzen wir für $\mathfrak{p}_1$ bzw. $\mathfrak{p}_1'$ die relativistische Formel, da die Geschwindigkeit des stoßenden Teilchens nahe bei c liegen kann; für $\mathfrak{p}_2$ bzw. $\mathfrak{p}_2'$ kann man unrelativistisch rechnen. Dabei ist es von vornherein keineswegs sicher, daß das Potential (1) auch bei relativistischen Geschwindigkeiten des stoßenden Teilchens benutzt werden kann. Es liegt aber die Annahme nahe, daß die Gl. (8) richtig bleibt, so lange der übertragene Impuls $p \ll Mc$ (M Protonenmasse) ist, was wegen des schnellen Abfalls des Matrixelements in der überwiegenden Mehrzahl der Fälle zutrifft.

Für die Energie des Endzustandes erhält man

$$\begin{aligned} E &= c\sqrt{(Mc)^2 + (\mathfrak{p}_1 - \mathfrak{p})^2} - Mc^2 + \frac{1}{2M}(\mathfrak{p}_2 + \mathfrak{p})^2 \\ &= c\sqrt{(Mc)^2 + p_1^2 + p^2 - 2\, p p_1 \zeta} - Mc^2 \\ &\qquad + \frac{1}{2M}\left[p_2^2 + p^2 + 2\, p p_2 \left(z\zeta + \sqrt{1-z^2}\sqrt{1-\zeta^2}\cos\varphi\right)\right]. \end{aligned} \tag{12}$$

Bei festgehaltenen p und φ folgt daraus

$$\frac{\partial E}{\partial \zeta} = -\, p\, v_1 + \text{kleinere Glieder} \tag{13}$$

und nach (8), (11) und (13) schließlich für den differentiellen Wirkungsquerschnitt:

$$d\,Q = \frac{7\,\pi^3 a^6 A^2}{16\, v_1^2 h^3 \hbar}\, 2\pi\, p\, dp\, d\varphi\, e^{-\frac{a^2}{2\hbar^2}p^2} = \frac{7\,\pi}{64}\frac{a^6 A^2}{v_1^2 \hbar^4}\, p\, dp\, d\varphi\, e^{-\frac{a^2}{2\hbar^2}p^2}. \tag{14}$$

Übrigens folgt noch aus dem Energiesatz:

$$\zeta \approx \frac{p + 2\, p_2 \sqrt{1-z^2}\, \cos\varphi}{2\, M\, v_1} \ll 1, \tag{15}$$

d. h. das gestoßene Teilchen erhält den Stoß in einer Richtung nahezu senkrecht zu $\mathfrak{p}_1$, wie auch anschaulich einzusehen ist.

Wenn speziell das gestoßene Teilchen ursprünglich in Ruhe war, so wird der totale Wirkungsquerschnitt für alle Stöße, bei denen der Impuls des

Sächs. Akad. Wiss. (Leipzig). Berichte d. math.-phys. Kl. *89*, 369–384 (1937)

gestoßenen Teilchens nach dem Stoß den Wert P überschreitet:

$$Q = \frac{7\pi^2}{32}\frac{a^4 A^2}{v_1^2 \hbar^2} e^{-\frac{a^2}{2\hbar^2}P^2} = 0{,}233\left(\frac{c}{v_1}\right)^2 \cdot r_0^2 \cdot e^{-\alpha\varepsilon}, \tag{16}$$

wobei für $r_0 \geqq a \geqq 0{,}7\, r_0$ gilt: $0{,}18 \geqq \alpha \geqq 0{,}088$.

Hierin ist $\frac{1}{2M} P^2 = \frac{\varepsilon}{1000} Mc^2$ und $\frac{e^2}{mc^2} = r_0$ gesetzt.

§ 2. Mittelung über die Geschwindigkeitsverteilung im Kern.

Da die Bausteine des Atomkerns bereits im Normalzustand eine erhebliche Nullpunktsenergie besitzen, muß der mittlere Wirkungsquerschnitt für Zusammenstöße eines schnellen Protons mit einem Kernteilchen durch Mittelung von (14) über alle im Kern möglichen Geschwindigkeiten gewonnen werden. Daß die Berücksichtigung dieser Geschwindigkeiten für das Ergebnis wichtig ist, zeigt die Gl. (16). Nach dieser Gleichung werden an ein ruhendes Teilchen Energien übertragen, die je nach der Reichweite der Kräfte einen Betrag von 6 bzw. 12 T.M.E. (tausendstel Massen Einh.) nur selten überschreiten. Die Nullpunktsenergie der Teilchen im Kern erreicht aber Beträge bis zu etwa 20 T.M.E. Für die folgende Rechnung soll angenommen werden, daß die Kernmaterie als Fermisches Gas betrachtet werden kann. Aus der Voraussetzung über den Kernradius

$$R = (N + Z)^{\frac{1}{3}} \cdot 0{,}53\, r_0 \tag{17}$$

folgt die Dichte der Kernmaterie und damit der Maximalimpuls der Kernteilchen im Fermi-Gas. Es ergibt sich

$$\frac{1}{2M} p_{\max}^2 \approx 23 \text{ T.M.E.} \tag{18}$$

Wieder soll nach dem Wirkungsquerschnitt für alle Stöße gefragt werden, bei denen die Endenergie des gestoßenen Teilchens im Kern einen bestimmten Wert E_2' überschreitet. Setzt man $\frac{1}{2M} P^2 = E_2'$ so wird für den entsprechenden Wert von p bei gegebenem φ wegen (15) näherungsweise:

$$\left.\begin{aligned} P^2 &= p_2^2 + p^2 + 2\,pp_2\sqrt{1-z^2}\cos\varphi, \\ p &= -p_2\sqrt{1-z^2}\cos\varphi + \sqrt{P^2 - p_2^2(\sin^2\varphi + z^2\cos^2\varphi)}\,. \end{aligned}\right\} \tag{19}$$

Der differentielle Wirkungsquerschnitt (14) ist also über p von dem Wert (19) ab zu integrieren, danach ist noch die Mittelung über φ, z und p_2 durchzuführen. Wir setzen $p_2/p_{\max} = y$, $P/p_{\max} = \eta$; dann wird der gesuchte totale mittlere Wirkungsquerschnitt:

$$\begin{aligned}\overline{Q} &= \frac{21\pi}{128}\frac{a^4 A^2}{v_1{}^2 \hbar^2}\cdot\int\limits_0^{2\pi} d\varphi \int\limits_{-1}^{+1} dz \int\limits_0^1 dy\, y^2\, e^{-\beta\left[-y\sqrt{1-z^2}\cos\varphi + \sqrt{\eta^2 - y^2(\sin^2\varphi + z^2\cos^2\varphi)}\right]^2} \\ &= 0{,}0556\left(\frac{c}{v_1}\right)^2 \cdot r_0^2 \cdot f(\beta,\eta),\end{aligned} \tag{20}$$

wobei $f(\beta, \eta)$ das dreifache Integral auf der rechten Seite von (20) bedeutet und

$$\begin{aligned}\beta &= 2{,}02 \text{ für } a = 0{,}7\, r_0 \\ &= 4{,}15 \text{ ,, } a = \, r_0.\end{aligned} \tag{21}$$

Die durch η gegebene Energie E_2' des gestoßenen Teilchens nach dem Stoße im Kern ist noch nicht die Energie, mit der das Teilchen den Kern verläßt; denn es muß beim Austritt aus dem Kern noch die Potentialdifferenz zwischen dem mittleren Potential innerhalb und außerhalb des Kerns überwinden. Diese Differenz ist gegeben durch die Differenz der mittleren Gesamtenergie und der mittleren kinetischen Energie pro Teilchen und beträgt bei den hier zugrunde gelegten Annahmen etwa $-14{,}9 - \frac{3}{5}\,23 = -28{,}7$ T.M.E. Das gestoßene Teilchen verläßt den Kern also — wenn es nicht vorher gebremst wird (vgl. § 4) — mit der Energie

$$E = E_2 - 0{,}0287\, Mc^2. \tag{22}$$

Bei der numerischen Berechnung[1]) des Integrals $f(\beta, \eta)$ wird man für große Werte von β oder η nach kleinen Werten von φ und z im Exponenten entwickeln dürfen. Der Exponent wird dann näherungsweise

$$-\beta(\eta - y)^2\left[1 + \frac{y}{\eta}(z^2 + \varphi^2)\right]. \tag{23}$$

Bei größeren Werten von φ und z wird diese Darstellung des Exponenten zwar ganz unrichtig; aber diese größeren Werte von φ und z spielen nur dann eine Rolle, wenn der Exponent im ganzen klein bleibt und daher in erster Näherung vernachlässigt werden kann. Wir werden den Exponenten durchweg durch (23) ersetzen und außerdem als Integrationsgebiet in der z, φ-Ebene nicht das Viereck $1 \geqq z \geqq -1$; $\pi \geqq \varphi \geqq -\pi$, sondern den flächengleichen Kreis vom Radius 2 wählen; dann werden die Grenzfälle sehr kleiner und großer β-Werte richtig dargestellt. Man erhält so

1) Wegen der durch die physikalischen Voraussetzungen bedingten Unsicherheit der Resultate wurde auch bei den numerischen Rechnungen keine hohe Genauigkeit angestrebt. Der Fehler in den numerischen Resultaten dürfte einige Prozent betragen.

Sächs. Akad. Wiss. (Leipzig). Berichte d. math.-phys. Kl. *89*, 369–384 (1937)

$$f(\beta, \eta) = \frac{\pi \eta}{\beta} \int_0^1 \frac{dy\, y}{(\eta - y)^2} e^{-\beta(\eta - y)^2} \left[1 - e^{-\frac{4\beta y}{\eta}(\eta - y)^2}\right]. \tag{24}$$

Durch numerische Ausrechnung des Integrals erhält man für $f(\beta, \eta)$:

Tab. 1, Werte von $f(\beta, \eta)$:

$\eta =$	1	1,5	2	2,5
$\beta = 2{,}02$	2,95	0,73	0,052	0,0046
$\beta = 4{,}15$	2,35	0,21	0,0021	$9{,}4 \cdot 10^{-6}$

Der Abfall der Wirkungsquerschnitte mit wachsender Energie wird naturgemäß steiler, wenn die Reichweite der Kraft zunimmt; hieraus erklärt sich der Unterschied der beiden Zeilen in der Tabelle 1 für $f(\beta, \eta)$.

§ 3. Die beim Stoß aus dem Kern ausgelösten Sekundärteilchen.

Wir fragen nun nach der mittleren Anzahl $\bar{n}(E)$ der Sekundärteilchen einer Energie $> E$, die in einem Kern der Teilchenzahl $N + Z$ bei einem Stoß ausgelöst werden. Dabei sehen wir von der gegenseitigen Wechselwirkung der Teilchen zunächst ab. Diese Zahl $\bar{n}(E)$ erhält man, wenn man den Wirkungsquerschnitt durch den Kernquerschnitt teilt und mit der Anzahl der Kernbausteine multipliziert.

$$\bar{n}(E) = 0{,}063 \left(\frac{c}{v_1}\right)^2 (N + Z)^{\frac{1}{3}} f(\beta, \eta). \tag{25}$$

So ergibt sich z. B. für Pb, $v_1 = c$ und die beiden Kraftreichweiten $a = 0{,}7\, r_0$ und $a = r_0$:

Tab. 2, Werte von $\bar{n}(E)$:

$E =$	0	20	40	60	80	100 TME.
$a = 0{,}7\, r_0$	0,98	0,35	0,093	0,029	0,010	0,0037
$a = r_0$	0,66	0,10	0,011	0,0013	$1{,}5 \cdot 10^{-4}$	$1{,}7 \cdot 10^{-5}$

Die Wahrscheinlichkeit w_n dafür, daß beim Durchgang eines Teilchens n Sekundärteilchen einer Energie $> E$ ausgelöst werden, erhält man aus $\bar{n}(E)$ in folgender Weise: Sei $w\, dx$ die Wahrscheinlichkeit für die Auslösung eines solchen Teilchens auf der Strecke dx. Dann ist die Wahrscheinlichkeit für die Auslösung von $1, 2, \ldots n$ Teilchen auf dem Gesamtweg l:

$$n=1:\int\limits_0^l dx'\,(1-w\,dx)\,(1-w\,dx)\ldots w\,(1-w\,dx)=e^{-wl}wl\,,$$

$$n=2:\int\limits_0^l dx'\int\limits_{x'}^l dx''\,(1-w\,dx)\ldots w\,(1-w\,dx)\ldots w\,(1-w\,dx)=e^{-wl}\frac{(wl)^2}{2}\,,\qquad(26)$$

$$n:\qquad e^{-wl}\frac{(wl)^n}{n!}\,.$$

Die so gewonnenen Wahrscheinlichkeiten sind nun noch zu mitteln über alle Werte von l beim Durchlaufen einer Kugel vom Radius R:

$$w_n=\int\limits_0^{2R}\frac{dl\,l}{2R^2}\frac{(wl)^n}{n!}e^{-wl}=\frac{1}{2R^2w^2\cdot n!}\int\limits_0^{2Rw}dx\,x^{n+1}e^{-x}.\qquad(27)$$

Die mittlere Anzahl $\bar{n}$ wird jedoch

$$\bar{n}=w\bar{l}=\frac{4}{3}Rw\,,\ \text{also}$$

$$w_n=\frac{8}{9\bar{n}^2\cdot n!}\int\limits_0^{\frac{3\bar{n}}{2}}dx\,x^{n+1}e^{-x}\quad\text{und für }\bar{n}\ll 1:\qquad(28)$$

$$w_n=\frac{2(\frac{3}{2}\bar{n})^n}{n!\,(n+2)}\,,\ \text{speziell für}\qquad(29)$$

$$\begin{array}{lllll} n=1 & 2 & 3 & 4 \\ w_n=\bar{n} & \frac{9}{16}\bar{n}^2 & \frac{9}{40}\bar{n}^3 & \frac{9}{128}\bar{n}^4. \end{array}$$

Die so gewonnenen Zahlen können jedoch nicht unmittelbar mit dem Experiment verglichen werden. Denn die Sekundärteilchen werden in vielen Fällen, bevor sie den Kern verlassen können, durch die Wechselwirkung mit anderen Teilchen gebremst und verwenden ihre Energie daher, wenn man von der Bohrschen Beschreibung der Kernprozesse Gebrauch macht, nur zu einer Temperaturerhöhung des ganzen Kerns. Von den Wirkungen dieser Temperaturerhöhung soll später die Rede sein. Wenn man die Anzahl der Sekundärteilchen, die den Kern beim Stoß wirklich verlassen, abschätzen will, kann man etwa folgendermaßen schließen: Nur die Teilchen, die an der Kernoberfläche sitzen, können den Kern verlassen, und zwar nur dann, wenn der Stoß, den sie erhalten, vom Kern weggerichtet ist. Wir ersetzen also den Kern, der bisher als Kugel vom Radius R [vgl. (17)] betrachtet wurde, durch eine Kugelschale der Radien R und $R-0{,}85\,r_0$ ($0{,}85\,r_0$ ist die dritte Wurzel

Sächs. Akad. Wiss. (Leipzig). Berichte d. math.-phys. Kl. 89, 369–384 (1937)

aus dem mittleren Volumen pro Teilchen). Die Anzahl der Teilchen in dieser Schale ist dann für nicht zu kleine $N+Z$:

$$4{,}8\,(N+Z)^{\frac{2}{3}} - 7{,}7\,(N+Z)^{\frac{1}{3}}.$$

Für die mittlere Anzahl $\bar{n}_{eff}$ der tatsächlich austretenden Sekundärteilchen erhält man:

$$\bar{n}_{eff} = \left[0{,}15 - 0{,}24\,(N+Z)^{-\frac{1}{3}}\right]\left(\frac{c}{v_1}\right)^2 f(\beta,\eta), \tag{28}$$

	Pb	Ag	Fe
$\bar{n}_{eff}/\bar{n} =$	0,30	0,37	0,41.

Die Wahrscheinlichkeiten w_n für die Auslösung von n Sekundärelektronen, die den Kern wirklich verlassen, ergeben sich nach einer Rechnung, die der früheren genau analog ist, z. B. für den *Pb*-Kern zu:

$n =$ 1	2	3	4
$w_n = \bar{n}_{eff}$	$0{,}59\,\bar{n}^2_{eff}$	$0{,}24\,\bar{n}^3_{eff}$	$0{,}15\,\bar{n}^4_{eff}$.

§ 4. Die Bremsung des stoßenden Teilchens im Kern.

Das Primärteilchen, das den Kern durchquert und auf diesem Weg durch Stöße eventuell mehrmals die Ladung und die Spinrichtung ändert, verliert dabei die Energie, die es an die gestoßenen Teilchen abgibt. Wir berechnen nun die im Mittel an ein gestoßenes Teilchen abgegebene Energie. Der Wirkungsquerschnitt für einen Prozeß, bei dem die Energie des gestoßenen Teilchens einem Wert zwischen η und $\eta + d\eta$ entspricht, ist nach (20):

$$dQ = 0{,}556\left(\frac{c}{v_1}\right)^2 r_0^2\left(-\frac{\partial f(\beta,\eta)}{\partial\eta}\right)d\eta\,. \tag{29}$$

η ist jedoch noch kein Maß für die übertragene Energie, denn das gestoßene Teilchen hat im Kern schon vor dem Stoß eine gewisse kinetische Energie. In der Bezeichnung von Gl. (20) ist die übertragene Energie

$$\frac{1}{2M}\,p^2_{\max}\,(\eta^2 - y^2) = 0{,}023\,Mc^2\,(\eta^2 - y^2)\,. \tag{30}$$

Wir setzen daher nach (20):

$$\left.\begin{aligned} f(\beta,\eta) &= \int_0^1 dy\, g(\beta,\eta,y),\\ g(\beta,\eta,y) &= y^2\int_0^{2\pi} d\varphi \int_{-1}^{+1} dz\, e^{-\beta\left[-y\sqrt{1-z^2}\cos\varphi + \sqrt{\eta^2 - y^2(\sin^2\varphi + z^2\cos^2\varphi)}\right]^2}\,. \end{aligned}\right\} \tag{31}$$

Dann wird die im Mittel übertragene Energie, die wir mit u bezeichnen:

$$\left.\begin{aligned} u &= \frac{\int\limits_1^\infty d\eta \int\limits_0^1 dy \cdot 0{,}023\, M c^2 (\eta^2 - y^2)\left(-\frac{\partial g}{\partial \eta}\right)}{\int\limits_1^\infty d\eta \left(-\frac{\partial f}{\partial \eta}\right)} \\ &= 0{,}023\, M c^2 \frac{f(\beta, 1) + \int\limits_1^\infty 2\, d\eta\, \eta f(\beta, \eta) - \int\limits_0^1 dy\, y^2 g(\beta, 1, y)}{f(\beta, 1)} \end{aligned}\right\} \tag{32}$$

Die beiden Integrale im Exponenten müssen nach dem Verfahren von § 2 numerisch berechnet werden. Es wird

$$\left.\begin{array}{lll} \beta & = 2{,}02 & 4{,}15 \\ \int\limits_1^\infty d\eta\, \eta f(\beta, \eta) & = 1{,}23 & 0{,}90 \\ \int\limits_0^1 dy\, y^2 g(\beta, 1, y) & = 2{,}15 & 1{,}91 \\ u & = 0{,}025\, M c^2 & 0{,}022\, M c^2 . \end{array}\right\} \tag{33}$$

Diese Zahlen zeigen, daß an ein Teilchen im Kern infolge der Nullpunktsbewegung im Mittel bei einem Stoß etwa zwei- bis viermal soviel Energie übertragen wird, wie an ein ruhendes Teilchen (vgl. § 1); außerdem ist auch die Häufigkeit der Stöße in beiden Fällen etwas verschieden.

Es werde nun angenommen, daß das stoßende Teilchen Materie durchquert, die pro Kubikzentimeter ϱ Potronen oder Neutronen in Kernen enthält. Dann wird der mittlere Energieverlust pro cm:

$$\frac{\partial E}{\partial x} = -\varrho \int\limits_{\eta=1}^{\infty} dQ \cdot u = -0{,}0556 \left(\frac{c}{v_1}\right)^2 \varrho\, r_0^2 f(\beta, 1)\, u. \tag{34}$$

Setzt man $\varepsilon = \frac{1000\, E}{M c^2}$, so ergibt sich

$$\frac{\partial \varepsilon}{\partial x} = -\left(\frac{c}{v_1}\right)^2 \cdot \varrho\, r_0^2 \cdot \begin{cases} 4{,}1 \text{ für } a = 0{,}7\, r_0 \\ 2{,}9 \text{ für } a = \quad r_0. \end{cases} \tag{35}$$

Setzt man hierin für ϱ die Dichte der Kernmaterie ein, also nach (17):

$$\varrho = 1{,}61 \cdot r_0^{-3},$$

so erhält man

$$\frac{\partial \varepsilon}{\partial x} = -\frac{1}{r_0}\left(\frac{c}{v_1}\right)^2 \begin{cases} 6{,}6 \text{ für } a = 0{,}7\, r_0 \\ 4{,}6 \text{ für } a = \quad r_0. \end{cases} \tag{36}$$

Sächs. Akad. Wiss. (Leipzig). Berichte d. math.-phys. Kl. 89, 369–384 (1937)

Die Energie $\Delta\bar{\varepsilon}$, die ein Teilchen sehr hoher Energie ($v_1 \sim c$) im Mittel an einen Kern abgibt, folgt nach (36) zu

$$\Delta\bar{\varepsilon} = (N+Z)^{\frac{1}{3}} \cdot \begin{cases} 4{,}7 \text{ für } a = 0{,}7\, r_0 \\ 3{,}3 \text{ für } a = \quad r_0. \end{cases} \tag{37}$$

Teilchen geringerer Geschwindigkeit können jedoch sehr viel mehr Energie an einen Kern übertragen. Wir berechnen aus (36) die mittlere Reichweite, indem wir $\frac{c}{v_1}$ durch ε ausdrücken und integrieren:

$$R = r_0 \frac{\varepsilon^2}{1+\frac{\varepsilon}{1000}} \cdot \begin{cases} 1{,}5\cdot 10^{-4} \text{ für } a = 0{,}7\, r_0 \\ 2{,}2\cdot 10^{-4} \text{ für } a = \quad r_0. \end{cases} \tag{38}$$

Um den Durchmesser des Bleikerns ($\sim 6{,}3\, r_0$) zu durchlaufen, muß das Primärteilchen daher im Mittel eine Energie von mindestens (je nach der Reichweite der Kräfte) 220 oder 180 T.M.E. besitzen. Ein Teilchen dieser Energie wird bei einem zentralen Stoß auf den Bleikern häufig die ganze Energie abgeben. Die Übertragung noch höherer Energien wird ein verhältnismäßig seltener Vorgang sein, dessen Häufigkeit wir nun noch berechnen wollen.

Die Schwankungen des Energieverlustes um den Mittelwert (35), (36) lassen sich abschätzen, wenn man den Wirkungsquerschnitt (20) mit einer mathematisch bequemeren Form approximiert. Wir setzen näherungsweise [vgl. (20) u. (32)]:

$$\bar{Q} \approx 0{,}0556 \left(\frac{c}{v_1}\right)^2 r_0^2 f(\beta, 1)\, e^{-\frac{E}{u}} = g\, e^{-\frac{E}{u}} \tag{20a}$$

als Wirkungsquerschnitt für Stöße, bei denen mehr Energie als E übertragen wird. Die Exponentialfunktion gibt den Abfall der Funktion $f(\beta, \eta)$ einigermaßen wieder und Gl. (20a) führt natürlich zur richtigen im Mittel übertragenen Energie u. Die Wahrscheinlichkeit dafür, daß auf einer Strecke Δx in der Kernmaterie von der Dichte ϱ kein Teilchen getroffen wird, beträgt dann [vgl. (26)] $e^{-g\varrho\Delta x}$, die Wahrscheinlichkeit für die Auslösung von 1, 2, ... Teilchen der Energiebereiche E_1 bis $E_1 + dE_1$, E_2 bis $E_2 + dE_2 \ldots$

$$n = 1: \qquad e^{-g\varrho\Delta x} \frac{\Delta x g \varrho}{u} e^{-\frac{E_1}{u}}\, dE_1,$$

$$n = 2: \qquad e^{-g\varrho\Delta x} \frac{1}{2}\left(\frac{\Delta x g \varrho}{u}\right)^2 e^{-\frac{E_1+E_2}{u}}\, dE_1\, dE_2 \quad \text{usw.}$$

Die Wahrscheinlichkeit dw für die Übertragung einer Energie zwischen E und $E+dE$ im ganzen wird schließlich:

$$dw = e^{-g\varrho\Delta x}\sum_{n=1}^{\infty}\frac{1}{n!(n-1)!}\left(\frac{\Delta x g\varrho E}{u}\right)^n\frac{dE}{E}e^{-\frac{E}{u}}. \tag{39}$$

Aus (39) folgt für die mittlere auf der Strecke Δx übertragene Energie in Übereinstimmung mit (34):

$$\bar{E} = g\varrho\Delta x\cdot u,$$

für die mittlere Abweichung ΔE von diesem Mittelwert:

$$\overline{\Delta E^2} = 2\,\Delta x g\varrho\cdot u^2. \tag{40}$$

Die relativen Schwankungen werden also um so größer, je kleiner die „mittlere Stoßzahl“ $\Delta x g\varrho$ ist. Die Gleichungen (39) und (40) sind nur für solche Strecken Δx anwendbar, bei denen die Geschwindigkeit v_1 und damit g nicht merklich variiert. Man kann aber die Beiträge aufeinanderfolgender kurzer Strecken als unabhängige Schwankungen addieren und erhält als für beliebige Strecken gültige Formel:

$$\overline{\Delta E^2} = 2\bar{E}u. \tag{41}$$

Die relative Schwankung der übertragenen Energie

$$\sqrt{\frac{\overline{\Delta E^2}}{\bar{E}^2}} = \sqrt{\frac{2u}{\bar{E}}} \tag{41a}$$

wird also um so kleiner, je größer die mittlere übertragene Energie im Verhältnis zu $2u$ ist. Da $2u$ etwa 50 T.M.E. beträgt, sind die Schwankungen stets sehr groß; selbst bei den größten Werten von $\bar{E}$ (etwa 200 T.M.E.) sind Schwankungen der übertragenen Energie um 50 Prozent keineswegs unwahrscheinlich.

Die Gl. (35) für den mittleren Energieverlust kann man auch dazu benutzen, um den Energieverlust durch Bremsung im Kern zu vergleichen mit dem gewöhnlichen Energieverlust eines Protons durch Ionisation. ϱ bedeutet dann die Anzahl der Protonen und Neutronen im Kubikzentimeter der betreffenden Substanz. Die theoretische Formel für den Energieverlust durch Ionisation lautet nach Bloch[1]), wenn wir sie in unsere Bezeichnungen übertragen:

$$\left(\frac{\partial\varepsilon}{\partial x}\right)_{\text{Jon}} = -\,6{,}83\left(\frac{c}{v_1}\right)^2 r_0^2\cdot\varrho_Z\cdot b, \tag{42}$$

wobei
$$b = lg\frac{2mv_1^2}{Z\cdot 6{,}04\,Rh} - \frac{1}{2}lg\left(1-\frac{v_1^2}{c^2}\right) - \frac{v_1^2}{2c^2}.$$

1) F. Bloch, Z. Physik 81, 363, 1932; Gl. (34).

Sächs. Akad. Wiss. (Leipzig). Berichte d. math.-phys. Kl. 89, 369–384 (1937)

Hierin bedeutet ϱ_Z die Anzahl der Elektronen (und damit der Protonen) pro ccm, R die Rydberg-Konstante, m die Elektronenmasse. Für eine kinetische Energie des Primärteilchens von Mc^2 folgt[1])

$$b \approx 2{,}3\ (4{,}8 - \log_{10} Z), \text{ also}$$

$$\left(\frac{\partial \varepsilon}{\partial x}\right)_{\text{Kern}} \Big/ \left(\frac{\partial \varepsilon}{\partial x}\right)_{\text{Ion}} = \frac{N+Z}{Z} \frac{0{,}27 \text{ bzw. } 0{,}18}{4{,}8 - \log_{10} Z}. \tag{43}$$

Die Energieverluste durch Kernprozesse sind also nicht sehr viel kleiner als die durch Ionisation.

Bei dem Vergleich der Formel (43) mit experimentellen Daten ist noch zu beachten, daß ein Proton, das einen Kern durchquert, nach dem Durchgang durch den Kern sich häufig in ein Neutron verwandelt haben wird. Wenn also ein solches Teilchen große Materieschichten durchsetzt, so daß es auf dem Wege viele Kerne durchdringt, so wäre als mittlerer Energieverlust durch Ionisation nur die Hälfte des Wertes (42) einzusetzen. In Blei beträgt die mittlere Strecke zwischen zwei Kerntreffern etwa 12,5 cm. Bei Strecken von mehreren Metern Blei wäre also für den Ionisationsverlust nur die Hälfte von (42) anzunehmen.

§ 5. Folgeerscheinungen im getroffenen Kern.

Die von einem getroffenen Kern aufgenommene Energie wird — bis auf den Teil, der auf sofort ausgeschleuderte Sekundärteilchen entfällt — zu einer Temperaturerhöhung des ganzen Kerns verwendet werden. Die Wirkung einer solchen Erwärmung ist in den Arbeiten von Bohr, Kalckar, Weißkopf und Bethe[2]) ausführlich besprochen worden. Beim Durchgang sehr schneller Teilchen ist diese Temperaturerhöhung nach (37) im allgemeinen nicht wesentlich größer als bei gewöhnlichen Kernumwandlungsprozessen. Wenn jedoch Primärteilchen einer Energie von etwa 200 T.M.E. einen schwereren Kern treffen, so kann der Kern unter Umständen die ganze Energie übernehmen. In solchen Fällen kann auch ein schwerer Kern eine verhältnismäßig hohe Temperatur annehmen.

Z. B. hat ein *Ag*-Kern bei einer Energieaufnahme von 200 T.M.E. eine Temperatur von etwa 5 T.M.E. Die Folge dieser Erwärmung wird eine inten-

1) Die in der vorläufigen Mitteilung für *Pb* irrtümlich angegebene Zahl 0,37 für das Verhältnis (43) ist durch 0,21 zu ersetzen.

2) N. Bohr, Nature **137**, 344, 1936; Frenkel, Phys. Zs. d. Sowj. Un. **9**, 533, 1936; N. Bohr u. F. Kalckar, a. a. O.; V. Weißkopf, Phys. Rev. **52**, 295, 1937; H. A. Bethe, Rev. of mod. Phys. **9**, 79 u. f., 1937.

sive Verdampfung und Ausstrahlung sein. Wenn die Energien zur Ablösung eines Protons oder eines Neutrons aus dem Kern ungefähr gleich groß sind, so werden in schweren Kernen fast nur Neutronen ausgesandt werden. Denn die Protonen müßten bei der Verdampfung den von der Coulombschen Abstoßung herrührenden Gamowberg überwinden, der bei schweren Kernen etwa 10—15 T.M.E. hoch ist. Die Neutronen werden den Kern mit Energien verlassen, die der Temperatur des Kernes entspricht. Wegen der unregelmäßigen Schwankungen der Ablösearbeit der Neutronen und Protonen als Funktion von N und Z, die durch die Wirkung des Pauliprinzips bedingt sind, wird es — insbesondere wenn der Kern durch Emission mehrerer Neutronen schon eine relativ hohe Protonenzahl aufweist — aber auch nicht selten vorkommen, daß die notwendige Energie zur Ablösung eines Protons sehr viel geringer ist als die zur Ablösung eines Neutrons. In solchen Fällen können dann wohl auch Protonen emittiert werden. Ihre mittlere Energie wird sich von der durch die Temperatur bestimmten Energie der Neutronen um die Höhe des Gamowbergs unterscheiden, die Protonen werden einen schweren Kern also im allgemeinen mit einer Energie von über 10 T.M.E. verlassen. Die Emission von α-Teilchen dürfte wegen der (gegenüber den Protonen) doppelten Höhe des Gamowbergs bei schweren Kernen noch erheblich seltener sein.

§ 6. Vergleich mit dem Experiment.

Die besten Beispiele für Prozesse der in dieser Arbeit geschilderten Art liefern die von Blau und Wambacher l. c. berichteten Aufnahmen von Kernzertrümmerungen in der Gelatineschicht einer photographischen Platte. Von einem bestimmten Zentrum gehen mehrere (bis zu neun) Protonenspuren aus, die nach ihrer Reichweite Energien der Größenordnung 10 T.M.E. besitzen. Es ist wohl mit Sicherheit anzunehmen, daß mindestens ebensoviele, wahrscheinlich (wegen des Gamowbergs für die Protonen) mehr Neutronen den Kern bei dem gleichen Vorgang verlassen haben. Bei dem bestimmten Prozeß, dessen Bild in der Note von Blau und Wambacher veröffentlicht ist, wird man also auf eine Gesamtzahl der emittierten Teilchen von mindestens 15—20 und auf eine Gesamtenergie der Kernsplitter von mindestens 100 T.M.E. schließen müssen. Es dürfte sich also hier schon um einen außergewöhnlich energiereichen Zertrümmerungsprozeß gehandelt haben.

Die Aufnahmen von Blau und Wambacher geben keinen Aufschluß darüber, ob etwa gleichzeitig mit den Protonen noch Elektronen oder sehr energiereiche und daher schwach ionisierende Protonen den Kern verlassen

Sächs. Akad. Wiss. (Leipzig). Berichte d. math.-phys. Kl. 89, 369–384 (1937)

haben. Die einfachen Abschätzungen auf Grund der Kernkräfte geben auch keinen Anlaß, eine solche Emission von Teilchen hoher Energie zu erwarten. Dagegen deuten die in der Nebelkammer gemachten Aufnahmen von Anderson und Neddermeyer (l. c.) darauf hin, daß bei einer Kernzertrümmerung gleichzeitig auch leichte Teilchen sehr hoher Energie auftreten können.

Theoretisch kann man dies in folgender Weise verständlich machen: Die in den Abschnitten § 1—4 betrachteten Prozesse stellen offenbar ein genaues Analogon zur Bremsung schneller Elektronen durch Ionisation dar. Nun zeigt die elektrodynamische Theorie dieser Bremsung, daß auch bei höchster Energie der Primärelektronen die Ionisation sich nicht wesentlich von der bei kleinen Energien unterscheidet; dagegen tritt bei hohen Energien zu dieser Ionisation noch ein zweiter Vorgang: die Ausstrahlung, die im Mittel zu einer viel stärkeren Bremsung führen kann wie die Ionisation, und die insbesondere Prozesse veranlaßt, bei denen das Primärteilchen einen großen Teil seiner Energie mit einem Schlag in Form eines Lichtquants emittiert. Es liegt nun die Annahme nahe, daß auch bei den Kernprozessen ein Analogon zur Ausstrahlung existiert. Da die Kräfte zwischen Proton und Neutron wahrscheinlich durch das Elektron-Neutrinofeld übertragen werden, wäre als Analogon zur Ausstrahlung ein Prozeß anzusehen, bei dem das Primärteilchen einen erheblichen Teil seiner Energie in Form von leichten Partikeln emittiert. Solche Prozesse würden wohl auch erst für sehr hohe Energien des Primärteilchens eine Rolle spielen. Sie gehören zu den Vorgängen, bei denen nach der Fermischen Theorie des β-Zerfalls die gleichzeitige Aussendung vieler Sekundärteilchen möglich erscheint[1]). Ob tatsächlich bei einem solchen Kernprozeß viele Sekundärteilchen explosionsartig entstehen können, ist allerdings bisher noch nicht experimentell entschieden, doch macht die Diskussion der Hoffmannschen Stöße auf Grund der Kaskadentheorie[2]) die Existenz solcher Explosionen sehr wahrscheinlich[3]).

---

1) W. Heisenberg, Z. Physik **101**, 533, 1936.

2) J. F. Carlson u. T. R. Oppenheimer, Phys. Rev. **51**, 220, 1937; H. Bhabha u. W. Heitler, Proc. Roy. Soc. A. **159**, 432, 1937.

3) H. Euler, Vortrag auf der Physikertagung in Bad Kreuznach Sept. 1937, Physik Z. (im Erscheinen).

Annalen der Physik (5) *32*, 20–33 (1938)

Über die in der Theorie der Elementarteilchen auftretende universelle Länge

Von W. Heisenberg

Dieses Heft feiert den Schöpfer der Quantentheorie, die mehr als irgendeine andere Entdeckung der neueren Physik zu einer allgemeinen Veränderung und Klärung des physikalischen Weltbildes geführt hat. Diese Gelegenheit mag als Entschuldigung gelten, wenn die folgenden Überlegungen sich mehr mit allgemeinen und zum großen Teil bekannten Zusammenhängen beschäftigen, als dies vielleicht sonst im Rahmen einer Einzeluntersuchung zulässig schiene.

Vor einiger Zeit hat der Verf. darauf aufmerksam gemacht[1]), daß eine konsequente Anwendung der Fermischen Theorie des β-Zerfalls zu dem Schlusse nötigt, daß beim Zusammenstoß eines außerordentlich energiereichen Höhenstrahlungsteilchens mit einer anderen Partikel eventuell viele Teilchen explosionsartig auf einmal entstehen können. Dieser Vorgang sollte eintreten, wenn die Wellenlänge der stoßenden Teilchen im Schwerpunktsystem eine gewisse kritische Länge unterschreitet, die als eine universelle Länge von der Größenordnung des klassischen Elektronenradius

$$\frac{e^2}{m c^2} = r_0 = 2{,}81 \cdot 10^{-13}\ \text{cm}$$

in die Fermische Theorie des β-Zerfalls eingeht. Die Existenz solcher Explosionen schien damals durch die Experimente über die Schauer der Höhenstrahlung und die Hoffmannschen Stöße sehr wahrscheinlich. Inzwischen haben jedoch die Theorien von Carlson und Oppenheimer[2]) sowie Bhabha und Heitler[3]) gezeigt, daß ein großer Teil dieser Phänomene einfach auf Grund der Quantenelektrodynamik durch die sogenannte Kaskadenbildung gedeutet werden kann. Ferner sind von Yukawa[4]) und Wentzel[5]) andere Theorien des β-Zerfalls vorgeschlagen worden, die anscheinend die Experimente ebenso gut darstellen wie die Fermische Theorie, und die darüber hinaus eine Verknüpfung des β-Zerfalls mit der Existenz

1) W. Heisenberg, Ztschr. f. Phys. **101**. S. 533. 1936.
2) J. F. Carlson u. J. R. Oppenheimer, Phys. Rev. **51**. S. 220. 1937.
3) H. Bhabha u. W. Heitler, Proc. Roy. Soc. A **159**. S. 432. 1937.
4) H. Yukawa, Proc. Phys. Math. Soc. Japan **17**. S. 48. 1935.
5) G. Wentzel, Ztschr. f. Phys. **104**. S. 34. 1937; **105**. S. 738. 1937.

Annalen der Physik (5) *32*, 20–33 (1938)

der von Neddermeyer und Anderson[1]) neu entdeckten Teilchen in Aussicht stellen[2]). Daher steht die These, daß eine universelle Naturkonstante der Dimension einer Länge in dem Auftreten von Explosionen beim Zusammenstoß von Teilchen kleinerer Wellenlänge sichtbar werde, keineswegs auf sicherem Grund. Es sollen daher im folgenden die Argumente einzeln besprochen werden, welche die Vermutung nahelegen, es müsse in der Kernphysik und der Theorie der Ultrastrahlung auf eine universelle Länge der Ordnung r_0 Rücksicht genommen werden, und welche mit der möglichen Existenz der Explosionen in Zusammenhang stehen.

I. Die Konstanten c und $\hbar$

Die Entwicklung der neueren Physik lehrt, daß die Wirksamkeit einer grundlegenden Naturkonstanten zunächst durch die Widersprüche bemerkt wird, die sich beim konsequenten Ausbau von scheinbar experimentell völlig gesicherten umfassenden Theorien, insbesondere beim Zusammenfügen von zwei solchen Theorien, ergeben. So galt um die Jahrhundertwende die Newtonsche Mechanik sowie die Maxwellsche Theorie als gesicherter Besitz der Physik. Beim Versuch, beide Theorien zu vereinigen und die Elektrodynamik bewegter Körper auszuarbeiten, stellten sich jedoch schwere Widersprüche heraus, die erst behoben werden konnten, als man in der Lichtgeschwindigkeit c eine universelle Naturkonstante von allgemeinster Bedeutung erkannte, auf die bei der Formulierung jedes physikalischen Gesetzes Rücksicht genommen werden muß. In ähnlicher Weise mußte die von Gibbs und Boltzmann ausgearbeitete statistische Theorie der Wärme als endgültig angesehen werden. Bei der Anwendung dieser Theorie auf die Strahlungsprobleme, also beim Zusammenfügen der Maxwellschen Theorie und der Theorie der Wärme stellten sich jedoch sehr grobe Widersprüche heraus: für die Strahlung im Wärmegleichgewicht erhielt man im Rayleigh-Jeansschen Gesetz divergente Resultate. Erst die Plancksche Entdeckung zeigte, daß man beim Zusammenfügen dieser Theorien auf eine universelle Naturkonstante von der Dimension einer Wirkung Rücksicht nehmen muß.

---

1) S. Neddermeyer u. C. P. Anderson, Phys. Rev. **51**. S. 884. 1937; vgl. auch J. C. Street u. E. C. Stevenson, Bull. Amer. Phys. Soc. **12**. S. 2, 13. 1937.

2) Vgl. insbes. J. R. Oppenheimer u. R. Serber, Phys. Rev. **51**. S. 1113. 1937; E. C. G. Stückelberg, Phys. Rev. **52**. S. 42. 1937; H. Yukawa u. S. Sakata, Proc. Phys. Math. Soc. Japan **19**. S. 1084. 1937; N. Kemmer, Nature **141**. S. 116. 1938; H. Bhabha, Nature **141**. S. 117. 1938.

Als die allgemeinen Gesetzmäßigkeiten, die mit den Konstanten c und $\hbar$ verbunden sind, klar verstanden waren, erkannte man, daß es sich nicht eigentlich um eine Korrektur der früher als gesichert betrachteten Theorien gehandelt hatte. Die früheren Theorien haben als die anschaulichen Grenzfälle, in denen die Lichtgeschwindigkeit als sehr groß und das Wirkungsquantum als sehr klein betrachtet werden kann, weiter Bestand. Die Konstanten c und $\hbar$ bezeichnen vielmehr die Grenzen, in deren Nähe unsere anschaulichen Begriffe nicht mehr ohne Bedenken verwendet werden können. Man hat diesen Sachverhalt oft durch die Behauptung ausgedrückt, die früheren Theorien gingen aus Relativitätstheorie und Quantentheorie durch den Grenzübergang $c \longrightarrow \infty$, $\hbar \longrightarrow 0$ hervor. Diese Formulierung ist aber deswegen nicht ganz unbedenklich, weil sie nur dann richtig sein kann, wenn bestimmte Größen bei diesem Grenzübergang konstant gehalten werden (z. B. beim Übergang von der Quantenmechanik zur klassischen Mechanik die Massen und Ladungen der Elementarteilchen). In einer endgültigen Theorie aber würden diese Größen selbst aus den wenigen universellen Konstanten der Physik bestimmt sein, und eine Größenänderung der universellen Konstanten könnte an der Form der physikalischen Gesetze überhaupt nichts ändern. Der bei Konstanthaltung der genannten Größen vollzogene entgegengesetzte Grenzübergang $\hbar \longrightarrow \infty$ oder $c \longrightarrow 0$ führt übrigens zu sinnlosen Resultaten. Es erscheint also richtiger, bei der ersten Formulierung zu bleiben und $\hbar$ und c einfach als die Grenzen zu bezeichnen, die der Verwendung anschaulicher Begriffe gesetzt sind[1]).

Durch diese Eigenschaft unterscheiden sich übrigens die Konstanten $\hbar$ und c von anderen, weniger fundamentalen universellen Konstanten. Z. B. hängt etwa die Boltzmannsche Konstante k mit der willkürlichen Festsetzung der Temperaturskala zusammen und könnte aus einer Theorie der Aggregatzustände des Wassers berechnet werden, oder bei Messung der Temperatur im Energiemaß ganz wegfallen. Auch eine universelle Konstante wie die Masse des Protons hat keineswegs eine so prinzipielle Bedeutung wie $\hbar$ oder c; denn der Massenbegriff hat zweifellos auch bei noch kleineren Massen einen einfach angebbaren Sinn; z. B. kann die Masse eines Lichtquants noch am Lichtdruck gemessen werden. Es scheint daher zweckmäßig, Konstanten von solch grundlegenden Eigenschaften wie $\hbar$ und c etwa als „universelle Konstanten erster Art" vor den anderen auszuzeichnen.

1) Vgl. hierzu insbes. N. Bohr, Atomtheorie und Naturbeschreibung, Berlin, Springer 1931.

Annalen der Physik (5) 32, 20–33 (1938)

Diese universellen Konstanten erster Art sind, wenn man von den beiden bisher bekannten Beispielen $\hbar$ und c verallgemeinern darf, jeweils mit einer sehr allgemeinen Eigenschaft der Naturgesetze von dem Typus einer Invarianzeigenschaft verknüpft; sie stellen allgemeine Forderungen an die Form irgendeines physikalischen Gesetzes. Die spezielle Relativitätstheorie fordert die Invarianz aller physikalischen Gesetze gegenüber der Lorentztransformation, die Quantenmechanik fordert die Vertauschungsrelationen zwischen kanonisch konjugierten Variabeln, die Existenz von Wahrscheinlichkeitsamplituden und die Invarianz der Gesetze gegenüber Drehungen im Hilbertschen Raum.

Wenn man von den Gravitationserscheinungen absieht, die in der Atomphysik kaum eine Rolle zu spielen scheinen, so sind außer $\hbar$ und c in der Mikrophysik einstweilen keine weiteren universellen Konstanten erster Art bekannt.

II. Die universelle Länge

Nun ist es aber von vornherein klar, daß es in der Atomphysik noch eine weitere „universelle Konstante erster Art" von der Dimension einer Länge oder einer Masse geben muß. Denn da sich aus den Konstanten $\hbar$ und c dimensionsmäßig keine Länge oder Masse bilden läßt, so muß die Masse der Elementarteilchen und die Dimension der Atome und Atomkerne durch eine weitere universelle Konstante festgelegt sein. Obgleich nun aus einer universellen Länge r_0 stets eine universelle Masse m und umgekehrt aus der Masse eine Länge durch die Relation $m = \frac{\hbar}{c\, r_0}$ gebildet werden kann und es insofern unwesentlich scheint, ob man von einer universellen Länge oder Masse spricht, so kommt doch wohl die physikalische Bedeutung dieser Konstante klarer zum Ausdruck, wenn man sie als eine universelle Länge einführt. Denn dann bedeutet sie wieder eine Grenze für die Anwendung anschaulicher Begriffe: der Begriff einer Länge kann nur für Entfernungen, die groß sind gegen die universelle Länge, ohne Einschränkung angewendet werden. Eine ähnliche physikalische Deutung einer universellen Masse dagegen ist nicht in einfacher Weise möglich. Denn größere und kleinere Massen sind der Messung mit jeder Genauigkeit zugänglich. Wir wollen daher die neue Konstante als Länge einführen und ihr den Wert $r_0 = \frac{e^2}{m\, c^2} = 2{,}81 \cdot 10^{-13}$ cm geben. Diese letztere Festsetzung ist ja offenbar innerhalb gewisser Grenzen willkürlich, ebenso wie man willkürlich als universelle Konstante der Wirkung h oder $\hbar$ einführen kann. Erst die fertige Theorie lehrt, welches die zweckmäßigste Festsetzung ist, und es ist freilich nicht wahrscheinlich, daß sich gerade der Wert r_0 als der zweckmäßigste erweisen wird; doch hat er, wie die weiteren Überlegungen zeigen werden, jedenfalls die richtige Größenordnung. Die Festsetzung über r_0 soll auch *nicht* bedeuten, daß die universelle Länge mit der Frage nach der Elektronenladung in unmittelbarem Zusammenhange stünde.

Es soll nun im folgenden auseinandergesetzt werden, daß — wie wohl schon verschiedentlich ausgesprochen wurde — die Widersprüche, die bisher in der Quantenelektrodynamik, der Theorie des β-Zerfalls und der Kernkräfte allenthalben auftraten, verschwinden, wenn man auf die Einschränkungen achtet, die durch die universelle Länge r_0 vorgeschrieben werden; daß ferner die Länge r_0 in der Theorie der Elementarteilchen eine entscheidende Rolle spielen muß, und daß die Einschränkungen der Messungsmöglichkeiten, die durch r_0 bedingt sind, vielleicht durch die Existenz der Explosionen einfach verständlich gemacht werden können.

III. Die Divergenzen

Wendet man die Vorschriften der Quantentheorie auf eine relativistisch invariante Wellentheorie an, in der auch Wechselwirkungen der Wellen (d. h. nichtlineare Glieder in der Wellengleichung) vorkommen, so erhält man, wie vielfach bemerkt worden ist, divergente Resultate. Es liegt dies daran, daß die relativistische Invarianz eine „Nahewirkungstheorie" fordert, in der die Wechselwirkung dadurch bedingt ist, daß die Fortpflanzungsgeschwindigkeit einer Welle an einem Punkte durch die Amplitude einer anderen Welle an diesem Punkt bestimmt wird. Wegen der unendlich vielen Freiheitsgrade des Kontinuums, d. h. wegen der Möglichkeit von Wellen beliebig kleiner Wellenlänge werden aber die Eigenwerte einer Wellenamplitude an einem bestimmten Punkte unendlich. Dieser Widerspruch — der ja viel Ähnlichkeit mit dem Widerspruch im Rayleigh-Jeansschen Gesetz hat — bedeutet nun offenbar nicht eigentlich, daß die relativistische Wellentheorie oder die Quantentheorie falsch und zu verbessern wären, sondern weist darauf hin, daß beim Zusammenfügen der Quantentheorie und der relativistischen Wellentheorie auf eine universelle Konstante von der Dimension einer Länge Rücksicht genommen werden muß. In der Tat haben sich viele Autoren damit geholfen, daß sie die divergenten Integrale bei einer Länge von der Größenordnung r_0 (oder bei den entsprechenden Impulsen) künstlich konvergent machten oder abbrachen, womit sich vernünftige Ergebnisse erzielen ließen. Aber dieses Abbrechen kann im allgemeinen nicht in relativistisch invarianter Weise durchgeführt

Annalen der Physik (5) *32*, 20–33 (1938)

werden und ist natürlich nur als sehr vorläufiger Notbehelf zu betrachten. Denn in einer endgültigen Theorie müßten statt dessen die qualitativ neuen physikalischen Phänomene, die bei Längen der Ordnung r_0 auftreten (und die selbstverständlich der relativistischen Invarianzforderung genügen) richtig berücksichtigt werden, was von selbst zur Konvergenz der Integrale führen würde.

Eine Sonderstellung nimmt in dieser Betrachtung die Frage nach der Selbstenergie des Elektrons ein, die ja schon in der klassischen Theorie als Beweis für den endlichen Elektronenradius angesehen wurde. Diese bekannte klassische Begründung für den Radius r_0 kann zweifellos nicht in die Quantentheorie übernommen werden. Denn da die Ladung des Elektrons kleiner ist als die dimensionsmäßig entsprechende Größe $\sqrt{\hbar c}$, entziehen die durch die Quantentheorie bedingten unanschaulichen Züge in der Beschreibung des Elektronenfeldes der genannten klassischen Überlegung den Boden[1]. Man hätte also vielleicht hoffen können, daß eine Quantentheorie des Elektrons und seines umgebenden Feldes existiert, in der keinerlei Selbstenergie auftritt, das Elektron also keine Ruhmasse besitzt. Eine solche Theorie, die gewissermaßen durch den Grenzübergang $r_0 \longrightarrow \infty$ aus der richtigen Theorie hervorgeht, scheint aber ebenso sinnlos wie der früher besprochene Grenzübergang $\hbar \longrightarrow \infty$ in der Quantentheorie. Sobald aber eine endliche Ruhmasse des Elektrons sich aus einer Theorie ergeben soll, so muß diese Theorie außer $\hbar$ und c noch eine universelle Länge r_0, also Elemente enthalten, die mit Elektrodynamik und Quantentheorie nichts zu tun haben. Es scheint aus diesem Grunde unwahrscheinlich, daß eine Theorie der Sommerfeldschen Feinstrukturkonstante $e^2/\hbar c$ gefunden werden kann, bevor die durch r_0 bedingten neuen Züge der Naturbeschreibung, die ja zunächst mit der Frage nach der Elektronenladung gar nicht zusammenhängen, klargestellt sind.

Bei dieser Gelegenheit kann vielleicht das Problem der Gravitationskräfte kurz gestreift werden, von denen sonst in dieser Abhandlung nicht die Rede ist. Man kann die gegenseitige Schwere zweier Lichtquanten vergleichen mit der oben besprochenen elektrischen Wechselwirkung zweier Elektronen und nach der Gravitationsselbstenergie der Lichtquanten fragen[2]. Die Tatsache, daß die Lichtquanten keine Ruhmasse besitzen, legt hier zunächst den Gedanken nahe, daß in diesem Problem vielleicht r_0 keine Rolle spielen könnte. Es stellt sich jedoch heraus, daß — im Gegensatz

1) Vgl. N. Bohr u. L. Rosenfeld, Dansk Vid. Selsk. math. phys. Medd. **12**. S. 8. 1933.

2) Vgl. L. Rosenfeld, Ztschr. f. Phys. **65**. S. 589. 1930.

zum elektrischen Analogon — die Gravitationskonstante γ zusammen mit $\hbar$ und c selbst eine Länge auszeichnet: $l = \sqrt{\frac{\hbar\gamma}{c^3}} = 4 \cdot 10^{-33}$ cm. Der Umstand, daß diese Länge wesentlich kleiner ist als r_0, gibt uns das Recht, von den durch die Gravitation bedingten unanschaulichen Zügen der Naturbeschreibung zunächst abzusehen, da sie — wenigstens in der Atomphysik — völlig untergehen in den viel gröberen unanschaulichen Zügen, die von der universellen Konstanten r_0 herrühren. Es dürfte aus diesen Gründen wohl kaum möglich sein, die elektrischen und die Gravitationserscheinungen in die übrige Physik einzuordnen, bevor die mit der Länge r_0 zusammenhängenden Probleme gelöst sind.

Die Diskussion der mit r_0 verbundenen Fragen scheint also die vordringlichste Aufgabe. Man wird zu ihrer Behandlung in erster Linie die Erscheinungen der Kernphysik und der Höhenstrahlung zu studieren haben, bei denen von den elektrischen und den Gravitationswechselwirkungen in erster Näherung abgesehen werden kann.

In diesem Gebiet der Physik ist es vor allem die Theorie des β-Zerfalls, in der sich die genannte Divergenzschwierigkeit bei der Quantelung der Wellenfelder äußert. Legt man insbesondere die Fermische Theorie des β-Zerfalls zugrunde, so führt die konsequente Anwendung der Quantentheorie zu Divergenzen von so hohem Grad, daß die Resultate nicht nur quantitativ sondern auch qualitativ von der Art abhängen, wie die divergenten Integrale künstlich in konvergente umgewandelt werden. So haben z. B. die Berechnungen von v. Weizsäcker[1]), Fierz[2]) und anderen gezeigt, daß die Kräfte zwischen den Elementarteilchen, die sich aus der Theorie des β-Zerfalls ergeben, ganz von der Art des „Abschneidens" bei kleinen Wellenlängen abhängen. Dieser Umstand hat verschiedene Forscher veranlaßt, die qualitativen Konsequenzen der Fermischen Theorie, die in der Möglichkeit der Explosionen sich äußern, anzuzweifeln, da ja durch ein geeignetes Abschneiden bei hinreichend langen Wellen erreicht werden kann, daß die genannten Konsequenzen nicht eintreten[3]). Eine solche Schlußweise scheint mir jedoch auf einem Mißverständnis zu beruhen. Denn die Berechtigung zum Abschneiden kann doch umgekehrt nur aus den qualitativ neuen Erscheinungen entnommen werden, die bei den kritischen Wellen-

1) C. F. v. Weizsäcker, Ztschr. f. Phys. **102.** S. 572. 1936.

2) M. Fierz, Ztschr. f. Phys. **104.** S. 553. 1937.

3) G. Nordheim, L. W. Nordheim, J. R. Oppenheimer u. R. Serber, Phys. Rev. **51.** S. 1037. 1937.

längen eintreten. Wenn diese qualitativ neuen Erscheinungen gestrichen werden, verliert auch die Abschneidevorschrift jeden physikalischen Sinn.

Ersetzt man die Fermische Theorie des β-Zerfalls durch eine andere, in welcher der beim β-Zerfall sich abspielende Prozeß aus zwei elementaren Übergängen zusammengesetzt wird, wie dies Yukawa u. Wentzel (a. a. O.) versucht haben, so treten Divergenzen von geringerem Grad als bei Fermi auf. Die Theorie des β-Zerfalls erhält dann Ähnlichkeit mit der gewöhnlichen Strahlungstheorie, wobei an die Stelle des Lichtquants ein geladenes Teilchen mit Bosestatistik und einer Masse der Größenordnung $\hbar/c\,r_0$ tritt. Dieses Teilchen kann dann vielleicht mit den von Neddermeyer und Anderson (a. a. O.) vermuteten instabilen Teilchen identifiziert werden. Die Frage, ob in dieser Theorie bei den in der Höhenstrahlung vorkommenden Energien Explosionen zu erwarten sind, hängt davon ab, ob die der Sommerfeldschen Feinstrukturkonstante entsprechende Größe[1]) $g^2/\hbar c$ bei der Berechnung der Wirkungsquerschnitte als klein gegen Eins betrachtet werden kann. Ihr Wert liegt nun je nach der Masse der Yukawaschen Teilchen etwa zwischen $^1/_{10}$ und 1. Die Konsequenzen dieser Theorie für die Frage der Mehrfachprozesse sind daher einstweilen nicht zu übersehen. Im Grenzfall $\frac{g^2}{\hbar c} \ll 1$ werden die Mehrfachprozesse unwahrscheinlich; dies hat zur Folge, daß die Theorie zwar weitgehende Ähnlichkeit mit der Strahlungstheorie erhält, dafür aber die Berechtigung zu der auch in ihr notwendigen „Abschneidevorschrift" aus anderen in der Theorie nicht enthaltenen und unbekannten Phänomenen holen muß. Für Werte $\frac{g^2}{\hbar c} \sim 1$ dagegen führt auch diese Theorie zur Möglichkeit der Explosionen. Sie verliert jedoch dabei wohl die Ähnlichkeit zur Strahlungstheorie, da dann eine Entwicklung nach $g^2/\hbar c$ sinnlos werden dürfte[2]). Auf jeden Fall handelt es sich also hier — ebenso wie in der Fermischen Theorie — wohl nur um ein korrespondenzmäßiges Analogon zu einer endgültigen Theorie, in der die Länge r_0 an wesentlicher

1) H. Yukawa u. S. Sakata, a. a. O., S. 1090.

2) Wenn man die Ergebnisse von B. Kockel, Ztschr. f. Phys. **107**. S. 153. 1937 auf die Yukawa-Wentzelsche Theorie übertragen und verallgemeinern darf, so wären schon bei einem Wert $\frac{g^2}{\hbar c} = \frac{1}{10}$ die Mehrfachprozesse von etwa 10^8 eV ab die Regel. Schon für $\frac{g^2}{\hbar c} = \frac{1}{10}$ ist daher die Konvergenz einer Entwicklung nach Potenzen von $g^2/\hbar c$ sehr fraglich.

Stelle vorkommen muß. Wie fruchtbar andererseits solch ein korrespondenzmäßiges Analogon sein kann — selbst in einem Gebiet, in dem die unanschaulichen Züge bereits eine wesentliche Rolle spielen —, zeigt in der Vergangenheit etwa das Beispiel der Uhlenbeck-Goudsmitschen Theorie des Spins aufs deutlichste.

IV. Die Theorie der Elementarteilchen

Daß die bisherigen Theorien des β-Zerfalls nur den Charakter eines korrespondenzmäßigen Analogons haben können, scheint insbesondere daraus hervorzugehen, daß in ihnen die Massen der Elementarteilchen als eigene universelle Konstanten vorkommen. In der endgültigen Theorie müßten diese vielen verschiedenen Ruhmassen von Neutron, Proton, Elektron, Neutrino und den neuen labilen Teilchen sich in ähnlicher Weise aus der Konstante r_0 ergeben, wie etwa die Terme des Wasserstoffatoms aus der Rydbergkonstante. Nun wird es freilich große Bereiche der Physik geben, in denen die Massen der Elementarteilchen einfach als feste Parameter betrachtet werden können und in denen die Theorie dieser Massen auf später aufgeschoben werden kann; und zwar wird dies überall dort der Fall sein, wo es sich um Energieumsetzungen handelt, die im Schwerpunktsystem klein gegen die kritische Energie $\hbar c/r_0$ sind. In dieses Gebiet gehört nicht nur die ganze Physik der Atomhülle, sondern auch die gewöhnliche Kernphysik und die Theorie des β-Zerfalls. Erst wenn man die Theorie des β-Zerfalls zu verknüpfen sucht mit der Theorie der Kernkräfte, oder wenn man sie anwenden will auf Probleme der Höhenstrahlung, braucht man Aussagen über Prozesse mit großer Energieumsetzung. Bei solchen Aussagen wird man ein Eingehen auf die Theorie der Elementarteilchen nicht mehr vermeiden können. Man muß also schließen, daß alle Versuche, die β-Zerfallstheorie mit den Kernkräften, mit dem magnetischen Moment der Elementarteilchen und mit Prozessen der Höhenstrahlung zu verknüpfen, nur sehr vorläufigen Charakter haben können, solange in ihnen die Massen der Elementarteilchen als unabhängige Konstanten erscheinen. Denn wenn Prozesse diskutiert werden, bei denen Teilchen einer Ruhmasse der Ordnung $\hbar c/r_0$ entstehen, wird notwendig auf die bei der Länge r_0 eintretenden qualitativ neuen Erscheinungen geachtet werden müssen. Diese Erscheinungen müssen einerseits die Elementarmassen festlegen und andererseits den Grund für die Beseitigung der in Kap. III besprochenen Divergenzen abgeben.

Annalen der Physik (5) *32*, 20–33 (1938)

V. Die durch die universelle Länge r_0 bedingten neuen Erscheinungen

Welches sind nun die bei Entfernungen oder Wellenlängen der Größenordnung r_0 auftretenden neuen Erscheinungen? Solange es sich nur um die Bewegung einer einzigen Korpuskel handelt, kann wegen der relativistischen Invarianzforderungen die Konstante r_0 sich nur äußern im Auftreten einer Ruhmasse. Ob dieses einzige Teilchen eine Energie groß oder klein gegen die kritische Energie $h\,c/r_0$ hat, ist natürlich völlig gleichgültig, da die Energie vom Bezugssystem des Beobachters abhängt.

Wenn jedoch zwei Teilchen in Wechselwirkung treten, so wird es für das weitere physikalische Geschehen wesentlich sein, ob die kinetische Energie der Teilchen im Schwerpunktsystem bei ihrem Zusammentreffen groß oder klein gegen $\hbar\,c/r_0$ ist. Im Falle *kleiner* Energien kann, das zeigen die Erfahrungen der Kernphysik, das Verhalten der Teilchen so aufgefaßt werden, als wirke zwischen ihnen eine Kraft, die nur auf Abständen der Ordnung r_0 (im Schwerpunktsystem) merkliche Werte annimmt. Diese Wechselwirkungsenergien der Größenordnung $\hbar\,c/r_0$ und der Reichweite r_0 sind sozusagen das erste charakteristische Merkmal der Konstanten r_0. Es erscheint daher auch fraglich, inwieweit es zweckmäßig ist, diese Kräfte als abgeleitet aus den β-Zerfallskräften zu betrachten. In Wirklichkeit bilden wohl die Kernkräfte und die β-Zerfallskräfte eine Einheit, und man wird kaum von primären und abgeleiteten Wirkungen sprechen können. Aus ähnlichen Gründen wird man wohl auch annehmen dürfen, daß Kräfte der ungefähren Reichweite r_0 zwischen *allen* Arten von Elementarteilchen wirksam sind; eine Ausnahme bilden höchstens die Partikeln, deren Ruhmasse sehr viel kleiner als $h\,c/r_0$ ist (Elektronen, Neutrinos, Lichtquanten); bei denen werden vielleicht auch die „Kernkräfte" besonders schwach sein.

Sehr viel weniger als über die Wechselwirkung der Teilchen kleiner kinetischer Energie ist bekannt über die Wechselwirkung zweier Teilchen, die beim Zusammenstoß im Schwerpunktsystem eine kinetische Energie besitzen, die groß gegen $h\,c/r_0$ ist. Offenbar müssen die Prozesse, die sich hier abspielen, eng mit den unanschaulichen Zügen zusammenhängen, die durch die Konstante r_0 in die Physik hereingebracht werden; ähnlich, wie etwa das Verhalten eines Elektrons z. B. im Normalzustand des Wasserstoffatoms die charakteristischen unanschaulichen Züge der Quantentheorie besonders deutlich zeigt.

Nun wird man freilich nicht erwarten, daß man alle Möglichkeiten für die Äußerung der von r_0 stammenden unanschaulichen Züge beim Zusammenstoß energiereicher Teilchen zu überschauen vermag.

Aber die eine Möglichkeit, die durch die Fermische Theorie nahegelegt wird, soll noch ausführlich besprochen werden.

Es kann angenommen werden, daß beim Zusammenstoß zweier Teilchen, deren Energie im Schwerpunktsystem groß gegen $\hbar c/r_0$ ist, diese Energie im allgemeinen in einem Akt in viele Elementarteilchen aufgeteilt wird. Diese Annahme der Explosionen ergibt sich als Folgerung aus der Fermischen Theorie des β-Zerfalls. Aber ganz unabhängig von dieser Theorie ist sie eine logische Möglichkeit, die allen aus Relativitätstheorie und Quantentheorie stammenden Invarianzforderungen genügt.

Die Entstehung von neuen Elementarteilchen beim Zusammenstoß zweier energiereicher Partikel wird ja schon durch die Analogie zur Elektrodynamik nahegelegt: Die Wechselwirkung energiearmer Elektronen wird durch die Coulombsche Kraft bestimmt, wie dies in den Theorien der Bremsung und Ionisation ausführlich dargestellt wird. Bei der Ablenkung sehr energiereicher Elektronen dagegen spielt nach Bethe und Heitler die Strahlung die Hauptrolle. Man kann dies so auffassen: Bei der Ablenkung des nahezu mit Lichtgeschwindigkeit bewegten Elektrons kann sein elektrisches Feld wegen der Retardierung nicht ohne weiteres folgen, ein Teil dieses Feldes verläßt als Lichtquant den Ort, wo die Ablenkung stattgefunden hat. Dabei kann, wie die Theorie von Bethe und Heitler zeigt, das Lichtquant häufig einen erheblichen Teil der Energie des abgelenkten Teilchens mitnehmen. In ähnlicher Weise kann angenommen werden, daß beim Zusammenstoß zweier Elementarteilchen, die sich mit sehr großer Energie auf Abstände der Ordnung r_0 nähern, eine Mitführung des Kernfeldes bei der Ablenkung nicht ohne weiteres möglich ist, daß also ein Teil des Feldes in Form von Elementarteilchen, die dann wieder einen großen Teil der Gesamtenergie mitnehmen können, den Ort des Zusammenstoßes verläßt.

Diese Analogie lehrt auch, daß — wenn die Explosionen überhaupt stattfinden — erwartet werden muß, daß Teilchen *aller* Art in den Explosionen entstehen können. Diese Annahme wird zwar durch die Fermische Theorie nicht nahegelegt, da in ihr z. B. die neuentdeckten labilen Teilchen nicht vorkommen; sie scheint mir jedoch eine natürliche Konsequenz aus den physikalischen Grundlagen der Hypothese der Explosionen. Insbesondere werden also bei einer Explosion häufig Neddermeyer-Andersonsche Teilchen und Protonen und Neutronen entstehen.

Fragt man nach der experimentellen Prüfung dieser Hypothese der Explosionen, so muß man nach Merkmalen suchen, die gestatten, die Explosionen sicher von den Kaskaden zu unterscheiden. Ein

Annalen der Physik (5) 32, 20–33 (1938)

wichtiges Merkmal besteht zunächst darin, daß die Explosion sehr häufig mit einer Kernverdampfung gekoppelt sein wird[1]). Denn beim Zusammenstoß eines sehr energiereichen Teilchens mit einem ruhenden Elektron wird die im Schwerpunktsystem verfügbare Energie stets viel kleiner, als wenn das gleiche Teilchen mit einer ruhenden schweren Partikel zusammenstößt. Beim Zusammenstoß des energiereichen Teilchens mit einem Elektron wird daher die Energie im Schwerpunktsystem im allgemeinen nicht zur Bildung einer größeren Explosion ausreichen, wohl aber beim Zusammenstoß mit einem schweren Teilchen. Da diese meist in Kernen gebunden sind, wird nach der Explosion wahrscheinlich eine Verdampfung des durch die Explosion erwärmten Kerns stattfinden. Als weiteres Merkmal einer Explosion kann gelten, daß viele dabei entstehende Teilchen (wegen ihrer größeren Ruhmasse) keine Kaskaden mehr bilden können. Schließlich bleibt das wichtigste Merkmal der Explosion ihr Auftreten in einer sehr dünnen Schicht. Einige Wilsonaufnahmen von Fussell[2]) stellen mit großer Wahrscheinlichkeit kleinere Explosionen dar. Auch zeigt eine eingehende Analyse der Experimente über Hoffmannsche Stöße durch Euler[3]), daß in diesen Stößen wahrscheinlich Explosionen eine erhebliche Rolle spielen. Doch müssen hier weitere Experimente abgewartet werden.

Wenn die Explosionen tatsächlich existieren und die für die Konstante r_0 eigentlich charakteristischen Prozesse darstellen, so vermitteln sie vielleicht ein erstes, noch unklares Verständnis der unanschaulichen Züge, die mit der Konstanten r_0 verbunden sind[4]). Diese sollten sich ja wohl zunächst darin äußern, daß die Messung einer Länge mit einer den Wert r_0 unterschreitenden Genauigkeit zu Schwierigkeiten führt. In der Quantentheorie war es die Existenz der Materiewellen oder richtiger das Nebeneinander von Wellen- und korpuskularen Eigenschaften, das dafür sorgte, daß die durch die Unbestimmtheitsrelationen gesetzten Grenzen nicht überschritten werden. In ähnlicher Weise würden die Explosionen dafür sorgen können, daß Ortsmessungen mit einer r_0 unterschreitenden Genauigkeit unmöglich sind. Denkt man z. B. an die Ortsmessung durch ein γ-Strahlmikroskop, so müßten zur Erreichung der gewünschten

1) Vgl. hierzu auch W. Heisenberg, Ber. d. Sächs. Ak. d. Wiss. **89**. S. 369. 1938. Insbesondere § 6.

2) L. Fussell, Phys. Rev. **51**. S. 1005. 1937. Für die Übersendung einiger solcher Aufnahmen bin ich Herrn Fussell zu großem Dank verpflichtet.

3) H. Euler, im Erscheinen.

4) Über diesen Zusammenhang verdanke ich Herrn N. Bohr viele lehrreiche Diskussionen.

Genauigkeit γ-Strahlen einer Wellenlänge kleiner als r_0, also Lichtquanten einer Energie größer als $\hbar c/r_0$ verwendet werden. Diese Lichtquanten würden aber an dem zu beobachtenden Gegenstand, auch wenn er eine hinreichend große Masse besitzt — er kann sich dabei in Ruhe oder in Bewegung befinden — im allgemeinen nicht gestreut werden, sondern Explosionen bilden, bei denen die einzelnen entstehenden Teilchen eine Wellenlänge der Größenordnung r_0 besitzen. Eine Abbildung des Gegenstandes mit einer r_0 unterschreitenden Genauigkeit kann dann nicht zustande kommen.

In den letzten Jahren sind zwei verschiedene Versuche unternommen worden, eine universelle Länge r_0 in die Grundlagen des Formalismus der Atomphysik so einzubauen, daß die Divergenzschwierigkeiten der bisherigen Theorien vermieden werden. In mehreren Arbeiten haben Born und Infeld[1]) versucht, die Maxwellsche Theorie im Gebiet kleiner Wellenlängen so abzuändern, daß die Selbstenergie des Elektrons einen endlichen Wert annimmt. Diese Untersuchungen stellen zwar in gewissem Sinne die genaue Erfüllung des Programms der Lorentzschen Elektronentheorie dar, da sie die endliche Ruhmasse des Elektrons in einer relativistisch invarianten und konsequenten Weise berücksichtigen. Sie haben sich jedoch bisher nicht zu einer Quantentheorie des elektromagnetischen Feldes erweitern lassen. Auch nehmen sie wohl zu wenig Rücksicht auf den Umstand, daß die bei der Länge r_0 auftretenden neuen Erscheinungen nicht in der Elektrodynamik, sondern in der Kernphysik ihre Wurzel zu haben scheinen. Ein ganz anderer Versuch zur Beseitigung der Divergenzen ist von March[2]) unternommen worden, der eine Abänderung der Geometrie bei kleinen Längen vorschlägt. Nun entspricht zwar eine solche Abänderung der Geometrie der Vermutung, daß unsere anschaulichen Begriffe nur bis zu Längen der Ordnung r_0 anwendbar sind. Aber es ist die Frage, ob nicht in einem Formalismus, wie dem Marchschen, immer noch zu viele Begriffe der bisherigen Physik unbedenklich verwendet werden; auch ist der Anschluß der Marchschen Vorstellungen an die Erfahrungen der Kernphysik und der Höhenstrahlung bisher nicht erreicht worden.

Wenn man an die umfassenden Änderungen denkt, welche die formale Darstellung der Naturgesetze beim Verständnis der Konstanten c und $\hbar$ erfahren hat, so wird man damit rechnen, daß auch

1) M. Born, Proc. Roy. Soc. (A) **143.** S. 410. 1933; M. Born u. L. Infeld, ebenda **144.** S. 425. 1934; **147.** S. 522. 1934; **150.** S. 141. 1935.

2) A. March, Ztschr. f. Phys. **104.** S. 93 u. 161. 1936; **105.** S. 620. 1937; **106.** S. 49. 1937; **108.** S. 128. 1937.

Annalen der Physik (5) *32*, 20–33 (1938)

die Länge r_0 zu völlig neuen Begriffsbildungen zwingt, die weder in der Quantentheorie noch in der Relativitätstheorie ein Analogon besitzen. Insbesondere ist es denkbar, daß es auch hier eine mit Hilfe der Konstanten r_0 formulierbare Invarianzforderung gibt, der alle Naturgesetze zu genügen haben. Vielleicht wird man sich bei dem Versuch, diesen neuen Begriffsbildungen nachzuspüren, zunächst wieder mit Vorteil der Tatsache erinnern, daß es sich in der theoretischen Physik stets nur um die mathematische Verknüpfung beobachtbarer Größen handeln kann; daß uns also einstweilen nur die Aufgabe gestellt ist, Rechenregeln zu finden, durch die wir die Wirkungsquerschnitte der Höhenstrahlungsprozesse teils untereinander, teils mit anderen einfachen Beobachtungsdaten verknüpfen können. Aber zur erfolgreichen Durchführung eines solchen Programms wäre wohl auch eine erhebliche Erweiterung des bisherigen Beobachtungsmaterials die notwendige Voraussetzung.

Leipzig O 27, Bozener Weg 14.

(Eingegangen 13. Januar 1938)

Zeitschrift für Physik *110*, 251–266 (1938)

Die Grenzen der Anwendbarkeit der bisherigen Quantentheorie.

Von **W. Heisenberg**, Leipzig.

Mit 2 Abbildungen. (Eingegangen am 24. Juni 1938.)

Stellt man die Quantentheorie der Wellenfelder in einer Form dar, in der ihre relativistische Invarianz besonders einfach erkennbar wird, so bieten sich gewisse natürlich scheinende Annahmen über die Grenzen dar, bis zu denen die Anwendung der bisherigen Quantentheorie gerechtfertigt ist (Abschnitt 1). Diese Annahmen werden auf einige spezielle Fragen angewendet (Abschnitt 2). Schließlich werden die Erscheinungen besprochen, die außerhalb des Anwendungsbereichs der bisherigen Theorie liegen (Abschnitt 3).

Bekanntlich verbieten die in der Quantentheorie der Wellenfelder auftretenden Divergenzen bisher die Formulierung einer in sich geschlossenen Quantentheorie der Elementarteilchen[1]), die von den in der Kernphysik und der Höhenstrahlung beobachteten Erscheinungen von selbst Rechenschaft geben müßte. Dieser Umstand legt die Vermutung nahe, daß in der Theorie der Elementarteilchen eine universelle Konstante von der Dimension einer Länge eine grundsätzliche Rolle spielt und daß die genannten Divergenzen verschwinden, wenn man auf diese Konstante achtet[2]); von diesem Gesichtspunkt aus vergleicht man also die Divergenzen der heutigen Wellentheorie mit denen, die früher etwa im Gesetz der schwarzen Strahlung auftraten und die erst verschwanden, als man lernte, auf die universelle Konstante $\hbar$ in der Strahlungstheorie zu achten. Die universelle Länge sollte nach den Erfahrungen der Kernphysik etwa die Größenordnung des klassischen Elektronenradius $r_0 = 2{,}81 \cdot 10^{-13}$ cm besitzen. Als ihre charakteristischen Auswirkungen kann man die Existenz der Elementarteilchen der ungefähren Masse $\hbar/r_0 c$ ansehen (zu ihnen wird man die Neutronen, Protonen und die schweren Elektronen rechnen), die Kernkräfte von der Reichweite r_0 und schließlich das Auftreten von Explosionen beim Zusammenstoß von Teilchen, deren Energie im Schwerpunktsystem den Wert $\hbar c/r_0$ überschreitet. Gleichzeitig wird man annehmen, daß die universelle Länge die Grenzen der Anwendbarkeit der bisherigen Theorien bezeichnet in ähnlicher Weise, wie etwa $\hbar$ und c die Grenzen der Anwendbarkeit der klassischen Physik festlegen. Da die

[1]) Vgl. z. B. W. Pauli, Handb. d. Phys. **24**, S. 269 u. f. — [2]) Vgl. N. Bohr, Kongreß in Rom 1931, S. 121; Solvay-Bericht 1933, S. 216; M. Born, Proc. Roy. Soc. London (A) **143**, 410, 1933 u. f.; **165**, 291, 1938 u. f.; A. March, ZS. f. Phys. **104**, 93, 1936 u. f.; W. Heisenberg, Ann. d. Phys. **32**, 20, 1938.

Zeitschrift für Physik *110*, 251–266 (1938)

Länge einer Strecke keine relativistisch invariante Größe und es daher nicht ganz selbstverständlich ist, wie eine Konstante von der Dimension einer Länge eine relativistisch invariante Theorie begrenzen kann, soll im folgenden eine genauere Festlegung dieser Grenzen versucht werden. Dabei muß sogleich hervorgehoben werden, daß die Angabe, die universelle Länge habe die Größenordnung des klassischen Elektronenradius, dem Wert dieser Länge noch einen verhältnismäßig weiten Spielraum lassen soll. Wahrscheinlich stellt $r_0 = 2{,}81 \cdot 10^{-13}$ cm eher eine obere Grenze für diese Konstante in den folgenden Rechnungen dar und es wäre in manchen Formeln vielleicht richtiger, r_0 durch einen fünf- oder zehnmal kleineren Wert zu ersetzen. Eine solche Unbestimmtheit kann einstweilen nicht vermieden werden; auch in der Quantenmechanik konnte ja erst die exakte Theorie die Vorstellung der Phasenraumzellen von der Größe h präzisieren zu der Gleichung $\Delta p \cdot \Delta q \geqq h/4\pi$.

1. Festlegung der Grenzen.

a) Zunächst soll der mathematische Apparat einer relativistisch-invarianten Quantentheorie der Wellenfelder, so wie er sich darstellt, wenn man auf die Divergenzen nicht weiter achtet, kurz beschrieben werden. In einer solchen Theorie treten Wellenfunktionen auf, die jeweils einer bestimmten Teilchenzahl zugeordnet sind; etwa die elektromagnetischen Wellen, die Lichtquanten repräsentieren, die de Broglieschen Wellen der Elektronen usw. Zu jeder Wellenfunktion gibt es eine kanonisch konjugierte, und zwischen kanonisch konjugierten Wellenfunktionen bestehen die üblichen Vertauschungsrelationen. Die Hamilton-Funktion enthält Integrale über quadratische Ausdrücke in den Wellenfunktionen, die die kinetische Energie der freien Teilchen bedeuten; ferner die Wechselwirkungsterme. Diese Wechselwirkungsenergien sind in den meisten einfachen Fällen Raumintegrale über einen Skalar, der aus mehr als zwei Wellenfunktionen verschiedener Teilchensorten aufgebaut ist. Die Wellenfunktionen können nach ebenen Wellen unter Annahme irgendeiner Periodizitätsbedingung entwickelt werden:

$$\psi(\mathfrak{r}, t) = \sum C_{\mathfrak{k}}^{\lambda}\, a_{\mathfrak{k}}^{\lambda}(t)\, e^{i\mathfrak{k}\mathfrak{r}}; \tag{1}$$

hierin bedeuten $C_{\mathfrak{k}}^{\lambda}$ die Normierungskonstanten, während für $a_{\mathfrak{k}}^{\lambda}$ die üblichen Beziehungen

$$a_{\mathfrak{k}}^{*\lambda} a_{\mathfrak{l}}^{\mu} + a_{\mathfrak{l}}^{\mu} a_{\mathfrak{k}}^{*\lambda} = \delta_{\mathfrak{l}\mathfrak{k}}\,\delta_{\mu\lambda}; \quad a_{\mathfrak{k}}^{*\lambda} a_{\mathfrak{k}}^{\lambda} = N_{\mathfrak{k}}^{\lambda} \tag{2}$$

gelten sollen; $N_{\mathfrak{k}}^{\lambda}$ bedeutet die Anzahl der Teilchen der Sorte λ mit dem Impuls $\mathfrak{k}$ und hat (hier ist als Beispiel das Pauli-Prinzip vorausgesetzt) die Eigenwerte 0 und 1.

Die Quantentheorie beschreibt nun das Verhalten eines den Zustand des Systems repräsentierenden Funktionals, das z. B. von den $N_{\mathfrak{k}}^{\lambda}$ abhängen kann. Die zeitliche Änderung dieses Funktionals $\Phi(N_{\mathfrak{k}}^{\lambda} \dots t)$ wird festgelegt durch die Funktionalgleichung

$$H\Phi = i\hbar \frac{\partial \Phi}{\partial t}, \tag{3}$$

wobei in der Hamilton-Funktion H in der üblichen Weise die $a_{\mathfrak{k}}^{\lambda}$ als Operatoren aufgefaßt werden müssen, die $N_{\mathfrak{k}}^{\lambda}$ in $1 - N_{\mathfrak{k}}^{\lambda}$ verwandeln. Die Hamilton-Funktion hat in diesen Operatoren etwa die Gestalt:

$$H = \sum N_{\mathfrak{k}}^{\lambda} E_{\mathfrak{k}}^{\lambda} + \int H_{\mathfrak{k}\mathfrak{k}'\mathfrak{k}''\mathfrak{k}'''}^{\varkappa\lambda\mu\nu} a_{\mathfrak{k}}^{*\varkappa} a_{\mathfrak{k}'}^{\lambda} a_{\mathfrak{k}''}^{*\mu} a_{\mathfrak{k}'''}^{\nu} e^{i(\mathfrak{k}'+\mathfrak{k}'''-\mathfrak{k}-\mathfrak{k}'')\mathfrak{r}} \, d\mathfrak{r}, \tag{4}$$

wobei $E_{\mathfrak{k}}^{\lambda}$ die Energie der freien Teilchen zum Impuls $\mathfrak{k}$, und das Integral die Wechselwirkungsenergie darstellt. Setzt man nun

$$\chi(N_{\mathfrak{k}}^{\lambda} \dots t) = \Phi(N_{\mathfrak{k}}^{\lambda} \dots t)\, e^{\frac{i}{\hbar}\sum\limits_{\mathfrak{k}\lambda} E_{\mathfrak{k}}^{\lambda} N_{\mathfrak{k}}^{\lambda} t}, \tag{5}$$

so gilt für χ die Gleichung:

$$i\hbar\, e^{-\frac{i}{\hbar}\sum E_{\mathfrak{k}}^{\lambda} N_{\mathfrak{k}}^{\lambda} t} \frac{\partial \chi}{\partial t}$$

$$= \int \sum H_{\mathfrak{k}\mathfrak{k}'\mathfrak{k}''\mathfrak{k}'''}^{\varkappa\lambda\mu\nu} e^{i(\mathfrak{k}'+\mathfrak{k}'''-\mathfrak{k}-\mathfrak{k}'')\mathfrak{r}} \, d\mathfrak{r}\, a_{\mathfrak{k}}^{*\varkappa} a_{\mathfrak{k}'}^{\lambda} a_{\mathfrak{k}''}^{*\mu} a_{\mathfrak{k}'''}^{\nu} e^{-\frac{i}{\hbar}\sum E_{\mathfrak{k}}^{\lambda} N_{\mathfrak{k}}^{\lambda} t} \cdot \chi \tag{6}$$

oder

$$\chi(N_{\mathfrak{k}}^{\lambda} \dots ;\, t + dt)$$

$$= \Big(1 - \frac{i\,dt}{\hbar} \int d\mathfrak{r} \sum H_{\mathfrak{k}\mathfrak{k}'\mathfrak{k}''\mathfrak{k}'''}^{\varkappa\lambda\mu\nu} e^{i(\mathfrak{k}'+\mathfrak{k}'''-\mathfrak{k}-\mathfrak{k}'')\mathfrak{r} - \frac{i}{\hbar}(E'+E'''-E-E'')t}$$

$$a_{\mathfrak{k}}^{*\varkappa} a_{\mathfrak{k}'}^{\lambda} a_{\mathfrak{k}''}^{*\mu} a_{\mathfrak{k}'''}^{\nu}\Big)\, \chi(N_{\mathfrak{k}}^{\lambda} \dots t). \tag{7}$$

Diese Schreibweise macht deutlich, wie die Änderung des Zustandes der freien Teilchen hervorgerufen wird durch die Übergangsprozesse, die in den Operatoren der Wechselwirkungsenergie ausgedrückt sind. Eine einfache Verallgemeinerung der Gleichung (7) führt zu der Formel:

$$\chi(N_{\mathfrak{k}}^{\lambda} \dots ;\, t_1) = \prod \Big\{1 - \frac{i}{\hbar}\, d\omega \sum e^{i(\mathfrak{k}'+\mathfrak{k}'''-\mathfrak{k}-\mathfrak{k}'')\mathfrak{r} - \frac{i}{\hbar}(E'+E'''-E-E'')t}$$

$$\cdot H_{\mathfrak{k}\mathfrak{k}'\mathfrak{k}''\mathfrak{k}'''}^{\varkappa\lambda\mu\nu} \cdot a_{\mathfrak{k}}^{*\varkappa} a_{\mathfrak{k}'}^{\lambda} a_{\mathfrak{k}''}^{*\mu} a_{\mathfrak{k}'''}^{\nu}\Big\}\, \chi(N_{\mathfrak{k}}^{\lambda} \dots ;\, t_0). \tag{8}$$

Das Produkt über $d\omega$ ($d\omega$ ist das vierdimensionale Volumenelement $d\mathfrak{r} \cdot dt$) ist zu erstrecken über das ganze Raumzeitgebiet zwischen den durch die beiden Zeiten t_0 und t_1 bestimmten Schnitten. Dabei brauchen diese Schnitte nicht notwendig parallel zu sein, nur muß in dem ganzen Raumgebiet, in dem der Vorgang sich abspielt, $t_1 > t_0$ sein. Ferner ist bei der

Bildung des Produktes wegen der Nichtkommutativität stets darauf zu achten, daß die Faktoren zeitlich geordnet sind, d. h. daß die zu größeren Zeiten gehörigen Faktoren weiter links stehen; die zeitliche Ordnung ändert sich bei Lorentz-Transformationen nicht. Die relativistische Invarianz des ganzen Formalismus ist also an Gleichung (8) unmittelbar ersichtlich, wenn man sich daran erinnert, daß die Wechselwirkungsenergiedichte ein Skalar, also lorentz-invariant ist. Wenn man die Wechselwirkungsenergie als kleine Störung betrachtet, so kann man aus (8) leicht die bekannten Formeln für den Übergang des Systems in einen anderen Zustand ableiten. Charakterisiert man den Zustand zur Vereinfachung der Schreibweise durch einen Index $(i, k, \ldots)$ statt durch die Angabe der Impulse der Teilchen, so erhält man für den Übergang aus einem Zustand i in einen Zustand k die Formel

$$\chi_k(t_1) = \Big\{\delta_{ki} - \frac{i}{\hbar} H_{ki} \int_{t_0}^{t_1} e^{\frac{i}{\hbar}(E_k - E_i)t}\, dt$$

$$+ \sum_l \left(-\frac{i}{\hbar}\right)^2 H_{kl} H_{li} \int_{t_0}^{t_1} dt'\, e^{\frac{i}{\hbar}(E_k - E_l)t'} \int_{t_0}^{t'} dt''\, e^{\frac{i}{\hbar}(E_l - E_i)t''} + \cdots\Big\} \chi_i(t_0). \quad (9)$$

Hierin bedeuten die H_{ki} schon die Raumintegrale über die Wechselwirkungselemente in (8); die H_{ki} gehören also zu Übergängen, bei denen der Impuls erhalten bleibt. Ferner ist für (9) vorausgesetzt, daß die Schnitte t_1 und t_0 parallel sind, d. h. Gleichung (9) bezieht sich auf ein bestimmtes Koordinatensystem. Wenn von einem bestimmten Anfangszustand i aus ein bestimmter Endzustand k nur durch mehrere Schritte (Übergänge $k \to l$) erreicht werden kann, so fallen die ersten Glieder der Reihe (9) weg. Z. B. erhält man bei mindestens zwei Schritten in erster Näherung

$$\chi_k(t_1) = \sum_l H_{kl} H_{li} \Bigg\{ \frac{e^{\frac{i}{\hbar}(E_k - E_i)t_1} - e^{\frac{i}{\hbar}(E_k - E_i)t_0}}{(E_k - E_i)(E_l - E_i)}$$

$$- \frac{e^{\frac{i}{\hbar}(E_k - E_l)t_1} - e^{\frac{i}{\hbar}(E_k - E_l)t_0}}{(E_k - E_l)(E_l - E_i)} \cdot e^{\frac{i}{\hbar}(E_l - E_i)t_0} \Bigg\} \chi_i(t_0).$$

Das erste Glied des Klammerausdrucks gibt dann wegen des Energiesatzes zum Anwachsen der Eigenfunktion des Zustandes k Anlaß, wie auch an (9) unmittelbar zu sehen ist.

Will man den Inhalt dieser Rechenregeln in wenigen Worten zusammenfassen, so kann man etwa sagen: Die Quantenmechanik fordert die Existenz eines Zustandsfunktionals. Wie sich dieses Funktional von der Zeit t bis zur Zeit $t + dt$ ändert, wird durch die Wechselwirkungsenergie bestimmt, über die die Quantentheorie keine weiteren Vorschriften macht; sie muß nur den Forderungen der Relativitätstheorie genügen. Die Änderung des Funktionals in langen Zeiten folgt dann durch Integration einer Differentialgleichung.

Ein solcher Formalismus, der als Programm jeder Quantentheorie der Wellenfelder zugrunde gelegen hat, führt nun bekanntlich zu divergenten Resultaten, ist also in dieser Form unmöglich. Es entsteht daher die Frage, in welcher Weise ein solcher Formalismus trotzdem als Annäherung an die richtigen Gesetze betrachtet werden kann.

b) Da die Begrenzung des Anwendungsbereichs der Quantentheorie durch eine universelle Konstante von der Dimension einer Länge gegeben sein soll, scheint es natürlich, zunächst die in Gleichung (8) vorkommenden unendlich kleinen Raum-Zeitgebiete $d\omega$ für fragwürdige Bestandteile der Theorie zu halten. Man könnte vermuten, daß in der späteren Theorie an dieser Stelle nur Raum-Zeitgebiete endlicher Größe auftreten, deren Ausdehnung in jeder Richtung die Größenordnung r_0 hat. Nun ist natürlich eine Zelleneinteilung des Raumes nicht in relativistisch-invarianter Weise durchführbar, auch wird die spätere Theorie kaum ein so getreues Abbild der bisherigen sein. Trotzdem kann man vielleicht annehmen, daß in allen den Fällen, in denen nach dem Formalismus der Quantenmechanik nur ein kleiner Fehler entstehen sollte, wenn man — mutatis mutandis — die unendlich kleinen Raum-Zeitgebiete durch endliche der kritischen Größe ersetzt, auch der bisherige Formalismus näherungsweise gültig bleibt; daß aber die Quantenmechanik überall dort versagt, wo die Aufteilung in noch kleinere Raum-Zeitgebiete wesentlich ist. Diese Annahme soll im folgenden genauer untersucht werden.

Die Integration über den Raum in (8) kann für die folgenden Überlegungen ausgeführt gedacht werden, dann spielt für den Raum die Einteilung in Zellen endlicher Größe weiter keine Rolle. Hinsichtlich der zeitlichen Änderungen — vgl. Gleichung (9) — soll angenommen werden (Hypothese I), daß in allen Fällen, in denen in der Zeit r_0/c nur sehr kleine Änderungen des physikalischen Systems zu erwarten sind, auch tatsächlich ein Operator existiert, der die Konstruktion von $\chi(t + \Delta t)$ aus $\chi(t)$ mit einem Fehler, der mit $\frac{r_0}{c\Delta t}$ klein wird, ermöglicht; ferner, daß dieser Operator eine gewisse näher zu besprechende Ähnlichkeit mit dem Operator in (7) und (9) hat. Dabei soll Δt groß gegen r_0/c, aber klein gegen die Zeit T sein, in der erhebliche Änderungen des physikalischen Systems zu erwarten sind.

Die Annahme von der Existenz eines solchen Operators scheint in der Tat notwendig, um überhaupt verständlich zu machen, daß für viele Systeme, z. B. die Elektronenhülle, die Quantenmechanik gilt. Die Quantenmechanik erscheint als der Grenzfall einer zukünftigen Theorie, in dem es erlaubt ist, r_0 als unendlich klein anzusehen.

Der Operator, der den Übergang von $\chi(t)$ nach $\chi(t+\Delta t)$ vermittelt, muß nun in Beziehung gesetzt werden zu der Hamilton-Funktion H, die man der Wellentheorie zugrunde zu legen wünscht und die selbst aus der klassischen Theorie oder aus der Quantenmechanik entnommen wird. Es liegt nahe, diese Beziehung durch folgende Hypothese herzustellen (Hypothese II):

Der Operator, der $\chi_i(t)$ in $\chi_k(t+\Delta t)$ überführt, ist bis auf Fehler, die um so kleiner sind, je kleiner $\frac{r_0}{c\,\Delta t}$ oder $\frac{\Delta t}{T}$ werden, gleich dem ersten von Null verschiedenen Glied in dem Operator der rechten Seite von (9).

Wir stellen zunächst fest, daß diese Hypothese mit der Gültigkeit der Quantenmechanik für lange Zeiten vereinbar ist. Denn durch die Festsetzung, daß Δt klein sein soll gegen die Zeit T, in der das physikalische System sich erheblich verändert, wird auch in der Quantenmechanik erreicht, daß die Glieder höherer Ordnung in $\frac{i}{\hbar}H\,\Delta t$ klein werden gegen das Glied der niedrigsten Ordnung. Ferner ist diese Hypothese mit den Forderungen der Relativitätstheorie in Einklang, wie aus der Herleitung von (9) ohne weiteres einzusehen ist. Dagegen ist die Hypothese nicht vereinbar mit der Annahme, daß die Quantenmechanik auch für Prozesse verwendbar sei, bei denen in der Zeit r_0/c große Änderungen des Systems eintreten. Denn wenn der Formalismus (7) auch für diese Prozesse zuständig wäre, so müßten im Operator (9) auch die höheren Glieder in H beim Übergang von t nach $t+\Delta t$ berücksichtigt werden, was wieder zu den alten Divergenzschwierigkeiten zurückführen würde. In der Tat beschreiben die beiden Hypothesen I und II wohl genau das Rechenverfahren, das bisher bei der praktischen Anwendung des Formalismus (7) geübt worden ist.

c) Es muß nun noch genauer untersucht werden, was in der Hypothese I unter einer „kleinen Änderung" zu verstehen ist. Damit die Vernachlässigung höherer Glieder in $\frac{i}{\hbar}H\,\Delta t$ zulässig ist, muß offenbar gefordert werden, daß die Summe über den Konfigurationsraum

$$\sum_N \chi(N_t^\lambda;t)\,\chi(N_t^\lambda;t+\Delta t)$$

nicht erheblich von der Einheit abweicht [die $\chi(N_t^\lambda, t)$ werden dabei als normiert angenommen]. Als Definition einer „kleinen Änderung" kann also gelten:

$$\left|1 - \sum_N \chi(N_t^\lambda; t)\, \chi(N_t^\lambda; t + \Delta t)\right| \ll 1. \tag{10}$$

Diese Definition genügt überall dort, wo die Veränderungen des Systems hervorgerufen werden durch Wechselwirkungen, die aus der klassischen Physik oder aus der Quantentheorie der Atomhülle bekannt sind. Für die Theorie der Elementarteilchen sind aber andere Teile der Hamilton-Funktion, nämlich die für die Kernkräfte und den β-Zerfall maßgebenden Wechselwirkungsglieder am wichtigsten, da diese die universelle Länge an entscheidender Stelle in die Theorie einführen. Diese Glieder sind andererseits noch nicht genau bekannt und es ist auch fraglich, wieweit solche neuen Wechselwirkungen sinnvoll als Teile einer Hamilton-Funktion ausgedrückt werden können, da ja im allgemeinen diese Glieder nicht angewendet werden können, ohne daß gleichzeitig auf die mit der universellen Länge verknüpften nicht-quantenmechanischen Züge Rücksicht genommen werden muß. Daher scheint es zweckmäßig, mit Hilfe von Invarianzbetrachtungen nach einer plausiblen Definition des Begriffes „kleine Änderung" zu suchen, die für die Wechselwirkungen anzuwenden ist, in welche die universelle Länge r_0 entscheidend eingeht. Es läge zunächst nahe, etwa dann von einer kleinen Änderung zu sprechen, wenn für jedes Elementarteilchen die Impulsänderung $|\Delta \mathfrak{p}| \ll \hbar/r_0$ bleibt. Eine solche Definition wäre aber offenbar nicht relativistisch invariant. Dagegen kann man sich auf die Impulsänderung in demjenigen Koordinatensystem beziehen, in dem diese den kleinsten Wert hat. Das Quadrat dieser kleinsten Impulsänderung ist, wenn das Teilchen vom Zustand mit dem Impuls $\mathfrak{p}_{\mathrm{I}}$ der Energie $E_{\mathrm{I}} = p_{\mathrm{I}}^0 c$ übergeht in den Zustand $\mathfrak{p}_{\mathrm{II}}, E_{\mathrm{II}} = p_{\mathrm{II}}^0 c$, gegeben durch den invarianten Ausdruck

$$(\mathfrak{p}_{\mathrm{I}} - \mathfrak{p}_{\mathrm{II}})^2 - (p_{\mathrm{I}}^0 - p_{\mathrm{II}}^0)^2.$$

Denn die Impulsänderung hat in dem Koordinatensystem den kleinsten Wert, in dem die Energie sich gar nicht ändert. Es liegt also nahe, die folgende Definition zu versuchen: Von einer kleinen Änderung eines Elementarteilchens soll dann gesprochen werden, wenn der Absolutbetrag der Differenz der beiden Vierervektoren $\mathfrak{p}_{\mathrm{I}}, p_{\mathrm{I}}^0$; $\mathfrak{p}_{\mathrm{II}}, p_{\mathrm{II}}^0$ klein ist gegen $\hbar/r_0$. D. h. wenn

$$|(\mathfrak{p}_{\mathrm{I}} - \mathfrak{p}_{\mathrm{II}})^2 - (p_{\mathrm{I}}^0 - p_{\mathrm{II}}^0)^2| \ll \left(\frac{\hbar}{r_0}\right)^2. \tag{11}$$

Zeitschrift für Physik *110*, 251–266 (1938)

Wenn im Gegenteil gilt:

$$|(\mathfrak{p}_{\rm I} - \mathfrak{p}_{\rm II})^2 - (p_{\rm I}^0 - p_{\rm II}^0)^2| \gg \left(\frac{\hbar}{r_0}\right)^2, \tag{12}$$

so soll von einer großen Änderung gesprochen werden. Wird ein Prozeß betrachtet, bei dem ein Teilchen entsteht, so soll für den Anfangszustand naturgemäß $\mathfrak{p}_{\rm I} = p_{\rm I}^0 = 0$ gesetzt werden; entsprechend soll verfahren werden, wenn ein Teilchen verschwindet. Daraus folgt übrigens, daß die Entstehung eines Lichtquants oder eines leichten Elektrons stets eine „kleine Änderung" im Sinne der genannten Definition ist.

Daß die Bedingung (11) tatsächlich aus (10) folgt, wenn man die universelle Länge in einfacher Weise in die Hamilton-Funktion einführt, zeigt die folgende Betrachtung: Der Einfachheit halber nehmen wir etwa die Existenz nur einer einzigen Teilchensorte ohne Spin, aber mit beiderlei Ladungsvorzeichen an, wie es der Theorie von Pauli und Weisskopf[1]) entspricht. Dann lautet die Lagrange-Funktion der freien Teilchen:

$$L = \frac{\hbar c}{2}\left(\frac{1}{c^2}\frac{\partial \varphi^*}{\partial t}\frac{\partial \varphi}{\partial t} - \operatorname{grad}\varphi^* \operatorname{grad}\varphi - \left(\frac{\mu c}{\hbar}\right)^2 \varphi^* \varphi\right).$$

Fügt man nun ein Glied höherer Ordnung hinzu, so muß dieses, wenn es die Ruhmasse der freien Teilchen nicht ändern soll, so gewählt werden, daß sein Beitrag für ein einzelnes Teilchen, d. h. für eine ebene Welle verschwindet[2]). Der einfachste Ansatz dieser Art ist etwa:

$$L = \frac{\hbar c}{2}\left(\frac{1}{c}\frac{\partial \varphi^*}{\partial t}\frac{\partial \varphi}{\partial t} - \operatorname{grad}\varphi^* \operatorname{grad}\varphi - \left(\frac{\mu c}{\hbar}\right)^2 \varphi^* \varphi\right)$$
$$+ \hbar c f\left(\frac{1}{c^2}\frac{\partial \varphi^*}{\partial t}\frac{\partial \varphi}{\partial t} - \operatorname{grad}\varphi^* \operatorname{grad}\varphi - \left(\frac{\mu c}{\hbar}\right)^2 \varphi^* \varphi\right)^2.$$

Die Konstante f hat die Dimension cm^4 und soll $\sim r_0^4$ angenommen werden. Das Wechselwirkungsglied in L ist im wesentlichen auch das Wechselwirkungsglied in der Hamilton-Funktion. Da wir aber den Beitrag dieses Gliedes zunächst ohne Benutzung der Quantentheorie abschätzen wollen, können wir auch direkt von L ausgehen. Es seien nun zwei Wellenpakete der mittleren Impulse $\mathfrak{p}_{\rm I}$ und $\mathfrak{p}_{\rm II}$ und der ungefähren Größe $l_{\rm I} \sim \frac{\hbar}{|\mathfrak{p}_{\rm I}|}$ bzw. $l_{\rm II} \sim \frac{\hbar}{|\mathfrak{p}_{\rm II}|}$ gegeben, die in Wechselwirkung treten. Die Wellenfunktionen haben in den Paketen dann die Amplituden $\sim \frac{1}{l_{\rm I}}$ bzw. $\sim \frac{1}{l_{\rm II}}$. Wenn die

[1]) W. Pauli u. W. Weisskopf, Helv. Phys. **7**, 709, 1934. — [2]) Vgl. z. B. die Abänderungen der Elektrodynamik durch die Zusatzglieder höherer Ordnung bei M. Born u. L. Infeld, Phys. Rev. **144**, 425, 1934; H. Euler u. B. Kockel, Naturwissensch. **23**, 246, 1935.

Wellenpakete sich überlagern, so hat das Wechselwirkungsglied von L, über den gemeinsamen Raum V_{12} integriert, einen Wert der Größenordnung

$$\frac{cf}{\hbar^3}[p_{\rm I}^0 p_{\rm II}^0 - \mathfrak{p}_{\rm I}\mathfrak{p}_{\rm II} - (\mu c)^2]^2 \frac{V_{12}}{l_{\rm I}^2 l_{\rm II}^2}.$$

Dieser Wert ist mit $\frac{1}{l_{\rm I}}$ bzw. $\frac{1}{l_{\rm II}}$ zu vergleichen. Wenn $l_{\rm I}$ und $l_{\rm II}$ von der gleichen Größenordnung sind, so ist das Wechselwirkungsglied gegenüber der Energie der freien Wellenpakete kleiner um einen Faktor der Größenordnung

$$f\frac{[p_{\rm I}^0 p_{\rm II}^0 - \mathfrak{p}_{\rm I}\mathfrak{p}_{\rm II} - (\mu c)^2]^2}{\hbar^4}.$$

Fordert man nach Hypothese I, daß dieser Ausdruck klein gegen 1, daß also die Wechselwirkung nur eine kleine Störung sein soll, so kommt man für $f \sim r_0^4$ zur Gleichung (11) zurück. Es scheint auch nicht wahrscheinlich, daß andere Hamilton-Funktionen zu wesentlich anderen Bedingungen als Gleichung (11) führen würden.

In den Hypothesen I und II kommt die Zeit Δt vor. Zur genaueren Festsetzung der Bedingungen, denen Δt genügen muß, soll für jedes einzelne Teilchen der vierdimensionale Abstand der Weltpunkte I und II, an denen es sich zur Zeit t bzw. $t + \Delta t$ befindet, als $\Delta\tau$ eingeführt werden. Für dieses $\Delta\tau$ soll dann $\Delta\tau \gg \frac{r_0}{c}$ gelten. Im Zeitabschnitt $\Delta\tau$ ist eine Bestimmung der Vierervektoren $\mathfrak{p}_{\rm I}, p_{\rm I}^0$ und $\mathfrak{p}_{\rm II}, p_{\rm II}^0$ höchstens mit einer Genauigkeit $\frac{\hbar}{c\Delta\tau}$ möglich. Da aber $\Delta\tau \gg \frac{r_0}{c}$ ist, genügt diese Genauigkeit zur Entscheidung der Frage (11) oder (12).

Die Hypothese I kann also jetzt in der folgenden genaueren Form ausgesprochen werden:

Ein Prozeß kann dann und nur dann näherungsweise quantitativ nach den Formeln der Quantenmechanik behandelt werden, wenn sich zu jedem Zeitpunkt des Prozesses für jedes bei dem Prozeß beteiligte Teilchen eine Zeit $\Delta\tau \gg \frac{r_0}{c}$ angeben läßt derart, daß das Teilchen in diesem Zeitintervall im Sinne der Gleichung (10) und (11) nur eine kleine Änderung erfährt.

Der für diese Anwendung der Quantenmechanik gültige Hamilton-Operator ist durch die oben besprochene Hypothese II festgelegt.

Zeitschrift für Physik *110*, 251–266 (1938)

2. Anwendungen der Annahmen I und II.

a) Die Hypothesen I und II sichern zunächst die Anwendbarkeit der Quantenmechanik in den bekannten Gebieten, die bisher nach ihren Methoden behandelt werden. Es gibt aber auch Grenzfälle, in denen die Frage nach der Anwendbarkeit der Quantenmechanik nicht ohne weiteres beantwortet werden kann und die nun besprochen werden sollen.

Zunächst soll untersucht werden, ob die Bewegung der Protonen und Neutronen im Kern den Gesetzen der Quantenmechanik entsprechen kann. Betrachtet man etwa das Deuteron, so wird die mittlere kinetische Energie pro Teilchen ungefähr $0{,}004\,Mc^2$; dies entspricht einem Impuls $p \sim 0{,}09\,Mc$, also einer Geschwindigkeit von etwa $0{,}09\,c$. Die Reichweite der Kernkräfte ist von der Größenordnung r_0; von der gleichen Größenordnung ist der Abstand von Proton und Neutron im Deuteron. In einer Zeit $\Delta t = 2\frac{r_0}{c}$ beschriebe also ein Proton der Geschwindigkeit $0{,}09\,c$ einen Weg von $0{,}18\,r_0$ und veränderte seinen Impuls, wenn es sich auf einem Kreis vom Durchmesser r_0 bewegt, um

$$\Delta p = 0{,}18\,Mc\sin 0{,}18 \sim 0{,}032\,Mc \approx 0{,}44\frac{\hbar}{r_0}.$$

Mit $\Delta t \sim 2\frac{r_0}{c}$ und $\Delta p \sim 0{,}4\frac{\hbar}{r_0}$ sind aber die Bedingungen (11) für die Anwendbarkeit der Quantenmechanik noch eben erfüllt. Allerdings wird man bei der Quantenmechanik der Atomkerne wegen der knappen Erfüllung von (11) schon auf verhältnismäßig große Fehler rechnen müssen.

b) Die Annahmen I und II geben auch eine bestimmte Antwort auf die Frage, inwieweit man für sehr energiereiche Teilchen noch von einer Wellenlänge und von der Gültigkeit der de Broglieschen Beziehung sprechen kann. Zunächst sieht es ja so aus, als ob bei Wellenlängen der Größenordnung r_0 ganz neue Erscheinungen zu erwarten wären oder als ob zum mindesten die experimentelle Bestimmung von Wellenlängen, die kleiner sind als r_0, unmöglich werden müßte. Dies ist aber nicht der Fall.

Wir diskutieren zunächst die Beugung der Wellen (Materie- oder Lichtwellen) an einem Gitter und nehmen an, daß die einfallenden Teilchen einen Impuls $\gg \hbar/r_0$ besitzen. Da es keine Beugungsgitter gibt, deren Strichabstand kleiner als r_0 ist, wird man die Beugung nur nachweisen können, wenn man die Wellen nahezu streifend auf das Gitter einfallen läßt. Der Strichabstand des Gitters sei d (vgl. Fig. 1); der Impuls der Teilchen vor der Reflexion am Gitter sei $\mathfrak{p}$, der nach der Reflexion $\mathfrak{p}'$; die x-Richtung ist parallel zur Gitterebene gewählt, die y-Richtung parallel zur Gitternormale, Einfalls- und Reflexionswinkel heißen ϑ und ϑ'. Da das periodische Gitter in der x-Richtung nur Impulse übertragen kann, die ganzzahlige Vielfache von $\frac{h}{d}$ sind, so folgt aus $p'_x = p_x \pm n\frac{h}{d}$, $p' = p$ (n ist eine ganze Zahl) in bekannter Weise

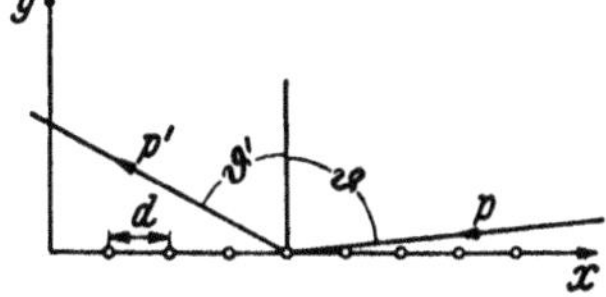

Fig. 1. Beugung am Gitter.

$$p' \sin\vartheta' = p \sin\vartheta \pm n\frac{h}{d},$$

$$\sin\vartheta' = \sin\vartheta \pm \frac{nh}{dp}.$$

Dies ist die übliche Formel für die Beugung einer Welle der Wellenlänge $\lambda = \frac{h}{p}$ und es muß nun untersucht werden, ob diese Beugung auch für $p \gg \frac{\hbar}{r_0}$ eintritt. Da der übertragene Impuls $\frac{nh}{d}$ ist, so besteht nach (11) kein Grund, an der Existenz der Beugung und der Gültigkeit der Beugungsformeln zu zweifeln, solange

$$\frac{nh}{d} \ll \frac{\hbar}{r_0}$$

ist.

Diese Bedingung ist für die niedrigsten Ordnungen stets erfüllt, wenn $d \gg 2\pi r_0$ ist, was für alle praktisch herstellbaren Gitter zutrifft. Für die höheren Ordnungen würde dagegen eine Beobachtung der Beugung — schon abgesehen von den zu erwartenden Abweichungen von der Quantenmechanik — wegen des Vorherrschens der inkohärenten Streuung unmöglich. Man wird also nicht daran zweifeln, daß auch für Impulse $p \gg \frac{\hbar}{r_0}$ Beugungserscheinungen bei nahezu streifender Inzidenz im Prinzip beobachtet werden können, und daß sie zu dem de Broglieschen Wert der Wellenlänge $\lambda = \frac{h}{p}$ führen.

Noch übersichtlicher werden diese Verhältnisse, wenn man an die Streuung extrem harter γ-Strahlung an Atomkernen denkt und die Frage untersucht, ob es möglich wäre, die innere Struktur der Atomkerne in der gleichen Weise messend zu verfolgen, wie etwa Debye mit der Streuung von Röntgenstrahlen die innere Struktur der Moleküle untersucht hat. Wir übertragen auf dieses Problem zunächst ohne Rücksicht auf ein

Zeitschrift für Physik *110*, 251–266 (1938)

eventuelles Versagen der Quantenmechanik die Resultate der üblichen Theorie der Röntgenstreuung[1]).

Die Streuung zerfällt dann in einen kohärenten und einen inkohärenten Anteil. Die Amplitude des kohärenten Anteils wird bestimmt durch das Integral

$$F = \int \mathrm{d}V\, \varrho(\mathfrak{r})\, e^{i\mathfrak{s}\mathfrak{r}},$$

wobei $\varrho(\mathfrak{r})$ die Dichte der Protonen im Kern bedeutet, und $\mathfrak{s}$ mit dem auf das einzelne γ-Quant übertragenen Impuls $\Delta\mathfrak{p}$ durch die Beziehung $\mathfrak{s} = \frac{\Delta\mathfrak{p}}{\hbar}$ zusammenhängt. Die Intensität des kohärenten Anteils ist also für die kleinsten Streuwinkel ($\mathfrak{s} = 0$) dem Quadrat der Zahl Z der Protonen im Kern proportional und fällt bei gleichmäßiger Ladungsverteilung im Kern in der Gegend $s = \frac{2}{R}$ (R = Kernradius) rasch zu Null ab. Wenn die Ladungsverteilung im Kern ungleichmäßig ist, wenn also z. B. das Wefelmeiersche Modell[2]) des α-Teilchenkristalls eine gute Näherung darstellt, so zeigt die kohärente Streuung Intensitätsschwankungen, die als Debye-Scherrer-Ringe, herrührend von der Interferenz der α-Teilchen, aufzufassen sind. Wenn der Abstand der interferierenden α-Teilchen a ist, so liegt das zugehörige Maximum in der Gegend $\frac{2\pi}{a}$. Gleichzeitig fällt die Intensität mit wachsendem s schnell ab, was zum Teil durch den „Atomformfaktor" des α-Teilchens bedingt ist; an der Stelle $2/R_\alpha$ (R_α = Radius des α-Teilchens) (vgl. Fig. 2) ist die Intensität der kohärenten Streuung schon relativ sehr klein geworden.

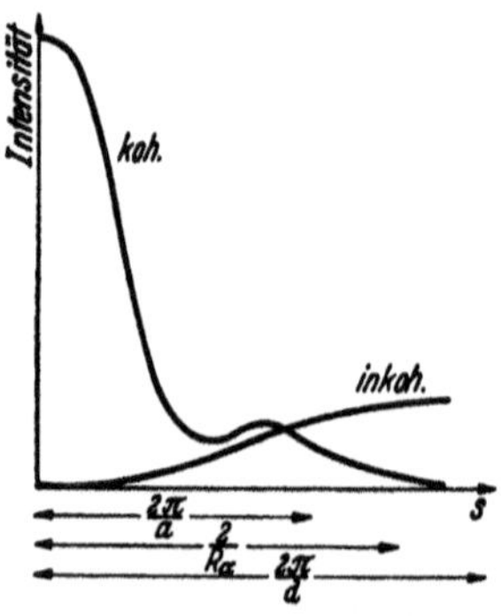

Fig. 2. Streuung aus Atomkern.

Die Intensität des inkohärenten Teiles der Streuung verschwindet dagegen für kleine Streuwinkel und nähert sich erst in der Gegend $s = \frac{2\pi}{d}$ (d mittlerer Abstand benachbarter Protonen im Kern) dem der Protonenzahl Z proportionalen asymptotischen Wert an.

---

[1]) Vgl. z. B. J. Waller, ZS. f. Phys. **51**, 213, 1928; P. Debye, Phys. ZS. **31**, 419, 1930; W. Heisenberg, Phys. ZS. **32**, 737, 1931; Erg. d. techn. Röntgenkunde III, 26, 1933. — [2]) W. Wefelmeyer, ZS. f. Phys. **106**, 332, 1937.

Diese Verhältnisse werden nun durch die nach den Hypothesen I und II zu erwartenden Abweichungen von der Quantenmechanik nur unwesentlich geändert: Der mittlere Teilchenabstand d ist von der Größenordnung r_0. Daher werden die Abweichungen von der Quantenmechanik erst merklich bei Werten von

$$s = \frac{|\Delta \mathfrak{p}|}{\hbar} > \frac{1}{r_0} \sim \frac{1}{d},$$

d. h. zum größten Teil erst in dem Gebiet, in dem die inkohärente Strahlung überwiegt. Dieses Ergebnis gilt ganz unabhängig vom Impuls der einfallenden Lichtquanten, der sehr groß gegen $\hbar/r_0$ sein kann. Die Ausmessung der Struktur des Atomkerns nach der Debye-Scherrer-Methode muß also im Prinzip möglich sein, trotz der von der Quantenmechanik nicht zu behandelnden neuen Erscheinungen, die bei Impulsänderungen $|\Delta \mathfrak{p}| > \frac{\hbar}{r_0}$ eintreten.

Welcher Art diese neuen Erscheinungen sind, wird in Abschnitt 3 besprochen werden. Hier sei nur erwähnt, daß im Gebiet $|\Delta \mathfrak{p}| > \frac{\hbar}{r_0}$ wahrscheinlich Mehrfachprozesse eine wesentliche Rolle spielen, in denen schwere Elektronen erzeugt werden; daß also an die Stelle der inkohärenten Streuung andere inkohärente Prozesse treten, die aber nicht hindern — ebensowenig, wie die gewöhnliche inkohärente Strahlung —, die Interferenzen von den α-Teilchen zu beobachten.

c) Schließlich seien noch Bremsstrahlung, Paarerzeugung und Compton-Effekt kurz diskutiert. Für die ersten beiden Prozesse haben schon die Untersuchungen von Williams[1]) und v. Weizsäcker[2]) gezeigt, daß alle wesentlichen Beiträge zu den Formeln von Bethe und Heitler von Prozessen herrühren, bei denen die Beziehung (11) gilt, bei denen also eine Abweichung von den quantenmechanischen Gesetzen nicht zu erwarten ist. In der Tat sind die quantenmechanischen Aussagen für diese Prozesse, die zu Kaskadenbildung führen, bis zu sehr großen Energien der stoßenden Teilchen experimentell bestätigt.

Beim Compton-Effekt wird die Frequenz des um den Winkel ϑ gestreuten Lichtquants geändert nach der bekannten Formel:

$$\frac{1}{\nu'} = \frac{1}{\nu} + \frac{h}{m c^2}(1 - \cos\vartheta).$$

[1]) C. J. Williams, Proc. Roy. Soc. London (A) **139**, 163, 1933. — [2]) C. F. v. Weizsäcker, ZS. f. Phys. **88**, 612, 1934.

Zeitschrift für Physik *110*, 251–266 (1938)

Man erhält also zur Prüfung von (11):

$$(\mathfrak{p}_{\rm I} - \mathfrak{p}_{\rm II})^2 - (p_{\rm I}^0 - p_{\rm II}^0)^2 = \frac{h\nu}{c}\frac{h\nu'}{c}(1-\cos\vartheta)$$
$$= \left(\frac{h\nu}{c}\right)^2 \frac{1-\cos\vartheta}{1+\frac{h\nu}{mc^2}(1-\cos\vartheta)}.$$

Für die Anwendbarkeit der Quantenmechanik genügt es daher nach (11), wenn

$$\frac{h\nu}{c}\cdot mc \ll \left(\frac{\hbar}{r_0}\right)^2 \tag{13}$$

ist. Diese Bedingung ist schon viel früher von Bohr[1]) aus verwandten Überlegungen abgeleitet worden.

3. *Die nach der Quantenmechanik nicht behandelbaren Prozesse.*

In den bisherigen Betrachtungen wurden die physikalischen Erscheinungen, die eintreten, wenn Gleichung (12) erfüllt ist, nicht weiter behandelt, da sie sich ja der Behandlung durch die Quantenmechanik offenbar entziehen. Trotzdem gibt die Theorie des β-Zerfalls, wie früher gezeigt wurde, einen gewissen Anhaltspunkt für diese Erscheinungen; man kann aus der Fermischen Theorie des β-Zerfalls in einer qualitativen Weise schließen, daß beim Zusammenstoß sehr energiereicher Teilchen Explosionen entstehen, d. h. daß in einem Akt viele Sekundärteilchen erzeugt werden[2]). Ersetzt man die Fermische Theorie durch die von Yukawa[3]), die durch die Entdeckung der schweren Elektronen sehr an Wahrscheinlichkeit gewonnen hat, so hängt das Auftreten der Mehrfachprozesse in der skalaren

[1]) N. Bohr, Konferenz über Kernphysik in Rom 1931, S. 119. Im Solvay-Bericht 1933, S. 214 weist Bohr im Anschluß an eine Überlegung von Landau darauf hin, daß ein Versagen der Klein-Nishina-Formel schon bei kleineren Frequenzen zu erwarten wäre, wenn man fragt, bei welchen Frequenzen in der klassischen Elektronentheorie die Strahlungskräfte gegenüber den Trägheitskräften überwiegen. Die klassische Strahlungstheorie ist aber auf das Problem der Lichtstreuung bei hohen Frequenzen wohl kaum anwendbar, und innerhalb der Quantentheorie der Strahlung kann von einem Überwiegen der Strahlungskräfte bei allen durch (13) zugelassenen Energien nicht gesprochen werden. — [2]) W. Heisenberg, ZS. f. Phys. **101**, 533, 1936. — [3]) H. Yukawa, I. Proc. Phys. Math. Soc. Japan **17**, 48, 1935; II. H. Yukawa u. S. Sakata, ebenda **19**, 1084, 1937; III. im Erscheinen; J. R. Oppenheimer u. R. Serber, Phys. Rev. **51**, 1113, 1937; E. C. G. Stückelberg, Phys. Rev. **52**, 42, 1937; N. Kemmer, Nature **141**, 116, 1938; H. Bhabha, ebenda **141**, 117, 1938; Proc. Roy. Soc. London (A) **164**, 257, 1938; E. Fröhlich, W. Heitler u. N. Kemmer, ebenda **166**, 154; W. Heitler, ebenda S. 529.

Form der Theorie vom Wert der Konstante $g^2/\hbar c$ ab[1]). Die vektorielle Form der Theorie, die zur Darstellung der Kernkräfte notwendig erscheint, führt jedoch, wie aus den inzwischen erschienenen Rechnungen von Yukawa und anderen (l. c.) hervorgeht[2]), genau wie die Fermische Theorie zum Auftreten der Explosionen, sobald die Energie der stoßenden Teilchen dazu ausreicht. In der Yukawaschen Theorie sollten in den Explosionen im wesentlichen schwere Elektronen, Protonen und Neutronen erzeugt werden, das Auftreten von Lichtquanten und leichten Elektronen wäre um einen Faktor der Größenordnung $\frac{e^2}{\hbar c}$ bzw. $\left(\frac{e^2}{\hbar c}\right)^2$ seltener. Diese Folgerungen scheinen zu den experimentellen Ergebnissen einigermaßen zu passen[3]).

Die Yukawasche Theorie führt nun auch zu einer besonders einfachen und natürlichen Deutung der Bedingungen (11) und (12), welche den Anwendbarkeitsbereich der Quantenmechanik abgrenzen sollen. Die charakteristische Bedingung kann mit dem einen Vorzeichen:

$$(p_{\mathrm{I}}^0 - p_{\mathrm{II}}^0)^2 - (\mathfrak{p}_{\mathrm{I}} - \mathfrak{p}_{\mathrm{II}})^2 > \left(\frac{\hbar}{r_0}\right)^2 \tag{12 a}$$

ja nur erfüllt werden bei der Entstehung eines Teilchens von einer Ruhmasse $> \frac{\hbar}{r_0 c}$, also bei der Erzeugung eines Yukawaschen Teilchens oder eines Protons oder Neutrons. Mit dem entgegengesetzten Vorzeichen

$$(\mathfrak{p}_{\mathrm{I}} - \mathfrak{p}_{\mathrm{II}})^2 - (p_{\mathrm{I}}^0 - p_{\mathrm{II}}^0)^2 > \left(\frac{\hbar}{r_0}\right)^2 \tag{12 b}$$

bedeutet die Bedingung eine Impuls- und Energieänderung eines Teilchens bestimmter Ruhmasse, die so groß ist, daß durch die Zusammensetzung von zwei oder mehreren solchen Impuls-Energieänderungen (zwei Teilchen sind ja mindestens an einem Prozeß beteiligt) genügend viel Energie und Impuls für die Erzeugung eines oder mehrerer Yukawa-Teilchen bereitgestellt werden könnte. Man kann die Hypothese I also auch ungenau in der Form aussprechen: Die quantitative Anwendbarkeit der Quantenmechanik hört auf bei allen Prozessen, bei denen so viel Energie und Impuls übertragen wird, daß Yukawasche Teilchen dabei entstehen können. Wenn eine genügende Energiemenge zur Verfügung steht, entstehen viele schwere Elektronen (und eventuell Protonen und Neutronen) in einem einzigen Akt.

---

[1]) l. c. Ann. d. Phys. **32**, 20, 1938; G. Wentzel, Naturwissensch. **26**, 273, 1938. — [2]) Vgl. Fußnote 3 auf voriger Seite. — [3]) Vgl. H. Euler, Naturwissensch. **26**, 382, 1938.

Zeitschrift für Physik *110*, 251–266 (1938)

In diesem Zusammenhang kann auch die Frage diskutiert werden, inwieweit das Yukawasche Austauschpotential zweier Teilchen

$$J(r) = g^2 \frac{e^{-\varkappa r}}{r} \left(\varkappa \sim \frac{1}{r_0}\right) \tag{14}$$

Vertrauen verdient. Geht man vom Koordinatenraum zum Impulsraum über, so lautet das entsprechende Matrixelement für eine Impulsübertragung p:

$$J(p) = \int \frac{d\mathfrak{r}}{h^3} J(r) e^{\frac{i p \mathfrak{r}}{\hbar}} = \frac{g^2}{\pi h} \frac{1}{p^2 + (\varkappa \hbar)^2}. \tag{15}$$

Nach den Bedingungen (11) würde dieses Matrixelement nur Vertrauen verdienen für Werte von $p \ll \frac{\hbar}{r_0} \sim \varkappa \hbar$, d. h. wenn man mit (15) vergleicht, nur für kleine Impulsübertragungen, bei denen das Matrixelement noch kaum vom Wert des übertragenen Impulses abhängt; es könnte hier bis auf mögliche Fehler der Ordnung $\frac{p\, r_0}{\hbar}$ in einer quantenmechanischen Rechnung verwendet werden. In diesem Gebiet kann man jedoch das Potential (14) dann auch ohne wesentliche Änderung durch ein Kastenpotential oder eine Glockenkurve ersetzen. Es erscheint daher zweifelhaft, ob die genaueren Berechnungen der Massendefekte mit dem Potential (14) zu besseren Ergebnissen führen werden als die bisherigen Rechnungen. Vielmehr scheint nach den hier angestellten Überlegungen die Grenze der Behandlung der Atomkerne nach der Quantenmechanik eben an der Stelle zu liegen, wo man eine Verfeinerung des Kraftansatzes gegenüber den einfachsten Annahmen wie Kastenpotential oder Glockenkurve anstrebt. Eine solche Verfeinerung scheint nur möglich in einer Theorie, die wesentlich über die Quantenmechanik hinausgeht, indem sie das durch Gleichung (12) charakterisierte Gebiet behandelt.

Diese verfeinerte Theorie müßte auch von selbst von der Ruhmasse der Elementarteilchen Rechenschaft geben, da genauere Aussagen über die durch (12) charakterisierten Prozesse auch zu genaueren Aussagen über die Selbstenergie der Teilchen, d. h. über die Ruhmassen führen. Im Formalismus der Quantentheorie (Abschnitt 1) rühren ja die Mehrfachprozesse, die nach den Erfahrungen in der Höhenstrahlung offenbar bei sehr hohen Energien auftreten, von Gliedern her, die eine ganz ähnliche Form haben wie die Glieder der Selbstenergie; also dürfte eine Trennung des Problems der Mehrfachprozesse von der Bestimmung der Massen der Elementarteilchen kaum möglich sein.

Die Absorption der durchdringenden Komponente der Höhenstrahlung

Von W. Heisenberg

(Mit 1 Abbildung)

Obwohl der Verf. dieser Note durch äußere Umstände gehindert wird, die Glückwünsche zum 70. Geburtstag seines Lehrers Arnold Sommerfeld in angemessener Form darzubringen, möchte er doch unter den Gratulanten nicht fehlen. Es sei ihm daher gestattet, im folgenden eine kleine und in den Ergebnissen ziemlich selbstverständliche Rechnung wiederzugeben, die sich auf das Verhalten der durchdringenden Komponente der Höhenstrahlung bezieht, und die im Zusammenhang steht mit den Untersuchungen, die Euler und der Verf.[1]) in den Ergebnissen der exakten Naturwissenschaften vor einiger Zeit veröffentlicht haben.

Die durchdringende Komponente der Höhenstrahlung wird auf ihrem Wege durch Materie durch verschiedenartige Prozesse absorbiert. Erstens erleiden die schweren Elektronen eine Bremsung durch Ionisation, ähnlich wie alle anderen geladenen Teilchen. Zweitens können sie spontan zerfallen. Drittens können sie durch Sekundärprozesse, insbesondere vielleicht durch explosionsartige Prozesse zur Entstehung neuer Teilchen Anlaß geben. Schließlich scheint es viertens nach den Messungen von Blackett und Wilson[2]) eine Bremsung zu geben, die nur für gewisse Energiegebiete in Erscheinung tritt, dort aber bis zum zehnfachen der Ionisationsbremsung betragen kann[3]) und die vielleicht auf eine Wechselwirkung der schweren Elektronen mit den Kernen zurückzuführen ist[4]).

Der Einfluß der ersten beiden genannten Prozesse auf die Veränderung des Spektrums der durchdringenden Komponente mit der Tiefe wurde in der genannten Arbeit von Euler und dem Verf.

1) H. Euler u. W. Heisenberg, Erg. d. exakt. Naturw. **17**. S. 1. 1938; im folgenden als a. a. O. angeführt.

2) P. M. S. Blackett u. J. G. Wilson, Proc. Roy. Soc. **160**. S. 304. 1937; J. G. Wilson, ebenda **166**. S. 482. 1938.

3) Zu entgegengesetzten Resultaten ist allerdings P. Ehrenfest, Compt. Rend. **207**. S. 573, 1938 gekommen.

4) Auf die Notwendigkeit, diese Bremsung, wenn sie vorhanden ist, bei der Behandlung des Spektrums zu berücksichtigen, wurde ich freundlicherweise von Herrn Heitler hingewiesen.

Annalen der Physik (5) *33*, 594–599 (1938)

schon diskutiert. Der Einfluß der beiden anderen Prozesse wurde dort vernachlässigt, teils weil man erwarten durfte, daß dieser Einfluß nur klein ist, teils weil über die genaueren Eigenschaften der betreffenden Absorption nur sehr wenig bekannt ist. Die folgende Rechnung soll die Wirkung der beiden anderen Prozesse auf das Spektrum behandeln.

Wir nehmen für das Folgende an, daß der Impuls eines Yukawaschen Teilchens bei seinem Durchgang durch Materie verringert wird nach dem Gesetz (p Impuls, T Tiefe):

$$\frac{dp}{dT} = -\varphi(p), \tag{1}$$

wobei $\varphi(p)$ eine zunächst unbekannte Funktion des Impulses darstellt. Berücksichtigt man nur die Ionisationsbremsung in der Näherung, in der dies in der genannten Arbeit geschehen ist, so wird

$$\varphi(p) = \frac{a}{c}\,\frac{[(\mu c)^2 + p^2]^{3/2}}{p^3}. \tag{2}$$

(μ Masse der schweren Elektronen, a für Wasser $\approx 2\cdot 10^6$ eV/cm) und insbesondere wird für große Impulse, die im folgenden allein betrachtet werden sollen,

$$\varphi(p) \approx \frac{a}{c}. \tag{3}$$

Wenn $\varphi(p)$ zunächst unbestimmt gelassen wird, so kann es auch die besondere von Blackett und Wilson beobachtete Bremsung mit umfassen.

Das Spektrum der durchdringenden Komponente sei charakterisiert durch die Funktion $f(T,p)\,dp$, welche angibt, wieviel Teilchen pro Sekunde und Quadratzentimeter im Impulsintervall zwischen p und $p+dp$ eine Schicht in der Tiefe T durchdringen. Die Tiefe T soll dabei in Zentimetern Wasseräquivalent gemessen werden. Der spontane Zerfall der schweren Elektronen kann in der gleichen Weise wie in der genannten Arbeit berücksichtigt werden.

Die von den durchdringenden Teilchen hervorgerufenen Sekundärprozesse, insbesondere die möglicherweise vorhandenen Explosionen sollen auf Grund der Annahme behandelt werden, daß das betreffende Teilchen nach der Explosion verschwunden ist. Die bei der Explosion oder bei ähnlichen aber einfacheren sekundären Prozessen erzeugten Teilchen sollen ebenfalls unberücksichtigt bleiben. Dies ist wahrscheinlich dann näherungsweise erlaubt, wenn das Verhalten des Spektrums nur bei hohen Energien untersucht wird, da in den Explosionen vorwiegend Teilchen geringer Energie entstehen dürften. Der Wirkungsquerschnitt für die Entstehung einer

Explosion beim Zusammenstoß eines Yukawaschen Teilchens mit einem Proton oder Neutron wurde aus Experimenten über die Hoffmannschen Stöße in der genannten Arbeit zu

(4) $$Q \approx \frac{1}{2} \cdot 10^{-27}\ \mathrm{cm}^2 \cdot \left(\frac{10^9\ \mathrm{eV}}{p\,c}\right)$$

geschätzt [a. a. O. Gl. (64)]. Dabei sind allerdings dann einfachere Sekundärprozesse und ihr Einfluß auf das Spektrum noch nicht berücksichtigt.

Unter Berücksichtigung aller vier Wirkungen erhält man schließlich für die Veränderung des Spektrums mit der Tiefe folgende Differentialgleichung [vgl. a. a. O. Gl. (47)]:

(5) $$\frac{\partial f}{\partial T} = \frac{\partial}{\partial p}(f \cdot \varphi) - \frac{b}{p\,T} f - Q \cdot n \cdot f.$$

(n Anzahl der Protonen und Neutronen pro ccm)

Auf der rechten Seite dieser Gleichung enthält das erste Glied die Bremsung, das zweite den spontanen Zerfall, und das dritte die Absorption durch die Erzeugung von Explosionen. Das zweite Glied spielt nur bei der Absorption in Luft eine erhebliche Rolle und soll bei dichter Materie weggelassen werden. Die Integration der Differentialgleichung (5) kann nach folgendem Schema durchgeführt werden: Wir setzen

(6) $$g(T, p) = f \cdot \varphi$$

und erhalten für $g(T, p)$ die Differentialgleichung ($d = Q \cdot n \cdot p = \mathrm{const}$):

(7) $$\frac{\partial g}{\partial T} = \varphi \frac{\partial g}{\partial p} - \frac{b}{p\,T} g - \frac{d}{p} g.$$

Wir führen dann zwei neue Variablen q und x durch die Beziehungen

$$d\,q = \frac{d\,p}{\varphi} \quad \text{und} \quad q + T = x$$

ein. Es ergibt sich die Gleichung:

(8) $$\frac{\partial g\,(x, q)}{\partial q} = \frac{b}{p\,(q) \cdot (x - q)} \cdot g + \frac{d}{p\,(q)} \cdot g,$$

die unmittelbar durch eine Quadratur gelöst werden kann.

Vernachlässigt man zunächst den spontanen Zerfall und die eventuell durch Kernprozesse hervorgerufene besondere Art der Bremsung, so reduziert sich die Gl. (8) auf die Form

(9) $$q = \frac{p\,c}{a}, \quad \frac{\partial g}{\partial q} = \frac{d\,c}{a\,q} g.$$

Die Lösung lautet

(10) $$g\,(x, q) = q^{\frac{d\,c}{a}} \cdot \chi\,(x) = q^{\varepsilon}\,\chi\,(x),$$

wobei $\chi\,(x)$ eine willkürliche Funktion von x darstellt[1]).

1) Diese Lösung ist schon durch L. Nordheim, Phys. Rev. **53**. S. 694. 1938 angegeben worden.

Annalen der Physik (5) *33*, 594–599 (1938)

Der hier auftretende charakteristische Exponent ε beträgt ungefähr für Wasser und Luft 0,15, für Eisen 0,25, für Blei 0,30. Wenn das Spektrum für $T = 0$ die Form hat

$$f(0, p) = p^{-(\gamma+1)} \cdot \text{const}, \tag{11}$$

so ergibt sich für größere Tiefen

$$f(T, p) = \left(p + \frac{a\,T}{c}\right)^{-(\gamma+1)} \left(\frac{p}{p + \frac{a\,T}{c}}\right)^{\varepsilon} \cdot \text{const}. \tag{12}$$

Die durch die explosionsartigen Prozesse hervorgerufene zusätzliche Absorption macht sich also bei großen Impulsen weniger bemerkbar als bei kleineren, was auch physikalisch unmittelbar verständlich ist, und spielt wegen der Kleinheit des Exponenten ε keine große Rolle. Nur bei der Absorption in Stoffen höherer Ordnungszahl tritt sie etwas stärker in Erscheinung. Die gesamte Intensität der Strahlung nimmt mit der Tiefe wie $T^{-\gamma}$ ab, sofern die Teilchen mit kleinen Impulsen nicht allzuviel zum Spektrum beitragen.

Die Wirkung der eventuell durch die Kernkräfte hervorgerufenen besonderen Bremsung auf das Spektrum kann erst studiert werden, wenn eine bestimmte Annahme über die Gestalt der Funktion $\varphi(p)$ zugrunde gelegt wird. Um die Verhältnisse möglichst zu vereinfachen, kann etwa angenommen werden, daß $\varphi(p)$ zwischen zwei Impulsen p_1 und p_2 sehr hohe Werte annimmt, und daß es außerhalb dieses Impulsbereiches durch Gl. (3) gegeben ist. Der Einfluß des spontanen Zerfalls und der Explosionen soll vernachlässigt werden. Unter dieser Voraussetzung lautet die Gl. (8)

$$\frac{\partial g(x, q)}{\partial q} = 0, \quad g = g(x). \tag{13}$$

g wird also eine willkürliche Funktion der Variablen x. Für die Beziehungen zwischen p und q gefolgt aus den gemachten Annahmen

$$\left\{ \begin{aligned} q &= \begin{cases} \dfrac{p\,c}{a} & \text{für } 0 \leq p \leq p_1 \\ \dfrac{p_1\,c}{a} & \text{,, } p_1 \leq p \leq p_2 \\ (p + p_1 - p_2)\dfrac{c}{a} & \text{,, } p_2 \leq p, \end{cases} \\ p &= \begin{cases} \dfrac{q\,a}{c} & \text{für } 0 \leq q < \dfrac{p_1\,c}{a} \\ p_1 \leq p \leq p_2 & \text{,, } q = \dfrac{p_1\,c}{a} \\ \dfrac{q\,a}{c} + p_2 - p_1 & \text{,, } q > \dfrac{p_1\,c}{a}. \end{cases} \end{aligned} \right. \tag{14}$$

Wenn das Spektrum $f(T,p)$ für $T=0$ die Form hat:

$$f(0,p) = p^{-(\gamma+1)}\cdot \text{const}$$

so folgt für g

$$(15)\quad \begin{cases} g_{T=0} = \begin{cases} \frac{a}{c}\,p^{-(\gamma+1)}\cdot\text{const} & \text{für } p < p_1 \text{ und } p > p_2 \\ \infty & \text{,, } p_1 \leqq p \leqq p_2, \end{cases} \\ g(x) = \begin{cases} \frac{a}{c}\left(\frac{x a}{c}\right)^{-\gamma-1}\cdot\text{const} & \text{für } 0 \leqq x < \frac{p_1 c}{a} \\ \infty & \text{,, } x = \frac{p_1 c}{a} \\ \frac{a}{c}\left(\frac{x a}{c} + p_2 - p_1\right)^{-\gamma-1}\cdot\text{const} & \text{,, } x > \frac{p_1 c}{a}, \end{cases} \end{cases}$$

und für das Spektrum in Abhängigkeit von der Tiefe ergibt sich

$$(16)\quad f(T,p) = \begin{cases} \left(p+\frac{Ta}{c}\right)^{-\gamma-1}\cdot\text{const} & \text{für } 0 \leqq p < p_1 - \frac{Ta}{c} \\ \infty & \text{,, } p = p_1 - \frac{Ta}{c} \\ \left(p+\frac{Ta}{c}+p_2-p_1\right)^{-\gamma-1}\cdot\text{const} & \text{,, } \left(p_1 - \frac{Ta}{c}\right) < p < p_1 \\ 0 & \text{,, } p_1 \leqq p \leqq p_2 \\ \left(p+\frac{Ta}{c}\right)^{-\gamma-1}\cdot\text{const} & \text{,, } p_2 < p. \end{cases}$$

Das entstehende Spektrum ist schematisch in Abb. 1 dargestellt. Durch die als unendlich groß angenommene Absorption in dem

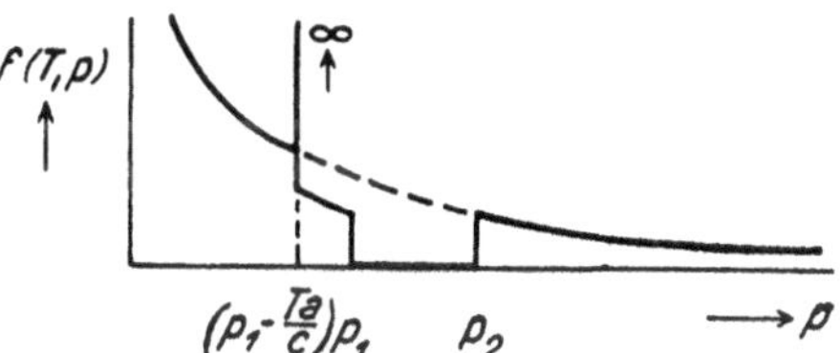

Abb. 1. Schematisches Spektrum bei unendlich großer Absorption in einem bestimmten Impulsbereich

Gebiet zwischen den Impulsen p_1 und p_2 muß dort die Intensität des Spektrums verschwinden. Die aus diesem Spektralgebiet herausgenommenen Teilchen werden aufgespeichert in einer unendlich hohen Spitze an der Stelle $p_1 - \frac{Ta}{c}$, die mit zunehmender Tiefe zu kleineren Impulsen rückt. Geht man von diesen extremen Annahmen zu praktisch möglichen Voraussetzungen über, so kann man qualitativ schließen: In den Gebieten großer Bremsung wird die

Intensität des Spektrums stark herabgesetzt. Dafür zeigt das Spektrum ein scharfes Maximum bei kleineren Impulsen, das mit zunehmender Tiefe stets zu noch kleineren Impulsen rückt und das von den Teilchen hervorgerufen wird, die in dem kritischen Impulsgebiet schnell gebremst wurden. Wenn das Impulsgebiet zwischen p_1 und p_2 verhältnismäßig eng und die Bremsung dort nicht übermäßig groß ist, so hat also die starke Absorption in diesem Gebiet nur zur Folge, daß im Spektrum in dieser Gegend Unregelmäßigkeiten auftreten, ohne daß dabei der Verlauf des Spektrums im großen verändert würde. Oberhalb des Impulses p_2 wird das Spektrum überhaupt nicht beeinflußt.

Unregelmäßigkeiten der eben genannten Art sind tatsächlich von Blackett[1]) im Spektrum der durchdringenden Komponente beobachtet worden. Ob sie durch die zusätzliche Absorption gedeutet werden können, läßt sich allerdings zur Zeit noch nicht entscheiden, da diese Absorption in Luft noch unbekannt ist.

Bei der gleichzeitigen Berücksichtigung der hier getrennt behandelten Effekte: spontaner Zerfall, Absorption durch Sekundärprozesse, und Bremsung durch Kernkräfte werden die Rechnungen verhältnismäßig verwickelt, an den qualitativen Ergebnissen dürfte sich aber nur wenig ändern. Es lohnt sich also bei der Unsicherheit der bisherigen empirischen Grundlagen nicht, auf das Zusammenwirken der verschiedenen Effekte näher einzugehen.

1) P. M. S. Blackett, Proc. Roy. Soc. Lond., **159**. S. 1. 1937.

Leipzig, Institut für theoretische Physik,
z. Z. Sonthofen, 6. Oktober 1938.

(Eingegangen 11. Oktober 1938)

Zeitschrift für Physik *113*, 61–86 (1939)

Zur Theorie der explosionsartigen Schauer in der kosmischen Strahlung. II.

Von **W. Heisenberg** in Leipzig.

(Eingegangen am 5. Mai 1939.)

Die Arbeit beabsichtigt eine ausführliche Untersuchung der Frage, ob und unter welchen Bedingungen Vielfachprozesse nach der Yukawaschen Theorie zu erwarten sind. I. Die allgemeinen Eigenschaften der Vielfachprozesse. a) Allgemeine Übersicht. b) Der Erwartungswert des ausgesandten Spektrums. c) Die quantentheoretischen Wirkungsquerschnitte. II. Anwendung auf die Yukawasche Theorie. a) Ausstrahlung beim Stoß. b) Die gegenseitige Streuung der Mesotronen. c) Die Streuung des Mesotrons an einem Proton. III. Vergleich mit den experimentellen Ergebnissen. a) Die Wirkungsquerschnitte bei hohen Energien. b) Die Vielfachprozesse.

In einer früheren Arbeit [1]) des Verfassers wurde auseinandergesetzt, daß der Zusammenstoß von zwei Elemententeilchen nach der Theorie dann zur explosionsartigen Entstehung vieler Sekundärteilchen führen kann, wenn das (geeignet normierte) Wechselwirkungsglied in der Hamilton-Funktion einen Faktor enthält, der die Dimension: Potenz einer Länge hat. Dieses Ergebnis wurde damals auf die Fermische Theorie des β-Zerfalls angewendet und es wurde gezeigt, daß die Fermische Theorie in dieser Weise die Entstehung explosionsartiger Schauer voraussehen läßt. Inzwischen hat die Entdeckung des Mesotrons und der Nachweis seines radioaktiven Zerfalls zu einer weitgehenden Bestätigung der Yukawaschen Theorie geführt, so daß an den allgemeinen Grundlagen dieser Theorie kaum mehr gezweifelt werden kann. Es ist daher schon von verschiedenen Forschern die Frage untersucht worden, ob auch die Yukawasche Theorie die Möglichkeit der Explosionen ergibt [2]). Die Untersuchungen führten zunächst zu dem Ergebnis, daß es nach der Yukawaschen Theorie Prozesse geben müßte, bei denen viele Mesotronen auf einmal entstehen; jedoch kommt Bhabha [3]) in einer neueren Arbeit zu einem etwas anderen Resultat. Die folgende Arbeit soll in ihrem ersten Teil ganz allgemein und genauer als früher die Folgerungen einer Theorie von der in I beschriebenen Art besprechen, und zwar besonders die Folgerungen, die sich später direkt mit

[1]) W. Heisenberg, ZS. f. Phys. **101**, 533, 1936; im folgenden als I angeführt. — [2]) H. J. Bhabha, Proc. Roy. Soc. London (A) **166**, 501, 1938; W. Heitler, ebenda S. 529; H. Yukawa, S. Sakata, M. Kobayasi u. M. Taketani, Proc. Phys. Math. Soc. Japan **20**, 720, 1938. — [3]) H. J. Bhabha, Nature **143**, 276, 1939.

Zeitschrift für Physik *113*, 61–86 (1939)

dem Experiment vergleichen lassen. Im zweiten Teil wird die Yukawasche Theorie unter den gewonnenen Gesichtspunkten betrachtet. Im dritten schließlich wird der Vergleich mit den Experimenten durchgeführt.

1. Die allgemeinen Eigenschaften der Vielfachprozesse.

a) Allgemeine Übersicht. Für die folgenden Überlegungen wird es zweckmäßig sein, wie in I die Energie E in Einheiten $\hbar c$ und die Feldstärken, z. B. $\mathfrak{E}$ und $\mathfrak{B}$, in Einheiten $\sqrt{\hbar c}$ zu messen. Wir setzen also $\varepsilon = \frac{E}{\hbar c}$; $\mathfrak{e} = \frac{1}{\sqrt{\hbar c}}\,\mathfrak{E}$ usw. Ferner ersetzen wir die Zeit t durch die Variable $\tau = tc$. Dann haben alle vorkommenden Größen die Dimension: Potenz einer Länge. Z. B. gilt dimensionsmäßig $\varepsilon \sim \mathrm{cm}^{-1}$, $\mathfrak{e} \sim \mathrm{cm}^{-2}$. Nach I sind in einer Theorie dann Vielfachprozesse beim Zusammenstoß der Elementarteilchen zu erwarten, wenn die Hamilton-Funktion oder die Lagrange-Funktion ein Wechselwirkungsglied enthält, das mit der Potenz einer universellen Länge multipliziert ist. Ein einfaches Beispiel für eine solche Theorie wäre etwa durch die Lagrange-Funktion [1])

$$L = \frac{1}{l^4}\sqrt{1 + l^4\left[\left(\frac{\partial \varphi}{\partial \tau}\right)^2 - (\operatorname{grad}\varphi)^2\right]} \tag{1}$$

gegeben. φ ist dabei ein Skalar der Dimension cm^{-1}, l eine Konstante der Dimension cm. Die zu φ kanonisch konjugierte Wellenfunktion wird hier

$$\pi = \frac{\partial L}{\partial \dot{\varphi}} = \frac{\partial \varphi}{\partial \tau}\left(1 + l^4\left[\left(\frac{\partial \varphi}{\partial \tau}\right)^2 - (\operatorname{grad}\varphi)^2\right]\right)^{-\frac{1}{2}}$$

und als Vertauschungsrelation folgt in der üblichen Weise

$$\pi(\mathfrak{r})\,\varphi(\mathfrak{r}') - \varphi(\mathfrak{r}')\,\pi(\mathfrak{r}) = -\,i\,\delta(\mathfrak{r}\mathfrak{r}'). \tag{2}$$

Nun ist bekanntlich die konsequente Durchführung einer durch (1) und (2) festgelegten Theorie wegen der Divergenzschwierigkeiten bei der Selbstenergie unmöglich. Die Gleichungen (1) und (2) können also nur als korrespondenzmäßige Hinweise auf die zukünftige Theorie betrachtet werden. Wenn z. B. ein Zusammenstoß von Elementarteilchen geringer Energie ($\varepsilon \ll 1/l$) untersucht werden soll, so kann man die Lagrange-Funktion nach Potenzen der Wellenfunktion φ entwickeln und von den höheren Störungsgliedern nur die berücksichtigen, die nicht zu unendlichen Selbstenergien führen. Man kann dann z. B. den Wirkungsquerschnitt für die gegenseitige Streuung der Teilchen oder für die Entstehung neuer Teilchen

[1]) Vgl. hierzu M. Born, Proc. Roy. Soc. London (A) **143**, 410, 1933.

geringer Energie aus diesen Störungsgliedern ablesen[1]). Ein solches Verfahren wird aber sinnlos, wenn der Zusammenstoß zwischen Teilchen sehr hoher Energien ($\varepsilon \gg 1/l$) behandelt werden soll. Für diesen Fall war daher in I vorgeschlagen worden, die Lösungen von (1) ohne Berücksichtigung von (2), d. h. nach der klassischen Theorie aufzusuchen. Die beiden Elementarteilchen muß man dann durch Wellenpakete geeigneter Wellenlänge und geeigneten Energieinhalts ersetzen und untersuchen, was beim Zusammenstoß der Wellenpakete geschieht. Gerade dann, wenn bei dem Zusammenstoß viele Sekundärteilchen erzeugt werden, kann man erwarten, daß eine solche Behandlung des Zusammenstoßes nach der klassischen Theorie eine gute Näherung an die zukünftige Theorie ergibt. Denn der Grenzfall sehr vieler Teilchen entspricht häufig dem Grenzfall sehr hoher Quantenzahlen.

Die Zweckmäßigkeit und die Tragweite einer solchen „halb-klassischen" Methode ist neuerdings durch zwei wichtige Arbeiten von Bloch und Nordsieck[2]) über die Ausstrahlung des Elektrons beim Stoß deutlich gemacht worden. Bloch und Nordsieck zeigen zunächst, daß die Ausstrahlung beim Stoß in der klassischen Theorie etwa so zustande kommt, daß sich die Differenz zwischen dem Elektroneigenfeld vor und nach dem Stoß im Augenblick des Stoßes als Wellenpaket selbständig macht und als Strahlung in den Raum wandert. Sie zeigen weiter, daß das Spektrum, das nach der Quantentheorie beim Stoß ausgesandt wird, in seinem Erwartungswert mit dem nach der klassischen Theorie ausgesandten übereinstimmt und daß die Schwankungen um diesen Erwartungswert nach der Poissonschen Schwankungsformel erfolgen. Dies gilt allerdings nur bis auf die Einschränkungen, die durch Energie- und Impulssatz dem ganzen Stoßvorgang auferlegt werden — die aber dann praktisch keine Rolle spielen, wenn von der Rückwirkung der Strahlung auf das bewegte Elektron abgesehen werden kann. Diese Ergebnisse von Bloch und Nordsieck legen den Gedanken nahe, daß ganz allgemein auch in einer zukünftigen Theorie derartige Strahlungsvorgänge so behandelt werden können, daß zunächst ein „klassisches" Spektrum berechnet wird, das den Erwartungswert des quantentheoretischen Spektrums darstellt und um das die Schwankungen nach der Poissonschen Formel erfolgen. Man wird jedenfalls erwarten können, daß

---

[1]) Vgl. z. B. die Streuung von Licht an Licht bei H. Euler u. B. Kockel, Naturwissensch. **23**, 246, 1935. — [2]) F. Bloch u. A. Nordsieck, Phys. Rev. **52**, 54, 1937; A. Nordsieck, Phys. Rev. **52**, 59, 1937. Die Grenzen dieser Behandlungsweise werden besprochen bei W. Pauli u. M. Fierz, Nuov. Cim. **15**, Nr. 3, 1938.

Zeitschrift für Physik *113*, 61–86 (1939)

man durch ein derartiges Verfahren der zukünftigen Theorie sehr nahe kommt; nur in der Berechnung des „Erwartungswertes" der Strahlung wird die zukünftige Theorie von der halbklassischen vielleicht erheblich abweichen. Geht man von diesem Gesichtspunkt aus, so zerfällt die Behandlung der Vielfachprozesse in zwei getrennte Probleme. Man hat erstens durch Lösung der Wellengleichungen den betreffenden Stoßvorgang innerhalb der klassischen Theorie zu behandeln und das Spektrum des Wellenzuges zu berechnen, der sich vom Ort des Zusammenstoßes her ausbreitet. Man muß zweitens aus dem berechneten Spektrum die Wirkungsquerschnitte für die gesuchten Einzelprozesse nach der Quantentheorie ermitteln. Das erste Problem: Die Berechnung des Erwartungswertes des Spektrums, kann also einstweilen nur durch korrespondenzmäßige Analogien angegriffen werden. Erst in der zweiten Aufgabe spielt die Quantentheorie eine Rolle.

b) Der Erwartungswert des ausgesandten Spektrums. Wenn eine einfache Lagrange-Funktion vom Typus (1) vorgeschrieben ist, in der nur eine einzige Teilchensorte, d. h. nur eine Wellenfunktion vorkommt, so wird man energiereiche Stoßprozesse stets in der Weise behandeln, daß man wie in I die stoßenden Teilchen durch normierte Wellenpakete darstellt, die aufeinanderprallen. Diese Wellenpakete können eine Energie, die groß gegen $1/l$ ist, und in der Bewegungsrichtung eine Ausdehnung, die klein gegen l ist, besitzen, ohne daß deswegen der Ausdruck $l^4\left[\left(\frac{\partial \varphi}{\partial \tau}\right)^2 - (\operatorname{grad} \varphi)^2\right]$ von der Größenordnung 1 oder größer werden müßte. Denn ein solches energiereiches Wellenpaket läßt sich durch einfache Lorentz-Transformation, die den Ausdruck $\left(\frac{\partial \varphi}{\partial \tau}\right)^2 - (\operatorname{grad} \varphi)^2$ invariant läßt, aus einem Wellenpaket kleiner Energie gewinnen. Dagegen wird man den Durchmesser des Pakets senkrecht zur Bewegungsrichtung nicht kleiner als l machen können, ohne gleichzeitig auch den Ausdruck $l^4\left[\left(\frac{\partial \varphi}{\partial \tau}\right)^2 - (\operatorname{grad} \varphi)^2\right]$ bis zur Größenordnung 1 anwachsen zu lassen, d. h. ohne die nichtlinearen Abweichungen von der gewöhnlichen Wellengleichung wesentlich ins Spiel zu bringen. Ein Wellenpaket, dessen Querausdehnung kleiner als l ist, dürfte also überhaupt nicht mehr ein einziges Teilchen darstellen können. Man kann aus diesem Sachverhalt vielleicht schließen, daß der sonst in der Wellenmechanik gültige Satz, nach dem Wirkungsquerschnitte nicht größer werden können als das Quadrat der Wellenlänge der beteiligten Teilchen, hier nicht mehr zu gelten braucht. Es ist in einem Formalismus der Art (1) und (2) die Möglichkeit dafür geschaffen, daß die Gesamtwirkungsquerschnitte beim Stoß im Grenzfall beliebig hoher Energien der stoßenden Partner einem von der Energie unabhängigen Grenzwert der Größenordnung l^2 zustreben. Dieser Grenzwert kann jedenfalls nicht wesentlich größer als l^2 werden — ausgenommen natürlich den Fall, daß zwischen den stoßenden Teilchen weitreichende Kräfte (etwa von der Art der Coulombschen) wirksam sind, in dem ja auch der genannte wellenmechanische Satz nicht gilt. Diesen Grenzwert des gesamten Wirkungsquerschnitts könnte man etwa mit der anschaulichen Vorstellung „Größe des betreffenden Elementarteilchens" verknüpfen, nur muß man dabei beachten, daß der Wirkungsquerschnitt sich jeweils auf ein *Paar* von Teilchen, nicht auf ein einzelnes bezieht.

Behandelt man nun den Zusammenstoß zweier sehr energiereicher Wellenpakete nach der durch (1) vorgeschriebenen Wellengleichung, so werden, wie in I geschildert, dort, wo die Wellenpakete aufeinandertreffen, die nichtlinearen Glieder wesentlich werden und es wird eine turbulente Bewegung einsetzen, die das Spektrum des Wellenzuges verändert. Diese turbulente Bewegung wird erst dann wieder in eine eigentliche Wellenbewegung übergehen, wenn der Ausdruck $l^4\left[\left(\frac{\partial\varphi}{\partial\tau}\right)^2 - (\mathrm{grad}\,\varphi)^2\right]$ im ganzen Gebiet klein gegen Eins geworden ist — was im allgemeinen erst eintreten wird, wenn sich der Wellenvorgang über einen größeren Raum ausgebreitet hat. Der Durchmesser dieses Raumes betrüge bei den Annahmen (1) nach den Abschätzungen in I Gleichung (8) bis (11) etwa $l\sqrt[3]{l/\lambda}$, wenn λ die Wellenlänge der stoßenden Teilchen vor dem Stoß bedeutet. Über einen Raum dieser Größe wäre also eine unregelmäßige Wellenbewegung ausgebreitet und es muß nun untersucht werden, wie das Spektrum dieser Bewegung aussieht.

Wenn es möglich wäre, den Wellenvorgang für kurze Zeit in einem Hohlraum dieser Größe l^4/λ zwangsweise festzuhalten, so würde sich bereits nach einer Zeit der Größenordnung l Temperaturgleichgewicht, d. h. eine Plancksche Verteilung[1]) einstellen. Die Temperatur dieser Verteilung läßt sich aus der Energiedichte ermitteln. Die Energiedichte hat die Größenordnung $\lambda^{-1}\Big/\frac{l^4}{\lambda} = l^{-4}$, die entsprechende Temperatur (im energetischen Maß) erhält also nach dem Stefan-Boltzmannschen Gesetz die Größenordnung l^{-1}. Das entstehende Spektrum würde also dann nach großen Frequenzen ν hin wie $e^{-\nu l}$ abfallen und hätte sein Maximum bei $\nu \sim 1/l$.

[1]) Die Plancksche Verteilung ergibt sich in der Rechnung natürlich nur bei richtiger Anwendung der Quantentheorie.

Zeitschrift für Physik *113*, 61–86 (1939)

In Wirklichkeit geht jedoch die Explosion zu rasch vor sich, um die Einstellung des Temperaturgleichgewichts zu ermöglichen. Es wird sich also wohl ein Spektrum einstellen, das zwar die meiste Energie in der Gegend $1/l$ enthält, das aber nach hohen Frequenzen hin langsamer abfällt als die Plancksche Verteilung. Eine befriedigende Integration der nichtlinearen Wellengleichung, die die Frage nach der spektralen Verteilung beantworten würde, ist mir auch in den einfachsten Fällen nicht gelungen. Numerische Rechnungen schienen zu zeigen, daß zwar die Größe grad φ im Wellengebiet auf Werte der Ordnung $1/l^2$ herabgedrückt wird, daß die zweiten Differentialquotienten, etwa $\Delta\,\varphi$, jedoch an einigen Stellen groß bleiben (etwa von der Ordnung $1/l^2\lambda$). Ein solches Verhalten würde zu einem Spektrum führen, das bei großen Frequenzen nach einem Potenzgesetz abfällt. Die Frage nach der genauen theoretischen Form des Spektrums muß also einstweilen offenbleiben und man muß vielleicht versuchen, aus dem Experiment in jedem einzelnen Fall Schlüsse auf das allgemeine Verhalten des Spektrums zu ziehen.

Unter „Spektrum" ist hier die Fourier-Zerlegung des Wellenvorganges gemeint, der sich nach dem Zusammenstoß ausbreitet und dessen spektrale Verteilung dann, wenn sich der Wellenzug über einen hinreichend großen Raum ausgebreitet hat, nicht mehr geändert wird. Aus dem Absolutquadrat des Fourier-Koeffizienten kann die spektrale Verteilung unmittelbar angegeben werden. Wir bezeichnen für die Rechnungen des folgenden Abschnitts mit

$$f(\mathfrak{k})\,d\mathfrak{k} = f(\mathfrak{k})\,k^2\,dk\,d\Omega \qquad (3)$$

die Energie, die im Wellenzahlintervall dk (k soll die „Wellenzahl" $k = 2\pi/\lambda$ bedeuten) in den Raumwinkelbereich $d\Omega$ entsandt wird. Die Gesamtenergie des Wellenpakets wird dann

$$\varepsilon = \int f(\mathfrak{k})\,d\mathfrak{k}. \qquad (4)$$

c) Die quantentheoretischen Wirkungsquerschnitte. Die Arbeit von Bloch und Nordsieck zeigt, daß bei der Ausstrahlung eines durch einen Stoß wenig abgelenkten Elektrons der Erwartungswert des quantentheoretischen Spektrums mit dem „klassischen" Spektrum übereinstimmt und daß die Schwankungen um diesen Erwartungswert nach der Poissonschen Formel berechnet werden können [1]). Es liegt nahe, etwas Ähnliches auch für das hier gestellte Strahlungsproblem anzunehmen. Legen wir das Spektrum (3) und (4) zugrunde, so bedeutet dies, daß die Wahrscheinlichkeit $\alpha(\mathfrak{k})\,d\mathfrak{k}$ dafür, daß ein Elementarteilchen im Impulsbereich $d\mathfrak{k}$ gefunden

[1]) F. Bloch u. A. Nordsieck, l. c., S. 58, Gleichung (26).

wird, durch $\alpha(\mathfrak{k}) = f(\mathfrak{k})/k$ gegeben sein muß. Die Wahrscheinlichkeit dafür, daß *nur* dieses eine Teilchen emittiert wird, ist dann $N\alpha(\mathfrak{k})\,d\mathfrak{k}$.

Der Normierungsfaktor N bedeutet anschaulich die Wahrscheinlichkeit dafür, daß in allen anderen Impulsgebieten keine Teilchen emittiert werden und hat den Wert

$$N = e^{-\int \alpha(\mathfrak{k})\,d\mathfrak{k}}. \tag{5}$$

Allgemeiner wird die Wahrscheinlichkeit dafür, daß ein Teilchen im Impulsbereich $d\mathfrak{k}_1$, ein zweites im Bereich $d\mathfrak{k}_2$ usw. emittiert wird, durch

$$dw_n = N\alpha(\mathfrak{k}_1)\,d\mathfrak{k}_1\,\alpha(\mathfrak{k}_2)\,d\mathfrak{k}_2 \ldots \alpha(\mathfrak{k}_n)\,d\mathfrak{k}_n \tag{6}$$

gegeben sein. Die Gesamtwahrscheinlichkeit dafür, daß gerade n Teilchen emittiert werden, wird daher

$$w_n = \frac{N}{n!}\left(\int \alpha(\mathfrak{k})\,d\mathfrak{k}\right)^n, \tag{7}$$

wobei der Nenner $n!$ davon herrührt, daß bei der unabhängigen Integration über alle $\mathfrak{k}$ in (6) jeder Prozeß, bei dem n Teilchen ausgesandt werden, $n!$-fach gezählt wird.

Aus (5) und (7) folgt

$$\sum_0^\infty w_n = 1.$$

Die Größe

$$\int \alpha(\mathfrak{k})\,d\mathfrak{k} = \int \frac{f(\mathfrak{k})}{k}\,d\mathfrak{k} = \bar{n} \tag{8}$$

bedeutet die mittlere Anzahl der ausgesandten Teilchen. In dem von Bloch und Nordsieck behandelten Falle wird die mittlere Teilchenzahl $\bar{n}$ wegen der Divergenz des Integrals (8) unendlich. Aus diesem Umstand entstehen jedoch keine weiteren Schwierigkeiten, da man das Gebiet der kleinen Frequenzen so behandeln kann, wie Bloch und Nordsieck angegeben haben und da wegen der Unabhängigkeit der Schwankungen in den verschiedenen Spektralbereichen die Formeln (5) bis (8) dann auf das Spektralgebiet oberhalb eines bestimmten endlichen Wertes von k beschränkt werden können. Außerdem werden wir im folgenden die Formeln (5) bis (8) in erster Linie auf die Emission der Mesotronen anwenden, die eine endliche Ruhmasse $M_{\mathrm{Mes}} = \varkappa\hbar/c$ besitzen und bei denen daher die Energie durch die Gleichung

$$k_0^2 = \varkappa^2 + \mathfrak{k}^2$$

gegeben ist. Für die mittlere Anzahl gilt dann

$$\bar{n} = \int \frac{f(\mathfrak{k})\,d\mathfrak{k}}{k_0}; \quad \alpha(\mathfrak{k}) = \frac{f(\mathfrak{k})}{k_0}; \tag{9}$$

$\bar{n}$ bleibt hier naturgemäß stets endlich.

Zeitschrift für Physik *113*, 61–86 (1939)

Die Gültigkeit der Formeln (5) bis (9) wird dadurch eingeschränkt, daß ja die Gesamtenergie und der Gesamtimpuls der ausgesandten Teilchen durch den Anfangszustand fest vorgegeben sind. Dieser Umstand hat zur Folge, daß aus der Verteilung (6) gewissermaßen eine mikrokanonische Verteilung herausgegriffen wird, bei der Gesamtenergie und Gesamtimpuls einen vorgegebenen Wert haben. Die hierdurch bedingte Abänderung der Verteilung (6) ist mathematisch nicht ganz leicht zu überblicken. In vielen Fällen ist diese Abänderung aber gering. Immer dann, wenn die nach (6) berechnete mittlere Schwankung der Gesamtenergie und des Impulses klein ist gegen die Gesamtenergie selbst, wird auch die Verteilung mit vorgegebener Energie nicht allzuviel von der Verteilung (6) abweichen.

Für die mittlere Energie gilt

$$\varepsilon = \int k_0 \alpha(\mathfrak{k})\, d\mathfrak{k} = \int f(\mathfrak{k})\, d\mathfrak{k},$$

ferner folgt durch eine einfache Rechnung aus (6):

$$\overline{\varepsilon^2} = \int k_0^2 \alpha(\mathfrak{k})\, d\mathfrak{k} + \varepsilon^2,$$

also für das mittlere Schwankungsquadrat:

$$\overline{\Delta\varepsilon^2} = \int k_0^2 \alpha(\mathfrak{k})\, d\mathfrak{k} = \int k_0 f(\mathfrak{k})\, d\mathfrak{k}, \tag{10}$$

ebenso für die Schwankung des Gesamtimpulses $\mathfrak{K}$:

$$\overline{\Delta\mathfrak{K}^2} = \int \mathfrak{k}^2 \alpha(\mathfrak{k})\, d\mathfrak{k} = \int \frac{\mathfrak{k}^2}{k_0} f(\mathfrak{k})\, d\mathfrak{k}. \tag{11}$$

Gleichung (10) zeigt, daß es zur Erfüllung der Forderung $\Delta\varepsilon \ll \varepsilon$ nicht genügt, wenn die Teilchenzahl $\bar{n}$ sehr groß ist. Auch bei unendlicher Teilchenzahl, wie in dem von Bloch und Nordsieck behandelten Falle, kann die Schwankung der Energie groß sein, weil auch einzelne relativ energiereiche Teilchen ausgesandt werden können. Zur Befriedigung von $\Delta\varepsilon \ll \varepsilon$ ist vielmehr nach (10) notwendig, daß die Energie auf viele Teilchen relativ geringer Energie verteilt wird, wie auch anschaulich einleuchtet.

Es wird in vielen Fällen gar nicht auf die Verteilung bei einer bestimmten vorgegebenen Energie ankommen, sondern schon durch die Fragestellung wird eine Mittelung über gewisse Energiebereiche vorgeschrieben. In solchen Fällen kann man dann meist unmittelbar mit der Verteilung (6) rechnen. Z. B. wird man bei der Ausstrahlung des Elektrons beim Stoß etwa nach dem Wirkungsquerschnitt dafür fragen, daß das stoßende Teilchen in einer bestimmten Richtung abgelenkt wird, ohne daß man die Energie, mit der es fortfliegt, festlegen müßte. Bei dieser Fragestellung wird von vornherein über gewisse Energiebereiche gemittelt.

Aus den vorstehenden Überlegungen wird klar, daß ganz allgemein wie bei Bloch und Nordsieck die Frage nach den Wirkungsquerschnitten für bestimmte Einzelprozesse nicht einfach durch korrespondenzmäßige Vergleiche beantwortet werden kann. Einfache Fragen haben dagegen stets die Form: was ist der Wirkungsquerschnitt für einen bestimmten Vorgang, *gleichgültig was sonst etwa noch bei diesem Vorgang geschieht.* Auf solche Fragen können korrespondenzmäßige und anschauliche Überlegungen Antwort geben. So ist z. B. in den oben durchgeführten Betrachtungen die Wahrscheinlichkeit dafür, daß ein Teilchen im Impulsbereich $d\mathfrak{k}$ ausgesandt wird, durch $\frac{f(\mathfrak{k})\,d\mathfrak{k}}{k_0}$ gegeben, wie anschaulich sofort einleuchtet. Die Wahrscheinlichkeit dafür, daß *nur* dieses Teilchen emittiert wird, ist dagegen $\frac{f(\mathfrak{k})\,d\mathfrak{k}}{k_0}\,e^{-\int \alpha(\mathfrak{k})\,d\mathfrak{k}}$, eine Formel, die offenbar in der klassischen Theorie kein Analogon hat. Man wird daher erwarten, daß auch in einer endgültigen Theorie die Gesamtwirkungsquerschnitte für Prozesse der erstgenannten Art eine wichtigere Rolle spielen und einfacher zu ermitteln sind als die Wirkungsquerschnitte für bestimmte Einzelvorgänge — im Gegensatz zur bisherigen Theorie, in der die Wirkungsquerschnitte für Einzelprozesse aus den Matrixelementen der Störungsenergie berechnet werden, während Gesamtwirkungsquerschnitte erst durch relativ komplizierte Summationen aus ihnen hervorgehen. Eine besonders einfache Größe wäre also in der zukünftigen Theorie etwa der Wirkungsquerschnitt dafür, daß überhaupt ein Stoß der beiden Elementarteilchen stattfindet. Dieser Wirkungsquerschnitt wird jedoch in manchen Fällen unendlich groß; dies ist nämlich dann möglich, wenn Teilchen ohne Ruhmasse emittiert werden können, wie bei dem von Bloch und Nordsieck untersuchten Vorgang. Eine ebenso einfache Größe wäre etwa der Wirkungsquerschnitt dafür, daß beim Stoß neue Materie (d. h. Teilchen mit endlicher Ruhmasse) entsteht. Dieser Wirkungsquerschnitt ist stets endlich und dürfte sich bei wachsender Energie der stoßenden Teilchen in vielen Fällen einem von der Energie unabhängigen Grenzwert der Größenordnung l^2 nähern.

2. *Anwendung auf die Yukawasche Theorie.*

a) Ausstrahlung beim Stoß. Die genaue Form der Wechselwirkung zwischen den Yukawaschen Teilchen und der übrigen Materie ist einstweilen noch nicht bekannt. Für die folgenden Überlegungen genügt es aber, ein vereinfachtes Modell der Yukawaschen Theorie zugrunde zu legen [1]).

[1]) Vgl. H. J. Bhabha, Nature a. a. O.

Zeitschrift für Physik *113*, 61–86 (1939)

In dieser vereinfachten Theorie soll es nur neutrale Yukawa-Teilchen geben, die mit Protonen in Wechselwirkung stehen. Die Potentiale des Yukawa-Feldes, die einen Vierervektor bilden, sollen (in den in 1a besprochenen Einheiten) $\mathfrak{u}$ und u_0 heißen, die Feldstärken seien $\mathfrak{f}$ und $\mathfrak{g}$. Die Wellenfunktion der Protonen sei ψ. Die Lagrange-Funktion des gesamten Feldes, aus der die Wellengleichungen hervorgehen, lautet dann

$$L = \tfrac{1}{2}(\mathfrak{f}^2 - \mathfrak{g}^2) + \frac{\varkappa^2}{2}(u_0^2 - \mathfrak{u}^2) + i\psi^* \frac{\partial \psi}{\partial \tau} - i\psi^* \alpha_k \frac{\partial}{\partial x_k}\psi + \psi^* \beta \psi K. \quad (12)$$

Hierzu kommen die Beziehungen:

$$\mathfrak{g}_k = \mathrm{rot}_k\, \mathfrak{u} - l\psi^* \beta \sigma_k \psi; \qquad \mathfrak{f}_k = -\dot{\mathfrak{u}}_k - \mathrm{grad}_k\, u_0 - i\, l\psi^* \beta \alpha_k \psi.$$

In diesen Formeln bedeuten $\varkappa$ und K die in cm^{-1} gemessenen Ruhmassen des Mesotrons und des Protons; es gilt also $\varkappa = \frac{M_{\mathrm{Mes}} \cdot c}{\hbar}$; $K = \frac{M_{\mathrm{Prot}} \cdot c}{\hbar}$. Über gleiche Indizes wird von 1 bis 3 summiert. Die Konstante l hat die Dimension einer Länge und hängt mit der sonst an dieser Stelle gebräuchlichen Wechselwirkungskonstanten g_2 durch die Beziehung

$$l = \frac{g_2 \sqrt{4\pi}}{\sqrt{\hbar c}} \cdot \frac{\hbar}{M_{\mathrm{Mes.}} \cdot c}$$

zusammen. Empirisch hat also l etwa die Größenordnung $l \sim 1/\varkappa$, wenn man die Verhältnisse der Yukawa-Theorie auf das vereinfachte Modell übertragen will. Die der Konstanten g_1 entsprechende Wechselwirkung ist zur Vereinfachung weggelassen.

Vergleicht man das Yukawasche Feld mit einem elektromagnetischen, so bedeutet Gleichung (12), daß die Protonen ein „magnetisches Moment" der Größe $l\sqrt{\frac{\hbar c}{4\pi}}$ besitzen. Dieses Moment hat zur Folge, daß um ein ruhendes Proton herum ein Yukawasches Dipolfeld besteht.

Wir betrachten nun den Zusammenstoß eines Protons mit irgendeinem anderen Elementarteilchen. Im Moment des Zusammenstoßes wird, wie bei den von Bloch und Nordsieck behandelten Stoßprozessen, die Differenz des Yukawa-Eigenfeldes vor und nach dem Stoß als Wellenpaket ausgestrahlt werden. Dieses Wellenpaket entspricht, wenn man seine spektrale Verteilung untersucht, zunächst nur einigen wenigen Mesotronen. Wenn insbesondere die der gewöhnlichen Elektrodynamik entsprechende Wechselwirkung, die mit der Konstante g_1 verknüpft ist, nicht fortgelassen wird, so kann man die Resultate von Bloch und Nordsieck fast wörtlich übernehmen. Integriert man die Energie über alle Richtungen, so wird dort

$\int f(\mathfrak{k})\, d\Omega \sim \frac{\text{const}}{k^2}$ für alle Frequenzen, die klein sind gegen eine durch die Stoßzeit bestimmte Frequenz k_{max}. Für höhere Frequenzen nimmt die Intensität sehr rasch gegen Null ab. Die zwischen k und $k + dk$ enthaltene Energie wird also für kleinere Frequenzen nahezu von k unabhängig. Überträgt man diese Ergebnisse auf die Yukawa-Theorie, so wird man nur für sehr kleine Frequenzen der Ordnung $\varkappa$ Abweichungen erwarten, die von der endlichen Ruhmasse der Mesotronen herrühren. Man kann diese Abweichungen ganz grob dadurch berücksichtigen, daß man das Spektrum erst bei der Frequenz $k_0 = \varkappa$ beginnen läßt, von hier ab aber mit der gleichen Verteilung wie bei den Lichtquanten rechnet. Die mittlere Anzahl der ausgesandten Mesotronen wird dann ungefähr

$$\bar{n} \approx \int_{\varkappa}^{k_{max}} \frac{f(\mathfrak{k})\, d\mathfrak{k}}{k} \approx \text{const} \int_{\varkappa}^{k_{max}} \frac{dk}{k} = \text{const} \lg \frac{k_{max}}{\varkappa}. \tag{13}$$

Die mittlere Anzahl wächst also nur logarithmisch mit k_{max} und mit der ausgestrahlten Gesamtenergie. Die Konstante vor dem Logarithmus hat bis auf einen Faktor der Größenordnung 1 den Wert $g_1^2/\hbar c$. Wenn also das beim Stoß frei werdende Wellenpaket einfach als Mesotronenstrahlung in den Raum hinaus wanderte, so wären zwar nach (13) Mehrfachprozesse bei sehr hohen Anfangsenergien zu erwarten [1]), aber die mittlere Teilchenzahl bliebe stets klein.

Eine solche einfache Ausbreitung des Wellenpakets ist aber nach der Yukawa-Theorie nicht zu erwarten, da die einzelnen Teile des Wellenpakets sich gegenseitig stören wegen der Wirkungen, die man in der Elektronentheorie unter der Bezeichnung „Streuung von Licht an Licht" zusammenfaßt, und die in der Yukawaschen Theorie eine viel wichtigere Rolle spielen als in der Elektrodynamik.

Die in dem Wellenpaket auf sehr kleinem Raum vereinigten Mesotronen werden — im Gegensatz zu den entsprechenden elektrodynamischen Vorgängen — aneinander gestreut werden und dabei neue Mesotronen erzeugen, so daß eben solche Vorgänge eintreten, wie sie in 1b besprochen wurden. Um dies näher zu begründen, soll die gegenseitige Streuung von Mesotronen, deren Energie kleiner als die Ruhmasse des Protons ist, nach dem in der Elektrodynamik üblichen Verfahren abgeleitet werden [2]).

---

[1]) Vgl. H. J. Bhabha, a. a. O. — [2]) Für das Folgende vgl. W. Heisenberg u. H. Euler, ZS. f. Phys. **98**, 714, 1935 und V. Weinkopf, Kgl. Dansk. Vid. Selsk. **14**, 6, 1936.

Zeitschrift für Physik *113*, 61–86 (1939)

b) Die gegenseitige Streuung der Mesotronen. Die Streuung der Mesotronen kommt im Formalismus dadurch zustande, daß z. B. ein Mesotron virtuell ein negatives Proton und ein Neutron erzeugt, daß das andere Mesotron an einem dieser Teilchen gestreut wird, worauf die beiden Teilchen wieder zu einem neuen Mesotron zerstrahlen. In unserer vereinfachten Theorie mit neutralen Yukawa-Teilchen kommt in dieser Kette die virtuelle Erzeugung eines Protons und eines negativen Protons in Betracht.

Wenn nur Mesotronen kleiner Energie ($k_0 \ll K$) betrachtet werden sollen, so kann, gemessen an Frequenzen der Ordnung K, das Yukawasche Feld als in Raum und Zeit langsam veränderlich betrachtet werden[1]. In diesem Falle müssen, wenn keine Protonen vorhanden sind, die besetzten Zustände negativer Energie adiabatisch dem äußeren Feld folgen. Man kann also in den zur Lagrange-Funktion (12) gehörigen Wellengleichungen einfach die Summation über alle Zustände negativer Energie ausführen und erhält damit die Wellengleichungen für das Yukawa-Feld allein. Diese Summation über die Zustände negativer Energien liefert allerdings ein divergentes Resultat. Wie in der Diracschen Theorie des Positrons müssen also gewisse unendliche Glieder von der Lagrange-Funktion und der Hamilton-Funktion abgezogen werden. Entwickelt man die Energie der besetzten Zustände nach Potenzen der Feldstärken, so treten aber nur bei den niedrigen Potenzen der Feldstärken solche unendlichen Summen auf. In der Diracschen Theorie nur noch bei den in der Feldstärke quadratischen Gliedern, in der Yukawa-Theorie — wie die folgenden Rechnungen zeigen werden — noch in den Gliedern vierter Ordnung. Bei diesen Gliedern niedriger Ordnung muß man also die abzuziehenden unendlichen Terme etwa aus den Erhaltungssätzen bestimmen. Bei den höheren Gliedern dagegen wird man die aus der Summation gewonnenen endlichen Resultate ohne subtraktive Glieder direkt verwenden können. Wir wenden uns daher der Berechnung dieser Glieder zu.

In der Wellengleichung der Yukawa-Teilchen kommen die Ausdrücke $\psi^* \beta \alpha_k \psi$ und $\psi^* \beta \sigma_k \psi$ vor. Nach Gleichung (12) müssen also die Erwartungswerte der Ausdrücke $\psi^* \beta \alpha_k \psi$ und $\psi^* \beta \sigma_k \psi$ bei gegebenen Feldern $\mathfrak{f}$ und $\mathfrak{g}$ bestimmt werden für den Fall, daß keine Protonen vorhanden sind. Bezeichnet man mit v_n die Eigenfunktionen der Zustände des Protons in dem äußeren Feld $\mathfrak{f}$ und $\mathfrak{g}$, so muß also $\Sigma v_n^* \beta \alpha_k v_n$ bzw. $\Sigma v_n^* \beta \sigma_k v_n$

[1] Da zeitlich konstante Yukawa-Felder stets im Raum exponentiell abfallen müssen, so beruht die oben vorausgesetzte Idealisation auf der Gleichung $\varkappa \ll K$, die freilich empirisch nicht besonders gut erfüllt ist ($\varkappa \approx \frac{1}{10} K$).

berechnet werden, wobei die Summen über alle Zustände negativer Energie zu erstrecken sind. Diese Ausdrücke sind offenbar die partiellen Ableitungen des Energiedichte-Ausdrucks

$$S = \sum_{\text{neg. En.}} \left\{ i\, v_n^* \alpha_k \frac{\partial}{\partial x_k} v_n - v_n^* \beta v_n K + l\left[i\, \mathfrak{f}_k v_n^* \beta \alpha_k v_n - \mathfrak{g}_k v_n^* \beta \sigma_k v_n \right] \right\} \quad (14)$$

nach den Feldstärken. Da die Feldstärken als langsam veränderlich angesehen werden sollen, kann man in erster Näherung S durch seinen räumlichen Mittelwert über ein Normierungsvolumen V ersetzen, wobei V klein sein muß gegen die Gebiete, in denen sich $\mathfrak{f}$ und $\mathfrak{g}$ erheblich ändern, aber groß gegen Gebiete der Ausdehnung K^{-3}. Bei der Ableitung des Ausdrucks $\frac{1}{V}\int S\,\mathrm{d}V$ nach den Feldstärken kann man nun auch die Eigenfunktionen v_n mitvariieren, denn der Energieausdruck hat die Extremaleigenschaft, bei geringen Änderungen der Eigenfunktion unter Beibehaltung der Normierung nicht geändert zu werden. Daraus folgt, daß $\frac{1}{V}\int S\,\mathrm{d}V$ hier einfach ersetzt werden kann durch die Summe der negativen Eigenwerte des Protons in den Feldern $\mathfrak{f}$ und $\mathfrak{g}$. Fügt man also zu den aus (12) folgenden Gleichungen

$$\operatorname{div} \mathfrak{f} + \varkappa^2 u_0 = 0 \quad \text{und} \quad \operatorname{rot} \mathfrak{g} - \varkappa^2 \mathfrak{u} = 0$$

noch die weiteren Beziehungen:

$$\dot{\mathfrak{u}}_k + \operatorname{grad}_k u_0 = -\frac{\partial \bar{L}}{\partial \mathfrak{f}_k}; \quad \operatorname{rot}_k \mathfrak{u} = -\frac{\partial \bar{L}}{\partial \mathfrak{g}_k},$$

so unterscheidet sich diese Lagrange-Funktion $\bar{L}$ des Yukawa-Feldes bei Nichtvorhandensein von Protonen von $\frac{1}{2}(\mathfrak{f}^2 - \mathfrak{g}^2)$ um die *Energiedichte* der besetzten Zustände negativer Energie und um einige näher zu bestimmende divergente Ausdrücke.

Zunächst müssen also die Eigenwerte des Protons in den Feldern $\mathfrak{f}$ und $\mathfrak{g}$ berechnet werden. Wir nehmen zu diesem Zweck speziell an, daß $\mathfrak{f}$ und $\mathfrak{g}$ beide im ganzen Raum konstant sind und nur eine Komponente in der z-Richtung $\mathfrak{f}_3 = f$, $\mathfrak{g}_3 = g$ besitzen. Zu einem Impuls $\mathfrak{p}$ des Protons mit den Komponenten p_1, p_2, p_3 (in Einheiten cm^{-1}) gehört dann ein Energiewert ε, der nach (12) durch die Gleichung

$$\varepsilon_{1,2}^2 = K^2 + \mathfrak{p}^2 + l^2 (g^2 + f^2) \pm 2\, l \sqrt{K^2 g^2 + (f^2 + g^2)(p_1^2 + p_2^2)} \quad (15)$$

gegeben ist; die beiden Vorzeichen der Quadratwurzel beziehen sich auf die beiden möglichen Spinrichtungen. Die unendliche Energiedichte, die von den besetzten Zuständen negativer Energie herrührt, wird also

$$-\frac{1}{(2\pi)^3}\int d\mathfrak{p}\,(\varepsilon_1+\varepsilon_2)$$

und damit die Lagrange-Funktion des Yukawa-Feldes

$$\bar{L} = \frac{1}{2}(\mathfrak{f}^2-\mathfrak{g}^2) - \frac{1}{(2\pi)^3}\int d\mathfrak{p}\,(\varepsilon_1+\varepsilon_2) - \text{Subtraktionsglieder}. \qquad (16)$$

Zur Auswertung dieses Ausdrucks entwickeln wir ε nach Potenzen der Feldstärken $\mathfrak{f}$ und $\mathfrak{g}$. Setzt man $K^2+\mathfrak{p}^2 = p_0^2$, so wird

$$\varepsilon_{1,2} = p_0\left(1+\frac{l^2(f^2+g^2)}{p_0^2} \pm \frac{2l}{p_0^2}\sqrt{K^2g^2+(f^2+g^2)(p_1^2+p_2^2)}\right)^{1/2}. \qquad (17)$$

Also wird

$$\varepsilon_1+\varepsilon_2 = 2p_0\sum_{n,m}\left(\frac{l^2(f^2+g^2)}{p_0^2}\right)^n\left(\frac{4l^2}{p_0^4}[K^2g^2+(f^2+g^2)(p_1^2+p_2^2)]\right)^m \frac{(1/2)!}{(1/2-n-2m)!\,n!\,(2m)!}. \qquad (18)$$

Man erkennt aus (18), daß der Beitrag der Glieder sechster und höherer Ordnung in f und g zur Lagrange-Funktion endlich ist, während die Glieder niederer Ordnung divergieren. Wir können daher annehmen, daß die Glieder niederer Ordnung durch die Subtraktionsglieder korrigiert und endlich gemacht werden, während die Glieder höherer Ordnung direkt aus (18) übernommen werden können.

Führt man die Integration aus und ordnet die Glieder nach Potenzen von f und g, so erhält man nach etwas umständlichen Rechnungen:

$$\frac{1}{(2\pi)^3}\int d\mathfrak{p}\,(\varepsilon_1+\varepsilon_2) = \frac{1}{\pi^2}\sum_{\mu,\nu}\frac{l^{2(\mu+\nu)}}{K^{2(\mu+\nu-2)}}f^{2\mu}g^{2\nu}(-1)^{\mu+1} \frac{(2\mu+2\nu-5)!\,(2\mu+2\nu-3)}{2\mu+2\nu-1}\,\frac{(2\mu-1)(2\nu-1)}{(2\mu)!\,(2\nu)!}. \qquad (19)$$

Man erkennt aus (19), daß sich die Energiedichte als Potenzreihe in den beiden Ausdrücken f^2-g^2 und $(fg)^2$ darstellen läßt. Dies muß der Fall sein, weil diese Energiedichte und die Lagrange-Funktion relativistisch invariant sind. Man kann daher bei Feldern mit allgemeinen gegenseitigen Richtungen die Ausdrücke f^2-g^2 und $(fg)^2$ in (19) einfach durch die entsprechenden

Invarianten: $(\mathfrak{f}^2 - \mathfrak{g}^2)$ und $(\mathfrak{f}\mathfrak{g})^2$ ersetzen. Z. B. erhält man aus (19) für die Glieder sechster Ordnung der Lagrange-Funktion:

$$\frac{1}{240\,\pi^2}\,\frac{l^6}{K^2}\left[12\,(\mathfrak{f}\mathfrak{g})^2\,(\mathfrak{f}^2 - \mathfrak{g}^2) + (\mathfrak{f}^2 - \mathfrak{g}^2)^3\right]. \tag{20}$$

Die Reihe (19) kann (wenn man ihre ersten unendlichen Glieder wegläßt) auch aufsummiert werden. Setzt man $w = (g + i\,f)\frac{l}{K}$, so wird der Zusatz zu $\overline{L}$:

$$\frac{K^4}{\pi^2}\,\Re\mathrm{e}\left\{\frac{13}{48}\,w^2 - \frac{13}{288}\,w^4 + \frac{5}{36}\,f\,g\,i\,w^2 + \left[-\frac{1}{16} - \frac{w^2}{8} + \frac{w^4}{48}\right.\right.$$
$$\left.\left. + f\,g\,i\left(\frac{1}{4} - \frac{w^2}{12}\right)\right]\lg\,(1 - w^2) + (-\,w^2 + f\,g\,i)\,\frac{1}{6\,w}\,\lg\,\frac{1+w}{1-w}\right\}. \tag{21}$$

Die Glieder zweiter und vierter Ordnung in den Feldstärken können nach diesem Verfahren nicht ermittelt werden. Die subtraktiven Ausdrücke in (16) müssen dafür sorgen, daß keine Zusatzglieder zweiter Ordnung auftreten, da sonst schon bei sehr kleinen Feldern die Wellengleichungen verändert wären. Die Glieder vierter Ordnung kann man aber wohl nur durch Benutzung der Erhaltungssätze in plausibler Weise festlegen, was hier nicht versucht werden soll.

Es ist lehrreich, das Ergebnis (19) mit den entsprechenden Formeln der Positronentheorie[1]) zu vergleichen. In beiden Fällen kann man die Zusätze zur Lagrange-Funktion darstellen als das Produkt von drei Gliedern: Einem Ausdruck zweiten Grades in den Feldstärken, einer dimensionslosen Konstanten und einer Potenzreihe in dem Verhältnis der Feldstärke zu einer charakteristischen kritischen Feldstärke. Die dimensionslose Konstante ist, soweit sie von den universellen Konstanten abhängt, in der Positronentheorie $e^2/\hbar c$, in der Yukawa-Theorie $l^2 K^2$, also (bis auf die reinen Zahlenfaktoren) etwa 10^4mal größer als in der Positronentheorie. Die kritische Feldstärke ist in der Positronentheorie

$$\frac{m^2\,c^3}{e\,\hbar} = \frac{e^2}{\hbar\,c}\,\frac{e}{(e^2/m\,c^2)^2},$$

also der 137. Teil der „Feldstärke am Rande des Elektrons“, in der Yukawa-Theorie K/l. Dieser Wert entspricht, wenn man die Selbstenergie des zu l gehörigen Dipolfeldes etwa der Masse des Protons gleichsetzt, ungefähr dem zehnten Teil der „Feldstärke am Rande des Protons“. Bei sehr großen Feldstärken nimmt der dritte Faktor, die Potenzreihe, in der Positronen-

[1]) W. Heisenberg u. H. Euler, a. a. O.

Zeitschrift für Physik *113*, 61–86 (1939)

theorie nur logarithmisch zu, der ganze Zusatz zur Maxwellschen Lagrange-Funktion bleibt also wegen des Faktors $e^2/\hbar c$ bei allen vorkommenden Feldstärken relativ klein. In der Yukawa-Theorie nimmt die Potenzreihe bei großen Feldstärken mit dem Quadrat der Feldstärke (multipliziert mit einem Logarithmus) zu; der Zusatz überwiegt daher gegenüber der gewöhnlichen Lagrange-Funktion.

Sobald also die Feldstärke Werte der Ordnung K/l überschreitet, müssen die nichtlinearen Zusätze zur Wellengleichung die Lösungen entscheidend beeinflussen, es setzt dann eine Durchmischung der verschiedenen Teile des Spektrums ein. Diese Rechnungen zeigen, daß in einem vom Proton beim Stoß ausgesandten Wellenpaket stets eine Durchmischung des Spektrums eintritt — ähnlich wie dies in 1b geschildert wurde —, sofern nur die im wesentlichen durch die Stoßzeit bestimmte Grenzfrequenz $k_{\max}$ Werte der Ordnung $\sqrt{K/l}$ erheblich überschreitet, was bei allen Stößen mit großer Energieübertragung der Fall ist. Schreibt man in relativistisch invarianter Form die Bedingung dafür auf, daß bei dem vom Proton sich ablösenden Wellenpaket die nichtlinearen Glieder (20) und (21) wesentlich werden, so erhält man eine Gleichung der Form [1] ($\mathfrak{p}_{\rm I}$, $p^0_{\rm I}$ Impuls und Energie des Protons vor dem Stoß, $\mathfrak{p}_{\rm II}$, $p^0_{\rm II}$ Impuls und Energie nach dem Stoß)

$$(p^0_{\rm I} - p^0_{\rm II})^2 - (\mathfrak{p}_{\rm I} - \mathfrak{p}_{\rm II})^2 > \varkappa^2 Z,$$

wobei der Zahlenfaktor Z noch von dem Massenverhältnis Proton/Mesotron, von $g^2/\hbar c$ und vom „Radius" des Protons im Verhältnis zu l abhängt. Allerdings kann die Durchmischung des Spektrums aus (20) und (21) nur geschlossen werden für das Spektralgebiet, das unterhalb der Frequenz K liegt. Denn für höhere Frequenzen treffen die den Rechnungen dieses Abschnitts zugrunde liegenden Voraussetzungen nicht mehr zu.

Aber selbst, wenn der Wirkungsquerschnitt für die gegenseitige Streuung der Mesotronen mit wachsender Energie etwa mit $1/k$ wieder abnimmt, wie die große experimentelle Reichweite der Mesotronen hoher Energie vermuten läßt [2], so würde die Durchmischung des Spektrums dadurch wohl nicht verhindert, da bei sehr energiereichen Stoßprozessen auch die Größe des entstehenden Wellenpaketes (wegen der Lorentz-Kontraktion) entsprechend gering ist.

[1]) Schon G. Wataghin, ZS. f. Phys. **88**, 92 u. **92**, 547, 1934 hat versucht, den Formalismus der Quantenelektrodynamik durch Abschneidevorschriften ähnlicher Form konvergent zu machen. Es dürfte aber wohl richtiger sein, ein grundsätzliches Versagen des Formalismus bei großen Energieübertragungen anzunehmen. Vgl. W. Heisenberg, ZS. f. Phys. **110**, 251, 1938. — [2]) H. Euler u. W. Heisenberg, Erg. d. exakt. Naturw. **17**, 61 u. f., 1938.

Es muß hervorgehoben werden, daß der Schluß auf diese Durchmischung des Spektrums, also auf die explosionsartigen Vielfachprozesse, nur dann gerechtfertigt ist, wenn man die nichtlinearen Wellengleichungen in der korrespondenzmäßigen Weise verwenden darf, wie dies in I und in Abschnitt 1, b versucht worden ist. Einen zwingenden Schluß auf diese Möglichkeit läßt der bisherige Formalismus nicht zu, da ja eine Quantentheorie nichtlinearer Wellengleichungen bisher nicht durchgeführt werden konnte.

Es ist in diesem Zusammenhang wichtig, zu beachten, daß die korrespondenzmäßige Verwendung der Wellengleichungen in vielen Fällen zu völlig anderen Ergebnissen führt, als die gewöhnliche, quantentheoretische Störungstheorie. Ein besonders einfaches Beispiel hierfür bildet die Streuung eines Mesotrons an einem Proton, also das Analogon zum Compton-Effekt oder zur gewöhnlichen Rayleighschen Streuung. Diese Streuung soll daher zur Erläuterung der Tragweite der bisherigen Theorie besprochen werden.

c) Die Streuung des Mesotrons an einem Proton. Die Streuung des Mesotrons am Proton ist in verschiedenen Arbeiten behandelt worden[1]. Die Untersuchungen stimmen überein in dem Ergebnis, daß der Wirkungsquerschnitt für diese Streuung — im Gegensatz zum Wirkungsquerschnitt für die Rayleighsche Streuung — in erster Näherung nicht von der Masse des Protons abhängt, sondern daß er, selbst wenn das Proton als unendlich schwer angenommen würde, einen endlichen Wert behielte. Damit hängt es zusammen, daß für Frequenzen der Yukawa-Wellen $\varkappa \lesssim k$ der Wirkungsquerschnitt wesentlich größer wird, als man nach Analogie zur Elektrodynamik erwarten sollte.

Diese Ergebnisse müssen bedeuten, daß gewisse Freiheitsgrade des Protons bei Einwirkung eines äußeren Yukawa-Wellenfeldes trägheitslos mitschwingen, oder daß dies wenigstens im Formalismus angenommen wird. Die nähere Untersuchung zeigt, daß der von der Masse des Protons unabhängige Streuquerschnitt von zwei Prozessen herrührt: Von der Streuung der transversalen Wellen auf Grund der Wechselwirkungsglieder in (12) und von der Streuung der longitudinalen Wellen auf Grund der von g_1 abhängigen — der gewöhnlichen Elektrodynamik nachgebildeten — Austausch-Wechselwirkung. Im ersten Falle ist der Spin des Protons der trägheitslos mitschwingende Freiheitsgrad. Im zweiten Falle ist es

[1] H. Yukawa u. S. Sakata, Proc. Phys. math. Soc. Japan **19**, 1084, 1937; H. J. Bhabha, Proc. Roy. Soc. London (A) **166**, 501, 1938; W. Heitler, ebenda S. 529.

Zeitschrift für Physik *113*, 61–86 (1939)

die spinartige Koordinate, die Proton und Neutron unterscheidet. Bei einer Theorie ohne Austausch tritt der hohe Wirkungsquerschnitt für die Streuung der longitudinalen Wellen nicht auf.

Wir wollen nun zeigen, daß im ersten der beiden Fälle, der sich nach Gleichung (12) behandeln läßt, dieses trägheitslose Mitschwingen der Spinkoordinate wahrscheinlich auf einer falschen Anwendung des Formalismus beruht, daß jedenfalls die korrespondenzmäßige Verwendung der Gleichung (12) zu ganz anderen Ergebnissen führt. Es zeigt sich nämlich, daß das Eigenfeld des Protons, das nach (12) bestimmt werden kann, zu einer erheblichen Trägheit der Spinbewegung führt, die so groß ist, daß der Wirkungsquerschnitt für die Streuung vollständig verändert wird.

Bei dieser Rechnung kann man sich mit der unrelativistischen Näherung begnügen; wir nehmen also an, daß die Masse des Protons sehr groß und daß die Geschwindigkeit des Protons stets sehr klein gegen c ist.

Aus (12) bestimmen wir die Hamilton-Funktion

$$H = \int d\mathfrak{r}\left[\frac{\partial L}{\partial \dot{\mathfrak{u}}_k}\dot{\mathfrak{u}}_k + \frac{\partial L}{\partial \dot{u}_0}\dot{u}_0 + \frac{\partial L}{\partial \dot{\psi}}\dot{\psi} - L\right]$$

$$= \int d\mathfrak{r}\left[-\mathfrak{f}\dot{\mathfrak{u}} - \frac{1}{2}(\mathfrak{f}^2 - \mathfrak{g}^2) - \frac{\varkappa^2}{2}(u_0^2 - \mathfrak{u}^2) + i\psi^*\alpha_k\frac{\partial \psi}{\partial x_k} - \psi^*\beta\psi K\right]. \quad (22)$$

Ferner folgt aus (12) zur Bestimmung von u_0

$$\operatorname{div}\mathfrak{f} + \varkappa^2 u_0 = 0. \quad (23)$$

Aus (22) und (23) ergibt sich

$$H = \int d\mathfrak{r}\left[\frac{1}{2}(\mathfrak{f}^2 + \mathfrak{g}^2) + i\,l\,\mathfrak{f}_k\,\psi^*\beta\alpha_k\psi + \frac{\varkappa^2}{2}(u_0^2 + \mathfrak{u}^2)\right.$$
$$\left. + i\psi^*\alpha_k\frac{\partial \psi}{\partial x_k} - \psi^*\beta\psi K\right]. \quad (24)$$

Da nur ein Proton vorhanden sein soll, können seine Koordinaten statt der Wellenfunktion des Protons als Variable eingeführt werden. Dann wird

$$H = \int d\mathfrak{r}\left[\frac{1}{2}(\mathfrak{f}^2 + \mathfrak{g}^2) + \frac{\varkappa^2}{2}(u_0^2 + \mathfrak{u}^2) + i\,l\,\mathfrak{f}_k\beta\alpha_k\delta(\mathfrak{r},\mathfrak{r}_p) - \alpha_k p_k - \beta K\right]. \quad (25)$$

Wir machen nun Gebrauch von der Annahme, daß die Geschwindigkeit des Protons stets klein gegen c sei. Dies bedeutet, daß die Terme mit α_k in (25) klein sind gegen die Terme mit σ_k und daß $\beta \approx 1$ gesetzt werden kann. Für die zeitliche Änderung der Spinkoordinate erhalten wir also wegen $\mathfrak{g} = \operatorname{rot}\mathfrak{u} - l\sigma\delta(\mathfrak{r},\mathfrak{r}_p)$ die Gleichung:

$$\dot{\sigma} = i(H\sigma - \sigma H) \approx 2\,l\int d\mathfrak{r}\,\delta(\mathfrak{r},\mathfrak{r}_p)\,[\operatorname{rot}\mathfrak{u},\sigma]. \quad (26)$$

Wir ersetzen nunmehr, um von der Quantentheorie zu einem klassischen Modell überzugehen, den Spinvektor σ durch einen Einheitsvektor $\mathfrak{s}$; ferner die Funktion $\delta(\mathfrak{r}, \mathfrak{r}_p)$ durch eine „verwaschene" δ-Funktion $D(\mathfrak{r})$, wobei außerdem $\mathfrak{r}_p = 0$ angenommen werden kann, da die Bewegung des Protons ja nur in der Spindrehung bestehen soll. Es ist notwendig, die δ-Funktion durch $D(\mathfrak{r})$ zu ersetzen, um endliche Resultate zu erhalten. Es gelten also in dem klassischen Modell die Gleichungen:

$$\dot{\mathfrak{s}} = 2l \int d\mathfrak{r}\, D(\mathfrak{r})\, [\mathfrak{g}\mathfrak{s}], \tag{27}$$

ferner nach (12) (in der gleichen Näherung wie oben), wenn $\operatorname{div} \mathfrak{u} = u_0 = 0$ gesetzt wird — was wir annehmen wollen, da wir nur die Streuung der transversalen Wellen betrachten wollen —

$$\Delta \mathfrak{u} - \ddot{\mathfrak{u}} - \varkappa^2 \mathfrak{u} = -l \operatorname{rot}(\mathfrak{s}\, D(\mathfrak{r})). \tag{28}$$

Zur Lösung führt man zweckmäßig einen Hertzschen Vektor durch die Beziehung $\mathfrak{u} = \operatorname{rot} \mathfrak{Z}$ ein; es gilt dann:

$$\Delta \mathfrak{Z} - \ddot{\mathfrak{Z}} - \varkappa^2 \mathfrak{Z} = -l \mathfrak{s}\, D(\mathfrak{r}). \tag{29}$$

Es soll nun eine transversale Welle der Form

$$\mathfrak{u} = \mathfrak{a}\, e^{i(\mathfrak{k}\mathfrak{r} - k_0 \tau)} \quad (\mathfrak{a} \perp \mathfrak{k}) \tag{30}$$

an dem Proton gestreut werden.

Triebe man Störungstheorie und vernachlässigte (was sicher un- unberechtigt ist) das Eigenfeld des Protons, so würde die Streuung folgendermaßen berechnet:

Man setzt

$$\mathfrak{u} = \mathfrak{u}_0 + \mathfrak{u}_1, \quad \mathfrak{Z} = \mathfrak{Z}_0 + \mathfrak{Z}_1, \quad \mathfrak{s} = \mathfrak{s}_0 + \mathfrak{s}_1;$$

$\mathfrak{s}_0$ ist die ungestörte Lage des Spins, $\mathfrak{u}_0$ und $\mathfrak{Z}_0$ sind die ungestörten ebenen Wellen. Aus (27) schließt man

$$\dot{\mathfrak{s}}_1 \approx 2li \int d\mathfrak{r}\, D(\mathfrak{r}) \left[[\mathfrak{k}\mathfrak{a}]\mathfrak{s}_0\right] e^{i(\mathfrak{k}\mathfrak{r} - k_0\tau)} \approx 2il\, e^{-ik_0\tau} \left[[\mathfrak{k}\mathfrak{a}]\mathfrak{s}_0\right],$$

$$\mathfrak{s}_1 \approx -\frac{2l}{k_0} \left[[\mathfrak{k}\mathfrak{a}]\mathfrak{s}_0\right] e^{-ik_0\tau},$$

also aus (29)

$$\mathfrak{Z}_1 = -l \frac{2l}{k_0} \left[[\mathfrak{k}\mathfrak{a}]\mathfrak{s}_0\right] \frac{e^{i(kr - k_0\tau)}}{4\pi r}$$

und

$$\mathfrak{u}_1 = -\frac{2il^2}{k_0} \left[\frac{k\mathfrak{r}}{r} \left[[\mathfrak{k}\mathfrak{a}]\mathfrak{s}_0\right]\right] \frac{e^{i(kr - k_0\tau)}}{4\pi r}.$$

Nimmt man etwa speziell $\mathfrak{s}_0 \parallel \mathfrak{a}$ an, so wird also die gestreute Welle

$$\mathfrak{u}_1 = \frac{2 i l^2}{k_0} a k [\mathfrak{k} \mathfrak{r}] \frac{e^{i(kr - k_0 \tau)}}{4 \pi r^2}$$

und daraus der Wirkungsquerschnitt für die Streuung:

$$Q = \frac{2 l^4 k^4}{3 \pi k_0^2}.$$

Dieser Wert entspricht den Ergebnissen der quantentheoretischen Störungsrechnung bei Bhabha und Heitler (a. a. O.).

In Wirklichkeit aber ist ja das ruhende Proton auch ohne äußere Welle schon von einem starken Felde $\mathfrak{g}_0$, dem Eigenfeld, umgeben. Die Stärke dieses Feldes richtet sich nach der räumlichen Ausdehnung der Funktion $D(\mathfrak{r})$. Im Grenzfall $D(\mathfrak{r}) \to \delta(\mathfrak{r})$ wird das Feld im Bereich des Protons unendlich groß. Man kann leicht zeigen, daß im Falle einer zentral-symmetrischen Funktion $D(\mathfrak{r})$ der Mittelwert des Eigenfeldes

$$\bar{\mathfrak{g}}_0 = \int \mathfrak{g}_0 D(\mathfrak{r}) \, d\mathfrak{r} \tag{31}$$

parallel zu $\mathfrak{s}_0$ steht. Nun lautet die Bewegungsgleichung für $\mathfrak{s}$:

$$\dot{\mathfrak{s}} = 2 l [\bar{\mathfrak{g}}, \mathfrak{s}]. \tag{32}$$

Das Eigenfeld gibt also keinen Beitrag zur Bewegung von $\mathfrak{s}$, solange es parallel zu $\mathfrak{s}$ steht. Allerdings haben $\mathfrak{s}$ und Eigenfeld bei zeitlich veränderlichem $\mathfrak{s}$ nicht mehr genau die gleiche Richtung. Je schneller das Spinmoment schwingt, um so mehr wird das Eigenfeld hinter der Spinrichtung zurückbleiben. Um dies zu verfolgen, nehmen wir wieder $\mathfrak{a} \parallel \mathfrak{s}_0 \parallel$ z-Achse an. $\mathfrak{a} = (0, 0, a)$; $\mathfrak{s}_0 = (0, 0, 1)$. Die einfallende Welle soll sich in der x-Richtung fortpflanzen $[\mathfrak{k} = (k, 0, 0)]$. Versuchsweise setzen wir die Lösung

$$\mathfrak{s} = \mathfrak{s}_0 + \mathfrak{s}_1 = \mathfrak{s}_0 + \mathfrak{e} \, e^{-i k_0 \tau} \tag{33}$$

an, wobei $\mathfrak{e} \perp \mathfrak{s}_0$ und $|\mathfrak{e}| \ll 1$ sein soll. Die inhomogene Gleichung (29) hat die Lösung:

$$\left.\begin{aligned} \mathfrak{Z} &= \mathfrak{Z}_0 + \mathfrak{Z}_1; \quad \mathfrak{Z}_0 = \mathfrak{s}_0 l \int \frac{D(\mathfrak{r}') \, e^{-\varkappa |\mathfrak{r} - \mathfrak{r}'|}}{4 \pi |\mathfrak{r} - \mathfrak{r}'|} d\mathfrak{r}', \\ \mathfrak{Z}_1 &= \mathfrak{e} l e^{-i k_0 \tau} \int \frac{D(\mathfrak{r}') \, e^{i k |\mathfrak{r} - \mathfrak{r}'|}}{4 \pi |\mathfrak{r} - \mathfrak{r}'|}. \end{aligned}\right\} \tag{34}$$

Ferner führen wir ein:

$$\mathfrak{Z}_1^{(\varkappa)} = \mathfrak{e} l e^{i k_0 \tau} \int \frac{D(\mathfrak{r}') \, e^{-\varkappa |\mathfrak{r} - \mathfrak{r}'|}}{4 \pi |\mathfrak{r} - \mathfrak{r}'|} d\mathfrak{r}'.$$

Zu $\mathfrak{Z}$ gehört das Feld $\mathfrak{g} = \text{rot rot}\,\mathfrak{Z} - l\,\mathfrak{s}\,D(\mathfrak{r})$. Also wird:

$$\bar{\mathfrak{g}}_0 = l\int d\mathfrak{r}\,D(\mathfrak{r})\,\text{rot rot}\left(\mathfrak{s}_0\int\frac{D(\mathfrak{r})\,e^{-\varkappa|\mathfrak{r}-\mathfrak{r}'|}}{4\pi|\mathfrak{r}-\mathfrak{r}'|}\,d\mathfrak{r}'\right) - l\,\mathfrak{s}_0\,D(\mathfrak{r}) = \mathfrak{s}_0\,g_0(\varkappa);$$

$$\bar{\mathfrak{g}}_1^{(\varkappa)} = \mathfrak{s}_1\,g_0(\varkappa);\ \bar{\mathfrak{g}}_1 = \mathfrak{s}_1\,g_0(-ik). \quad (35)$$

Der Vektor $\bar{\mathfrak{g}}_0 + \bar{\mathfrak{g}}_1^{(\varkappa)}$ hat die gleiche Richtung wie $\mathfrak{s}$. Die Bewegungsgleichung für $\mathfrak{s}$ wird daher, wenn man zu dem Feld (34) noch das Feld $\mathfrak{g}_{eb}$ der ebenen Welle (30) hinzufügt:

$$\dot{\mathfrak{s}} = 2l\,[\mathfrak{g}_{eb} + \bar{\mathfrak{g}}_1 - \bar{\mathfrak{g}}_1^{(\varkappa)}, \mathfrak{s}].$$

In dieser Gleichung kann man $\mathfrak{s}_1$ gegen $\mathfrak{s}_0$ vernachlässigen. Man erhält schließlich zur Bestimmung von $\mathfrak{e}$ die Gleichung:

$$-ik_0\mathfrak{e} = \left[i\,[\mathfrak{k}\mathfrak{a}] + \mathfrak{e}\,(g_0(-ik) - g_0(\varkappa)), \mathfrak{s}_0\right]. \quad (36)$$

Die Lösung lautet:

$$\mathfrak{e}_x = -\frac{2\,l\,k\,k_0\,a}{4\,l^2(g_0(-ik) - g_0(\varkappa))^2 - k_0^2};\quad \mathfrak{e}_y = \frac{4\,i\,l^2\,k\,a\,(g_0(-ik) - g_0(\varkappa))}{4\,l^2(g_0(-ik) - g_0(\varkappa))^2 - k_0^2}$$

und daher nach (35):

$$Q = \frac{2\,k^4\,l^4\,(k_0^2 + 4\,l^2\,|g_0(-ik) - g_0(\varkappa)|^2)}{3\pi\,|4\,l^2\,(g_0(-ik) - g_0(\varkappa))^2 - k_0^2|^2}. \quad (37)$$

Bei niedriger Frequenz des äußeren Feldes wird $-ik = \sqrt{\varkappa^2 - k_0^2} \sim \varkappa$, also $l\,|g_0(-ik) - g_0(\varkappa)| \ll k_0$ und der Wirkungsquerschnitt (37) geht in den nach der Störungstheorie berechneten über. Bei höherer Frequenz aber — jede ebene Welle im eigentlichen Sinn gehört wegen $k_0 > \varkappa$ in dieses Frequenzgebiet — wird der Ausdruck $|g_0(-ik) - g_0(\varkappa)|$ gegenüber k_0 überwiegen. Der Wert von $g_0(-ik) - g_0(\varkappa)$ läßt sich nicht ohne genauere Angaben über die Funktion $D(\mathfrak{r})$ berechnen. Man kann etwa fordern, die Funktion $D(\mathfrak{r})$ müsse so gewählt werden, daß die Selbstenergie des Protons, die aus (25) bei gegebenem $D(\mathfrak{r})$ folgt, in der Größenordnung mit der Masse des Protons übereinstimmt. Es kann dann der Wechselwirkungsausdruck $-l\,\mathfrak{s}\,\bar{\mathfrak{g}}$ etwa gleich der negativen Protonenmasse gesetzt werden, woraus $g_0(\varkappa) \sim \frac{K}{l}$ folgen würde. Solange $\varkappa$ und k klein gegen K sind, kann man $g_0(\varkappa)$ nach Potenzen von $\varkappa$ entwickeln und erhält

$$g_0(-ik) - g_0(\varkappa) = -(ik + \varkappa)\frac{\partial g_0(0)}{\partial\varkappa} - \frac{1}{2}(\varkappa^2 + k^2)\frac{\partial^2 g_0(0)}{\partial\varkappa^2} + \cdots$$

Da nach (35) $\frac{\partial g_0(0)}{\partial\varkappa}$ verschwindet, bleibt also

$$g_0(-ik) - g_0(\varkappa) = -\frac{k_0^2}{2}\frac{\partial^2 g_0(0)}{\partial\varkappa^2} + \cdots$$

Den Ausdruck $\frac{\partial^2 g_0(0)}{\partial \varkappa^2}$ kann man abschätzen, wenn man einen mittleren Radius r_0 der Funktion $D(\mathfrak{r})$ einführt. Dann ist das mittlere Feld des Magnetpols von der Stärke $l: \bar{g}_0 \sim \frac{l}{r_0^3}$, also

$$\frac{l}{r_0^3} \sim \frac{K}{l}; \quad r_0 \sim \sqrt[3]{\frac{l^2}{K}}. \quad \text{Daher} \quad \frac{\partial^2 g_0(0)}{\partial \varkappa^2} \sim \frac{l}{r_0} \sim \sqrt[3]{K l}.$$

Schließlich ergibt sich hieraus für den Wirkungsquerschnitt

$$Q \sim \frac{2 l^2}{3\pi} \left(\frac{k}{k_0}\right)^4 (K l)^{-2/3}.$$

Der Wirkungsquerschnitt wird also für höhere Frequenzen erheblich kleiner als nach der unrichtigen Störungstheorie zu erwarten wäre, und hat die Eigenschaft, mit wachsender Masse des Protons abzunehmen, wie auch anschaulich zu vermuten war. Das Eigenfeld des Protons bewirkt indirekt eine Trägheit der Spinbewegung, die in den bisherigen quantentheoretischen Rechnungen nicht berücksichtigt war. Bei der Streuung des longitudinalen Yukawa-Feldes dürften die Verhältnisse ähnlich liegen, doch soll dieser Frage nicht weiter nachgegangen werden.

Aus (37) wird man schließen müssen, daß die üblichen quantentheoretischen Störungsrechnungen für die Streuung des Mesotrons an Protonen vollständig falsche Ergebnisse liefern[1]), daß man jedoch mit korrespondenzmäßigen Betrachtungen von der klassischen Wellentheorie aus noch einen Zugang zu dem Gebiet besitzt, in dem die bisherige Quantenmechanik versagt. Ferner, daß der Wirkungsquerschnitt für die Streuung der Mesotronen an Protonen viel kleiner ist, als bisher angegeben wurde. Dies scheint auch zwangsläufig aus den Experimenten zu folgen. Denn die beobachtete große Reichweite der Mesotronen ist mit den bisher angegebenen großen Streuquerschnitten nicht vereinbar.

3. Vergleich mit den experimentellen Ergebnissen.

a) Die Wirkungsquerschnitte bei hohen Energien. Die in den Abschnitten 1 und 2 durchgeführten Überlegungen können in erster Linie dazu benutzt werden, um die Fragen aufzufinden, nach denen man zweckmäßig die experimentellen Ergebnisse ordnet, und deren Beantwortung eine Klärung der theoretischen Zusammenhänge erhoffen ließe.

---

[1]) Vgl. hierzu eine Reihe von Arbeiten, die die Begrenzung der Quantentheorie betreffen, z. B. A. March, ZS. f. Phys. **104**, 93, 1936 u. f.; G. Wataghin, a. a. O.; W. Heisenberg, a. a. O.

Die Größen, die in einer späteren Theorie wohl die wichtigste Rolle spielen werden, sind die Gesamtwirkungsquerschnitte im Grenzfall hoher Energien. Die einfachste derartige Größe ist der Wirkungsquerschnitt dafür, daß beim Stoß neue Materie entsteht. Dieser Wirkungsquerschnitt wird im Grenzfall hoher Energien einem konstanten Grenzwert zustreben, wenn die stoßenden Teilchen nicht von weitreichenden Kraftfeldern umgeben sind. Wenn solche weitreichenden Kraftfelder vorhanden sind, so kann der Wirkungsquerschnitt mit wachsender Energie zunehmen, und zwar wird man aus den bisherigen Beispielen dieser Art schließen, daß er logarithmisch zunimmt. Dieser logarithmisch zunehmende Anteil wird als unmittelbare Wirkung des weitreichenden Feldes auch leicht von dem Rest getrennt behandelt werden können. Der konstante Rest bedeutet etwas Ähnliches, wie die „Größe" des Elementarteilchens in einer anschaulichen Theorie und man kann vielleicht hoffen, daß für ihn sehr einfache Gesetzmäßigkeiten bestehen, die die Analogie zum anschaulichen Begriff „Größe" deutlich hervortreten lassen.

Das einfachste Beispiel für einen derartigen Wirkungsquerschnitt ist der für den Zusammenstoß eines Lichtquants mit einem Proton. Dieser Wirkungsquerschnitt scheint bei großen Energien des Lichtquants nach Untersuchungen von Nordheim[1]) und Euler[2]) einem konstanten Wert der Größenordnung $10^{-26}\,cm^2$ zuzustreben. Der vom Coulombschen Feld des Protons herrührende Anteil wird hier durch die Abschirmung des Protons im Wasserstoffatom gehindert, logarithmisch mit der Energie anzuwachsen und bleibt offenbar klein gegen den von anderen Ursachen herrührenden Teil. In den über die Erzeugung von Mesotronen aus Lichtquanten bisher veröffentlichten Untersuchungen[3]) wird wohl mit Recht angenommen, daß der wichtigste primäre Prozeß hier in einer Wechselwirkung des Lichtquants mit dem das Proton umgebenden statischen Yukawaschen Feld besteht. Es kann sich dabei um die Absorption des Lichtquants durch die virtuellen Yukawa-Teilchen, also um eine Art Photoeffekt an diesen an das Proton gebundenen Teilchen oder — was bei hohen Energien vielleicht häufiger eintritt — um einen Compton-Effekt der Lichtquanten an diesen Teilchen handeln. Auf jeden Fall ist dieser Prozeß im allgemeinen verbunden mit einer plötzlichen Änderung des Yukawa-Feldes in der Umgebung des Protons und sollte daher zur Ausbildung eines Wellen-

[1]) L. Nordheim, Journ. Frankl. Inst. **226**, 575, 1938. — [2]) H. Euler, ZS. f. Phys., im Erscheinen. — [3]) W. Heitler, a. a. O.; H. Yukawa, S. Sakata, M. Kobayasi, u. M. Taketani, a. a. O.

paketes führen, das als Mesotronenstrahlung gleichzeitig das Proton verläßt. Die Größe und der Energieinhalt des Wellenpaketes werden von dem Rückstoß abhängen, den das Proton erfährt.

Die gleichzeitige Aussendung des Wellenpaketes hat zur Folge, daß der beschriebene Prozeß nicht einfach als Umkehrung aufgefaßt werden kann für den Prozeß, bei dem ein Mesotron von einem Proton absorbiert wird und dabei ein Lichtquant erzeugt. Es ergeben sich hier ganz ähnliche Verhältnisse, wie etwa beim Photoeffekt der Röntgenstrahlen an Atomen, der ja auch nicht als Umkehrung des Prozesses aufgefaßt werden kann, bei dem ein schnelles Elektron das Atom trifft und ein Lichtquant emittiert. Denn das schnelle Elektron trifft auf ein Atom mit vollbesetzten Schalen, der Wirkungsquerschnitt für diesen Stoßprozeß hat also nichts zu tun mit dem beim Photoeffekt, bei dem das wegfliegende Elektron das Atom ja in angeregtem Züstand hinterläßt. Es ist daher durchaus möglich, daß der Wirkungsquerschnitt für den Zusammenstoß eines Mesotrons mit einem Proton und die gleichzeitige Erzeugung eines Lichtquants eine ganz andere Größenordnung hat als der Wirkungsquerschnitt für den Zusammenstoß von Proton und Lichtquant.

Der empirische Wert $10^{-26}\,\mathrm{cm}^2$ für den Wirkungsquerschnitt Lichtquant—Proton im Grenzfall hoher Energie paßt gut zu der räumlichen Ausdehnung des das Proton umgebenden Yukawa-Feldes. Der Wirkungsquerschnitt Mesotron—Proton ist empirisch sehr viel kleiner, er kann bei hohen Energien wohl nur den hundersten Teil des erstgenannten Wirkungsquerschnitts betragen. Nach den Überlegungen von 2, c ist es verständlich, daß die einfache Streuung des Mesotrons am Proton nur einen kleinen Wirkungsquerschnitt liefert. Auch für die Streuung des Mesotrons an den virtuellen Yukawa-Teilchen, die das Proton umgeben, folgen aus (20) und (21) bei geringen Energien des Mesotrons hinreichend kleine Werte, bei großen Energien können die Formeln nicht angewandt werden. Eine genauere Ableitung dieses kleinen Wirkungsquerschnitts kann einstweilen nicht gegeben werden.

b) Die Vielfachprozesse. Da mit jedem Stoß schwerer Teilchen, bei dem viel Energie übertragen wird, auch die Aussendung eines Wellenpaketes von Mesotronen verbunden ist, dessen Spektrum sich im Verlauf der Aussendung wahrscheinlich durchmischt, so ist bei energiereichen Stößen wohl stets mit Vielfachprozessen zu rechnen. Die Größe, die den Vielfachprozeß bestimmt und nach der man daher beim Experiment fragen soll, ist das Spektrum des Wellenpaketes nach seiner Zerstreuung. Dieses

Spektrum wird nach hohen Frequenzen hin näherungsweise nach einem Potenzgesetz abfallen und es ist daher zweckmäßig, zu untersuchen, wie weit sich das experimentelle Material in dieser Weise darstellen läßt. Euler[1]) hat gezeigt, daß eine Intensitätsverteilung nach dem Gesetz

$$J(k_0)\, d k_0 = \frac{a}{k_0}\, d k_0, \quad a = \text{const} \tag{38}$$

in groben Zügen zu den Beobachtungsdaten passen würde. Wir untersuchen daher an diesem Beispiel, welche Folgerungen aus einer solchen Formel (38) zu ziehen wären. Die beim Stoß zur Verfügung stehende Gesamtenergie ε müßte mit der Konstanten a in der Beziehung stehen

$$\varepsilon \approx \int\limits_{\varkappa}^{\varepsilon} J(k_0)\, d k_0 \approx a \lg \frac{\varepsilon}{\varkappa}. \tag{39}$$

Für die mittlere Teilchenzahl ergäbe sich daher:

$$\bar{n} = \int\limits_{\varkappa}^{\varepsilon} \frac{J(k_0)\, d k_0}{k_0} \approx \frac{a}{\varkappa} \approx \frac{\varepsilon}{\varkappa \lg \frac{\varepsilon}{\varkappa}}. \tag{40}$$

Die mittlere Teilchenzahl würde also ungefähr proportional der zur Verfügung stehenden Energie anwachsen. Die mittlere Energie der emittierten Teilchen wäre $\varkappa \lg \frac{\varepsilon}{\varkappa}$, also nahezu konstant. Die Wahrscheinlichkeit dafür, daß nur ein Teilchen emittiert wird, wäre $\bar{n} e^{-\bar{n}}$ und daher im allgemeinen sehr klein. Die Wahrscheinlichkeit dafür, daß ein Teilchen mehr als die Hälfte der verfügbaren Energie erhält, wird nach (6) und (38)

$$1 - e^{-\frac{1}{\lg \frac{\varepsilon}{\varkappa}}} \sim \frac{1}{\lg \frac{\varepsilon}{\varkappa}};$$

es ist also bei der Verteilung (38) ziemlich wahrscheinlich, daß auch ein Teilchen relativ hoher Energie ausgesandt wird.

Die Begründung einer Verteilung vom Typus (38) wäre wohl nur möglich durch die Lösung der nichtlinearen Wellengleichung — ähnlich, wie dies in 1, b geschildert wurde. Wieweit die Verteilung von der speziellen Form der nichtlinearen Glieder abhängt, ist einstweilen unbekannt.

[1]) H. Euler, ZS. f. Phys., im Erscheinen.

Zeitschrift für Physik *113*, 61–86 (1939)

Bei dem Vergleich der theoretischen Ergebnisse mit den Experimenten, die ja bisher nur sehr wenig Material zur Beurteilung der Vielfachprozesse zur Verfügung gestellt haben [1]), ist auch zu beachten, daß mit jedem Wellenpaket von Mesotronen im allgemeinen ein Wellenpaket von Lichtquanten verknüpft sein wird. Denn jeder Stoß auf das Proton führt auch zu einer plötzlichen Änderung des Coulombschen Feldes. Die in Lichtquanten ausgesandte Energie wird sich dabei zu der in Mesotronen ausgestrahlten wie $e^2/\hbar c$ zu $g^2/\hbar c$, also etwa wie 1 : 80 verhalten — es sei denn, daß durch den Primärprozeß die Aussendung eines Lichtquants besonders begünstigt ist. Aber auch dieser relativ kleine Bruchteil an Energie, der als elektromagnetisches Feld ausgesandt wird, kann die Ausbildung von Kaskaden veranlassen, die mit dem Vielfachprozeß verknüpft sind und die z. B. bei den Stößen in Blei vielleicht nicht viel weniger Teilchen liefern als der Vielfachprozeß selbst. Nur bei leichten Elementen sollten die Wirkungen dieser Kaskaden zurücktreten. Die Vielfachprozesse der Mesotronen dürften also in vielen Fällen nur schwer von den Kaskaden zu trennen sein. Es ist daher wichtig, besonders die großen Schauer, die hinter dicken Schichten leichten Materials beobachtet werden, auf ihren Gehalt an durchdringenden Teilchen zu untersuchen.

---

[1]) Zusammengestellt bei H. Euler u. W. Heisenberg, Erg. d. exakt. Naturwiss. **17**, 49 u. f., 1938.

Group 9

Papers on the Uranium Project (1939–1945)

Papers on the Uranium Project (1939 – 1945)

An Annotation by K. Wirtz, Karlsruhe

At the beginning of World War II, Heisenberg took the opportunity, while participating in the secret German Uranium Project, to deal with the problem of energy production from the fission of uranium. During 1939 this problem had been discussed in various places, in the scientific literature as well as in the public press [1]. In attempting to establish a theory of the nuclear reactor – as well call the energy-producing device nowadays[1] – Heisenberg entered new territory at the end of 1939, having been cut off from all foreign literature since the outbreak of the war.

In the summary of the first paper (No. 1, pp. 378 – 396, esp. p. 396 below) we can read:

> "The fission process with uranium discovered by Hahn and Strassmann may also be used, according to the data obtained so far, to produce energy on a large scale. The safest method of constructing a machine suitable for that purpose involves enriching the isotope $^{235}_{92}U$. The more the enrichment is increased, the smaller the machine can be made. The enrichment of uranium-235 provides the only possibility enabling one to reduce the volume of the machine to values that are small as compared to a cubic metre. Furthermore, it provides the only method of producing explosives that surpass in explosive power the presently strongest explosives by several orders of magnitude. One can, however, also use natural uranium without enrichment of uranium-235, if one combines uranium with another substance that slows down the neutrons emerging from uranium without absorbing them. Water is not suitable for this purpose. On the other hand, according to the data obtained so far, heavy water and very pure carbon satisfy the requirements."

Today, nearly 50 years later, Heisenberg's summary is still completely correct.

At the time that Heisenberg wrote his first report it became known, in particular due to a remark of P. Harteck, that the resonance absorption of neutrons can be favourably suppressed by not mixing the uranium and the moderator (i.e., the substance slowing down neutrons) homogeneously, but by using heterogeneous arrangements of them to construct a neutron generating medium. In the second paper (No. 2, pp. 397 – 418), Heisenberg therefore dealt especially with the problem of resonance capture of neutrons. The final treatment of this problem was provided mainly by C.F. von Weizsäcker and K.H.

[1] The German scientists used to call the device either *Uranbrenner* or *Uranmaschine*, their competitors in America called it the "uranium pile".

Höcker [2]. F. Bopp contributed an essential part of the reactor theory by introducing for the first time the two-neutron type diffusion theory, i.e. he divided the neutrons occurring in the fission process into fast ones and thermal (slow) ones [3]. Finally, C.F. von Weizsäcker pointed out the possibility of attaching a neutron to 238 U, thus obtaining a new fissionable element, which is today called plutonium-239 [4].

Because the notation used in Heisenberg's papers is nowadays unfamiliar, they allow no easy reading. In particular the author does not use the presently conventional multiplication factor k but rather the "coefficient of neutron production" (*Neutronenproduktionskoeffizient*) $\bar{\nu}$, which may be written as (with l denoting the life time of the neutron)

$$\bar{\nu} = \frac{k-1}{l} \quad [s^{-1}] \ .$$

Now, while k is a conspicuous quantity but not an observable one, $\bar{\nu}$ represents a less conspicuous quantity that can be observed directly. Obviously, the condition for neutron increase is $k > 1$ or $\bar{\nu} > 0$.

In Heisenberg's two pioneering papers, which are based on a diffusion theory, all crucial concepts of the current reactor theory already appear, e.g., critical size, exponential increase of the neutron density for $k > 1$, temperature dependence of k (i.e., decreasing k for increasing temperature), etc.

The progress of the German work on the uranium machine was almost entirely determined by the problems of obtaining the necessary amounts of heavy water and uranium metal. The experiments of R. and K. Döpel and W. Heisenberg in early 1942 yielded a first success: the authors obtained an increase of neutrons in an arrangement of heavy water and uranium metal (see paper No. 15, pp. 536 – 544). These efforts reached a final point in the well-known experiment B8 at Haigerloch, where a multiplication factor of 1.11 was found; however, no German wartime experiment ever surpassed the critical point (implying an unlimited increase of the neutrons).

Heisenberg tried, in the first place, to perform experiments in order to gain more accurate data and neutron cross sections for uranium and the moderator substances used. As an example of the results obtained we show in Table 1 the absorption cross sections for different materials in comparison with the latest data.

One can find the detailed data in the review paper of Heisenberg and Wirtz, "*Großversuche zur Vorbereitung der Konstruktion eines Uranbrenners*" (Large scale experiments in preparing the constructing of a nuclear pile), published in the *FIAT Reports* after the war [5]. In the same paper we also transformed the

Table 1. Thermal absorption cross section ($\times 10^{24}$ cm^2)

Element	H	D	Be	C	U_{nat}
Old data	0.24	0.0015	0	0.0064	6.2
Present data	0.34	0.0057	0.001	0.0033	7.2

Table 2. Neutron production and multiplication coefficients

Experiment	B1	L4	G2	B6b	B7	B8
[s^{-1}]	−950	90	360	266	266	430
k	0.92	1.02	1.09	1.08	1.08	1.11

war data for $\bar{\nu}$ into the multiplication factor k (which is today called k_∞). Table 2 contains a sample of these data plus their transformation for some typical experiments of the German Uranium Project.

In addition, the review paper includes a detailed description of the last experiment B8, which we would today call an exponential experiment.

Finally, we would like to refer to a report of November 1945, which A. Weinberg and L. Nordheim wrote about the German Uranium Project for A.H. Compton [6]. These authors arrived at the conclusion that the German experiments gave results in remarkable agreement with those stemming from corresponding American experiments. The German physicists, however, did not know about the poisoning effect of xenon-135, and probably had not then considered the importance of delayed neutrons for the stability of a reactor.

We have already stressed at another occasion the fact that the uranium work did not lie at the center of Heisenberg's interests; still, when he was confronted with the task, he apparently succeeded easily in familiarizing himself with the semi-technological field, and he managed during World War II to become the leading expert in the German Uranium Project [7].

Historical Sequence

Following the discovery of uranium fission by O. Hahn and F. Strassmann at the end of 1938 [8], and the subsequent investigations of F. Joliot and collaborators [9], a world wide discussion of the possibility of producing energy from nuclear fission started, which was overshadowed and influenced by the impending war. In Germany, too, many scientists participated in the discussion. A detailed report of these events can be found, for example, in a paper by W. Hanle and E.R. Bagge [10]. Heisenberg himself provided an account of the particular work on nuclear power production in Germany during World War II [11]. Finally, David Irving relates many details of the story in his book *The Virus House* [12].

The result of the early discussions in Germany was the following. After the outbreak of war the *Heereswaffenamt* seized the *Kaiser Wilhelm-Institut für Physik* (KWI) in Berlin-Dahlem and commissioned Dr. Kurt Diebner to direct it, with the goal of coordinating and concentrating there the secret efforts aimed at nuclear power production from uranium (Uranium Project). Besides the *KWI für Physik*, the following institutions contributed to the Uranium Project: the research institute of the *Heereswaffenamt* in Gottow or Kummersdorf, the *KWI für Chemie* in Berlin (directed by O. Hahn), the physics department of the *KWI für medizinische Forschung* in Heidelberg (directed by W. Bothe), the Physico-Chemical Institute of the University of Hamburg (directed by P. Harteck), the Physical Institute of the University of Leipzig (W. Heisenberg, R. and K. Döpel), and a few other places.

The most important basis of the joint work was provided by Heisenberg's papers (Nos. 1 and 2). Although Heisenberg himself was at that time still in Leipzig, he had close contact with all the groups located at other places. Soon, however, the participating scientists (sometimes called the *Uranverein*) agreed that Heisenberg should move to the Dahlem *KWI für Physik*; this opinion was also shared by K. Diebner, the officially appointed head of the Uranium Project [2]. During the years 1940 and 1941, the particular type of the German uranium work and its prospects for the duration of the war were clarified; the successful experiment of the Döpels and Heisenberg in the spring of 1942 finally settled the direction to be taken. At a conference held on 4 June 1942 in the *Harnack-Haus* of the *Kaiser Wilhelm-Gesellschaft* in Berlin-Dahlem, in which, among others, Albert Speer, the Reichsminister for Armament, Field Marshal E. Milch (of the Air Force) and the leading scientists of the Uranium Project participated, the whole situation was perfectly displayed. Heisenberg concluded the main status report by claiming that during the war the construction of a nuclear reactor seemed to be feasible, however, this would not be the case for a bomb, due to problems with materials supply. D. Irving describes an important event of the meeting as follows:

> "The question-and-answer exchange which remained rooted most deeply in the memories of all those present came at the end of Heisenberg's speech. Field-Marshal Milch asked how large a nuclear bomb would have to be to destroy a large city. Heisenberg replied that the explosive charge would be about 'as large as a pineapple', and he emphasised the point with a gesture of his hands." [13]

The result of the *Harnack-Haus* meeting was that the Uranium Project was taken away from the command of the German Army and turned over to the *Reichsforschungsrat* (Research Council of the *Reich*). At the same time K. Diebner left the directing position at the *KWI für Physik*, to which Heisenberg was appointed [3].

In principle, all the results of one group participating in the Uranium Project were accessible to any other group. In particular, Heisenberg was in a position to evaluate the results of all large-scale experiments. Each group and every collaborator in each group sought to obtain steadily increasing amounts of suitable material – in particular heavy water and uranium metal – and to test this

[2] We emphasize this point here, because some later reports put forward a different view. It should further be mentioned that Peter Debye, the director of the *KWI für Physik*, could not participate in the Uranium Project, since he refused to become a German citizen as was demanded for a secret project. He instead accepted in January 1940 an invitation to go to the USA (Cornell University, Ithaca, N.Y.) and was given leave of absence. Later he remained at Cornell and became an American citizen.

[3] Since Debye was still on leave, Heisenberg was not appointed "Director *of*" but "Director *at* the Institute". After the war Debye was asked officially whether he would resume his directorship of the *KWI für Physik*, and he decided to stay in America.

material in increasingly extended and improved experimental arrangements with refined methods of measurement. The distribution of the scarce material to the various groups was certainly strongly, if not completely, influenced by the particular ability to carry out an experiment at a given place with the final goal of achieving a critical reactor. If one takes into account the situation existing then in Germany, it was extremely difficult for this procedure to succeed. In fact, the neutron multiplication necessary for a critical reactor was reached nowhere, although an increase of the number of neutrons could be found.

This ultimately negative result would probably not have changed even if a different evaluation of the graphite measurements of W. Bothe and P. Jensen [14] had persuaded the German scientists to try a uranium reactor using graphite as the moderator. The building and completion of such a reactor would have demanded a big effort, and its construction would certainly not have proceeded in Germany as fast as it did in the United States[4].

On the other hand, enough heavy water was available, in principle, to achieve a critical reactor in Germany as well. But even Heisenberg could not prevent this heavy water supply being split among the different groups of the Uranium Project. The official administration which coordinated the whole work, notably the *Reichsforschungsrat*, simply followed those politics in the final stages of the war which would keep the individual research groups going. Today it is easy to criticise such politics, however, we can hardly imagine the situation underlying the difficult decisions at that time.

The sequence of Heisenberg's uranium papers was essentially determined by external conditions and circumstances. His reports No. 1 and 2 provided the foundation of the whole project. In the reports Nos. 3 (pp. 419–426), 4 (pp. 427–431), 6 (pp. 463–475), 8 (pp. 481–498), 13 (pp. 526–528), 14 (pp. 529–535) and 15 (pp. 536–544), covering work until spring 1942, the Döpels and Heisenberg proved the fact that arrangements of heavy water and uranium exist in which the number of neutrons increases, i.e., in which the characteristic number k is larger than 1. The papers Nos. 5 (pp. 432–462), 10 (pp. 514–516), 12 (pp. 522–525), 16 (pp. 545–552), 17 (pp. 553–569), 20 (pp. 588–594), and 21 (pp. 595–601) discuss the set-ups and the results of the more extended experiments, which Heisenberg supervised until early 1945 as the head of the *KWI für Physik*. The report No. 19 (pp. 576–587) evaluates the experiments of the Gottow group carried out at Kummersdorf under the direction of K. Diebner.

The postwar review by Heisenberg and Wirtz presents an evaluation of all large-scale experiments in Heidelberg (BF), Leipzig (L), Gottow or Kummersdorf (G), and in Berlin or Haigerloch (B). In Table 3 we reproduce a timetable of these experiments (the number attached to each letter denotes the number of the experiment).

It can be considered the particular merit of Heisenberg that the experiments were carried out systematically at all: his scientific superiority and his personal

[4] The Manhattan project in the United States reached its different goal, the atomic bomb, by employing large manpower and exploiting vast material sources only *after* the European war had ended: in the summer of 1945 enough uranium-235 was available to make a bomb and enough plutonium had been produced for the same purpose in a graphite reactor.

Table 3. Timetable of experiments [15]

1940	1941								
B_1	L_1	B_F	B_2	G_1	B_3	B_4	B_5	L_2	L_3
1942		1943		1944					1945
L_4	G_2	G_{3a}	G_{3b}	B_{6a}	B_{6b}	B_{6c}	B_{6d}	B_7	B_8

unifying power, which was recognized by all groups, made them follow a joint program. That the success of the German Uranium Project was limited was due to external causes.

References

1 See, e.g., S. Flügge: Die Naturwissenschaften **27**, 402 (1939); Deutsche Allgemeine Zeitung, 15. August 1939
2 C.F. von Weizsäcker, P.O. Müller, K.H. Höcker: Berechnung der Energieerzeugung in der Uranmaschine, unpublished report dated 26 February 1940
3 F. Bopp: Unpublished report. (See also Heisenberg's paper No. 20, pp. 588 – 594.)
4 C.F. von Weizsäcker: Die Möglichkeit der Energiegewinnung aus U^{238}, unpublished report dated 17 July 1940
5 W. Heisenberg, K. Wirtz: Großversuche zur Vorbereitung der Konstruktion eines Uranbrenners, in *FIAT Review of German Science* (*Naturforschung und Medizin in Deutschland 1939 – 1945*), *Vol. 14*, ed. by W. Bothe, S. Flügge (Dieterichsche Verlagsbuchhandlung, Wiesbaden 1948) pp. 143 – 165; reprinted in *W. Heisenberg: Collected Works B*, pp. 419 – 441
6 A. Weinberg, L. Nordheim to A.H. Compton, 8 November 1945
7 W. Häfele, K. Wirtz: Zur Physik am Karlsruher Forschungsreaktor FR2, in *Werner Heisenberg und die Physik unserer Zeit,* ed. by F. Bopp (Vieweg, Braunschweig 1961) pp. 8 – 22
8 O. Hahn, F. Strassmann: Die Naturwissenschaften **27**, 11 (1939)
9 H. von Halban, F. Joliot, L. Kowarski: Nature **143**, 470, 680 (1939)
10 W. Hanle, E.R. Bagge: Atomkernenergie **40**, 3 (1982)
11 W. Heisenberg: Die Naturwissenschaften **33**, 325 (1946)
12 D. Irving: *The Virus House* (William Kimber, London 1967)
13 Ref. 12, p. 109
14 W. Bothe, P. Jensen: Z. Phys. **122**, 749 (1944)
15 K. Wirtz: Phys. Bl. **3**, 371 (1947), esp. p. 373. Compare also *Tabelle 4* in W. Heisenberg, K. Wirtz, Ref. 5, p. 157.

Heisenberg's Uranium Project Papers: Sources and Editing Procedure

Note by H. Rechenberg

The German uranium research (Uranium Project) during World War II had the status of a secret war project. The reports containing the results were not available to the public, but were collected as "secret" (*geheim*) papers – in the following called Uranium Papers – by the authorities involved, in particular the *Heereswaffenamt* (Army Weapons Bureau), which directed the project from September 1939 to early 1942, and the *Beauftragter des Reichsmarschalls für Kernphysik* (Commissioner of the Reichs Marshall for Nuclear Physics), who took over the official responsibility later. At the end of the war, the American ALSOS Mission seized, together with some related material and the leading representatives of the *Uranverein* (Uranium Club), a great number of the secret reports; these captured reports, as well as the material and apparatus, were taken to the USA [1].

After the war, only scattered copies of collections of the Uranium Papers existed in Germany, kept by several former collaborators of the Uranium Project. For example, while no report remained at the Kaiser Wilhelm-Institut für Physik in Hechingen – later transferred to Göttingen – Kurt Diebner (head of the Uranium Project in Berlin 1939–1942) saved a set of copies [2]. Also others, such as Prof. Karl-Heinz Höcker and Prof. Wilhelm Walcher, still possessed individual copies or collections of the Uranium Papers [3].

To fulfil the task of presenting Heisenberg's Uranium Papers in his *Collected Works*, we had to proceed in three steps:

i) to establish a complete list of titles of Heisenberg's relevant papers;
ii) to trace these reports to their present places and to obtain suitable copies;
iii) to edit the reports properly (which includes filling gaps, etc.).

1. List of the Formerly Secret German Uranium Papers

A complete list of Heisenberg's papers would automatically follow from a complete list of *all* German Uranium Papers. Such a list might be obtained by assembling the information existing at those places where larger or smaller collections of these reports are available. To this purpose, we wrote to selected institutions and asked individual people, arriving at the following conclusions and results:

a) The ALSOS Mission turned over the captured German reports to the *Manhattan District U.S. Engineers*. 394 German documents on atomic energy were later transferred to the *United States Atomic Energy Commission*, still later "unclassified", and finally returned (after 1971) to Germany. A list of these 394 items (numbered G-1 to G-394), which gave the English translation of the titles plus short abstracts, appeared in 1952 as a brochure:

> *German Reports on Atomic Energy. A Bibliography of Unclassified Literature*, Compiled by Lore R. David and I. A. Warheit. Technical Information Service, Oak Ridge, Tennessee (United States Atomic Energy Commission TID 3030).

We shall cite this list as the *G-List* in the following.

b) In Germany, some contributors to the Uranium Project kept lists or sets of papers. Perhaps the most important list has been found in two copies (E. Bagge, K.-H. Höcker): it gives the titles of 126 reports, submitted between 6 December 1939 and 7 January 1942, plus their code numbers and size, as well as the dates of submission. This list must be regarded as the official project list for the period covered; we shall call it the *KWI-List* in the following, because it originated at the *Kaiser Wilhelm-Institut für Physik*, the place directing the whole project from September 1939 to January 1942. The KWI-List was fully absorbed by Kurt Diebner into a list of 228 papers, which he published in 1956 under the pseudonym Werner Tautorus [4]. The author of this list, which is henceforth called the *T-List*, tried to cover in it the complete German Uranium Project by making use of all information available at that time in Germany. (See also under c)!)

c) Some authors of books and reviews on the German Uranium Project collected and cited a large number of uranium papers. Of these valuable sources, we mention two in particular:

1) *FIAT Review of German Science 1939–1946, Volume 14: Nuclear Physics and Cosmic Rays, Part I, II*, ed. by W. Bothe, S. Flügge (Dieterich'sche Verlagsbuchhandlung Wiesbaden 1948); especially the articles by O. Hahn, W. Seelmann-Eggebert and H. Götte, A. Flammersfeld, G. v. Droste, S. Flügge und K. Sauerwein, and W. Jentschke in Part I (pp. 171–224); W. Heisenberg and K. Wirtz, O. Haxel, K.-H. Höcker, and P. Harteck in Part II (pp. 142–193). We call the list derived from the *FIAT Review* the *FIAT-List*.
2) For his book *The Virus House* (William Kimber, London 1967), David Irving collected a large number of sources, i.e., copies of some of the American captured reports (from the G-List) and additional material from E. Bagge, S. Goudsmit, F. Hahn and O. Hahn, P. Harteck, and W. Osenberg. He reproduced these copies on three microfilms, namely, *Records of the German Atomic Research Programme, 1938–1945; DJ-29, DJ-30, DJ-31.*
   We shall call the list derived from these microfilms the *Irving-List* (and use in quotes besides the number of the microfilm also the frame numbers).

It is not possible to decide beyond doubt whether the information stemming from all these lists yields an exhaustive set of titles of the German Uranium Papers. However, in view of the fact that no complete official list exists, this is the best we can do. In studying the different lists referred to above, we find, for example, that the KWI-List actually covers all known titles up to the beginning of January

1942; hence it is very probably *the* official list for the first period of the German Uranium Project. After that time no such list seems to have been compiled by any German authority. To some extent, the collections of Uranium Papers contained in 14 special issues or, more accurately, the content pages of these issues may serve that purpose. The issues were prepared by the *Bevollmächtigter des Reichsmarschalls für Kernphysik* and the predecessor in the Heereswaffenamt (Professors E. Schumann, A. Esau, and W. Gerlach), carrying dates from January 1942 to November 1944:

Nutzbarmachung von Atomkernenergien. Geheime Forschungsberichte. Heft 1. Januar 1942; Heft 2. Januar 1942; Heft 3. März 1942; Heft 4. Oktober 1942; Heft 5. Februar 1943; Heft 6. März 1944; Heft 7. März 1944; Heft 8. März 1944; Heft 9. Mai 1944; Heft 10. Oktober 1944; Heft 11. Oktober 1944; Heft 12. Oktober 1944; Heft 13. Oktober 1944; Heft 14. November 1944 (Sonderheft der Forschungsanstalt der Deutschen Reichspost, Abteilung für Kernphysik. Geheim).

One would tend to assume that the collection for the *Bevollmächtigter* should be fairly complete, at least for the period from January 1944 to Summer 1944; there are, however, indications – e.g. from the FIAT-List – that some papers were not included in the 14 issues of *Geheime Forschungsberichte*. In any case, no list or larger collection of the reports written from Fall 1944 to March or April 1945, when the German Uranium Project was terminated, is available. The difficult, even chaotic, situation in Germany at the end of the war may have prevented any orderly registration of the last work on the project.

2. Search for Heisenberg's Uranium Papers

Since no list of the Uranium Papers can be proved to be complete, the same will be true of any list of the relevant papers of Heisenberg. Though it is quite unlikely, after the extended search of many years, that papers other than those referred to in the following will be found in the future, we must always be prepared for further, so far unknown, papers to show up (discovered in still secret files in the USA of Europa).

The titles contained in the list below have been derived from *all* information and lists available to us. We have assigned numbers to those reports which we obtained copies of and which we reproduce below (Nos. 1–21). The missing reports we have labelled by letters (a–f). The titles are stated as completely as possible (removing abbreviations), as are the dates of the reports (if given in them or in the KWI-List).

"Complete" List of Heisenberg's Uranium Papers

1) Die Möglichkeiten der technischen Energiegewinnung aus der Uranspaltung. 6 December 1939;
2) Bericht über die Möglichkeit technischer Energiegewinnung aus der Uranspaltung (II). 29 February 1940;

3) Bestimmung der Diffusionslänge thermischer Neutronen in schwerem Wasser (with R. and K. Döpel). 7 August 1940;
4) Bestimmung der Diffusionslänge thermischer Neutronen im Präparat 38 (with R. and K. Döpel). 5 December 1940;
a) Bericht über die ersten Versuche an der im KWI für Physik aufgebauten Apparatur. 21 December 1940;
5) Bericht über die Versuche mit Schichtenanordnungen von Präparat 38 und Paraffin am Kaiser Wilhelm-Institut für Physik in Berlin Dahlem. 18 April 1941;
6) Versuche mit einer Schichtenanordnung von Wasser und Präparat 38 (with R. and K. Döpel). 28 April 1941;
7) Theoretischer Nachtrag (zum Bericht von E. Fischer). 26 June 1941;
8) Versuche mit einer Schichtenanordnung von D_2O und Präparat 38 (with R. and K. Döpel). 28 October 1941;
9) Über die Möglichkeit der Energieerzeugung mit Hilfe des Isotops 238. 19 November 1941;
10) Vorläufiger Bericht über Ergebnisse an einer Schichtenkugel aus 38-Metall und Paraffin (with F. Bopp, E. Fischer, C.F. von Weizsäcker und K. Wirtz). 6 January 1942;
11) Die theoretischen Grundlagen für die Energiegewinnung aus der Uranspaltung. Presented 26 February 1942;
12) Untersuchungen mit neuen Schichtenanordnungen aus U-Metall und Paraffin (with F. Bopp, E. Fischer, C.F. von Weizsäcker and K. Wirtz). Presented 26 – 28 February 1942;
13) Die Neutronenvermehrung in einem D_2O-38-Metallschichtensystem. (Vorläufiger Bericht) (with R. and K. Döpel). Presented 26 – 28 February 1942;
14) Die Neutronenvermehrung in 38-Metall durch rasche Neutronen (with R. and K. Döpel). Presented 26 – 28 February 1942;
15) Der experimentelle Nachweis der effektiven Neutronenvermehrung in einem Kugel-Schichten-System aus D_2O und Uran-Metall (with R. and K. Döpel);
16) Bemerkungen zu dem geplanten halbtechnischen Versuch mit 1,5 to D_2O and 3 to 38-Metall. 31 July 1942;
17) Messungen an Schichtenanordnungen aus 38-Metall und Paraffin (with F. Bopp, E. Fischer, C.F. von Weizsäcker and K. Wirtz). 30 October 1942;
18) Die Energiegewinnung aus der Atomkernspaltung. Presented 5 May 1943;
19) Auswertung des Gottower Versuches;
20) Theoretische Auswertung der Dahlemer Großversuche;
b) Schichtenversuche mit Uranmetall in D_2O (B_6) (with F. Bopp, E. Fischer, K. Wirtz, W. Bothe, P. Jensen and O. Ritter). 1943 – 1944;
c – e) 3 Berichte über B_6 und B_7 (with F. Bopp, E. Fischer, K. Wirtz, W. Bothe, P. Jensen and O. Ritter). 1944 and 1945;
21) Bericht über einen Versuch mit 1,5 to D_2O und U und 40 cm Kohlerückstreumantel. (B7) (with F. Bopp, W. Bothe, E. Fischer, E. Fünfer, O. Ritter and K. Wirtz). 3 January 1945.
f) Bericht über den Versuch B_8 in Haigerloch (with F. Bopp, W. Bothe, E. Fischer, P. Jensen, O. Ritter and K. Wirtz). 1945.

We should add the remark that the title of the missing Report a has been taken from the KWI-List, while those of Reports b – f stem from the FIAT-List, especially from the review of W. Heisenberg and K. Wirtz [5]. Now, Report a certainly existed in reality, even if no copy remains in the available collections. This is not so sure in the other cases; indeed, when Heisenberg and Wirtz wrote their FIAT Review, they had with them only 18 of the German Uranium Papers [6]. As far as Reports b – e are concerned – which Heisenberg and Wirtz quoted with only rough titles – some of them might be identical; for example, Report b with one of the Reports c – e; also the last of the Reports c – e (the one on the experiment B_7) could possibly be Report No. 21 (which is not missing). Unfortunately, we cannot finally decide about the actual number of missing Uranium Papers of Heisenberg. We also note that apparently no copy of Report f on the final Haigerloch experiment has survived [7].

3. Sources of Heisenberg's Uranium Papers Published in This Volume

Source Table of Heisenberg's Uranium Papers

Number in this volume	KWI-List	T-List	FIAT-List (footnote)	G-List	Irving-List (microfilm)[a]
1	H1	106	1	G-39	DJ-29 374
2	H2	107	1	G-40	DJ-29 398
3	D1	49	–	G-23	–
4	D2	50	5	G-22	–
5	H8	109	16	G-93	DJ-29 471
6	D3	51	14	G-74	DJ-29 548
7	H16	110	–	G-79	–
8	D4	52	14	G-75	–
9	H19	113	2	G-92	–
10	B20	9	16	G-126	DJ-30 015
11	–	–	–	–	DJ-29 1005
12	–	–	15	G-127 (in G-310)	DJ-30 122
13	–	53	14	G-373 (in G-310)	DJ-30 120
14	–	54	14	G-137 (in G-310)	DJ-30 125
15	–	–	–	G-136	DJ-29 527
16	–	111	16	G-161 (in G-311)	DJ-30 228
17	–	112	16	G-162 (in G-312)	DJ-30 342
18	–	–	–	G-217	–
19	–	N6	15	G-219	–
20	–	–	–	G-220	–
21	–	–	16	G-300	DJ-29 565

[a] The number after the microfilm number denotes the frame.

The titles of the Uranium Papers of Heisenberg, i.e. of Reports Nos. 1 – 21, occur in many of the available lists. In the *Source Table* above we present the corresponding references. (The N numbers of the T-List denote the numbers in the "*Nachtrag*".) We should emphasize here that the Reports Nos. 19 and 20 are assigned in the G-List to K.-H. Höcker. In copies of these papers kept by Professor Höcker, however, he wrote down Heisenberg as the author. We have confirmed this claim by checking the copies in Karlsruhe; although they give no author at the top of the papers, it is clear from the handwriting that Heisenberg inserted the formulae and thus was responsible for the papers [8].

4. Editing of Heisenberg's Uranium Papers

The papers registered in the American G-List have been deposited in the library of the *Kernforschungszentrum Karlsruhe*. Not all of these are "original copies" of the Uranium Papers; some exist only as photocopies. Of Heisenberg's Uranium Papers, Nos. 1, 12 – 17, 20 and 21 are available as "original copies", while Nos. 2 – 10 exist as photocopies. Report No. 11 we have taken from the Irving Microfilm DJ-29. The quality of most "originals" or photocopies would not allow good photographic reproduction in the *Collected Works*. We decided, therefore, to have all Heisenberg Uranium Papers reset. In order to establish a close relation to the original, we indicate in the reprint the page numbers of the original reports.

The reproduction of the figures in the Uranium Papers presented a difficult problem. Since redrawing the curves seemed impossible (without a significant change of the originality), we made photos of the Karlsruhe documents. Heisenberg's hand-drawn figures in Reports Nos. 1 and 2 could not be done this way, hence we had them redrawn with the closest possible resemblance to the originals. It might be mentioned that we have tried to keep the figures at their original places. Those added at the end of the reports we have given such page numbers as if they had really been numbered in the originals. (The page numbers of the originals have been given at the margin of the reprint; the beginning of a new line is indicated by a vertical line in the text.)

With respect to the text of the papers, it was at times quite useful to have several copies available, in order to check words, numbers, formulae, etc. We have made, however, no effort to correct mistakes besides obvious ones. The German writing of the hyperbolic functions – using Gothic letters – has been replaced by the standard symbols of the international mathematical literature; the same we have done with the writing of exponential functions. Altogether, we hope to have established reliable and complete versions of the full reports. The only exception concerns the figures of Report No. 15; no available copy or photocopy included them. We have tried, however, to derive the information contained in the figures, principally from the *Nachlaß* of Professor Robert Döpel [9].

In conclusion, we express cordial thanks to all those who have helped us considerably in obtaining the Uranium Papers of Heisenberg (or information about them), notably Prof. Erich Bagge (Kiel), Dr. David Cassidy (Boston), the late

Prof. Robert Döpel (Ilmenau), Prof. Günther Fraas (Ilmenau), Prof. Wilhelm Hanle (Gießen), Prof. Otto Haxel (Heidelberg), Prof. Karl-Heinz Höcker (Stuttgart), Dr. Christian Kleint (Leipzig), Prof. Hans Mark (Washington, DC), Dr. A. Miller (Karlsruhe), Mr. Edward J. Reese (Washington, DC), Prof. Wilhelm Walcher (Marburg), Dr. Bruce Wheaton (Berkeley), Dr. Gerald Wiemers (Leipzig), and Prof. Karl Wirtz (Karlsruhe). We are especially grateful to Mr. Heribert Homma of the *Literaturabteilung, Kernforschungszentrum* Karlsruhe, for his kind and patient assistance in showing us the Karlsruhe documents and obtaining suitable reproductions of the figures.

Footnotes and References

1 See S.A. Goudsmit: *ALSOS* (Henry Schuman, New York 1947); reprinted with an introduction by R.V. Jones as *Volume I* of *The History of Modern Physics, 1800–1950 Series* (Tomash, Los Angeles/San Francisco 1983).
Also see B.T. Pash: *The ALSOS Mission* (Award House, New York 1969).

2 Diebner's copies are now deposited at the *Institut für Reine und Angewandte Kernphysik*, Kiel, with Professor Erich Bagge.

3 We should mention in this context that during the war keeping copies of the Uranium Papers was not officially allowed, even for authors of the reports: in general, the finished reports plus the notes connected with them had to be sent to the authorities. (Private communication from Professor Walcher.)

4 Werner Tautorus: Die deutschen Geheimarbeiten zur Kernenergieverwertung während des zweiten Weltkrieges 1939–1945, Atomkernenergie **1**, 368–370, 423–425 (1956)

5 W. Heisenberg, K. Wirtz: Großversuche zur Vorbereitung der Konstruktion eines Uranbrenners, in *FIAT Review of German Science 1939–1946: Nuclear Physics and Cosmic Rays. Part II*, ed. by W. Bothe, S. Flügge (Dieterichsche Verlagsbuchhandlung, Wiesbaden 1948) pp. 143–165; reprinted in *Gesammelte Werke/Collected Works B*, pp. 419–441.

6 See the letter of W. Heisenberg to Scientific Branch, United States Forces, 25 February 1947. In a letter to Siegfried Flügge (one of the editors of the *FIAT Review*) Heisenberg complained that he "actually did not possess any report of all important works on the uranium machine", pointing explicitly to the report of the Döpels and himself on the last Leipzig experiment in Spring 1942 (No. 15), the reports of Diebner et al. on their cube experiments in Gottow from 1942 to 1944, the report on the Berlin experiment of the year 1944 (B VI), and the report of Bothe and Flammersfeld on the experiment with a homogeneous mixture of uranium oxide and water (Heisenberg to Flügge, 24 April 1947; Werner Heisenberg-Archiv).

7 In interviews, two of the collaborators of the last experiment(B VIII), Professor K.-H. Höcker and K. Wirtz, declared that this report *must* have been written.

8 Professor Höcker mentioned in an interview that he may have drafted preliminary versions of the reports.

9 See Chr. Kleint: Aus der Geschichte der Leipziger Uranmaschinenversuche – Zum 90. Geburtstag von Robert Döpel, Kernenergie **29**, 245–251 (1986)

Die Möglichkeit der technischen Energiegewinnung aus der Uranspaltung

Von **W. Heisenberg**[1]

Zusammenfassung: Die hier zusammengestellten Überlegungen, die eine genauere Erörterung der im *Flügge*schen Artikel aufgeworfenen Frage bezwecken, gehen von folgenden Voraussetzungen aus: Es wird angenommen, daß die von *Bohr* und *Wheeler* (Phys. Rev. **56**, 426, 1939) gezogenen Schlüsse im wesentlichen richtig sind, daß insbesondere U_{92}^{235} das für die Spaltung durch thermische Neutronen verantwortliche Isotop ist. Ferner wird angenommen, daß die in der *Anderson-Fermi-Szilard*schen Arbeit (Phys. Rev. **56**, 284, 1939) angegebenen Zahlen richtig sind. Unter diesen Voraussetzungen wird untersucht, ob es möglich ist, Stoffgemische herzustellen, die bei der Beschießung mit Neutronen mehr Neutronen aussenden als absorbieren, und in welcher Weise Maschinen zur Energiegewinnung wirken, die mit solchen Gemischen arbeiten.

1) Der Anderson-Fermi-Szilardsche Versuch

Anderson, Fermi und *Szilard* haben gefunden, daß die Anzahl der in einem großen Wassergefäß absorbierten Neutronen um 10% ansteigt, wenn in das Wasser eine bestimmte Menge Uran hineingebracht wird. Dabei wurde festgestellt, daß das Uran im ganzen bei dieser Anordnung etwa die Hälfte der von der Quelle ausgesandten Neutronen als thermische Neutronen absorbiert, Wenn also n Neutronen pro sec von der im Zentrum des Wasserbehälters gelegenen Quelle ausgehen, so werden ohne Uran ebenfalls n im Wasser absorbiert; mit Uran werden jedoch nach Ausweis der Messung $1{,}1 \cdot n$ im Wasser und $0{,}5 \cdot n$ im Uran absorbiert, also müssen $0{,}6 \cdot n$ Neutronen pro sec wieder vom Uran emittiert werden. Dies bedeutet, daß aus einem von Uran absorbierten thermischen Neutron schließlich (nach Einrechnung von Spaltung, Einfangung, Resonanzeinfangung der Spaltungsneutronen usw.) etwa 1,2 thermische Neutronen entstehen.

2 Um hieraus die Anzahl der Neutronen zu berechnen, die pro absorbiertes thermisches Neutron zunächst entstehen, muß festgestellt werden, wie wahrscheinlich es ist, daß ein schnelles Neutron im U_{92}^{238} etwa durch Resonanzprozesse eingefangen wird, *bevor* es die thermischen Energien erreicht. (Die Einfangung im Wasser kann hier völlig vernachlässigt werden.) Wir nennen diese Wahrscheinlichkeit w. Dann kann man die eben besprochene Rechnung folgendermaßen verbessern: die Anzahl pro sec der von der Quelle emittieren Neutronen ist n, hiervon gelangen bis ins thermische Gebiet $n\,(1-w)$; im Wasser werden $1{,}1 \cdot n$ thermische Neutronen absorbiert, im Uran $0{,}5 \cdot n$. Dabei entstehen durch Spal-

[1] Undated, but according to KWI-List dated 6 December 1939. (Editor)

tung $0{,}5 \cdot n \cdot X$ Neutronen, von denen $0{,}5 \cdot n\,(1-w) \cdot X$ ins thermische Gebiet kommen. Man erhält also die Gleichung:

$$\begin{aligned}&(n + 0{,}5 \cdot X \cdot n)(1-w) = 1{,}1 \cdot n + 0{,}5 \cdot n\ , \quad \text{daraus}\\ &1 + 0{,}5 \cdot X = 1{,}6/(1-w)\ , \quad X = 3{,}2/(1-w) - 2\ .\end{aligned} \tag{1}$$

Die Größe w wird im folgenden Abschnitt bestimmt.

2) Die Einfangung von Neutronen im U_{92}^{238} an Resonanzstellen

Die Uranatome können in zweierlei Weise mit anderen zur Neutronenverlangsamung dienenden Stoffen gemischt sein: das Uran kann entweder in irgend einer Verbindung in einem anderen Stoff gelöst sein (*Halban, Joliot, Kowarski*; Nature **143**, 680, 1939), oder das Uran ist in größeren Stücken konzentriert und von der anderen Substanz umgeben (*Anderson, Fermi* und *Szilard*).

a) Im ersteren Fall hängt die Wahrscheinlichkeit w dafür, daß ein Neutron bei seiner Verlangsamung in einer Resonanzstelle eingefangen wird, von dem Konzentrationsverhältnis ab. Wir nehmen an, daß N_U Uranatome und N Atome des für die Verlangsamung bestimmenden Stoffes im ccm vorhanden seien. Dann ist die Wahrscheinlichkeit für den Einfang bei einem Stoß

$$\frac{N_U\,\sigma_U}{N\sigma + N_U\,\sigma_U}\ , \tag{2}$$

wobei σ den elastischen Wirkungsschnitt der Streusubstanz, σ_U den Einfangwir- 3
kungsquerschnitt von U bedeutet. In der Nähe der Resonanzlinie E_k ist ferner nach *Breit* und *Wigner*

$$\sigma_U = \sigma_k \frac{(\frac{1}{2}\Gamma_k)^2}{(E-E_k)^2 + (\frac{1}{2}\Gamma_k)^2}\ . \tag{3}$$

Die mittlere Anzahl der Stöße zwischen der Energie E_1 und E_2 ist

$$\int_{E_1}^{E_2} \frac{dE}{E}\,\frac{1}{(-\lg\delta)}\ , \tag{4}$$

wenn δ den Bruchteil bedeutet, auf den im Mittel die Energie eines Neutrons beim elastischen Stoß reduziert wird. ($\delta = 1/2$ für den Stoß mit Protonen.) Allgemein ist $\delta = 1 - [2M_1M_2/(M_1+M_2)^2]$, wobei M_1 bzw. M_2 die Masse des stoßenden bzw. des gestoßenen Teilchens bedeutet. Schließlich folgt daraus für w, wenn

$$\frac{\sigma N}{\sigma_k N_U} = \eta_k \tag{5}$$

gesetzt wird,

$$w = \frac{1}{-\lg\delta}\int\frac{dE}{E}\,\frac{\sigma_{\mathrm{U}}N_{\mathrm{U}}}{\sigma N+\sigma_{\mathrm{U}}N_{\mathrm{U}}}$$

$$= \frac{1}{-\lg\delta}\int\frac{dE}{E}\sum_k\frac{1}{\eta_k[(E-E_k)^2/(\frac{1}{2}\Gamma_k)^2+1]+1}$$

$$= -\frac{1}{\lg\delta}\sum_k\frac{\pi\Gamma_k}{2E_k^2}[\eta_k(1+\eta_k)]^{-1/2}\;. \qquad (6)$$

Für die tiefste Resonanzstelle im Uran gilt nach *Bohr* und *Wheeler*:

$$\Gamma_1 = 0{,}12\ \mathrm{eV}\ ;\qquad E_1 = 25\ \mathrm{eV}\ ;\qquad \sigma_1 = 2700\cdot 10^{-24}\,\mathrm{cm}^2\;. \qquad (7)$$

Also wird der hiervon herrührende Beitrag zu w:

$$w_1 = \frac{0{,}0075}{-\lg\delta\sqrt{\eta_1(1+\eta_1)}}\;. \qquad (8)$$

In den meisten praktischen Fällen ist $\eta_1 \ll 1$, also wird

4 $$w_1 = \frac{0{,}0075}{-\lg\delta\sqrt{\eta_1}}\;. \qquad (9)$$

Aus dem Umstand, daß die übrigen Resonanzstellen zum thermischen Einfang-Wirkungsquerschnitt etwa im ganzen 2,5 mal so viel beitragen wie die unterste, kann man vermuten, daß auch w etwa 3 bis 4 mal so groß sein kann wie w_1. Doch ist man hier auf diese ganz unsichere Abschätzung angewiesen. Wir setzen also

$$w = \frac{0{,}026}{-\lg\delta\sqrt{\eta_1}}\,\kappa\;, \qquad (10)$$

wobei κ einen unbekannten Zahlenfaktor bedeutet, der wahrscheinlich zwischen 1/2 und 2 liegen wird.

b) Wenn das Uran oder eine Uranverbindung große Raumgebiete unvermischt erfüllt und wenn diese Raumgebiete von der zur Verlangsamung bestimmten Substanz umgeben sind, so können nur Neutronen eingefangen werden, die in unmittelbarer Nähe der Uranoberfläche eine Energie in der Nähe der Resonanzenergie erhalten haben. (Wir nehmen dabei an, daß im Uran selbst keine merkbare Verlangsamung der Neutronen im fraglichen Energiegebiet eintreten kann.) Denn die Neutronen, die vor dem Erreichen der Uranoberfläche wieder mit einem anderen Atom zusammenstoßen, wandern durch den Stoß wieder aus dem Resonanzgebiet heraus. Es sei λ die mittlere freie Weglänge der Neutronen in der verlangsamenden Substanz (in dem betreffenden Energiegebiet). Dann ist die Wahrscheinlichkeit dafür, daß ein Neutron im Abstand x von der Uranoberfläche diese auch erreicht (seine Geschwindigkeit soll mit der Flächennormale den Winkel ϑ einschließen ($\cos\vartheta = +\zeta$)) durch

$$\beta(x) = \mathrm{e}^{-x/\lambda\zeta} \tag{11}$$

gegeben. Die mittlere Wahrscheinlichkeit dafür, daß ein Neutron im Abstand x die Oberfläche erreicht, ist also

$$\overline{\beta(x)} = \frac{1}{2}\int_0^1 \beta(x)\,d\zeta = \frac{1}{2}\int_0^1 d\zeta\,\mathrm{e}^{-x/\lambda\zeta}\,. \tag{12}$$

Bezeichnet man die mittlere Neutronendichte mit ϱ, so erreichen also pro 5
Flächeneinheit

$$\int \varrho\,\overline{\beta(x)}\,dx = \frac{\varrho}{2}\int_0^\infty dx \int_0^1 d\zeta\,\mathrm{e}^{-x/\lambda\zeta} = \varrho\frac{\lambda}{4} \tag{13}$$

Neutronen die Oberfläche. Ihre Richtungsverteilung folgt dem Cosinusgesetz ($dw = \cos\vartheta\, d\Omega$), wenn die Neutronendichte in dem Streifen von der Breite $\lambda/4$ nicht merklich variiert. Wir können so rechnen, als ob alle Neutronen in einer Schicht der Breite $\lambda/4$ um den Urankörper herum diesen auch erreichen, während alle anderen Neutronen vorher einen Zusammenstoß mit einem anderen Atom erleiden.

Wir betrachten nun ein Neutron, das die Oberfläche trifft. Der Weg, den es im Mittel beim Durchqueren des Uranblockes zurückzulegen hätte, sei x, seine Energie sei E. Die Wahrscheinlichkeit dafür, daß es im Uran absorbiert wird, ist dann durch

$$1 - \mathrm{e}^{-x\sigma_{\mathrm{U}} N_{\mathrm{U}}}\,, \quad \left(\lambda_{\mathrm{U}} = \frac{1}{\sigma_{\mathrm{U}} N_{\mathrm{U}}}\right),$$

gegeben. Diese Wahrscheinlichkeit hängt in der Nähe der Resonanzlinie sehr stark von der Energie ab.

Bilden wir

$$\Delta E = \int dE\,(1 - \mathrm{e}^{-x\sigma_{\mathrm{U}} N_{\mathrm{U}}})\,, \tag{14}$$

so erhalten wir die „Äquivalenzbreite" der Absorptionslinie. Wir können dann so rechnen, als ob alle Neutronen, deren Energie innerhalb ΔE liegt, im Uranblock absorbiert werden, während die übrigen frei durchgehen. Für die Resonanzlinie E_k wird

$$\Delta E = \int dE\,(1 - \exp\{-x\sigma_k N_{\mathrm{U}} (1/2\,\Gamma_k)^2/[(E-E_k)^2 - (1/2\,\Gamma_k)^2]\})$$

$$= \frac{1}{2}\Gamma_k \int_{-\infty}^{+\infty} d\xi\,(1 - \mathrm{e}^{-(a/1+\xi^2)})\,,$$

$$\left(\xi = \frac{E - E_k}{\frac{1}{2}\Gamma_k}\right),$$

wobei $x\sigma_k N_{\mathrm{U}} = a$ gesetzt ist.

6 Für $a \gg 1$, was in allen praktischen Fällen zutrifft, wird

$$\Delta E = \frac{1}{2}\Gamma_k \int_{-\infty}^{+\infty} d\xi(1 - e^{-a/\xi^2}) = \Gamma_k \int_0^{\infty} \frac{d\eta}{\eta^2}(1 - e^{-a\eta^2})$$

$$= \Gamma_k \int_0^{\infty} d\eta\, 2a e^{-a\eta^2} = \Gamma_k \sqrt{\pi a} = \Gamma_k \sqrt{\pi x \sigma_k N_U} \; . \tag{15}$$

Im Versuch von *Anderson*, *Fermi* und *Szilard* wird Uranoxyd (U_3O_8) in zylindrischen Stäben vom Durchmesser 5 cm benützt. Man kann also etwa $x = 5$ cm setzen. Daher wird $a = 230$ und

$$\Delta E_1 = 0{,}12 \sqrt{\pi \cdot 5 \cdot 2700 \cdot 1{,}7 \cdot 10^{-2}} = 3{,}2 \text{ eV} \; . \tag{16}$$

Bezeichnet man die gesamte Anzahl der Neutronen in diesem Energiegebiet mit n_e, diejenigen von ihnen, die in der Oberflächenschicht von der Dicke $\lambda/4$ um den Uranblock liegen, mit n_{eo}, so wird der Beitrag der tiefsten Resonanzstelle zu w:

$$\frac{\Delta E_1}{E_1(-\lg\delta)} \frac{n_{eo}}{n_e} = \frac{0{,}13}{-\lg\delta} \cdot \frac{n_{eo}}{n_e} \; . \tag{17}$$

Für w selbst erhält man als Abschätzung

$$w = \frac{0{,}45}{-\lg\delta} \frac{n_{eo}}{n_e} \kappa \; , \tag{18}$$

wobei κ wie in (10) zwischen 1/2 und 2 liegen dürfte. In dem Versuch von *Anderson, Fermi* und *Szilard* liegt das Verhältnis n_{eo}/n_e, wie aus der Geometrie der Anordnung hervorgeht, etwa zwischen 1/20 und 1/6; man erhält also

$$w \approx 0{,}008\, \kappa \; . \tag{19}$$

Die für alle weiteren Diskussionen entscheidende Größe

$$X = \frac{3{,}2}{1 - w} - 2 \; ,$$

7 die die mittlere Anzahl der beim Spaltungsprozeß freiwerdenden Neutronen pro aufgefangenes thermisches Neutron im gewöhnlichen Uran angibt, liegt also wahrscheinlich zwischen 1,34 und 1,81:

$$1{,}34 \lesssim X \lesssim 1{,}81 \; . \tag{20}$$

Eine genauere Angabe über X läßt sich aus dem genannten Versuch nicht gewinnen.

Vergleicht man die beiden Methoden zur Verlangsamung der Neutronen, so erkennt man, daß bei den Uran*lösungen* die Anzahl der in Resonanzstellen weggefangenen Neutronen mit der Quadratwurzel aus der Urankonzentration ansteigt, also bei gegebener Menge der verlangsamenden Substanz mit der Wurzel aus der Uranmenge anwächst. Bei einer Anordnung, in der größere Uranstücke von der Streusubstanz umgeben sind, wächst die Zahl der weggefangenen Neutronen mit der Oberfläche und der Wurzel aus der Dicke der Uranschicht, also bei gegebener Form mit der 5/6ten Potenz der Uranmenge.

Die zweite Methode hat gegenüber der ersten ferner den Nachteil, daß unter Umständen nicht die ganze Uranmenge zur Absorption der thermischen Neutronen ausgenützt werden kann, da eventuell nur wenige thermische Neutronen bis ins Innere des Uranblocks gelangen. Andererseits beträgt bei der Anordnung von *Anderson, Fermi* und *Szilard* die Größe w nur etwa 2/3 des Wertes, der bei Lösung der gleichen Uranmenge in Wasser zu erwarten wäre. Hätten *Anderson, Fermi* und *Szilard* das Uranoxyd in einem kompakten zylindrischen Ring der beiden Radien 16 cm, und 24 cm angeordnet, so hätten sie w damit nochmal auf die Hälfte reduziert. Durch geschickte geometrische Anordnung läßt sich also bei der zweiten Methode w erheblich herabsetzen, worauf *Harteck* aufmerksam gemacht hat.

3) Lösungen von Uran in Wasser und schwerem Wasser

a) Wir betrachten zunächst einmal eine Lösung von Uran im Wasser, in der
N_U Uranatome und N_H H-Atome im ccm enthalten sind; die Wirkung der O- 8
Atome und eventuell anderer Atome in der Uranverbindung soll vernachlässigt werden. Für die relative zeitliche Änderung der Neutronenzahl n erhält man, wenn der Wirkungsquerschnitt für Einfangung eines thermischen Neutrons im H-Kern $0{,}3 \cdot 10^{-24}\,\mathrm{cm}^2$, im Urankern $3{,}4 \cdot 10^{-24}\,\mathrm{cm}^2$, die Geschwindigkeit thermischer Neutronen v und das Verhältnis $N_U/N_H = \alpha$ gesetzt wird:

$$\nu = \frac{1}{n}\frac{dn}{dt} = -vN_H \cdot 10^{-24}(0{,}3 + 3{,}4\alpha[1 - X(1-w)]) \ . \tag{21}$$

Der Wirkungsquerschnitt für elastische Zusammenstöße mit dem Proton in der Gegend der Resonanzstellen ist $13 \cdot 10^{-24}\,\mathrm{cm}^2$, also wird nach (5)

$$\eta_1 = \frac{13}{2700\,\alpha}$$

und nach (10) ($\delta = 1/2$)

$$w = 0{,}54\sqrt{\alpha}\,\kappa \ , \quad \text{also}$$

$$\nu = -vN_H \cdot 10^{-24}(0{,}3 + 3{,}4\alpha[1 - X(1 - 0{,}54\sqrt{\alpha}\,\kappa)]) \ . \tag{22}$$

Setzen wir X aus dem *Fermi*schen Versuch ein, so ergibt sich

$$\nu = -vN_H \cdot 10^{-24}\left(0{,}3 - 3{,}4\alpha\frac{0{,}2 + 0{,}24\kappa}{1 - 0{,}08\kappa} + 1{,}835\,\alpha^{3/2}\kappa\frac{1{,}2 + 0{,}16\kappa}{1 - 0{,}08\kappa}\right) . \tag{23}$$

Das Maximum der Klammer als Funktion von α liegt bei α_m, das durch

$$1+1{,}2\,\kappa=\sqrt{\alpha_m}\,(4{,}86+0{,}65\,\kappa)\,\kappa \tag{24}$$

gegeben ist. Es folgt:

$$\nu_m=-vN_H\cdot 10^{-24}\left(0{,}3-0{,}227\,\frac{(1+1{,}2\,\kappa)^3}{(1-0{,}08\,\kappa)(4{,}86+0{,}65\,\kappa)^2\,\kappa^2}\right)$$

also die Zahlenwerte

$$\begin{array}{lccccc} \kappa & = & 0{,}5 & 1{,}0 & 1{,}5 & 2{,}0 \\ \dfrac{\nu_m}{vN_H\cdot 10^{-24}} & = & -0{,}15 & -0{,}21 & -0{,}22 & -0{,}23 \end{array} \tag{25}$$

9 In einem Uran-Wassergemisch tritt also stets Neutronen*verminderung* ein, das Uran-Wassergemisch eignet sich *nicht* zur Energieerzeugung aus dem Spaltprozeß.

b) Die sicherste Methode zur Verwirklichung der Energieerzeugung besteht in der Anreicherung des für die Spaltung verantwortlichen Isotops U_{92}^{235}. Eine Anreicherung um den Faktor f führt einfach zu einer Erhöhung von X um den Faktor f. Ersetzt man in (22) X durch fX und führt dieselben Rechnungen durch wie oben, so erhält man für

Tabelle 1

f	κ	$\nu_m/v\cdot N_H\cdot 10^{-24}$
1	0,5	−0,15
	1	−0,21
	1,5	−0,22
	2	−0,23
1,1	0,5	+0,043
	1	−0,14
	1,5	−0,18
	2	−0,19
1,2	0,5	+0,31
	1	−0,044
	1,5	−0,11
	2	−0,15
1,3	0,5	+0,62
	1	+0,37
	1,5	−0,065
	2	−0,11

Man erkennt aus der Tabelle, daß wahrscheinlich schon eine Anreicherung um 30% genügt, um die Energieerzeugung mit Hilfe des Uran-Wassergemisches zu ermöglichen ($\nu > 0$). Bei einer Anreicherung um 50% könnte man praktisch des Erfolges sicher sein.

c) Da eine erhebliche Anreicherung des U_{92}^{235} in großen Mengen wahrscheinlich mit großen Kosten verbunden ist, muß man sich noch nach anderen Methoden der Verwirklichung der Energieerzeugung umsehen. Hier bietet sich in erster Linie die Verlangsamung der Neutronen durch andere Substanzen als Wasser dar. Diese anderen Stoffe müßten die Verlangsamung nicht wesentlich schlechter als H_2O leisten und dürften dabei nur viel weniger absorbieren. Die folgende Tabelle gibt eine Zusammenstellung der Wirkungsquerschnitte für Einfangung (σ_r) und für elastische Streuung bei thermischen Neutronen (σ_{th}), bei Neutronen von 25 V (σ_{25}) | und bei schnellen Neutronen (σ_{sch}) in den Elementen H, D, C, O, 10
und U.
Die Werte sind teils aus Messungen, teils aus theoretischen Abschätzungen gewonnen. Gut bestimmte Werte sind unterstrichen [fett gedruckt]. Bei den übrigen Werten sind Fehler von 50% oder mehr durchaus möglich. Die Wirkungsquerschnitte sind in der Einheit $10^{-24}\,cm^2$ angegeben.

Tabelle 2

Substanz		H	D	C	O	U
Einfang-querschnitt	σ_r	**0,3**	0,003	0,003	0,003	**3,4**
Streuquer-schnitte	σ_{th}	**40**	7	4	3,3	10
	σ_{25}	**13**	3	3,5	3	–
	σ_{sch}	2	2	2	2	6

In der nächsten Tabelle sind die aus diesen Wirkungsquerschnitten folgenden mittleren freien Weglängen für elastische Streuung λ_{th}, λ_{25}, λ_{sch} und für Einfangung λ_r, ferner die „Diffusionslänge" $l = \sqrt{D/-\nu} = \sqrt{1/3\,\lambda_r\,\lambda_{th}}$ ($D = \frac{1}{3} v\,\lambda_{th}$ ist die Diffusionskonstante) für H_2O, D_2O (gemischt mit 1% H_2O), C (spez. Gewicht 1,25) und U_3O_8 (spez. Gewicht 8) angegeben. Ferner ist die Strecke l' abgeschätzt, die ein anfänglich schnelles Neutron (~ 3 MeV) im Mittel in jeder Richtung zurückgelegt hat, bis es bei thermischen Geschwindigkeiten angekommen ist. Da eine genaue Theorie der gleichzeitigen Diffusion und Verlangsamung nicht vorliegt, ist man bei l' auf eine sehr grobe Schätzung angewiesen. (Längen in [cm], $\lambda_r = 1/(N\sigma_{einf})$)

Tabelle 3

Substanz	H_2O	$D_2O + 1\%\ H_2O$	C	U_3O_8
λ_r	**5,0**	2000	5200	**17**
λ_{th}	**0,3**	1,7	4	3,1
λ_{25}	**1**	3,2	4,5	–
λ_{sch}	5	5	8	5
l	**2,1**	34	83	4,2
l'	10	13	38	–

11 Die Korrektur dieser Tabellen durch genauere experimentelle Daten wäre eine wichtige Voraussetzung für die zuverlässigere Diskussion der Möglichkeiten zur Energieerzeugung.

Die Zahlen der Tabelle zeigen, daß in erster Linie schweres Wasser zur Verlangsamung der Neutronen in Betracht kommt. Bezeichnet man wieder das Verhältnis der U-Atome zu den D-Atomen mit α, so wird

$$w = 1{,}32\sqrt{\alpha\kappa} \tag{26}$$

und

$$\nu = -v N_D \cdot 10^{-24}\left(0{,}0075 - 3{,}4\,\alpha\,\frac{0{,}2+0{,}24\kappa}{1-0{,}08\kappa} + 4{,}48\,\alpha^{3/2}\kappa\,\frac{1{,}2+0{,}16\kappa}{1-0{,}08\kappa}\right). \tag{27}$$

Für die günstigsten Werte von α und ν erhält man:

Tabelle 4

κ	= 0,5	1	1,5	2
α_m	= 0,106	0,038	0,0235	0,016
$\nu_m / v N_D \cdot 10^{-24}$	= 0,050	0,020	0,013	0,011

Führt man wieder eine charakteristische Länge l durch die Gleichung $l^2 = D/\nu$ ein, wobei $D = \frac{1}{3} v \lambda_{th}$ die Diffusionskonstante bedeutet, so wird für

Tabelle 5

κ =	0,5	1	1,5	2	
l =	13	21	26	28	cm

Aus Tabelle 4 geht hervor, daß ein Gemisch von schwerem Wasser und Uran schon zur Neutronenvermehrung führen würde, also zur Energieerzeugung brauchbar wäre. Dies gilt natürlich nur unter der Voraussetzung, daß die in Tabelle 2 angegebenen Zahlen richtig sind. Auch zeigen die ziemlich größen Längen l der Tabelle 5, daß zu dieser Herstellung der Uranmaschine große Mengen von schwerem Wasser notwendig sind, was also wieder zu erheblichen Kosten führt.

12 Vielleicht werden die Verhältnisse in schwerem Wasser sogar noch etwas günstiger, als es in der Tabelle 4 zum Ausdruck kommt, da im schweren Wasser durch den bei schnellen Neutronen möglichen Prozeß $n \to 2n$ noch neue Neutronen entstehen. Der entsprechende Prozeß $n \to p + n$ hat bei einer Protonenenergie von 5,1 MeV einen Wirkungsquerschnitt[2] von etwa $1{,}4 \cdot 10^{-26}\,\mathrm{cm}^2$. Die Mindestenergie, bei der er eintreten kann, ist 3,25 MeV. Da der Wirkungsquerschnitt, wie eine theoretische Rechnung zeigt, etwa mit dem Quadrat der Überschußenergie

[2] W. H. Barkas und M. G. White: Phys. Rev. **56**, 288, 1939

ansteigt, kann er bei 10 MeV schon etwa $2 \cdot 10^{-25}$ cm betragen. Wenn also die Energie der bei der Spaltung freiwerdenden Neutronen im Mittel sehr groß ist (10 MeV), so kann eine zusätzliche Erhöhung von X und damit der Neutronenvermehrung um etwa 10% eintreten. Wenn jedoch, wie *Zinn* und *Szilard*[3] behaupten, die meisten Spaltungsneutronen weniger als 3,5 MeV besitzen, so spielt der genannte Effekt keine merkliche Rolle.

d) Schließlich soll an dieser Stelle die Frage kurz besprochen werden, ob die Spaltung durch schnelle Neutronen bei U_{92}^{238} und Th_{90}^{230} zur Herstellung der Kettenreaktionen benützt werden kann. Die Wirkungsquerschnitte für Spaltung durch 2,5 MeV Neutronen sind nach *Ladenburg, Kanner, Barshall* und *Voorhis* (Phys. Rev. **56**, 168, 1939) $5 \cdot 10^{-25}\,cm^2$ bzw. $1 \cdot 10^{-25}\,cm^2$ und nehmen mit abnehmender Energie rasch ab. Der Wirkungsquerschnitt für Streuung, der ungefähr dem Kernquerschnitt entsprechen wird, ist daher etwa 10 bzw. 50mal größer. Da die Streuung im allgemeinen unelastisch sein dürfte und daher mit Energieverlust verbunden ist, wird in der Regel ein Neutron seine Energie verloren haben | bevor es Gelegenheit hat, den Spaltungsprozeß hervorzurufen. Von einer 13
Kettenreaktion kann also hier wohl kaum die Rede sein.

4) Die Diffusionsgleichung und ihre Folgerungen

a) Gleichzeitig mit der Änderung der gesamten Neutronenzahl geht eine Ausbreitung durch Diffusion vor sich. Diese Diffusion kann charakterisiert werden durch den Diffusionskoeffizienten D, der mit der mittleren freien Weglänge λ und der Geschwindigkeit v durch die Formel

$$D = v\lambda/3 = \frac{v}{3N\sigma} \tag{28}$$

zusammenhängt. σ ist hier der Wirkungsquerschnitt für elastische Streuung. Wenn mehrere Atomsorten mit den Anzahlen N_i pro ccm vorhanden sind, gilt

$$1/D = 1/v \sum_i 3N_i\sigma_i\,. \tag{29}$$

Eine Schwierigkeit in der Anwendung dieser Gleichung liegt darin, daß die σ_i von der Geschwindigkeit abhängen und daß Neutronen ganz verschiedener Geschwindigkeiten in dem Uran-Wasser-Gemisch vorkommen. Bei den in [Abschn.] 1b besprochenen $U - D_2O$-Gemischen geringer U-Konzentration kann jedoch angenommen werden, daß die Neutronen die weitaus längste Zeit im thermischen Gebiet verbringen. Für diese Gemische wird man also in (28) einfach die Werte von σ und λ im thermischen Gebiet einsetzen können.

Für die Berechnung der Energieerzeugung ist es ferner wichtig, festzustellen, daß die Diffusionskonstante von der Temperatur T abhängt. In erster Näherung kann λ als von der Temperatur unabhängig angesehen werden, dann steigt also D mit $\sqrt{T}$ an.

[3] W. H. Zinn und L. Szilard: Phys. Rev. **56**, 619, 1939

Für die Neutronendichte ϱ in der zu betrachtenden Substanz gilt schließlich die Gleichung

$$\frac{\partial \varrho}{\partial t} = D \Delta \varrho + \nu \varrho \ . \tag{30}$$

14 Wir betrachten nun eine stationäre kugelsymmetrische Dichteverteilung | in einer Materiekugel vom Radius R. Zur Bestimmung der Lösung brauchen wir Randbedingungen an der Stelle $r = R$. Wenn wir annehmen, daß die Neutronen außen von der Materiekugel in die Luft diffundieren, so folgt, daß am Rande $r = R$ (bis auf Größen von der Ordnung der freien Weglänge) die Dichte verschwinden muß. Wir setzen also zunächst als Grenzbedingung

$$\varrho = 0 \quad \text{für} \quad r = R \ . \tag{31}$$

Für die in [Abschn.] 3b und c betrachteten Gemische ist ν positiv und wir setzen (vergl. Tabelle 5)

$$D/\nu = l^2 \ . \tag{32}$$

l ist die für das Gemisch charakteristische Länge, die der Diffusionslänge nach *Amaldi* und *Fermi* entspricht. Für das in Gleichung (27) betrachtete Gemisch ist unter der Annahme $\kappa = 1$

$$N_{\mathrm{D}}/N_{\mathrm{U}} = 26 \ , \qquad l = 21 \ \mathrm{cm} \ . \tag{33}$$

Die stationäre Lösung ($\partial \varrho / \partial t = 0$) lautet jetzt:

$$\varrho = (a/r) \sin \left(\frac{R - r}{l} \right) \ . \tag{34}$$

Solange $R < \pi l$ ist, ergibt sich eine überall positive Dichte und eine Singularität bei $r = 0$. Dies bedeutet, daß eine solche Dichteverteilung nur durch eine Neutronenquelle im Zentrum aufrechterhalten werden kann. Nehmen wir zum Beispiel an, daß im Zentrum eine Neutronenquelle vom Radius $r_0 \ll l$ sitzt, die pro sec n Neutronen liefert. Dann muß gelten:

$$n = -D 4 \pi r_0^2 \partial/\partial r \, [(a/r) \sin((R-r)/l)]_{r=0} \approx 4 \pi a D \sin(R/l) \ .$$

$$\varrho = \frac{n}{4 \pi r D} \, \frac{\sin((R-r)/l)}{\sin(R/l)} \ . \tag{35}$$

Die Anzahl der pro sec bei $r = R$ austretenden Neutronen ist dann

$$n' = -D 4 \pi R^2 \partial \varrho / \partial r = n \frac{R}{l \sin(R/l)} \ , \qquad \text{also}$$

$$n'/n = \frac{(R/l)}{\sin(R/l)} \ . \tag{36}$$

Es findet also eine Vermehrung der Neutronenzahl statt, die bei kleinen Werten 15
von $R\,(R \ll l)$ ungefähr durch

$$n'/n = 1 + 1/6\,(R/l)^2 \tag{37}$$

gegeben ist. Wenn R sich dem Wert πl nähert, so strebt n' gegen Unendlich. Wenn $R > \pi l$ ist, existiert überhaupt keine stationäre Neutronenverteilung mehr, bei der die Dichte überall positiv ist, es findet also zunächst wegen $\partial\varrho/\partial t > 0$ nach (30) eine unbegrenzte Vermehrung der Neutronen statt. Mit einer solchen unbegrenzten Neutronenvermehrung geht jedoch, da die Neutronenvermehrung aus der U-Spaltung stammt, eine erhebliche Temperaturerhöhung Hand in Hand. Damit steigt der Diffusionskoeffizient und damit die Länge l. Dadurch wird, wenn die Temperatur hoch genug ist, wieder $R < \pi l$, so daß die unbegrenzte Neutronenvermehrung wieder aufhört. Es stellt sich also stets automatisch eine Temperatur her, die aus der Gleichung $R = \pi l$ zu berechnen ist. Da l wie $\sqrt[4]{T}$ variiert, kann man

$$T = 300^\circ \left(\frac{R}{\pi l_{300^\circ}}\right)^4 \tag{38}$$

setzen. Diese Temperatur bleibt bestehen unabhängig von einer etwa nach außen abgeführten Energie. Von dieser Energie hängt lediglich die Anzahl der zerfallenden U-Atome ab. Aus diesen Überlegungen folgt auch, daß für eine Maschine, bei der $R > \pi l_{300^\circ}$ ist, die Neutronenquelle im Zentrum praktisch keine Rolle mehr spielt und daher weggelassen werden kann.

Die Gl. (38) hört auf zu gelten, wenn die Temperatur so hoch wird, daß die Koeffizienten ν nicht mehr temperaturunabhängig sind. Für das gewöhnliche Gemisch von U_{92}^{238} und U_{92}^{235} tritt dies schon bei einigen eV Neutronenenergie ein, da von dieser Energie ab die Einfangung in U_{92}^{238} die Spaltung von U_{92}^{235} erheblich überwiegt. Bei Gemischen mit gewöhnlichem Uran wird also die Temperatur nicht über die Temperatur der bisher bekannten guten Sprengstoffe steigen können. Durch Anreicherung | von U_{92}^{235} würde sich aber die Temperatur weiter steigern lassen. Wenn es gelingt, U_{92}^{235} so weit anzureichern, daß Temperaturen erzielt werden können, die einer Neutronenenergie von etwa 300 eV entsprechen, zu denen also nach (38) ein Radius von $R \approx 10\,\pi l$ gehört, so würde auch ohne weitere
Steigerung des Radius die Temperatur mit einem Schlage auf $\sim 10^{12}$ Grad stei- 16
gen, d. h. es würde die ganze Strahlungsenergie aller verfügbaren Uranatome auf ein Mal frei werden. Denn bei 300 eV ist der Wirkungsquerschnitt von U_{92}^{235} für Spaltung auf etwa $5 \cdot 10^{-24}\,\mathrm{cm}^2$ gesunken und weiter wird er aus geometrischen Gründen nicht sinken. Oberhalb von 300 eV Neutronenenergie nimmt also l mit der Temperatur nicht weiter zu. Diese explosionsartige Umwandlung der Uranatome kann aber nur in fast reinem U_{92}^{235} auftreten, da schon bei geringen Beimengungen von U_{92}^{238} die Neutronen in der Resonanzstelle von U_{92}^{238} weggefangen werden.

b) Bei den bisher diskutierten Lösungen von (30) war vorausgesetzt, daß die Neutronen aus der Kugel in Luft austreten. Offenbar werden die Verhältnisse für die Neutronenerzeugung noch günstiger, wenn die Neutronen in ein Material austreten, in dem sie langsam diffundieren und sehr wenig absorbiert werden, also eine Substanz mit einem hohen „Albedo". Wir nehmen zunächst als Beispiel an, daß für das äußere Material D ebenso groß wird wie im Inneren, daß jedoch der Absorptionskoeffizient außen sehr klein ist (also außen soll $\nu_a < 0$ aber $|\nu_a| \ll |\nu_i|$; $D/-\nu_a = l_a^2$ sein). Dann wird die Lösung

$$innen\colon \varrho = (a/r)\sin((r+b)/l) \ ; \qquad außen\colon \varrho = (a'/r)\,e^{-r/l_a} \ . \tag{39}$$

ϱ und $D\partial\varrho/\partial t$ müssen an der Grenzfläche $r = R$ auf beiden Seiten den gleichen Wert haben. Daraus folgt:

$$-1/R + (1/l)\,\mathrm{cotg}((R+b)/l) = -1/R - 1/l_a \ , \tag{40}$$

17 also, wenn $l_a \gg R$ ist:

$$\mathrm{cotg}((R+b)/l) = 0 \ , \qquad b = (\pi/2)\,l - R \ . \tag{41}$$

Im Inneren ist dann

$$\varrho = (a/r)\cos((R-r)/l) \ . \tag{42}$$

Für die Quelle im Zentrum erhält man

$$n = 4\pi a D\cos(R/l) \ , \tag{43}$$

für die bei $r = R$ austretenden Neutronen

$$n' = 4\pi a D \ , \tag{44}$$

also

$$\frac{n'}{n} = \frac{1}{\cos(R/l)} \ . \tag{45}$$

Die Neutronenvermehrung setzt also schneller ein als im früher behandelten Falle, und schon bei $R = (\pi/2)\,l$ beginnt die spontane Neutronenerzeugung. Ein derartiger Effekt kann schon durch Wasser als äußere Substanz erreicht werden. Wir betrachten, um dies zu zeigen, das Uran-D_2O-Gemisch aus [Abschn.] 3b, für das $l = 21$ cm, $\lambda_{th} = 1{,}7$ cm gesetzt werde. Für H_2O ist $l = 2{,}1$ cm, $\lambda_{th} = 0{,}3$ cm (nach *Amaldi* und *Fermi*). Statt (40) erhalten wir die Gleichung

$$-1/R + (1/l)\,\mathrm{cotg}((R+b)/l) = D_{H_2O}/D_{D_2O}\left(-\frac{1}{R} - \frac{1}{l_a}\right) = \frac{1}{5{,}7}\left(-\frac{1}{R} - \frac{1}{l_a}\right) \ , \tag{46}$$

$$\mathrm{cotg}((R+b)/l) = -1{,}75 + 0{,}825\,(l/R) \ . \tag{47}$$

Die spontane Neutronenerzeugung beginnt bei dem Radius R, bei dem aus (47) der Wert $b=0$ folgt; dies ist der Fall für $R=2{,}5\,l$. – Schon für $R=0{,}5\,l$, also $R=10$ cm, wäre eine Neutronenvermehrung um ca. 13% zu erwarten.

Im Ganzen kann man also damit rechnen, daß bei dem D_2O-Uran-Gemisch eine von Wasser umgebene Kugel von ca. 60 cm Radius (die ca. 1000 l D_2O und 1200 kg Uran enthält) schon eine spontane Energieerzeugung liefert; ihre stationäre Temperatur wäre etwa 800° Celsius.

Viel günstiger wäre natürlich Uran, bei dem das Isotop 235 angereichert ist. Für Anreicherung um 30% wird (für $\kappa=1$) nach (22) und Tabelle 1 $l \sim 2$ cm.
Kleine Kugeln von 8 cm Radius gäben also bereits | spontane Energieerzeugung. 18
Allerdings wird hier die Größe bereits nach unten durch die mittlere Reichweite für schnelle Neutronen begrenzt und es ist deshalb fraglich, ob Kugeln unter 20 cm Radius brauchbar wären.

5) Anordnungen, bei denen das Uran von der zur Neutronenverlangsamung dienenden Substanz getrennt ist

Es ist von *Harteck* darauf hingewiesen worden, daß durch geeignete geometrische Anordnung der Uranstücke in der verlangsamenden Substanz ein günstigeres Ergebnis als in der Lösung erzielt werden kann. Um die sehr zahlreichen Möglichkeiten, die sich hier bieten, überschauen zu können, soll zunächst von der absoluten Größe der Apparatur abgesehen werden, d.h. wir wollen die Apparatur zunächst als beliebig groß annehmen und fragen, wie pro Volumeneinheit die stärkste Neutronenvermehrung erzielt werden kann. Unter dieser Voraussetzung besteht die günstigste Anordnung wahrscheinlich in einer Reihe von gleich dicken Uran- (oder U_3O_8-)Platten, die durch Platten der verlangsamenden Substanz getrennt sind (Fig. 1). Die Platten seien in der y- und z-Richtung unendlich

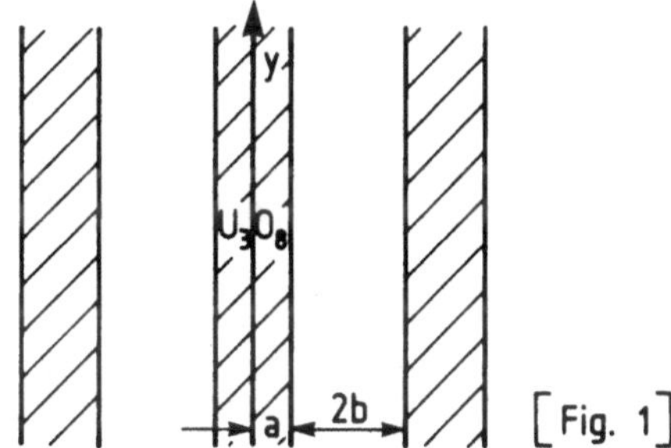

[Fig. 1]

ausgedehnt. In der x-Richtung betrage die Dicke der Uranplatten 2a, die der Zwischenräume 2b. Da die Anordnung sich in der x-Richtung periodisch wiederholt, und in der $+x$- und $-x$-Richtung symmetrisch ist, muß auch die Lösung der Diffusionsgleichung periodisch und symmetrisch sein. Bezeichnen wir die auf die Uranverbindung bezogenen Größen mit dem Index U, so folgt aus

$$D\Delta\varrho+\nu\varrho=0\ , \qquad -\frac{\nu}{D}=\frac{1}{l^2}\ , \tag{48}$$

daß die Dichteverteilung in der mittleren Uranschicht durch

$$\varrho = \varrho_0 \cosh \frac{x}{l_U} \tag{49}$$

gegeben sein muß. Bei den Zwischengebieten, die mit einer die Neutronen ver-
19 langsamenden Substanz erfüllt sind, ist zu beachten, daß in | ihnen vom Uran (oder einer anderen Neutronenquelle) her thermische Neutronen entstehen. Wir nennen n die pro sec und Volumeneinheit entstehenden thermischen Neutronen und nehmen an, daß n überall den gleichen Wert habe, was dann, wenn die Neutronen aus dem Uran stammen, in sehr guter Näherung erfüllt sein wird. In der Streusubstanz gilt dann die Diffusionsgleichung ($\nu < 0!$)

$$\frac{\partial \varrho}{\partial t} = D \Delta \varrho + \nu \varrho + n \; . \tag{50}$$

Die stationäre Lösung, die auch die Symmetriebedingungen befriedigt, lautet in dem ersten Zwischenraum rechts von $x = 0$:

$$\varrho = \frac{n}{|\nu|} + \varrho_1 \cosh \frac{x-a-b}{l} \; . \tag{51}$$

Die auf die Streusubstanz bezogenen Größen bezeichnen wir mit dem Index s:

$$\frac{D_s}{\nu_s} = -l_s^2 \; ; \qquad \varrho = \frac{n}{|\nu|} + \varrho_1 \cosh \frac{x-a-b}{l_s} \; . \tag{52}$$

An der Grenze müssen ϱ und $D\,\partial\varrho/\partial x$ stetig sein:

$$\varrho_0 \cosh \frac{a}{l_U} = \frac{n}{|\nu_s|} + \varrho_1 \cosh \frac{b}{l_s} \tag{53}$$

$$(D_U/l_U)\, \varrho_0 \sinh \frac{a}{l_U} = -\frac{D_s}{l_s} \varrho_1 \sinh \frac{b}{l_s} \; , \quad \text{also} \tag{54}$$

$$\varrho_1 = -\frac{D_U l_s}{D_s l_U} \, \frac{\sinh(a/l_U)}{\sinh(b/l_s)} \varrho_0 \, ; \qquad \frac{n}{|\nu_s|} = \varrho_0 \left(\cosh \frac{a}{l_U} + \frac{D_U l_s}{D_s l_U} \sinh \frac{a}{l_U} \coth \frac{b}{l_s} \right) \tag{55}$$

Die Anzahl der pro cm^2 im Uran zwischen 0 und a absorbierten Neutronen ist

$$\int_0^a \varrho |\nu_U| \, dx = \varrho_0 |\nu_U| \, l_U \sinh \left(\frac{a}{l_U} \right) \; . \tag{56}$$

Für jedes absorbierte Neutron entstehen X Spaltungsneutronen, von denen wieder $X(1-w)$ ins thermische Gebiet gelangen. Wenn ϱ_0 gegeben ist, so entstehen also in einem Gebiet der Grundfläche 1 cm^2 und der Höhe $a+b$ im Ganzen

$$\varrho_0 \,|\, v_0 \,|\, l_U \sinh \frac{a}{l_U} (1-w)\, x - \varrho_0 \,|\, v_s \,|\, b \left(\cosh \frac{a}{l_U} + \frac{D_U l_s}{D_s l_U} \sinh \frac{a}{l_U} \coth \frac{b}{l_s} \right) \tag{57}$$

Neutronen. Wir erhalten also die mittlere relative Neutronenvermehrung $\bar{v}$, wenn wir diesen Ausdruck durch

$$\begin{aligned} \int_0^{a+b} \varrho \, dx = \varrho_0 l_U \sinh \frac{a}{l_U} + \varrho_0 b \left(\cosh \frac{a}{l_U} + \frac{D_U l_s}{D_s l_U} \sinh \frac{a}{l_U} \coth \frac{b}{l_s} \right) \\ - \varrho_0 l_s \frac{D_U l_s}{D_s l_U} \sinh \frac{a}{l_U} \end{aligned} \tag{58}$$

teilen. Benützt man noch die Beziehungen $v_s = -D_s/l_s^2$; $v_U = -D_U/l_U^2$ und setzt 20
man $a/l_U = \xi$, $b/l_s = \eta$, so erhält man

$$\bar{v} = |\, v_s \,| \, \frac{(1-w) X - \eta \, [\coth \eta + (D_s l_U / D_U l_s) \coth \xi]}{v_s / v_U + \eta \, [\coth \eta + (D_s l_U / D_U l_s) \coth \xi] - 1} \; . \tag{59}$$

Dabei hängt noch w von ξ und η ab. Um diese Abhängigkeit zu berechnen, müssen wir zunächst den Mittelwert der Äquivalenzbreite der Resonanzlinie bei gegebener Plattendicke berechnen. Die einfallenden Neutronen sind nach dem Cosinusgesetz in der Richtung verteilt; die Äquivalenzbreite variiert mit der Wurzel aus der durchlaufenen Strecke. Wir erhalten also als mittlere Äquivalenzbreite des Resonanzstelle E_k nach (15)

$$\overline{\Delta E} = \Gamma_k \sqrt{\pi \sigma_k N_U} \, \frac{\int_0^1 d\xi \, \xi \sqrt{2a/\xi}}{\int_0^1 d\xi \, \xi} = \frac{4}{3} \Gamma_k \sqrt{2 \pi a \sigma_k N_U} \; . \tag{60}$$

Für das Verhältnis n_{eo}/n_e (vgl. Gl. (17)) gilt

$$n_{eo}/n_e = \frac{\lambda_{25}^{s}}{4b} = \lambda_{25}^{s} / (4 l_s \eta) \; . \tag{61}$$

Schließlich ergibt sich für w (für U_3O_8)

$$w = \frac{4}{3} \, \frac{3{,}5 \, \Gamma_1}{E_1(-\lg \delta)} \sqrt{2 \pi a \sigma_1 N_U} \, \frac{\lambda_{25}^{s}}{4 l_s \eta} \kappa = \frac{0{,}195}{-\lg \delta} \, \frac{\lambda_{25}^{s}}{l_s} \, \frac{\sqrt{\xi}}{\eta} \kappa \; . \tag{62}$$

Setzt man die Zahlenwerte für H_2O als Streusubstanz aus Tabelle 3 ein, so erhält man für $\bar{v}$ bei den günstigsten Werten für ξ und η die folgenden Ergebnisse, die wir, um den Vergleich mit Tabelle 1 zu erleichtern, auch auf die Anzahl pro cm^3 N_H der H-Atome in Wasser beziehen:

Tabelle 6

κ =	0,5	1	1,5	2
$\bar{v}/v N_H \cdot 10^{-24}$ =	−0,026	−0,047	−0,056	−0,054

Es tritt also wieder stets Neutronenverminderung ein, jedoch ist die Verminderung erheblich geringer als bei der günstigsten Lösung von Uran in Wasser. Trotzdem bestätigt sich das Ergebnis von Gl. (25), daß die Energieerzeugung aus der Uranspaltung unmöglich ist, wenn Wasser zur Verlangsamung der Neutronen benützt wird.

21 Ein positiver Wert von $\bar{\nu}$ ergibt sich erst, wenn andere Substan|zen zur Verlangsamung der Neutronen benützt werden. Für schweres Wasser erhält man, wenn man die Angaben der Tabelle 3 in (59) und (62) einsetzt, für $\kappa = 1$

$$\bar{\nu} = v N_D \cdot 10^{-24} \cdot 0{,}045 \tag{63}$$

als günstigsten Wert, der für $\xi = 0{,}5$, $\eta = 0{,}17$ erreicht wird. Dieser Wert ist wieder erheblich günstiger als der entsprechende Wert in Tabelle 4. Die entsprechende charakteristische Länge l wird – wenn man die Verschiedenheit der Diffusion parallel zu den Platten und senkrecht zu den Platten vernachlässigt – etwa 17 cm, verglichen mit 21 cm bei der Uran-D_2O-Lösung. Die günstigsten Plattendicken betragen hierbei etwa 4 cm für die U_3O_8-Platte und 11,5 cm für die Zwischenräume, die mit D_2O gefüllt sind.

Bei der Berechnung der absoluten Größe der Apparatur im Anschluß an [Abschn.] 4a und b ist noch zu beachten, daß gewisse Neutronenmengen dadurch verlorengehen, daß von den am Rand liegenden Uranschichten die Spaltungsneutronen teilweise die Apparatur verlassen, bevor sie thermische Geschwindigkeiten erreicht haben. Berücksichtigt man diesen Effekt, so kann man abschätzen, daß jedenfalls bei einer Apparaturgröße von $(1{,}2\ \text{cm})^3$ schon Energieerzeugung eintreten müßte. Durch noch zweckmäßigere geometrische Anordnung der Uranplatten ließe sich das Volumen vielleicht noch um einen Faktor 2 oder 3 reduzieren.

Auch reine Kohle ist zur Verlangsamung der Neutronen geeignet. Setzt man in (59) die Werte der Tabelle 3 von C ein, so findet man den günstigsten Wert von $\bar{\nu}(\kappa = 1)$ etwa bei $\xi = 1/2$, $\eta = 1/5$

$$\bar{\nu} = 2{,}3\,|\nu_s|\,. \tag{64}$$

Die charakteristische Länge wird $l = 55$ cm. Die günstigste Dicke der Uranplatten wird etwa 4 cm, ihr günstigster Abstand 33 cm. Dementsprechend muß auch die absolute Größe der Apparatur erheblich gesteigert werden. Man schätzt nach (38) ab, daß etwa bei einer Größe von $(3\ \text{m})^3$ die Energieerzeugung eintreten müßte. Man braucht zu dieser Apparatur also etwa 30 t reine Kohle und 25 t
22 Uranoxyd. Schließlich | könnte die absolute Größe dadurch erheblich verringert werden, daß man sowohl D_2O wie C in folgender Weise verwendet: Die U_3O_8-Platten werden auf beiden Seiten mit einer etwa 5 cm dicken Schicht von D_2O bedeckt. Dies hätte eine Verringerung von w auf etwa den dritten Teil zur Folge, da die aus der Kohle stammenden Neutronen erst die D_2O-Schicht passieren müssen, bevor sie im Uran eingefangen werden. Die mit Kohle zu füllenden Zwischenräume könnten entsprechend etwa auf den dritten Teil verkleinert, die Uranschichten etwas vergrößert werden, die ganze Apparatur würde also etwa auf $(1{,}2\ \text{m})^3$ reduziert werden können. Sie würde dann etwa 2 bis 3 t U_3O_8, 600 l schweres Wasser und 1 t Kohle enthalten. Auch diese Zahlen können eventuell durch gün-

stigere geometrische Anordnung noch etwa um einen Faktor 2 verkleinert werden.

Bei der Verwendung von Kohle ist noch folgendes zu beachten: Wenn die Spaltungsneutronen häufig hohe Energie besitzen, so können sie die Reaktion (n, α) (und eventuell (n, p)) in C auslösen. Die dazu nötigen Energien sind 5,4 MeV (und 13 MeV). Dies würde eine zusätzliche Absorption bedingen, die die Energieerzeugung unmöglich machen kann. Wenn also die Spaltungsneutronen im Mittel eine hohe Energie besitzen, so *muß* man das U_3O_8 mit nicht zu dünnen Schichten D_2O umgeben. Aus dem genannten Grunde würden sich auch andere leichte Elemente, wie Li, Be und B nicht zur Neutronenverlangsamung eignen, da in ihnen schon durch ziemlich langsame Neutronen Kernreaktionen (n, α) ausgelöst werden können, die die Neutronen absorbieren.

6) Die Wirkungsweise der Uranmaschine

Wie in Abschn. 4a auseinandergesetzt wurde, müßte eine Uranmaschine der hier besprochenen Art sich automatisch auf einer durch die Größe der Apparatur bedingten höheren Temperatur halten; sie würde jeweils so viel Energie durch Spaltungsprozesse liefern, wie ihr von außen entzogen wird. Dies geht so lange, bis die ursprüngliche Uranmenge erheblich verringert ist oder bis die Verunreinigung durch die Spaltungsprodukte die Absorption so stark erhöht hat, daß die Temperatur | sinkt. Die Verunreinigung wird früher eintreten als der Verbrauch 23
des Urans. Diese Grenze soll berechnet werden: Wir nehmen etwa einen mittleren Wirkungsquerschnitt für Eingang der Spaltungsprodukte zu $50 \cdot 10^{-24}\,\mathrm{cm}^2$ an. Betrachten wir nun eine Uranmaschine, die aus 1 cbm $D_2O + U_3O_8$ besteht, so wird die Absorption vergleichbar mit der Neutronenerzeugung, wenn sich auf je 1000 D-Atome ein Atom der Spaltprodukte in der Lösung findet; wenn also im Ganzen $0{,}7 \cdot 10^{26}$ Atome der Spaltprodukte gebildet sind. Bis zu dieser Zeit sind

$$\begin{aligned} 0{,}35 \cdot 10^{26} \cdot 190 \cdot 10^{6}\,\mathrm{eV} &= 0{,}35 \cdot 10^{26} \cdot 190 \cdot 10^{6} \cdot 1{,}6 \cdot 10^{-12}\,\mathrm{erg} \\ &= 1{,}05 \cdot 10^{22}\,\mathrm{erg} = 2{,}5 \cdot 10^{14}\,\mathrm{cal} \end{aligned}$$

freigeworden, da bei jedem Spaltungsprozeß etwa 190 MeV Energie freiwerden. Die Temperatur der Maschine würde also erst dann anfangen zu sinken, wenn man ihr Energiemengen der Ordnung 10^{13} cal entzogen hat; 10^{13} cal sind etwa der zehnte Teil der Jahresleistung eines großen Kraftwerks.

Mit der Energieerzeugung würde eine außerordentlich intensive Neutronenstrahlung und γ-Strahlung Hand in Hand gehen. Bei jedem Spaltprozeß werden etwa $7 \cdot 10^{-12}$ cal frei. Für jede Kalorie, die der Maschine entzogen wird, werden daher $0{,}5 \cdot 10^{12}$ Neutronen und etwa ebenso viele γ-Quanten emittiert. Bei einer Leistung von nur 10 kW würden pro sec 10^{15} Neutronen und γ-Quanten ausgesandt; dies entspricht der γ-Strahlungsintensität von 10 kg Ra oder der Neutronenintensität einer Ra-Be-Quelle, die 10^5 kg Ra enthält. Die Strahlungsleistung wäre also etwa das 10^5-fache der Leistung eines großen Zyklotrons. Selbst wenn von dieser Strahlungsintensität ein erheblicher Teil im Inneren der Maschine absorbiert wird, so würde der Betrieb der Maschine doch offenbar ganz umfang-

reiche Strahlungsschutzmaßnahmen notwendig machen. Dies gilt insbesondere
beim „Einschalten“ der Maschine, d.h. beim Zusammenfügen der einzelnen
Teile. In dem Moment, in dem die Temperatur auf den stationären Wert, z.B.
100 °C steigt, werden in diesem Beispiel 10^8 cal zur Erwärmung der Maschine ver-
24 braucht, also $5 \cdot 10^{19}$ | Neutronen und γ-Quanten freigesetzt. Dies entspricht der
gesamten γ-Strahlung von 1 kg Ra im Lauf eines Tages.

Zusammenfassung

Die von *Hahn* und *Straßmann* entdeckten Spaltungsprozesse an Uran können nach den bisher vorliegenden Daten auch zur Energieerzeugung im Großen verwendet werden. Die sicherste Methode zur Herstellung einer hierzu geeigneten Maschine besteht in der Anreicherung des Isotops U_{92}^{235}. Je weiter die Anreicherung getrieben wird, desto kleiner kann die Maschine gebaut werden. Die Anreicherung von U_{92}^{235} ist die einzige Methode, mit der das Volumen der Maschine klein gegen 1 cbm gemacht werden kann. Sie ist ferner die einzige Methode, um Explosivstoffe herzustellen, die die Explosivkraft der bisher stärksten Explosivstoffe um mehrere Zehnerpotenzen übertreffen. Zur Energieerzeugung kann man aber auch das normale Uran ohne Anreicherung von U_{92}^{235} benützen, wenn man Uran mit einer anderen Substanz verbindet, die die Neutronen von Uran verlangsamt, ohne sie zu absorbieren. Wasser eignet sich hierzu nicht. Dagegen erfüllen nach den bisher vorliegenden Daten schweres Wasser und ganz reine Kohle diesen Zweck. Geringe Verunreinigungen können die Energieerzeugung stets unmöglich machen. Die günstigste Anordnung der Maschine besteht nach den bisher vorliegenden Resultaten aus U_3O_8-Schichten von etwa 4 cm Dicke, die auf beiden Seiten mit D_2O-Schichten von etwa 5 cm Dicke bedeckt sind. Der Zwischenraum zwischen den verschiedenen Dreifachschichten dieser Art soll etwa 10 – 20 cm betragen und mit reiner Kohle gefüllt sein; auch wird die ganze Maschine zweckmäßig mit reiner Kohle umgeben. Die Mindestfläche der Schichten ist etwa 1 m^2. Eine Maschine dieser Art würde durch die Spaltprozesse dauernd auf einer konstanten Temperatur gehalten, deren Höhe von der Größe der Apparatur abhängt. Die absolute Temperatur wächst mit der vierten Potenz des Durchmessers der Apparatur. Die Maschine wäre gleichzeitig eine außerordentlich intensive Neutronen und γ-Strahlungsquelle. – Zur Kontrolle dieser Ergebnisse wäre eine Nachprüfung der Tabellen 2 und 3 von größt[er] Wichtigkeit.

Bericht über die Möglichkeit technischer Energiegewinnung aus der Uranspaltung (II)

Von **W. Heisenberg** **29. 2. 40**

II.1

Der folgende Bericht enthält die genaue Ausarbeitung der Überlegungen, die in meinem früheren Bericht kurz skizziert waren. Zunächst hat es sich als notwendig erwiesen, die Theorie der Resonanzeinfangung der Neutronen mathematisch streng durchzuführen. Für den Fall der Neutronenbremsung durch Wasserstoff hat *Flügge* die Theorie bereits entwickelt. Der Abschnitt II.2a enthält die Verallgemeinerung für beliebige Substanzen. Ferner hatte Herr *Bothe* mich darauf aufmerksam gemacht, daß bei der Absorption in Uranplatten von der Streuung an U- und O-Atomen nicht abgesehen werden kann. Der Abschnitt II.2b behandelt die Absorption in den Platten unter Berücksichtigung der Streuung. Damit scheint mir der ganze Fragenkomplex der Resonanzabsorption einigermassen erschöpfend behandelt. Dabei enthalten die beiden Abschnitte II.2a und b in der Hauptsache mathematische Entwicklungen, die auch abgesehen von dem Uranproblem ein gewisses Interesse beanspruchen können, und ich möchte daher fragen, ob diese beiden Abschnitte unter Vermeidung jeder Bezugaufnahme auf das Uranproblem eventuell veröffentlicht werden können.

Der Abschnitt II.3 enthält eine kritische Erörterung der bisher vorliegenden experimentellen Ergebnisse über die für die Uranmaschine wichtigen Konstanten. Es zeigt sich, daß die in Teil I zu Grunde gelegten Werte dieser Konstanten zum Teil erheblich verändert werden müssen – was ja in Teil I auch schon vorgesehen war. Schließlich enthält der Abschnitt II.4 eine neue Berechnung der wichtigsten Daten der Uranmaschine auf Grund der neuen experimentellen Ergebnisse und der genaueren theoretischen Formeln; dabei wird auch ein Fehler verbessert, der in Teil I. Tabelle 1 unterlaufen war und auf den mich Herr *Bothe* aufmerksam
gemacht hatte. Die Ergebnisse dieses Abschnittes 4 zeigen, daß die Be|dingungen 1a
für die Herstellung der Uranmaschine in Teil I wohl etwas zu günstig beurteilt worden sind. Insbesondere ist es zweifelhaft geworden, ob die Uranmaschine mit reiner Kohle hergestellt werden könnte. Die bisher vorliegenden experimentellen Daten sind noch zu ungenau, um eine endgültige Entscheidung hierüber zu treffen. Sonst ändert sich in den Angaben von Teil I nicht allzuviel.

II.2 Die Einfangung von Neutronen in Resonanzstellen 1b

a) Lösungen der absorbierenden Substanz in der verlangsamenden Substanz

Wir betrachten eine Lösung, in der N_i Atome der Masse M_i in der Volumeneinheit vorhanden sind, und fragen zunächst nach der Verteilung der Neutronen im Geschwindigkeitraum, wenn pro sec Q Neutronen der Geschwindigkeit v_0 in den Raum entsandt werden. Nach dem Stoß eines Neutrons der Masse m und der Energie E mit einem Atom der Masse M_i nimmt die Energie des Neutrons mit gleicher Wahrscheinlichkeit jeden Wert zwischen E und $E[(M_i-m)/(M_i+m)]^2$ an. Wir setzen

$$\left(\frac{M_i-m}{M_i+m}\right)^2 = 1-\alpha_i \ ; \tag{1}$$

ferner führen wir ein

$$\gamma_i = N_i\,\sigma_i(v) \ , \tag{2}$$

wobei σ_i die Wirkungsquerschnitte für den elastischen Stoß des Neutrons mit den Atomen N_i bedeuten. Die Verhältnisse der σ_i und damit der γ_i sollen von v unabhängig sein. Für die Anzahl $N(v)\,dv$ der Neutronen mit der Geschwindigkeit zwischen v und $v+dv$ erhält man dann die Integralgleichung

$$v\,N(v)\sum\gamma_i = Q\,\delta(v-v_0)+\sum\frac{2v}{\alpha_i}\int\limits_v^{v/\sqrt{1-\alpha_i}} N(v')\,\gamma_i(v')\frac{dv'}{v'} \ . \tag{3}$$

Hierin bedeutet $\delta(v-v_0)$ die Diracsche δ-Funktion; das Glied $Q\delta(v-v_0)$ stellt die von der Neutronenquelle gelieferten Teilchen dar. Wir führen nun als neue Variable ein $u = \lg v/v_0$ und setzen

$$\beta_i = 1/2\lg(1-\alpha_i) \ ; \tag{4}$$

dann wird

$$N(u)\sum\gamma_i(u) = \frac{Q}{v_0^2}\delta(u)+\sum\frac{2}{\alpha_i}\int\limits_u^{u+\beta_i} N(u')\gamma_i(u')\,du' \ . \tag{5}$$

Diese Gleichung kann durch eine Laplacetransformation gelöst werden. Wir setzen

$$N(u)\sum\gamma_i(u) = \int\limits_{-\infty}^{+\infty} e^{2\pi i u x} f(x)\,dx \tag{6}$$

und benutzen

2 $\delta(u) = \int\limits_{-\infty}^{+\infty} e^{2\pi i u x}\,dx$, schreiben ferner

$$\gamma_i/\sum\gamma_i = g_i \ . \tag{7}$$

Dann wird aus der Integralgleichung (5):

$$f(x) = \frac{Q}{v_0^2}+\sum\frac{2}{\alpha_i}\,\frac{g_i}{2\pi i x}\left(e^{2\pi i\beta_i x}-1\right)f(x) \ , \quad \text{also} \tag{8}$$

$$N(u) \sum_i \gamma_i(u) = \frac{Q}{v_0^2} \int_{-\infty}^{\infty} dx \frac{\pi i x \, e^{2\pi i x u}}{\pi i x - \sum_i (g_i/\alpha_i)(e^{2\pi i \beta_i x} - 1)} . \tag{9}$$

Der Integrationsweg wird durch die Forderung bestimmt, daß $N(u)$ verschwinden muß für $u > 0$. Dies bedeutet, daß in der komplexen x-Ebene die Integration oberhalb sämtlicher singulärer Punkte des Integranden geführt werden muß. In (9) kann man auch den singulären Teil, der von der Neutronenquelle herrührt, abtrennen und erhält so

$$N(u) \sum_i \gamma_i(u) = \frac{Q}{v_0^2} \delta(u) + \frac{Q}{v_0^2} \int_{-\infty}^{+\infty} dx \, e^{2ixu} \left\{ \frac{\sum (g_i/\alpha_i)(e^{2\pi\beta_i x} - 1)}{\pi i x - \sum (g_i/\alpha_i)(e^{2\pi i \beta_i x} - 1)} \right\} . \tag{10}$$

Der Nenner das Integranden in (9) und (10) hat eine Nullstelle bei $x = i/\pi$ und eine weitere bei $x = 0$. Alle übrigen Nullstellen (es gibt unendlich viele) liegen unterder reellen Achse und symmetrisch um die imaginäre Achse (Fig. 1).

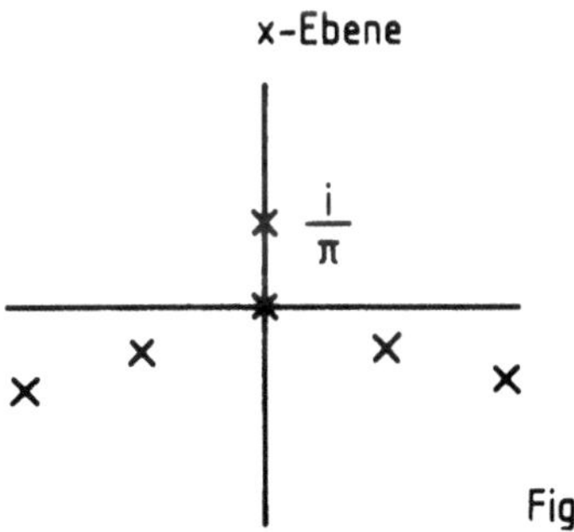

Fig. 1

Aus der Darstellung (10) läßt sich das asymptotische Verhalten von $N(u)$ für große negative u, d. h. kleine Geschwindigkeiten leicht ermitteln. Man deformiert dazu den Integrationsweg so, daß er in einen Kreis um die Singularität $x = i/\pi$
herum und | einen Weg längs der reellen Achse zerfällt. Der weitaus größte Bei- 3
trag zu (10) stammt dann für große negative u von der Integration um den Punkt i/π. Dieser ergibt

$$N(u) \sum_i \gamma_i(u) = \frac{Q}{v_0^2} \frac{2 e^{-2u}}{1 - \sum_i 2 g_i \beta_i (1 - \alpha_i)/\alpha_i}$$

$$= \frac{2Q}{v^2 [1 + \sum_i (g_i (1 - \alpha_i)/\alpha_i) \lg (1 - \alpha_i)]} . \tag{11}$$

Oder

$$N(v) = \frac{2Q}{v^2 \sum_i \gamma_i [1 + (1 - \alpha_i)/\alpha_i) \lg (1 - \alpha_i)]} . \tag{12}$$

Die Verteilung der Neutronen folgt also bei kleinen Geschwindigkeiten wieder dem Gesetz const.$/v^2$; für die Wirkung der verschiedenen Massen ist der Faktor $(1+(1-\alpha_i)/\alpha_i)\lg(1-\alpha_i)$ im Nenner charakteristisch. Die Verteilung in der Nähe von v_0 läßt sich nur qualitativ angeben. Wenn es nur eine Atomsorte in der Lösung gibt, für die $\alpha < 1$ ist, so ist sie etwa durch die Fig. 2 dargestellt:

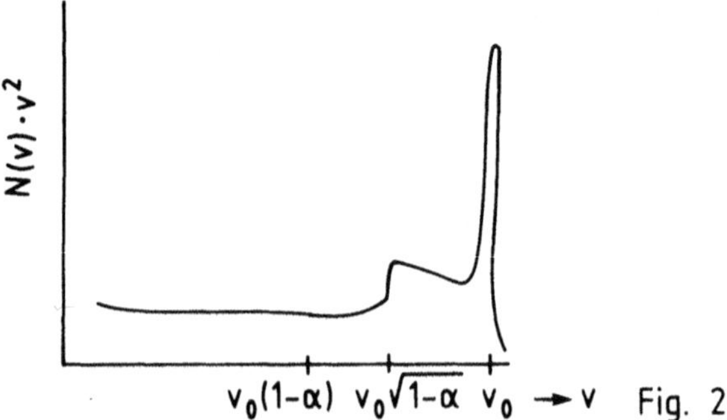

Fig. 2

Die Funktion verhält sich bei v_0 wie eine δ-Funktion; bei $v_0\sqrt{1-\alpha}$ ist sie endlich, aber unstetig; bei $v_0(1-\alpha)$ ist sie stetig, aber der 1. Differentialquotient unstetig usw.

Nach dieser Vorbereitung gehen wir zur Frage der Absorption der Neutronen in der Resonanzstelle $v = v_r$ einer Atomsorte über, von der N_{U} Atome in der Volumeneinheit vorhanden sind und bei der der Wirkungsquerschnitt für Einfangung in der Umgebung der Resonanzstelle durch die Formel

$$\sigma_{\mathrm{U}} = \sigma_r \frac{(\Gamma_r/2)^2}{(E-E_r)^2+(\Gamma_r/2)^2} \qquad (13)$$

4 gegeben ist. Führt man wieder die neue Variable $u = \lg(v/v_r)$ ein, so kann man setzen $E = E_r e^{2u}$ und erhält in hinreichender Näherung:

$$\sigma_{\mathrm{U}} = \sigma_r \left(\frac{\Gamma_r}{4E_r}\right)^2 \frac{1}{u^2+(\Gamma_r/4E_r)^2} \; . \qquad (14)$$

Für die folgenden Rechnungen soll angenommen werden, daß die Konzentration der absorbierenden Atome so groß ist, daß die Äquivalenzbreite der Linie groß ist gegen Γ_r; dann kann man auch einfach setzen

$$\sigma_{\mathrm{U}} = \sigma_r \left(\frac{\Gamma_r}{4E_r}\right)^2 \frac{1}{u^2} \; . \qquad (15)$$

Wir führen noch die Bezeichnung ein

$$N_{\mathrm{U}}\,\sigma_r \left(\frac{\Gamma_r}{4E_r}\right) = \gamma_{\mathrm{U}} \; . \qquad (16)$$

Wenn man annimmt, daß die Erzeugung der Neutronen bei sehr hohen Geschwindigkeiten stattgefunden hat, so kann man im Gebiet der Resonanzlinie Gl. (5) durch die Gleichung

$$N(u)\left(\sum \gamma_i + \frac{\gamma_u}{u^2}\right) = \sum \frac{2}{\alpha_i} \int_u^{u+\beta_i} N(u')\,\gamma_i(u')\,du' \tag{17}$$

ersetzen. Da $N(u)$ in weitem Abstand von der Resonanzlinie wie e^{-2u} variiert, setzen wir

$$N(u) = y(u)\,e^{-2u} \;, \tag{18}$$

ferner differenzieren wir (17) nach u und erhalten

$$\begin{aligned} &-2y\,e^{-2u}\left[\sum \gamma_i + \frac{\gamma_U}{u^2}\right] + e^{-2u}\frac{d}{du}\left[y\left(\sum \gamma_i + \frac{\gamma_U}{u^2}\right)\right] \\ &\quad = \sum \frac{2}{\alpha_i}\left[y\gamma_i(u+\beta_i)\,e^{-2u-2\beta_i} - y\gamma_i\,e^{-2u}\right] \;, \end{aligned} \tag{19}$$

oder nach (4)

$$\frac{d}{du}\left[\left(y \sum \gamma_i + \frac{\gamma_U}{u^2}\right)\right] = \sum \frac{2(1-\alpha_i)}{\alpha_i}\left[y\gamma_i(u_i+\beta_i) - y\gamma_i(u)\right] \;. \tag{20}$$

Die Größe $y \sum \gamma_i$ muß sowohl für sehr große positive wie für sehr große negative u konstant werden. Wir setzen nun auch die γ_i im ganzen Gebiet konstant, d. h. wir nehmen an, daß die γ_i in der näheren Umgebung | der Resonanzstelle nicht 5
stark variieren. Die Differenz

$$y_{+\infty} - y_{-\infty} = \Delta y$$

gibt ein Maß für die gesamte absorbierte Neutronenmenge. Durch Integration von (20) von $-\infty$ bis $+\infty$ erhält man sofort

$$\Delta y \sum \gamma_i = \sum \frac{2(1-\alpha_i)}{\alpha_i}\,\beta_i\,\Delta y + 2\int_{-\infty}^{+\infty} y(\gamma_U/u^2)\,du \;, \quad \text{also} \tag{21}$$

$$\Delta y = \frac{2\int_{-\infty}^{+\infty} y(\gamma_u/u^2)\,du}{\sum \gamma_i\left[+1\left((1-\alpha_i)/\alpha_i\right)\lg(1-\alpha_i)\right]} \;. \tag{22}$$

Aus Gl. (20) geht sofort hervor, daß in vielen Fällen die Größe $y(\sum \gamma_i + \gamma_U/u^2)$ im kritischen Gebiet $u \sim 0$ nur relativ geringe Änderungen durchmacht, da die rechte Seite klein bleibt und das kritische Gebiet relativ eng ist. Dies gilt dann, wenn die gesamte Neutronenabsorption gering ist und wenn die α_i nicht zu klein sind. In diesem Falle kann man also im kritischen Gebiet in erster Näherung

$$y\left(\sum \gamma_i + \gamma_U/u^2\right) = y_{+\infty} \sum \gamma_i \qquad \text{und} \tag{23}$$

$$\int_{-\infty}^{+\infty} y \frac{\gamma_U}{u^2} du = y_{+\infty} \pi \sqrt{\gamma_U \sum \gamma_i} \tag{24}$$

setzen. Man erhält schließlich nach (16)

$$w_r = \frac{\Delta y}{y_{+\infty}} = \frac{2\pi \sqrt{\gamma_U \sum \gamma_i}}{\sum \gamma_i [1 + ((1-\alpha_i)/\alpha_i) \lg (1-\alpha_i)]}$$

$$= \frac{\pi}{2} \frac{\Gamma_r}{E_r} \frac{\sqrt{N_U \sigma_r \sum \gamma_i}}{\sum \gamma_i [1 + ((1-\alpha_i)/\alpha_i) \lg (1-\alpha_i)]} . \tag{25}$$

Wenn eine Größe α_i und damit auch β_i klein wird gegen die Äquivalenzbreite der Linie, also nach (24) klein gegen $\pi \sqrt{\gamma_U / \sum \gamma_i}$, so wird das betreffende Glied auf der rechten Seite von (20) groß. Es kann dann $y\, \gamma_i (u + \beta_i)$ in eine Reihe nach β_i entwickelt werden und wegen (4) gilt näherungsweise

$$\frac{2(1-\alpha_i)}{\alpha_i} [y\, \gamma_i (u+\beta_i) - y\, \gamma_i (u)] = \frac{d}{du} (y\, \gamma_i) \frac{2(1-\alpha_i)}{\alpha_i} \beta_i . \tag{26}$$

Man kann dieses Glied dann auf die linke Seite herübernehmen, und die Gl. (24) bleibt zu Recht bestehen, wenn man in der $\sum \gamma_i$ das eine Glied γ_i, das zu dem klei-
6 nen γ_i gehört, mit $1 + ((1-\alpha_i)/\alpha_i) \lg (1-\alpha_i)$ multi|pliziert.

Allgemein gilt also

$$w = \frac{2\pi \sum_r \sqrt{\gamma_{Ur} \sum_i \gamma_i \varepsilon_{ir}}}{\sum_i \gamma_i [1 + ((1-\alpha_i)/\alpha_i) \lg (1-\alpha_i)]} , \tag{27}$$

wobei

$$\varepsilon_{ir} = \begin{cases} 1 & \text{für} \quad \beta_i \gg \pi \sqrt{\gamma_{Ur} / \sum_i \gamma_i \varepsilon_{ir}} \\ 1 + ((1-\alpha_i)/\alpha_i) \lg (1-\alpha_i) & \text{für} \quad \beta_i \ll \pi \sqrt{\sum \gamma_{Ur} / \sum_i \gamma_i \varepsilon_{ir}} \end{cases} .$$

Auch Gl. (27) gilt nur, wenn $w \ll 1$ ist. Für Werte von w von der Größenordnung 1 kann man wohl die Anlehnung an die Resultate, die *Flügge* bei der Absorption in Wasserstoff gefunden hat, in guter Näherung setzen:

$$1 - w = \exp \left(- \frac{2\pi \sum_r \sqrt{\gamma_{Ur} \sum_i \gamma_i \varepsilon_{ir}}}{\sum_i \gamma_i [1 + ((1-\alpha_i)/\alpha_i) \lg (1-\alpha_i)]} \right) . \tag{28}$$

Diese Formel wird in allen weiteren Rechnungen über die Resonanzabsorption benutzt werden. Wenn man sich nicht nur für die Gesamtzahl der Neutronen, sondern auch für ihre Energieverteilung interessiert, so geht man zweckmäßig von Gl. (17) aus, die man in der Form:

$$N(u) \sum_i \gamma_i = -N(u) \frac{\gamma_U}{u^2} + \sum_i \frac{2}{\alpha_i} \int_u^{u+\beta_i} N(u')(u') du' \tag{29}$$

schreiben kann. Der Vergleich mit (5) lehrt, daß hier das Glied $-N(u)(\gamma_U/u^2)$

gewissermaßen eine negative Neutronenquelle darstellt, die dann auch nach (12) zu einer Absorption nach Formel (22) führt. Der allgemeine Verlauf der Neutronenzahl $N(v)$ ist daher auch für eine einzige Atomsorte $N_i(v)$ in Analogie zu Fig. 2 qualitativ in Fig. 3 dargestellt.

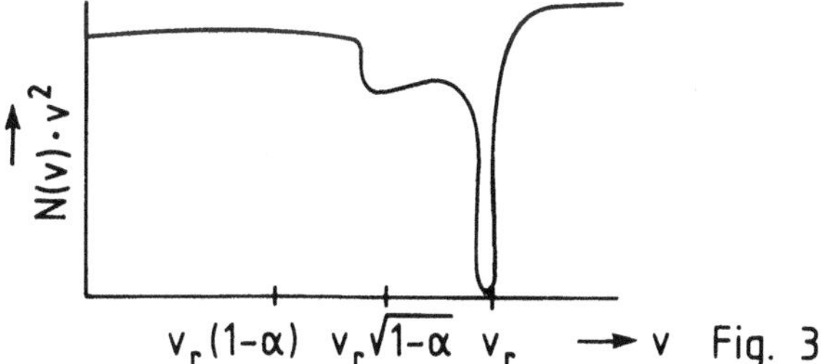

Fig. 3

Man erkennt aus der Figur, daß die Gesamtabsorption *nicht* einfach durch die 7
Differenz von $N(v)$ rechts und links von der Resonanzstelle bestimmt ist. Diese Differenz ist von *Flügge* im Teil II seiner Untersuchungen berechnet und irrtümlich der Gesamtabsorption gleichgesetzt worden.

Wir vergleichen nun das Ergebnis (27) und (28) mit der Abschätzung von Teil I, Abschn. 2a. Dort wurde in Gl. (6) für w im Fall einer einzelnen bremsenden Substanz die Formel

$$w = \frac{1}{-\lg\delta}\,\frac{\pi\Gamma_r}{2E_r}\sqrt{\frac{\sigma_r N_{\mathrm{U}}}{\sigma N}}$$

angegeben. Der Vergleich mit der genauen Formel (27) zeigt (für eine einzige Substanz muß wegen $w \ll 1$ stets $\varepsilon = 1$ sein), daß die Größe $-\lg\delta$ im Teil I in der genaueren Theorie durch $1 + ((1-\alpha_i)/\alpha_i)\lg(1-\alpha)$ zu ersetzen ist. Im Grenzfall großer Massen ($\alpha \ll 1$) stimmen die beiden Ausdrücke überein, da $\delta = 1-(\alpha/2)$ ist:

$$-\lg\delta \underset{\alpha\ll 1}{=} -\lg\left(1-\frac{\alpha}{2}\right) \approx \frac{\alpha}{2} \approx 1 + \frac{1-\alpha}{\alpha}\lg(1-\alpha)\ . \tag{30}$$

Im entgegengesetzten Grenzfall $\alpha = 1$, d.h. bei der Verlangsamung der Neutronen im Wasserstoff, unterscheiden sich die beiden Ausdrücke, wie lg 2 und 1, also etwa 30%, wie schon *Flügge* in Teil I angegeben hat. Die Abweichung der früheren Näherungsformel von der exakten Formel ist also nicht sehr groß, doch muß sie berücksichtigt werden. Ferner hat *Flügge* mit Recht darauf aufmerksam gemacht, daß der Beitrag der Sauerstoffatome zur Bremsung in H_2O und insbesondere D_2O nicht vernachlässigt werden darf. Die Formel (27) zeigt in der Tat, daß die Größe w in D_2O um etwa 20% höher wird als sich bei der Vernachlässigung von O ergeben würde (w = Wahrscheinlichkeit, daß ein schnelles Neutron im U^{238} durch Resonanz eingefangen wird, bevor es thermische Energie erreicht).

8 **b) Ebene Platten uranhaltiger Substanz in einem zur Neutronenverlangsamung dienenden Medium**

Wir betrachten eine unendlich ausgedehnte Platte der Dicke d aus einer Mischung von U mit anderen Substanzen. Die Platte sei eingebettet in ein Medium, das selbst wieder aus verschiedenen Atomsorten gemischt ist. Die Neutronenquelle sei gleichmäßig über den Raum verteilt und soll Neutronen so hoher Energie liefern, daß sie in der Gegend der Resonanzstelle von Uran bereits eine gleichförmige Neutronenverteilung nach dem Gesetz const$/v^2$ eingestellt hat, die dann durch die Resonanzstelle gestört wird. Die streuenden Substanzen teilen wir in zwei Gruppen a und b ein. Zur Gruppe a gehören die leichteren Atome, die bei einem Stoß einem Neutron in der Gegend der Resonanzenergie im Mittel sehr viel mehr Energie entziehen, als die effektive Breite der Resonanzlinie beträgt (die ihrerseits wieder von d abhängt); zur Gruppe b gehören die schwereren Atome, die einem Neutron beim Stoß sehr viel weniger Energie entziehen als die effektive Breite der Resonanzlinie beträgt. Atome, bei denen keine der beiden Voraussetzungen erfüllt ist, sollen nicht vorkommen. Die effektive Breite der Resonanzlinie soll auf jeden Fall sehr klein gegen die Resonanzenergie selbst sein.

Der Raum in der Platte werde als Gebiet 1, der Raum außerhalb als Gebiet 2 bezeichnet. Die Platte soll senkrecht zur z-Achse stehen. Dann wird die Neutronenverteilung vom Absolutbetrag der Geschwindigkeit, der z-Koordinate und vom Winkel der Geschwindigkeit relativ zur z-Achse abhängen.

$$N(v, \zeta, z)\, dv\, d\zeta\, dz \tag{1}$$

sei die Anzahl der Neutronen pro cm^3 zwischen z und $z+dz$, mit einer Geschwindigkeit zwischen v und $v+dv$ und einem Winkel zur z-Achse, dessen Cosinus zwi-
9 schen ζ und $\zeta+d\zeta$ liegt. Wie in [Abschn.] II.2a, Gl. (2) | führen wir die Produkte aus Wirkungsquerschnitt und Atomzahl ein:

$$\gamma_i = N_i \cdot \sigma_i \tag{2}$$

und setzen wieder, wie in [Abschn.] II.2a, Gln. (15) und (16):

$$N_{\mathrm{U}} \cdot \sigma_{\mathrm{U}} = \gamma_{\mathrm{U}}/u^2\ , \tag{3}$$

wobei $u = \lg v/v_0$; schließlich sei $M_i/(M_i+m) = \eta_i$, also

$$4\,\eta_i(1-\eta_i) = \alpha_i/2\ . \tag{4}$$

Dann ergibt sich für die Neutronenverteilung die folgende Integralgleichung (im Gebiet 2 ist dabei $\gamma_{\mathrm{U}} = 0$):

$$\zeta \frac{\partial N}{\partial z} + \left(\sum_i \gamma_i + \frac{\gamma_{\mathrm{U}}}{u^2} \right) N = \sum_i \frac{v}{\pi \eta_i} \int \frac{N(v', \zeta', z)\gamma_i d\zeta'\, dv'}{Z_i}\ , \quad \text{wobei} \tag{5}$$

$$Z_i = \{(v'^2 - v^2)[v^2 - (1-2\eta_i)^2 v'^2] - 4(1-\eta_i^2)\, v^2 v'^2 (\zeta^2 + \zeta'^2) + 4\zeta\zeta'(1-\eta_i)\, v v' [v'^2(1-2\eta_i) + v^2]\}^{1/2}\ . \tag{6}$$

Die Integrationsgrenzen in (5) ergeben sich aus dem Realitätsbereich von Z_i. Man kann sich leicht durch Einsetzen davon überzeugen, daß für $\gamma_U = 0$ die Gl. (5) durch den Ansatz $N = \text{const}/v^2$ gelöst wird.

Wir nehmen nun in (5) zunächst die Einteilung in die beiden Atomsorten a und b vor. Für die Atome der Gruppe b kann $1 - \eta_i \ll 1$, d. h. $\eta_i \sim 1$ angenommen werden. Unter dieser Voraussetzung und unter der Annahme, daß $N(v', \zeta', z)$ nicht zu schnell mit v' variiert, kann auf der rechten Seite von (5) die Integration über v' ausgeführt werden, da ja v' stets in der Nachbarschaft von v bleibt. Man erhält so:

$$\zeta \frac{\partial N}{\partial z} + \left(\sum_i \gamma_i + \frac{\gamma_U}{u^2} \right) N = \frac{1}{2} \sum_b \gamma_i \int_0^1 N(v, z, \zeta') d\zeta' + \sum_a \frac{v \gamma_i}{\pi \eta_i} \int \frac{N(v', \zeta', z) dv' d\zeta'}{Z_i} . \tag{7}$$

Wir interessieren uns nun für die Werte von N in unmittelbarer Nähe der Resonanzstelle $v = v_r$. In diesem Gebiet wird N sehr stark variieren; jedoch werden sich die unter $\sum_a$ vorkommenden Integrale dort nur wenig ändern, da sie sich über einen Geschwindigkeitsbereich erstrecken, der sehr groß ist verglichen mit der effektiven Breite der Resonanzlinie. Wir können diese Integrale also als näherungsweise |konstant ansehen und erhalten für N in der unmittelbaren Umgebung der Resonanzstelle die einfachere Integralgleichung

$$\zeta \frac{\partial N}{\partial z} + \left(\sum_i \gamma_i + \frac{\gamma_U}{u^2} \right) N = \frac{1}{2} \sum_b \gamma_i \int_{-1}^{+1} N(v, z, \zeta') d\zeta' + N_0 \sum_a \gamma_i , \tag{8}$$

wobei N_0 die Anzahl $N(v, z, \zeta)$ dicht oberhalb der Resonanzstelle bezeichnet.

Eine partikuläre Lösung von (8) lautet:

$$N = N_0 \sum \gamma_i \Big/ \left(\sum_i \gamma_i + \frac{\gamma_U}{u^2} \right) . \tag{9}$$

Um die allgemeinste Lösung zu erhalten, müssen wir hierzu die allgemeinste Lösung der homogenen Integralgleichung

$$\zeta \frac{\partial N}{\partial z} + \left(\sum_i \gamma_i + \frac{\gamma_U}{u^2} \right) N = \frac{1}{2} \sum_b \gamma_i \int_{-1}^{+1} N(v, z, d') d\zeta' \tag{10}$$

addieren. Wenn Atome der Sorte b nicht vorkommen, so entsteht aus (10) eine einfache Differentialgleichung, deren Lösung sofort ausgeschrieben werden kann. Wenn von der elastischen Streuung an den U-Atomen selbst abgesehen werden könnte, so müßten für nicht zu dicke Platten tatsächlich alle anderen Atome (H, D, O) zur Gruppe a gerechnet werden; die weiteren Rechnungen lassen sich in diesem Fall streng durchführen:

Fall 1: $\gamma_{ib} = 0$. Aus (10) wird jetzt

$$\zeta \frac{\partial N}{\partial z} + \left(\sum_i \gamma_i + \frac{\gamma_U}{u^2} \right) N = 0 , \tag{11}$$

$$N = f(\zeta, u)\exp[-(\textstyle\sum_a \gamma_i + \gamma_U/u^2)z/\zeta] \ . \tag{12}$$

Zur Herstellung der vollständigen Lösung müssen die Grenzbedingungen an der Grenze zwischen Gebiet 1 und Gebiet 2 berücksichtigt werden; die Grenzen sollen bei $+d/2$ und $-d/2$ liegen. Die Verteilung muß dann symmetrisch um $z = 0$ sein,
11 d.h. bei gleichzeitigem Vorzeichen|wechsel von z und ζ muß $N(v, z, d)$ unverändert bleiben. Die auf die verschiedenen Gebiete bezogenen Größen unterscheiden wir durch die Indizes 1 und 2. Dann gilt an der Grenze $+d/2$:

$$N_1(d/2, \zeta) = N_2(d/2, \zeta)$$

oder

$$N_0 \frac{\sum_a \gamma_i^{(1)}}{\sum_a \gamma_i^{(1)} + (\gamma_U/u^2)} + f_1(u, \zeta)\exp\left[-\left(\sum_a \gamma_i^{(1)} + \frac{\gamma_U}{u^2}\right)\frac{d}{2\zeta}\right]$$

$$= N_0 + f_2(u, \zeta)\exp\left[-\sum \gamma_i^{(2)} \frac{d}{2\zeta}\right] \ . \tag{13}$$

Damit für große z N in N_0 übergeht, was aus physikalischen Gründen gefordert werden muß, folgt, daß für $z \geq d/2$

$$f_2(u, \zeta) = 0 \quad \text{für} \quad \zeta < 0 \ . \tag{14}$$

Daraus ergibt sich

$$f_1(u, d) = N_0 \frac{\gamma_U}{u^2 \sum_a \gamma_i^{(1)} + \gamma_U} \exp\left[\left(\sum_a \gamma_i^{(1)} + \frac{\gamma_U}{u^2}\right)\frac{d}{2\zeta}\right] \quad \text{für} \quad \zeta < 0 \ . \tag{15}$$

Aus Symmetriegründen folgt daraus für beliebige ζ:

$$f_1(u, \zeta) = N_0 \frac{\gamma_U}{u_2 \sum_a \gamma_i^{(1)} + \gamma_U} \exp\left[-\left(\sum_a \gamma_i^{(1)} + \frac{\gamma_U}{u^2}\right)\frac{d}{2|\zeta|}\right] \tag{16}$$

und schließlich

$$N_1(z, \zeta, u) = N_0 \left\{ \frac{\sum_a \gamma_i^{(1)}}{\sum_a \gamma_i^{(1)} + \gamma_U/u^2} + \frac{\gamma_U}{u^2 \sum_a \gamma_i^{(1)} + \gamma_U} \right.$$

$$\left. \cdot \exp\left[-\left(\sum_a \gamma_i^{(1)} + \frac{\gamma_U}{u^2}\right)\left(\frac{2}{\zeta} + \frac{d}{2|\zeta|}\right)\right]\right\} \ . \tag{17}$$

Die Gesamtzahl aller pro sec absorbierten Neutronen erhält man, wenn man N_1 mit $v_r(\gamma_U/u^2)$ multipliziert und über ζ, z und u integriert; dabei kann in u von $-\infty$ bis $+\infty$ integriert werden:

$$n_{\text{abs}} = \int_{-d/2}^{+d/2} dz \int_{-1}^{+1} d\zeta \int_{-\infty}^{+\infty} \frac{du}{u^2} \gamma_U v_r^2 N_1 \ . \tag{18}$$

Setzt man $d\sum_a \gamma_i^{(1)} = a$ und benützt die Bezeichnung

$$\Phi(x) = \frac{2}{\sqrt{\pi}} \int_0^x e^{-t^2}\, dt \,, \tag{19}$$

so ergibt sich nach einer längeren Rechnung:

$$\begin{aligned} n_{\text{abs}} = N_0 v_r^2 \sqrt{\gamma_{\text{U}} d} \Bigg\{ & \pi \sqrt{a} + \sqrt{\pi} \left(\frac{5}{3} + \frac{2}{3} a \right) e^{-a} \\ & + \frac{\pi}{2\sqrt{a}} \left[\Phi(\sqrt{a}) - 4a \left(1 + \frac{a}{3} \right) (1 - \Phi(\sqrt{a})) \right] \Bigg\} \,. \end{aligned} \tag{20}$$

Um die Wahrscheinlichkeit w der Einfangung zu berechnen, müssen wir aber 12
noch durch die Anzahl der pro sec emittierten Neutronen dividieren. Diese Wahrscheinlichkeit verschwindet, wenn nur eine Platte in einem unendlich großen Gebiet 2 vorhanden ist. Wir nehmen daher jetzt an, daß das Gebiet 2 nur die Ausdehnung l habe, d. h. daß der Abstand zwischen zwei aufeinanderfolgenden Platten in der Uranmaschine l sei., Dabei soll $l \gg (1/\sum \gamma_i^{(2)})$, d. h. groß gegen die mittlere freie Weglänge sein. dann ist nach [Abschn.] II.2a, Gl. (12) die Anzahl der pro sec und cm^2 in der Platte und im Gebiet 2 von der Ausdehnung l emittierten Neutronen:

$$\begin{aligned} & N_0 v_r^2 \sum_i \gamma_i^{(1)} [1 + ((1-\alpha_i)/\alpha_i) \lg(1-\alpha_i)]\, d \\ & \quad + N_0 v_r^2 \sum \gamma_i^{(2)} [1 + ((1-\alpha_i)/\alpha_i) \lg(1-\alpha_i)]\, l \,. \end{aligned} \tag{21}$$

Schließlich folgt:

$$w = \frac{\sum_r \sqrt{\gamma_{\text{U}_r} d} \{ \pi \sqrt{a} + \sqrt{\pi} (\frac{5}{3} + \frac{2}{3} a) e^{-a} + \pi/2 \sqrt{a} [\Phi(\sqrt{a}) - 4a(1 + (a/3))(1 - \Phi(\sqrt{a}))] \}}{\sum_i \gamma_i^{(1)} [1 + ((1-\alpha_i)/\alpha_i) \lg(1-\alpha_i)]\, d + \sum_i \gamma_i^{(2)} [1 + ((1-\alpha_i)/\alpha_i) \lg(1-\alpha_i)]\, l} \,. \tag{22}$$

Im Grenzfall $a = 0$ kann Gl. (22) mit den entsprechenden Resultaten von Teil I, Gln. (15), (60) und (61) verglichen werden. Der Vergleich zeigt, daß die Formeln von Teil I in die exakte Formel (22) übergehen, wenn man wieder, wie in [Abschn.] II.2a $-(\lg \delta)/\lambda$ durch den Ausdruck $\sum_i \gamma_i [1 + ((1-\alpha_i)/\alpha_i) \lg(1-\alpha_i)]$ ersetzt.

Leider kann Gl. (22) praktisch nicht ohne weiteres angewendet werden, da die elastische Streuung der Neutronen an den Uranatomen eventuell eine erhebliche Rolle spielt, also auch Atome der Gruppe b vorkommen. Wir gehen daher zu Behandlung des Falles 2 über:

Fall 2: $\gamma_{ib} = 0$. Hier muß die Integralgleichung (10) unter den durch das physika-
lische Problem vorgesehenen Randbedingungen gelöst werden. Die | Integral- 13
gleichung (10) ist ausführlich in der Literatur behandelt worden durch *G. Wick*: Lincei Rend. **23**, 775, 1936 und *O. Halpern, R. Lueneburg* und *O. Clark*: Phys.

Rev. **53**, 173, 1938. Die dort gewonnenen Lösungsmethoden sind jedoch zu schwerfällig für die weitere Rechnung. Wir begnügen uns daher mit einer Näherungsmethode, die *E. Fermi*, Ric. Scient. II, 1936 angegeben hat. *Fermi* bemerkt, daß die Diffusion von Neutronen in dem durch (10) dargestellten Problem ähnlich abläuft, wie die Diffusion von Neutronen, die sich nur auf einer Linie bewegen können, wobei man in letzterem Fall (der gewissermaßen die Projektion der drei-dimensionalen Bewegung auf die z-Achse darstellt) die freien Weglängen um den Faktor $\sqrt{3}$ reduzieren muß. Statt der verschiedenen Winkel ζ unterscheidet man also nur $N(v, z, +1) = N_+$ und $N(v, z, -1) = N_-$ und ersetzt die Integralgleichung (10) durch

$$\pm\frac{\partial N_\pm}{\partial z} + \left(\sum_i \gamma_i' + \frac{\gamma_U'}{u^2}\right) N_\pm = \frac{1}{2} \sum_b \gamma_i' (N_+ + N_-) \; , \tag{23}$$

wobei $\gamma_i' = \sqrt{3}\,\gamma_i$, $\gamma_U' = \sqrt{3}\,\gamma_U$ gesetzt ist. Wir benützen weiter die Abkürzungen

$$\sum_a \gamma_i' + \frac{\gamma_U'}{u^2} = A \; , \qquad \sum_b \gamma_i' = B \; . \tag{24}$$

Es sind dann die beiden simultanen Differentialgleichungen

$$\begin{aligned} \frac{\partial N_+}{\partial z} + \left(A + \frac{B}{2}\right) N_+ - \frac{B}{2} N_- &= 0 \; , \\ -\frac{\partial N_-}{\partial z} + \left(A + \frac{B}{2}\right) N_- - \frac{B}{2} N_+ &= 0 \end{aligned} \tag{25}$$

zu lösen. Die Lösung lautet

$$N_+ = C_+ \mathrm{e}^{\alpha z} \; , \qquad N_- = C_- \mathrm{e}^{\alpha z} \; , \qquad \text{wobei}$$

$$\begin{vmatrix} \alpha + A + \dfrac{B}{2} & -\dfrac{B}{2} \\ -\dfrac{B}{2} & -\alpha + A + \dfrac{B}{2} \end{vmatrix} = 0 \; , \quad \text{d.h.} \quad \alpha^2 = A(A+B) \quad \text{und} \tag{26}$$

$$\frac{C_+}{C_-} = \frac{B/2}{\alpha + A + (B/2)} = \frac{-\alpha + A + (B/2)}{B/2} \; . \tag{27}$$

14 Im Gebiet 1 muß die Lösung symmetrisch um den Punkt $z = 0$ sein. Sie lautet dann

$$\begin{aligned} N_+ &= C\left[\frac{B}{2}\mathrm{e}^{+|\alpha| z} + \left(|\alpha| + A + \frac{B}{2}\right)\mathrm{e}^{-|\alpha| z}\right] , \\ N_- &= C\left[\left(|\alpha| + A + \frac{B}{2}\right)\mathrm{e}^{+|\alpha| z} + \frac{B}{2}\mathrm{e}^{-|\alpha| z}\right] . \end{aligned} \tag{28}$$

Im Gebiet 2 jedoch ist für $z \geqslant d/2$ nur die Lösung mit negativem α zu brauchen, also

$$\begin{aligned} N_+ &= C\left(|\alpha|+A+\frac{B}{2}\right)\mathrm{e}^{-|\alpha|z}\,, \\ N_- &= C\,\frac{B}{2}\,\mathrm{e}^{-|\alpha|z}\,. \end{aligned} \tag{29}$$

Unter Einbeziehung der partikulären Lösung (9) erhalten wir daraus als Grenzbedingung an der Stelle $z = d/2$:

$$\begin{aligned} &N_0\frac{\sum_a \gamma_i^{(1)}}{\sum_a \gamma_i^{(1)}+(\gamma_{\mathrm{U}}/u^2)}+C_1\left[\frac{B_1}{2}\,\mathrm{e}^{|\alpha_1|d/2}+\left(|\alpha_1|+A_1+\frac{B_1}{2}\right)\mathrm{e}^{-|\alpha_1|d/2}\right] \\ &\quad = N_0+C_2\left(|\alpha_2|+A_2+\frac{B_2}{2}\right)\mathrm{e}^{-|\alpha_2|d/2}\,, \\ &N_0\frac{\sum_a \gamma_i^{(1)}}{\sum_a \gamma_i^{(1)}+(\gamma_{\mathrm{U}}/u^2)}+C_1\left[\left(|\alpha_1|+A_1+\frac{B_1}{2}\right)\mathrm{e}^{|\alpha_1|d/2}+\frac{B_1}{2}\,\mathrm{e}^{-|\alpha_1|d/2}\right] \\ &\quad = N_0+C_2\frac{B_2}{2}\,\mathrm{e}^{-|\alpha_2|d/2}\,. \end{aligned} \tag{30}$$

Schließlich folgt:

$$\begin{aligned} C_1\Bigg\{&\left[\left(|\alpha_1|+A_1+\frac{B_1}{2}\right)\left(|\alpha_2|+A_2+\frac{B_2}{2}\right)-\frac{B_1B_2}{4}\right]\mathrm{e}^{|\alpha_1|d/2} \\ &+\left[\frac{B_1}{2}\left(|\alpha_2|+A_2+\frac{B_2}{2}\right)-\frac{B_2}{2}\left(|\alpha_1|+A_1+\frac{B_1}{2}\right)\right]\mathrm{e}^{-|\alpha_1|d/2}\Bigg\} \\ &= N_0\frac{\gamma_{\mathrm{U}}}{u^2\sum_a \gamma_i^{(1)}+\gamma_{\mathrm{U}}}(|\alpha_2|+A_2)\,. \end{aligned} \tag{31}$$

Damit ist der Verlauf der Neutronendichte im Inneren der Platte abgeleitet; für ihre Gesamtzahl ergibt sich dann nach (18)

$$\int_{-d/2}^{+d/2} dz(N_+ + N_-) = \frac{2C_1}{|\alpha_1|}(|\alpha_1|+A_1+B_1)(\mathrm{e}^{|\alpha_1|d/2}-\mathrm{e}^{-|\alpha_1|d/2})\,. \tag{32}$$

Für die weitere Rechnung führen wir statt u zweckmäßigerweise die Variable t ein durch die Beziehung

$$u^2 = \gamma_{\mathrm{U}}\,d\sqrt{3}\,t^2\,. \tag{33}$$

Ferner setzen wir 15

$$d\sum_a \gamma_i^{(1)}\sqrt{3} = a\sqrt{3} = a' \ , \qquad d\sum_b \gamma_i^{(1)}\sqrt{3} = b\sqrt{3} = b' \ ,$$

$$\frac{B_2}{2(A_2+|\alpha_2|)} = \varepsilon \ . \tag{34}$$

Dann wird

$$A_1 d = 1/t^2 + a' \ ; \qquad B_1 d = b' \quad \text{und} \quad |\alpha_1| d = \eta/t^2 \ , \quad \text{wobei} \tag{35}$$

$$\eta = \sqrt{(1+a't^2)[1+(a'+b')t^2]} \ . \tag{36}$$

In diesen Variablen wird schließlich

$$n_{\text{abs}} = v_r^2 N_0 \sqrt{\frac{\gamma_U d}{3}} \int dt \left\{ \frac{a'}{1+a't^2} \right.$$
$$+ 2(a'+b'+(1+\eta)/t^2)(1-e^{-\eta/t^2})[\eta(1+a't^2)\{a'+(b'/2)+(1+\eta)/t^2$$
$$\left. + \varepsilon(a'+(1+\eta)/t^2) + [(b'/2) - \varepsilon(a'+(1+\eta)/t^2)]e^{-\eta/t^2}\}]^{-1} \right\} \ . \tag{37}$$

Im Grenzfall $a' = b' = \varepsilon = 0$ müßte sich das gleiche Resultat ergeben, wie aus Gl. (20), wenn man dort $a = 0$ setzt. Dies ist nun nicht genau der Fall, da die Gl. (27) wegen der Benützung der *Fermi*schen Approximation nur näherungsweise gültig ist. Es ergibt sich aus Gl. (20) für $a = 0$:

$$n_{\text{abs}} = 8 N_0 v_r^2 \sqrt{\gamma_U \pi d/3} \ , \tag{38}$$

dagegen aus Gl. (37) für $a' = b' = \varepsilon = 0$:

$$n_{\text{abs}} = 4 N_0 v_r^2 \sqrt{\gamma_U \pi d}/\sqrt[4]{3} \ .$$

Die *Fermi*sche Methode liefert also einen um etwa 10% zu hohen Wert. An diesem Ergebnis läßt sich die Genauigkeit der *Fermi*schen Methode gut beurteilen. Um im Grenzfall $a' = b' = \varepsilon = 0$ das richtige Resultat zu erhalten, erniedrigen wir das zweite Glied der rechten Seite von (37) um den betreffenden Betrag und erhalten als näherungsweise gültige Endformel:

16

$$n_{\text{abs}} = N_0 v_r^2 \sqrt{\gamma_U d} \int_{-\infty}^{+\infty} \frac{dt}{1+a't^2} \left\{ \frac{a'}{\sqrt[4]{3}} \right.$$
$$+ 4(a'+b'+(1+\eta)/t^2)(1-e^{-\eta/t^2})/3\,[\eta\{a'+(b'/2)+(1+\eta/t^2)$$
$$\left. + \varepsilon(a'+(1+\eta)/t^2) + [(b'/2) - \varepsilon(a'+(1+\eta)/t^2)]e^{-\eta/t^2}\}]^{-1} \right\} \ . \tag{39}$$

Die Berechnung von w erfolgt dann wie in Gl. (20) bis (22). Die Diskussion der physikalischen Bedeutung der Formeln (20) und (39) beginnen wir mit dem

Fall 1: $b = b' = 0$. Die Gleichung für n_{abs} enthält hier zwei Glieder. Das erste gibt die Absorption an, die dadurch zustande kommt, daß Neutronen in der Platte durch einen Stoß etwa mit einem O-Atom so weit verlangsamt werden, daß sie danach in einem U-Atom eingefangen werden. Dieses Glied stimmt daher überein mit dem Ausdruck für die Absorption in homogenen Lösungen: [Abschn.] II.2a, Gl. (24). Das zweite Glied in (20) oder (39) stellt die Absorption der Neutronen dar, die aus dem Gebiet 2 mit einer Energie in der Nähe der Resonanzenergie in die Platte eindringen. Dieses Glied wird mit wachsenden Werten von a' geringer, da die Streuung der Neutronen in der Platte einen Teil der Neutronen wieder aus der Platte austreten läßt; dadurch die Zunahme von a' wird naturgemäß das „Albedo" erhöht, also die Absorption verringert, trotz des größeren Weges, den manche Neutronen in der Platte zurücklegen müssen. Bei sehr dünnen Platten überwiegt der letztere Effekt den ersteren, d.h. die Absorption nimmt mit wachsender Streuung ab, bei größeren Dicken überwiegt jedoch das erste Glied, die Absorption nimmt dann mit wachsender Streuung zu.

Bei der Streuung ohne Verlangsamung (Fall 2: $a = 0$, $b \neq 0$) zeigt sich naturgemäß nur die zweite Wirkung, die Anzahl der absorbierten Neutronen nimmt mit wachsender Streuung ab. Allerdings wäre es unrichtig, aus diesem Ergebnis zu schließen, daß die Anwesenheit streuender Substanzen in der Platte für die praktische Verwendung in der Uranmaschine günstig sei. Denn diese Streuung wirkt sich im allgemeinen für die Absorption der *thermischen* Neutronen ungefähr ebenso ungünstig | aus, wie für die Resonanzneutronen; was also durch eine 17
Verkleinerung von w gewonnen werden kann, das wird nachher durch Verringerung der Anzahl der Spaltungsprozesse wieder verloren. Die Variation des zweiten Gliedes dürfte sich also gegen die entsprechenden Änderungen im thermischen Gebiet ungefähr kompensieren, und es kommt darauf an, das erste Glied in (20) und (39) möglichst klein zu machen. Es ist daher zweckmäßig, statt U_3O_8 stets metallisches Uran in den Platten zu verwenden.

Die numerische Auswertung der Formeln (20) und (39) zeigt, daß für U_3O_8-Platten einer Dicke bis zu etwa 3 cm der Einfluß der Bremsung und Streuung in der Platte gering ist. Für solche Platten bleiben also die Formeln von I, Gln. (15) bis (17) und (60) bis (62) in Gültigkeit, wenn der Ausdruck $-\lambda/\lg\delta$ durch $\{\sum_i \gamma_i [1 + ((1-\alpha_i)/\alpha_i)\lg(1-\alpha_i)]\}^{-1}$ ersetzt wird. Aus diesem Grunde kann man auch schließen, daß für die Zylinder des *Anderson-Fermi-Szilard*schen Experiments, deren Durchmesser 5 cm betrug, mit den Formeln von Teil I unter Berücksichtigung der genannten Änderung in guter Näherung gerechnet werden kann. Auch hier dürfte die Streuung und Bremsung in den Uranschichten nur eine geringe Rolle spielen. Für diesen wichtigsten Fall, in dem Streuung und Bremsung in der Uranschicht keine erhebliche Rolle spielen, soll die Formel für w noch einmal explizit angeschrieben werden. Aus den genannten Überlegungen in Teil I, in Übereinstimmung mit [Abschn.] II.2b, Gl. (38) folgt, daß die Anzahl der absorbierten Neutronen gegeben ist durch

$$n_{\text{abs.}} = \sum_r N_{0r} v_r^2 \sqrt{\gamma_{\text{U}r}\pi} \int df \, \overline{\sqrt{x}} \; . \tag{40}$$

Hierin ist das Integral zu erstrecken über die Oberfläche sämtlicher Uranstücke; $\overline{\sqrt{x}}$ bedeutet den Mittelwert aus der Quadratwurzel der von einem geradlinig

8 durchlaufenden Neutron im Uran zurückgelegten |Strecke. Bei dieser Mittelbildung ist zu berücksichtigen, daß die einfallenden Neutronen nach dem Cosinusgesetz verteilt sind. (Siehe Teil I): Bei der ebenen Platte ist $\overline{\sqrt{x}} = 4\sqrt{d}/3$. Bei einem unendlich langen Zylinder vom Durchmesser d ist für einen Punkt auf dem Zylindermantel $x = 0{,}95\ \sqrt{d}$. Die Anzahl der absorbierten Neutronen muß nun geteilt werden durch die Anzahl der emittierten. Das Gesamtvolumen sämtlicher U-Stücke (bzw. U_3O_8-Stücke) sei V_1, das den Neutronen zur Verfügung stehende Gebiet 2 sei V_2. Dann wird schließlich die Wahrscheinlichkeit für Einfangung der Neutronen

$$w = \sum_r \sqrt{\gamma_{\mathrm{U}_r}\pi} \int df\, \overline{\sqrt{x}}$$
$$\cdot \Big\{ V_1 \sum_i \gamma_i^{(1)} [1 + ((1+\alpha_i)/\alpha_i)\lg(1-\alpha_i)] + V_2 \sum_i \gamma_i^{(2)} [1 + ((1-\alpha_i)/\alpha_i)\lg(1-\alpha_i)] \Big\}^{-1} . \tag{41}$$

Diese Formel wird später für die Diskussion des *Anderson-Fermi-Szilard*schen Experiments verwendet.

Wenn die Streuung und Bremsung in den Uranschichten nicht vernachlässigt werden kann, so liegen einstweilen nur die Resultate für die ebenen Platten vor: Gln. (22) und (39). Im Falle $b = 0$, d.h. keine Streuung durch schwere Atome, kann das Resultat für kleine Werte von a, d.h. von $d \sum_a \gamma_i^{(1)}$, nach Potenzen von $\sqrt{a}$ entwickelt werden. Man erhält dann eine übersichtlichere Formel als Gl. (20):

$$n_{\mathrm{abs.}} = n_{0r} v_r^2 \tfrac{8}{3} \sqrt{\gamma_{\mathrm{U}_r} d\pi}\, \{1 - 3\sqrt{\pi}\, a^{1/2}/4 + a - \sqrt{\pi}\, a^{3/2}/4 + a^2/10 - + \dots\} . \tag{42}$$

19 II.3 Auswertung der Ergebnisse von Joliot, Halban, Kowarski und Perrin. Vergleich mit anderen Experimenten

Einige Zeit nach dem Abschluß des Teils I ist dem Verfasser eine Arbeit von *Joliot, Halban, Kowarski* und *Perrin* zur Kenntnis gekommen, deren Ergebnisse mit den Schlüssen und Annahmen in Teil I verglichen werden können.

Erstens enthält diese Arbeit eine Angabe über die Wahrscheinlichkeit w der Resonanzeinfangung bei verschiedener Konzentration von Uran im Wasser. Nach [Abschn.] I.2a muß w mit der Quadratwurzel aus dem Urangehalt ansteigen. Dies wird durch die Messungen bestätigt:

$N_{\mathrm{H}}/N_{\mathrm{U}}$	$= 140$	65	30	
w	$= 0{,}11 \pm 0{,}02$	$0{,}14 \pm 0{,}02$	$0{,}02 \pm 0{,}02$	(1)
$w\sqrt{N_{\mathrm{H}}/N_{\mathrm{U}}}$	$= 1{,}3 \pm 0{,}2$	$1{,}13 \pm 0{,}16$	$1{,}10 \pm 0{,}1$	

Als Mittelwert können wir setzen

$$w\sqrt{N_{\mathrm{H}}/N_{\mathrm{U}}} = 1{,}15 \ . \tag{2}$$

Der Vergleich mit Formel (22) von Teil I zeigt, daß die dort unbestimmt gelassene

Größe etwa den Wert $2{,}13 \pm 0{,}2$ hat, also an der oberen Grenze der in I diskutierten Werte ($1/2 \leq \kappa \leq 2$) liegt. Dies bedeutet, daß die tiefste Resonanzstelle bei 25 eV nur einen kleinen Teil zur Gesamtabsorption beisteuert. Denn Gl. (25) in [Abschn.] II.2a ergibt für den Beitrag der tiefsten Resonanzstelle (es werde jetzt $\sigma_{\mathrm{H}} = 14{,}8 \cdot 10^{-24}$ und $\sigma_{\mathrm{O}} = 3 \cdot 10^{-24}\,[\mathrm{cm}^2]$ gesetzt):

$$w_r = \frac{\pi}{2}\,\frac{\Gamma_r\sqrt{\sigma_r}}{E_r}\sqrt{\frac{N_{\mathrm{U}}}{N_{\mathrm{H}}}}\;\frac{\sqrt{\sigma_{\mathrm{H}}+\frac{1}{2}\sigma_{\mathrm{O}}}}{\sigma_{\mathrm{H}}+\frac{1}{2}\cdot 0{,}114\,\sigma_{\mathrm{O}}} = 0{,}106\sqrt{\frac{N_{\mathrm{U}}}{N_{\mathrm{H}}}}\;. \tag{3}$$

Die unterste Resonanzlinie trägt also, wenn man die Were $\Gamma_r = 0{,}12$ eV, $\sigma_r = 2700 \cdot 10^{-24}\,\mathrm{cm}^2$ benützt, nur etwa 10% zur gesamten Resonanzabsorption bei. Dieses etwas unplausible Ergebnis deutet darauf hin, daß die Werte für Γ_r und σ_r bei der tiefsten Resonanzlinie noch |nicht richtig bestimmt sind. Man kann 20
aber umgekehrt die *Halban-Joliot*sche Arbeit zur Bestimmung der für die Resonanzeinfangung maßgebenden Größe benützen. Aus (3) und (2) ergibt sich

$$\sum_r \frac{\Gamma_r\sqrt{\sigma_r \cdot 10^{24}}}{E_r} = 2{,}7 \pm 3\;[\mathrm{cm}]\;. \tag{4}$$

Mit diesem Zahlenwert werden alle folgenden Rechnungen durchgeführt werden. *Halban, Joliot* usw. untersuchen ferner Mischungen von U_3O_8 mit geringen Mengen H_2O in Konzentrationsverhältnissen 1 : 3, 1 : 2 und 1 : 1. Bei der Berechnung von w entsteht hier bei den höchsten U-Konzentrationen eine gewisse Unsicherheit dadurch, daß die Größe β_i für Sauerstoff: $\beta_i = 0{,}12$ vielleicht nicht mehr als groß gegen die Linienbreite angesehen werden kann. Für die tiefste Resonanzlinie ist β_i allerdings noch groß gegen die Linienbreite; wir nehmen dies daher zunächst für alle Linien an und setzen $\varepsilon_i = 1$; die Sauerstoffatome tragen dann bereits erheblich zur Erhöhung von w bei. Man erhält durch Einsetzen in [Abschn.] II.2a, Gl. (28) unter Benützung von (4):

$N_{\mathrm{H}}/N_{\mathrm{U}} =$	3	2	1	0	
w =	0,50	0,585	0,73	0,99	(5)

Man könnte diese Daten nun benützen, um aus den Versuchsergebnissen über die Neutronenabsorption in den genannten Substanzen die Anzahl der pro eingefangenes thermisches Neutron im Uran emittierten Spaltungsneutronen X (vgl. [Abschn.] I.1) zu berechnen. Es stellt sich jedoch heraus, daß diese Zahl bei hohen Konzentrationen so empfindlich von w abhängt, daß es zweckmäßiger ist, einen möglichst guten Wert von X vorauszusetzen und w aus den Versuchsergebnissen zu ermitteln. Die Versuchsergebnisse sind bei *Halban, Joliot* usw. bereits ausführlich erörtert, es genügt daher, hier das Ergebnis anzuführen: Für $X = 2{,}0$ erhält man

	3 H	2 H	1 H	0 H	21
$w_{\mathrm{exp.}}$ =	0,50	0,585	0,66	(~1)	
$w_{\mathrm{theor.}}$ =	0,50	0,585	0,73	0,99	

Die Übereinstimmung bei 3 H ist durch die Zahl $X = 2{,}0$ hergestellt. Bei 1 H (d. h. 1/2 H_2O pro U) ist die Übereinstimmung nicht so gut, was wahrscheinlich darauf zurückzuführen ist, daß die Linienbreiten hier nicht mehr alle klein gegen die Größe β_i für Sauerstoff sind. (Für die tiefste Resonanzlinie hat, wenn die Angaben $\Gamma_r = 0{,}12$ eV, $\sigma = 2700 \cdot 10^{-24}$ [cm^2] richtig sind, die Linienbreite in der Variablen u den Wert 0,05, während $\beta_i = 0{,}12$. Es ist gut möglich, daß die Breiten anderer Resonanzlinien größer sind als 0,1 und dies würde zu einer Verkleinerung von w führen.) Wir betrachten also

$$X = 2{,}0 \tag{6}$$

als den nach den Messungen von *Halban* usw. wahrscheinlichsten Wert. In Teil I war X durch die Gl. (1) mit w und κ (Gl. (19)) in Verbindung gebracht worden. Setzt man, wie es der Gl. (2) dieses Abschnittes entspricht, $\kappa = 2{,}13$, so ergäbe sich aus Teil I, Gl. (1) und (19): $X = 1{,}86$ in hinreichender Übereinstimmung mit (6). Allerdings bedürfen die Grundlagen der Berechnung von w in Teil I noch der Verbesserung, bevor der endgültige Vergleich der *Fermi*schen und der *Joliot-Halban*schen Messungen durchgeführt werden kann.

In Teil I war für die Dichte des U_3O_8, das *Anderson, Fermi* und *Szilard* in ihrem Versuch benützt hatten, fälschlicherweise 8 eingesetzt worden, während die Dichte in Wirklichkeit nur 3,3 betragen hat. Außerdem wollen wir jetzt für die Berechnung der exakten Formel ([Abschn.] III.2b, Gl. (41)) zu Grunde legen (von Bremsung und Streuung im Uran kann hier wahrscheinlich abgesehen werden). Aus [Abschn.] II.3, Gl. (4) finden wir, daß bei einer Dichte des U_3O_8 von 3,3

$$\sum_r \sqrt{\gamma_{Ur}} = 0{,}0578 \text{ cm}^{-1/2} \ .$$

22 Ferner ist in U_3O_8: $\gamma_O = 0{,}059$ cm^{-1}; im Wasser $\gamma_H = 0{,}87$ und $\gamma_O = 0{,}10$. Der charakteristische Faktor $1 + (1-\alpha)/\alpha \lg(1-\alpha)$ hat für O den Wert 0,114. Die Gesamtoberfläche aller Zylinder betrug in *Fermis* Experiment $\pi(5 \cdot 60 + 2 \cdot 6{,}25) \cdot 52 = \pi \cdot 16250$ cm^2, ihr Gesamtvolumen $V_1 = \pi \cdot 6{,}25 \cdot 60 \cdot 52 = \pi \cdot 19500$ cm^3. Schließlich ergibt sich nach [Abschn.] II.2b, Gl. (41):

$$w = \frac{\pi \cdot 3535}{\pi \cdot 131 + 0{,}88 \cdot V_2} \ .$$

Eine gewisse Unsicherheit entsteht nun bei der Berechnung von V_2. Die Neutronendichte ist sicher gegen den Rand des Gefäßes zu sehr gering. Als den Neutronen „zur Verfügung stehendes" Volumen muß man mindestens das Volumen ansehen, das zwischen den U_3O_8-Zylindern und unmittelbar an deren Rand liegt. Dies beträgt nach der Zeichnung in der Arbeit

$$\pi(32^2 \cdot 70 - 19500) = \pi \cdot 24200 \text{ cm}^3 \ .$$

Es könnte aber auch einen Radius haben, der etwa 5 cm größer ist, und man müßte es dann etwa zu

$$\pi(32^2 \cdot 70 - 19500) = \pi \cdot 52100 \text{ cm}^3$$

ansetzen. Die entsprechenden Werte für w werden 0,165 und 0,077. Man wird wohl schließen müssen, daß w zwischen beiden Werten liegt. Wenn die Neutronendichte, wie aus den Versuchen von *Halban* etc. zu schließen ist, im Inneren der Apparatur viel größer ist als außen, so liegt w wohl nahe an der oberen Grenze. Benützt man nun die Gl. (1) von Teil I: $x = 3{,}2/(1-w)-2$, so erhält man aus dem *Anderson-Fermi-Szilard*schen Experiment:

$$1{,}84 \gtrsim X \gtrsim 1{,}47 \ .$$

Dabei dürfte X nahe an der oberen Grenze liegen. Der *Fermi*sche Wert für X ist also 10 – 20% niedriger als der *Halban*sche.

Ferner ist neuerdings eine Arbeit von *Bradt* (Helv. Physica Acta **XII**, 553, 23
1939) erschienen, die ebenfalls eine Messung von X beabsichtigt. Da bei der Ausrechnung der experimentellen Ergebnisse die Einfangung eines Neutrons in U_{92}^{238} völlig vernachlässigt wurde, können die bei *Bradt* angegebenen Werte von X nicht verwendet werden. Die experimentellen Ergebnisse müssen also neu ausgewertet werden: *Bradt* benützt eine Neutronenquelle in einem großen Wasserbehälter, die einmal von einer U_3O_8, ein anderes Mal von einer ebenso streuenden PbO-Schicht umgeben wird. Er mißt die Anzahl N thermischer Neutronen im Wasser und stellt fest, daß diese Gesamtzahl in dem Experiment mit U_3O_8 um $5{,}6 \pm 0{,}7\%$ höher ist als in dem mit PbO:

$$\frac{\Delta N}{N} = 0{,}056 \ .$$

Die Neutronendichte in der Umgebung der U_3O_8-Schicht war $5{,}63 \cdot 10^{-5} N$ [cm^{-3}], und es wird angenommen, daß die Dichte im Inneren der Schicht überall diesen gleichen Wert gehabt habe. Die Anzahl der U-Atome in der Schicht war $4{,}24 \cdot 10^{24}$. Die Anzahl der im Uran pro sec erzeugten Spaltungsneutronen ist also (der Einfangwirkungsquerschnitt für U bei thermischer Geschwindigkeit ist $3{,}4 \cdot 10^{-24}\,\mathrm{cm}^2$)

$$\begin{aligned} n &= 5{,}63 \cdot 10^{-5} \cdot N \cdot 4{,}44 \cdot 10^{24} \cdot X \cdot 3{,}4 \cdot 10^{-24} \\ &= 8{,}5 \cdot 10^{-4} \cdot v_{\mathrm{th}} \cdot N \cdot X \ . \end{aligned}$$

Die Anzahl der pro sec im Wasser absorbierten Neutronen ist

$$N \cdot v_{\mathrm{th}} \cdot \sigma_{\mathrm{H}} \cdot N_{\mathrm{H}} = \Delta N \cdot v_{\mathrm{th}} \cdot \sigma_{\mathrm{H}} \cdot 6{,}7 \cdot 10^{22} \ .$$

Wenn man die Einfangung der Neutronen in Resonanzniveaus von U völlig vernachlässigt, ferner annimmt, daß PbO überhaupt nicht absorbiert, so ergibt sich durch Differenzbildung

$$8{,}5 \cdot 10^{-4} \cdot v_{\mathrm{th}} \cdot N(X-1) = \Delta N \cdot v_{\mathrm{th}} \cdot \sigma_{\mathrm{H}} \cdot 6{,}7 \cdot 10^{22} \ ,$$

$$X - 1 = \frac{\Delta N}{N} \sigma_{\mathrm{H}} \cdot 7{,}9 \cdot 10^{25} \ .$$

Bevor man die experimentellen Werte von $\Delta N/N$ einsetzt, kann man noch eine 24

Korrektur anbringen für die Spaltungsprozesse, die durch schnelle Neutronen in U hervorgerufen werden. Der korrigierte Wert von $\Delta N/N$ ist:

$$\Delta N/N = 0{,}051 \pm 0{,}007 \quad .$$

Der Wert von X hängt nunmehr in der Hauptsache von σ_{rH} ab. In Teil I wurde $\sigma_{rH} = 0{,}3 \cdot 10^{-24}\,\mathrm{cm}^2$ angenommen. Dieser Wert ist etwas niedriger als der von *Fermi* und *Amaldi* gemessene ($0{,}31 \cdot 10^{-24}\,\mathrm{cm}^2$). Neuerdings haben jedoch *Frisch*, *Halban* und *Koch* einen noch erheblich niedrigeren Wert gefunden: $0{,}22 \cdot 10^{-24}\,\mathrm{cm}^2$ (nach Umrechnung mit dem hier benützten Wert von v_{th}). Betrachtet man – was wohl etwas willkürlich ist – die Werte 0,3 und 0,22 als obere bzw. untere Grenze, so findet man:

$$1.89 \lesssim X \lesssim 2{,}21 \quad .$$

Durch Berücksichtigung der Resonanzabsorption, die in diesem Experiment keinen großen Einfluß hat, würden sich diese Werte etwa erhöhen; die Berücksichtigung einer eventuellen Absorption von PbO würde die Werte erniedrigen. Da über die Absorption von PbO nichts bekannt ist, kann man also der Bestimmung von X durch *Bradt* kein hohes Gewicht beilegen.

Schließlich haben *Zinn* und *Szilard* noch eine Bestimmung von X unternommen, die jedoch von ihnen selbst als vorläufig und ungenau bezeichnet wird. Sie finden

$$X \sim 1{,}4 \quad .$$

Faßt man alle bisherigen Versuchsergebnisse zusammen, so wird man etwa

$$X = 1{,}9 \pm 0{,}2$$

ansetzen. Der wahrscheinliche Fehler $\pm 0{,}2$ dieses Ergebnisses ist leider noch so groß, daß er für die Möglichkeit der Uranmaschine entscheidende Bedeutung hat.

25 II.4 Verbesserung früherer Ergebnisse auf Grund der neuen experimentellen Daten

Unter der Voraussetzung

$$X = 1{,}9 \quad \text{und} \quad \sum_r \Gamma_r \sqrt{\sigma_r \cdot 10^{24}/E_r} = 2{,}7\ \mathrm{cm} \tag{1}$$

sollen die wichtigsten Daten der Uranmaschine neu berechnet werden. Zunächst soll eine Lösung von Uran, in dem das *Isotop* 235 um den Faktor *f angereichert* ist, in Wasser untersucht werden. Wenn die Wirkungsquerschnitte für Einfangung bzw. für Spaltung in gewöhnlichem Uran $1{,}4 \cdot 10^{-24}\,\mathrm{cm}^2$ bzw. $2 \cdot 10^{-24}\,\mathrm{cm}^2$ sind, so sind sie im angereicherten Uran $1{,}4 \cdot 10^{-24}$ und $2f \cdot 10^{-24}$. Bei jedem Spaltungsprozeß entstehen im Mittel $(1{,}9 \cdot 3{,}4)/2 = 3{,}23$ Neutronen. Bezeichnet man wieder das Verhältnis der Atomzahlen von U und H mit $\alpha(\alpha = N_U/N_H)$, so wird in Analogie zu [Teil] I, Gl. (22), unter Berücksichtigung von [Teil] II.3, Gl. (2):

$$\begin{aligned} \nu &= -v N_H \cdot 10^{-24}(0{,}3 + (1{,}4 + 2f)\alpha - 2f \cdot 3{,}23\,\alpha(1 - 1{,}15\sqrt{\alpha})) \\ &= -v N_H \cdot 10^{-24}(0{,}3 - (4{,}46f - 1{,}4)\alpha + 7{,}43f \cdot \alpha^{3/2}) \ . \end{aligned} \tag{2}$$

Der Maximalwert von ν liegt bei

$$\alpha_{max} = \left(\frac{2}{3}\,\frac{4{,}46f - 1{,}4}{7{,}43f}\right)^2 \tag{3}$$

und beträgt

$$\nu_{max} = -v N_H \cdot 10^{-24}(0{,}3 - 4/27 \cdot (4{,}46f - 1{,}4)^3/(7{,}43f)^2) \ . \tag{4}$$

Es ergibt sich also für

f =	1	1,5	2	2,5	3
α_{max} =	0,0775	0,100	0,114	0,123	0,129
ν_{max} =	−0,223	−0,124	−0,014	+0,098	+0,212

Neutronenvermehrung würde also erst eintreten, wenn das Isotop 235 um den
Faktor 2,5 oder mehr angereichert würde. Daß dieses Ergebnis viel | ungünstiger 26
ist als in Teil I, liegt seinerseits an dem unerwartet hohen Wert von κ, der aus den *Halban*schen Rechnungen folgt, andererseits an dem von *Bothe* bemerkten Fehler in den Rechnungen zu Tabelle 1 in Teil I. Setzt man für die Einfangung der Neutronen in Wasserstoff den *Frisch-Halban-Koch*schen Wert $\sigma_r = 0{,}22 \cdot 10^{-24}$ in (2) ein, so würde schon eine Anreicherung um den Faktor $f = 2$ zur Neutronenvermehrung genügen. Benützt man statt der Lösung eine Anordnung mit einzelnen Schichten, so genügt wohl ein noch etwas kleinerer Wert von f.

Es soll zweitens eine Lösung von Uran in schwerem Wasser untersucht werden. Die Gl. (27) in [Abschn.] II.2a gibt hier $w = 3{,}83\sqrt{\alpha} \cdot (\alpha = N_U/N_D)$. Den Wirkungsquerschnitt σ_r für die Einfangung in schwerem Wasser (pro D-Atom gerechnet) wollen wir zunächst unbestimmt lassen. Dann wird

$$\nu_{D_2O} = -v \cdot N_D \cdot 10^{-24}(\sigma_r \cdot 10^{24} - 0{,}0069) \ .$$

Für reines schweres Wasser ist nach den Annahmen von Teil I $\sigma_r = 0{,}0045 \cdot 10^{-24}\,cm^2$; hierfür würde ν_{D_2O} positiv, und es würde Neutronenvermehrung eintreten. Wenn das schwere Wasser jedoch 1% gewöhnliches Wasser enthält, so wäre nach den Annahmen von Teil I ν_{D_2O} negativ; die Lösung würde sich dann nicht mehr zur Herstellung der Uranmaschine eignen. Allerdings werden die Verhältnisse sicher erheblich günstiger, wenn statt der Lösung einzelne Uranplatten in D_2O verwendet werden. Schweres Wasser wird sich also, wenn die hier angenommenen experimentellen Werte richtig sind, jedenfalls zur Herstellung der Uranmaschine eignen.

Bei einem Gemisch von Uran mit Helium unter hohem Druck wird nach (27) in [Abschn.] II.2a: $w = 5{,}76$, wenn der Wirkungsquerschnitt für die elastische Streuung der Neutronen von 25 eV an Heliumkernen mit $3 \cdot 10^{-24}\,\mathrm{cm}^2$ angesetzt
27 wird. Da Neutronen im Helium nicht eingefangen werden können, | so wird

$$\nu_{\mathrm{HE}} = -v \cdot N_{\mathrm{He}} \cdot 10^{-24}(-3{,}06\,\alpha + 37{,}2\,\alpha^{3/2}) \ .$$

Der Maximalwert ist

$$\nu_{\mathrm{He}} = +v \cdot N_{\mathrm{He}} \cdot 0{,}0031 \cdot 10^{-24} \ .$$

Es tritt also Neutronenvermehrung ein. Die dazu gehörige Diffusionslänge ist

$$l_{\mathrm{He}} = 31{,}6/d_{\mathrm{He}}(\mathrm{cm}) \ ,$$

wobei d_{He} die Dichte des Heliums unter hohem Druck darstellt. Diese Länge ist bei den technisch darstellbaren Dichten noch recht groß, so daß selbst bei einem Druck von 1000 atm Gefäße von mehreren Metern Durchmesser zur Herstellung der Uranmaschine nötig wären.

Schließlich betrachten wir ein Gemisch von U und reiner Kohle. Hier wird $w = 16{,}1\,\sqrt{\alpha}$, also

$$\nu_{\mathrm{C}} = -v \cdot N_{\mathrm{C}} \cdot 10^{-24}(\sigma_r \cdot 10^{24} - 3{,}06\,\alpha + 104\,\alpha^{3/2}) \ ,$$

und der Maximalwert

$$\nu_{\mathrm{C}}^{\max} = -v \cdot N_{\mathrm{C}} \cdot 10^{-24}(\sigma_r \cdot 10^{24} - 0{,}00034) \ .$$

Wenn σ_r, wie in Teil I angenommen wurde, etwa $0{,}003 \cdot 10^{-24}\,\mathrm{cm}^2$ ist, so genügt also reine Kohle nicht zur Herstellung der Uranmaschine. Auch hier können jedoch die Verhältnisse bei der Verwendung von Uranplatten günstiger werden.

Die Anordnungen, bei denen Uranschichten mit Schichten anderer Substanz abwechseln, sollen in diesem Bericht nicht weiter behandelt werden, da *v. Weizsäcker* ausführliche Berechnungen über diesen Gegenstand durchgeführt hat und wohl demnächst mitteilen wird.

Bestimmung der Diffusionslänge thermischer Neutronen in schwerem Wasser

Von **R.** u. **K. Döpel** und **W. Heisenberg**[1]

1. Problemstellung

Für die Frage der Verwendbarkeit von D_2O in der 238-Maschine ist die Absorption von Neutronen in D_2O von entscheidender Bedeutung. Diese Absorption ist wahrscheinlich sehr gering, und es war die Aufgabe der im folgenden beschriebenen Experimente, zum mindesten eine obere Grenze für die Absorption festzulegen, die über die Verwendbarkeit von D_2O entscheidet. Die Absorption wird am einfachsten durch die „Diffusionslänge" gemessen, die in dem Bericht I des einen von uns zu etwa 34 cm abgeschätzt worden ist. Wenn die Diffusionslänge größer als etwa 30 cm ist, so ist nach der bisherigen Kenntnis der Konstanten von 238 das schwere Wasser für die Maschine verwendbar.

Da für die Experimente in Leipzig nur etwa 9 l D_2O zur Verfügung standen, eine Menge, bei der die Neutronenabsorption die Neutronenintensität höchstens in der Größenordnung einiger Prozente beeinflußt, mußte eine Versuchsanordnung gewählt werden, für die der theoretische Intensitätsverlauf völlig genau bekannt ist und bei der die Messungen nur relative Fehler von einigen Tausendstel aufweisen dürfen.

Die Theorie der Meßanordnung beruht auf folgender Überlegung: Wenn in irgendeinem Raumgebiet von der Entstehung thermischer Neutronen abgesehen werden kann, so wird in diesem Gebiet die Verteilung der thermischen Neutronen durch die Diffusionsgleichung (ϱ Dichte, l Diffusionslänge)

$$l^2 \Delta\varrho - \varrho = 0 \tag{1}$$

bestimmt. Wenn ferner die thermischen Neutronen von einer Kugelfläche vom Radius R mit gleichförmiger Intensität emittiert werden, so muß nach (1) im Innern der Kugel die Dichteverteilung durch die Gleichung

$$\varrho = \frac{\sinh r/l}{r/l}\,, \tag{2}$$

also für $R \ll l$ durch 2

$$\varrho = \varrho_0 \left(1 + \frac{1}{6}\,\frac{r^2}{l^2}\right) \tag{3}$$

gegeben sein. Eine Messung von ϱ im Zentrum und am Rande der Kugel führt also sofort zu einer Bestimmung der Diffusionslänge.

[1] Undated, but according to KWI-List dated 7 August 1940. (Editor)

Die Wirkung einer beliebig gestalteten Quelle thermischer Neutronen kann man experimentell stets dadurch untersuchen, daß man sich statt der Quelle eine Senke thermischer Neutronen der gewünschten Form aus Cd herstellt und sie in ein Gefäß bringt, in dem durch irgendeine andere Quelle Neutronen beliebiger Energieverteilung vorhanden sind. Dann vergleicht man jeweils an irgendeinem Punkte die Neutronenintensität mit und ohne Cd. Die Differenz entspricht der Neutronenverteilung, die durch die (negative!) Cd-Neutronen-Quelle erzeugt wird.

Die kugelflächenförmige Quelle thermischer Neutronen, die zur Verteilung (2) führt, wurde also in folgender Weise hergestellt:

2. Versuchsanordnung

a) Neutronenquelle

In einem zylindrischen mit H_2O gefüllten Bottich ($h = 80$ cm; $r = 40$ cm) hängt eine Al-Kugel ($r = 12$ cm; Wandstärke 2 mm), die durch einen 7 cm weiten und 35 cm langen Hals mit D_2O gefüllt werden kann. Der Hals wird durch ein mit Paraffin gefülltes Messingrohr geschlossen, das an seinem unteren Ende mit Al bedeckt ist; die D_2O-Kugel wird also allseitig durch Al begrenzt.

Im Zentrum dieser Kugel hängt nun die Neutronenquelle (ca. 480 mg Ra + Be in einer Nickelkugel von 9 mm Radius und 0.2 mm Wandstärke). Die Neutronen durchlaufen das D_2O vorzugsweise als rasche Neutronen, werden in dem umgebenden H_2O gebremst und teilweise wieder als langsame Neutronen in das D_2O zurückgestreut. Die Abnahme dieser Neutronen von der Peripherie der D_2O Kugel nach der Mitte zu wird gemessen.

3 Nun emittiert aber auch schon die (Ra + Be) Neutronenquelle einen klei|nen Teil thermischer Neutronen, außerdem wird ein Teil der raschen Neutronen (insbesondere von $\{\mathrm{Ra}\,\gamma \rightarrow D_2\}$ = Photoneutronen in D_2O) bereits auf thermische Energie abgebremst. Diese Neutronen müssen wir von den insgesamt vorhandenen Neutronen abziehen können, um nur die Neutronen zu bekommen, die an der H_2O Begrenzung nach innen laufen. Das wird dadurch erreicht, daß die Neutronenintensität einmal in der genannten Al-Kugel und ein zweites Mal in einer gleichen, aber außen mit 1 mm Cd belegten Kugel gemessen wird. In der Al-Kugel mißt man alle thermischen Neutronen, in der Cd-Kugel nur die, die nicht von außen kommen; außerdem in beiden Fällen (je nach dem Indikator) eine gewisse Menge nichtthermischer Neutronen, die bei der Differenzbildung herausfällt. Die Differenz besteht also aus den thermischen Neutronen, die von außen in die D_2O-Kugel kommen.

b) Indikator

Als Indikator für thermische Neutronen wurde eine sehr dünne Schicht Dy_2O_3 gewählt; dessen β-Aktivität ist ein Maß für die Neutronendichte an der Expositionsstelle. Es war bekannt, daß Dy fast nur auf thermische Neutronen anspricht.

Seine Aktivierung durch thermische und nichtthermische Neutronen im Paraffin wurde aber nochmals besonders bestimmt (Aktivierung ohne und mit Cd-Bedeckung in Paraffin). Die Aktivierung durch nichtthermische Neutronen beträgt weniger als 1% der Aktivierung durch thermische Neutronen. Das Dy_2O_3 wurde mit wenig Schellack auf einen dünnen Al-Teller aufgetragen (∅ = 5 cm) und mit Al-Folie bedeckt. Mittels Al-Draht konnte es am Boden des Kugelabschlußzylinders befestigt und in verschiedener Höhe der D_2O-Kugel exponiert werden.

c) Ionisationskammer

Der zu erwartende kleine Absorptionseffekt erfordert große Genauigkeit, da-
her wurde für die Hauptmessung kein β-Zählrohr, sondern eine|Ionisationskam- 4
mer benutzt. Bei dieser lassen sich leicht große β-Intensitäten verwenden, so daß
eine statistisch bedingte Ungenauigkeit gering wird (Fig. 1).

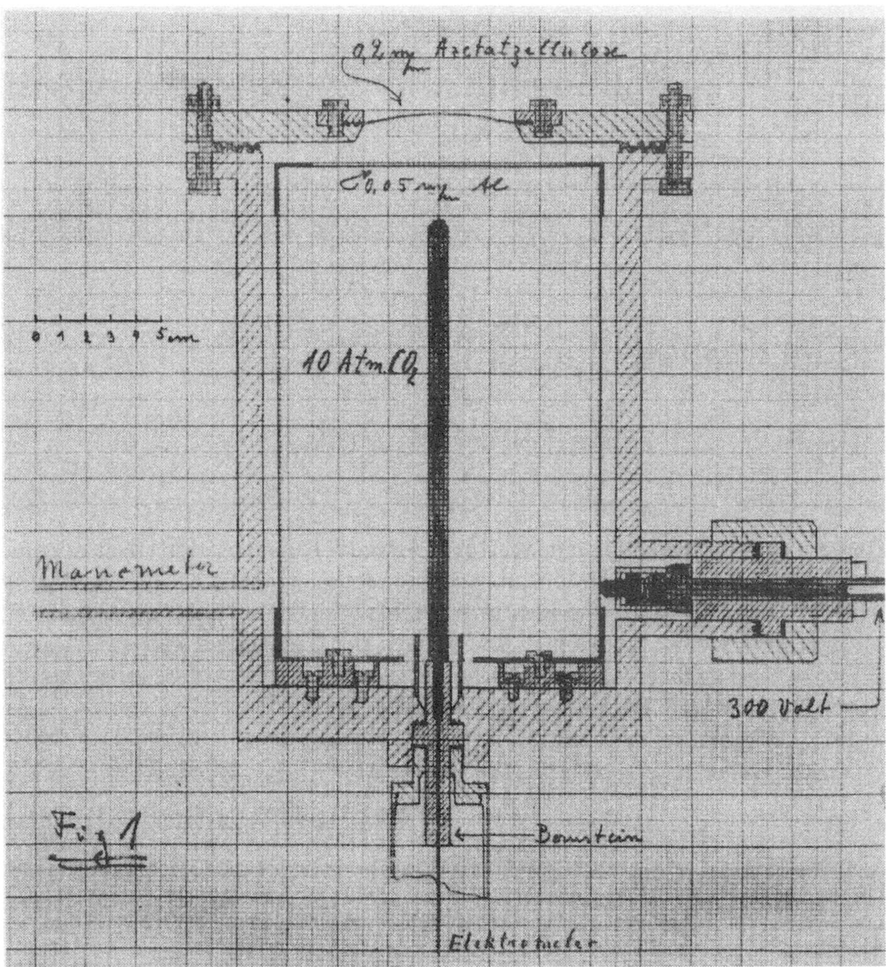

5 Die Ionisationskammer besteht aus einem Druckkessel, gefüllt mit 10 Atü CO_2. Oben ist er durch eine 0,2 mm dicke Azetatzellulose-Folie verschlossen, Durchmesser 6 cm, die durch 6 ca. 1 mm dicke Stahldrähte gestützt wird, die höchstens 8% der Gesamtfläche verdecken. Die Folie läßt 75% der auffallenden Dy-β-Strahlen durch; sie wurde alle 8 Tage erneuert und ist unter diesen Umständen nie[2] geplatzt. In der Druckkammer befindet sich die eigentliche Ionisationskammer, nach oben abgedeckt durch Al-Folie (d = 0,05 mm). Die Kammerspannung betrug 300 Volt (Trockenbatterie).

d) Ladungsmessung

Die Innenladung wurde mit einem Wulfschen Elektromesser (1 Skalenteil $2 \cdot 10^{-2}$ Volt) mittels Kompensation bestimmt (Fig. 2).

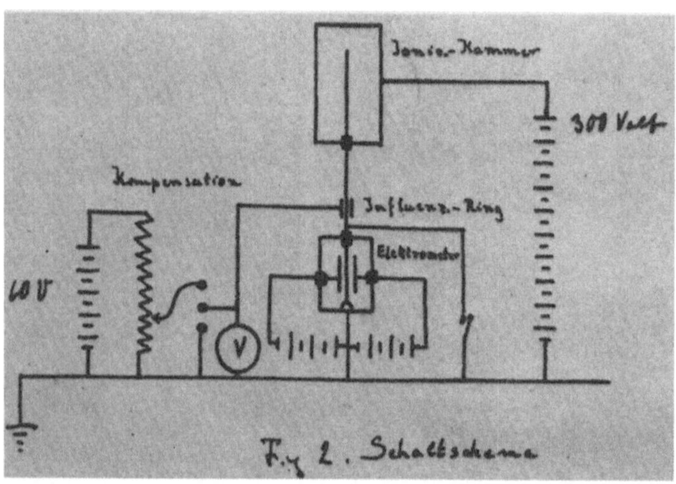

Fig 2. Schaltschema

6 Dabei wurde der Elektrometerfaden bei dauernder Kompensation so lange aufgeladen, bis die anzuwendende Kompensationsspannung stets denselben Wert erreichte. Dadurch wurde die Messung auf eine reine Zeitvergleichsmessung zurückgeführt. Um von etwaigen Änderungen der Empfindlichkeit der Gesamtanordnung unabhängig zu sein, wurde die Dy-Aktivität stets durch die Aktivität eines abgeglichenen Th-β-Eichpräparates dividiert.

[2] Bei einer anderen Sendung von Azetatzellulose-Folien, die wir bei einer nachträglichen Kontrollmessung verwendeten, traten allerdings Schwierigkeiten auf, sodaß wir bei dieser letzten Messung die Folie doppelt nehmen mußten.

3. Gang einer Messung und Auswertung

Der Dy-Indikator wurde über Nacht 15 h exponiert. Dann wurde zunächst des Reststrom gemessen, den die Ionisationskammer auch ohne zusätzliche Bestrahlung lieferte, anschließend durch die Ionen-Ausbeute des Th-Eichpräparates bestimmt, während dieser Zeit (ca. 45 Min.) konnte die ebenfalls erregte Aktivität des aus Al bestehenden Dy-Trägers vollständig abklingen. Dann erst wurde mit der Dy-Aktivitätsmessung begonnen. Wegen der zeitlichen Abnahme dieser Aktivität mußte der Kompensationsapparat bei dauernder Beobachtung des Elektrometerfadens mit der Hand gesteuert werden, bis eine gewählte Kompensationsspannung von 15, bez. 60 Volt erreicht war. Dies war je nach dem Zeitpunkt der Messung, dem Ort der Exposition usw. in 2 – 12 Minuten der Fall; anschließend daran wurde die Dy-Aktivitätsmessung mehrere Male wiederholt, im ganzen etwa eine Stunde lang beobachtet. Danach wurde die obige Reststrom- und Eichpräparatsmessung wiederholt und zwar so oft, bis ihre Fehler in der Nähe derer der Dy-Messung lagen. Die Auswertung geschah in folgender Weise: Von der für eine bestimmte Kammerbestrahlungszeit erforderlichen Kompensationsspannung war diejenige Spannung abgezogen, die zur Kompensation des Reststromes während jener Zeit notwendig gewesen wäre. Die verbleibende Spannung dividiert durch jene Zeit ist ein Maß für die Dy-Aktivität zur Zeit der Messung; so in aufeinanderfolgenden Zeiten bestimmten Dy-Aktivitäten wurden mittels der sich aus allen Aktivitäten ergebenden Dy-Abklingzeit auf eine bestimmte Zeit nach Schluß der Exposition reduziert und gemittelt. Dieses Mittel
wurde durch eine auf gleiche Weise ermittelte Th-Eichaktivität divi|diert. 7

4. Ergebnisse

a) Mit dem Dysprosium-Indikator von 0,08 g Dy_2O_3 wurden für das Verhältnis der Intensität zur Intensität des Eichpräparates folgende Werte gefunden (r Abstand des Indikatormittelpunktes vom Zentrum der Kugel):

Tabelle 1

	Al ohne Cd		Al mit Cd		Differenz	
$r =$	0,9 cm	10,5 cm	0,9 cm	10,5 cm	0,9 cm	10,5 cm
1. Meßreihe	1,357 ± 0,0057	1,221 ± 0,0045	0,2271 ± 0,0027	0,0801 ± 0,0022	1,130 ± 0,0064	1,141 ± 0,0050
2. Meßreihe	1,350 ± 0,0083	1,213 ± 0,0060	0,2241 ± 0,0028	0,0731 ± 0,0024	1,126 ± 0,0088	1,1395 ± 0,0065
3. Meßreihe	0,1355 ± 0,00060	0,1209 ± 0,00045	0,02498 ± 0,00035	0,00905 ± 0,00031	0,11049 ± 0,00069	0,11184 ± 0,00054

Die Einzelwerte der drei Meßreihen können nicht unmittelbar miteinander verglichen werden, da langsame Veränderungen des Indikators beobachtet wurden, die vielleicht auf das schwache Anklingen einer Aktivität sehr langer Lebensdauer hindeuten, und da für die dritte Meßreihe ein anderes Eichpräparat verwendet wurde. Die Verhältnisse der Differenzen sind jedoch vergleichbar:

Tabelle 2

	1. Meßreihe	2. Meßreihe	3. Meßreihe	Mittelwert
$\frac{\text{Diff. } (r = 10{,}5)}{\text{Diff. } (r = \ \ 0{,}9)}$	1,00975 ± 0,0072	1,0120 ± 0,0097	1,0122 ± 0,0080	1,0111 ± 0,0048

Aus den drei Meßreihen ergibt sich also:

$$\frac{\text{Differenz } (r = 10{,}5)}{\text{Differenz } (r = \ \ 0{,}9)} = 1{,}0111 \pm 0{,}0048 \ .$$

b) Dieses Ergebnis kann noch nicht unmittelbar zur Bestimmung der Diffu-
8 sionslänge benützt werden, da vorher noch gewisse Korrekturen zu|berücksichti-
gen sind. Die Neutronenverteilung (2) kann nämlich noch gestört werden durch

1) Die Absorption thermischer Neutronen in der Ra-Be-Quelle.
2) Die Absorption im Indikator.
3) Durch Abweichungen von der Kugelsymmetrie, die etwa durch den Flaschenhals bedingt sind.

Das Experiment wurde von vornherein so eingerichtet, daß die drei Korrekturen möglichst klein bleiben. Zur Ermittlung der Korrekturen (1) und (2) wurde eine Kontrollmessung ausgeführt, bei der ein etwa 6 mal stärkerer Dysprosium-Indikator benützt wurde; gleichzeitig wurde die in Nickel gefaßte Ra-Be-Quelle, an der die Hauptabsorption wohl durch die Nickelhülle bedingt war, mit einer stärkeren Nickelhülle umgeben, so daß auch die Gesamtmenge des Nickels etwa auf das sechsfache erhöht wurde. Mit dieser etwa 6-fachen Dy- und Ni-Menge wurden die folgenden Werte gefunden:

Tabelle 3

r =	0,9 cm	10,5 cm
Al ohne Cd	7,6750 ± 0,0212	7,3517 ± 0,0233
Al mit Cd	1,1159 ± 0,0048	0,4298 ± 0,006
Differenz	6,5591 ± 0,022	6,9219 ± 0,023

Für das Verhältnis der Differenz ergibt sich jetzt:

$$\frac{\text{Differenz } (r = 10{,}5)}{\text{Differenz } (r = \ \ 0{,}9)} = 1{,}055 \pm 0{,}005 \ .$$

Theoretische Überlegungen zeigen, daß die Absorption in der Ra-Be-Quelle zu einer Erhöhung, die Absorption im Indikator zu einer Erniedrigung des Verhältnisses der Differenzen führen muß. Das experimentelle Ereignis zeigt, daß der Einfluß der Absorption in der Quelle überwiegt.

Die Abweichungen von der Kugelsymmetrie (3) wurden so klein wie möglich gehalten, außerdem wurden die Intensitätsmessungen stets in der unteren Kugelhälfte ausgeführt. Bei einer Kontrollmessung bei $r = 10.5$ cm | wurde in der Kugel 9
aus Al ohne Cd einmal der Flaschenhals ohne Cd, einmal *mit* Cd benützt. Selbst eine solche grobe Abweichung von der Kygelsymmetrie ergab nur eine Intensitätsänderung von wenigen Prozent. Auch wenn der Einfluß bei 0,9 cm erheblich größer ist, kann man also wohl die durch die kleinen Abweichungen von der Kugelsymmetrie hervorgerufenen Fehler völlig vernachlässigen.

Extrapoliert man von den beiden Messungen Tabelle 2 und Tabelle 3 auf verschwindende Menge Dy_2O_3 und Ni, so erhält man als endgültigen Wert für das Verhältnis der Differenzen:

$$\frac{\text{Differenz } (r = 10{,}5)}{\text{Differenz } (r = \ \ 0{,}9)} = 1{,}0023 \pm 0{,}005 \tag{4}$$

für verschwindende Ni- und Dy_2O_3-Menge. Es folgt also aus (2):

$$\frac{r^2}{l^2} = 0{,}0138 \pm 0{,}030 \ . \tag{5}$$

Der eingegebene Fehler ist hierbei als mittlerer Fehler aufzufassen. Berechnet man aus (5) die Diffusionslänge l, so kann man also schließen, daß l wahrscheinlich etwa 90 cm ist. Ein Wert von l, der kleiner wäre als 39 cm (was dem doppelten mittleren Fehler entspricht), kann als sehr unwahrscheinlich angesehen werden, auch dieser Wert ist aber noch höher als der früher geschätzte Wert von 34 cm.

Berechnet man aus der Diffusionslänge oder aus (5) die Summe der Einfangwirkungsquerschnitte der absorbierenden Atome (auf ein D-Atom bezogen, d.h. $\sigma = \sigma_D + \frac{1}{2}\sigma_O + \sigma_{\text{Verunreinigung}}$), so erhält man, wenn man die freie Weglänge der thermischen Neutronen für elastische Stöße zu 1,7 cm annimmt (vgl. Bericht I, S. 10, Tabelle 2 u. 3):

$$\sigma = \ 0{,}0767\,(r/l)^2 \cdot 10^{-24}\,\text{cm}^2 \quad \text{also}$$

$$\sigma = (0{,}0011 \pm 0{,}0023) \cdot 10^{-24}\,\text{cm}^2 \ .$$

Im Bericht I war der Wert $\sigma = 0.0075 \cdot 10^{-24}\,\text{cm}^2$ vorausgesetzt worden.

5. Zusammenfassung 10

Durch die beschriebenen Experimente wird festgestellt, daß die Diffusionslänge in D_2O wahrscheinlich erheblich höher, die Absorption also erheblich niedriger ist, als im Bericht I des einen von uns angenommen wurde. Daraus muß geschlossen werden, daß – wenn die bisher angenommenen Daten über das Präparat 238 richtig sind – *aus D_2O und 238 eine Maschine zur Energieerzeugung gebaut werden kann.* Die Ergebnisse von [Abschn.] 4 lassen sogar die Möglichkeit offen, daß D und O praktisch überhaupt nicht absorbiert, daß vielmehr die ganze von uns gemessene Absorption durch die Verunreinigung des D_2O durch gewöhnliches Wasser (ca. 1/2% H_2O) bedingt war. In der Tat gäbe eine Verunreinigung durch 1/2% H_2O und verschwindende Absorption in D_2O für σ den Wert $0{,}0012 \cdot 10^{-24}$ [cm^2].

Bestimmung der Diffusionslänge thermischer Neutronen im Präparat 38

R. u. **K. Döpel** und **W. Heisenberg**[1]

Für die rechnerische Untersuchung des Durchgangs von thermischen Neutronen durch Präparat 38 ist die Kenntnis der Diffusionslänge solcher Neutronen in diesem Präparat erforderlich. Die im folgenden beschriebenen Messungen enthalten die Bestimmung dieser Länge mit derselben Methode, nach der die Verfasser bereits die Diffusionslänge von thermischen Neutronen in schwerem Wasser bestimmt haben.

Methode und Versuchsanordnung

Um eine möglichst kugelsymmetrische, der Rechnung leicht zugängliche Anordnung zu haben, läßt man langsame Neutronen von außen allseitig in eine 38-Kugel einfallen und bestimmt in dieser den Neutronenabfall längs eines Radius von außen nach innen. Das wird auf folgende Weise realisiert. Im Zentrum dieser in H_2O eingetauchten und mit Präparat 38 gefüllten Al-Kugel ($r = 12$ cm; Wandstärke 2 mm) befindet sich eine Ra-Be-Neutronenquelle (480 mg Ra + Be in Nickelkugel $r = 9$ mm, Wandstärke 0,2 mm). Die Neutronen durchlaufen das 38 zunächst hauptsächlich als rasche Neutronen, sie werden in H_2O außerhalb der Kugel verlangsamt und teilweise in das 38 zurückgestreut. Ihre Intensität innerhalb der 38-Kugel wird durch eine β-Aktivierung eines Dy-Präparates in drei Entfernungen vom Zentrum der Kugel gegeben (1,5 cm, 6,8 cm, 11,7 cm). Um die Einwirkung derjenigen Neutronen auf das Dy-Präparat eliminieren zu können, die nicht als thermische von außen her in die Kugel eindringen, wird die Neutronenintensität in einer mit Cd umgebenen gleichen (Al; 38)-Kugel gemessen und von den Intensitäten in der Al-Kugel in Abzug gebracht. – Exponiert werden immer gleichzeitig 3 Dy-Präparate, deren Aktivierungsverhältnis im Verlauf der Messungen durch Vertauschung der Indikatoren ermittelt wurde, außerdem war dieses Verhältnis vor Beginn der Messungen gesondert festgestellt worden. – Die
Aktivität wurde bestimmt entweder mittels Zählrohr oder mit Hilfe | einer 2
Druckionisationskammer (10 Atü CO_2, β-Strahl durchlässiges Fenster von 6 cm Durchmesser, Wulfsches Elektrometer, Kompensationsschaltung). Weitere Einzelheiten in dem eingangs genannten Bericht über die Messung der Diffusionslänge in D_2O.

An den gemessenen Intensitäten wurde noch eine Korrektur angebracht, um die Absorption der Ni-Hülle der Ra-Be-Quelle auszugleichen. In den früheren Messungen an D_2O war festgestellt worden, daß die Nickelhülle die Intensität im Zentrum etwa um 5% herabsetzt. Dieser Prozentsatz wurde auf die etwas verän-

[1] Undated, but according to KWI-List dated 5 December 1940. (Editor)

derten geometrischen Bedingungen (kleinerer Indikator) und die andere freie Weglänge in U_3O_8 umgerechnet. Es ergab sich eine Korrektur von etwa 2% (je nach der Dichte der U_3O_8), die damit ungefähr als Größenordnung des mittleren Fehlers erreicht. Korrekturen für die Absorption der Indikatoren wurden nicht angebracht, da sie nach Ausweis der früheren Messungen weniger als 0,5% betragen hätten, und da die Absorption der Indikatoren zum Teil kompensiert, eventuell sogar etwas überkompensiert wird durch die Hohlräume, die den Indikator aufnehmen.

Für die endgültige Bestimmung der Diffusionslänge wurden jeweils nur die Intensitäten bei $r = 1{,}5$ und $r = 11{,}7$ cm benützt, die Intensität bei $r = 6{,}8$ cm diente lediglich zur Kontrolle. Es stellte sich nämlich heraus, daß – wegen der parabolischen Intensitätsverteilung um $r = 0$ – eine geringe Unsicherheit der Intensität bei $r = 6{,}8$ cm (im Vergleich zu der bei $r = 1{,}5$ cm) schon eine sehr große Unsicherheit der hieraus bestimmten Diffusionslänge zur Folge hatte. Die aus der Intensität bei $r = 11{,}7$ cm bestimmten Werte der Diffusionslänge waren mindestens viermal genauer als die aus den Intensitäten bei $r = 6{,}8$ cm bestimmten.

Da die Indikatoren in kleinen Hohlräumen liegen, kann man zunächst im Zweifel sein, welcher genaue Wert von r für den betreffenden Indikator einge-
3 setzt werden muß. In den Hohlräumen bildet sich eine prak|tisch konstante Neutronendichte aus. Man kann annehmen – wenn man von der Absorption des Indikators und der fehlenden Absorption des Oxyds absieht –, daß diese konstante Dichte mit dem Mittelwert der ungestörten Dichte über den Rand des Hohlraums gleichgesetzt werden kann. Man kommt dann auf $r = 1{,}5$ cm für den inneren Indikator, $r = 12{,}0$ cm für den äußeren.

Ergebnisse. Zunächst wurde das Oxyd belgischer Herkunft untersucht. Eine Füllung der Al-Kugel ergab eine Schüttdichte von $s = 3{,}64$. Bei den endgültigen Messungen wurden die Intensitäten in der Al-Kugel mit der Ionisationskammer, die in der Cd-Kugel mit Zählrohren bestimmt und nach Eichung dieser beiden Apparaturen auf eine gemeinsame Intensitätseinheit umgerechnet.

Die folgende Tabelle gibt die so definierten Intensitäten:

Tabelle 1

	Al ohne Cd		Al mit Cd		[Al ohne Cd] – [Al mit Cd]		$\frac{\text{Diff. } 12{,}0}{\text{Diff. } 1{,}5}$
r [cm] =	1,5	12,0	1,5	12,0	1,5	12,0	
1. Messung	1,970 ±0,027	3,337 ±0,057			1,800 ±0,029	3,281 ±0,058	1,823 ±0,044
2. Messung	2,068 ±0,029	3,439 ±0,047	0,170 ±0,010	0,056 ±0,009	1,898 ±0,031	3,383 ±0,048	1,782 ±0,038
3. Messung	2,069 ±0,026	3,429 ±0,048			1,899 ±0,028	3,373 ±0,049	1,775 ±0,037
4. Messung	2,022 ±0,029	3,512 ±0,042			1,852 ±0,039	3,436 ±0,043	1,865 ±0,039
						Mittelwert:	1,811 ±0,020

Der Mittelwert des Verhältnisses der Intensitätsdifferenzen wird nun auf die Absorption der Ni-Hülle korrigiert – man erhält dann 1,775 – und auf das Kugelzentrum umgerechnet:

$$\left(\frac{\text{Diff. } 12{,}0}{\text{Diff. } 0}\right)_{\text{korr}} = 1{,}793 \pm 0{,}020 \ .$$

Dieser Wert kann gleich $(\sinh r/l)/(r/l)$ gesetzt werden. Man erhält also:

$$\frac{\sinh r/l}{r/l} = 1{,}793 \pm 0{,}020 \ , \qquad r/l = 1{,}977 \pm 0{,}020 \ , \tag{4}$$

$$l_{\text{belg.}} = 6{,}07 \ \pm 0{,}06 \text{ cm} \quad \text{für} \quad \text{Dichte } s = 3{,}64 \ .$$

Bei dem Oxyd der Auergesellschaft ergaben sich bei vorläufigen Messungen zunächst Schwierigkeiten dadurch, daß die anfängliche Schüttdichte wesentlich kleiner war als bei dem belgischen Oxyd (etwa 2,85) und im Lauf der Versuche zunahm, d. h. das Oxyd sackte zusammen. Bei den endgültigen Messungen konnte eine Schüttdichte von $s = 3{,}06$ erreicht werden, die auch während der Messungen konstant blieb. Es wurden hier mehr Messungen angestellt als beim belgischen Oxyd, da gleichzeitig mit den Intensitäten durch Vertauschen der Indikatoren die Stärken der Indikatoren bestimmt wurden. Die Werte sind:

Tabelle 2

	Al ohne Cd		Al mit Cd		[Al ohne Cd] – [Al mit Cd]		$\frac{\text{Diff. } 12{,}0}{\text{Diff. } 1{,}5}$
r [cm] =	1,5	12,0	1,5	12,0	1,5	12,0	
1. Messung	2,541 ±0,025	3,690 ±0,030			2,371 ±0,027	3,622 ±0,031	1,528 ±0,022
2. Messung	2,553 ±0,021	3,701 ±0,032			2,383 ±0,023	3,643 ±0,033	1,528 ±0,020
3. Messung	2,594 ±0,013	3,730 ±0,034			2,424 ±0,16	3,672 ±0,035	1,513 ±0,018
4. Messung	2,447 ±0,025	3,538 ±0,023			2,277 ±0,027	3,480 ±0,023	1,528 ±0,021
5. Messung	2,467 ±0,027	3,663 ±0,040	0,170 ±0,010	0,058 ±0,009	2,297 ±0,029	3,605 ±0,041	1,569 ±0,027
6. Messung	2,522 ±0,026	3,658 ±0,025			2,352 ±0,028	3,600 ±0,027	1,530 ±0,022
7. Messung	2,508 ±0,035	3,718 ±0,031			2,338 ±0,036	3,660 ±0,032	1,540 ±0,027
8. Messung	2,606 ±0,029	3,746 ±0,040			2,436 ±0,031	3,688 ±0,041	1,513 ±0,026
9. Messung	2,464 ±0,050	3,556 ±0,034			2,294 ±0,051	3,498 ±0,035	1,524 ±0,037
						Mittelwert:	1,530 ±0,009

Die Korrektur für die Absorption der Ni-Hülle führt auf 1,500, die Umrechnung
5 auf das Kugelzentrum gibt (Diff. 12,0/Diff. $0)_{\text{korr}} = 1{,}515 \pm 0{,}009$. | Zur Bestim-
mung von l erhält man also:

$$\frac{\sinh r/l}{r/l} = 1{,}515 \pm 0{,}009 \;, \qquad r/l = 1{,}640 \pm 0{,}013 \;,$$

$$l_{\text{Au}} = \mathbf{7{,}32 + 0{,}06}\ \text{cm} \quad \text{für} \quad \text{Dichte}\ s = 3{,}06 \;.$$

Rechnet man diesen Wert der Diffusionslänge auf die Dichte des belg. Oxyds um, so erhält man

$$l_{\text{Au}} = \mathbf{6{,}15 + 0{,}05}\ \text{cm} \quad \text{für} \quad \text{Dichte}\ s = 3{,}64 \;.$$

Diskussion der Ergebnisse. Aus den gemessenen Werten folgt zunächst, daß kein mit Sicherheit nachweisbarer Unterschied in der Neutronenstreuung und Absorption zwischen den beiden Oxydsorten besteht. Dies war nach der chemischen Analyse zu erwarten. Denn die geringe Verunreinigung des belgischen Oxyds mit Molybdän kann die Neutronenabsorption nur um die Größenordnung eines Prozents ändern, und eine solche Veränderung ist mit der hier erreichten Genauigkeit nicht mehr nachzuweisen. Der kleine Unterschied zwischen 6,15 und 6,07 liegt wohl innerhalb der Fehlergrenzen.

Die absolute Genauigkeit unserer Ergebnisse mag etwas geringer sein als die innere Genauigkeit, da z. B. kleine Abweichungen von der Kugelsymmetrie nicht ganz zu vermeiden sind. Wir glauben aber nicht, daß hierdurch die Bestimmung von l um mehr als etwa 2% ungenau werden kann.

Der gemessene Wert $l = 6{,}1$ cm für Dichte 3,64 ist wesentlich geringer, als der eine von uns in einem früheren Bericht abgeschätzt hatte. Die damalige Schätzung gab $l = 9{,}2$ cm.

Dies muß daran liegen, daß damals jedenfalls der Wirkungsquerschnitt für
6 elastische Streuung, wahrscheinlich auch der für Absorption unterschätzt | wor-
den ist. Der Absorptionsquerschnitt (Einfang + Spaltung) dürfte etwa zwischen 3,5 und $4{,}5 \cdot 10^{-24}\,\text{cm}^2$ liegen; nach neueren Messungen von *Fischer* in Berlin wahrscheinlich näher am letzteren Wert. Für die mittlere freie Weglänge für Absorption λ_{abs} erhält man bei Dichte 3,64 entsprechend 36,6 cm bzw. 28,5 cm. Also wird die mittlere freie Weglänge für elastische Stöße (λ_s) nach unseren Messungen

$$\lambda_s = \frac{3l^2}{\lambda_{\text{abs}}} = \frac{3 \cdot 6{,}1^2}{36{,}6\ \text{bzw.}\ 28{,}5} = \begin{matrix} 3{,}05\ \text{cm} & \text{für} & \sigma_{\text{abs}} = 3{,}5 \cdot 10^{-24} \\ 3{,}92\ \text{cm} & \text{für} & \sigma_{\text{abs}} = 4{,}5 \cdot 10^{-24} \;. \end{matrix}$$

Der entsprechende Wirkungsquerschnitt wird:

$$\begin{aligned} \sigma_s &= 42{,}0 \cdot 10^{-24} \quad \text{für} \quad \sigma_{\text{abs}} = 3{,}5 \cdot 10^{-24} \\ \sigma_s &= 32{,}7 \cdot 10^{-24} \quad \text{für} \quad \sigma_{\text{abs}} = 4{,}5 \cdot 10^{-24} \\ [\ \ &= 30 \qquad\qquad\qquad\qquad 4{,}9 \qquad]^2 \;. \end{aligned}$$

[2] Put in by hand. (Editor)

Zieht man für die Streuung der O-Atome $4 \cdot 10^{-24}$ per Atom ab, so bleibt für die Streuung des U-Atoms:

$$\sigma_s = 31{,}3 \quad \text{bzw.} \quad 22 \cdot 10^{-24}\,\text{cm}^2 \; .$$

Diese Werte sind sehr hoch, nur der letztere paßt zu den Ergebnissen früherer Arbeiten. Man wird also schließen, daß σ_{abs} kaum kleiner aus $4{,}5 \cdot 10^{-24}$ [cm^2] sein kann. Unsere Ergebnisse stehen mit neuen Messungen von *Riezler*, der für den Gesamtwirkungsquerschnitt von U $\sigma = 16{,}2 \cdot 10^{-24}$ [cm^2] angibt, in Widerspruch, es sei denn, daß man für σ_{abs} unwahrscheinlich hohe Werte annimmt. Einen Grund für die Diskrepanz können wir nicht angeben.

Der hohe Wert des Streuquerschnitts legt die Vermutung nahe, daß das Präparat 38 noch etwas Feuchtigkeit enthalten könnte. Von Herrn Dr. *Riehl* erhielten wir die Auskunft, daß nach Versuchen, die in der Auergesellschaft freundlicherweise auf unsere Anfrage hin angestellt worden sind, das Präparat 38 etwa 0,5 bis 1 Tausendstel des Gewichtes an Wasser enthält. Für das Präparat 38, mit dem unsere Versuche ange|stellt wurden und das in einem ungeheizten Raum 7
lagerte, ist mit einem Feuchtigkeitsgehalt von 1‰ zu rechnen. Die H-Atome im Wasser tragen dann etwa $1{,}5 \cdot 10^{-24}$ cm^2 zum scheinbaren Streuquerschnitt der U-Atome bei. Der wahre Streuquerschnitt von U erniedrigt sich daher für $\sigma_{abs} = 4{,}5 \cdot 10^{-24}$ cm^2 auf $20{,}5 \cdot 10^{-24}$ cm^2.

Bericht über die Versuche mit Schichtenanordnungen von Präparat 38 und Paraffin am Kaiser Wilhelm-Institut für Physik in Berlin-Dahlem

Von **W. Heisenberg**

Die im folgenden beschriebenen größeren Versuche (mit 6 to Präparat 38) wurden veranlaßt durch theoretische Überlegungen, die *v. Weizsäcker* und *Höcker* im Anschluß an frühere Berichte angestellt hatten. Die experimentelle Durchführung des Versuchs lag in den Händen von *Wirtz*. Die Indikatormessungen wurden von *Fischer* mit einer von ihm gebauten Zählrohrapparatur vorgenommen. Die Borsonde wurde von *Deubner* (unter Mitarbeit von *Wirtz*) fertiggestellt und für die Messungen verwendet. An der numerischen Auswertung der Versuche hat *Bopp* mitgearbeitet. Der Bericht wurde zum Teil von *Wirtz, Fischer* und *Bopp* abgefaßt. An den praktischen Arbeiten waren die Mechaniker *Borchardt* und *Frank* beteiligt.

Inhalt

2
1. Theoretische Vorbemerkungen

Die ersten Berechnungen über die Möglichkeit der Energieerzeugung mit der 38-Maschine hatten etwa zu folgendem Ergebnis geführt: Das Problem der 38-Maschine läßt sich in drei Einzelprobleme zerlegen, die der Reihe nach gelöst werden müssen.

Zuerst muß gezeigt werden, daß überhaupt beim Spaltungsprozeß für jedes eingefangene thermische Neutron im Mittel mehr als ein Spaltungsneutron entsteht. Diese Frage schien damals durch die Untersuchungen von *Anderson, Fermi* und *Szilard*, und *Halban* und *Joliot* im positiven Sinne entschieden.

Dann muß eine Mischung von Präparat 38 mit einer bremsenden Substanz gefunden werden, die im ganzen einen negativen Absorptionskoeffizienten besitzt; in der also, wenn der ganze Raum von ihr erfüllt wäre, jede Neutronendichte exponentiell anwachsen würde.

Schließlich muß von dieser Mischung eine so große Menge aufgehäuft werden, daß die Neutronenvermehrung im Inneren den Neutronenverlust durch die Absorption der nach außen abwandernden Neutronen ausgleicht.

Für das entscheidende zweite Teilproblem, die Herstellung einer Mischung mit negativem Absorptionskoeffizienten, hatte sich zunächst ergeben: Als bremsende Substanz eignet sich nur schweres Wasser und vielleicht ganz reine Kohle, nicht aber leichtes Wasser. Eine Schichtenanordnung von Präparat 38 und der bremsenden Substanz, wie sie von *Harteck* vorgeschlagen wurde, gibt *eher* Neutronenvermehrung als die homogene Mischung.

Die Neuberechnung der für die Eigenschaften von Präparat 38 charakteristischen Konstanten auf Grund einer Arbeit von *Joliot, Halban, Kowarski* und *Perrin* gab damals (*Heisenberg*, 2. Bericht) folgende Werte:

Die Anzahl X der Spaltungsneutronen pro eingefangenes thermisches Neutron wird

$$X = 1{,}9 \pm 0{,}2 \; . \qquad (1)$$

Bezeichnen E_k, Γ_k, σ_k die Lage, die Breite und den maximalen Wirkungsquerschnitt für die Resonanzniveaus von Präparat 38, so wird

$$\sum_k (\Gamma_k/E_K)\sqrt{\sigma_k \cdot 10^{24}} = 2{,}7 \; . \qquad (2)$$

Im Anschluß an Berechnungen von *v. Weizsäcker* machte dann *Höcker* dar- 3
auf aufmerksam, daß nach den neuen Werten (1) und (2) auch eine geeignete Schichtenanordnung von Präparat 38 und *leichtem* Wasser oder Paraffin einen negativen Absorptionskoeffizienten besitzen müßte. Nach der Rechnung wären die günstigsten Schichtdicken etwa 1,9 g/cm^2 Paraffin und 27,3 g/cm^2 Präparat 38.

Auf Grund dieses Ergebnisses schien es wichtig, eine solche Schichtenanordnung herzustellen und zu untersuchen. Selbst wenn es sich herausstellen sollte, daß der Absorptionskoeffizient entgegen der Erwartung noch positiv ist, so mußte eine Messung der Eigenschaften der Anordnung eine sehr genaue Bestimmung von X ermöglichen, dessen Wert für das ganze Problem der 38-Maschine von entscheidender Bedeutung ist.

Das Verhalten einer solchen homogenen oder geschichteten Mischung aus Präparat 38 und einer bremsenden Substanz kann im wesentlichen durch zwei Konstanten beschrieben werden: den effektiven mittleren Absorptionskoeffizienten $\bar{\nu}$ und die effektive mittlere Diffusionskonstante $\bar{D}$ (vgl. Bericht von *Bothe*). Zwar bestimmen diese beiden Konstanten nur den raumzeitlichen Verlauf der Neutronendichte im Großen, während im Einzelnen im Inneren einer Schicht die Dichte noch in einer bestimmten theoretisch leicht übersehbaren Weise variiert.

Aber über diese Dichteschwankungen im Kleinen kann gemittelt werden, wenn man die ganze Schichtenanordnung groß gegen den Abstand und die Dicke der Schichten macht.

Es könnte an dieser Stelle vielleicht eingewandt werden, daß eine homogene Mischung, in der solche kleinen Schwankungen gar nicht auftreten, klarere experimentelle Resultate liefern würde und daher für die Bestimmung der Präparat-38-Konstanten vorzuziehen wäre (*Flügge*). Aber eine Schichtenanordnung ist viel leichter herzustellen und zu variieren als eine gleichmäßige Durchmischung, da es sich ja um ganz erhebliche Mengen (6 to) von Präparat 38 handelt. Deshalb wurde an der Schichtenanordnung festgehalten; insbesondere wurde bei dem Berliner Versuch (im Gegensatz zu einem parallel laufenden Versuch in Leipzig) darauf geachtet, die Geometrie der Anordnung so zu halten, daß die Schichtdicken leicht variiert werden können, selbst wenn dadurch die Messungen etwas umständlich werden. Für die Messung wäre natürlich eine kugelsymmetrische An-
4 ordnung mit der Neutronenquelle in der Mitte | am günstigsten. Hierauf wurde aus den genannten Gründen verzichtet und eine zylindersymmetrische Anordnung mit quadratischem Querschnitt gewählt. Die Abmessungen mußten grob gegen die Schichtdicken sein. Eine Überschlagsrechnung ergab, daß bei einem Zylinderdurchmesser von ca. 1,40 m schon eine einigermaßen genaue Bestimmung von $\bar{\nu}$ und $\bar{D}$ möglich sein müßte. Die Festlegung dieser beiden Konstanten aus den gemessenen Neutronenintensitäten wird in Abschnitt 4 besprochen werden.

2. Experimentelle Anordnung des Präparat-38-Versuchs

a) Plan des Versuchs

Die Überlegungen des vorigen Abschnitts führten zu folgendem Versuchsplan. Rund 6 to Präparat-38-Oxyd einer Dichte von 3,3 standen zur Verfügung. Sie sollten in Schichten von etwa 8.3 cm Dicke abwechselnd mit Schichten von Paraffin von 2,0 cm Dicke geordnet werden. Die vorhandene Menge Präparat 38 sollte zusammen mit der erforderlichen Paraffinmenge ausreichen, einen Kreiszylinder von 1,40 m Durchmesser und 1,40 m Höhe auszufüllen. Da das Oxyd pulverförmig ist, mußte die Schichtung in einem Behälter ausgeführt werden, der außerdem wasserdicht sein mußte, da die ganze Anordnung zur Bremsung der Neutronen mit Wasser zu umgeben war. Dieser zylindrische Behälter sollte aus Reinaluminium bestehen, das Neutronen fast nicht absorbiert. Der Behälter sollte in einer brunnenartigen Grube aufgestellt werden, die mit Wasser gefüllt werden kann. Die Dimensionen dieser Anordnung gestatteten es nicht, sie in einem der zur Verfügung stehenden Labors aufzubauen. Der ganze Versuch wurde daher in der Nähe des Instituts auf einem von der Generalverwaltung und der Bauverwaltung der Kaiser Wilhelm-Gesellschaft zur Verfügung gestellten Gelände in einer zu diesem Zweck erbauten Laborbaracke ausgeführt. So wurde zugleich die Gefahr vermieden, daß von den großen Mengen Präparat 38 Verunreinigungen in das Institut gelangten und es verseuchten. Auch künftige Großversuche mit Präparat 38 können in diesem Außenlabor ausgeführt werden.

b) Das Außenlabor 5

Die Errichtung des Außenlabors begann mit dem Ausschachten und Ausmauern der Brunnengrube, die eine Tiefe von 2 m und einen (reichlich bemessenen) Durchmesser von 2,80 m besitzt. Über dieser Grube wurde die Laborbaracke aus Holz errichtet, die eine Grundfläche von 5,5 m × 7 m und eine Höhe von 3,20 m hat. Die Brunnengrube befindet sich im rückwärtigen Teil des Labors, so daß Platz für experimentelle Arbeiten bleibt. Die Holzwände des Außenlabors wurden innen mit einem Wärmeisolierstoff verkleidet, so daß auch im Winter durch Ofenheizung das Labor benutzbar blieb. Das Labor erhielt 220 Volt Drehstrom, Wasser- und Kanalisationsanschluß. Alle Anschlüsse konnten mit Erlaubnis des Kaiser Wilhelm-Instituts für Biologie (Prof. v. Wettstein, Dr. Melchers) an die Installation des Virusgewächshauses dieses Instituts angeschlossen werden, wodurch allein eine kurze Bauzeit ermöglicht wurde. (Planung des Labors: Juli 1940; Fertigstellung: Anfang Oktober 1940). Den Bau unterstützte Herr Schrank, Leiter der Bauverwaltung der Kaiser Wilhelm-Gesellschaft durch Rat und Hilfe.

Der Wasseranschluß wurde so dimensioniert (2 Zoll-Rohr), daß die etwa 12 cbm fassende Grube in 2 1/2 Stunden gefüllt werden konnte. Entleert wird die Grube durch eine im Labor aufgestellte, drehstrombetriebene Sihikreiselpumpe, die den gesamten Inhalt in etwa 1 Stunde in ein Abflußbecken pumpt, dessen Abflußrohr entsprechend dimensioniert ist. Auf diese schnelle Auspumpmöglichkeit wurde im Hinblick auf die anzustellenden Versuche besonderer Wert gelegt.

Um die schweren Aluminiumbehälter leicht in die Grube bringen zu können, wurde innerhalb des Labors ein Portalkran aufgestellt, der die Grube überspannt.

c) Die Aluminiumbehälter für das Präparat 38

Auf Grund verschiedener Überlegungen wurden die Aluminiumbehälter folgendermaßen ausgeführt: Auf eine kreisrunde, 5 mm dicke Aluminiumbodenplatte B von 150 cm Durchmesser wird eine völlig geschweißte Aluminiumglocke
G aus 3 mm starkem Blech (Abb. 1a) von | einer mittleren Höhe von 145 cm und 6
einem Durchmesser von 140 cm aufgesetzt. Am unteren Rand ist die Wand der Glocke nach außen umgebogen zu einem 5 cm breiten Flansch F, der bis zum Rand des Bodens reicht. Flansch und Boden werden durch je einen Eisenring von 150 cm äußerem Durchmesser und 1,3 cm × 5,0 cm Querschnitt verstärkt. Zwischen Glockenflansch und Boden befindet sich ein Dichtungsring aus Gummi. Durch 90 Schrauben aus Duraluminium werden die beiden Eisenringe zusammengepreßt, d.h. die Al-Glocke auf den Boden festgeschraubt. Diese Anordnung erwies sich als völlig wasserdicht, selbst bei wochenlangem Stehen unter Wasser. In der Mitte der Bodenplatte befindet sich ein kleiner Sammelbehälter S, in dem etwa eindringendes Wasser sich sammeln sollte, um von da von oben abgepumpt zu werden. In der Mitte des Deckels der Glocke befindet sich ein 6 cm weiter Aluminium-Schornstein R, der oben offen ist und der stets aus dem die Glocke umgebenden Wasser herausragt. Durch ihn kann sowohl die Glocke auf

Dichtigkeit geprüft werden, als auch Präparate, Meßsonden etc. in die Glocke eingeführt werden. Das Gesamtgewicht der Al-Glocke beträgt 100 kg.

Der Al-Boden wurde zunächst in der Mitte der Grube auf einen 25 cm hohen Holzrost montiert, so daß auch Wasser *unter* die Anordnung gelangen konnte. Die Präparat-38-Schichtung konnte nun nicht direkt auf dem Boden vorgenommen werden. Vielmehr wurden auf den Al-Boden 4 kreisrunde je 35 cm hohe „Wannen“ aus 1,5 cm starkem Al-Blech übereinandergesetzt, deren Form und Dimensionen man in Abb. 1b findet. In diese vier Wannen sollte die Schichtung gepackt werden (vgl. auch Abb. 2). Die Wannen liefen nach unten konisch zu, so daß die obere jeweils in die darunterliegende hineinragen konnte, wenn die Schichtung es erfordern sollte. Mitten in jeder Wanne befindet sich ein 4 cm weites Rohr, das über den oberen Rand der Wanne hinaus- und in das Rohr der nächsten Wanne hineinragt. Zwischen dem oberen Rand einer Wanne und der Glockenwand bleiben nur etwa 1 cm Abstand. Trotz der großen Dimensionen der Teile und den sehr knapp bemessenen Abständen paßte die Al-Glocke stets genau über die Wannen. In den oberen Teil jeder Wanne war ein Kreuz aus Al-Profilen eingepaßt, das im leeren Zustand die Form der Wanne hielt, und auf dem während der Leermessungen die nächste Wanne stand. Bei der Schichtung erwies sich
7 dieses Kreuz | als nicht notwendig zur Stabilisierung der Form einer Wanne. Das Gewicht jeder Wanne betrug nur etwa 15 kg.

Auf dem Boden der dritten Wanne (d. h. in der Mitte der ganzen Anordnung) war ein horizontaler flacher Kanal aus Al-Blech eingebaut, der von der Wannenwand zur Mitte führte. Diese „Sonde“ diente zur Einführung von Indikatoren ins Innere der Schichtung.

d) Aufbau der Anordnung

Gießen der Paraffinplatten. Das Gießen der Paraffinkreise, die eine Dicke von 21 mm und einen Durchmesser von etwa 137 cm besitzen sollten, bereitete zunächst gewisse Schwierigkeiten. Der Kreis wurde in 12 Sektoren unterteilt, die einzeln gegossen wurden. Eine Gießform bestand aus einer Zinkgrundplatte, auf die durch Schraubzwingen ein Holzrahmen von 21 mm Höhe und ein darauf liegender Rahmen von 5 mm Höhe gepreßt wurde. Dann wurde das flüssige Paraffin (Schmelzpunkt 50 – 52° C, Dichte ~ 0.87) mäßig heiß eingegossen. Beim Erstarren bildeten sich Lunker und außerdem „schwand“ die Platte in der Mitte. Nach dem Erstarren wurde der obere Holzrahmen abgenommen, die Platte genau auf die Dicke des ersten Rahmens (21 mm) abgehobelt und dann von Grundplatte und Rahmen abgelöst. Erst nach langen Gießversuchen wurde gefunden, daß sich die sehr die Homogenität störende Lunkerbildung durch Zusatz von 2% I.G. Wachs Z, einem langkettigen synthetischen Paraffin, völlig beseitigen läßt. Die Dichte unseres Paraffins stieg dann auf 0,9 und die Platten waren sehr stabil und leicht bearbeitbar. Dieser Z-Wachs-Zusatz wird seitdem allem Paraffin zugemischt, das im Institut für kernphysikalische Zwecke gegossen wird.

Ausführung der Schichten. Je Quadratzentimeter jeder Schicht wurden 27,3 g Präparat-38-Oxyds beigewogen. Für jede Schicht wurde ein mittlerer Radius ausgemessen (Tabelle 1). Die für jede Schicht abgewogene Oxydmenge wurde mittels

besonderer Vorrichtungen glatt gestrichen. Auf die fertige Präp. 38-Oxydschicht,
deren Dicke um höchstens 2 – 3 mm an |verschiedenen Orten schwankte und eine 8
Dichte von etwa 3,3 besaß, wurde eine 0,37 mm starke, genau zugeschnittene Kartonplatte gelegt, die die Schicht vor mechanischen Einwirkungen schützen und zugleich die darunter liegenden Paraffinplatten vor Verschmutzung durch das Oxyd schützen sollte. Auf diese Kartonlage wurde die genau 2 mm starke Paraffinschicht (Dichte 0,9) gelegt. Etwa verbleibende Fugen wurden vergossen und geglättet. Auf die Paraffinschicht wurde wiederum zum Schutz eine Schicht aus 0,27 mm starkem Zeichenpapier gelegt. Auf die oberste Papierlage wurde das Oxyd der nächsten Schicht geschüttet.

Am oberen Ende einer Wanne, das nicht mit dem Ende einer Schicht zusammenzufallen brauchte, wurde die nächste Wanne auf die Schicht gestellt. Dadurch waren, wenn z. B. der Boden der Wanne mitten in eine Oxydschicht kam, kleinere Unregelmäßigkeiten in der Oxydverteilung bedingt (z. B. bei den Schichten 4, 7, 11; vgl. Tabelle 1 und Abb. 2). Die letzte, 14. Schicht Uranoxyd enthielt nur noch 230 kg Oxyd an Stelle von rund 400 kg bei den übrigen Schichten (Tabelle 1).

Die genauen Daten der Schichten sind in Tabelle 1 zusammengestellt. Außerdem ist die Lage der einzelnen Schichten in Abb. 3 eingezeichnet.

Schutz des Personals. Für die mit großen Mengen von Präparat-38-Pulver umgehenden Leute wurden nach Rücksprache mit Dr. Riehl und Dr. Zimmer von der Auergesellschaft besondere Schutzmaßnahmen getroffen. Die radioaktive Strahlung des Präparats 38 ist so gering, daß sie auch beim längeren Umgang mit großen Mengen nicht für den Organismus schädlich ist. Dagegen ist Präparat 38 ein starkes chemisches Gift, das den Verdauungs- und Atmungsorganen des Organismus ferngehalten werden muß. Außerdem mußte vermieden werden, daß durch die Leute das Institut radioaktiv verseucht wurde. Beim Arbeiten mit dem Oxyd-Pulver mußte deshalb ein Überanzug, besonderes Schuhwerk, eine Staubmaske und gelegentlich eine Staubbrille getragen werden. Das Umziehen geschah außerhalb des Instituts.

9 **Tabelle 1.** Daten der einzelnen Schichten

Schicht Nr.	Oxyd kg	Mittlerer Durchmesser der Schicht in [cm]	Wanne Nr.	Bemerkungen
1	397,0	136,1	1	–
2	401,0	136,8	1	–
3	403,3	137,6	1	–
4	405,5	137,7	1+2	gestört durch Wannenboden
5	400,0	136,7	2	–
6	401,0	136,8	2	–
7	403,0	137,1	2+3	gestört durch Wannenboden
8	397,0	136,0	3	–
9	398,0	136,1	3	–
10	404,5	137,3	3	–
11	395,0	135,8	3+4	gestört durch Wannenboden
12	397,0	136,1	4	–
13	397,5	136,3	4	–
14	230,1	137,2	4	–

Summe: 5430 kg Oxyd

Gesamtdicke aller Schichten: 139 cm; Dichte des Urans im Mittel: 3,3

10

3. Bestimmung der Neutronenverteilung

a) Die Meßeinrichtungen

Zur Ausmessung der Verteilung der Dichte thermischer Neutronen im Kessel und im umgebenden Wasser wurden einerseits Dysprosiumindikatoren benutzt, andererseits ein Borzählrohr, das in einfacher Weise als Sonde im Wasser herumgeführt werden konnte. Es war ursprünglich geplant, im Wasser hauptsächlich das letztere Verfahren wegen seiner raschen Durchführbarkeit anzuwenden und die zeitraubenden Indikatormessungen auf das Innere des Kessels zu beschränken, wo das Einführen einer Borsonde nicht oder nur schwer zu bewerkstelligen war. Es ergab sich jedoch im Laufe der Untersuchungen die Notwendigkeit, auch für die Messung im Wasser weitgehend Indikatoren zu gebrauchen und diese Meßergebnisse bevorzugt für die Auswertung heranzuziehen.

Das Präparat, das in der Mitte der Achse des kreiszylindrischen Kessels aufgehängt wurde, hat eine Stärke von ca. 500 mg Ra-Be. Die aktive Substanz ist in einer Nickelkugel von 18 mm ∅ und 0,4 mm Wandstärke eingeschlossen, die gewöhnlich ihrerseits in einem kleinen Al-Behälter untergebracht ist.

Indikatormessungen. Für die Herstellung der Indikatoren stand das Dysprosium als gepulvertes Oxyd (Dy_2O_3 mit 2–3% Ho) von der Fa. Dr. W. Franke, Frankfurt a.M. zur Verfügung. Auf 0,5 mm dicken Blechstreifen aus Reinaluminium der Abmessung 24 mm × 90 mm wurde in der Mitte eine Fläche von 20 mm ×

40 mm unter Benutzung von Zaponlack als Bindemittel mit einer möglichst gleichmäßigen Oxydschicht belegt. Umwickeln der Mitten dieser Streifen mit Al-Folie und Verkleben und Abdichten mit Bakelitlack ergab einen wasserdichten Abschluß der Schicht nach außen hin. Es wurden 10 Indikatoren dieser Art benutzt mit je etwa 300 mg Oxyd auf der Fläche 20 mm × 40 mm. Für senkrecht hindurchgehende thermische Neutronen absorbieren diese Indikatoren etwa 8,5%. Die Dicke war notwendig, um die schwächsten zu messenden Neutronendichten (im Wasser) auch genügend genau bestimmen zu können. Die Indikatoren wurden relativ zueinander geeicht; die Unterschiede waren kleiner als 10%.

Die β-Aktivität der Dysprosiumindikatoren wurde, nachdem über Nacht an 11
der Stelle bis zur Sättigung exponiert worden war, mit einem Al-Zählrohr von 100 μ Wandstärke (Füllung 6 cm Luft, 1 cm Alkohol) gemessen. Die Impulse gingen in üblicher Weise nach der Verstärkung (3-Röhrengerät mit nicht voll ausgenutzter Verstärkungsmöglichkeit) auf einen Tyratronkreis, der ein mechanisches Zählrohr nach *Flammersfeld*[1] betätigte. Die Korrektur für die begrenzte Auflösung der Zählanordnung wurde experimentell bestimmt, indem unter Benutzung von zwei schwächeren Radiumpräparaten zwei unabhängige Aktivitäten erst einzeln und dann auf dem Zählrohr zusammenwirkend gezählt wurden; und zwar wurde diese Prüfung (durch Variation des Abstandes Präparate-Zählrohr) in verschiedenen Zählfrequenzbereichen ausgeführt. Teilchenzahlen bis zu 2500 Teilchen pro min konnten ohne Schwierigkeiten gemessen werden. Im allgemeinen werden je 5 Indikatoren gleichzeitig aktiviert und dann abwechselnd je zwei bis dreimal ausgezählt (Zähldauer je nach Intensität); zwischendurch mehrmals Kontrolle des Nulleffekts. Die korrigierten Werte werden dann mit der Halbwertszeit von 140 min auf den Zeitpunkt des Endes der Exposition extrapoliert. Die Konstanz der Zählanordnung wurde mit einem Standardpräparat aus Uranoxyd fortlaufend kontrolliert. Die Anfangsaktivität war bei den Messungen in Wasser 20 – 200 Teilchen pro min, im Kessel 200 – 2500 Teilchen. Je nach Teilchenzahl hatten die Resultate eine Genauigkeit von 3 – 8%. Bei außerdem ausgeführten Messungen mit Umkleidung der Indikatoren mit Cd-Blech (0,5 cm) war entsprechend der geringeren Teilchenzahl (2 – 5% der ohne Cd gemessenen) die Genauigkeit geringer.

Für das Einbringen der Indikatoren als Sonde in das Innere des Kessels waren, wie unter 2. beschrieben, zwei Kanäle vorhanden, der eine in der Zylinderachse, der zugleich zur Aufhängung des Präparates diente und in einem Verlängerungsrohr bis über die Wasseroberfläche führte (von oben aus wurde dies Rohr bis zur Höhe der oberen Kesselfläche mit einem Paraffinstopfen gefüllt), der andere führte von der Mitte der Zylinderachse (Präparat) radial nach dem Zylindermantel. In den radialen Kanal wurden nach Fertigstellung der Schichtung und
vor dem Aufsetzen der Kesselglocke und | Einfüllen des Wassers 5 Indikatoren in 12
verschiedenen Abständen vom Präparat eingelegt, und die Ausmesung konnte dann erst nach Abschluß aller übrigen Messungen nach schnellem Abpumpen des Wassers und Abheben des Kessels geschehen. In dem axialen Kanal konnten die Messungen jederzeit ausgeführt werden. Zur Ausmessung der Verteilung im

[1] Für die Herstellung und Überlassung einiger Zählwerke sind wir dem Kaiser Wilhelm-Institut für Chemie zu besonderem Dank verpflichtet.

Wasser mußte man die Indikatoren in definierte Abstände von der Kesselwandung bringen. Dazu wurde ihnen an den beiden schmalen Seitenflächen (24 mm) verschiedene Stelzen angesetzt, die senkrecht zur 24 mm × 90 mm Fläche fortführen. (Stelzen aus Reinaluminium, Befestigung des Indikators an ihnen durch Einschieben in passende Rillen, evtl. Verkleben mit Kohesan.)

Die Borsonde[2]. Das benutzte Borzählrohr bestand aus einem 10 cm langen Messingrohr (Dicke 0,5 mm) von 2 cm Durchmesser, auf dessen Innenseite durch Aufschwemmen mit reinem Alkohol eine dünne Schicht von Bor aufgebracht war. (Als Füllung diente 40 cm Argon.) Es befand sich in dem einen Ende eines 65 cm langen Messingrohres von 3 cm Durchmesser, durch welches die Leitungen zu einem am anderen Ende angeschlossenen Kasten (14 cm × 9 cm × 7 cm) führten, der die erste Verstärkerstufe (Röhre AF7) enthielt. Von diesem führte eine 2 m lange hohe Vierkant-Messingstange (senkrecht zu dem 65 cm-Messingrohr) ab, welche die notwendigen Zuleitungen (Heiz-, Anoden- und Zählrohrspannung) enthielt. Außerdem führte in ihr die Verbindung zu der weiteren Verstärkeranordnung (2 Stufen mit AF7 Röhren) zum Laboratoriumstisch, an die sich ein Tyratronkreis mit einem mechanischen Zählwerk nach *Flammersfeld* anschloß. Die ganze Sonde war sorgfältig gegen Eindringen von Wasser abgedichtet. Die Anordnung der ersten Verstärkerstufe in der angegebenen Weise erwies sich aus Intensitätsgründen als zweckmäßig, da das Kabel zum Experimentiertisch eine Länge von 3 – 4 m besaß. Mit der 2 m langen Messingstange konnte der Borzähler in dem 2 m tiefen Wasserbehälter bequem herumgeführt werden; u. a. ließ sich die Borsonde wegen des rechtwinkligen Ansatzes an der Stange auch
13 unter den zylindrischen Kessel legen. Zur bequemen | und definierten Festlegung waren in der Wassergrube besondere Rasten angebracht. Zur Kontrolle der Empfindlichkeit der Borsonde wurde ein Eichstand benutzt, bestehend aus Paraffinklötzen, zwischen die man die Sonde in definierte Lage bringen konnte und vor denen in definierter Entfernung eine Neutronenquelle von 200 mg Ra-Be stand. Die Batterien für die Zählrohrspannung (etwa 900 Volt) wurden zur Erzielung hinreichender Konstanz gegen die ziemlich großen Temperaturschwankungen des Raumes durch Unterbringung in einer mit Isoliermaterial verkleideten Kiste geschützt.

Eine überschlagsmäßige Abschätzung ergibt, daß die Borsonde eine größere Absorption für thermische Neutronen besitzt als die verwendeten Indikatoren (Faktor der Größenordnung 5). Ein noch größerer Nachteil ist ihre große räumliche Ausdehnung, auf Grund derer sie außer durch Absorption noch eine ausgedehnte Störung der Neutronenverteilung durch Verdrängung des stark streuenden Wassers bewirkt. Die Fehler müssen besonders an den Grenzflächen (Wand des gefüllten Kessels) in Erscheinung treten, da sich an diesen die Neutronendichte stark ändert (siehe die Meßergebnisse). Eine Abschätzung der auftretenden Fehler ist kaum möglich; da die Bormessungen an einigen Stellen schwer übersehbare Abweichungen von den Indikatormessungen zeigten, wurden sie schließlich bei der Auswertung der Versuchsergebnisse nur zur Ergänzung herangezogen.

---

[2] Für freundliche Unterstützung bei der Herstellung der Borsonde sind wir Herrn von Droste zu Dank verpflichtet.

b) Ergebnisse der Messungen

Indikatormessungen. Die Indikatormessungen im Inneren des Kessels ohne und mit Füllung sind in Tabelle 2 zusammengestellt. (Der Bezugswert 100, der nahezu der Dichte der thermischen Neutronen auf der Wand des ungefüllten Kessels entspricht, war bei den verschiedenen Indikatoren gleich einer Anfangsaktivität von 180 bis 200 Teilchen pro Minute.)

Tabelle 2. Kesselinneres, Präparat im Zentrum 14

a) ohne Füllung							
Abstand vom Präparat	0	10	28	34,5	48,5	50	63 cm
ohne Cd (radialer Kanal)	135,5	104		113	109		115
mit Cd (axialer Kanal)	34,8		5			3	

b) mit Füllung, axialer Kanal, Abstand vom Präparat	0	15	24	29	38	43	52	57	66 cm
ohne Cd (Mitte nach oben)	1390	775		405		190,8		89,7	
ohne Cd (Mitte nach unten)	1390		498,2		266,1		123,5		61,6
mit Cd (Mitte nach oben)	73	23,4		13,9				2,2	

c) mit Füllung, radialer Kanal, Abstand vom Präparat	8,5	19,5	33,5	47,5	62 cm
ohne Cd	1178	510,5	296,5	126,2	90,9

Im Kesselinnern ohne Füllung ergibt sich bei Bildung der Differenz (ohne Cd – mit Cd) innerhalb der Genauigkeit, die bei dieser Messung nicht besonders hoch angestrebt war (etwa 5%), erwartungsgemäß eine konstante Dichte thermischer Neutronen, die mit der auf der Kesseloberfläche gemessenen (s. u.) übereinstimmt. Im gefüllten Kessel steigt, von der Kesselwand aus zunächst langsam beginnend, die Neutronendichte gegen die Mitte (Präparat) steil an. Der mit Cd gemessene Wert beträgt im Mittel etwa 3% des ohne Cd bestimmten außer direkt am Präparat (4,5 bzw. 26%).

Im Wasser wurden Indikatormessungen auf dem Kesseldeckel in der Nähe der Achse, in der Mitte der Kesselwand (Zylindermantel) und vom Kreisrand des Kesseldeckels ausgehend in 45°-Richtung zur Zylinderachse in verschiedenen Abständen ausgeführt. Die Tabellen 3 – 6 enthalten die Meßergebnisse ohne und mit Füllung des Kessels.

Tabelle 3. Kesseldeckelmitte, Präparat im Zentrum

Entf. vom Kesseldeckel		0	1	2	3	4	6	12	18	25 cm
ohne Füllung	ohne Cd	103,8			90,3		76,6	38,4	20,7	8,8
	mit Cd	3,8								
mit Füllung	ohne Cd	79,0	99,0	121,2	114,4	103,5		37,6	13,6	
	mit Cd	1,9	2,5	3,7	2,6	3,3				

15 **Tabelle 4.** Kesselwandmitte, Präparat im Zentrum

Entf. von Kesselwand	0	1	2	3	4	6	12	18	24 cm
ohne Füllung, ohne Cd	108,0	107,5	108,3	113,0		107,9	61,6	28,9	15,7
mit Füllung, ohne Cd	98,5	122,5	119,5	127,1	125,5	103,2	35,0	12,5	

Tabelle 5. Kesseloberkante, 45°-Richtung gegen Zylinderachse, Präparat im Zentrum

Entf. von Kante	0	3	6	12	18 cm
ohne Füllung, ohne Cd	85,7	70,6	61,7	27,4	11,7

Tabelle 6. Kesselwand, 35 cm unterhalb Oberkante

Entf. von Wand	0	6	18 cm
ohne Füllung, ohne Cd	93,5	87,6	20,0

Von der Wand des ungefüllten Kessels fällt die Neutronendichte erst langsam (horizontale Tangente), dann weiter außen rascher ab. Bei gefülltem Kessel findet man auf den ersten 2 cm zunächst einen steilen Anstieg der Neutronendichte, von einem Wert an der Wand ausgehend, der unter dem entsprechenden Wert der Leermessung liegt. Bei etwa 3 cm wird ein Maximum erreicht, das über die bei leerem Kessel im Wasser gemessenen Werte hinausgeht. Dann folgt ein Abfall, der rascher ist als der ohne Füllung gefundene. Der Verlauf in unmittelbarer Nähe der Kesselwand ist bedingt durch ein starkes Abströmen der in Wasser verlangsamten Neutronen in den Kessel hinein.

Die Messungen mit der Borsonde (siehe den folgenden Absatz) geben nur eine Andeutung des mit den Indikatoren gefundenen Maximums. Außer wegen der räumlichen Ausdehnung des Borzählers (Integration über 3 cm) ist wegen der Verdrängung des Wassers eine richtige Anzeige an der Kesselwand nicht zu erwarten; dagegen wird der Abfall nach außen in Übereinstimmung mit den Indikatormessungen richtig wiedergegeben. (Über den Anschluß der Bormessungen an die Indikatormessungen und Darstellung der Ergebnisse in Kurvenform und in einem Schema der Versuchsanordnung siehe den Abschnitt 3c: Volumenintegration, und Abb. 2).

16 Um den Verlauf der Neutronendichte besonders im Innern des gefüllten Kessels noch genauer zu verfolgen, wurde in einem Versuch auch das Präparat nur in 1/4 Höhe des Kessels aufgehängt und der Intensitätsabfall auf der Achse bis ins Wasser hinein gemessen. Tabelle 7 gibt die Ergebnisse wieder.

Tabelle 7

Kesselachse innen, Präparat in 1/4 Kesselhöhe

Entf. vom Präparat	0	25	48	57	67,5	71	78	88	94	98 cm
Kessel gefüllt, ohne Cd	1286	473	167,2	123,8	70,8	56,3	41,3	24,0	19,5	19,0

Auf Kesseldeckel (105 cm vom Präparat), Messung 15 cm von der Achse

Entf. von Kesseldeckel	0	1	2	3	4 cm
ohne Cd:	18,5	23,9	34,6	30,3	29,4

Ergebnisse der Messungen mit der Borsonde. Die Messungen mit der Borsonde wurden stets auf einen Eichstand (= 100) bezogen, der aus einem Ra-Be-Präparat und einer Paraffinanordnung bestand. Dieser Eichstand hatte etwa denselben Prozentsatz schneller Neutronen (bestimmt durch Messungen, bei denen die Sonde durch Cd abgeschirmt war), wie im Wasser nahe am Kessel gefunden wurden. Deswegen wurde bei den Bormessungen auf eine Korrektur der gefundenen Neutronenzahlen durch Abziehen der schnellen Neutronen verzichtet.

Die absoluten Werte der Bormessungen sind aus experimentellen Gründen verhältnismäßig unsicher. Das Eintauchen der Sonde in das Wasser brachte jedesmal eine Temperaturänderung des Zählrohrs und der ersten Verstärkerstufe mit sich. Auch die Lage der Sonde bei der Messung sowohl auf dem Eichstand als auch im Wasser war trotz verschiedener Maßnahmen nicht mit der wünschenswerten Genauigkeit reproduzierbar. *Innerhalb einer Meßreihe* jedoch sind die Messungen viel zuverlässiger und bildeten deshalb noch eine gute Hilfe für die Bestimmung des Verlaufs der Neutronenverteilung im Wasser. Die Ergebnisse sind in den folgenden Tabellen [Tabelle 8] zusammengestellt. Auf die Auswertung der Messungen wird im nächsten Abschnitt eingegangen.

Tabelle 8. Messungen mit der Borsonde, bezogen auf einen Eichstand = 100 (N = Neutronenzahl; 17
Präparat im Zentrum)

1) Kesseldeckel-Mitte; dicht am Schornstein

Höhe über dem Deckel im cm	2	5	8	11	14	17	20	23
N (ohne Präp. 38)	77	69	53	46	30	18	–	10
N (mit Präp. 38)	75	64	49	–	19	–	5	–

2) Kesseloberkante in Richtung 45° gegen Zylinderachse

Abstand von der Kante in cm	2	5	8	11	17	23
N (ohne Präp. 38)	80	60	45	33	16	8
N (mit Präp. 3)	16	10	5,8	3,3		

3) Kesselwand-Mitte

Abstand v.d. Wand, radial in cm	2	5	8	11	14	20	29	38
N (ohne Präp. 38)	90	82	64	50	35	16	5	2
N (mit Präp. 38)	65	65	38	–	8	–	–	–

4) Kesselwand, 40 cm unter der Oberkante

Abstand von der Wand, radial in cm	2	5	8	11	14	20
N (mit Präp. 38)	38	39	27	16	7	3

5) Auf dem Kesseldeckel radial nach außen

Abstand vom Schornstein in cm	0	25	35	50	Kante
N (mit Präp. 38)	75	51	47	26	16

6) Auf der Kesselwand von oben nach unten

Ort	Oberkante	3/4 hoch	Kesselwandweite	1/4 hoch	Unterkante
N (mit Präp. 38)	16	38	65	27	5

18 ### c) Das Volumenintegral der Neutronendichte

In Abb. 2 werden die Ergebnisse der Indikator- und der Borsondenmessungen in einem schematischen Querschnitt durch den Kessel so zusammengestellt, wie sie für die folgenden Rechnungen gebraucht werden. Im Innern des Kessels sind die Schichtungen angedeutet. Die Oxydschichten sind schattiert, die Paraffinschichten schraffiert gezeichnet. Die Zahlen sind der Neutronendichte an den beobachteten Stellen proportional. Die Einheit ist willkürlich so gewählt worden, daß der Wert auf der Kesseldeckelmitte bei Leermessungen gerade 100 beträgt. Die linke Hälfte der Zeichnung bezieht sich auf die Messungen mit Präparat 38, die rechte auf die Leermessungen.

Die Sondenmessungen sollen durch ständige Vergleichsmessungen mit einem Eichstand in sich und bis auf einen für alle Werte konstanten Faktor mit den Indikatormessungen vergleichbar gemacht werden. Infolge der starken Absorption thermischer Neutronen im Bor bewirkt die Sonde jedoch eine starke Störung des Neutronenfeldes und, da eine Absorption eine Senke darstellt, eine beträchtliche Herabsetzung der Dichte. Die Rückwirkung der Sonde auf das Feld wird von ihrer Stellung zum Kessel abhängen. Sie wird in Wandnähe besonders stark sein und wegen der verschiedenartigen Stellung zu den Schichten über dem Deckel anders als über dem Mantel. Es ist darum nicht zu erwarten, daß der oben erwähnte Umrechnungsfaktor im ganzen Integrationsgebiet konstant ist. Der Vergleich mit den Indikatormessungen zeigt vielmehr, daß die Sondenmessungen nur in einigem Abstand von der Kesselwand und auch da nur in ihrem relativen Verlauf brauchbar sind. Darum ist der Umrechnungsfaktor bei der Eintragung der Sondenmessungen für jede Meßreihe längs der Flächennormalen bestimmt worden und zwar möglichst so, daß sie sich im exponentiell abklingenden Gebiet mit den Indikatormessungen deckt.

In den Abb. 3 und 4 ist die äußere Neutronendichte als Funktion des Abstands x von der Kesselwand längs der in Abb. 2 angegebenen Flächennormalen dargestellt. Abb. 3 bezieht sich auf die Messungen mit Präparat 38, Abb. 4 auf
19 die Leermessungen. | Am Ende jeder Meßreihe sind die Meßpunkte durch eine exponentiell abklingende Kurve verbunden. Zur deutlichen Hervorhebung der Grenzen des Exponentialgesetzes sind diese über ihren Gültigkeitsbereich hinaus verlängert. Die Abklinglänge stimmt für alle Normalenrichtungen innerhalb der Meßgenauigkeit überein. (Geringe theoretisch zu erwartende Abweichungen, von denen wir weiter unten noch sprechen werden, treten also nicht in Erscheinung.) Sie ist aber für die Messungen mit und ohne Füllung verschieden, und zwar ist der Abfall – entsprechend der höheren Energie der Be-Neutronen gegenüber denen der Spaltung – bei den Leermessungen weniger steil. In Abb. 3 beträgt die Abklinglänge 5,55 cm, in Abb. 4 8,05 cm (H_2O). Bei den Messungen mit Füllung stellt sich etwa im Abstand der Diffusionslänge von der Al-Glocke ein deutliches Maximum der Neutronendichte ein. Von den in geringem Abstand von der Wand erzeugten langsamen Neutronen wird ein Teil durch Rückdiffusion an die Füllung abgegeben und dort absorbiert. Bei der Leermessung werden die zurückdiffundierenden Neutronen auf der andern Seite wieder durch die Kesselwand austreten; der Gesamtstrom und der Dichtegradient der thermischen Neutronen an der Kesselwand muß daher verschwinden. Das in manchen Kurven der Abb. 4

schwach angedeutete Dichtemaximum weist vielleicht auf eine geringe Absorption des Kesselmaterials (Al) hin. Abb[ildung] 5 zeigt die axiale und radiale Variation der Neutronendichte im Innern des gefüllten Kessels vom Zentrum aus nach oben bzw. nach außen. Der Intensitätsunterschied am Anfang rührt wohl daher, daß die Neutronenquelle nicht genau im Mittelpunkt des Kessels sitzt.

Nach der Theorie muß die Neutronendichte im Innern der Schichten sehr stark schwanken und zwar in dem Sinne, daß die Intensität in der Mitte einer Paraffinschicht etwa 50% höher ist als an der Grenze zwischen Uran und Paraffin, während sie in der Mitte der Uranschicht noch um etwa 15% niedriger ist. Diese Schwankung wird in dem nach oben führenden leeren Kanal weitgehend verwischt. Dabei liegt, wie die Rechnung zeigt, der hier zu erwartende Mittelwert etwa 10% unter dem tatsächlichen Mittelwert im Innern der Schichten. Die gemessenen Werte müßten also etwa um 10% erhöht werden, um die richtigen Mittelwerte anzugeben. Andererseits geben die radialen Messungen ebenfalls nicht den Mittel|wert, sondern den Wert der Intensität an der Stelle des seitlichen Ka- 20
nals; dieser lag zum Teil in einer Paraffin-, zum Teil in einer Uranschicht. Die Werte im Kanal sind nach der Geometrie wohl eher etwas höher als der Mittelwert. Die radialen Werte mußten also für die theoretische Auswertung etwas erniedrigt werden. Für das Integral der Dichte über das Kesselinnere dürften sich beide Korrekturen ungefähr kompensieren, sie wurden also nicht weiter berücksichtigt. Im Innern des leeren Kessels herrscht die konstante Dichte $\varrho = 100$.

Zur Veranschaulichung des Dichteverlaufs sind in den Abb. 6 und 7 Linien gleicher Dichte eingetragen. In Abb. 6 wurden die beiden Werte $\varrho = 68$ und $\varrho = 17$ herausgegriffen. Man erkennt: Beim leeren Kessel schmiegen sich die Linien gleicher Dichte der Kesselwand an, beim gefüllten Kessel durchdringen sie die Wand, im Innern werden sie, wenn man von den lokalen Schwankungen in den Schichten absieht, näherungsweise durch Kreise um den Mittelpunkt gegeben sein. Am Rand wird der gleichmäßige Verlauf dieser Linien durch das beschriebene Maximum gestört, die Linien gleicher Dichte müssen die Linien des Maximums senkrecht schneiden, ihr Verlauf an der Kesseloberkante und der Kesselwandmitte ist in Abb. 7 schematisch dargestellt.

Für die Berechnung der gesamten Neutronenmenge wurde der Außenraum in drei Teile zerlegt (Abb. 8), den Raum M über dem Mantel, den Raum D über dem Deckel des Kessels und das Zwischengebiet Z. Benutzt man die in Abb. 8 angegebenen Koordinaten, so erhält man für die betreffenden Integrale:

$$M = M_0 + M_1 = 2\pi R \int_0^H dz \int_0^\infty \varrho \, dx + 2\pi \int_0^H dz \int_0^\infty \varrho x \, dx \; ; \qquad [(3)]$$

$$D = 2\pi \int_0^R r \, dr \int_0^\infty \varrho \, dx \; ; \qquad Z = \gamma \pi R \int_0^\infty \varrho x \, dx \; . \qquad [(4)]$$

Hierin bedeutet R den Kesselradius, H die halbe Kesselhöhe. Im Zwischengebiet verlaufen die Linien konstanter Dichte zwischen Kreisen um das Kesselzentrum und um die Kesselkante. In den beiden Grenzlagen hatte γ den Wert π bzw. 4. Wir haben als Mittelwert $\gamma = 3{,}5$ gewählt.

21 Im Innern der Kugel (Abb. 9) wurde von den lokalen Dichteschwankungen abgesehen und eine kugelsymmetrische Verteilung der Dichte angenommen. Für den Raum K wurden die Mittelwerte der radialen und der axialen Messungen benutzt, in den Räumen I und II wurden die Werte von der Kesselwandung zugrunde gelegt.

Die Ergebnisse der Integration über die Teilräume und das Gesamtgebiet sind in folgenden Tabellen zusammengestellt. N_a^o bzw. N_i^o bedeuten die gesamte Neutronenmenge im Außenraum bzw. im Inneren bei leerem Kessel, N_a^m und N_i^m bezeichnen dieselben Größen bei gefülltem Kessel. Zur Kontrolle der bei den notwendigen Interpolationen erreichbaren Genauigkeit sind die Rechnungen von zwei verschiedenen Mitarbeitern unabhängig durchgeführt worden und in den Tabellen unter A und B eingeordnet. Den Ergebnissen unter A liegen die oben angeführten Kurven zugrunde. Die Einheit entspricht unserer obigen Festsetzung.

Tabelle 9. Teilintegrale

10^{-6}	M_0	M_1	D	Z	K	I	II
mit Uran							
A	26,9	2,1	7,4	0,79	204,8	22,0	22,0
B	23,8	2,3	8,6	0,91	229	25,5	25,5
ohne Uran							
A	41,5	5,5	15,4	5,6	–	–	–
B	42,7	5,7	16,1	3,9	–	–	–

Tabelle 10. Gesamtintegrale

10^{-6}	N_a^m	N_a^o	N_i^m	N_i^o
A	74,4	136,0	248,0	–
B	71,2	136,8	280,0	–
Mittel	72,8	136,4	264,4	–

22

4. Diskussion der Ergebnisse

a) Der effektive Absorptionskoeffizient und die Anzahl X der Spaltungsneutronen

Die wichtigste Größe, die über die Eignung der Schichtenanordnung für die 38-Maschine entscheidet, ist der effektive mittlere Absorptionskoeffizient $\bar{\nu}$. Er kann unmittelbar aus der Gesamtmenge der pro sec in der Glocke absorbierten Neutronen bestimmt werden. Diese Gesamtmenge ist gegeben durch die Differenz der bei leerer und bei voller Glocke *außen im Wasser* absorbierten Neutronen. Sei ν_H der Absorptionsquerschnitt von Wasser, so werden also in der Bezeichnung von Tabelle 10 in der gefüllten Glocke

$$(H_a^o - N_a^m) \cdot \nu_H$$

Neutronen pro sec absorbiert. Dividiert man diese Zahl durch die Gesamtmenge der im Inneren vorhandenen Neutronen, so erhält man:

$$\bar{\nu} = \frac{N_a^o - N_a^m}{N_i^m} \nu_H \ . \tag{5}$$

Setzt man die Zahlen von Tabelle 10 ein und nimmt für ν_H den Wert $\nu_H = 3920 \text{ sec}^{-1}$ an, so wird

$$\bar{\nu} = \frac{136{,}4 - 72{,}8}{264{,}4} \nu_H = 0{,}241 \ \nu_H = 943 \text{ sec}^{-1} \ . \tag{6}$$

Die Genauigkeit dieses Wertes kann man vorsichtig auf etwa +15% schätzen. Dieser Absorptionskoeffizient ist positiv – das folgt ja einfach aus der Tatsache, daß im leeren Zustand mehr Neutronen herauskommen als im vollen – die gewählte Schichtenanordnung eignet sich also *nicht* zur Herstellung einer 38-Maschine; *auch beliebige Vergrößerung der Apparatur würde hieran nichts ändern*. Andererseits ist der gewonnene Absorptionskoeffizient schon recht klein, man ist also sozusagen nicht mehr weit von einem negativen Wert entfernt. Man kann nun weiter die Bilanz der absorbierten Neutronen in zwei Posten zerlegen, die sich auf Präparat 38 und | Paraffin getrennt beziehen: 23

Der Verlauf der Dichte thermischer Neutronen ist in früheren Berichten (*Heisenberg* 1, *v. Weizsäcker*) berechnet worden. Bezeichnet man mit $\bar{l}_U$ bzw. $\bar{l}_s$ die durch die Gesamtabsorption modifizierte Diffusionslänge in Präparat 38 bzw. Paraffin, definiert durch

$$\bar{l}_U = \sqrt{\frac{D_U}{\nu_U - \bar{\nu}}} = l_U \sqrt{\frac{\nu_U}{\nu_U - \bar{\nu}}} \ ; \quad \bar{l}_s = \sqrt{\frac{D_s}{\nu_s - \bar{\nu}}} = l_s \sqrt{\frac{\nu_s}{\nu_s - \bar{\nu}}} \ ,$$

die Dicke der 38-Schicht mit 2a, die der Paraffinschicht mit 2b, und setzt

$$\xi = \frac{a}{\bar{l}_U} \ ; \quad \eta = \frac{b}{\bar{l}_s} \ ; \quad C = \frac{\bar{l}_U(\nu_U - \bar{\nu})}{\bar{l}_s(\nu_s - \bar{\nu})} \ ,$$

so wird der Dichteverlauf durch die Formeln beschrieben

Präparat 38 | Paraffin

$$\varrho = \varrho_0 \cosh x/\bar{l}_U \ ; \quad \varrho = \varrho_0 \left[\cosh\xi + C \sinh\xi \left(\coth\eta - \frac{\cosh(x - a - b/\bar{l}_s)}{\sinh\eta}\right)\right] . \tag{7}$$

x ist der Abstand von der Mitte der 38-Schicht. Setzt man die Zahlwerte $\nu_s = 4580\,\text{sec}^{-1}$, $\nu_U = 7780\,\text{sec}^{-1}$, $l_s = 2{,}13$ cm, $l_U = 6{,}73$ cm, also $\bar{l}_s = 2{,}39$ cm, $\bar{l}_U = 7{,}18$ cm, $a = 4{,}14$ cm, $b = 1{,}05$ cm ein (die Werte für Präparat 38 sind auf die Dichte 3,3 bezogen, der Absorptionsquerschnitt ist zu $4{,}5 \cdot 10^{-24}\,\text{cm}^2$ angenommen), so erhält man einen Dichteverlauf, wie er in Abb. 10 dargestellt ist. Dieser Dichteverlauf konnte durch die hier ausgeführten Messungen nicht kontrolliert werden, ist aber inzwischen durch Messungen von *Döpel* in Leipzig mit einer ähnlichen Anordnung bestätigt worden.

Für das Verhältnis der Gesamtmengen in Präparat 38 und Paraffin erhält man aus (7)

$$\bar{l}_U : b(\coth\xi + C\coth\eta) - C\bar{l}_s\,, \qquad \text{also hier } 7{,}18 : 2{,}89\ . \tag{8}$$

Von der Anzahl N_i^m der Neutronen im Inneren der Glocke ist also der Bruchteil $2{,}89/(7{,}18+2{,}89)\ N_i^m$ im Paraffin enthalten. Im Paraffin ($\nu_s = 4580\,\text{sec}^{-1}$) werden daher pro sec

24 $$N_i^m \frac{2{,}89}{10{,}07}\,\nu_s = N_i^m \cdot 1316 \tag{9}$$

Neutronen absorbiert. Da diese Menge höher ist als die im ganzen im Innern absorbierte Menge, muß die Differenz dieser beiden Zahlen die Produktion von Neutronen im Präparat 38 darstellen. In der Gleichung

$$\begin{array}{lcccc} \text{Gesamtabsorption} & & \text{Paraffin} & & \text{Präparat 38} \\ 943\,N_i^m & = & 1316\,N_i^m & - & 373\,N_i^m \end{array} \tag{10}$$

bedeutet also der letzte Posten den Überschuß der Neutronenproduktion über die Absorption im Präparat 38. Die Gl. (10) zeigt, daß eine erhebliche Neutronenproduktion durch Präparat 38 vorhanden ist.

Bevor zur Auswertung dieses Ergebnisses für die Größe X geschritten wird, soll kurz besprochen werden, wie sich die Bilanz (10) ändern würde, wenn man Paraffin durch eine entsprechende Menge D_2O ersetzte. Eine Abschätzung der Wirkungsquerschnitte und des Bremsvermögens zeigt, daß man leichtes Wasser etwa durch die siebenfache Menge D_2O ersetzen muß, um einen entsprechenden Dichteverlauf und den gleichen Wert für die Wahrscheinlichkeit der Resonanzeinfangung zu bekommen. Diese siebenfache Menge D_2O absorbiert nach den Messungen von *Döpel* und *Heisenberg* etwa zwanzigmal weniger als H_2O; man erhält also aus (10) die entsprechende Bilanz für D_2O, indem man den ersten Posten auf der rechten Seite durch 20 dividiert. Man erkennt sofort, daß die *Neutronenproduktion dann weit überwiegt,* daß also der Absorptionskoeffizient sicher negativ würde. *Mit schwerem Wasser muß die Energieerzeugung daher sicher möglich sein.*

Im Präparat 38 werden nach (8) pro sec

$$N_i \frac{7{,}18}{10{,}06}\,\nu_U = N_i \cdot 5560 \tag{10a}$$

Neutronen absorbiert; also liefert das Präparat 38 im Ganzen

$$N_i(5560+373) = N_i \cdot 5933 \tag{10b}$$

thermische Neutronen. Daraus folgt für die Größe $X(1-w)$ | oder, wie man nach 25
Flügge vielleicht richtiger schreibt: $X\,e^{-w}$ der Wert

$$X\,e^{-w} = \frac{5933}{5560} = 1{,}068 \ . \tag{11}$$

X bedeutet die Anzahl der Spaltungsneutronen pro eingefangenes thermisches Neutron, w die Wahrscheinlichkeit für die Einfangung in den Resonanzstellen von U_{238}. Legt man den Wert $\sum_k (\Gamma_{Uk}/E_{Uk}) \sqrt{\sigma_{Uk} \cdot 10^{24}} = 2{,}7$ nach Gl. (2) zu Grunde, so würde nach einem früheren Bericht (*Heisenberg* 2) $w = 0{,}277$ folgen. Die neuen Messungen von *Haxel* und *Volz* führen jedoch auf einen Wert für $\sum_k (\Gamma_{Uk}/E_{Uk}) \sqrt{\sigma_{Uk} \cdot 10^{24}}$ von etwa 0,2 bis 0,4. In Abb. 11 ist daher X nach Gl. (11) als Funktion von

$$\sum_k \frac{\Gamma_k}{E_k} \sqrt{\sigma_k \cdot 10^{24}}$$

als Kurve B_I eingetragen. Man erkennt aus der Figur: die Werte von X sind jedenfalls viel kleiner, als in früheren Berichten angenommen wurde. Wenn die *Halban-Joliot*schen Werte für die Resonanzabsorption vorausgesetzt werden, so folgt

$$X = 1{,}41 \tag{12}$$

mit einem geschätzten Fehler von etwa $\pm 3\%$. Dieser relativ geringe Fehler beruht auf der Unempfindlichkeit von X gegenüber prozentual viel höheren Änderungen der Konstanten $\bar{\nu}$, ν usw. Aus den Zahlen von *Haxel* und *Volz* würde jedoch $X = 1{,}10$ folgen. Aus diesem Ergebnis muß geschlossen werden, daß eine 38-Maschine mit Präparat 38 und leichtem Wasser wahrscheinlich nicht möglich ist. Allerdings sind die hier gewählten Schichtdicken keineswegs die günstigsten, wenn die Werte von *Haxel* und *Volz* richtig sind; man muß dann durch Wahl anderer Dicken noch zu wesentlich geringeren Werten von $\bar{\nu}$ kommen können, aber wohl kaum zu negativen Werten.

b) Die effektive Diffusionskonstante

Bothe hat in einem früheren Bericht darauf hingewiesen, daß die Diffusion
der Neutronen in einer 38-Maschine zu einem | erheblichen Teil durch die 26
Strecken bestimmt wird, die ein Spaltungsneutron während des Bremsvorgangs zurücklegt. *Bothe* ist für eine homogene Mischung von Präparat 38 und Bremssubstanz zu der Formel gelängt:

$$D_{\text{eff}} = \bar{D} = D + 1/6\, \nu_U X(1-w) \cdot \overline{s^2} \ . \tag{13}$$

Hierin bedeutet ν_U den Absorptionskoeffizienten von Präparat 38 in der Mischung, $\nu_U \cdot X(1-w)$ also die mittlere Produktion thermischer Neutronen, $\overline{s^2}$ das mittlere Quadrat des Weges, den ein Spaltungsneutron zurücklegt, bis es thermisch geworden ist, D den gewöhnlichen thermischen Diffusionskoeffizienten.

In einer Schichtenanordnung liegen die Verhältnisse etwas komplizierter; man muß mit einer verschiedenen Diffusion parallel oder senkrecht zu den Schichten rechnen. Die Theorie dieser Unterschiede ist recht verwickelt; man kann aber versuchen, $\bar{D}_{\parallel}$ und $\bar{D}_{\perp}$ aus dem Experiment abzulesen.

Die Messungen zeigen zunächst, daß die Intensitätsunterschiede im Innern der Glocke zwischen den beiden Richtungen (axial und radial) relativ klein sind (Abb. 5 und Tabelle 2). Für eine erste grobe Bestimmung wird es also genügen, $\bar{D}_{\parallel} = \bar{D}_{\perp}$ zu setzen und aus dem Verlauf der Dichte im Innern den Wert von $\bar{D}$ zu ermitteln. In einer unendlich großen Anordnung müßte der Dichteverlauf im Großen durch die Formel

$$\varrho \frac{n}{4\pi r \bar{D}} \mathrm{e}^{-r/\bar{l}} \tag{14}$$

gegeben sein, wenn man eine Punktquelle von Neutronen annehmen dürfte, die pro sec n Neutronen liefert und wenn

$$\bar{l}^2 = \bar{D}/\bar{\nu} \tag{15}$$

gesetzt wird. Diese Form der Dichteverteilung wird zunächst in der Nähe von $r = 0$ dadurch modifiziert, daß es sich hier nicht um eine Punktquelle handelt, sondern daß sich die schnellen Neutronen des Präparats bereits über einen größeren Raum ausbreiten, bevor sie thermisch werden.

In einigem Abstand vom Zentrum sollte die Formel (14) jedoch noch richtig
27 sein. Ferner werden in der Glocke an den Rändern | Abweichungen von Gl. (14) zu erwarten sein, die durch die relativ starke Absorption der Neutronen im Wasser bedingt sind. Diese Verhältnisse werden durch die Abb. 12 illustriert, in der $\lg(r\varrho)$ als Funktion von r aufgetragen ist. Zur Kontrolle der Randeffekte wurde das Präparat auch bei einer Meßreihe unsymmetrisch in der Glocke aufgehängt; die betreffenden Meßpunkte sind durch Kreuze gekennzeichnet. Die Messungen zeigen, daß z. B. im Abstand 57 cm die Intensität bei der unsymmetrischen Messung (also in weitem Abstand vom Rand) erheblich höher ist als bei der symmetrischen. Am Rand selbst steigt allerdings die Intensität stets wieder an. Nach den Messungen hat man den Eindruck, daß der Rand die Intensität in etwa 10 – 20 cm Abstand vom Rand herabdrückt, daß aber unmittelbar am Rand wieder ein Intensitätsanstieg liegt. Beides ist theoretisch durchaus verständlich. Im Ganzen wirkt der Rand als Neutronensenke, da die Neutronen im Wasser absorbiert werden. Unmittelbar am Rand aber fließen Neutronen aus dem Wasser in das Präparat 38 zurück. Die Messungen lehren auch, daß bei etwa $r = 30$ cm die Randeffekte praktisch keine Rolle spielen, und daß dort auch die durch die endliche Ausbreitung der Neutronenquelle bedingten Abweichungen von (14) zu vernachlässigen sind. Man kann also annehmen, daß die Dichte bei $r = 30$ cm durch die Gl. (14) richtig wiedergegeben wird. Als Mittelwert für ϱ bei $r = 30$ cm aus den axialen und radialen Messungen kann man $\varrho_{30} = 343$ entnehmen. Ferner ist $n = N_a^0 \nu_H = 136{,}4 \cdot 10^6 \nu_H$. Man erhält also zur Bestimmung von $\bar{D}$ und $\bar{l}$ die beiden Gleichungen:

$$343 = \frac{136{,}4 \cdot 10^6 \, \bar{\nu}_H}{4\pi \bar{D}} \, e^{-30/\bar{l}} \; ; \qquad \bar{l}^2 = \bar{D}/\bar{\nu} \; . \tag{16}$$

Die Lösung lautet

$$\bar{l} = 47{,}5 \text{ cm}; \; \bar{D} = 550 \cdot \nu_H = 2{,}15 \cdot 10^6 \, \text{cm}^2/\text{sec} \; . \tag{17}$$

Die der Gl. (14) entsprechende Dichteverteilung in der unendlichen Schichtenanordnung ist als Gerade in Abb. 12 eingetragen. Die Werte bei der unsymmetrischen Verteilung liegen für große r unter dieser Geraden; dies wird teils durch die Wirkung des Randes, teils auch durch die wegen der Unsymmetrie mögliche |Ab- 28
wanderung von Neutronen nach der Seite bedingt sein. Die Werte (17) können natürlich keine hohe Genauigkeit beanspruchen.

Vergleicht man den Wert (17) für $\bar{D}$ mit der *Bothe*schen Formel (13) und setzt für $\nu_U X(1-w)$ den Wert 5933 sec^{-1} von (10b) ein, so erhält man

$$1/6 \cdot 5933 \cdot \overline{s^2} = \bar{D} - D = 2{,}15 \cdot 10^6 - 8{,}37 \cdot 10^4$$

$$\overline{s^2} = 2105 \text{ cm}^2 \; , \qquad \sqrt{\overline{s^2}} = 46 \text{ cm}. \tag{18}$$

Die Spaltungsneutronen laufen also im Mittel einen Weg von der Ordnung 46 cm, bis sie thermisch werden. Wäre nur das Paraffin, aber kein Präparat 38 vorhanden, so würde sich (da hier die effektive Paraffindichte etwa 0,184 beträgt) für $\sqrt{\overline{s^2}}$ nach den Rechnungen von *Horvay* (Phys. Rev. **50**, 897, 1936) etwa 65 cm ergeben. Dieser Wert wird offenbar durch unelastische Stöße am Urankern und durch Bremsung am Sauerstoff in U_3O_8 auf 46 cm herabgesetzt.

Schließlich kann noch versucht werden, aus der Unsymmetrie der axial und radial gemessenen Intensität Schlüsse auf den Unterschied von $\bar{D}_{||}$ und $\bar{D}_{\perp}$ zu ziehen. Aus der Form der Diffusionsgleichung

$$\bar{D}_{||} \left(\frac{\partial^2 \varrho}{\partial x^2} + \frac{\partial^2 \varrho}{\partial y^2} \right) + \bar{D}_{\perp} \frac{\partial^2 \varrho}{\partial z^2} - \bar{\nu} \varrho = 0 \tag{19}$$

erkennt man unmittelbar, daß man die Lösung (14) etwa in der z-Richtung ($||$ zur Achse) im Verhältnis $\sqrt{\bar{D}_{\perp}/\bar{D}_{||}}$ auseinanderziehen muß, um eine Lösung von (19) zu erhalten. Die Radien, die zu gleichen Intensitäten gehören, verhalten sich nach den Messungen etwa wie $r_{\perp}/r_{||} \approx 1{,}2$, also wird man

$$\bar{D}_{\perp}/\bar{D}_{||} \approx 1{,}5 \tag{20}$$

annehmen müssen. Die Diffusion senkrecht zu den Platten erfolgt schneller als parallel zu ihnen. Die Theorie dieser Erscheinung ist recht verwickelt; eine anschauliche Abschätzung auch nur der Frage, ob $\bar{D}_{||}$ oder $\bar{D}_{\perp}$ größer sein sollte, scheint kaum möglich.

29 5. Nachtrag über die Ergebnisse einer zweiten Schichtenanordnung

Nachdem die beschriebenen Versuche zu Ende geführt worden waren, erschien der Bericht von *Haxel* und *Volz*, demzufolge die für die Resonanzeinfangung charakteristische Größe $\sum_k (\Gamma_k/E_k)\sqrt{\sigma_k \cdot 10^{24}}$ nur einen Wert von 0,2 bis 0,4 haben sollte, während *Halban* und *Joliot* 2,7 angegeben hatten. Dieses neue Ergebnis würde bedeuten, daß die von uns gewählten Schichtdicken nicht die günstigsten waren, und daß eine Anordnung mit dickeren U_3O_8- und dünneren Paraffinschichten einen kleineren Wert von $\bar{\nu}$ ergeben müßte. Daraufhin wurde die unter den neuen Bedingungen günstigste Schichtenanordnung mit den Dicken:

$$11{,}8\ \text{cm} = 39\ \text{g/cm}^2\ U_3O_8 \quad \text{und} \quad 1\ \text{cm} = 0{,}91\ \text{g/cm}^2\ \text{Paraffin}$$

aufgebaut und nach der geschilderten Methode vermessen. Das Ergebnis ist in Tabelle 11 zusammengefaßt (Bezeichnungen wie in Tabelle 10):

Tabelle 11

10^{-6}	N_a^m	N_a^o	N_i^m
	81,1	136,4	119,3

Berechnet man wieder den mittleren Absorptionskoeffizienten, so erhält man:

$$\bar{\nu} = \frac{136{,}4 - 81{,}1}{119{,}3} \quad \nu_H = 0{,}463 \qquad \nu_H \approx 1815\ \text{sec}^{-1}\ . \tag{21}$$

Der neue Wert von $\bar{\nu}$ ist also größer als der frühere (Gl. (5)), die neue Schichtenanordnung ist entgegen der Erwartung *ungünstiger*.

Stellt man wieder die Neutronenbilanz nach den Überlegungen von S. 23 [= 448 oben] auf, so ergibt sich für das Verhältnis der Neutronenmengen in Präparat 38 und Paraffin

$$7{,}68 : 0{,}958\ . \tag{22}$$

30 In Paraffin werden also pro sec

$$N_i^m \frac{0{,}958}{8{,}64} \nu_H = 508\, N_i^m \tag{23}$$

Neutronen absorbiert. Die Gleichung

$$\begin{array}{llll} \text{Gesamtabsorption} & & \text{Paraffin} & \text{Präparat 38} \\ 1815\, N_i^m & = & 508\, N_i^m & +\ 1307\, N_i^m \end{array} \tag{24}$$

zeigt an, daß in dieser neuen Anordnung vom Präparat 38 mehr Neutronen absorbiert als emittiert werden. Auch die Ersetzung des Paraffins durch schweres

Wasser würde also in *dieser* Schichtenanordnung *nicht* zu einem negativen Absorptionskoeffizienten führen.

Nach den Überlegungen von S. 25 [= 449 oben] schließt man jetzt:

$$X \mathrm{e}^{-w} = 0{,}812 \ . \tag{25}$$

Für den Wert $\sum_k (\Gamma_k/E_k) \sqrt{\sigma_k 10^{24}} = 2{,}7$ würde aus der Theorie (Bericht *Heisenberg* 2) $w = 0{,}647$ folgen. Die aus (25) gewonnene Beziehung zwischen X und w ist in Abb. 11 als Kurve B_{II} eingetragen. Ferner enthält diese Figur eine dritte gestrichelte Kurve (L), die das Ergebnis der von *Döpel* durchgeführten Leipziger Messung darstellt. Die Kurven B_{I} und L laufen praktisch parallel und unterscheiden sich nur im Groben von der Ordnung der Meßfehler. Der Schnittpunkt der Kurven B_{I} und B_{II} gibt eine unabhängige Bestimmung der Größen X und $\sum_k (\Gamma_k/E_k) \sqrt{\sigma_k \cdot 10^{24}}$. Es liegt bei

$$\begin{aligned} X &= 1{,}30 \\ \sum_k (\Gamma_k/E_k) \sqrt{\sigma_k 10^{24}} &= 1{,}96 \ . \end{aligned} \tag{26}$$

Da die beiden Kurven sich unter einem kleinen Winkel schneiden, wird man die Genauigkeit des Wertes von $\sum_k (\Gamma_{\mathrm{U}k}/E_{\mathrm{U}k}) \sqrt{\sigma_{\mathrm{U}k} \cdot 10^{24}}$ nicht für sehr hoch ansehen dürfen; man kann sie auf etwa 20% schätzen. Dagegen ist bei gegebenem Wert dieser Größe der zugehörige Wert X wohl nur um etwa 3% unsicher.

Die hier durchgeführten Messungen sind daher mit dem *Haxel-Volz*schen Wert für die Resonanzeinfangung *nicht* vereinbar. | Sie sprechen eindeutig für 31
einen Wert, der nur wenig unterhalb des von *Halban-Joliot*schen Wertes liegt.

Da andererseits an den Ergebnissen der sehr sorgfältigen Messungen von *Haxel* und *Volz* kaum gezweifelt werden kann, liegt ein schwer verständlicher Widerspruch zwischen zwei experimentellen Resultaten vor, dessen Aufklärung für das Problem der 38-Maschine von größter Wichtigkeit ist.

Jedenfalls wird man schließen müssen, daß es außer der Bildung des 23-Minutenkörpers noch einen zweiten absorbierenden Prozeß in den von uns benutzten Präparat 38 gibt, der *anders* als eine thermische Absorption mit der Dicke der U_3O_8-Schicht variiert. Hierbei könnte es sich entweder um die Wirkung einer Verunreinigung oder um eine neue Absorption in einem Uranisotop handeln. Vielleicht hat diese zusätzliche Absorption auch mit den merkwürdigen, von *Bothe* gefundenen Unterschieden zwischen den Diffusionslängen von Uranmetall und U_3O_8 zu tun.

Schließlich wurde nach dem Verfahren von [Abschn.] 4b die Diffusionskonstante der neuen Schichtenanordnung bestimmt. Es ergab sich, allerdings mit geringer Genauigkeit:

$$\bar{D} \approx 1240 \, v_{\mathrm{H}} = 4{,}86 \cdot 10^6 \, \mathrm{cm}^2/\mathrm{sec} \ ; \quad \bar{l} = 51{,}7 \, \mathrm{cm} \ . \tag{27}$$

Für die mittlere Bremslänge folgt

$$\sqrt{\overline{s^2}} = 71 \, \mathrm{cm} \ . \tag{28}$$

Dieser Wert ist entsprechend der geringeren Paraffinmenge größer als bei der früheren Anordnung.

Ein erheblicher Unterschied zwischen $\bar{D}_{\perp}$ und $\bar{D}_{\parallel}$ war in dieser Anordnung nicht nachzuweisen.

6. Zusammenfassung

Für zwei verschiedene Schichtenanordnungen von Paraffin und Präparat 38
wurde der mittlere Absorptionskoeffizient $\bar{\nu}$, die mittlere Diffusionskonstante $\bar{D}$
32 und die mittlere Bremslänge $\sqrt{\overline{s^2}}$ | bestimmt. Es ergaben sich die Werte:

Anordnung I	*Anordnung II*
8,3 cm U_3O_8	11,8 cm U_3O_8
2,1 cm Paraffin	1 cm Paraffin
$\bar{\nu} = 943\ \mathrm{sec}^{-1}$	$= 1815\ \mathrm{sec}^{-1}$
$\bar{D} = 2{,}15 \cdot 10^6\ \mathrm{cm}^2/\mathrm{sec}$	$\bar{D} = 4{,}86 \cdot 10^6\ \mathrm{cm}^2/\mathrm{sec}$
$\sqrt{\overline{s^2}} = 46\ \mathrm{cm}$	$\sqrt{\overline{s^2}} = 71\ \mathrm{cm}$

Aus diesen Werten folgt für die Anzahl X der Spaltungsneutronen und für die Wahrscheinlichkeit der Resonanzeinfangung:

$$X = 1{,}30 \ ,$$

$$\sum_k (\Gamma_k/E_k) \sqrt{\sigma_k \cdot 10^{24}} = 1{,}96 \ .$$

Mit dem von uns benutzten U_3O_8 und *leichtem* Wasser oder Paraffin wird also eine 38-Maschine nicht gebaut werden können. Dagegen muß die Benutzung von schwerem Wasser den Bau der Maschine ermöglichen.

Berlin-Dahlem, im März 1941
Kaiser Wilhelm-Institut für Physik

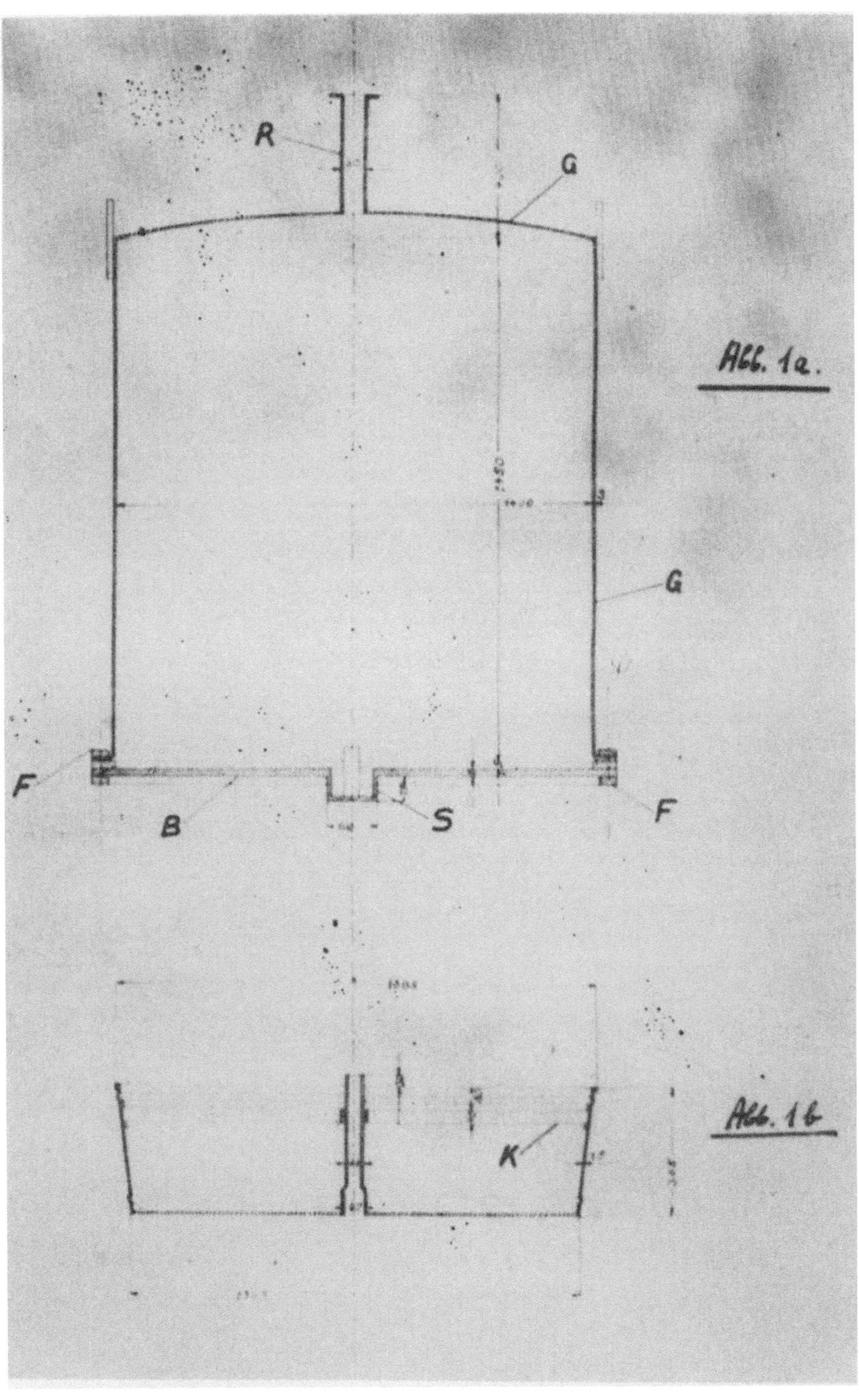
R
G
Abb. 1a.
G
F
B
S
F
Abb. 1b
K

34

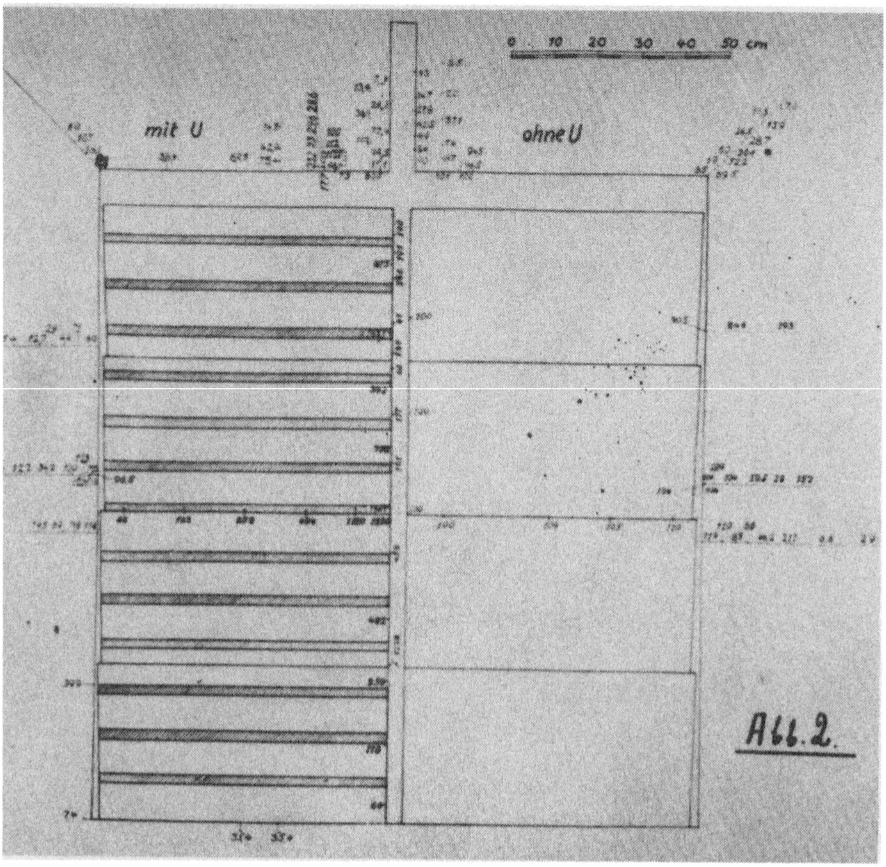

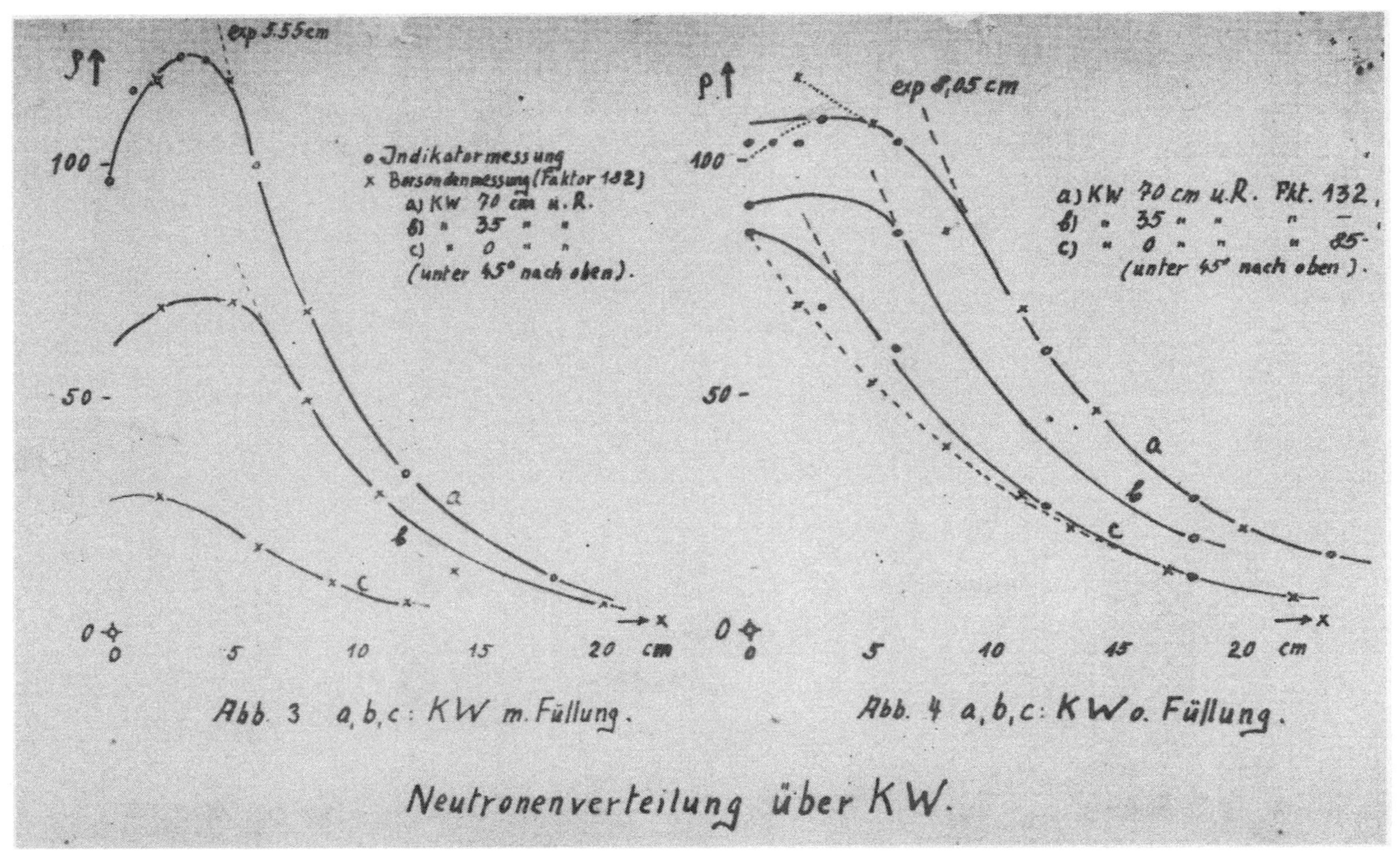

Abb. 3 a, b, c: KW m. Füllung.

Abb. 4 a, b, c: KW o. Füllung.

Neutronenverteilung über KW.

36

ρ
100
50
0
exp 5,55 cm
o Indikatormessungen,
x Borsondenmessungen, (Fkt. 147,5)
d
0 5 10 15 20 cm → x
Abb 3 d. KD, 3 cm vom Messkanal;
mit Füllung
ρ
100
50
0
exp 8,05 cm
o Indikator-,
x Borsondenmessungen,
(Fkt. 92,7)
d
0 5 10 15 20 cm →
Abb. 4 d. KD, 3 cm vom Messkanal,
ohne Füllung
Neutronenverteilung über KDM

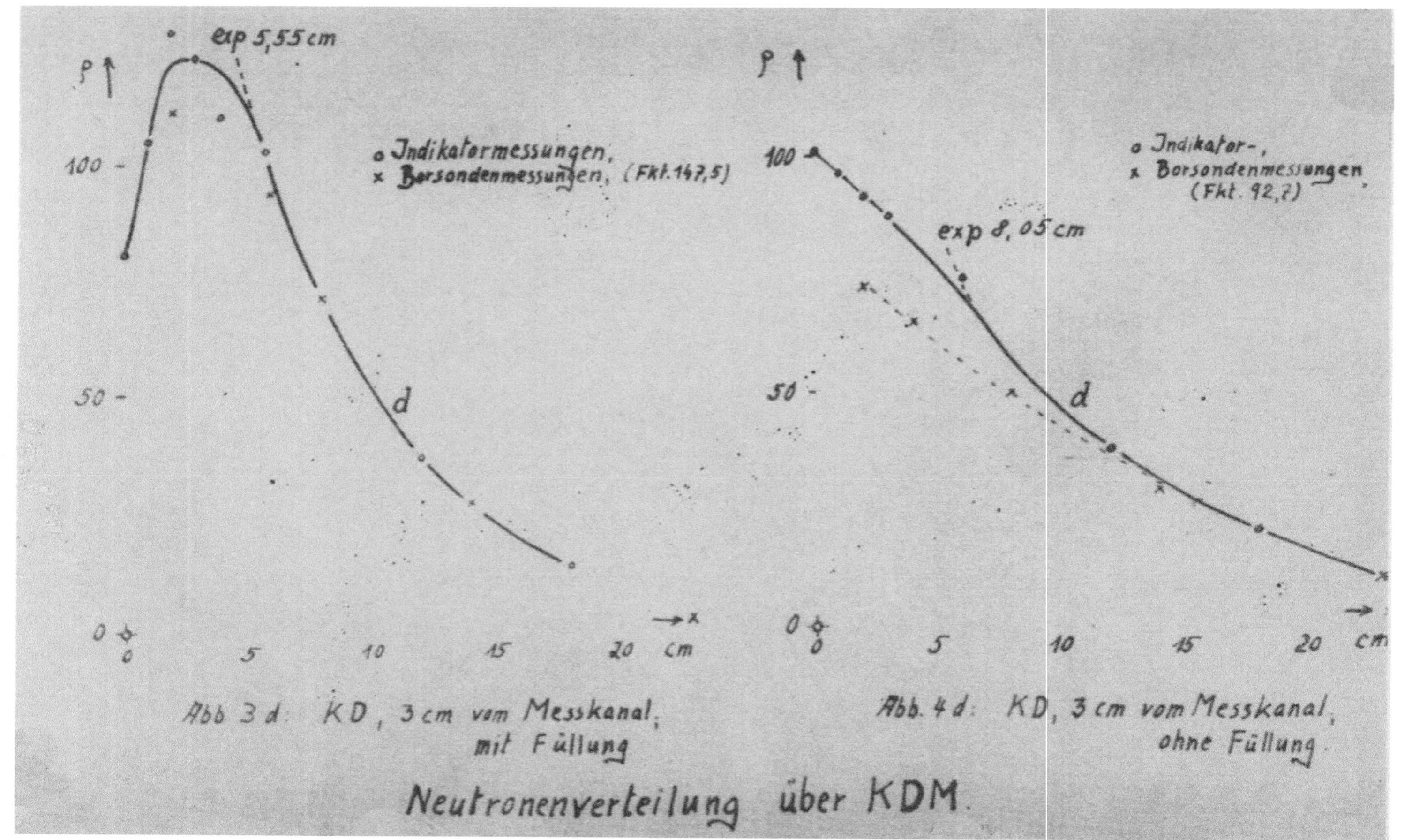

37

Abb. 5
1000
500
gefüllt
achsial
radial
leer (achsial & radial)
10
20
30
40
50
60
70
cm

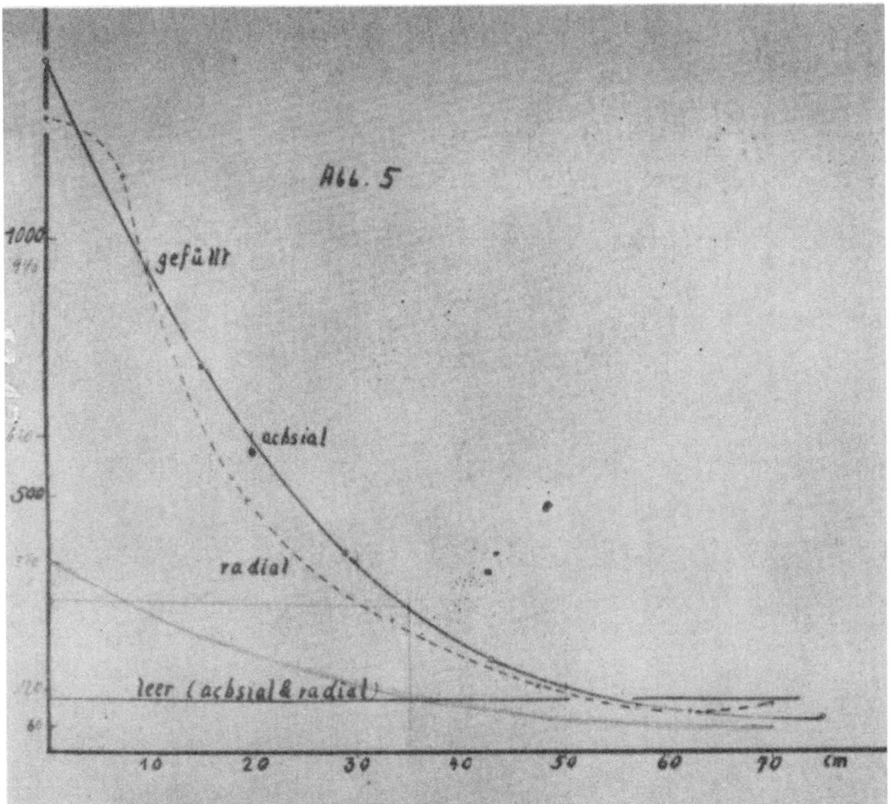

Neutronenverteilung (innen)
mit und ohne Füllung.

38

mit U
ohne U
ρ = 17
68
ρ = 68
17

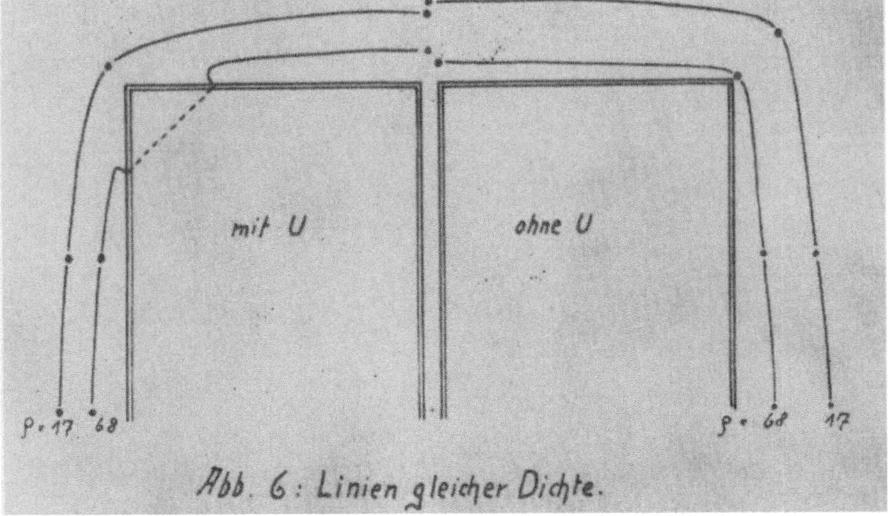

Abb. 6: Linien gleicher Dichte.

39

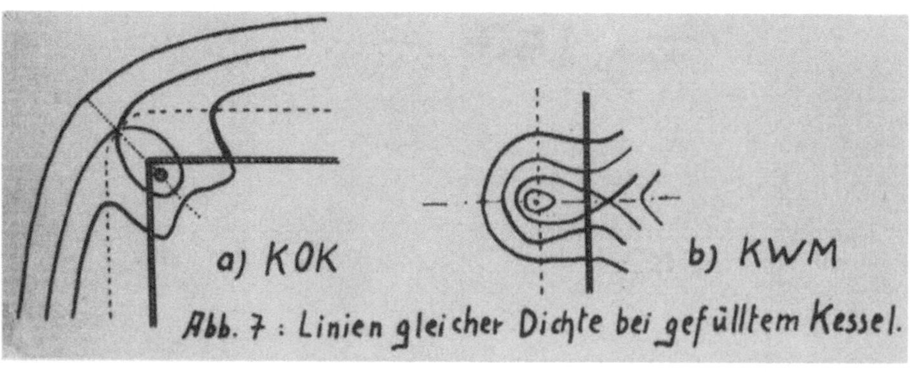

Abb. 7 : Linien gleicher Dichte bei gefülltem Kessel.

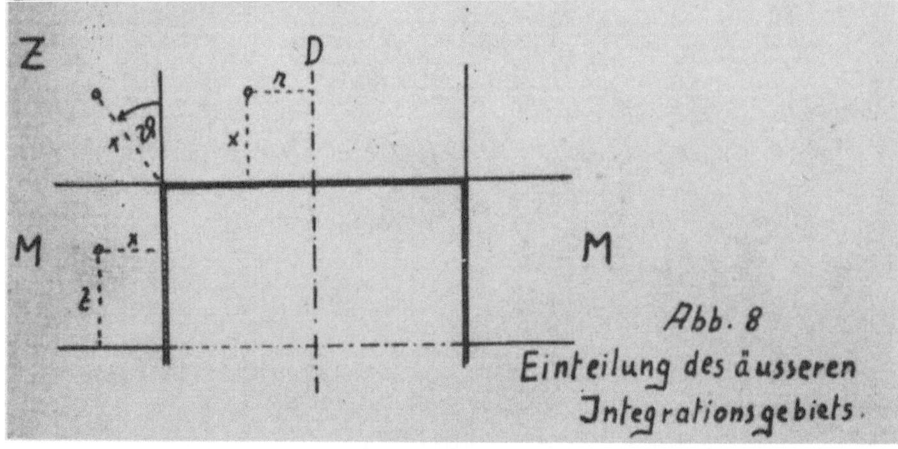

Abb. 8
Einteilung des äusseren Integrationsgebiets.

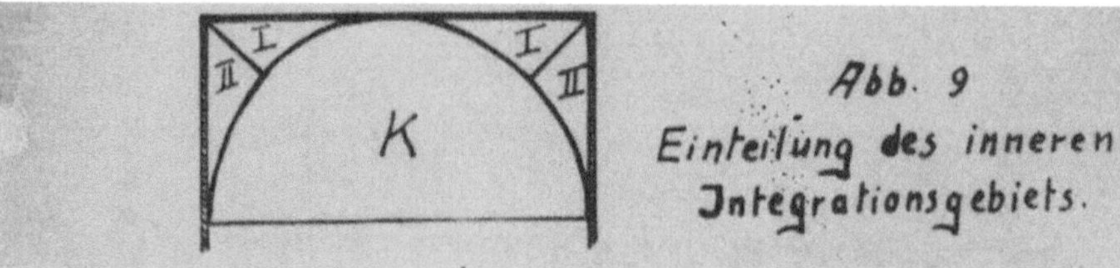

Abb. 9
Einteilung des inneren Integrationsgebiets.

40

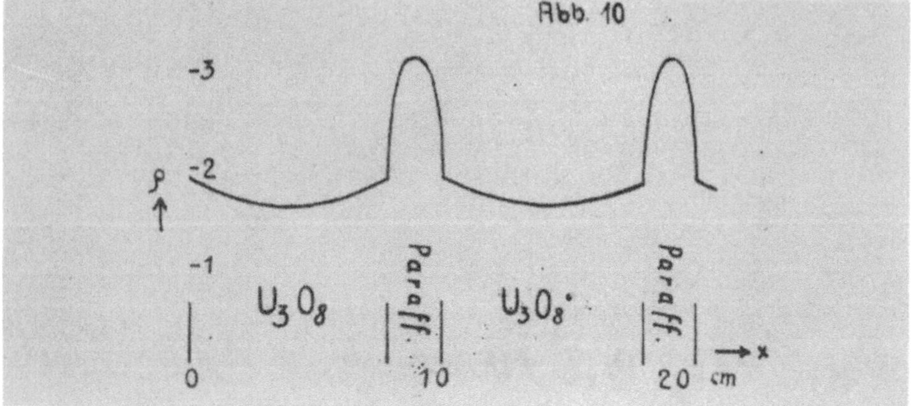

41

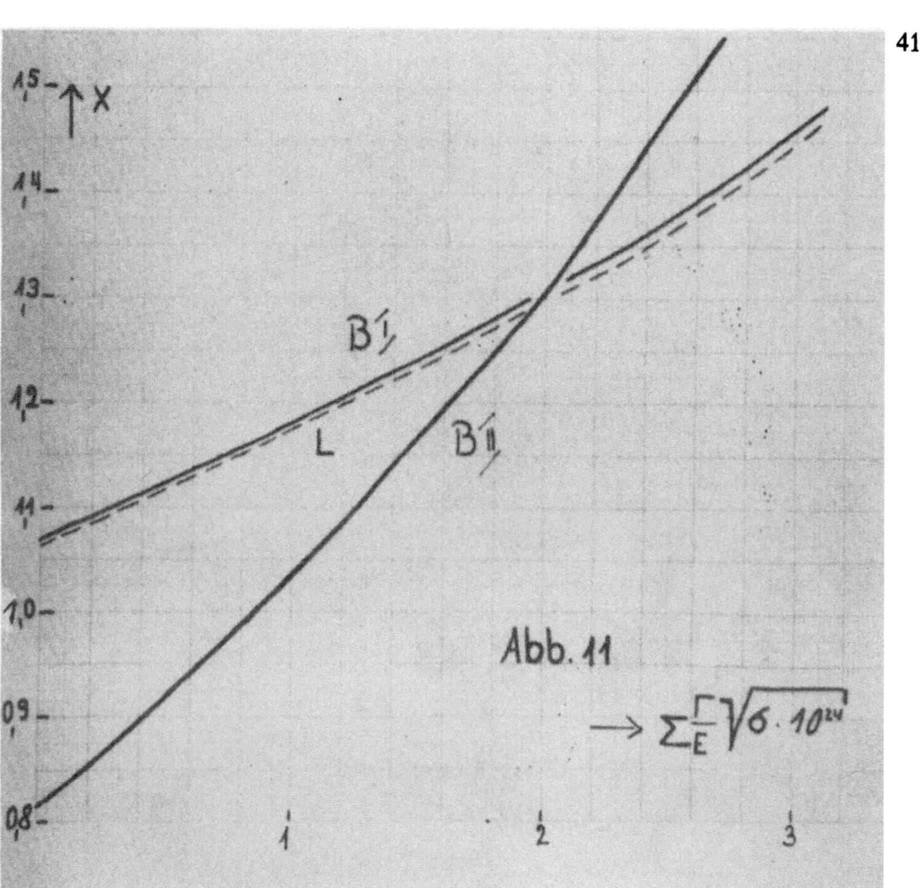

1,5
X
1,4
1,3
1,2
1,1
1,0
0,9
0,8
B I
L
B II
$\rightarrow \Sigma \frac{\Gamma}{E} \sqrt{\sigma \cdot 10^{24}}$
1
2
3

Abb. 11

42

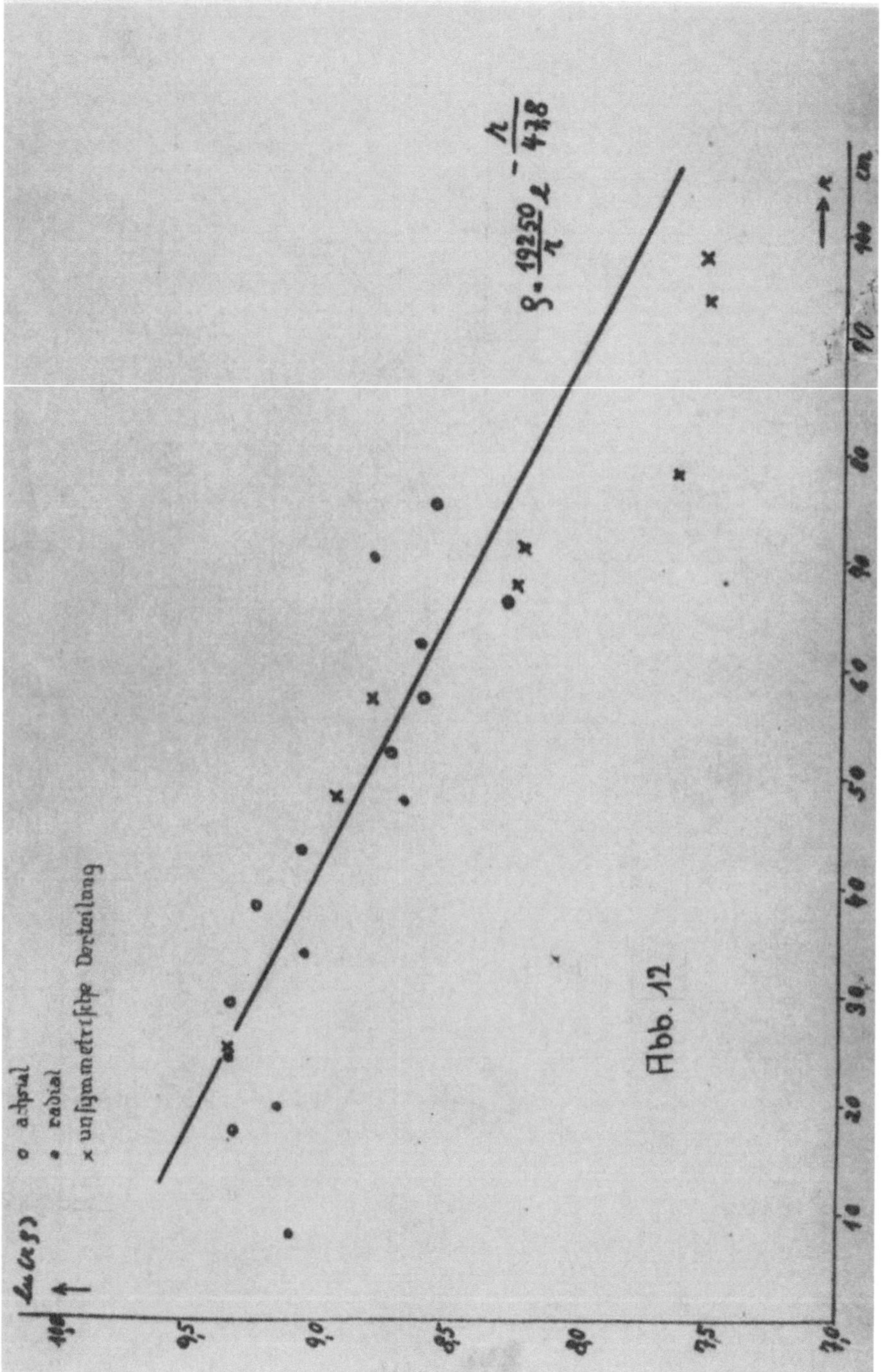

o achsial
• radial
x unsymmetrische Verteilung
ln (r ρ)
ρ = 19250/r · e^{-r/47,8}
→ r
cm

Abb. 12

Versuche mit einer Schichtenanordnung von Wasser und Präp[arat] 38

Von **R.** und **K. Döpel** und **W. Heisenberg**[1]

1. Vorbemerkungen

Nach den theoretischen Berechnungen früherer Berichte (Heisenberg, v. Weizsäcker, Höcker) soll bei Anwendung von Wasser als Bremssubstanz eine Schichtenanordnung mit etwa 2 cm dicken H_2O- und 6–8 cm dicken Präparat 38-Schichten den geringsten effektiven Absorptionskoeffizienten ergeben. Die Rechnungen von Höcker ließen sogar einen negativen Wert – der ja die notwendige und hinreichende Bedingung für den Bau der 38-Maschine ist – für diesen Koeffizienten erhoffen. Die Messung des Absorptionskoeffizienten einer solchen Anordnung ermöglicht auf jeden Fall, auch wenn sich kein negativer Wert ergibt, eine recht genaue Bestimmung der für alle weiteren Versuche wichtigsten Größe X (Anzahl der Spaltungsneutronen pro eingefangenes thermisches Neutron).

Die Messungen sollten in Berlin und in Leipzig an zwei verschiedenen Anordnungen durchgeführt werden. Bei der Berliner Anordnung wurde in erster Linie darauf Wert gelegt, die Schichtdicken leicht variieren zu können. Deshalb wurde dort eine ebene Schichtung gewählt, für die zur Erzielung einer hohen Genauigkeit wegen der ungünstigen Geometrie eine große Menge Präparat 38 verwendet werden mußte. Die Leipziger Anordnung sollte im Gegenteil mit geringeren Substanzmengen auskommen. Der Versuch war in dieser Weise auch als Vorarbeit für den späteren Versuch mit D_2O gedacht, der ja zunächst jedenfalls mit geringen Substanzmengen durchgeführt werden muß. Aus diesem Grunde wurde für den Leipziger Versuch eine kugelsymmetrische Anordnung gewählt, die am genauesten gemessen und am leichtesten theoretisch diskutiert werden kann. Die Schichtdicken wurden nach dem von uns bei Planung des Versuches (Juni 1940)
angenommenen Werten der Konstanten | zu 2

$$2{,}1\ \mathrm{cm}\ H_2O \quad \text{und} \quad 5{,}7\ \mathrm{cm\ Präparat}\ 38 \tag{1}$$

festgesetzt.

2. Apparatur

Die technische Durchführung des Kugelschichtensystems ist natürlich etwas schwieriger als die des Planschichtensystems. Es handelte sich darum, die geforderten räumlichen Verhältnisse durch möglichst wenig Neutronen-absorbieren-

[1] Undated, but according to KWI-List dated 28 April 1941. (Editor)

des Halterungsmaterial zu garantieren und das ganze etwa 9 C[en]t[ne]r schwere System doch so stabil zu bauen, daß es über den Rand eines 1,5 m hohen H_2O-Behälters gehoben werden konnte, ohne daß dabei eine Undichte entstand.

a) Halterungsmaterial

Als Material für die Kugelschichten wurde Al gewählt. Sein Absorptionsvermögen gegenüber langsamen Neutronen wurde durch Vergleich der β-Aktivitäten von einer dünnen Al- und einer dünnen Ag-Folie relativ zu dem einigermaßen gut bekannten Einfangsquerschnitt des Ag bestimmt; die Dicken der Folien waren dabei so gering, daß sich ihr beinahe zu vernachlässigender Einfluß auf die verschiedenen Neutronen- und β-Absorptionen von Ag und Al genügend genau abschätzen ließ. Es ergab sich für den Einfangquerschnitt von Al gegenüber langsamen Neutronen[2]

$$\sigma = (1{,}3 \pm 0{,}4) \cdot 10^{-25}\,\mathrm{cm}^2 \ . \qquad (2)$$

b) Kugelschichtensystem

3 Um trotz des großen Gewichtes zu einer stabilen Anordnung zu | kommen, wurde das Kugelschichtensystem aus zwei Halbkugelsystemen aufgebaut, die je auf einer 4 mm dicken Aluminiumplatte montiert waren. Fig[ur] 1 zeigt einen Schnitt durch das ganze System. Eine halbkugelförmige Ausbuchtung in der Mitte der Platten ermöglicht es, das Zentrum der kugelförmigen Neutronenquelle mit dem Zentrum des Kugelschichtensystems zur Deckung zu bringen. Das untere System besteht aus geschlossenen Al-Halbkugelflächen, deren Flanschen mittels Al-Schrauben an die Aluminium-Platte angeschraubt wurden. Die Dichtung erfolgte durch dazwischen liegende Gummiringe. Gefüllt werden die Schalen durch Schraublöcher *S* in der Al-Platte, die durch Al-Schraubendeckel verschließbar waren. Alle Schraublöcher und der Rand der äußeren Halbkugel wurden mit Hartwachs abgedichtet. Hartwachs sollte ursprünglich auch als wasserstoffhaltige Substanz verwendet werden; da aber seine Rißbildung und Schrumpfung beim Erkalten keine genügende Garantie für homogene Schichten ergab – eine Kontrolle ist ja bei dem Kugelsystem im Gegensatz zum Plattensystem kaum möglich –, so wurde schließlich destilliertes H_2O verwendet. Daraus ergab sich freilich für das obere Kugelsystem die Notwendigkeit, auch die „38"-Schichten gegen die H_2O-Schichten mit Gummi und Hartwachs abzudichten. Die oberen Halbkugeln gehen nach oben in zylindrische Hälse über. Diese dienen sowohl der Füllung der Schichten als auch der Einführung der Meßfolien. Die Füllung einer Kugelschale erfolgt durch eine ringförmige Öffnung zwischen den Aluminium-Hälsen, natürlich bevor die nächste Kugelschale aufgeschraubt wird. Das Rohr $A'ABC$ ist am unteren Ende mit der Grundplatte verschweißt und dient sowohl

[2] Dieser Wert steht im Widerspruch mit einem von *P. Wang* aus der Neutronenabsorption bestimmten Einfangsquerschnitt (Z. f. Phys. **110**, 502, 1938). Dagegen stimmt der Wert genügend gut überein mit einem Wert von *K. Sinma* und *F. Yamasaki*: Sc. Rep. of Phys. & Ch. Tokio **28**, 1941, 167. Al als Werkstoff für 38-Maschine wird von einem anderen Herrn unseres Instituts genauer untersucht.

zur Justierung der Halbkugeln, als auch zur glatten Einführung des Meßfolieneinsatzes. Es besteht aus einzelnen abschraubbaren Teilen (*AB*, *BC* usw.), um die Füllöffnungen freimachen zu können. Der Meßfolieneinsatz (Fig. 1) trägt an seinem unteren Ende die Neutronenquelle und besteht |abwechselnd aus Büchsen 4
mit „38" bzw. Hartwachs, so daß er das Kugelschalensystem nur unwesentlich unterbricht. Sowohl an den Enden als auch in der Mitte je einersolchen Büchse lassen sich Dy-Präparate unterbringen, um die Neutronendichte an diesen Stellen bestimmen zu können.

Das ganze System lagert auf einem Holzgestell und wurde schließlich mittels Flaschenzug in einen Wasserbehälter aus Zn-Blech versenkt:

$\varnothing = 1{,}50\,\mathrm{m} \quad h = 1{,}6\,\mathrm{m}$. Fig. 2

c) Neutronenquelle

Als Neutronenquelle diente das bereits früher verwendete (Ra Be)-Präparat (480 m Curie) in einer kugelförmigen Wickelhülle (Wandstärke 1 mm).

d) Neutronenindikator

Zum Neutronennachweis wurde Dy benützt. Das Dy_2O_3 (0,2 gr.) wurde in Spiritus unter Zusatz einiger Schellacktropfen aufgeschwemmt, auf kleinen Al-Tellerchen angetrocknet ($\varnothing = 5$ cm, $d = 0{,}2$ mm) und mit einer Al-Schutzfolie abgedeckt. Es wurden etwa 13 ungefähr gleiche Präparate benützt, deren Aktivitätsverhältnisse durch Messung bis auf weniger als 1% genau bekannt waren.

Diese Dy-Präparate konnten erforderlichenfalls noch in dünnen Cd-Büchsen eingekapselt verwendet werden.

e) Messung der Neutronenwirkung

Die β-Aktivität wurde, je nach ihrer Stärke, mittels Druckionisationskammer ($p = 8$ Atü CO_2) und Elektrometer oder mit Zählrohr gemessen. Die Absorptionswirkung des Ionisationskammerfensters ($\varnothing = 6$ cm) und der Zählrohrwand waren etwa gleich groß. Die Aufladung des Wulfschen Elektrometers (1 Skt = 0,02 V) wurde laufend durch Aufladung |eines Induktionsringes kompensiert. 5
Da stets so lange aufgeladen wurde, bis eine bestimmte Kompensationsspannung erforderlich war, so ging in die Lesegenauigkeit letzten Endes nur die Genauigkeit ein, mit der man mittels Stoppuhr Zeiten von 1...10 min [Minuten] miteinander vergleichen kann. Vor und nach jeder Messung wurde die Ionisationskammer mit Hilfe eines Th-Standardpräparates geeicht.

Etwa 34 cm von der ${}_0N^1$ [Neutronen]-Quelle entfernt gab das Dy nur einen Ionisationskammereffekt von der Größe des Leereffektes der Kammer. Von diesem Entfernungsbereich ab wurde dann mittels Zählrohr gemessen; das Auflösungsvermögen der Zählrohrapparatur wurde gesondert bestimmt, die Empfindlichkeit vor und nach jeder Messung mittels Th-Standardpräparat gemessen und alle Werte auf gleiche Empfindlichkeit bezogen.

3. Durchführung der Messung und Ergebnisse

Die Messung begann mit Nulleffekts- und Empfindlichkeitsbestimmung der Apparatur (Th-Standard-Präparat). Um die 2,3 min Aktivität des Al-Tellerchens des Dy-Indikators abklingen zu lassen, wurde mit der Dy-β-Messung stets erst 45 min nach Schluß der Exposition begonnen. Die in verschiedenen Entfernungen im Kugelsystem exponierten Dy-Folien wurden dabei abwechselnd je 5 – 6 mal gemessen. Am Schluß wurden die Apparatureigenschaftsmessungen wiederholt. An den Dy-β-Intensitäten waren die üblichen Korrektionen anzubringen: Nulleffekt; Einfluß des Auflösungsvermögens des Zählrohrs; Reduktion auf gleichen Zeitabstand vom Schluß der Exposition (Dy-Abklingung); Unterschied der einzelnen Folien; Reduktion auf bestimmte Empfindlichkeit der Apparatur. Eine solche Tagesmessung wurde mehrere Male wiederholt. Tabelle 1 gibt einen Überblick über die Reproduzierbarkeit.

6 **Tabelle 1.** Relative Neutronendichten in der Entfernung 32 cm vom Kugelzentrum gemessen an verschiedenen Tagen (Apparatur bedingter Maßstab)

	$82,1 \cdot 10^{-3}$
	104,6
	91,4
	95,7
	99,4
	110,4
	102,1
	105,6
	108,2
Mittel	$99,9 \pm 3 \cdot 10^{-3}$

Die an den einzelnen Tagen gemessenen Entfernungsbereiche wurden natürlich so gewählt, daß stets Überschneidungen vorlagen. Auf gleiche Weise wurde die Neutronenverteilung in reinem H_2O gemessen.

Sowohl im Kugelsystem als auch in H_2O wurden am Schluß die Neutronenintensitäten nochmals mit Dy_2O_3-Indikatoren wiederholt, die allseitig in Cd eingelassen waren. Beim H_2O-38-Kugelsystem betrug die Wirkung der nicht von Cd absorbierbaren Neutronen etwa 2 – 3% der Gesamtwirkung, beim H_2O sogar weniger als 1%. Diese Messungen ließen sich daher nur in größerer Nähe des Kugelzentrums durchführen. In dem unten stehenden Kurvenstück sind diese Korrekturen noch nicht angebracht. Bei der Auswertung werden sie einfach in der Weise berücksichtigt, daß die Intensitäten im Inneren der Schichtung um 2,5%, die im Wasser um 1% verkleinert werden.

Fig[ur] 3 zeigt das Ergebnis der Neutronenverteilungsmessung im H_2O-38-Kugelsystem und in reinem H_2O. Aus Gründen der Anschaulichkeit und zum Zwecke der graphischen Interpretation sind die in den einzelnen Entfernungen gemessenen Neutronenintensitätswerte gleich mit dem Entfernungsquadrat multipliziert worden. Die Ordinaten geben also die relative Gesamtzahl *aller* langsamen Neutronen in der betreffenden Entfernung an. Die eingetragenen Fehler sind aus den Abweichungen der Tagesmittel berechnet; sie sind daher etwas größer als die allein durch die beschränkten Teilchenzahlen bedingten statistischen Fehler. Bei der Auswertung entsteht durch die Abweichung von der Kugelsymmetrie und die Absorption in Al eine weitere, aber wohl auch geringe Unsicherheit.

4. Auswertung der Meßergebnisse 7

a) Der mittlere effektive Absorptionskoeffizient

Die wichtigste Größe, die über die Brauchbarkeit einer Schichtenanordnung für die 38-Maschine entscheidet, ist der mittlere effektive Absorptionskoeffizient der Schichtung. Man kann zunächst im Zweifel darüber sein, ob das Verhalten einer kugelsymmetrischen Schichtung durch einen solchen Koeffizienten in Bausch und Bogen festgelegt werden kann, da ja die innersten Schichten durch ihre starke Krümmung anders wirken als ebene Schichten. Man kann sich aber leicht klarmachen, daß es auf diese innersten Schichten fast gar nicht ankommt, da sie nur einen kleinen Bruchteil des Gesamtvolumens erfüllen. Die Eigenschaften der Anordnung werden fast ausschließlich durch die äußersten Schichten bestimmt, die als nahezu eben (Krümmungsradius groß gegen die Schichtdicke) angesehen werden können. Man kann also wohl unbedenklich aus der Gesamtabsorption auf den Absorptionskoeffizienten einer ebenen Schichtanordnung schließen und annehmen, daß sich bei weiterer Vergrößerung der Apparatur der *mittlere* Absorptionskoeffizient nicht mehr ändern würde.

Eine gewisse Schwierigkeit ergibt sich jedoch aus der geringen Anzahl der Schichten unserer Anordnung. Man wird annehmen müssen, daß sich die Gesamtabsorption hier zunächst noch ändert, wenn eine neue Schicht hinzugefügt wird, und zwar in dem Sinne, daß die Gesamtabsorption beim Hinzufügen einer neuen H_2O-Schicht steigt, beim Hinzufügen der darauffolgenden Präparat-38-Schicht wegen der Neutronenproduktion wieder sinkt.

Wir haben daher zwei Bestimmungen des mittleren Absorptionskoeffizienten durchgeführt. Bei der einen wurde die Absorption im Inneren der Al-Kugel von 31 cm Radius gemessen; die äußerste Schicht bestand hier aus Präparat 38 (Fig. 1). Bei der anderen wurde noch eine 2,1 cm dicke Schicht H_2O im Außenraum mit zur Anordnung gerechnet und die Absorp|tion für diese Gesamtmen- 8
ge bestimmt. Schließlich wurde aus den beiden so gemessenen Absorptionskoeffizienten das arithmetische Mittel gebildet und angenommen, daß dieser Wert auch näherungsweise für die unendliche ebene Schichtenanordnung gelten würde.

Für die Bestimmung des Absorptionskoeffizienten benötigt man drei Größen: 1. Die Gesamtzahl N_a^0 der ohne Apparatur einfach im Wasser um das Ra-Be-Präparat vorhandenen thermischen Neutronen. Diese Zahl gibt, multipliziert mit dem Absorptionskoeffizienten ν_H des Wassers ($\nu_H = 3920\ \mathrm{sec}^{-1}$) die Anzahl der pro sec von der Quelle emittierten Neutronen. 2. Die Gesamtzahl N_a der außerhalb der gefüllten Schichtenanordnung im Wasser beobachteten thermischen

Neutronen $N_a \nu_H$ ist dann die Anzahl der pro sec im Wasser außen absorbierten Neutronen. $(N_a^o - N_a)\,\nu_H$ Neutronen werden daher pro sec in der Schichtenanordnung absorbiert. 3. Die Gesamtzahl N_i der thermischen Neutronen im Inneren der Schichtenanordnung. Der effektive mittlere Absorptionskoeffizient $\bar{\nu}$ bestimmt sich dann offenbar aus der Gleichung:

$$N_i \bar{\nu} = (N_a^o - N_a)\,\nu_H \;. \tag{3}$$

Die Werte N_a^o, N_a und N_i wurden aus der Abb. 3 durch graphische Integration mit dem Planimeter gewonnen. Wählt man als äußere Begrenzung der Schichtenanordnung die Al-Kugel von 31 cm Radius, so erhält man die Werte (in willkürlichen Einheiten):

Tabelle 2

N_a^o	N_a	N_i
58,9	52,0	36,1

also

9 $$\bar{\nu} = \frac{N_a^o - N_a}{N_i}\,\nu_H = \frac{6,9}{36,1}\,\nu_H = 749\ \mathrm{sec}^{-1} \;. \tag{4}$$

Rechnet man noch eine Wasserschicht von 2,1 cm Dicke (bis zum Radius 33,2 cm) zur Schichtenanordnung dazu, so folgt:

Tabelle 3

N_a^o	N_a	N_i
58,9	44,0	44,1

$$\bar{\nu} = \frac{N_a^o - N_a}{N_i}\,\nu_H = \frac{14,9}{44,1}\,\nu_H = 1325\ \mathrm{sec}^{-1} \;. \tag{5}$$

Als Mittelwert ergibt sich

$$\bar{\nu} = 1037\ \mathrm{sec}^{-1} \;. \tag{6}$$

Der mittlere effektive Absorptionskoeffizient ist also jedenfalls noch positiv, die untersuchte Schichtenanordnung eignet sich – auch bei beliebiger Vergrößerung der Apparatur – *nicht* zum Bau der 38-Maschine.

b) Der Dichteverlauf in den Schichten und die Neutronenbilanz

In einer unendlichen ebenen Schichtenanordnung sollte eine nach dem Gesetze $e^{-\bar{\nu}t}$ abklingende Neutronenverteilung räumlich den folgenden Verlauf haben (vergleiche frühere Berichte von *Heisenberg* und *v. Weizsäcker*): Wir bezeichnen ν_s, ν_U die Absorptionskoeffizienten, l_s, l_U die Diffusionslängen und $\bar{l}_s$, $\bar{l}_U$ die effektiven Diffusionslängen (definiert durch

$$\bar{l}_s = l_s \sqrt{\frac{\nu_s}{\nu_s - \bar{\nu}}}\,, \qquad \bar{l}_U = l_U \sqrt{\frac{\nu_U}{\nu_U - \bar{\nu}}}\Bigg)$$

für die Bremssubstanz bzw. Präparat 38. Ferner setzen wir $l = (\bar{l}_U(\nu_U - \bar{\nu}))/(\bar{l}_s(\nu_s - \bar{\nu}))$. x sei der Abstand von der Mitte der 38-Schicht, y der von der Mitte der Wasserschicht, 2a und 2b die Dicken der 38- bzw. Wasserschicht, sowie

$$\xi = \frac{a}{\bar{l}_U}\,, \qquad \eta = \frac{b}{\bar{l}_s}\,.$$

Dann erhält man für den Verlauf der Dichte (unter Weglassung eines beliebi- 10
gen konstanten Faktors):

In Präparat 38	in Wasser
$\dfrac{\cosh x/l_U}{\sinh \xi}$	$\operatorname{ctgh}\xi + l\operatorname{ctgh}\eta - \dfrac{\cosh y/\bar{l}_s}{\sinh \eta}\,.$ (7)

Dieser Verlauf ist in Abb. 4 für die hier vorliegenden Zahlenwerte:

$a = 2{,}9$ cm; $b = 1{,}05$ cm; $l_U = 7{,}55$ cm; $l_s = 2{,}50$ cm; $\bar{l}_U = 8{,}15$ cm;
$\bar{l}_s = 2{,}92$ cm; $\nu_U = 6950\ \mathrm{sec}^{-1}$; $\nu_s = 3920\ \mathrm{sec}^{-1}$; $l = 5{,}72$;
$\xi = 0{,}356$; $\eta = 0{,}360$ eingetragen.

Der Verlauf wird in der von uns gemessenen Schichtenanordnung dadurch modifiziert, daß es sich nicht um eine zeitlich abklingende räumlich unendliche Neutronenverteilung, sondern um eine räumlich abklingende, zeitlich konstante Verteilung handelt. Die hierdurch bedingten Unterschiede sind jedoch wegen der relativen Kleinheit von $\bar{\nu}$ gering. Der Vergleich zwischen Theorie und Experiment wird außerdem noch durch den Umstand erschwert, daß im Meßkanal (Abb. 1) die einzelnen Schichten durch größere Aluminiumdicken getrennt werden müßten und daß ferner gerade dort das Wasser aus praktischen Gründen durch Paraffin ersetzt wurde. Die Paraffinschichten sind (wegen der dickeren Al-Begrenzung) etwas dünner als die Wasserschichten, so daß die Anzahl der H-Atome pro cm^3 ungefähr die gleiche ist. Hierdurch werden die Unterschiede zum Teil wieder kompensiert, trotzdem wird man den gemessenen Werten kein allzu großes Gewicht beilegen können. Für das Verhältnis der Intensität in der Mitte der 38-Schicht bzw. der Wasserschicht und der Intensität an der Grenze zwischen 38 und Wasser erhält man:

11 **Tabelle 4**

Intensitätsverhältnis	Mitte der 38-Schicht / Grenze 38-Wasser	Mitte der Wasserschicht / Grenze 38-Wasser
Theorie	0,94	1,35
Experiment: 1. Schicht	0,92	1,33
2. Schicht	0,97	1,42
3. Schicht	0,85	1,48

Die Übereinstimmung ist durchaus befriedigend. Die verhältnismäßig hohen experimentellen Werte in der Mitte der Wasserschicht deuten vielleicht darauf hin, daß, wie *Bothe* auseinandergesetzt hat, die Erzeugung thermischer Neutronen in der Mitte der Wasserschicht größer ist als am Rande, da die langsamen Neutronen am Rande der Wasserschicht zum Teil durch den Resonanzprozeß im Präparat 38 weggefangen würden. Der gefundene Wert ist aber nicht genau genug, um diesen von *Bothe* vorhergesagten Effekt sicherzustellen.

Für das Verhältnis der Neutronenmengen in Wasser und Präparat 38 innerhalb der Schichtung erhält man den Wert:

$$\begin{aligned} &\text{theoretisch} \quad 0{,}465 \;, \\ &\text{gemessen} \quad 0{,}517 \;. \end{aligned} \tag{8}$$

Aus dem gemessenen Wert folgt für die gesamte Neutronenbilanz im Inneren die Gleichung:

$$\begin{array}{ccccc} \text{Gesamtabsorption} & & \text{Abs. in } H_2O & & \text{Prod.-Absorption in Präp. 38} \\ 1037\, N_i & = & 1338\, N_i & - & 301\, N_i \end{array} \; . \tag{9}$$

Die linke Seite stellt die pro sec im ganzen Inneren absorbierten Neutronen dar, das erste Glied der rechten Seite die pro sec in den Wasserschichten absorbierten Neutronen. Das zweite Glied bedeutet daher den Überschuß der Neutronenproduktion über die Absorption in Präparat 38. Man erkennt, daß eine erhebliche
12 Neutronenproduktion vorhanden | ist. Würde man das Wasser durch die entsprechende Menge schweren Wassers ersetzen (als „entsprechend" ist wegen des geringen Stoßquerschnitts etwa die siebenfache Menge anzusehen), so müßte nach den früheren Messungen (Bericht *Döpel* und *Heisenberg* über die Diffusionslänge in D_2O) die Absorption etwa zwanzigmal kleiner werden. In diesem Falle würde offenbar die Neutronenproduktion im ganzen überwiegen, also der Absorptionskoeffizient negativ werden. *Diese entsprechende Schichtung mit D_2O würde also den Bau der 38-Maschine ermöglichen.*

c) Die Anzahl X der Spaltungsneutronen

Die gesamte in Präparat 38 vorhandene Neutronenmenge ist nach (8) 0,66 N_i; also läßt sich das zweite Glied auf der rechten Seite von (9) in der Form darstellen

$$(Xe^{-w}-1)\cdot 0{,}66 N_i \nu_U = 301\, N_i \;. \tag{10}$$

Daraus folgt:

$$Xe^{-w} = 1{,}3556 \;. \tag{11}$$

Die Wahrscheinlichkeit w für Resonanzeinfangung berechnet sich nach früheren Berichten zu

$$w = 0{,}0995 \sum_k \frac{\Gamma_k}{E_k} \sqrt{\sigma_k \cdot 10^{24}} \;. \tag{12}$$

Da die für die Resonanzeinfangung maßgebende Größe w (Γ_k Breite, E_k Energie, σ_k maximaler Wirkungsquerschnitt der Resonanzniveaus in Präparat 38) nicht sicher bekannt ist, tragen wir nach (11) in der Abb. 5 die Größe X als Funktion dieser Summe $\sum_k(\Gamma_k/E_k)\sqrt{\sigma_k \cdot 10^{24}}$ auf. In die gleiche Figur sind zwei weitere Kurven, die das Resultat der Berliner Messungen darstellen, gestrichelt eingezeichnet.

Man erkennt aus der Figur, daß die hier durchgeführten Messungen mit den Ergebnissen der Berliner Messungen genügend genau überein|stimmen. Unsere 13
Messungen bestätigen das Ergebnis, daß die Größe X offenbar erheblich kleiner ist, als in früheren Berichten angenommen wurde. Die gute Übereinstimmung unserer und der Berliner Messungen scheint auch zu zeigen, daß mit der relativ kleinen Leipziger Anordnung tatsächlich eine zuverlässige Bestimmung der effektiven Absorptionskoeffizienten möglich ist. Dieses Ergebnis ist für die späteren Versuche mit D_2O wichtig.

Zusammenfassend kann festgestellt werden: Die Anzahl X der Spaltungsneutronen ist *geringer*, als früher angenommen wurde. Ihr genauer Wert ist in Fig. 5 dargestellt. Sie ist aber immer noch groß genug, um den Bau einer 38-Maschine zur Energieerzeugung mit *schwerem* Wasser zu ermöglichen.

Fig 1. Schnitt durch das
Kugelschichten-System
0 5 10 cm
Neutronen-Quelle

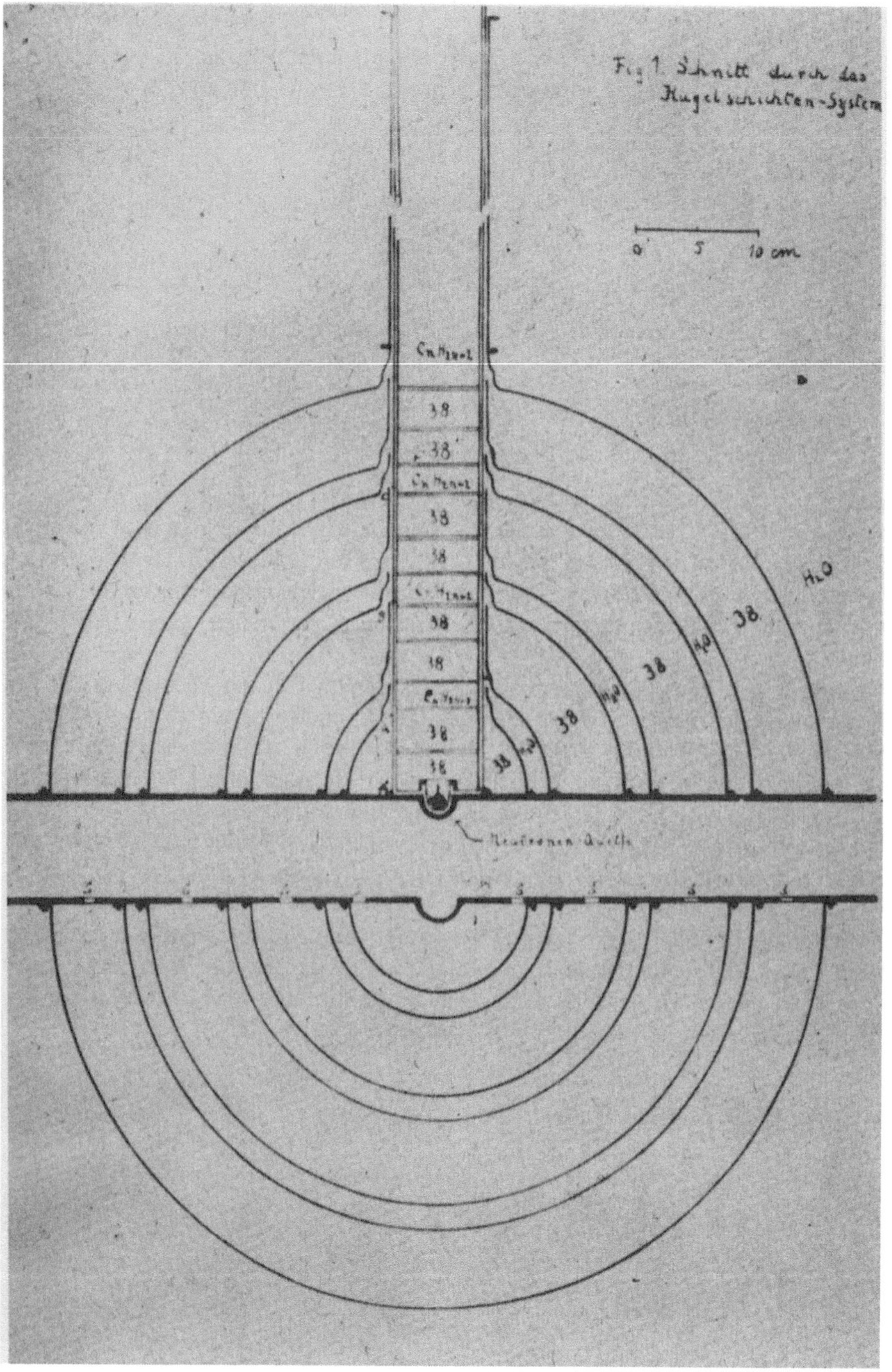

15

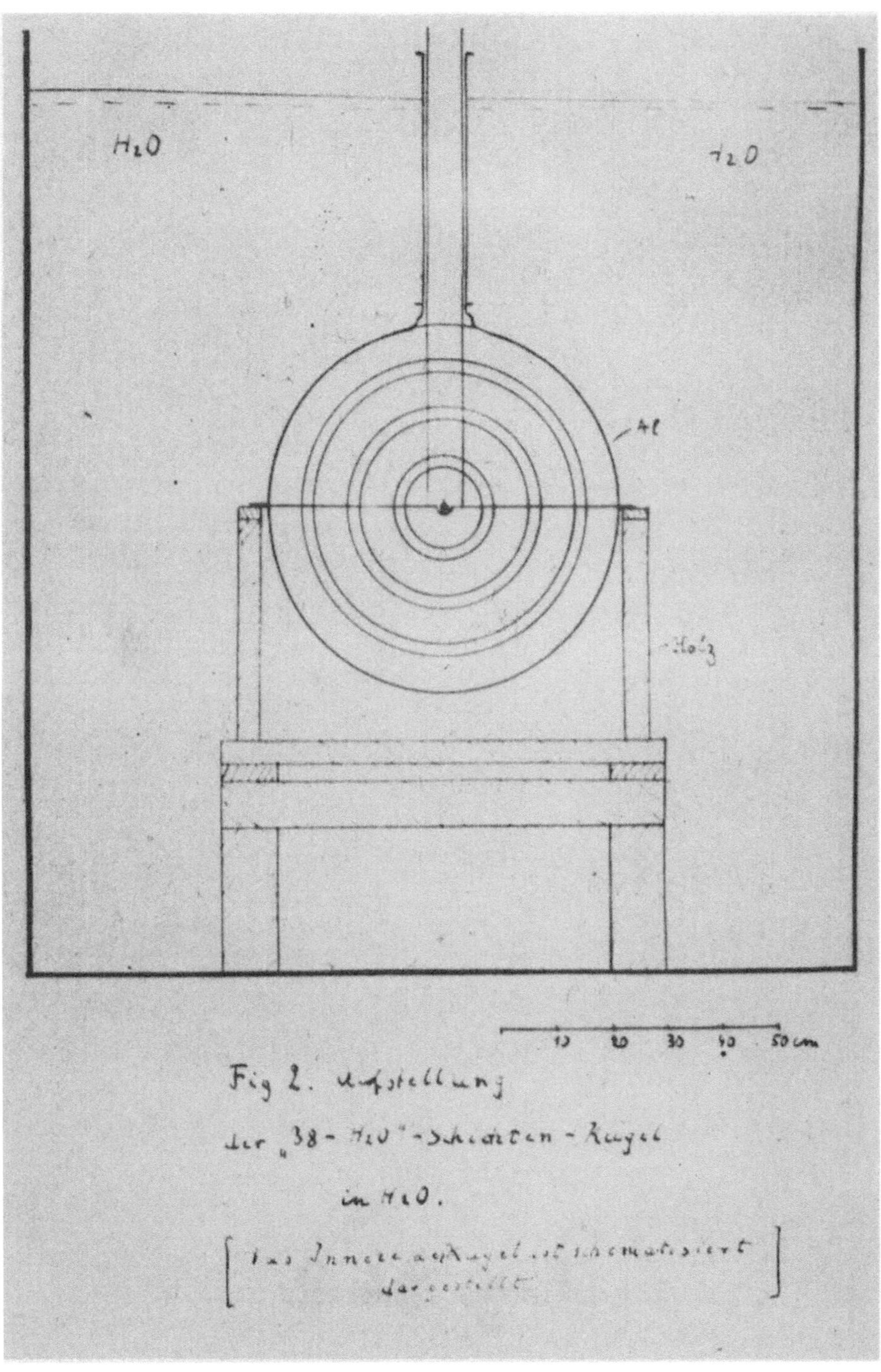

16

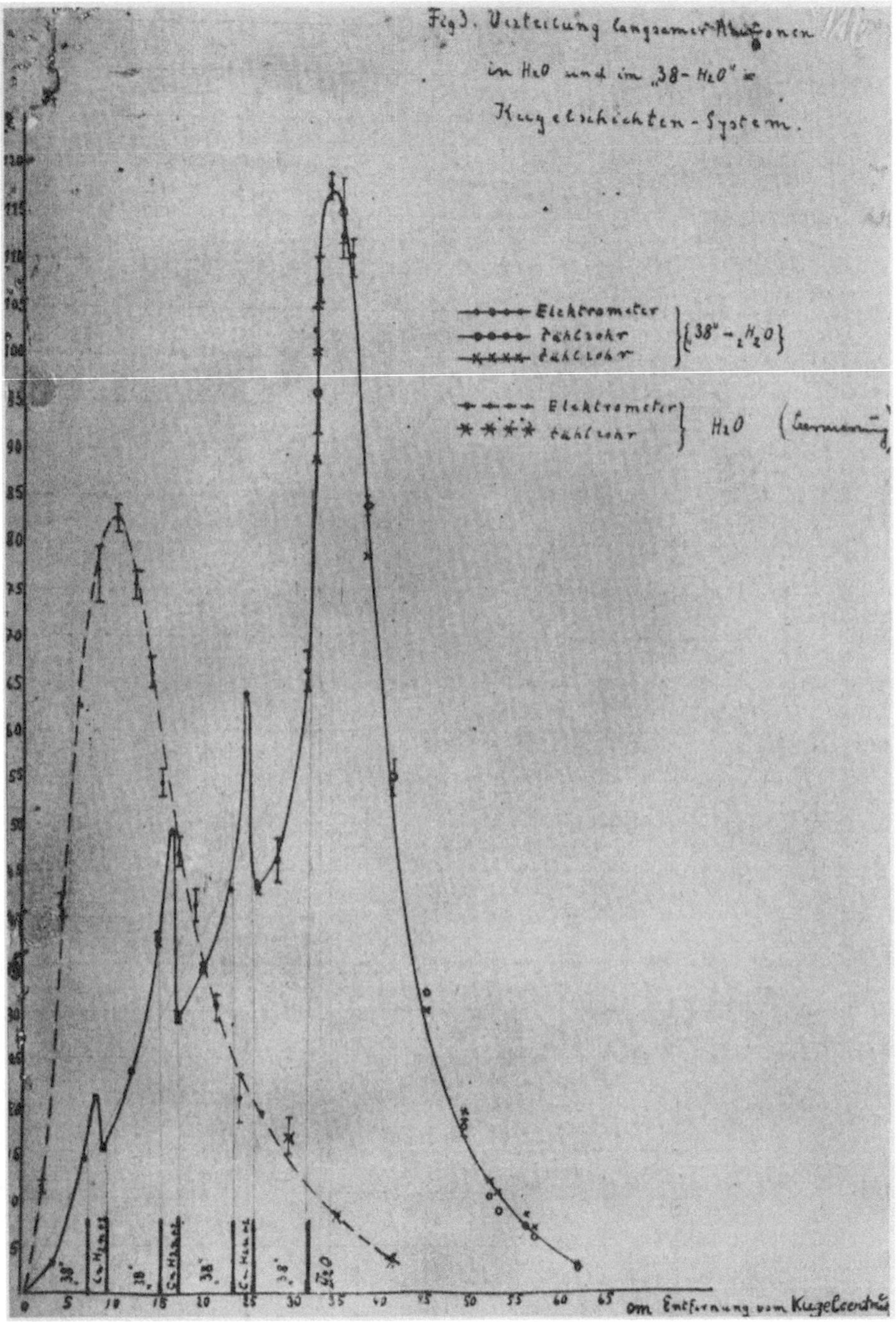
in H_2O und im „38-H_2O" =
Kugelschichten-System.
Elektrometer
Zählrohr
Zählrohr
{38"-H_2O}
Elektrometer
Zählrohr
H_2O
0
5
10
15
20
25
30
35
40
45
50
55
60
65
cm Entfernung vom Kugelcentrum

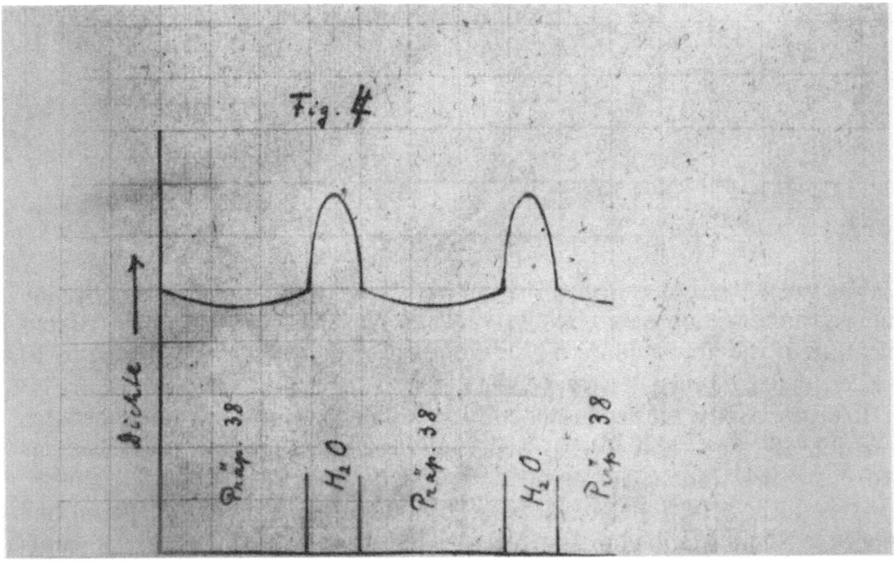
Fig. 4
Dichte
Präp. 38
H2O
Präp. 38
H2O.
Präp. 38

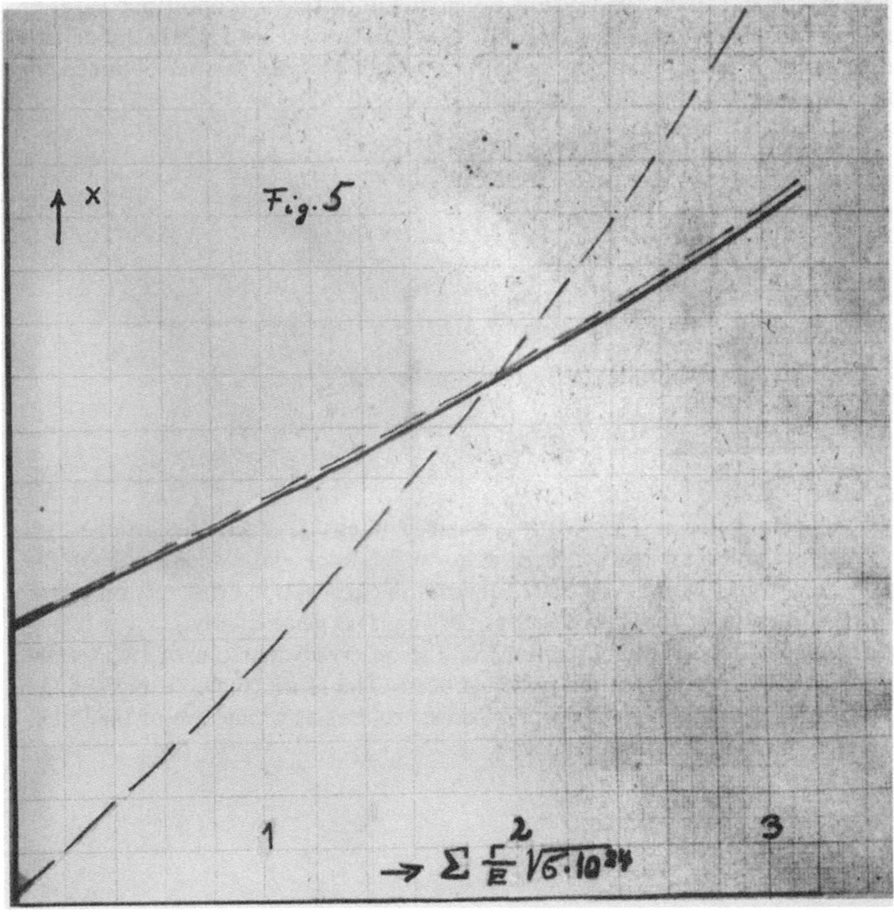
x
Fig. 5
1
2
3

Editor's Note

The following short paper of Heisenberg is a postscript to the report „Bestimmung des Absorptionsquerschnittes von Uran für langsame Neutronen" (Determination of the absorption cross section of uranium for slow neutrons) by E. Fischer, dated 9 June 1941.

In order to settle the debate about this cross section, for which values between $\sigma_A = 3.2 \cdot 10^{-24}\,\mathrm{cm}^2$ and $10 \cdot 10^{-24}\,\mathrm{cm}^2$ had been given previously, Fischer carried out a new experiment at the *Kaiser Wilhelm-Institut* in Berlin-Dahlem. For this purpose he generalized a method that E. Amaldi and E. Fermi had applied to find the ratio of elastic to absorption cross section in the case of paraffin (Phys. Rev. (2) **50**, 899 (1936)): by mixing in different proportions U_3O_8 or uranium metal powder and paraffin (in a cubic vessel, see Fig. 1), the desired cross section σ_A of uranium could be extrapolated (Fig. 2). Fischer obtained for uranium oxide the value

$$\sigma_A = (6.0 \pm 1.0) \cdot 10^{-24}\,\mathrm{cm}^2 \ ,$$

and for uranium metal

$$\sigma_A = (5.24 \pm 0.30) \cdot 10^{-24}\,\mathrm{cm}^2 \ .$$

Heisenberg's theoretical postscript dealt with two items:

i) The derivation of Eq. (1) of Fischer's paper, i.e.,

$$N = \left(\frac{1 - y - \zeta\sqrt{3}/2}{y - \zeta\sqrt{3}/2} \right)^2 - 1 \ ,$$

which relates the ratio y of the absorbed intensities (activities of the dysprosium indicator) to N, the average number of elastic collisions of the neutron until it gets absorbed. (ζ denotes the absorption cross section of the dysprosium layer for slow neutrons passing it perpendicularly.)

ii) The calculation of the corrections of the observed data caused by thermal neutrons emerging from the fission process. The result (Fig. 3) explained the dependence of Fischer's absorption cross sections as a function of the thickness of the paraffin layer (Fig. 2).

Theoretischer Nachtrag (zum Bericht von E. Fischer)

Von **W. Heisenberg**[1]

1) Die Formel (1) für den Zusammenhang des Intensitätsverhältnisses y mit dem Verhältnis zwischen Streuquerschnitt und Absorptionsquerschnitt ist gewonnen durch eine Verbesserung der bei *Amaldi* und *Fermi* (Phys. Rev. **50**, S. 899, 1936) angegebenen Gleichungen (9) bis (11). Ersetzt man die Gl. (11) von *Amaldi* und *Fermi*

$$\beta = 1 - \frac{2}{\sqrt{N}}$$

durch die genauere (auch für kleinere Werte von N gültige) Gleichung

$$\beta = \frac{\sqrt{N+1}-1}{\sqrt{N+1}+1} ,$$

so entsteht die im Text angegebene Formel (1).

2) Für die Berechnung der durch die Spaltungsneutronen hervorgerufenen Korrektur braucht man die Wahrscheinlichkeit dafür, daß ein Spaltungsneutron, das etwa von der Mitte des Blocks ausgeht, wieder in der Nähe der Blockmitte thermisch wird. Diese Wahrscheinlichkeit kann man für eine Kugel vom Radius R in folgender Weise abschätzen:

Es werde angenommen, daß die freie Weglänge für die zur Bremsung dienenden Stöße von der Energie unabhängig ist und daß eine ganz bestimmte Anzahl von Stößen notwendig ist, um bis zur thermischen Energie zu verlangsamen. In dem Grad der Annäherung, in dem die Annahmen zutreffen, kann man dann das Problem einfach mit der Diffusionsgleichung behandeln, indem man statt der bestimmten (von der Blockgröße unabhängigen) Anzahl der Stöße eine bestimmte
Zeit einsetzt. Diese Zeit ist nachträglich aus |den (theoretisch leicht zu übersehen- 2
den) Verhältnissen beim unendlich großen Block zu ermitteln.

ϱ sei die Dichte der Neutronen. Dann soll also gelten:

$$\frac{\partial p}{\partial t} = D \Delta \varrho = D \frac{1}{r} \frac{\partial^2}{dr^2}(r\varrho) . \qquad (1')$$

Zur Zeit $t = 0$ ist das Neutron sicher bei $r = 0$, d. h.

$$\int_0^r 4\pi r^2 \varrho \, dr = 1 \quad \text{für} \quad r > 0 \quad \text{bei} \quad t = 0 . \qquad (2')$$

[1] Undated, but according to KWI-List dated 26 June 1941. (Editor)

Ferner muß die Neutrondichte an der Oberfläche der Kugel verschwinden, d.h. $\varrho = 0$ für $r = R$.

Man entwickelt daher $r\varrho$ zweckmäßig in eine Fourierreihe

$$r\varrho = \sum_1^\infty a_n(t) \sin \frac{nr\pi}{R} , \tag{3'}$$

$$a_n(t) = \frac{2}{R} \int_0^R dr(r\varrho) \sin \frac{nr\pi}{R} . \tag{4'}$$

Also für $t = 0$

$$a_n(0) = \frac{2}{R} \frac{n\pi}{R} \frac{1}{4\pi} = \frac{n}{2R^2} . \tag{5'}$$

Ferner folgt aus (1′):

$$\frac{da_n}{dt} = -D\left(\frac{n\pi}{R}\right)^2 a_n . \tag{6'}$$

Also allgemein

$$a_n = \frac{n}{2R^2} \mathrm{e}^{-D(n\pi/R)^2 t}$$

und

$$r\varrho = \sum_1^\infty \frac{n}{2R^2} \sin \frac{nr\pi}{R} \mathrm{e}^{-D(n\pi/R)^2 t} . \tag{7'}$$

Für $R \to \infty$ geht dies über den bekannten Ausdruck

$$\varrho = \frac{1}{8(\pi D t)^{3/2}} \mathrm{e}^{-(r^2/4Dt)} . \tag{8'}$$

3 Die Wahrscheinlichkeit dafür, daß das Neutron wieder in der | Nähe von $r = 0$ thermisch wird, muß dem Wert ϱ bei $r = 0$ proportional sein. Also

$$w = \text{const} \cdot \varrho(0) = \text{const} \sum_1^\infty \frac{n^2\pi}{2R^3} \mathrm{e}^{-D(n\pi/R)^2 t} . \tag{9'}$$

In der unendlichen Kugel würde der Ausdruck $r^2\varrho$ sein Maximum an der Stelle $r^2 = r_0^2 = 4\,Dt$ haben. Dieser Radius r_0 läßt sich leicht experimentell bestimmen. Man drückt daher am besten w in der Variabeln $x = R/r_0$ aus:

$$w = \frac{\mathscr{C}}{x^3} \sum_1^\infty n^2 \mathrm{e}^{-(n\pi/2x)^2} . \tag{10'}$$

Für große Werte von x nähert sich w einem konstanten Grenzwert w_∞. Das Verhalten von w wird durch Fig. 3 und die folgende Tabelle wiedergegeben:

$x = 0$	0,472	0,628	0,786	0,943	1,10	1,26	1,415
$w/w_\infty = 0$	$1{,}27 \cdot 10^{-3}$	$6{,}86 \cdot 10^{-2}$	0,332	0,655	0,865	0,957	0,991

Eine experimentelle Bestimmung von r_0 liegt allerdings für die Spaltungsneutronen in den hier benutzten Blöcken nicht vor. Man kann jedoch aus den Werten von $\overline{r^2}$ bei den im hiesigen Institut untersuchten Schichtenanordnungen eine Abschätzung für $\overline{r^2}$ in den benutzten Blöcken und damit für $r_0^2 = 2\overline{r^2}/3$ gewinnen. Die Rechnung ergibt $\overline{r^2} \approx 440\,\text{cm}^2$, also

$$r_0 \approx 17\,\text{cm} \ .$$

Die Wahrscheinlichkeit w sollte also für $R \lesssim 10\,\text{cm}$ praktisch verschwinden und für $R \gtrsim 20\,\text{cm}$ praktisch konstant sein.

Fig. 1.

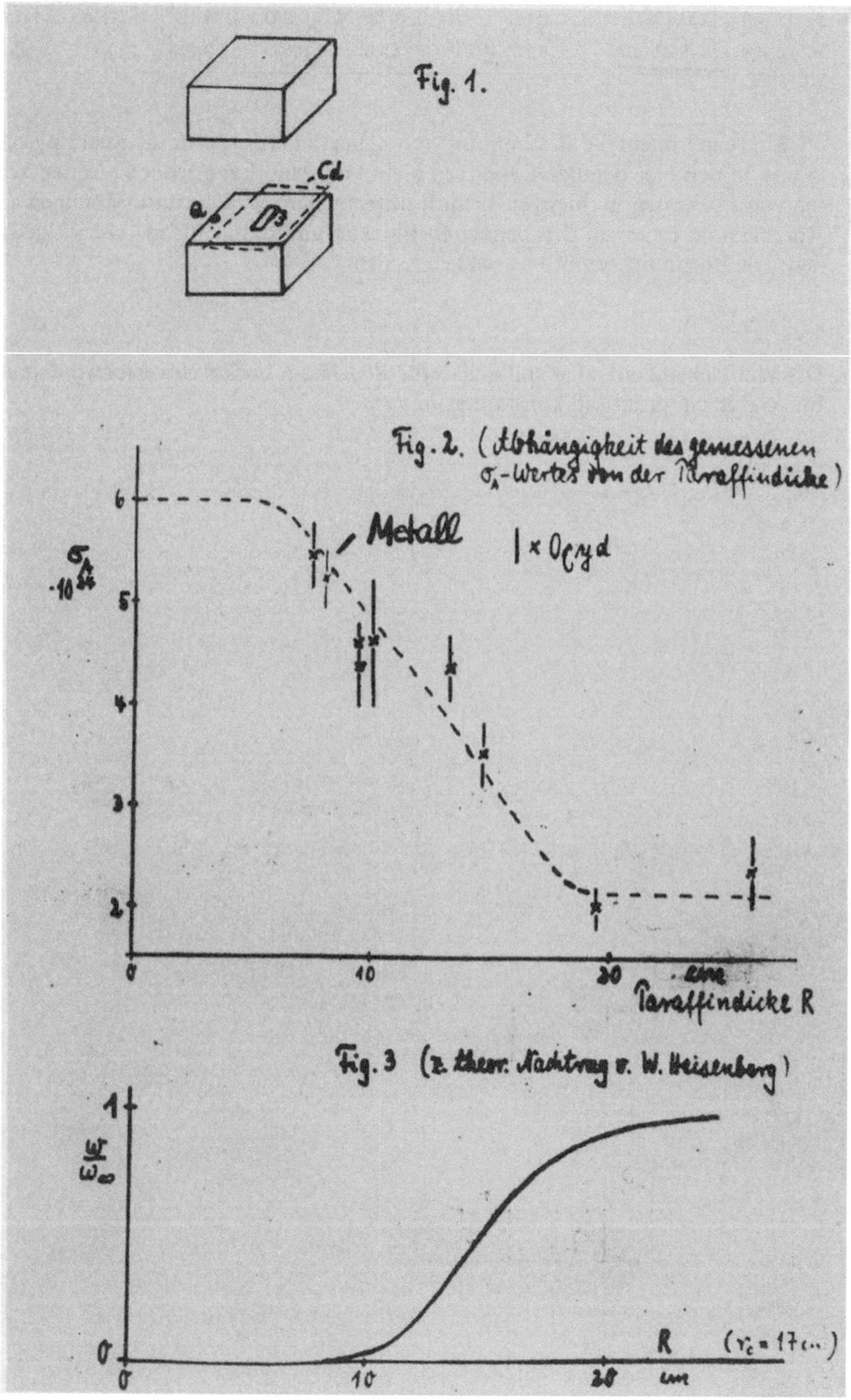

Fig. 2. (Abhängigkeit des gemessenen σ_A-Wertes von der Paraffindicke)

Fig. 3 (z. theor. Nachtrag v. W. Heisenberg)

Versuche mit einer Schichtenanordnung von D_2O und Präp[arat] 38

Von **R.** u. **K. Döpel** und **W. Heisenberg**[1]

1. Plan des Versuchs

Die Ergebnisse aller bisherigen Messungen an Schichtenanordnungen oder Gemischen von H_2O (bzw. Paraffin) und Präp. 38 (vgl. etwa die Zusammenstellung im Bericht von *v. Droste*) führen übereinstimmend zu dem Schluß, daß es möglich sein muß, eine Schichtenanordnung aus D_2O und Präp. 38 mit negativem Absorptionskoeffizienten herzustellen. (Ob eine *homogene* Mischung von D_2O und Präp. 38 zu dem gewünschten Erfolg führen würde, erscheint nach der Übersicht von *v. Droste* als recht zweifelhaft.) Dieser Schluß sollte durch die im folgenden beschriebenen Versuche nachgeprüft werden. Da die einstweilen zur Verfügung stehenden Mengen von D_2O (ca. 150 kg) noch sehr klein sind, verglichen mit den in der endgültigen Maschine notwendigen Mengen, konnte die Nachprüfung nur mit einer kugelsymmetrischen Massenanordnung, die eine hohe Meßgenauigkeit gestattet, vorgenommen werden. Es wurde dazu, ähnlich wie es in einem früheren Bericht[2] geschildert worden ist, ein System von Kugelschalen aus Al konstruiert, das in Abb. 2 näher beschrieben wird. Die gewählten Schichtdicken (ca. 17 cm D_2O und 4 cm Präp. 38) entsprachen den bei Beginn der Versuche angenommenen Werten der verschiedenen maßgebenden Konstanten (X, Absorptionsquerschnitt von U: $\sigma_U, A = \sum(\Gamma_U/E_U)\sqrt{\sigma_U \cdot 10^{24}}$). Da inzwischen die wahrscheinlichsten Werte dieser Konstanten sich geändert haben (insbesondere ist nach den Messungen der Diffusionslänge von U_3O_8, den Überlegungen von *Bothe* und den Messungen von *Fischer* $\sigma_U = 6{,}2 \cdot 10^{-24}$ [cm^2] anzunehmen, während wir früher $\sigma_U = 4{,}5 \cdot 10^{-24}$ [cm^2] angesetzt hatten), sind die von uns gewählten Schichtdicken wohl nicht die günstigsten. Trotzdem sollte nach den vorliegenden Werten auch mit den gewählten Schichtdicken eine deutliche Neutronenvermehrung nachweisbar sein.

Bei Versuchen mit D_2O entsteht für die Beurteilung der Neutronenvermehrung eine gewisse Schwierigkeit durch die Neutronen, die entweder durch Photoeffekt der Ra-γ-Strahlung oder durch (n, 2n) Prozesse im D_2O freigemacht werden. Die Versuche von *Frisch*, *Halban* und *Koch* (Dansk. Vid. Selsk., Math.-fys. Medd. **XV**, 10, S. 3, 1938) zeigen, daß jedenfalls eine gewisse Neutronenproduktion durch Photoeffekt in D_2O stattfindet, | obwohl die in der Literatur 2
gewöhnlich angegebenen γ-Strahlen von Ra bei der von *Chadwick*, *Feather* und *Bretscher* (Proc. Roy. Soc. A **163**, 366, 1937) angegebenen Bindungsenergie des Deuterons zur Spaltung des D-Kerns wahrscheinlich nicht mehr ausreichen.

[1] Undated, but according to KWI-List dated 28 October 1941. (Editor)

[2] R. u. K. Döpel und W. Heisenberg: Versuche mit einer Schichtenanordnung von Wasser und Präparat 38.

Frisch, *Halban* und *Koch* arbeiteten mit Ra-γ-Photoneutronen aus Be, eine Neutronenproduktion durch (n, 2n) Prozesse kommt dort also nicht in Betracht. In unseren Versuchen mit einer (Ra und Be) Neutronenquelle ist auch eine gewisse Neutronenproduktion durch den (n, 2n) Prozeß möglich (vgl. auch den Bericht von *Bagge*). Um die Neutronenentstehung im D_2O nachzuprüfen, waren Kontrollversuche erforderlich (2b), bei denen Bestrahlungen von D_2O allein, ohne Präp. 38, vorgenommen werden.

Schließlich gab der Verlauf der Versuche Veranlassung, die Neutronenabsorption im Al nachzuprüfen. Die früher von uns und von den Japanern *Simna* und *Yamasaki* (Scient. Pap. of Phys. and Chem. Res. **38**, 167, 1941) aus der β-Aktivierung des Al erschlossenen Werte für den Absorptionsquerschnitt von Al waren so klein, daß ein erheblicher Einfluß auf die Versuchsergebnisse nicht zu erwarten war. Da diese Methode aber stets verschiedenen Einwänden ausgesetzt ist (die Absorption eventueller Verunreinigungen wird nicht mitgemessen, sehr weiche β-Strahlen können der Beobachtung entgehen), mußten eigentliche Absorptionsversuche durchgeführt werden. Bei diesen Versuchen, die Herr *Gehlen* im Rahmen einer größeren Arbeit vorgenommen hat, wurde die Erniedrigung der Neutronendichte in einen Paraffinklotz durch eingebrachte Al-Schichten bestimmt; eine solche Anordnung entspricht auch ungefähr den Verhältnissen in der Schichtenkugel. Die Absorption von „Reinaluminium H 99"[3] ergab sich dabei als erheblich größer, als früher angenommen worden war, das Al stört also leider die Verhältnisse in der Apparatur empfindlich.

3

2. Versuchsanordnung und Ergebnisse

a) Das Kugelschichtensystem

Die „38"-D_2O-Schichten wurden bei diesem Versuch in ähnlicher Weise durch Al-Kugeln gehaltert wie bei dem früheren Versuch mit H_2O. Fig. 1 zeigt einen schematischen Schnitt durch das ganze System. Es besteht im wesentlichen aus 2 Halbkugelsystemen, die eine mit D_2O gefüllte Al-Kugel umschließen, in der sich die Neutronenquelle befindet. Die beiden Halbkugelsysteme wurden auf 2 Al-Platten (Dicke jeder Platte 0,5 cm) montiert, die dem ganzen System genügend inneren Halt gaben und gleichzeitig der Lagerung auf einem Balkengestell dienten. Um eine Verunreinigung des D_2O durch event[uelles] Undichtwerden des Systems unter allen Umständen auszuschalten, wurden die D_2O-Schalter C_1 und C_2 allseitig verschweißt bis auf 2 kleine verschraubbare Füll-Löcher an den ebenen Teilen. Die „38"-Behälter bestehen aus Al-Halbkugeln ($d = 1{,}2$ mm) mit Flanschen. Diese Flanschen wurden durch 5 mm dicke Al-Ringe verstärkt und mittels Al-Schrauben an den Al-Grundplatten angeschraubt. Die Dichtung erfolgte durch Gummi und Hartwachs. Gefüllt wurden die „38"-Behälter B_1 und B_2 durch verschraubbare Füllöcher in den Al-Grundplatten, die Behälter D_1 und D_2 durch besondere Füllstützen von außen. Die Füllung muß unter dauerndem

[3] „Reinaluminium H 99" enthält laut Angabe der Bezugsfirma 1% Si + Fe, 0,03% Ti, 0,1% Cu + Zn.

Stopfen und Rütteln erfolgen, um eine möglichst große Schüttdichte des „38"-Oxyds zu erreichen. Diese betrug im Mittel 2,71 g cm^{-3}.

Um ein Halbkugelsystem ohne mechanische Überbeanspruchung in die für die Füllung und Justierung erforderlichen Lagen bringen zu können, waren besondere Halterungs- und Schwenkvorrichtungen nötig, auf deren Beschreibung verzichtet werden kann. Das Gesamtgewicht des Kugelschichtensystems betrug rund 400 kg, es wurde am Schluß mit seinem Balkengestell zusammen über den Rand eines 1,5 m hohen H_2O-Behälters aus Zn-Blech gehoben und versenkt.

Durch den bis ins Innere des Systems führenden Schacht wurde die Neutronenquelle eingeführt, dabei wurde der Schacht durch einen Einsatz geschlossen, dessen Unterteilung in D_2O und „38"-Oxyd-Behälter den Kugelschichten entsprach und in dem man gleichzeitig die Neutronenindikatoren für die Messung der Neutronenverteilung im Innern des Systems unterbringen konnte [Fig. 2].

Um den Einfluß der Ra-γ-Strahlen auf die Neutronenbildung im Kugelsystem abschätzen zu können, wurde die Neutronenquelle bei einem Teil der Messungen mit einer kugelförmigen Bleihülle von 1,6 cm Wandstärke umgeben.

Als Neutronenquelle diente das bereits früher verwendete (Ra Be)-Präparat 4
(480 mC).

Außer den bereits früher verwendeten Dy-Indikatoren (10 mg cm^{-2}) wurden für schwache Intensitäten auch dickere Dy-Indikatoren verwandt (50 mg cm^{-2}). Die Indikatoren wurden im H_2O-Bottich sowohl in horizontaler Richtung exponiert als auch unter 45°.

Messung der Neutronenwirkung

Die β-Aktivität der Dy-Indikatoren wurde in der gleichen Weise wie früher mittels Druckionisationskammer bez. Zählrohr gemessen; wegen der Einzelheiten sei auf die vorangegangenen Arbeiten der Verfasser verwiesen.

Fig. 3 gibt den Intensitätsverlauf im Innern der Kugel; Ordinate ist stets das Produkt aus der Intensität J mal dem Quadrat des Radius r. Da die Messungen mit und ohne Bleikugel außerhalb der Schichtung fast zum gleichen Intensitätsverlauf führten und da für den Intensitätsverlauf im Innern keine hohe Genauigkeit notwendig ist, werden im Innern hauptsächlich Messungen ohne Pb-Kugel durchgeführt. Eingetragen wurden Mittelwerte für alle Messungen. Die Integrale über die verschiedenen Flächen wurden mit dem Planimeter ausgemessen. Ferner wurde die gesamte in Al vorhandene Neutronenmenge aus der Verteilung des Al in der Apparatur und aus Fig. 3 ermittelt. Es ergaben sich (in den willkürlichen hier gewählten Einheiten) die Werte

$$N_{D_2O} = 116{,}5 \; ; \quad N_{U_3O_8} = 38{,}2 \; ; \quad N_{Al} = 6{,}7 \; ; \qquad (1)$$

für die Gesamtmenge im Innern also

$$N_2 = 161{,}4 \; .$$

Der Intensitätsverlauf im Wasser außerhalb der Schichtenkugel – Fig. 4 – wurde sowohl horizontal als auch unter 45° nach oben ausgemessen, um etwaige

Unsymmetrien aufzudecken, die durch die Al-Platten und den Luftspalt in der Halbierungsebene der Schichtkugel entstehen können. Solche Unsymmetrien waren erstens unmittelbar am Spalt zu erwarten, ferner in großer Entfernung von der Kugel, wo der Haupteinfluß von Neutronen herrührt, die als schnelle Neutronen den größten Teil ihres Weges zurückgelegt haben. Jedoch wurden nur unmittelbar an der Oberfläche kleine Unterschiede festgestellt. In die Fig. 4a wurden daher einfach die Mittelwerte über die *beiden* Meßreihen (horizontal und 45°) eingetragen. Nach außen wurden die Kurven bis zu einer Entfernung von 66 cm
5 vom Mittelpunkt aus gemessen, der Rest wurde für die Bestimmung | des Flächeninhalts nach einem Exponentialgesetz extrapoliert. Die Kurve der Meßpunkte, bei denen das Präparat mit einer Pb-Kugel von 1,6 cm Dicke umgeben war, (Fig. 4b) unterscheidet sich nur wenig und nur in der Nähe der Oberfläche von der ohne Pb-Kugel und liegt merkwürdigerweise fast überall etwas oberhalb dieser anderen Kurve. Für die beiden Flächen ergeben sich die Zahlen 71,0 (ohne Pb) und 72,1 (mit Pb). Wenn man die gesamte Neutronenmenge in H_2O bestimmen will, so müssen diese Zahlen noch um den Beitrag der Wasserschicht korrigiert werden, die direkt außerhalb des Spaltes und der Al-Platten liegt. Dies gibt eine Erhöhung um 2%. Im ganzen erhält man also für die Gesamtmenge im Wasser:

Ohne Pb-Kugel   *Mit* Pb-Kugel

$$N_{H_2O} = 72{,}4 \pm 0{,}8 \qquad N_{H_2O} = 73{,}5 \pm 0{,}95 \ . \tag{2}$$

b) Kontrollversuche zur Prüfung des Einflusses der Neutronenquellenstrahlung auf die Neutronenemission im D_2O

Um die aus den Prozessen $D(\gamma, n)H$ und $D(n, 2n)H$ entstehenden Neutronen gegenüber den aus dem „38"-Spaltungsprozeß stammenden abschätzen zu können, wurden Kontrollmessungen ohne „38" in einer besonderen Apparatur durchgeführt.

Im Zentrum einer leeren von genügend H_2O umgebenen Al-Kugel ($D = 12$ cm) befindet sich die (Ra Be)-Neutronenquelle. Die Gesamtzahl der im umgebenden H_2O gemessenen langsamen Neutronen ist dann – ebenso wie die gewöhnliche Messung: Ra-Be Präparat in H_2O – ein Maß für die Neutronenemission der Quelle. Wird nun die Kugel mit D_2O gefüllt, so ist die im umgebenden H_2O gemessene langsame Neutronenzahl wiederum ein Maß für die nunmehr insgesamt frei werdenden Neutronen, da ja die Absorption im D_2O praktisch gegenüber der im H_2O zu vernachlässigen ist. Die ursprüngliche Neutronenzahl ist jetzt um den Betrag erhöht, der aus den beiden obigen Prozessen stammt. Um den aus $D(\gamma, n)H$ stammenden Teil abschätzen zu können, wird nun die Neutronenquelle mit einer Pb-Kugelschale von 2,2 cm Dicke umgeben. Dann wird dieser Neutronenanteil wegen der Absorption von γ-Strahlen im Pb um einen gewissen Betrag vermindert. Da jedoch gleichzeitig durch das Pb ein neuer Faktor in das ganze System gebracht wurde, der sowohl Neutronen absorbiert als auch Neutronen erzeugend wirken kann, so wurde eine weitere Messung der Neutronenintensität im umgebenden Wasser hinzugefügt, bei der sich eine mit Pb-Hülle umgebe-

ne Neutronenquelle in der *leeren* Al-Kugel befand. Hierbei kommt man dann durch Differenzbildung gegen die Kontrollmessung mit der leeren Kugel ohne Pb, den | Einfluß des Pb auf die Neutronenmenge im Außenwasser, soweit er 6
nicht durch teilweise Unterbindung des D(γ, n) H-Prozesses bedingt ist, und daraus schließlich den Einfluß dieses Prozesses.

Die Gesamtmenge der vom Präparat ausgehenden Neutronen wurde, wie erwähnt, einmal direkt in H_2O (Fig. 5), einmal in der von H_2O umgebenen leeren Al-Kugel (Fig. 6a) bestimmt. Für die Flächeninhalte ergaben sich die Werte:

Wasser	Al-Kugel in Wasser
$N^0_{H_2O} = 70{,}2 \pm 1{,}0$	$70{,}0 \pm 1{,}2$

$$\text{Mittelwert: } N^0_{H_2O} = 70{,}1 \pm 0.8 \ . \tag{3}$$

War die Neutronenquelle mit der Pb-Kugel von 2,2 cm Dicke umgeben, so ergab sich (Fig. 6b):

Mit Pb-Kugel

$$H^0_{H_2O} = 71{,}2 \pm 0{,}8 \ . \tag{4}$$

Bei Füllung der Al-Kugel von 12 cm Radius mit D_2O (Fig. 7a u. b) waren die gemessenen Gesamtneutronenmengen:

Mit D_2O, ohne Pb-Kugel	Mit D_2O, mit Pb-Kugel
$N^D_{H_2O} = 79{,}0 \pm 0{,}8$	$N^D_{H_2O} = 77{,}1 \pm 0.8$. (5)

c) Messung der Absorption langsamer Neutronen in Aluminium (Versuche von *J. Gehlen*)

Zunächst wurden die früheren Messungen der Verfasser wiederholt, d.h. der Einfangquerschnitt von Al gegenüber langsamen Neutronen wurde aus dem Aktivierungsverhältnis von Al und Ag und dem bekannten Einfangquerschnitt von Ag bestimmt.

Benutzt wurden quadratische Folien von etwa 3,8 cm Seitenlänge. Ihre Gewichte und Dicken waren so klein gewählt (Al: 0,748 gr, 0,019 cm; Ag: 0,765 gr, 0,005 cm), daß die Absorption der raschen β-Strahlen im Indikatormaterial bei beiden Folien 11% betrug, die der langsamen Neutronen sogar unter 1,6%. Das benutzte Zählrohr hatte eine Al-Wandstärke von 0,15 ... 0,2 mm Al. Für den Absorptionsquerschnitt ergab sich so der Wert $\sigma_r = 1{,}4 \cdot 10^{-25}\,\mathrm{cm}^2$.

Auf die Schwächen dieser Methoden wurden schon eingangs hingewiesen. Daher wurde die Absorption langsamer Neutronen im Al nach einer zweiten Methode gemessen und zwar wurde die Erniedrigung der Neutronendichte in 7
einem Paraffinblock nach Einbau ausgedehnter Al-Scheiben bestimmt.

Fig. 2 zeigt die Anordnung. Der „unendlich" ausgedehnte Paraffinblock besteht in Wirklichkeit aus 2 rechtwinkligen Hartwachsblöcken, die sich mit den gleichen Seitenflächen $28 \times 28\,\mathrm{cm}^2$ gegenüberstehen und durch 2 Al-Platten ($28 \times 28\,\mathrm{cm}^2$) getrennt sind. Darüber liegt in genau reproduzierbarer Stellung ein dritter Paraffinblock, der die (Ra Be) Neutronenquelle enthält. Zwischen den beiden Al-Platten befindet sich der Neutronenindikator (20 mg Dy auf einer Papierfolie von $7{,}2 \times 5{,}1\ \mathrm{cm}^2$ mit etwas Zaponlack überzogen). Gemessen wurde die Dy-β-Aktivität an einem Zählrohr einmal mit Al-Absorber auf jeder Seite, einmal ohne Absorber. Im letzteren Fall befand sich zwischen den Al-Blöcken ein 2,5 cm breiter, oben offener hufeisenförmiger Holzrahmen, der die erforderliche Luftspaltbreite garantierte. Außerdem verhindert der Rahmen die Abwanderung der Neutronen von der Meßstelle durch die Luftspaltgrenzen. Da aber theoretisch schwer zu übersehen ist, inwieweit sich Al und Holzrahmen in Bezug auf diesen „Randeffekt" gleich verhalten, wurde die Messung mit 2 Al-Absorbern verschiedener Dicke ($2 \times 0{,}5$ cm bzw. 2×1 cm Rein-Al *H* 99) durchgeführt.

Für das Verhältnis der Neutronenintensität ohne Al (J_0) zu der mit Al (J_{Al}) gibt die Theorie nach *Fermi* den Wert

$$J_0/J_{\mathrm{Al}} = 1 + \tfrac{1}{2}\sqrt{3}\,\xi \cdot (\sqrt{N+1} - 1)\ . \tag{6}$$

Hierin bedeutet ξ die Einfangwahrscheinlichkeit bei senkrechtem Durchgang durch das Al, N das Verhältnis von Streuquerschnitt zu Einfangquerschnitt in Paraffin. Für N kann man etwa $N \sim 200$ annehmen, also wird der Faktor von ξ ungefähr 11,4. ξ hängt mit dem effektiven Absorptionsquerschnitt σ_r des Al-Kerns und der Dicke d der Al-Platte zusammen durch die Formel

$$\xi = d \cdot \sigma_r \cdot \frac{6{,}03 \cdot 10^{23} \cdot 2{,}7}{27} = 6{,}03 \cdot 10^{22} \cdot d\ . \tag{7}$$

Die theoretische Formel (6) bezieht sich zunächst nur auf sehr dünne absorbierende Al-Schichten. Daher wurden (wie erwähnt) Messungen mit 2 cm Al und solche mit 1 cm Al ausgeführt. Durch Mittelung über viele Einzelmessungen erhielt *Gehlen*:

	2 cm	1 cm Al
8 $\dfrac{J_0}{J_{\mathrm{Al}}}$	$= 1{,}47 \pm 0{,}02$	$1{,}27 \pm 0{,}02$;

daraus für den Absorptionsquerschnitt:

$$\sigma_r = 0{,}342 \pm 0{,}015 \qquad 0{,}393 \pm 0{,}029 \cdot 10^{-24}\ .$$

Diese Werte stimmen gut überein und zeigen, daß die Fehler, die davon herrühren, daß die Al-Schicht nicht sehr dünn gegen die Dimensionen der Anordnung ist, jedenfalls keine große Rolle spielen. Wenn man den kleinen verbleibenden Unterschied möglicherweise als reell betrachtet und linear nach der Dicke 0 extrapoliert, so kommt man zu

$$\sigma_r = 0{,}44 \pm 0{,}06\ [10^{24}\,\mathrm{cm}^2]\ . \tag{8}$$

(Der Fehler der Messung bei 1 cm geht mit dem Faktor 2 ein.)

Der Wert $\sigma_r = 0{,}44 \cdot 10^{-24}$ ist erheblich höher als die früher aus der β-Aktivierung gefundenen. Mit dieser Methode der Aktivitätsmessung sind bisher folgende Werte erhalten worden

Simna u. *Yamasaki*	$1{,}5 \cdot 10^{-25}$	(Scient. Pap. of Phys. u. Chem. Res. **38**, 167, 1941)
R. Neal u. *Goldhaber*	2,5	(Phys. Rev. **59**, 102, 1941)
F. Rasetti	2,1	(Phys. Rev. [**58**, 869, 1940])
Eig. vorläufige Messung	1,3	(Früherer Bericht)
Gehlen	1,4	

Der Unterschied zwischen diesen Zahlen und dem jetzt durch Absorptionsmessung gefundenen Wert kann entweder auf der zusätzlichen Absorption durch eine stets vorhandene Verunreinigung beruhen, oder etwa dadurch erklärt werden, daß vielleicht eine sehr weiche β-Strahlung auftritt, die sich bisher der Beobachtung entzogen hat.[4]

Eine direkte Absorptionsmessung ist auch von *P. Wang*: Zs. f. Phys. **110**, 502, 1938 durchgeführt worden. *Wang* erhielt $\sigma = 1{,}6 \cdot 10^{-24}$, doch ist in seinen Versuchen nicht scharf zwischen Streuung und Absorption unterschieden, daher kann sein Wert nicht mit den oben genannten verglichen werden; vielmehr gibt dieser Wert wohl eher ein Maß für den Streuquerschnitt.

3. Diskussion der Ergebnisse

a) Die in D_2O ausgelösten Neutronen

Der Vergleich der in einer leeren Al-Kugel vorgenommenen Messungen | mit 9
und ohne Pb-Kugel:

Ohne Pb	Mit Pb
$N^0_{H_2O} = 70{,}1 \pm 0{,}8$	$71{,}2 \pm 0{,}8$

zeigt zunächst, daß wahrscheinlich im Pb einige Neutronen durch einen (n, 2n) Prozeß erzeugt werden. Ferner lehren die Werte in D_2O:

D_2O ohne Pb	D_2O mit Pb
$N^0_{H_2O} = 79{,}0 \pm 0{,}8$	$77{,}1 \pm 0{,}8$,

daß im D_2O Neutronen durch (γ, n) oder (n, 2 n)-Prozesse ausgelöst werden und daß diese Neutronenerzeugung durch die Pb-Schicht um die Strahlenquelle verringert wird. Ohne Pb-Schicht ist die Anzahl der in D_2O erzeugten Neutronen offenbar $79{,}0 - 70{,}1 = 8{,}9$, mit Pb-Schicht $77{,}1 - 71{,}2 = 5{,}9$. Die Absorption der die Neutronen erzeugenden Strahlung in 2 cm Pb scheint also verhältnismäßig gering (Reduktion auf 2/3 des ursprünglichen Wertes), was vielleicht auf einen gewissen Beitrag der (n, 2 n)-Prozesse hindeutet; doch genügt die Genauigkeit unserer Versuche nicht, um einen solchen Schluß sicher zu ziehen.

[4] Anmerkung nach Abschluß der Arbeit: Nach einem später eingegangenen Bericht erhält Herr *R. Fleischmann* beim Al: Ag-Vergleich mit Neutronen aus diesen Substanzen für $\sigma_r = 0{,}39 \cdot 10^{-24}$ cm^2. Dieser Wert steht in guter Übereinstimmung mit dem obigen aus direkter Absorptionsmessung erhaltenen.

Überträgt man die gefundenen Ergebnisse auf die Schichtenkugel, so wird man erwarten, daß auch im Innern der Schichtenkugel (die ja eine D_2O-Kugel von 12 cm Radius enthält) die gleiche Neutronenerzeugung stattfindet, wie in der D_2O-Kugel. Die neutronenerzeugende Strahlung wird dabei an der Oberfläche dieser Kugel wohl schon so weit abgeklungen sein, daß eine erhebliche Neutronenauslösung durch solche Prozesse in den äußeren Schichten nicht mehr eintritt. Wenn entgegen dieser Erwartung doch die Neutronenerzeugung im D_2O in der Schichtenkugel erheblich größer wäre, als in der D_2O-Kugel, so müßte auch die Verringerung der Neutronenintensität außen durch die Pb-Kugel entsprechend steigen. Das ist nach den Ergebnissen in der

	Schichtenkugel	
	Ohne Pb	Mit Pb (1,6 cm Pb)
$N_{H_2O} =$	$72{,}4 \pm 0{,}8$	$73{,}5 \pm 0{,}95$

durchaus nicht der Fall. Im Gegenteil scheint sogar die Intensität mit Pb etwas höher als die ohne Pb. Dieses Verhalten ist kaum erklärlich, wahrscheinlich wird es also durch den Meßfehler vorgetäuscht. Jedenfalls findet aber in den äußeren Schichten keine erhebliche Neutronenerzeugung durch (γ, n) oder (n, 2 n)-Prozesse statt. Nach diesen Ergebnissen scheint es das sicherste, einfach den Mittelwert der Er|gebnisse mit und ohne Pb zu nehmen und dann die Neutronenmenge um die D_2O-Kugel $\bar{N}_{D_2O} = 78{,}1 \pm 0{,}6$ mit der um die Schichtenkugel $\bar{N} = 73{,}0 \pm 0{,}6$ zu vergleichen.

b) Die Neutronenproduktion in der Schichtenkugel

Die oben genannten Zahlen zeigen, daß die Schichtenkugel die Neutronenanzahl von 78,1 auf 73,0 verringert, daß sie also entgegen der ursprünglichen Erwartung noch einen positiven Absorptionskoeffizienten besitzt. In der hier vorliegenden Form würde also eine Vergrößerung der Kugel den gewünschten Erfolg nicht erreichen. Es läßt sich aber sagen, daß dieser Mißerfolg auf der störenden Wirkung der Al-Absorption beruht und daß die Schichtenkugel *ohne* Al eine Neutronenvermehrung ergäbe. Da nämlich das Al doch nur eine kleine Störung bewirkt, kann man annehmen, daß die Neutronenverteilung im Innern der Kugel ohne Al ungefähr die gleiche wäre wie mit Al. Man kann dann das Al gewissermaßen mit zum Außenraum zählen und die Frage stellen: Wieviele Neutronen werden im H_2O außen *und* in den Al-Schichten absorbiert. Die Zahl kann man als die von der Maschine ohne Al ausgehende Neutronenmenge ansehen. Dabei ist bekanntlich die Zahl der pro sec absorbierten Neutronen stets dem Produkt aus der vorhandenen Anzahl N und dem Absorptionskoeffizienten ν proportional. Für ν_{H_2O} wird wie in den früheren Berichten $\nu_{H_2O} = 3920\ \mathrm{sec}^{-1}$ angenommen, für Al folgt aus Gl. (8) $\nu_{Al} = 6470\ (\pm 880)\ \mathrm{sec}^{-1}$. Da die Gesamtmenge der Neutronen im Al zu 6,7 bestimmt wurde, ist zu den im Wasser absorbierten Neutronen $N_{H_2O} = 73{,}0 \pm 0{,}6$ noch der Beitrag $6{,}7\ \nu_{Al}/\nu_{H_2O} = 11 \pm 1{,}5$ zu addieren. Schließlich folgt

$$N_{H_2O+Al} = 84{,}0 \pm 1{,}6 \quad . \tag{9}$$

Durch die Schichtenkugel *ohne* Al wird daher die Neutronenzahl von 78,1 auf 84,0 *erhöht*. Die Schichtenkugel hat einen negativen Absorptionskoeffizienten, für den man formal

$$\bar{\nu} = \frac{78{,}1 - 84{,}0}{161{,}4} \cdot \nu_{H_2O} = -143 \sec^{-1} \tag{10}$$

berechnet. Allerdings ist der wahre Wert von für eine große Schichtenanordnung dieser Art wahrscheinlich etwas kleiner, da der formal berechnete Wert beim Dazufügen der nächsten D_2O-Schicht sinken, dann beim Dazufügen der nächsten U_3O_8-Schicht wieder etwas steigen würde usw. Jedenfalls aber würde – wenn die früher für den Absorptionskoeffizienten von D_2O gefundenen Werte richtig sind
– eine Schichtung dieser Art einen negativen Absorp|tionskoeffizienten der 11
Größenordnung $-100 \sec^{-1}$ besitzen. Das Problem, eine Schichtung mit negativem Absorptionskoeffizienten herzustellen, scheint also gelöst, wenn es gelingt, die Schichtung ohne Al oder anderem störendem Halterungsmaterial herzustellen.

c) Berechnung von X und Vergleich mit früheren Messungen

Der angestellte Versuch kann in der gleichen Weise wie frühere ähnliche Experimente zur Bestimmung der Anzahl der Spaltungsneutronen X und der Resonanzeinfangung $A = \sum (\Gamma/E) \sqrt{\sigma \cdot 10^{24}}$ ausgewertet werden. Die folgende Auswertung weicht von der früher von uns angegebenen erstens durch den höheren Wert des thermischen Absorptionsquerschnitts von U ($\sigma_U = 6{,}2 \cdot 10^{-24}$ statt $4{,}5 \cdot 10^{-24}$), zweitens durch eine konsequentere Berücksichtigung der Neutroneneinfangung (vgl. die Berichte *v. Droste* und *Bothe-Flammersfeld*) ab. Bei einer Berechnung von $\bar{\nu}$ nach Gl. (10) wird nämlich nicht berücksichtigt, daß die Quelle *schnelle* Neutronen einstrahlt und daß auch hauptsächlich *schnelle* Neutronen die Schichtenkugel nach außen verlassen. Wenn man sich für die Absorption thermischer Neutronen interessiert, muß man daher das nach (10) berechnete $\bar{\nu}$ noch mit e^{-w} multiplizieren. Das gleiche Resultat erhält man, wenn man einfach in der Neutronenbilanz die in der Schichtenkugel absorbierten thermischen Neutronen mit e^{w} aufwertet. Der Unterschied dieser Art der Auswertung gegenüber der früheren ist umso kleiner, je kleiner ν ist, also in den meisten Fällen sehr gering.

Bei der in unserer Schichtenkugel erreichten Schüttdichte des U_3O_8 von etwa 2,47 wird $\nu_U = 8010 \sec^{-1}$. Für die Wahrscheinlichkeit w der Resonanzeinfangung als Funktion von $A = \sum (\Gamma/E) \sqrt{\sigma \cdot 10^{24}}$ ergibt sich (nach früheren Berichten), wenn die freie Weglänge für Streuung von U-Resonanzneutronen im D_2O gleich 4 cm angesetzt wird:

$$w = 0{,}057 \cdot A \ . \tag{11}$$

Mit diesem Wert und den gemessenen Zahlen (1), (5), (9), kommt man zu der folgenden Neutronenbilanz ($\nu_{H_2O} = 3920$; $\nu_{D_2O} = 24{,}5$; $\nu_U = 8010$):

$$e^{w}[116{,}5\,\nu_{D_2O}+38{,}3\,\nu_U]+84{,}0\cdot\nu_{H_2O}=78{,}0_5\cdot\nu_{H_2O}+X\cdot 38{,}2\,\nu_U\,, \quad \text{d. h.}$$

$$X=1{,}009\cdot e^{0{,}057A}+0{,}076\ . \qquad (12)$$

Diese Gleichung ist in Fig. 8 als Kurve L_{II} eingetragen und mit den aus früheren Versuchen mit Schichtungen folgenden neuberechneten Kurven (Leipziger Ver-
12 such L_I mit H_2O und U_3O_8 und die beiden Berliner Schichtungen | mit Paraffin und U_3O_8, B_I und B_{II}) verglichen. Die neue Kurve schneidet die alten in der Gegend der anderen Schnittpunkte, ist also gut mit den früheren Messungen verträglich. Auch die aus Berücksichtigung aller früheren Messungen von *v. Droste* gewonnenen Werte

$$X=1{,}16 \quad \text{und} \quad A=0{,}93$$

sind innerhalb der Meßfehler mit der Gleichung (12) verträglich. Gl. (12) gibt für $A=0{,}093$ den Wert $X=1{,}14$.

Die effektive Diffusionslänge D_{eff} der Schichtung kann aus dem vorliegenden Versuch nicht mit genügender Genauigkeit ermittelt werden; denn die Schichtenkugel ist nicht viel größer als das Gebiet, über das sich die schnellen Ra-Be-Neutronen der Quelle bis zur Verlangsamung ausbreiten. Aus diesem Grunde ist auch eine einigermaßen zuverlässige Angabe über die Mindestgröße einer Maschine mit Energieerzeugung noch nicht möglich. Man kann aber aus dem verhältnismäßig kleinen Wert von $\bar{\nu}$ in Gl. (10) schließen, daß diese Maschine erheblich größer sein muß, als früher angenommen wurde. Mit D_2O-Mengen der Ordnung 5 to wird man rechnen müssen, selbst wenn der Wert von $\bar{\nu}$ durch Wahl günstigerer Schichten noch etwas erhöht werden kann. Eine *homogene* Mischung von D_2O und Präp. 38 würde wahrscheinlich überhaupt nicht mehr zur Energieerzeugung benutzt werden können. Der Vergleich der Ergebnisse für ν bei dem *Bothe-Flammersfeld*schen Versuch mit homogener H_2O-Präp. 38 Mischung einerseits, den Schichtenanordnungen aus Paraffin und Präp. 38 andererseits hat ja schon gezeigt, daß die Schichtenanordnungen sehr viel günstiger sind als die homogene Mischung. Die hier beschriebene Schichtenanordnung kann durch Erhöhung der U-Menge in den Schichten wahrscheinlich noch verbessert werden, d. h. der Wert von $-\bar{\nu}$ erhöht werden. Versuche hierüber sind in Vorbereitung.

Zusammenfassung

Eine Kugel-Schichtenanordnung mit Schichten von 17 cm D_2O, 11 g cm^{-2} U_3O_8 und ca. 2 mm „Rein-Al *H* 99" als Trenn- und Halterungsmaterial besitzt einen positiven Absorptionskoeffizienten. Rechnet man jedoch die in Al absorbierten Neutronen den effektiv frei werdenden hinzu, dann wird der mittlere Absorptionskoeffizient der (nun nur aus D_2O und Präp. 38 aufgebaut gedachten) Anordnung negativ und zwar von der Größenordnung $-100\,\text{sec}^{-1}$. Das Pro-
13 blem der Halterung der Schichten | muß also in anderer Weise gelöst werden. Die Energieerzeugung wird wahrscheinlich erst mit großen Maschinen (Größenordnung 5 to D_2O) möglich sein, genauere Angaben über die Größe der Maschine können aufgrund der bisherigen Versuche noch nicht gemacht werden.

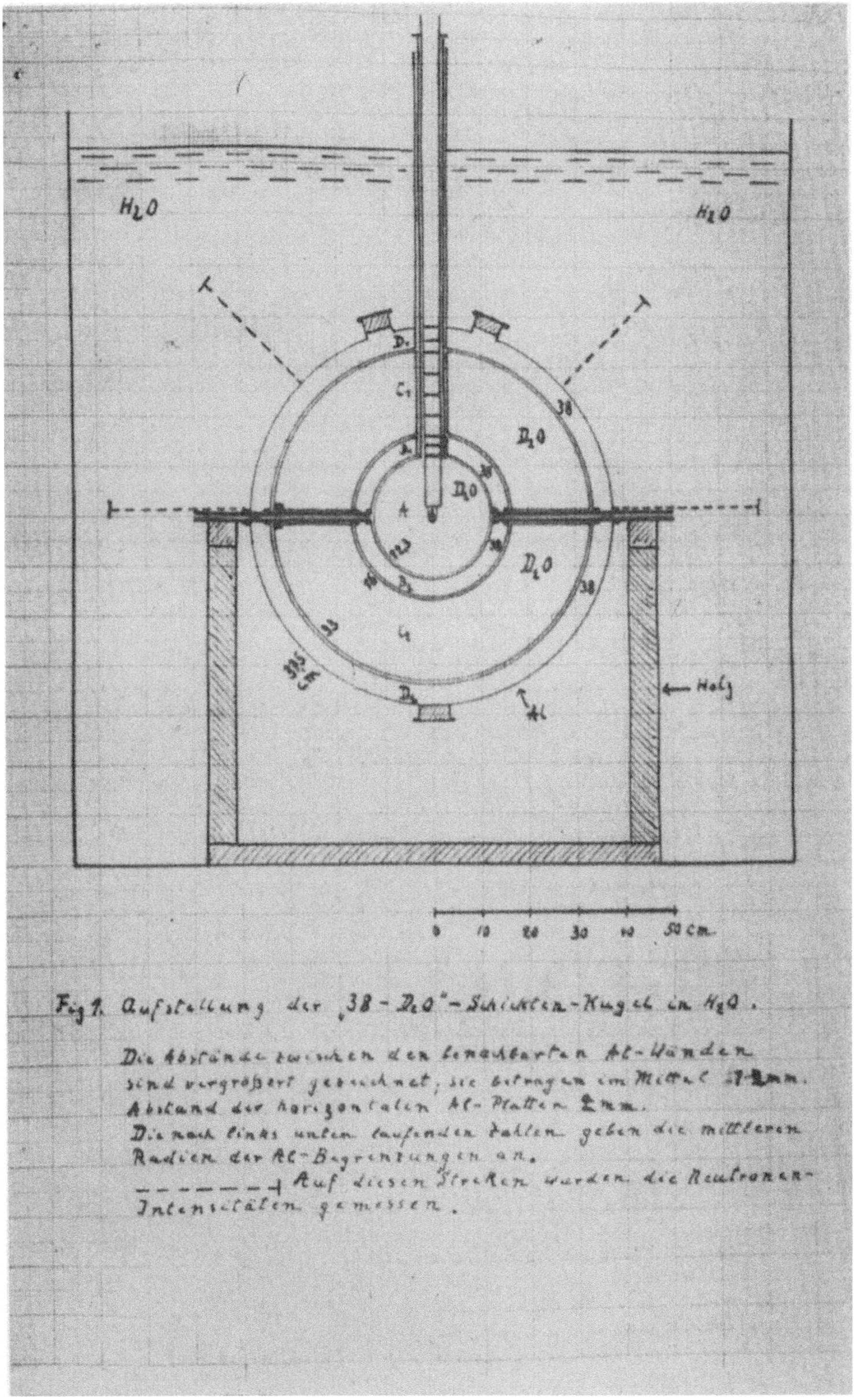

14

0 10 20 30 40 50 cm

Fig 1. Aufstellung der „38 - D_2O“-Schichten-Kugel in H_2O.

Die Abstände zwischen den benachbarten Al-Wänden sind vergrößert gezeichnet; sie betragen im Mittel 1·2 mm. Abstand der horizontalen Al-Platten 2 mm.
Die nach links unten laufenden Zahlen geben die mittleren Radien der Al-Begrenzungen an.
- - - - - - -| Auf diesen Strecken wurden die Neutronen-Intensitäten gemessen.

15 

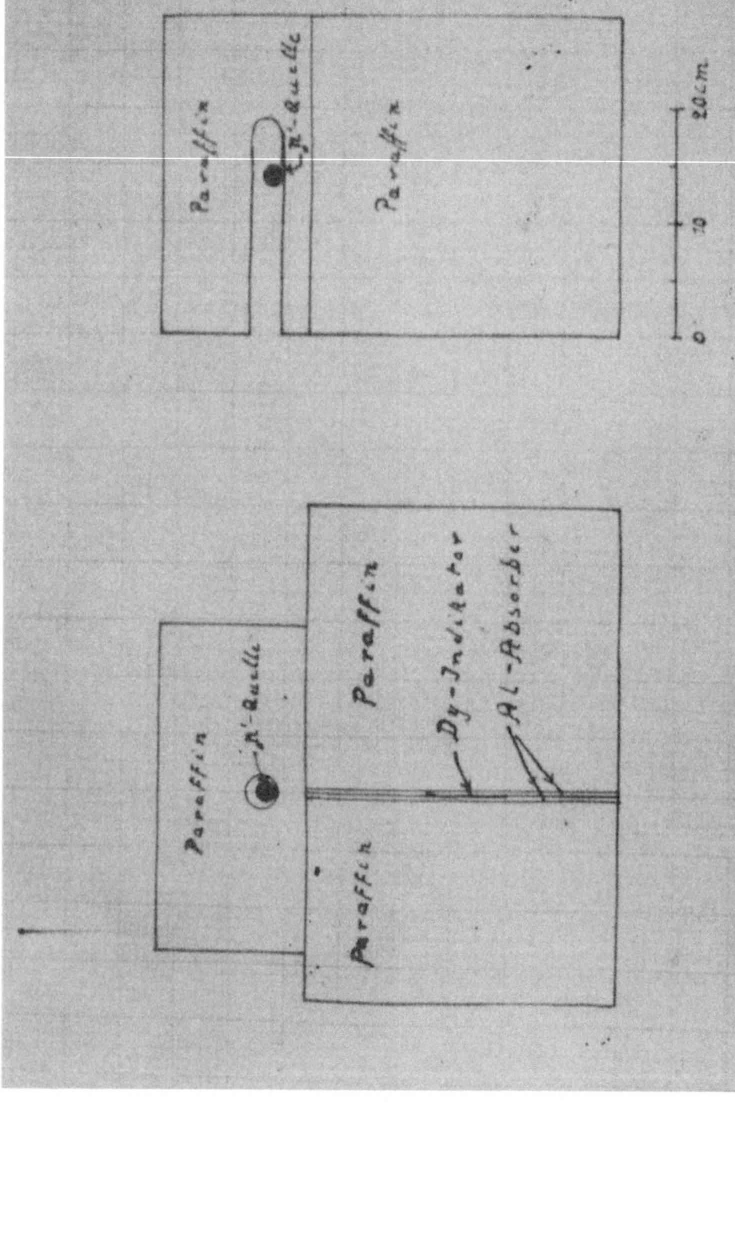

Fig 2. Messung der Absorption langsamer Neutronen in Al.

16

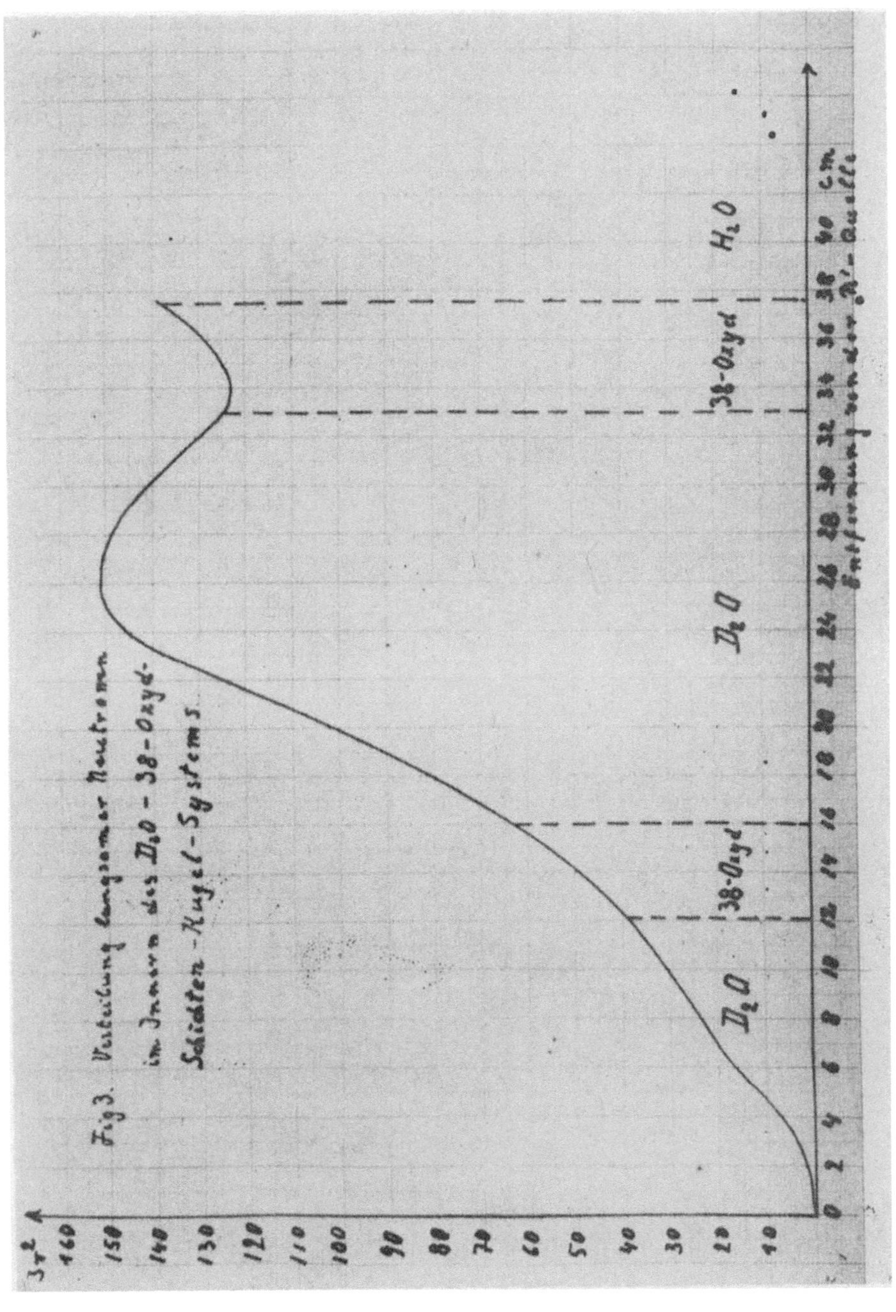
Fig 3. Verteilung langsamer Neutronen
im Innern des D_2O - 38 - Oxyd-
Schichten - Kugel - Systems
D_2O
38-Oxyd
D_2O
38-Oxyd
H_2O
cm

17

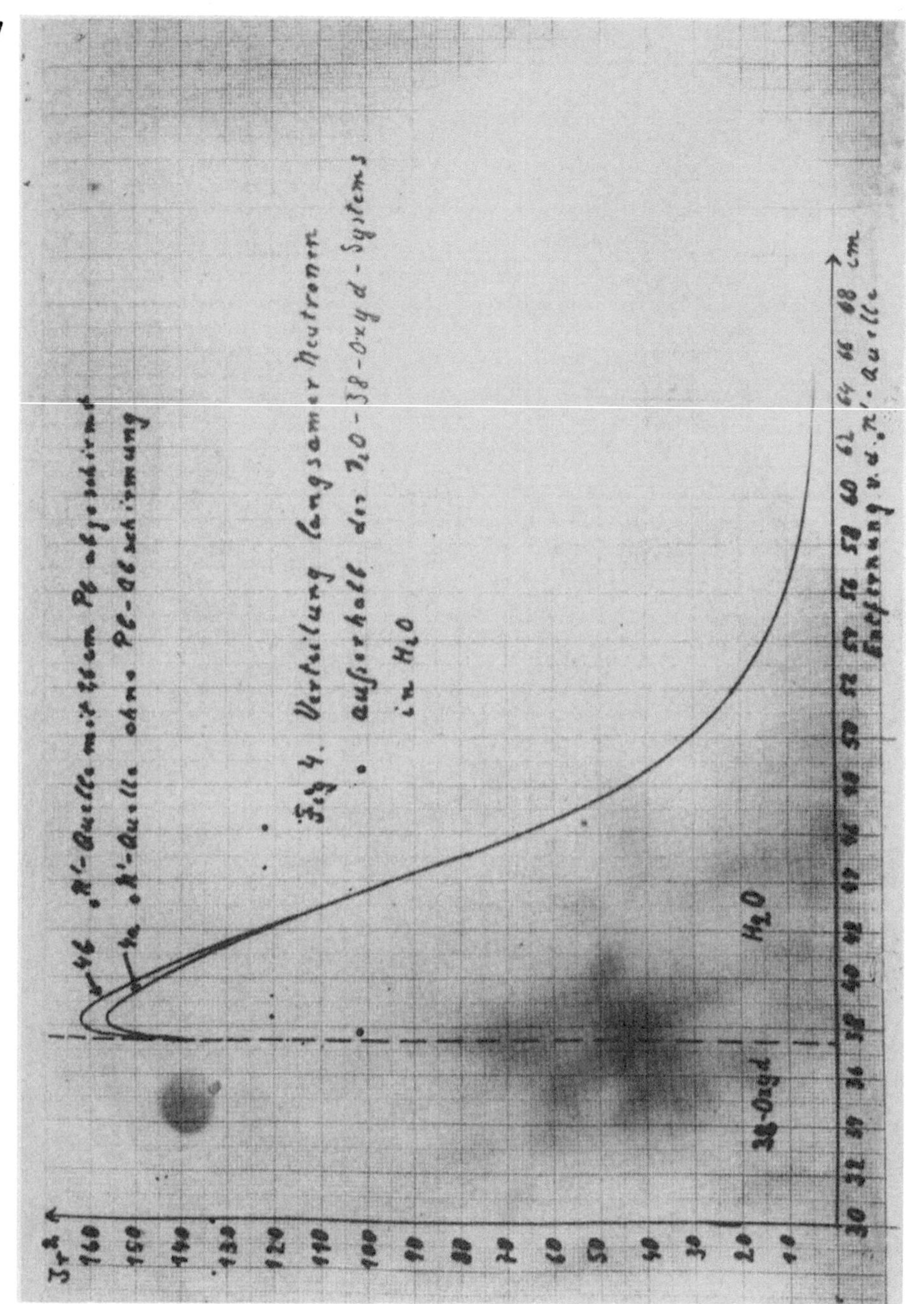

 18

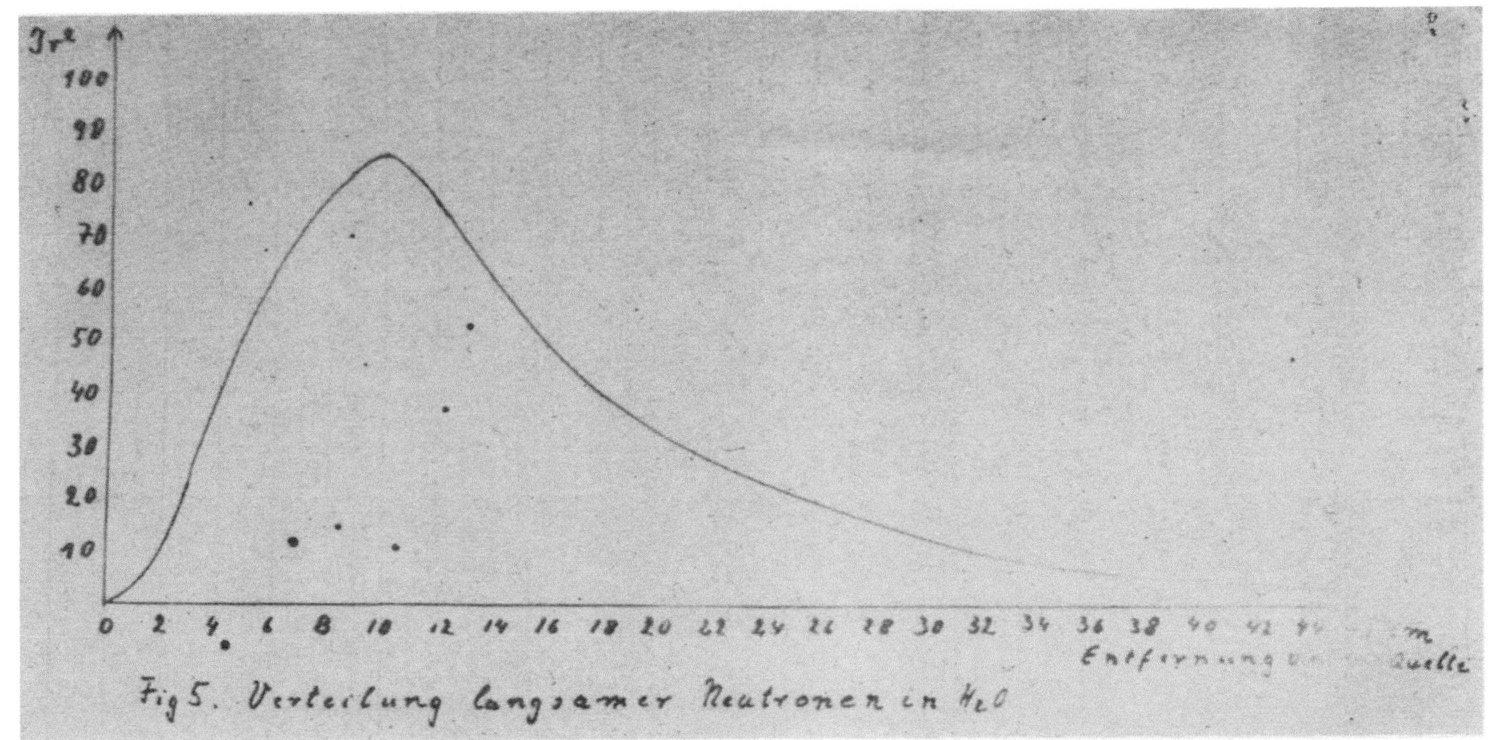

Fig 5. Verteilung langsamer Neutronen in H_2O

19

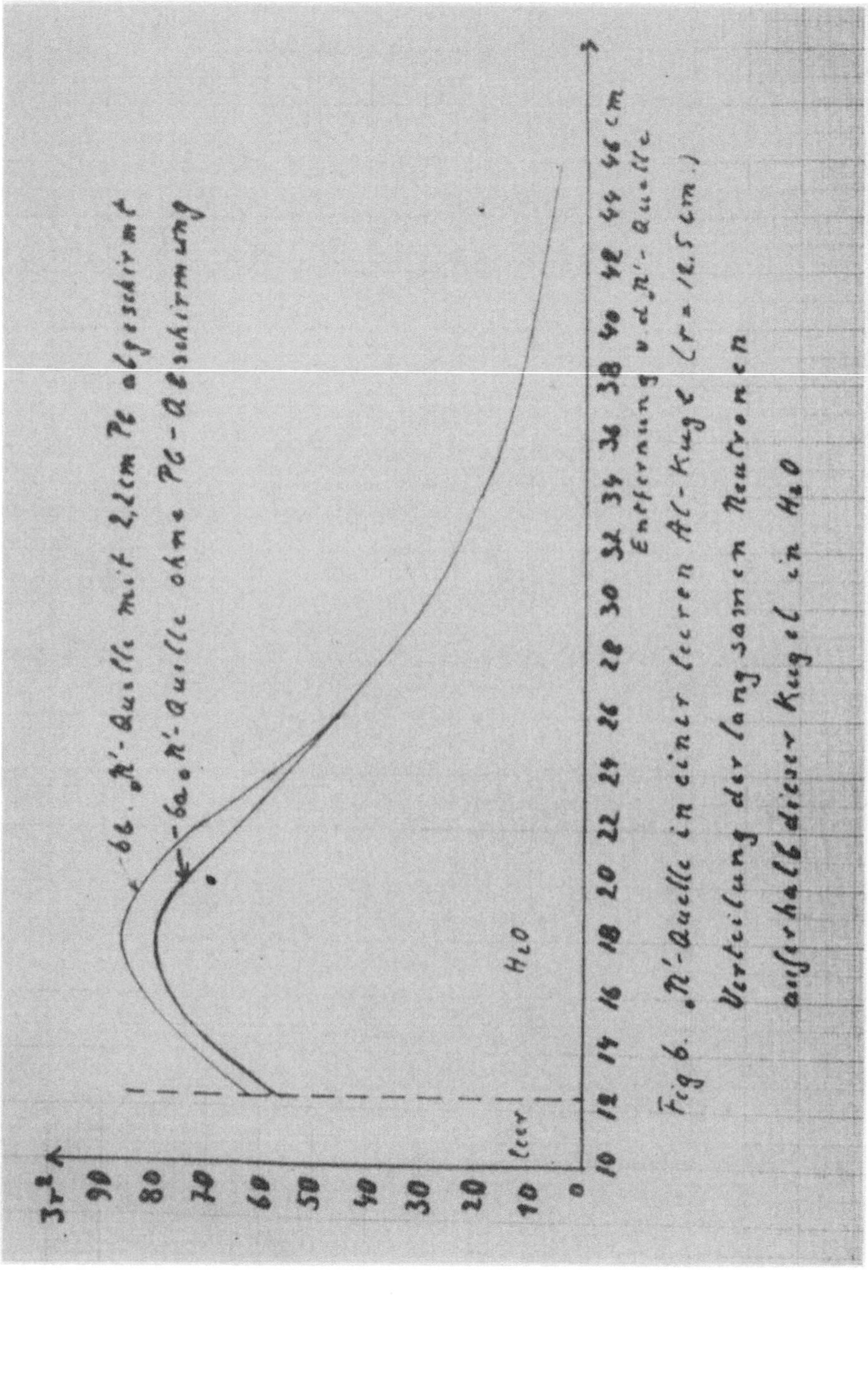

Fig 6. Ra'-Quelle in einer leeren Al-Kugel (r = 12,5 cm.)
Verteilung der langsamen Neutronen
außerhalb dieser Kugel in H_2O

20

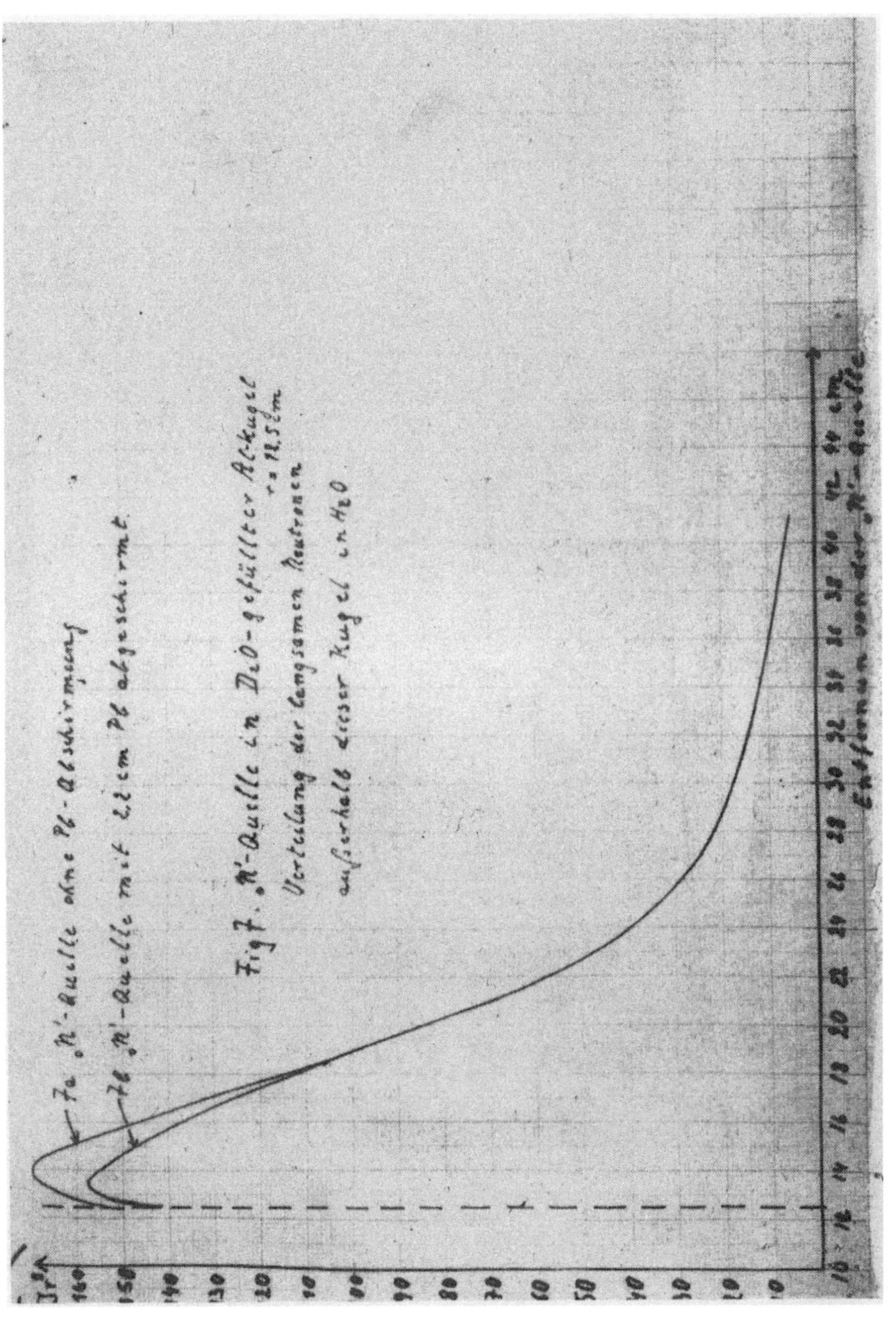
Verteilung der langsamen Neutronen
außerhalb dieser Kugel in H_2O

21

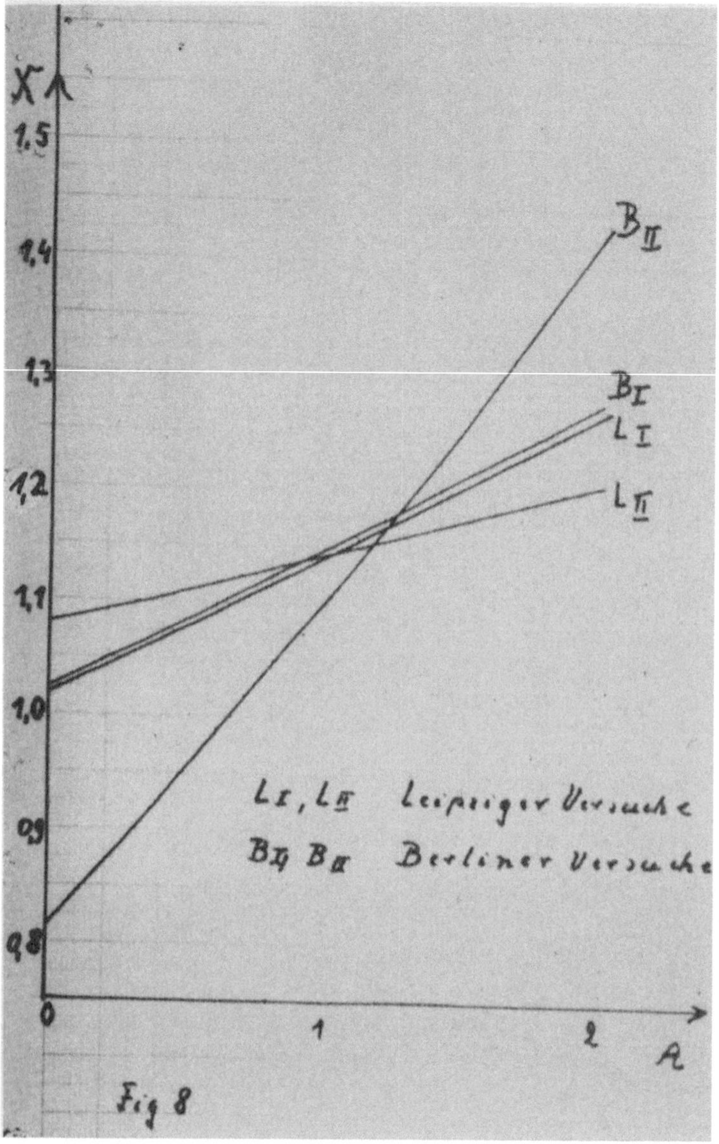
X
1,5
1,4
1,3
1,2
1,1
1,0
0,9
0,8
0
1
2
A
B II
B I
L I
L II
L I, L II Leipziger Versuche
B I, B II Berliner Versuche
Fig 8

Über die Möglichkeit der Energieerzeugung mit Hilfe des Isotops 238

Von **W. Heisenberg**[1]

In den bisherigen Berichten wurde stets angenommen, daß die Spaltung des Isotops 238 nicht zur Energiegewinnung ausgenützt werden könnte[2], da der Spaltungsquerschnitt für schnelle Neutronen sehr viel kleiner ist als der Streuquerschnitt und da die Streuung im allgemeinen unelastisch erfolgen wird, so daß die Neutronen durch unelastische Streuung sehr schnell in einen Energiebereich kommen, in dem sie keine Spaltung hervorrufen können.

Nun hat *Mattauch* bei der letzten Arbeitstagung darauf hingewiesen, daß die mittlere Anzahl der Spaltungsneutronen bei der Spaltung des Isotops 238 vielleicht erheblich größer ist als bei 235. Ferner hat *Döpel*, in Anbetracht der verhältnismäßig ungünstigen Ergebnisse beim Isotop 235, mehrfach die Notwendigkeit betont, die Verhältnisse bei 238 genauer zu untersuchen. Schließlich geben die Versuche von *Bothe* und *Flammersfeld* mit einer Metallkugel (Bericht), sowie unerwartet günstige Ergebnisse mit einer im KWI für Physik in Berlin aufgestellten Schichtenanordnung aus Metall und Paraffin die Veranlassung, das Problem der Spaltung von 238 genauer zu studieren. Dabei sollen sich die folgenden Rechnungen zunächst auf reines U_{238} beziehen, als Metall oder als Oxyd, von der Spaltung des U_{235} werde ganz abgesehen.

1. Die Neutronenbilanz

Nach den Untersuchungen von *Ladenburg, Kanner, Barschall* und *Van Voorhis*[3], deren theoretische Analyse durch *Bohr* und *Wheeler*[4] und einer neueren experimentellen Arbeit von *Amaldi* und Mitarbeitern[5] weiß man über die Spaltbarkeit von U_{238} durch schnelle Neutronen etwa folgendes: Der Wirkungsquerschnitt der Spaltung hat in dem ganzen Energiegebiet von 1 bis 10 MeV einen nahezu konstanten Wert von etwa $0{,}5 \cdot 10^{-24}\,\text{cm}^2$ ($\pm 25\%$). Unterhalb von 0,8 MeV scheint er rasch abzusinken, bei 0,5 MeV beträgt er nur noch einen kleinen Bruchteil (etwa 1/8) des obigen Wertes. Diese Verhältnisse werden wir für die folgenden Rechnungen durch die Annahme idealisieren, der Spaltungsquerschnitt sei Null unterhalb einer kritischen Energie E_{Sp} und habe oberhalb dieser

[1] Undated, but the postscript's reception date is 19 November 1941. (Editor)

[2] Allerdings hat *Joos* schon zu Anfang der Untersuchungen mit Präp. 38 mehrfach darauf hingewiesen, daß vielleicht auch die Spaltung des Isotops 238 für die Energiegewinnung ausgenützt werden könnte.

[3] *R. Ladenburg, M. H. Kanner, H. Barschall* und *C. C. Van Voorhis*: Phys. Rev. **56**, 168, 1939.

[4] *N. Bohr* und *J. A. Wheeler*: Phys. Rev. **56**, 426, 1065, 1939.

[5] *M. Ageno, E. Amaldi, D. Bocciarelli, B. N. Cacciapuoti* und *G. C. Trabacchi*, Phys. Rev. **60**, 67, 1941.

2 Energie den konstanten Wert | $\sigma_{\text{Sp}} \approx 0{,}5 \cdot 10^{-24}\,\text{cm}^2$. Für E_{Sp} wird man etwa $E_{\text{Sp}} \approx 0{,}7$ MeV annehmen können. Dementsprechend teilen wir für eine grobe Abschätzung der zu erwartenden Effekte die Neutronen in zwei Sorten; solche, deren Energie größer ist als E_{Sp}, ihre Anzahl sei n_+; und solche deren Energie kleiner ist als E_{Sp}, ihre Anzahl sei n_-. Wir interessieren uns für die zeitliche Änderung der ersteren, also für das Verhalten von n_+ und zwar zunächst in einer unendlich ausgedehnten homogenen Substanz.

Die zeitliche Änderung von n_+ beruht auf verschiedenen Prozessen. Erstens auf der Spaltung von U_{238}. Bei dem Spaltprozeß entstehen Neutronen sowohl oberhalb wie unterhalb E_{Sp}; ihre Anzahl pro Spaltprozeß sei X_+ bzw. X_-. Ferner finden Streuprozesse an U_{238} statt. Der totale Wirkungsquerschnitt für die Reaktion eines schnellen Neutrons mit dem U_{238}-Kern sei σ_0; er wird sich bei großer Energie des einfallenden Neutrons einfach dem geometrischen Querschnitt πR^2 des U-Kerns nähern. Der Wirkungsquerschnitt für Streuung ist dann $\sigma_0 - \sigma_{\text{Sp}}$, denn die Einfangung spielt bei großen Energien kaum eine merkliche Rolle. Von den gestreuten Neutronen hat ein gewisser Bruchteil ξ_U eine Energie unter E_{Sp}, der Bruchteil $1 - \xi_U$ eine Energie oberhalb E_{Sp}. Ferner finden eventuell Streuprozesse an Sauerstoff oder an einer anderen Bremssubstanz statt. Der Streuquerschnitt für die Kerne der Bremssubstanz sei σ_s, der Bruchteil der gestreuten Neutronen unter E_{Sp} sei ξ_s. Bezeichnet man noch mit N_{U}, N_s die Anzahl der Atome U_{238} bzw. Streusubstanz pro cm^3, mit v_+ die mittlere Geschwindigkeit der n_+-Neutronen, so erhält man für die zeitliche Änderung von n_+:

$$\frac{dn_+}{dt} = v_+ \, n_+ \left\{\sigma_{\text{Sp}} N_{\text{U}} \cdot (X_+ - 1) - (\sigma_0 - \sigma_{\text{Sp}}) N_{\text{U}} \cdot \xi_U - \sigma_s N_s \xi_s\right\} + q_+ \ . \tag{1}$$

q_+ bedeutet die durch irgendein Neutronenpräparat gegebene Quellstärke der n_+-Neutronen. Entsprechend gilt für die Neutronen unterhalb E_{Sp}:

$$\frac{dn_-}{dt} = v_+ \, n_+ \left\{\sigma_{\text{Sp}} N_{\text{U}} X_- + (\sigma_0 - \sigma_{\text{Sp}}) N_{\text{U}} \cdot \xi_U + \sigma_s N_s \xi_s\right\} + q_- - n_- \, \nu_- \ . \tag{2}$$

Der letzte Term $n_- \, \nu_-$ soll alle Absorptionsprozesse umfassen, die schließlich die immer weiter verlangsamten n_--Neutronen zum Verschwinden bringen.

Aus Gl. (1) erkennt man, daß nur dann eine spontane Energieerzeugung mit
3 Hilfe des 238 Spaltprozesses möglich ist, wenn das erste Glied | der rechten Seite positiv ist, d. h. wenn

$$X_+ > 1 + \frac{\sigma_0 - \sigma_{\text{Sp}}}{\sigma_{\text{Sp}}} \xi_U + \frac{\sigma_s N_s}{\sigma_{\text{Sp}} N_{\text{U}}} \xi_s \ . \tag{3}$$

Die Abschätzung der einzelnen Ausdrücke wird in Abs[chnitt] 2 durchgeführt. Aus dem letzten Glied von (3) kann man schließen, daß jede Streusubstanz die Aussicht auf Energieerzeugung durch die 238-Spaltung herabsetzt, was ja auch anschaulich sofort einleuchtet. Reines 238-Metall bietet also am ehesten Aussicht auf Ausnützung des 238-Spaltprozesses.

Auch wenn die Gl. (3) nicht erfüllt ist, tritt eine gewisse Vermehrung der eingestrahlten Neutronen durch den Spaltprozeß ein. Die dem stationären Betrieb entsprechende Lösung von (1) und (2) lautet:

$$n_+ = \frac{q_+}{v_+\,[\sigma_s N_s \xi_s + (\sigma_0 - \sigma_{\mathrm{Sp}}) N_{\mathrm{U}}\, \xi_U - \sigma_{\mathrm{Sp}} N_{\mathrm{U}} (X_+ - 1)]}\,,$$

$$n_- = \frac{1}{v_-}\left\{q_- + q_+\left[1 + \frac{\sigma_{\mathrm{Sp}} N_{\mathrm{U}} (X_- + X_+ - 1)}{(\sigma_0 - \sigma_{\mathrm{Sp}}) N_{\mathrm{U}}\, \xi_U + \sigma_s N_s \xi_s - \sigma_{\mathrm{Sp}} N_{\mathrm{U}} (X_+ - 1)}\right]\right\}. \quad (4)$$

Die zweite Gleichung zeigt, daß die von der Quelle kommenden Neutronen einer Energie $> E_{\mathrm{Sp}}$ um einen bestimmten Betrag durch den Spaltprozeß vermehrt werden. Wir nennen den Faktor von q_+ den Vermehrungsfaktor und bezeichnen ihn mit Y_+. Dieser Faktor ist umso größer, je weniger Bremssubstanz vorhanden ist, am größten also jedenfalls für reines U-Metall. Über die Wirkung dieser Vermehrung in den üblichen Schichtenanordnungen wird später (Abs. 4b und c) die Rede sein. Zunächst soll die Größe der einzelnen Ausdrücke in (3) und (4) abgeschätzt werden.

2. Die Werte der eingehenden Konstanten

Der Wert $\sigma_{\mathrm{Sp}} \approx 0{,}5 \cdot 10^{-24}\,\mathrm{cm}^2$ wurde oben bereits erwähnt; er ist nach Angaben der betreffenden Autoren etwa um 25% unsicher. Für die Größe σ_0 setzen *Bohr* und *Wheeler* einfach den Wert $R^2\pi \approx 2{,}5 \cdot 10^{-24}$, der wohl für hohe Energien einigermaßen richtig sein dürfte. Auch eine theoretische Überlegung von *Bohr* und *Wheeler* führt zu dem Verhältnis $(\sigma_0 - \sigma_{\mathrm{Sp}})/\sigma_{\mathrm{Sp}} = 4$. Diesen Abschätzungen steht aber die Tatsache entgegen, daß *Dunning*, *Pegram*, *Fink* und *Mitchell* bei anderen schweren Elementen für schnelle Neutronen stets höhere Wirkungsquerschnitte von der Ordnung $6 \cdot 10^{-24}\,\mathrm{cm}^2$ gefunden haben[6]. Der Streuquerschnitt im thermischen Gebiet liegt sogar | wohl höher als $10 \cdot 10^{-24}$ 4
cm^2. Es muß daher als fraglich angesehen werden, ob in dem hier interessierenden Energiegebiet 0,7 bis 3 MeV ein so niedriger Wert für σ_0 angenommen werden darf. Wir werden für die folgenden Rechnungen voraussetzen, daß die Zahl $(\sigma_0 - \sigma_{\mathrm{Sp}})/\sigma_{\mathrm{Sp}}$ zwischen 4 und 10 liegt und werden diese Grenzfälle gesondert betrachten; der Wert 10 scheint uns wahrscheinlicher.

Die Berechnung des für die unelastische Streuung charakteristischen Bruchteils ξ_U, dessen Neutronen nach dem Stoß weniger Energie als E_{Sp} haben, kann nach den üblichen Vorstellungen der „Kernverdampfung" erfolgen. Wenn ein Neutron einer Energie zwischen 0,7 und 3 MeV im 238-Kern vorübergehend eingefangen wird, so entsteht ein angeregter Kern U_{239} von einer Anregungsenergie von 6 bis 8 MeV (die Bindungsenergie des Neutrons kann nach *Bohr-Wheeler* zu 5,2 MeV angenommen werden). Dieser Anregungsenergie entspricht nach *Bethe*[7] eine Temperatur von $\tau = 0{,}85$ bis 1 MeV.

[6] Vgl. auch die neueren Messungen von *H. Aoki*: Phys. Rev. **55**, 795 (1939). Aoki findet für Pb und Bi Werte zwischen 5 und $6 \cdot 10^{-24}\,\mathrm{cm}^2$.

[7] *H.A. Bethe*: Rev. mod. Phys. **9**, 69, 1937; Gl. 329.

Nach der Theorie von *Weisskopf*[8] kann man dann annehmen, daß die Energieverteilung der gestreuten Neutronen durch ein Gesetz der Form

$$w(E)\,dE = \text{const.}\, E\,\mathrm{e}^{-E/\tau}\,dE \tag{5}$$

angenähert werden kann. Allerdings kann dieses Gesetz nur für kleine Energien richtig sein, da ja jedenfalls die Energie des gestreuten Neutrons nicht höher sein kann als die des einfallenden. In Wirklichkeit ist das Spektrum der Neutronen auch nicht kontinuierlich, sondern besteht aus einzelnen Linien, die den verschiedenen stationären Zuständen des Endkernes entsprechen. Im Gebiet kleiner Energien liegen die Linien sehr dicht, dort wird man das Spektrum gut durch (5) annähern können; im Gebiet hoher Energien, d.h. in der Nähe der Energie des einfallenden Neutrons, wird sozusagen das ganze kontinuierliche Spektrum (5) auf einzelne Linien zusammengeschoben. Die Berechnung der in das Gebiet $\tau < 0{,}7$ MeV eingestreuten Neutronen nach der *Weisskopf*schen Formel ist also nur für größere Energien der einfallenden Neutronen zulässig. Wir setzen, um jedenfalls ξ_U nicht zu unterschätzen, $\tau = 0{,}85$ und erhalten hier:

$$\xi_U = \frac{\int_0^{0,7} dE\, E\,\mathrm{e}^{-E/\tau}}{\int_0^{\infty} dE\, E\,\mathrm{e}^{-E/\tau}} \approx 0{,}20\ . \tag{6}$$

5 Für Energien des einfallenden Neutrons dicht oberhalb von E_{Sp} ist die Berechnung von ξ_U identisch mit der Berechnung des Verhältnisses von unelastischer zu elastischer Streuung, und dieses Verhältnis hängt für so niedrige Energien ganz von den speziellen Eigenschaften des Restkerns U_{238}, von der Lage und den Wellenfunktionen der tiefsten Zustände dieses Kerns ab. Im Gebiet zwischen 0 und, sagen wir, 0,8 MeV liegen wahrscheinlich nur wenige angeregte Zustände. Denn der Kern U_{238} ist als Kern gerader Protonen- und Neutronenzahl ein abgeschlossenes Gebilde; die erste Anregungsstufe liegt daher wahrscheinlich schon ziemlich hoch. Beim Ra C′-Kern z.B., der ebenfalls eine gerade Zahl von Protonen und Neutronen besitzt, liegt die erste Anregungsstufe wahrscheinlich bei 0,6 MeV (*C.D. Ellis*: Report to the Int. Congress of Physics, London 1934). Aus diesem Grunde muß man mit der Möglichkeit rechnen, daß für niedrige Energien (in der Gegend 0,8 MeV) die elastische Streuung die unelastische erheblich überwiegt, eine begründete Angabe über das Verhältnis kann aber von der Theorie aus nicht gemacht werden. Wir werden versuchsweise den Wert (6): $\xi_U = 0{,}2$ für das ganze Spektrum annehmen, um wenigstens zu einer groben Abschätzung des zweiten Gliedes in (3) zu kommen.

Den dritten Ausdruck auf der rechten Seite von (3) wollen wir für das Oxyd und für die Beimischung von H oder D als Bremssubstanz abschätzen. Für Sauerstoff wird man σ_s nach den Rechnungen von *Aoki* (l.c.) und *Zinn* und *Seely*[9] in dem Energiegebiet zwischen 0,7 und 3 MeV zu etwa 1,25 bis $2 \cdot 10^{-24}\,[\mathrm{cm}^2]$ an-

[8] *V. Weisskopf*: Phys. Rev. **52**, 295, 1937.

[9] *W.H. Zinn, S. Seely* und *V.W. Cohen*: Phys. Rev. **56**, 260, 1939.

setzen können. Zur Berechnung von ξ_s braucht man das Spektrum der n_+-Neutronen. Dieses Spektrum wird von dem der Spaltungsneutronen etwas abweichen, die unelastische Streuung wird zu einer Verschiebung nach kleineren Energien führen. Das Spektrum der Spaltungsneutronen von U_{238} ist unbekannt, man kann aber zum Vergleich das von U_{235} heranziehen. Das letztere fällt nach *Kirchner* (Bericht) oberhalb von 0,7 MeV etwa wie $e^{-E/1\,\mathrm{MeV}}$ ab. Für die hier angestrebte grobe Abschätzung soll das Spektrum der n_+-Neutronen von der Form $e^{-E/0{,}8\,\mathrm{MeV}}$ angenommen werden.

Nach dem Stoß eines Neutrons der Energie E mit dem O-Kern nimmt das Neutron alle Energien zwischen E und $(15/17)^2E$ mit gleicher Wahrscheinlichkeit an. Die Wahrscheinlichkeit, daß es nach dem Stoß eine Energie $< E_{\mathrm{Sp}}$ hat, ist also für $E > (17/15)^2 E_{\mathrm{Sp}}$ Null, für $E_{\mathrm{Sp}} \leq E \leq (17/15)^2 E_{\mathrm{Sp}}$ ist sie

$$\frac{E_{\mathrm{Sp}} - (15/17)^2 E}{E - (15/17)^2 E} \; .$$ 6

Man erhält also für $E_{\mathrm{Sp}} = 0{,}7$:

$$\xi_s = \frac{\int\limits_{E_{\mathrm{Sp}}}^{(17/15)^2 E_{\mathrm{Sp}}} \frac{E_{\mathrm{Sp}} - (15/17)^2 E}{E[1-(15/17)^2]} e^{-E/0.8} dE}{\int\limits_{E_{\mathrm{Sp}}}^{\infty} e^{-E/0.8} dE} = 0{,}11 \; . \tag{7}$$

Für Wasserstoff und Deuterium sind die entsprechenden Zahlen:

$$\text{Für H}: \sigma_s \approx 4 \cdot 10^{-24}, \; \xi_s = 0{,}58; \quad \text{für D}: \sigma_s = 2{,}5 \cdot 10^{-24}, \; \xi_s = 0{,}52 \; . \tag{8}$$

3. Die Möglichkeit der Energieerzeugung aus der 238-Spaltung

Die angenommenen Werte für die Konstanten können jetzt zur Diskussion der in Abs. 1 gewonnenen Formeln verwendet werden. Wir besprechen zunächst die Verhältnisse in reinem U-Metall.

Für U-Metall bleiben auf der rechten Seite von (3) nur die ersten zwei Glieder stehen. Der Wert des zweiten Gliedes liegt nach Abs. 2, Gl. (6) etwa zwischen 0,8 und 2,0 und wahrscheinlich näher an dem letzteren Wert. Eine spontane Energieerzeugung durch den Spaltprozeß von U_{238} wäre also möglich, wenn

$$X_+ > 3 \tag{9}$$

wäre, eventuell schon für etwas kleinere Werte von X_+. Bei der Spaltung von U_{235} + n ist, wie die Versuche des vergangenen Jahres gezeigt haben, $X_+ + X_- \approx 2$ (es handelt sich hier um die Anzahl der Spaltungsneutronen pro Spaltprozeß, nicht pro eingefangenes thermisches Neutron). Nach den Versuchen von *Kirchner* (Bericht) kann man $X_+ \approx 1{,}4$, $X_- \approx 0{,}6$ abschätzen.

Wenn die Spaltung von U_{238} + n, wie *Mattauch* annimmt, unter Angabe einer erheblich größeren Anzahl von Neutronen erfolgt, so wäre die Erfüllung von (9) nicht unmöglich, d. h. dann könnte spontane Energieerzeugung eintreten. Aber selbst wenn dies nicht der Fall ist, so erkennt man aus Gl. (4), daß die Spaltung jedenfalls eine erhebliche Vermehrung der q_+-Neutronen bewirkt. Nehmen wir z. B. an – was vielleicht nicht zu günstig ist –, daß die Anzahl der Spaltneutronen gegeben ist durch $X_- = 1$, $X_+ = 2$, so ergäbe sich für den Vermehrungsfaktor Y_+ von q_+ in Gl. (4):

$$Y_+ = 1 + \frac{2}{10 \cdot 0{,}2 - 1} = 3 \ . \tag{10}$$

7 Für die wohl zu ungünstige Annahme $X_- = 0{,}5$, $X_+ = 1{,}5$ wäre der gleiche Faktor

$$Y_+ = 1{,}7 \ .$$

Man kann daraus schließen, daß in einer unendlichen 38-Metallmenge die Anzahl der eingestrahlten Neutronen oberhalb 0,7 MeV durch den 238-Spaltprozeß wohl mindestens verdoppelt wird.

Für das Oxyd U_3O_8 sind die Verhältnisse ungünstiger. Der Wert des dritten Gliedes in Gl. (3) liegt nach Abs. 2, Gl. (7) etwa zwischen 0,5 und 0,9; wir legen für die folgenden Rechnungen auch hier den größeren Wert zu Grunde.

Man kommt also für die spontane Energieerzeugung durch 238-Spaltung auf die Bedingung, daß X_+ jedenfalls >4 sein müßte. Für den Vermehrungsfaktor erhält man dann bei plausibleren Annahmen:

$$\begin{array}{lll} \text{für } X_- = 1, & X_+ = 2 \ : & Y_+ = 1{,}9 \\ \text{für } X_- = 0{,}5, & X_+ = 1{,}5: & Y_+ = 1{,}4 \ . \end{array} \tag{11}$$

Der Vermehrungsfaktor ist also für Oxyd wesentlich geringer als für Metall, übersteigt aber wahrscheinlich immer noch den Wert 1,5.

Schließlich wird durch die Beimischung von H oder D auch nur in geringer Menge die Vermehrung weiter stark herabgesetzt. Wenn man 1 H-Atom bzw. D-Atom pro U-Atom zusetzt, wird das auf diese Störung bezügliche letzte Glied in Gl. (3) 4,6 bzw. 2,7. Für Oxyd mit dieser Beimischung erhält man also:

$$\begin{array}{lllll} & & & \text{H} & \text{D} \\ \text{für } X_- = 1, & X_+ = 2 \ : & Y_+ = & 1{,}3 & 1{,}4 \\ \text{für } X_- = 0{,}5, & X_+ = 1{,}5: & Y_+ = & 1{,}14 & 1{,}2 \ . \end{array} \tag{12}$$

Immerhin handelt es sich auch hier um Korrekturen, die die Auswertung der bisher angestellten Experimente etwas verändern.

4. Anwendung auf die bisher durchgeführten Experimente

a) *Bothe* und *Flammersfeld* (Bericht) haben die Vermehrung der schnellen Neutronen in einer U-Metallkugel von 9,4 cm Radius und der Dichte 11 untersucht und eine Vermehrung um den Faktor $Y = 1{,}27$ gefunden. Allerdings kann diese Vermehrung zu einem gewissen Bruchteil auf einem durch die (Ra + Be) Neutronen hervorgerufenen (n, 2 n)-Prozeß beruhen; auch ist das Verhältnis q_+/q_- für die (Ra + Be)-Neutronen nicht ganz bekannt, daher entstehen beim Vergleich des genannten Vermehrungsfaktors mit der hier besprochenen Theorie Schwierigkeiten. Trotzdem ist es nützlich, den Einfluß der 238-Spaltung in diesem Versuch abzuschätzen.

Die räumliche Verteilung der schnellen Neutronen in der Kugel kann durch 8
die übliche Diffusionsgleichung beschrieben werden. Wir legen für die folgende Berechnung den Wert $\sigma_0 = 5{,}5 \cdot 10^{-24}\,\mathrm{cm}^2$ zu Grunde. In der Diffusionsgleichung muß dann der Streuquerschnitt ersetzt werden durch den Ausdruck

$$(\sigma_0 - \sigma_{Sp}) \cdot 0{,}8 + \sigma_{Sp} \cdot X_+ \;, \tag{13}$$

für die Summe von Streu- und Absorptionsquerschnitt steht einfach σ_0. Setzt man $X_+ = 2$, so gilt für die freie Weglänge für Streuung:

$$\begin{aligned} &\lambda_s = 7{,}2\,\mathrm{cm}\;, \\ \text{für Absorption}\quad &\lambda_{abs} = 79{,}2\,\mathrm{cm}\;, \\ \text{also für die Diffusionslänge}\quad &l = 13{,}6\,\mathrm{cm}\;. \end{aligned} \tag{14}$$

Als Grenzbedingung an der Kugeloberfläche kann man näherungsweise ansetzen, daß die schnellsten Neutronen, die die Kugel verlassen, nicht mehr als schnelle Neutronen (Energie >0,7 MeV) in sie zurückkehren; die Kugeloberfläche wirkt also als völlig absorbierende Schicht. In diesem Falle stellt sich in der Kugel eine Dichteverteilung ein, die, nach außen extrapoliert, im Abstand $\lambda_s/\sqrt{3}$ von der Kugeloberfläche, also bei $R' = 9{,}4 + 7{,}2/\sqrt{3} = 13{,}6$ cm verschwinden würde. Die Dichteverteilung um eine Punktquelle q_+ wird also:

$$\varrho_+ = q_+ \left(\cosh\frac{r}{l} - \sinh\frac{r}{l}\,\mathrm{ctgh}\frac{R'}{l}\right) / 4\pi D r \tag{15}$$

($D = v_+ \lambda_s/3$). Die Gesamtmenge in der Kugel vom Radius $R = 9{,}4$ cm wird

$$n_+ = 4\int_0^R r^2 dr\, \varrho_+ = 0{,}157\, q_+ l^2/D \;. \tag{16}$$

Die Anzahl der pro sec erzeugten Spaltungsneutronen ist also

$$(q_+ l^2/D) \cdot 0{,}157 \cdot N_U \cdot \sigma_{Sp} \cdot v_+ (X - 1) = q_+ \cdot 0{,}17 \cdot (X - 1) \;. \tag{17}$$

Setzt man, entsprechend den schon früher gemachten Annahmen $X_+ = 2$, $X_- = 1$, so folgt für den Vermehrungsfaktor

$$Y = 1{,}34 \;. \tag{18}$$

Dieser Wert paßt gut zu dem von *Bothe* und *Flammersfeld* beobachteten Wert 9
$Y = 1{,}27$, der sich auf die *Gesamt*vermehrung für $q_+ + q_-$ bezieht und dementsprechend etwas kleiner sein muß. Man kann aus dieser Übereinstimmung schlie-

ßen, daß X jedenfalls nicht erheblich größer sein kann als 3 (also X_+ nicht viel größer als 2), daß also die spontane Energieerzeugung mit der Spaltung von 238 wahrscheinlich *nicht* möglich ist. Die endgültige Entscheidung dieser Frage kann nur durch Versuche mit einer größeren Metallmenge herbeigeführt werden. Kleinere Werte von X_+, z. B. $X_+ = 1{,}5$, $X_- = 0{,}5$ sind mit dem Ergebnis $Y = 1{,}27$ durchaus verträglich, da diese Vermehrung ja vom (n, 2 n)-Prozeß herrühren kann.

b) Der Einfluß der 238-Spaltung in den bisherigen Schichtenanordnungen läßt sich in hinreichender Näherung dadurch abschätzen, daß man die Schichtung als homogene Mischung betrachtet. Denn die Schichtdicken waren bei den bisherigen Versuchen meist kleiner als die mittlere freie Weglänge λ_s für Streuung der schnellen Neutronen. Nur bei den Versuchen mit D_2O liegen die Verhältnisse etwas anders, worüber in Abs. 4c noch gesprochen werden wird.

Bei drei Versuchen (Berlin I: U_3O_8 + Paraffin, Leipzig I: U_3O_8 + Wasser, Berlin III: U-Metall + Paraffin) waren ungefähr dreimal so viele H-Atome wie U-Atome in der Mischung. Der Einfluß eines C-Atoms ist nach den vorliegenden Daten wahrscheinlich ein wenig größer als der eines O-Atoms, doch soll dieser Unterschied vernachlässigt werden. Für den Vermehrungsfaktor Y_+ in diesen Schichtenmaschinen erhält man dann:

		B_{I}	L_{I}	B_{II}
Für $X_+ = 2$, $X_- = 1$:	$Y_+ =$	1,125	1,095	1,303
$X_+ = 1{,}5$, $X_- = 0{,}5$:	$Y_+ =$	1,065	1,048	1,14 .

Die dritte Reihe enthält den Vermehrungsfaktor für die zweite Berliner Schichtung mit 1 cm Paraffin und 40 cm^2 U_3O_8.

c) Bei der Schichtungen mit 17 cm D_2O, 11 g/cm^2 U_3O_8 kann man den Vermehrungsfaktor nicht mehr so einfach berechnen, da die D_2O-Schichten nicht mehr klein sind im Verhältnis zur mittleren freien Weglänge. Wir schätzen ihn in folgender Weise ab: Die mittlere freie Weglänge für Streuung und Spaltung zusammen im Metall bzw. Oxyd sei λ. Die mittlere Wahrscheinlichkeit w dafür, daß ein irgendwo in der Schicht erzeugtes n_+-Neutron auch in der Schicht der Dicke d einen Streu- oder Spaltungsprozeß hervorruft, ist dann

$$w = \frac{1}{d}\int_0^d dx \int_0^1 d\zeta (1 - \mathrm{e}^{-x/\zeta\lambda})$$

$$= 1 - \frac{1}{2}\mathrm{e}^{d/\lambda} - \frac{1}{2}\,\frac{\lambda}{d}(1 - \mathrm{e}^{-d/\lambda}) + \frac{1}{2}\,\frac{d}{\lambda}\int_{d/\lambda}^{\infty}\frac{dx}{x}\mathrm{e}^{-x}\,. \qquad (19)$$

10 Für $d \ll \lambda$ wird daraus:

$$w = \frac{d}{2\lambda}\left(\frac{3}{2} + \lg\frac{\lambda}{\gamma d}\right), \qquad (20)$$

wobei $\gamma = 1{,}781$.

Die gestreuten und bei der Spaltung entstandenen Neutronen gehören nun zu einem gewissen Teil in das Energiegebiet unter 0,7 MeV und fallen für weitere Vermehrung aus, zum anderen Teil erfahren sie das gleiche Schicksal, wie die in der Schicht erzeugten Neutronen usw. Die in D_2O abgewanderten Neutronen können für die weitere Vermehrung als verloren gelten; die Wahrscheinlichkeit, daß sie in die U-Schicht zurückkehren (die Albedo) ist gering und möge hier vernachlässigt werden.

Für 11 g/cm^3 U-Metall wird $d = 1$ cm, $d/\lambda = 0{,}153$, $w = 0{,}214$. Wegen $\sigma_0 = 5{,}5 \cdot 10^{-24}\,\mathrm{cm}^2$, $\sigma_{Sp} = 0{,}5 \cdot 10^{-24}\,[\mathrm{cm}^2]$, $\xi_U = 0{,}2$ erhält man dann für $X_+ = 2$ als mittlere Anzahl der Spaltungsprozesse pro in der Schicht beginnendes Neutron:

$$\tfrac{1}{11} \cdot 0{,}214\,[1 + \tfrac{10}{11} \cdot 0{,}214 + (\tfrac{10}{11} \cdot 0{,}214)^2 + \ldots] = 0{,}0242 \ .$$

Der Vermehrungsfaktor wird daher für $X_+ = 2$, $X_- = 1$: $Y_+ = 1{,}048$. Durch die Albedo von D_2O wird Y_+ noch etwas erhöht; wir setzen diesen Effekt zu etwa 10% an und erhalten schließlich:

$$Y_+ = 1{,}058 \ . \tag{21}$$

Die entsprechende Rechnung für das Oxyd ergibt:

$$Y_+ = 1{,}042 \ . \tag{22}$$

Aus der Vermehrung Y_+ der Neutronen von mehr als 0,7 MeV kann man mit dem Verhältnis X_+/X_- auch sofort die Vermehrung Y bezogen auf *alle* schnellen Neutronen berechnen. Man erhält für Y:

	B_{I} Oxyd + Par.	B_{II} Oxyd + Par.	L_{I} Oxyd + Wasser	L_{II} Oxyd + D_2O
$X_- = 1,\ X_+ = 2$	1,083	1,202	1,063	1,028
$X_- = 0{,}5,\ X_+ = 1{,}5$	1,046	1,105	1,035	1,016

(23)

Man erkennt aus diesen Zahlen, daß – wenn die hier zu Grunde gelegten Werte der Konstanten einigermaßen richtig sind – ein erheblicher Teil der Neutronenvermehrung, die bisher dem U_{235} allein zugeschrieben wurde, in Wirklichkeit auf die Spaltung von U_{238} zurückzuführen ist. Die ganze | Auswertung der bisherigen 11
Versuche muß in Rücksicht auf diesen Effekt etwas verändert werden.

Die Fig. 1 enthält die mit den Werten $X_+ = 2$, $X_- = 1$ gezeichnete neue Auswertung der vier Versuche B_{I}, L_{I}, B_{II}, L_{II}. Eine Auswertung aller bisherigen Versuche etwa in Anschluß an den Bericht von *v. Droste* soll nicht vorgenommen werden, sie würde aber wohl ungefähr zu ähnlichen Ergebnissen führen. Aufgetragen ist, wie üblich, die Anzahl X der Spaltungsneutronen pro eingefangenes thermisches Neutron in U_{235}, als Funktion von $A = \sum (\Gamma/E) \sqrt{\sigma \cdot 10^{24}}$. Die gestrichelten Kurven entsprechen der früheren Auswertung, die ausgezogenen der neuen. Man erkennt aus der Figur, daß der Wert von X am Schnittpunkt ungefähr der gleiche geblieben ist, daß sich aber der Wert von A erheblich erhöht hat. Der Schnittpunkt der Kurven liegt in der Gegend von $A = 2{,}1$ und $X = 1{,}16$.

Dieses Ergebnis ist wahrscheinlich verträglich mit den entsprechenden ausgewerteten Ergebnissen der anderen Messungen an Mischungen von Uran und Bremssubstanz. Dagegen ist es scheinbar in Widerspruch zu den Messungen von *Bothe* und *Flammersfeld* über die Verarmung an Rh-Resonanzneutronen in der Umgebung einer U-Kugel und zu den Messungen von *Jensen*. Dieser Widerspruch zu *Bothe* und *Flammersfeld* kann sich entweder dadurch lösen, daß der Einfluß der 238-Spaltung doch sehr viel geringer ist, als bisher abgeschätzt wurde (die experimentellen Daten sind ja sehr unsicher), oder daß die vermutete zusätzliche Resonanz-Absorption im U, die nicht zur Bildung des 23′-Körpers führt, zu einer Resonanzstelle *unter* der des Rh gehört. Der Widerspruch zu *Jensen* kann durch die letztere Annahme wohl nicht erklärt werden.

Andererseits spricht die starke Neutronenvermehrung in einer U-Metallkugel bei *Bothe* und *Flammersfeld*, sowie das verhältnismäßig günstige Ergebnis bei der Schichtung B_{III} aus der Metall und Paraffin (vgl. späteren Bericht) für einen Einfluß der 238-Spaltung von der hier abgeschätzten Größenordnung. Dieses Argument wird allerdings wieder dadurch unsicher, daß die Neutronenvermehrung in der Metallkugel durch den (n, 2 n)-Prozeß hervorgerufen sein kann und daß der Unterschied Metall-Oxyd vielleicht (ganz oder teilweise) dadurch bedingt ist, daß der Sauerstoff durch den (n, α)-Prozeß, der von 2,4 MeV ab möglich ist, schnelle Neutronen verbraucht. Dieser letztere Prozeß kann schon bei Leermessungen in H_2O eine gewisse Rolle spielen.

2 Zusammenfassung

Die Spaltung von U_{238} durch schnelle Neutronen spielt wahrscheinlich in den Versuchen mit Uran und Bremssubstanz eine größere Rolle, als bisher angenommen worden ist. Ihre Berücksichtigung führt zu höheren Werten der Konstante A der Resonanzeinfangung. Die Energieerzeugung durch den Spaltprozeß von U_{238} durch schnelle Neutronen ist wahrscheinlich unmöglich, kann aber auf Grund der bisher vorliegenden Daten nicht mit Sicherheit ausgeschlossen werden. Für die Konstruktion der 38-Maschine ergibt sich als wichtige Konsequenz: die Verwendung von 38-Metall ist günstiger als die Verwendung von Oxyd. Allerdings ist die in dieser Weise zu erreichende Verbesserung gerade bei den D_2O-Schichtungen verhältnismäßig gering.

13

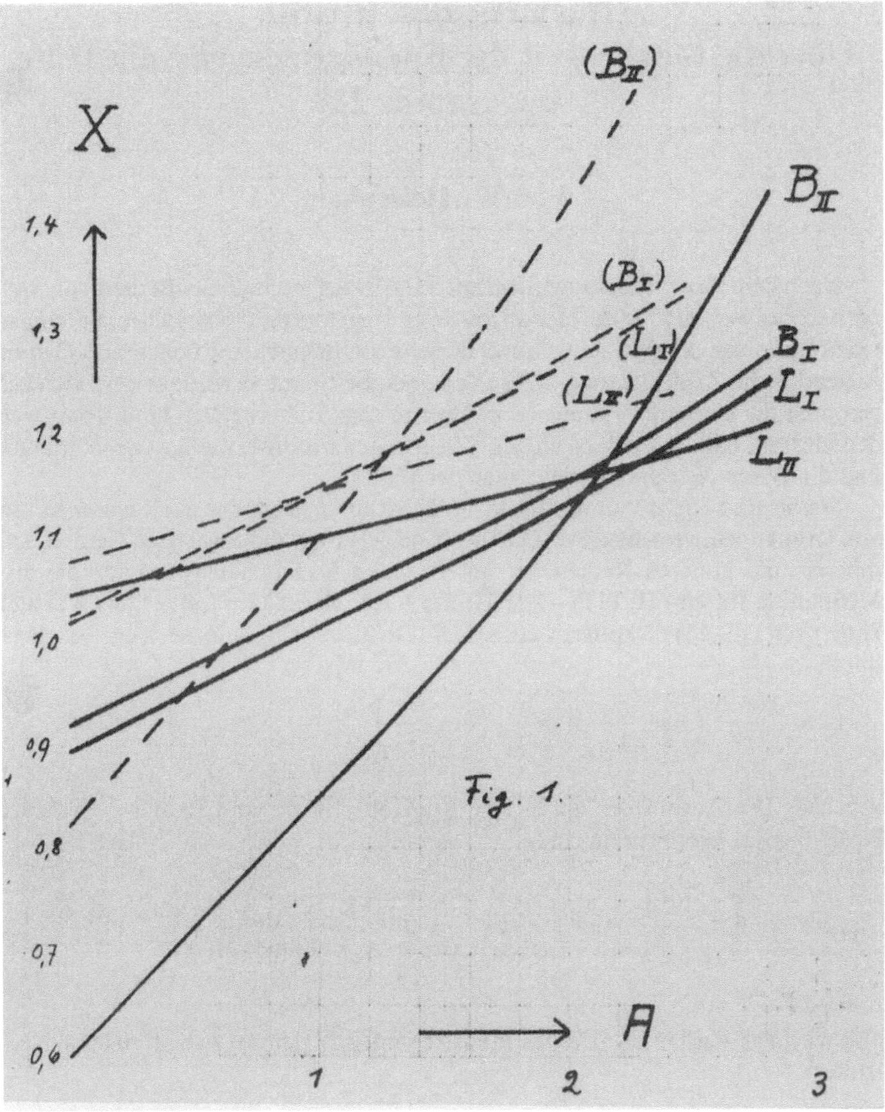

Fig. 1.

Nachtrag zum Bericht: Über die Möglichkeit der Energieerzeugung mit Hilfe des Isotops 238

Von **W. Heisenberg**

Nach dem Abschluß des vorliegenden Berichtes erschien der Bericht von *Stetter* und *Lintner*, der für die hier angestellten Überlegungen eine sicher experimentelle Grundlage schafft. Auf Grund dieser experimentellen Ergebnisse sollen im folgenden die Zahlenwerte ξ_U, E_{Sp}, usw. neu bestimmt werden; es wird sich zeigen, daß die hier angenommenen Zahlwerte zum Teil erheblich modifiziert werden müssen, daß sich jedoch an den Folgerungen für die bisherigen Schichtungen und die Werte X_{235} und A nicht allzuviel ändert.

Stetter und *Lintner* untersuchen zunächst die Anzahl der n_+-Neutronen, die von Urankugeln verschiedener Dichte absorbiert bzw. durchgelassen werden. Die inneren und äußeren Radien der untersuchten Kugelschalen sind für die drei Meßpunkte (in cm) (I: 0,75 – 2,5; II: 2,5 – 7,4; III: 0,75 – 7,4). Dieser Versuch kann nach Gl. (15) diskutiert werden. Die Dichteverteilung in der Kugelschale ist durch

$$\varrho_+ = \frac{\text{const}}{r}\left(\cosh\frac{r}{l} - \sinh\frac{r}{l}\cdot\coth\frac{R'}{l}\right)$$

gegeben. Die Anzahl der durch eine Kugeloberfläche vom Radius r tretenden Neutronen ist proportional zu

$$f(r) = -4\pi r^2\frac{\partial\varrho_+}{\partial r} \approx \cosh\frac{r}{l}\left(1+\frac{r}{l}\coth\frac{R'}{l}\right) - \sinh\frac{r}{l}\left(\frac{r}{l}+\coth\frac{R'}{l}\right), \tag{24}$$

also wird das Verhältnis z der bei R austretenden zu den bei R_i eintretenden Neutronen:

$$z = \frac{f(R)}{f(R_i)}\ . \tag{25}$$

Man kann daher versuchen, die Zahlwerte für λ_s, λ_r und l (Gl. 14) so zu bestimmen, daß die drei Meßpunkte von *Stetter* und *Lintner* richtig wiedergegeben werden. Man erhält als plausible Werte etwa

$$\sigma_0 = 7\cdot 10^{-24}\ ,\quad (\sigma_0 - \sigma_{Sp})\xi_U - \sigma_{Sp}(X_+ - 1) = 2{,}6\cdot 10^{-24}\ , \tag{26}$$

also für die Dichte 11 g/cm^3:

$$\lambda_s = 8{,}2\ \text{cm}\ ;\quad \lambda_r = 13{,}8\ \text{cm}\ ;\quad l = 5{,}7\ \text{cm}\ . \tag{27}$$

Für die innerste dünne Kugelschale (Meßpunkt I) rechnet man besser nach der 2
für kleine $(R-R_i)/l$ gültigen Formel: $z \approx 1-(R-R_i)/\lambda_r + \ldots$. Man erhält dann für die drei Meßpunkte folgende Darstellung:

	I	II	III	
z_{gemessen}	0,92	0,695	0,65	(28)
$z_{\text{ber.}}$ nach Gl. (27)	0,88	0,70	0,665 .	

Die Werte (27) sind erheblich kleiner als die Werte (14); die Intensität der n_+-Neutronen nimmt also in einer Metallkugel nach außen viel rascher ab, als früher angenommen wurde. Der hohe Wert $\sigma_0 = 7 \cdot 10^{-24}\,\text{cm}^2$ ist nicht unplausibel, da ja schon der Streuquerschnitt von Pb in der Gegend von $6 \cdot 10^{-24}$ [cm^2] liegt und von Pb bis U noch ein gewisser Anstieg zu erwarten ist. Wollte man den Meßpunkt I noch besser darstellen, so müßte man allerdings σ_0 noch größer und entsprechend auch λ_r größer wählen. Wir haben dies nicht getan, weil einerseits noch höhere Werte von σ_0 unwahrscheinlich sind und andererseits der Unterschied des experimentellen gegen den theoretischen Wert sehr gut dadurch zustande kommen kann, daß das Spektrum der (Ra-Be)-Neutronen wegen seiner anderen Energieverteilung etwas weniger stark absorbiert wird als das der Spalt- und Streuneutronen, auf das sich die Zahlenwerte (27) beziehen sollen.

Stetter und *Lintner* haben ferner die gesamte Neutronenvermehrung gemessen und damit den Anschluß an die Messungen von *Bothe* und *Flammersfeld* gewonnen. Die Anzahl der durch Spaltung entstehenden Neutronen ist proportional der Anzahl der absorbierenden n_+-Neutronen.

Für jedes eingestrahlte n_+-Neutron werden zusätzlich erzeugt (vgl. Gl. (25)):

$$\frac{\sigma_{\text{Sp}}(X-1)}{(\sigma_0-\sigma_{\text{Sp}})\xi_U - \sigma_{\text{Sp}}(X_+-1)}(1-z) = \frac{\sigma_{\text{Sp}}(X-1)}{2{,}6 \cdot 10^{-24}}(1-z) \tag{29}$$

Neutronen. Der Faktor in der Klammer hat für die verschiedenen Meßpunkte die in der Tabelle angegebenen Werte. Darunter sind die gemessenen Gesamt-Neutronenvermehrungen eingetragen.

	I	II	III	Bothe und Flammersfeld
$1-z$	0,12	0,30	0,345	0,46
Neutr. Verm. $(Y-1)$:	0,082	0,14	0,21	0,27
Verhältnis	1,5	2,1	1,6	1,7

Stettner und *Lintner* nahmen dabei an, daß die von ihnen gemessenen Neu- 3
tronenvermehrungen durch eine Korrektur noch etwas erniedrigt werden; man kann also den Faktor 1,7 ungefähr als den richtigen ansehen und erhält damit als Neutronenvermehrung in der unendlichen U-Kugel ($z = 0$)

$$Y = 1 + \tfrac{1}{1{,}7} = 1{,}59 \ . \tag{30}$$

Wenn ein Teil der Neutronenvermehrung durch den (n, 2 n)-Prozeß bedingt ist, so ist diese Zahl noch entsprechend zu erniedrigen. Der Wert von Y_+ ist aus (30) nicht ohne weiteres zu ermitteln, da das Verhältnis n_+/n_- im (Ra-Be)-Spektrum einstweilen unbekannt ist.

Wenn man aber unter $\bar{\sigma}_{\mathrm{Sp}}$ den Mittelwert des Spaltquerschnitts über das ganze (Ra-Be)-Spektrum verstehht ($\bar{\sigma}_{\mathrm{Sp}}$ ist dann kleiner als $0{,}5 \cdot 10^{-24}\,[\mathrm{cm}^2]$), so kann man aus (29) schließen:

$$\bar{\sigma}_{\mathrm{Sp}}(X-1) = 1{,}5 \cdot 10^{-24}\,[\mathrm{cm}^2] \tag{31}$$

(vgl. *Stetter* und *Lintner*, S. 9). Dies bedeutet, wie *Stetter* und *Lintner* hervorheben, daß X zwischen 4 und 5 liegt oder noch größer ist, daß also offenbar bei der Spaltung von 238 die drei Neutronen, um die sich der Kern 238 vom Kern 235 unterscheidet, noch zusätzlich herauskommen.

Wir werten die Ergebnisse (26), (27) und (31) nun weiter aus. Wenn $X_+ \approx 2$ ist, was in Anbetracht von (31) wohl kaum zu hoch ist, so folgt $\xi_U = 0{,}5$. Dies muß bedeuten, daß die Grenzenergie E_{Sp} erheblich höher liegt als der früher angenommene Wert 0,7 MeV. Dieser Schluß wird auch von *Stetter* und *Lintner* gezogen, und die dort erwähnten Messungen von *Jentschke* und *Protiwinski* scheinen diesen Sachverhalt direkt zu bestätigen. Man wird aus dem Wert $\xi_U = 0{,}5$ einen Wert E_{Sp} zwischen 1 und 1,5 MeV vermuten; wegen dieses hohen Wertes wäre jedoch eine Berechnung von ξ_U nach Gl. (6) nur für sehr hohe Energien, die praktisch keine Rolle spielen, begründet. Setzt man $E_{\mathrm{Sp}} = 1{,}2$, so folgt aus Gl. (7):

$$\text{für O}: \xi_s = 0{,}17 \;; \qquad \text{für H}: \xi_s = 0{,}67 \;. \tag{32}$$

4 Mit diesen Werten kann man wieder die Neutronenvermehrung |in den bisher untersuchten Schichtungen berechnen. Allerdings muß man dazu von dem Mittelwert $\bar{\sigma}_{\mathrm{Sp}}$ aus Gl. (31), der sich auf eine Mischung aus den (Ra-Be)-Neutronen und den Spalt- und Streuneutronen bezieht, umrechnen auf einen Wert $\bar{\sigma}_{\mathrm{Sp}}$, der allein für die Spalt- und Streuneutronen gilt; denn auf diese kommt es in einer sehr großen Anordnung schließlich an. Wir werden, um diesen Effekt (und dem vielleicht auch eine Rolle spielenden (n, 2 n)-Prozeß) Rechnung zu tragen, den Wert $1{,}5 \cdot 10^{-24}\,[\mathrm{cm}^2]$ von (31) etwas willkürlich auf $1 \cdot 10^{-24}\,[\mathrm{cm}^2]$ erniedrigen; leider ist man hier einstweilen auf ganz grobe Schätzungen angewiesen. Für den Vermehrungsfaktor erhält man dann nach (4) und (32):

$$Y = 1 + \frac{1}{2{,}6 + 2{,}68\,N_{\mathrm{H}}/N_{\mathrm{U}} + 0{,}34\,N_{\mathrm{O}}/N_{\mathrm{U}}} \;. \tag{33}$$

In die Auswertung der bisherigen Ergebnisse für X und A soll diesmal auch der Breiversuch von *Bothe* und *Flammersfeld* einbezogen werden. Die folgende Tabelle gibt die Werte von Y für die verschiedenen Versuche:

	B_{I}	B_{II}	L_{I}	L_{II}	$B-F$	
$Y =$	1,086	1,164	1,066	1,037	1,082	(34)

Der Vergleich von (34) und (23) zeigt, daß sich die Y-Werte von denen, die vorher auf Grund der Annahme $X_- = 1$, $X_+ = 2$ u.s.w. gewonnen waren, nur wenig unterscheiden. Dies liegt natürlich daran, daß auch die früheren Annahmen so eingerichtet waren, daß sie die von *Bothe* und *Flammersfeld* in dem Versuch mit der Metallkugel gemessene Neutronenvermehrung richtig darstellen. Die sehr viel schnellere Absorption der n_+-Neutronen durch unelastische Stöße wird jetzt wettgemacht durch die größere Anzahl der Neutronen pro Spaltungsprozeß.

Die Fig. 2 enthält die Beziehung zwischen X und A nach (34)[1]. Die hier aufgeführte Auswertung des *Bothe-Flammersfeld*schen Breiversuchs weicht insofern von der im Orginalbericht ab, als hier $w = 0{,}229\,A$ gesetzt wird (verglichen mit $w = 0{,}28\,A$ bei $B - F$), was mir besser zu den Annahmen bei den Schichtenversuchen zu passen scheint. Der Schnittpunkt der Kurven liegt in der Gegend $X = 1{,}10$, $A = 1{,}6$.

Selbst wenn diese Werte noch als etwas unsicher angesehen werden müssen, 5
so ändert sich nichts an dem Ergebnis, daß die Konstante der Resonanzeinfangung A offenbar erheblich höher liegt, als in der letzten Zeit angenommen wurde.

[1] This figure is missing. (Editor)

Vorläufiger Bericht über Ergebnisse an einer Schichtenkugel aus 38-Metall und Paraffin[1] [B III]

von **F. Bopp, E. Fischer, W. Heisenberg, C.F.v. Weizsäcker** und **K. Wirtz**, Berlin-Dahlem

Zur Nachprüfung der Unterschiede in der Wirkungsweise von 38-Oxyd und 38-Metall wurde eine Schichtenkugel aus Metall und Paraffin aufgebaut. Die äußere Umhüllung bestand aus zwei Al-Halbkugeln von 28,5 cm Radius und 3 mm Wandstärke, in die waagrechte Schichten von 18 g/cm^2 U-Metall und 1,6 cm Paraffin eingebettet wurden. Die Neutronenquelle befand sich im Kugelzentrum. Die durch die waagrechte Schichtung bedingte Abweichung der Neutronenverteilung von der Kugelsymmetrie erwies sich – in Übereinstimmung mit früheren Erfahrungen – als gering.

Die Neutronenverteilung wurde im Inneren und im umgebenden Wasser nach den üblichen Methoden ausgemessen. Für die Gesamtmenge der Neutronen bei *leerer* Kugel ergab sich in den früheren Einheiten (vgl. früheren Bericht)

$$N_a^o = 128 \;; \tag{1}$$

dieser Wert ist etwas kleiner als der frühere (in der Umgebung des Zylinders von 1,4 m Höhe und Breite) gemessene Wert $N_a^o = 136$. Der Unterschied ist wohl zum Teil durch die Unsicherheit der Integration um den Zylinder bedingt, zum größeren Teil wahrscheinlich durch eine kleine Unsymmetrie der früheren Zylinderanordnung (das Präparat lag etwas oberhalb des Mittelpunktes, gemessen wurde der obere Halbzylinder).

Für die gefüllte Kugel ergab sich

im Innern	im Außenraum	
$N_i = 97$	$N_a = 116$	(2)

Von der Menge N_i entfällt nach der Theorie (auf Grund der etwas unsicheren Werte für die Diffusionslänge in Metall und Paraffin; die Dichte des Metalls werde = 12 gesetzt) der Anteil

$N_i^{Par} = 59{,}3$ auf das Paraffin

$N_i^{U} = 37{,}7$ auf das 38-Metall.

2 Vergleicht man die Zahlen (1) und (2) mit denen der früheren Schichtung aus Oxyd und Paraffin (27 g/cm^2 Oxyd und 2,1 cm Paraffin), so erkennt man, daß trotz der größeren Dichte der Quotient $(N_a^o - N_a)/N_i$ hier erheblich kleiner ist. Dieses Ergebnis zeigt, daß der Ersatz des Oxyds durch Metall die Maschine ver-

[1] Ein ausführlicher Bericht wird nach Abschluß der Versuche mit verschiedenen Schichtungen geschrieben werden.

bessert und bestätigt das Resultat anderer Versuche (vgl. die Berichte über die Spaltung durch schnelle Neutronen von *Bothe-Flammersfeld, Stetter-Lintner, Heisenberg*), daß die früher übliche Auswertung der Versuche nicht genügt, und daß die Neutronenvermehrung durch die Spaltung von 238 bei der Auswertung berücksichtigt werden muß.

Nach der Abschätzung im früheren Bericht beträgt der zur Spaltung von 238 gehörige Vermehrungsfaktor für die Spaltneutronen etwa

$$Y = \frac{1}{2{,}6 + 2{,}68\,(N_{\mathrm{H}}/N_{\mathrm{U}}) + 0{,}34\,(N_{\mathrm{O}}/N_{\mathrm{U}})} \; . \tag{3}$$

Das gibt hier, wenn man die Wirkung der C- und O-Atome näherungsweise gleichsetzt:

$$Y_{\mathrm{Sp}} = 1{,}096 \; . \tag{4}$$

Für die Ra-Be-Neutronen der Quelle wird man wegen der höheren Energie und wegen der (n, 2n)-Neutronen einen etwas höheren Wert einsetzen müssen. Nach dem früheren Bericht (Nachtrag S. 4) kann man hierfür etwa

$$Y_{\mathrm{Ra\text{-}Be}} = 1{,}144 \tag{5}$$

schätzen.

Für die gesamte Neutronenbilanz erhält man schließlich ($\nu_{\mathrm{H}} = 3920$, $\nu_{\mathrm{U}} = 4600$ (für Dichte 12), $\nu_{\mathrm{Par}} = 4580\ \mathrm{sec}^{-1}$)

$$Y_{\mathrm{Ra\text{-}Be}} \cdot 128 \cdot \nu_{\mathrm{H}} + Y_{\mathrm{Sp}} \cdot 37{,}7 \cdot \nu_{\mathrm{U}} \cdot X = \mathrm{e}^{w}(59{,}3 \cdot \nu_{\mathrm{Par}} + 37{,}7 \cdot \nu_{\mathrm{U}}) + 116\,\nu_{\mathrm{H}} \; , \tag{6}$$

also

$$X = 1{,}054\,\mathrm{e}^{w} - 0{,}063 \; . \tag{7}$$

Nach den bisherigen Formeln ist $w = 0{,}129\,A$. Setzt man den in dem früheren 3
Bericht als wahrscheinlich bezeichneten Wert $A = 1{,}6$ ein, so ergäbe sich $X = 1{,}23$, was wahrscheinlich noch etwas zu hoch ist.

Aus diesem Ergebnis kann man schließen, daß entweder die durch den Ersatz des Oxyds durch Metall zu erzielende Verbesserung noch größer ist, als in den bisherigen Formeln zum Ausdruck kommt, oder daß in der bisherigen Auswertung noch andere kleinere Unstimmigkeiten auftreten. Das letztere ist wohl aus verschiedenen Gründen wahrscheinlich. Insbesondere zeigen die Versuche von *Sauerwein*, daß die bisherige Berechnung der Größe w nicht in Ordnung ist. Wahrscheinlich bedeutet das Ergebnis (7), daß für den hier beschriebenen Versuch ein kleinerer Wert von A eingesetzt werden muß.

Zum Vergleich der Schichtenanordnungen aus Oxyd und Metall seien noch die Werte des effektiven Absorptionskoeffizienten berechnet. Dabei ist zu beachten, daß bei richtiger Berücksichtigung der Spaltung durch schnelle Neutronen und der Resonanzeinfangung der Wert von $\bar{\nu}$ berechnet werden muß nach der Formel

$$\bar{\nu} = \frac{N_a^0 Y_{\text{Ra-Be}} - N_a}{N_i} e^{-w} \cdot \nu_H \; . \tag{8}$$

Für die frühere Schichtung aus Oxyd und Paraffin ergibt sich daraus ein Wert von etwa $\bar{\nu} \approx 1200\,\text{sec}^{-1}$, für die Schichtung aus Metall und Paraffin $\bar{\nu} \approx 1000\,\text{sec}^{-1}$. Da die Dichte der letzteren Schichtung etwa 2,25 mal so groß ist wie die der früheren, so ist, auf gleiche Dichte bezogen, der Absorptionskoeffizient der Metallschichtung etwa um den Faktor 2,7 kleiner als bei der Oxydschichtung. Die Verbesserung der Schichtenanordnung durch den Ersatz von Oxyd durch Metall ist also erheblich.

Berlin-Dahlem, den 6. 1. 1942
Kaiser Wilhelm-Institut für Physik

Die theoretischen Grundlagen für die Energiegewinnung aus der Uranspaltung

von **Werner Heisenberg**

(Manuskript zum Vortrag am 26. 2. 1942 im Haus der Deutschen Forschung [1])

Zu Beginn der Arbeiten über das Uranproblem im Rahmen der Arbeitsgemeinschaft des Heereswaffenamtes waren die folgenden experimentellen Tatsachen bekannt:

1) Gewöhnliches Uran ist ein Gemisch aus drei Isotopen: $^{238}_{92}U$, $^{235}_{92}U$, $^{234}_{92}U$, die in natürlichen Mineralien etwa in dem Verhältnis 1 : 1/140 : 1/17000 vorkommen.
2) Durch Neutronenbestrahlung können nach *Hahn* und *Strassmann* die Urankerne gespalten werden, und zwar der Kern $^{235}_{92}U$ durch Neutronen *aller* (auch geringer) Geschwindigkeiten (*Bohr*), die Kerne $^{238}_{92}U$ und $^{234}_{92}U$ nur durch energiereiche Neutronen.
3) Bei der Spaltung wird pro Atomkern eine Energie von etwa 150 bis 200 Millionen Elektron-Volt frei. Diese Energie ist etwa 100 Millionen mal größer als die Energien, die bei chemischen Umsetzungen pro Atom gewöhnlich freigemacht werden. Ferner werden bei jeder Spaltung einige Neutronen aus dem Atomkern herausgeschleudert.

Aus diesen Tatsachen kann man schließen: Wenn es gelingen würde, sämtliche Atomkerne von z. B. 1 to Uran durch Spaltung umzuwandeln, so würde dabei die ungeheure Energiemenge von etwa 15 Billionen Kilokalorien frei. Daß bei Atomkern-Umwandlungen so hohe Energiebeträge umgesetzt werden, war seit langem bekannt. Vor der Entdeckung der Spaltung bestand jedoch keine Aussicht, Kernumwandlungen an größeren Substanzmengen durchzuführen. Denn bei künstlichen Umwandlungen mit Hochspannungslagen, Cyclotrons usw. ist der Energieaufwand stets viel größer als der erreichte Energiegewinn.

Die Tatsache, daß beim Spaltungsprozeß mehrere Neutronen ausgeschleudert 2
werden, eröffnet dagegen die Aussicht, die Umwandlung großer Substanzmengen durch eine Kettenreaktion zu erzwingen: Die bei der Spaltung ausgeschleuderten Neutronen sollen ihrerseits wieder andere Urankerne spalten, hierdurch entstehen wieder neue Neutronen usw.; durch mehrfache Wiederholung dieses Prozesses setzt eine sich immer weiter steigernde Vermehrung der Neutronenzahl ein, die erst aufhört, wenn ein großer Teil der Substanz umgewandelt ist.

Vor der Untersuchung der Frage, ob dieses Programm durchgeführt werden kann, mußten die verschiedenen Prozesse näher studiert werden, die ein Neutron in Uran hervorrufen kann. Die Abb. 1 gibt eine schematische Übersicht über diese Prozesse. Ein etwa durch Spaltung freigewordenes Neutron kann entweder, wenn es genügend Energie besitzt, nach kurzer Wegstrecke mit einem Urankern

[1] Handwritten additional note by Heisenberg. (Editor)

zusammenstoßen, ihn spalten und dabei neue Neutronen erzeugen. Oder es kann, was leider viel wahrscheinlicher ist, bei einem solchen Zusammenstoß nur Energie an den Atomkern abgeben, ohne ihn zu zerlegen, worauf das Neutron mit geringerer Energie weiterfliegt. In diesem Fall wird nach einigen Zusammenstößen die Energie des Neutrons so gering geworden sein, daß für sein weiteres Schicksal nur folgende beiden Möglichkeiten bestehen: Es kann einmal beim Zusammenstoß mit einem Urankern in diesem steckenbleiben. Dann ist jede weitere „Vermehrung“ unmöglich. Oder es kann – was leider relativ unwahrscheinlich ist – mit einem Kern $^{235}_{92}U$ zusammenstoßen und diesen spalten. Dann entstehen bei diesem Prozeß wieder neue Neutronen und die geschilderten Vorgänge können von Neuem beginnen. Ein Teil der Neutronen kann durch die Oberfläche aus dem Uran austreten und dadurch für die weitere Vermehrung verloren gehen.

3 Die genauere Untersuchung der Wahrscheinlichkeiten, mit der die verschiedenen Prozesse stattfinden, war ein wichtiger Programmpunkt für die Arbeit der Arbeitsgemeinschaft, über deren Ergebnisse Herr Bothe berichten wird.

Für das Folgende genügt die Feststellung, daß im gewöhnlichen Uran der Prozeß der Neutronenabsorption (Einfang eines Neutrons im $^{238}_{92}U$ unter Bildung eines neuen Isotops $^{239}_{92}U$) sehr viel häufiger geschieht als der der Spaltung und Vermehrung. Im gewöhnlichen Uran kann also die gewünschte Kettenreaktion nicht ablaufen, und man muß auf neue Mittel und Wege sinnen, um den Ablauf der Kettenreaktion doch zu erzwingen.

Das Verhalten der Neutronen im Uran kann ja mit dem Verhalten einer Bevölkerungsdichte verglichen werden, wobei der Spaltungsprozeß das Analogon zur Eheschließung und der Einfangprozeß die Analogie zum Tode darstellt. Im gewöhnlichen Uran überwiegt die Sterbeziffer bei weitem bei Geburtenzahl, so daß eine vorhandene Bevölkerung stets nach kurzer Zeit aussterben muß.

Eine Verbesserung dieser Sachlage ist offenbar nur möglich, wenn es gelingt, entweder: (1) die Zahl der Geburten pro Eheschließung zu erhöhen; oder (2) die Zahl der Eheschließungen zu steigern; oder (3) die Sterbewahrscheinlichkeit herabzusetzen.

Die Möglichkeit (1) besteht bei der Neutronenbevölkerung nicht, da die mittlere Anzahl der Neutronen pro Spaltung eine durch die Naturgesetze festgelegte und nicht weiter zu beeinflussende Konstante ist. (Über die Bestimmung dieser wichtigen Konstanten vgl. den Vortrag von Herrn Bothe.)

4 Daher bleiben nur die Wege (2) und (3). Eine Erhöhung der Anzahl der Spaltungen (2) läßt sich erreichen, wenn man das auch bei kleineren Energien spaltbare aber seltenere Isotop $^{235}_{92}U$ anreichert; wenn es etwa gelänge, das Isotop $^{235}_{92}U$ sogar rein darzustellen, so bestünden die Verhältnisse, die auf der rechten Seite der Abb. 1 dargestellt sind. Jedes Neutron würde nach einem oder mehreren Zusammenstößen eine weitere Spaltung bewirken, wenn es nicht vorher etwa durch die Oberfläche austritt. Die Sterbewahrscheinlichkeit durch Einfang ist hier gegenüber der Vermehrungswahrscheinlichkeit verschwindend gering. Wenn man also nur eine so große Menge von $^{235}_{92}U$ aufhäuft, daß der Neutronenverlust durch die Oberfläche klein bleibt gegen die Vermehrung im Inneren, so wird sich die Neutronenzahl in kürzester Zeit ungeheuer vermehren und die ganze Spaltungsenergie von 15 Bill. Kalorien pro to wird in einem kleinen Bruchteil einer Sekunde frei. Das reine Isotop $^{235}_{92}U$ stellt also zweifellos einen Sprengstoff von

ganz unvorstellbarer Wirkung dar. Allerdings ist dieser Sprengstoff sehr schwer zu gewinnen.

Ein großer Teil der Arbeit der Arbeitsgemeinschaft des Heereswaffenamtes ist dem Problem der Anreicherung bzw. der Reindarstellung des Isotops $^{235}_{92}U$ gewidmet. Auch die amerikanische Forschung scheint diese Arbeitsrichtung mit besonderem Nachdruck zu betreiben. Im Rahmen der Sitzung wird Herr Clusius über den Stand dieser Frage berichten, ich habe daher hierauf nicht weiter einzugehen.

Es bleibt jetzt nur noch die dritte Möglichkeit zur Herbeiführung der Kettenreaktion zu erörtern: Die Herabsetzung der Sterbeziffer, |d. h. der Einfangswahr- 5
scheinlichkeit der Neutronen. Nach allgemeinen kernphysikalischen Erfahrungen konnte angenommen werden, daß die Einfangswahrscheinlichkeit nur bei ganz bestimmten Energien der Neutronen große Werte annimmt. (Die Untersuchungen des letzten Jahres haben gerade über diesen Punkt neues wertvolles Material ergeben.) Wenn es also gelingt, die Neutronen rasch, ohne viel Zusammenstöße mit Urankernen, in das Gebiet der kleinsten möglichen Energien (d. h. der durch die Wärmebewegung gegebenen Energien) zu befördern, so kann man dadurch die Sterbeziffer erheblich herabsetzen. In der Praxis kann man die rasche Verminderung der Neutronengeschwindigkeit bewirken durch den Zusatz geeigneter Bremssubstanzen; d. h. Substanzen, deren Atomkerne dann, wenn sie von einem Neutron getroffen werden, dem Neutron einen Teil seiner Energie entziehen. Wenn man nur hinreichend viel Bremssubstanz zusetzt, kann man also die Neutronen gefahrlos in das Gebiet der niedrigsten Energien bringen. Aber leider haben die meisten Bremssubstanzen wieder die Eigenschaft, auch gelegentlich Neutronen einzufangen, so daß eine allzugroße Menge Bremssubstanz die Einfangswahrscheinlichkeit, d. h. die Sterbeziffer wieder heraufsetzt. Schematisch sind diese Verhältnisse auf der einen Seite der Abb. 1 dargestellt.

Es kommt also darauf an, eine Bremssubstanz zu finden, die den Neutronen schnell Energie entzieht, aber sie so wenig wie möglich absorbiert.

Die einzige Substanz, die überhaupt nicht absorbiert, das Helium, kommt leider wegen seiner geringen Dichte praktisch kaum in Frage. Als die dann am meisten geeignete Substanz muß Deuterium betrachtet werden, das in seiner einfachsten Verbindung, in schwerem Wasser, auch in hinreichender Dichte verfügbar ist. Allerdings ist auch schweres Wasser nicht leicht in großen Mengen zu gewinnen. Die Arbeitsgemeinschaft |hat über die Eignung von schwerem Wasser und 6
anderen noch in Betracht kommenden Substanzen (Beryllium, Kohle) ausführliche Untersuchungen angestellt.

Es hat sich nach einem Gedanken von *Harteck* als zweckmäßig erwiesen, Uran und Bremssubstanz räumlich zu trennen, so daß dann Anordnungen entstehen, wie die in Abb. 2 und 3 dargestellte Schichtenkugel, die für einen Modellversuch im Kaiser Wilhelm-Institut gebaut worden ist.

Ob eine solche Schichtung aus gewöhnlichem Uran und Bremssubstanz zur Kettenreaktion und damit zur Freimachung der großen Energien führen kann, d. h. ob die „Sterbeziffer“ soweit gesenkt werden kann, daß die „Geburtenzahl“ überwiegt und eine Vermehrung der „Bevölkerung“ eintritt, mußte zunächst als völlig offen betrachtet werden, da die Eigenschaften der wenigen Substanzen, die zur Bremsung überhaupt benützt werden können, ja gegeben sind und nicht verändert werden können.

Diesen Punkt zu klären, war wieder eine der wichtigsten Aufgaben des Arbeitskreises.

Nehmen wir nun für einen Augenblick an, diese Frage sei im positiven Sinne gelöst, dann muß untersucht werden, wie sich diese gewählte Anordnung bei weiterer Vermehrung der Neutronenbevölkerung verhält. Dabei stellte sich heraus, daß der Prozeß der Vermehrung hier nicht erst aufhört, wenn ein großer Teil des Urans umgewandelt ist, sondern schon viel früher. Die immer weiter steigende Vermehrung hat nämlich eine starke Erwärmung zur Folge und mit der Erwärmung wird – da die Neutronen sich schneller bewegen und daher kürzere Zeit in der Nähe eines Urankernes zubringen – die Wahrscheinlichkeit zur Spaltung ge-
7 ringer. Die Erwärmung hat also eine Ver|ringerung der Anzahl der „Eheschließungen“ und damit der Vermehrung zur Folge; daher wird bei einer bestimmten Temperatur gerade die Neutronenvermehrung die Absorption kompensieren.

Die geschilderte Schichtenanordnung wird sich also auf einer bestimmten Temperatur von selbst stabilisieren. Sobald der Maschine von außen Energie entzogen wird, so tritt Abkühlung und damit erneute Vermehrung ein, die entzogene Enerige wird auch durch die Spaltungsenergien wieder ersetzt; die Maschine bleibt praktisch stets auf der gleichen Temperatur.

Man kommt damit zu einer Maschine, die etwa zum Heizen einer Dampfturbine geeignet ist und die einer solchen Wärmekraftmaschine ihre ganzen großen Energien im Laufe der Zeit zur Verfügung stellen kann. Man kann daher an die praktische Verwendung solcher Maschinen in Fahrzeugen, besonders in Schiffen, denken, die durch den großen Energievorrat einer relativ kleinen Uranmenge einen riesigen Aktionsradius bekommen würden. Daß die Maschine keinen Sauerstoff verbrennt, wäre bei der Verwendung in U-Booten ein besonderer Vorteil.

Sobald eine solche Maschine einmal in Betrieb ist, erhält auch, nach eine Gedanken von *v. Weizsäcker*, die Frage nach der Gewinnung des Sprengstoffs eine neue Wendung. Bei der Umwandlung des Urans in der Maschine entsteht nämlich eine neue Substanz (Element der Ordnungszahl 94), die höchstwahrscheinlich ebenso wie reines $^{235}_{92}U$ ein Sprengstoff der gleichen unvorstellbaren Wirkung ist. Diese Substanz läßt sich aber viel leichter als $^{235}_{92}U$ aus dem Uran gewinnen, da sie chemisch von Uran getrennt werden kann.

Ob eine Mischung von Uran und Bremssubstanz gefunden werden kann, in
8 der die Kettenreaktion ablaufen kann, mußte, wie gesagt, erst | durch die Experimente entschieden werden. Aber auch, wenn eine solche Mischung gefunden ist, muß eine große Menge dieser Mischung angehäuft werden, um die Kettenreaktion wirklich ablaufen zu lassen, da bei kleineren Mengen der Neutronenverlust durch Abwanderung der Neutronen nach außen stets größer sein wird als die Vermehrung im Inneren. Versuche mit sehr kleinen Substanzmengen sind daher von vornherein unzureichend für die Entscheidung über die Eignung von Mischungen zur Kettenreaktion. Ohne die großzügige Unterstützung der Forschungsarbeit durch Material, radioaktive Präparate und Geldmittel, wie sie vom Heereswaffenamt erfolgt ist, wäre hier also überhaupt nicht weiterzukommen gewesen. Aber selbst mit den größeren Mengen z. B. an schwerem Wasser, die bisher zur Verfügung stehen, kann die Kettenreaktion noch nicht ablaufen. Daher muß

noch kurz die Frage gestreift werden, wie man im Modellversuch erkennen kann, ob in der gewählten Mischung schon die „Geburtenziffer" die „Sterbeziffer" überwiegt.

Man bringt zu Entscheidung dieser Frage zweckmäßig ein Neutronenpräparat in die Mischung, von dem man weiß, wieviele Neutronen [es] pro sec aussendet. Wenn die Neutronenmenge, die dann außen aus der Mischung herauskommt, größer ist als die, die durch das Präparat hereingesteckt wird, so kann man schließen, daß die Vermehrung die Absorption überwiegt, daß also eine geeignete Mischung gefunden ist.

Die im letzten Jahre in Leipzig durchgeführten Versuche haben gezeigt, daß eine bestimmte Mischung aus schwerem Wasser und Uran tatsächlich die gewünschten Eigenschaften hat. Allerdings ist der Überschuß der „Geburtenziffer" über die „Sterbeziffer" bei diesen Versuchen noch so gering, daß schon die geringe zusätzliche Absorption durch das dort verwendete Halterungsmaterial den Überschuß wieder aufhebt. Aber das Halterungsmaterial ist später nicht notwendig | oder kann durch anderes ersetzt werden. 9

Mit dem Grad von Sicherheit, mit dem überhaupt aus Laboratoriumsversuchen auf Großversuche geschlossen werden kann, sprechen die Versuche daher eindeutig für die Möglichkeit, mit einer Schichtung aus Uran und Bremssubstanz eine Maschine der bezeichneten Art zu bauen.

Die bisherigen Ergebnisse lassen sich in folgender Weise zusammenfassen:

1) Die Energiegewinnung aus der Uranspaltung ist zweifellos möglich, wenn die Anreicherung des Isotops $^{235}_{92}U$ gelingt. Die *Reindarstellung* von $^{235}_{92}U$ würde zu einem Sprengstoff von unvorstellbarer Wirkung führen.

2) Auch gewöhnliches Uran kann in einer Schichtung mit schwerem Wasser zur Energiegewinnung ausgenützt werden. Eine Schichtenanordnung aus diesen Stoffen kann ihren großen Energievorrat im Lauf der Zeit auf eine Wärmekraftmaschine übertragen. Sie gibt also ein Mittel in die Hand, sehr große technisch verwertbare Energiemengen in relativ kleinen Substanzmengen aufzubewahren. Auch die Maschine im Betrieb kann zur Gewinnung eines ungeheuer starken Sprengstoffs führen; sie verspricht darüberhinaus eine Menge von anderen wissenschaftlich und technisch wichtigen Anwendungen, über die jedoch hier nicht berichtet werden sollte.

Hierzu Abb. 1 – 3 nach den Diapositiven, die wohl bereits in Händen des H[eeres]W[affen]A[mtes] sind.[2]

---

[2] Handwritten note by Heisenberg. Figures 1 – 3 are identical with Figs. 1 – 3 of Report No. 18, pp. 571, 573 below. (Editor)

Untersuchungen mit neuen Schichtenanordnungen aus U-Metall und Paraffin

Von **F. Bopp, E. Fischer, W. Heisenberg, C.F. von Weizsäcker** und **K. Wirtz**, Berlin-Dahlem [1]

1. Einleitung

Als größere Mengen Uranmetall zur Verfügung standen, schien es wünschenswert, mit dem Metall ähnliche Großversuche durchzuführen wie früher mit dem Uranoxyd (*H* 8)[2]. Maschinen aus Metall sollten günstiger sein als solche aus Oxyd, da einmal die Begünstigung des Resonanzeinfangs der Neutronen durch den bremsenden Sauerstoff wegfällt und außerdem, wie Heisenberg (*H* 19) gezeigt hat, die Spaltung von U^{238} durch schnelle Neutronen wirksamer werden kann. Zudem gibt es noch ungeklärte Unterschiede zwischen Metall und Oxyd, z.B. die von Bothe und Flammersfeld beobachtete Verschiedenheit der Diffusionslängen. Die Untersuchung eines Maschinenmodells hat bekanntlich den Vorteil, daß man eine verhältnismäßig unmittelbare Aussage über die Brauchbarkeit einer Anordnung zur Neutronenvermehrung erhält. Außerdem kann auf dem Umweg über die Theorie der Resonanzabsorption aus den Ergebnissen auf die Größe X, die pro absorbiertes thermisches Neutron im Uran erzeugten Neutronen, geschlossen werden. Diese Auswertung der folgenden Versuche bringt der Vortrag von v. Weizsäcker. Es wurden bisher zwei verschiedene Schichtungen (*B* III, *B* IV) ausgeführt. Der experimentelle Aufbau der ersten wird im folgenden Abschnitt beschrieben. Abschnitt 3 enthält die Auswertung beider Versuche.

2. Experimentelle Anordnung

Abb[ildung] 1 zeigt einen maßstabgerechten Schnitt des Aufbaus *B* III. Die Schichtung von Metall und Bremssubstanz wurde in zwei Aluminiumhalbkugeln von 3 mm Wandstärke und einem mittleren Radius von 28,7 cm eingebettet, die am Äquator durch starke Aluminiumflansche verstärkt ist. Die untere Halbkugel besitzt am Innenrand des Äquators eine Art Dachrinne, die eindringendes Wasser durch zwei Entwässerungsrohre zum unteren Kugelpol leiten soll, von wo man es durch den senkrecht durch die ganze Kugel gehenden Kamin entfernen
2 kann. Der Kamin ist in der unteren | Kugel ein Rohr von etwa 4 cm Querschnitt und 2 mm Wandstärke, oben ein rechteckiger Schacht von 2,5 × 8,5 cm und 2 mm Wandstärke. Die untere Kugel wurde am Ort der Messung mit waagrechten Schichten aus Uranmetall von 18 g/cm² und Paraffin von 1,44 g/cm² gefüllt und brauchte nach der Füllung nicht mehr bewegt zu werden. Die obere Halbkugel

[1] No date, but reported at the (secret) Berlin meeting of 26 – 28 February 1942. (Editor)
[2] Quoted according to the KWI-List. (Editor)

mußte zum Einfüllen der Schichtung nach oben gedreht werden. Nach der Füllung wurde sie durch eine am Rande und am zentralen Schacht festgeschraubte Aluminiumplatte von 3 mm Stärke verschlossen, mittels einer besonderen Hebeeinrichtung herumgedreht und mit einem Kran auf die andere Kugelhälfte aufgesetzt und festgeschraubt. Die Dichtung am Äquator besorgte ein kreisförmiges Stück Rundgummi. Die Kugel enthält bei diesem Versuch 19 Schichten Uranmetall (schraffiert) von 551 kg Gesamtgewicht und 18 Schichten Paraffin.

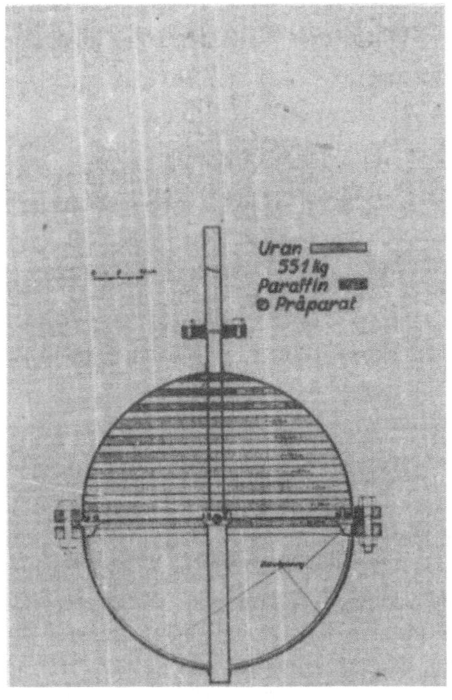

Abb. 1

Abb. 2

Das Präparat wurde durch den Schacht eingebracht und befand sich in *P*. Es war
nicht genau in der Mitte der Schichtung; diese ist etwas darunter genau im Zen-
trum der mittelsten U-Schicht. In der |Abb. 1 muß man sich die Schichtung in die 3
untere Halbkugel symmetrisch zur oberen fortgesetzt denken. In den zum Pol
führenden Schacht der oberen Halbkugel konnte ein Einsatz gebracht werden,
der ebenfalls Schichten aus Uran und Paraffin enthielt entsprechend der umgebenden Kugel. In diesem Schacht wurde durch Einlegen von Indikatoren die
Neutronenverteilung in Polrichtung im Kugelinnern bestimmt. Der vom Wasser
umgebene Teil des Schachtes wird durch Paraffin ausgefüllt. Auch in der Äquatorebene des Kugelinnern konnten Indikatoren angebracht werden.

In entsprechender Weise wurde eine zweite Schichtung *B* IV ausgeführt, bestehend aus 12 U-Schichten von 39 g/cm^2 (insgesamt 750 kg) und 11 Paraffinschichten von 1,44 g/cm^2.

Die fertige und im Wasserbassin auf einem leichten Aluminiumgestell montierte Kugel zeigt Abb. 2. Die Ausmessung außen im Wasser geschah auf dem Polradius nach oben, unter 45° nach oben und unten, und in der Äquatorebene; die Auswertung der Messungen in der schon beschriebenen Weise (*H* 8).

3. Ergebnisse

Für die Gesamtmenge der Neutronen bei leerer Kugel ergab sich in willkürlichen (schon früher benutzten (*H* 8)) Einheiten bei der ersten Schichtung (*B* III):

$$N_0 = 128 \ . \tag{1}$$

Die gefüllte Kugel zeigte trotz der waagrechten Schichten nur eine geringe Abweichung der Neutronenverteilung von der Kugelsymmetrie. Die Gesamtmenge der Neutronen bei gefüllter Maschine war

$$\begin{array}{ll} \text{im Innern} & \text{im umgebenden Wasser} \\ N_i = 97 & N_a = 116 \ . \end{array} \tag{2}$$

Hiermit wird der sog. Neutronenproduktionskoeffizient $\bar{\nu}$ der Maschine nach der früher angegebenen Formel (*H* 19; *B* 20) bestimmt[3]

$$\bar{\nu} = \frac{N_a - N_0 \cdot Y_{\text{Ra-Be}}}{N_i} \, e^{-w} \cdot \nu_H \ , \tag{3}$$

4 der unabhängig von der Dimension der Maschine für jede Mischung von Uran und Bremssubstanz unter richtiger Berücksichtigung von Resonanzeinfang und der Wirkung schneller Neutronen angibt, wieviele Neutronen im Mittel pro Neutronen Volumeneinheit in der Sekunde produziert werden, verglichen mit den pro Volumeneinheit vorhandenen Neutronen. Solange er negativ ist, absorbiert die Maschine. Für die den Resonanzeinfang charakterisierende Größe w sind die von v. Weizsäcker auf Grund der Sauerweinschen Messungen angegebenen Werte eingesetzt worden. Da der Faktor e^{-w} jedoch immer von der Größenordnung 1 ist, ändert diese Korrektur den Wert von $\bar{\nu}$ nur unwesentlich. Die Resultate der beiden Versuche *B* III und *B* IV sind zusammen mit den übrigen Daten der Maschinen in der Tabelle angegeben:

Versuch	Uran	Paraffin	N_0	N_a	N_i	w	$Y_{\text{Ra-Be}}$	ϱ
B III 550 kg U	19 Schichten 18 g/cm²	1,44 g/cm²	128	116	97	0,1415	1,144	5,7
B IV 750 kg U	12 Schichten 39 g/cm²	1,44 g/cm²	128	130	65	0,265	1,22	7,5

[3] $Y_{\text{Ra-Be}} = 3/2\,(Y-1)+1$, Y nach der bei Heisenberg *H* 19, Nachtrag, angegebenen Formel berechnet.

Darin ist ϱ die mittlere Dichte der eingefüllten Substanz und $\bar{\nu}/\varrho$ der spezifische Neutronenproduktionskoeffizient ($\bar{\nu}$ bezogen auf die Masseneinheit). Er ist ein geeignetes Maß für den Vergleich dieser Messungen mit den früheren Modellversuchen. Sie sind im folgenden zusammengestellt:

Versuche			
mit Uranoxyd		mit Uranmetall	
BF	−770		
B_I	−330		
B_{II}	−714	B_{III}	−195
L_I	−615	B_{IV}	−175
L_{II}[4]	+40	L_{III}[4]	+50

Der Breiversuch BF von Bothe und Flammersfeld mit einem Gewichtsverhältnis von 11 : 1 von Uranoxyd zur Bremssubstanz Wasser ist am ungünstigsten. Der erste Berliner Versuch B_I mit ähnlichem Substanzverhältnis der Schichtenanordnung und Paraffin als Bremssubstanz ist schon doppelt so gut. B_{II} mit anderen Verhältnissen, wie sie die Arbeit von Volz und Haxel nahelegte, ist viel ungünstiger. Der erste Leipziger Versuch L_I mit Oxyd und Wasser, der B_I ähnlich war, ist ungünstiger wahrscheinlich wegen der verhältnismäßig großen Al-Mengen, die zur Halterung notwendig waren. Die Versuche mit *Metall* sind ausnahmslos viel besser. Der Versuch B IV ist der beste; seine Schichtdicken sind nach dem jetzigen Stand der Kenntnisse der Materialkonstanten nahezu optimal. Besser als alle andern Versuche und schon neutronenvermehrend sind die beiden Leipziger Versuche L_{II} und L_{III} mit schwerem Wasser; auch hier ist das Metall günstiger als das Oxyd, obwohl optimale Schichtdicken wohl noch nicht erreicht sind.

Berlin-Dahlem, K. W. Institut für Physik

[4] Vgl. Vortrag *Döpel* (vorläufige Werte, die genaue Auswertung erfolgt später).

Die Neutronenvermehrung in einem D_2O-38-Metallschichtensystem

R. u. **K. Döpel** und **W. Heisenberg**

(Vorläufiger Bericht)[1]

Anordnung

Das Neutronenpräparat befindet sich im Innern einer mit D_2O gefüllten Al-Kugel $r = 12{,}3$ cm. Die Kugel ist von einer ca. 3,5 cm dicken 38-Metallschicht umgeben (Schüttdichte 12 g cm^{-3}) und diese wiederum von einer etwa 17 cm dicken D_2O-Schicht. Das Ganze befindet sich in einem zylindrischen H_2O-Behälter ($d = 150$ cm, $h = 150$ cm) [– siehe] Fig. 1. Gemessen wurde wie früher die β-Aktivierung einer Dy-Folie im Innern des Systems und in dem umgebenden H_2O.

Ergebnis

Fig. 2 zeigt die Dichteverteilung der langsamen Neutronen als $f(r)$ und die daraus gebildete Ir^2 Kurve. Auch dieses System liefert nach außen noch weniger Neutronen, als wir mit Hilfe der Neutronenquelle hineinstecken; es besitzt also mit seinem gesamten Al-Halterungsmaterial noch einen positiven Absorptionskoeffizienten. Zählen wir jedoch die im Al-Halterungsmaterial absorbierten Neutronen den effektiv freiwerdenden Neutronen hinzu, dann erscheint der Absorptionskoeffizient des Systems negativ. Beziehen wir den Absorptionskoeffizienten auf gleiche Gesamtdichte, dann wird er etwa ebenso groß wie bei dem 38-Oxyd D_2O-Versuch. Bei diesem Vergleich käme allerdings das Metallsystem wegen der relativ geringen Metallmenge etwas zu schlecht weg. (Bisher nur *eine* Metallschicht!) Deshalb sind in der nachfolgenden Tabelle die Absorptionskoeffizienten für das Oxydsystem und das Metallsystem der beiden Leipziger Versuche einmal auf gleiche Gesamtdichte und einmal auf gleiche Metalldichte bezogen worden. Der richtige Vergleichmaßstab dürfte zwischen beiden Vergleichen liegen.

2

Kugel-Schichten System	Absorptionskoeffizient für langsame Neutronen (unter Hinzurechnung der in Halterungsmaterial (Al) absorbierten Neutronen zu den effektiv freiwerdenden Neutronen) bezogen auf:	
	Gesamtdichte	Metalldichte
L II Oxyd-D_2O	–44	–78
L III Metall-D_2O	–50	–117

Das Ergebnis der Messung *L* III hat als vorläufiges zu gelten. Genauere Untersuchungen an einem größeren Metall-D_2O Schichtensystem sind im Gang.

[1] Undated, but reported at the Berlin meeting, 26–28 February 1942. (Editor)

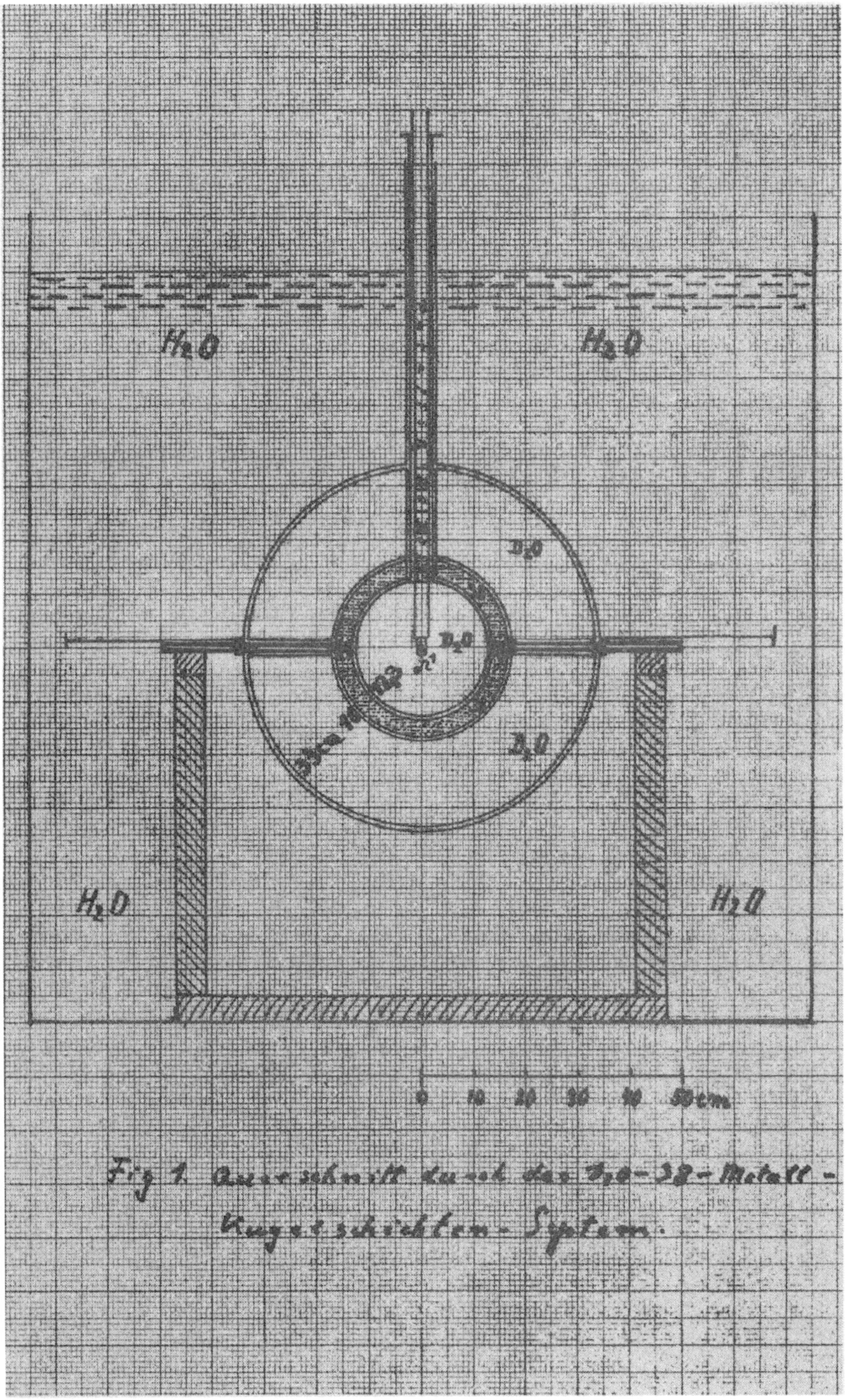

Fig 1. Querschnitt durch das D_2O-38-Metall-Kugelschichten-System.

4

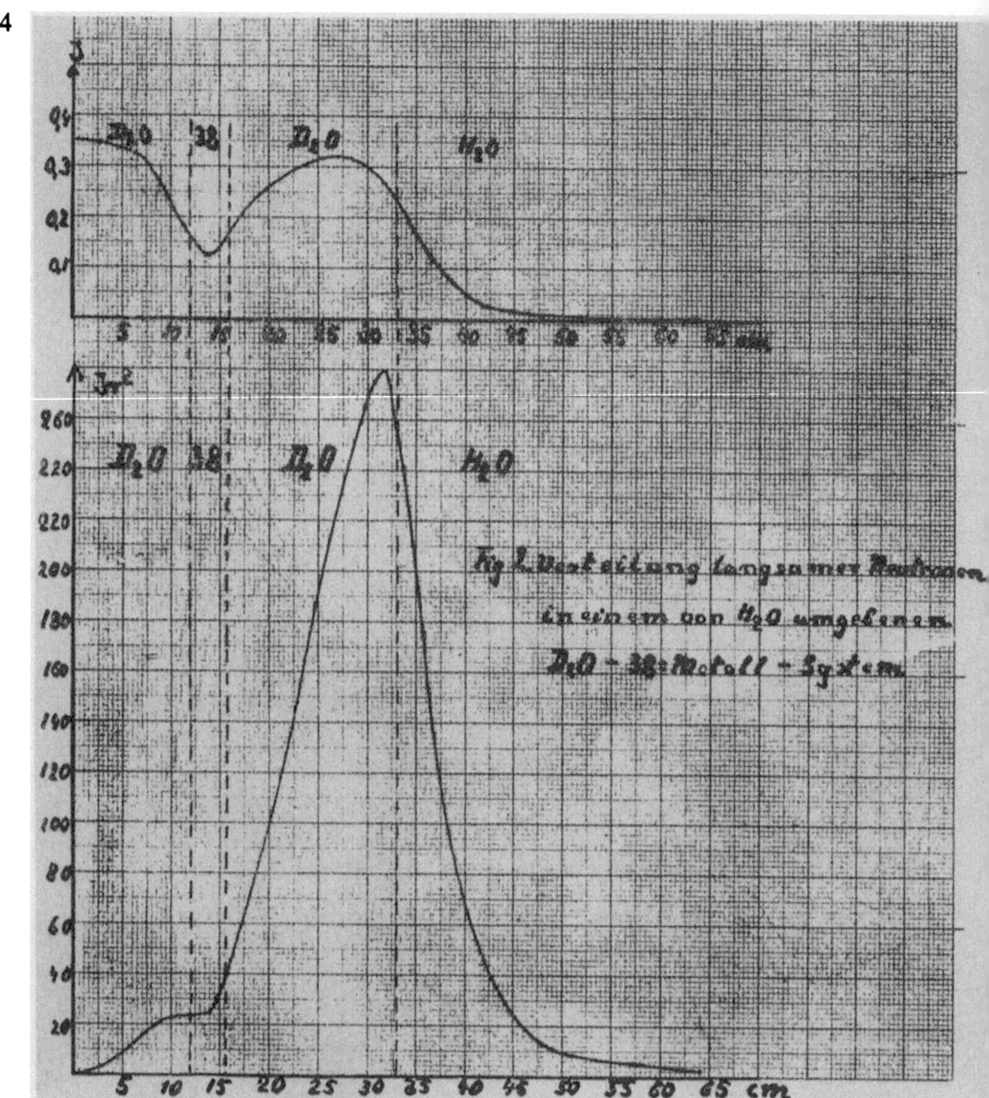

D_2O
38
D_2O
H_2O
cm
D_2O
38
D_2O
H_2O
Fig 2. Verteilung langsamer Neutronen
in einem von H_2O umgebenen
D_2O – 38 – Metall – System.
cm

Die Neutronenvermehrung in 38-Metall durch rasche Neutronen

R. u. **K. Döpel** und **W. Heisenberg**[1]

1. Einleitung

Die Leipziger Messungen an einer D_2O-38-Schichtenkugel hatten eine geringere Neutronenvermehrung ergeben, als ursprünglich erhofft worden war, und hatten gezeigt, daß das Halterungsmaterial Al in dieser Kugel die Vermehrung in eine Absorption verwandelt. Da in diesen Versuchen ebenso wie in allen früheren die Spaltung des U^{235} durch *langsame* Neutronen die Hauptrolle spielen sollte, schien es angebracht, nunmehr zu untersuchen, ob sich nicht die Spaltung des U^{238} durch *schnelle* Neutronen mit zur Neutronenvermehrung ausnützen läßt. Als unsere Versuche hierzu in Vorbereitung waren, erschienen zwei Berichte, die sich das gleiche Ziel steckten: die Arbeiten von *Bothe* u. *Flammersfeld* und von *Stetter* und *Lintner*. Unsere Anordnung war im wesentlichen die gleiche wie bei *Bothe-Flammersfeld*. Da die von uns verwendete 38-Metallkugel erheblich größer war als die in den genannten Arbeiten gebrauchten, wurden unsere Versuche trotzdem durchgeführt und können zur Ergänzung der Ergebnisse jener Autoren dienen.

2. Ausführung des Versuchs

Aus Symmetriegründen wurde eine 38-Metallpulver-Kugel benützt, in deren Zentrum sich ein (Ra-Be)-Neutronenpräparat befindet (ca. 500 mg Ra-Element). Die aus der Kugel austretenden Neutronen wurden in H_2O als langsame Neutronen durch Aktivierung von Dy-Folien gemessen. Um den Einfluß der dabei vom H_2O in das „38" zurückdiffundierenden langsamen Neutronen eliminieren zu können, war die Kugel bei einem 2. Versuch mit einer 1 mm dicken Cd-Schale umgeben. Fig. 1 zeigt die Anordnung. Die Al-Kugel *K* hat in beiden Fällen den gleichen inneren Durchmesser von ca. 30 cm; Wandstärke 1 ... 1,5 mm. Sie enthält 153,5 kg 38-Metall und ruht wegen dieses hohen Gewichtes in einer zylindrisch gehaltenen Al-Halbkugel *Z*. Dieser Al-Halbzylinder ist seinerseits an seinem verstärkten oberen | Ende an einem Holzgerüst aufgehängt. Das Ganze steht 2
in einem zylindrischen mit H_2O gefüllten Zn-Blech-Gefäß ($h = 150$ cm, $d = 150$ cm). Die Kugel wird durch den Schaft *S* gefüllt; dieser Schaft dient gleichzeitig der Einführung der Neutronenquelle; nach der Einführung der Neutronenquelle wurden alle freien Teile des Kugelschaftes mit „38"- bez. Hartwachseinlagen ausgefüllt, so daß die „38"-Kugel vollkommen in H-haltige Substanz eingeschlossen war – die mit Cd umgebene Al-Kugel ruhte in einem entsprechend der Cd-Dicke etwas weiteren Halbzylinder.

[1] Undated, but reported at the Berlin meeting, 26–28 February 1942. (Editor)

Als Indikatoren für die langsamen Neutronen wurden die gleichen Indikatoren benutzt wie bei den früheren Arbeiten: $d = 5$ cm; Dy_2O_3 meist 10 mg cm^{-2}, in großer Entfernung der Quelle 50 mg cm^{-2}. Je nach der Stärke der Aktivation wurde mit einer Druckionisationskammer (10 atm) oder mit Zählrohr gemessen.

Fig. 2 zeigt das Versuchsergebnis. Aufgetragen sind wie üblich die mit r^2 multiplizierten β-Intensitäten der Dy-Indikatoren (Neutronendichten) als Funktion ihrer Exponierungsstelle r. Das Integral je einer solchen Kurve ist also ein Proportionalmaß für die Gesamtzahl der bei dem betreffenden Versuch im H_2O vernichteten langsamen Neutronen. Mit leerer Al-Kugel ohne Cd wurde kein Versuch durchgeführt; die Zahl der in diesem Fall im H_2O vernichteten Neutronen ist praktisch gleich der Zahl derer, die aus der ${}_0n^1$-Quelle stammen; das dieser Zahl entsprechende Integral war aus früheren Messungen bekannt. Tabelle 1 gibt einen Überblick über die Zahlenverhältnisse.

3 **Tabelle 1**

Anordnung	$\int I r^2 \, dr$
Al-Kugel ohne „38" ohne Cd	70,1
Al-Kugel mit „38" ohne Cd	91,0
Al-Kugel ohne „38" mit Cd	61,0
Al-Kugel mit „38" mit Cd	62,8

3. Auswertung der Versuchsergebnisse

Das Ziel des Versuchs war die Bestimmung der Neutronenvermehrung, die allein durch die Spaltung von U^{238} durch schnelle Neutronen zustande kommt. Um diese zu erhalten, muß man in irgendeiner Weise die Neutronenvermehrung durch die Spaltung des U^{235} durch langsame Neutronen eliminieren. Diesem Zweck sollten die Cd-Versuche dienen. Aus dem Dichtegradienten an der Kugeloberfläche kann man ja, wie *Bothe-Flammersfeld* es getan haben, den Neutronenstrom berechnen, der in das Cd abfließt, und kann so die Gesamtzahl der außen thermisch werdenden Neutronen errechnen. Eine Spaltung durch thermische Neutronen ist in der Cd-Kugel dann nicht möglich.

Bei der genaueren Durchführung stellten sich aber erhebliche Schwierigkeiten heraus: Schon bei der leeren Cd-Kugel war die so berechnete Menge der außen thermischen werdenden Neutronen erheblich geringer, als sie nach der Messung ohne Cd sein sollte (70,1 in unseren Einheiten). Ebenso wurde für die 38-gefüllte Cd-Kugel ein kleinerer Wert dieser Menge gefunden, als nach dem anderen nachher zu besprechenden Verfahren. Der gleiche Sachverhalt ergab sich auch für die
4 *Bothe-Flammersfeld*schen Messungen bei genauer Diskussion der dort angegebenen Kurven. Diese Schwierigkeit hing offenbar zusammen mit einer anderen, auf die schon *Bothe-Flammersfeld* hingewiesen hatten: Bildet man für die leere Kugel die Differenz der Dichteverteilungen ohne Cd − mit Cd, so sollte sich eine Differenzverteilung der Form $e^{-r/l}/r$ ergeben, wobei $l \approx 2{,}6$ cm die Diffusionslänge thermischer Neutronen in Wasser ist. In Wirklichkeit fällt die Differenzvertei-

lung erheblich langsamer und nicht genau exponentiell nach außen ab, was von *B[othe]-F[lammersfeld]* als Argument für einen größeren Wert von l vorgesehen wird.

Diese Deutung scheint uns aber nach unseren Versuchen nicht wahrscheinlich. Vielmehr möchten wir glauben, daß die genannten Diskrepanzen auf eine Absorption von *nicht*thermischen Neutronen in Cd zurückzuführen sind. Eine solche Absorption erklärt nämlich erstens den langsameren Abfall der Differenzverteilung bei *B.-F.*, und bewirkt zweitens eine Verringerung der außen thermisch werdenden Neutronen, wie sie von uns beobachtet wurde. Versuche zur Nachprüfung dieses Effektes sind in Vorbereitung.

Da in Anbetracht dieser Schwierigkeit die Cd-Messungen keine klare Aussage über die Neutronenvermehrung zulassen, haben wir den Beitrag der U^{235}-Spaltung, der nur eine kleine Korrektur darstellt, durch folgende Rechnung eliminiert:

Die Neutronendichte am Rand der gefüllten Al-Kugel (ohne Cd) sei ϱ_0 (gemessen wurde: $\varrho_0 = 0{,}209$ in unseren Einheiten). Dann fällt die Dichte nach dem Gesetz:

$$\varrho = \varrho_0 \frac{R}{r} \sinh \frac{r}{l_U} \Big/ \sinh \frac{R}{l_U} ,$$

wobei l_U die Diffusionslänge im U-Metall, R der Kugelradius ist. Für | die Gesamtmenge der Neutronen im Inneren folgt daraus 5

$$N_i = 4\,\pi \int r^2 dr\, \varrho = 4\,\pi\, \varrho_0 R\, l_U\, [R \coth(R/l_U) - l_U] ,$$

also wegen $R \gg l_U$: $N_i \approx 4\,\pi\, \varrho_0 R\, l_U (R - l_U)$.

Die Neutronenvermehrung durch Spaltung von U^{235} durch thermische Neutronen beträgt daher

$$N_i\, \nu_U (X-1) = 4\,\pi\, \varrho_0 R\, l_U (R - l_U)\, \nu_U (X-1) .$$

Für X kann man in genügender Näherung $X = 1{,}10$ setzen. Durch Einsetzen der Zahlwerte erhält man in den gleichen Einheiten wie oben für den Beitrag der U^{235}-Spaltung den Wert: $N_i = 4{,}85$, also

$$N_i \frac{\nu_U}{\nu_H} (X-1) = 5{,}2 .$$

Für den Vermehrungsfaktor Y ergibt sich damit

$$Y = \frac{91{,}0 - 5{,}2}{70}\, e^w = 1{,}23\, e^w .$$

Die entsprechende Formel bei *Bothe-Flammersfeld* lautet praktisch ebenso: $Y = 1{,}25 \cdot e^w$.

Allerdings ist der Wert von w bei uns sicher höher als bei *B.-F.*, da unsere Metallkugel fast den doppelten Radius hat. Wir schließen daraus, daß die Vermeh-

rung in unserer großen Metallkugel (Radius 15 cm) etwas, aber nicht viel größer ist als in der von *B.-F.* verwendeten Kugel von 9 cm Radius. Dieses Verhalten ist nach dem Bericht von *Stetter* und *Lintner* und nach eigenen theoretischen Überlegungen (vgl. Bericht) auch zu erwarten. Der Anstieg von Y mit dem Radius scheint experimentell etwas geringer zu sein als nach den theoretischen Erwartungen. Ein genauer Wert von Y kann aus unserem Versuch allerdings einstweilen
6 nicht ermittelt werden, da für die Berechnung von w bei so großen Schichtdicken keine gesicherte Grundlage vorliegt. Erst die Auswertung der *Sauerwein*schen Ergebnisse kann hier vielleicht Klarheit schaffen.

Im ganzen bestätigen unsere Ergebnisse, daß die Spaltung von U^{238} allein jedenfalls nicht zur Energieerzeugung ausgenützt werden kann, daß aber die Neutronenvermehrung durch diesen Spaltprozeß in allen bisherigen Versuchen eine gewisse Rolle spielen muß.

Nachtrag

Um festzustellen, ob die Absorption von nicht-thermischen Neutronen durch Cd von merklichem Einfluß auf die Neutronenverteilung sein kann, haben wir nachträglich noch folgenden Versuch angestellt: Die Neutronenquelle befand sich einmal im Innern einer leeren Al-Kugel von 12,5 cm Radius, ein andermal im Innern einer gleich großen Al-Kugel, die aber außen mit einer 1 mm dicken Cd-Schale umgeben war. Gemessen wurde in beiden Fällen in dem die Kugel umgebenden H_2O die Verteilung von Ag-Resonanz-Neutronen mit Hilfe einer im Cd eingeschlossenen Ag-Folie. Fig. 3 enthält das Ergebnis. Der Unterschied beider Kurven zeigt den absorbierenden Einfluß der die Hohlkugel umgebenden Cd-Schicht auf Neutronen mit einer Energie gleich oder größer als die der Ag-Resonanz-Neutronen. Diese Cd-Schicht hat also auf die Verteilung der thermischen Neutronen im umgebenden H_2O eine doppelte Wirkung: 1) Sie drückt die Neutronendichte in der nächsten Nachbarschaft durch Absorption der an das Cd hindiffundierenden Neutronen. 2) Sie vermindert die Neutronendichte auch noch in großer Entfernung vom Cd durch Absorption von rascheren Neutronen, aus
7 denen die thermischen erst in jener Entfernung entstehen. (Letzterer Effekt | sollte sich eigentlich auf noch größere Entfernung erstrecken, als aus Fig. 3 hervorzugehen scheint; es kam uns aber zunächst nur auf eine qualitative Feststellung des Effektes an.)

8

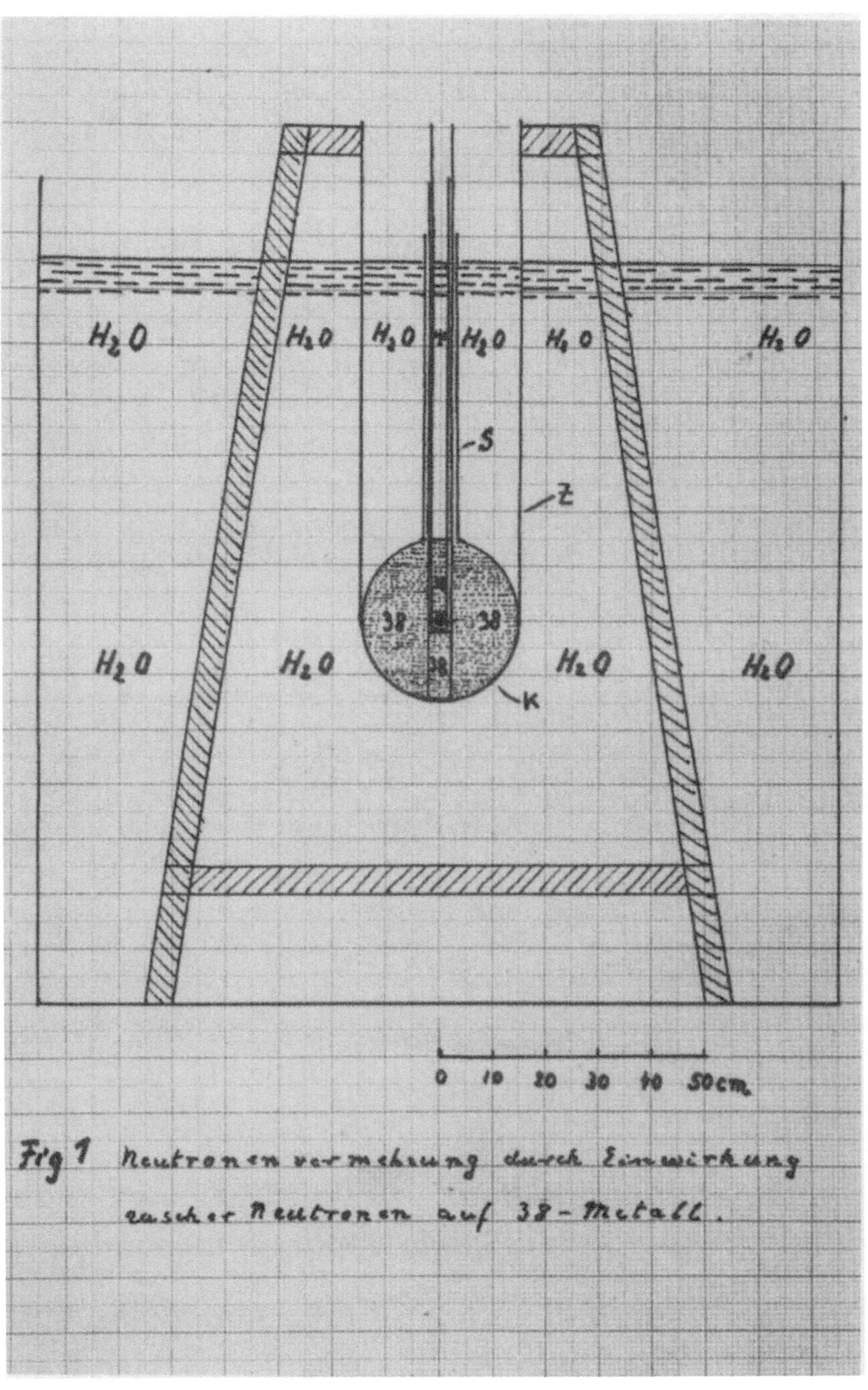

Fig 1 Neutronenvermehrung durch Einwirkung rascher Neutronen auf 38-Metall.

9

Fig 8. Neutronenvermehrung
bei Wirkung von raschen Neutronen auf 38-Metall
in einer Al-Kugel [r = 15 cm]
Al-Kugel ohne Cd-Schale mit 38
Al-Kugel mit Cd-Schale mit 38
Al-Kugel mit Cd-Schale leer
Verteilung der langsamen
Neutronen außerhalb der
Al-Kugel im H2O
50 cm

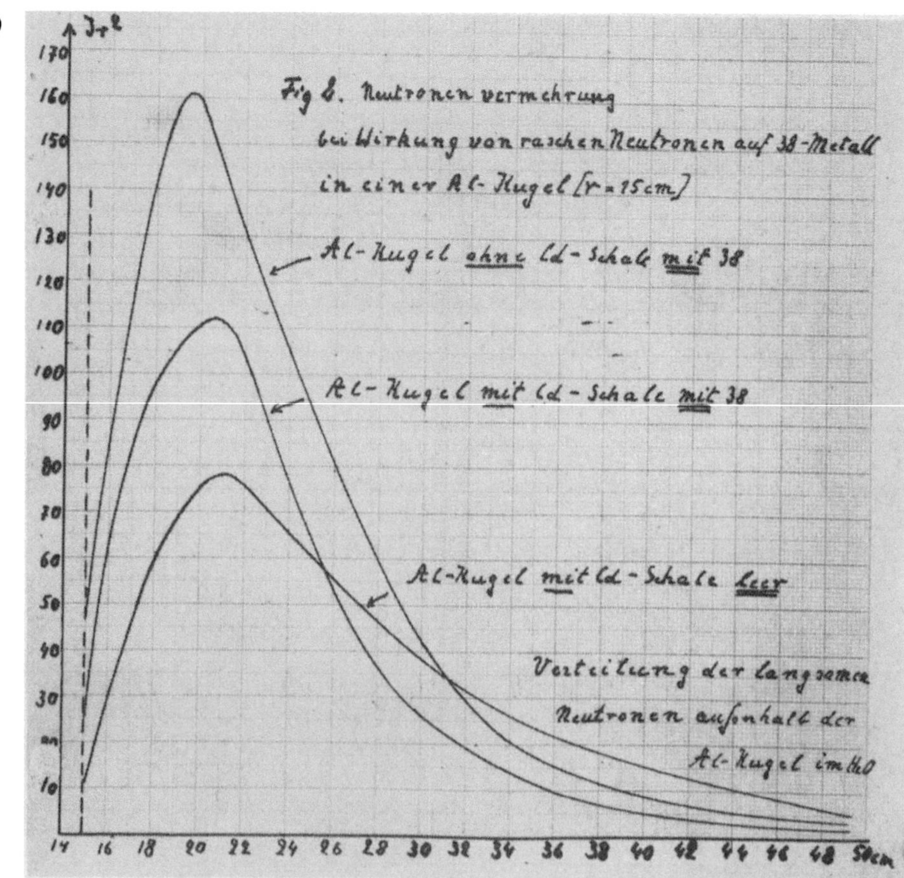

10

Fig 3. Verteilung der Ag-Resonanz-Neutronen
in H_2O
1) Neutronen-Quelle in einer leeren Al-Kugel
2) Neutronen-Quelle in einer leeren Cd-Kugel
Kugeldurchmesser 12,5 cm
J.
cm

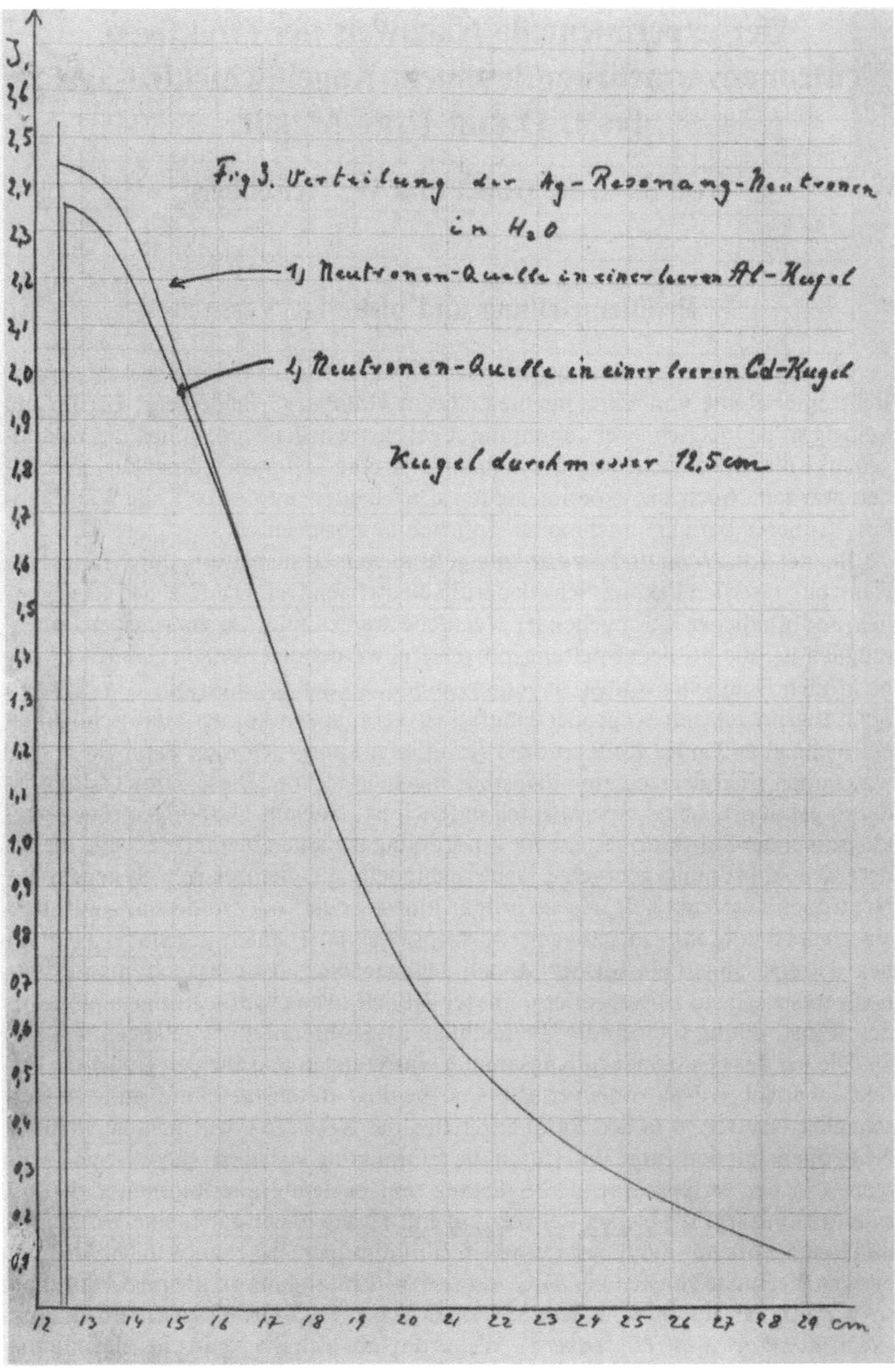

Der experimentelle Nachweis der effektiven Neutronenvermehrung in einem Kugel-Schichten-System aus D_2O und Uran-Metall

Von **R.** u. **K. Döpel** und **W. Heisenberg** [1]

1. Problemstellung und bisherige Versuche

Da der in dieser Arbeit beschriebene Versuch einen gewissen Abschluß darstellt einer Reihe von Experimenten, die in Hamburg, Heidelberg, Berlin und Leipzig in den letzten zwei Jahren durchgeführt worden sind, sollen der Grundgedanke dieser Versuche und das in ihnen erstrebte Ziel noch einmal kurz geschildert werden. Auch die experimentellen Einzelheiten werden z. T. in Wiederholung früherer Berichte nochmal ausführlich beschrieben.

Bei der von *Hahn* und *Strassmann* gefundenen Uranspaltung durch langsame Neutronen werden bekanntlich wiederum Neutronen frei. Das Ziel das vorliegenden und ähnlicher vorangehender Versuche war es nun, zu entscheiden, ob es möglich ist, die bei dem Spaltungsprozeß frei werdenden raschen Neutronen ohne großen Neutronenverlust zu verlangsamen, so daß sie ihrerseits den gleichen Spaltungsprozeß mit so großer Häufigkeit veranlassen können, daß schließlich ein nicht abreißender Kettenprozeß resultieren kann, den man dann einer sehr wirksamen Energieerzeugung dienstbar machen könnte. Diese Entscheidung ist daran geknüpft, ob es experimentell möglich ist, eine aus U und Neutronen-verlangsamender Substanz bestehende Anordnung zu bauen, derart, daß eine ins Innere der Anordnung gebrachte Neutronenquelle aus dem ganzen System mehr Neutronen austreten läßt, als sie primär hineinsendet; oder anders ausgedrückt: eine Anordnung mit „negativem" Absorptionskoeffizienten gegenüber Neutronen. Ist erst einmal ein solches Modell nachgewiesen, dann braucht man es nur noch entsprechend zu vergrößern, um schließlich zwangsläufig zu einem ohne äu-
2 ßere Einstrahlung selbständig | brennenden „Uranbrenner" zu gelangen.

Die bei der Neutronenverlangsamung eintretenden und für den gesuchten Effekt schädlichen Neutronenverluste sind bedingt durch die Einfangung mittelschneller Neutronen in den Resonanzstellen des Kerns 238, die nicht zu weiterer Neutronenemission führt und durch die Einfangung vor allem thermischer Neutronen in der verlangsamenden Substanz und in dem Halterungsmaterial (und ev[entuell] in irgendwelchen Beimengungen). Es lag daher nahe, eine Verlangsamungssubstanz mit möglichst geringem Einfangsquerschnitt zu wählen. Die bisherigen Versuche führten auf D_2O, dessen ${}_0n^1$-Einfangung so klein ist, daß man sie wohl in der Hauptsache dem unvermeidlichen H_2O-Gehalt zuschreiben kann (*R.* u. *K. Döpel* u. *W. Heisenberg*). Weiterhin läßt sich die Neutroneneinfangung

[1] Undated. The covering letter is from July 1942; the experiment had been finished, however, well before 23 June 1942, the date of an accident destroying the Leipzig apparatus. Döpel later gave the date of the experimental proof as April 1942. The report was stamped „Geheime Kommandosache", i.e., *very secret*. (Editor)

in den Resonanzstellen des U dadurch herabdrücken, daß man die Neutronen beim Durchlaufen der Resonanzenergien möglichst vom U fernhält, d. h. also U und Verlangsamersubstanz in Schichten anordnet. Solche Schichtenmodelle wurden in Berlin und Leipzig ausgeführt. Die Modelle der Berliner Versuche bestanden aus horizontalen Schichten, sie haben den Vorteil leichter Variierbarkeit. In Leipzig wurden konzentrische Kugelschichten angewandt; diese Anordnung ist zwar technisch etwas schwieriger durchführbar und nur durch vollkommenen Neubau variierbar, sie hat aber den Vorteil der einfacheren theoretischen Behandlung. Daß Schichtenanordnungen einer homogenen Mischung aus U und Verlangsamersubstanz überlegen sind, ergab sich theoretisch und später empirisch durch einen Versuch von *Bothe* und *Flammersfeld* an einer U-Oxyd-H_2O-Mischung. Alle die hier mit U-Oxyd und H_2O oder D_2O durchgeführten Versuche zeigten indessen keinerlei effektive Neutronenvermehrung. Die Anwendung von D_2O und U-Oxyd an einem Kugelschichtensystem ließ allerdings den unerwünscht positiven Neutronenabsorptionskoeffizienten so klein werden, daß er negativ wurde, wenn man die von der Halterungssubstanz absorbierte | Neutro- 3
nenmenge zu der außerhalb des Systems frei werdenden Neutronenmenge hinzuzählte. (*R.* u. *K. Döpel* u. *W. Heisenberg*). Um volle Gewißheit über die Möglichkeit der U-Maschine zu erlangen, wurde daher ein neuer Versuch mit U-Metall und D_2O angesetzt, der dann in der Tat eine positive Entscheidung herbeiführte.

2. Prinzip der Methode

Im Zentrum eines konzentrischen Kugelschichtensystems befindet sich eine Ra Be-Neutronenquelle. Die Neutronen laufen zunächst durch eine rund 12 cm dicke D_2O-Schicht, an diese schließt sich eine 4 cm dicke Schicht aus U-Metall an; dann kommt nochmals eine 17 cm dicke D_2O-Schicht, die wiederum von U-Metall von 4,5 cm Dicke umgeben ist; das Ganze befindet sich in einem großen H_2O-Bottich. Die Schichtdicken waren durch vorausgehende Messungen der Diffusionslängen in D_2O und U-Metalle nahe gelegt. Der Effekt ist aber gegenüber kleinen Abweichungen von den optimalen Schichtdicken nicht sehr empfindlich, so daß für die wirklich benutzten Schichtdicken technische Gründe der Kugelherstellung und der D_2O und U-Beschaffung mit maßgebend waren. Im D_2O werden die Neutronen praktisch nur verlangsamt; soweit sie als langsame Neutronen in das U-Metall eintreten, erzeugen sie dort wiederum Neutronen. Diese treten als rasche Neutronen nach beiden Seiten aus der U-Schicht aus, werden im D_2O verlangsamt und diffundieren als solche ins U-Metall zurück, wo sie wiederum rasche Neutronen erzeugen und so fort. Eine verlustlose Verlangsamung findet auch bei der Schichtenanordnung nicht statt; die ohne Neutronenemission erfolgende Resonanzeinfangung in U läßt sich aber auf diese Weise sehr herabsetzen. Aus der Außenschale des Systems treten schließlich Neutronen in das umgebende H_2O. Diese Neutronenmenge ist mit der primär von der Neutronenquelle gelieferten Neutronenmenge zu vergleichen. Ist I_r die Dichte thermischer Neutronen
in der Entfernung r vom Systemzentrum in dem umgebenden H_2O, dann | ist die 4
Zahl der außerhalb des Systems in der Zeiteinheit vom H_2O absorbierten Neutronenmengen

$$4\pi\nu_{\mathrm{H}}\int_{R}^{\infty} I_r r^2\,dr = N_{\mathrm{a}}\cdot\nu_{\mathrm{H}}\ , \tag{1}$$

ν_{H} = zeitlicher Neutronen-Absorptionskoeffizient im H_2O, R = Radius des Systems. Diese Zahl ist natürlich gleich der Zahl der aus dem System herauskommenden Neutronen. Die aus der Neutronenquelle austretenden Primär-Neutronenmengen $N_{\mathrm{a}}^{\mathrm{o}}\cdot\nu_{\mathrm{H}}$ bekommt man auf die gleiche Weise; indem man eine Neutronenquelle einfach in H_2O setzt und das gleiche Integral bestimmt, wobei R dann den Radius der Neutronenquelle $[r_0]$ bedeutet. Schließlich brauchen wir noch die Zahl der im System insgesamt absorbierten Neutronen; sie ist

$$4\pi\nu\int_{r_0}^{R} I_r r^2\,dr = N_{\mathrm{i}}\,\bar{\nu}\ , \tag{2}$$

wobei $\bar{\nu}$ der gesuchte mittlere zeitl. Absorptionskoeffizient des Systems ist, den wir dann berechnen könnten aus

$$N_{\mathrm{i}}\cdot\bar{\nu} = (N_{\mathrm{a}}^{\mathrm{o}} - N_{\mathrm{a}})\,\nu_{\mathrm{H}}\ . \tag{3}$$

An dem so bestimmten Absorptionskoeffizienten sind jedoch noch einige Korrekturen anzubringen.

a) Photoneutronen. Die Ra Be-Neutronenquelle sendet außer Neutronen auch γ-Strahlen in das D_2O, die dort Photoneutronen erzeugen können. Aus dem D_2O treten also mehr Neutronen aus, als die Neutronenquelle liefert. Diese zusätzliche Neutronenwahl läßt sich leicht dadurch bestimmen, daß man die Neutronenquelle einmal direkt in H_2O setzt, daß andere Mal innerhalb einer D_2O-Kugel in H_2O und beide Male im umgebenden H_2O die Integrale $4\pi\int_R^\infty I_r r^2\,dr$ bestimmt.

b) D(n, 2n)-Neutronen. Eine ungefähre Abschätzung kann man dadurch er-
5 reichen, daß man bei dem unter (a) genannten Versuch die Neu|tronenquelle mit Pb abschirmt und so den D(γ, n)-Prozeß teilweise abdrosselt. Leider ist die Absorption der für den Prozeß in Frage kommenden γ-Komponenten der Gesamt-γ-Strahlung der Ra Be-Neutronenquelle nicht genau bekannt. Indessen dürfte der Beitrag der D(n, 2n)-Neutronen überhaupt sehr gering sein.

c) Die Ra Be-Neutronen durchdringen zu einem kleinen Teil auch die erste U-Schicht noch als *schnelle* Neutronen. Dies hat $(n, 2n)$-Prozesse und Spaltungsprozesse im U-Metall zur Folge, die zu einer gewissen Neutronenvermehrung $Y_{\mathrm{Ra\,Be}}$ führen, die nach früheren Berichten auf Grund der vorliegenden Ra Be-Experimente abgeschätzt werden kann. Man hat daher in (3) statt $N_{\mathrm{a}}^{\mathrm{o}}$ den Wert $N_{\mathrm{a}}^{\mathrm{o}}\,Y_{\mathrm{RaBe}}$ einzusetzen (vgl. Abschn. 5).

d) Die Zahlen $N_{\mathrm{a}}^{\mathrm{o}}$ und N_{a} auf der rechten Seite von (3) messen eine Menge *schneller* Neutronen, während N_{i} auf der linken Seite wegen der Definition des Absorptionskoeffizienten eine Menge thermischer Neutronen bedeutet. Man muß daher die linke Seite noch mit dem Faktor e^{w} (w = Wahrscheinlichkeit des Resonanzeinfangs) aufwerten, um auf beiden Seiten vergleichen zu können (vgl. den früheren Bericht von *v. Droste*).

e) Absorption von Neutronen im Al-Halterungsmaterial. Diese läßt sich aus der Neutronendichte in der Nähe des Halterungsmaterials und aus dem Absorptionskoeffizienten in Al bestimmen. Diese Neutronenzahl ist gegenüber dem gesamten Neutronenumsatz gering. Man könnte sie den aus dem System austretenden Neutronen zuzählen und würde dann die Neutronenemission einer halterungsfreien U-Maschine erhalten, aus der sich dann die Verhältnisse einer Maschine mit anderem Halterungsmaterial berechnen ließen.

3. Versuchsanordnung

a) Das Kugelschichtensystem. Fig. 1 zeigt einen schematischen Querschnitt
durch das ganze System. Im Innern befindet sich eine mit | D_2O gefüllte Al-Kugel, 6
Wandstärke ca. 1,2 mm, durch deren Schaftansatz die Neutronen-Quelle und die Neutronen-Indikatoren für die Neutronenmessung im Innern des Systems eingeführt werden. Die Kugel lagert in einer mit U-Metall gefüllten Halbkugelschale aus Al. Auf diese folgt nach außen ein allseitig verschweißter halbkugelschalenförmiger D_2O-Behälter aus Al, der seinerseits in einer wieder mit U-Metall gefüllten Al-Halbkugelschale ruht. Die beiden mit U-Metall gefüllten Halbkugelschalen werden je von einer 5 mm dicken Al-Platte getragen, an die sie aber, um das Al nicht zu erweichen, nicht angeschweißt, sondern mittels Al-Flanschen und Al-Scheiben angeschraubt und mittels Gummiringen und Hartwachs gedichtet sind. Die Füllung erfolgte durch kleine Füllöcher in der Al-Platte, die mittels Al-Schrauben geschlossen wurden. Auf diesem Halbkugelschalensystem liegt ein zweites, ganz gleich gebautes, das nur außerdem die erforderliche Durchführung für den Flaschenhals der inneren Kugel besitzt. Der D_2O-Behälter und die innere U-Schale werden vor dem Aufsetzen des Halbkugelsystems von unten gefüllt. Die Füllung der äußeren U-Schale erfolgte danach durch besondere Füllansätze an der Außenbegrenzgung. Die Füllung mit U erfolgte unter ständigem Klopfen bzw. Rütteln, um eine möglichst hohe Schüttdichte des U-Metalls zu erreichen. Die mittlere Schüttdichte der Innenschale betrug etwa 10,8, die der äußeren Kugelschale etwa 9,34. – Der Flaschenhals der inneren Kugel bestand aus einzelnen Al-Büchsen, die je nach der Schicht, an die sie angrenzten, mit D_2O oder U-Metall gefüllt waren. Diese Büchsen waren wie aus Fig. 1 ersichtlich mehrmals unterteilt, um durch eingelegte Neutronenindikatoren die Neutronendichten im System in Abständen von 2 ... 4 cm an messen zu können.

Das ganze Kugelsystem ruht auf einem Unterbau aus wasserfest geleimten Sperrholzbrettern in radialer Anordnung. Nach der Füllung und Dichtung wurde das ganze System von einem mit H_2O gefüllten Zinkbottich umschlossen.

Fig. 2 zeigt ein Photo des geschlossenen Kugelsystems aus einer früheren Ar- 7
beit; das hier gebrauchte unterscheidet sich davon nur durch stabileren Holzunterbau.

Gewichtsververhältnisse		
D_2O ca.		140 kg
Uran innere Schale	90 kg	
Uran äußere Schale	660 kg	750 kg
Gesamtgewicht des Inhaltes ca.		890 kg
Gewicht der Al-Halbkugeln		30 kg.

b) Neutronenquelle. Als Neutronenquelle diente Ra (480 m Curie) + Be. Die Mischung befand sich in einer kleinen Nickelkugel von 1,95 cm Durchmesser und 0,1 cm Wandstärke.

c) Neutronenindikator. Zum Nachweis der Neutronen wurde Dy benutzt, das praktisch nur durch thermische Neutronen aktiviert wird. Das Dy_2O_3 wurde in Spiritus unter Zusatz einiger Schellacktropfen aufgeschwemmt, auf kleinen Al-Tellerchen angetrocknet ($\varnothing = 5$ cm $d = 0{,}2$ mm) und mit einer Al-Schutzfolie versehen. (10 mg Dy_2O_3/cm^2).

d) Messung der Neutronenwirkung. Die β-Aktivität des Dy wurde je nach ihrer Stärke mittels Überdruck-Ionisationskammer ($p = 8$ Atü CO_2) und Elektrometer oder mit Zählrohr gemessen. (Wandstärke des Al-Zählrohrs ca. 0,12 mm; Absorptionswirkung des Ionisationskammerfensters ($\varnothing = 6$ cm) ungefähr gleich groß). Die Aufladung des Wulfschen Elektrometers (1 Skt = 0,02 Volt) wurde laufend durch die eines Induktionsringes kompensiert. Es wurde stets so lange aufgeladen, bis eine bestimmte Kompensationsspannung anzulegen war. In die innere Meßgenauigkeit der Elektrometermessung geht daher nur die Genauigkeit ein, mit der man mittels Stopuhr Zeiten von 1 – 10 Minuten miteinander verglei-chen kann. Zählrohr- und Elektrometermessungen wurden durch besondere
8 Messungen mit|einander verknüpft. Alle Messungen wurden auf Th-Standard-präparate bezogen.

e) Eine aus Be-Metall und $RaSO_4$ bestehende Neutronenquelle kann nicht ohne weiteres als Quelle eines konstanten Neutronenstromes angesehen werden. Die Kristalle des sehr fein ausfallenden $RaSO_4$ sind im allgemeinen klein genug, um durch die Lücken des Be-Pulvers hindurchfallen zu können. Die dadurch mögliche teilweise Entmischung kann einen Teil der Ra-α-Strahlen unwirksam machen und so eine Änderung des Neutronenstromes herbeiführen. In der Tat wurden Änderungen bis zu 10% beobachtet, wobei allerdings die Neutronenquelle wohl stark erschüttert worden war. Deshalb wurde die Ergiebigkeit der Quelle vor und nach den Hauptmessungen durch Messung der Neutronendichte in bloßem H_2O in bestimmter Entfernung von der Neutronenquelle kontrolliert.

4. Ergebnisse

In der Fig. 3a ist der Verlauf der Neutronendichte im Innern und außerhalb der Schichtung in Wasser eingetragen. Die Abbildung gibt die Intensität selbst (in willkürlichen Einheiten) als Funktion des Radius, die Fig. 4a und b stellen Ir^2 als Funktion des Radius innen und außen dar.

Die Abbildungen zeigen, daß die Neutronendichte im Innern der Anordnung jeweils in den Uranschichten stark herabgedrückt ist, daß sie aber sonst nicht stark variiert. Außerhalb der Schichtung im Wasser steigt das Produkt aus Dichte und Quadrat des Radius zunächst zu einem steilen Maximum an und fällt dann etwa exponentiell ab. Zur Kontrolle ist der Verlauf im Wasser außen auch bestimmt worden in einer Meßreihe, bei der die Neutronenquelle mit einer Pb-Kugel umgeben war. Die zugehörige Kurve liegt, wie Fig. 4b zeigt, ein wenig tiefer als die Kurve ohne Pb. Dieses Verhalten war wegen der Absorption der die
Photoneutronen erzeugenden γ-Strahlung theoretisch zu erwarten. Auf die Mes- 9
sung im Inneren mit Pb wurde wegen der kleinen Unterschiede verzichtet.

Für die Auswertung des Versuchs braucht man nun in erster Linie die integrierten Gesamtneutronenmengen in den verschiedenen Teilen der Apparatur: im Uran-Metall, im D_2O, außen im H_2O und im Halterungsmaterial Al. Die Integration ergibt (in willkürlichen Einheiten):

Tabelle 1

	N_a	N_U	N_{D_2O}	N_{Al}
ohne Pb	78,2	20,3	91,7	4,4
mit Pb	76,7			

Zum Vergleich braucht man die vom Präparat ausgesandte Neutronenmenge sowie die Anzahl der im D_2O erzeugten Photoneutronen. Die letztere wurde früher durch Kontrollversuche bestimmt, bei denen das Präparat von einer Kugel aus D_2O (12 cm Radius) umgeben war; gemessen wurde wieder die Neutronendichte im umgebenden Wasser. So ergaben sich für N_a^0 aus früheren Messungen die Zahlen:

Tabelle 2

	Ohne Photoneutronen	Einschließl. Photoneutronen
Ohne Pb	61,3	69,1
Mit Pb	62,2	67,5

Die innere Meßgenauigkeit der angegebenen Integrale beträgt etwa ±1%.

5. Diskussion der Ergebnisse

Der Vergleich der ersten Spalte in Tabelle 1 mit der letzten Spalte in Tabelle 2 zeigt sofort, daß in der Schichtenanordnung eine erhebliche Vermehrung der Neutronen – nur etwa 13% – stattgefunden hat. Es ist daher jetzt endlich gelungen, eine Schichtenanordnung zu bauen, die mehr Neutronen erzeugt als absorbiert, die also im Ganzen gesehen einen negativen Absorptionskoeffizienten besitzt.

10 Für die genaue Berechnung dieses Absorptionskoeffizienten muß man noch zwei Korrekturen beachten, die in Abs. 2 bereits erwähnt werden: Ein kleiner Teil der von der Quelle kommenden Neutronen gelangt noch in die erste Uran-Schicht mit hoher Energie und kann dort Spaltungen und (n, 2 n) Prozesse hervorrufen. Dies führt zu einer gewissen Vermehrung der Primärneutronen (Vermehrungsfaktor Y), die man aus früheren Versuchen abschätzen kann (vgl. frühere Berichte über die Spaltung durch schnelle Neutronen von *Bothe-Flammersfeld, Stetter-Lintner, Döpel-Heisenberg*). Die Rechnung ergibt $Y_{\mathrm{Ra\,Be}} = 1{,}015$.

Ferner muß man beachten, daß es sich bei den von der Quelle kommenden und den nach außen abwandernden Neutronen um schnelle Neutronen handelt, während die gemessenen Zahlen die Menge thermischer Neutronen bedeuten. Die Neutronenmenge im Inneren N_i muß also zur richtigen Berücksichtigung der Verluste durch Resonanzabsorption noch um den Faktor e^w aufgewertet werden. So ergibt sich schließlich die gegenüber (3) korrigierte Formel ($\bar{\nu}$ effektiver Absorptionskoeffizient der Schichtung, ν_H Absorptionskoeffizient von Wasser, $\nu_H = 3920\ \mathrm{sec}^{-1}$, w Wahrscheinlichkeit für Resonanzeinfang):

$$\bar{\nu} = \frac{N_a^0 Y_{\mathrm{RaBe}} - N_a}{N_i} \nu_H \ . \tag{4}$$

Setzt man die Werte aus Tabelle 1 und 2 ein und entnimmt aus Berechnungen von *v. Weizsäcker* (Bericht) für w den Wert $w = 0{,}26$, so ergibt sich aus den Messungen ohne Pb:

$$\bar{\nu} = \frac{70{,}2 - 78{,}2}{116{,}4} e^{-0{,}26} \nu_H = -208\ \mathrm{sec}^{-1} \ . \tag{5}$$

Aus den Kontrollmessungen mit Pb ergäbe sich praktisch der gleiche Wert.

Dieses günstige Ergebnis ist erreicht worden trotz des Halterungsmaterials Al, das einen kleinen Teil der Neutronen im Innern wegabsorbiert und dadurch die
11 Wirkung der Apparatur verschlechtert. Wenn man | das Halterungsmaterial ganz weglassen könnte – was für spätere Maschinen aus gegossenem U-Metall zu erhoffen ist –, so wäre der Absolutbetrag $|\bar{\nu}|$ zweifellos noch größer. Man kann auch den Wert, der sich ohne Halterungsmaterial ergäbe, aus unseren Versuchen ungefähr ermitteln, indem man einfach das Halterungsmaterial mit zum Außenraum rechnet. Man muß dann N_a ersetzen durch $N_a + (\nu_{Al}/\nu_H) N_{Al}$ und N_i durch $N_i - N_{Al}$.

Aus Tabelle 1 und den früheren Messungen über die Absorption von Al folgt $(\nu_{Al}/\nu_H) N_{Al} = 7{,}3$. Dann ergibt sich

$$\bar{\nu} = \frac{70{,}2 - 85{,}5}{112} e^{-0{,}26} \cdot \nu_H = -413\ \mathrm{sec}^{-1} \ . \tag{6}$$

Der störende Einfluß des Halterungsmaterials ist also auch in der hier beschriebenen Apparatur noch sehr groß – er setzt den Wert von – $\bar{\nu}$ auf die Hälfte herab, aber er verdirbt die Anordnung nicht, der Absorptionskoeffizient bleibt negativ.

Das hier erzielte Ergebnis ist erheblich günstiger, als nach den Berechnungen aus den mit U-Oxyd durchgeführten Versuchen zu erwarten war. Unsere Messungen bestätigen also das Ergebnis der Versuche, die in Berlin an Schichtungen aus Metall und Paraffin durchgeführt worden sind (vgl. Bericht *Bopp – Fischer – Heisenberg – v. Weizsäcker – Wirtz*): Die Verwendung von U-Metall in den Schichtungen ergibt eine größere Verbesserung, gegenüber dem Oxyd, als nach den theoretischen Rechnungen zu erwarten wäre. Die Gründe für diese Verbesserung sind einstweilen noch nicht bekannt.

Um aus den hier gewonnenen Ergebnissen die endgültige Größe eines Energie liefernden Uranbrenners zu berechnen, müßte man noch die effektive Diffusionskonstante der Schichtung kennen. *Bothe* u. *Jensen* (Bericht) haben Messungen über die Bremslänge in D_2O angestellt, nach denen die effektive Diffusions-
konstante abgeschätzt werden kann; es bleibt dabei | aber der Einfluß der U- 12
Schichten auf diese Konstante unbekannt; unsere Apparatur ist zu klein, um eine einigermaßen genaue Messung der effektiven Diffusionskonstante zuzulassen. Man bleibt also einstweilen auf sehr ungenaue Schätzungen angewiesen. Diese Schätzungen führen zu dem Resultat, daß eine Vergrößerung unserer Apparatur auf etwa 5 to D_2O und 10 to gegossenes U-Metall zu einem Energie liefernden Uranbrenner führen müßte. Doch sind diese Zahlen naturgemäß noch sehr unsicher.

Zusammenfassung

Eine kugelförmige Schichtenanordnung aus D_2O und U-Metall (Schichtdicken 17 cm D_2O, 4 cm U-Metall der Dichte 10, dazwischen als Halterungsmaterial 2 bis [5] mm Al) besitzt einen *negativen* Neutronen-Absorptionskoeffizienten. Die einfache Vergrößerung der hier beschriebenen Schichtenanordnung würde also zu einem Uranbrenner führen, aus dem Energie von der Größenordnung der Atomkernenergien entnommen werden kann.

Alle Leipziger Apparaturen wurden von Mechanikermeister *W. Paschen* aufgebaut. Er hat diese Aufgabe, wie wir hier anerkennend hervorheben möchten, mit liebevoller Hingabe und außerordentlichem Geschick durchgeführt und darüber hinaus seine Einsatzbereitschaft auch bei den sich ereignenden Unglücksfällen bewiesen.

Herrn *G. Kunze* verdanken wir den größten Teil der β-Aktivitätsmessungen, die er als technische Hilfskraft äußerst gewissenhaft durchgeführt hat.

Editor's Note

No copy of this important reports contains the figures mentioned in the text. In trying to reconstruct them, we arrived at the following conclusions:

Fig. 1 is most probably identical with Fig. 1 from Report No. 13, p. 527;
Fig. 2 has been obtained from the Döpel Nachlaß;
Fig. 3 and 4 cannot be recovered; they correspond to the two parts of Fig. 2 in Report No. 13, p. 528 (instead of the data of the Leipzig experiment *L* III now those of the final experiment *L* IV have to be inserted).

This reconstruction has been based partly on an article of *Chr. Kleint*: Kernenergie **29**, 245–251 (1986), dealing with the history of the Leipzig uranium experi-

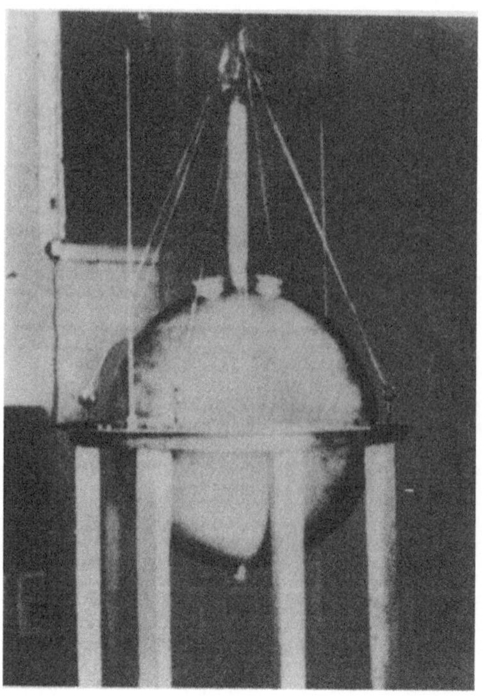

Fig. 2. „Das Kugelschalen System" des Leipziger Versuchs *L* IV „vor der Versenkung in den H_2O-Bottich" (R.D.)

Bemerkungen zu dem geplanten halbtechnischen Versuch mit 1,5 to D_2O und 3 to 38-Metall

Von **W. Heisenberg**

Die unerwartet günstigen Ergebnisse, die bei dem letzten Leipziger Versuch mit 150 kg D_2O und ca. 800 kg 38-Metall (Bericht *Döpel-Heisenberg*) erzielt worden sind, geben Anlaß zu der Frage, welche Neutronenvermehrung bei dem geplanten halbtechnischen Versuch wird erreicht werden können und wie nahe man damit an den betriebsfähigen 38-Brenner herankommen kann. Sie geben ferner Veranlassung dazu, die Frage nach der Stabilität eines solchen Brenners erneut zu prüfen.

1. Die Neutronenvermehrung

Die Frage der Neutronenvermehrung kann näherungsweise beantwortet werden, wenn man die effektive Neutronenabsorption $\bar{\nu}$ (die negativ ist!) und die effektive Diffusionskonstante $\bar{D}$ der Schichtung und außerdem die Randbedingung an der Grenze Schichtung/Außenraum kennt. Die Diffusionsgleichung lautet:

$$\bar{D}\Delta\varrho - \bar{\nu}\varrho = 0 \quad \text{oder} \quad \bar{l}^2\bar{\nu}\Delta\varrho - \bar{\nu}\varrho = 0 \quad \text{wobei} \quad l^2 = -\bar{D}/\bar{\nu}\ . \tag{1}$$

Als Grenzbedingung kann angesetzt werden:

$$(\partial\varrho/\partial r)_R = -\varrho_R/a\ , \tag{2}$$

wobei die Konstante a von der Schichtung und von den Eigenschaften der Mantelsubstanz (H_2O, Kohle oder dergl.) abhängt. Die Grenzbedingung (2) bedeutet nichts anderes, als daß an der Grenze eine eindeutige Beziehung besteht zwischen dem Neutronenstrom nach außen und der Neutronendichte in der Gegend des Randes unabhängig von der Größe der Maschine. Man hat nun die Lösung der Gl. (1) und (2) einzusetzen, die einer im Zentrum der (kugelförmig gedachten) Maschine stehenden Neutronenquelle der Stärke Q entspricht. Aus (1) folgt zunächst

$$\varrho = \frac{Q}{4\pi\bar{D}r}\left(\cos(r/\bar{l}) + \alpha\sin(r/\bar{l})\right)\ , \tag{3}$$

die Konstante α ist aus der Grenzbedingung zu bestimmen. [Gleichung] (2) geht 2
durch (3) über in:

$$\frac{1}{R^2}\left[\left(1-\frac{\alpha R}{\bar{l}}\right)\cos\frac{R}{\bar{l}} + \left(\alpha+\frac{R}{\bar{l}}\right)\sin\frac{R}{\bar{l}}\right] = \frac{1}{aR}\left[\cos\frac{R}{\bar{l}} + \alpha\sin\frac{R}{\bar{l}}\right]\ . \tag{4}$$

Setzt man $R/\bar{l} = x$, $R/a = y$, so folgt:

$$\alpha[(1-y)\sin x - x\cos x] = (y-1)\cos x - x\sin x \ . \tag{5}$$

Die Gesamtmenge der pro Zeiteinheit nach außen abströmenden Neutronen beträgt

$$\bar{D}4\pi R(\partial\varrho/\partial r)_R = Q[(1-\alpha x)\cos x + (\alpha + x)\sin x] \ . \tag{6}$$

Für den Vermehrungsfaktor Z – das Verhältnis der Menge der austretenden Neutronen zu der der eintretenden – erhält man daher nach (6) u. (5)

$$Z = \cos x + \sin x - \frac{[(y-1)\cos x - x\sin x](x\cos x - \sin x)}{(1-y)\sin x - x\cos x}$$

$$= \frac{xy}{x\cos x + (y-1)\sin x} \ . \tag{7}$$

Beim Leipziger Versuch wurde Z direkt gemessen. Dagegen sind sowohl x wie y zunächst unbekannt. Man kann x abschätzen, indem man die *Bothe*sche Formel für die effektive Diffusionskonstante und die experimentellen Werte für die mittlere Bremslänge $\overline{s^2}$ und für $\bar{\nu}$ zu Grunde legt. Nach *Bothe* ist

$$D = D + \tfrac{1}{6}(\bar{\nu} + \nu_{\text{gem}})\overline{s^2} \ . \tag{8}$$

ν_{gem} ist der mittlere thermische Absorptionskoeffizient der Schichtung, also bei ca. 40 g Uran/20 cm D_2O ist $\nu_{\text{gem}} \sim 6800\ \text{sec}^{-1}$, und aus $\overline{s^2} = 44^2\ \text{cm}^2$ folgt

$$\bar{D} \sim 2{,}2 \cdot 10^6\ \text{cm}^2/\text{sec} \ . \tag{9}$$

3 Der Leipziger Versuch soll in der Weise ausgewertet werden, daß | das Halterungsmaterial mit zum Außenraum gerechnet wird. Es wird also angenommen, daß bei dem geplanten halbtechnischen Versuch das Halterungsmaterial praktisch keine Rolle mehr spielen wird. In dieser Weise wird man den geplanten Versuch vielleicht etwas zu günstig beurteilen. Man erhält dann aus den Leipziger Messung $\bar{\nu} \sim -400\ \text{sec}^{-1}$, also

$$\bar{l} = 74\ \text{cm} \ , \qquad x = 0{,}5 \ . \tag{10}$$

Aus dem gemessenen Wert $Z = 1{,}23$ folgt

$$y = 0{,}55 \ ; \qquad \text{also} \tag{11}$$

$$a = 68\ \text{cm} \ . \tag{12}$$

Vor der Anwendung dieses Resultates auf den geplanten Versuch soll kurz untersucht werden, ob der gefundene Wert von a physikalisch plausibel ist. Multipliziert man Gl. (2) mit $\bar{D}$, so steht links der Strom durch die Oberfläche der Maschine, also die pro sec durch den cm^2 tretende Neutronenmenge. Diese Menge muß übereinstimmen mit der pro sec im Wasser außen pro cm^2 Fläche absorbierten Neutronenmenge. Die letztere ist durch das Integral der Neutronendichte über den Radius, multipliziert mit dem Absorptionskoeffizienten in Wasser, genauer durch

$$\frac{\nu_H}{R^2} \cdot \int_R^\infty \varrho r^2 dr \tag{13}$$

gegeben. Die Dichte ϱ_R auf der rechten Seite von (2) braucht nun nicht genau mit der Dichte am Rande der Maschine übereinzustimmen, da die Dichte in der Nähe des Randes stark schwankt; ϱ_R kann einen Mittelwert über Gebiete in der Nähe des Randes bedeuten. Aber jedenfalls kann man auf Grund von (2) und (13) eine mittlere Eindringtiefe d der Neutronen in das Wasser definieren durch die Gleichung

$$\bar{D}(\partial \varrho / \partial r)_R = \frac{\bar{D}}{a} \varrho_R = \nu_H d \varrho_R = \frac{\nu_H}{R^2} \int_R^\infty \varrho r^2 dr \ . \tag{14}$$

d muß dann, seiner anschaulichen Bedeutung nach, größenordnungsmäßig mit der Bremslänge in Wasser übereinstimmen.

Aus (12), (9) und (14) folgt: 4

$$d = \frac{\bar{D}}{a \, \nu_H} \approx 8{,}3 \text{ cm} \ . \tag{15}$$

Dieser Wert ist in der Tat etwa gleich der halben Bremslänge, das Resultat $y = 0{,}55$; $a = 68$ cm ist also physikalisch plausibel.

Die nächste geplante Versuchsanordnung würde ihrem Volumen (1,5 cbm) nach einer Kugel von 71 cm Radius entsprechen. Da ein Zylinder ungünstiger ist als eine Kugel, wollen wir annehmen, daß dieser Zylinder für die Rechnung durch eine etwas kleinere Kugel, etwa von 65 cm Radius, ersetzt werden kann.

Für den geplanten Versuch wird daher nach (4)

$$x = 0{,}88 \ ; \quad y = 0{,}96 \quad \text{und nach (7)} \quad Z = 1{,}60 \ . \tag{16}$$

Bei diesem Versuch kann also eine Vermehrung der Neutronenzahl um etwa 60% erwartet werden, wenn die Anordnung, wie die bisherigen, mit Wasser umgeben wird. Die in Gl. (16) gegebene Zahl ist vielleicht noch etwas zu günstig, da das Halterungsmaterial auch in der geplanten Anordnung nicht ganz vermieden werden kann.

Umgibt man die Versuchsanordnung mit Kohle statt mit Wasser, so ändert die Konstante a ihren Wert. Und zwar gilt nach Gl. (15)

$$\frac{a_C}{a_H} = \frac{d_H \, \nu_H}{d_C \, \nu_C} \ . \tag{17}$$

Wenn man annimmt, daß sich die Eindringtiefen wie die Bremslängen verhalten, was wohl eine gute Näherung darstellt, so folgt

$$\frac{a_C}{a_H} = \frac{s_H \nu_H}{s_C \nu_C} \,. \tag{18}$$

Für die von *Bothe* untersuchte Elektrographit-Kohle der Dichte 1,7 folgt $s_C = 61$ cm, $\nu_C = 170\,\text{sec}^{-1}$, gegenüber $s_H = 17$ cm, $\nu_H = 3920\,\text{sec}^{-1}$, also

$$\frac{a_C}{a_H} = \frac{17 \cdot 3920}{61 \cdot 170} = 6{,}4 \,, \tag{19}$$

$$y_C = \frac{0{,}96}{6{,}4} = 0{,}15 \,. \tag{20}$$

5 Setzt man diesen Wert in Gl. (7) ein, so erkennt man, daß der Nenner der rechten Seite bereits negativ wird, d.h. der Labilitätspunkt ist überschritten, die Anordnung sollte selbsttätig strahlen.

Nun sind die Voraussetzungen für die Rechnung wohl etwas zu günstig gewählt worden und das Endergebnis hängt so empfindlich von den Voraussetzungen ab, daß man mit etwas anderen Werten auch positive und endliche Werte für Z bekommen kann. Auch kann man praktisch den Kohlemantel kaum so dick machen, daß keine Neutronen mehr nach außen verloren gehen. Das Ergebnis (20) beweist also nicht, daß die nächste Versuchsanordnung selbsttätig strahlen muß; es zeigt aber, daß der Kohlemantel wahrscheinlich eine entscheidende Verbesserung gegenüber dem Wassermantel bringen wird und daß man vielleicht schon in die Nähe des „kritischen Punktes" oder „Labilitätspunktes" kommen wird.

Vielleicht können einige geplante Vorversuche mit einem von Kohle umgebenen Hohlraum schon vor dem Aufbau der nächsten Schichtung genauere Grundlagen für die Berechnung des Vermehrungsfaktors dieser Anordnung liefern.

2. Die Stabilität des 38-Brenners

Die Tatsache, daß man vielleicht beim nächsten Großversuch schon in die Nähe des kritischen Punktes kommen wird, gibt Veranlassung, die Stabilität des 38-Brenners erneut und genauer als bisher zu untersuchen. In den bisherigen Berichten (*Heisenberg, v. Weizsäcker*) wurden die Änderungen der Wirksamkeit einer Schichtung untersucht, die bei gleichmäßiger Erwärmung der ganzen Anordnung auftreten. Wenn jedoch durch Erreichung des kritischen Punktes die Kernprozesses mit großer Intensität einsetzen, so wird, wie man leicht einsehen kann, fast nur das 38-Metall erwärmt, kaum aber die Bremssubstanz. Von den 150 – 200 MeV, die bei einer Spaltung frei werden, wird ja im allgemeinen nur ein kleiner Bruchteil von der Größenordnung 5 bis 10 MeV an die ausgeschleuderten Neutronen übertragen und wird bei ihrer Bremsung in die Bremssubstanz übergeführt. An das Metall wird also etwa 20 bis 40mal so viel Energie abgegeben als an das schwere Wasser; da außerdem die spezifische Wärme der Metallmenge etwa 18mal kleiner ist als die des gesamten schweren Wassers, so entspricht einer Erwärmung des Metalls um 500° nur eine Erwärmung des Wassers um 1/2 bis 1°. Die Wärme kann zwar durch Wärmeleitung von Metall in das Wasser überge-

führt werden; aber die | Wärmeleitung braucht Zeit, für die Stabilitätsfrage kann 6
man daher zunächst so rechnen, als würde nur das Metall erwärmt.

Bei der Erhitzung des Metalls wird die Neutronenverteilung nur sehr wenig geändert, da die Bremsung in D_2O erfolgt. Die folgenden Wirkungen können jedoch den Ablauf der Kernprozesse etwas verändern:

1) Die Resonanzstellen des 38-Metalls werden verbreitert.
2) Die langsamen Neutronen werden bei ihrem Eindringen in das Metall anders gestreut als bei gewöhnlichen Temperaturen und dabei erwärmt.
3) Die Ausdehnung des Metalls ändert die Neutronenverteilung.

Der erste dieser drei Effekte ist der wichtigste und wirkt auf eine Stabilisierung des Brenners hin. Er ist schwer abzuschätzen, da über die Resonanzstellen des 38-Metalls nur wenig bekannt ist. Bei der Auswertung der *Sauerwein*schen Versucht hat *v. Weizsäcker* eine Darstellung der Absorptionskurve gegeben, die formal darauf hinausläuft, an die Stelle der vielen Resonanzlinien zwei Linien: nämlich eine ganz scharfe, starke Linie mit reiner Dopplerbreite und eine ganz verwaschene Linie mit geringer Absorption zu setzen. Die Absorption wird daher für dickere Schichten proportional zu $6+d$ (d = Dicke in g/cm^2), wobei das erste Gleid der scharfen, das zweite der verwaschenen Linie entspricht. In der Näherung, in der diese Formel brauchbar ist, wird man vermuten können, daß die Absorption für höhere Temperaturen der Größe

$$6 \cdot \sqrt{T/T_0} + d$$

proportional ist (T_0 = Zimmertemperatur), da die Dopplerbreite ja mit der Wurzel aus der Temperatur variiert, daß also die Wahrscheinlichkeit w für den Resonanzeinfang bei höherer Temperatur um den Faktor

$$\frac{w}{w_0} = \frac{6\sqrt{T/T_0}+d}{6+d} \tag{21}$$

vergrößert wird. Bei einer Schichtdicke von 40 g/cm^2 würde sich hiernach bei einer Erwärmung um 500° der Wert von w um etwa 8% erhöhen.

Dieser Effekt ist für eine Stabilisierung der Maschine recht gering, außerdem ist vielleicht Gl. (21) keine brauchbare Näherung. Eine experimentelle Untersuchung dieses Sachverhalts ist daher dringend erforderlich.

Der zweite der genannten Effekte ist noch schwerer abzuschätzen. Die Streu- 7
ung der Neutronen kann zunächst in ihrer Häufigkeit durch die Temperatur des 38-Metalls beeinflußt werden. Erhöhung der Temperatur hat dabei wahrscheinlich die gleiche Wirkung wie Lockerung der chemischen Bindung, bewirkt also eine Verringerung des Streuquerschnitts; bei so schweren Atomkernen dürfte die Verringerung allerdings sehr gering sein. Die Berechnung von $\bar{\nu}$ nach früheren Berichten zeigt, daß eine Erhöhung der mittleren freien Weglänge im Uran um 10% eine Erhöhung von $\bar{\nu}$ um etwa 2% zur Folge hatte. Da andererseits eine Vergrößerung von w um 8% eine Erniedrigung von $\bar{\nu}$ um 20 bis 30% hervorruft, so wird wohl die Änderung des Streuquerschnitts wenig ausmachen verglichen mit der Vergrößerung von w.

Auch die Temperaturerhöhung der Neutronen durch die Streuung an den 38-Kernen spielt praktisch kaum eine Rolle. Seien E_1, E_2 die Energien der Neutronen bzw. des 38-Kernes vor dem Stoß, E_1', E_2' die entsprechenden Größen nach dem Stoß, so wird nach den Gesetzen des elastischen Stoßes im Mittel

$$E_1' = E_1 + \frac{2m_1 m_2}{(m_1+m_2)^2}(E_2 - E_1) \ . \tag{22}$$

Beim einzelnen Stoß wird die kinetische Energie des Neutrons im Mittel also nur um etwas weniger als 1% der Differenz der Temperaturenergien von Kern und Neutron erhöht. Da nun das Neutron im allgemeinen nach ganz wenigen Stößen im Metall bereits eingefangen wird, so wird es bei einer Temperaturdifferenz von 500° zwischen Metall und D_2O nur um 5 bis 10° bis zu seiner Einfangung „erwärmt". Hierdurch ändert sich der Diffusionskoeffizient des Urans um 1 bis 2%, und $\bar{\nu}$ ändert sich entsprechend nur um Bruchteile eines Prozents. Selbst wenn $\bar{\nu}$ entgegen dem $1/v$-Gesetz stark von der Temperatur abhinge, wie es die Versuche von *Riezler* (Bericht) als möglich erscheinen lassen, wird sich $\bar{\nu}$ bei einer Erwärmung der Neutronen um 5 bis 10° höchstens um einige Prozent ändern. Bei Erhöhung des Absorptionskoeffizienten mit wachsender Temperatur würde auch dieser Effekt zur Stabilisierung der Maschine beitragen.

Die Ausdehnung des Metalls schließlich ändert an $\bar{\nu}$ nur insofern etwas, als die Ausdehnung zu einer Verdrängung von D_2O führen muß. Bei einer plötzli-
8 chen schlagartigen Erwärmung des Metalls würde das | schwere Wasser aber wohl einfach komprimiert werden, $\bar{\nu}$ würde sich dann überhaupt nicht ändern.

Im Ganzen wird also der entscheidende Effekt für die Stabilität des 38-Brenners die Änderung der Resonanzlinien mit der Temperatur sein, da $\bar{\nu}$ so sehr empfindlich vom Wert von w abhängt, und dieser Effekt wirkt ebenfalls in Richtung auf eine Stabilisierung. Ob er für einen sicheren Betrieb des Brenners ausreicht, müssen weitere Experimente lehren.

Beim stationären Betrieb des 38-Brenners wird natürlich nicht nur das Metall, sondern auch das schwere Wasser erwärmt. Dabei wird zweckmässig eine geeignete Temperaturdifferenz zwischen den beiden Substanzen aufrechterhalten, die sich aus Überlegungen über den Wärmeübergang vom Metall ins Wasser bestimmt. Die Änderungen von $\bar{\nu}$, die bei einer Erwärmung der Bremssubstanz und damit der Neutronen auftreten, sind durch *v. Weizsäcker* ausführlich untersucht worden. Allerdings sind in den Rechnungen *v. Weizsäckers* zwei Effekte unberücksichtigt geblieben: die Ausdehnung des schweren Wassers mit der Temperatur und die eventuelle Veränderung von ν_U mit der Temperatur. Die Wärmeausdehnung des schweren Wassers trägt sicher sehr stark zur Stabilisierung der Maschine bei, ebenso die Temperaturvariation von ν_U dann, wenn die *Riezler*schen Versuche wirklich als Variation von ν_U mit der Temperatur zu deuten sind. Der Bereich von Schichtdicken und Temperaturen, in dem stabile Verhältnisse zu erwarten sind, ist also wahrscheinlich erheblich größer, als *v. Weizsäcker* angenommen hat, jedoch können auch hier erst spätere Versuche über ν_U Klarheit schaffen.

Der Begriff „Stabilität" bedarf hierbei noch der Klärung: Man wird zunächst fürchten müssen, daß der ganze Spaltungszerfall der Urankerne explosionsartig in einem Bruchteil einer Sekunde vor sich geht. Bei dieser Explosion würde das

Wasser praktisch kalt bleiben. Die Stabilität des Brenners gegenüber dieser Explosion wird durch das Verhalten der Resonanzlinien des Urans entschieden. Aber selbst wenn die Maschine in dieser Hinsicht labil ist, so könnte noch folgender Prozeß eintreten: Das Metall würde sich zunächst bis zu einer bestimmten Temperatur erhitzen, bei der sich die Maschine durch Verbreiterung der Resonanzlinien stabilisiert. Dann würde durch Wärmeleitung allmählich das schwere Wasser erhitzt, worauf eventuell die Neutronenproduktion weiter stiege, sich das Metall mehr erhitzte usw., bis schließlich die Maschine durch Überdruck zerreis-
sen würde. Dieser Vorgang würde sich | nicht im Bruchteil einer Sekunde abspie- 9
len, sondern in Zeiten, die durch den Wärmeübergang vom Metall im Wasser gegeben sind. Die Stabilität gegenüber diesem Vorgang war in den Rechnungen *v. Weizsäckers* behandelt worden. In dem zuletzt geschilderten Vorgang könnte man übrigens, wenn die Anordnung nicht von selbst stabil ist, durch Vorrichtungen von der Art, wie *Joliot* und andere sie beschrieben haben, eingreifen. Man könnte z. B. dafür sorgen, daß bei Erhitzung des Wassers Cd-Bleche in die Apparatur geschoben werden u. dergl. Die Stabilität gegenüber diesem Vorgang wird also sich also ohne große Schwierigkeiten sicher erreichen lassen.

Dagegen ist der zuerst geschilderte Vorgang viel gefährlicher, da dann, wenn die Verbreiterung der Resonanzlinien nicht zur Stabilisierung ausreicht, scheinbar kein anderer Prozeß den nahezu vollständigen Ablauf der Kettenreaktion hindern kann. Dieser Vorgang würde sich für einen hinreichend großen Brenner im Bruchteil einer Sekunde abspielen: Für $\bar{\nu} = -400\ \mathrm{sec}^{-1}$ würde sich die Neutronenzahl in einer Zeit T, die durch

$$e^{-\bar{\nu}T} = e^{400\,T} = 10^{28} \qquad (23)$$

gegeben ist, auf das 10^{28}-fache erhöhen, was zur praktisch vollständigen Zersetzung genügen würde. Aus (23) folgt

$$T \sim 0{,}16\ \mathrm{sec}\ .$$

Man könnte sich zwar auch hier Vorrichtungen ausdenken, die die Stabilisierung indirekt erzwingen und deren Trägheit so gering ist, daß gewünschte Wirkung in einer Zeit $\ll T$ erreicht wird. Aber eine solche Vorrichtung stellt wegen der geringen Trägheit, die notwendig ist, technisch schon recht hohe Anforderungen und man wird ungern einer technisch komplizierten Apparatur das Abwenden einer so enormen Gefahr, wie der vollständige Ablauf der Kettenreaktion sie darstellt, überlassen. Die Untersuchung der Stabilität bei Erhöhung der Metalltemperatur allein ist also im Rahmen der 38-Arbeiten eines der vordringlichsten Probleme.

Zusammenfassung

Der geplante halbtechnische Versuch mit ca. 1,5 to D_2O und 3 to 38-Metall
wird zu einer Neutronenvermehrung um etwa 60% führen, wenn | die Apparatur 10
von H_2O umgeben wird. Ersetzt man jedoch, wie es geplant ist, den H_2O-Mantel durch einen Mantel aus reiner Kohle, so wird die Neutronenvermehrung sehr viel

größer; es ist also möglich, daß man dann mit dieser Apparatur schon in die Nähe des „kritischen Punktes" kommt.

Bevor Versuche angestellt werden können, die darauf abzielen, den kritischen Punkt zu erreichen oder zu überschreiten, muß die Stabilität der Maschine durch Untersuchungen ihres Temperaturkoeffizienten bei Erhitzen des Metalls allein geklärt werden.

Berlin-Dahlem, den 31. 7. 1942
Kaiser Wilhelm-Institut für Physik

Messungen an Schichtenanordnungen aus 38-Metall und Paraffin

Von **W. Heisenberg, F. Bopp, E. Fischer, C.F. von Weizsäcker** und **K. Wirtz,** B[er]l[i]n-Dahlem

1. Ziel der Versuche

Der vorliegende Bericht gibt eine zusammenfassende Übersicht über die Versuche, die an Schichtenanordnungen aus 38-Metall und Paraffin von uns angestellt worden sind. Ein Teil der Ergebnisse ist schon früher in einem vorläufigen Bericht beschrieben worden. Durch die Versuche sollten drei Fragen beantwortet werden, deren Klärung für den späteren Bau von Schichtenmaschinen wichtig ist: Erstens sollte die Verbesserung untersucht werden, die an solchen Schichtungen erzielt wird, wenn man das 38-Oxyd durch 38-Metall ersetzt. Zweitens sollte geprüft werden, ob der Wirkungsgrad der Schichtung in der Weise von den Schichtdicken des Metalls abhängt, wie die Theorie dies fordert; ob man sich also in der Frage der günstigsten Schichtdicken auf die Theorie verlassen kann. Schließlich sollte eine möglichst sichere experimentelle Grundlage geschaffen werden für die Beantwortung der Frage, welche Anreicherung des seltenen Isotops U_{235} notwendig wäre, um einen 38-Brenner mit gewöhnlichem Wasser (oder mit Paraffin) herzustellen. Die von uns untersuchten Schichtdicken liegen in der Nähe der Dicken, die theoretisch den günstigsten Wirkungsgrad erzielen, und an den günstigsten Schichtdicken wird sich auch bei Anreicherung des Isotops 235 nicht allzuviel ändern. Man kann also von dem hier experimentell ermittelten Wirkungs-
grad ziemlich direkt | auf den Wirkungsgrad bei angereichertem Uran durch eine 2
Umrechnung schließen, – wobei allerdings einstweilen unentschieden bleibt, ob bei der Anreicherung nicht noch irgendwelche Nebenwirkungen eintreten, die den Wirkungsgrad wieder herabsetzen (Einfluß des Isotops 234 u. dergl.).

Eine Schichtung mit gewöhnlichem Wasser bzw. Paraffin hat gegenüber den D_2O-Schichtungen den Vorteil einer geringeren Bremslänge. Dementsprechend konnte auch (in Anbetracht der hohen Dichte des U-Metalls verglichen mit U-Oxyd) in den hier beschriebenen Versuchen die ganze Anordnung relativ klein gehalten werden. Um die Ausmessung der Neutronenverteilung zu erleichtern, wurde die Kugelsymmetrie angestrebt; um die Schichtdicken leicht variieren zu können, wurde jedoch eine ebene Schichtung im Innern der Kugeln vorgezogen; die hierdurch bedingte Asymmetrie der Neutronenverteilung ist, wie frühere Erfahrungen zeigten, gering, so daß jedenfalls näherungsweise eine kugelsymmetrische Neutronenverteilung zu erwarten war, was sich auch durch die Versuche bestätigte.

2. Aufbau der Versuchsanordnung

Die Versuche wurden wiederum in dem schon beschriebenen Außenlabor des Instituts ausgeführt.[1] Die Schichtung aus 38-Metall und Paraffin sollte, wie schon erwähnt, kugelsymmetrisch sein mit Rücksicht auf die leichtere Auswertbarkeit der Messungen. Zu diesem Zweck wurde als Behälter eine Aluminiumkugel angefertigt von 28 cm Innenradius und 0,4 cm Wanddicke (vgl. Abb. 1), bestehend aus 2 Halbkugeln, die durch einen äquatorialen Flansch aufeinander gepreßt werden konnten.

Die *untere Halbkugel* hatte am Pol eine kleine Versenkung, in die ein zylindrischer Schacht von 4 cm Durchmesser und 2 mm Wandstärke eingeschweißt war, der bis zum Äquator reichte. (Vgl. Abb. 1). Am Innenrand des Äquators befand sich eine Art Dachrinne, die Wasser, welches während der Messungen der Neutronenintensität unter Wasser aus dem Außenraum durch die Dichtung am
3 Äquator eindringen sollte, aufzufangen und durch besondere Ableitungsrohre | in die kleine Versenkung bzw. den Schacht am Fuß der Halbkugel zu leiten hatte, wo es von oben her abgepumpt werden konnte. Die untere Halbkugel lag mit dem äquatorialen Flansch auf einem Aluminiumgestell auf, das auf dem Boden des Wasserbassins des Labors fest montiert war. Die Schichtungen von 38-Metallpulver und Paraffin wurden in der unteren Halbkugel auf diesem Gestell ausgeführt.

Die obere Halbkugel war in anderer Weise gebaut. Der zum Pol führende Schacht war rechteckig: 2,2 · 10 cm, 2 mm Wandstärke, und führte durch den Pol hindurch nach außen und endete in einem Flansch, an den ein Verlängerungsstück angeschraubt werden konnte. Während der Messungen ragte dieser Schacht aus dem die Maschine umgebenden Wasser heraus. Durch ihn konnte das Innere der Maschine beobachtet und besonders das Ra-Be-Präparat für die Bestrahlung eingeführt werden.

Zur Schichtung wurde diese Halbkugel auf ein besonderes Gestell mit der Äquatoröffnung *nach oben* gelegt. Die gefüllte Halbkugel wurde durch eine 3 mm dicke Aluminiumplatte verschlossen, die auf einen Flansch am Innenrand des Äquators und am Innenrand des Polschachtes festgeschraubt werden konnte. Mit diesem Verschluß konnte dann die Halbkugel mittels eines Krans zusammen mit dem Gestell, auf dem sie lag, herumgedreht und auf die untere Halbkugel herabgelassen werden. Zwischen die Flansche der beiden Halbkugeln wurde ein nahtloser Rundgummi zur Dichtung gelegt.

In dem Schacht der oberen Halbkugel konnte ein Einsatz eingelassen werden, an dem unten die Strahlungsquelle befestigt war, und der innen ebenfalls eine Schichtung von 38-Metall und Paraffin enthielt, die der äußeren Schichtung entsprach.

[1] Vgl. W. Heisenberg: Bericht über Versuche mit Schichtenanordnungen von Präp. 38 und Paraffin am Kaiser Wilhelm-Inst. f. Physik. [See pp. 432 – 462 above.] (Editor)

Abb. 2 zeigt eine Außenansicht der fertigen Maschine im Wasserbassin.
Es wurden drei verschiedene Schichtungen ausgemessen. Die Dicke der Paraffinplatten war in allen Fällen 1,6 cm, d.i. 1,44 g/cm^2, die der Metallschichten betrug bzw. 18,39 und 75 g/cm^2 U. Abb. 1 und 3 zeigen im Querschnitte schematisch die Lage der Schichten für die verschiedenen Anordnungen. Bei der ersten und letzten war eine U-Schicht, bei der zweiten eine Paraffinschicht in der Mitte.
Im Ganzen wurden 551, 740,7 bzw. 864 kg U und etwa 44, 37 bzw. | 12,5 kg Par- 4
affin eingebaut. Im allgemeinen wurde feines Metallpulver verwendet. Seine Schüttdicke beträgt im Kleinen gemessen 11,4; bei dem Einbau in die Maschine war sie jedoch nicht größer als 10 bis 10,2. In den Polklappen wurde grobes Metallpulver mit der Schüttdicke 13 verwandt. Der Dichteunterschied zwischen den beiden Pulversorten wurde ferner bei den mittleren Schichten ausgenutzt, um geringe Abweichungen vom vorausberechneten Raumbedarf zu kompensieren, so daß die Gleichheit aller Schichten bezüglich der Massenbewegung sichergestellt werden konnte.

3. Durchführung der Messungen

Zur Bestrahlung wurde die auch früher verwendete Ra-Be-Quelle benutzt, die im Zentrum der Schichtenkugel angebracht wurde. Die gesamte Meßanordnung war von einem Rückstreumantel aus Wasser umgeben. Wie bei den Oxydmessungen wurde die stationäre Verteilung der Neutronen in dem umgebenden Wasser und im Innern der Schichten gemessen und mit entsprechenden Leermessungen verglichen. Die Bestrahlung im Innern wurde in einem vertikalen Meßschacht (Abb. 2) und in der Äquatorebene vorgenommen. Die Fortsetzung der Schichten in den Schacht wurde durch passend dimensionierte Paraffinklötze und U-gefüllte Pappkästchen angestrebt. Die Messungen konnten zwischen den Schichten und nach Unterteilung der Klötze und Kästchen in den Schichtmitten durchgeführt werden. Die genauere Bestimmung der Intensitätsmaxima in den Paraffinschichten war jedoch auf diesem Weg nicht zu erreichen, teils wegen des großen Einflusses der Indikatorabsorption in so ausgeprägten Spitzen des Intensitätsverlaufs, teils wegen der aus gleichem Grund schwierigen Erfüllbarkeit der geometrischen Bedingungen. Die Messungen im Rückstreumantel wurden in verschiedenen Abständen von der Kugeloberfläche vorgenommen, und zwar in den in Abb. 1 angedeuteten Richtungen unter 45° nach oben und unten, in der Äquatorebene und in der Polrichtung nach oben neben dem Schornstein. Die Abstände von der Kugeloberfläche wurden durch Halterungen aus Reinaluminium in reproduzierbarer Weise festgelegt. Die Verteilung der Indikatoren über die verschiedenen Azimuthrichtungen wurde im allgemeinen willkürlich variiert, um geringe Abweichungen von der Rotationssymmetrie herauszumitteln.
Die Ausmessung des Neutronenfeldes erfolgte in der bereits früher geschilder- 5
ten Weise mit Dy-Indikatoren von 300 mg Dy auf 2×4 cm^2. Im allgemeinen wurden 10 Indikatoren gleichzeitig bestrahlt und zu je fünfen an zwei Zählgeräten üblicher Bauart ausgemessen. Die Abfallskurve wurde in etwa 5 Punkten festgelegt, von denen jeder möglichst mit 3000 bis 6000 Teilchen belegt war. Die Berechnung der Anfangsaktivität erfolgt numerisch unter Annahme einer Halb-

wertzeit von 139,5 min für Dy. Die Konstanz der Empfindlichkeit des Zählgeräts wurde durch ständige Standardmessungen überwacht, geringe Variationen in üblicher Weise proportional ausgeglichen. Neben dem Nulleffekt zeigten die stark bestrahlten Indikatoren vor allem nach mehreren Bestrahlungen merkliche Resteffekte, die von langlebigen Komponenten des Dy und seiner Verunreinigungen (Ho) herrührten. Sie wurden durch Messungen etwa 24 Std. nach Bestrahlungsende bestimmt und bei der Auswertung berücksichtigt. Durch Verwendung möglichst ausgeruhter Indikatoren – grundsätzlich wurden zwei Indikatorsätze abwechselnd benutzt – konnte im allgemeinen erreicht werden, daß der Resteffekt neben dem Nulleffekt nicht mehr als 15 – 20 Teilchen/min ausmacht. In Einzelfällen konnte er auf 50 Teilchen und mehr ansteigen. Jeder äußere Meßpunkt wurde viermal, jeder innere zweimal gemessen.

4. Ergebnisse und Auswertung

Das Ergebnis der Messungen ist in den Kurven der Abb. 4a – c und 5 [– 6] dargestellt. Die Abb. 4a – c enthalten die Ergebnisse für die drei verschiedenen Schichtanordnungen, Abb. 5 zum Vergleich die der Leermesssung. Die Abszissen zeigen den Abstand r von der Quelle, die Ordinaten die mit $4\pi r^2$ multiplizierten Aktivitäten. Die Al-Wand der Kugel ist zwischen 29,5 und 29,8 cm eingezeichnet. Diese Lage entspricht den Verhältnissen unter 45° nach oben und unten. In Wirklichkeit weicht der Behälter von der Kugelgestalt etwas ab. Er ist in der Polrichtung auseinandergezogen. Die Unterschiede zwischen den Radien in den verschiedenen Richtungen müssen bei der Berechnung von $4\pi r^2 J$ berücksichtigt
6 werden. Die äußeren Radien des Behälters betragen | $R_{\text{pol}} = 30{,}1$ cm, $R_{\pm 45°} = 29{,}8$ cm, $R_{\text{Äqu}} = 28{,}0$ cm. Die ausgezogenen Kurven beziehen sich *außen* auf die Messungen unter 45° nach oben und unten und *innen* (nur in der Abb. 4a – c) auf die Meßpunkte an der Grenze zwischen den 38- und Paraffin-Schichten. Bei der Auswertung wurden diese zugrunde gelegt und daraus die Gesamtintensitäten berechnet. Die gestrichelten Kurven zeigen innen die periodische Änderung der Intensität von Schicht und außen den Intensitätsverlauf an Äquator und Pol. Die letzten Messungen sind durch die beträchtlichen Al-Massen des Flansches am Äquator und des Schornsteins am Pol gestört. Beide bewirken eine Schwächung der Intensität. Am Äquator kommt ein in umgekehrter Richtung wirkender Effekt hinzu. Ein großer Teil der Primärneutronen gelangt vor der Abbremsung auf thermische Geschwindigkeiten in den Rückstreumantel, teils wegen des unvermeidlichen Luftspalts zwischen den beiden Halbkugeln, teils weil die Neutronen vor allem im ersten und letzten Versuch durch das U-Metall entweichen können, ohne wenigstens eine Paraffinschicht zu berühren. Die größere Intensität am Äquator bei der Leermessung beruht wohl darauf, daß die Oberfläche der Kugel durch den Flansch wegen der geringen Streuung in H gleichsam nach außen geschoben wird.

Die Auswertung der Meßergebnisse ist in Tabelle 1 durchgeführt. Die erste Zeile enthält Angaben über die Daten der drei Kugelschichtenanordnungen $B\,3 - B\,5$. In der nächsten stehen deren Kenngrößen. Der Faktor Y gibt die Vervielfachung der Spaltungsneutronen vom U_{235} durch anschließende, vor erneuter

Abbremsung erfolgende Spaltungen von U_{238} an. Er kann nach einem früheren Bericht von *Heisenberg* abgeschätzt werden zu:

$$Y = 1 + 1 : (2{,}6 + 2{,}68\,(N_H/N_U) + 0{,}34\,(N_C/N_U)) \ . \tag{1}$$

$Y_{\text{Ra-Be}}$ bedeutet den entsprechenden Faktor für die Neutronen der Ra-Be-Quelle. Wegen der etwas höheren mittleren Energie dieser Neutronen ist $Y_{\text{Ra-Be}} > Y$ und nach Heisenberg in grober Näherung $Y_{\text{Ra-Be}} = 1 + 3/2\,(Y - 1)$. Der Anteil $(1 - e^{-w})$ der vor der Abbremsung auf thermische Geschwindigkeiten durch Resonanzeinfang verlorenen Neutronen ist aus der auf Grund der *Sauerwein*schen | Messun- 7
gen (S 12[2]) bestimmten empirischen Formel (v. Weizsäcker T[agun]gsber[icht])

$$w = \frac{C}{\sum \gamma_i(i)}\,\frac{6 + d}{l} \tag{2}$$

berechnet, in der d die Dicke der U-Schichten in g/cm^2 und l die der Paraffinschichten in cm bedeuten. Dabei ist für Paraffin $\sum \gamma_i(i) = 1{,}158$ und $C = 0{,}008$ gemäß Abb. 7.

In der dritten Zeile sind die verschiedenen Gesamtintensitäten der Neutronen angegeben, die aus den in der letzten Spalte genannten Diagrammen durch Integration folgen. N_0 ist die Intensität der Neutronen bei einem völlig von Wasser umgebenen Präparat, N_l die entsprechende Intensität, die die gleiche Quelle im Außenraum des leeren bei den Schichtanordnungen benutzten Behälters erzeugt. N_a und N_i bedeuten die Neutronenintensitäten in dem die Schichtungen umgebenden Wassermantel und im Innern der Schichten. In den Werten von N_l und N_a sind die im Al-Behälter absorbierten Neutronen mitberücksichtigt.

An diesen Zahlen fällt zunächst der Unterschied zwischen den gleich zu erwartenden Intensitäten N_0 und N_l auf. Er übersteigt nur wenig den doppelten mittleren Fehler, der etwa 2×2% beträgt, und ist darum vielleicht nicht reell. Doch darf man ihn nicht einfach negieren, weil er in ähnlicher Weise bei allen früheren Messungen, den Oxydmessungen (*H* 8[2]) und einem in seiner Genauigkeit allerdings etwas geringer zu bewertenden Vorversuch, in Erscheinung getreten ist. Der früher an dieser Stelle erwähnte Geometriefehler tritt bei den obigen Versuchen nicht auf. Vielleicht wirkt sich hier die verschieden starke Störung des Neutronenfeldes im Inneren des Wassers und in der Nähe der Behälterwand aus. N_i erhält man durch Integration über den ausgezogen gezeichneten Intensitätsverlauf zwischen den Schichten und Multiplikation mit dem aus der Theorie folgenden Faktor[3]

$$\frac{N_P + N_U}{2\,J_{UP}(a + b)} = \frac{\alpha}{a + b}\,(1 + N_P/N_U) \ , \tag{3}$$

in dem α und β die reduzierten Schichtdicken 8

$$\alpha = l_U \tanh a/l_U \ , \qquad \beta = l_P \tanh b/l_P \tag{4}$$

[2] S 12 and H 8 denote the abbreviations of the reports in the KWI-List quoted above. (Editor)

[3] Die vorläufige Mitteilung enthält diese Umrechnung noch nicht.

bedeuten, a und b die Schichtdicken selbst, J_{UP} die Neutronenintensität zwischen den Schichten und N_{P} und N_{U} die Gesamtintensitäten in Paraffin und U. Das Verhältnis $N_{\mathrm{P}}/N_{\mathrm{U}}$ berechnet sich dabei aus Gl. (10). Der Berechnung der Diffusionslängen l_{U} und l_{P} liegen folgende Wirkungsquerschnitte zugrunde: $\sigma_{\mathrm{U}}^{\mathrm{s}} = 16$, $\sigma_{\mathrm{H}}^{\mathrm{s}} = 48$ für Streuung $\sigma_{\mathrm{U}}^{\mathrm{a}} = 6{,}2$, $\sigma_{\mathrm{H}}^{\mathrm{a}} = 0{,}24 \cdot 10^{-24}\,\mathrm{cm}^2$ für die Absorption.

Diese Ergebnisse werden zunächst zur Berechnung des bei den vorliegenden Anordnungen noch negativen Neutronenproduktionskoeffizienten benutzt, der in der vierten Zeile angegeben ist. Er berechnet sich aus der Gleichung (Tagungsbericht):

$$\bar{\nu} = \frac{N_{\mathrm{a}} - N_{\mathrm{Q}}}{N_{\mathrm{i}}} \, \mathrm{e}^{-w} \nu_{\mathrm{H}} \ . \tag{5}$$

Darin bedeutet $N_{\mathrm{q}}\,\nu_{\mathrm{H}}$ die Neutronenintensität der Quelle und $N_{\mathrm{a}}\,\nu_{\mathrm{H}}$ die effektive Intensität der Maschine. Der Überschuß $N_{\mathrm{i}}'\,\bar{\nu}$ wird im Innern produziert. Er umfaßt den Bruchteil $N_{\mathrm{i}}\,\bar{\nu}$ der im Innern beobachteten thermischen Neutronen und die vorher durch Resonanzabsorption verschluckten, so daß $N_{\mathrm{i}}' = N_{\mathrm{i}}\,\mathrm{e}^{w}$ ist. Für die Quellstärke N_{Q} muß man infolge der Spaltungen durch schnelle Neutronen die Stärke des Präparats um den Faktor $Y_{\text{Ra-Be}}$ vergrößern. Mit Rücksicht auf den nicht geklärten Unterschied zwischen N_0 und N_1 setzen wir beziehungsweise

$$N_{\mathrm{Q}} = N_0\, Y_{\text{Ra-Be}} \ , \qquad N_{\mathrm{Q}} = N_1\, Y_{\text{Ra-Be}} \tag{6}$$

und benutzen weiterhin den Mittelwert $\bar{\nu}$ zwischen ν_1 und ν_2.

Zum Vergleich mit den übrigen Messungen ist außerdem der Massenproduktionskoeffizient $\bar{\nu}/\varrho$ angegeben. Er trägt der Tatsache Rechnung, daß $\bar{\nu}$ bei geometrisch ähnlicher Kompression der ganzen Maschine der mittleren Dichte ϱ proportional ist. Bei verschiedenartiger Änderung der Geometrie verschiedener Schichten liegen die Verhältnisse nicht so einfach. Um der dadurch bedingten
9 Unsicherheit Rechnung zu tragen, wird der Vergleich mit der U-Dichte, |der mittleren Dichte von U im ganzen Volumen und der mittleren Dichte von U und Paraffin durchgeführt. Selbstverständlich sind nur die $\bar{\nu}/\varrho$ einer Zeile vergleichbar. Tabelle 2 gibt die letzten Zahlen zusammen mit den entsprechenden Daten früherer Maschinen an. Die Anordnungen $B\,3$ und $B\,4$ sind danach ziemlich gleichwertig. Je nach der Wahl der Dichte erscheint die eine oder andere günstiger, was zu der von Weizsäckerschen Behauptung eines sehr flachen Maximums in diesem Schichtbereich paßt.

Unsere Messungen sollten darüber hinaus wenigstens Teilaussagen über die Verteilung der inneren Neutronenintensität auf die Uran- und Paraffinschichten liefern. Es ist schon oben darauf hingewiesen worden, daß sich die Intensitätsspitzen im Paraffin zu niedrig ergeben haben. Sie sind darum aus der Tiefe der Täler nach der aus früheren Berichten (H 1, 2) folgenden Formel:

$$\frac{A}{B} = \frac{D_{\mathrm{U}}}{D_{\mathrm{P}}} \, \frac{l_{\mathrm{P}}}{l_{\mathrm{U}}} \, \frac{\sinh(a/l_{\mathrm{U}})}{\sinh(b/l_{\mathrm{P}})} \, \frac{\cosh(b/l_{\mathrm{P}}) - 1}{\cosh(a/l_{\mathrm{U}}) - 1} \tag{7}$$

berechnet worden, in der A und B Spitzenhöhe und Taltiefe bedeuten. In den Abb. 4b und c sind die so berechneten Spitzen eingezeichnet. Ein zahlenmäßiger

Vergleich mit der Theorie ergibt sich folgendermaßen. Das Verhältnis der Intensitäten zwischen den Schichten zu denen mitten in Uran sollte

$$J_{\mathrm{UP}} : J_{\mathrm{U}} = \cosh(a/l_{\mathrm{U}}) \tag{8}$$

sein. Für die verschiedenen Schichten erhält man im Versuch:

$$\begin{array}{lllllll} B\,4\colon 1{,}33 & 1{,}36 & 1{,}40 & 1{,}29 & 1{,}31 & \text{im Mittel } 1{,}34 \text{ statt } 1{,}37 \\ B\,5\colon & 2{,}28 & 2{,}03 & 2{,}77 & & \text{im Mittel } 2{,}04 \text{ statt } 2{,}55 \end{array} \tag{9}$$

Im ersten Fall ist die Übereinstimmung gut. Für den zweiten trifft das nicht zu. Wahrscheinlich liegt auch diese Abweichung an der verschiedenartigen Indikatorkorrektur in Paraffin einerseits und im Innern dicker Uran-Schichten andererseits. Ähnlich Gl. (7) kann man auch das Verhältnis der Intensitäten in Paraffin und Uran ausrechnen. Mit den oben angegebenen Bezeichnungen lautet dieses:

$$\frac{N_{\mathrm{P}}}{N_{\mathrm{U}}} = \frac{b}{\alpha} + \left(\frac{b}{\beta} - 1\right) \frac{\nu_{\mathrm{U}} + \bar{\nu}}{\nu_{\mathrm{P}} + \bar{\nu}} \ . \tag{10}$$

Das aus Abb. 4 bestimmte Verhältnis stimmt in demselben Maß mit der Rechnung überein wie die Angaben in (9) und besagt gegenüber diesen Zahlen nichts Neues. Die Angaben in Zeile 5 der Tabelle 1 sind mit dem theoretisch zu erwartenden Verhältnis gemäß Gl. (10) aus der Gesamtintensität N_{i} berechnet.

Sie liegen den weiteren Rechnungen zugrunde im Anschluß an Gl. (3) und zur Bestimmung des X-C-Diagramms. Nach früheren Berichten ist

$$X = F\,\mathrm{e}^{w} + G \qquad \text{mit} \tag{11}$$

$$F = \frac{1}{Y}\left(1 + \frac{N_{\mathrm{P}}}{N_{\mathrm{U}}}\,\frac{\nu_{\mathrm{P}}}{\nu_{\mathrm{U}}}\right) , \qquad G = \frac{N_{\mathrm{a}} - N_0\,Y_{\mathrm{Q}}}{Y N_{\mathrm{U}}}\,\frac{\nu_{\mathrm{H_2O}}}{\nu_{\mathrm{U}}} \ . \tag{12}$$

Die Koeffizienten F und G sowie das Verhältnis w/C aus Gl. (2) ist in der 6. Zeile der Tabelle 1 angegeben. Den Verlauf des X-C-Diagramms zeigt Abb. 7. Im Fall der drei Berliner Versuche ist der Schnittpunkt recht gut definiert. Zum Vergleich ist der Verlauf der Kurve im Fall des Leipziger D_2O-Versuchs mit U-Metall gestrichelt eingezeichnet. Diese liegt etwas höher. Die geometrischen Verhältnisse und die Mengenverhältnisse: Streusubstanz zu 38-Metall, sind aber bei dem Leipziger und den Berliner Versuchen sehr verschieden. Außerdem ist es fraglich, wieweit die einfachen auf ebene Schichten sich beziehenden Formeln auch bei der Auswertung des Leipziger Versuchs (Kugelschichten) angewendet werden dürfen. Die geringe Diskrepanz zwischen dem Schnittpunkt der Berliner Messungen und der Leipziger Kurve hat also wohl keine Bedeutung. Als plausible mittlere Werte für X und C erhält man:

$$X = 1{,}10 \ , \qquad C = 0{,}008 \ . \tag{13}$$

Während der erste Wert mit den Messungen an der Oxydmaschine gut überein-

11 stimmt, liegt der Wert von C merklich tiefer.[4] | Die Tatsache, daß die drei X-C-Kurven einen gemeinsamen Schnittpunkt haben, zeigt auch umgekehrt, daß die Theorie für die Werte (13) die richtige Abhängigkeit der Neutronenproduktion von der Metallschichtdicke liefert. Die Zahlen (13) und die gemessene (negative) Neutronenproduktion sind daher wohl auch ein verläßlicher Ausgangspunkt für Rechnungen über die Anreicherung des Isotops 235.

Man kann ja im Anschluß an die beschriebenen Versuche die Frage stellen, welche Anreicherung des seltenen Isotops 235 notwendig wäre, um der betreffenden Schichtung einen positiven Neutronenproduktionskoeffizienten zu geben. Bezeichnet man mit ε den relativen Grad der Anreicherung, so wird der mittlere Neutronenproduktionskoeffizient:

$$\bar{\nu}_\varepsilon = [(1+\varepsilon) X Y e^{-w}(\beta/b) - 1 - \gamma\varepsilon] \frac{\alpha \nu_U}{\alpha+\beta} - \frac{\beta \nu_P}{\alpha+\beta} . \tag{14}$$

($\gamma = (\sigma_0 - \sigma_E)/\sigma_0 = 0{,}549$, $\sigma_0 = 6{,}2$ und $\sigma_E = 2{,}8 \cdot 10^{-24}\,\mathrm{cm}^2$ für Absorption in normalem U und Einfang in U_{238}.) Lautet der noch negative Produktionskoeffizient des normalen Isotopengemischs $\bar{\nu}$, so wird $\bar{\nu}_\varepsilon$ bei unveränderter Geometrie gerade positiv, wenn

$$\varepsilon > \frac{-\bar{\nu}/\nu_U}{\alpha(X Y e^{-w}(\beta/b) - \gamma)/(\alpha+\beta)} \tag{15}$$

ist. Das Ergebnis ist in der 7. Zeile der Tabelle 1 eingetragen. Die günstigste Dicke der U-Platten (bei konstanter Paraffindicke 1,6 cm) liegt offenbar zwischen den Schichtungen $B\,3$ und $B\,4$. Quadratische Interpolation liefert dafür 22,8 g U cm^2.

Zum Schluß geben wir noch die optimalen Schichtdicken und den zu erwartenden Produktionskoeffizient für um 20% angereichertes Uran an ($\varepsilon = 0{,}2$). Es ist in diesem Falle

$$2a = 29{,}8\ \mathrm{g/cm^2\,U}\ ; \qquad 2b = 1{,}5\ \mathrm{cm\ Paraffin}\ ;$$
$$\bar{\nu}_{0,2} = 1870\ . \tag{16}$$

5. Zusammenfassung

12 Die beschriebenen Versuche haben zu folgenden Ergeb|nissen geführt:

1) Die Verbesserung im Wirkungsgrad der Schichtungen, die durch den Ersatz von Oxyd durch Metall erzielt wird, ist etwas größer, als nach der Theorie zu erwarten war.
2) Die Abhängigkeit des Wirkungsgrades von der Metallschichtdicke wird durch die Theorie richtig wiedergegeben.

[4] Die Theorie der Größen Y und w ist in einem neueren Bericht von *Höcker* verbessert worden. Diese verbesserte Theorie verändert die aus dem Schnittpunkt folgenden Werte von X und C nicht unerheblich, insbesondere wird die Diskrepanz zwischen Oxyd- und Metallmessungen sehr viel geringer.

3) Eine Anreicherung des seltenen Isotops 235 um etwas mehr als 1·1 % würde genügen, um eine Schichtenanordnung aus gewöhnlichem Paraffin (oder Wasser) und dem angereicherten Metall mit positiver Neutronenproduktion herzustellen. Bei einer Anreicherung um 20% läßt sich bereits ein Neutronenproduktionskoeffizient der Größenordnung $\bar{\nu} \sim 1/2\ \nu_H$ erreichen.

Berlin-Dahlem, den 30. 10. 42
Max-Planck-Institut

13 **Tabelle 1.** Ergebnisse der Messungen an den Schichtenkugeln

		Versuch	*B* 3	*B* 4	*B* 5	Bemerk.
I	Daten der Schichtung	Schichtdicke				
		Uran	18	39	75	g/cm^2
		Paraffin	1,44	1,44	1,44	g/cm^2
		Masse U	551	740,7	864	kg
		Dichte ϱ	10	10	10	$[g/cm^3]$
			5,3	6,9	8,2	
			5,7	7,2	8,4	
II	Kenngrößen	Y	1,097	1,162	1,224	Gl. (1)
		Y_Q	1,145	1,243	1,336	
		w	0,1033	0,1942	0,3573	Gl. (2)
III	Neutronenintensität	N_0		126,9		Abb. 6
		N_l		132,5		Abb. 5
		N_a	110,8	129,8	131,1	Abb. 4a–c
		N_i	115,0	67,7	40,9	Gl. (3)
IV	Produktionskoeffizient	ν_1 (mit N_0)	$-0{,}271\ \nu_H$	$-0{,}340\ \nu_H$	$-0{,}656\ \nu_H$	
		ν_2 (mit N_l)	$-0{,}321\ \nu_H$	$-0{,}424\ \nu_H$	$-0{,}785\ \nu_H$	Gl. (5)
		$\bar{\nu}$ (Mittel)	–1188	–1536	–2890	
		$\bar{\nu}/\varrho$	–118,8	–153,6	–289	
			–224	–223	–353	
			–209	–213	–344	
V	Teilintensitäten	$(J_{UP}:J_U)$ gem.	–	1,34	2,04	Gl. (8)
		$(J_{UP}:J_U)$ ber.	1,077	1,374	2,556	
		N_P	63,9	31,1	21,4	
		N_U	51,1	36,6	20,5	Gl. (10)
		$N_P:N_U$	1,251	0,850	1,044	
VI	*X*-*C*-Diagramm	F	1,049	0,954	0,918	Gl. (12)
		G	–0,0693	–0,0716	–0,192	Abb. 7
		w	12,93 *C*	24,3 *C*	44,7 *C*	Gl. (2)
VII	Minimaler Anreicherungsgrad	$\varepsilon >$	11,35	12,40	28,2	%

14 **Tabelle 2.** Vergleich der Massenproduktionskoeffizienten in verschiedenen Schichtversuchen

$\bar{\nu}/\varrho$	*B* 1	*B* 2	*B* 3	*B* 4	*B* 5	*L* 1	*L* 2	*L* 4
	–295	–575	–119	–154	–289	–378	+48,6	+23,8
	–367	–632	–224	–223	–353	–516	+140,1	+67,0
	–342	–611	–209	–213	–344	–458	+81,0	+45,4

16

Abb. 1
Uran
551 Kg
Paraffin
Präparat
Pol
+45°
Äqu.
- 45°

Abb. 3

Abb. 2

Abb. 3

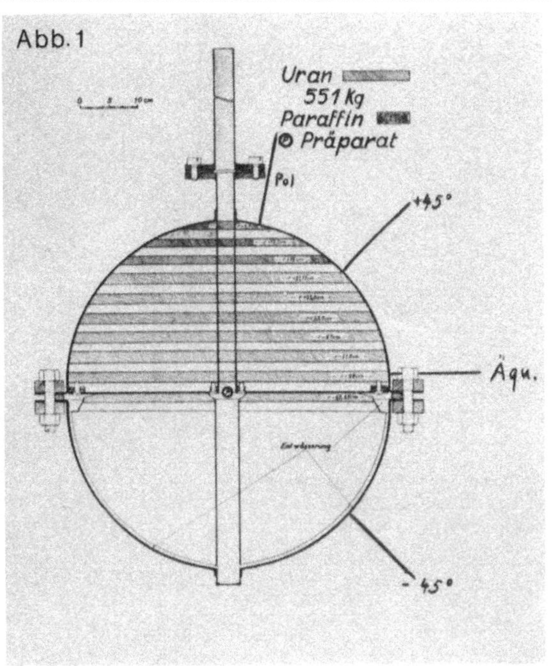

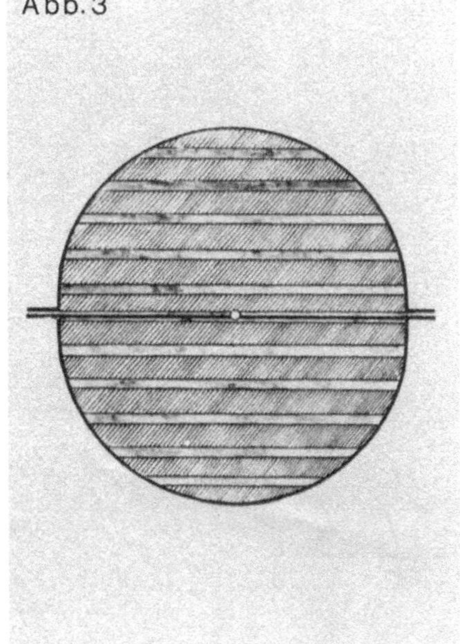

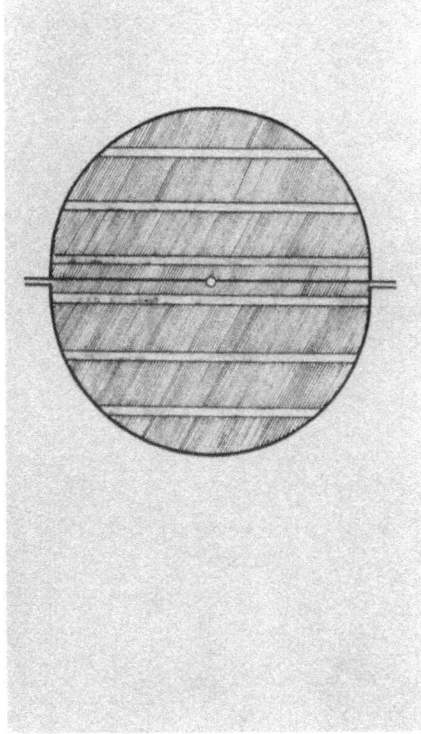

17 

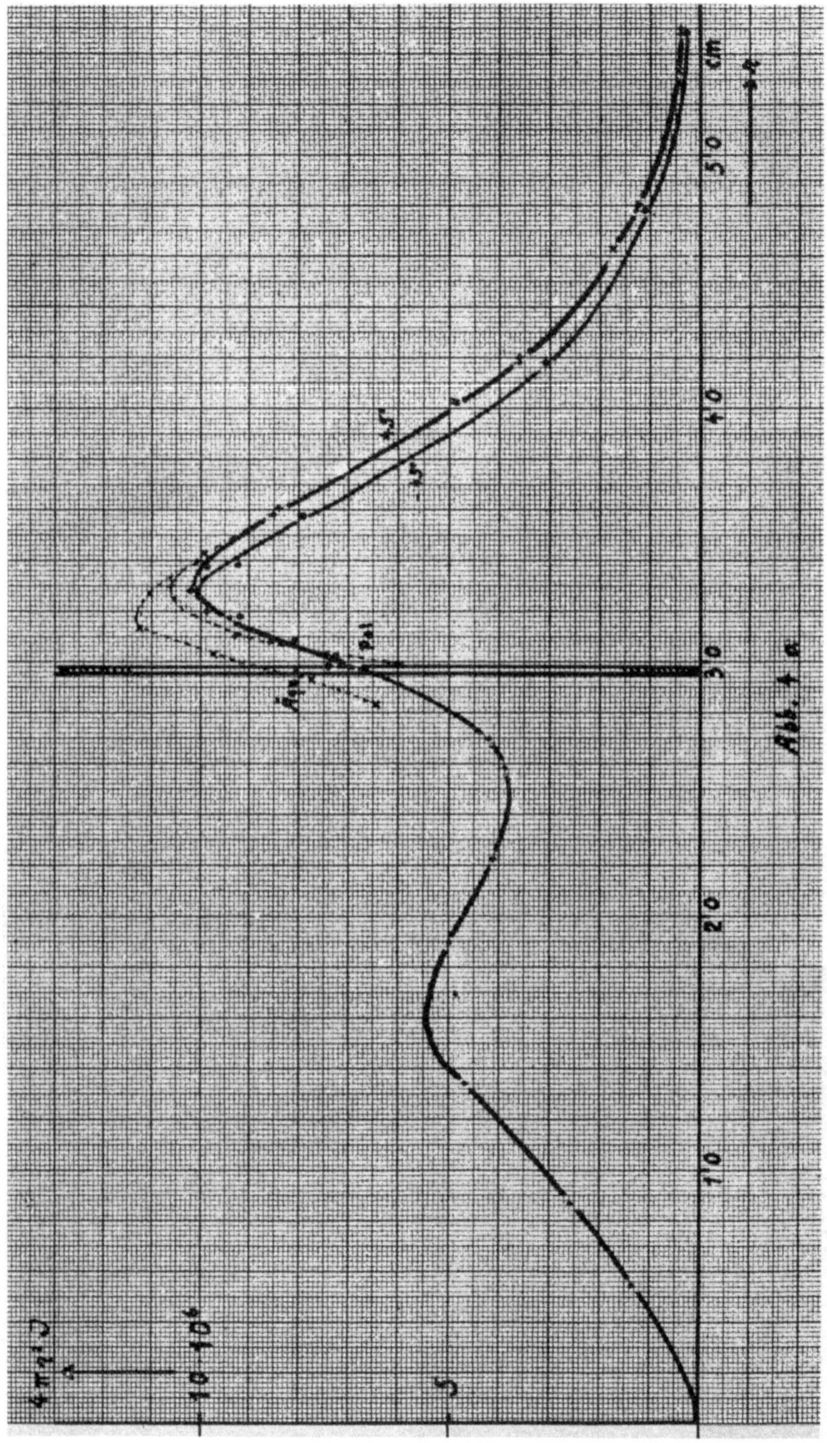

Abb. 4 a

18

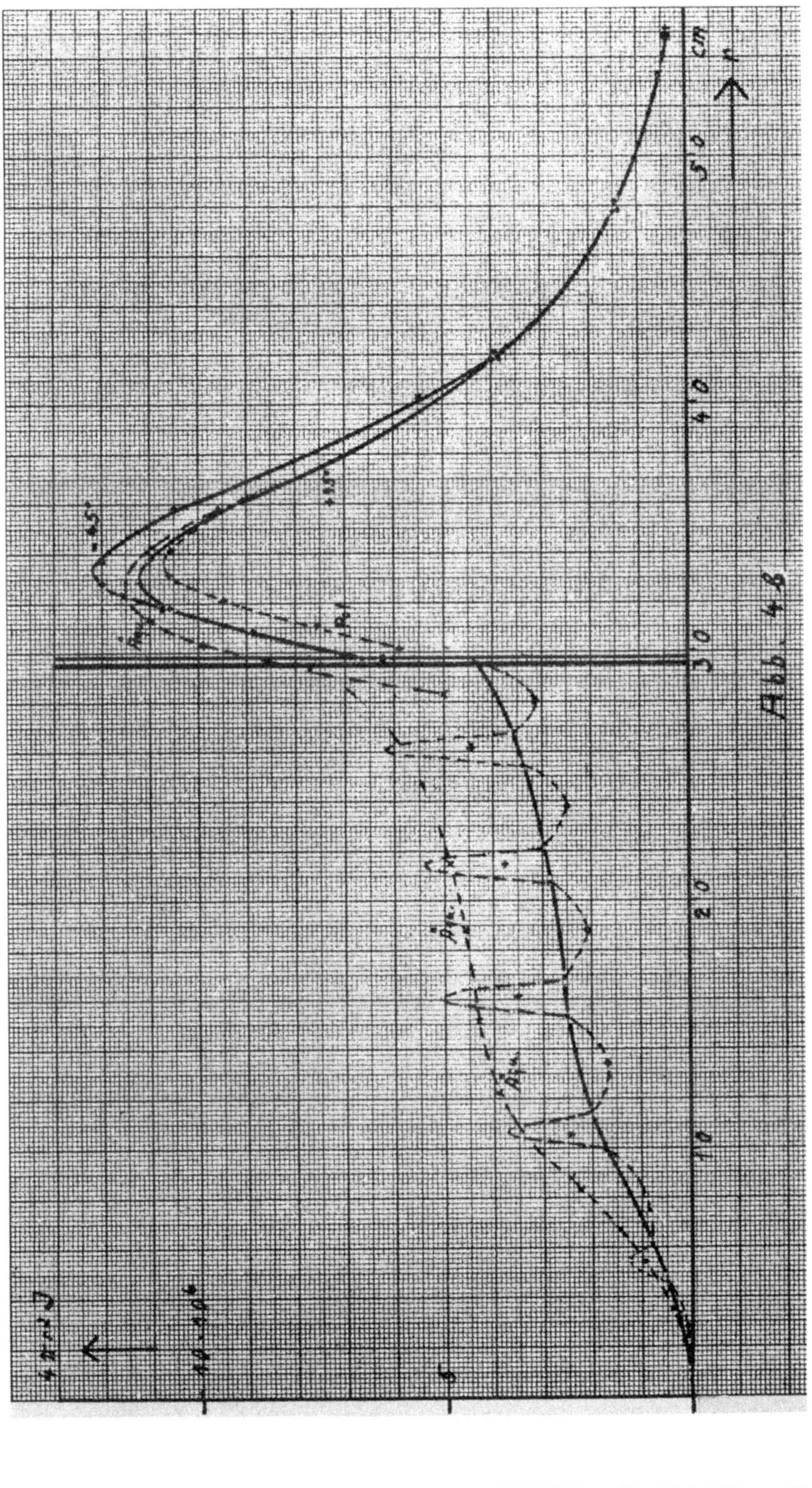

Abb. 4B

19

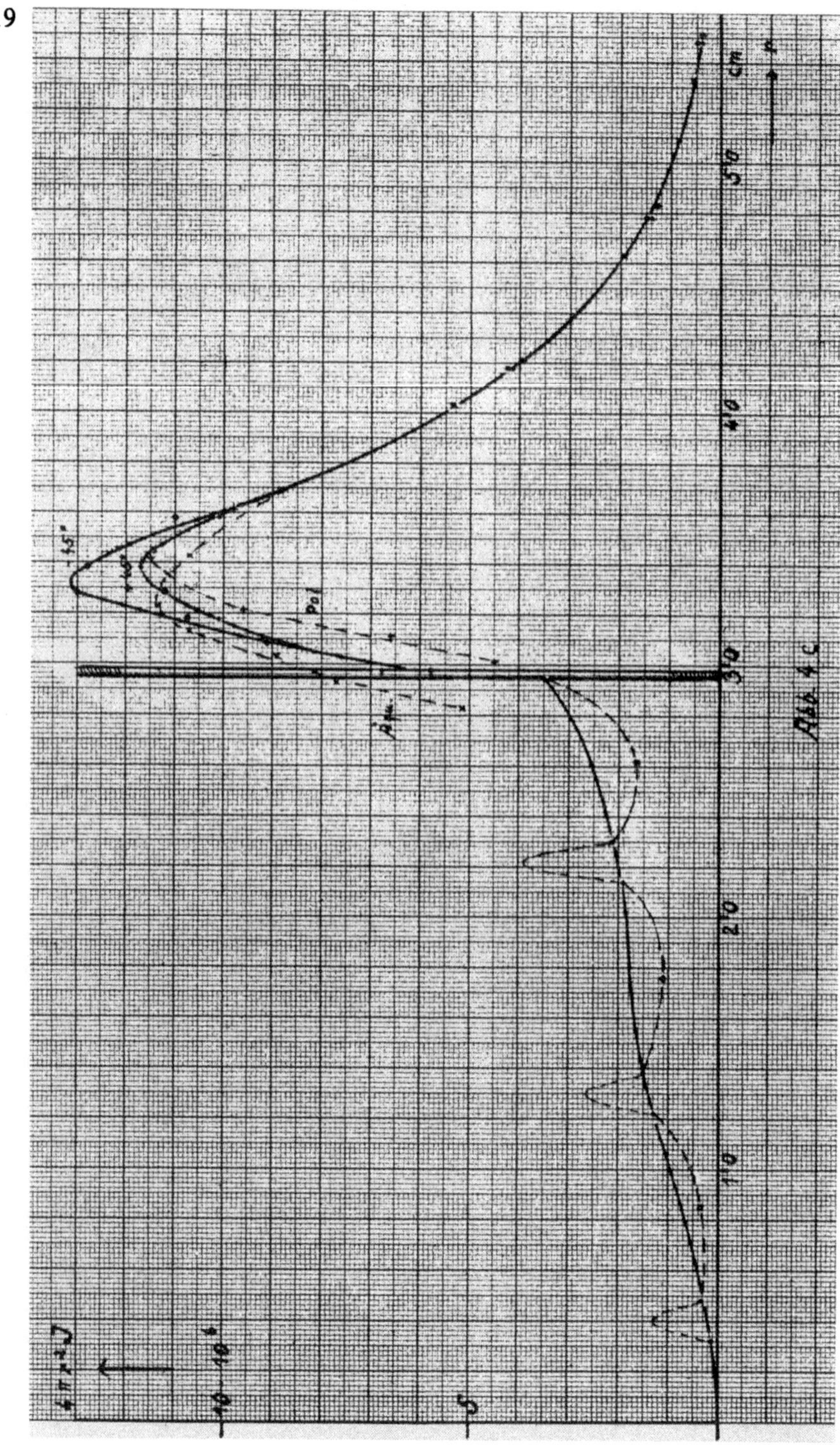

20

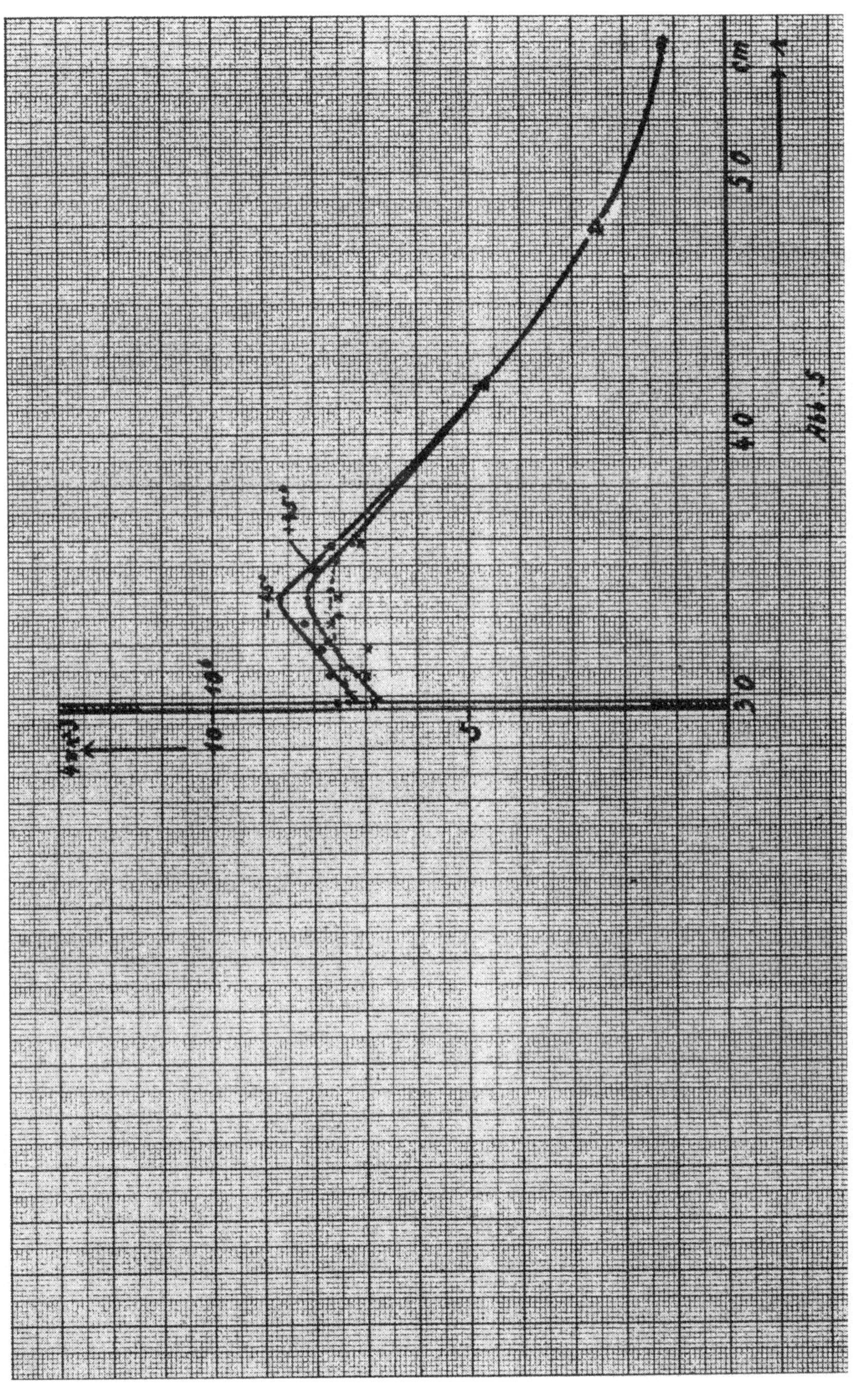

21

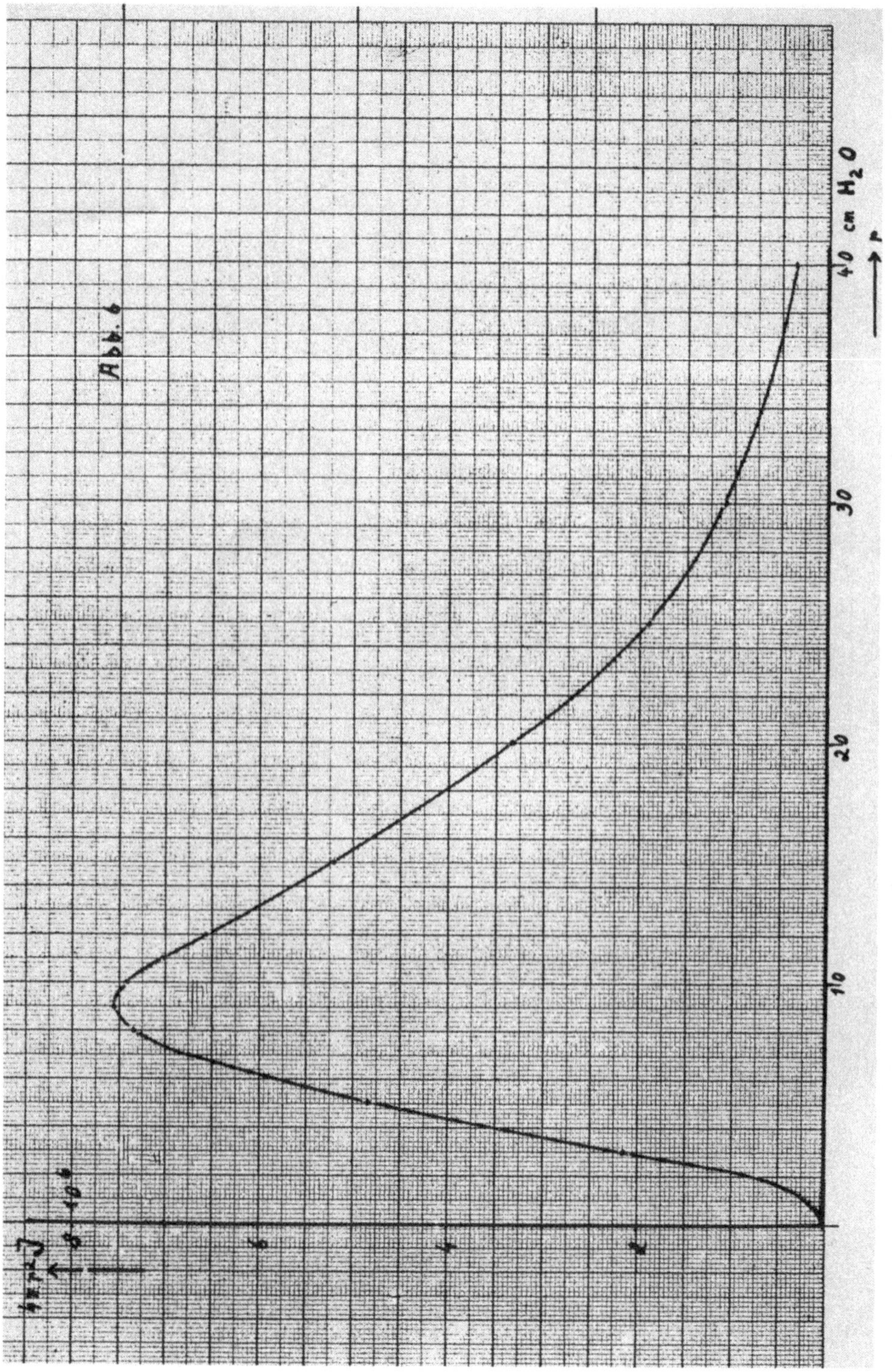

Abb. 6

 22

B5
B4
L4
B3
0,5
1,0
1,5 · 10⁻² → C
K
1,3
1,2
1,1
1,0
0,9
Schichtversuche mit U - Metall
Abb. 7

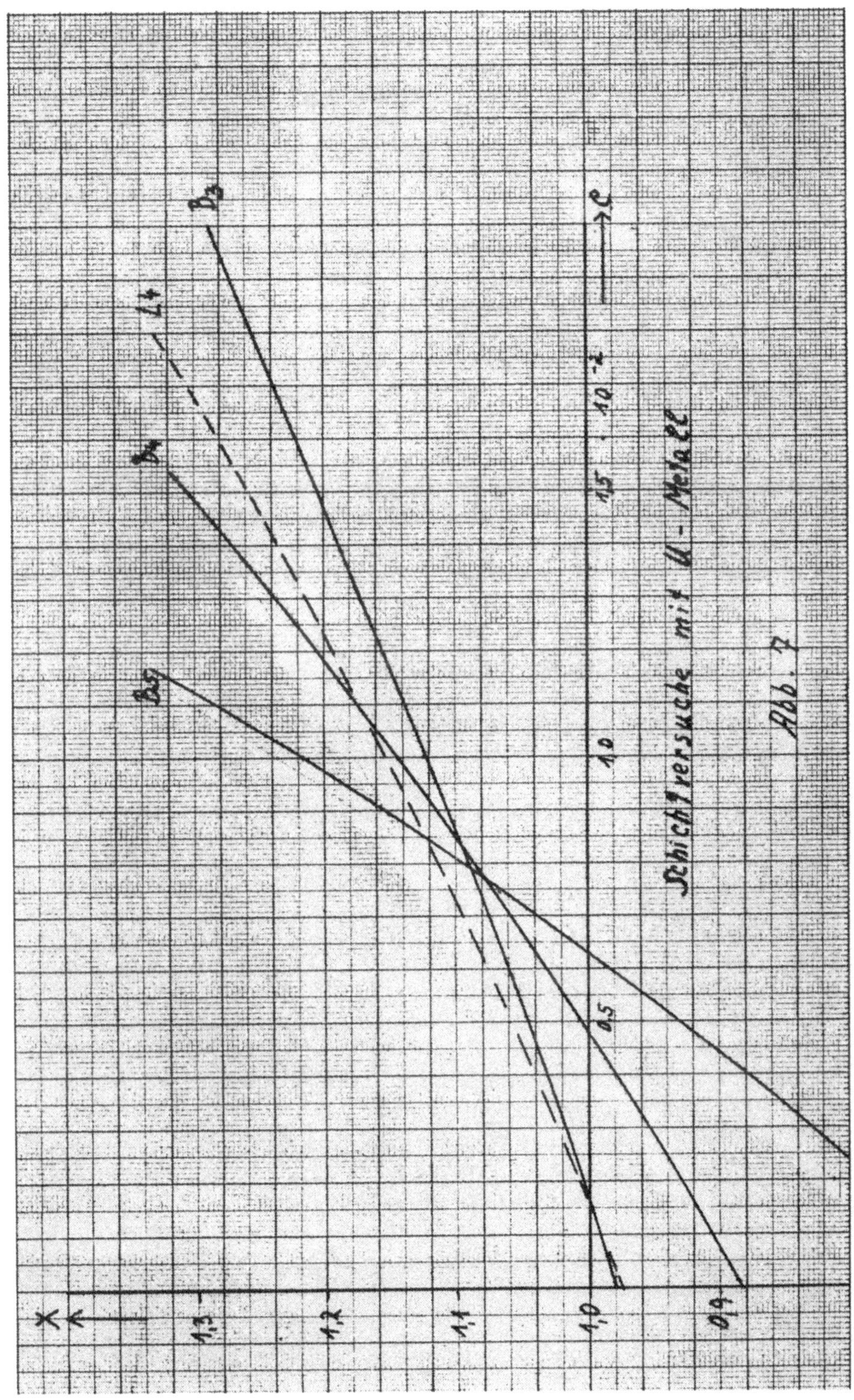

Die Energiegewinnung aus der Atomkernspaltung

Von **Werner Heisenberg** [1]

Die Entdeckung der Uranspaltung durch Hahn und Straßmann hat die Aussicht auf die Lösung eines wichtigen Problems eröffnet: die technische Ausnutzung der großen, in den Atomkernen aufgespeicherten Energien. Wenn 1 kg Kohle verbrennt, so wird dabei eine Energiemenge von etwa 7000 kcal frei, wenn dagegen 1 kg Radium durch die Aussendung radioaktiver Strahlung im Laufe der Zeit zerfällt, so werden dabei etwa 40 Mill. kcal frei. Die technische Ausnutzung dieser Energien war bisher unmöglich, da der radioaktive Zerfall der Materie nicht beeinflußt werden kann, und da die künstliche Umwandlung von Atomkernen, die „Atomzertrümmerung", stets nur an minimalen Materiemengen möglich gewesen ist. Nach der Entdeckung der Uranspaltung kann man jedoch hoffen, die Umwandlung größerer Materiemengen durch eine Kettenreaktion zu bewerkstelligen: denn bei der Spaltung des Urankerns werden gewöhnlich auch einige Neutronen, die vorher Bestandteile des Atomkerns waren, freigesetzt. Diese Neutronen können ihrerseits neue Spaltungen an andern Atomkernen hervorrufen, bei denen dann wieder Neutronen frei werden, und so kann sich dieses Spiel wiederholen, bis ein großer Teil der Uranmenge durch Spaltung verwandelt ist. Diese Grundidee zur Energiegewinnung aus den Atomkernen ist im Sommer 1939 in einem Artikel von Flügge in den „Naturwissenschaften" veröffentlicht worden.

Nach dem Beginn des Krieges ist das Problem von einer Arbeitsgemeinschaft im Rahmen des Heereswaffenamts in Angriff genommen worden. Aber auch in andern Ländern, insbesondere in den Vereinigten Staaten, sind große Mittel für die Lösung des Problems eingesetzt worden.

Der Verwirklichung des geschilderten Plans stehen zunächst folgende Schwierigkeiten im Wege: Das gewöhnliche Uran ist eine Mischung von drei Atomsorten: ^{238}U, ^{235}U und ^{234}U, die das Atomgewicht 238, 235 bzw. 234 besitzen. Die beiden letzteren Atomarten sind viel seltener als die erste. Das ^{235}U macht etwas weniger als 1% und ^{234}U weniger als 1/100% von ^{238}U aus. Nur das zweite Isotop, das ^{235}U, kann durch langsame Neutronen gespalten werden. Wenn es gelänge, diese Substanz rein darzustellen, also eine größere Menge von reinem ^{235}U herzustellen, so würde | sich in diesem Material ein Vorgang abspielen, der schematisch
30 auf der rechten Seite der Abbildung 1 dargestellt ist. Die von einem Spaltungszentrum ausgehenden Neutronen würden auf andere ^{235}U-Kerne treffen und diese entweder spalten und dabei neue Neutronen erzeugen oder an ihnen abgelenkt werden und dabei Energie verlieren. Die abgelenkten Neutronen werden wieder auf andere Urankerne treffen, aber schließlich wird jedes Neutron einmal

[1] Presented on 5 May 1943 at the meeting on problems of nuclear physics in Berlin, published in *Probleme der Kernphysik* (*Schriften der Deutschen Akademie der Luftfahrtforschung*) pp. 29–36. (Editor)

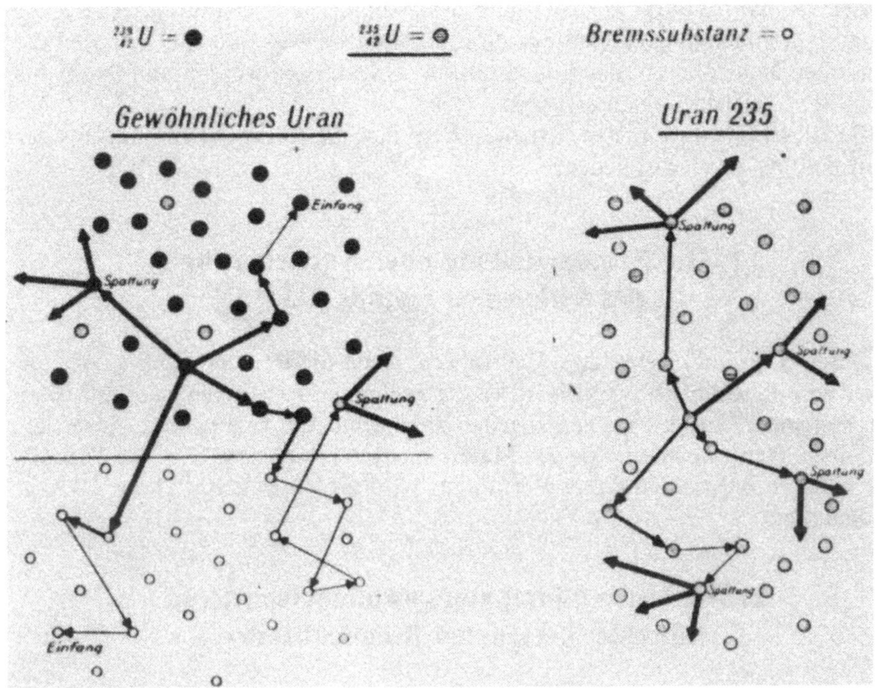

Abb. 1. Schematische Darstellung der Vorgänge beim Durchgang von Neutronen und Uran

Anlaß zu einer Spaltung und damit zu einer Neutronenvermehrung geben. Die gesamte Neutronenmenge wird sich also dauernd vermehren. Es sei denn, daß das Materiestück so klein ist, daß so viele Neutronen durch die Oberfläche abfließen, daß dieser Abfluß nicht durch die Neutronenvermehrung im Innern aufgewogen wird. Wenn aber das Materiestück groß genug ist, so wird die Neutronenvermehrung überwiegen. Die Neutronenmenge wird im Bruchteil einer Sekunde zu enormen Mengen anwachsen, bis ein großer Teil des Materials durch Spaltung verwandelt und eine entsprechende große Energiemenge explosionsartig frei geworden ist.

Im gewöhnlichen Uran jedoch spielen sich die Vorgänge ganz anders ab (vgl. 31
die linke Seite der Abb. 1). Hier wird ein von einem Spaltungszentrum ausgehendes Neutron nur in seltenen Fällen beim Zusammenstoß mit Urankernen wieder eine Spaltung hervorrufen. Meistens wird das Neutron durch Ablenkung an ^{238}U-Kernen abgebremst werden, bis es schließlich bei bestimmten Energien in einem ^{238}U-Kern eingefangen wird und diesen in einen ^{239}U-Kern umwandelt. Damit geht das Neutron für die weitere Neutronenvermehrung verloren, und deshalb ist im gewöhnlichen Uran die genannte Kettenreaktion unmöglich.

Man kann aber versuchen, dem gewöhnlichen Uran eine geeignete Bremssubstanz beizugeben (vgl. die untere Hälfte der linken Seite von Abb. 1), die die Neutronen möglichst schnell bis zur reinen Wärmebewegung abbremsen soll, so daß sie dadurch an dem kritischen Energiegebiet, in dem sie von ^{238}U eingefangen werden können, vorbeikommen. Als Neutronen thermischer Geschwindigkeit werden sie dann häufig zur Spaltung des Atomkerns ^{235}U führen. Allerdings bringt die Beimengung einer Bremssubstanz wieder die Gefahr mit sich, daß die langsamen Neutronen in der Bremssubstanz eingefangen werden und damit für die weitere Vermehrung ausscheiden.

Bei dieser Sachlage bieten sich zwei Wege dar, die Energiegewinnung aus der Uranspaltung zu verwirklichen.

1. Die Reindarstellung oder Anreicherung des wirksamen Isotops 235

Dieser Weg muß sicher zum Ziel führen, wenn die Reindarstellung oder die Anreicherung technisch möglich ist. In der genannten Arbeitsgemeinschaft ist es zum erstenmal Harteck im vergangenen Jahr gelungen, eine geringe Anreicherung an zunächst noch sehr kleinen Materiemengen zu erzielen. Über die Technik und späteren Aussichten dieses Verfahrens wird im Vortrag von Herrn Clusius die Rede sein.

2. Die Verwendung von gewöhnlichem Uran mit einer geeigneten Bremssubstanz

Über die mit diesem Verfahren zusammenhängenden Fragen sind im Laufe der letzten Jahre in der genannten Arbeitsgemeinschaft viele Untersuchungen durch die Kaiser-Wilhelm-Institute in Heidelberg und in Berlin, durch die Physikalischen Institute an den Universitäten Leipzig, Hamburg, Wien, an der Technischen Hochschule in Charlottenburg und an anderen Hochschulinstituten durchgeführt worden, die hier nicht im einzelnen aufgeführt werden können. Nur die
2 wichtigsten Ergeb|nisse sollen kurz Erwähnung finden: Die einzige Bremssubstanz, die für die Lösung des Problems in Betracht kommt, ist schweres Wasser. Andere Substanzen, wie Beryllium und reine Kohle, können zwar in Verbindung mit schwerem Wasser zu einer Verbesserung der Maschine führen, würden aber wohl allein nicht ausreichen. Ferner hat sich herausgestellt, daß bei einem Vorgang im gewöhnlichen Uran auch die Spaltung des ^{238}U durch schnelle Neutronen eine gewisse Rolle spielt. Schließlich ist man daran gegangen, kleine Versuchsapparaturen zu bauen, die aus Schichten von Uran und Bremssubstanz bestehen,
3 und an denen man die | Möglichkeit der Energiegewinnung in folgender Weise kontrollieren kann. Diese Apparaturen sind zu klein, um selbständig brennen zu können, da der Abfluß von Neutronen aus der Oberfläche zu groß ist. Wenn man jedoch ins Zentrum dieser Apparaturen eine Neutronenquelle bringt, so kann man untersuchen, ob die dann aus der Apparatur ausströmende Neutronenmenge größer oder kleiner ist als die Neutronenmenge, die von der Neutronenquelle selbst ausgeht. Wenn sie größer ist, so ist damit der Beweis erbracht, daß eine Vergrößerung der Apparatur zu einem selbständig strahlenden U-Brenner führen würde. Ein Bild einer solchen Versuchsapparatur geben die Abb. 2 und 3. Die dort dargestellte Versuchsapparatur enthält Paraffin als Bremssubstanz und ist deshalb zur Neutronenvermehrung nicht geeignet. Sie war zur Vermessung der

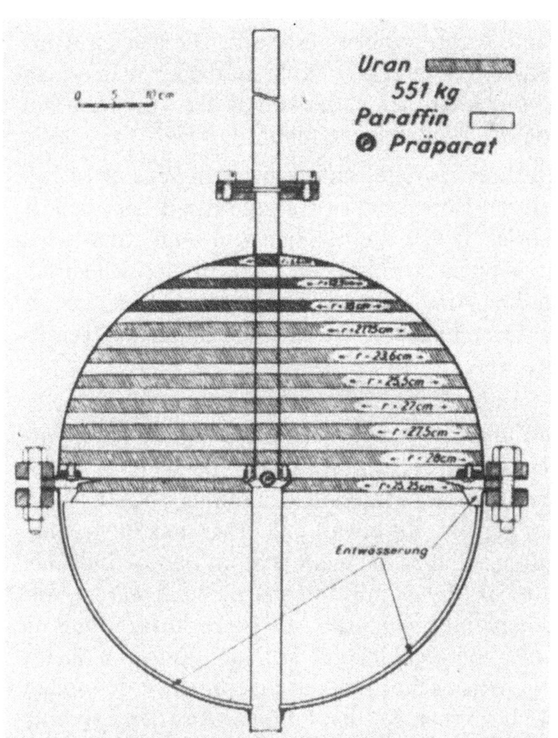

Abb. 2. Schnitt durch eine Schichtenanordnung aus Uranmetall und Paraffin, die im Kaiser-Wilhelm-Institut für Physik in Dahlem zur Untersuchung der Neutronenvermehrung aufgebaut war 32

33

Abb. 3. Außenansicht der Apparatur im Wasserbehälter

34 wich|tigsten Konstanten für spätere Anordnungen bestimmt. Die ganzen Apparaturen werden gewöhnlich im Wasser versenkt (vgl. Abb. 3), da der Wassermantel für eine starke Rückstreuung von Neutronen in das Innere der Apparatur hinein und damit für eine Steigerung der Neutronenvermehrung sorgt.

Mit einer derartigen Apparatur aus U-Metall und schwerem Wasser ist zum erstenmal vor etwa einem Jahr durch Döpel in Leipzig gezeigt worden, daß die Energiegewinnung auf dem beschriebenen Wege möglich sein muß. Inzwischen ist noch eine etwas verbesserte Apparatur ähnlicher Art in der Chemisch-Technischen Reichsanstalt durch eine Arbeitsgruppe des Heereswaffenamts untersucht worden, die zum gleichen Ergebnis geführt hat, und in der die Neutronenvermehrung noch etwas höher war.

Da zum Bau eines energieliefernden Uranbrenners wahrscheinlich recht erhebliche Mengen von Uranmetall und schwerem Wasser notwendig sind, wird der Bau von Versuchsapparaturen, die uns diesem Ziel näher bringen, in seinem Tempo durch die Herstellung dieser beiden Materialien bestimmt. Als nächster Schritt ist der Bau einer Apparatur geplant, die etwa 1 1/2 t D_2O und 3 t Uranmetall in Form von Schichten enthalten soll und in einem jetzt im Bau befindlichen Bunker im Kaiser-Wilhelm-Institut für Physik in Dahlem aufgestellt werden soll. Die Abb. 4 zeigt das Innere des geplanten Apparats. Es ist zu hoffen, daß die Versuche an diesem Apparat, die von den Mitgliedern des Kaiser-Wilhelm-Institute in Berlin und Heidelberg gemeinschaftlich durchgeführt werden sollen, noch im Laufe des Sommers 1943 begonnen werden können. Aus den Ergebnissen des Versuchs wird man recht sichere Schlüsse über das Ausmaß und die Wirkungsweise des endgültigen Uranbrenners erhalten können.

Der endgültige Brenner würde die Lieferung von Energie etwa in folgender Weise bewerkstelligen: Er würde sich vermöge der in seinem Innern stattfindenden Spaltungsprozesse von selbst auf einer geeigneten Betriebstemperatur halten, wobei die Betriebstemperatur von den Abmessungen des Brenners abhängt und so gewählt werden muß, daß einerseits viel Wärme abgeführt werden kann und andererseits keine Zerstörung des Brenners durch Korrosion o[der] dgl. eintritt. Bei einer Abführung von Wärme aus dem Brenner würde die Temperatur nur für ganz kurze Zeit gesenkt werden; denn jede Senkung der Temperatur hat sofort eine Steigerung der Spaltungsprozesse und damit eine erhöhte Energienachlieferung zur Folge. Dem Brenner kann also so viel Energie entzogen werden, bis ein erheblicher Teil der gesamten Uranmenge durch Spaltung verwandelt ist.

35 Wenn es einmal gelingt, erhebliche Mengen von Uran herzustellen, in denen das wirksame Isotop 235 angereichert ist, so wird man die Größe des Brenners bei Benutzung dieses Urans erheblich verringern können, insbesondere wird man auch das seltene D_2O durch gewöhnliches Wasser ersetzen können.

Wenn es gelungen ist, einen derartigen Brenner in Gang zu setzen, so wird die erste wichtigste technische Anwendung in der Herstellung künstlich radioaktiver Substanzen bestehen; denn ein solcher Brenner würde etwa 1000mal stärker als die stärksten bisher gebauten Zyklotrons strahlen können und würde daher die Herstellung von sehr großen Mengen künstlich radioaktiver Substanzen ermöglichen. Über die technische Anwendung solcher Substanzen (vgl. z. B. das Problem der Leuchtfarben) wurde bereits im Vortrag von Herrn Hahn gesprochen.

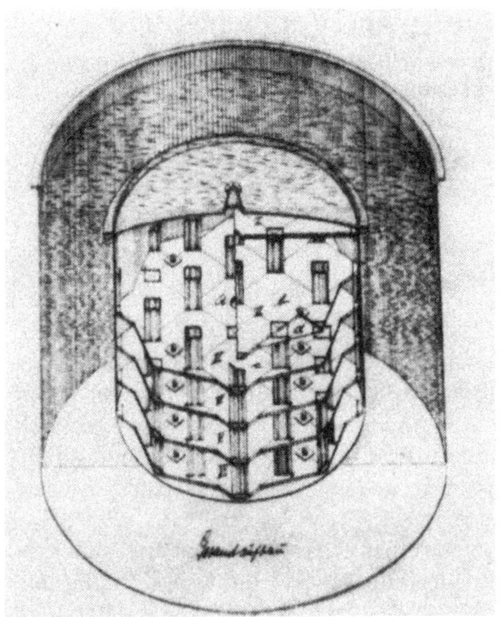

Abb. 4. Schematische Innenansicht einer im Bau befindlichen Apparatur mit 1,5 t D_2O und 3 t U-Metall

Wenn man viele derartige Brenner herstellen kann, so kann man ihre Anwendung zum Antrieb von Wärmekraftmaschinen und an ihre Benutzung für Schiffe
und andere Fahrzeuge denken, bei denen es dar|auf ankommt, eine möglichst 36
große Energiemenge in einem kleinen Raum zu speichern. Daß bis zur Erreichung dieses Zieles auch noch viele rein technische Probleme zu lösen sind, die mit der Frage der Wärmeüberführung, der Korrosionsfestigkeit der benutzten Metalle usw. zusammenhängen, braucht wohl nicht erst erwähnt zu werden.

Zusammenfassend kann gesagt werden, daß hier der erste Schritt zu einer sehr wichtigen technischen Entwicklung getan ist, und daß nach den vorliegenden Experimenten kaum mehr an der Möglichkeit gezweifelt werden kann, die Atomkern-Energien für technische Zwecke in großem Umfange freizumachen. Andererseits stößt die praktische Durchführung dieser Entwicklung in der gespannten Wirtschaftslage des Krieges naturgemäß auf große äußere Schwierigkeiten.

Auswertung des Gottower Versuches.

[Von **W. Heisenberg**] [1]

Die Auswertung der Gottower Versuche im Hinblick auf die gesamte Neutronenvermehrung ist schon früher im Bericht der Gottower Arbeitsgruppe vorgenommen worden. Die bei den Versuchen genau aufgenommene Dichteverteilungskurve der Neutronen in und außerhalb der Apparatur enthält aber mehr und genauere Informationen als nur die Angabe des Vermehrungsfaktors; es lohnt sich daher, auch diese Einzelheiten theoretisch zu untersuchen und durch plausible Annahmen verständlich zu machen, was im Folgenden versucht werden soll.

Wenn man nicht nur die gesamte Neutronenvermehrung, sondern auch den Dichteverlauf im Innern der Apparatur und inbesondere die Rückstreuung der Neutronen in der Mantelsubstanz theoretisch deuten will, so genügt die Betrachtung der thermischen Neutronen allein nicht, und man muß auch die Bremsung der schnellen Neutronen irgendwie theoretisch erfassen. *Bopp* hat vorgeschlagen, den Bremsvorgang, für den eine genaue Theorie sehr umständlich wäre, in der Weise anzunähern, daß man zwei Neutronensorten, die „schnellen" und die „thermischen", unterscheidet und für beide gewöhnliche Diffusion (mit verschiedenen Diffusionskonstanten) annimmt.

Dabei liegt eine gewisse Schwierigkeit dieser Theorie in dem Umstand, daß man kaum einen bestimmten Energiebereich definieren kann, der gerade die „schnellen" Neutronen umfassen soll, und daß die Diffusionskonstanten nur Hilfsgrößen sind, die den Bremsvorgang „möglichst gut" darstellen sollen. Bezeichnet man die Diffusionslänge, Diffusionskonstante und den Absorptionskoeffizienten der schnellen Neutronen mit l_s, D_s und ν_s, so gilt nach *Bopp* zunächst

$$6\,l_s^2 = \overline{s^2}\ , \tag{1}$$

wobei $\overline{s^2}$ das mittlere Quadrat der Bremslänge bedeutet. l_s kann also aus den experimentellen Werten für die Bremslänge ermittelt werden (vgl. Berichte von
2 *Bothe* und *Jensen*). Sehr | viel schwieriger ist die Bestimmung von ν_s und D_s, die für den Übergang der schnellen Neutronen von einer Substanz zur anderen maßgebend sind. Aus der Theorie der Bremsung folgt, daß die Anzahl N_u der Neutronen, deren Geschwindigkeit größer als eine Grenzgeschwindigkeit v_u ist, bei gegebener Quellstärke Q und konstanter freier Weglänge λ_s gegeben ist durch

$$N_u = Q\,\frac{2\,\lambda_s}{v_u\,f}\ , \tag{2}$$

[1] Undated, most probably middle of 1943. (Editor)

wobei $f = 1 + (1 - \alpha/\alpha)\lg(1-\alpha)$; $\alpha = 4\,mM/(m+M)^2$; m = Neutronenmasse, M = Atomgewicht. Aus (2) würde folgen

$$\nu_s = \frac{v_u f}{2\,\lambda_s}\ , \tag{3}$$

$$D_s = v_s\, l_s^2 = \frac{v_u f l_s^2}{2\,\lambda_s}\ . \tag{4}$$

In vielen Fällen hängt allerdings λ_s erheblich von der Energie der Neutronen ab, so daß dann λ_s in Gleichung (3) einen geeigneten Mittelwert bedeuten muß. Die Art des Mittelwertes wird sich aber kaum unabhängig von der Frage nach der Anwendung der Diffusionsgleichung festlegen lassen. Man wird also Gleichung (3) gut benützen können, wenn λ_s nur wenig von der Energie abhängt, in anderen Fällen (z. B. bei Wasser) ist man auf eine nachträgliche indirekte experimentelle Bestimmung angewiesen. Die Größe v_u, die man wohl als nicht erheblich über der thermischen Geschwindigkeit annehmen wird, braucht nicht festgelegt zu werden, da ihr Wert in allen Diffusionsrechnungen schließlich wieder herausfällt, wenn man für alle Substanzen, in denen die Neutronen diffundieren, den *gleichen* Wert von v_u annimmt.

Um die folgenden Rechnungen nicht unnötig zu komplizieren, soll ferner das Innere der Gottower Apparate als homogen angesehen werden. D. h. wir denken uns die Mischung aus U-Würfeln und D_2O durch eine homogene Substanz der gleichen Neutronenproduktion und gleichen Bremseigenschaften ersetzt. Diese
„Ersatzsubstanz" ist also charakterisiert durch die Diffusions|konstanten der 3
schnellen (ν_s, D_s, l_s) und der thermischen (ν_t, D_t, l_t) Neutronen, durch den Vermehrungsfaktor X, der angibt, wie viele schnelle Neutronen schließlich pro eingefangenes thermisches Neutron entstehen, und durch den Resonanzabsorptionsfaktor e^{-w}, der angibt, welcher Bruchteil der schnellen Neutronen schließlich thermisch wird. Für die Dichten ϱ_s und ϱ_t gelten dann die beiden Gleichungen

$$\begin{aligned} \dot\varrho_s &= D_s \Delta \varrho_s - \nu_s \varrho_s + X \nu_t \varrho_t\ , \\ \dot\varrho_t &= D_t \Delta \varrho_t - \nu_t \varrho_t + e^{-w} \nu_s \varrho_s\ . \end{aligned} \tag{5}$$

Bei räumlich konstanter, zeitlich veränderlicher Dichte kann man setzen $\varrho_s = a_s e^{\nu t}$, $\varrho_t = a_t e^{\nu t}$ und erhält

$$\left.\begin{aligned} (\nu+\nu_s)a_s - X a_t \nu_t &= 0\ , \\ -e^{-w} a_s \nu_s + (\nu+\nu_t) a_t &= 0 \end{aligned}\right\} \tag{6}$$

$$\begin{aligned} &(\nu+\nu_s)(\nu+\nu_t) = X e^{-w} \nu_s \nu_t\ , \\ &\nu = -(\nu_s+\nu_t)/2 \pm \sqrt{[(\nu_s+\nu_t)/2]^2 + (X e^{-w} - 1)\,\nu_s \nu_t}\ . \end{aligned} \tag{7}$$

Wenn man annimmt, daß $X e^{-w} - 1 \ll 1$ ist, so wird näherungsweise:

$$\nu = -\frac{\nu_s+\nu_t}{2} \pm \left(\frac{\nu_s+\nu_t}{2} + \frac{(X e^{-w}-1)\,\nu_s \nu_t}{\nu_s+\nu_s}\right),$$

also

$$\bar{\nu} \approx (X\mathrm{e}^{-w}-1)\frac{\nu_\mathrm{s}\,\nu_\mathrm{t}}{\nu_\mathrm{s}+\nu_\mathrm{t}}\ , \qquad \bar{\bar{\nu}} = -\nu_\mathrm{s}-\nu_\mathrm{t}-(X\mathrm{e}^{-w}-1)\frac{\nu_\mathrm{s}\,\nu_\mathrm{t}}{\nu_\mathrm{s}+\nu_\mathrm{t}}\ . \tag{8}$$

Der erste Wert stellt den mittleren Neutronenproduktionskoeffizienten der Apparatur dar.

Bei zeitlich konstanter, aber räumlich variabler Neutronendichte setzt man zweckmäßig etwa

$$\varrho_\mathrm{s} = a_\mathrm{s}\frac{\mathrm{e}^{\mathrm{i}r/l}}{r}\ , \qquad \varrho_\mathrm{t} = a_\mathrm{t}\frac{\mathrm{e}^{\mathrm{i}r/l}}{r}\ , \tag{9}$$

4 und erhält

$$\left(-\frac{D_\mathrm{s}}{l^2}-\nu_\mathrm{s}\right)a_\mathrm{s}+X\nu_\mathrm{t}a_\mathrm{t} = 0\ ,$$

$$\mathrm{e}^{-w}\nu_\mathrm{s}a_\mathrm{s}+\left(-\frac{D_\mathrm{t}}{l^2}-\nu_\mathrm{t}\right)a_\mathrm{t} = 0\ ; \tag{10}$$

d.h. in der gleichen Näherung wie oben

$$\frac{1}{\bar{l}^2} \approx \frac{X\mathrm{e}^{-w}-1}{l_\mathrm{s}^2+l_\mathrm{t}^2}\ ; \qquad \frac{1}{\bar{\bar{l}}^2} \approx -\left(\frac{1}{l_\mathrm{s}^2}+\frac{1}{l_\mathrm{t}^2}\right)\ . \tag{11}$$

Wir setzen $-\bar{\bar{\nu}} = \nu$ und $\mathrm{i}\bar{\bar{l}} = l$, dann gilt, bei Berücksichtigung der Tatsache, daß im allgemeinen $\nu_\mathrm{s} \gg \nu_\mathrm{t}$ ist:

$$\bar{l} \approx \left(\frac{l_\mathrm{s}^2+l_\mathrm{t}^2}{X\mathrm{e}^{-w}-1}\right)^{1/2}\ , \qquad l \approx \frac{l_\mathrm{s}\,l_\mathrm{t}}{\sqrt{l_\mathrm{s}^2+l_\mathrm{t}^2}}\ . \tag{12}$$

Die zugehörigen Verhältnisse der Dichten sind nach (10)

$$\left(\overline{\frac{a_\mathrm{s}\,\nu_\mathrm{s}}{a_\mathrm{t}\,\nu_\mathrm{t}}}\right) \approx \frac{Xl_\mathrm{t}^2+\mathrm{e}^{w}\,l_\mathrm{s}^2}{l_\mathrm{t}^2+l_\mathrm{s}^2}\ ; \qquad \left(\overline{\overline{\frac{a_\mathrm{s}\,\nu_\mathrm{s}}{a_\mathrm{t}\,\nu_\mathrm{t}}}}\right) \approx -\frac{l_\mathrm{t}^2}{l_\mathrm{s}^2}\,\frac{Xl_\mathrm{s}^2+\mathrm{e}^{w}\,l_\mathrm{t}^2}{l_\mathrm{s}^2+l_\mathrm{t}^2}\ . \tag{13}$$

Die erste der beiden Lösungen ist maßgebend für die langsame räumliche Variation der Dichte, sie bestimmt den Dichteverlauf im Großen. Die zweite Lösung dagegen liefert einen raschen exponentiellen Abfall oder Anstieg, sie tritt an den Grenzen des Bereichs, d.h. bei $r = 0$, und am Rand der Apparatur ($r = R$) in Erscheinung. Erfahrungsgemäß ist $l \ll R$. Wichtig ist bei dieser zweiten Lösung besonders der Umstand, daß $a_\mathrm{s}/a_\mathrm{t}$ negativ wird; dies bedeutet, daß etwa am Rand die Dichte der thermischen Neutronen exponentiell ansteigt, wenn die der schnellen exponentiell absinkt und umgekehrt.

Der Dichteverlauf im Innern kann also offenbar nach (12) und (13) in folgen-
5 der Weise dargestellt werden | ($\mathrm{e}^{-R/l}$ wird ~ 0 gesetzt):

$$\varrho_t = \frac{a}{r}\left(\cos\frac{r}{\bar{l}} + \alpha\sin\frac{r}{\bar{l}} - \mathrm{e}^{-r/l} + \beta\mathrm{e}^{(r-R)/l}\right) , \tag{14a}$$

$$\varrho_s = \frac{v_t}{v_s}\,\frac{a}{r}\left\{\frac{Xl_t^2+\mathrm{e}^w l_s^2}{l_t^s+l_s^2}\left(\cos\frac{r}{\bar{l}}+\alpha\sin\frac{r}{l}\right)\right.$$
$$\left. + \frac{l_t^2}{l_s^2}\,\frac{Xl_s^2+\mathrm{e}^w l_t^2}{l_s^2+l_t^2}\left(\mathrm{e}^{-r/l} - \beta\mathrm{e}^{(r-R)/l}\right)\right\} . \tag{14b}$$

Der Faktor von $\mathrm{e}^{-r/l}$ in (14a) ist durch die Bedingung bestimmt, daß ϱ_t bei $r=0$ regulär sein muß, da bei $r=0$ keine Quelle thermischer Neutronen angenommen wird. ϱ_s verhält sich bei $r=0$ wie

$$\varrho_s(0) \sim \frac{v_t}{v_s}\,\frac{a}{r}\,\frac{X2\,l_s^2\,l_t^2+\mathrm{e}^w(l_s^4+l_t^4)}{l_s^2(l_s^2+l_t^2)} , \tag{15}$$

die Anzahl der pro sec von der Quelle kommenden schnellen Neutronen ist also

$$N_0 = 4\,\pi\,v_t\,a\,\frac{X2\,l_s^2\,l_t^2+\mathrm{e}^w(l_s^4+l_t^4)}{l_s^2+l_t^2} . \tag{16}$$

Wenn die Quellstärke gegeben ist, so ist daher a bestimmt; die Konstanten α und β bestimmen sich jedoch erst aus den Randbedingungen bei $r=R$.

Die Anzahl $N_a - N_0$ der pro sec im Inneren der Apparatur erzeugten Neutronen ist nach (5)

$$N_a - N_0 = v_t(X-1)\int\varrho_t\,dV - v_s(1-\mathrm{e}^{-w})\int\varrho_s\,dV . \tag{17}$$

Gewöhnlich definiert man aus den Experimenten einen Neutronenproduktionskoeffizienten $\bar{\nu}_{\mathrm{eff}}$ nach der Gleichung:

$$\bar{\nu}_{\mathrm{eff}} = \frac{N_a-N_0}{N_i}\,\mathrm{e}^{-w} = \left[v_t(X-1) - v_s(1-\mathrm{e}^{-w})\,\frac{\int\varrho_s\,dV}{\int\varrho_t\,dV}\right]\mathrm{e}^{-w} . \tag{18}$$

Wenn man die von den Randeffekten herrührenden exponen|tiellen Korrek- 6
turglieder in (14a) und (14b) wegläßt, ergibt sich

$$\bar{\nu}_{\mathrm{eff}} = v_t(X\mathrm{e}^{-w}-1)\,\frac{l_s^2+l_t^2\,\mathrm{e}^{-w}}{l_s^2+l_t^2} \approx \bar{\nu} . \tag{19}$$

Die Größe $\bar{\nu}_{\mathrm{eff}}$ ist also bei großen Apparaturen um wenige Prozent kleiner als die für die zeitliche Änderung der Neutronenzahl maßgebende Größe $\bar{\nu}$.

Wenn man jedoch die Randglieder mitberücksichtigt, ergeben sich Abweichungen. Dabei führt das von der Quelle herrührende Korrekturglied zu einer Erniedrigung, das Mantelglied zu einer Erhöhung von $\bar{\nu}_{\mathrm{eff}}$. Bei kleinen Apparaturen können diese Abweichungen so groß werden, daß sich die experimentell bestimmte Größe $\bar{\nu}_{\mathrm{eff}}$ erheblich von $\bar{\nu}$ unterscheidet. Bei der Gottower Apparatur spielen die Korrekturglieder jedoch keine große Rolle mehr. Man wird also den experimentell bestimmten Wert von $\bar{\nu}_{\mathrm{eff}}$ als ein gutes Maß für $\bar{\nu}$ ansehen können. Für die Gestalt der Dichteverteilungskurve im Innern der Apparatur sind aber die Randglieder auf jeden Fall wichtig.

Für den Vermehrungsfaktor $Z = N_a/N_0$ ergibt sich bei Vernachlässigung der Randglieder und unter der Annahme $X\mathrm{e}^{-w} \sim 1$ aus (12), (14a), (16) und (17):

$$Z = \frac{N_a}{N_0} \sim \left(1 - \alpha\frac{R}{\bar{l}}\right)\cos\frac{R}{\bar{l}} + \left(\alpha + \frac{R}{\bar{l}}\right)\sin\frac{R}{\bar{l}} \ . \tag{20}$$

Der experimentell leicht bestimmbare Vermehrungsfaktor stellt also eine Beziehung zwischen $\bar{l}$ und α her; allerdings gibt die Gleichung (20) bei kleineren Apparaturen nur eine grobe Näherung.

Für die Festlegung der Verhältnisse am Rand der Apparatur braucht man den Dichteverlauf der schnellen und der langsamen Neutronen im Mantel. Für die Diffusion in der Mantelsubstanz gelten (sofern diese kein Uran enthält) die Gleichungen:

7 $$\begin{aligned} &D_s \Delta \varrho_s - \varrho_s \nu_s = 0 \ , \\ &D_t \Delta \varrho_t - \varrho_t \nu_t + \varrho_s \nu_s = 0 \ . \end{aligned} \tag{21}$$

Es gibt hier wieder zwei Lösungen:

$$\begin{aligned} &1)\ \varrho_t = \frac{1}{r}\mathrm{e}^{\pm r/l_s} \ ; \qquad \varrho_s = \frac{\nu_t}{\nu_s}\,\frac{l_s^2 - l_t^2}{l_s^2}\,\frac{1}{r}\mathrm{e}^{\pm r/l_s} \ . \\ &2)\ \varrho_t = \frac{1}{r}\mathrm{e}^{\pm r/l_t} \ ; \qquad \varrho_s = 0 \ . \end{aligned} \tag{22}$$

Die Lösungen müssen nun nach den üblichen Randbedingungen an die Lösung (14) angeschlossen werden. Wir unterscheiden die Konstanten der Substanzen innen und außen durch die Indices i bzw. a, also l_s^i und l_s^a usw. Ferner setzen wir zur Abkürzung

$$\begin{aligned} &\cos\frac{R}{\bar{l}} + \alpha\sin\frac{R}{\bar{l}} = A \ , \qquad \text{und} \\ &\cos\frac{R}{\bar{l}} + \frac{R}{\bar{l}}\sin\frac{R}{\bar{l}} + \alpha\left(\sin\frac{R}{\bar{l}} - \frac{R}{\bar{l}}\cos\frac{R}{\bar{l}}\right) = A\,\xi \ ; \qquad \text{ferner} \end{aligned} \tag{23}$$

$$\beta = Ax \ , \qquad \varrho_t^a = \frac{A}{r}\left(y\mathrm{e}^{-r/l_s^a} + z\mathrm{e}^{-r/l_t^a}\right) \ . \tag{24}$$

Dann lauten die Randbedingungen für die thermischen Neutronen:

$$\begin{aligned} &1 + x = y + z \\ &D_t^i\left[-\xi + \left(\frac{R}{l} - 1\right)x\right] = D_t^a\left[-\left(\frac{R}{l_s^a} + 1\right)y - \left(\frac{R}{l_s^i} + 1\right)z\right] \ , \end{aligned} \tag{25}$$

und für die schnellen

$$\frac{\nu_t^i}{\nu_s^i}\left(\frac{Xl_t^{i2}+e^w l_s^{i2}}{l_t^{i2}+l_s^{i2}} - \frac{l_t^{i2}}{l_s^{i2}}\,\frac{Xl_s^{i2}+e^w l_t^{i2}}{l_t^{i2}+l_s^{i2}}\right) = \frac{\nu_t^a}{\nu_s^a}\, y \left(1-\frac{l_t^{a2}}{l_s^{a2}}\right);$$

$$D_s^i \frac{\nu_t^i}{\nu_s^i}\left(-\xi\,\frac{Xl_t^{i2}+e^w l_s^{i2}}{l_t^{i2}+l_s^{i2}} - \left(\frac{R}{l}-1\right)\frac{l_t^{i2}}{l_s^{i2}}\,\frac{Xl_s^{i2}+e^w l_t^{i2}}{l_t^{i2}+l_s^{i2}}\right) \tag{26}$$

$$= -\frac{\nu_t^a}{\nu_s^a}\, y\left(1-\frac{l_t^{a2}}{l_s^{a2}}\right)\left(\frac{R}{l_s^a}+1\right) D_s^a .$$

Man führt nun zweckmäßig folgende Abkürzungen ein:

$$\varepsilon_s = \frac{R}{l_s^a}+1\;;\quad \varepsilon_t = \frac{R}{l_t^a}+1\;;\quad \eta = \frac{R}{l}-1\;;\quad b = \frac{l_t^{i2}}{l_s^{i2}}\,\frac{Xl_s^{i2}+e^w l_t^{i2}}{l_s^{i2}+l_t^{i2}} \approx \frac{l_t^{i2}}{l_s^{i2}}\;;$$

$$\xi = \frac{\nu_t^a}{\nu_s^a}\,\frac{\nu_s^i}{\nu_t^i}\left(1-\frac{l_t^{a2}}{l_s^{a2}}\right)\frac{l_t^{i2}+l_s^{i2}}{Xl_t^{i2}+e^w l_s^{i2}}\;;\quad \frac{D_s^a}{D_s^i} = \kappa_s\;;\quad \frac{D_t^a}{D_t^i} = \kappa_t\,. \tag{27}$$

Dann erhalten die vier Gleichungen zur Bestimmung der vier Unbekannten: ξ, x, 8
y, z die folgende Form:

$$\begin{aligned} 1+x &= y+z\,, \\ -\xi+x\eta &= -(y\varepsilon_s+z\varepsilon_t)\kappa_t\,, \\ 1-bx &= \xi y\,, \\ -\xi-bx\eta &= -\zeta y\varepsilon_s\kappa_s\,. \end{aligned} \tag{28}$$

Aus den beiden letzten Gleichungen folgt:

$$x = \frac{\varepsilon_s\kappa_s-\xi}{b(\varepsilon_s\kappa_s+\eta)}\;;\quad y = \frac{1}{\zeta}\,\frac{\eta+\xi}{\varepsilon_s\kappa_s+\eta}\;; \tag{29}$$

durch Einsetzen dieser Werte in die beiden ersten Gleichungen erhält man, wenn man die Abkürzung

$$\delta = \frac{\varepsilon_t-\varepsilon_s}{\zeta\varepsilon_t} \tag{30}$$

benutzt:

$$\xi = \frac{\varepsilon_s\kappa_s[\varepsilon_t\kappa_t(1+b)+\eta]+\varepsilon_t\kappa_t b\eta(1-\delta)}{b(\varepsilon_s\kappa_s+\eta)+\varepsilon_t\kappa_t(1+b\delta)+\eta}\,. \tag{31}$$

Durch ξ wird dann mittels Gleichung (23) die Konsante α festgelegt. Für den Vermehrungsfaktor Z erhält man schließlich nach (24) und (16) die genauere Formel

$$Z=\frac{N_a}{N_0}=\frac{\nu_t^a\,(\cos(R/\bar{l})+\alpha\,\sin(R/\bar{l})\,[y\,l_s^a\,(l_s^a+R)+z\,l_t^a(l_t^a+R)]}{\nu_t^i\,[(l_s^{i4}+l_t^{i4})\mathrm{e}^w+2\,l_s^{i2}\,l_t^{i2}\,X]/(l_s^{i2}+l_t^{i2})}\ . \tag{32}$$

Durch Einsetzen der Beziehungen (29) in (32) kann man zeigen, daß Gleichung (32) in Gleichung (20) übergeht, wenn die Randeffekte keine große Rolle spielen.

Damit ist der mathematische Teil der Theorie festgelegt und man kann daran gehen, durch geeignete Wahl der eingehenden Konstanten den empirischen Dichteverlauf darzustellen. Nun stecken in der Theorie so viele Konstanten, daß man
9 kaum aus der empirischen Kurve die Werte der Konstanten erschließen | kann. Vielmehr muß man die Werte der Konstanten aus anderen empirischen Daten nehmen und zusehen, ob man mit plausiblen Werten der weniger genau bekannten Konstanten den Dichteverlauf darstellen kann.

Die folgende Tabelle enthält die Werte, die zu dem theoretischen Dichteverlauf führen, der in Fig. 1 mit dem experimentellen Verlauf verglichen ist:

Tabelle 1

Innenraum ($D_2O + U$):			
$\nu_t^i = 2050\ \mathrm{sec}^{-1}$	$\lambda_t^i = 2{,}5$ cm	$l_t^i = 10$ cm	
$\nu_s^i = 0{,}10\ v_u$	$\lambda_s^i = 3{,}5$ cm	$l_s^i = 12$ cm	$D_s^i = 14{,}4\ v_u$
Außenraum (Paraffin):			
$\nu_t^a = 4580\ \mathrm{sec}^{-1}$	$\lambda_t^a = 0{,}256$ cm	$l_t^a = 2{,}19$ cm	
$\nu_s^i = 0{,}10\ v_u$	$\lambda_s^a = ?$	$l_s^a = 6$ cm	$D_s^a = 3{,}60\ v_u$

In dieser Tabelle bedürfen verschiedene Zahlen der Erläuterung. Der Wert $\nu_t^i = 2050\ \mathrm{sec}^{-1}$ ist erheblich kleiner als der mittlere Absorptionskoeffizient, der sich ergeben würde, wenn man sich das U-Metall gleichmäßig im D_2O verteilt denkt. Die Zahl $\nu_t^i = 2050$ ist berechnet auf Grund der aus den Diffusionsgleichungen folgenden Verteilung der Neutronendichte in der Umgebung einer U-Kugel.

Der Wert $\lambda_t^i = 2{,}5$ cm ist etwas höher, als im allgemeinen angenommen wird; eine derartige Erhöhung, die vielleicht durch den Ersatz der Kugelanordnung durch eine homogene Mischung bedingt ist, schien aber notwendig zur Darstellung des Dichteverlaufs.

Die Annahme $l_s^i = 12$ cm führt zu einer mittleren Bremslänge in der Apparatur von

$$\sqrt{\overline{s^2}} = 12\sqrt{6} = 29{,}4\ \mathrm{cm}\ . \tag{33}$$

Dieser Wert ist viel niedriger als der von *Bothe* und *Jensen* für D_2O angegebene Wert

$$\sqrt{\overline{s^2}} = 44\ \mathrm{cm}\ , \tag{34}$$

10 wie auch in dem Bericht von *Bopp* schon hervorgehoben wurde.

Eine Erklärung für die Diskrepanz läßt sich wohl einstweilen nicht geben. Da der Dichteverlauf in der Apparatur von l_s^i recht empfindlich abhängt, liegt der Unterschied erheblich außerhalb der Meßunsicherheit. Eine Wiederholung der Bremslängenmessung mit großen Mengen D_2O wäre daher dringend zu wünschen.

Die auf das Paraffin bezüglichen Daten sind nach dem Bericht von *Bopp* von H_2O auf CH_2 umgerechnet. Nur die Zahl ν_s^a kann wegen der starken Energieabhängigkeit der Streuweglänge nicht direkt bestimmt werden. Der Wert ist hier so gewählt, daß der empirische Dichteverlauf möglichst gut dargestellt wird. Der so gefundene Wert liegt recht niedrig und entspricht bei Anwendung von Gl. (3) einer Streuweglänge von 5 cm. Das muß bedeuten, daß für den Übergang der schnellen Neutronen von einer anderen Substanz ins Paraffin die Neutronen sehr hoher Energie die Hauptrolle spielen. Vielleicht äußert sich in dem unplausiblen Wert $\nu_s^a = 0{,}10\, v_u$ auch einfach der Umstand, daß die Darstellung des Bremsvorgangs durch die Diffusionsgleichung nur eine grobe Näherung ist.

Die empirischen Daten für die Gottower Apparatur mit 240 Würfeln sind: $R = 51$ cm; $N_0 = 74$, $N_a = 155$, $N_i = 860$. Setzt man nach der theoretischen Abschätzung $w = 0{,}05$, so folgt

$$\bar{\nu}_{\text{eff}} = \frac{N_a - N_0}{N_i}\, e^{-w}\, \nu_t^a \approx 400\ \text{sec}^{-1} \ . \tag{34}$$

Der wahre Wert von $\bar{\nu}$ kann aber von diesem Wert noch etwas abweichen. Die beste Darstellung der empirischen Dichtekurve und des Vermehrungsfaktors bekommt man mit

$$\bar{\nu} = 365\ \text{sec}^{-1} \ . \tag{35}$$

Aus dieser Annahme folgt nach Gl. (12) und Tabelle 1:

$$X e^{-w} - 1 = 0{,}178 \ ; \quad \bar{l} = 37\ \text{cm} \ , \quad l = 7{,}7\ \text{cm} \ .$$ 11

Mit diesen Werten ist der theoretische Dichteverlauf in Fig. 1 berechnet, wobei der Radius als Abszisse, das Produkt aus Dichte und Radius als Ordinate eingetragen ist.

Die theoretische Kurve liegt bei kleinen Radien über der experimentellen, was wohl zwanglos durch die weitere Ausbreitung der energiereichen Ra-Be-Neutronen bei der Bremsung erklärt werden kann. Merkwürdigerweise gibt die Theorie auch das Minimum der Kurve bei 40 cm nicht wieder, obwohl die Darstellung eines solchen Minimums durch die Randeffekte prinzipiell durchaus im Rahmen der Theorie möglich wäre. Aber man müßte ganz unplausible Werte der Konstanten einführen, um das Minimum zu erhalten. Vielleicht bedeutet diese Diskrepanz, daß die Annahme einer homogenen Mischung aus Uran und D_2O eine zu grobe Annäherung darstellt. Aber es ist eigentlich nicht recht einzusehen, weshalb die Annahme der homogenen Mischung die Kurvenform so verändern soll. Die Figur enthält neben dem empirischen und theoretischen Verlauf von $r\varrho_t$ auch noch zum Vergleich den theoretischen Verlauf von

$$r\varrho_s \cdot \frac{\nu_s^i}{\nu_t^i} \; \frac{l_s^{i2} + l_t^{i2}}{X l_t^{i2} + e^w l_s^{i2}} \quad .$$

Die Fig. 1 zeigt deutlich den Unterschied im Dichteverlauf für schnelle und langsame Neutronen an den Grenzen $r = 0$ und $r = R$, der für den Unterschied zwischen $\bar{\nu}_{eff}$ und $\bar{\nu}$ maßgebend ist. Bei größeren Apparaturen würde sich $\bar{\nu}_{eff}$ dem Wert $\bar{\nu}$ immer mehr nähern, bei kleineren kann $\bar{\nu}_{eff}$ noch größer als 400 sec^{-1} sein. Tatsächlich ist für den C. T. R.-Versuch $\bar{\nu}_{eff} = 580\ sec^{-1}$ gemessen worden.

Die gewonnene Darstellung kann dazu benutzt werden, um auch für andere Versuchsanordnungen den Vermehrungsfaktor zu berechnen (vgl. auch den Bericht von *Bopp*).

Betrachtet man zunächst den früheren C. T. R.-Versuch, so kann man für das Innere die gleichen Verhältnisse annehmen wie bei der Gottower Apparatur, nur
12 war beim C. T. R.-Versuch | $R = 37{,}5$ cm. Setzt man in Gl. (32) die Werte der Tabelle 1 und $R = 37{,}5$ cm ein, so erhält man für

$$R = 37{,}5\ \text{cm}: \qquad Z = 1{,}50 \quad .$$

Der gemessene Vermehrungsfaktor war 1,37; die Diskrepanz kann auf kleine Unterschiede im Aufbau der Apparaturen zurückgehen.

Wenn die C.T.R. Apparatur von 37,5 cm Radius in einen Mantel von D_2O eingebettet würde, so müßte sich der Vermehrungsfaktor nach Gl. (32) entsprechend erhöhen. Der D_2O Mantel sorgt ja dann dafür, daß die Neutronen im Inneren der Apparatur stärker aufgestaut werden, so daß auch eine größere Neutronenvermehrung stattfindet. Setzt man, entsprechend der Tabelle 1, für einen Mantel aus D_2O:

Tabelle 2

(D_2O-Mantel)			
$\nu_t^a = 25\ sec^{-1}$	$\nu_t^a = 2{,}5$ cm	$l_t^a = 90$ cm	
$\nu_s^a = 0{,}10\ v_u$	$\lambda_s^a = 3{,}5$ cm	$l_s^a = 12$ cm	$D_s^a = 14{,}4\ v_u$

so ergibt Gl. (32) den Wert

$$Z = 1{,}92 \text{ für den } D_2O\text{-Mantel und } R = 37{,}5\ \text{cm} \quad .$$

Die Verhältnisse dieses gedachten Versuchs werden zum Teil angenähert durch den zweiten Gottower Versuch, bei dem die Apparatur von 37,5 cm Radius zunächst durch einen D_2O-Mantel von 13,5 cm Dicke umschlossen wird, an den sich dann ein Paraffinmantel anschließt. Der gemessene Vermehrungsfaktor $Z = 1{,}65$ liegt tatsächlich in vernünftiger Weise zwischen den theoretischen Werten für einen reinen Paraffinmantel ($Z = 1{,}50$) und einen reinen D_2O-Mantel ($Z = 1{,}92$).

13 Die empirischen Daten für diesen zweiten Gottower Versuch sind, wenn man $R = 37{,}5$ cm als die Grenze zwischen Innenraum und Außenraum festsetzt:

$$N_0 = 74 \;;\quad N_a = 124 \;;\quad N_i = 507 \;;\quad \bar{\nu}_{eff} = 430\,\sec^{-1} \;.$$

Der Wert von $\bar{\nu}_{eff}$ ist etwas höher als bei dem Versuch mit 240 U-Würfeln ($R = 51$ cm), was durch die stärkere Wirkung der Randkorrektur bei kleineren Radien befriedigend erklärt wird; dagegen ist er erheblich kleiner als der für den C. T. R.-Versuch gemessene Wert $\bar{\nu}_{eff} = 580\,\sec^{-1}$.

Hält man beim C. T. R.-Versuch den gegenüber der theoretischen Erwartung reichlich hohen $\bar{\nu}_{eff}$-Wert und den etwas niedrigen Z-Wert zusammen, so hat man den Eindruck, daß die Dichte der Neutronen im Inneren der Apparatur kleiner war, als die Theorie dies fordern würde. Das mag zum Teil daran liegen, daß die schnellen Ra-Be-Neutronen sich bei der Bremsung über einen größeren Raum verbreiten als die Spaltungsneutronen, so daß sie die C. T. R.-Apparatur zum Teil verlassen können, ohne an der Reaktionskettenbildung teilgenommen zu haben. Dadurch könnte die Neutronenstauung im Inneren etwas herabgesetzt werden.

Schließlich kann man auf Grund der Gl. (32) die zu erwartende Neutronenvermehrung bei dem Versuch am Kaiser-Wilhelm-Institut in Dahlem abschätzen. Diese Versuchsanordnung entspricht in der Größe etwa einer Kugel von Radius $R = 71$ cm. Wenn man das Innere der Dahlemer Apparatur in der gleichen Weise füllt wie die Gottower Apparaturen (d. h. mit Würfeln), so könnte man die Daten der Tabelle 1 sowie den Wert $\bar{\nu} = 365\,\sec^{-1}$ übernehmen. In diesem Falle ergibt Gl. (32) den Wert

$$Z = 4{,}95 \quad \text{für} \quad R = 71\ \text{cm} \;, \quad \bar{\nu} = 365 \;.$$

Die Dahlemer Apparatur enthält jedoch bei den ersten Versuchen eine Plattenan- 14
ordnung, deren $\bar{\nu}$-Wert nach der Theorie von *Höcker* etwa um 100 bis 150 $\sec^{-1}$ geringer sein wird als der $\bar{\nu}$-Wert der Würfelanordnung. Legt man versuchsweise $\bar{\nu} = 250\,\sec^{-1}$ und im Übrigen die Daten der Tabelle 1 zu Grunde, so erhält man

$$Z = 2{,}5 \quad \text{für} \quad R = 71\ \text{cm} \;, \quad \bar{\nu} = 250\,\sec^{-1} \;.$$

Man erkennt aus diesen Zahlen, daß der Vermehrungsfaktor Z bei dieser Größe der Apparatur schon sehr empfindlich vom Wert des Neutronenproduktionskoeffizienten abhängt.

Vergleicht man die hier durchgeführten Abschätzungen mit denen einer früheren, vereinfachten Theorie von *Bopp*, so ergeben sich nur verhältnismäßig kleine Unterschiede in den Vermehrungsfaktoren, dagegen große Unterschiede im Dichteverlauf, wie es nach der Art der Approximation bei *Bopp* auch zu erwarten war.

Wir stellen in der folgenden Tabelle die theoretischen Werte der Vermehrungsfaktoren noch einmal zusammen:

Tabelle 3

$R =$	37,5 cm		52 cm	71 cm	
Mantelsubstanz	H_2O	D_2O	H_2O	H_2O	D_2O
$\bar{\nu} =$	365	365	365	365	250
$Z =$	1,50	1,92	2,1	4,95	2,5

Zusammenfassend kann man sagen, daß die Einzelheiten des Gottower Versuchs durch die *Bopp*sche Theorie der zwei Neutronensorten einigermaßen dargestellt werden können. Die Gottower Versuche geben dabei wichtige Aufschlüsse über die Einzelheiten des Bremsvorgangs, insbesondere an der Grenzfläche verschiedener Substanzen. Die Tatsache, daß einige | der Materialkonstanten zur Deutung der Versuche etwas unplausible Werte bekommen müssen, läßt sich die Extrapolation auf künftige Versuche etwas unsicher erscheinen; aber allzu groß werden die Fehler dieser Extrapolation trotzdem nicht sein.

16

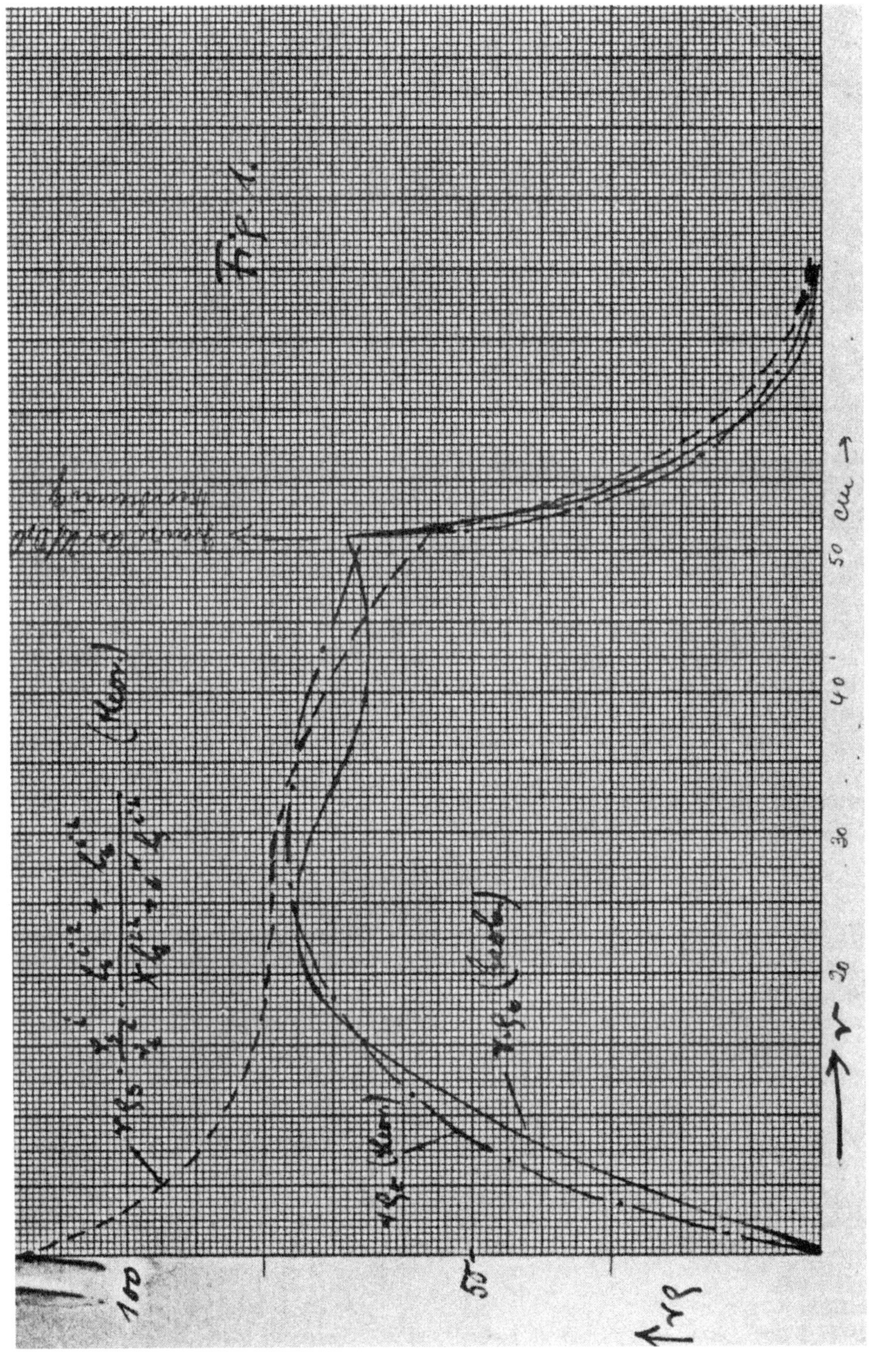

Theoretische Auswertung der Dahlemer Großversuche

[Von **W. Heisenberg**] [1]

Die in der letzten Zeit durchgeführten Versuche mit großen D_2O-Mengen (Gottow II mit 0,5 to D_2O und die Dahlemer Versuche mit 1,5 to D_2O) geben zum ersten Male zuverlässige experimentelle Werte für den Neutronenproduktionskoeffizienten und den Vermehrungsfaktor. Schon bei der Auswertung der Gottower Versuche hat sich gezeigt (Bericht *Heisenberg*), daß zum theoretischen Verständnis der Vorgänge in der Apparatur ein genauers Studium der Bremsung der schnellen Neutronen unerläßlich ist. Das einzige praktisch brauchbare Verfahren zur Behandlung der Bremsvorgänge scheint einstweilen die Theorie von *Bopp* zu sein, die schematisch zwei Sorten von Neutronen, schnelle und langsame, unterscheidet, die in verschiedener Weise in den Substanzen des Brenners diffundieren sollen; diese Theorie stellt zwar zweifellos nur eine sehr grobe Annäherung an den wirklichen Bremsvorgang dar, aber jede weitere Verfeinerung stößt, wenn es sich um die Vorgänge an der Grenzschicht verschiedener Substanzen handelt, einstweilen auf fast unüberwindliche rechnerische Schwierigkeiten. Die Boppsche Theorie gestattet wenigstens eine qualitative Darstellung aller wesentlichen Züge des Bremsvorgangs.

Diese Theorie macht nun schon eine Revision der bisherigen Theorie des Neutronenproduktionskoeffizienten $\bar{\nu}$ notwendig, die im Folgenden zunächst durchgeführt werden soll.

1. Der Neutronenproduktionskoeffizient $\bar{\nu}$

Wir denken uns einen unendlich großen, aus Schichten von U und Bremssubstanz zusammengesetzten Brenner, und fragen nach der zeitlichen Zunahme der gesamten Neutronendichte. Schnelle und thermische Neutronen unterscheiden wir durch die Indices s und t. Für die Dichte an jedem Punkt wird die Gleichung gelten

$$\frac{\partial \varrho}{\partial t} = \bar{\nu} \varrho \; . \qquad (1)$$

Die Verteilung der Neutronen im U und in der Bremssubstanz wird dann durch die folgenden Diffusionsgleichungen beschrieben:

---

[1] Undated report on the experiments B VI, probably written in September 1944 – see quote in the following report (p. 595 below). (Editor)

U	Bremssubstanz	2
$D_s^U \Delta \varrho_s + \nu_t^U \varrho_t X Y = \bar{\nu} \varrho_s$	$D_s^B \Delta \varrho_s - \nu_s^B \varrho_s = \bar{\nu} \varrho_s$	(2)
$D_t^U \Delta \varrho_t - \nu_t^U \varrho_t \quad = \bar{\nu} \varrho_t$	$D_t^B \Delta \varrho_t - \nu_t^B \varrho_t + \nu_s^B \varrho_s e^{-w} = \bar{\nu} \varrho_t$	

Die Bremsung schneller Neutronen im U ist hier völlig vernachlässigt, denn thermische Neutronen können im U wegen der großen Masse des U-Kerns praktisch nicht entstehen. Die Größen X und Y haben die gleiche Bedeutung wie in den früheren Berichten; die Tatsache, daß Y selbst wieder von der Dichteverteilung der schnellen Neutronen im U abhängt, kann hier außer Betracht bleiben, da diese Abhängigkeit praktisch kaum eine Rolle spielt.

Setzt man die Lösungen der Gl. (2) in der Form an: $\varrho_s = a_s e^{x/l}$; $\varrho_t = a_t e^{x/l}$, so erhält man zur Bestimmung von l die folgenden Gleichungen:

U $\qquad$ Bremssubstanz

$$\begin{vmatrix} \dfrac{D_s^U}{l^2} - \bar{\nu} & \nu_t^U X Y \\ 0 & \dfrac{D_t^U}{l^2} - \nu_t^U - \bar{\nu} \end{vmatrix} = 0 \; , \quad \begin{vmatrix} \dfrac{D_s^B}{l^2} - \nu_s^B - \bar{\nu} & 0 \\ \nu_s^B e^{-w} & \dfrac{D_t^B}{l^2} - \nu_t^B - \bar{\nu} \end{vmatrix} = 0 \; , \qquad (3)$$

mit den Lösungen

U

$$1)\; l_1^2 = \frac{D_t^U}{\nu_t^U + \bar{\nu}} \approx \frac{D_t^U}{\nu_t^U} = (l_t^U)^2$$

$$\frac{a_s}{a_t} = -\frac{\nu_t^U X Y}{(D_s^U/l_1^2) - \bar{\nu}} \approx -\frac{D_t^U}{D_s^U} \, \frac{X Y}{1 + (\bar{\nu}/\nu_t^U)} \; .$$

$$2)\; l_2^2 = \frac{D_s^U}{\bar{\nu}} \; (\gg (l_t^U)^2) \; ; \qquad a_t = 0$$

Bremssubstanz

$$1)\; l_1^2 = \frac{D_s^B}{\nu_s^B + \bar{\nu}} \approx \frac{D_s^B}{\nu_s^B} = (l_s^B)^2 ;$$

$$\frac{a_s}{a_t} = \frac{D_t^B}{\nu_s^B} e^w \left(\frac{1}{l_1^2} - \frac{1}{l_2^2} \right) .$$

$$2)\; l_2^2 = \frac{D_t^B}{\nu_t^B + \bar{\nu}} \; , \qquad a_s = 0 \; . \qquad (4)$$

Diese Lösungen müssen nun mit zunächst unbekannten Koeffizienten in beiden Substanzen so zusammengesetzt werden, daß | an der Grenzfläche zwischen 3
U und Bremssubstanz Dichte und Strom der thermischen wie der schnellen Neutronen stetig übergehen. Bezeichnet man die halbe U-Schichtdicke mit a und setzt das Verhältnis

$$a/l_U = \xi \; , \qquad (5)$$

bezeichnet ferner die halbe Dicke der Bremssubstanz mit b und setzt

$$\frac{b}{l_1} = \eta_1 \; , \quad \frac{b}{l_2} = \eta_2 \; , \qquad (6)$$

so führen die vier Grenzbedingungen unter der stets zutreffenden Annahme $l_2^{\mathrm{U}} \gg a$ zu der folgenden Determinante:

$$0 = \begin{vmatrix} \cosh\xi, & 0, & -\cosh\eta_2, & -\cosh\eta_1 \\ -\dfrac{D_{\mathrm{t}}^{\mathrm{U}}}{D_{\mathrm{s}}^{\mathrm{U}}} \dfrac{XY}{1+(\bar{\nu}/\nu_{\mathrm{t}}^{\mathrm{U}})} \cosh\xi, & 1, & 0 & \dfrac{D_{\mathrm{t}}^{\mathrm{B}}}{\nu_{\mathrm{s}}^{\mathrm{B}}} \mathrm{e}^{w} \left(\dfrac{1}{l_2^2} - \dfrac{1}{l_1^2}\right) \cosh\eta_1 \\ \dfrac{D_{\mathrm{t}}^{\mathrm{U}}}{l_{\mathrm{t}}^{\mathrm{U}}} \sinh\xi, & 0, & \dfrac{D_{\mathrm{t}}^{\mathrm{B}}}{l_2} \sinh\eta_2, & \dfrac{D_{\mathrm{t}}^{\mathrm{B}}}{l_1} \sinh\eta_1 \\ -\dfrac{D_{\mathrm{t}}^{\mathrm{U}}}{l_{\mathrm{t}}^{\mathrm{U}}} \dfrac{XY}{1+(\bar{\nu}/\nu_{\mathrm{t}}^{\mathrm{U}})} \sinh\xi, & 0, & 0, & -\dfrac{D_{\mathrm{s}}^{\mathrm{B}}}{l_1} \dfrac{D_{\mathrm{t}}^{\mathrm{B}} \mathrm{e}^{w}}{\nu_{\mathrm{s}}^{\mathrm{B}}} \left(\dfrac{1}{l_2^2} - \dfrac{1}{l_1^2}\right) \sinh\eta_1 \end{vmatrix} \tag{7}$$

Die Ausrechnung führt zu der Gleichung für $\bar{\nu}$:

$$\left(1 - \frac{l_1^2}{l_2^2}\right)\left[\coth\xi + \coth\eta_2 \frac{D_{\mathrm{t}}^{\mathrm{U}}}{D_{\mathrm{t}}^{\mathrm{B}}} \frac{l_2}{l_{\mathrm{t}}^{\mathrm{U}}}\right]\left(1 + \frac{\bar{\nu}}{\nu_{\mathrm{t}}^{\mathrm{U}}}\right) = \frac{l_1}{l_{\mathrm{t}}^{\mathrm{U}}} \frac{D_{\mathrm{t}}^{\mathrm{U}}}{D_{\mathrm{t}}^{\mathrm{B}}} XY\mathrm{e}^{-w}\left[-\coth\eta_1 + \frac{l_2}{l_1}\coth\eta_2\right] \tag{8}$$

Entwickelt man die Größen $\coth\eta_1$ und $\coth\eta_2$ nach Potenzen von η_1 und η_2 und bricht die Reihen mit dem dritten Glied ab, was für D_2O in den meisten Fällen eine gute Näherung sein dürfte, so erhält man nach elementaren Rechnungen, wenn man noch die Beziehungen $\bar{\nu}/\nu_{\mathrm{t}}^{\mathrm{U}} \ll 1$, $\nu_{\mathrm{t}}^{\mathrm{B}} b^2/D_{\mathrm{t}}^{\mathrm{B}} \ll 1$ und $XY\mathrm{e}^{-w} - 1 \ll 1$ benutzt:

$$\bar{\nu} \approx \nu_{\mathrm{t}}^{\mathrm{U}} \frac{XY\mathrm{e}^{-w} - 1 - \dfrac{\nu_{\mathrm{t}}^{\mathrm{B}} b^2}{D_{\mathrm{t}}^{\mathrm{B}}}\left(\dfrac{1}{3} + \dfrac{D_{\mathrm{t}}^{\mathrm{B}}}{D_{\mathrm{t}}^{\mathrm{U}}} \dfrac{l_{\mathrm{t}}^{\mathrm{U}}}{b} \coth\xi - \dfrac{b^2}{45(l_{\mathrm{s}}^{\mathrm{B}})^2}\right)}{\dfrac{b}{l_{\mathrm{t}}^{\mathrm{U}}} \coth\xi + 1 + \dfrac{b^2}{3 l_{\mathrm{t}}^{\mathrm{U}2}} \dfrac{D_{\mathrm{t}}^{\mathrm{U}}}{D_{\mathrm{t}}^{\mathrm{B}}}\left(1 - \dfrac{b^2}{15(l_{\mathrm{s}}^{\mathrm{B}})^2}\right)} \tag{9}$$

Diese Formel stimmt mit der bisherigen Formel überein, wenn man die Glieder fortläßt, die die Größe $l_{\mathrm{s}}^{\mathrm{B}}$ enthalten. Diese Glieder stellen also den Einfluß dar,
4 der durch die Krümmung der Funkt|ion ϱ_{s} in der Bremssubstanz zustande kommt. Da $l_{\mathrm{s}}^{\mathrm{B}}$ in D_2O etwa den Wert 12 cm hat (vgl. frühere Berichte), bleibt der Einfluß dieser Glieder relativ gering.

Die Gl. (9) läßt noch eine einfache anschauliche Deutung zu: Der Quotient

$$\bar{\nu}_{\mathrm{t}}^{\mathrm{U}} = \frac{\nu_{\mathrm{t}}^{\mathrm{U}}}{\dfrac{b}{l_{\mathrm{t}}^{\mathrm{U}}} \coth\xi + 1 + \dfrac{b^2}{3 l_{\mathrm{t}}^{\mathrm{U}2}} \dfrac{D_{\mathrm{t}}^{\mathrm{U}}}{D_{\mathrm{t}}^{\mathrm{B}}}\left(1 - \dfrac{b^2}{15(l_{\mathrm{s}}^{\mathrm{B}})^2}\right)} \tag{10}$$

bedeutet, wie man durch direktes Ausrechnen bestätigt, in der hier betrachteten Näherung den mittleren thermischen Absorptionskoeffizienten der Schichtung, wobei die Mittelung über die wirkliche Neutronendichteverteilung vollzogen ist;

von der Absorption in der Bremssubstanz D_2O ist dabei abgesehen. Die Gleichung

$$\bar{\nu} = \bar{\nu}_t^U \left[XYe^{-w} - 1 - \frac{\nu_t^B b^2}{D_t^B} \left(\frac{1}{3} + \frac{D_t^B}{D_t^U} \frac{l_t^U}{b} \coth \xi - \frac{b^2}{45 (l_s^B)^2} \right) \right] \Big/ \ldots$$

ist also das direkte Analogon zur Gl. (12) des früheren Berichtes:

$$\bar{\nu} = \nu_t^i (X e^{-w} - 1) \ ,$$

die sich auf die Vermehrung in homogenen Substanzen bezog. Das Korrekturglied mit ν_t^B in Gl. (9) stellt offenbar den zusätzlichen Einfluß der Absorption in der Bremssubstanz dar.

Die enge Analogie der beiden Formeln zeigt auch, daß die Berechnung der Neutronendichteverteilung im Großen und des Vermehrungsfaktors hier genau so erfolgen kann, wie bei einer homogenen Substanz, sofern man nur ν_t^i durch $\bar{\nu}_t^U$ ersetzt. Im früheren Bericht ist tatsächlich auch so verfahren worden.

2. Numerische Durchführung für die Dahlemer Versuche 5

Wenn man den Wert $l_s^B = 12$ cm als gegeben ansieht – durch die Gottower Versuche ist er wohl genügend begründet, – so kann man die empirischen Werte von $\bar{\nu}$ für verschiedene Schichtungen dazu benützen, um mit Hilfe von Gl. (9) den ausdruck XYe^{-w} für diese Schichtungen zu berechnen. Dieses Verfahren ist deswegen zweckmäßig, weil die Werte von X, Y und w in höherem Grade unsicher sind als die übrigen Konstanten. Freilich geht auch in die Berechnung von $\bar{\nu}$ aus den empirischen Daten die Größe w ein, aber doch nur als Korrektur. In erster Näherung kann man etwa aus den Versuchen entnehmen (Tabelle 1):

Tabelle 1

Schichtung		1/10	1/18	1/26	2/26
$\bar{\nu}$	~	217	260	191	212

Geht man mit diesen Werten und den Konstanten des früheren Berichts in die Gl. (9) ein, so erhält man für XYe^{-w} die Zahlen der ersten Zeile von Tabelle 2.

Tabelle 2

Schichtung	1/10	1/18	1/26	2/26	
XYe^{-w}	1,0513	1,1219	1,148	1,120	
w	0,15	0,0834	0,0577	0,0923	0,101
XY	1,222	1,222	1,2	1,228	1,238
$\bar{\nu}$	204	252	187	204	202
$\bar{\nu}_t^U$	4925	2435	1542	2072	

Man erkennt zunächst aus den Zahlen der ersten drei Versuche, in denen die
6 U-Schichtdicken und damit der Wert von Y | konstant ist, daß die Größe w, die hier einfach wie die reziproke D_2O-Schichtdicke variiert, verhältnismäßig groß sein muß, um die beobachtete Variation von XYe^{-w} zu erklären. Mit den w-Werten der zweiten Zeile von Tabelle 2 ergeben sich nahezu konstante Werte für XY bei den drei ersten Schichtungen. Wenn man diese empirischen Werte im Sinne der *v. Weizsäcker*schen Formel darstellt, so erhält man nach den bisher üblichen Annahmen:

$$w = 0{,}187 \frac{1+6a}{b} \,, \tag{10}$$

was gut zu früheren Werten paßt.

v. Weizsäcker hat aber neuerdings darauf aufmerksam gemacht, daß der Beitrag der höheren Resonanzstellen im D_2O vielleicht relativ kleiner ist als im H_2O, da der Streuquerschnitt von H mit wachsender Energie rasch abnimmt, während der von D sich nur wenig ändert. Hierdurch könnte sich vielleicht das unerwartet günstige Ergebnis bei den D_2O-Versuchen erklären. Akzeptiert man diese Deutung, so könnte man etwa die Darstellung

$$w = 0{,}30 \frac{1+3a}{b} \tag{11}$$

versuchen, die für die Schichtungen 1/10, 1/18, und 1/26 U die gleichen w-Werte ergibt, wie (10). Die Formeln (10) und (11) führen aber zu verschiedenen Werten für w bei der Schichtung 2/26, die beide in Spalte 4 von Tabelle 2 eingetragen sind. Gegen die Formel (11) spricht einerseits der sich aus ihr ergebende relativ kleine Wert von XY (Y sollte stärker zunehmen, wenn die U-Dicke von 1 cm auf 2 cm wächst), andererseits der sehr hohe Wert von w für kleine Schichtdicken a, der schlecht mit den Versuchen von *Volz* und *Haxel* zu vereinbaren ist. Es muß also dahingestellt bleiben, ob man die beobachteten Unterschiede zwischen den Paraffin- und den D_2O-Versuchen in dieser Weise deuten kann. Für die weitere Interpretation der Dahlemer Versuche sind die kleinen Unterschiede in Tabelle 2
7 aber ohne Belang. Aus den empirischen Daten für XY (Zeile 3 in Tabelle 2) | und der Theorie für Y wird man etwa schließen:

$$X = 1{,}18 \ . \tag{12}$$

In der Tabelle 2 sind schließlich noch die aus den w-Werten folgenden Werte von $\bar{\nu}$, und endlich der mittlere Absorptionskoeffizient $\bar{\nu}_t^U$ eingetragen.

3. Der Vermehrungsfaktor

Die Theorie der Neutronenverteilung im Großen und des Vermehrungsfaktors kann ohne Änderungen aus dem früheren Bericht zu G II übernommen werden. Allerdings müßte sich hier, wo man die Neutronendichte nicht als zeitlich, sondern als räumlich (über die Schwankungen in den Schichten hinaus) veränderlich ansieht, die Berechnung von $\bar{\nu}$ gegenüber den ersten Abschnitten des vorliegenden Berichtes etwas ändern. Aber es besteht kein Grund dafür, anzunehmen, daß hierdurch wesentliche Änderungen entstehen, (vgl. einen früheren Bericht von *v. Weizsäcker*), und wir werden den Wert von $\bar{\nu}$ daher ungeändert übernehmen. Den numerischen Rechnungen sollen folgende Zahlen zugrunde gelegt werden (vgl. den Bericht zu G II, Tabelle 1):

Tabelle 3

	Innenraum ($D_2O + U$):	
$\nu_t^i = \bar{\nu}_t^U$;	$\lambda_t^i = 2{,}5$ cm ;	l_t^i siehe Tabelle 4
$\nu_s^i = 0{,}10\, v_U$;	$\lambda_s^i = 3{,}5$ cm ;	$l_s^i = 12$ cm
	Außenraum (H_2O):	
$\nu_t^a = 3920$;	$\lambda_t^a = 0{,}30$ cm ;	$l_t^a = 2{,}56$ cm
$\nu_s^a = 0{,}0856\, v_U$;	$\lambda_s^a = ?$;	$l_s^a = 6{,}94$ cm

Insbesondere nehmen wir also an, daß die Bremslänge der schnellen Neutronen in der Schichtung von der U-Menge praktisch | unabhängig ist, was bei der 8
geringen Dicke der U-Schichten berechtigt sein dürfte.

Unter Beibehaltung der Bezeichnungen vom Bericht über G II erhält man die in Tabelle 4 angegebenen numerischen Ergebnisse.

Tabelle 4

Schichtung	1/10	1/18	1/26	2/26
ν_t^i	4925	2435	1542	2072
l_t^i	6,47	9,21	11,58	9,99
$\bar{l}$	67,0	47,0	47,9	49,8
l	5,7	7,31	8,33	7,64
ξ	2,61	2,78	2,90	2,82
$R/\bar{l}$	1,06	1,51	1,48	1,42
Z	1,42	2,18	2,05	1,94

Dabei ist die Dahlemer Apparatur einer Kugel vom Radius $R = 71$ cm verglichen worden. Da die Dahlemer Anordnung zylinderförmig ist, kann man über den Wert des entsprechenden Radius im Zweifel sein. $R = 71$ cm entspricht einer Kugel, die das gleiche Volumen hat wie der Dahlemer Kessel.

Die Tabelle 4 lehrt zunächst, daß die effektive Diffusionslänge $\bar{l}$ in anderer Weise variiert, wie der Neutronenproduktionskoeffizient $\bar{\nu}$. Während $\bar{\nu}$ für die Schichtung 1/18 den höchsten Wert annimmt, und die anderen drei Schichtungen zu $\bar{\nu}$-Werten in der Gegend von 200 führen, haben die drei Schichtungen 1/18, 1/26 und 2/26 etwa den gleichen Wert von $\bar{l}$; nur die Schichtung 1/10 führt zu einem erheblich höheren Wert. Dementsprechend können zu dem gleichen Wert von $\bar{\nu}$ bei verschiedenen Schichtungen auch ganz verschiedene Werte des Vermehrungsfaktors Z gehören. Der Grund für dieses Verhalten ist, wie schon im Bericht über die Berliner Versuche hervorgehoben wurde, darin zu suchen, daß $\bar{l}$ nicht nur von $\bar{\nu}$, sondern auch von dem Massenverhältnis U : D_2O, d.h. von $\bar{\nu}_t^U$ abhängt:

9 $$\overline{l^2} = (l_s^i)^2 \frac{\bar{\nu}_t^U}{\bar{\nu}} + \frac{D_t^i}{\bar{\nu}} \ . \qquad (13)$$

Die Schichtung 1/10 erhält daher auch wegen ihres hohen U-Gehalts einen besonders kleinen Vermehrungsfaktor.

Schließlich vergleichen wir in Tabelle 5 die berechneten und die beobachteten Werte von Z.

Tabelle 5

Schichtung	1/10	1/18	1/26	2/26
$Z_{theor.}$	1,42	2,18	2,05	1,94
$Z_{beob.}$	1,56	2,35	2,12	2,06

Man erkennt, daß der Gang von Z durch die Theorie richtig wiedergegeben wird, daß aber die experimentellen Werte durchweg etwa 6% höher liegen als die theoretischen. Diese kleine Diskrepanz ließ sich beseitigen, wenn man l_s^B etwas verkleinerte. Damit würde dann die Darstellung von G II etwas verschlechtert; aber die Meßgenauigkeit der bisherigen Versuche läßt eine so genaue Bestimmung der Konstanten wohl überhaupt noch nicht zu.

Wenn man den H_2O-Mantel durch einen Kohlemantel ersetzt, so muß der Vermehrungsfaktor Z zunehmen. Mit den früheren Versuchen von *Bothe*, *Jensen*, *Bopp* und *Fischer* sind folgende Annahmen über reine Kohle (Elektrographit der Dichte 1,7) verträglich:

$$\nu_t^a = 136 \ ; \qquad \lambda_t^a = 2{,}5 \ ; \qquad l_t^a = 39 \ ;$$
$$\nu_s^a = 0{,}0237 \, v_U \ ; \qquad \lambda_s^a = 3 \ ; \qquad l_s^a = 20 \ ; \qquad D_s^a = 9{,}47 \ .$$

Setzt man diese Daten in die Formel des Berichtes über G II ein, so erhält man für die Schichtung 1/18: $Z = 2{,}87$. Bei dem jetzt durchzuführenden Versuch ist die Dichte des Mantels etwas geringer, außerdem ist er außen ($r > 100$ cm) durch H_2O ersetzt. Dies wird Z etwas erniedrigen; da aber die theoretischen Z-Werte etwas zu niedrig scheinen, wird man im Ganzen etwa auf diesen Wert $Z = 2{,}87$ rechnen können.

Bericht über einen Versuch mit 1,5 to D_2O und U und 40 cm Kohlerückstreumantel. (B 7)

Von **[F.] Bopp, [W.] Bothe, [E.] Fischer, [E.] Fünfer, [W.] Heisenberg, [O.] Ritter, [K.] Wirtz**[1]

Bei den bisherigen Großversuchen wurde stets Wasser als Rückstreumantel benützt. Aus früheren Untersuchungen ist bekannt (*Heisenberg*: Forschungsberichte Oktober 1942, *Bopp-Fischer*: Forschungsberichte März 1944), daß man mit Kohlerückstreumantel bei gleichem $\bar{\nu}$, einer die Schichtung kennzeichenden Konstanten, einen merklich besseren Vermehrungsfaktor zu erwarten hat. *Heisenberg* (Forschungsberichte September 1944) hat auf Grund der letzten Versuche (*Bopp, Borrmann, Bothe, Fischer, Fünfer, Jensen, Heisenberg, Ritter, Wirtz*: Forschungsberichte September 1944, zitiert als I) mit H_2O-Rückstreumantel für die Schichtung 1/18 (1 cm, U, 18 cm D_2O) und für $\bar{\nu} = 250\ \mathrm{sec}^{-1}$ einen Wert $Z = 2{,}87$ vorausgesagt. Diese rechnerische Erwartung sollte an einem Großversuch geprüft werden.

Die Versuchsanordnung bestand aus einem äußeren Al-Kessel von 210,8 cm lichtem Durchmesser, einer mittleren Höhe von 216 cm und einer Wandstärke von 0,4 cm, der zur Aufnahme des Kohlerückstreumantels diente, und dem früher beschriebenen Elektronkessel im Inneren zur Aufnahme der Schichtung. Der Al-Kessel stand auf einem Holzrost von etwa 40 cm Höhe, der Elektronkessel im Inneren auf einer Kohleschicht von etwa 45 cm Höhe. Die lichte Weite zwischen den beiden Kesseln betrug seitlich 43 cm, und nach oben 43 – 46 cm. Der innere Kessel ist mit der Schichtung 1/18 in alter Anordnung gefüllt. Der Kohlemantel wurde aus Graphitsteinen der Größe $44 \times 19 \times 5\ \mathrm{cm}^3$ und Dichte $\varrho = 1{,}7$ gebaut. Die Lücken wurden durch passend gesägte Graphitstücke weitgehend gefüllt, so daß sich die Fülldichte um weniger als 10% verringerte und etwa 1,58 betrug. Die ganze Versuchsanordnung war in dem Betonbecken des Neutronenlaboratoriums in Dahlem aufgebaut und von Wasser umgeben. Es ist bereits von den früheren
Rückstreuver|suchen (l. c.) her bekannt, daß nach 40 cm Kohle in den äußeren 2
Wasserrückstreumantel praktisch nur noch thermische Neutronen gelangen. Durch weitere Verstärkung des Kohlerückstreumantels wäre also keine beträchtliche Vergrößerung des Verstärkungsfaktors zu erwarten.

Die Ausmessung erfolgte in der früher geschilderten Weise mit Lösungssonden, und zwar wieder nach der linearen (L-: *Ritter*) und räumlichen (R-) Integrationsmethode (*Bopp, Fischer, Wirtz*). Das gesamte Neutronenfeld wurde in fünf Teilräume aufgeteilt, über die getrennt integriert werden mußte, nämlich Wasserdeckel (WD), Wassermantel (WM), Kohledeckel (KD), Kohlemantel (KM) und Innenraum (I), wobei die Teilräume von den beiden Kesselmänteln und deren Verlängerung begrenzt wurden. Bei der räumlichen Integrationsmethode wurden sämtliche Teilräume mit zwei Sonden ausgemessen, der WD-Raum außerdem

[1] Stamped „Geheime Kommandosache". (Editor)

auch mit drei. Im WM waren die Sonden wie früher nach der Exponentialmethode angeordnet, in den übrigen nach einer neuartigen Abwandlung der Gaußschen Methode, die sich als sehr praktisch erwies und die an anderer Stelle geschildert werden soll. Bei der linearen Integrationsmethode wurden im WD-Raum 6 Sonden, im WM-Raum 6 Sonden, im KM- und KD-Raum je zwei Sonden und im I-Raum 3 Sonden gemessen. Die lineare Integrationsmethode gibt über die Raumintegrale hinaus noch ein Bild von der räumlichen Verteilung (Fig. 1: Leermessung, Fig. 2: Vollmessung). Hierbei ist z. B. bemerkenswert, daß im Innenraum die Neutronendichte weniger stark nach außen abfällt als bei dem Wassermantelversuch (r/ϱ_I-Kurve in Fig. 2). Hierin äußert sich deutlich die bessere Rückstreuwirkung der Kohle gegenüber H_2O.

Tafel 1

Versuch		KM/N_0		KD/N_0	WM/N_0		WD/N_0	N_a/N_0	N_i/N_0	Z	ν
Leer	L	0,32		0,10	0,44		0,14	1	–	–	–
			0,42			0,58					
	R	0,31		0,08	0,51		0,10	1	–	–	–
			0,39			0,61					
Voll	L	1,57		0,42	1,37		0,30	3,66	41,6	3,39	226
			1,99			1,67					
	R	1,45		0,41	1,47		0,29	3,62	35,6	3,35	260
			1,86			1,76					
Mittel								3,64	38,6	3,37	243

3 Die Meßergebnisse und ihre Auswertung sind in Tafel 1 zusammengestellt. Dabei sind alle in der Kohle gemessenen Neutronenzahlen schon auf Wasser umgerechnet durch Multiplikation mit dem Verhältnis der Absorptionskoeffizienten ν_C/ν_H. Dies gilt auch für die primäre Neutronenzahl N_0, die sich ihrem Absolutwert nach bei dem L-Verfahren um 5,2%, bei dem R-Verfahren um 1,7% größer als bei dem H_2O Mantelversuch ergab. Trotz sehr verschiedener Versuchsanordnung ist also die Abweichung gering, zumal der mittlere Unterschied von 3,6% gegen die frühere Messung sicher innerhalb der Fehlergrenzen für den Absorptionskoeffizient von Kohle liegt. Der Auswertung wurde der Wert $\nu_C = 131$ $\text{sec}^{-1} = 0{,}0334\ \nu_H$ zugrunde gelegt. Er folgt nach Messungen von *Bothe* und *Jensen* (Zs. f. Phys. **122**, 749, 1944) aus der Packdichte der Kohle (1,58), dem Gehalt an Verunreinigungen, der durch Veraschung einiger Durchschnittsproben etwa halb so groß gefunden wurde wie bei der früher benutzten Kohle, und dem Streuquerschnitt $\sigma_C = 4{,}8 \cdot 10^{-24}\,\text{cm}^2$, den *Caroli* (Phys. Rev. **60**, 702, 1941) bei seinen Präzisionsmessungen der Streuquerschnitte wasserstoffhaltiger Substanzen benutzt.[2]

[2] Die neueren Literaturangaben über den Streuquerschnitt für Kohle schwanken zwischen $\sigma = 4{,}5$ und $4{,}8 \cdot 10^{-24}$ cm. Die Genauigkeit der Diffusionslänge beträgt (nach Bothe-Jensen l.c.) etwa 1 cm auf 40 cm, was allein eine Unsicherheit von 5% in ν_C bewirkt.

Die Absorption der thermischen Neutronen im Aluminium- und Elektronkessel, die zum Wasser- bzw. Kohlemantel gerechnet werden, ist in Tafel 1 schon berücksichtigt. Die Al-Korrektion ist aus dem gemessenen Absorptionsquerschnitt $\sigma_{Al} = 0{,}44 \cdot 10^{-24}\,\mathrm{cm}^2$ berechnet, der von *Ramm* nochmals an einigen technischen Sorten von Al geprüft worden ist.[3] Sie ergibt eine summarische Erhöhung der Intensität im Wasser von etwa 10,4% (unter der auch durch die Fig. 1, 2 bestätigten Annahme einer mittleren Eindringtiefe von 2,5 cm).

Im Gegensatz zu den Messungen im Wassermantel, in dem die Absorption 4
des Wasser annähernd mit der des Elektrons übereinstimmt, spielt die letzte in dem kaum absorbierenden Kohlemantel eine entscheidende Rolle. Nach Untersuchungen von *Borchardt, Ramm, Wirtz* (Forsch. Ber. März 1944) ist für lackierte Elektronschichten etwa $\nu_{El,lack} - \nu_C = 4490\,\mathrm{sec}^{-1}$. Daraus ergeben sich auf Grund der Kurven für den KM in Fig. 1 und 2 folgende Korrektionen:

	Leer-	*Voll*messung
KD	34,7	47,7%
KM	23,3	38,8%

Der Beitrag der Intensität im Elektronkessel zur Kohlemantelintensität ist also überraschend hoch und macht in Zukunft eine besondere Intensitätsmessung auf dem Innenkessel notwendig. Auch wenn man die Unsicherheit dieser Korrektion für beträchtlich hält, ist ihr Einfluß auf das Gesamtergebnis allerdings gering. Änderungen von ν_{El} um 500 Einheiten variieren Z und $\bar{\nu}$ nur um 2 – 3%.

Außerdem wurde bei allen Wassermessungen nach dem L-Verfahren noch eine Sondenkorrektur von 4,7% angebracht. Bei dem R-Verfahren ist eine entsprechende Korrektur gemäß der jeweiligen Rohrweite bereits durch die Integrationsanordnung berücksichtigt.

In der Tafel 1 sind zunächst die Integrale in den einzelnen Teilräumen aufgeführt, immer bezogen auf das Gesamtintegral der Leermessung. Hieraus wurden der Vermehrungsfaktor Z und der zeitliche Vermehrungskoeffizient $\bar{\nu}$ in der frü-

[3] Bestimmungen des Absorptionsquerschnitts von Al erfolgten wiederholt durch reine Absorptionsmessungen und durch Aktivitätsmessungen:

Abs. Messungen:

R. Döpel: $\sigma = 0{,}45 \cdot 10^{-24}\,\mathrm{cm}^2$ (Forsch. Ber. 1941)
W. Ramm: $\sigma = 0{,}44 \cdot 10^{-24}\,\mathrm{cm}^2$ (Naturw. **30**, 755, 1942)
H. Volz: $\sigma = 0{,}42 \cdot 10^{-24}\,\mathrm{cm}^2$ (Zs. f. Phys. **121**, 201, 1943)
J. Gehlen: $\sigma = 0{,}43 \cdot 10^{-24}\,\mathrm{cm}^2$ (Zs. f. Phys. **121**, 268, 1943)

Akt. Messungen:

F. Rasetti: $\sigma = 0{,}21 \cdot 10^{-24}\,\mathrm{cm}^2$ (Phys. Rev. **58**, 869, 1940)
K. Simna und *F. Yamasaki*: $\sigma = 0{,}15 \cdot 10^{-24}\,\mathrm{cm}^2$ (Phys. Rev. **59**, 402, 1941)
M. Goldhaber und *R.D. O'Neal*: $\sigma = 0{,}20 \cdot 10^{-24}\,\mathrm{cm}^2$ (Phys. Rev. **59**, 109, 1941)
Fleischmann: $\sigma = 0{,}40 \cdot 10^{-24}\,\mathrm{cm}^2$ (Forsch. Ber. 1941)
J. Gehlen: $\sigma = 0{,}19 \cdot 10^{-24}\,\mathrm{cm}^2$ (Zs. f. Phys. **121**, 268, 1943)

Der Unterschied der Ergebnisse zwischen den beiden Meßreihen ist noch ungeklärt. In unsere Auswertung geht unabhängig von der Deutung der durch Absorptionsmessung bestimmte Wert ein. Die Diskrepanz innerhalb der Aktivitätsmessungen ist hier ohne Interesse.

heren Weise berechnet. Die dabei noch anzubringenden Korrektionen wurden aus Tafel 1 des früheren Berichtes (I) über *B* 6 entnommen.

5 Ein wesentlicher Unterschied zwischen den beiden Meßverfahren tritt nur bei N_i auf, der hier wieder in derselben Richtung liegt. Diese Unstimmigkeit ist noch nicht aufgeklärt. Wenn man einstweilen zwischen den Ergebnissen der beiden Verfahren mittelt:

$$\text{Gottow: } \bar{\nu} = 400 \pm 50 \qquad B\,6-1/18\text{:} \quad \bar{\nu} = 250 \pm 20$$
$$B\,7-1/18\text{:} \quad \bar{\nu} = 240 \pm 20 \ ,$$

so entsprechen die Zahlen innerhalb der Fehlergrenzen der theoretischen Erwartung.

Die geringere Genauigkeit bei dem Kohlemantel-Versuch gegenüber dem H_2O-Mantel-Versuch rührt hauptsächlich daher, daß die Neutronendichten im Außenraum jetzt erheblich kleiner sind, namentlich bei den Leermessungen. In den Tafeln 2 und 3 sind die Verhältnisse der Mantel- zu den Deckelintegralen bzw. der Voll- zu den Leerintegralen angegeben.

Tafel 2

M/D	Kohle (leer)	Kohle (voll)	Wasser (leer)	Wasser (voll)
L	3,2	3,7	3,1	4,6
R	3,9	3,5	5,1	5,1

Tafel 3

voll/leer	KM	KD	WM	WD
L	4,9	4,4	3,1	2,1
R	4,7	4,8	2,9	2,9

Man sieht hier in der Tat, daß die größte Unsicherheit bei dem verhältnismäßig kleinen D-Integral des Leerversuches besteht, das entweder nach dem L-Verfahren zu groß oder nach dem R-Verfahren zu klein gemessen wurde. Die entsprechenden Werte beim H_2O-Mantel-Versuch sind 3,10 (*L*) bzw. 3,17 (R). Eine
6 grobe Abschätzung macht einen Wert 3,5 – 4,0 | für das Verhältnis M/D in einem Kohlemantel wahrscheinlich. Das Verhältnis für die äußere Wasserhülle ist durch eine solche grobe Abschätzung schwer zu erfassen, weil bei dem Zusammenwirken von Kohle und Wasser extrem gegeneinander spielende Verhältnisse vorliegen (langsamer Intensitätsabfall in Kohle; äußerst rascher Abfall in Wasser). Immerhin fällt auf, daß die Verhältnisse M/D für die Leer- und Vollmessung meistens übereinstimmen.

Die Werte $\bar{\nu} = 240$ und $Z = 3{,}37$ sind nun mit dem früheren Wert $\bar{\nu} = 250$ und dem aus ihm theoretisch berechneten Z-Wert 2,9 zu vergleichen. Wenn auch die nicht unbeträchtlichen Fehlergrenzen einen Unterschied zwischen Experiment und theoretischer Vorhersage nicht mit Sicherheit erkennen lassen, so bestätigt doch *B* 7 das Bild der Messungen *B* 6, daß, wenn Unterschiede da sind, die experimentellen *Z*-Werte größer sind als die theoretischen. Die Unterschiede sind jetzt schon beträchtlich und es fragt sich, ob sie trotz der bekannten Empfindlichkeit von *Z* gegen geringe Variationen der Parameter noch innerhalb deren Fehlergrenzen liegen. Man wird erwarten dürfen, daß sie sich, wenn sie reell sind, mit wachsendem *Z* stärker auswirken, so daß die Mindestgröße der selbsttägien Maschine in früheren Betrachtungen eher über- als unterschätzt ist. Abgesehen von solchen Unterschieden bewährt sich das Zweikomponentenmodell also auch beim Übergang von einem zu einem anderen Rückstreumantel. Daher dürften auch die Voraussagen über den Oxydschichtmantel an Wahrscheinlichkeit gewinnen.

Berlin-Dahlem, den 3. 1. 1945
Kaiser Wilhelm-Institut für Physik

7

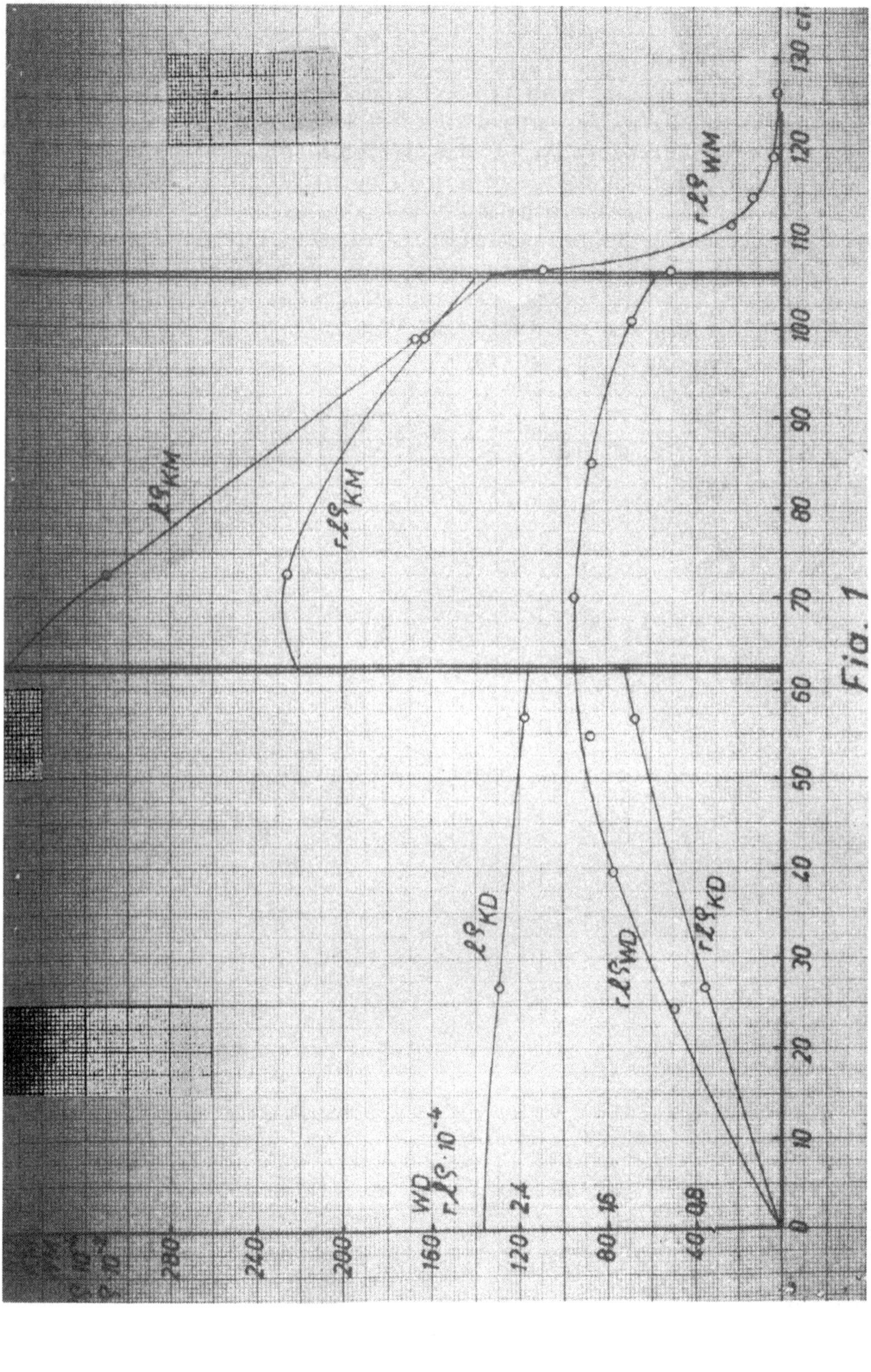

ℓS KM
rℓS KM
rℓS WM
ℓS KD
rℓS WD
rℓS KD
WD
rℓS·10⁻⁴
280
240
200
160
120
80
40
2,4
1,6
0,8
0
10
20
30
40
50
60
70
80
90
100
110
120
130 cm
Fig. 1

Fig. 2

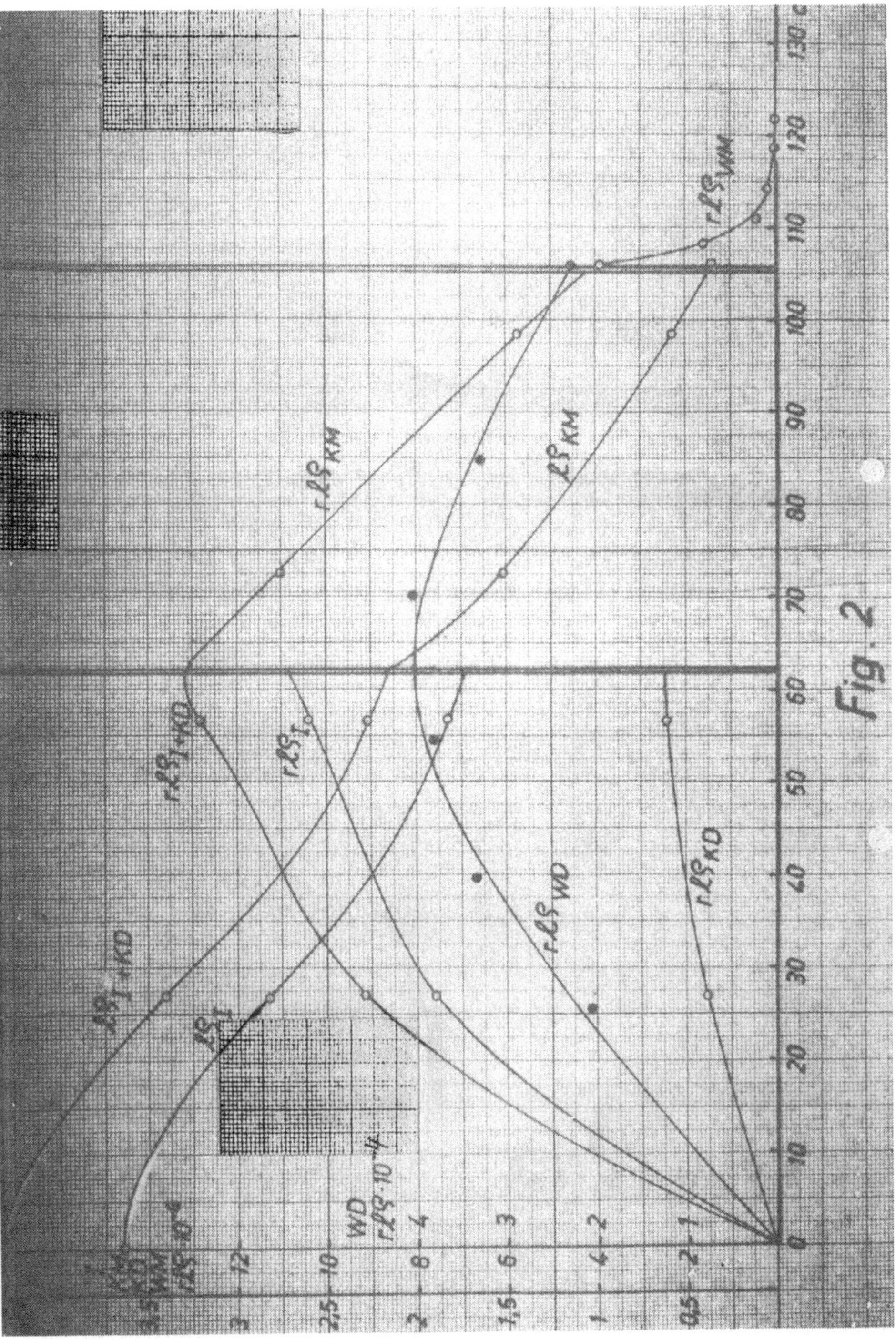

Group 10

Theory of the Scattering Matrix (1942–1946)

Theory of the Scattering Matrix (1942 – 1946)

An Annotation by Reinhard Oehme, Chicago

In the following pages, I will give a brief survey of Heisenberg's work on the *scattering matrix* (S-matrix). I am interested in the ideas which led him to consider the S-matrix, the essential results he obtained, and the reason why he abandoned it later. I will also briefly discuss the importance of the S-matrix for the later development of particle physics.

1. Introduction of the Scattering Matrix

Heisenberg introduced the scattering matrix in 1942 in the first of a series of papers on "the observable quantities in the theory of elementary particles" (paper No. 1, p. 611 – 636 below). In order to trace his reasons for the proposal, however, I have to go back a few years to Heisenberg's papers on the limitations of quantum theory and on the fundamental length (see papers No. 6 and 7, Group 8, pp. 301 – 314, 315 – 330 above).

Shortly after the development of quantum mechanics, Dirac, Heisenberg, Pauli, and also Jordan, Klein, and Wigner had shown that relativistic, noninteracting wave fields could be consistently quantized by the canonical formalism and its generalization. However, with the introduction of nonlinear terms in the wave equations for the description of interactions, perturbation calculations involving the integration over four-momenta of virtual particles were found to give divergent results unless a high momentum cut-off was introduced. These difficulties appeared in quantum electrodynamics, in Fermi's theory of β-decay, and in theories of nuclear forces. Heisenberg proposed that they may all be an indication of the existence of a universal length l_0. He viewed l_0 as a fundamental constant with a significance similar to that of h and c: It should limit the applicability of intuitive concepts and the possibility of measurement. He considered it likely that the physics in dimensions which are small compard to l_0 requires new ideas which are contained neither in quantum theory nor in the theory of special relativity. Within this framework, the masses of particles are *not* considered fundamental constants, but once l_0 is built into the formalism, they should follow as energy levels of a universal system, somewhat like the levels of a complicated atomic system follow from the Hamiltonian.

On the basis of the empirical knowledge available in the 1930s, Heisenberg tentatively proposed that the fundamental length is of the order of 10^{-13} cm [1]. His view was strengthened by indications for the existence of multiparticle production is cosmic ray events [2], which he considered to be possibly associated with the existence of l_0.

Believing that the quantum field theory of elementary particles requires a major revision at high energies, possibly because of the existence of a universal length, Heisenberg asked which concepts of the existing theory of wave fields would survive in a more comprehensive theory. He concentrated on "observable quantities", listing the energy eigenvalues of closed systems and the probabilities for collisions and for absorption and emission. The latter quantities are associated with the asymptotic behavior of wave fields and can be characterized by a matrix labelled according to momenta, spin, and other quantum numbers of incoming and outgoing noninteracting particle states. This is the S-matrix [3].

The notion of the S-matrix is, of course, a very general one, and in principle it has nothing to do with the divergence problems of field theories or with the question of a smallest length. Nevertheless, it was within this framework that Heisenberg introduced the S-matrix.

At the time when Heisenberg wrote the papers, he viewed this matrix as a primary quantity to be calculated directly. It was to replace the Hamiltonian, which had led to the divergence difficulties. Later, after it had been learned how to handle covariant perturbation theory, the S-matrix became the quantity to be *calculated* from quantum field theory. More generally, it became *the* physical quantity to be extracted from a field theory formalism, which itself may contain many unphysical elements as a price to pay for more mathematical simplicity.

2. Heisenberg's Papers

In the first two papers on observable quantities in the *Zeitschrift für Physik* (Nos. 1, 2), Heisenberg explores in detail the implications for the S-matrix of Poincaré invariance and of the conservation of probability. He extracts the energy-momentum-conserving δ-function and shows how to calculate cross-sections for various processes in terms of matrix elements of R, where $S = I + R$. The requirement of unitarity is derived, and a Hermitian η matrix is introduced by $S = e^{i\eta}$. The second paper (No. 2, pp. 637–666 below) contains special, simple *Ansätze* for η, and the corresponding calculations of scattering cross-sections and, in particular, of production processes for many particles [4].

A new and important element is added in the third paper of the series, which was submitted in 1944 (No. 3, pp. 667–686). During a visit to Leiden in the fall of 1943, his friend H. A. Kramers had told Heisenberg about analytic properties of S-matrix elements as a function of momentum variables, with the physical amplitudes being given by the appropriate boundary values for real momenta. He also told him about the connection between single-particle states and simple poles in the appropriate matrix elements of S [5]. In binary scattering situations, these poles appear on the positive imaginary axis in the momentum variable, or below the physical threshold on the real energy axis.

In the third paper (No. 3), Heisenberg incorporates analytic properties and single-particle poles in his S-matrix scheme. He studies these features in models with two- and three-particle channels. He also requires that the general S-matrix should agree with the one obtained from conventional Hamiltonian formalism in the limit where the universal length can be considered very small.

There is more discussion of analytic properties in the letters exchanged between Pauli and Heisenberg during the years 1946–48. In September of 1946, Pauli reported to Heisenberg some results of "his Chinese collaborator Ma in Princeton" on the analytic structure of amplitudes for the scattering in an exponential potential. Ma finds that singularities on the positive imaginary k-axis appear, which are *not* related to stationary states and which are not present for cut-off potentials. Furthermore, Res Jost sent a letter to Heisenberg about "false" poles or zeros of the S-matrix. Because of these and other problems encountered by Heitler and Hu, Pauli wrote in a letter dated July 1947: "I personally consider the idea of an analytic continuation of the S-matrix to be a complete flop." [6] Yet, Heisenberg was not particularly worried about these apparent difficulties. Writing to Møller in June 1947, he expressed the hope that a future scheme for the construction of the S-matrix will make it possible to distinguish between "true" and "false" singularities.

Today, we know that these "false" singularities, which are present (with varying character) for all potentials with exponential fall-off, are just remnants of what appears as crossed-channel singularities in amplitudes obtained from relativistic field theories [7]. These are perfectly physical. They simply belong to another (crossed) channel described by the same analytic S-matrix.

Heisenberg summarized his ideas concerning a finite S-matrix theory of elementary particles in his first postwar paper entitled "*Der mathematische Rahmen der Quantentheorie der Wellenfelder*" (The Mathematical Framework of the Quantum Theory of Wave Fields) in 1946 (No. 5, pp. 699–713) and his 1947 Cambridge lecture [8]. With the essential restrictions obtainable from general principles taken into account, the S-matrix theory was still a very general scheme which had rather limited predictive power. In May 1946, Pauli wrote to Heisenberg: "I have read your papers on the S-matrix with much interest, but they remain only a program as long as no method is given for a theoretical determination of the S-matrix" [9].

3. Later Developments

In the late 1940s, important progress was made in the treatment of Lagrangian field theories by Tomonaga, Schwinger, Feynman, and Dyson [10]. With extensive use of relativistic covariance, a renormalization scheme was formulated, which made it possible to eliminate the ultraviolet divergences in the weak coupling perturbation theory. For renormalizable interactions, it then became possible to calculate the elements of the S-matrix as a (formal) expansion in powers of the coupling constant. In the case of quantum electrodynamics, the comparison of these calculations with experimental results provided the well-known spectacular successes which added greatly to the confidence invested in relativistic quantum field theory.

Late in 1949, when I came to Göttingen as a young student, I had just studied the papers of Dyson on the calculation of the S-matrix to arbitrary order in the coupling parameter [11]. Heisenberg was deeply interested in these results and asked me to give a number of lectures on the topic. He pointed out that, even with the renormalization scheme, no satisfactory closed formulation of field theory was at hand. In particular, the power series expansion in the coupling parameter was inadequate for the strong interactions. On the other hand, Heisenberg seemed, at that time, to have accepted the fact that his S-matrix scheme lacked the rules for explicit calculations, and that the restrictions from general principles and correspondences were insufficient.

He soon embarked upon his attempts to formulate a unified field theory. Initially, his *Ansatz* again incorporated the idea of a universal length, and it was nonrenormalizable in the sense of weak coupling methods [12]. Already in his contribution prepared for the 1939 Solvay Conference [13], Heisenberg had pointed out the important difference between theories with dimensionless and with dimensionful coupling constants. After the development of renormalization methods, theories with dimensionless coupling parameters were shown to be generally renormalizable (or super-renormalizable in the case of positive mass dimensions). On the other hand, couplings with inverse mass dimensions were shown to lead to nonrenormalizability in the conventional sense [14].

I will close with a few words on later developments concerning the S-matrix, which Heisenberg followed with interest, but in which he played no part. In the early 1950s, important new results were obtained concerning the analytic properties of S-matrix elements, in particular, scattering amplitudes. They were derived on the basis of general postulates underlying quantum field theory and did not involve perturbation expansions [15]. The most important postulate was microscopic causality: the commutativity (or anticommutativity) of Heisenberg field operators at points with spacelike separation. With S-matrix elements being Fourier transforms of retarded products of these operators, the support properties resulting from microcausality and from spectral conditions allowed the derivation of analytic properties, including the important crossing relations which provide an analytic connection between amplitudes for particle-particle and particle-antiparticle scattering. The resulting dispersion relations for forward and nearforward scattering became essential tools for the understanding of meson-nucleon and nucleon-nucleon interactions [16]. These relations gave a rather complete description of the low-energy properties of the amplitudes for these reactions. Furthermore, the exact sum rules obtained were the first successful theoretical results in strong interaction physics [17], and to this date, they are in excellent agreement with the results of experiments carried out at higher and higher energies.

On the basis of the analytic properties discussed above, as well as more detailed ones abstracted from Feynman graphs, it became possible to introduce complex angular momentum methods, which – under the name of Regge theory – gave a rather successful description of the high-energy behavior of hadronic amplitudes [18].

Duality relations between Regge trajectories and sequences of resonances in crossed channels led to meromorphic models of amplitudes with Regge-like asymptotic behavior away from the real axis [19]. Further sophistication of these formulations gave rise to a general theory of dual models [20], which was eventually linked to theories of strings [21]. The latter were introduced, a priori, in order to account for quark confinement in hadrons. They were generalized to include fermionic degrees of freedom, a development which led to an early appearance of supersymmetry in particle physics [22]. Consistent supersymmetric string theories can be formulated in ten space-time dimensions [23], and they have massless spin 2 and spin 3/2 excitations in their spectrum. The reductions to four dimensions can be achieved by Kaluza-Klein methods.

Although string theories were not successful as theories of hadrons at a length scale of 10^{-13} cm, it was recognized that they are very interesting candidates for a unified theory of all interactions, including gravity, with the characteristic length scale of the strings being of the order 10^{-33} cm (Planck length) [24]. In contrast to local field theories, string theories are consistent quantum theories which necessarily contain gravity. The characteristic string features should be important at the scale of the Planck length, whereas for much longer distances ordinary quantum field theory should be applicable as an effective theory.

At the time of writing, candidates for superstring theories have been found which promise to be finite and physically interesting. Perhaps they will provide the key to Heisenberg's dream of a unified theory.

4. Acknowledgements

It is a pleasure to thank Peter G. O. Freund in Chicago and Helmut Rechenberg in München for helpful remarks. I am particularly indebted to H. Rechenberg for providing me with copies of letters of Heisenberg, Pauli, Kramers, and others. Thanks are also due to S. A. Wouthuysen for an interesting exchange of letters, and to Laurie M. Brown for helpful conversations.

References

1 In his contribution to the issue of the *Annalen der Physik* published in honor of the 70th birthday of Max Planck (paper No. 6, Group 8, pp. 301 – 314 below), Heisenberg also mentions the Planck length $l_P = \sqrt{G} = 4 \times 10^{-33}$ cm, but considers it too small to be identified with l_0.

2 Some time later, there were indications, for a while, that the multiple production in nuclear collisions could be explained as a cascade process, but further experiments showed that there are definitely collisions where many particles are created in a single act.

3 As Heisenberg points out in paper No. 1, special cases of the S-matrix were previously used in nonrelativistic quantum mechanics, in particular in connection with the partial wave decomposition of amplitudes for scattering in a central potential. The S-matrix had first been used by J.A. Wheeler in more complicated many-channel situations in nuclear physics. [See Phys. Rev. **52**, 1107 (1937)]. In a letter from Rome dated March 1943, Gian-Carlo Wick asks some questions about Heisenberg's first two S-matrix papers, and he also informs him about the work of Gregory Breit on the S-matrix in Schrödinger theory [Phys. Rev. **58**, 1068 (1940)], which was aimed mainly toward a description of resonances in terms of complex poles in the energy variable. Heisenberg was apparently unaware of these papers.

4 The general connection between S-matrix elements and various cross-section had also been studied extensively by C. Møller in Copenhagen, who corresponded with Heisenberg during and after the war [see K. Danske Vidensk. Selskab Mat.-Fys. Medd. **23**, No. 1 (1945); **22**, No. 19 (1946)].

5 Kramers and Wouthuysen had discovered these properties for nonrelativistic scattering amplitudes in about 1940, as remarked in a letter by Kramers to Heisenberg written in April 1944.

6 The actual quotation from Pauli's letter is: "*Ich persönlich halte die Idee der analytischen Fortsetzung der S-Matrix für einen vollständigen Fehlschlag.*"

7 In the nonrelativistic limit of field theoretical scattering amplitudes, one generally finds that these crossed-channel singularities are related to branch cuts appearing in corresponding amplitudes obtained from Schrödinger theory with superpositions of Yukawa potentials: $V(r) = \int d\sigma\, \varrho(\sigma)(e^{-\sigma r}/r)$. In an S-wave amplitude, the Yukawa potential gives rise to logarithmic branch points on the negative energy axis. With the special choice $\varrho(\sigma)\alpha\delta'(\sigma-a)$, one obtaines an exponential potential of range a^{-1}, and the logarithmic branch points become simple poles. Within the framework of field theory, we do not expect $\varrho(\sigma)$ to be a δ'-function.

8 W. Heisenberg: The present situation in the theory of elementary particles, in *Two Lectures* (Cambridge, University Press 1949), pp. 5 – 25; reprinted in *Collected Works B*, pp. 444 – 449

9 The actual remark is: "*Deine Arbeiten über die S-Matrix habe ich mit großem Interesse gelesen, aber sie bleiben so lange nur ein Programm, als keine Methode angegeben wird, um die S-Matrix theoretisch zu bestimmen.*"

10 For references, see for example the collection of papers on *Quantum Electrodynamics* (J. Schwinger, ed., Dover Publications, New York 1958).

11 F. Dyson: Phys. Rev. **75**, 476, 1736 (1949)

12 See for example W. Heisenberg: Der gegenwärtige Stand der Theorie der Elementarteilchen, Die Naturwissenschaften **42**, 637 – 641 (1955); reprinted in *Collected Works B*, pp. 547 – 551.

13 W. Heisenberg: Bericht über die allgemeinen Eigenschaften der Elementarteilchen (1939), in *Collected Works B*, pp. 346 – 358

14 S. Sakata, H. Umezawa, S. Kamefuchi: Progr. Theor. Phys. **7**, 377 (1952)

15 For a review and references, see for example R. Oehme: Forward Dispersion Relations and Microcausality, in *Quanta*, ed. by P.G.O. Freund, C.J. Goebel, Y. Nambu, (University of Chicago Press, Chicago and London 1970), p. 309; R. Oehme, Nuovo Cim. **4**, 1316 (1956), (see appendix, in particular);
N.N. Bogoliubov, D.V. Shirkov: *Introduction to the Theory of Quantized Fields* (Interscience, New York 1959) Chap. IX;
H. Bremermann, R. Oehme, J.G. Taylor: Phys. Rev. **109**, 2178 (1958); H. Lehmann: Suppl. Nuovo Cim. **14**, 153 (1958).

16 For reviews and references, see for example M.L. Goldberger: In *Relations de Dispersion et Particules Elémentaires*, ed. by C. de Witt and R. Omnes (Hermann, Paris 1960), pp. 15 – 151;
G.F. Chew: *S-Matrix Theory of Strong Interactons* (Benjamin, New York 1961);
S. Mandelstam; Reports of Progress in Physics **25**, 99 (1962).

17 M.L. Goldberger, H. Miyazawa, R. Oehme: Phys. Rev. **99**, 986 (1955);
M.L. Goldberger, Y. Nambu, R. Oehme: Ann. Phys. (New York) **2**, 266 (1956)

18 For a review and references, see for example R. Oehme in: *Strong Interactions and High Energy Physics*, ed. by R.G. Moorhouse (Oliver and Boyd, Edinburgh and London 1964), pp. 164 – 256.

19 G. Veneziano: Nuovo Cim. **57A**, 180 (1968);
R. Oehme: Nucl. Phys. **B16**, 161 (1970)

20 For a review and references, see for example, *Dual Theory*, ed. by M. Jacob (North-Holland, Amsterdam 1974);
J. Scherk; Rev. Mod. Phys. **47**, 123 (1975).

21 Y. Nambu; in *Proc. of the Intern. Conf. on Symmetries and Quark Models*, ed. by R. Chand (Gordon and Breach, New York 1970) p. 269

22 P. Ramond: Phys. Rev. **D3**, 2415 (1971);
A. Neveu, J.H. Schwarz: Nucl. Phys. **B31**, 86 (1971)

23 For a review and references, see M.B. Green, J.H. Schwarz, E. Witten: *Superstring Theory*, 2 volumes (Cambridge University Press, Cambridge 1987); *Unified String Theories*, ed. by M. Green, D. Gross (World Scientific, Singapore 1986).

24 J. Scherk, J.H. Schwarz: Nucl. Phys. **B81**, 118 (1974);
T. Yoneya: Nuovo Cimento Letters **8**, 951 (1974)

Zeitschrift für Physik *120*, 513–538 (1943)

Die „beobachtbaren Größen" in der Theorie der Elementarteilchen *).

Von **W. Heisenberg** in Berlin,
Max Planck-Institut der Kaiser Wilhelm-Gesellschaft.

(Eingegangen am 8. September 1942.)

Die bekannten Divergenzschwierigkeiten in der Theorie der Elementarteilchen zeigen, daß die zukünftige Theorie in ihren Grundlagen eine universelle Konstante von der Dimension einer Länge enthalten wird, die in die bisherige Form der Theorie offenbar nicht widerspruchsfrei eingebaut werden kann. Im Hinblick auf diese spätere Abänderung der Theorie versucht die vorliegende Arbeit, aus dem Begriffsgebäude der Quantentheorie der Wellenfelder diejenigen Begriffe herauszuschälen, die von der zukünftigen Änderung wahrscheinlich nicht betroffen werden und die daher einen Bestandteil auch der zukünftigen Theorie bilden werden. Die Arbeit gliedert sich in folgende Abschnitte: I. Die beobachtbaren Größen und ihre mathematische Darstellung. a) Formulierung der Grundannahmen. b) Die mathematische Darstellung der beobachtbaren Größen. c) Die Singularitäten im Impulsraum. d) Die charakteristische Matrix. e) Die Emission mehrerer Teilchen. — II. Die Eigenschaften der Matrix S. a) Die allgemeinen quantenmechanischen Eigenschaften von S. b) Die singulären Teile der Matrix S. c) Berücksichtigung von Spin und Statistik der verschiedenen Elementarteilchen. d) Das relativistische Verhalten der Matrix S. — III. Beziehungen zwischen den beobachtbaren Größen. a) Das durch die Matrix S gegebene Eigenwertproblem. b) Beziehungen zwischen Streu- und Emissionskoeffizienten. c) Beziehungen zwischen den beobachtbaren Größen, die nicht aus den allgemeinen Eigenschaften der Matrix S folgen.

In den vergangenen Jahren ist vielfach[1]) auf die Schwierigkeiten hingewiesen worden, die einer Theorie der Elementarteilchen einstweilen noch im Wege stehen. Diese Schwierigkeiten zeigen sich am auffallendsten in dem Auftreten von Divergenzen (unendliche Selbstenergie des Elektrons, unendliche Polarisation des Vakuums u. dergl.), die den Ausbau einer mathematisch geschlossenen Theorie verhindern, und müssen wohl als Ausdruck der Tatsache aufgefaßt werden, daß bei den in Rede stehenden Erscheinungen eine neue universelle Konstante von der Dimension einer Länge eine entscheidende Rolle spielt, die in den bisherigen Theorien nicht berücksichtigt wird. Einstweilen ist nichts darüber bekannt, welche physi-

*) Herrn Prof. Geiger zum 60. Geburtstage am 30. September 1942 gewidmet.

[1]) Z. B. bei N. Bohr, Kongreß über Kernphysik in Rom 1931, S. 119. V. Weißkopf, ZS. f. Phys. **89**, 27, 1934; A. March, ebenda **104**, 93, 161, 1936; **105**, 620, 1937; G. Wataghin, ebenda **88**, 92; **92**, 547, 1934; W. Heisenberg, Ann. d. Phys. **32**, 20, 1938.

Zeitschrift für Physik *120*, 513–538 (1943)

kalischen Begriffe neu gebildet werden müssen, um den richtigen Einbau dieser Konstante in die mathematische Formulierung der Naturgesetze zu ermöglichen, und in welcher Weise dann diese Konstante z. B. die Massen der Elementarteilchen bestimmt.

Bei dieser Sachlage scheint es zweckmäßig, die Frage zu stellen, welche Begriffe der bisherigen Theorie auch in der zukünftigen beibehalten werden können, und diese Frage ist ungefähr gleichbedeutend mit der anderen Frage, welche Größen der bisherigen Theorie „beobachtbar" seien. Denn auch die zukünftige Theorie soll natürlich in erster Linie Beziehungen zwischen „beobachtbaren Größen" enthalten. Dabei wird freilich stets erst durch die fertige Theorie entschieden, welche Größen wirklich „beobachtbar" sind. Aber auch schon vor der Kenntnis der endgültigen Theorie kann das Studium der Schwierigkeiten der früheren Theorie Anhaltspunkte dafür liefern, daß gewisse Begriffe in Zukunft nicht mehr angewendet werden können, während andere Begriffe von den Schwierigkeiten gar nicht berührt werden. So kann man zu Beziehungen zwischen beobachtbaren Größen gelangen, die ein Bestandteil nicht nur der alten, sondern wahrscheinlich auch der zukünftigen Theorie sind. Die folgende Untersuchung soll aus dem Begriffsgebäude der Quantentheorie der Wellenfelder gewisse Begriffe herausschälen, die trotz der bekannten Schwierigkeiten wohl auch in der zukünftigen Theorie als „beobachtbare physikalische Größen" angesehen werden können, und soll Beziehungen zwischen diesen Größen herleiten, die zum mindesten prinzipiell an der Erfahrung geprüft werden können.

I. Die beobachtbaren Größen und ihre mathematische Darstellung.

a) Formulierung der Grundannahme. Die Existenz einer „kleinsten Länge", d. h. einer universellen Konstante von der Dimension einer Länge und der Größenordnung 10^{-13} cm macht alle diejenigen Aussagen der Quantentheorie problematisch, bei denen es sich um die genaue Festlegung eines Ortes oder eines Zeitpunktes, d. h. allgemein um einen raum-zeitlichen Ablauf handelt. Es ist zwar sicher möglich, solche raum-zeitlichen Abläufe mit einem hohen Grad von Genauigkeit zu beobachten, aber es ist sehr zweifelhaft, ob man den Ort eines Teilchens genauer als mit einer Unsicherheit von 10^{-13} cm und einen Zeitpunkt genauer als mit einer Unsicherheit von $\frac{10^{-13}}{c} \sim 3 \cdot 10^{-24}$ sec festlegen kann. Tatsächlich beobachtet man ja auch raumzeitliche Abläufe im allgemeinen nur mit einer im Verhältnis dazu sehr bescheidenen Genauigkeit.

Man interpretiert die experimentellen Ergebnisse nachträglich als Aussagen über Energien von stationären Zuständen oder über Wirkungsquerschnitte für irgendwelche Stoßprozesse. Schon daraus geht hervor, daß es eine andere Kategorie von Größen gibt, deren Bestimmung durch die Existenz der „kleinsten Länge" gar nicht berührt wird, nämlich die Energien und Impulse von freien Teilchen, und die Wirkungsquerschnitte als ein Maß für die Wahrscheinlichkeit, mit der ein Teilchen erzeugt wird oder Energie und Impuls ändert. Es liegt nahe, eben diese Größen als die „beobachtbaren Größen" auch in einer zukünftigen Theorie anzusehen.

Im einzelnen sollen die Konsequenzen aus folgenden Annahmen über die „beobachtbaren Größen" untersucht werden:

1. Die diskreten Energiewerte der stationären Zustände abgeschlossener Systeme sind „beobachtbar".

2. Bei stationären Stoßprozessen, Emissions- und Absorptionsvorgängen usw. (z. B. einfallende ebene Welle und gestreute Kugelwelle usw.) soll das asymptotische Verhalten der Wellenfunktionen im Unendlichen prinzipiell „beobachtbar" sein.

Die beiden in den Annahmen 1. und 2. bezeichneten Arten von beobachtbaren Größen scheinen zunächst ohne inneren Zusammenhang und es sieht so aus, als müsse man für die räumlich abgeschlossenen Systeme mit diskreten Energiewerten einerseits, die unabgeschlossenen Stoß- und Streuvorgänge mit kontinuierlichem Energiespektrum andererseits ganz verschiedene Größen als „beobachtbar" vor den anderen auszeichnen.

In Wirklichkeit hängen die beiden Arten von Größen aber sehr eng zusammen. Als Beispiel betrachten wir die Streuung eines Teilchens an einem Zentralfeld kurzer Reichweite. Nach der Annahme 2. soll hier als beobachtbar gelten das Verhalten der ein- und auslaufenden Welle im Unendlichen; d. h. insbesondere die Phasendifferenz zwischen der ein- und auslaufenden Kugelwelle, die zu einer bestimmten Winkelabhängigkeit (d. h. zu einem bestimmten Drehimpuls des Systems) gehört. Wenn man nun das System durch eine Kugelschale in großem Abstand vom Kraftzentrum abschließt, so werden die Energiewerte des Systems diskret. Die Lage der Energiewerte hängt aber allein ab von der Phasendifferenz zwischen der ein- und der auslaufenden Welle. Wenn man die Energiewerte des so veränderten Systems als beobachtbar ansieht, so ist dies also dasselbe, wie wenn man die Phasendifferenzen als beobachtbar betrachtet; die Annahmen 1. und 2. sagen daher hier das gleiche aus.

Die Annahmen 1. und 2. lassen die Frage unentschieden, inwieweit der räumliche Verlauf einer Eigenfunktion bei kleinen Abständen der be-

Zeitschrift für Physik *120*, 513–538 (1943)

teiligten Teilchen als beobachtbar gelten kann. Nach der Quantenmechanik kann dieser Verlauf (bis auf die unbestimmte Phasenkonstante der Wellenfunktion) grundsätzlich stets beobachtet werden. Auch in der zukünftigen Theorie wird wohl der physikalische Inhalt, der durch den Verlauf der Wellenfunktion dargestellt war, irgendeine Darstellung finden. Nur muß man damit rechnen, daß hierbei von der universellen Länge der Größenordnung 10^{-13} cm grundsätzlich nicht mehr abgesehen werden kann. Man muß hier daran denken, daß z. B. die räumliche Dichteverteilung der Elektronen im Atom nur durch Stoßversuche mit sehr energiereichen Teilchen (Elektronen oder Photonen) ermittelt werden kann. Die hierbei auftretenden Streuwellen werden zwar sicher wieder zu den beobachtbaren Größen gehören, aber es bleibt zweifelhaft, inwieweit man von den Streuwellen rückwärts auf eine bestimmte „Dichteverteilung" schließen kann.

b) Die mathematische Darstellung der beobachtbaren Größen. Nach diesen Vorbemerkungen soll die Frage angegriffen werden, wie die Größen, die hier als beobachtbar bezeichnet werden, mathematisch dargestellt werden können. Dabei wird es besonders darauf ankommen, auch das relativistische Verhalten der betreffenden Größen klarzustellen.

Bei den diskreten Energiewerten der abgeschlossenen Systeme liegt kein Problem vor. Diese Energiewerte sind relativistische Invarianten, wie die Ruhmassen von Teilchen. Wenn die abgeschlossenen Systeme bewegt sind, so folgen Energie und Impuls des Systems aus diesen Invarianten und aus der Geschwindigkeit in der üblichen Weise nach der Lorentz-Transformation.

Sehr viel komplizierter liegen die Verhältnisse jedoch bei den Größen, die das Endresultat eines Streu- oder Emissionsprozesses festlegen.

Zur Vereinfachung soll zunächst der Stoß zweier Elementarteilchen betrachtet werden, der zur Streuung oder auch zur Emission von neuen Teilchen führt. Der Ausgangszustand ist hier etwa beschrieben durch eine ebene Welle in dem Koordinatenraum der beiden Koordinaten $\mathfrak{r}_1$, $\mathfrak{r}_2$. Diese „primäre Welle" ist im stationären Betrieb verbunden mit einer Streuwelle, die wieder aufgefaßt werden kann als Produkt einer ebenen Welle in dem Raum der Schwerpunktskoordinaten $\frac{\mathfrak{r}_1 + \mathfrak{r}_2}{2}$ und einer auslaufenden Kugelwelle im Raum der Relativkoordinaten $\mathfrak{r}_1 - \mathfrak{r}_2$. Wenn beim Stoß noch ein neues, drittes Teilchen (z. B. ein Lichtquant) erzeugt wird, so verbindet sich mit der primären Welle noch eine auslaufende Welle im Raum der drei Koordinaten $\mathfrak{r}_1$, $\mathfrak{r}_2$ und $\mathfrak{r}_3$. Diese Welle ist wieder ein Produkt aus einer ebenen Welle im Raum der Schwerpunktskoordinaten und einer auslaufenden Kugelwelle im Raum der Koordinaten $\mathfrak{r}_1 - \mathfrak{r}_2$ und $\mathfrak{r}_1 - \mathfrak{r}_3$. Dabei sind die auslaufenden Wellen in $\mathfrak{r}_1 - \mathfrak{r}_2$ und $\mathfrak{r}_1 - \mathfrak{r}_3$ in der Weise gekoppelt, daß in einem Gebiet, in dem $\mathfrak{r}_1 - \mathfrak{r}_2$ klein ist, die Wellenfunktion nur dort merklich von Null verschieden ist, wo auch $\mathfrak{r}_1 - \mathfrak{r}_3$ klein ist. Die gestreute Welle erfüllt also nur einen Teil des Raumes der Koordinaten $\mathfrak{r}_1$, $\mathfrak{r}_2$, $\mathfrak{r}_3$. Dieser Teilraum ist physikalisch durch die Bedingung gekennzeichnet, daß immer dann, wenn das eine Teilchen in einer gewissen Entfernung vom Streuzentrum angetroffen wird, das andere Teilchen ebenfalls in der Nähe einer bestimmten, aus dem Verhältnis der Geschwindigkeiten folgenden Entfernung vom Streuzentrum angetroffen werden muß.

Eine weitere Beziehung zwischen den primären und den auslaufenden Wellen ist durch Energie- und Impulssatz gegeben. Wenn $\mathfrak{k}_1'$, $\mathfrak{k}_2'$ die Impulse, $k_1^{0\prime}$, $k_2^{0\prime}$ die Energien der Teilchen vor dem Stoß, die zweigestrichenen Größen die entsprechenden Größen nach dem Stoß bedeuten, so muß

$$\sum \mathfrak{k}_i' = \sum \mathfrak{k}_i''; \quad \sum k_i^{0\prime} = \sum k_i^{0\prime\prime} \tag{1}$$

sein. Wir benutzen im folgenden stets $\hbar$ und c als Einheiten, so daß die Dimension irgendwelcher physikalischer Größen durch eine Potenz einer Länge ausgedrückt werden kann[1]). $\mathfrak{k}$ und k^0 haben in diesen Einheiten die Dimension cm^{-1}. In der üblichen quantenmechanischen Störungsrechnung ist die erste der Bedingungen (1) stets von selbst erfüllt, da die Störungsenergie nur Übergänge vermittelt, bei denen der Impulssatz gewahrt ist. Dagegen folgt die Erfüllung der zweiten Bedingung erst aus der Mittelung über lange Zeiten, d. h. aus der Forderung der Stationarität.

Wenn die einlaufenden und auslaufenden Wellen in großem Abstand vom Streuzentrum gegeben sind, so kann man aus diesem asymptotischen Verhalten im Raum der $\mathfrak{r}$-Koordinaten auch durch Fourier-Transformation das „asymptotische" Verhalten im Impulsraum, d. h. im Raum der $\mathfrak{k}_1$, $\mathfrak{k}_2$, $\mathfrak{k}_3$ herleiten. Dabei entsprechen offenbar die Gebiete des $\mathfrak{r}$-Raumes, die in großem Abstand vom Streuzentrum liegen, gerade den Gebieten im $\mathfrak{k}$-Raum, in denen die Bedingungen (1) erfüllt sind. Das asymptotische Verhalten der Wellenfunktionen im $\mathfrak{r}$-Raum ist also eindeutig verknüpft mit dem Verhalten der Wellenfunktion im $\mathfrak{k}$-Raum gerade an den Stellen, an denen die Beziehungen (1) gelten.

c) Die Singularitäten im Impulsraum. Dieser Zusammenhang muß im folgenden noch mathematisch näher ausgeführt werden. Die Eigen-

[1]) Vgl. W. Heisenberg, ZS. f. Phys. **101**, 533, 1936.

Zeitschrift für Physik *120*, 513–538 (1943)

funktion im Impulsraum, die zu einem Streuvorgang gehört, wird offenbar in der Nähe der durch die Bedingungen (1) gegebenen Stellen in einer bestimmten Weise singulär. Zunächst kann die primäre Welle selbst offenbar einfach als Produkt von Diracschen δ-Funktionen in der Form $\prod_i \delta(\mathfrak{k}_i' - \mathfrak{k}_i'')$ geschrieben werden, wobei die $\mathfrak{k}_i''$ die Variabeln des Impulsraumes bedeuten, während die $\mathfrak{k}_i'$ den betreffenden Zustand als Konstanten charakterisieren. Zu dieser primären Welle kommt aber noch die Streuwelle. Die Streuwelle enthält zunächst wegen der Bedingungen (1) den Faktor $\delta(\sum \mathfrak{k}_i' - \sum \mathfrak{k}_i'')$. Für die Abhängigkeit von den Energien $k_i^{0''}$ ergibt sich jedoch trotz der Bedingungen (1) nicht einfach ein Faktor $\delta(\sum k_i^{0'} - \sum k_i^{0''})$. Vielmehr zeigen die Untersuchungen Diracs[1]), daß die Streuwelle im Impulsraum den Faktor $\frac{1}{\sum k_i^{0'} - \sum k_i^{0''}} + i\pi\,\delta(\sum k_i^{0'} - \sum k_i^{0''})$ enthält und daß sich die besondere Form dieses Faktors aus der Bedingung ergibt, daß nur eine auslaufende, keine einlaufende Streuwelle vorhanden sein soll.

Die Art der Singularität der Eigenfunktion an der Stelle des Impulsraumes, an der die Energie der gestreuten Teilchen gleich der einfallenden Energie ist, bedarf also noch einer besonderen Untersuchung. Zunächst ist klar, daß an dem genannten Diracschen Faktor nur die Art der Singularität, nicht aber das Verhalten für endliche Werte von $\sum k_i^{0'} - \sum k_i^{0''}$ für das asymptotische Verhalten der Wellen im $\mathfrak{r}$-Raum wesentlich ist. Denn für das asymptotische Verhalten gelten die Bedingungen (1) streng. Dann ist schon gelegentlich früher darauf hingewiesen worden, daß man den Diracschen Faktor auch einfach durch den Faktor $\frac{1}{\sum k_i^{0'} - \sum k_i^{0''}}$ ersetzen könne, wenn man die Zusatzbedingung hinzufüge, daß bei der Integration über den $\mathfrak{k}$-Raum, die beim Übergang vom Impuls zum Ortsraum durchzuführen ist, der singuläre Punkt $\sum k_i^{0'} - \sum k_i^{0''} = 0$ auf einer bestimmten Seite der reellen Achse (etwa auf der negativ imaginären Seite) umgangen werden muß.

Diesen ganzen Sachverhalt kann man einfach ausdrücken, indem man in der folgenden Weise die Diracsche δ-Funktion in zwei Teile spaltet: Man beginnt etwa mit der bekannten Fourier-Zerlegung der δ-Funktion

$$\delta(k) = \frac{1}{2\pi}\int_{-\infty}^{+\infty} e^{ikt}\,dt. \tag{2}$$

[1]) P. A. M. Dirac, Quantum mechanics. 2. Aufl. S. 197 u. f. Oxford 1935.

Dann definiert man

$$\left.\begin{aligned} \delta_+(k) &= \frac{1}{2\pi}\int_0^{\infty} e^{ikt}\,\mathrm{d}t \\ \text{und}\qquad \delta_-(k) &= \frac{1}{2\pi}\int_{-\infty}^{0} e^{ikt}\,\mathrm{d}t, \end{aligned}\right\} \tag{3}$$

$$\delta = \delta_+ + \delta_-, \quad \delta_- = \delta_+^*. \tag{4}$$

Für diese Funktionen δ_+ und δ_- erhält man offenbar die Darstellungen

$$\left.\begin{aligned} \delta_+(k) &= -\frac{1}{2\pi i k} \quad \text{für} \quad \mathfrak{Im}(k) > 0, \\ \delta_-(k) &= \frac{1}{2\pi i k} \quad \text{,,} \quad\; \mathfrak{Im}(k) < 0. \end{aligned}\right\} \tag{5}$$

Wir behaupten nun, daß die Funktion $\delta_+(\sum k_i^{0'} - \sum k_i^{0''})$ dem Diracschen Faktor entspricht und dafür sorgt, daß nur auslaufende Wellen vorhanden sind, während δ_- umgekehrt nur einlaufende Wellen darstellt. Man erkennt dies unmittelbar, wenn man das Fourier-Integral

$$J_+ = \int \mathrm{d}\mathfrak{k}''\, e^{i\mathfrak{k}''\mathfrak{r}}\, \delta_+(k' - k'') \tag{6}$$

betrachtet (von der Ruhmasse der Teilchen sei der Einfachheit halber abgesehen und daher k statt k^0 gesetzt). Man erhält

$$\left.\begin{aligned} J_+ &= 2\pi\int_0^{\infty} \mathrm{d}k''\, k''^2 \int_{-1}^{+1} \mathrm{d}\zeta\, e^{ik''r\zeta}\, \delta_+(k' - k'') \\ &= \frac{2\pi}{ir}\int_0^{\infty} \mathrm{d}k''\, k''\, (e^{ik''r} - e^{-ik''r})\, \delta_+(k' - k''). \end{aligned}\right\} \tag{7}$$

Die Funktion $\delta_+(k' - k'')$ kann nun nach (5) durch $-\frac{1}{2\pi i(k' - k'')}$ ersetzt werden, wenn man das Integral in der komplexen k''-Ebene so ausführt, daß man den singulären Punkt $k'' = k'$ auf der negativ imaginären Seite umgeht. Das Integral wird zweckmäßig in einem endlichen Abstand unterhalb der reellen Achse ausgeführt. Dann verschwindet für hinreichend große r offenbar das Glied $e^{-ik''r}$ und es bleibt nur das Glied mit $e^{+ik''r}$ über. Zur Berechnung dieses Teiles des Integrals deformiert und zerlegt man den Integrationsweg zweckmäßig so, daß er in einen Kreis um den singulären Punkt $k'' = k'$ und einen Weg oberhalb der reellen Achse zerfällt. Der letztere trägt für große r zum Wert von J_+ nichts bei, weil $e^{ik''r}$ überall beliebig klein wird, es bleibt also nur das Integral um den singulären Punkt übrig. Daher folgt

$$J_+ = -\frac{2\pi i}{r} k' e^{i k' r}, \tag{8}$$

d. h. nur eine auslaufende Welle.

In der gleichen Weise folgt

$$J_- = \int d\mathfrak{k}'' e^{i\mathfrak{k}''\mathfrak{r}} \delta_-(k' - k'') = \frac{2\pi i}{r} k' e^{-i k' r}, \tag{9}$$

d. h. eine einlaufende Welle. (Die gewählten Darstellungen $e^{-ik'r}$ bzw. $e^{+ik'r}$ für die ein- bzw. auslaufende Welle setzen voraus, daß der Zeitfaktor der Wellenfunktion in der üblichen Weise $e^{-ik^0 t}$ gesetzt wird.)

Mit Hilfe der Funktionen (8) kann man das Verhalten der Streuwelle im Impulsraum einfach ausdrücken. Die Wellenfunktion enthält für die gestreute Welle den Faktor $\delta(\sum \mathfrak{k}_i' - \sum \mathfrak{k}_i'')\,\delta_+(\sum k_i^{0\prime} - \sum k_i^{0\prime\prime})$. Dieser Faktor ist eine relativistische Invariante, ebenso wie die Produkte $\delta(\sum\mathfrak{k}_i'-\sum\mathfrak{k}_i'')\,\delta_-(\sum k_i^{0\prime}-\sum k_i^{0\prime\prime})$ und $\delta(\sum\mathfrak{k}_i'-\sum\mathfrak{k}_i'')\,\delta(\sum k_i^{0\prime}-\sum k_i^{0\prime\prime})$, wie aus den Gleichungen (2) und (8) unmittelbar hervorgeht. Die Zerlegung (4) ermöglicht auch, die primäre Welle $\prod_i \delta(\mathfrak{k}_i' - \mathfrak{k}_i'')$, die in der Form

$$\prod_i \delta(\mathfrak{k}_i' - \mathfrak{k}_i'') = \delta(\sum \mathfrak{k}_i' - \sum \mathfrak{k}_i'')\,\delta(\sum k_i^{0\prime} - \sum k_i^{0\prime\prime}) \cdot \Delta(\mathfrak{k}_i', \mathfrak{k}_i'') \tag{10}$$

geschrieben werden kann, in einen einlaufenden und einen auslaufenden Teil zu zerlegen. Δ ist dabei im wesentlichen eine δ-Funktion, d. h. die Einheitsmatrix in den Variabeln, die übrigbleiben, wenn man vier von den Variabeln $\mathfrak{k}_i''$ durch Gesamtenergie und Gesamtimpuls eliminiert. Für diese Zerlegung braucht man nur $\delta(\sum k_i^{0\prime} - \sum k_i^{0\prime\prime})$ in (10) in $\delta_+ + \delta_-$ zu spalten.

d) Die charakteristische Matrix. Nach diesen Vorbemerkungen können wir behaupten: Zu einer primären Welle $\prod_i \delta(\mathfrak{k}_i' - \mathfrak{k}_i'')$ gehört als asymptotischer Ausdruck der Wellenfunktion im $\mathfrak{k}''$-Raum als

$$\left.\begin{aligned}
&\text{einfallende Welle:}\\
&\qquad \delta(\textstyle\sum \mathfrak{k}_i' - \sum \mathfrak{k}_i'')\,\delta_-(\sum k_i^{0\prime} - \sum k_i^{0\prime\prime})\,\Delta(\mathfrak{k}_i', \mathfrak{k}_i''),\\
&\text{auslaufende Welle:}\\
&\delta(\textstyle\sum \mathfrak{k}_i' - \sum \mathfrak{k}_i'')\,\delta_+(\sum k_i^{0\prime} - \sum k_i^{0\prime\prime})\,[\Delta(\mathfrak{k}_i', \mathfrak{k}_i'') + R(\mathfrak{k}_i', \mathfrak{k}_i'')].
\end{aligned}\right\} \tag{11}$$

Die Funktion $R(\mathfrak{k}_i', \mathfrak{k}_i'')$ stellt offenbar die eigentliche Streuwelle dar. Wenn neben der Streuung auch die Emission von neuen Teilchen vorkommt, so zerfällt R in mehrere Funktionen, von denen die erste nur von $\mathfrak{k}_1''$

und $\mathfrak{k}_2''$, die zweite von $\mathfrak{k}_1''$, $\mathfrak{k}_2''$ und $\mathfrak{k}_3''$, die dritte von $\mathfrak{k}_1''$, $\mathfrak{k}_2''$, $\mathfrak{k}_3''$, $\mathfrak{k}_4''$ usw. abhängt. Wir fassen die Matrix Δ und R zu einer Matrix S zusammen:

$$S(\mathfrak{k}_i', \mathfrak{k}_i'') = \Delta(\mathfrak{k}_i', \mathfrak{k}_i'') + R(\mathfrak{k}_i', \mathfrak{k}_i'') \tag{12}$$

und bezeichnen $S(\mathfrak{k}_i', \mathfrak{k}_i'')$ als die für das Streuproblem charakteristische Matrix. Von dieser Matrix haben wir bisher nur die erste Zeile betrachtet, bei der nur zwei Variabeln $\mathfrak{k}_1'$, $\mathfrak{k}_2'$ vorkommen. Die allgemeine Form der Matrix kann schematisch in folgender Weise angedeutet werden:

S: (12 a)

	$\mathfrak{k}_1''\mathfrak{k}_2''$	$\mathfrak{k}_1''\mathfrak{k}_2''\mathfrak{k}_3''$	$\mathfrak{k}_1''\mathfrak{k}_2''\mathfrak{k}_3''\mathfrak{k}_4''$	. .
$\mathfrak{k}_1'\mathfrak{k}_2'$				
$\mathfrak{k}_1'\mathfrak{k}_2'\mathfrak{k}_3'$				
$\mathfrak{k}_1'\mathfrak{k}_2'\mathfrak{k}_3'\mathfrak{k}_4'$				
. .				

Wegen der Darstellung (11) sind ihre Matrixelemente nur definiert für Übergänge, bei denen die Bedingungen (1) gelten, d. h. Energie und Impuls erhalten bleiben.

Die Matrix $S(\mathfrak{k}_i', \mathfrak{k}_i'')$ enthält die mathematische Darstellung der Größen, die wir in der Annahme (2) als beobachtbar bezeichnet haben.

e) Die Emission mehrerer Teilchen. Bevor die Eigenschaften dieser Matrix im einzelnen besprochen werden, ist noch zu zeigen, daß auch die Teile der Matrix, die von mehr als zwei Variabeln $\mathfrak{k}_i''$ abhängen, die auslaufende Welle richtig darstellen können. Die Diracschen Betrachtungen sowie die Gleichungen (2) bis (9) beziehen sich ja zunächst nur auf den einfachen Streuvorgang, nicht auf die Emission neuer Teilchen. Wir betrachten zu diesem Zweck ein Fourier-Integral der Form ($\mathfrak{K}$ Gesamtimpuls, K^0 Gesamtenergie):

$$J_+ = \int d\mathfrak{k}_1 \dots d\mathfrak{k}_f \, e^{i\sum_l \mathfrak{k}_l \mathfrak{r}_l} \cdot \delta(\mathfrak{K} - \sum \mathfrak{k}_l)\, \delta_+(K^0 - \sum k_l^0)\, g(\mathfrak{k}_l). \tag{13}$$

Durch Integration über $\mathfrak{k}_1$ kann zunächst die erste δ-Funktion beseitigt werden ($\varkappa$ = Ruhmasse der Teilchen in cm^{-1}):

$$J_+ = \int d\mathfrak{k}_2 \cdots d\mathfrak{k}_f \, e^{i\sum_2^f \mathfrak{k}_l(\mathfrak{r}_l - \mathfrak{r}_1) + i\mathfrak{K}\mathfrak{r}_1}\, \delta_+\Big(K^0 - \sqrt{\varkappa^2 + \Big(\mathfrak{K} - \sum_2^f \mathfrak{k}_l\Big)^2} - \sum_2^f k_l^0\Big) \cdot$$
$$\cdot\, g\Big(\mathfrak{K} - \sum_2^f \mathfrak{k}_l,\ \mathfrak{k}_2 \cdots\Big). \tag{14}$$

Zeitschrift für Physik *120*, 513–538 (1943)

Führt man wie in (7) Polarkoordinaten im Raum $\mathfrak{k}_2$ ein, wobei die Richtung von $\mathfrak{r}_2 - \mathfrak{r}_1$ die Polarachse bestimmt — wir setzen $\frac{\mathfrak{r}_2 - \mathfrak{r}_1}{|\mathfrak{r}_2 - \mathfrak{r}_1|} = \mathfrak{e}$ —, so erhält man unter Berücksichtigung der gleich zu besprechenden Beziehung (17) durch die Integration über $\mathfrak{k}_2$

$$J_+ = 2\pi i \int d\mathfrak{k}_3 \ldots d\mathfrak{k}_f \frac{\bar{k}_2}{\mathfrak{e}(\mathfrak{v}_2 - \mathfrak{v}_1)\cdot|\mathfrak{r}_2 - \mathfrak{r}_1|}\cdot$$

$$\cdot e^{i\bar{k}_2|\mathfrak{r}_2 - \mathfrak{r}_1| + i\sum_3^f \mathfrak{k}_l(\mathfrak{r}_l - \mathfrak{r}_1) + i\mathfrak{K}\mathfrak{r}_1} \cdot g\left(\mathfrak{K} - \bar{k}_2\mathfrak{e} - \sum_3^f \mathfrak{k}_l, \ldots\right), \tag{15}$$

wobei $\bar{k}_2$ den Wert von k_2 bedeutet, der bei gegebenen Werten von $\mathfrak{k}_3 \ldots \mathfrak{k}_f$ den Energiesatz befriedigt, d. h. der das Argument der δ-Funktion zu Null macht. $\mathfrak{v}_1$ und $\mathfrak{v}_2$ sind (in Einheiten der Lichtgeschwindigkeit) die Geschwindigkeiten der Teilchen 1 und 2, die sich aus den Erhaltungssätzen ergeben. Diese Werte hängen von $\mathfrak{k}_3, \mathfrak{k}_4 \ldots \mathfrak{k}_f$ ab. Da nun noch die Integration über $\mathfrak{k}_3$ bis $\mathfrak{k}_f$ vorgenommen werden muß, ist für große $|\mathfrak{r}_l - \mathfrak{r}_1|$ der Wert des Integrals nur dort merklich von Null verschieden, wo die Ableitung des Exponenten nach $\mathfrak{k}_3, \mathfrak{k}_4 \ldots \mathfrak{k}_f$ verschwindet — es sei denn, daß die Funktion g sehr schnell mit $\mathfrak{k}_i$ veränderlich ist, was wir ausschließen wollen.

Das Argument der δ_+-Funktion lautet

$$A = K^0 - \sqrt{\varkappa^2 + \left(\mathfrak{K} - k_2\mathfrak{e} - \sum_3^f \mathfrak{k}_l\right)^2} - \sqrt{\varkappa^2 + k_2^2} - k_3^0 - \cdots k_f^0. \tag{16}$$

Das totale Differential dA (bei konstanter Richtung $\mathfrak{e}$) wird daher

$$dA = dk_2\,\mathfrak{e}(\mathfrak{v}_1 - \mathfrak{v}_2) + \sum_3^f d\mathfrak{k}_l(\mathfrak{v}_1 - \mathfrak{v}_l), \tag{17}$$

wobei wieder $\mathfrak{v}_i = \mathfrak{k}_i/k_i^0$ die Geschwindigkeiten der Teilchen (in Einheiten der Lichtgeschwindigkeit) bedeuten. Differenziert man den Exponenten von (15), so erhält man aus (15) und (17) als das zu $d\mathfrak{k}_l$ proportionale Glied

$$i\,d\mathfrak{k}_l\left[\mathfrak{r}_l - \mathfrak{r}_1 - \frac{\mathfrak{v}_l - \mathfrak{v}_1}{\mathfrak{e}(\mathfrak{v}_2 - \mathfrak{v}_1)}\cdot|\mathfrak{r}_2 - \mathfrak{r}_1|\right]. \tag{18}$$

Die Wellenfunktion wird also nur dort merklich von Null verschieden, wo sich die Abstände $|\mathfrak{r}_l - \mathfrak{r}_1|$ und $|\mathfrak{r}_2 - \mathfrak{r}_1|$ verhalten wie die zugehörigen Geschwindigkeiten $|\mathfrak{v}_l - \mathfrak{v}_1|$ und $|\mathfrak{v}_2 - \mathfrak{v}_1|$.

Eben dieses Verhalten ist physikalisch zu erwarten, da ja alle Teilchen gleichzeitig beim Streuvorgang entstehen, wie bereits früher (Abs. Ib) besprochen wurde. Man erkennt hieraus, daß auch die Teile der Matrix S, die zur Emission von mehreren Teilchen gehören, zusammen mit dem

Faktor $\delta(\sum \mathfrak{k}_i' - \sum \mathfrak{k}_i'')\,\delta_+\,(\sum k_i^{0'} - \sum k_i^{0''})$ das asymptotische Verhalten der Wellenfunktion im Koordinatenraum richtig darstellen.

II. *Die Eigenschaften der Matrix* $S(\mathfrak{k}_i'; \mathfrak{k}_i'')$.

a) Die allgemeinen quantenmechanischen Eigenschaften von S. Die Matrix S vermittelt nur Übergänge zwischen Zuständen gleicher Energie und gleichen Impulses. Sie ist also reduzibel in unendlich viele Teilmatrizen, von denen jede zu einem bestimmten Wert von Gesamtenergie und Gesamtimpuls gehört.

Die Matrix S ist ferner unitär, d. h. sie genügt der Matrixgleichung

$$\tilde{S}^* S = 1. \tag{19}$$

(Das Zeichen $\sim$ bedeutet Vertauschung von Zeilen und Spalten.)

Diese Behauptung kann man folgendermaßen begründen: Man betrachte etwa die Eigenfunktion im $\mathfrak{k}''$-Raum, die zu der gegebenen Primärwelle gehört:

$$\psi_{\mathfrak{k}_1' \ldots \mathfrak{k}_f'}(\mathfrak{k}_1'' \ldots \mathfrak{k}_f''). \tag{20}$$

Diese Funktion genügt der Schrödinger-Gleichung

$$\int (\mathfrak{k}_l'' \,|H|\, \mathfrak{k}_l''')\, d\mathfrak{k}_1''' \ldots d\mathfrak{k}_f''' \cdot \psi(\mathfrak{k}_l''') = (\sum_l k_l^{0'}) \cdot \psi(\mathfrak{k}_l''), \tag{21}$$

ihr singulärer Teil ist durch (11) dargestellt.

Man kann die Lösung (20) der Wellengleichung auch aus der primären Welle (10) mit Hilfe der zeitabhängigen Schrödinger-Gleichung herleiten; denn nach langer Zeit geht die primäre Welle, wenn etwa zur Zeit $t = 0$ die Wechselwirkung der Teilchen eingeschaltet wird, in die Lösung (20) über:

$$\begin{aligned} \psi_{\mathfrak{k}_1' \cdots \mathfrak{k}_f'}(\mathfrak{k}_1'' \cdots \mathfrak{k}_f'') &= \lim_{t \to \infty} e^{i \Sigma k_l^{0'} t} \cdot \int (\mathfrak{k}'' \,|e^{-iHt}|\, \mathfrak{k}''')\, d\mathfrak{k}_1''' \cdots d\mathfrak{k}_f'''\, \Pi\, \delta(\mathfrak{k}_i' - \mathfrak{k}_i''') \\ &= \lim_{t \to \infty} e^{i \Sigma k_l^{0'} t} (\mathfrak{k}'' \,|e^{-iHt}|\, \mathfrak{k}'). \end{aligned} \tag{22}$$

Man erhält offenbar auch eine [von (20) verschiedene] Lösung der Gleichung (21), wenn man in (22) das Vorzeichen der Zeit umkehrt:

$$\varphi_{\mathfrak{k}_1' \cdots \mathfrak{k}_f'}(\mathfrak{k}_1' \cdots \mathfrak{k}_f'') = \lim_{t \to \infty} e^{-i \Sigma k_l^{0'} t} (\mathfrak{k}'' \,|e^{+iHt}|\, \mathfrak{k}'). \tag{23}$$

Diese zweite Lösung (23) geht wegen des hermitischen Charakters von H aus der ersten (22) dadurch hervor, daß man den konjugiert komplexen Wert von (22) nimmt und in ihm die Variabeln $\mathfrak{k}'$ und $\mathfrak{k}''$ (nicht jedoch $k^{0'}$ und $k^{0''}$ in den für die Singularität maßgebenden Gliedern) vertauscht.

$$\lim_{t \to \infty} e^{-i \Sigma k_l^{0'} t} (\mathfrak{k}' \,|e^{iH^* t}|\, \mathfrak{k}'') = \lim_{t \to \infty} e^{-i \Sigma k_l^{0'} t} (\mathfrak{k}'' \,|e^{iHt}|\, \mathfrak{k}') = \varphi. \tag{24}$$

Zeitschrift für Physik *120*, 513–538 (1943)

Man erhält schließlich aus (4), (11) und (24) für den singulären Teil

$$\left.\begin{aligned}\text{von } \psi\colon\ & \delta\left(\sum \mathfrak{k}_i' - \sum \mathfrak{k}_i''\right) \delta_-\left(\sum k_i^{0'} - \sum k_i^{0''}\right) \varDelta\left(\mathfrak{k}', \mathfrak{k}''\right) + \\ & + \delta\left(\sum \mathfrak{k}_i' - \sum \mathfrak{k}_i''\right) \delta_+\left(\sum k_i^{0'} - k_i^{0''}\right) S\left(\mathfrak{k}', \mathfrak{k}''\right); \\ \text{von } \varphi\colon\ & \delta\left(\sum \mathfrak{k}_i' - \sum \mathfrak{k}_i''\right) \delta_+\left(\sum k_i^{0'} - \sum k_i^{0''}\right) \varDelta^*\left(\mathfrak{k}'', \mathfrak{k}'\right) + \\ & + \delta\left(\sum \mathfrak{k}_i' - \sum \mathfrak{k}_i''\right) \delta_-\left(\sum k_i^{0'} - \sum k_i^{0''}\right) S^*\left(\mathfrak{k}'', \mathfrak{k}'\right).\end{aligned}\right\} \quad (25)$$

Nun führt man statt der einzelnen Teilchenimpulse zweckmäßig als neue Variabeln den Gesamtimpuls $\mathfrak{K}$, die Gesamtenergie K^0, und weitere $3f-4$ Koordinaten $x_5 \ldots x_{3f}$ ein. Die Matrix S zerfällt dann in Teilmatrizen, die jeweils nur zu einem bestimmten Wert von K^0 und $\mathfrak{K}$ gehören:

$$S = S\left(\mathfrak{K}', K^{0\prime}; x', x''\right) = S\left(x', x''\right). \quad (26)$$

Das gleiche gilt von der Matrix $\varDelta$, die einfach als Einheitsmatrix in den Variabeln x aufzufassen ist:

$$\varDelta\left(x', x''\right) = \left(x' \,|\, 1 \,|\, x''\right).$$

Wir setzen jetzt in der zweiten Zeile von (25) an die Stelle der $\mathfrak{k}_i'$ die Größen $\mathfrak{K}, K^0, x'$, ersetzen x' durch x''', multiplizieren mit $S\left(x', x'''\right)$ und integrieren über alle x'''. Durch diesen Prozeß muß man wieder eine Lösung der Wellengleichung (21) erhalten, da ja die Summe von Lösungen wieder eine Lösung ist. Die Integration ergibt für den singulären Teil von

$$\begin{aligned}\int \varphi_{\mathfrak{K}', K^{0\prime}, x'''}\, \mathrm{d}x'''\, S\left(x' x'''\right)\colon\ & \delta\left(\mathfrak{K}' - \mathfrak{K}''\right) \delta_+\left(K^{0\prime} - K^{0\prime\prime}\right) S\left(x', x''\right) + \\ & + \delta\left(\mathfrak{K}' - \mathfrak{K}''\right) \delta_-\left(K^{0\prime} - K^{0\prime\prime}\right) \int S^*\left(x'' x'''\right) \mathrm{d}x'''\, S\left(x' x'''\right). \quad (27)\end{aligned}$$

Die so konstruierte Lösung stimmt hinsichtlich der auslaufenden Welle genau mit ψ überein, sie muß also auch hinsichtlich der einlaufenden Welle mit ψ übereinstimmen. Daraus folgt

$$\int \mathrm{d}x'''\, S^*\left(x'' x'''\right) S\left(x' x'''\right) = \varDelta\left(x' x''\right) \quad (28)$$

oder in Matrixschreibweise:

$$S\tilde{S}^* = 1 = \tilde{S}^* S. \quad (29)$$

Der unitäre Charakter der Matrix S ist damit bewiesen. Wenn die Hamiltonsche Funktion als Matrix nicht nur hermitisch, sondern auch reell ist, dann ist nicht nur H, sondern nach (22) auch ψ und damit auch $S\left(\mathfrak{k}', \mathfrak{k}''\right)$ eine symmetrische Matrix:

Aus $H = \tilde{H}$ folgt auch

$$S = \tilde{S}. \quad (30)$$

Unter dieser speziellen Voraussetzung gilt dann

$$S^* S = 1. \tag{31}$$

b) Die singulären Teile der Matrix S. Die Matrix S ist keine reguläre Funktion der Variabeln $\mathfrak{k}'$ und $\mathfrak{k}''$, sondern schon aus Gleichung (12): $S = 1 + R$ geht hervor, daß S δ-funktionsartige Teile besitzt. Diese singulären Anteile der Matrix S sollen jetzt bestimmt werden.

Eine kleine formale Schwierigkeit entsteht hier aus dem Umstand, daß man kaum auf einfache Weise erreichen kann, daß die $3f - 4$ Variabeln x von den Impulsen der verschiedenen Teilchen symmetrisch abhängen. Man kann daher entweder auf die Symmetrie verzichten und etwa immer die drei Impulskoordinaten des ersten Teilchens und die Energie des zweiten: $\mathfrak{k}_1$ und k_2^0 mit Hilfe von Gesamtenergie und -impuls eliminieren. Man führt dann als Variabeln x zweckmäßig den Einheitsvektor in Richtung $\mathfrak{k}_2$: $\mathfrak{e}_2 = \mathfrak{k}_2/k_2$ und die Impulse $\mathfrak{k}_3 \ldots \mathfrak{k}_f$ ein. Oder aber man erweitert S, indem man S mit $\delta\left(\sum \mathfrak{k}_i' - \sum \mathfrak{k}_i''\right) \delta\left(\sum k_i^{0\prime} - \sum k_i^{0\prime\prime}\right)$ multipliziert. Die so erweiterte Matrix kann in sämtlichen Variabeln $\mathfrak{k}_1 \ldots \mathfrak{k}_f$ symmetrisch geschrieben werden (sofern nicht physikalische Unterschiede der Teilchenarten die Symmetrie stören); dafür muß man stets diesen δ-Funktionsfaktor mitschleppen.

Wir entscheiden uns zunächst für die erste Alternative und untersuchen das Verhalten der einzelnen Teilmatrizen von S, die in der Darstellung (12a) durch einzelne Kästen gekennzeichnet sind. Die erste Zeile von (12a) gehört zu all den Streuprozessen, bei denen zwei Teilchen zusammenstoßen, wobei dann entweder nur Streuung oder Streuung und Emission neuer Teilchen stattfindet.

Die Richtung $\mathfrak{e}_2$ kann man durch zwei Winkel ϑ und φ ausdrücken, wobei dann gelten soll

$$d\,\mathfrak{e}_2 = \sin\vartheta\, d\vartheta\, d\varphi; \quad d\mathfrak{k}_2 = d\mathfrak{e}\, k_2 k_2^0\, d k_2^0. \tag{32}$$

Ferner kann man schreiben

$$\Delta\,(\mathfrak{e}_2' \mathfrak{e}_2'') = \Delta\,(\mathfrak{e}_2' - \mathfrak{e}_2''). \tag{33}$$

Für die erste Zeile von S in (12 a) erhält man die folgende Darstellung:

	$\mathfrak{e}_2''$	$\mathfrak{e}_2'' \mathfrak{k}_3''$	$\mathfrak{e}_2'' \mathfrak{k}_3'' \mathfrak{k}_4''$	. .
$\mathfrak{e}_2'$	$\Delta\,(\mathfrak{e}_2' - \mathfrak{e}_2'') + \mathfrak{f}\,(\mathfrak{e}_2', \mathfrak{e}_2''; \mathfrak{K}' K^{0\prime})$	$g\,(\mathfrak{e}_2', \mathfrak{e}_2'' \mathfrak{k}_3''; \mathfrak{K}' K^{0\prime})$	$h\,(\mathfrak{e}_2', \mathfrak{e}_2'', \mathfrak{k}_3'' \mathfrak{k}_4''; \mathfrak{K}' K^{0\prime})$	. .
S: $\mathfrak{e}_2' \mathfrak{k}_3'$	. .	. .	. .	. .
. .	. .	. .	. .	. .

Zeitschrift für Physik *120*, 513–538 (1943)

Der erste Kasten der ersten Zeile gehört zu den zwei Richtungen $\mathfrak{e}_2'$ und $\mathfrak{e}_2''$. Der Anteil Δ repräsentiert die ungestreut durchlaufende Welle. Der zweite Teil stellt die Streuwelle dar. Die Funktion $f(\mathfrak{e}_2' \mathfrak{e}_2''; \mathfrak{K}', K^{0\prime})$ wird im allgemeinen nicht singulär sein; in dem speziellen Koordinatensystem, in dem der Schwerpunkt ruht, d. h. in dem $\mathfrak{K}' = 0$ ist, wird f wegen der Isotropie des Raumes nur von $|\mathfrak{e}_2' - \mathfrak{e}_2''|$ oder, was dasselbe ist, vom skalaren Produkt $(\mathfrak{e}_2' \mathfrak{e}_2'')$ abhängen können. Setzt man

$$(\mathfrak{e}_2' \mathfrak{e}_2'') = \zeta = \cos\vartheta' \cos\vartheta'' + \sin\vartheta' \sin\vartheta'' \cos(\varphi' - \varphi''), \tag{34}$$

so kann man daher im Schwerpunktsystem schreiben

$$f = f(\zeta, K^{0\prime}), \tag{35}$$

d. h. die Amplitude der gestreuten Welle hängt im Schwerpunktsystem nur vom Winkel relativ zur Primärrichtung und von der Energie der einfallenden Teilchen ab. Ähnlich einfach liegen die Verhältnisse in dem Koordinatensystem, in dem eines der Primärteilchen ruht, z. B. $\mathfrak{k}_1' = 0$. Man wählt dann zweckmäßig die Richtung von $\mathfrak{K}'$ als Polarachse, so daß $\vartheta' = 0$ wird, und erhält

$$f = f(\vartheta'', K^{0\prime}). \tag{36}$$

Auch die Funktionen g, h usw. werden im allgemeinen nicht singulär sein. Sie hängen im Schwerpunktsystem von der relativen Lage der verschiedenen Vektoren $\mathfrak{e}_2'$, $\mathfrak{e}_2''$, $\mathfrak{k}_3''$, $\mathfrak{k}_4''$ usw. ab, können also nicht mehr durch ζ, $\mathfrak{k}_3''$, $\mathfrak{k}_4''$ allein ausgedrückt werden.

Die Funktionen f, g, h stehen in einfachem Zusammenhang mit den Wirkungsquerschnitten für die betreffenden Streu- oder Emissionsprozesse. Die Wirkungsquerschnitte sind bis auf Normierungsfaktoren, die vom Phasenraumvolumen der betreffenden Zustandsbereiche abhängen, durch das Absolutquadrat der Funktionen f, g, h gegeben.

Aus (15) und (17) folgt durch eine einfache Rechnung, daß für $\mathfrak{k}_1' = 0$ der Wirkungsquerschnitt dQ_{str} für Streuung in den Winkelbereich $d\mathfrak{e}_2''$ den Wert hat:

$$dQ_{str} = (2\pi)^2 \frac{k_2^{0\prime} k_2^{\prime\prime 3}}{k_2' k_2^{0\prime\prime} |\mathfrak{v}_2'' - \mathfrak{v}_1''|^2} |f^2| \, d\mathfrak{e}_2''; \tag{37a}$$

ebenso wird der Wirkungsquerschnitt $dQ_{str,Em}$ für Streuung in $d\mathfrak{e}_2''$ und Emission eines Teilchens in dem Impulsbereich $d\mathfrak{k}_3''$:

$$dQ_{str,Em} = (2\pi)^5 \frac{k_2^{0\prime} k_2^{\prime\prime 3}}{k_2' k_2^{0\prime\prime} |\mathfrak{v}_2'' - \mathfrak{v}_1''|^2} |g^2| \, d\mathfrak{e}_2'' \, d\mathfrak{k}_3'' \quad \text{usw.} \tag{37b}$$

Für $\mathfrak{v}_1''$, $\mathfrak{v}_2''$, $\mathfrak{k}_2''$, $k_2^{0\prime\prime}$ ist dabei jeweils der Wert einzusetzen, der aus Energie- und Impulssatz folgt. [Die Geschwindigkeiten $\mathfrak{v}$ sind wie in (17) in Einheiten der Lichtgeschwindigkeit gemessen.]

Die zweite Zeile der Matrix S in der Darstellung (12 a) gehört zu Prozessen, bei denen zu Anfang *drei* Teilchen als ebene Wellen vorhanden sind. In diesem Fall werden sich mit ganz überwiegender Häufigkeit nur *zwe* von den drei Teilchen am Streuvorgang beteiligen, während das dritte ungestört weiterfliegt — ähnlich wie beim Vorhandensein von *zwei* Teilchen mit ganz überwiegender Häufigkeit überhaupt kein Streuprozeß stattfindet. Die zweite Zeile von (12 a) wird also einen singulären Teil enthalten, der ein Produkt ist aus der ersten Zeile und einer δ-Funktion in bezug auf das dritte Teilchen: $\delta(\mathfrak{k}_3' - \mathfrak{k}_3'')$. Da keines der drei Teilchen vor den anderen ausgezeichnet ist, müssen in der zweiten Zeile von (12a) drei solche singuläre Glieder stehen, die durch Vertauschung der Teilchen aus dem ersten hervorgehen. Diese Glieder würden hier allerdings formal verschieden aussehen, da die drei Teilchen in der zuletzt benutzten Darstellung formal verschieden behandelt werden. Wir deuten diese Glieder durch das Zeichen (+ vert.) an. Dann erhält man die Darstellung:

	$\mathfrak{e}_2''$	$\mathfrak{e}_2''\mathfrak{k}_3''$	$\mathfrak{e}_2''\mathfrak{k}_3''\mathfrak{k}_4''$
$\mathfrak{e}_2'$	$\Delta(\mathfrak{e}_2' - \mathfrak{e}_2'') + f(\mathfrak{e}_2', \mathfrak{e}_2''; \mathfrak{K}' K^{0\prime})$	$g(\mathfrak{e}_2', \mathfrak{e}_2''\mathfrak{k}_3''; \mathfrak{K}' K^{0\prime})$	$h(\mathfrak{e}_2', \mathfrak{e}_2''\mathfrak{k}_3''\mathfrak{k}_4''; \mathfrak{K}' K'^{0})$
S: $\mathfrak{e}_2'\mathfrak{k}_3'$	$g(\mathfrak{e}_2'\mathfrak{k}_3', \mathfrak{e}_2''; \mathfrak{K}' K^{0\prime})$	$\Delta(\mathfrak{e}_2' - \mathfrak{e}_2'')\,\delta(\mathfrak{k}_3' - \mathfrak{k}_3'') + \delta(\mathfrak{k}_3' - \mathfrak{k}_3'')\, f(\mathfrak{e}_2'\mathfrak{e}_2''; \mathfrak{K}' K'^{0})$ + vert. $+ F(\mathfrak{e}_2'\mathfrak{k}_3', \mathfrak{e}_2''\mathfrak{k}_3''; \mathfrak{K}' K^{0\prime})$	$\delta(\mathfrak{k}_3' - \mathfrak{k}_3'')\, g(\mathfrak{e}_2'\mathfrak{e}_2''\mathfrak{k}_4''; \mathfrak{K}' K^{0\prime})$ + vert. $+ G(\mathfrak{e}_2'\mathfrak{k}_3', \mathfrak{e}_2''\mathfrak{k}_3''\mathfrak{k}_4''; \mathfrak{K}' K^{0\prime})$
$\mathfrak{e}_2'\mathfrak{k}_3'\mathfrak{k}_4'$	. .	. .	. .

(38)

Die Funktionen F und G werden im allgemeinen nicht singulär sein. Ihre Absolutquadrate stellen (wieder bis auf Phasenraumfaktoren) die Wirkungsquerschnitte dar für Prozesse, an denen schon primär drei Teilchen wesentlich beteiligt sind.

Die Erweiterung dieser Betrachtungen auf die anderen Zeilen der Matrix S liegt auf der Hand: Jede Zeile enthält singuläre Teile, die durch die Multiplikation der auf geringere Teilchenzahlen bezogenen Zeilen mit δ-Funktionen entstehen.

c) Berücksichtigung von Spin und Statistik der verschiedenen Elementarteilchen. In der Darstellung (12a) ist die einfache Annahme zugrunde gelegt, daß es nur eine Sorte von Teilchen gebe und daß der Zustand eines Teilchens durch den Impuls $\mathfrak{k}$ vollständig beschrieben sei. Im allgemeinen hat man es aber mit verschiedenen Teilchensorten zu tun, deren Zustand erst durch

Impuls und Spinrichtung vollständig beschrieben ist. Die Erweiterung der Darstellung (12a) auf diesen allgemeinen Fall ergibt sich von selbst. Man wird alle Zustände, gleichgültig mit wieviel Teilchen oder welchen Spinrichtungen, in Betracht ziehen müssen, die mit dem betreffenden Wert von Gesamtenergie und Gesamtimpuls verträglich sind. Zu jedem derartigen Zustand gehört je eine Zeile und eine Kolonne der Matrix S.

Ferner muß die Matrix S je nach Fermi- bzw. Bose-Statistik der betreffenden Teilchensorte gegenüber der Vertauschung der Teilchenkoordinaten antisymmetrisch bzw. symmetrisch sein; und zwar gilt dies sowohl für Vertauschungen zwischen den eingestrichenen wie für solche zwischen den zweigestrichenen Variabeln. (Die Vertauschung einer eingestrichenen mit einer zweigestrichenen Variabeln ist keine Operation, bei der Symmetrieeigenschaften zu erwarten wären.) An die Stelle der δ-Funktionen, etwa bei der Darstellung der Primärwelle oder innerhalb der Matrix S, treten dann auch symmetrisierte und antisymmetrisierte δ-Funktionen. Diese Verhältnisse sind von der gewöhnlichen Quantenmechanik her so bekannt, daß eine genauere Darstellung der Einzelheiten unnötig ist.

d) Das relativistische Verhalten der Matrix S. Wenn man die Matrix S mit dem relativistisch invarianten Faktor $\delta(\sum \mathfrak{k}_i' - \sum k_i'')\,\delta(\sum k_i^{0\prime} - \sum k_i^{0\prime\prime})$ erweitert, so entsteht eine Matrix, die als größten Summanden einfach die Einheitsmatrix $(\mathfrak{k}'|1|\mathfrak{k}'')$ enthält und die auch im Spezialfall verschwindender Wechselwirkung mit der Einheitsmatrix identisch wird. Daraus geht hervor, daß sich die Matrix S relativistisch wie die Einheitsmatrix transformiert. Aus dieser Tatsache folgt jedoch noch nicht, daß sich jedes Matrixelement $(\mathfrak{k}'|S|\mathfrak{k}'')$ wie eine Invariante aus den Impulsen des Anfangs- und Endzustandes verhält, da ja bei der Einheitsmatrix nicht das Matrixelement, sondern das Integral

$$\int (\mathfrak{k}'|1|\mathfrak{k}'')\, d\mathfrak{k}_1'' \cdots = 1, \tag{39}$$

d. h. invariant sein soll. Das Differential $d\mathfrak{k}_i$ ist aber keine Invariante. Die Frage nach den Kovarianzeigenschaften der Matrixelemente wird jedoch einfach beantwortet durch die Feststellung, daß der Ausdruck

$$\frac{d\mathfrak{k}_i}{k_i^0} = \frac{d\mathfrak{k}_{ix}\, d\mathfrak{k}_{iy}\, d\mathfrak{k}_{iz}}{k_i^0} \tag{40}$$

bei Lorentz-Transformationen invariant ist. Ein relativistisch invariantes Integral erhält man also, wenn man fordert, daß jedes Matrixelement

$$(\mathfrak{k}_1' \ldots, \mathfrak{k}_l' | S | \mathfrak{k}_1'' \ldots \mathfrak{k}_m'') = \frac{\text{invariante Bildung der } \mathfrak{k}' \text{ und } \mathfrak{k}''}{\sqrt{k_1^{0\prime} \ldots k_l^{0\prime} \cdot k_1^{0\prime\prime} \ldots k_m^{0\prime\prime}}} \tag{41}$$

ist. Der Normierungsfaktor im Nenner sorgt nämlich dann dafür, daß immer dann, wenn z. B. bei der Multiplikation zweier derartiger Matrizen über $\prod d\mathfrak{k}_i$ integriert wird, die invarianten Größen $\prod \frac{d\mathfrak{k}_i}{k_i^0}$ erscheinen.

Wenn das Matrixelement nicht nur von den Impulsen, sondern auch von den Spinrichtungen der Teilchen abhängt, so steht im Zähler von (41) einfach die entsprechende kovariante Spinorbildung. Denn bei der Summation über die Spinrichtungen tritt eine Frage wie die nach den Invarianzeigenschaften eines Differentials nicht auf.

Die Gleichung (41) beantwortet also die Frage nach den relativistischen Eigenschaften der Matrix S vollständig.

III. Beziehungen zwischen den beobachtbaren Größen.

a) Das durch die Matrix S gegebene Eigenwertproblem. Im allgemeinen wird durch eine unitäre Matrix kein Eigenwertproblem gestellt, weil sich die Zeilen und Kolonnen der Matrix auf verschiedene Zustände beziehen und weil daher der Begriff Diagonalmatrix sinnlos wird. Auch ist die Anzahl der Zeilen im allgemeinen von der der Kolonnen verschieden. Die Matrix S hat jedoch die Besonderheit, daß Zeilen und Kolonnen nach der *gleichen* Reihe von Zuständen geordnet werden, nur beziehen sich die Zeilen auf die einfallenden, die Kolonnen auf die auslaufenden Wellen. Hier wird also durch die Matrix S ein Eigenwertproblem aufgeworfen, man kann diese Matrix auf Diagonalform bringen. Wenn die Matrix S die Diagonalform besitzt, so bedeutet das physikalisch, daß in dem betreffenden stationären Streuvorgang die einlaufende Welle mit der auslaufenden bis auf die Phase übereinstimmt.

Physikalisch läuft also die Lösung des Eigenwertproblems für die Matrix S auf die Aufgabe hinaus: Man suche eine solche Kombination von einlaufenden ebenen Wellen, die alle zu den gleichen Werten von $\mathfrak{K}$ und K^0 gehören, daß der durch Superposition entstehende einfallende Wellenvorgang mit dem auslaufenden bis auf die Phase übereinstimmt. Der betreffende Eigenwert der Matrix S hat wegen der Unitarität der Matrix S den Absolutwert 1 und stellt eben den Phasenfaktor zwischen auslaufender und einfallender Welle dar.

Bezeichnen wir die Variablen, die außer $\mathfrak{K}$ und K^0 den Zustand charakterisieren, wie in Abschn. IIa einfach mit x, so kann die Eigenwertaufgabe mathematisch so formuliert werden: Es wird eine Transformationsfunktion

Zeitschrift für Physik *120*, 513–538 (1943)

(oder „Schrödinger-Funktion") der Variabeln x' gesucht, die zu dem stationären Vorgang η' gehört:

$$g(\mathfrak{K}' K^{0\prime}; \eta', x') = g(\eta', x'). \tag{42}$$

Die singulären Teile der ein- und auslaufenden Wellen lauten dann:

$$\delta(\mathfrak{K}' - \mathfrak{K}'')\,\delta(K^{0\prime} - K^{0\prime\prime})\,g(\eta' x'') + \\ + \delta(\mathfrak{K}' - \mathfrak{K}'')\,\delta_+(K^{0\prime} - K^{0\prime\prime}) \int g(\eta' x')\,dx'\,S(x' x''). \tag{43}$$

Die Forderung, die auslaufende Welle solle bis auf einen Phasenfaktor $S_{\eta'}$ mit der einfallenden übereinstimmen, führt also zu der Transformationsgleichung

$$\int g(\eta' x')\,dx'\,S(x' x'') = S_{\eta'}\,g(\eta' x''). \tag{44}$$

Wegen $\widetilde{S}^* S = 1$ ist $|S_{\eta'}|^2 = 1$, und wir können etwa setzen:

$$S_{\eta'} = e^{i\eta'}, \tag{45}$$

d. h. der Wert η' der Phase kann gleich zur Numerierung der Zustände benutzt werden.

Eine besonders einfache Lösung hat das Eigenwertproblem (44), wenn die erste Zeile der Matrix S einen reinen Streuvorgang von Teilchen ohne Spin beschreibt, wenn also bei den betreffenden Energie-Impulswerten keinerlei Emission von neuen Teilchen zu erwarten ist. In der ersten Zeile von (12a) ist dann nur der erste Kasten von Null verschieden, und man kann diese Teilmatrix für sich auf Diagonalform bringen. Dies wird offenbar dadurch erreicht, daß man statt der Impulse $\mathfrak{k}_1'$, $\mathfrak{k}_2'$, bzw. des Winkels $\mathfrak{e}_2'$ [vgl. (32)] im Schwerpunktsystem die Drehimpulse als Variabeln einführt. Die zugehörigen Eigenfunktionen $g(\mathfrak{K}' K^{0\prime}; \eta' x')$ sind dann im wesentlichen die Kugelfunktionen der Richtung $\mathfrak{e}_2'$ im Schwerpunktsystem. Wegen des Drehimpulssatzes kommen nur Übergänge vor zu Zuständen des gleichen Drehimpulses, die Matrix S besitzt im Koordinatensystem der Kugelfunktionen also die Diagonalform. Das Eigenwertproblem (44) läuft in diesem einfachsten Falle auf das bekannte Verfahren zur Bestimmung der Streuquerschnitte hinaus: Zerlegung der ebenen Welle in Kugelfunktionen und Bestimmung der Phasenbeziehung zwischen ein- und auslaufender Welle für die einzelnen Kugelwellen.

Man erkennt aus diesem Spezialfall, daß die Matrix S — jedenfalls hier und wohl auch in allgemeineren Fällen — *diskrete* Eigenwerte besitzt. Die Frage, ob und unter welchen Bedingungen S auch ein kontinuierliches Eigenwertspektrum besitzen kann, ließe sich wohl erst durch ausführlichere Untersuchungen über den Zusammenhang zwischen der Hamilton-Funktion und S entscheiden.

Das System der normierten Eigenfunktionen $g(\mathfrak{K}'K^{0\prime}; \eta' x')$ bildet wie in der gewöhnlichen Quantenmechanik eine unitäre Matrix. Man beweist dies, indem man zunächst die zu (44) komplex konjugierte Gleichung (unter Weglassung der selbstverständlichen Argumente $\mathfrak{K}', K^{0\prime}$) aufschreibt:

$$\int g^*(\eta' x')\, \mathrm{d}x' S^*(x' x'') = S^*_{\eta'} g^*(\eta' x''), \tag{46}$$

dann x' und x'' vertauscht und die Relation $\tilde{S}^* S = 1$ benutzt:

$$\int g^*(\eta' x'')\, \mathrm{d}x'' S^{-1}(x' x'') = S^*_{\eta'}\, g^*(\eta' x'). \tag{47}$$

Durch Matrixmultiplikation mit S und Multiplikation mit $S_{\eta'}$ erhält man wegen $S^*_{\eta'} S_{\eta'} = 1$

$$g^*(\eta' x')\, S_{\eta'} = \int S(x' x'')\, \mathrm{d}x''\, g^*(\eta' x''). \tag{48}$$

Ersetzt man nun in dieser Gleichung η' durch η'', multipliziert mit $g(\eta' x')$ und integriert über alle x', multipliziert ferner (44) mit $g^*(\eta'' x'')$ und integriert über x'', so entstehen aus (44) und (48) die beiden Gleichungen:

$$\left.\begin{aligned} \int g(\eta' x')\, \mathrm{d}x'\, S(x' x'')\, \mathrm{d}x'' g^*(\eta'' x'') &= S_{\eta'} \int g(\eta' x')\, \mathrm{d}x' g^*(\eta'' x'), \\ \int g(\eta' x')\, \mathrm{d}x'\, S(x' x'')\, \mathrm{d}x'' g^*(\eta'' x'') &= S_{\eta''} \int g(\eta' x')\, \mathrm{d}x' g^*(\eta'' x'). \end{aligned}\right\} \tag{49}$$

Durch Subtraktion folgt in der üblichen Weise die Orthogonalität der Eigenfunktionen $g(\eta', x')$; die Normierungsbedingung

$$\int g^*(\eta' x')\, g(\eta' x')\, \mathrm{d}x' = 1 \tag{50}$$

führt dann zu

$$\tilde{g}^* g = 1. \tag{51}$$

Daraus, daß g alle Eigenschaften einer gewöhnlichen Transformationsmatrix besitzt, kann gefolgert werden, daß eine hermitische Matrix der Phase η' gebildet werden kann:

$$(x' | \eta | x'') = \sum_{\eta'} g(\eta' x')\, \eta'\, g^*(\eta' x''). \tag{52}$$

Diese hermitische Matrix η steht mit S in der einfachen Beziehung

$$S = e^{i\eta}. \tag{53}$$

Man kann also die „beobachtbaren Größen", d. h. die Gesamtheit der Streu- und Emissionsvorgänge, statt durch die unitäre Matrix S auch durch die hermitische Matrix η charakterisieren, wobei die Werte η und $\eta + 2\pi n$ (n = ganze Zahl) als grundsätzlich äquivalent anzusehen sind. Diese hermitische Matrix ist ein vollwertiger Ersatz für die Hamilton-Funktion, sofern man sich nur für die Größen interessiert, die wir hier als „beobachtbar" bezeichnet haben. Sie enthält aber weniger als die Hamilton-Funktion;

Zeitschrift für Physik *120*, 513–538 (1943)

denn die Hamilton-Funktion bestimmt grundsätzlich den ganzen raumzeitlichen Verlauf der Eigenfunktionen, die Matrix η nur das Verhalten der Wellenfunktionen im Unendlichen.

b) Beziehungen zwischen Streu- und Emissionskoeffizienten. Die einzelnen Elemente der Matrix S in der Darstellung (38) geben ein Maß für die Wahrscheinlichkeit der betreffenden Streu- und Emissionsvorgänge, ihre Absolutquadrate hängen mit den Wirkungsquerschnitten durch Beziehungen von der Art der Gleichung (37) zusammen. Diese einzelnen Elemente sind aber keineswegs unabhängig voneinander, sie können auch dann, wenn keine Hamilton-Funktion gegeben ist, nicht unabhängig gewählt werden, sondern sind der einschränkenden Bedingung $\widetilde{S}^* S = 1$ unterworfen.

Diese Bedingung erzeugt eine Reihe von verschiedenen Beziehungen zwischen den Matrixelementen. Zu ihrer Herleitung bildet man zweckmäßig den Ausdruck $\widetilde{S}^* S$ durch Ausmultiplizieren nach der Darstellung (38). Man erhält (unter Weglassung der Argumente $\mathfrak{K}', K^{0\prime}$):

$\widetilde{S}^* S$: (54)

	$\mathfrak{e}_2''$	$\mathfrak{e}_2''\mathfrak{k}_3''$
$\mathfrak{e}_2'$	$\Delta(\mathfrak{e}_2'-\mathfrak{e}_2'') + f(\mathfrak{e}_2', \mathfrak{e}_2'') + f^*(\mathfrak{e}_2''\mathfrak{e}_2')$ $+\int f^*(\mathfrak{e}_2'''\mathfrak{e}_2')\, f(\mathfrak{e}_2'''\mathfrak{e}_2'')\, d\mathfrak{e}_2'''$ $+\int g^*(\mathfrak{e}_2'''\mathfrak{k}_3''', \mathfrak{e}_2')\; g(\mathfrak{e}_2'''\mathfrak{k}_3'''\mathfrak{e}_2'')\, d\mathfrak{e}_2'''\, d\mathfrak{k}_3'''$ $+\int h^*(\mathfrak{e}_2'''\mathfrak{k}_3'''\mathfrak{k}_4'''\mathfrak{e}_2')\; h(\mathfrak{e}_2'''\mathfrak{k}_3'''\mathfrak{k}_4'''\mathfrak{e}_2'')\, d\mathfrak{e}_2'''\, d\mathfrak{k}_3'''\, d\mathfrak{k}_4'''$ $+\cdots-$	$g(\mathfrak{e}_2', \mathfrak{e}_2''\mathfrak{k}_3'') + g^*(\mathfrak{e}_2''\mathfrak{k}_3''\mathfrak{e}_2')$ $+\int f^*(\mathfrak{e}_2'''\mathfrak{e}_2')\; g(\mathfrak{e}_2''', \mathfrak{e}_2''\mathfrak{k}_3'')\, d\mathfrak{e}_2'''$ $+\int g^*(\mathfrak{e}_2'''\mathfrak{k}_3'', \mathfrak{e}_2')\; f(\mathfrak{e}_2''', \mathfrak{e}_2'')\, d\mathfrak{e}_2'''$ $+\int g^*(\mathfrak{e}_2'''\mathfrak{k}_3''', \mathfrak{e}_2')\; F(\mathfrak{e}_2'''\mathfrak{k}_3''', \mathfrak{e}_2''\mathfrak{k}_3'')\, d\mathfrak{e}_2'''\, d\mathfrak{k}_3'''$ $+\cdots\cdot$
$\mathfrak{e}_2'\mathfrak{k}_3'$ $\vdots$	$\cdot\;\cdot$	$\cdot\;\cdot$

Da diese Matrix mit der Einheitsmatrix identisch sein muß, so müssen ihre Elemente nach Abzug der Einheitsmatrix verschwinden. Für jeden Kasten in der Matrix (54) folgt dann eine Beziehung zwischen den Streu- und Emissionskoeffizienten. So erhält man für den ersten Kasten der ersten Zeile:

$$
\begin{aligned}
& f(\mathfrak{e}_2'\mathfrak{e}_2'') + f^*(\mathfrak{e}_2''\mathfrak{e}_2') + \int f^*(\mathfrak{e}_2''', \mathfrak{e}_2')\, f(\mathfrak{e}_2'''\mathfrak{e}_2'')\, d\mathfrak{e}_2''' + \\
& \qquad + \int g^*(\mathfrak{e}_2'''\mathfrak{k}_3''', \mathfrak{e}_2')\, g(\mathfrak{e}_2'''\mathfrak{k}_3'''\mathfrak{e}_2'')\, d\mathfrak{e}_2'''\, d\mathfrak{k}_3''' + \cdots = 0. \qquad (55)
\end{aligned}
$$

Setzt man in dieser Gleichung insbesondere $\mathfrak{e}_2' = \mathfrak{e}_2''$, so erhält (55) eine einfache physikalische Deutung: Der Realteil von f für die Streuwelle in der Fortpflanzungsrichtung der einfallenden Welle ist gegeben durch die negative Summe der Absolutquadrate der einzelnen Streukoeffizienten (mit oder ohne Emission neuer Teilchen), d. h. einfach durch die Gesamtwahrscheinlichkeit für irgendeinen Streu- oder Emissionsprozeß. Dies ist physikalisch zu erwarten, da ja der genau nach vorne gehende Teil der kohärenten Streuwelle dafür maßgebend ist, wieviel Strahlung aus der Primärwelle weggenommen wird[1]). Für $\mathfrak{e}_2' \neq \mathfrak{e}_2''$ läßt sich Gleichung (55) nicht so einfach deuten.

An die Stelle der Gleichung (55) treten kompliziertere Beziehungen, wenn man die Streuung von Teilchen mit Spin betrachtet. Sie entstehen aus (55), indem man zu $\mathfrak{e}_2'$ jeweils noch einen Spinindex als Argument hinzufügt und außer der Integration über $d\mathfrak{e}_2'''$ bzw. $d\mathfrak{k}_3'''$ auch noch eine Summation über den Spinindex vornimmt.

Man kann ferner von den Variabeln $\mathfrak{e}_2'$ durch eine Transformation zu neuen Variabeln übergehen, z. B. zu den Drehimpulsquantenzahlen $l'm'$. Die Matrixelemente f hängen dann von diesen Variabeln ab: $f = f(l'm', l''m'')$ und sind übrigens bei reiner Streuung, wenn es sich um spinlose Teilchen handelt, nur für $l' = l''$, $m' = m''$ von Null verschieden, da der gesamte Drehimpuls beim Stoß erhalten bleibt. Wenn keinerlei Emission neuer Teilchen stattfindet (d. h. wenn $g = h = \cdots = 0$ ist), so muß, wie oben besprochen, $f(l'm', l'm')$ die Form $e^{i\eta'} - 1$ haben und Gleichung (55) geht in die triviale Gleichung über:

$$(e^{i\eta'} - 1) + (e^{-i\eta'} - 1) + (e^{i\eta'} - 1)(e^{-i\eta'} - 1) = 0.$$

Wenn Ausstrahlung stattfindet, so hat f allgemeiner die Form $f(l'm', l'm') = \alpha e^{i\eta'} - 1$ und aus Gleichung (55) wird:

$$\alpha^2 - 1 + \sum_{l'''m'''} \int d\mathfrak{k}_3''' \, |g(l'''m'''\mathfrak{k}_3''', l'm')|^2 + \cdots = 0. \qquad (56)$$

Diese Gleichung besagt einfach, daß die Summe der Wahrscheinlichkeiten für reine Streuung und Streuung unter Emission neuer Teilchen gleich Eins sein muß.

[1]) C. Wick hat in einer im Erscheinen begriffenen Arbeit diesen Umstand zur Berechnung von Gesamtquerschnitten benutzt und die Bedeutung der genannten Relation auseinandergesetzt. Herr Wick hat mich ferner auf eine Arbeit von Breit (Phys. Rev. 1941) hingewiesen, in der ähnliche Überlegungen über die „Streumatrix" angestellt werden; die Arbeit von Breit ist mir bisher leider nicht zugänglich gewesen. Herr Wick hat mir ferner mitgeteilt, daß es unveröffentlichte Überlegungen von Bohr, Placzek und Peierls über derartige Beziehungen zwischen den Streukoeffizienten gibt. Für Diskussionen über den Gegenstand dieser Arbeit bin ich Herrn Wick zu großem Dank verpflichtet.

Zeitschrift für Physik *120*, 513–538 (1943)

Für den zweiten Kasten der ersten Zeile von Matrix (54) erhält man ganz analog zu (55) die Gleichung

$$\left.\begin{aligned} g(\mathfrak{e}_2', \mathfrak{e}_2''\mathfrak{k}_3'') + g^*(\mathfrak{e}_2''\mathfrak{k}_3''\mathfrak{e}_2') &+ \int f^*(\mathfrak{e}_2'''\mathfrak{e}_2')\, g(\mathfrak{e}_2'''\mathfrak{e}_2''\mathfrak{k}_3'')\, d\mathfrak{e}_2''' \\ &+ \int g^*(\mathfrak{e}_2'''\mathfrak{k}_3''\mathfrak{e}_2')\, f(\mathfrak{e}_2'''\mathfrak{e}_2'')\, d\mathfrak{e}_2''' \\ &+ \int g^*(\mathfrak{e}_2'''\mathfrak{k}_3'''\mathfrak{e}_2')\, F(\mathfrak{e}_2'''\mathfrak{k}_3''', \mathfrak{e}_2''\mathfrak{k}_3'')\, d\mathfrak{e}_2'''\, d\mathfrak{k}_3''' \\ &+ \cdots = 0. \end{aligned}\right\} \quad (57)$$

Ähnliche Beziehungen folgen für alle anderen Kästen der Matrix (54). Allen diesen Relationen ist gemeinsam, daß eine Summe aus Ausdrücken vom ersten Grade und vom zweiten Grade in den Matrixelementen von S verschwindet. Man hat diese Relationen bisher wohl deswegen kaum beachtet, weil Stoßprobleme fast immer mit den Methoden der Störungstheorie behandelt worden sind und weil dann der Vergleich zwischen linearen und quadratischen Ausdrücken die Durchführung der Störungsrechnung bis zu den Gliedern zweiter Ordnung notwendig macht.

Man kann die Beziehungen (55) und (57) usw. übrigens noch in einer Matrixform darstellen, die ihren Charakter besser zum Vorschein kommen läßt als die Relation $\tilde{S}^* S = 1$, wenn man von der Gleichung (12) ausgeht:

$$S = 1 + R. \qquad (12)$$

Die Matrix R ist für die eigentliche Streuwelle bei allen Stoßproblemen maßgebend, enthält aber nach den Überlegungen von IIb auch selbst noch singuläre Teile. Aus

$$\tilde{S}^* S = (1 + \tilde{R}^*)(1 + R) = 1$$

folgt

$$\tilde{R}^* R = -R - \tilde{R}^*. \qquad (58)$$

Hier kommt der allgemeine Charakter der Relationen (55), (57) — nämlich die Tatsache, daß Beziehungen zwischen in den Streukoeffizienten linearen und quadratischen Gliedern bestehen — deutlich zum Ausdruck.

Auf eine Anwendung der in (58) zusammengefaßten Beziehungen auf einzelne praktische Probleme soll verzichtet werden, weil es sich in der vorliegenden Arbeit nur um die grundsätzliche Formulierung der Beziehungen handeln sollte.

Benutzt man zur Darstellung der beobachtbaren Größen die Matrix η mit Hilfe der Gleichung (53)

$$S = e^{i\eta}, \qquad (53)$$

so sind die Relationen (58) von selbst erfüllt, wenn nur η eine hermitische Matrix ist. Allerdings ist der Zusammenhang zwischen den Matrixelementen von η und den Streukoeffizienten recht kompliziert, außerdem müßten die physikalischen Bedingungen, die η bestimmen, erst festgelegt werden; die Gleichung (58) hat also zur Festlegung von S jedenfalls einstweilen keine praktische Bedeutung.

c) Beziehungen zwischen den beobachtbaren Größen, die nicht aus den allgemeinen Eigenschaften der Matrix S folgen. Die Bedingung $\tilde{S}^* S = 1$ oder die äquivalente Gleichung (58) genügt, zusammen mit den Forderungen der Lorentz-Invarianz, natürlich keineswegs, um in irgendeinem vorliegenden physikalischen Problem die Streukoeffizienten festzulegen. Der durch (19) oder (58) gegebene Rahmen wird daher in der bisherigen Theorie in der Weise ausgefüllt, daß man durch korrespondenzmäßige Überlegungen und durch Berücksichtigung der Lorentz-Invarianz eine einfache Hamilton-Funktion zu konstruieren sucht, die dann vermöge (22) und (25) die unitäre Matrix S festlegt.

In der zukünftigen Theorie der Elementarteilchen wird der durch (19) oder (58) gegebene Rahmen aber wahrscheinlich nicht in dieser Weise ausgefüllt werden können.

Denn erstens führen alle bisher studierten Hamilton-Funktionen, die eine Wechselwirkung zwischen Elementarteilchen enthalten, zu den bekannten Divergenzschwierigkeiten. Zweitens gibt es kaum einen Grund, aus dem eine Hamilton-Funktion, wenn sie überhaupt existiert, eine so einfache Form haben sollte, wie die bisher studierten. Die bisherige Theorie zeigt z. B., daß indirekt, auf dem Umweg über andere „virtuelle" Teilchen, sogenannte Mehrkörperkräfte zwischen den Elementarteilchen auftreten. Es ist kein Grund einzusehen, warum solche Kräfte nicht schon gleich zu Anfang in der Hamilton-Funktion stehen sollten. Man könnte sich z. B. vorstellen, daß man durch das Hinzufügen verschiedener (eventuell unendlicher vieler) Glieder, die solchen Mehrkörperkräften entsprechen, zu einer Hamilton-Funktion gelangen würde, die keine Divergenzschwierigkeiten mehr hervorruft. Eine solche Hamilton-Funktion könnte vielleicht auch noch allen Korrespondenzforderungen genügen und sich relativistisch richtig verhalten. Aber eine solche Hamilton-Funktion könnte jedenfalls nicht mehr am Anfang einer Theorie stehen, sondern müßte aus einfachen Bedingungen anderer Art — z. B. aus der Forderung, daß keine Divergenzen auftreten sollen — indirekt erschlossen werden.

Auf jeden Fall wird man also erwarten müssen, daß am Anfang einer zukünftigen Theorie Bedingungen anderer Art stehen, die den Rahmen (19) bzw. (58) ausfüllen, nicht eine Hamilton-Funktion; wobei es offen bleiben

Zeitschrift für Physik *120*, 513–538 (1943)

kann, ob diese Bedingungen irgendeine komplizierte Hamilton-Funktion konstruieren, oder ob sie — was wohl wahrscheinlicher ist — ohne den Umweg über eine Hamilton-Funktion zur Matrix S oder zur Matrix η führen.

Die Existenz einer Hamilton-Funktion ist aus folgenden Gründen unwahrscheinlich: die Hamilton-Funktion könnte entweder in der üblichen Weise aus einer von Wellenfunktionen abhängigen Energiedichte durch Integration über den Raum entstehen. In diesem Fall kann man die Wechselwirkung kaum anders einführen als durch Nahewirkungskräfte, d. h. indem man Produkte mehrerer Wellenfunktionen am gleichen Ort bildet. Solche Ansätze scheinen aber zwangsläufig Divergenzen zur Folge zu haben. Oder aber die Hamilton-Funktion enthält doch irgendwie die Vorstellung von Fernwirkungen, was durch die Annahme endlicher Teilchenradien nahegelegt wird. Dann wird es kaum möglich sein, eine ähnliche „Fernwirkung" in der Zeitrichtung zu vermeiden, ohne die Lorentz-Invarianz zu zerstören. Der Begriff Hamilton-Funktion ist aber gerade mit der Vorstellung einer „Nahewirkung" in zeitlicher Richtung verknüpft, wie aus der üblichen Gleichung

$$H\,\psi = i\,\frac{\partial \psi}{\partial t} \tag{59}$$

hervorgeht. Unter „Nahewirkung" und „Fernwirkung" wird dabei rein formal das Bestehen von differentiellen bzw. von Integralbeziehungen verstanden. Eine Hamilton-Funktion wird es also wahrscheinlich in der zukünftigen Theorie nicht geben.

Wenn man die Frage aufwirft, welche neuen Beziehungen später in die Lücke treten könnten, die durch den Fortfall einer Hamilton-Funktion entsteht, so ist es nützlich, den Zusammenhang der Matrix η mit den bisherigen Grundlagen der Theorie, insbesondere mit der Hamilton-Funktion, klarzustellen. Zu diesem Zweck stellt man die Hamilton-Funktion H am besten als Volumenintegral der Energiedichte h dar, die man wieder in die kinetische Energiedichte h_0 und die Wechselwirkungsenergiedichte h_1 spaltet:

$$H = \int \mathrm{d}V\,(h_0 + h_1). \tag{60}$$

h_1 ist im allgemeinen relativistisch invariant (z. B. das skalare Produkt aus Stromdichtevektor und Vektorpotential). Die Matrixdarstellung von H im Raum der Impulse $\mathfrak{k}'$, $\mathfrak{k}''$ lautet:

$$(\mathfrak{k}'|\int \mathrm{d}V\,h_0|\,\mathfrak{k}'') = \delta\,(\mathfrak{k}',\mathfrak{k}'')\sum k_i^{0'}; \tag{61}$$

$$\begin{aligned}(\mathfrak{k}'|\int \mathrm{d}V\,h_1|\,\mathfrak{k}'') &= f\,(\mathfrak{k}'\mathfrak{k}'')\int \mathrm{d}V\,e^{i\,(\Sigma\,\mathfrak{k}_i''-\Sigma\,\mathfrak{k}_i')\,\mathfrak{r}}, \\ &= f\,(\mathfrak{k}'\mathfrak{k}'')\,(2\pi)^3\,\delta\,(\sum \mathfrak{k}_i' - \sum \mathfrak{k}_i'').\end{aligned} \tag{62}$$

Für die zeitabhängige Schrödinger-Funktion im Impulsraum: $\chi(\mathfrak{k}'_i, t)$ folgt daher die Wellengleichung

$$\chi(\mathfrak{k}', t + \mathrm{d}\,t) = \int \Big\{\delta(\mathfrak{k}'\,\mathfrak{k}'') - i\,\mathrm{d}\,t\big[\sum k_i^{0'}\,\delta(\mathfrak{k}'\mathfrak{k}'') + \\ + (2\pi)^3 f(\mathfrak{k}'\mathfrak{k}'')\,\delta\big(\sum \mathfrak{k}'_i - \sum \mathfrak{k}''_i\big)\big]\Big\}\,\mathrm{d}\mathfrak{k}''\,\chi(\mathfrak{k}'', t). \tag{63}$$

Setzt man

$$\chi(\mathfrak{k}'t) = e^{-i\sum k_i^{0'} t}\,\psi(\mathfrak{k}'t), \tag{64}$$

so ergibt sich für ψ die Beziehung

$$\psi(\mathfrak{k}', t + \mathrm{d}t) = \int \big[\delta(\mathfrak{k}'\mathfrak{k}'') - (2\pi)^3\,i\,\mathrm{d}t\,f(\mathfrak{k}'\mathfrak{k}'')\,e^{i(\sum k_i^{0'} - \sum k_i^{0''})\,t}\,\cdot \\ \cdot\,\delta\big(\sum \mathfrak{k}'_i - \sum \mathfrak{k}''_i\big)\big]\,\mathrm{d}\mathfrak{k}''\,\psi(\mathfrak{k}'', t). \tag{65}$$

Wenn man nun annimmt, daß die Wechselwirkungsenergie h_1 und damit $f(\mathfrak{k}'\mathfrak{k}'')$ sehr klein seien, so kann man Gleichung (65) integrieren und erhält in erster Näherung

$$\psi(\mathfrak{k}', t) = \int \Big[\delta(\mathfrak{k}'\mathfrak{k}'') - (2\pi)^3\,i\,f(\mathfrak{k}'\mathfrak{k}'')\int_0^t \mathrm{d}\,t\,e^{i(\sum k_i^{0'} - \sum k_i^{0''})\,t}\,\cdot \\ \cdot\,\delta\big(\sum \mathfrak{k}'_i - \sum \mathfrak{k}''_i\big)\Big]\,\mathrm{d}\mathfrak{k}''\,\psi(\mathfrak{k}'', 0). \tag{66}$$

Für den durch (10) gegebenen Ausgangszustand erhält man daher in der gleichen ersten Näherung:

$$\psi(\mathfrak{k}'', \infty) = \delta(\mathfrak{k}''\mathfrak{k}') - \\ - (2\pi)^4\,i\,\delta_+\big(\sum k_i^{0'} - \sum k_i^{0''}\big)\,\delta\big(\sum \mathfrak{k}'_i - \sum \mathfrak{k}''_i\big)\,f(\mathfrak{k}''\mathfrak{k}'). \tag{67}$$

Andererseits folgt aus (25) und (58) — in erster Näherung in der als klein angenommenen Matrix η — für die singulären Teile von ψ:

$$\delta(\mathfrak{k}''\mathfrak{k}') + i\,\delta\big(\sum \mathfrak{k}'_i - \sum \mathfrak{k}''_i\big)\,\delta_+\big(\sum k_i^{0'} - \sum k_i^{0''}\big)\,(\mathfrak{k}'\,|\,\eta\,|\,\mathfrak{k}'').$$

Der Vergleich mit Gleichung (67) ergibt

$$(\mathfrak{k}'\,|\,\eta\,|\,\mathfrak{k}'') = -(2\pi)^4 f(\mathfrak{k}''\mathfrak{k}') + \text{Glieder höherer Ordnung}. \tag{68}$$

Die Matrix η stimmt also nach (62) und (68) (bis auf unwesentliche Faktoren und bis auf eine Vertauschung) in erster Näherung überein mit der Teilmatrix aus der Wechselwirkungsenergie, die zu Übergängen zwischen Zuständen gleicher Energie und gleichen Impulses gehört. Allerdings ist diese erste Näherung im allgemeinen keine brauchbare Approximation an die wirkliche Lösung. Aber jedenfalls zeigt Gleichung (68) eine gewisse Verwandtschaft der Matrix η mit der Wechselwirkungsenergie.

Man könnte im Hinblick auf diese Verwandtschaft daran denken, ein physikalisches Problem statt durch Angabe der Hamilton-Funktion durch

Zeitschrift für Physik *120*, 513–538 (1943)

Angabe der Matrix η zu definieren, und einfache Ansätze für die Matrix η auf ihren physikalischen Inhalt zu untersuchen. Aber es besteht wieder kein Grund dafür, daß die Matrix η irgendeine besonders einfache Form haben — z. B. nur Wechselwirkungen zwischen je zwei Teilchen enthalten — sollte. In den bisher untersuchten Fällen, in denen die Hamilton-Funktion eine einfache Form hatte und in denen man die Streukoeffizienten (und damit η) als erste Näherung eines (allerdings prinzipiell nicht konvergenten) Störungsverfahrens ermittelte, hatte jedenfalls η keine einfache Form.

Insbesondere muß man hier daran denken, daß sich die Existenz stationärer Zustände von Systemen aus mehreren Elementarteilchen in recht komplizierter Weise in η ausdrückt. Die Existenz solcher Zustände hat nämlich zur Folge, daß die Matrizen S und η Zeilen und Kolonnen enthalten, die sich auf die Translationszustände dieser zusammengesetzten Systeme beziehen, wobei die Ruhenergie des betreffenden stationären Zustandes dieselbe Rolle spielt, wie die Ruhmasse der Elementarteilchen in den übrigen Zeilen und Kolonnen. Denn es kann ja Stoßprozesse geben, bei denen solche zusammengesetzte Teilchen entstehen und den Ort des Stoßes mit irgendeiner Geschwindigkeit verlassen. In der Darstellung der Matrix η treten die zusammengesetzten Teilchen und die Elementarteilchen in der gleichen Weise in Erscheinung. Dies ist einerseits befriedigend im Hinblick auf die Erwartung, daß in der zukünftigen Theorie die Ruhmassen der Elementarteilchen ebenso bestimmt werden wie in der bisherigen die Energien stationärer Zustände, andererseits zeigt dieser Umstand deutlich, daß die Matrix η auch in der zukünftigen Theorie keine einfache Form haben dürfte, sondern daß sich η aus einfachen Bedingungen anderer Art erst ergeben muß.

Diese anderen Bedingungen aufzufinden scheint mir das zentrale, bisher noch völlig ungelöste Problem der Theorie der Elementarteilchen. Die vorliegende Arbeit stellte sich jedoch nur die Aufgabe zu zeigen, daß in der zukünftigen Theorie die Matrix η oder die zugehörige unitäre Matrix S eine wichtige Rolle spielen werden selbst dann, wenn es in dieser Theorie keine Hamilton-Funktion und keine Schrödinger-Funktion im Sinne der Gleichung (59) mehr gibt.

Zeitschrift für Physik *120*, 673–702 (1943)

Die beobachtbaren Größen in der Theorie der Elementarteilchen. II.

Von **W. Heisenberg** in Berlin,
Max-Planck-Institut der Kaiser Wilhelm-Gesellschaft.

Mit 6 Abbildungen. (Eingegangen am 30. Oktober 1942.)

Im Anschluß an eine frühere Arbeit werden die physikalischen Folgerungen einer Theorie untersucht, in der nicht eine Hamilton-Funktion, sondern die in Teil I erklärte η-Matrix vorgegeben ist. In dieser Theorie treten im Gegensatz zur üblichen Quantentheorie der Wellenfelder keine Divergenzschwierigkeiten auf und die gestellten Probleme können streng behandelt werden. Die Rechnung wird durchgeführt für die Streuung von Elementarteilchen bei zwei verschiedenen Wechselwirkungsansätzen. Eine δ-funktionsartige Wechselwirkung gibt Resultate, die denen der bisherigen Theorie weitgehend entsprechen. Eine andere, nicht korrespondenzmäßig deutbare Wechselwirkung führt zu Wirkungsquerschnitten, die im Grenzfall großer Energien der stoßenden Teilchen einem endlichen Grenzwert zustreben. Ferner wird die Erzeugung neuer Teilchen an einem Wechselwirkungsansatz untersucht, der die Paarerzeugung enthält. Für kleine Energien der Stoßpartner ergeben sich wieder Resultate, die denen der bisherigen Theorien ähnlich sind, für große Energien treten unter bestimmten Bedingungen explosionsartige Vielfachprozesse auf. Diese Vielfachprozesse werden mathematisch bis in die Einzelheiten diskutiert. Da keine Divergenzschwierigkeiten auftreten, genügen die Ergebnisse auch in Strenge den Forderungen der Relativitätstheorie.

Der in einer früheren Arbeit unternommene Versuch, in der Quantentheorie der Wellenfelder die Größen auszusondern, die als „beobachtbar“ auch in der zukünftigen Theorie der Elementarteilchen eine Rolle spielen werden, hat zu folgendem Ergebnis geführt: Die Gesamtheit dessen, was an Streu-, Emissions- und Absorptionsvorgängen im Sinne der genannten Arbeit „beobachtbar“ ist, läßt sich zusammenfassen in eine unitäre Matrix S. Das Absolutquadrat des Matrixelementes von S, das zum Übergang etwa vom Zustand A nach dem Zustand B gehört, gibt die Wahrscheinlichkeit dafür an, daß der Zustand B in der auslaufenden Welle angetroffen wird, wenn der Zustand A in der einlaufenden Welle realisiert ist. Die unitäre Matrix S hängt mit einer hermitischen Matrix η zusammen durch die Gleichung

$$S = e^{i\eta}. \tag{1}$$

Die Eigenwerte von η sind die Phasendifferenzen zwischen ein- und auslaufenden Wellen. Die Matrix η ist eine relativistische Invariante. Die Folgerungen aus dieser Feststellung für die einzelnen Matrixelemente von η sind im Teil I auseinandergesetzt worden. Wenn die Wechselwirkungsenergie

Zeitschrift für Physik *120*, 673–702 (1943)

zwischen den Elementarteilchen als kleine Störung angesehen werden kann, so ist die Matrix η im wesentlichen mit der Teilmatrix aus der Wechselwirkungsenergie-Matrix identisch, die zu Übergängen zwischen Zuständen gleicher Gesamtenergie und gleichen Gesamtimpulses gehört. Wenn eine Hamilton-Funktion einfacher Form gegeben ist, die Wechselwirkungsenergie jedoch nicht als klein angesehen werden kann, so erhält die Matrix η im allgemeinen irgendeine schwer übersehbare komplizierte Gestalt, außerdem ergeben sich dabei in der Regel die bekannten Divergenzschwierigkeiten. Allerdings läßt sich die Existenz einer Hamilton-Funktion einfacher Gestalt kaum physikalisch begründen.

Die vorliegende Arbeit soll nun umgekehrt die physikalischen Folgerungen untersuchen, die sich ergeben, wenn die Matrix η eine einfache Gestalt hat. Diese veränderte Problemstellung hat gegenüber der bisher üblichen Annahme einer einfachen Hamilton-Funktion einige wichtige Vorzüge. Erstens lassen sich die Divergenzschwierigkeiten hier vollständig vermeiden. Dies liegt in erster Linie daran, daß die Matrix η nur Übergangselemente zwischen Zuständen gleicher Energie enthält, während die Divergenzen im allgemeinen durch Summationen über virtuelle Zwischenzustände beliebiger Energie entstanden. Zweitens wird dadurch erreicht, daß die Forderungen der Relativitätstheorie und der Quantentheorie von selbst befriedigt werden, während in der bisherigen Theorie wegen der „Abschneidevorschriften" an dieser Stelle häufig Schwierigkeiten entstanden. Schließlich können in einer solchen Theorie mit gegebener η-Matrix wegen der strengen Konvergenz des Verfahrens auch sehr komplizierte Probleme gelöst werden, die bisher jeder genaueren Behandlung getrotzt haben, z. B. das Problem der explosionsartigen Vielfachprozesse.

Diesem ganzen Verfahren kann entgegengehalten werden, daß doch die Matrix η im allgemeinen nicht gegeben sei, während eine Hamilton-Funktion einfacher Gestalt korrespondenzmäßig begründet werden könne. Auf diesen Einwand kann man jedoch erwidern, daß bei Korrespondenzüberlegungen im allgemeinen vorausgesetzt werden muß, daß die Wechselwirkungsenergie als kleine Störung betrachtet werden kann; in diesem Sinne ist aber dann nicht nur die Wechselwirkungsenergie, sondern auch die (mit einer Teilmatrix aus ihr identische) Matrix η korrespondenzmäßig festgelegt. Man kann also mit Hilfe von korrespondenzmäßigen Überlegungen mit gleichem Recht für eine einfache Hamilton-Funktion wie für eine einfache η-Matrix (oder, wie wir sagen wollen, Wechselwirkungsmatrix) argumentieren. In der zukünftigen Theorie freilich dürfte es eine Hamilton-Funktion kaum geben und die Wechselwirkungsmatrix wird sich aus Bedingungen anderer Art bestimmen, braucht also selbst keine einfache Gestalt zu haben. Trotzdem kann man durch die Untersuchung einfacher η-Matrizen eine Übersicht gewinnen über die Möglichkeiten und die Art der Zusammenhänge in einer zukünftigen Theorie.

Im folgenden sollen drei verschiedene Anwendungen der in Teil I angestellten Überlegungen behandelt werden:

Zunächst wird eine gewöhnliche δ-funktionsartige Wechselwirkung zwischen den Elementarteilchen angenommen, die nur zur Streuung, nicht zur Entstehung neuer Teilchen führt. Die Ergebnisse unterscheiden sich hier nur unwesentlich von den Ergebnissen der (auf ein Problem dieser Art angewendeten) bisherigen Theorien. Dann wird die δ-funktionsartige Wechselwirkung durch eine andere Wechselwirkung ersetzt, die nicht einfach durch eine vom Abstand abhängige Kraft der Elementarteilchen beschrieben werden kann und die in einer Hamilton-Funktion nicht einfach ausgedrückt werden könnte. Diese Wechselwirkung genügt den Forderungen der Relativitätstheorie und gibt damit ein Beispiel für Kraftwirkungen zwischen Elementarteilchen, die sich grundsätzlich von denen unterscheiden, zu denen man durch die üblichen korrespondenzmäßigen Argumente gelangt. Schließlich wird eine Wechselwirkung zugrunde gelegt, die die Entstehung neuer Teilchen ermöglicht, und die Bedingungen werden untersucht, unter denen explosionsartige Vielfachprozesse auftreten.

Um alle unnötigen Komplikationen zu vermeiden, sollen sich die folgenden Rechnungen stets auf Elementarteilchen ohne Spin und ohne Ladung, die der Bose-Statistik genügen, beziehen. In der bisherigen Theorie würde man also von einer skalaren Wellenfunktion φ und einer Lagrange-Funktion der Form

$$L = \tfrac{1}{2}\,(\dot{\varphi}^2 - \mathrm{grad}^2\,\varphi - \varkappa^2\,\varphi^2) \tag{2}$$

auszugehen haben ($\hbar$ und c werden wie im Teil I als Einheiten gewählt; $\varkappa$ ist die Ruhmasse der Elementarteilchen in cm^{-1}). In der üblichen Weise ergibt sich dann

$$\pi = \frac{\partial L}{\partial \dot{\varphi}} = \dot{\varphi}; \quad H = \tfrac{1}{2}\,(\pi^2 + \mathrm{grad}^2\,\varphi + \varkappa^2\,\varphi^2). \tag{3}$$

Begrenzt man den Wellenvorgang auf ein Normierungsvolumen V und geht zum Impulsraum über, so ergibt sich ($k^{02} = k^2 + \varkappa^2$):

$$\left.\begin{aligned} \varphi &= \sum_{\mathfrak{k}} (2\,k^0\,V)^{-1/2}\,(a_{\mathfrak{k}}\,e^{i(\mathfrak{k}\mathfrak{r} - k^0 t)} + a^*_{-\mathfrak{k}}\,e^{i(\mathfrak{k}\mathfrak{r} + k^0 t)}), \\ \pi &= \sum_{\mathfrak{k}} (2\,k^0\,V)^{-1/2}\,i\,k^0\,(-\,a_{\mathfrak{k}}\,e^{i(\mathfrak{k}\mathfrak{r} - k^0 t)} + a^*_{-\mathfrak{k}}\,e^{i(\mathfrak{k}\mathfrak{r} + k^0 t)}). \end{aligned}\right\} \tag{4}$$

Zeitschrift für Physik *120*, 673–702 (1943)

Für die Amplituden $a_{\mathfrak{k}}$ erhält man die Darstellung

$$a_{\mathfrak{k}}^* a_{\mathfrak{k}} = N_{\mathfrak{k}}; \quad a_{\mathfrak{k}} N_{\mathfrak{k}} = (N_{\mathfrak{k}} + 1)\, a_{\mathfrak{k}}; \quad a_{\mathfrak{k}}^* N_{\mathfrak{k}} = (N_{\mathfrak{k}} - 1)\, a_{\mathfrak{k}}^*. \tag{5}$$

Geht man zum Limes eines unendlichen Normierungsvolumens über, so geht die Summe über $\mathfrak{k}$ in ein Integral über nach der Gleichung

$$\sum_{\mathfrak{k}} \rightarrow \frac{V}{(2\pi)^3} \int d\mathfrak{k}. \tag{6}$$

Beim Übergang von diskreter zu kontinuierlicher Normierung ist also ein Matrixelement, das zum Übergang von einer Gesamtteilchenzahl N' zu einem Wert N'' gehört, mit $\left[\frac{V}{(2\pi)^3}\right]^{\frac{N'+N''}{2}}$ zu multiplizieren.

Die Amplituden $a_{\mathfrak{k}}$ sollen im folgenden stets als Operatoren, unabhängig von der Variablen t, betrachtet werden; bei Integrationen über t sind sie konstant zu halten. Die Variable t spielt in den folgenden Rechnungen mehr die Rolle eines formalen Parameters als die der Zeit.

1.

a) Streuung von Teilchen bei δ-funktionsartiger Wechselwirkung. Der einfachste Ansatz, der für eine Wechselwirkung gemacht werden kann, die zur Streuung von Elementarteilchen führt, lautet etwa

$$\eta = \varepsilon \int d\mathfrak{r}\, dt\, \varphi^4. \tag{7}$$

Dieser Ansatz entspricht einer gewöhnlichen Wechselwirkung vom Typus einer δ-Funktion des Abstandes zwischen je zwei Teilchen. Eine niedrigere Potenz von φ als die vierte in der Gleichung für η würde nicht zu Wechselwirkungen irgendwelcher Art führen, da Prozesse, bei denen im Anfangs- oder Endzustand nur ein Teilchen vorhanden ist, mit dem Energie- und Impulssatz nicht verträglich wären. Aus Gleichung (4) folgt vielmehr einfach z. B.

$$\int d\mathfrak{r}\, dt\, \varphi^3 = 0. \tag{8}$$

Die Konstante ε in Gleichung (7) ist dimensionsmäßig eine reine Zahl, da φ eine reziproke Länge ist. Die Wechselwirkung (7) ist also insofern mit den elektromagnetischen Wechselwirkungen verwandt, als deren Größe ja auch durch die dimensionslose Zahl $e/\sqrt{\hbar c}$, d. h. die Sommerfeldsche Feinstrukturkonstante, bestimmt wird.

Drückt man den Ansatz (7) im Impulsraum durch die Operatoren $a_{\mathfrak{k}}$ aus, so wird die Reihenfolge der $a_{\mathfrak{k}}$ und $a_{\mathfrak{k}}^*$ durch die Rechnung vorgeschrieben. Die Glieder, in denen die gesternten Größen nicht alle links von den ungesternten stehen, könnten zu Divergenzen führen. Wir werden daher den

Ansatz (7) [im Sinne der Theorie von Jordan und Klein[1]] derart abändern, daß wir verabreden, es sollen die $a_{\mathfrak{k}}^*$ grundsätzlich in allen Gliedern links von den $a_{\mathfrak{k}}$ stehen. Durch diese Veränderung wird weder die korrespondenzmäßige Deutung der Wechselwirkung (7) noch die relativistische Invarianz angetastet. Geht man noch zum Limes eines unendlichen Normierungsvolumens über, so erhält man schließlich für die Matrixelemente von η:

$$(\mathfrak{k}_1' \mathfrak{k}_2' | \eta | \mathfrak{k}_1'' \mathfrak{k}_2'')$$
$$= \frac{3\varepsilon}{2} \frac{(2\pi)^{-2}}{\sqrt{k_1^{0'} k_2^{0'} k_1^{0''} k_2^{0''}}} \delta(\mathfrak{k}_1' + \mathfrak{k}_2' - \mathfrak{k}_1'' - \mathfrak{k}_2'') \, \delta(k_1^{0'} + k_2^{0'} - k_1^{0''} - k_2^{0''}). \quad (9)$$

Relativistisch hat das Matrixelement das in Teil I, Abs. II d geforderte Verhalten.

Zur Bestimmung der Eigenwerte von η führt man zweckmäßig neue Variable ein durch die Beziehungen

$$\left.\begin{aligned} \mathfrak{K} &= \mathfrak{k}_1 + \mathfrak{k}_2; \qquad \zeta = \frac{\mathfrak{k}_{2z}}{k_2}; \\ K^0 &= k_1^0 + k_2^0; \qquad \alpha = \operatorname{arctg} \frac{\mathfrak{k}_{2y}}{\mathfrak{k}_{2x}}. \end{aligned}\right\} \quad (10)$$

Für das Volumendifferential folgt durch Umrechnung mit der Funktionaldeterminante ($\mathfrak{v} = \mathfrak{k}/k^0$):

$$d\mathfrak{K}\, dK^0\, d\zeta\, d\alpha \to d\mathfrak{k}_1\, d\mathfrak{k}_2 \frac{(\mathfrak{v}_1 - \mathfrak{v}_2, \mathfrak{k}_2)}{k_2^3}. \quad (11)$$

Daraus ergibt sich, unter Weglassung der Einheitsmatrix:

$$(\zeta' \alpha' | \eta | \zeta'' \alpha'') = \frac{3\varepsilon}{2} \frac{(2\pi)^{-2}}{\sqrt{k_1^{0'} k_2^{0'} k_1^{0''} k_2^{0''}}} \sqrt{\frac{k_2'^3 \, k_2''^3}{(\mathfrak{v}_1' - \mathfrak{v}_2', \mathfrak{k}_2')(\mathfrak{v}_1'' - \mathfrak{v}_2'', \mathfrak{k}_2'')}}. \quad (12)$$

Setzt man speziell $\mathfrak{K}' = \mathfrak{K}'' = 0$, d. h. legt man das Schwerpunktsystem zugrunde, so vereinfacht sich (12) zu der Formel

$$(\zeta' \alpha' | \eta | \zeta'' \alpha'') = \frac{3\varepsilon v'}{16\pi^3} = \frac{3\varepsilon v''}{16\pi^3} = \frac{3\varepsilon v}{16\pi^3}. \quad (13)$$

(Für die Größen, die im Anfangs- und Endzustand den gleichen Wert haben, werden wir im folgenden die Striche weglassen.)

Die Eigenfunktionen, die diese Matrix auf Diagonalform bringen, sind — wie immer bei reinen Streuproblemen (vgl. Teil I, Abs. III a) — die Kugelfunktionen. In der Tat wird die Gleichung

$$\int d\zeta'\, d\alpha'\, P_n^m(\zeta')\, e^{im\alpha'} (\zeta'\alpha' | \eta | \zeta''\alpha'') = \eta_{n,m} P_n^m(\zeta'')\, e^{im\alpha''} \quad (14)$$

erfüllt durch

$$\left.\begin{aligned} \eta_{0,0} &= \frac{3\varepsilon v}{4\pi}, \\ \eta_{n,m} &= 0 \end{aligned}\right\} \quad (15)$$

für alle anderen n und m.

[1]) P. Jordan u. O. Klein, ZS. f. Phys. 45, 751, 1927.

Zeitschrift für Physik *120*, 673–702 (1943)

Die Streuung ist also im Schwerpunktssystem exakt kugelsymmetrisch. Die Phase δ_n der zur n-ten Kugelfunktion gehörigen Welle ist, wenn man diese Welle in der üblichen Theorie als $\frac{\sin(kr+\delta)}{r}$ ansetzt, die Hälfte des Eigenwertes $\eta_{n,0}$. Aus der bekannten Formel für den Wirkungsquerschnitt

$$Q = \frac{4\pi}{k^2} \sum_n (2n+1) \sin^2 \delta_n \tag{16}$$

folgt also in unserem Falle nach (15)

$$Q = \frac{4\pi}{k^2} \sin^2 \frac{3\varepsilon v}{8\pi}. \tag{17}$$

In den Grenzfällen $v \ll 1$ und $1 - v \ll 1$ wird daher

$$Q = \begin{cases} \dfrac{9\varepsilon^2}{16\pi\varkappa^2} & \text{für} \quad v \ll 1, \\[2ex] \dfrac{4\pi}{k^2} \sin^2 \dfrac{3\varepsilon}{8\pi} & \text{für} \quad 1 - v \ll 1. \end{cases} \tag{18}$$

Der Wirkungsquerschnitt nimmt mit wachsendem Impuls schließlich wie $1/k^2$ ab, übersteigt also nie das Quadrat der Wellenlänge. Für bestimmte numerische Werte von ε, z. B. für $\varepsilon = 8\pi^2/3$, nimmt er mit wachsendem Impuls noch rascher ab. In dieser Weise sind daher bestimmte Werte von ε vor anderen ausgezeichnet, doch sind ohne neue zusätzliche Bedingungen alle Werte von ε möglich und ergeben sinnvolle Aussagen für die Streuung.

Die Ergebnisse in Gleichung (17) und (18) stimmen mit den Resultaten der üblichen Theorie weitgehend überein; sie unterscheiden sich von ihnen höchstens insofern, als sie für beliebige Werte von ε und k streng gelten.

b) Streuung von Teilchen bei allgemeinerem Wechselwirkungsansatz. Das Ergebnis (17) legt die Vermutung nahe, daß ein Wirkungsquerschnitt für Streuung im relativistischen Grenzfall grundsätzlich nicht größer sein könnte als das Quadrat der Wellenlänge. Daß diese Vermutung unrichtig ist, erkennt man aber, wenn man an Stelle der Gleichung (9) für die Matrix η den folgenden allgemeineren Ansatz macht (unter Weglassung der δ-Funktionen):

$$(\mathfrak{k}_1' \mathfrak{k}_2' | \eta | \mathfrak{k}_1'' \mathfrak{k}_2'') = \frac{3\varepsilon}{2} \frac{(2\pi)^{-2}}{\sqrt{k_1^{0\prime} k_2^{0\prime} k_1^{0\prime\prime} k_2^{0\prime\prime}}} \frac{\varkappa^2 (k_1^{0\prime} k_2^{0\prime} - \mathfrak{k}_1' \mathfrak{k}_2' + k_1^{0\prime\prime} k_2^{0\prime\prime} - \mathfrak{k}_1'' \mathfrak{k}_2'')}{(k_1^{0\prime} k_1^{0\prime\prime} - \mathfrak{k}_1' \mathfrak{k}_1'')(k_2^{0\prime} k_2^{0\prime\prime} - \mathfrak{k}_2' \mathfrak{k}_2'')}. \tag{19}$$

Auch dieser Ansatz genügt den Forderungen der Relativitätstheorie (vgl. Teil I, Abs. II d); es ist aber wohl kaum möglich, eine Kraft als Funktion des Abstandes zweier Teilchen anzugeben, die diesem Ansatz entspricht. Jedenfalls würde es sich dabei wohl um eine recht komplizierte Kraft auf endliche Abstände handeln, die in einer bestimmten Weise retardiert wirkt, so daß den Forderungen der Relativitätstheorie Genüge geschieht. Im Schwerpunktssystem wird aus (19)

$$(\zeta'\alpha'|\eta|\zeta''\alpha'') = \frac{3\,\varepsilon\,v}{4\pi^2}\frac{\varkappa^2}{k^2}\frac{1+\frac{\varkappa^2}{2k^2}}{\left[1+\frac{\varkappa^2}{k^2}-\cos(\mathfrak{k}_1'\mathfrak{k}_1'')\right]^2}$$

$$= \frac{3\,\varepsilon\,v}{4\pi^2}\frac{\gamma\left(1+\frac{\gamma}{2}\right)}{(1+\gamma-z)^2}, \tag{20}$$

wobei $\gamma = \varkappa^2/k^2$, $z = \cos(\mathfrak{k}_1'\mathfrak{k}_1'') = \zeta'\zeta'' + \sqrt{1-\zeta'^2}\sqrt{1-\zeta''^2}\cos(\alpha'-\alpha'')$ gesetzt ist und wieder die Striche bei k und v weggelassen sind, da diese Größen im Anfangs- und Endzustand den gleichen Wert haben.

Für die weitere Behandlung entwickelt man zweckmäßig nach gewöhnlichen Kugelfunktionen

$$\frac{1}{(1+\gamma-z)^2} = \sum b_n P_n(z), \quad b_n = (n+\tfrac{1}{2})\int_{-1}^{+1} \mathrm{d}z\,\frac{P_n(z)}{(1+\gamma-z)^2}. \tag{21}$$

Die Koeffizienten b_n kann man als Entwicklungskoeffizienten mit Hilfe der erzeugenden Funktion

$$\frac{1}{\sqrt{1-2xz+x^2}} = \sum x^n P_n(z) \tag{22}$$

bestimmen. Es ergibt sich

$$I = \int_{-1}^{+1}\frac{\mathrm{d}z}{(1+\gamma-z)^2\sqrt{1-2xz+x^2}}$$

$$= \frac{x}{a^3}\left[\lg\frac{1-x+\gamma-a}{1-x+\gamma+a} + \frac{2a}{x\beta}(1-x-\gamma x)\right]; \tag{23}$$

wobei $\beta = 2\gamma+\gamma^2$ und $a = \sqrt{(1-x)^2-2\gamma x}$ gesetzt ist.

$$b_n = \frac{n+\frac{1}{2}}{2\pi i}\oint\frac{\mathrm{d}x}{x^{n+1}}I. \tag{24}$$

Für $\gamma \gg 1$ folgt ohne weiteres schon aus (21):

$$b_0 \approx \frac{1}{\gamma^2}, \quad b_n = 0 \quad \text{für } n > 0. \tag{25}$$

Für $\gamma \ll 1$ unterscheiden wir die Fälle $n \ll 1/\sqrt{\gamma}$ und $n \gg 1/\sqrt{\gamma}$. Für $\gamma \ll 1$ wird nämlich nach (23)

$$I \approx \frac{1}{\gamma(1-x)} + \frac{x}{(1-x)^3}\lg\gamma + \cdots \tag{26}$$

und für kleine n folgt daraus

$$b_n \approx (n+\tfrac{1}{2})\left[\frac{1}{\gamma} + \tfrac{1}{2}\, n\,(n+1)\lg\gamma + \cdots\right]. \tag{27}$$

Für große n ist jedoch die Entwicklung (26) nicht mehr brauchbar. In diesem Fall kann man etwa so vorgehen: Man ersetzt die Variable x in (24) durch eine neue Variable y nach der Gleichung

$$\left.\begin{aligned} 1 - x + \gamma + a &= \sqrt{\beta}\cdot e^{y}, \\ 1 - x + \gamma - a &= \sqrt{\beta}\cdot e^{-y} \end{aligned}\right\} \tag{28}$$

und integriert in der komplexen y-Ebene auf dem in Fig. 1 angegebenen Wege. Dem singulären Punkt $x = 0$ entspricht die Stelle $y = \frac{1}{2}\lg\frac{2+\gamma}{\gamma}$.

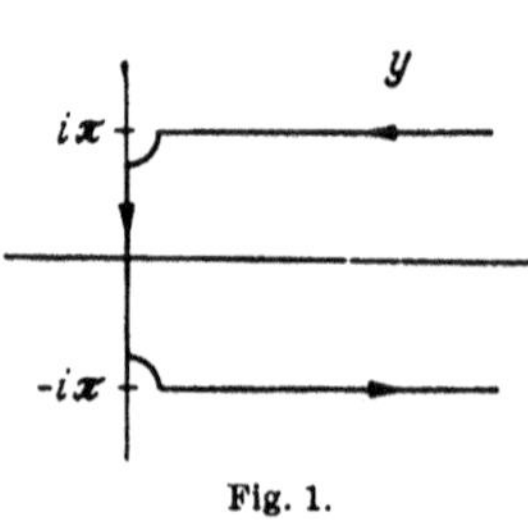

Fig. 1.

Der Hauptbeitrag zum Integral kommt dann für große n von der unmittelbaren Umgebung der Stellen $y = \pm i\pi$ her. Durch Entwicklung in der Umgebung dieser Stellen erhält man schließlich

$$\left.\begin{aligned} b_n &= \frac{(n+\frac{1}{2})\sqrt{2\pi n}}{(1+\gamma+\sqrt{\beta})^{n+1/2}\cdot\beta^{3/4}} \\ &\text{für } n \gg \frac{1}{\sqrt{\gamma}} \text{ und } \gamma \ll 1. \end{aligned}\right| \tag{29}$$

Die Entwicklungskoeffizienten b_n steigen also zunächst mit n an, nehmen jedoch für hinreichend große n ($n \gg 1/\sqrt{\gamma}$) wieder exponentiell ab.

Für die Berechnung der Eigenwerte von η benutzt man schließlich die bekannte Beziehung

$$\begin{aligned} P_n(z) &= P_n(\zeta')\,P_n(\zeta'') + \\ &+ \sum_r \frac{(n-r)!}{(n+r)!}\,P_n^r(\zeta')\,P_n^r(\zeta'')\,(e^{ir(\alpha'-\alpha'')} + e^{-ir(\alpha'-\alpha'')}). \end{aligned} \tag{30}$$

Aus ihr ergibt sich

$$\int P_n^m(\zeta')\,e^{im\alpha'}\,d\zeta'\,d\alpha' \sum b_l\,P_l(z) = 2\pi\frac{b_n}{n+\frac{1}{2}}\,P_n^m(\zeta'')\,e^{im\alpha''}. \tag{31}$$

Der Vergleich der Formeln (14), (21), (25), (27), (29) und (31) lehrt endlich:

$$\eta_{n,m} = \frac{3\varepsilon v}{2\pi}\cdot\left\{\begin{array}{ll} 1+\frac{\gamma}{2}+\frac{n(n+1)}{2}\gamma\lg\gamma+\cdots & \text{für } \gamma \ll 1,\ n \ll \frac{1}{\sqrt{\gamma}}; \\ \frac{\sqrt{2\pi n}\cdot\beta^{1/4}}{2(1+\gamma+\sqrt{\beta})^{n+1/2}} & \text{„}\ \gamma \ll 1,\ n \gg \frac{1}{\sqrt{\gamma}}; \\ 1 & \text{„}\ \gamma \gg 1,\ n = 0; \\ 0 & \text{„}\ \gamma \gg 1,\ n \neq 0. \end{array}\right. \tag{32}$$

Die Eigenwerte von η, d. h. die Phasendifferenzen zwischen ein- und auslaufender Welle haben daher im relativistischen Grenzfall $k^2 \gg \varkappa^2$, $\gamma \ll 1$ für alle n bis zur Grenze $n \sim 1/\sqrt{\gamma}$, d. h. für alle niederen Kugelfunktionen den gleichen Wert, erst oberhalb $n \sim 1/\sqrt{\gamma}$ nehmen die Phasendifferenzen ab. Dies hat zur Folge, daß der gesamte Wirkungsquerschnitt für Streuung erheblich größer wird als $4\pi/k^2$, er strebt im Gegenteil für $k \to \infty$ einem endlichen Wert zu. Auch ist die Streuung keineswegs mehr kugelsymmetrisch, die kleinen Abweichungen sind erheblich häufiger als die großen. Man kann den Gesamtquerschnitt näherungsweise nach (16) auswerten, indem man bei konstanter Phase über alle n bis zu Werten der Ordnung $1/\sqrt{\gamma}$ summiert. Dabei bleibt allerdings wegen der Unsicherheit der oberen Grenze ein Zahlenfaktor der Ordnung 1 unbestimmt, den man jedoch dadurch angenähert festlegen kann, daß man zum Grenzfall $\varepsilon \ll 1$ übergeht. Im letzteren Grenzfall kann man nämlich die Summe (16) streng ausführen oder auch den Gesamtquerschnitt direkt aus η durch Integration über z gewinnen. So erhält man schließlich

$$Q = \begin{cases} \dfrac{9\,\varepsilon^2}{4\,\pi\,\varkappa^2} & \text{für } k^2 \ll \varkappa^2, \\ \sim \dfrac{8\,\pi}{3\,\varkappa^2} \sin^2 \dfrac{3\,\varepsilon}{4\,\pi} & \text{,, } k^2 \gg \varkappa^2. \end{cases} \tag{33}$$

Die Streuung ist für eine Wechselwirkung vom Typus (19) nur bei kleinen Geschwindigkeiten kugelsymmetrisch, bei großen hauptsächlich nach vorn gerichtet; wenn ε von der Größenordnung 1 ist, hat der Gesamtwirkungsquerschnitt stets die Größenordnung $1/\varkappa^2$, man könnte daher hier $1/\varkappa$ als eine Art Teilchenradius ansehen.

Man erkennt aus dem eben behandelten Beispiel der Wechselwirkung (19), daß eine Theorie von der hier besprochenen Art, in der die Matrix η gegeben wird, auch die Möglichkeit bietet, den Begriff Teilchenradius in einer relativistisch einwandfreien Weise einzuführen. Dies ist wichtig im Hinblick auf die Erfahrung, daß in der kosmischen Strahlung die Wirkungsquerschnitte für die Erzeugung neuer Teilchen im Grenzfall großer Energien einem konstanten Wert zuzustreben scheinen.

2. *Die Entstehung neuer Teilchen.*

Der einfachste Ansatz, der zur Entstehung neuer Teilchen führt, lautet

$$\eta = \lambda \int \mathrm{d}\mathfrak{r}\, \mathrm{d}t\, \varphi^5. \tag{34}$$

Eine Wechselwirkung dieser Art vermittelt Prozesse, bei denen zunächst beim Zusammenstoß zweier Teilchen *ein* neues erzeugt wird; in höheren

Zeitschrift für Physik *120*, 673–702 (1943)

Näherungen können dann aus zwei Teilchen so viele neue entstehen, wie die Erhaltungssätze zulassen. Die mathematische Durchführung erweist sich allerdings beim Ansatz (34) als recht schwierig. Erheblich einfacher ist sie bei dem Ansatz

$$\eta = \lambda^2 \int \mathrm{d}\mathfrak{r}\, \mathrm{d}t\, \varphi^6, \tag{35}$$

der deshalb den folgenden Rechnungen zugrunde gelegt werden soll. Die Wechselwirkung (35) enthält als Primärprozeß die Entstehung eines Teilchen*paares* beim Zusammenstoß zweier Teilchen. Durch Iteration dieses Prozesses können auch hier so viele Paare entstehen, wie die Erhaltungssätze zulassen. Ebenso wie in Abschn. 1a soll auch hier die Wechselwirkung (35) so abgeändert werden, daß die Operatoren $a_{\mathfrak{k}}^*$ stets links von den Operatoren $a_{\mathfrak{k}}$ stehen. Wir setzen also für den Operator η nach (4) bis (6)

$$\eta = \frac{\lambda^2}{V^3} \sum_{\mathfrak{k}_1 \ldots \mathfrak{k}_6} \int \mathrm{d}\mathfrak{r}\, \mathrm{d}t\, \frac{\frac{15}{8}(--++++) + \frac{20}{8}(---+++) + \frac{15}{8}(----++)}{\sqrt{k_1^0 k_2^0 \ldots k_6^0}}. \tag{36}$$

Hierbei ist das Zeichen $(--++++)$ eine Abkürzung für

$$\begin{aligned} &(--++++) \\ &= a_{\mathfrak{k}_1}^* a_{\mathfrak{k}_2}^* a_{\mathfrak{k}_3} a_{\mathfrak{k}_4} a_{\mathfrak{k}_5} a_{\mathfrak{k}_6} \times e^{i(-\mathfrak{k}_1 - \mathfrak{k}_2 + \mathfrak{k}_3 + \cdots + \mathfrak{k}_6)\mathfrak{r} - i(-k_1^0 - k_2^0 + k_3^0 + \cdots + k_6^0)t}. \end{aligned} \tag{37}$$

Die Glieder in (36), die nur ein +- oder nur ein —-Zeichen enthalten, fallen wegen der Erhaltungssätze weg. Die Faktoren 15/8 und 20/8 sind durch die Binomialkoeffizienten in φ^6 bestimmt; sie können abgeändert werden, ohne daß das relativistisch korrekte Verhalten von (36) gestört wird; allerdings ist dann die einfache korrespondenzmäßige Deutung als φ^6 nicht mehr möglich.

Im Ansatz (36) hängt die rechte Seite von den Winkeln zwischen den Richtungen der Teilchen nicht ab. Daraus folgt, daß sich beim Zusammenstoß zweier Teilchen ebenso wie in den Gleichungen (14) und (15) nur die kugelsymmetrische Welle (der „*s*-Zustand“) an der Streuung bzw. der Paarerzeugung beteiligt. Es genügt also, die Eigenwerte von η für diese kugelsymmetrischen Lösungen aufzusuchen.

Für die folgenden Rechnungen werden häufig Impulsraumintegrale der Form

$$I_n = \int \frac{\mathrm{d}\mathfrak{k}_1}{k_1^0} \frac{\mathrm{d}\mathfrak{k}_2}{k_2^0} \cdots \frac{\mathrm{d}\mathfrak{k}_n}{k_n^0}\, \delta\left(\mathfrak{K} - \sum \mathfrak{k}_i\right) \delta\left(K^0 - \sum k_i^0\right) \tag{38}$$

gebraucht. Eine einfache analytische Form scheinen diese Integrale nur für $n = 2$ zu besitzen. Für unsere Zwecke genügt es aber, den Wert der

Integrale für zwei Grenzfälle zu kennen; nämlich erstens dann, wenn die zur Verfügung stehende Gesamtenergie sehr groß ist verglichen mit der Ruhenergie der Teilchen, und zweitens dann, wenn sie die gesamte Ruhenergie der Teilchen nur sehr wenig übersteigt. Die Ableitung der Integrale verschieben wir auf den Anhang I und führen hier nur das Ergebnis an [Gleichungen (120) und (122)], wobei der Einfachheit halber stets $\mathfrak{K} = 0$ gesetzt wird (Schwerpunktsystem):

$$I_n = \begin{cases} \dfrac{2\pi^{n-1} K^{0\,2n-4}}{(n-1)!\,(n-2)!} & \text{für } \varkappa \ll K^0;\ \mathfrak{K} = 0; \\[2ex] \dfrac{(2\pi)^{\frac{3}{2}(n-1)}\,\varkappa^{\frac{n-3}{2}}\,(K^0 - n\varkappa)^{\frac{3n-5}{2}}}{n^{\frac{3}{2}}\left(\frac{3n-5}{2}\right)!} & \text{,, } K^0 - n\varkappa \ll \varkappa,\ \mathfrak{K} = 0; \end{cases} \tag{39}$$

$$I_2 = 2\pi\sqrt{1 - \left(\frac{2\varkappa}{K^0}\right)^2}. \tag{40}$$

Auch die folgenden Rechnungen sollen getrennt für zwei Grenzfälle durchgeführt werden: a) Die Energie der stoßenden Teilchen genügt eben, um ein Paar zu erzeugen ($K^0 \approx 4\varkappa$). b) Die zur Verfügung stehende Energie ist sehr groß verglichen mit der Ruhenergie.

a) Erzeugung eines Teilchenpaares. Für die Rechnungen dieses Abschnitts a) soll, um zunächst ein möglichst einfaches Problem zu behandeln, das mittlere Glied $(- - - + + +)$ in Gleichung (36) weggelassen werden; wir untersuchen also die physikalischen Folgerungen eines Ansatzes, der nur die Glieder $(- - + + + +)$ und $(- - - - + +)$ enthält.

Die Eigenwerte des Operators η in (36) kann man bestimmen, indem man eine Schrödinger-Gleichung in den Variabeln löst, auf die der Operator η wirkt. Diese Variabeln sind hier zunächst die Anzahlen $N_\mathfrak{k}$ der Teilchen vom Impuls $\mathfrak{k}$. Man wird also eine Schrödinger-Funktion $\psi(N_1 N_2 \ldots)$ der Anzahlen $N_1, N_2 \ldots$ einführen. $\psi(N_1 N_2 \ldots)$ gibt die Wahrscheinlichkeit dafür an, N_1 Teilchen vom Impuls $\mathfrak{k}_1$, N_2 vom Impuls $\mathfrak{k}_2$ usw. anzutreffen. Wir werden zeigen, daß in dem speziellen hier behandelten Falle die entstehende Schrödinger-Gleichung gelöst werden kann durch einen Ansatz der Form

$$\psi(N_1 N_2 \ldots) = \sqrt{\frac{n!}{N_1!\,N_2!\ldots}}\,\frac{a_n'}{\sqrt{k_1^0 k_2^0 \ldots k_n^0}}. \tag{41}$$

Dabei ist $n = N_1 + N_2 + \cdots$ die gesamte Teilchenzahl, a_n' soll nicht mehr von den Impulsen der Teilchen abhängen.

Wenn, wie wir hier annehmen, K^0 nur wenig größer ist als $4\varkappa$ (dabei wird stets $\mathfrak{K} = 0$ gesetzt), sind nur a_2' und a_4' von Null verschieden. Die Schrödinger-Gleichung erhält nach (36) jetzt die Form

$$\left.\begin{aligned} a_2'\eta &= \frac{15}{8}\lambda^2\, 2\sqrt{4\cdot 3}\sum_{\mathfrak{k}_3\ldots\mathfrak{k}_6}\frac{a_4'(2\pi)^4\,\delta(\mathfrak{K}-\sum\mathfrak{k}_i)\,\delta(K^0-\sum k_i^0)}{k_3^0\ldots k_6^0\cdot V^3}\\ &= \frac{15}{8}\lambda^2\, 2\sqrt{4\cdot 3}\,\frac{V}{(2\pi)^3}\,I_4\,a_4',\\ a_4'\eta &= \frac{15}{8}\lambda^2\frac{24}{\sqrt{4\cdot 3}}\sum_{\mathfrak{k}_5\mathfrak{k}_6}\frac{a_2'(2\pi)^4\,\delta(\mathfrak{K}-\sum\mathfrak{k}_i)\,\delta(K^0-\sum k_i^0)}{k_5^0 k_6^0\cdot V^3}\\ &= \frac{15}{8}\lambda^2\frac{24}{\sqrt{4\cdot 3}}\,\frac{1}{V(2\pi)^3}\,I_2\,a_2'. \end{aligned}\right\} \tag{42}$$

Auf den rechten Seiten dieser Gleichungen kommen tatsächlich die Impulse der einzelnen Teilchen nicht mehr vor, der Ansatz (41) eignet sich also zur Lösung der Schrödinger-Gleichung. Die Gleichungen (42) sind einfach zwei lineare Gleichungen zur Bestimmung der beiden Unbekannten a_2' und a_4'. Für die Eigenwerte erhält man sofort

$$\left.\begin{aligned} \eta^2 &= \left(\frac{15}{8}\lambda^2\right)^2\frac{2\cdot 24}{(2\pi)^{10}}\,I_2\,I_4,\\ \eta &= \pm\frac{15\sqrt{3}}{2}\,\frac{\lambda^2}{(2\pi)^5}\sqrt{I_2 I_4}; \end{aligned}\right\} \tag{43}$$

$$a_4' = \pm\frac{(2\pi)^3}{V}\,a_2'\sqrt{\frac{I_2}{I_4}}. \tag{44}$$

Die relative Wahrscheinlichkeit, 2 bzw. 4 Teilchen anzutreffen, wird

$$\left.\begin{aligned} \sum_{\mathfrak{k}_1\mathfrak{k}_2}\frac{|a_2'|^2}{k_1^0 k_2^0}\,\delta(\mathfrak{K}-\sum\mathfrak{k}_i)\,\delta(K^0-\sum k_i^0) &= |a_2'|^2\,I_2\frac{V^2}{(2\pi)^6},\\ \sum_{\mathfrak{k}_1\ldots\mathfrak{k}_4}\frac{|a_4'|^2}{k_1^0\ldots k_4^0}\,\delta(\mathfrak{K}-\sum\mathfrak{k}_i)\,\delta(K^0-\sum k_i^0) &= |a_4'|^2\,I_4\frac{V^4}{(2\pi)^{12}}. \end{aligned}\right\} \tag{45}$$

Man führt daher zweckmäßig ein:

$$a_n = a_n'\left[\frac{V}{(2\pi)^3}\right]^{n/2}\sqrt{I_n}. \tag{46}$$

$|a_n|^2$ ist dann die Wahrscheinlichkeit, gerade n Teilchen zu finden. Aus (44) und (46) folgt

$$\frac{|a_4|^2}{|a_2|^2} = 1, \quad \text{d. h. } a_2 = \frac{1}{\sqrt{2}}; \quad a_4 = \pm\frac{1}{\sqrt{2}}. \tag{47}$$

In jedem der beiden Eigenzustände ist es also gleich wahrscheinlich, 2 oder 4 Teilchen anzutreffen. Die Wahrscheinlichkeit für die Erzeugung eines

Teilchenpaares erhält man jetzt durch die Matrixelemente der Matrix $S = e^{i\eta}$. Man findet aus (43) und (47) sofort $(S_{nm} = \sum_\eta a^*_{n\eta} e^{i\eta} a_{m\eta})$:

$$S_{2,2} = \cos\left(\frac{15\sqrt{3}}{2} \frac{\lambda^2}{(2\pi)^5} \sqrt{I_2 I_4}\right); \quad S_{2,4} = i \sin\left(\frac{15\sqrt{3}}{2} \frac{\lambda^2}{(2\pi)^5} \sqrt{I_2 I_4}\right). \tag{48}$$

Der Wirkungsquerschnitt für Paarerzeugung wird daher

$$Q_{Paar\ erz.} = \frac{\pi}{k'^2} \sin^2\left(\frac{15\sqrt{3}}{2} \frac{\lambda^2}{(2\pi)^5} \sqrt{I_2 I_4}\right). \tag{49}$$

Wenn sich K^0 dem Wert $4\varkappa$ nähert, so verschwindet dieser Wirkungsquerschnitt, und zwar nach Gleichung (39) wie $(K^0 - 4\varkappa)^{7/2}$. Der Wirkungsquerschnitt kann aber auch, je nach den Werten der Konstante λ, für höhere Energien der stoßenden Teilchen noch an mehreren Stellen verschwinden.

Der Wirkungsquerschnitt für Streuung wird

$$Q_{Str} = \frac{4\pi}{k'^2} \sin^4\left(\frac{15\sqrt{3}}{4} \frac{\lambda^2}{(2\pi)^5} \sqrt{I_2 I_4}\right). \tag{50}$$

Auch Q_{Str} verschwindet mit I_4, da die Streuung bei den hier zugrunde gelegten Annahmen nur auf dem Umweg über eine virtuelle Paarbildung zustande kommt.

Wenn man das Glied der Form $(- - - + + +)$ in Gleichung (36) mitberücksichtigen wollte, so ergäben sich gleich erheblich kompliziertere Verhältnisse. Der Ansatz (41) würde die Schrödinger-Gleichung nicht mehr lösen, da für $n = 4$ auf der rechten Seite von (42) Glieder auftreten, die von den Impulsen der Teilchen abhangen.

b) Die Erzeugung vieler Teilchen. Für die folgenden Rechnungen soll — im Gegensatz zum Abschnitt 2 a) — vorausgesetzt werden, daß die Ruhmasse der Teilchen sehr klein gegen ihre Gesamtenergie ist, daß also die zur Verfügung stehende Gesamtenergie dazu ausreicht, sehr viele Teilchen in einem Akt zu erzeugen. Als Wechselwirkung setzen wir zunächst die volle Wechselwirkung (36) an.

α) *Mehrfachprozesse bei Wechselwirkung* (36). Die exakte Lösung der Schrödinger-Gleichung ist hier, selbst wenn man in erster Näherung einfach $\varkappa = 0$ setzt, wohl kaum mehr durchzuführen. Man kann die Lösung aber im Sinne des Ritzschen Verfahrens durch einen Ansatz der Form (41) approximieren. Man läßt dann nur Wellenfunktionen der Form (41) zur Konkurrenz zu und sucht diejenigen Werte der Koeffizienten a'_n aus, die den Erwartungswert des Operators zum Extremum machen.

Zeitschrift für Physik *120*, 673–702 (1943)

Wie in (41) und (46) soll also gesetzt werden

$$\psi(N_1 N_2 \ldots) = \sqrt{\frac{n!}{N_1!N_2!\ldots}} \frac{a_n'}{\sqrt{k_1^0 \ldots k_n^0}}$$

$$= a_n \left(\frac{n!\,(2\pi)^{3n}}{N_1!N_2!\ldots k_1^0\ldots k_n^0\, V^n . I_n}\right)^{1/2}. \quad (51)$$

Für den Erwartungswert des Operators η ergibt sich dann

$$\sum \eta\, a_n^* a_n = \sum_n \left[\frac{15}{8}\frac{\lambda^2}{(2\pi)^5}\frac{\sqrt{n!\,(n+2)!}}{(n-2)!}\frac{a_n^* a_{n+2}}{\sqrt{I_n \cdot I_{n+2}}} \times \right.$$

$$\times \int \frac{d\mathfrak{k}_1}{k_1^0}\cdots\frac{d\mathfrak{k}_{n-2}}{k_{n-2}^0}\int\frac{d\mathfrak{k}_{n-1}'\,d\mathfrak{k}_n'}{k_{n-1}^{0\prime}\,k_n^{0\prime}}\int\frac{d\mathfrak{k}_{n-1}''}{k_{n-1}^{0\prime\prime}}\cdots\frac{d\mathfrak{k}_{n+2}''}{k_{n+2}^{0\prime\prime}}[\delta],$$

$$+ \frac{20}{8}\frac{\lambda^2}{(2\pi)^5}\frac{n!}{(n-3)!}\frac{a_n^* a_n}{I_n}\times$$

$$\times \int \frac{d\mathfrak{k}_1}{k_1^0}\cdots\frac{d\mathfrak{k}_{n-3}}{k_{n-3}^0}\int\frac{d\mathfrak{k}_{n-2}'}{k_{n-2}^{0\prime}}\cdots\frac{d\mathfrak{k}_n'}{k_n^{0\prime}}\int\frac{d\mathfrak{k}_{n-2}''}{k_{n-2}^{0\prime\prime}}\cdots\frac{d\mathfrak{k}_n''}{k_n^{0\prime\prime}}[\delta],$$

$$+ \frac{15}{8}\frac{\lambda^2}{(2\pi)^5}\frac{\sqrt{(n-2)!\,n!}}{(n-4)!}\frac{a_n^* a_{n-2}}{\sqrt{I_n \cdot I_{n-2}}}\times$$

$$\left. \times \int \frac{d\mathfrak{k}_1}{k_1^0}\cdots\frac{d\mathfrak{k}_{n-4}}{k_{n-4}^0}\int\frac{d\mathfrak{k}_{n-3}'}{k_{n-3}^{0\prime}}\cdots\frac{d\mathfrak{k}_n'}{k_n^{0\prime}}\int\frac{d\mathfrak{k}_{n-3}''\,d\mathfrak{k}_{n-2}''}{k_{n-3}^{0\prime\prime}\,k_{n-2}^{0\prime\prime}}[\delta]\right]. \quad (52)$$

Das Zeichen $[\delta]$ auf der rechten Seite ist eine Abkürzung für den Ausdruck

$$[\delta] = \delta\left(\sum\mathfrak{k} + \sum\mathfrak{k}'\right)\delta\left(K^0 - \sum k^0 - \sum k^{0\prime}\right)\times$$

$$\times\,\delta\left(\sum\mathfrak{k}' - \sum\mathfrak{k}''\right)\delta\left(\sum k^{0\prime} - \sum k^{0\prime\prime}\right). \quad (53)$$

Schließlich ergibt sich durch Ausrechnen der Integrale nach (39)

$$\sum \eta\, a_n^* a_n = \frac{15}{16}\frac{\lambda^2}{(2\pi)^3}K^{02}\sum_n\left[\sqrt{(n+2)(n-1)}\,a_n^* a_{n+2} + \right.$$

$$\left. + 4(n-2)\,a_n^* a_n + \sqrt{n(n-3)}\,a_n^* a_{n-2}\right]. \quad (54)$$

Setzt man nun zur Abkürzung

$$\zeta = \eta\,\frac{16}{15}\frac{(2\pi)^3}{\lambda^2 K^{02}}, \quad (55)$$

so lautet die aus der Extremalforderung entspringende Schrödinger-Gleichung

$$\zeta\, a_n = \sqrt{(n+2)(n-1)}\,a_{n+2} + 4(n-2)\,a_n + \sqrt{n(n-3)}\,a_{n-2}.$$

Durch den Ansatz

$$a_n = \frac{\left(\frac{n-1}{2}\right)!\;2^{\frac{n-1}{2}}}{\sqrt{n!\,(n-1)}}\,b_n \quad (56)$$

wird sie vereinfacht zu der Beziehung

$$\zeta\, b_n = (n-1)\, b_{n+2} + 4\,(n-2)\, b_n + n\, b_{n-2}. \tag{57}$$

Diese Gleichung kann streng gelöst werden, indem man b_n in der Form darstellt

$$b_n \underset{\cdot}{=} \oint \frac{d\,t}{t^{n+1}}\, f(t). \tag{58}$$

Durch Einsetzen in Gleichung (57) und partielle Integration erhält man dann für $f(t)$ die Differentialgleichung

$$f'\,t\,(1 + 4\,t^2 + t^4) = f\,[3 + (\zeta + 8)\,t^2 - 2\,t^4] \tag{59}$$

mit der Lösung

$$f(t) = t^3\,(t^2 + 2 + \sqrt{3})^{-\frac{5}{4} - \frac{\zeta+6}{4\sqrt{3}}} \cdot (t^2 + 2 - \sqrt{3})^{-\frac{5}{4} + \frac{\zeta+6}{4\sqrt{3}}}. \tag{60}$$

Wenn man den Integrationsweg in Gleichung (58) in der in Fig. 2 angegebenen Weise festsetzt, so erreicht man dadurch, daß für große n die Werte b_n mit wachsendem n wie $(2 + \sqrt{3})^{-n/2}$ abnehmen.

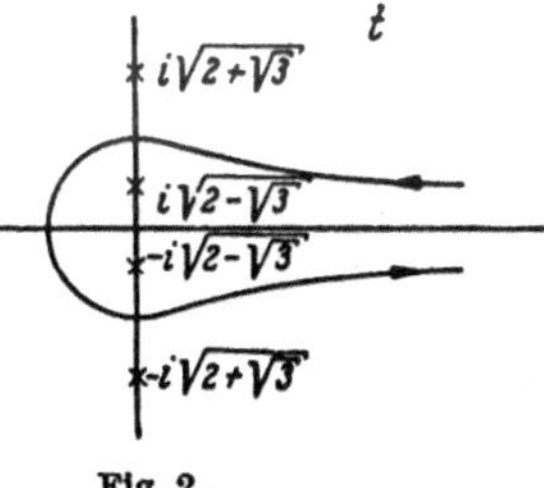

Fig. 2.

Dies muß physikalisch als Randbedingung der Schrödinger-Gleichung (57) gefordert werden, da die andere Lösung, bei der b_n mit n exponentiell zunimmt, nicht normiert werden könnte (d. h. für alle endlichen n würde sich $b_n = 0$ ergeben). Ferner zerfällt die Lösung von (57) offenbar in zwei unabhängige Lösungsgruppen, nämlich Lösungen, bei denen nur gerade n und solche, bei denen nur ungerade n vorkommen. Da wir den Stoß zweier Teilchen untersuchen wollen, interessieren wir uns nur für die erste Gruppe und setzen

$$\left.\begin{aligned} b_n &= 0 && \text{für } n \text{ ungerade,} \\ b_n &= \int \frac{d\,t}{t^{n+1}}\, f(t) && \text{,, } n \text{ gerade.} \end{aligned}\right\} \tag{61}$$

Die Lösung der Gleichung (57) muß — genau wie alle üblichen Schrödinger-Funktionen der Quantenmechanik — nicht nur eine Randbedingung im Unendlichen, sondern auch eine bei $n = 0$ befriedigen. Es muß nämlich $b_0 = 0$ sein, sonst wird Gleichung (57) für $n = 2$ nicht richtig erfüllt — das Vorhandensein von 0 Teilchen wird ja durch die Erhaltungssätze ausgeschlossen. Die Gleichung $b_0 = 0$ bestimmt — bei Festsetzung des Integrationsweges durch Fig. 2 — die Eigenwerte ζ (und damit η) der Gleichung (57).

Zunächst kann man Gleichung (58) noch etwas vereinfachen, wenn man statt t eine neue Integrationsvariable s einführt durch die Gleichung

$$s = \frac{t}{\sqrt{t^2 + \frac{1}{\alpha}}}, \tag{62}$$

wobei

$$2 - \sqrt{3} = \alpha, \quad 2 + \sqrt{3} = \frac{1}{\alpha}$$

gesetzt ist. Dann schließt man aus (58) und (60)

$$b_n = \oint d\,s\,s^{\xi-1}\left[1 - \alpha^2 + \frac{\alpha^2}{s^2}\right]^{\frac{\xi-3}{2}}\left[\alpha\left(\frac{1}{s^2} - 1\right)\right]^{\frac{n}{2}} \tag{63}$$

mit

$$\xi = \frac{1}{2} + \frac{\zeta - 6}{2\sqrt{3}}.$$

Der Integrationsweg ist in Fig. 3 dargestellt. Als Randbedingung zur Bestimmung der Eigenwerte von ξ erhält man also

$$b_0 = \oint d\,s\,s^{\xi-1}\left[1 - \alpha^2 + \frac{\alpha^2}{s^2}\right]^{\frac{\xi-3}{2}} = 0. \tag{64}$$

Da $\alpha = 0{,}268$, $\alpha^2 = 0{,}0718$ ist, kann man nach Potenzen von α^2 entwickeln und hoffen, daß man schon durch die ersten Entwicklungsglieder eine für qualitative Schlüsse ausreichende Genauigkeit erreicht. Man findet dann für die Eigenwerte von ξ

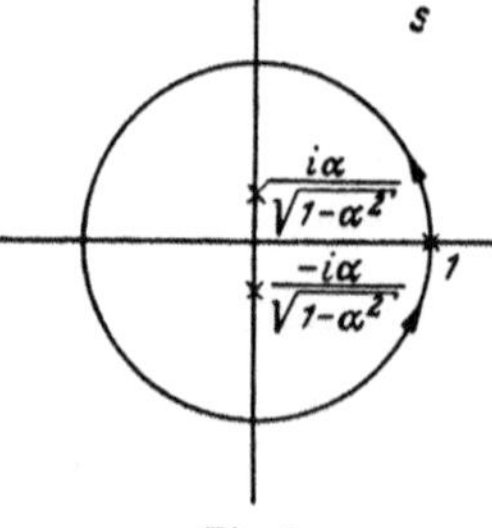

Fig. 3.

$$\xi = l\left(1 - \alpha^l \frac{\left(\frac{l-3}{2}\right)!}{\left(\frac{l}{2}\right)!\left(-\frac{3}{2}\right)!}\right), \tag{65}$$

wobei l irgendeine positive gerade Zahl ist ($l = 2, 4, 6, \ldots$). Die Eigenwerte sind daher

$$\left.\begin{array}{lllll} \xi = 2{,}072; & 4{,}003; & 6{,}000; & 8{,}000 & \text{usw.} \\ \zeta = -0{,}55; & 6{,}12; & 13{,}0_5; & 20{,}0 & \text{usw.} \end{array}\right\} \tag{66}$$

Da η nach der Ausgangsgleichung (35) positiv definit sein sollte, scheint es zunächst ein Widerspruch, daß der tiefste Eigenwert von η nach (66) negativ wird. Dies liegt aber offenbar daran, daß nicht genau der Ansatz (35) zugrunde gelegt wurde, sondern eine Wechselwirkung, die aus (35) durch Vertauschung von Operatoren hervorging, die also nur für hohe Quantenzahlen dem Ansatz (35) korrespondenzmäßig entspricht.

Wir haben nun noch die Normierung der Lösung (63) vorzunehmen. Da wir

$$\sum_n |a_n|^2 = \sum_n \frac{\left[\left(\frac{n-1}{2}\right)!\right]^2 2^{n-1}}{n!\;(n-1)} |b_n|^2 \tag{67}$$

zu bilden haben, benutzen wir die Beziehung

$$\sum_{n=2,4,6,\ldots} \frac{\left[\left(\frac{n-1}{2}\right)!\right]^2 2^{n-1}}{n!\,(n-1)} z^n = -\frac{\pi}{2}\sqrt{1-z^2} \quad \text{für } |z|<1. \tag{68}$$

Aus ihr und Gleichung (63) folgt (es ist stets nur über geradzahlige n zu summieren):

$$\sum_n |a_n|^2 = -\frac{\pi}{2}\int \mathrm{d}s\, s^2 \int \mathrm{d}t\, t^2 \sqrt{1-\alpha^2\frac{(1-s^2)(1-t^2)}{s^2 t^2}} \times$$
$$\times \left\{[\alpha^2+(1-\alpha^2)s^2][\alpha^2+(1-\alpha^2)t^2]\right\}^{\frac{\xi-3}{2}}. \tag{69}$$

Dabei ist das Integral über t in entgegengesetztem Umlaufssinn zu nehmen wie das über s, da das einzelne Glied der Summe in (67) $b_n^* \cdot b_n$ lautet. Setzt man

$$\alpha^2+(1-\alpha^2)s^2 = u, \quad \alpha^2+(1-\alpha^2)t^2 = v, \tag{70}$$

so folgt durch eine einfache Umrechnung

$$\sum_n |a_n|^2 = -\frac{\pi}{2(1-\alpha^2)^3}\int \mathrm{d}u \int \mathrm{d}v\,(uv)^{\frac{\xi-3}{2}}\sqrt{uv-\alpha^2}. \tag{71}$$

In der Näherung, in der ξ einfach gleich einer positiven geraden Zahl gesetzt werden kann, folgt daher

$$\sum |a_n|^2 \approx -\frac{2\pi^3}{(1-\alpha^2)^3}\binom{\frac{1}{2}}{\xi/2}(-\alpha^2)^{\xi/2}. \tag{72}$$

Nur für den tiefsten Eigenwert ist diese Näherungsformel um einige Prozent unrichtig.

Mit dem gleichen Grad der Annäherung erhält man schließlich für die Koeffizienten a_n nach (63)

$$a_n = \begin{cases} (1-\alpha^2)^{3/2} \quad \text{für } n=\xi. \\ \begin{pmatrix}\frac{n}{2}\\ \frac{\xi}{2}\end{pmatrix}(-1)^{\frac{n-\xi}{2}} \dfrac{\left(\frac{n-1}{2}\right)!}{\left(\frac{\xi-1}{2}\right)!}\sqrt{\dfrac{\xi!\,(\xi-1)}{n!\,(n-1)}}\, 2^{\frac{n-\xi}{2}} \alpha^{\frac{n-\xi}{2}} (1-\alpha^2)^{3/2} \quad \text{für } n \geqq \xi, \\ \begin{pmatrix}\frac{\xi-3}{2}\\ \frac{\xi-n}{2}\end{pmatrix} \dfrac{\left(\frac{n-1}{2}\right)!}{\left(\frac{\xi-1}{2}\right)!}\sqrt{\dfrac{\xi!\,(\xi-1)}{n!\,(n-1)}}\, 2^{\frac{n-\xi}{2}} \alpha^{\frac{\xi-n}{2}} (1-\alpha^2)^{3/2} \quad ,, \quad n \leqq \xi \end{cases} \tag{73}$$

(ξ und n stets positiv und gerade).

Die Koeffizienten a_n haben also ein Maximum an der Stelle $n=\xi$, rechts und links vom Maximum fallen sie mit wachsenden Potenzen von α ab.

Zeitschrift für Physik *120*, 673–702 (1943)

Die Wahrscheinlichkeit für die Erzeugung von n Teilchen beim Streuvorgang erhält man wieder aus den Matrixelementen von S

$$S_{2,n} = \sum_\xi a^*_{2,\xi}\, e^{i\eta}\, a_{n,\xi}. \tag{74}$$

Da nach (55) und (63)

$$\eta = \frac{15}{16}\frac{\lambda^2 K^{0\,2}}{(2\pi)^3}\left[-6 + 2\sqrt{3}\,(\xi - \tfrac{1}{2})\right],$$

so wird

$$S_{2,n} = e^{-\frac{15}{16}\frac{\lambda^2 K^{0\,2}}{(2\pi)^3}(6+\sqrt{3})\,i} \sum_\xi a^*_{2\,\xi}\, e^{iA\xi}\, a_{n\,\xi}, \tag{75}$$

wobei

$$A = \frac{15\sqrt{3}}{8}\frac{\lambda^2 K^{0\,2}}{(2\pi)^3} \tag{76}$$

gesetzt ist. Durch Einsetzen von (73) in (75) ergibt sich bis auf höhere Glieder in (α^2)

$$\sum a^*_{2\xi}\, e^{iA\xi}\, a_{n\xi}$$

$$= (1-\alpha^2)^3\cdot\alpha^{\frac{n-2}{2}}\,\frac{2^{\frac{n}{2}+1}\left(\frac{n-1}{2}\right)!\,(-1)^{\frac{n}{2}}}{\pi\sqrt{2\,(n-1)\cdot n!}}\sum_\xi \xi \begin{pmatrix}\frac{n}{2}\\ \frac{\xi}{2}\end{pmatrix}(-e^{2iA})^{\frac{\xi}{2}},$$

$$= (1-\alpha^2)^3\cdot\alpha^{\frac{n-2}{2}}\,\frac{2^{\frac{n}{2}+1}\left(\frac{n-1}{2}\right)!\,(-1)^{\frac{n}{2}}}{\pi\sqrt{2\,(n-1)\cdot n!}}\cdot\frac{n}{2}\,(1-e^{2iA})^{\frac{n}{2}-1}. \tag{77}$$

Schließlich erhält man für die Wahrscheinlichkeit $w_n = |S^2_{2,n}|$ für die Entstehung von n Teilchen in der gleichen Näherung

$$w_n = \frac{2n^2}{\pi}\begin{pmatrix}\frac{1}{2}\\ \frac{n}{2}\end{pmatrix}(-1)^{\frac{n}{2}+1}(2\alpha\sin A)^{n-2}(1-\alpha^2)^6. \tag{78}$$

Diese Endformel zeigt, daß bei der hier zugrunde gelegten Wechselwirkung (36) explosionsartige Vielfachprozesse *nicht* auftreten; und zwar gilt dies unabhängig von der Größe der Konstante λ oder der zur Verfügung stehenden Energie K^0. Zunächst erkennt man ja aus (78), daß für kleine Werte von λ, d. h. für kleine Werte von A, die Wahrscheinlichkeiten $w_4, w_6 \ldots$ klein werden von der Ordnung A^2, A^4 usw. Nur w_2 nähert sich dabei dem Werte 1. [Dies trifft bei Formel (78) nicht zu, da (78) nur eine erste Näherung darstellt; für $n = 2$ liefert (78) unabhängig von A den Wert $w_2 = 0{,}82$; man erkennt aus dieser Abweichung von 1 den Genauigkeitsgrad der Gleichung (78), der durch die Summation von Fehlern bei den

Rechnungen (74) bis (77) schon erheblich geringer ist als der der Formeln (65), (72) und (73).] Aber selbst für den größtmöglichen Wert von $\sin A$, nämlich $\sin A = 1$, verhalten sich die Wahrscheinlichkeiten ungefähr wie

$$w_2 = 0{,}82; \quad w_4 = 0{,}23; \quad w_6 = 0{,}084 \text{ usw.}, \tag{79}$$

d. h. die w_n nehmen mit wachsendem n rasch ab. Die mittlere Teilchenzahl liegt bei 3.

Dieses Ergebnis entspricht insofern nicht der Erwartung, als man nach dem Typus der Wechselwirkung (36) (die Konstante λ hat die Dimension einer Länge) bei hinreichend hoher Energie der stoßenden Teilchen echte Vielfachprozesse vermutet hätte. Man erkennt aber gleichzeitig aus Gleichung (78) auch, daß die Art der Abnahme von w_n mit wachsendem n von dem numerischen Wert der Konstanten α, also offenbar von den speziellen Zahlenkoeffizienten in der Schrödinger-Gleichung (57) abhängt. Man muß also mit der Möglichkeit rechnen, daß bei anderer Wahl dieser Zahlenkoeffizienten auch Prozesse ganz anderer Art auftreten können. Die Zahlenkoeffizienten waren ja nur durch die korrespondenzmäßige Analogie zum Ansatz $\int d\mathfrak{r}\, dt\, \varphi^6$ nahegelegt worden, während aus den Forderungen der Relativitätstheorie und Quantentheorie allein nichts über die Werte der Koeffizienten folgt. Wir werden daher im folgenden die Abänderungen untersuchen, die sich ergeben, wenn der Koeffizient des mittleren Gliedes auf der rechten Seite von (57) verändert wird.

β) Vielfachprozesse bei veränderter Wechselwirkung. Wir ersetzen den Koeffizienten des 2. Gliedes auf der rechten Seite von (57), der den Wert 4 hat, durch den unbestimmten Wert $2a$ und fragen nach dem Verhalten von b_n für sehr große Werte von n. Setzt man

$$b_n = g(n) \cdot x^n, \tag{80}$$

wobei $g(n)$ im Limes großer n langsam veränderlich sein soll, so folgt unter Weglassung aller Glieder von kleinerer Ordnung aus (57) die charakteristische Gleichung

$$1 + 2a x^2 + x^4 = 0 \tag{81}$$

mit der Lösung

$$x^2 = -a \pm \sqrt{a^2 - 1}. \tag{82}$$

Die rechte Seite kann nun entweder reell sein wie im bisher diskutierten Fall $a = 2$, dann ist die eine Lösung größer als 1, die andere kleiner als 1, b_n nimmt dann mit wachsendem n entweder exponentiell zu oder ab. Oder aber die rechte Seite von (82) ist komplex — das tritt ein, wenn $|a| < 1$ ist —, dann haben beide Lösungen den Absolutbetrag 1, d. h. $|x| = 1$. Die beiden

Zeitschrift für Physik *120*, 673–702 (1943)

Lösungen von (57) verhalten sich dann im Unendlichen hinsichtlich der Konvergenzfrage gleich, eine Randbedingung im Unendlichen ist nicht zu stellen; das Eigenwertspektrum wird daher kontinuierlich, die eine Randbedingung $b_0 = 0$ macht nur die zu dem betreffenden Wert von ζ gehörige Lösung von (57) bestimmt. Die beiden Fälle $|a| > 1$ und $|a| < 1$ verhalten sich daher offenbar zueinander wie z. B. das diskrete und das kontinuierliche Eigenwertspektrum im Wasserstoffatom. Man wird so unmittelbar zu der Vermutung geführt, daß im Falle eines kontinuierlichen Spektrums, d. h. für $|a| \leqq 1$, die Lösungen (57) echte explosionsartige Vielfachprozesse darstellen, während im Falle eines diskreten Spektrums ($|a| > 1$) die Verhältnisse qualitativ so sind, wie sie im vorhergehenden Abschnitt besprochen wurden. Wir wollen im folgenden den Grenzfall $a = 1$ untersuchen, der nach (82) bereits ein kontinuierliches Spektrum zur Folge hat. Wir gehen also jetzt aus von der Wechselwirkung

$$\eta = \frac{\lambda^3}{V^3} \sum_{t_1 \ldots t_6} \int \mathrm{d}\mathfrak{r}\, \mathrm{d}t\, \frac{\frac{15}{8}(--++++) + \frac{10}{8}(---+++) + \frac{15}{8}(----++)}{\sqrt{k_1^0 \ldots k_6^0}}. \tag{83}$$

Die Lösung erfolgt ganz wie im vorausgehenden Abschnitt. Die Schrödinger-Gleichung lautet jetzt

$$\zeta\, b_n = (n-1)\, b_{n+2} + 2\,(n-2)\, b_n + n\, b_{n-2}, \tag{84}$$

der Ansatz (58) führt zu

$$f' t\,(1 + 2\,t^2 + t^4) = f\,[3 + (4 + \zeta)\, t^2 - 2\, t^4] \tag{85}$$

mit der Lösung

$$f = t^3 (1 + t^2)^{-\frac{5}{2}}\, e^{-\frac{\zeta + 3}{2(1+t^2)}}. \tag{86}$$

Durch Einführung der neuen Variablen

$$s = \frac{t}{\sqrt{1 + t^2}} \tag{87}$$

ergibt sich schließlich

$$b_n = \int \mathrm{d}s\, s^2 \left(\frac{1}{s^2} - 1\right)^{\frac{n}{2}} e^{\frac{\zeta+3}{2}(s^2-1)}. \tag{88}$$

Der Integrationsweg muß so gewählt werden, daß bei der partiellen Integration die Randglieder verschwinden; sonst sind die Grenzen willkürlich. Für $\frac{\zeta + 3}{2} > 0$ lautet etwa die allgemeinste Lösung von (57) (bis auf den trivialen konstanten Faktor):

$$b_n = \left(\int_{-1}^{+1} + \gamma \int_{-i\infty}^{+i\infty}\right) \mathrm{d}s\, s^2 \left(\frac{1}{s^2} - 1\right)^{\frac{n}{2}} e^{\frac{\zeta+3}{2}(s^2-1)}. \tag{89}$$

Die Konstante γ ist nun so zu bestimmen, daß b_0 verschwindet; damit ist die Lösung dann bis auf den Normierungsfaktor festgelegt. Wir setzen zur Abkürzung

$$\xi = \frac{\zeta + 3}{2}; \tag{90}$$

für $n = 0$ wird dann

$$\int_{-i\infty}^{+i\infty} d\,s\, s^2\, e^{\xi(s^2-1)} = -\frac{i}{2}\sqrt{\pi}\,\xi^{-\frac{3}{2}} e^{-\xi}, \tag{91}$$

also

$$\gamma = -i\frac{2}{\sqrt{\pi}}\xi^{3/2}\int_{-1}^{+1} d\,s\,s^2\, e^{\xi s^2}. \tag{92}$$

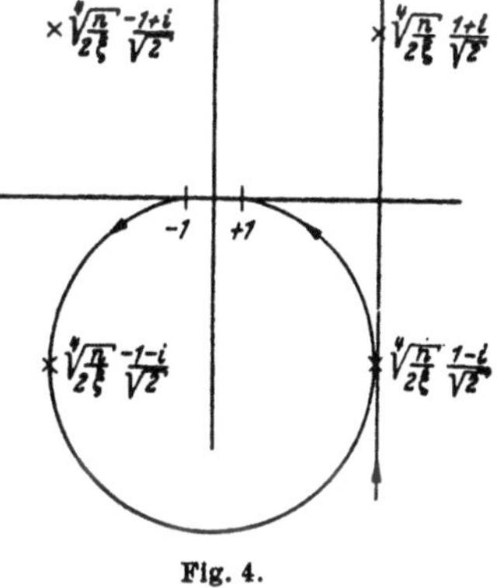

Fig. 4.

Nach (89) folgen daraus für die niedersten Koeffizienten b_n einfache Werte: $b_2 = 2$, $b_4 = 4\xi - 6$ usw. b_n ist ein Polynom vom $\frac{n-2}{2}$-ten Grade in ξ (vgl. Anhang II).

Für die weitere Untersuchung braucht man in erster Linie das Verhalten von b_n für große Werte von n. Dieses läßt sich am einfachsten aus Gleichung (89) nach der Sattelpunktsmethode gewinnen. Die Sattelpunkte liegen an den vier Stellen

$$s_0 \approx \frac{\pm 1 \pm i}{\sqrt{2}}\sqrt[4]{\frac{n}{2\xi}}, \tag{93}$$

der Integrand von (89) verhält sich dort wie

$$\pm i\sqrt{\frac{n}{2\xi}}\,(-1)^{\frac{n}{2}}\, e^{\pm i\sqrt{2n\xi} - \frac{\xi}{2} + 4\xi(s-s_0)^2 + \cdots} \tag{94}$$

Die Integrale (81) sind auf den in Fig. 4 bezeichneten Wegen auszuführen. So ergibt sich für große n:

$$\left.\begin{aligned} \int_{-1}^{+1} &\approx (-1)^{\frac{n}{2}}\frac{1}{\xi}\sqrt{\frac{n\pi}{2}}\cos\sqrt{2n\xi}\, e^{-\frac{\xi}{2}}, \\ \int_{-i\infty}^{+i\infty} &\approx -i(-1)^{\frac{n}{2}}\frac{1}{\xi}\sqrt{\frac{n\pi}{2}}\sin\sqrt{2n\xi}\, e^{-\frac{\xi}{2}}. \end{aligned}\right\} \tag{95}$$

Zeitschrift für Physik *120*, 673–702 (1943)

Endlich folgt aus (89), (92) und (95)

$$b_n \approx (-1)^{\frac{n}{2}} \frac{1}{\xi} \sqrt{\frac{n\pi}{2}}\, e^{-\frac{\xi}{2}} \left(\cos\sqrt{2n\xi} - \xi^{3/2} \sin\sqrt{2n\xi}\, \frac{2}{\sqrt{\pi}} \int_{-1}^{+1} d s\, s^2 e^{\xi s^2}\right) \quad (96)$$
$$n \to \infty.$$

Führt man eine entsprechende Rechnung für negative Werte von ξ durch, so tritt an die Stelle der periodischen Funktion $e^{\pm i\sqrt{2n\xi}}$ die Exponentialfunktion $e^{\pm\sqrt{-2n\xi}}$. b_n nimmt dann für große n zu wie $e^{+\sqrt{-2n\xi}}$, was mit den Randbedingungen nicht verträglich ist; und zwar gilt dies für beliebige negative Werte von ξ. Für negative ξ hat also die Schrödinger-Gleichung (84) keine Lösung, die mit den Randbedingungen verträglich wäre, das kontinuierliche Eigenwertspektrum erstreckt sich nur auf alle positiven Werte von ξ.

Aus (56) und (96) erhält man durch Anwendung der Stirlingschen Formel

$$a_n \approx (-1)^{\frac{n}{2}} \frac{1}{\xi} \sqrt[4]{\frac{\pi^3}{8n}}\, e^{-\frac{\xi}{2}} \left(\cos\sqrt{2n\xi} - \xi^{3/2} \sin\sqrt{2n\xi} \cdot \frac{2}{\sqrt{\pi}} \int_{-1}^{+1} d s\, s^2 e^{\xi s^2}\right) \quad (97)$$
$$n \to \infty.$$

Die Summe $\sum_n |a_n|^2$ divergiert also für große n. Dies war bei Vorhandensein eines kontinuierlichen Spektrums zu erwarten, denn auch die Schrödinger-Funktion etwa im kontinuierlichen Spektrum des Wasserstoffatoms läßt sich nicht in der gewöhnlichen Weise normieren. Man kann die Normierung im kontinuierlichen Spektrum durchführen, indem man entweder endliche Intervalle ξ betrachtet, oder durch willkürliche Einführung eines Normierungsvolumens das Spektrum diskret macht. Dem Normierungsvolumen würde hier entsprechen, daß man eine maximale Teilchenzahl N vorgibt. Diese Annahme erhält auch dadurch einen physikalischen Sinn, daß das Verhältnis $K^0/\varkappa$, das die maximale Teilchenzahl nach dem Energiesatz festlegt, zwar als sehr groß, aber nicht notwendig als unendlich groß angenommen wurde. Wir nehmen also im folgenden eine maximale, sehr große Teilchenzahl N an; dann wird das Eigenwertspektrum von ξ diskret, die Eigenwerte sind nach (97) durch

$$\sqrt{2N\xi} = \pi l + \delta(\xi) \quad (l \text{ ganze Zahl}) \quad (98)$$

festgelegt, wobei die konstante Phase noch langsam mit ξ veränderlich ist. Da N sehr groß ist, kann man näherungsweise setzen

$$\sum_\xi \to \frac{\sqrt{2N}}{2\pi} \int \frac{d\xi}{\sqrt{\xi}}. \quad (99)$$

Zur Normierung ergibt sich aus (97)

$$\sum_n^N |a_n|^2 = \frac{1}{2\xi^2}\sqrt{\frac{\pi^3 N}{8}}e^{-\xi}\left[1+\left(\xi^{3/2}\frac{2}{\sqrt{\pi}}\int_{-1}^{+1} d s\, s^2 e^{\xi s^2}\right)^2\right]. \tag{100}$$

Für die normierte Lösung folgt daraus schließlich

$$a_n = \frac{(-1)^{n/2}\sqrt{2}}{\sqrt[4]{n N}}\cos(\sqrt{2 n \xi}+\delta), \qquad n \to \infty, \tag{101}$$

wobei

$$\delta = \operatorname{arctg}\left(\xi^{3/2}\frac{2}{\sqrt{\pi}}\int_{-1}^{+1} d s\, s^2 e^{\xi s^2}\right). \tag{102}$$

In der gleichen Weise schließt man aus (56), (89) und (100) für den normierten Wert von a_2:

$$a_2 = \xi\sqrt[4]{\frac{32}{\pi N}}\, e^{\xi/2}\cdot\cos\delta. \tag{103}$$

a_2 nimmt mit wachsendem ξ wie $e^{-\xi/2}$ ab.

Nachdem so eine vollständige Übersicht über die Lösungen der Schrödinger-Gleichung gewonnen ist, kann man zur Berechnung der Matrixelemente von S und damit zur Berechnung der Wahrscheinlichkeit für die Erzeugung bestimmter Teilchenmengen übergehen. Für die Phase η gilt nach (55)

$$\eta = \frac{15}{16}\frac{\lambda^2 K^{02}}{(2\pi)^3}(2\xi-3) = B\left(\xi-\frac{3}{2}\right), \tag{104}$$

$$B = \frac{15}{8}\frac{\lambda^2 K^{02}}{(2\pi)^3}. \tag{105}$$

Dann folgt für das Matrixelement von S für große n

$$S_{2,n} = \frac{\sqrt{2N}}{2\pi}\int_0^\infty \frac{d\xi}{\sqrt{\xi}}\, a_{2,\xi}^* e^{i\eta} a_{n,\xi}$$

$$= \frac{\sqrt{2N}}{2\pi}\int_0^\infty \frac{d\xi}{\sqrt{\xi}}\,\xi\sqrt[4]{\frac{32}{\pi N}}\, e^{\frac{\xi}{2}}\cos\delta\,\frac{(-1)^{n/2}\sqrt{2}}{\sqrt[4]{n N}}\cos(\sqrt{2n\xi}+\delta)\, e^{iB\left(\xi-\frac{3}{2}\right)}. \tag{106}$$

Auch dieses Matrixelement wird für große Werte von B und n zweckmäßig näherungsweise nach der Sattelpunktsmethode ausgewertet, da die zu integrierende Funktion das Produkt aus einem langsam veränderlichen und einem schnell veränderlichen Faktor ist. Der Sattelpunkt liegt bei

$\xi_0 = n/2B^2$, der diesem Wert ξ_0 entsprechende Wert der Phase δ heiße δ_0. So ergibt sich schließlich

$$w_n = |S_{2,n}|^2 = \left(\frac{2n}{\pi}\right)^{3/2} \frac{e^{\xi_0}}{2B^5} \cos^2 \delta^0 \quad \text{für } n \gg 1, \quad \frac{K^0}{\varkappa} \gg 2B^2 \gg 1. \quad (107)$$

Der Verlauf dieser Größe als Funktion von n ist in Fig. 5 dargestellt.

Hier steigt also die Wahrscheinlichkeit für die Erzeugung von n Teilchen zunächst mit wachsendem n an bis zu einem Maximum, das bei einer Teilchenzahl von ungefähr $2B^2$ liegt. Für größere Teilchenzahlen fällt die Wahrscheinlichkeit wieder exponentiell ab. Die mittlere Teilchenzahl ist $3B^2$ [vgl. Anhang II, Gleichung (126)], sie ist sehr groß, wenn B groß ist, was

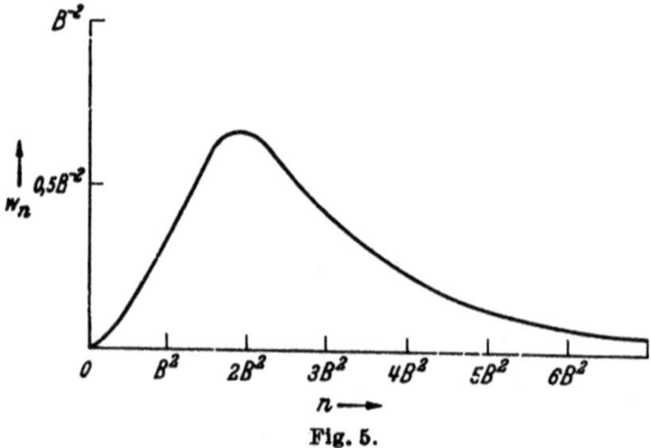

Fig. 5.

für die Gültigkeit von (107) vorausgesetzt wird. Wenn die Konstante λ von der Größenordnung $1/\varkappa$ ist, so wird B immer sehr groß, sofern nur $K^0 \gg \varkappa$ ist. Allerdings wird dann die Bedingung $K^0/\varkappa \gg 2B^2$ im allgemeinen nicht erfüllt und diese Bedingung muß für die Gültigkeit von (107) gestellt werden, weil ja die mittlere Teilchenzahl nicht größer sein kann als die maximal mögliche Teilchenzahl. Wenn B groß, aber die Bedingung $K^0/\varkappa \gg 2B^2$ nicht erfüllt ist, so wird die Primärenergie im allgemeinen aufgeteilt in viele Beträge der Größenordnung $\varkappa$, die zu erwartende Teilchenzahl liegt in der Größenordnung $K^0/\varkappa$; dieser Fall soll aber nicht genauer untersucht werden.

Aus Gleichung (107) kann man auch die Energieverteilung der entstehenden Teilchen berechnen. Die Wahrscheinlichkeit dafür, daß n Teilchen entstehen und daß irgendeines der n Teilchen im Impulsgebiet $d\mathfrak{k}$ liegt, ist nach (41) und (89) gegeben durch

$$dw = n w_n \frac{d\mathfrak{k}}{k^0} \int \frac{d\mathfrak{k}_2}{k_2^0} \cdots \frac{d\mathfrak{k}_n}{k_n^0} \frac{1}{I_n}. \quad (108)$$

Für $\varkappa \cong 0$ wird dies nach (39)

$$dw = w_n \frac{d\mathfrak{k}}{k} n(n-1)(n-2) \frac{(K^{0\,2} - 2\,K^0 k)^{n-3}}{K^{0\,2n-4} \cdot \pi}. \tag{109}$$

Durch Summation über n kann man die spektrale Verteilung erhalten. Wenn große Werte von n wahrscheinlich sind, d. h. wenn die Bedingungen für die Gültigkeit von (107) zutreffen, so liegt der bei weitem überwiegende Teil der spektralen Intensität bei kleinen Werten von k der Größenordnung $K^0/4\,B^2$. In diesem Fall kann man die Summe über n durch ein Integral über ξ_0 ersetzen, ferner statt $(1 - 2\,k/K^0)$ den Ausdruck $e^{-2\,k/K^0}$ schreiben. Schließlich wird nach (107), (109) und (102) die Anzahl dz der Teilchen zwischen der Energie k und $k + dk$

$$dz = \frac{32\,B^6}{K^{0\,2}}\, dk\, k\, \frac{2}{\pi} \int_0^\infty d\xi\, e^{-\frac{4\,k\,B^2}{K^0}\xi} \cdot \xi^4 \frac{d}{d\xi} \operatorname{arctg}\left(\frac{4}{\sqrt{\pi}} \int_0^{\sqrt{\xi}} ds\, s^2 e^{s^2}\right). \tag{110}$$

In zwei Grenzfällen kann man einen einfachen Ausdruck für dz aus (110) gewinnen:

$$dz = \frac{32\,B^6}{K^{0\,2}}\, dk\, k \left[\frac{79}{8} - \frac{641}{16}\left(\frac{4\,k\,B^2}{K^0}\right) + \cdots\right] \quad \text{für } \frac{4\,k\,B^2}{K^0} \ll 1, \tag{111}$$

$$dz = \frac{4180\,B^6}{\pi\,K^{0\,2}} \left(\frac{4\,k\,B^2}{K^0}\right)^{-\frac{11}{2}} k\, dk \qquad \text{,,} \quad \frac{4\,k\,B^2}{K^0} \gg 1. \tag{112}$$

Für Werte der Größe $(4\,k\,B^2/K^0)$ von der Ordnung 1 kann man das Integral (110) numerisch auswerten. So erhält man das in Fig. 6 dargestellte Spektrum. Die Intensität, d. h. die Energie pro Intervall dk ergibt sich durch Multiplikation mit k.

Der Wechselwirkungsansatz (83) führt also zum Auftreten explosionsartiger Vielfachprozesse, zur Erzeugung vieler Teilchen in einem einzigen Akt. Der Vergleich der eben gewonnenen Ergebnisse mit denen von Abschn. 2 b, α zeigt deutlich, wie die Veränderung des Zahlkoeffizienten im mittleren Glied der Wechselwirkung den ganzen Lösungstypus verändert hat. Damit wird auch eine Frage beantwortet, die in Teil I aufgeworfen wurde: Ob nämlich die Matrix η, die in allen Streuproblemen diskrete Eigenwerte besitzt, etwa grundsätzlich nur diskrete Eigenwerte haben könne, oder ob unter bestimmten Bedingungen auch ein kontinuierliches Spektrum vorkommt. Die Ergebnisse der eben durchgeführten Rechnung zeigen, daß ein kontinuierliches Eigenwertspektrum dann auftreten kann (aber nicht auftreten muß), wenn die Gesamtenergie zur Erzeugung unendlich vieler Teilchen ausreicht, d. h. wenn es sich um Teilchen der Ruhmasse Null

Zeitschrift für Physik *120*, 673–702 (1943)

handelt. Wenn die Wechselwirkung eine Form hat, die zu einem kontinuierlichen Eigenwertspektrum führt, so kann es echte Vielfachprozesse, d. h. die Erzeugung sehr vieler Teilchen in einem Akt geben. Wenn die Teilchen eine endliche Ruhmasse besitzen, aber die Gesamtenergie doch zur Erzeugung sehr vieler Teilchen ausreicht, so ist zwar das Spektrum von η stets diskret, es besteht aber dann aus sehr vielen, dicht beieinanderliegenden Eigenwerten.

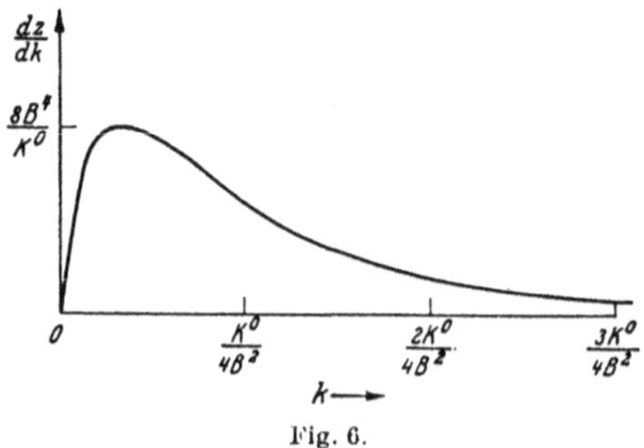

Fig. 6.

Echte Vielfachprozesse kann es auch dann geben, nur ist dabei die Teilchenzahl natürlich nach oben durch den Energiesatz beschränkt. Etwas ungenau kann man sagen, daß das Auftreten explosionsartiger Vielfachprozesse direkt an die Existenz eines kontinuierlichen (oder fast kontinuierlichen) Eigenwertspektrums von η geknüpft sei.

3. *Übersicht über die gewonnenen Resultate.*

Die Ergebnisse der zum Teil komplizierten Rechnungen der vorausgehenden Abschnitte lassen sich in folgender Weise zusammenfassen: Wenn an der Stelle der Wechselwirkungsenergie in der Hamilton-Funktion ein Ausdruck ähnlicher Art als η-Matrix vorgegeben wird, so lassen sich alle Fragen nach der Streuung und der Emission und Absorption von Elementarteilchen streng behandeln. Für die reinen Streuvorgänge ist die Bestimmung der Eigenwerte der η-Matrix äquivalent dem üblichen Verfahren: Entwicklung der einfallenden Welle nach Kugelfunktionen und Bestimmung der Phasenkonstanten in den einzelnen Kugelwellen. Für die Emissions- und Absorptionsprozesse hat das Eigenwertproblem der Wechselwirkungsmatrix kein so einfaches Analogon in den bisherigen Methoden. Trotzdem ergeben sich für den Fall kleiner Wechselwirkung praktisch die gleichen Resultate wie in der bisherigen Theorie, weil die beiden Theorien im Falle sehr kleiner Wechselwirkung ineinander übergehen.

Die η-Matrix stellt aber einen weiteren Rahmen für die zukünftige Theorie als die Hamilton-Funktion insofern dar, als sie gestattet, Wechselwirkungen einzuführen, die kein einfaches korrespondenzmäßiges Analogon von Kräften der klassischen Theorien sind. Solche erweiterten Wechselwirkungsansätze können z. B. zu Wirkungsquerschnitten für Streuung führen, die im Grenzfall beliebig großer Energien der stoßenden Teilchen einem konstanten Wert zustreben und insofern dem Begriff Teilchenradius einen klaren physikalischen Sinn geben.

Schließlich können in dieser Theorie, in der die η-Matrix gegeben wird, Stoßprobleme behandelt werden, bei denen Teilchen sehr hoher Energie mit einem Schlage viele Teilchen erzeugen. Diese Prozesse, die in der bisherigen Theorie wegen der Divergenzschwierigkeiten grundsätzlich nicht behandelt werden konnten und von denen auch experimentell bisher wenig bekannt ist, können mit Hilfe der Wechselwirkungsmatrix bis in alle Einzelheiten beschrieben werden — wobei es aber einstweilen unentschieden ist, ob die Beschreibung mit einer einfachen η-Matrix den experimentellen Tatsachen gerecht werden kann.

Im ganzen besteht der Vorteil der Behandlung physikalischer Probleme auf Grund der η-Matrix gegenüber der bisherigen Behandlung in der Hauptsache in der vollständigen Vermeidung aller Divergenzen, die zur Folge hat, daß die so erhaltenen Antworten auf physikalische Fragen von vornherein den Forderungen der Quantentheorie und der Relativitätstheorie in Strenge genügen.

Unbeantwortet bleibt einstweilen die Frage nach der Gestalt der η-Matrix selbst, und schon in Teil I wurde auseinandergesetzt, daß es kaum Gründe für eine besonders einfache Gestalt der Wechselwirkungsmatrix gibt; daß man im Gegenteil annehmen muß, daß diese Matrix erst aus Bedingungen ganz anderer Art konstruiert werden muß.

Eine andere Frage, deren Beantwortung bisher noch nicht versucht worden ist, betrifft den anschaulichen Inhalt einer solchen Theorie. Da nämlich die η-Matrix keine Aussage enthält über das Verhalten der Wellenfunktionen in den Gebieten des Konfigurationsraumes, in denen die Teilchen einander nahekommen, bleibt zunächst unklar, inwieweit eine raumzeitliche Lokalisierung von Vorgängen in dieser Theorie überhaupt möglich ist. Während für die Eigenwertprobleme nur die Teilmatrix von η wesentlich ist, die zu einem bestimmten Wert von Gesamtenergie und -impuls gehört, spielen für die Frage der Lokalisierung gerade die Beziehungen zwischen den Teilmatrizen zu verschiedenen Energie-Impulswerten eine Rolle. Die Untersuchung dieser Zusammenhänge muß jedoch späterer Arbeit vorbehalten bleiben.

Zeitschrift für Physik *120*, 673–702 (1943)

Mathematischer Anhang.

I. Die Impulsraumintegrale.

$$I_n = \int \frac{d\mathfrak{k}_1}{k_1^0} \cdots \frac{d\mathfrak{k}_n}{k_n^0}\, \delta(\mathfrak{K} - \sum \mathfrak{k}_i)\, \delta(K^0 - \sum k_i^0). \tag{113}$$

Für $n = 2$ kann das Integral elementar ausgewertet werden. Für $\mathfrak{K} = 0$ wird

$$I_2 = \int \frac{d\mathfrak{k}_2}{k_2^{0\,2}}\, \delta(K^0 - 2k_2^0) = 2\pi \sqrt{1 - \left(\frac{2\varkappa}{K^0}\right)^2}; \tag{114}$$

für $\mathfrak{K} \neq 0$ folgt dann durch Lorentz-Transformation (I_n ist relativistisch invariant):

$$I_2 = 2\pi \sqrt{1 - \frac{4\varkappa^2}{K^{0^2} - \mathfrak{K}^2}}. \tag{115}$$

Die höheren Integrale I_n sollen getrennt für $\varkappa = 0$ und für $K^0 - n\varkappa \ll \varkappa$ bestimmt werden.

a) Für $\varkappa = 0$ folgt aus Dimensionsgründen (bei $\mathfrak{K} = 0$)

$$I_n = c_n K^{0^{2n-4}}, \tag{116}$$

also für $\mathfrak{K} \neq 0$

$$I_n = c_n (K^{02} - \mathfrak{K}^2)^{n-2}. \tag{117}$$

Aus (113) und (117) schließt man für $\mathfrak{K} = 0$:

$$\left.\begin{aligned} I_{n+1} &= \int \frac{d\mathfrak{k}}{k}\, c_n\, [(K^0 - k)^2 - k^2]^{n-2}, \\ &= \frac{\pi}{n(n-1)}\, c_n\, K^{0^{2n-2}}, \\ &= c_{n+1}\, K^{0^{2n-2}}; \end{aligned}\right\} \tag{118}$$

d. h.

$$c_{n+1} = \frac{\pi}{n(n-1)}\, c_n. \tag{119}$$

Aus (115) und (119) folgt durch vollständige Induktion

$$I_n = \frac{2\pi^{n-1}}{(n-1)!\,(n-2)!}\, K^{0^{2n-4}} \tag{120}$$

b) Für $K_0 - n\varkappa \ll \varkappa$ kann man entwickeln: $k^0 = \varkappa + \frac{k^2}{2\varkappa} + \cdots$ und in erster Näherung setzen (für $\mathfrak{K} = 0$):

$$I_n = \varkappa^{-n} (2\pi)^{-4} \int d\mathfrak{r} \int dt \int d\mathfrak{k}_1 \ldots d\mathfrak{k}_n\, e^{i\left[-\Sigma \mathfrak{k}_i \mathfrak{r} - \left(K^0 - n\varkappa - \Sigma \frac{k_i^2}{2\varkappa}\right) t\right]}. \tag{121}$$

Das Integral über t ist von $-\infty$ bis $+\infty$ oberhalb der reellen Achse auszuführen, damit das Integral über $\mathfrak{k}_i$ konvergiert. Dann folgt

$$\left.\begin{aligned} I_n &= \varkappa^{-n}(2\pi)^{-4}\int \mathrm{d}\mathfrak{r}\int \mathrm{d}t\left(\frac{2\varkappa\pi}{-it}\right)^{\frac{3n}{2}} e^{i\left[-\frac{\varkappa n}{2t}r^2-(K^0-n\varkappa)t\right]},\\ &= \varkappa^{-n}(2\pi)^{-4}\int \mathrm{d}t\left(\frac{2\pi\varkappa}{-it}\right)^{\frac{3n}{2}}\left(\frac{2\pi t}{i\varkappa n}\right)^{\frac{3}{2}} e^{-i(K^0-n\varkappa)t},\\ &= \frac{(2\pi)^{\frac{3}{2}(n-1)}\,\varkappa^{\frac{n-3}{2}}\,(K^0-n\varkappa)^{\frac{3n-5}{2}}}{n^{3/2}\left(\frac{3n-5}{2}\right)!}. \end{aligned}\right\} \quad (122)$$

II. Die zu Gleichung (84) gehörigen Polynome.

Die spezielle Lösung (89) der Differenzengleichung (84) führt zu dem Resultat, daß der Koeffizient b_n ein Polynom vom $(n/2-1)$-ten Grade in ξ ist. Da $b_2 = 2$ ist, kann man die ersten Polynome leicht aus der Differenzengleichung

$$(n-1)\,b_{n+2} + 2\left(n-\xi-\tfrac{1}{2}\right)b_n + n b_{n-2} = 0$$

berechnen. Es ergibt sich

$$\left.\begin{aligned} b_2 &= 2,\\ b_4 &= 4\xi-6,\\ b_6 &= \frac{1}{3}(8\xi^2-40\xi+34),\\ b_8 &= \frac{1}{3\cdot 5}(16\xi^3-168\xi^2+436\xi-266),\\ b_{10} &= \frac{1}{3\cdot 5\cdot 7}(32\xi^4-576\xi^3+3072\xi^2-5472\xi+2680) \end{aligned}\right\} \quad (123)$$

usw.

Diese Polynome haben eine interessante Ähnlichkeit mit den bekannten Polynomsystemen, den Kugelfunktionen, den Laguerreschen, Hermiteschen und Tschebyscheffschen Polynomen. Ähnlich wie jene Polynome haben sie nämlich die Eigenschaft, daß sie durch Multiplikation mit einer geeigneten Normierungsfunktion orthogonal werden. Bei den bekannten Polynomsystemen ist diese Normierungsfunktion eine einfache Funktion, z. B. bei den Laguerreschen Polynomen e^{-x}, bei den Hermiteschen e^{-x^2}, bei den Tschebyscheffschen $\frac{1}{\sqrt{1-x^2}}$. Hier jedoch hat der Normierungsfaktor eine recht komplizierte Gestalt und ist durch Gleichung (100) gegeben.

Zeitschrift für Physik *120*, 673–702 (1943)

Die normierten Koeffizienten a_n müssen ja nach allgemeinen Gesetzen der Transformationstheorie der Orthogonalitätsrelation genügen:

$$\frac{\sqrt{2N}}{2\pi}\int\limits_0^\infty \frac{d\xi}{\sqrt{\xi}}\, a_n^* a_m = \begin{cases} 1 & \text{für } n = m, \\ 0 & \text{„} \quad n \neq m. \end{cases} \tag{124}$$

Der Faktor, der das Produkt $b_n b_m$ orthogonal macht, lautet also hier nach Gleichung (100) (bis auf unwesentliche Zahlfaktoren):

$$d\xi\, \xi^{3/2}\, e^{\xi} \frac{2}{\sqrt{\pi}} \left[1 + \left(\xi^{3/2} \frac{2}{\sqrt{\pi}} \int\limits_{-1}^{+1} d s\, s^2\, e^{\xi s^2}\right)^2\right]^{-1}$$
$$= d\xi\, \xi\, \frac{d}{d\xi} \operatorname{arctg}\left(\frac{4}{\sqrt{\pi}} \int\limits_0^{\sqrt{\xi}} d s\, s^2\, e^{s^2}\right). \tag{125}$$

Dieser Faktor verhält sich für große ξ wie $\sqrt{\xi}\, e^{-\xi}$, für kleine ξ wie $\xi^{3/2}$. Setzt man die normierten Werte von a_n nach den Gleichungen (56) und (100) in die Beziehung (124) ein, so erhält man einfache ganzzahlige Werte für die folgenden bestimmten Integrale (n soll eine positive ganze Zahl sein):

$$p_n = \frac{1}{\pi} \int\limits_0^\infty d\xi\, (2\,\xi)^n \frac{d}{d\xi} \operatorname{arctg}\left(\frac{4}{\sqrt{\pi}} \int\limits_0^{\sqrt{\xi}} d s\, s^2\, e^{s^2}\right). \tag{126}$$

Für die niedersten n-Werte ergibt sich

$$p_1 = 1,\ p_2 = 3,\ p_3 = 13,\ p_4 = 79,\ p_5 = 641,\ p_6 = 6579 \text{ usw.}$$

Zeitschrift für Physik *123*, 93–112 (1944)

Die beobachtbaren Größen in der Theorie der Elementarteilchen. III.

Von **W. Heisenberg**, Max Planck-Institut der Kaiser Wilhelm-Gesellschaft, Berlin-Dahlem.

(Eingegangen am 12. Mai 1944.)

Im Anschluß an zwei frühere Arbeiten wird gezeigt, daß die dort definierte η-Matrix auch die diskreten stationären Zustände des Systems festlegt. Ein einfaches Modell für eine Theorie der Elementarteilchen wird durchgerechnet. In diesem Modell gibt es Elementarteilchen ohne Ladung und Drehimpuls, die vermöge ihrer Wechselwirkung nicht nur aneinander gestreut werden, sondern die sich auch zu zusammengesetzten Teilchen („Atomkernen") verbinden können. Die angenommene η-Matrix gibt eine vollständige Beschreibung aller „beobachtbaren" Eigenschaften dieser Teilchen. — Im zweiten Teil der Arbeit wird eine Erweiterung der üblichen Wellengleichungen zu Integralgleichungen besprochen und deren Quantisierung durchgeführt. Diese Erweiterung geschieht im Hinblick auf die Möglichkeit, daß bei den Integralgleichungen wegen der in ihnen angenommenen Fernwirkungen die bekannten Divergenzschwierigkeiten nicht auftreten, die der Durchführung der üblichen Theorien im Wege stehen.

In den früheren Teilen I und II dieser Aufsatzreihe[1]) wurde versucht, aus der Quantentheorie der Wellenfelder die Begriffe auszusondern, die auch in der zukünftigen Theorie der Elementarteilchen beibehalten werden können; also sozusagen eine obere Grenze festzulegen für die Veränderungen oder Verallgemeinerungen, die an der bisherigen Theorie noch anzubringen sind. Die vorliegende Arbeit soll die früheren in zwei Richtungen ergänzen. Ihr erster Teil knüpft an die Darstellung der Streu- und Stoßprozesse durch die η-Matrix an und soll zeigen, daß die η-Matrix nicht nur die Häufigkeit von Stoßprozessen, sondern auch die Lage der stationären Zustände zu bestimmen gestattet; die η-Matrix enthält also tatsächlich *alle* notwendigen Aussagen über die beobachtbaren Größen. Der zweite Teil soll dagegen sozusagen eine untere Grenze für die notwendigen Veränderungen an der bisherigen Theorie festlegen. Dieser zweite Teil steht mit dem Inhalt der früheren Arbeiten (I und II) nicht in unmittelbarem Zusammenhang, er geht vielmehr, wie die traditionelle Theorie, von Hamilton-Funktion und Wellengleichung aus, und soll zeigen, daß schon die bisher bekannten Wechselwirkungen von Elementarteilchen dazu zwingen, das übliche Schema

[1]) W. Heisenberg, ZS. f. Phys. 120, 513, 1943 (Teil I); 120, 673, 1943 (Teil II).

der Wellengleichung erheblich zu erweitern. Im ganzen sollen daher die beiden Teile die Frage beantworten, inwieweit *höchstens* und *mindestens* die bisherige Theorie abgeändert werden muß, sie sollen die zukünftige Theorie in ihrem allgemeinen formalen Schema in möglichst enge Grenzen einschließen.

I. Folgerungen aus der η-Matrix.

a) Die η-Matrix als analytische Funktion. In den früheren Arbeiten wurde gezeigt, daß die Gesamtheit der Aussagen, die über die Häufigkeit von Stoß- und Strahlungsprozessen gewonnen werden können, enthalten ist in einer **hermitischen** Matrix η, die mit der unitären Streumatrix S durch die Beziehung

$$S = e^{i\eta} \tag{1}$$

zusammenhängt. Dagegen fehlte noch der Zusammenhang der η-Matrix mit den stationären Zuständen zusammengesetzter Systeme. Wenn etwa für eine Sorte von Elementarteilchen eine Wechselwirkungsmatrix η vorgegeben ist, die die Wirkungsquerschnitte für alle Stoßprozesse zwischen diesen Elementarteilchen bestimmt, so sollte ja damit auch indirekt festgelegt sein, ob sich zwei oder mehrere solche Elementarteilchen zu zusammengesetzten Systemen verbinden können, und welches die Energien solcher stationären Zustände sind.

Diese in den bisherigen Überlegungen noch klaffende Lücke wird geschlossen durch eine Bemerkung von Kramers[1]), nach der man die Matrix $(\mathfrak{k}_i'|S|\mathfrak{k}_i'')$ als *analytische* Funktion der Zustandsvariabeln $\mathfrak{k}_i'$, $\mathfrak{k}_i''$ betrachten, und aus ihrem Verhalten im Komplexen die stationären Zustände ermitteln kann. Die Matrix S verknüpft ja die einfallenden und auslaufenden Wellen, d. h. sie gibt an, durch welche auslaufenden Wellen man eine bestimmte einlaufende Welle ergänzen muß, um eine Lösung der Wellengleichung zu erhalten. Da man durch eine Transformation von ebenen Wellen auch zu Kugelwellen oder irgendwelchen anderen Wellensystemen übergehen kann, so kann man allgemeiner sagen, die Matrix S bestimme, durch welche zusätzlichen Wellen (im Unendlichen) ein bestimmtes Wellensystem ergänzt werden müsse, um die Wellengleichung zu befriedigen. Nun kann man auch von Wellensystemen ausgehen, die zu so niedriger Gesamtenergie gehören,

[1]) Für die mündliche Mitteilung dieser wichtigen Überlegungen, die auf eine frühere, unveröffentlichte Untersuchung von Kramers und Wouthuysen zurückgehen, sowie für verschiedene andere Diskussionsbemerkungen bin ich Herrn Kramers zu großem Dank verpflichtet.

daß die entsprechenden Teilchenimpulse k_i imaginär werden; man kann also Wellenfunktionen vorgeben, die etwa exponentiell nach außen (d. h. nach größerem Abstand der Teilchen) abfallen. Dann gibt die Matrix S an, durch welche anderen, etwa exponentiell zunehmenden Wellenfunktionen die Ausgangsfunktion ergänzt werden muß, um die Wellengleichung zu befriedigen; denn wenn S eine analytische Funktion der Variabeln $\mathfrak{k}_i'$, $\mathfrak{k}_i''$ ist, so muß sie auch für imaginäre k_i die Zuordnung bewerkstelligen. Die eigentlichen stationären Zustände sind dann offenbar dadurch ausgezeichnet, daß die exponentiell zunehmenden Wellenfunktionen fehlen; d. h. die Nullstellen der Matrix S für imaginäre k_i' geben die Lage der stationären Zustände an. Für die Eigenwerte von η bedeutet dieses Ergebnis, daß die auf der imaginären k-Achse gelegenen Pole von η die Lage der stationären Zustände bestimmen.

Die Behauptung, daß S eine analytische Funktion der Argumente sei, bedarf noch der Erläuterung. Wenn man in einfachen Fällen der unrelativistischen Wellentheorie, in denen etwa eine Hamilton-Funktion mit einem nichtanalytischen Kraftansatz (z. B. Kastenpotential) vorgegeben ist, die Matrix S berechnet, so zeigt sich, daß S trotzdem stets analytisch wird. Man wird bei gegebener Hamilton-Funktion also den analytischen Charakter von S unter sehr allgemeinen Voraussetzungen beweisen können. Wir haben hier allerdings die Existenz der Hamilton-Funktion nicht vorausgesetzt und insofern dem Beweis die Grundlage entzogen; daher werden wir einfach den analytischen Charakter von S *postulieren*.

Damit ist der Bereich der zulässigen η-Matrizen allerdings mehr eingeschränkt, als es im ersten Augenblick scheint. Insbesondere dann, wenn die η-Matrix Übergangselemente enthält, die zur Entstehung neuer Teilchen führen, wird z. B. eine einfache η-Matrix vom Typus der in l. c., Teil II, studierten Ansätze an den kritischen Stellen der Energieskala (d. h. dort, wo eben eine neue Teilchenzahl möglich wird) *nicht* hinreichend „glatt" sein. Die in Teil II studierten Ansätze führen z. B. zu Unstetigkeiten der Streuquerschnitte an diesen Stellen, die bei Zugrundelegung einer Hamilton-Funktion nicht möglich wären Man wird also das zulässige Verhalten der η-Matrizen an diesen Stellen einstweilen zweckmäßig den Theorien mit Hamilton-Funktion entnehmen und einfach fordern, daß sich die η-Matrix an den kritischen Stellen in ähnlicher Weise „glatt" verhalten solle, wie bei den aus Hamilton-Funktionen berechneten η-Matrizen. Wie solche zulässigen

Zeitschrift für Physik *123*, 93–112 (1944)

η-Matrizen aussehen, bedarf dann im einzelnen Falle noch einer näheren Untersuchung.

Unter diesen Voraussetzungen muß die η-Matrix das Verhalten der Elementarteilchen, soweit es im Sinne der früheren Arbeiten beobachtbar ist, vollständig festlegen. Eine bestimmte η-Matrix definiert also gewissermaßen ein Modell einer Theorie der Elementarteilchen. Wir werden im folgenden ein besonders einfaches derartiges Modell im einzelnen ausführen. Dabei soll sich das Modell von der Theorie der wirklichen Elementarteilchen durch folgende Vereinfachungen unterscheiden: 1. Es soll nur eine einzige Sorte von Elementarteilchen geben; 2. diese sollen keinen Spindrehimpuls besitzen und der Bose-Statistik genügen; 3. sie sollen ungeladen sein; 4. es soll keine Prozesse geben, bei denen Teilchen neu entstehen oder verschwinden können, d. h. die Teilchenzahl soll stets konstant sein. Dagegen sollen die Teilchen durch Kräfte aufeinander wirken, die zur Folge haben, daß sich zwei oder mehr Teilchen auch zu zusammengesetzten Teilchen verbinden können.

b) *Modell einer Theorie der Elementarteilchen.* Ein Modell, das den eben gestellten Forderungen genügt, wird im Anschluß an die Gleichungen (9) und (19) von Teil II durch folgenden Ansatz für η gegeben (die Bezeichnungen übernehmen wir von Teil II):

$$(\mathfrak{k}_1' \mathfrak{k}_2' \,|\, \eta \,|\, \mathfrak{k}_1'' \mathfrak{k}_2'') =$$
$$\frac{1}{\pi} (k_1^{0\prime} k_2^{0\prime} k_1^{0\prime\prime} k_2^{0\prime\prime})^{-\frac{1}{2}} \left[1 - \frac{4\varkappa^2}{(k_1^{0\prime} + k_2^{0\prime})^2 - (\mathfrak{k}_1' + \mathfrak{k}_2')^2}\right]^{-\frac{1}{2}} \operatorname{arctg}\left(\alpha \sqrt{1 - \frac{4\varkappa^2}{(k_1^{0\prime} + k_2^{0\prime})^2 - (\mathfrak{k}_1' + \mathfrak{k}_2')^2}}\right).$$

Dabei ist der selbstverständliche Faktor [vgl. Teil II, Gleichung (9)]

$$\delta(\mathfrak{k}_1' + \mathfrak{k}_2' - \mathfrak{k}_1'' - \mathfrak{k}_2'')\, \delta(k_1^{0\prime} + k_2^{0\prime} - k_1^{0\prime\prime} - k_2^{0\prime\prime}),$$

wie in Teil II, Gleichung (19), wieder weggelassen. Man erkennt, daß die Wechselwirkung (2) für sehr kleine Werte der Konstante α in die von II, Gleichung (9), übergeht. Wegen des δ-Faktors könnten in den Wurzelausdrücken auch überall die zweigestrichenen statt der eingestrichenen Größen stehen.

Wie in Teil II sollen nun zunächst die Eigenwerte der η-Matrix (2) und die Streuquerschnitte für den Fall berechnet werden, daß nur *zwei* Elementarteilchen vorhanden sind. Das Ergebnis für die Eigenwerte von η kann hier unmittelbar aus II, Gleichungen (9) bis (15), nach Abänderung einiger Faktoren im Anschluß an Gleichung (2) übernommen werden. Es folgt (stets mit den Bezeichnungen von Teil II):

$$\eta_{0,0} = 2\,\mathrm{arctg}\left(\alpha \sqrt{1 - \frac{4\varkappa^2}{(k_1^{0\prime} + k_2^{0\prime})^2 - (\mathfrak{k}_1' + \mathfrak{k}_2')^2}}\right) = 2\,\mathrm{arctg}\,(\alpha v), \qquad (3)$$

$$\eta_{n,m} = 0 \text{ für alle anderen n und m}$$

Man erkennt, daß die Mehrdeutigkeit der Funktion arctg keine Mehrdeutigkeit in den Eigenwerten von S zur Folge hat.

Für den Wirkungsquerschnitt im Schwerpunktsystem erhält man nach II, Gleichungen (16) und (17):

$$Q = \frac{4\pi}{k^2}\frac{(\alpha v)^2}{1 + (\alpha v)^2} = \frac{4\pi\alpha^2}{k^{0\,2} + \alpha^2 k^2}. \qquad (4)$$

Geht man wieder in das ursprüngliche Koordinatensystem zurück, in dem etwa das Teilchen 2 anfänglich ruht ($\mathfrak{k}_2' = 0$), so folgt nach (3) und (4):

$$Q = \frac{4\pi\alpha^2}{\varkappa^2 + (1 + \alpha^2)\,\frac{\varkappa}{2}\,(k_1^{0\prime} - \varkappa)}. \qquad (5)$$

Der Wirkungsquerschnitt nimmt also für große Energien des stoßenden Teilchens schließlich umgekehrt proportional dieser Energie ab.

Wir fragen nun nach stationären Zuständen, in denen die beiden Elementarteilchen aneinander gebunden sind. Die Eigenwerte von η geben die Phasendifferenzen der auslaufenden Welle e^{ikr} relativ zur einlaufenden Welle e^{-ikr} an. Wenn nun für hinreichend kleine Werte von $K^0 = k_1^{0\prime} + k_2^{0\prime}$ der Impuls k imaginär wird, etwa $k = -i|k|$, so wird die „einlaufende" Welle $e^{-|k|r}$ und die zugeordnete „auslaufende" Welle $e^{+|k|r}$. Die letztere verschwindet, wenn $\eta = i\,\infty$, und das ist die Bedingung für die Existenz eines stationären Zustandes. Nach Gleichung (3) liegt der einzige Pol dieser Art bei

$$\alpha v = i \qquad (6)$$

$$-i\alpha\left|\frac{k}{k^0}\right| = i. \qquad (7)$$

Ein solcher Pol existiert also nur für *negative* Werte von α. Für diesen Fall folgt aus (3) und (7)

$$-\frac{1}{\alpha^2} = 1 - \frac{4\varkappa^2}{(k_1^{0\prime} + k_2^{0\prime})^2 - (\mathfrak{k}_1' + \mathfrak{k}_2')^2},$$

d. h.

$$(k_1^{0\prime} + k_2^{0\prime})^2 - (\mathfrak{k}_1' + \mathfrak{k}_2')^2 = K^{0\,2} - \mathfrak{K}^2 = 4\varkappa^2\frac{\alpha^2}{1+\alpha^2}. \qquad (8)$$

Die Ruheenergie $\varkappa_2$ des aus zwei Elementarteilchen bestehenden „Atomkerns" beträgt also $\varkappa_2 = 2\varkappa \frac{-\alpha}{\sqrt{1+\alpha^2}}$. (9)

Diese Ruheenergie ist, wie es sein muß, kleiner als die Summe der Massen der beiden Elementarteilchen. Wenn $|\alpha| \gg 1$ ist, so wird der Massendefekt gering $\left(\sim \frac{\varkappa}{\alpha^2}\right)$, die beiden Teilchen sind dann nur locker aneinander gebunden.

Bei dem hier gewählten Modell einer Theorie der Elementarteilchen liegen die Verhältnisse also ähnlich, wie bei der Bindung von Proton und Neutron zum Deuteron. Hier wie dort gibt es nur *einen* stationären Zustand der Bindung, jede Anregung führt sofort zur Zerlegung des Kerns in seine zwei Bestandteile.

Mit der Bestimmung des stationären Zustandes der Bindung und des Streuquerschnitts sind alle Aussagen gewonnen, die über das System aus zwei Elementarteilchen überhaupt zu machen sind. Fragen anderer Art über dieses System dürften auch durch die Experimente nicht gestellt werden. Dagegen entstehen wieder neue Fragen, wenn man dieses System durch ein drittes Elementarteilchen stört. Man kann dann etwa nach der Anregungsfunktion für die Zerlegung des Zweiteilchensystems durch ein stoßendes drittes Teilchen fragen, oder nach dem Massendefekt eines Kernes, der aus drei Elementarteilchen besteht usw. Auch alle Fragen dieser Art werden durch die η-Matrix (2) eindeutig beantwortet. Als Beispiel für solche komplizierteren Probleme werden wir noch den Massendefekt eines aus drei Teilchen bestehenden „Kernes" nach (2) berechnen[1]).

Wenn drei Elementarteilchen vorhanden sind, so besteht zwischen je zweien von ihnen eine Wechselwirkung der Form (2). Es bedeutet allerdings eine besondere Annahme, wenn man voraussetzt, daß sich η nun einfach additiv ohne weitere Zusatzglieder aus diesen Bestandteilen zusammensetzt: $\eta = \eta\,(12) + \eta\,(23) + \eta\,(31)$.
Eine entsprechende Annahme wird bei der Wechselwirkungsenergie U in der Hamilton-Funktion meist stillschweigend gemacht.

$$U = U\,(12) + U\,(23) + U\,(31),$$

und läßt sich korrespondenzmäßig dann begründen, wenn die Kräfte

[1]) Anm. bei der Korrektur: Die im Folgenden gegebene Behandlung des Dreiteilchenproblems ist, wie ich mich inzwischen überzeugt habe, nicht einwandfrei. Da größere Änderungen im Text aus äußeren Gründen unmöglich sind, wenn die genauere Behandlung einer späteren Arbeit überlassen bleiben.

durch Felder übertragen werden, deren Verhalten durch eine lineare Differentialgleichung beschrieben werden kann. Im allgemeinen stellt diese Annahme aber nur eine erste Näherung dar, und schon bei den Kernkräften wird man mit echten Mehrkörperkräften[1]) rechnen müssen, die nicht sehr viel kleiner sind als die gewöhnlichen Wechselwirkungen. In der Näherung, in der man die Wechselwirkung als kleine Störung betrachten darf, gilt die Additivität im allgemeinen nicht nur für U, sondern auch für η. Bei genauer Rechnung allerdings führt die Additivität von U im allgemeinen *nicht* zur Additivität von η. Diese ist also grundsätzlich jedenfalls nicht zu erwarten; aber grundsätzlich ist ja auch die Additivität von U nicht zu erwarten. Wir setzen trotzdem für das zu behandelnde Beispiel die Additivität von η willkürlich voraus, um den Rechnungen möglichst einfache Annahmen zugrunde zu legen. In der endgültigen Theorie wird die Additivität weder für U (sofern es definiert werden kann), noch für η bestehen, die Form von η wird durch Bedingungen anderer Art festgelegt werden.

Wir fragen nun zunächst nach einer in den drei Teilchen symmetrischen Eigenfunktion, die den Wechselwirkungsoperator auf Diagonalform bringt. Unter den verschiedenen Lösungen der durch η gegebenen Schrödinger-Gleichung wird auch eine sein, bei der die ein- und auslaufenden Wellen im Schwerpunktsystem symmetrische Kugelwellen sind, bei der also keines der drei Elementarteilchen einen Drehimpuls um den Schwerpunkt besitzt. Diese Eigenfunktion wird für Werte der Gesamtenergie $K^0 < 3\,\varkappa$ etwa als „einlaufende" Wellen nur exponentiell abklingende Wellenfunktionen enthalten und als „auslaufende" Wellen dementsprechend exponentiell zunehmende Funktionen. Die Pole der Eigenwerte von η werden also die gesuchten stationären Zustände liefern, und zwar wird der tiefste stationäre Zustand jedenfalls zu dieser Gruppe gehören (wahrscheinlich gibt es überhaupt keine anderen stationären Zustände).

Die gesuchte Eigenfunktion, die zur Gesamtenergie K^0 gehört (zunächst sei $K^0 > 3\,\varkappa$), soll also die Form haben

$$\psi(\mathfrak{k}_1, \mathfrak{k}_2, \mathfrak{k}_3) = \delta(k_1^0 + k_2^0 + k_3^0 - K^0)\,\delta(\mathfrak{k}_1 + \mathfrak{k}_2 + \mathfrak{k}_3)\, f(k_1^0\, k_2^0\, k_3^0)\,(k_1^0\, k_2^0\, k_3^0)^{-\frac{1}{2}}, \tag{10}$$

wobei f eine symmetrische Funktion der drei Argumente ist. Für jede der drei Teilchenenergien ist der zulässige Wertebereich

$$\varkappa \leq k^0 \leq \frac{K^{0\,2} - 3\,\varkappa^2}{2\,K^0}. \tag{11}$$

[1]) Vgl. H. Primakoff u. T. Holstein, Phys. Rev. **55**, 1218, 1939.

Zeitschrift für Physik *123*, 93–112 (1944)

(Die obere Grenze entspricht einem Zustand, bei dem die Impulse der beiden anderen Teilchen dem des betrachteten gerade entgegengesetzt gerichtet und gleich groß sind.)

Zur Aufstellung der Schrödinger-Gleichung muß jetzt berechnet werden, was sich durch Anwendung des Operators (2), etwa zunächst bezogen auf das Teilchenpaar 1, 2, auf ψ ergibt. Um die Formeln nicht unnötig zu komplizieren, wird einfach

$$\sqrt{1-\frac{4\varkappa^2}{(k_1^{0\prime}+k_2^{0\prime})^2-(\mathfrak{k}_1'+\mathfrak{k}_2')^2}}=\sqrt{1-\frac{4\varkappa^2}{(K^0-k_3^0)^2-k_3^2}}=\sqrt{} \tag{12}$$

geschrieben. Dann folgt:

$$\int d\mathfrak{k}_1'\, d\mathfrak{k}_2'\, \psi(\mathfrak{k}_1'\mathfrak{k}_2'\mathfrak{k}_3)(\mathfrak{k}_1'\mathfrak{k}_2'|\eta|\mathfrak{k}_1\mathfrak{k}_2)=\delta(k_1^0+k_2^0+k_3^0-K^0)\,\delta(\mathfrak{k}_1+\mathfrak{k}_2+\mathfrak{k}_3)$$
$$(k_1^0k_2^0k_3^0)^{-\frac{1}{2}}\frac{1}{\pi\sqrt{}}\operatorname{arctg}(\alpha\sqrt{})\int\frac{d\mathfrak{k}_1'\,\delta(k_1^{0\prime}+k_2^{0\prime}-k_1^0-k_2^0)}{k_1^{0\prime}(k_1^0+k_2^0-k_1^{0\prime})}f(k_1^{0\prime},k_2^0,k_3^0). \tag{13}$$

Hier ist auf der rechten Seite der Ausdruck $k_2^{0\prime}$ durch

$$k_2^{0\prime}=\sqrt{\varkappa^2+(\mathfrak{k}_3+\mathfrak{k}_1')^2} \tag{14}$$

ersetzt zu denken, ferner kann überall, außer in der ersten δ-Funktion $k_1^0+k_2^0$ durch

$$k_1^0+k_2^0=K^0-k_3^0 \tag{15}$$

ersetzt werden. Für die Integration über $\mathfrak{k}_1'$ setzt man zweckmäßig $\cos(\mathfrak{k}_1'\mathfrak{k}_3)=\zeta$ und integriert zunächst über ζ und den zugehörigen Azimutwinkel.

Dann folgt:

$$\int d\mathfrak{k}_1'\, d\mathfrak{k}_2'\, \psi(\mathfrak{k}_1'\mathfrak{k}_2'\mathfrak{k}_3)(\mathfrak{k}_1'\mathfrak{k}_2'|\eta|\mathfrak{k}_1\mathfrak{k}_2)=\delta(k_1^0+k_2^0+k_3^0-K^0)\,\delta(\mathfrak{k}_1+\mathfrak{k}_2+\mathfrak{k}_3)$$
$$(k_1^0k_2^0k_3^0)^{-\frac{1}{2}}\frac{2\operatorname{arctg}(\alpha\sqrt{})}{k_3\sqrt{}}\int dk_1^{0\prime}f(k_1^{0\prime},K^0-k_3^0-k_1^{0\prime},k_3^0). \tag{16}$$

Die Grenzen des Integrals über $k_1^{0\prime}$ sind

$$k_1^{0\prime}=\frac{K^0-k_3^0}{2}\pm\frac{k_3}{2}\sqrt{}. \tag{17}$$

Die Anwendung des Operators $(\mathfrak{k}_1'\mathfrak{k}_2'|\eta|\mathfrak{k}_1\mathfrak{k}_2)$ auf ψ führt also zu einem Ausdruck, der (abgesehen von den trivialen drei ersten Faktoren) nur von k_3^0, aber nicht mehr von k_1^0 und k_2^0 einzeln abhängt. Dieser Umstand ermöglicht den Ansatz:

$$f(k_1^0k_2^0k_3^0)=g(k_1^0)+g(k_2^0)+g(k_3^0). \tag{18}$$

Die Schrödinger-Gleichung, in der der Operator η auf die drei Teilchenpaare 1, 2; 1, 3; 2, 3 angewendet werden muß, zerfällt dann in drei identische Gleichungen, die sich jeweils auf die Variabeln k_1^0, k_2^0. k_3^0

allein beziehen. Nach einigen elementaren Umformungen erhält man für irgendeine dieser drei Gleichungen:

$$\eta\, g\,(k_3^0) = \left[g\,(k_3^0) + 2\int\limits_{-1/2}^{+1/2} d\,y\,g\left(\frac{K^0 - k_3^0}{2} + y\,k_3\sqrt{}\right)\right] 2\,\mathrm{arctg}\,(\alpha\sqrt{}), \quad (19)$$

wobei jetzt η auf der linken Seite den Eigenwert des Operators η bedeutet.

Die strenge Lösung der Integralgleichung und die Bestimmung des zugehörigen Eigenwertes ist mir nicht gelungen. Dagegen wird man wahrscheinlich schon eine ganz brauchbare Näherung bekommen, wenn man den Mittelwert der Funktion g über das Gebiet $-\frac{1}{2} \leq y \leq \frac{1}{2}$ ersetzt durch den Wert von g an der Stelle $y = 0$. Diese Näherung wird um so besser, je kleiner $k_3\sqrt{}$ wird; sie ist an den Grenzen (11) des Intervalls also gut. In dieser Näherung lautet die Gleichung:

$$\eta\, g\,(k_3^0) = \left[g\,(k_3^0) + 2\,g\left(\frac{K^0 - k_3^0}{2}\right)\right] 2\,\mathrm{arctg}\,(\alpha\sqrt{}). \quad (20)$$

Den Eigenwert η kann man jetzt sofort bestimmen, wenn man k_3^0 speziell $= \frac{K^0}{3}$ setzt. Dann fällt nämlich $g\left(\frac{K^0}{3}\right)$ auf beiden Seiten heraus und es bleibt

$$\eta = 6\,\mathrm{arctg}\left(\alpha\sqrt{1 - \frac{4\,\varkappa^2}{\frac{1}{3}K^{0\,2} + \varkappa^2}}\right). \quad (21)$$

Genau wie beim Zweiteilchensystem erhält man einen Pol für η an der Stelle

$$\alpha\sqrt{1 - \frac{4\,\varkappa^2}{\frac{1}{3}K^{0\,2} + \varkappa^2}} = i.$$

Für die Ruhemasse des aus drei Elementarteilchen bestehenden „Atomkerns" ergäbe sich daher in dieser Näherung:

$$\frac{1}{\alpha^2} = \frac{4\,\varkappa^2}{\frac{1}{3}K^{0\,2} + \varkappa^2} - 1$$

und

$$K^0 = 3\,\varkappa\sqrt{\frac{\alpha^2 - \frac{1}{3}}{\alpha^2 + 1}}.$$

Die Eigenfunktion kann dann wegen (20) und $\eta \to \infty$ nur an der Stelle $k_3^0 = \frac{K^0}{3}$ von Null verschieden sein; sie wird in dieser Näherung also

$$g\,(k_3^0) \sim \delta\left(k_3^0 - \frac{K^0}{3}\right).$$

Diese Bestimmung des Eigenwertes (21) ist aber nur eine grobe Näherung; man kann versuchen, wenigstens den K^0-Wert für $\eta \to \infty$

Zeitschrift für Physik *123*, 93–112 (1944)

aus der Gleichung (19) exakt zu bestimmen. Dies wird möglich sein, ohne die allgemeine Lösung von (19) zu kennen, da man aus Gleichung (19), wenn man sie in der Form

$$g(k_3^0) = \frac{2\,\mathrm{arctg}\,(\alpha\sqrt{\;})}{\eta - 2\,\mathrm{arctg}\,(\alpha\sqrt{\;})}\, 2\int\limits_{-1/2}^{+1/2} \mathrm{d}\,y\, g\left(\frac{K^0 - k_3^0}{2} + y k_3 \sqrt{\;}\right) \tag{22}$$

schreibt, sofort erkennt, daß für $\eta \to \infty$ die Funktion nur in der unmittelbaren Nähe des singulären Punktes $\alpha\sqrt{\;} = i$ von Null verschieden sein kann. Es fragt sich nun, ob man für die Lage dieses Punktes noch eine zweite Bedingung angeben kann.

Das für $K^0 < 3\varkappa$ maßgebende Intervall der Variabeln k_3^0:

$$\varkappa \geq k_3^0 \geq \frac{K^{0\,2} - 3\varkappa^2}{2K^0}$$

zerfällt hinsichtlich des Verhaltens von (22) in drei Gebiete: Für $k_3^0 < \frac{K^0 - \varkappa}{2}$ (Gebiet I) liegt k_3^0 unterhalb des Integrationsintervalls der rechten Seite von (22). Für $\frac{K^0 - \varkappa}{2} < k_3^0 < \frac{K^{0\,2} + 3\varkappa^2}{4K^0}$ (Gebiet II) liegt k_3^0 im Integrationsintervall und für $k_3^0 > \frac{K^{0\,2} + 3\varkappa^2}{4K^0}$ (Gebiet III) liegt k_3^0 oberhalb des Integrationsintervalls.

Die Gebiete I und III kommen von vornherein nicht für die Lage des singulären Punktes in Betracht, da dann (22) einen Widerspruch ergeben würde. Aber auch im Gebiet II kann der singuläre Punkt nicht liegen; denn dann würde das Integral der rechten Seite für Werte von k_3^0 in der Nähe des singulären Punktes nicht von k_3^0 abhängen können. Man erhielte also eine Lösung vom Typus:

$$g(k_3^0) = \mathrm{const}\,\frac{2\,\mathrm{arctg}\,(\alpha\sqrt{\;})}{\eta - 2\,\mathrm{arctg}\,(\alpha\sqrt{\;})}.$$
$$\eta \to \infty.$$

Der Wert der Konstanten läßt sich aber nicht so bestimmen, daß Gleichung (22) erfüllt wird, wie man durch Einsetzen leicht feststellt. Es bleibt also für die Lage des singulären Punktes nur die Grenze zwischen den Gebieten I und II oder zwischen II und III. Der Beweis, daß es an diesen beiden Stellen wirklich Lösungen von (19) für $\eta \to \infty$ gibt, ließe sich wohl nur erbringen, wenn man die Lösungen von (22) für endliche η untersuchte und den Grenzübergang $\eta \to \infty$ durchführte. Wenn man den Existenzbeweis voraussetzt, so ergeben sich zur Bestimmung von K^0 zwei Gleichungen, die zu zwei verschiedenen

Energiewerten führen, je nachdem man den singulären Punkt an die Grenze zwischen I und II, oder zwischen II und III legt.

Für den ersten Fall erhält man:

$$\left.\begin{array}{ll} k_3^0 = \dfrac{K^0 - \varkappa}{2}, & \alpha\sqrt{1 - \dfrac{4\varkappa^2}{K^{02} - 2k_3^0 K^0 + \varkappa^2}} = i; \\ K^0 = \dfrac{3\alpha^2 - 1}{\alpha^2 + 1}\varkappa, & g(k_3^0) \sim \delta\left(k_3^0 - \dfrac{\alpha^2 - 1}{\alpha^2 + 1}\varkappa\right). \\ \text{Im zweiten Fall wird} & \\ k_3^0 = \dfrac{K^{02} + 3\varkappa^2}{4K^0}, & \alpha\sqrt{1 - \dfrac{4\varkappa^2}{K^{02} - 2k_3^0 K^0 + \varkappa^2}} = i; \\ K^0 = \varkappa\sqrt{\dfrac{9\alpha^2 + 1}{\alpha^2 + 1}}, & g(k_3^0) \sim \delta\left(k_3^0 - \dfrac{3\alpha^2 + 1}{\sqrt{(9\alpha^2 + 1)(\alpha^2 + 1)}}\right). \end{array}\right\} \quad (23)$$

Man erhält also zwei diskrete stationäre Zustände des aus drei Teilchen bestehenden Atomkerns. Es kann aber vielleicht noch mehr diskrete stationäre Zustände geben, die nicht zu Lösungen von der Art (10) gehören. Die Ruhemasse $\varkappa_3$ des Kernes aus drei Teilchen im Normalzustand wird:

$$\varkappa_3 = \frac{3\alpha^2 - 1}{\alpha^2 + 1}\varkappa. \qquad (24)$$

Diese Ruhemasse ist, wie es sein muß, etwas kleiner als die Summe der Ruhemassen der drei Teilchen, der Massendefekt nähert sich für große α dem Wert $4\varkappa/\alpha^2$, ist also etwa viermal so groß wie bei dem aus zwei Teilchen bestehenden Atomkern. Die Verhältnisse liegen also hier wieder ähnlich wie bei den wirklichen Atomkernen, bei denen ja auch der Massendefekt des Tritons etwa viermal größer ist als der des Deuterons.

Wenn man außer dem Massendefekt des „Atomkerns" aus drei Elementarteilchen auch noch die Häufigkeit für Stoß- und Anregungsprozesse zwischen einem Teilchen und einem „Atomkern" aus zwei Teilchen berechnen will, so muß man, außer dem Eigenwert (21), auch noch alle anderen Eigenwerte von η bestimmen und schließlich wieder zur Matrix S übergehen. Diese Rechnungen wären jedoch komplizierter als die bisherigen und sollen daher hier nicht ausgeführt werden. Die besprochenen Beispiele sollten ja nur zeigen, daß die η-Matrix tatsächlich auf alle Fragen Antwort gibt, die durch die Experimente gestellt werden. Die η-Matrix der Form (2) enthält also ein befriedigendes Modell einer Theorie der Elementarteilchen, in der alle experimentell gestellten Fragen auch beantwortet werden können; nur ist dieses Modell sehr

Zeitschrift für Physik *123*, 93–112 (1944)

viel einfacher als die wirkliche Theorie. Denn in Wirklichkeit gibt es viele Sorten von Elementarteilchen, die entstehen und verschwinden und sich ineinander umwandeln können, Teilchen mit ganz- und halbzahligen Spindrehimpulsen, mit und ohne Ladung, die Wirklichkeit ist also sehr viel reichhaltiger als das besprochene Modell. Die Schwierigkeit der Theorie besteht in der richtigen Erfassung dieser Vielfalt von Erscheinungen, nicht aber in der Vermeidung von Divergenzen.

II. Erweiterung des kanonischen Schemas der Wellenquantelung.

Für die folgenden Betrachtungen soll die Frage nach der η-Matrix beiseite gestellt werden. Als Ausgangspunkt soll die übliche Theorie mit Hamilton-Funktion und Wellengleichung gewählt und die Frage gestellt werden, wie die Hamilton-Funktion und die Wellengleichung einer zukünftigen Theorie der Elementarteilchen überhaupt aussehen können. Dabei soll folgende Überlegung an die Spitze gestellt werden: In der bisherigen Theorie — als Beispiel soll die Quantenelektrodynamik dienen — führt man eine Wechselwirkung der Elementarteilchen meist in der Form ein, daß man aus Teilchen einer Sorte Teilchen einer anderen Sorte entstehen läßt (z. B. Lichtquanten aus Elektronen), wobei dann die Emission und Absorption der letzteren Teilchen indirekt Wechselwirkungen der Teilchen der ersten Sorte hervorbringt. So kommt z. B. eine Wechselwirkung der Lichtquanten indirekt dadurch zustande, daß die Lichtquanten virtuell Elektronenpaare erzeugen und absorbieren. Die Wechselwirkung mit den Elektronen hat also indirekt zur Folge, daß die Maxwellschen Gleichungen modifiziert werden müssen — sie gehen über in nichtlineare Integrodifferentialgleichungen[1] —, und daß die üblichen Maxwellschen Gleichungen nur noch als Grenzfälle Bedeutung behalten. Nachdem also nachträglich die ganze Einfachheit der Maxwellschen Gleichungen aufgegeben werden muß, liegt es nahe, anzunehmen, daß diese Gleichungen von vornherein nur Grenzfälle waren und daß die wirklichen Ausgangsgleichungen von Anfang an so kompliziert waren, wie die genannten nichtlinearen Integrodifferentialgleichungen; und dies wird wahrscheinlich für alle Wellengleichungen in der Theorie der Elementarteilchen gelten.

Die Vermutung, daß schon am Anfang der Theorie Gleichungen dieser komplizierten Art stehen müssen, wird insbesondere durch

[1] Vgl. R. Serber, Phys. Rev. **48**, 49, 1935; E. A. Uehling, ebenda **48**, 55, 1935.

folgende Überlegung unterstrichen: Die Divergenzen in der bisherigen Theorie beruhen ja formal auf der Annahme von Nahewirkungsgesetzen. Die Tatsache etwa, daß die Fortpflanzung einer Elektronenwelle an einem bestimmten Raum-Zeitpunkt vom Wert der elektrischen Feldstärke *an diesem Raum-Zeitpunkt* abhängt, bedeutet ja in der Sprache der Quantentheorie dasselbe, wie die Annahme eines Wechselwirkungspotentials vom δ-Funktionscharakter zwischen Elektron und Lichtquant. Nun führt schon in der nichtrelativistischen Quantentheorie ein Wechselwirkungspotential vom δ-Funktionscharakter stets zu unendlichen Eigenwerten. Also führt auch in der relativistischen Quantentheorie der Wellen die Annahme der „Nahewirkung" stets zu Divergenzen. Wenn man jedoch von den komplizierteren Integrodifferentialgleichungen ausgeht, zu denen man schließlich doch geführt wird, so wird die Nahewirkung von vornherein durch eine den Forderungen der Lorentz-Invarianz genügende Art von raum-zeitlicher Fernwirkung ersetzt. Bei dieser Theorie ist also die Aussicht viel größer, die genannten Divergenzen zu vermeiden.

In die gleiche Richtung weisen andere Untersuchungen, in denen wenigstens im Rahmen der klassischen Feldtheorie die unendliche Selbstenergie der Elektronen vermieden werden soll. So haben Born und Infeld [1]) gezeigt, daß eine nichtlineare Erweiterung der Maxwellschen Gleichungen im Sinne der Mieschen Elektrodynamik zu endlicher Selbstenergie des (als Feldsingularität betrachteten) Elektrons führt; ferner haben Stückelberg [2]) und Bopp [3]) Erweiterungen der Maxwellschen Gleichungen zu linearen Integralgleichungen oder Differentialgleichungen höherer Ordnung vorgeschlagen, die ebenfalls für eine endliche Selbstenergie sorgen. Allen diesen Untersuchungen gemeinsam ist die Absicht, von allgemeineren Feldgleichungen als den Maxwellschen auszugehen und so die unendliche Selbstenergie des Elektrons zu vermeiden.

a) Die erweiterten Feldgleichungen. Wenn man die durch die Positonentheorie modifizierten Feldgleichungen des elektromagnetischen

[1]) M. Born, Proc. Roy. Soc. London (A) **143**, 410, 1933; M. Born u. L. Infeld, ebenda **144**, 425, 1934; **147**, 522, 1934; **150**, 141, 1935.

[2]) E. C. G. v. Stückelberg, Nature **144**, 118, 1939; Helv. Phys. Acta **14**, 51, 1941; **17**, 3, 1944. Vgl. dazu auch die früheren Arbeiten von G. Wentzel, ZS. f. Phys. **86**, 479 u. 635, 1934; P. A. M. Dirac, Proc. Roy. Soc. London (A) **167**, 148, 1938.

[3]) F. Bopp, Ann. d. Phys. **38**, 345, 1940; **42**, 573, 1943.

Feldes [vgl. Serber, Uehling (l. c.) und Heisenberg-Euler[1])] zum Vorbild nimmt, so wird man erwarten, daß in der zukünftigen Feldtheorie erstens an die Stelle der Differentialoperatoren 1. oder 2. Ordnung Integraloperatoren treten und daß zweitens diese Feldtheorie nichtlineare Glieder enthält, die von vornherein für eine Wechselwirkung der Elementarteilchen sorgen.

Geht man, um mit dem einfachsten Fall zu beginnen, von einer reellen skalaren Wellenfunktion $\varphi(x)$ aus (x soll die vier Koordinaten x, y, z, ict repräsentieren), so wird man also eine Feldgleichung von folgendem Typus erwarten:

$$\int \mathrm{d}x'\, A(x-x')\,\varphi(x') + \int \mathrm{d}x'\,\mathrm{d}x''\, B(x-x', x-x'')\,\varphi(x')\,\varphi(x'') + \cdots = 0. \quad (25)$$

Läßt man die nichtlinearen Glieder in (25) weg, so kommt man zu einem Ansatz, wie ihn Stückelberg und Bopp (l. c.) studiert haben. Die Ausdrücke $A(x-x')$ und $B(x-x', x-x'')$ sind relativistisch invariante Funktionen der raum-zeitlichen Abstände $x-x'$ bzw. $x-x''$, $\mathrm{d}x'$ bzw. $\mathrm{d}x''$ bedeuten die zu x' bzw. x'' gehörigen vierdimensionalen Volumendifferentiale.

Setzt man nun, um vom Ortsraum zum Impulsraum überzugehen,

$$\left.\begin{aligned} \varphi(x) &= \int e^{ik_\mu x_\mu}\,\varphi(k)\,\mathrm{d}k, \\ A(x) &= \int e^{ik_\mu x_\mu}\,A(k)\,\mathrm{d}k, \\ &\cdots\cdots\cdots\cdots \end{aligned}\right\} \quad (26)$$

so folgt aus (25)

$$A(k)\,\varphi(k) + \int \mathrm{d}k'\, B(k', k-k')\,\varphi(k', k-k') + \cdots = 0. \quad (27)$$

Hier bedeuten wieder $\mathrm{d}k$, $\mathrm{d}k'$ die zu k bzw. k' gehörigen vierdimensionalen Impulsdifferentiale, k soll die vier Koordinaten k_1, k_2, k_3, k_4 repräsentieren. A und B müssen wieder relativistisch invariante Funktionen von k und k' sein. Z. B. erhält man die gewöhnliche Wellengleichung, wenn man $A(k) = \Sigma k_\nu^2 + \varkappa^2$ setzt und die nichtlinearen Glieder wegläßt.

Den weiteren Betrachtungen soll also [unter geringfügiger Abänderung der Bezeichnung gegenüber Gleichung (27)] die folgende „Wellengleichung" im Impulsraum zugrunde gelegt werden:

$$A(k)\,\varphi(k) + \int \mathrm{d}k'\, B(k, k')\,\varphi(k')\,\varphi(k-k') + \int \mathrm{d}k'\mathrm{d}k''\, C(k,k',k'')\,\varphi(k')\,\varphi(k'')\,\varphi(k-k'-k'') + \cdots = 0. \quad (28)$$

[1]) W. Heisenberg u. H. Euler, ZS. f. Phys. 98, 714, 1936.

Es sind dann, um Gleichung (28) zu einer zusammenhängenden Theorie auszubauen, zwei Fragen zu beantworten:

1. Wie lautet der zu (28) gehörige Energieimpulstensor?

2. Wie ist die Quantisierung der Gleichung (28) durchzuführen?

Den Energieimpulstensor kann man nach einem Verfahren ermitteln, das schon von Bopp [1]) angegeben worden ist. Wir schreiben sogleich das Resultat an:

$$T_{\mu\nu}(k) = \int d k' A(k')\, \varphi(k')\, \varphi(k-k') \frac{k'_\mu k'_\nu}{k'_\lambda k'_\lambda} + \\ + \int d k'\, d k''\, B(k', k'')\, \varphi(k'')\, \varphi(k'-k'')\, \varphi(k-k') \\ \left\{ \frac{k''_\mu k''_\nu}{k''_\lambda k_\lambda} + \frac{(k'_\mu - k''_\mu)(k'_\nu - k''_\nu)}{(k'_\lambda - k''_\lambda)\, k_\lambda} \right\} + \cdots \quad (29)$$

Man verifiziert leicht, daß tatsächlich auf Grund von (28)

$$\sum_\nu T_{\mu\nu}\, k_\nu = 0 \quad (30)$$

ist, d. h. daß der Tensor $T_{\mu\nu}$ divergenzfrei ist. Allerdings ist der Tensor $T_{\mu\nu}$ durch die Forderung der Symmetrie und Divergenzfreiheit noch nicht eindeutig festgelegt. Man könnte nach Bopp andere Ausdrücke für $T_{\mu\nu}$ wählen, die sich aber von (29) nur um Divergenzen in der Weise unterscheiden, daß jedenfalls der Ausdruck für den Vierervektor von Gesamtenergie und -impuls eindeutig wird. Der Vierervektor wird also durch die Wellengleichung eindeutig festgelegt.

Die Berechnung des Tensors $T_{\mu\nu}$ nach der Gleichung (29) wird im einzelnen Falle häufig noch Schwierigkeiten machen, da die Funktion φ im allgemeinen Faktoren vom δ-Funktionstypus enthalten wird. Zur Berechnung von $T_{\mu\nu}$ sind dann komplizierte Grenzübergänge nötig. Wenn z. B., wie es der gewöhnlichen Wellengleichung entspricht, $A(k) = \Sigma k_\nu^2 + \varkappa^2$ gesetzt, und $B = C = 0$ angenommen wird, so lautet die Lösung von (28):

$$\varphi(k) = \delta(k_\nu^2 + \varkappa^2) \cdot \chi(k).$$

Der Energieimpulstensor hat dann für die Werte von k, für die er von Null verschieden ist, zunächst die Form $0 \cdot \infty$ und muß erst durch geeignete Grenzübergänge in die übliche Form gebracht werden. — Für den Vektor J_μ von Gesamtenergie und -impuls erhält man:

$$J_\mu = i \int T_{\mu 4}(x)\, d x_1\, d x_2\, d x_3 = i \int e^{i k_4 x_4}\, T_{\mu 4}(0, 0, 0, k_4)\, d k_4. \quad (32)$$

[1]) F. Bopp, im Erscheinen.

Zeitschrift für Physik *123*, 93–112 (1944)

Wegen (30) ist $T_{\mu 4}(0, 0, 0, k_4)$ aber nur von Null verschieden an der Stelle $k_4 = 0$, also wird

$$J_\mu = i \int\limits_{-}^{+} T_{\mu 4}(0, 0, 0, k_4)\, d k_4, \tag{33}$$

wobei das Integral über den Punkt $k_4 = 0$ hinweg führen muß.

Bis hierher handelt es sich um eine „klassische" Feldtheorie — d. h. die Funktionen $\varphi(x)$ sind gewöhnliche „c-Zahlen" —, bei der keine Konvergenzprobleme auftreten. Wenn die für die Feldgleichung maßgebenden Funktionen A, B, C usw. gegeben sind, so ist die Konstruktion der lösenden Wellenfunktionen $\varphi(x)$ bzw. $\varphi(k)$ durch (28) vorgeschrieben.

b) Quantisierung der Theorie. Nun entsteht die Frage, wie die Quantisierung von (28) durchzuführen ist. Das übliche Schema der kanonischen Vertauschungsrelationen kann hier ja nicht mehr angewendet werden, weil es keine zu $\varphi(x)$ kanonisch konjugierte Wellenfunktion gibt. Der Klammerausdruck

$$[\varphi(x), \varphi(x')] = \varphi(x)\,\varphi(x') - \varphi(x')\,\varphi(x) \tag{34}$$

wird also selbst erst in komplizierter Weise durch die Integralgleichung (28) bestimmt sein.

Trotzdem folgt die Quantisierung eindeutig aus den Grundvoraussetzungen der Quantentheorie. Man kann nämlich von der Vertauschung der Wellenfunktion mit dem Vektor von Gesamtenergie und Gesamtimpuls ausgehen. Für diese Vertauschung muß jedenfalls gelten:

$$J_\mu \varphi(x) - \varphi(x) J_\mu = i \hbar \frac{\partial \varphi}{\partial x_\mu} \quad \text{oder} \quad J_\mu \varphi(k) - \varphi(k) J_\mu = -k_\mu \varphi(k) \tag{35}$$

und es zeigt sich, daß diese Vertauschungsrelationen eben genügen, um das ganze mathematische Schema der Theorie festzulegen.

Am einfachsten erkennt man dies, wenn man eine bestimmte Darstellung des Operators $\varphi(x)$ aufsucht, nämlich die Darstellung, bei der Gesamtenergie und -impuls die Diagonalform erhalten. An die Stelle der Operatoren $\varphi(x)$ bzw. $\varphi(k)$ tritt dann die Matrix $(J' | \varphi(x) | J'')$ bzw. $(J' | \varphi(k) | J'')$.

In dieser Darstellung geht (35) über in

$$(J'_\mu - J''_\mu + k_\mu)\,(J' | \varphi(k) | J'') = 0, \quad \text{d. h.} \tag{36}$$

$$\left.\begin{aligned} (J' | \varphi(k) | J'') &= \delta(J' - J'' + k)\,(J' | \varphi | J''), \\ (J' | \varphi(x) | J'') &= (J' | \varphi | J'')\, e^{i (J''_\mu - J'_\mu) x_\mu} \end{aligned}\right\} \tag{37}$$

Dabei ist

$$\delta(k) = \delta(k_1)\,\delta(k_2)\,\delta(k_3)\,\delta(k_4) \tag{38}$$

gesetzt.

Durch den Ansatz (37) werder die Vertauschungsrelationen (35) befriedigt. Durch Einsetzen von (37) in die Wellengleichung (28) folgt:

$$A(J'-J'')\,(J'|\varphi|J'') + \int \mathrm{d}J'''\,B(J''-J',\; J'''-J')\,(J'|\varphi|J''')\,(J'''|\varphi|J'') + \cdots = 0. \tag{39}$$

Ferner erhält der Energieimpulstensor in dieser Darstellung die Form:

$$\left.\begin{aligned} |T_{\mu\nu}|J'') &= \int \mathrm{d}J'''A(J'''-J')\,(J'|\varphi|J''')\,(J'''|\varphi|J'')\frac{(J'''_\mu - J'_\mu)\,(J'''_\nu - J'_\nu)}{(J'''_\lambda - J'_\lambda)\,(J''_\lambda - J'_\lambda)} \\ &\int \mathrm{d}J'''\,\mathrm{d}J''''\,B(J''''-J',J'''-J')\,(J'|\varphi|J''')\,(J'''|\varphi|J'''')\,(J''''|\varphi|J'')\cdot \\ &\frac{(J'''_\mu - J'_\mu)\,(J'''_\nu - J'_\nu)}{(J'''_\lambda - J'_\lambda)\,(J''_\lambda - J'_\lambda)} + \left.\frac{(J''''_\mu - J'''_\mu)\,(J''''_\nu - J'''_\nu)}{(J''''_\lambda - J'''_\lambda)\,(J''_\lambda - J'_\lambda)}\right\} + \cdots \end{aligned}\right\}$$

und der Vierervektor wird nach (33) und (37):

$$(J'|J_\mu|J'') = J_\mu\,\delta(J'-J'') = \delta(J'_1 - J''_1)\,\delta(J'_2 - J''_2)\,\delta(J'_3 - J''_3)\,i\,(J'|T_{\mu 4}|J''). \tag{41}$$

Die Wellengleichung (39) sorgt dafür, daß die rechte Seite von (41) auch in bezug auf $J'_4 - J''_4$ den δ-Funktionscharakter hat.

Wenn es also gelingt, eine Matrix $(J'|\varphi|J'')$ zu finden, die die Gleichungen (39) und (41) befriedigt, so ist damit das quantentheoretische Problem, das an die Stelle von (28) tritt, gelöst.

Man erkennt daraus, daß die Vertauschungsrelationen (35) zusammen mit der Wellengleichung tatsächlich das mathematische Schema der Theorie festlegen. Es bleibt nun die Frage zu beantworten, ob eine Theorie der Elementarteilchen auf der in den Gleichungen (35) bis (41) angedeuteten Grundlage möglich ist.

c) *Kritik der Theorie.* Zunächst ist klar, daß die Gleichungen (39) und (41) nicht für alle beliebigen Funktionen $A, B, C, \ldots$ Lösungen besitzen. Wenn man z. B. $A = k_\nu^2 + \varkappa^2$, $B = \text{const} \neq 0$, $C = \cdots = 0$ setzt, so kommt man im Koordinatenraum zu einer Wellengleichung

$$\Box\,\varphi + \text{const}\cdot\varphi^2 = 0 \tag{42}$$

zurück, für die es sicher bei Berücksichtigung der Vertauschungsrelationen keine konvergenten Lösungen gibt. Überhaupt sind ja alle bisher studierten Wellengleichungen — sofern man von Komplikationen wie Spin und dgl. absieht — Spezialfälle des allgemeinen Typus (39), und die Durchführung dieser Spezialfälle scheitert bekanntlich, sofern es sich nicht um Teilchen ohne Wechselwirkung handelt, an den Divergenzschwierigkeiten.

Andererseits wird man, wenn man die Wechselwirkungsglieder B, C usw. streicht, natürlich Lösungen von (39) und (41) angeben können. Man kommt ja dann zu einer linearen Wellengleichung von der Art, wie sie von Stückelberg und Bopp studiert worden ist:

$$A(k)\,\varphi(k) = 0; \tag{43}$$

die Nullstellen der Funktion $A(k)$ bestimmen die Ruhemassen der Elementarteilchen. Für $A(k) = k_\nu^2 + \varkappa^2$ erhält man die gewöhnliche Wellengleichung, für $A(k) = k_\nu^2\,(k_\nu^2 + \varkappa^2)$ eine Wellengleichung vierter Ordnung, die Stückelberg und Bopp genauer untersucht haben. Eine solche Theorie ist also sicher möglich, stellt aber eben die Wechselwirkung der Elementarteilchen nicht dar.

Die entscheidende Frage ist nun, ob es, abgesehen von dem Fall $B = C = \cdots = 0$, noch Funktionen A, B gibt, die zu Lösungen der Gleichungen (39) und (41) führen. Es ist mir bisher nicht gelungen, solche Funktionen A, B anzugeben. Wenn es solche Funktionen nicht gibt, so bedeutet dies, daß auch die in (39) und (41) ausgedrückte Verallgemeinerung der bisherigen Theorie nicht ausreicht, um zu einer Theorie der Elementarteilchen zu führen. In diesem Falle muß man also noch weiter vom bisherigen Schema abgehen, und muß eventuell unter Verzicht auf jede Art von Hamilton-Funktion direkt eine Bestimmung der η-Matrix versuchen.

Aber selbst wenn es Funktionen $A, B, \ldots$ gibt, für die (39) und (41) Lösungen besitzen, so wird dadurch das Problem, die richtige Theorie der Elementarteilchen zu finden, nicht wesentlich erleichtert. Denn man muß dann nach Gesichtspunkten suchen, um die *richtigen* Funktionen $A, B, \ldots$ zu finden, und das wird nicht wesentlich leichter sein, als die Angabe der richtigen η-Matrix. Höchstens würde der korrespondenzmäßige Anschluß an die bisherige Theorie bei den Gleichungen (39) und (41) etwas einfacher sein als bei der η-Matrix.

Trotzdem kann das mathematische Schema der Gleichungen (39) und (41) in einer Hinsicht einen wertvollen Dienst leisten. Es kann nämlich einen Einblick vermitteln in die Art, wie die zukünftige Theorie die Massen der Elementarteilchen festlegt, wofür ja die bisherige Theorie keinerlei Anhaltspunkte gegeben hat. Einer Gleichung vom Typus (39) kann man von vornherein gar nicht ansehen, welche Elementarteilchen nach ihr möglich sind. Die einzige Frage, die hier sinnvoll gestellt werden kann, ist die nach den diskreten Eigenwerten J_μ der Gleichungen (39) und (41). Unter „diskretem Eigenwert" ist dabei verstanden, daß es bei gegebenen J_1, J_2, J_3 einen bestimmten Wert von J_4 gibt, für den die Gleichungen (39) und (41) eine Lösung besitzen, und daß es für benachbarte Werte von J_4 keine entsprechend benachbarte Lösung $(J'|\varphi|J'')$ geben soll; oder anders ausgedrückt: die Matrixelemente $(J'|\varphi|J'')$ sollen einen Faktor der Form $\delta(J_\nu'^2 + \varkappa^2)$ enthalten. Jeder diskrete Eigenwert definiert dann die Ruhemasse eines abgeschlossenen Systems und insofern ein Teilchen. Dabei ist es aber prinzipiell unbestimmt, ob es sich um ein „Elementarteilchen" oder ein „zusammengesetztes" Teilchen handelt. Natürlich wird es nachträglich nach Korrespondenzgesichtspunkten zweckmäßig sein, gewisse Teilchen elementar und andere zusammengesetzt zu nennen, aber ein prinzipieller Unterschied besteht nicht. Man erkennt also, daß in einer zukünftigen Theorie der Elementarteilchen die Massen der Teilchen in der gleichen Weise bestimmt werden, wie die Energien stationärer Zustände, und daß es einen prinzipiellen Unterschied zwischen Elementarteilchen und zusammengesetzten Teilchen nicht gibt.

Diskussion der Ergebnisse.

Die beiden hier vorgeschlagenen mathematischen Schemata für eine zukünftige Theorie der Elementarteilchen sollen als Grenzfälle gewissermaßen das Maximum und das Minimum dessen festlegen, was von der bisherigen Theorie wird beibehalten werden können; sie stehen daher nicht in ausschließendem Verhältnis zueinander, vielmehr ist das zweite Schema als Spezialfall im ersten enthalten. Durch das erste Schema wird nachgewiesen, daß es Modelle einer Theorie der Elementarteilchen gibt, in der die durch Quantentheorie und Relativitätstheorie gestellten Bedingungen erfüllt sind in der keine Divergenzen auftreten und in der alle durch das Experiment gestellten Fragen auch beantwortet werden können. Das zweite Schema würde, wenn es Lösungen der betreffenden Gleichungen gibt, einen recht engen Anschluß der Theorie der Elementarteilchen an den bisherigen Formalismus ermöglichen. Der korrespondenzmäßige Zusammenhang mit der bisherigen Theorie würde nämlich einfach dadurch zum Ausdruck kommen, daß die Funktionen $A, B, C, \ldots$ im Grenzfall kleiner Energieimpulsdifferenzen in die entsprechenden Funktionen der bisherigen Theorie übergingen.

Es ist aber einstweilen nicht bekannt, ob es Lösungen der dem zweiten Schema entsprechenden Gleichungen gibt. Beim ersten Schema, der η-Matrix, muß der korrespondenzmäßige Anschluß an die bisherige Theorie auch dadurch zustande kommen, daß die η-Matrix für kleine Energieimpulsdifferenzen in die η-Matrix der bisherigen Theorie übergeht. Da aber die letztere im allgemeinen eine sehr komplizierte Form hat, ist auch für die η-Matrix der endgültigen Theorie keine einfache Form zu erwarten. Es muß also einfache Gesetze anderer Art geben, aus denen die η-Matrix erst hergeleitet wird. Die Massen der Elementarteilchen werden in der zukünftigen Theorie ebenso bestimmt werden, wie die Energien der stationären Zustände; einen prinzipiellen Unterschied zwischen Elementarteilchen und zusammengesetzten Teilchen wird es nicht geben. Bei dem im ersten Teil dieser Arbeit besprochenen Modell kommt allerdings gerade dieser Umstand nicht zum Ausdruck, da dort zur Vereinfachung ein Wechselwirkungsansatz gewählt wurde, bei dem die Anzahl der Teilchen erhalten bleibt; bei diesem speziellen Modell kann also scharf zwischen Elementarteilchen und zusammengesetzten Teilchen unterschieden werden.

Die Behandlung von Mehrkörperproblemen mit Hilfe der η-Matrix

[Die beobachtbaren Größen in der Theorie der Elementarteilchen. IV]

Von **W. Heisenberg**, Max-Planck-Institut der Kaiser Wilhelm-Gesellschaft, Berlin-Dahlem[1]

Die stationären Zustände abgeschlossener Systeme und die Wirkungsquerschnitte bei Stoßprozessen wurden bestimmt durch eine unitäre Streumatrix S oder durch eine hermitische Matrix η, die mit S durch die Beziehung $S = e^{i\eta}$ zusammenhängt. Wenn es sich um Systeme mit mehr als zwei Elementarteilchen handelt, so genügt es natürlich nicht, etwa die Matrix η nur für ein Paar von Elementarteilchen festzulegen, sondern es muß auch angegeben werden, wie sich die Funktion η bei Vorhandensein mehrerer Teilchen aus den Wechselwirkungen von je zweien von ihnen zusammensetzt, wobei etwa auch noch „Mehrkörperkräfte" angenommen werden können. Im Folgenden sollen nun verschiedene Schwierigkeiten besprochen werden, die in diesem Zusammenhang bei den Mehrkörperproblemen auftreten.

Zunächst zeigt sich nämlich, daß bei den Mehrkörperproblemen das asymptotische Verhalten der Wellenfunktionen und die η-Matrix nicht in so einfacher Weise festgelegt wird, wie beim Zweikörperproblem; erst, wenn dieser Sachverhalt vollständig geklärt ist, kann gezeigt werden, daß die η-Matrix für mehrere Teilchen, die ohne gegenseitige Wechselwirkung unter dem Einfluß irgendeiner Kraft stehen, sich einfach additiv aus den einzelnen η-Matrizen zusammensetzt. Fügt man dann eine kleine Wechselwirkung als Störung hinzu, so kann die Wirkung dieser Störung im allgemeinen nicht durch ein weiteres additives Glied in der η-Matrix ausgedrückt werden. Diese Störung gibt außerdem unter Umständen Anlaß zu Übergängen von freien Teilchen | in diskrete stationäre Zustände 2
und führt damit zu einer Erweiterung der Matrix S, die im Einzelnen untersucht werden soll. Schließlich kann man dann auf Grund einer solchen Untersuchung angeben, wie etwa eine η-Matrix von der in Teil III untersuchten Art benützt werden kann, um Streu- und Anregungsprozesse bei zusammengesetzten Systemen zu berechnen.

I. Mehrere Teilchen ohne gegenseitige Wechselwirkung

Wir denken uns ein System aus mehreren Teilchen ohne gegenseitige Wechselwirkung, die alle an einem gemeinsamen Kraftzentrum (eventuell nach verschiedenen Kraftgesetzen) gestreut werden können. Als einfachster Fall sollen etwa

[1] Printed according to the manuscript in the Werner-Heisenberg-Archiv – the page numbers at the margin (with the vertical lines in the text) give the page numbers of the manuscript. (Editor)

zwei solche Teilchen betrachtet werden. Dann kann man für jedes einzelne Teilchen die Streuung nach der üblichen Methode berechnen: Zerlegung der ebenen Welle in Kugelwellen, die hinsichtlich ihrer Winkelabhängigkeit zu den verschiedenen Kugelfunktionen gehören, und Berechnung der zur Kugelwelle gehörigen Phase. So wird etwa die Eigenfunktion des S-Zustandes in weitem Abstand vom Streuzentrum die Form haben: $\sin[kr+\delta(k)]/r$, wobei die Phase $\delta(k)$ für den Streuvorgang charakteristisch ist und bis auf den Faktor 2 den Eigenwert der η-Matrix darstellt. Wenn nun zwei Elementarteilchen vorhanden sind, so verhält sich die entsprechende Eigenfunktion asymptotisch wie:

$$\begin{aligned}\psi(\boldsymbol{r}_1,\boldsymbol{r}_2) &= \frac{1}{r_1 r_2}\sin[k_1 r_1+\delta_1(k_1)]\cdot\sin[k_2 r_2+\delta_2(k_2)]\\ &= \frac{1}{4 r_1 r_2}\,[\mathrm{e}^{\mathrm{i}(k_1 r_1+k_2 r_2+\delta_1+\delta_2)}-\mathrm{e}^{\mathrm{i}(k_1 r_1+\delta_1-k_2 r_2-\delta_2)}\\ &\quad -\mathrm{e}^{\mathrm{i}(k_2 r_2+\delta_2-k_1 r_1-\delta_1)}+\mathrm{e}^{-\mathrm{i}(k_1 r_1+k_2 r_2+\delta_1+\delta_2)}]\end{aligned} \tag{1}$$

3 Aus dieser Formel geht hervor, daß die einlaufende Welle, wenn man etwa $\exp[-\mathrm{i}(k_1 r_1+k_2 r_2)]$ als solche definieren wollte, nicht nur durch eine, sondern durch mehrere auslaufende Wellen ergänzt werden muß. Wählt man im Impulsraum etwa

$$\psi_{\mathrm{e}}(\boldsymbol{k}_1',\boldsymbol{k}_2') = \delta(\boldsymbol{k}_1-\boldsymbol{k}_2)\,\delta(k_1+k_2-k_1'-k_2')\ , \tag{2}$$

d.h. im Ortsraum:

$$\psi_{\mathrm{e}}(\boldsymbol{r}_1,\boldsymbol{r}_2) = \frac{\sin(k_1 r_1)\,\mathrm{e}^{-\mathrm{i}k_2 r_2}}{2\mathrm{i}\, r_1 r_2}(4\pi)^2 k_1 k_2 \tag{3}$$

als einfallende Welle, so lautet die zugehörige Ergänzung:

$$\begin{aligned}\psi &= \psi_{\mathrm{e}}+\psi_{\mathrm{a}}\ ,\\ \psi_{\mathrm{a}} &= \frac{4k_1 k_2\pi^2}{r_1 r_2}[-\mathrm{e}^{\mathrm{i}(k_1 r_1+k_2 r_2+2\delta_1+2\delta_2)}\\ &\quad +\mathrm{e}^{\mathrm{i}(k_1 r_1-k_2 r_2)}(\mathrm{e}^{2\mathrm{i}\delta_1}-1)+\mathrm{e}^{\mathrm{i}(k_2 r_2-k_1 r_1+2\delta_2)}]\ ;\end{aligned} \tag{4}$$

auch hier gibt es also mehrere auslaufende Wellen.

Diese Ergänzung kann im Impulsraum dargestellt werden durch:

$$\begin{aligned}\psi_{\mathrm{a}}(\boldsymbol{k}_1,\boldsymbol{k}_2) &= \delta_+(k_1-k_1')\,\delta_+(k_2-k_2')\,\mathrm{e}^{2\mathrm{i}(\delta_1+\delta_2)}\\ &\quad +\delta_+(k_1-k_1')\,\delta_-(k_2-k_2')(\mathrm{e}^{2\mathrm{i}\delta_1}-1)\\ &\quad +\delta_-(k_1-k_1')\,\delta_+(k_2-k_2')\,\mathrm{e}^{2\mathrm{i}\delta_2}\end{aligned} \tag{5}$$

und kann durch eine einfache Umformung in eine Gestalt gebracht werden, die der Gl. (11) von Teil I entspricht:

$$\delta_+(k_1-k_1')\delta_-(k_2-k_2') = [\delta_+(k_1-k_1')-\delta_-(k_2-k_2')]\,\delta_+(k_1+k_2-k_1'-k_2') \; ,$$

$$\delta_+(k_1-k_1')\delta_+(k_2-k_2') = \delta(k_1-k_1')\,\delta_+(k_1+k_2-k_1'-k_2') - \delta_-(k_1-k_1')\,\delta_+(k_2-k_2') \tag{6}$$

u. s. w., also schließlich: 4

$$\begin{aligned}\psi_a(\boldsymbol{k}_1, \boldsymbol{k}_2) = \delta_+(k_1+k_2-k_1'-k_2')\{&\delta(k_1-k_1')\,e^{i(2\delta_1+2\delta_2)} \\ &+[\delta_+(k_2-k_2')-\delta_-(k_1-k_1')]\,e^{2i\delta_2}(1-e^{2i\delta_1}) \\ &+[\delta_+(k_1-k_1')-\delta_-(k_2-k_2')](e^{2i\delta_1}-1)\} \; .\end{aligned} \tag{7}$$

Man hat beim Betrachten dieser Formel mit den verschiedenen Phasenfaktoren zunächst den Eindruck, als sei die Matrix S hier gar nicht auf Diagonalform und als könne man gar keinen bestimmten Phasenfaktor für die Beziehung zwischen einfallender und auslaufender Welle angeben. Das Bild verändert sich aber, wenn man wirklich zur Matrix S übergeht und zu diesem Zweck den Faktor $\delta_+(k_1+k_2-k_1'-k_2')$ durch $\delta(k_1+k_2-k_1'-k_2')$ ersetzt. Dann verschwinden nämlich die beiden letzten Ausdrücke in der geschweiften Klammer, da man innerhalb dieser Klammer $k_1+k_2=k_1'+k_2'$ setzen darf:

$$\delta_+(k_1-k_1')-\delta_-(k_2-k_2') = \delta_+(k_1-k_1')-\delta_2(k_1'-k_1) = 0 \tag{8}$$

und

$$\delta_+(k_2-k_2') = \delta_-(k_1-k_1') \; .$$

Für die Matrix S erhält man also einfach den Ausdruck

$$\delta(k_1+k_2-k_1'-k_2')\,\delta(k_1-k_1')\,e^{i(2\delta_1+2\delta_2)} \; ; \tag{9}$$

S hat die Diagonalform und der zugehörige Eigenwert von η lautet:

$$\eta = 2\delta_1+2\delta_2 \; . \tag{10}$$

Man erkennt, daß sich also tatsächlich die Matrix η für das Gesamtsystem additiv zusammensetzt aus den η-Matrizen der beiden Teilchen:

$$\eta = \eta_1+\eta_2 \; , \tag{11}$$

daß aber die η-Matrix und die S-Matrix gar nicht den vollständigen Ausdruck der 5
asymptotischen Welle liefern, sondern nur das Glied, bei dem *alle* Teilchen auslaufen. Dies liegt daran, daß man zur Berechnung der asymptotischen Welle die Wellenfunktionen im Impulsraum nicht nur an der Stelle $k_1+k_2=k_1'+k_2'$, sondern auch in einer infinitesimalen Umgebung dieser Stelle braucht. Über das Verhalten in einer infinitesimalen Umgebung der Stelle sagt aber die Matrix S unmittelbar nichts aus.

Allerdings ist der vollständige Ausdruck für die asymptotische Wellenfunktion doch mittelbar durch S festgelegt, wenn S für das einzelne Teilchen gegeben ist; denn die Glieder in der Wellenfunktion (7), die nicht durch S unmittelbar dargestellt werden, entsprechen der Streuung eines einzelnen Teilchens bei unveränderter Wellenfunktion des anderen, sind also durch die S-Matrix für das einzelne Teilchen bestimmt.

Zusammenfassend kann man unter geringfügiger Erweiterung des bisher abgeleiteten etwa sagen: Die η-Matrix eines Systems, das sich aus Teilsystemen ohne gegenseitige Wechselwirkung zusammensetzt, ist gleich der Summe der η-Matrizen der einzelnen Teilsysteme. Das asymptotische Verhalten der Wellenfunktion wird aber nicht unmittelbar durch die η-Matrix des Gesamtsystems allein, sondern mittelbar durch diese und die η-Matrizen der Teilsysteme festgelegt.

II. Wechselwirkung als kleine Störung

a) Man kann nun weiter untersuchen, wie sich die Streuprozesse ändern und welche neuen Möglichkeiten hinzukommen, wenn die beiden Teilchen durch eine
6 kleine Kraft aufeinander | wirken. Zu den Streuprozessen am festen Kraftzentrum werden dann Streuprozesse treten, bei denen das eine Teilchen am anderen gestreut wird, und solche, bei denen beide Streuungen hintereinander stattfinden. Wenn die Wechselwirkung mit dem festen Kraftzentrum von einer solchen Art ist, daß die Teilchen auch in diskreten stationären Zuständen gebunden werden können, so wird es Stöße „zweiter Art" geben, bei denen das eine Teilchen eingefangen wird und die dabei frei werdende Energie ans andere überträgt.

Diese Verhältnisse sollen zunächst im Rahmen der gewöhnlichen Quantenmechanik untersucht werden. Wir nehmen also an, daß die Streumatrizen S_1 und S_2, bzw. die ihnen entsprechenden Matrizen η_1 und η_2 durch Lösung einer Schrödingergleichung in der üblichen Weise berechnet worden seien, und denken uns zur Hamiltonfunktion der beiden Teilchen eine kleine Wechselwirkungenergie $V(\boldsymbol{r}_1, \boldsymbol{r}_2)$ hinzugefügt; ihre Darstellung im Impulsraum sei die Matrix $(\boldsymbol{k}_1' \boldsymbol{k}_2' | V | \boldsymbol{k}_1'' \boldsymbol{k}_2'')$ (in *Dirac*scher Bezeichnungsweise). Wir fragen, wie nun die Matrix η des Gesamtsystems lautet.

Zur Beantwortung dieser Frage wird es zweckmäßig sein, zunächst einmal von der Darstellung der Matrix V mit den Impulsen der Teilchen überzugehen zu einer anderen Darstellung, in der die Zeilen und Kolonnen nach den Werten von η_1 und η_2 geordnet sind, die also zu den Eigenfunktionen der ungestörten η-Matrix gehört. Wir wollen diese Zustände formal mit η_0' numerieren. Dann bedeutet (wieder in der *Dirac*schen Bezeichnungsweise) $(\boldsymbol{k}_1' \boldsymbol{k}_2' | \eta_0')$ die Eigenfunktion, die zum Werte η_0' gehört.

7 Wenn das Kraftzentrum des ungestörten Systems kugelsymmetrisch ist, was wir der Einfachheit halber annehmen wollen, so stellen diese Eigenfunktionen Produkte von Kugelwellen dar, die von den Winkeln nach Kugelfunktionen abhängen. Es ist daher zweckmässig, von vornherein nicht die Impulse $\boldsymbol{k}_1$, $\boldsymbol{k}_2$, sondern den Absolutwert der Impulse k_1, k_2 und die Indizes der Kugelfunktionen l_1, m_1; l_2, m_2 als Variable zu nehmen. Die Gesamtheit dieser Variablen soll auch einfach k genannt werden; die Eigenfunktion soll also $(k_1' l_1' m_1'; k_2' l_2' m_2' | \eta_0')$ oder einfach $(k' | \eta_0')$ lauten.

Wenn man die Matrix der Störungsenergie V auf dieses Koordinatensystem umtransformiert, so kann man die gestörte Eigenfunktion $(k'|\eta')$ in der üblichen Weise in erster Näherung durch die ungestörte Eigenfunktion darstellen mit der Gleichung:

$$(k'|\eta') = (k'|\eta_0') - 2\pi \mathrm{i} \int (k'|\eta_0'')\, d\eta_0''\, \delta_+(E_{\eta_0'} - E_{\eta_0''})\, (\eta_0''|V|\eta_0'') \;. \tag{12}$$

Diese Gleichung ist so gemeint, daß η' auf der linken Seite den zu jenem Zustand gehörigen Wert von η bedeutet, der aus dem Zustand η_0' durch adiabatisches Einschalten der Störung hervorgeht.

Die ungestörten Zustände zerfallen nun in zwei Gruppen: solche im kontinuierlichen Spektrum, die etwa durch zwei einfallende Kugelwellen $k_1\, l_1\, m_1$; $k_2\, l_2\, m_2$ charakterisiert werden, und solche, bei denen das eine der beiden Teilchen in einem diskreten Zustand gebunden ist. Zustände, bei denen beide Teilchen gebunden sind, können nicht durch Übergänge aus Zuständen mit freien Teilchen entstehen und brauchen daher hier nicht betrachtet zu werden. | Die Zu- 8
stände der ersten Gruppe werden wir durch die einfallenden Kugelwellen, abgekürzt einfach k charakterisieren, für die der zweiten Gruppe werden wir $\eta_0' = s$ schreiben und wir interessieren uns hier für die Abhängigkeit der Eigenfunktion von dem Impuls des einen noch freien Teilchens, etwa k_1.

Für die ungestörten Eigenfunktionen der ersten Gruppe gilt nach (7)

$$(k'|k) = (k'|1|k) + \delta_+(E - E')(k'|R^0|k) \;. \tag{13}$$

Also folgt aus (12) und (13) schließlich für die gestörten Eigenfunktionen:

$$\begin{aligned}(k'|k) &= (k'|1|k) + \delta_+(E-E')(k'|R^0|k) - 2\pi \mathrm{i}\, \delta_+(E-E')(k'|V|k)\\ &\qquad - 2\pi \mathrm{i} \int \delta_+(E''-E')(k'|R^0|k'')\, dk''\, \delta_+(E-E'')(k''|V|k) \;;\\ (k_1|k) &= -2\pi \mathrm{i} (k_1|s)(s|V|k)\, \delta_+(E_1 - E_s)\\ &= -2\pi \mathrm{i} [(k_1|1|k_{1s}) + \delta_+(E_{1s} - E_1)(k_1|R_1|k_{1s})] \cdot (s|V|k)\, \delta_+(E - E_s) \;.\end{aligned} \tag{14}$$

Das Produkt $\delta_+(E''-E') \cdot \delta_+(E-E'')$ kann wieder in der früher angegebenen Weise umgeformt werden:

$$\delta_+(E-E'')\,\delta_+(E''-E') = [\delta_+(E-E'') + \delta_+(E''-E)]\, \delta_+(E-E') \;. \tag{15}$$

Beachtet man noch, daß

$$\delta_+(E-E'') + \delta_+(E''-E) = \delta(E-E'') \;, \tag{16}$$

so folgt aus Gl. (13) bis (16) für $E = E'$:

$$\begin{aligned}(k'|R|k) &= (k'|R^0|k) - 2\pi \mathrm{i} (k'|V|k)\\ &\qquad - 2\pi \mathrm{i} \int \delta(E-E'')(k'|R^0|k'')\, dk''\, (k''|V|k)\end{aligned} \tag{17a}$$

und

$$(k_1|R|k) = 2\pi \mathrm{i}\, (s|V|k)(k_1|S_1^0|k_{1s}) \;. \tag{17b}$$

9 Definiert man ähnlich wie in Teil I:

$$(k'|S|k) = (k'|1|k) + \delta(E-E')(k'|R|k) \ , \tag{18}$$

so folgt schließlich, wenn man $(k'|V|k)\delta(E-E') = (k'|\bar{V}|k)$ setzt:

$$\begin{aligned}(k'|S|k) &= \int (k'|S^0|k'')dk''(k''|1-2\pi i\bar{V}|k) \ , \\ (k_1|S|k) &= -2\pi i(k_1|S^0|k_{1s})(s|\bar{V}|k) \ .\end{aligned} \tag{19}$$

Damit ist die Streumatrix für das gestörte System bestimmt; man kann mit Hilfe von (19) auch ohne Schwierigkeit verifizieren, daß für die gestörte Matrix S und in der berechneten ersten Näherung in V die Beziehung $S^+S = 1$ gilt, wenn sie für S^0 richtig ist. Die Formel (19) läßt sich noch vereinfachen, da bei den gewählten Eigenfunktionen $(k'|S^0|k'')$ eine Diagonalmatrix ist:

$$(k'|S^0|k'') = (k'|1|k'')e^{i\eta^0_{k'}} \ . \tag{20}$$

Daraus folgt:

$$\begin{aligned}(k'|S|k) &= e^{i\eta^0_{k'}}(k'|-2\pi i\bar{V}|k) \ , \\ (k_1|S|k) &= 2\pi i e^{i\eta^0_{k_1}}(s|\bar{V}|k) \quad \text{und} \\ (k_1|S|k_1) &= e^{i\eta^0_{k_1}}(k_1|1-2\pi i\bar{V}|k_1) \ .\end{aligned} \tag{21}$$

Nun kann man noch in der üblichen Weise S durch eine kanonische Transformation auf Diagonalform bringen. Die Transformationsmatrix wird von der Form sein:

$$(k'|1+\varepsilon|k'') \ , \tag{22}$$

10 wobei die Matrix ε klein sein soll von der Ordnung V. [Dann wird]

$$(k'|S|k''')(k'''|1+\varepsilon|k'') = (k'|1+\varepsilon|k'')S_{k''} = (k'|1+\varepsilon|k'')e^{i\eta_{k''}} \ , \tag{23}$$

oder nach (21) für $k' = k''$:

$$(k'|S|k') = (k'|e^{i\eta_k}|k') \ , \tag{24}$$

d.h. bis auf quadratische Glieder in V:

$$\eta_{k'} = \eta^0_{k'} \ . \tag{25}$$

Die in $\bar{V}$ linearen Glieder fallen hier fort, da die Matrix $\bar{V}$ bis auf die δ-Funktion in der Energie keine δ-funktionsartigen Faktoren enthält. Physikalisch bedeutet dies, daß die Streuung des einen Teilchens am Kraftzentrum durch das zweite nicht gestört wird, da es beliebig unwahrscheinlich ist, daß beide Teilchen gleichzeitig am Kraftzentrum vorbeifliegen.

Ferner wird für $k' \neq k''$

$$-2\pi \mathrm{i}\, \mathrm{e}^{\mathrm{i}\eta^0_{k'}}(k'|\bar{V}|k'') + \mathrm{e}^{\mathrm{i}\eta_{k'}}(k'|\varepsilon|k'') = (k'|\varepsilon|k'')\mathrm{e}^{\mathrm{i}\eta_{k''}} \,,$$

d. h.

$$(k'|\varepsilon|k'') = -2\pi \mathrm{i}(k'|\bar{V}|k'') \frac{1}{\mathrm{e}^{\mathrm{i}(\eta_{k''} - \eta^0_{k'})} - 1} \approx -\frac{2\pi \mathrm{i}(k'|\bar{V}|k'')}{\mathrm{e}^{\mathrm{i}(\eta^0_{k''} - \eta^0_{k'})} - 1} \,, \tag{26}$$

und ebenso

$$(k_1|\varepsilon|k'') = -2\pi \mathrm{i}(k_1|\bar{V}|k'') \frac{1}{\mathrm{e}^{\mathrm{i}(\eta^0_{k''} - \eta^0_{k_1})} - 1} \,.$$

Für die gestörte Matrix ergibt sich daher schließlich

$$
\begin{aligned}
&\text{für } k' = k'': \quad \eta_{k'} = \eta^0_{k'} \,, \\
&[\text{für}]\ k' \neq k'': (k'|\eta|k'') = -2\pi \mathrm{i}(k'|\bar{V}|k'') \frac{\eta^0_{k''} - \eta^0_{k'}}{(\exp[\mathrm{i}(\eta^0_{k''} - \eta^0_{k'})] - 1)} \,, \\
&[\text{für}]\ k_1, k'': \quad (k_1|\eta|k'') = -2\pi \mathrm{i}(k_1|\bar{V}|k'') \frac{\eta^0_{k''} - \eta^0_{k_1}}{(\exp[\mathrm{i}(\eta^0_{k''} - \eta^0_{k_1})] - 1)} \,, \\
&[\text{für}]\ k_1, k_1: \quad (k_1|\eta|k_1) = \eta^0_{k_1} - 2\pi(k_1|\bar{V}|k_1) \,.
\end{aligned}
\tag{27}
$$

Die in den Gl. (21) und (27) gewonnenen Ergebnisse kann man in folgender 1
Weise zusammenfassen: Wenn in die Hamiltonfunktion des 2-Teilchensystems eine kleine Wechselwirkung V der beiden Teilchen als Störung eingefügt wird, so ändert sich die Streumatrix des Systems einfach nach der Beziehung:

$$S = S^0(1 - 2\pi \mathrm{i}\bar{V}) \approx S^0 \mathrm{e}^{-2\pi \mathrm{i}\bar{V}} = \mathrm{e}^{\mathrm{i}\eta^0} \cdot \mathrm{e}^{-2\pi \mathrm{i}\bar{V}} \,. \tag{28}$$

Wegen der Nichtvertauschbarkeit von $\bar{V}$ mit η^0 kann aber daraus *nicht* etwa auf

$$\eta \approx \eta_0 - 2\pi \bar{V} \tag{29}$$

geschlossen werden; die letztere Gleichung gilt vielmehr nur dann näherungsweise, wenn alle Phasendifferenzen

$$|\eta^0_{k'} - \eta^0_{k''}| \ll 1$$

sind (vgl. dazu auch Teil I, Abs. III c). In anderen Fällen gelten die komplizierteren Beziehungen, die in Gl. (27) niedergelegt sind.

b) Wenn die Matrix $(k'|\bar{V}|k'')$ im kontinuierlichen Spektrum, d. h. für reelle Impulse $k_1', k_2'; k_1'', k_2''$ festgelegt ist, so müssen durch analytische Fortsetzung auch die Matrixelemente vom Typus $(k_1|\bar{V}|k'')$ bestimmt werden können. Hierbei tritt jedoch eine charakteristische Schwierigkeit auf, die mit der verschiedenartigen Normierung der Eigenfunktion im diskreten und im kontinuierlichen Spektrum zusammenhängt.

Wir betrachten der Einfachheit halber zentralsymmetrische Eigenfunktionen ($l = m = 0$) eines einzelnen Teilchens. Für große r verhält sich im kontinuierlichen Spektrum die normierte Eigenfunktion wie

$$\psi_{r \to \infty} = \frac{\sin[kr + \delta_k]}{\pi r \sqrt{2}} \quad . \tag{30}$$

12 Man überzeugt sich leicht, daß ψ in Gl. (30) unabhängig von den speziellen Werten von $\delta(k)$ und dem Verhalten der Eigenfunktion bei kleinen r schon richtig normiert ist und daß

$$\int 4\pi r^2 dr\, \psi_k(r)\, \psi_{k'}(r) = \delta(k - k') \quad . \tag{31}$$

Natürlich gilt diese Relation nur, wenn die $\psi_k(r)$ richtige Eigenfunktionen sind; aber die Normierung ist von dem Verhalten der Eigenfunktionen bei kleinen r unabhängig. Geht man nun vom kontinuierlichen Spektrum zum diskreten, d. h. zu imaginären k-Werten über, so ist klar, daß etwa

$$\psi_{r \to \infty} = \frac{\exp(-|k|r)}{2\pi r \sqrt{2}}$$

keine richtig normierte Eigenfunktion sein kann. Denn hier soll $4\pi \int |\psi|^2 r\, dr = 1$ sein, ψ muß also die Dimension $r^{-3/2}$ haben. Die richtige Normierung könnte man zwar sofort angeben, wenn ψ bekannt wäre. Hier soll aber nur das asymptotische Verhalten von ψ gegeben sein, und es entsteht die Frage, ob die richtige Normierung der diskreten Eigenfunktion überhaupt durch die Streumatrix, d. h. durch die $\delta(k)$ allein bestimmt werden kann. Zur Beantwortung dieser Frage betrachten wir die umgekehrte Orthogonalitätsrelation (oder Vollständigkeitsrelation):

$$\int_0^\infty dk\, \psi_k(r)\, \psi_k(r') + \sum_n \psi_n(r)\, \psi_n(r') = \frac{1}{4\pi r^2}\, \delta(r - r') \quad . \tag{32}$$

Mit ψ_n werden hier die richtig normierten Eigenfunktionen des diskreten Spektrums bezeichnet, die sich für große r wie

13

$$\psi_{n \atop r \to \infty} = c_n \frac{\exp(-|k_n|r)}{2\pi r \sqrt{2}} \tag{33}$$

verhalten sollen. Für hinreichend große r geht also Gl. (32) über in:

$$\int_0^\infty dk \frac{\sin(kr + \delta)\sin(kr' + \delta)}{2\pi^2 r^2} + \sum_n c_n^2 \frac{\exp[-|k_n|(r + r')]}{8\pi^2 r^2}$$
$$= \frac{1}{4\pi r^2}\, \delta(r - r') \quad . \tag{34}$$

Durch Umformung des ersten Integrals erhält man

$$\int_0^\infty dk \frac{\cos k(r-r') - \cos[k(r+r')+2\delta]}{4\pi^2 r^2} + \sum_n c_n^2 \frac{\exp[-|k_n|(r+r')]}{8\pi^2 r^2}$$

$$= \frac{1}{4\pi r^2}\delta(r-r') - \int_0^\infty \frac{dk}{4\pi^2 r^2}\cos[k(r+r')+2\delta]$$

$$+ \sum_n c_n^2 \frac{\exp[-|k_n|(r+r')]}{8\pi^2 r^2} \,, \tag{35}$$

und durch den Vergleich mit (34) folgt:

$$\frac{1}{4\pi^2 r^2}\int_0^\infty dk \cos[k(r+r')+2\delta(k)] = \sum_n c_n^2 \frac{\exp[-|k_n|(r+r')]}{8\pi^2 r^2} \,. \tag{36}$$

Da die Phase $\delta(k) = -\eta_k/2$, als analytische Funktion von k betrachtet, bei Vorzeichenwechsel von k auch das Vorzeichen wechselt, [also]

$$\delta(-k) = -\delta(k) \,, \tag{37}$$

so kann man statt (36) auch schreiben:

$$\int_{-\infty}^{+\infty} dk\, \mathrm{e}^{\mathrm{i}k(r+r')+\mathrm{i}\eta_k} = \sum c_n^2 \mathrm{e}^{-|k_n|(r+r')} \,. \tag{38}$$

Nun hat der Faktor $\exp(\mathrm{i}\eta_k) = S_k$ nach den Überlegungen von III, Abschn. Ia Pole auf der imaginären k-Achse an allen Stellen $k = \mathrm{i}\,|k_n|$. Wenn man den Integrations|weg in der imaginären k-Ebene nach oben schiebt, d.h. in Richtung 1
auf positiv imaginäre k, so reduziert er sich schließlich auf Kreise um die einzelnen Pole, und der Beitrag jedes Pols entspricht offenbar einem Summanden auf der rechten Seite. Man kann also schließlich schreiben:

$$c_n^2 = \oint_{\mathrm{i}|k_n|} dk\, S_k \,. \tag{39}$$

Die Gl. (39) zeigt, daß die Normierungsfaktoren tatsächlich durch die Phasenmatrix eindeutig bestimmt sind. Sie gibt daher eine eindeutige Vorschrift darüber, wie man aus irgendwelchen Matrizen, die für reelle k-Werte definiert sind, durch analytische Fortsetzung die Matrixelemente für diskrete k-Werte berechnen|kann. Betrachtet man etwa speziell die S-Matrix des Zwei-Teilchensystems, 1
so erkennt man aus Gl. (21) und (39), daß

$$|(k_{1n}|S|k)|^2 = -\oint_{\mathrm{i}|k_n|} dk_2 |(k_{1r}, k_2|S|k)|^2 \quad . \tag{40}$$

und

$$|(k_{1n}|S|k_{1m}|^2 = \oint_{\mathrm{i}|k_n|} dk_2 \oint_{\mathrm{i}|k_m|} dk_2' \,|(k_{1n}, k_2|S|k_{1m}, k_2')|^2 \,. \tag{41}$$

Die Absolutquadrate auf der rechten Seite gelten dabei nur für reelle k-Werte; für komplexe k ist die analytische Fortsetzung dieser Funktion gemeint.

In dieser Weise können also die Häufigkeiten von Streuprozessen, an denen zusammengesetzte Teilchen beteiligt sind, berechnet werden, wenn die S-Matrix für reelle Impulse der Elementarteilchen gegeben ist. Allerdings setzt diese Berechnung im Allgemeinen die strenge Kenntnis der S-Matrix voraus; mit Näherungslösungen bei der Herleitung von S etwa aus η kann man sich in der Regel nicht begnügen, da eine Näherungslösung, die für reelle Impulse die S-Matrix befriedigend darstellt, doch andere Singularitäten haben kann als die strenge Lösung. Durch diesen Umstand wird die praktische Ausführung der in den Gl. (40) und (41) gegebenen Rechenvorschrift sehr erschwert.

16 Die Gl. (40) u. (41) bestimmen nur die Absolutquadrate der Matrixelemente zu einem diskreten stationären Zustand, nicht aber diese Matrixelemente selbst. Für jeden diskreten stationären Zustand bleibt daher eine Phase unbestimmt; dies ist befriedigend, weil einer solchen Phase in der Quantentheorie keine physikalische Bedeutung zukommt, die Phase gehört jedenfalls *nicht* zu den „beobachtbaren“ Größen.

III. Systeme aus vielen Teilchen mit beliebiger Wechselwirkung

a) Verallgemeinert man die bisher beim Zwei-Teilchensystem gewonnenen Resultate, so ergibt sich etwa das folgende Bild: Die diskreten stationären Zustände eines Systems aus n Elementarteilchen sind dadurch charakterisiert, daß der zugehörige Eigenwert der S-Matrix für die betreffenden Gesamtenergien unendlich wird; bei diesen Gesamtenergien sind die Impulse der Teilsysteme, aus denen sich das Gesamtsystem zusammensetzt, imaginär. Die S-Matrix eines Systems aus $n+1$ Elementarteilchen muß dann Übergangselemente enthalten, die zu den diskreten stationären Zuständen des n-Teilchensystems führen. Diese Übergangselemente können bis auf eine zu dem betreffenden Zustand gehörige unbestimmte Phase durch analytische Fortsetzung aus den Elementen der S-Matrix für reelle Impulse gewonnen werden. Die letzteren Matrixelemente werden nämlich bei analytischer Fortsetzung unendlich für diejenigen Impulse des $(n+1)$-ten Teilchens, die bei gegebener Gesamtenergie gerade zu einer Energie
17 des n-Teilchensystems führen, die einem stationären Zustand entspricht. | Die Übergangselemente zu dem diskreten stationären Zustand hängen dann mit jenen singulären Matrixelementen nach Gleichungen vom Typus der Gl. (40) zusammen, d. h.

$$(k^s_{n+1}|S^*|k'_{n+1})(k^s_{n+1}|S|k''_{n+1}) = -\int dk_{n+1}(k_{n+1}|S^*|k'_{n+1})(k_{n+1}|S|k''_{n+1}) \qquad (42)$$

und können aus ihnen bestimmt werden, wenn die Matrix S im kontinuierlichen Spektrum gegeben ist. Bei hinreichend tiefer Gesamtenergie wird es schließlich wieder nur das eine Matrixelement

$$(k^s_{n+1}|S|k^s_{n+1})$$

geben, das zum tiefsten stationären Zustand des n-Teilchensystems gehört und das den Wirkungsquerschnitt für die Streuung des $(n+1)$-ten Teilchens am Normalzustand des n-Teilchensystems bestimmt. Dieses Diagonalelement der S-Matrix wird dann wieder für gewisse imaginäre k_{n+1}^{S}-Werte, d.h. für bestimmte niedrige Gesamtenergien singulär werden, und dort liegen dann die diskreten stationären Zustände des $(n+1)$-Teilchensystems. In dieser Weise kann man den Übergang vom n-Teilchensystem zum $(n+1)$-Teilchensystem vollziehen.

Allerdings kann man im allgemeinen nicht mit einer S-Matrix beginnen, da schon die Bedingung $S^+S=1$ komplizierte Forderungen an die Matrixelemente von S stellt, die bei Wahl irgendeiner willkürlichen Funktion S nicht erfüllt sind. Daher war in Teil II u. III vorgeschlagen worden, an die Spitze der Theorie die η-Matrix zu stellen, von der nur gefordert werden muß, daß sie hermitisch ist. Man
kann also, wie dies in den Beispielen von Teil II u. III geschehen | ist, damit begin- 18
nen, für reelle Impulse der Elementarteilchen eine hermitische Matrix vorzugeben. Aus den vorher diskutierten Eigenschaften von S folgt aber dann sogleich, daß diese Matrix η ergänzt werden muß durch zusätzliche Matrixelemente, die zu den diskreten Zuständen der Teilsysteme führen; denn nur dann kann auch die Matrix S solche Matrixelemente besitzen. Diese ergänzenden Matrixelemente von η können aber leider nach Ausweis der Gl. (27) offenbar nicht in einfacher Weise durch analytische Fortsetzung der Matrixelemente für reelle Impulse bestimmt werden. Vielmehr scheint eine solche Bestimmung nur auf dem Umweg über die S-Matrix und die Gl. (42) möglich zu sein. Wenn eine hermitische Matrix für reelle Impulse der Teilchen im n-Teilchensystem vorgegeben ist, – so wie dies in Teil III geschildert worden ist –, so erfordert die Berechnung der Streuquerschnitte und der stationären Zustände also folgende mathematische Operationen: Zuerst muß die Matrix η ergänzt werden durch neue, zunächst unbekannte Matrixelemente, die zu den stationären Zuständen des $(n-1)$-Teilchensystems führen. Mit Hilfe dieser vervollständigten η-Matrix berechnet man die Matrix S. Dann schreibe man die Gleichungen (42) an, die jetzt als Bestimmungsgleichungen für die unbekannten Matrixelemente der η-Matrix erscheinen, und bestimme aus ihnen diese Matrixelemente. Erst dann kann man in der üblichen Weise weiterrechnen.

b) Man erkennt aus dieser Überlegung, daß der in Teil III unternommene
Versuch zu Berechnung | des Grundzustandes beim 3-Teilchensystem nicht ein- 19
wandfrei war. Es genügt nicht, die Eigenwerte der η-Matrix für reelle Impulse der Teilchen zu berechnen, sondern man muß zuerst die η-Matrix in der eben geschilderten Weise ergänzen und erst dann kann man die Eigenwerte berechnen. Andererseits ist diese Ergänzung wohl durch das analytische Verhalten von η für reelle Impulse eindeutig bestimmt, und es entsteht die Frage, wie die richtige Ergänzung lautet, die zu der in Teil III diskutierten η-Matrix gehört. Man kann nun ohne Schwierigkeiten zeigen, daß bei der speziellen gewählten Form für η die Ergänzungen verschwinden müssen; das bedeutet physikalisch, daß ein System aus zwei Teilchen, die im stationären Zustand aneinander gebunden sind, im Gegensatz zu den in Teil III ausgesprochenen Vermutungen überhaupt nicht mit einem dritten Teilchen in Wechselwirkung tritt. Die Kraft zwischen je zwei Teilchen ist also hier eine reine Valenzkraft, die mit der Bindung von zwei Teilchen vollständig abgesättigt ist. Ein 'Atomkern' aus drei Teilchen existiert nicht, und ein ein-

zelnes Teilchen wird an einem Atomkern aus zwei Teilchen überhaupt nicht gestreut.

Daß die Übergänge zum stationären Zustand hier tatsächlich verschwinden müssen, erkennt man aus Gl. (40). Wenn man nämlich unter der Annahme, daß sie in η verschwinden, die Matrix S ausrechnet, so werden die Matrixelemente von S an der Stelle $k \to i\,|k_n|$ nicht in der durch (40) geforderten Weise singulär,
20 sodaß die | Ringintegrale und damit auch die rechten Seiten in (40) verschwinden. Die Annahme, daß die Übergangselemente verschwinden, ist als konsistent.

Aus diesem Ergebnis geht auch hervor, daß man grundsätzlich keine Wechselwirkung des Zweiteilchensystems mit einem dritten bekommen kann, wenn man die η-Matrix nur additiv zusammensetzt aus Gliedern, die sich je auf ein Teilchenpaar beziehen. Denn die Wechselwirkung etwa zwischen den Teilchen 2 und 3 wird dann nicht singulär für die imaginären Impulse der Teilchen 1 und 2, bei denen die Bindung zwischen 1 und 2 eintritt. Eine Wechselwirkung des Zweiteilchensystems mit einem dritten tritt also erst auf, wenn die η-Matrix auch Glieder vom Typus der „Mehrkörperkräfte" enthält. Solche Glieder kommen natürlich im allgemeinen automatisch vor, wenn man η aus einer Hamiltonfunktion bestimmt, auch dann, wenn in der Hamiltonfunktion die Wechselwirkungsenergie nur die Summe von drei Gliedern ist, die sich jeweils auf ein Paar von Teilchen beziehen.

Damit wird das wichtige Problem gestellt, ob es etwa eine allgemeine Regel gibt, nach der man die η-Matrix für n Teilchen berechnen kann, wenn sie für ein Teilchenpaar gegeben ist. Die einfache Addition der Paarwechselwirkungen trifft ja jedenfalls nicht das Richtige. Eine solche Beziehung müßte wohl dann existieren, wenn man annehmen dürfte, daß es in der Hamiltonfunktion grundsätzlich keine „Mehrkörperkräfte" geben darf. Eine solche Annahme kann aber kaum begründet werden, und die Frage nach der η-Matrix für viele Teilchen kann daher
21 einstweilen nicht einmal | auf die Frage nach der η-Matrix für je zwei Teilchen reduziert werden. Die Frage nach den Bedingungen, aus denen sich die richtige Form der η-Matrix herleitet, bleibt also nach wie vor in ein undurchdringliches Dunkel gehüllt.

Zeitschrift für Naturforschung *1*, 608–622 (1946)

so gibt es nach E. Strömgren[8] eine maximale Bahngeschwindigkeit bei

$$r = b\sqrt{2}^*, \qquad (6)$$

während die Geschwindigkeiten im Zentrum und im Unendlichen Null sind. Im Gegensatz hierzu ist es nach W. Stepanoff[9] nicht möglich, einen Kugelsternhaufen nur aus Sternen aufzubauen, die sich in Pendelbahnen durch das Zentrum bewegen.

Aus (6) berechnet sich mit dem schätzungsweise bei $r = 2{,}5\ pc$ liegenden Maximum $b = 1{,}8\ pc$, während eine direkte Darstellung der Greensteinschen Zählungen nach (5) zu $b = 1{,}55\ pc$ führt. Durch diese hinreichende Übereinstimmung ist auf jeden Fall die Größenordnung gewahrt. Bedenkt man nun noch, daß unter Beibehaltung des Äquipartitionsprinzips der kinetischen Energie der Sterne des Haufens die Sterne kleinerer Masse plausiblerweise in der Zone maximaler Geschwindigkeiten häufiger vorkommen werden als in den übrigen Gebieten, so läßt sich der obige Befund auch dynamisch erklären. Die Einschränkung liegt nur darin, daß durch die Annahme von Kreisbahnen die Maxwellsche Geschwindigkeitsverteilung des isothermen Sterngases verletzt wird. Sie ist indessen weniger streng, wenn kreisähnliche Rosettenbahnen mit in die Betrachtung einbezogen werden.

* Strömgren gibt $r = \sqrt{6}$, da er von vornherein das spezielle Modell mit $b = \sqrt{3}$ betrachtet.

[8] Über Bewegungsformen in Globular Clusters. Astron. Nachr. **203**, 17 [1916].

[9] Zur Frage über stationäre kugelförmige Sternhaufen. Russ. Astron. J. V, Nr. 2/3, 132 [1928].

Der mathematische Rahmen der Quantentheorie der Wellenfelder

Von Werner Heisenberg

Aus dem Max-Planck-Institut für Physik, Göttingen

(Z. Naturforschg. 1, 608—622 [1946]; eingegangen am 5. Aug. 1946)

Die übliche Quantentheorie der Wellenfelder, bei der man von einer Hamilton-Funktion in Abhängigkeit von irgendwelchen Feldgrößen ausgeht, führt im allgemeinen zu Divergenzen. Der vorliegende Aufsatz stellt einen zusammenfassenden Bericht über verschiedene Arbeiten dar, die durch Erweiterung des bisherigen Verfahrens den mathematischen Rahmen einer zukünftigen Theorie der Wellenfelder oder der Elementarteilchen festzulegen suchen. Dabei wird einerseits auf die Bedeutung einer unitären Matrix, der sogenannten Streumatrix, und einer mit ihr verknüpften hermiteschen Matrix hingewiesen; andererseits wird gezeigt, daß auch bei einer Erweiterung der bisherigen Wellengleichungen zu sehr allgemeinen Integro-Differentialgleichungen die Forderungen der Quantentheorie zu einem eindeutigen mathematischen Formalismus führen.

Die Quantentheorie der Wellenfelder in ihrer üblichen Form ist unbefriedigend, weil sie meist zu Divergenzen führt, die die strenge mathematische Behandlung der betreffenden Probleme verhindern. Eine Theorie dieser Art kann also nur als eine ausgearbeitete korrespondenzmäßige Behandlung der gestellten Fragen angesehen werden. Trotz der Erfolge bei der Quantenelektrodynamik[1] oder der Theorie des Mesons[2] ist der bisherige Formalismus also sicher noch nicht richtig, und es entsteht die Frage, wie das strenge mathematische Schema für eine zukünftige Theorie der Elementarteilchen aussehen wird. Der Verfasser hat in den vergangenen Jahren in vier Arbeiten, die für die Zeitschrift für Physik bestimmt waren[3], den mathematischen Rahmen einer solchen Theorie erörtert und die Bedingungen studiert, denen sie zu genügen hat. Von den genannten Arbeiten ist die vierte infolge der Zeitumstände noch nicht erschienen, und auch die dritte scheint nur wenigen Physikern zugänglich zu sein. Ferner

[1] Vergl. z. B. G. Wenzel, Z. Physik **86**, 479; **86**, 635; **87**, 726 [1934]; P. A. M. Dirac, Proc. Roy. Soc. [London] **167**, 148 [1938] und Bakerian lecture 1942 (?); F. Bopp, Ann. Physik **38**, 345 [1940]; **42**, 573 [1942].

[2] S. Yukawa, Proc. physic.-math. Soc. Japan **17**, 48 [1935]; H. Fröhlich, W. Heitler u. N. Kemmer, Proc. Roy. Soc. [London] **166**, 154 [1938]; Bhabha, Nature [London] **141**, 117 [1938]; G. Wentzel, Helv. Phys. Acta **13**, 269 [1940]; **14**, 633 [1941]; Z. Physik **118**, 277 [1941].

[3] W. Heisenberg, Z. Physik **120**, 513 (I); **120**, 673 (II) [1943]; **123**, (?) (III) [1945]; im folgenden als l. c. I, II, III zitiert. Teil IV wird später erscheinen.

Zeitschrift für Naturforschung *1*, 608–622 (1946)

sind in der Zwischenzeit Arbeiten anderer Autoren über den gleichen Gegenstand veröffentlicht worden, und es erscheint deshalb berechtigt, im folgenden eine zusammenfassende Darstellung dieses Problemkreises zu geben.

In den üblichen Theorien werden Begriffe benutzt wie: Wellenfunktionen an einem bestimmten Punkt in Raum und Zeit, Lage eines Teilchens, Energiedichte usw. Es erscheint fraglich, ob all diese Begriffe in einer richtigen Theorie verwendet werden können, da die Naturgesetze wahrscheinlich eine universelle Konstante von der Dimension einer Länge und der Größenordnung 10^{-13} cm enthalten. Die Existenz dieser Konstanten wird Schwierigkeiten hervorrufen bei der Anwendung eines Begriffes, der mit einem bestimmten Raum-Zeit-Punkt verknüpft ist. Es scheint daher notwendig, eine kleinere Zahl von Begriffen auszuwählen, die durch diese Schwierigkeiten nicht berührt werden, und die deshalb auch ein Bestandteil der zukünftigen Theorie sein können. Um solche Begriffe zu finden, wird man zweckmäßig fragen, welche Größen direkt gemessen werden können. Die wichtigsten beobachtbaren Größen scheinen die Energiewerte abgeschlossener Systeme und die Wahrscheinlichkeiten für Stoß, Absorption und Emission zu sein. Da die Größen der zuletzt genannten Art in der Quantentheorie mit dem asymptotischen Verhalten der Wellenfunktion bei großen relativen Abständen der Teilchen verknüpft sind, wird man also annehmen, daß die Energiewerte der diskreten stationären Zustände und das asymptotische Verhalten der Wellenfunktion Begriffe sind, die auch in der zukünftigen Theorie der Elementarteilchen ihre Rolle spielen werden. Damit entsteht die Frage nach einer geeigneten mathematischen Darstellung dieser beobachtbaren Größen.

I. Mathematische Darstellung der beobachtbaren Größen

a) In den folgenden Rechnungen soll der gewöhnliche Formalismus der Quantentheorie zugrunde gelegt werden. Wir nehmen an, daß die Wellenfunktion von den Impuls-Koordinaten $\mathfrak{k}$ der Teilchen abhängt, die zugehörigen kinetischen Energien der Teilchen seien k_i^0; für den Gesamtimpuls und die gesamte kinetische Energie soll

$$\mathfrak{K} = \sum_i \mathfrak{k}_i ; \qquad K_0 = \sum_i k_i^0$$

gesetzt werden. All diese Größen werden zweckmäßig in rationellen Einheiten gemessen, bei denen sie mit Potenzen von $\hbar$ und c zu multiplizieren sind, bis sie die Dimension irgendeiner Potenz einer Länge haben. Die ebene Welle wird in diesen Einheiten einfach durch $e^{i\mathfrak{k}\mathfrak{r}}$ dargestellt.

Die Wellenfunktion, die zu einem bestimmten Zustand im kontinuierlichen Spektrum gehört, kann durch die Impulse $\mathfrak{k}_i'$ der einfallenden ebenen Wellen definiert werden. Da die Wellenfunktion selbst von den Impulsen $\mathfrak{k}_i''$ abhängt, kann man, wie Möller[4] vorgeschlagen hat, die Wellenfunktionen $\psi_{\mathfrak{k}_i'}(\mathfrak{k}_i'')$ zu einer Matrix $(\mathfrak{k}_i'' \,|\, \psi \,|\, \mathfrak{k}_i')$ zusammenfassen. Wenn die Teilchen keinerlei Wechselwirkung miteinander haben, gilt für diese Matrix einfach:

$$(\mathfrak{k}_i'' \,|\, \psi \,|\, \mathfrak{k}') = (\mathfrak{k}_i'' \,|\, 1 \,|\, \mathfrak{k}_i') = \delta(\mathfrak{k}_i'', \mathfrak{k}_i') , \tag{1}$$

oder in der Matrix-Schreibweise

$$\psi = 1 . \tag{2}$$

Wenn eine Wechselwirkung vorhanden ist, muß jedoch noch eine auslaufende Welle hinzugefügt werden, um eine Lösung der entsprechenden Schrödinger-Gleichung zu bekommen. Diese auslaufende Welle kann nach Dirac[5] dargestellt werden durch das Produkt einer Funktion der $\mathfrak{k}_i''$ und einer anderen Funktion, die eine besondere Art von Singularität am Punkt $\mathfrak{K}' = \mathfrak{K}''$, $K_0' = K_0''$ hat. Für die Darstellung dieser letzteren singulären Funktion führt man zweckmäßig die Abkürzungen ein

$$\delta_+(k) = \frac{1}{2\pi}\int_0^\infty e^{ikt}\,dt ; \; \delta_-(k) = \frac{1}{2\pi}\int_{-\infty}^0 e^{ikt}\,dt ; \tag{3}$$

$$\delta_+(k) + \delta_-(k) = \delta(k) ;$$

$$\delta_-(k) = \delta_+^*(k) = \delta_+(-k) . \tag{4}$$

Man kann leicht zeigen, daß das Produkt

$$\delta_+(K_0' - K_0'')\,\delta(\mathfrak{K}' - \mathfrak{K}'')\,f(\mathfrak{k}_i'') \tag{5}$$

eine auslaufende Welle darstellt. Die Funktionen $\delta_+(k)$ sind im wesentlichen den Diracschen Ausdrücken

$$\pm \frac{1}{2\pi i k} + \frac{1}{2}\delta(k)$$

äquivalent.

[4] Chr. Möller, Verh. kgl. Dän. Akad. Wiss. **23**, Nr. 1 [1945]; **24**, Nr. 19 [1946].

[5] P. A. M. Dirac, Z. Physik **44**, 585 [1927].

Das vollständige System der Wellenfunktionen im kontinuierlichen Spektrum kann dann durch

$$(\mathfrak{k}_i'' \mid \psi \mid \mathfrak{k}_i') =$$
$$(\mathfrak{k}_i'' \mid 1 \mid \mathfrak{k}_i') + \delta_+ (K_0' - K_0'')\, \delta(\mathfrak{K}' - \mathfrak{K}'') (\mathfrak{k}_i'' \mid f \mid \mathfrak{k}_i')$$
$$= (\mathfrak{k}_i'' \mid 1 \mid \mathfrak{k}_i') + \delta_+ (K_0' - K_0'') (\mathfrak{k}_i'' \mid r \mid \mathfrak{k}_i') \quad (6)$$

dargestellt werden. Für das asymptotische Verhalten der Wellen sind nur die Werte von $(\mathfrak{k}_i'' \mid r \mid \mathfrak{k}_i')$ in der unmittelbaren Nachbarschaft des singulären Punktes $\mathfrak{K}' = \mathfrak{K}''$, $K_0' = K_0''$ wichtig, da für die auslaufenden Teilchen Gesamtenergie und Gesamtimpuls erhalten bleiben. Der Rest der Matrix bestimmt das Verhalten der Wellenfunktion bei kleineren Abständen der Teilchen. Es ist deshalb zweckmäßig, eine neue Matrix R durch die Definition

$$(\mathfrak{k}_i'' \mid R \mid \mathfrak{k}_i') = \delta(K_0' - K_0'') (\mathfrak{k}_i'' \mid r \mid \mathfrak{k}_i') \quad (7)$$

einzuführen, ferner eine andere Matrix S durch:

$$S = 1 + R\,. \quad (8)$$

Diese Matrix S (oder R) enthält, wie gezeigt werden soll, alle notwendigen Informationen über die Größen, die als beobachtbare Größen bezeichnet worden sind.

Es sei hier noch angemerkt, daß ein Produkt von der Art $\delta(\mathfrak{k})\,\delta(k^0)$ als relativistisch invariant betrachtet werden kann; dies gilt nicht für das Produkt $\delta(\mathfrak{k})\,\delta_+(k^0)$, da die untere Grenze des Integrals in (3) vom Koordinatensystem abhängt. Die Singularität des Ausdrucks $\delta(\mathfrak{k})\,\delta_+(k^0)$ hängt jedoch nicht von der speziellen unteren Grenze im Integral (3) ab, so daß der singuläre Teil des Produktes $\delta(\mathfrak{k})\,\delta_+(k^0)$ wieder als relativistisch invariant gelten kann.

b) Die Matrix S kann als eine Art Transformationsfunktion betrachtet werden, die von den Impulsen vor dem Stoß zu den Impulsen nach dem Stoß transformiert. Diese Deutung legt die Annahme nahe, daß S eine unitäre Matrix ist, so daß die Gleichungen

$$S^\dagger S = S S^\dagger = 1 \quad (9)$$

gelten.

Der Beweis für diese wichtige Beziehung kann am einfachsten nach den Methoden der Möllerschen Arbeit[4] erbracht werden, der wir uns im folgenden anschließen: Die Hamiltonsche Funktion des Systems kann in der Form $H = K_0 + V$ dargestellt werden, oder in der Diracschen Bezeichnungsweise durch

$$(\mathfrak{k}'' \mid H \mid \mathfrak{k}') = K_0'\, \delta(\mathfrak{k}'' \mathfrak{k}') + (\mathfrak{k}'' \mid V \mid \mathfrak{k}')\,. \quad (10)$$

Die Schrödinger-Gleichung wird dann

$$(K_0 + V)\,\psi = \psi\, K_0 \quad (11)$$

oder

$$(\mathfrak{k}'' \mid \psi \mid \mathfrak{k}') (K_0' - K_0'') = (\mathfrak{k}'' \mid V\psi \mid \mathfrak{k}')\,. \quad (12)$$

Wenn man (6) auf der linken Seite einsetzt, findet man

$$r = 2\pi i V \psi \quad (13)$$

und die konjugierte Gleichung

$$r^\dagger = -2\pi i\, \psi^\dagger V. \quad (14)$$

Multiplikation mit $\psi^\dagger$ oder ψ und Addition ergibt

$$\psi^\dagger r + r^\dagger \psi = 0\,. \quad (15)$$

Wenn man Gleichung (15) mit dem Faktor $\delta(K_0' - K_0'')$ multipliziert, folgt schließlich

$$(\mathfrak{k}'' \mid R + R^\dagger \mid \mathfrak{k}') + \delta(K_0' - K_0'') \int [\delta_-(K_0'' - K_0''') + \delta_+(K_0' - K_0''')]\, (\mathfrak{k}''' \mid r^* \mid \mathfrak{k}')\, d\mathfrak{k}'''\, (\mathfrak{k}''' \mid r \mid \mathfrak{k}') = 0, \quad (16)$$

oder unter Benutzung von (4):

$$R^\dagger + R + R^\dagger R = 0 \quad (17)$$

und

$$S^\dagger S = 1\,. \quad (18)$$

Aus dieser Gleichung folgt die Gleichung mit umgekehrter Reihenfolge der Faktoren: $SS^\dagger = 1$ nur dann, wenn man weiß, daß die reziproke Matrix S^{-1} existiert. Die Existenz von S^{-1} ergibt sich jedoch aus der Tatsache, daß die Wellenfunktionen ψ in (6), die zu einem bestimmten Energiewert K_0 gehören, ein vollständiges Orthogonal-System von Wellen für diese bestimmte Energie bilden. Indem man Wellenfunktionen von der Art (6) superponiert, kann man sich eine Wellenfunktion aufbauen, die zu einer bestimmten auslaufenden ebenen Welle gehört. Wenn man mit Wellenfunktionen dieser letzteren Art die Überlegungen wiederholt, die von Gleichung (11) nach Gleichung (18) geführt haben, kann man leicht zeigen, daß auch $SS^\dagger = 1$ ist.

Wenn man Gl. (15) mit dem Faktor $\delta_+(K_0' - K_0'')$ multipliziert und die Beziehung

$$[\delta_+(a) + \delta_-(b)]\, \delta_+(a - b) = -\delta_+(a)\, \delta_-(b) \quad (19)$$

benützt, so ergibt sich nach Möller[4]:

$$\psi^\dagger \psi = 1\,. \quad (20)$$

Diese Beziehung bedeutet einfach, daß die Wellenfunktionen (6) im kontinuierlichen Spektrum

Zeitschrift für Naturforschung *1*, 608–622 (1946)

richtig normiert sind. Das Produkt mit umgekehrter Reihenfolge der Faktoren: $\psi\psi^{\dagger}$ wird im allgemeinen nicht gleich 1 sein, weil die Wellenfunktionen (6) kein vollständiges Orthogonal-System bilden, denn die Wellenfunktionen der diskreten stationären Zustände sind in der Matrix (6) nicht enthalten.

Die Gln. (17) und (18) umfassen eine Anzahl von Beziehungen zwischen beobachtbaren Größen, die zum mindesten grundsätzlich durch Experimente geprüft werden können. Die Matrix-Elemente von R sind unmittelbar mit den Wirkungsquerschnitten für die Streuung, Emission und Absorption von Teilchen[6] verknüpft, und Gl. (17) zeigt, daß es Beziehungen gibt zwischen Termen, die linear oder quadratisch von diesen Matrix-Elementen abhängen. Eine von diesen Beziehungen ist wohlbekannt und besitzt eine einfache physikalische Deutung: Die Amplitude der Streuwelle in der Richtung des einfallenden Strahles ist verknüpft mit der Gesamtintensität der in allen Richtungen gestreuten Wellen, wobei es gleichgültig ist, welche Teilchen etwa gleichzeitig mit dieser Streuung emittiert werden. Diese Beziehung kommt dadurch zustande, daß die kohärente Streuwelle in der Richtung des einfallenden Strahles durch Interferenz mit dem Primärstrahl den Teil der Welle wegnimmt, der in andere Richtungen gestreut wird. Gl. (17) enthält außerdem noch eine Reihe ähnlicher Beziehungen.

c) Im allgemeinen führt eine unitäre Matrix nicht zu einem Eigenwertproblem und kann nicht auf Diagonalform gebracht werden, da ihre Zeilen und Kolonnen zu verschiedenen Arten und verschiedenen Anzahlen von Zuständen gehören. Bei der Matrix S jedoch beziehen sich Zeilen und Kolonnen auf Zustände der gleichen Art, nämlich auf die Impulse der einfallenden oder der auslaufenden Teilchen. Deshalb kann die Matrix S auf Diagonalform gebracht werden.

Die Aufgabe, diese Transformation zu finden, kann auf das folgende mathematische Problem reduziert werden: Die Wellenfunktionen der Art (6), die zu einer bestimmten Energie gehören, müssen in einer solchen Weise superponiert werden, daß für die resultierende Wellenfunktion die einfallende Welle die gleiche Form hat wie die auslaufende und sich von ihr nur durch einen Phasenfaktor unterscheidet. Dieser Phasenfaktor ist dann der Eigenwert von S und kann dargestellt werden durch:

$$S' = e^{i\eta'} . \qquad (21\,a)$$

Tatsächlich ist dieses mathematische Verfahren in einem Spezialfall oft angewendet worden, nämlich für die Streuung von Teilchen in einem zentralen Kraftfeld. Hier muß man einfach von den ebenen Wellen zu Kugelwellen übergehen; dann haben die einfallenden und auslaufenden Wellen die gleiche Form, und die Phasendifferenzen zwischen einfallenden und auslaufenden Wellen für die einzelnen Kugelfunktionen bestimmen den Wirkungsquerschnitt für Streuung.

Wenn man von den Eigenwerten von S auf die ursprüngliche Matrix zurücktransformiert, so erhält man aus den Eigenwerten η' eine hermitesche Matrix η, die mit S durch die Beziehung

$$S = e^{i\eta} \qquad (21\,b)$$

verbunden ist. Diese hermitesche Matrix η soll als Phasenmatrix des Systems bezeichnet werden.

Gl. (21) kann benutzt werden, um die relativistischen Eigenschaften der Matrix S zu studieren. Die Phase einer Welle ist relativistisch invariant; das gleiche gilt daher auch für die Eigenwerte von η und S. Eine Matrix mit Eigenwerten, die relativistisch invariant sind, kann eine invariante Matrix genannt werden. Dies bedeutet jedoch nicht, daß die einzelnen Matrix-Elemente von S oder η invariante Funktionen ihrer Argumente sind. Die Matrix-Elemente, die zu Übergängen zwischen zwei diskreten stationären Zuständen gehören, würden natürlich nicht vom Bezugssystem abhängen. Aber im kontinuierlichen Spektrum sind die Matrix-Elemente Funktionen der Impulse $\mathfrak{k}$, die den Zustand charakterisieren. Der Differentialausdruck $d\mathfrak{k}_x\ d\mathfrak{k}_y\ d\mathfrak{k}_z$ ist gegenüber einer Lorentz-Transformation nicht invariant, während der Ausdruck

$$d\mathfrak{k}_x\, d\mathfrak{k}_y\, d\mathfrak{k}_z \,/\, k^0 \qquad (22)$$

eine Invariante darstellt. Deshalb müssen die Matrix-Elemente einer invarianten Matrix im kontinuierlichen Spektrum die Form

$$(\mathfrak{k}'' \,|\, A \,|\, \mathfrak{k}') = \frac{\text{Invariante Funktion der } \mathfrak{k}_i' \text{ u. } \mathfrak{k}_i''}{\sqrt{\prod_i k_i^{0'} \cdot \prod_l k_l^{0''}}} \qquad (23)$$

[6] Die Formeln 37 a) und b) von I für die Wirkungsquerschnitte sind durch einen Rechenfehler entstellt, der von Möller[4] verbessert worden ist.

haben. Denn wenn (23) gilt, so sorgt der Normierungsfaktor im Nenner dafür, daß bei der Multiplikation von zwei solchen Matrizen das Differential $\prod_i d\mathfrak{k}_{ix}' d\mathfrak{k}_{iy}' d\mathfrak{k}_{iz}'$ vervollständigt wird zu dem invarianten Ausdruck

$$\prod_i \frac{d\mathfrak{k}_{ix}' d\mathfrak{k}_{iy}' d\mathfrak{k}_{iz}'}{k_i^{0\prime}}.$$

d) Bevor behauptet werden kann, daß die unitäre Matrix S oder die hermitesche Matrix η alle notwendigen Informationen über die beobachtbaren Größen enthalten, müssen noch zwei weitere Fragen untersucht werden. Erstens scheint S oder η keine Auskunft zu geben über die diskreten stationären Zustände des Systems. Zweitens gibt es, wenn das System aus vielen Teilchen besteht, nicht nur eine auslaufende und eine einfallende Welle, sondern es gibt auch Wellen, bei denen einige der Teilchen sich nach innen, andere nach außen bewegen. Daher entsteht die Frage, ob das asymptotische Verhalten dieser Wellen durch S beschrieben wird.

Bei der Untersuchung der ersten Frage wollen wir der Einfachheit halber annehmen, daß es sich um ein einzelnes Teilchen in einem zentralen Kraftfeld handelt. Dann können S und η auf Diagonalform gebracht werden, indem man Wellenfunktionen benützt, die Produkte von Kugelfunktionen und Funktionen des absoluten Wertes des Impulses k sind. In großen Abständen vom Streuzentrum hat die einfallende Welle die Form e^{-ikr}/r, die auslaufende lautet e^{ikr}/r. Die Eigenwerte S' von S bestimmen den Faktor von e^{ikr}/r, wenn die einfallende Welle ohne irgendeinen Phasenfaktor angenommen wird. Der Eigenwert S' ist eine Funktion von k und damit von der Energie des Systems, und man kann zeigen, wie von Kramers[7] betont worden ist, daß in allen einfachen Fällen S' eine analytische Funktion von k ist. Wenn dies richtig ist, so wird S' auch seine Bedeutung behalten, wenn man zu negativen Energiewerten, d. h. zu komplexen Impulswerten von k übergeht. Wir wollen annehmen, daß in diesem Gebiet $k = +i|k|$ ist. Dann geht die einfallende Welle über in $e^{+|k|r}/r$, die auslaufende wird $e^{-|k|r}/r$. Der Eigenwert S' gibt das Verhältnis des Teiles $e^{-|k|r}/r$ relativ zu dem Teil $e^{+|k|r}/r$ für die gegebene Energie. Nun enthält in einem diskreten stationären Zustand die Lösung der Wellengleichung nur den Teil $e^{-|k|r}/r$. Daher muß S' unendlich werden für die Energie der diskreten stationären Zustände des Systems; in anderen Worten: die diskreten stationären Zustände sind gegeben durch die Pole von S' auf der imaginären Achse im komplexen k-Raum. Eine nähere Untersuchung zeigt, daß S' im allgemeinen einen Faktor $\frac{k + i|k_n|}{k - i|k_n|}$ enthalten wird, wenn $k = i|k_n|$ ein stationärer Zustand des Systems ist. Die Eigenwerte η' von η divergieren logarithmisch an den Punkten $k = \pm i|k_n|$. $\eta'(k)$ ist immer eine ungerade Funktion von k: $\eta'(-k) = -\eta'(k)$.

Diese Betrachtungen zeigen, daß man die stationären Zustände des Systems stets aus der Matrix S ableiten kann, indem man die Pole und Nullstellen von S' als Funktion von k aufsucht. Zum Beispiel kann man dieses Verfahren beim Coulombschen Kraftfeld anwenden. In diesem Falle enthält die Matrix S (oder richtiger: ihre Eigenwerte S') den Faktor[8]

$$\frac{\Gamma\left(1 + l - i\frac{\varkappa}{k}\right)}{\Gamma\left(1 + l + i\frac{\varkappa}{k}\right)},$$

wobei l die azimutale Quantenzahl bedeutet und $\varkappa = \frac{Ze^2 m}{\hbar^2}$ (Ze ist die Kernladung, e und m bedeuten Ladung und Masse des Elektrons.) Da die Funktion $\Gamma(x)$ Pole für $x = 0$ und für alle negativen ganzzahligen Werte von x besitzt, sind die Pole von S' gegeben durch:

$$k = \frac{i\varkappa}{n},$$

wobei n eine ganze Zahl $\geqslant l + 1$ ist.

Da die Energie in gewöhnlichen Einheiten durch $E = \frac{\hbar^2}{2m} k^2$ gegeben ist, findet man ohne weiteres die Balmer-Formel:

[7] H. A. Kramers hat die Verknüpfung von S mit den diskreten stationären Zuständen des Systems gefunden und hat sie mir freundlicherweise in einer Diskussion in Leiden 1942 auseinandergesetzt.

[8] Vergl. H. Bethe, Handbuch d. Physik, Bd. 24, 1, S. 291 [1933].

Zeitschrift für Naturforschung *1*, 608–622 (1946)

$$E = -\frac{Z^2 e^4 m}{2 n^2 \hbar^2}.$$

Außer den Energiewerten der diskreten stationären Zustände gibt die Matrix S auch den Normierungsfaktor für die Wellenfunktionen in diesen Zuständen. Dies kann in folgender Weise gezeigt werden: Im kontinuierlichen Spektrum ist die Wellenfunktion asymptotisch gegeben durch.

$$\psi_{r \to \infty} = \frac{\sin\left[k r + \frac{1}{2}\eta'(k)\right]}{r \pi \sqrt{2}}. \tag{24}$$

Man kann leicht zeigen, daß diese Funktion richtig normiert ist, unabhängig von den speziellen Werten der Phase $\eta'(k)$ und unabhängig vom Verhalten der Wellenfunktion bei kleinen Werten von r.

$$\int_0^\infty 4\pi r^2 dr\, \psi_k(r)\, \psi_{k'}(r) = \delta(k - k'). \tag{25}$$

Die Wellenfunktion eines diskreten stationären Zustandes muß sich bei großen Abständen wie

$$\psi_n \underset{r \to \infty}{=} c_n \frac{e^{-|k_n| r}}{2\pi r \sqrt{2}} \tag{26}$$

verhalten. Hier würde jedoch die Annahme $c_n = 1$ sicher nicht die richtige Normierung geben, da c_n^2 die Dimension einer reziproken Länge haben muß. Um die Werte von c zu bestimmen, betrachten wir die Vollständigkeitsrelation

$$\int^\infty dk\, \psi_k^*(r)\, \psi_k(r') + \sum_n \psi_n^*(r)\, \psi_n(r') = \frac{1}{4\pi r^2}\, \delta(r - r'). \tag{27}$$

Diese Beziehung muß auch für große Werte von r und r' gelten. Wenn man (24) und (26) in Gl. (27) einsetzt, so ergibt sich:

$$\int_0^\infty \frac{dk}{2\pi^2 r^2} \sin\left[k r + \frac{1}{2}\eta'(k)\right] \sin\left[k r' + \frac{1}{2}\eta'(k)\right] + \frac{1}{8\pi^2 r^2} \sum_n |c_n^2|\, e^{-|k_n|(r+r')} = \frac{1}{4\pi r^2}\, \delta(r - r'). \tag{28}$$

Unter Benutzung der Beziehung

$$\eta'(-k) = -\eta'(k) \tag{29}$$

geht (28) über in

$$\int_{-\infty}^{+\infty} dk\, e^{i k (r + r') + i \eta'(k)} = \sum_n |c_n^2|\, e^{-|k_n|(r+r')}. \tag{30}$$

Nun hat der Faktor $e^{i\eta'} = S'(k)$ einen Pol an jedem Punkt $k = i|k_n|$ auf der imaginären k-Achse. Wenn man den Integrationsweg in Richtung auf positiv imaginäre Werte von k verschiebt, so reduziert er sich schließlich auf Kreise um die Pole $i|k_n|$, und das Residuum bei jedem einzelnen Pol entspricht einem Glied der Summe auf der rechten Seite. So erhält man schließlich[9]:

$$|c_n^2| = \oint_{i|k_n|} dk\, S'(k). \tag{31}$$

In dieser Weise wird der absolute Wert des Normierungsfaktors c_n durch die S-Matrix bestimmt. Die Phase von c_n bleibt unbestimmt, aber die Phase einer Wellenfunktion in einem diskreten stationären Zustande gehört nicht zu den beobachtbaren Größen.

Die Beziehung (31) gestattet, die diskreten Matrix-Elemente einer gegebenen Matrix als analytische Fortsetzung der Elemente im kontinuierlichen Spektrum zu bestimmen. Tatsächlich sollte man für jede Matrix A die Beziehung

$$(k'|A^*|n)(k''|A|n) = -\oint_{i|k_n|} dk\, (k'|A^*|k)(k''|A|k) \tag{32}$$

erwarten, es sei denn, daß die Matrix A selbst Singularitäten an den Punkten $k = i|k_n|$ einführt. Gl. (32) kann durch die aus (27) folgende Beziehung

$$\psi_n^*(r)\, \psi_n(r') = -\oint_{i|k_n|} dk\, \psi_k^*(r)\, \psi_k(r') \tag{33}$$

begründet werden. In diesen Gln. (32) und (33) bedeutet der Stern, daß der konjugiert komplexe Wert zu nehmen ist im Fall von reellen Werten von k. Für komplexe Werte von k auf der rechten Seite soll die analytische Fortsetzung der Werte für reelle k genommen werden. Gl. (32) gilt für gewöhnliche Matrizen, die z. B. durch gewisse Funktionen der Teilchen-Koordinaten, wie potentielle und kinetische Energie usw., definiert sind,

[9] Im wesentlichen die gleiche Beziehung ist auch von Ch. Möller gefunden worden, der sie mir freundlicherweise in einem Brief im Sommer 1944 mitgeteilt hat.

aber sie gilt vielleicht nicht für Matrizen wie S und η, deren Eigenwerte singulär sind an den Punkten $k = i|k_n|$. Deshalb erfordert die Frage nach der Gültigkeit von (32) eine sorgfältige Untersuchung in jedem einzelnen Fall.

e) Wenn das System aus mehreren Teilchen besteht, so bestimmt die Matrix S das asymptotische Verhalten der Wellen nicht in derselben einfachen Weise wie für ein Teilchen. Um diesen Fall zu studieren, betrachten wir ein System von zwei Teilchen ohne Wechselwirkung, die an einem zentralen Kraftfeld gestreut werden. Wenn die Teilchen allein wären, würden ihre Wellenfunktionen lauten

$$\begin{aligned} \psi_1 &= \delta(\mathfrak{k}_1''\mathfrak{k}_1') + \delta_+(k_1^{0\prime} - k_1^{0\prime\prime})(\mathfrak{k}_1''|r_1|\mathfrak{k}_1'), \\ \psi_2 &= \delta(\mathfrak{k}_2''\mathfrak{k}_2') + \delta_+(k_2^{0\prime} - k_2^{0\prime\prime})(\mathfrak{k}_2''|r_2|\mathfrak{k}_2'). \end{aligned} \tag{34}$$

Die Gesamtwellenfunktion ist das Produkt von ψ_1 und ψ_2, da es keine Wechselwirkung zwischen den Teilchen geben soll, und dieses Produkt kann in der folgenden Weise umgeschrieben werden

$$\begin{aligned} \psi = \psi_1\psi_2 &= \delta(\mathfrak{k}_1''\mathfrak{k}_1')\,\delta(\mathfrak{k}_2''\mathfrak{k}_2') + \delta_+(K_0' - K_0'') \\ &\{\delta(\mathfrak{k}_2''\mathfrak{k}_2')(\mathfrak{k}_1''|r_1|\mathfrak{k}_1') + \delta(\mathfrak{k}_1''\mathfrak{k}_1')(\mathfrak{k}_2''|r_2|\mathfrak{k}_2') \\ &+ [\delta_+(k_1^{0\prime} - k_1^{0\prime\prime}) \\ &+ \delta_+(k_2^{0\prime} - k_2^{0\prime\prime})](\mathfrak{k}_1''|r_1|\mathfrak{k}_1')(\mathfrak{k}_2''|r_2|\mathfrak{k}_2')\}. \end{aligned} \tag{35}$$

Der Klammerausdruck auf der rechten Seite, der mit $\delta_+(K_0' - K_0'')$ multipliziert ist, kann wie gewöhnlich als $(\mathfrak{k}_1''\mathfrak{k}_2''|r|\mathfrak{k}_1'\mathfrak{k}_2')$ bezeichnet werden; dann zeigt Gl. (35), daß die Matrix r singulär ist an den Stellen $\mathfrak{k}_1' = \mathfrak{k}_1''$ und $\mathfrak{k}_2' = \mathfrak{k}_2''$, und daß die Verknüpfung von r mit r_1 und r_2 ziemlich verwikkelt ist. Das asymptotische Verhalten der Wellen ist durch die Art der Singularität bestimmt; es ist daher offenbar nicht ausreichend, den Wert von $(\mathfrak{k}_1''\mathfrak{k}_2''|r|\mathfrak{k}_1'\mathfrak{k}_2'')$ für $K_0' = K_0''$ zu kennen, sondern es ist notwendig, r in einer infinitesimalen Umgebung dieses Punktes zu kennen, um das asymptotische Verhalten der Wellen zu bestimmen. Trotzdem ergibt sich eine einfache Verknüpfung zwischen dem Problem der zwei Teilchen ohne Wechselwirkung und den Problemen der einzelnen Teilchen, wenn man von der Matrix r zu den Matrizen R oder S übergeht. Wenn man nämlich den Klammerausdruck auf der rechten Seite von (35) mit $\delta\,(K_0' - K_0'')$ multipliziert, erhält man sofort

$$R = R_1 + R_2 + R_1 R_2 \tag{36}$$

$$\text{oder} \quad S = S_1 S_2, \tag{37}$$

$$\text{und da} \quad S = e^{i\eta}: \ \eta = \eta_1 + \eta_2. \tag{38}$$

Daher ist die S-Matrix eines Systems von zwei Teilchen ohne Wechselwirkung gleich dem Produkt der S-Matrizen für die einzelnen Teilchen. Die η-Matrix ist gleich der Summe der einzelnen η-Matrizen. Aber die S-Matrix bestimmt das asymptotische Verhalten der Wellen nicht unmittelbar; sie bestimmt es nur in Verbindung mit S_1 und S_2. da die singulären Teile der Klammer in (35) aus S_1 und S_2 abgeleitet werden können. Die letztere Behauptung gilt auch, wenn die beiden Teilchen miteinander in Wechselwirkung stehen, da ihre Wechselwirkung die singulären Teile des Klammerausdrucks nicht verändert.

Eine Wechselwirkung zwischen den beiden Teilchen kann dann verhältnismäßig leicht mathematisch behandelt werden, wenn man annimmt, daß die Wechselwirkung sehr klein und durch eine kleine potentielle Energie v gegeben ist. Wir definieren dann eine Matrix V durch

$$(\mathfrak{k}_1''\mathfrak{k}_2''|V|\mathfrak{k}_1'\mathfrak{k}_2') = \delta(K_0' - K_0'')(\mathfrak{k}_1''\mathfrak{k}_2''|v|\mathfrak{k}_1'\mathfrak{k}_2'). \tag{39}$$

Eine einfache Rechnung zeigt (Teil IV der unter [3] zitierten Arbeiten), daß die Matrix S in dieser Näherung durch

$$S = S_1 S_2 (1 - 2\pi i V) = S_1 S_2\, e^{-\pi i V} \tag{40}$$

gegeben ist.

Dies bedeutet jedoch nicht, daß η durch $\eta_1 + \eta_2 - 2\pi i V$ gegeben wäre, da V im allgemeinen nicht mit S_1, S_2 oder η_1 und η_2 vertauschbar ist.

Gl. (40) hat zur Folge, daß innerhalb der benutzten Näherung die Gl. (32) auch für die Matrix S gilt:

$$\begin{aligned} &(k_1', k_2'|S^*|n, k_2)(k_1''k_2''|S|n, k_2) \\ &= -\oint_{i|k_n|} dk_1\,(k_1'k_2'|S^*|k_1 k_2)(k_1''k_2''|S|k_1 k_2), \end{aligned} \tag{41}$$

da sie für V richtig ist. Aber Gl. (32) gilt im allgemeinen nicht für die Matrix η, die an den singulären Punkten k_n der diskreten stationären Zustände logarithmisch divergiert.

Bei der Ableitung von (41) war angenommen worden, daß die Wechselwirkung zwischen den Teilchen klein sei. Das einfache Ergebnis legt

Zeitschrift für Naturforschung *1*, 608–622 (1946)

jedoch die Annahme nahe, daß (41) für jede beliebige Wechselwirkung gilt. Ein allgemeiner Beweis für (41) würde eine sehr sorgfältige Untersuchung des Verhaltens von S in der Nähe der singulären Punkte voraussetzen und soll hier nicht versucht werden.

Gl. (41) zeigt, daß die Matrix S nicht nur die Lage der diskreten stationären Zustände zu bestimmen gestattet, sondern auch die Wahrscheinlichkeiten für die Anregung solcher Zustände oder für die Streuung von Teilchen an diesen Zuständen. Man kann daraus schließen, daß die Matrizen S oder η tatsächlich all die Informationen umfassen, die für die Deutung irgendeines am System vorgenommenen Experimentes notwendig sind.

II. Bestimmung der Matrix S

a) In Anbetracht der grundsätzlichen Wichtigkeit der Matrix S oder η entsteht die Frage, wie man für ein gegebenes System die richtige S-Matrix bestimmen kann. Bisher hat man die Bestimmung der S-Matrix für das gegebene System (z. B. für Elektronen und ihr Maxwellsches Feld) in der folgenden Weise versucht. Zunächst definiert man eine Hamiltonsche Funktion, die man aus Korrespondenzbetrachtungen oder durch Invarianzbedingungen nach dem Grundsatz möglichster Einfachheit zu gewinnen sucht, und dann leitet man die S-Matrix ab, indem man die zur Hamilton-Funktion gehörige Wellengleichung löst. Diesem Verfahren stehen jedoch zwei große Schwierigkeiten im Wege: Die Hamilton-Funktionen für Wellenfelder führen, soweit man sie bisher studiert hat, zu Divergenzen, und die Verknüpfung der verschiedenen Wellenfelder bringt von selbst Verallgemeinerungen der Wellengleichungen mit sich, die Zweifel hinsichtlich der Annahme aufkommen lassen, daß die Hamiltonsche Funktion, mit der man beginnt, eine einfache Form haben soll. Diese beiden Schwierigkeiten könnten sich möglicherweise kompensieren. Es könnte sein, daß es Hamilton-Funktionen der allgemeineren Art gibt, die zu vernünftigen Resultaten führen.

Um diese Möglichkeit näher zu verfolgen, werden wir die Verallgemeinerungen betrachten, die sich aus der Wechselwirkung verschiedener Wellenfelder und aus der Diracschen Löchertheorie ergeben. Die Wechselwirkung zwischen verschiedenen Feldern führt zu nichtlinearen Gliedern in der Wellengleichung. Deshalb kann angenommen werden, daß die richtigen Wellengleichungen nichtlineare Glieder enthalten, wie es z. B. für die Quantenelektrodynamik schon früher von Born und anderen[10] vorgeschlagen worden ist. Die Diracsche Löchertheorie andererseits setzt an die Stelle der Maxwellschen Gleichungen Integro-Differentialgleichungen, wie von R. Serber[11] und E. A. Uehling[12] gezeigt worden ist. Deshalb liegt die Annahme nahe, daß die richtige Wellengleichung eine Integro-Differentialgleichung sein kann. Lineare Wellengleichungen dieser Art sind von E. C. G. Stückelberg[13], F. Bopp[14] und anderen erörtert worden.

Wenn man diese beiden Verallgemeinerungen als die wichtigsten betrachtet und der Einfachheit halber annimmt, daß es nur eine skalare Wellenfunktion geben soll, so erhält man eine Wellengleichung von der Form

$$\begin{aligned}&\int dx'\, A(x-x')\,\varphi(x')\\&+\int dx'\,dx''\, B(x-x', x-x'')\,\varphi(x')\,\varphi(x'')\\&+\ldots=0,\end{aligned}\tag{42}$$

oder, unter Benutzung der Fourier-Transformation:

$$\varphi(x)=\int e^{i k_\mu x_\mu}\varphi(k)\,dk$$

eine Wellengleichung im Impulsraum von der Form

$$A(k)\,\varphi(k)+\int dk'\, B(k, k')\,\varphi(k')\,\varphi(k-k')+\ldots=0\,.\tag{43}$$

Hier bezeichnen x und k die Vierer-Vektoren $x_1 \ldots . x_4$ und $k_1 \ldots . k_4$; A und B sind relativistisch invariante Funktionen ihrer Argumente. Gl. (43) führt zu einem Energieimpuls-Tensor, der, wie gewöhnlich, nicht eindeutig festgelegt ist. Eine mögliche Form dieses Tensors ist (wieder im Impulsraum):

[10] M. Born, Proc. Roy. Soc. [London] (A) **143**, 410 [1933]; M. Born u. L. Infeld, Proc. Roy. Soc. [London] (A) **144**, 425 [1934]; **147**, 522 [1934]; **150**, 141 [1935].

[11] Physic. Rev. **48**, 49 [1935].

[12] Physic. Rev. **48**, 55 [1935].

[13] Helv. physica Acta **17**, 3 [1944].

[14] Ann. Physik **38**, 549 [1940]; **42**, 572 [1943]; Z. Naturforschg. **1**, 53 [1946].

$$T_{\mu\nu}(k) = \int dk' A(k') \varphi(k') \varphi(k-k') \frac{k_\mu' k_\nu'}{k_\lambda' k_\lambda}$$
$$+ \int dk' dk'' B(k' k'') \varphi(k'') \varphi(k'-k'') \varphi(k-k') \left\{ \frac{k_\mu'' k_\nu''}{k_\lambda'' k_\lambda} + \frac{(k_\mu' - k_\mu'')(k_\nu' - k_\nu'')}{(k_\lambda' - k_\lambda'') k_\lambda} \right\}. \quad (44)$$

Man erkennt leicht, daß

$$\sum_\nu T_{\mu\nu}(k) k_\nu = 0, \quad (45)$$

wie durch die Erhaltungssätze gefordert wird. Obwohl $T_{\mu\nu}$ nicht eindeutig bestimmt ist, sind die Ausdrücke für die totale Energie und den totalen Impuls wahrscheinlich eindeutig bestimmt, wobei Gl. (44) im allgemeinen bei der Berechnung dieser Größen einen komplizierten Grenzübergang nötig macht, der sorgfältig untersucht werden muß. Für den Vierer-Vektor J_μ der Gesamtenergie und des Gesamtimpulses findet man:

$$\begin{aligned} J_\mu &= i \int T_{\mu 4}(x)\, dx_1\, dx_2\, dx_3 \\ &= i \int e^{i k_4 x_4}\, T_{\mu 4}(0\,0\,0\,k_4)\, dk_4. \end{aligned} \quad (46)$$

Da $T_{\mu 4}(000k_4)$ nach (45) nur für $k_4 = 0$ von Null verschieden ist, erhält man

$$J_\mu = i \int_-^+ T_{\mu 4}(0\,0\,0\,k_4)\, dk_4, \quad (47)$$

wobei das Integral von irgendeinem negativen zu irgendeinem positiven Wert von k_4 über den Punkt $k_4 = 0$ geführt werden muß.

b) Die Quantisierung einer derartigen Theorie kann nicht in der gewöhnlichen Weise durchgeführt werden, da die Wellengleichung keine Differential-, sondern eine Integro-Differentialgleichung ist. Man kann statt dessen auch sagen, daß die Wellengleichung unendlich hohe Ableitungen der Wellenfunktion nach den Raum- und Zeitkoordinaten enthält. In diesem Fall kann man die gewöhnlichen Vertauschungsregeln für die Wellenfunktion und ihre Ableitungen offenbar nicht verwenden. Aber es stellt sich heraus, daß die Vertauschungsregeln zwischen der Wellenfunktion und dem Energieimpulsvektor verwendet werden können und eben genügen, um die Quantisierung des Problems durchzuführen[15]. Diese Vertauschungsregeln fordern, daß

$$J_\mu \varphi(x) - \varphi(x) J_\mu = i\hbar \frac{\partial \varphi}{\partial x_\mu}; \quad (48)$$

oder $$J_\mu \varphi(k) - \varphi(k) J_\mu = -k_\mu \varphi(k).$$

Wenn man eine Matrixdarstellung benutzt, in der die J auf Diagonalform gebracht sind, findet man

$$(J_\mu' - J_\mu'' + k_\mu)(J' | \varphi(k) | J'') = 0;$$

daraus folgt weiter

$$\begin{aligned} (J' | \varphi(k) | J'') &= \delta(J' - J'' + k)(J' | \varphi | J''), \\ (J' | \varphi(x) | J'') &= (J' | \varphi | J'')\, e^{i(J_\mu'' - J_\mu') x_\mu}. \end{aligned} \quad (49)$$

In diesen Formeln bedeutet

$$\delta(k) = \delta(k_1)\,\delta(k_2)\,\delta(k_3)\,\delta(k_4). \quad (50)$$

Die Wellengleichung geht dann über in eine Gleichung für die Matrix $(J'|\varphi|J'')$:

$$A(J'-J'')(J'|\varphi|J'') + \int dJ''' B(J''-J', J'''-J')(J'|\varphi|J''')(J'''|\varphi|J'') + \ldots = 0. \quad (51)$$

Der Energieimpuls-Tensor wird:

$$(J' | T_{\mu\nu} | J'') = \int dJ''' A(J''' - J')(J'|\varphi|J''')(J'''|\varphi|J'') \frac{(J_\mu''' - J_\mu')(J_\nu''' - J_\nu')}{(J_\lambda''' - J_\lambda')(J_\lambda'' - J_\lambda')}$$
$$+ \int dJ'''\, dJ''''\, B(J'''' - J', J''' - J')(J'|\varphi|J''')(J'''|\varphi|J'''')(J''''|\varphi|J'') \cdot$$
$$\left\{ \frac{(J_\mu''' - J_\mu')(J_\nu''' - J_\nu')}{(J_\lambda''' - J_\lambda')(J_\lambda'' - J_\lambda')} + \frac{(J_\mu'''' - J_\mu''')(J_\nu'''' - J_\nu''')}{(J_\lambda'''' - J_\lambda''')(J_\lambda'' - J_\lambda')} \right\} + \ldots \quad (52)$$

und für den Vierervektor erhält man:

$$(J' | J_\mu | J'') = J_\mu' \,\delta(J' - J'') = \delta(J_1' - J_1'')\,\delta(J_2' - J_2'')\,\delta(J_3' - J_3'')\, i\,(J' | T_{\mu 4} | J''). \quad (53)$$

[15] Ein ähnliches Ergebnis ist durch B. Podolsky u. C. Kikuchi (Physic. Rev. **65**, 228 und **67**, 184 [1944]) gefunden worden bei einem Problem, bei dem die Lagrange-Funktion die zweiten Ableitungen der Wellenfunktionen nach der Zeit enthält.

Aus der Wellengleichung (51) folgt, daß die rechte Seite von (53) sich wie eine δ-Funktion in Abhängigkeit von $(J_4' - J_4'')$ verhält.

Interessanterweise genügt Gl. (53) allein bereits, um das ganze Problem festzulegen. Wenn es gelingt, eine hermitesche Matrix $(J'|\varphi|J'')$ zu finden, die Gl. (53) befriedigt, so befriedigt sie auch Gl. (51) wegen der nichtdiagonalen Glieder in (53), und die Vertauschungsrelationen (48) gelten dann wegen der Definitionen (49). Im ersten Augenblick scheint es merkwürdig, daß die Gl. (53) allein für die Gültigkeit nicht nur der Wellengleichung, sondern indirekt auch der Vertauschungsrelationen sorgen soll. Aber einen ähnlichen Sachverhalt findet man auch in der gewöhnlichen Quantenmechanik, obwohl er dort offenbar bisher noch nicht erwähnt worden ist. Um dies zu zeigen, betrachten wir ein System von einem Freiheitsgrad und definieren die Matrix $\dot{q}$ in Analogie zu (48) durch

$$(E_r|\dot{q}|E_s) = \frac{i}{\hbar}(E_r - E_s)\, q_{rs}\,. \tag{54}$$

Die Matrixgleichung für die Energie:

$$E_r\,\delta_{rs} = \left(r\left|\frac{m}{2}\dot{q}^2\right|s\right) + (r|\,V(q)|s) \tag{55}$$

sichert dann die Gültigkeit nicht nur der Bewegungsgleichung, sondern auch der Vertauschungsrelation. Um dies zu beweisen, vertauschen wir (55) mit q, und es ergibt sich

$$\dot{q} = \frac{i}{\hbar}\frac{m}{2}(\dot{q}^2 q - q\,\dot{q}^2) \tag{56}$$

oder, indem man

$$a = \frac{i}{\hbar} m\,(\dot{q}\,q - q\,\dot{q}) \tag{57}$$

setzt:

$$\dot{q} = \frac{1}{2}(\dot{q}\,a + a\,\dot{q})\,. \tag{58}$$

Die einzige* Lösung von (58) ist

$$a = 1\,, \tag{59}$$

was unmittelbar zur Vertauschungsrelation

$$p\,q - q\,p = -\,i\,\hbar \tag{60}$$

führt. Deshalb wird jede hermitesche Matrix q, die die Energiegleichung befriedigt:

$$E_r\,\delta_{rs} = -\frac{m}{2\,\hbar^2} q_{rl}\, q_{ls}\,(E_r - E_l)(E_l - E_s) + (r|\,V_{(q)}|s)\,, \tag{61}$$

auch von selbst die Bewegungsgleichung und die Vertauschungsrelation (60) befriedigen, wenn $\dot{q}$ durch (54) definiert ist.

Die Gl. (49) und (53) legen die Quantisierung einer Wellengleichung von dem allgemeinen Typus (42) vollständig fest. Man kann deshalb zur nächsten Frage übergehen, wie die Matrix S in einem solchen Formalismus bestimmt wird, wenn die Wellengleichung gegeben ist.

c) Zu diesem Zwecke ist es nützlich, den Ausdruck (53) für Energie und Impuls in zwei Teile einzuteilen, die als kinetische Energie (oder Impuls) der primären Teilchen und als Wechselwirkungsenergie (bzw. Impuls) bezeichnet werden können. Es ist zweifelhaft, ob diese Einteilung eindeutig ist. In vielen Fällen kann das erste Glied in (53), das den Faktor A enthält, als kinetische Energie betrachtet werden. Dies würde bedeuten, daß die Nullstellen der Funktion $A(k)$ die Massen der Elementarteilchen bestimmen[16], während die Ausdrücke mit den höheren Potenzen von φ keine Rolle spielen, wenn die Teilchen weit voneinander entfernt sind. Aber es mag auch sein, daß einige Teile der letzteren Ausdrücke zum ersten Glied hinzugenommen werden müssen, um zu erreichen, daß der Rest bei weiten Abständen der Teilchen nichts beiträgt. Schließlich kann man auch einfach den niedrigsten Eigenwert $\varkappa$ für die Länge des Vektors J bestimmen, der als die Masse des leichtesten Elementarteilchens bezeichnet werden kann; dann kann man in (52) einen Ausdruck mit $A(k) = \sum_\mu k_\mu^2 + \varkappa^2$:

$$\left\{\sum_\mu (J_\mu' - J_\mu''')^2 + \varkappa^2\right\}(J'|\varphi|J''')(J'''|\varphi|J'')\,\frac{(J_\mu''' - J_\mu')(J_\nu''' - J_\nu')}{(J_\lambda''' - J_\lambda')(J_\lambda'' - J_\lambda')}$$

addieren und subtrahieren.

Dieser Ausdruck kann als kinetische Energie genommen werden, der Rest [(52) minus diesen Ausdruck] als Wechselwirkungsenergie; alle anderen Teilchen würden dann als zusammengesetztes System erscheinen, das aus mehreren Elementarteilchen besteht. Es ist ein interessanter Zug der Gln. (52) und (53), daß sie im allgemeinen

* Anm. bei der Korrektur. Die Eindeutigkeit dieser Lösung hängt von gewissen physikalischen Forderungen ab, die einer näheren Untersuchung bedürfen und an einer anderen Stelle erörtert werden sollen.

[16] Vergl. z. B. F. Bopp[14].

keine klare Unterscheidung zwischen Elementarteilchen und zusammengesetzten Systemen zulassen.

Wenn eine Matrix $(J'|\varphi|J'')$ gefunden ist, die Gleichung (53) befriedigt, so wird es also auf jeden Fall möglich sein, die Matrizen für die kinetische Energie (bzw. den Impuls) zu berechnen. Die Eigenwerte dieser Matrizen können in der üblichen Weise durch Energie und Impuls der Elementarteilchen charakterisiert werden. Man kann also von der Matrixdarstellung, in der J_μ diagonal ist, zu einer anderen Darstellung transformieren, in welcher der Vierervektor der kinetischen Energie und des Impulses diagonal ist. Die Transformationsfunktion entspricht der Lösung ψ der Schrödinger-Gleichung (11). Man kann in der Tat J_μ in dieser neuen Matrixdarstellung ausdrücken und erhält auf diese Weise die Hamilton-Funktion als eine Matrix in den Impulsen der Elementarteilchen.

Daher führt selbst die weite Verallgemeinerung der zugrundeliegenden Wellengleichungen zu Gleichungen von der Art (42) nicht zu einer allgemeineren Hamilton-Funktion als (10) oder (11); nur kann die Matrix der Wechselwirkungsenergie $(\mathfrak{k}''|V|\mathfrak{k}')$ in so komplizierter Weise von den Impulsen abhängen, daß die transformierte Matrix $(x''|V|x')$ nicht diagonal ist.

d) Es ist nicht bekannt, ob ein Formalismus von der Art (53) widerspruchsfrei durchgeführt werden kann, abgesehen von dem trivialen Fall $B = C = \ldots = 0$. Die relativistischen Hamilton-Funktionen, die bisher untersucht worden sind und die Spezialfälle von Gl. (53) sind, führen sicher nicht zu widerspruchsfreien Ergebnissen. Aber selbst wenn eine bestimmte Klasse von Funktionen bekannt wäre, die zu widerspruchsfreien Ergebnissen führt, so würde diese Tatsache nicht wesentlich das Problem erleichtern, die richtige Hamilton-Funktion und damit die richtige S-Matrix zu finden; denn es besteht ja kein Grund dafür, daß die Hamilton-Funktion eine einfache Form haben sollte, und die Invarianzbedingungen würden wohl kaum genügen, die richtige Form aus allen möglichen Formen auszuwählen.

Man kann aber das Problem der Elementarteilchen auch auf ganz andere Weise angreifen und versuchen, die Matrix S unmittelbar zu bestimmen, ohne die Benutzung einer Hamilton-Funktion. Es kann sein, daß die zukünftige Theorie überhaupt nicht mit Begriffen wie Wellengleichung oder Schrödinger-Funktion arbeitet, selbst nicht in der verallgemeinerten Form (42) und (52). In diesem Fall muß die Matrix S durch Beziehungen anderer Art bestimmt werden als in den Gln. (6) bis (18). Das einfachste Verfahren würde etwa darin bestehen, mit einer hermiteschen Matrix η anzufangen, die relativistisch invariant ist und die mit Hilfe der Gl. $S = e^{i\eta}$ zu einer unitären Matrix S führt, die die Experimente richtig beschreibt. Die Matrix η müßte dabei, ähnlich wie vorher die Hamilton-Funktion, nach Korrespondenz- und Invarianzgesichtspunkten gefunden werden.

Um diese Möglichkeit zu untersuchen, hat der Verfasser einige einfache Annahmen für η und die zugehörigen Folgerungen für S und für die beobachtbaren physikalischen Größen durchgerechnet. Die Ergebnisse mögen hier erwähnt werden:

Wir beginnen mit einer skalaren Funktion φ mit der Fourier-Entwicklung

$$\varphi = \Sigma (2 k^0 V)^{-1/2} (a_{\mathfrak{k}}\, e^{i(\mathfrak{k}\mathfrak{r} - k^0 t)} + a_{-}\; e^{i(\mathfrak{k}\mathfrak{r} + k^0 t)}), \tag{62}$$

wobei V das Normierungsvolumen bedeutet und wobei die Amplituden a mit der Anzahl N der Teilchen des Impulses $\mathfrak{k}$ $(k^{0.2} = \varkappa^2 + k^2)$ durch die Gleichungen

$$a_{\mathfrak{k}}^* a_{\mathfrak{k}} = N_{\mathfrak{k}};\; a_{\mathfrak{k}} N_{\mathfrak{k}} = (N_{\mathfrak{k}} + 1)\, a_{\mathfrak{k}};\quad a_{\mathfrak{k}}^* N_{\mathfrak{k}} = (N_{\mathfrak{k}} - 1)\, a_{\mathfrak{k}}^* \tag{63}$$

verbunden sind. Im Grenzfall eines unendlichen Volumens V geht die Summe über $\mathfrak{k}$ über in ein Integral

$$\sum_{\mathfrak{k}} \rightarrow \frac{V}{(2\pi)^3} \int d\mathfrak{k} \tag{64}$$

Die einfachste Annahme für η, die zur Streuung von Elementarteilchen führt, lautet dann:

$$\eta = \varepsilon \int d\mathfrak{r}\, dt\, \varphi^4, \tag{65}$$

wobei ε eine numerische Konstante ist. Wenn man die Fourier-Entwicklung (62) in (65) einsetzt, erhält man Produkte von vier Faktoren $a_{\mathfrak{k}}$ und $a_{\mathfrak{k}}^*$. Nach Jordan und Klein wollen wir (65) durch die Annahme abändern, daß in diesen Produkten alle Faktoren $a_{\mathfrak{k}}^*$ links von allen Faktoren $a_{\mathfrak{k}}$ stehen sollen. Diese Vertauschung ändert nichts an der relativistischen Invarianz von η. Wenn nur zwei Teilchen vorhanden sind, können die Matrixelemente η in der Form

Zeitschrift für Naturforschung *1*, 608–622 (1946)

$$(\mathfrak{k}_1'' \mathfrak{k}_2''|\eta|\mathfrak{k}_1' \mathfrak{k}_2') = \frac{3\varepsilon}{(2\pi)^2}(k_1^{0\prime} k_2^{0\prime} k_1^{0\prime\prime} k_2^{0\prime\prime})^{-1/2}\,\delta(\mathfrak{k}_1' + \mathfrak{k}_2' - \mathfrak{k}_1'' - \mathfrak{k}_2'')\,\delta(k_1^{0\prime} + \ldots) \tag{66}$$

geschrieben werden. Bringt man η auf Diagonalform, indem man von $\mathfrak{k}$ auf die Kugelfunktionen der Richtung von $\mathfrak{k}$ übergeht, so findet man, daß nur die Wellen mit der azimutalen Quantenzahl $l = 0$ (die mit zentraler Symmetrie) gestreut werden. Der Wirkungsquerschnitt für Streuung wird dann

$$Q = \frac{4\pi}{k^2}\sin^2\frac{3\varepsilon v}{8\pi}, \tag{67}$$

wo $v = k/k^0$ die Geschwindigkeit und k der Impuls der Teilchen in dem Koordinatensystem ist, in dem der Schwerpunkt ruht. Die Annahme (65) entspricht daher der Annahme einer Kraft zwischen zwei Teilchen, die nur dann wirkt, wenn sich die beiden Teilchen am gleichen Punkt befinden.

Wenn man in Gl. (66) den Faktor $3\varepsilon/(2\pi)^2$ durch den komplizierteren Faktor

$$\frac{1}{\pi}\left[1 - \frac{4\varkappa^2}{(k_1^{0\prime} + k_2^{0\prime})^2 - (\mathfrak{k}_1' + \mathfrak{k}_2')^2}\right]^{-1/2} \operatorname{arctg}\left(\varepsilon\sqrt{1 - \frac{4\varkappa^2}{(k_1^{0\prime} + k_2^{0\prime})^2 - (\mathfrak{k}_1' + \mathfrak{k}_2')^2}}\right) \tag{68}$$

ersetzt, so findet man für den Wirkungsquerschnitt

$$Q = \frac{4\pi\varepsilon^2}{k^{02} + \varepsilon^2 k^2}, \tag{69}$$

wo sich wieder k auf das Schwerpunktsystem bezieht. In dem Bezugssystem, in dem ursprünglich eines der Teilchen ruht, etwa $\mathfrak{k}'_2 = 0$, führt (69) zu dem Wirkungsquerschnitt

$$Q = \frac{4\pi\varepsilon^2}{\varkappa^2 + (1+\varepsilon^2)\frac{\varkappa}{2}(k_1^{0\prime} - \varkappa)}. \tag{70}$$

Der Eigenwert von η für die kugelsymmetrische Welle ($l = 0$) ist:

$$\eta_{l=0} = 2\operatorname{arctg}\left(\varepsilon\frac{k}{k^0}\right). \tag{71}$$

Diese Phase wird logarithmisch unendlich an dem Punkt

$$\varepsilon k/k^0 = i. \tag{72}$$

Daher definiert (72) einen diskreten stationären Zustand des Systems. Zwei Teilchen können ein abgeschlossenes System bilden, wenn ε negativ ist und k negativ imaginär ist und der Gl. (72) genügt; die gesamte Ruhenergie $\varkappa_2$ dieses Systems ergibt sich nach (72) zu

$$\varkappa_2 = 2\varkappa|\varepsilon|/\sqrt{1+\varepsilon^2}. \tag{73}$$

Der Ausdruck (68) liefert also ein Beispiel, bei dem zwei Teilchen sich in solcher Weise anziehen, daß sie in einem diskreten stationären Zustand aneinander gebunden werden können; alle anderen Zustände gehören zum gewöhnlichen kontinuierlichen Spektrum.

Schließlich ist eine Wechselwirkung untersucht worden, die zur Entstehung von neuen Teilchen führt. Wenn man

$$\eta = \lambda^2\int d\mathfrak{r}\,dt\,\varphi^6 \tag{74}$$

setzt, so führt man dadurch Matrix-Elemente ein, die sechs Faktoren $a_{\mathfrak{k}}^*$ oder $a_{\mathfrak{k}}$ enthalten. Diese Faktoren geben Anlaß zu Übergängen, bei denen ein Zusammenstoß zwischen zwei Teilchen zur Schaffung eines neuen Paares von Teilchen führen kann. Die Wahrscheinlichkeit für Paarerzeugung bei gegebenen Anfangsbedingungen kann berechnet werden. Wenn die Gesamtenergie für die Erzeugung einer großen Anzahl von Teilchen genügt, so können Vielfachprozesse vorkommen, bei denen der Zusammenstoß energiereicher Teilchen zur Entstehung vieler Paare in einem explosionsartigen Akt führt. Das Auftreten solcher Vielfachprozesse hängt jedoch von den Einzelheiten der Wechselwirkungsmatrix (74) ab. Bei der genauen Form (74) treten solche Prozesse nicht ein; wenn man aber die Zahlenkoeffizienten in der binomischen Entwicklung von φ^6 [φ ist dabei durch (62) gegeben] ändert, so kommt man zu Wechselwirkungsmatrizen, die Vielfachprozesse zur Folge haben; für die Einzelheiten dieser Ergebnisse verweisen wir auf die Arbeit l. c. [8], II.

Wenn man in dieser Weise S aus einer gegebenen Matrix η bestimmt, so führt der Formalismus zu keinerlei Divergenzschwierigkeiten, und die Resultate befriedigen alle Forderungen der Relativitätstheorie und der Quantentheorie

Daher ist ein solcher Formalismus befriedigender als die übliche Methode, bei der man mit einer Hamiltonschen Funktion beginnt, die sicher zu divergenten Resultaten führt. In der Tat kann man sogar sagen, daß die übliche Methode nur einen Sinn erhält, wenn man sie mit Hilfe des η-Formalismus deutet. Denn das gewöhnliche Verfahren benützt die sogenannte erste Näherung für den Vergleich mit den Experimenten. Dies kann nur bedeuten, daß die erste Näherung dazu verwendet werden soll, eine η-Matrix festzulegen, die dann S für den Vergleich mit dem Experiment bestimmt. Ein unmittelbarer Vergleich der ersten Näherung mit den Experimenten wäre sinnlos, da die höheren Approximationen viel größere Beiträge geben würden; aber natürlich ergeben sich dabei keine anderen Resultate, als wenn man zuerst die η-Matrix und dann S bestimmt. Auch abgesehen von diesem Argument sieht man nicht recht, warum es leichter sein sollte, die richtige Hamilton-Funktion als die richtige η-Matrix eines gegebenen Systems zu finden; denn es gibt wohl keinen Grund dafür, daß in der Theorie der Elementarteilchen die Hamiltonsche Funktion — wenn sie überhaupt existiert — einfacher sein sollte als die η-Matrix.

Allerdings gibt es einen anderen Grund für die Annahme, daß die zukünftige Theorie wahrscheinlich nicht mit einer einfachen η-Matrix beginnen kann. Irgendein einfacher Ausdruck für η wie (65) oder (68) oder (74) scheint nämlich nicht in der gleichen Weise eine „glatte" Funktion der Impulse für die Matrix-Elemente zu ergeben wie eine η- oder S-Matrix, die aus einer Hamilton-Funktion abgeleitet ist. Es wäre eine sorgfältige Untersuchung nötig, zu entscheiden, welche Bedingungen von Glattheit eine η-Matrix erfüllt, die aus einem Formalismus wie (6) bis (18) folgt. Die η-Matrix (74) führt z. B. zu Diskontinuitäten bei den Werten der Gesamtenergie, die ein ganzzahliges Vielfaches der Ruhemasse der Teilchen sind; denn wenn man diese Werte überschreitet, werden neue Prozesse möglich, bei denen eine größere Anzahl von Teilchen erzeugt werden kann. Offenbar müssen diese Werte in einer gewissen Weise singulär sein. Aber es sieht so aus, als seien die η- und S-Matrizen, die aus einer Hamilton-Funktion stammen, glatter in der Umgebung dieser Punkte als der Ausdruck (74).

Dieses Argument weist in Richtung auf einen zukünftigen Formalismus, der bis zu einem gewissen Grade den Gln. (6) bis (18) ähnlich ist und glatte Funktionen für S ergibt, der jedoch die Divergenzschwierigkeiten des gewöhnlichen Formalismus vermeidet. In dieser zukünftigen Theorie dürfte die universelle Länge von der Größenordnung 10^{-13} cm eine wichtige Rolle spielen, und man kann annehmen, daß der Formalismus in den gewöhnlichen übergeht an der Grenze, an der die universelle Länge als sehr klein angesehen werden kann — in ähnlicher Weise wie die Quantenmechanik in die klassische Mechanik übergeht, wenn $\hbar$ als klein betrachtet werden kann.

III. Vergleich mit dem gewöhnlichen Verfahren

a) Wenn es sich herausstellen sollte, daß es in der richtigen Theorie der Elementarteilchen keine Hamilton-Funktion gibt, so muß die physikalische Deutung des neuen Formalismus mit der des älteren verglichen werden. Ein wesentlicher Zug der Quantenmechanik ist die Existenz einer Wahrscheinlichkeitsfunktion, deren Quadrat die Wahrscheinlichkeit dafür angibt, ein Teilchen an einem gegebenen Punkt zu finden. Die Wahrscheinlichkeitsfunktion kann durch Experimente geprüft werden. Z. B. kann man durch Stöße anderer energiereicher Teilchen auf das zu prüfende Teilchen die Wahrscheinlichkeitsverteilung des zu prüfenden Teilchens vor dem Stoß ausmessen. Es ist ein wesentlicher Zug der Quantenmechanik, daß man bei solchen Versuchen stets die gleiche Wahrscheinlichkeitsverteilung erhalten muß, gleichgültig, ob man etwa ein γ-Strahl-Mikroskop oder ein Elektronenmikroskop oder irgendeine andere Teilchensorte verwendet.

Im neuen Formalismus kommt jedoch vielleicht der Begriff der Wahrscheinlichkeitsfunktion nicht vor; die Wahrscheinlichkeit für die Streuung eines energiereichen Teilchens durch das zu prüfende Teilchen wird trotzdem durch die Matrix S bestimmt. Formal könnte man aus der Verteilung der gestreuten Teilchen eine Dichteverteilung des zu prüfenden Teilchens vor dem Stoß berechnen. Aber selbst wenn man davon absieht, daß diese Rechnung durch die physikalischen Gesetze nicht gerechtfertigt werden könnte, würde das Ergebnis der Rechnung wahrscheinlich von der Art der Teilchen abhängen, die für den Versuch verwendet werden. Das γ-Strahl-Mikroskop und das Elektronenmikroskop würden wahrscheinlich verschiedene Resultate ergeben, wenn

Zeitschrift für Naturforschung *1*, 608–622 (1946)

es sich um Wahrscheinlichkeitsverteilungen innerhalb von Gebieten der Größenordnung 10^{-13} cm handelt. Nur für größere Gebiete, in denen der neue Formalismus in den früheren übergeht, würden die beiden verschiedenen Instrumente näherungsweise die gleiche Verteilung liefern.

Es muß untersucht werden, ob ein solches Verhalten unserer allgemeinen Kenntnis der Elementarteilchen entspricht. In der gewöhnlichen Quantentheorie würde man annehmen, daß verschiedene Instrumente die gleiche Dichteverteilung liefern, weil die Größe der Teilchen, verglichen mit der Ausdehnung der Dichteverteilung, sehr gering ist. Wenn man jedoch zu Gebieten von der Größenordnung 10^{-13} cm kommt, so sind diese Gebiete wahrscheinlich nicht größer als die Elementarteilchen selbst. Natürlich ist es schwierig, den Durchmesser eines Elementarteilchens überhaupt zu definieren. Aber wenn die universelle Länge von der Größenordnung 10^{-13} cm eine Rolle in der Theorie spielt, so ist es vernünftig, sich die Elementarteilchen als Gebilde vorzustellen, die über ein Gebiet dieser Größenordnung ausgebreitet sind. Es dürfte auch kein reiner Zufall sein, daß die Comptonsche Wellenlänge der schwersten Elementarteilchen die gleiche Größenordnung 10^{-13} cm hat und daß alle schwereren Teilchen aus Neutronen und Protonen zusammengesetzte Systeme mit größerer Ausdehnung zu sein scheinen (z. B. die Atomkerne irgendeines schweren Elements). Es ist deshalb ganz natürlich, daß man aus den Messungen nicht in eindeutiger Weise eine Dichteverteilung innerhalb eines Gebietes von 10^{-13} cm erschließen kann.

b) Der in den Gln. (9) und (21) festgelegte mathematische Rahmen für eine zukünftige Theorie der Elementarteilchen mag noch verglichen werden mit den früheren Versuchen, ein vollständiges mathematisches Schema für die Quantenelektrodynamik oder für die Yukawa-Feldtheorie anzugeben. Zunächst ist hier zu beachten, daß die Gln. (6) bis (18) etwas abgeändert werden müssen, wenn es sich um geladene Teilchen handeln soll, die aufeinander durch Kräfte langer Reichweite wirken. Bekanntlich muß bei einer einfallenden oder auslaufenden Kugelwelle der Ausdruck $\frac{1}{r} e^{ikr}$ im Falle der Coulomb-Kraft durch den Ausdruck

$$\frac{1}{r}\exp\left[\pm i\left(k r-\frac{k^{0}}{k}\frac{e^{2}}{\hbar c}\lg r\right)\right]$$

ersetzt werden; für den Impulsraum bedeutet dies, daß die singulären Funktionen $\delta_{\pm}(k^{0\prime}-k^{0\prime\prime})$ in Gl. (6) durch Ausdrücke der Art

$$\frac{1}{2\pi i}\left[\pm(k_0{}'-k_0{}'')\right]^{\pm i e^2 k^{0\prime}/\hbar c k' \; -1}$$

ersetzt werden müssen. Abgesehen von dieser Änderung kann man wieder beweisen, daß $S^{\dagger}S=1$ ist, und die früheren Rechnungen können im wesentlichen übernommen werden.

Der gewöhnliche Formalismus der Quantenelektrodynamik beginnt mit der bekannten Hamiltonschen Funktion und betrachtet die Wechselwirkung zwischen Elektronen und Maxwellschem Feld als eine kleine Störung. Wenn man die Störungsenergie zweiter Ordnung berechnet, so erhält man eine Selbstenergie des Elektrons, die logarithmisch divergiert[17]. Man kann jedoch diese divergierenden Glieder durch ein Subtraktionsverfahren[18] abziehen und dann zu höheren Näherungen übergehen. Vom Gesichtspunkt des η-Formalismus aus kann man dieses Verfahren in der folgenden Weise beschreiben: Indem man in der üblichen Weise durch eine Störungsrechnung die Wahrscheinlichkeitsamplituden für die Streuung und die Ausstrahlung von Licht usw. bestimmt, erhält man eine gewisse erste Näherung der η-Matrix. Diese η-Matrix erster Ordnung beschreibt die Experimente innerhalb dieser Näherung richtig und gibt außerdem widerspruchsfreie Resultate in jeder beliebigen höheren Näherung, da der η-Formalismus nicht zu Divergenzen führt. Man kann aber auch die Störungsrechnung einen oder mehrere Schritte weiter verfolgen, wobei man jeweils die divergenten Glieder abzuziehen hat, und man erhält in dieser Weise Änderungen von η in höherer Ordnung. Diese modifizierte η-Matrix gibt auch widerspruchsfreie Ergebnisse in jeder beliebigen Näherung, und die so gewonnenen Resultate werden sich im allgemeinen ein wenig von denen unterscheiden, die aus der erstgenannten η-Matrix gewonnen waren. Es dürfte aber eine offene Frage sein, ob die modifizierte η-Matrix die Experimente besser darstellt als die η-Matrix erster Näherung. Denn in beiden Fällen wird die η-Matrix korrespondenzmäßig der klassischen Elektrodynamik entsprechen, und beide η-Matrizen geben wider-

[17] V. Weinkopf, Z. Physik **89**, 27 u. **90**, 817 [1934].
[18] P. A. M. Dirac, Bakerian lecture, l. c.[1]; W. Pauli, Rev. mod. Physics [1943].

spruchsfreie Resultate. Aus dieser Überlegung erkennt man, daß die übliche Forderung der Korrespondenz zwischen Quantentheorie und klassischer Theorie sicher nicht ausreicht, um den quantentheoretischen Formalismus festzulegen.

Noch offenbarer ist die Mehrdeutigkeit des üblichen Formalismus in der Theorie des Yukawa-Feldes. Man kann hier entweder die Tatsache anerkennen, daß die Kupplung zwischen dem Yukawa-Feld und den schweren Teilchen stark ist[19], wenn die Kernkräfte durch das Yukawa-Feld erklärt werden sollen, oder man kann ein Subtraktionsverfahren anwenden, um die Glieder starker Kupplung zu beseitigen. Die beiden Möglichkeiten führen zu ganz verschiedenen η-Matrizen und daher auch zu ganz verschiedenen physikalischen Ergebnissen. Es dürfte einstweilen schwierig sein, zu entscheiden, welche Annahme den Experimenten besser entspricht. Vielleicht werden die qualitativen Züge beider Theorien in der späteren Theorie eine Rolle spielen.

[19] G. Wentzel, l. c.[3].

c) Zum Schluß wollen wir versuchen, die Bedingungen zusammenfassend zu formulieren, die eine Theorie der Elementarteilchen erfüllen muß: Eine solche Theorie muß zu einer relativistisch invarianten unitären Matrix S führen, die das asymptotische Verhalten der Wellen und die stationären Zustände in der üblichen Weise bestimmt. Der Formalismus, der S festlegt, muß in der Grenze, in der die universelle Länge von der Größenordnung 10^{-13} cm als klein angesehen werden kann, in den üblichen Formalismus mit einer Hamiltonschen Funktion übergehen. Aber auch abgesehen von diesem Grenzfall, muß der neue Formalismus dem früheren insofern ähnlich sein, als er eine Funktion S ergeben muß, die in derselben Weise „glatt" ist wie die aus gewöhnlichen Hamilton-Funktionen bestimmten S-Funktionen. Der richtige Formalismus liegt also wahrscheinlich irgendwo in der Mitte zwischen einem Formalismus der Art (42) und einem Schema, bei dem einfach die Matrix η gegeben wird.

Zur Theorie des Elektrons

Von Walter Wessel, Graz [1]

(Z. Naturforschg. 1, 622—636 [1946]; eingegangen am 18. Juli 1946)

In dem Bestreben, die *Reaktionskraft der Strahlung auf ein bewegtes, geladenes Teilchen* in die Quantenmechanik einzubauen und so vielleicht den Schwierigkeiten der Quantenelektrodynamik zu entgehen, wurde der Verf. schon vor längerer Zeit[2] auf sehr merkwürdige Zusammenhänge zwischen Strahlungskraft und *Spin* geführt, die zunächst allen Deutungsversuchen widerstanden. Nach verschiedenen Bemühungen, der Sache von der klassischen[3] oder der quantentheoretischen[4] Seite nahezukommen, ließ sich zuletzt das Problem in eine klarere Form bringen durch die Fragestellung[5], *ob und welche Vertauschungsrelationen mit einem die Strahlungskraft enthaltenden System von Bewegungsgleichungen eines Elektrons vereinbar* wären. Folgendes wurde erreicht:

1. Man kann durch einen Kunstgriff von ungezwungener Einfachheit die von der bewegten Ladung ausgestrahlte Energie in der Ruhmasse mitzählen. Das System wird dann konservativ, und es lassen sich kanonische Impulse einführen. Wegen des Einflusses der Strahlungsreaktion wird der kanonische Impuls nicht nur Funktion der Geschwindigkeit, sondern auch der Beschleunigung. *Impuls und Geschwindigkeit werden dadurch unabhängige Veränderliche.* Diese Unabhängigkeit ist eine der wesentlichsten Eigentümlichkeiten der Diracschen Spintheorie.

2. *Die Hamiltonsche Funktion nimmt genau die Diracsche Form an.* Das ist möglich, weil darin auch bei Dirac nur Koordinaten, Impulse und Geschwindigkeiten, dagegen keine Spinoperatoren auftreten. Da die Ruhmasse wegen der darin mitgezählten Strahlungsenergie zeitveränderlich

[1] z. Zt. in Heidelberg.
[2] W. Wessel, Z. Physik **92**, 407 [1934].
[3] W. Wessel, Z. Physik **110**, 625 [1938].
[4] W. Wessel, Naturwiss. **30**, 606 [1942].
[5] W. Wessel, Ann. Physik (5) **43**, 565 [1943].

Bibliographical Citation List

Group 5

Group 6

Group 7

Group 8

Group 9
Unpublished Uranium Papers

Group 10

Printed by Printforce, the Netherlands